지적
기능사 필기+실기

시대에듀

합격에 윙크[Win-Q]하다

Win-Q

[지적기능사] 필기+실기

Always with you

사람이 길에서 우연하게 만나거나 함께 살아가는 것만이 인연은 아니라고 생각합니다.
책을 펴내는 출판사와 그 책을 읽는 독자의 만남도 소중한 인연입니다.
시대에듀는 항상 독자의 마음을 헤아리기 위해 노력하고 있습니다.
늘 독자와 함께하겠습니다.

자격증・공무원・금융/보험・면허증・언어/외국어・검정고시/독학사・기업체/취업
이 시대의 모든 합격! 시대에듀에서 합격하세요!
www.youtube.com ➡ 시대에듀 ➡ 구독

PREFACE 머리말

지적 분야의 전문가를 향한 첫 발걸음!

지적기능사는 토지의 분할, 합병, 경계, 정정, 신규등록, 등록전환, 지적공부 작성 등의 업무를 처리하는 직무를 수행합니다. 또한 토지의 경계와 면적을 법률적으로 확정하는 행정처분에 따른 엄격한 규제하에서 토지에 대한 물권이 미치는 한계를 정하는 사법적 측량의 정확성을 확보함으로써 지적행정의 원활한 운영과 발전을 도모합니다. 이 책은 최근 지적관리기능사에 대한 많은 수요와 전망에 더불어 지적기능사 자격증을 준비하는 수험생들을 위해 만들어졌으며 수험생이 짧은 시간 안에 자격증을 취득할 수 있도록 구성하였습니다.

윙크(Win-Q) 시리즈에 맞게 PART 01은 핵심이론, PART 02는 과년도+최근 기출복원문제, PART 03은 실기(작업형)로 구성하였습니다. PART 01에서는 한국산업인력공단의 출제기준 및 다년간 기출문제의 keyword를 분석하여 핵심이론을 수록하였고, 자주 출제되는 빈출문제를 수록하여 효율적인 학습이 가능하도록 하였습니다. PART 02에서는 과년도 기출(복원)문제와 더불어 최근 기출복원문제를 수록하여 다양하고 새로운 문제에 대비할 수 있도록 하였습니다. PART 03에서는 실기(작업형) 이론 및 중점사항과 기출복원문제를 수록하여 출제경향을 파악하고 문제의 유형을 익혀 실전에 대비할 수 있도록 하였습니다.

자격증 시험의 목적은 높은 점수를 받아 합격하는 것이라기보다는 합격 그 자체에 있습니다. 평균 60점만 넘으면 되므로, 효과적인 자격증 대비서로서 기존의 부담스러웠던 수험서에서 과감하게 군살을 제거하고 꼭 필요한 공부만 할 수 있도록 구성한 윙크(Win-Q) 시리즈가 수험 준비생들에게 '합격비법노트'로서 함께하는 수험서로 자리 잡길 바랍니다. 수험생 여러분들의 건승을 기원합니다.

편저자 씀

시험안내

개요
토지의 경계와 면적을 법률적으로 확정하는 행정처분에 따른 엄격한 규제하에서 토지에 대한 물권이 미치는 한계를 정하는 사법적 측량의 정확성을 확보함으로써 지적행정의 원활한 운영과 발전을 도모하고, 측판측량에 종사하는 기능인력의 자질 향상을 위하여 자격제도가 제정되었다.

수행직무
토지의 경계 및 정확한 위치를 측정하는 지적기사 및 지적산업기사의 업무를 보조하고, 토지의 분할, 합병, 경계, 정정, 신규등록, 등록전환, 지적공부 작성 등의 업무를 처리하는 직무를 수행한다.

시험일정

구분	필기원서접수 (인터넷)	필기시험	필기합격 (예정자)발표	실기원서접수	실기시험	최종 합격자 발표일
제1회	1월 초순	1월 하순	1월 하순	2월 초순	3월 중순	4월 중순
제2회	3월 중순	3월 하순	4월 중순	4월 하순	6월 초순	7월 초순
제4회	8월 중순	9월 초순	9월 하순	9월 하순	11월 초순	12월 중순

※ 상기 시험일정은 시행처의 사정에 따라 변경될 수 있으니, www.q-net.or.kr에서 확인하시기 바랍니다.

시험요강
❶ 시행처 : 한국산업인력공단
❷ 시험과목
　㉠ 필기 : 지적 일반, 지적측량, 지적공부정리
　㉡ 실기 : 지적공부정리 및 지적측량
❸ 검정방법
　㉠ 필기 : 객관식 4지 택일형, 60문항(60분)
　㉡ 실기 : 작업형(2시간 30분 정도)
❹ 합격기준
　㉠ 필기 : 100점을 만점으로 하여 60점 이상
　㉡ 실기 : 100점을 만점으로 하여 60점 이상

검정현황

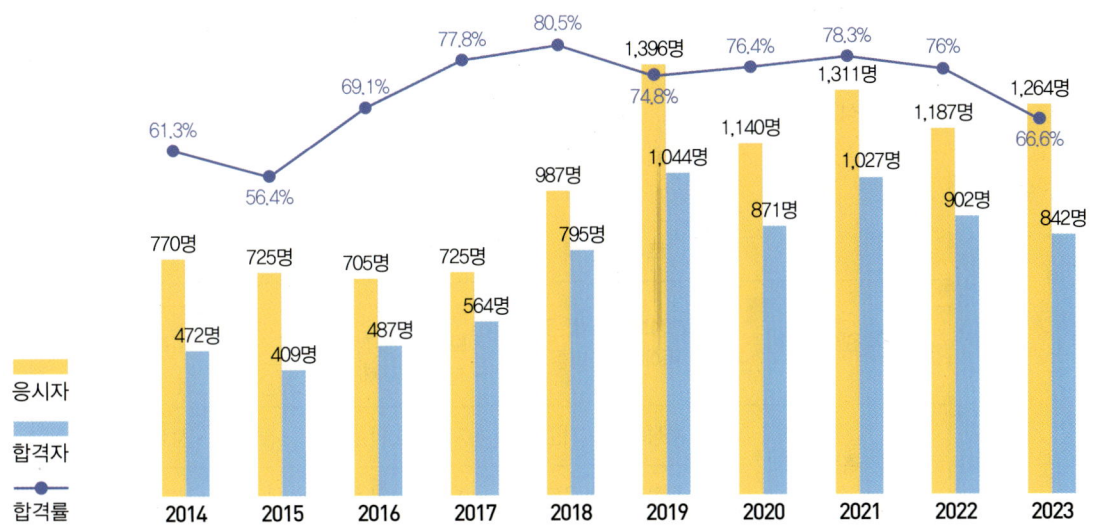

필기시험

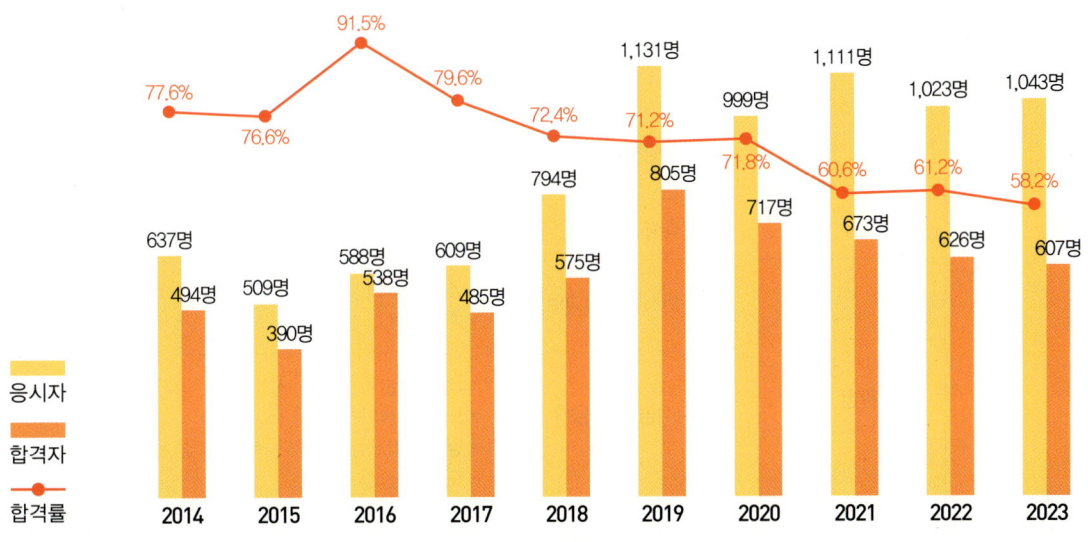

실기시험

시험안내

출제기준(필기)

필기과목명	주요항목	세부항목	세세항목	
지적 일반, 지적측량, 지적공부정리	지적일반	지적의 기초이론	• 지적의 정의 및 이념	• 지적과 등기
		지적사	• 지적제도의 발달 • 임야조사사업	• 토지조사사업
		지적의 요소	• 지적공부 • 토지경계 • 면적	• 1필지 • 지번 및 지목 • 토지소유권
		토지의 등록	• 토지등록제도	• 지적 관련 조직
	지적 관련 법규	공간정보구축 및 관리 등에 관한 법률	• 총칙 • 보칙 및 벌칙 • 지적업무 처리규정	• 지적 • 지적측량 시행규칙
	지적측량개요	지적측량의 기준	• 지적측량의 원점	• 지적측량의 기준점
		지적측량의 구분	• 지적측량의 종류	• 지적측량의 기준
	지적측량관측 및 정리	세부측량	• 지적공부정리를 위한 측량 • 지적공부를 정리하지 않는 측량	
	면적측정 및 제도	면적측정	• 면적측정방법 및 기기	• 면적계산
		제도의 기초	• 제도의 기초 이론 • 지적공부의 제도방법	• 제도기기
	측량장비	측량장비의 구성	• 측량장비의 종류 • 측량장비의 구조 및 성능	
		측량장비의 운영	• 측량장비의 조작	• 측량장비의 관리
	지적공부에 관한 사항	지적공부의 관리	• 지적공부의 종류 • 지적공부의 복구	• 지적공부의 비치, 보존
		지적공부의 등록 및 작성	• 대장의 등록사항 및 제도 • 도면의 등록사항 및 제도 • 경계점좌표등록부의 등록사항 및 제도 • 도면의 작성	
	토지의 이동신청 및 지적정리	이동지 정리	• 대장정리	• 도면정리
		소유권 정리	• 미등기소유권 정리	• 기등기소유권 정리

출제기준(실기)

실기과목명	주요항목	세부항목	세세항목
지적공부정리 및 지적측량	지적기준점 측량	지적도근점 측량하기	• 지적측량 시행규칙에서 규정하고 있는 관측오차를 파악하고 지적도근점 관측과 계산을 할 수 있다.
	세부측량	현지 측량하기	• 지적측량 시행규칙에서 규정하고 있는 세부측량의 기준 및 방법을 파악하고 현지측량을 실시할 수 있다. • 세부측량의 기준이 되는 기준점을 확인하고 활용할 수 있다. • 측량기기를 현지에 설치하고 관측 및 오차를 조정할 수 있다.
		성과 결정하기	• 지적측량 시행규칙에서 규정하고 있는 성과결정방법을 파악할 수 있다. • 기지경계선과 도상경계선의 부합 여부를 확인하여 성과를 결정할 수 있다. • 지적측량 시행규칙에서 정하고 있는 필지에 대한 면적을 측정하고 계산할 수 있다.
		결과부 작성하기	• 지적측량 시행규칙에서 규정하고 있는 측량결과부에 등록할 사항을 파악할 수 있다. • 성과결정에 따른 측량결과도 및 측량성과도를 작성할 수 있다.
	지번변경	지적공부정리하기	• 변경된 지번을 말소하고 변경할 수 있다. • 행정구역이 변경된 경우에는 변경 전 행정구역선과 그 명칭 및 지번을 말소하고 변경할 수 있다.
	토지등록	지번 부여하기	• 지번의 구성 및 부여방법을 파악하고 지적공부에 등록될 지번을 부여할 수 있다.
		지목 설정하기	• 법률에서 규정하고 있는 지목의 개념 및 지목의 종류를 파악할 수 있다. • 지목의 설정방법을 파악하고 필지별 해당 지목을 설정할 수 있다.
	토지이동정리	토지분할하기	• 분할에 따른 면적 오차 허용범위 및 행정절차를 파악하고 수행할 수 있다. • 분할측량성과에 의하여 지적공부에 토지를 분할·등록할 수 있다.

CBT 응시 요령

기능사 종목 전면 CBT 시행에 따른
CBT 완전 정복!

"CBT 가상 체험 서비스 제공"
한국산업인력공단
(http://www.q-net.or.kr) 참고

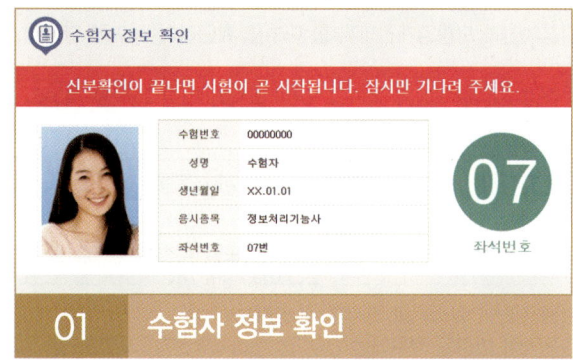

01 수험자 정보 확인

시험장 감독위원이 컴퓨터에 나온 수험자 정보와 신분증이 일치하는지를 확인하는 단계입니다. 수험번호, 성명, 생년월일, 응시종목, 좌석번호를 확인합니다.

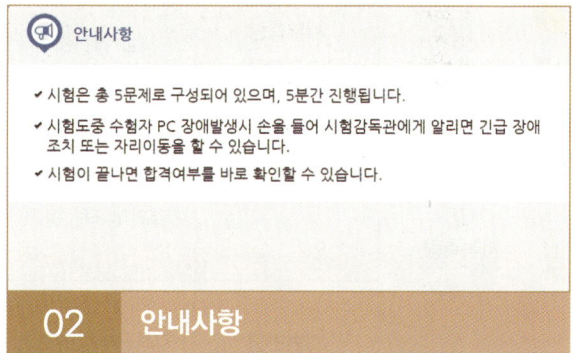

02 안내사항

시험에 관한 안내사항을 확인합니다.

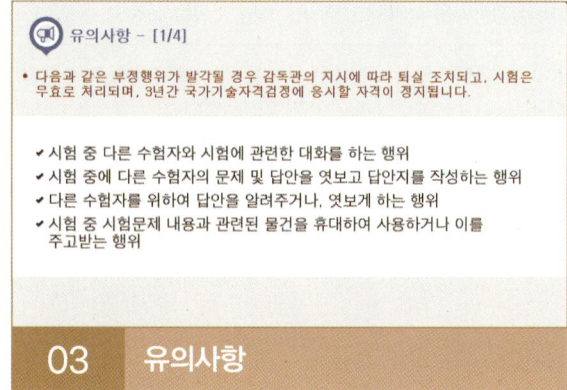

03 유의사항

부정행위에 관한 유의사항이므로 꼼꼼히 확인합니다.

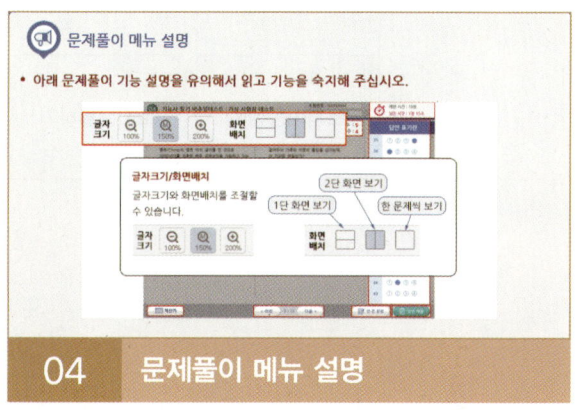

04 문제풀이 메뉴 설명

문제풀이 메뉴의 기능에 관한 설명을 유의해서 읽고 기능을 숙지해 주세요.

CBT GUIDE

합격의 공식 Formula of pass | 시대에듀 www.sdedu.co.kr

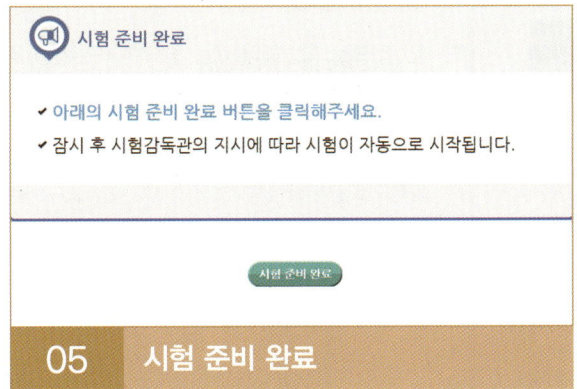

05 시험 준비 완료

시험 안내사항 및 문제풀이 연습까지 모두 마친 수험자는 시험 준비 완료 버튼을 클릭한 후 잠시 대기합니다.

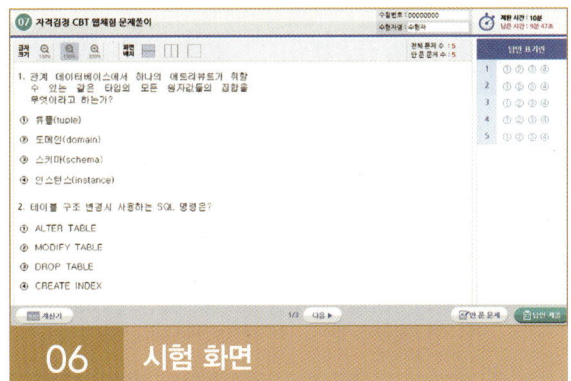

06 시험 화면

시험 화면이 뜨면 수험번호와 수험자명을 확인하고, 글자크기 및 화면배치를 조절한 후 시험을 시작합니다.

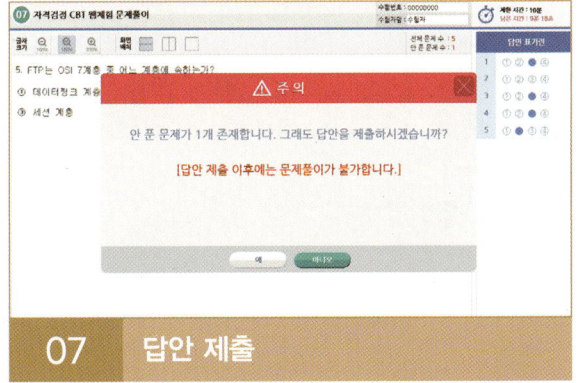

07 답안 제출

[답안 제출] 버튼을 클릭하면 답안 제출 승인 알림창이 나옵니다. 시험을 마치려면 [예] 버튼을 클릭하고 시험을 계속 진행하려면 [아니오] 버튼을 클릭하면 됩니다. 답안 제출은 실수 방지를 위해 두 번의 확인 과정을 거칩니다. [예] 버튼을 누르면 답안 제출이 완료되며 득점 및 합격여부 등을 확인할 수 있습니다.

CBT 완전 정복 Tip

내 시험에만 집중할 것
CBT 시험은 같은 고사장이라도 각기 다른 시험이 진행되고 있으니 자신의 시험에만 집중하면 됩니다.

이상이 있을 경우 조용히 손을 들 것
컴퓨터로 진행되는 시험이기 때문에 프로그램상의 문제가 있을 수 있습니다. 이때 조용히 손을 들어 감독관에게 문제점을 알리며, 큰 소리를 내는 등 다른 사람에게 피해를 주는 일이 없도록 합니다.

연습 용지를 요청할 것
응시자의 요청에 한해 연습 용지를 제공하고 있습니다. 필요시 연습 용지를 요청하며 미리 시험에 관련된 내용을 적어놓지 않도록 합니다. 연습 용지는 시험이 종료되면 회수되므로 들고 나가지 않도록 유의합니다.

답안 제출은 신중하게 할 것
답안은 제한 시간 내에 언제든 제출할 수 있지만 한 번 제출하게 되면 더 이상의 문제풀이가 불가합니다. 안 푼 문제가 있는지 또는 맞게 표기하였는지 다시 한 번 확인합니다.

구성 및 특징

Win-Q [지적기능사] 필기+실기

핵심이론

필수적으로 학습해야 하는 중요한 이론들을 각 과목별로 분류하여 수록하였습니다.
시험과 관계없는 두꺼운 기본서의 복잡한 이론은 이제 그만! 시험에 꼭 나오는 이론을 중심으로 효과적으로 공부하십시오.

10년간 자주 출제된 문제

출제기준을 중심으로 출제 빈도가 높은 기출문제와 필수적으로 풀어보아야 할 문제를 핵심이론당 1~2문제씩 선정했습니다. 각 문제마다 핵심을 찌르는 명쾌한 해설이 수록되어 있습니다.

STRUCTURES

합격의 공식 Formula of pass | 시대에듀 www.sdedu.co.kr

과년도 + 최근 기출복원문제

지금까지 출제된 과년도 기출문제와 최근 기출복원문제를 수록하였습니다. 각 문제에는 자세한 해설이 추가되어 핵심이론만으로는 아쉬운 내용을 보충학습하고 출제경향의 변화를 확인할 수 있습니다.

2024년 제1회 최근 기출복원문제

01 일람도 제도에서 붉은색 0.2mm 폭의 2선으로 제도하는 것은?
① 수도용지 ② 기타 도로
③ 철도용지 ④ 하천

해설
철도용지(지적업무처리규정 제38조) : 붉은색 0.2mm 폭의 2선으로 제도한다.

02 방위가 S 20°20′W인 측선에 대한 방위각은?
① 100°20′ ② 159°40′
③ 200°20′ ④ 249°40′

해설
SW는 3상한이므로 +180°를 해준다.
180° + 20°20′ = 200°20′

03 축척 1/1200 지역에서 원면적이 400m²의 토지를 분할하는 경우 분할 후의 각 필지의 면적의 합계와 분할 전 면적과의 오차의 허용범위는?
① ±13m² ② ±16m²
③ ±18m² ④ ±32m²

해설
$A = 0.023^2 M\sqrt{F}$
$= 0.026^2 \times 1200 \times \sqrt{400}$
$= ±16.224m^2$
$≒ ±16m^2$

04 블록(block)마다 하나의 본번을 부여하고 블록 내 필지마다 부번을 부여하는 지번 설정방법으로 블록식이라고도 하는 것은?
① 단지식 ② 사행식
③ 기우식 ④ 방사식

해설
지번의 진행 방향에 따른 지번부여방법
• 사행식 : 필지의 배열이 불규칙한 지역에서 진행순서에 따라 지번을 부여하는 방식으로, 진행 방향으로 지번이 순차적으로 연속되며 일반적으로 농촌지역에 적합한 지번부여방식이다.
• 기우식교호식 : 도로를 중심으로 한쪽은 홀수인 기수를 반대쪽은 짝수인 우수로 지번을 부여하는 방식으로, 주거지역에 적합하며 특정지번의 개략적인 위치파악이 가능하다는 장점이 있다.
• 단지식 : 블록(단지)마다 하나의 본번을 부여하고 블록 내 필지마다 부번을 토지개발시...
• 절충식 : 하...하는 방식...

05 다음 중 ...
① 1/500
③ 1/2400

해설
지적도면...
• 지적도 :
• 임야도 : 1...

정답 1③ 2③ 3② 4① 5②

실기(작업형)

실기(작업형) 기출문제를 복원하고 모범답안과 함께 수록하여 출제경향을 파악하고 문제의 유형을 익혀 실전에 대비할 수 있도록 하였습니다.

(5) 분할필지 면적 구하기

① 명령어 AA(Area)를 입력하고, 해당 필지점을 순서대로 클릭한다.
※ 시작점과 끝점을 동일하게 클릭한다.

② 동일한 방법으로 두 번째 필지 면적(소수점 셋째 자리까지)을 구한다.

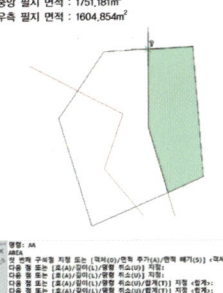

③ 동일한 방법으로 세 번째 필지 면적(소수점 셋째 자리까지)을 구한다.
• 좌측 필지 면적 : 1324.224m²
• 중앙 필지 면적 : 1751.181m²
• 우측 필지 면적 : 1604.854m²

592 ■ PART 03 실기(작업형)

이 책의 목차

빨리보는 간단한 키워드

PART 01 | 핵심이론

CHAPTER 01	지적 일반	002
CHAPTER 02	지적 관련 법규	050
CHAPTER 03	지적측량 개요	112
CHAPTER 04	지적측량 관측 및 정리	123
CHAPTER 05	면적측정 및 제도	141
CHAPTER 06	측량장비	155
CHAPTER 07	지적공부에 관한 사항	165
CHAPTER 08	토지의 이동신청 및 지적정리	179

PART 02 | 과년도 + 최근 기출복원문제

2013~2016년	과년도 기출문제	196
2017~2023년	과년도 기출복원문제	308
2024년	최근 기출복원문제	497

PART 03 | 실기(작업형)

CHAPTER 01	실기 중점사항	512
CHAPTER 02	실기 이론	514
CHAPTER 03	기출복원문제	553

빨리보는 간단한 키워드

빨간키

#합격비법 핵심 요약집 #최다 빈출키워드 #시험장 필수 아이템

CHAPTER 01 지적 일반

▌ 지적의 발생설
- 과세설 : 국가가 과세를 목적으로 토지에 대한 각종 현상을 기록·관리하는 수단으로부터 출발했다고 보는 설로, 가장 지배적인 학설이다.
- 치수설 : 국가가 토지를 농업생산 수단으로 이용하기 위해서 관개시설 등을 측량하고 기록을 유지·관리하는 데서 비롯되었다고 보는 설로, 토지측량설이라고도 한다.
- 지배설 : 국가가 토지를 다스리기 위한 통치수단으로 토지에 대한 각종 현황을 관리하는 데서 출발한다고 보는 설이다.

▌ 지적에 관한 법률의 기본 이념
- 지적국정주의 : 지적에 관한 사항, 즉 토지의 소재, 지번, 지목, 면적, 경계(좌표) 등은 국가만이 결정·등록할 수 있는 권한을 가진다는 이념이다.
- 지적형식주의(지적등록주의) : 국가가 결정한 지적에 관한 사항은 지적공부에 등록·공시해야만 공식적인 효력이 인정된다는 이념이다.
- 지적공개주의 : 지적공부에 등록된 사항은 토지소유자나 이해관계인 등 기타 일반 국민들에게 공개하여 누구나 정당하게 이용할 수 있게 해야 한다는 이념이다.
- 실질적 심사주의(사실적 심사주의) : 지적소관청이 사실관계의 부합 여부와 절차의 적법성을 확인하고 등록해야 한다는 이념이다.
- 직권등록주의(등록강제주의, 적극적 등록주의) : 국가의 통치권이 미치는 모든 영토를 필지 단위로 구획하여 지적소관청이 강제적으로 지적공부에 등록·공시해야 한다는 이념이다.

▌ 지적의 기능
- 토지등기의 기초
- 토지이용계획의 기초
- 토지조세의 기준
- 각종 토지정보의 제공 등
- 토지감정평가의 기초
- 주소표기의 기초
- 토지거래의 기준

▌ 지적제도와 등기제도의 비교

구 분	지적제도	등기제도
기본이념	국정주의, 형식주의, 공개주의, 직권등록주의	형식주의, 성립요건주의, 당사자 신청주의
심사방법	실질적 심사주의	형식적 심사주의
공신력	인정(우리나라는 불인정)	불인정(추정력만 인정)
편제방법	물적 편성주의	물적 편성주의
처리방법	신고의 의무, 직권조사처리	신청주의
신청방법	단독신청주의(소유자)	공동신청주의(등기권리자)
담당부서	국토교통부 시·도지적과, 시·군·구지적과	법무부, 대법원, 지방법원, 지원, 등기소
공부	토지대장, 임야대장, 공유지연명부, 대지권등록부, 지적도, 임야도, 경계점등록부, 지적전산파일	토지, 건물, 입목, 상업, 선박, 법인 공장, 등기부 등
등록사항	토지소재, 지번, 지목, 경계, 면적, 소유자, 주소·성명 등	소유권, 저당권, 전세권, 지역권, 지상권, 임차권 등
기능	토지 표시사항(물리적 현황)의 공시	부동산에 대한 권리관계 공시

▌ 발전과정(설치목적)에 의한 지적제도의 분류

- 세지적 : 국가 재정에 필요한 세금의 징수를 주목적으로 하는 제도이며 과세지적이라고도 한다. 국가 재정의 대부분을 토지에 의존하던 농경시대에 개발된 최초의 지적제도이다.
- 법지적 : 토지과세 및 토지거래의 안전을 도모하고, 토지소유권 보호 등을 주요 목적으로 하는 제도이며 소유지적이라고도 한다. 토지에 대한 소유권이 인정되기 시작한 산업화 시대에 개발된 제도이다.
- 다목적 지적(정보지적) : 1필지 단위로 토지에 관한 정보를 신속·정확하게 제공하고 관리하는 제도이며 종합지적이라고도 한다. 토지에 관한 물리적 현황은 법률적·재정적·경제적 정보를 포괄하는 제도이다.

▌ 측량방법에 의한 지적제도의 분류

- 도해지적
  - 토지의 경계를 도면에 표시하는 지적제도로서, 각 필지의 경계점을 일정한 축척의 도면에 폐합된 다각형의 형태로 표시하여 등록하는 제도이다.
  - 토지 경계의 효력을 도면에 등록된 경계에만 의존하는 제도로서, 경계 결정방법은 측판측량 및 항공사진측량 방법에 의한다.
- 수치지적
  - 수치 데이터로 작성된 것을 의미하며 국가기준계에 의하여 좌표로 표시된 것을 말한다.
  - 경계점의 위치를 평면직각좌표(X, Y)를 이용하여 등록·관리하는 지적제도로, 지상측량에 의한 수치지적측량 및 항측에 의한 해석적 측량방법에 의해 좌표를 결정한다.

■ 등록대상에 의한 지적제도의 분류
- 2차원 지적 : 토지의 경계 및 지목 등을 등록하는 것으로 선과 면으로 구성된다.
- 3차원 지적 : 지하와 지상에 설치된 시설물까지 등록으로 입체지적이라고도 한다.
- 4차원 지적 : 3차원 지적에 시간적인 사항을 추가하여 토지를 등록·관리하는 형태의 지적제도이다.

■ 소극적 지적과 적극적 지적
- 소극적 지적 : 토지를 지적공부에 등록하는 것을 의무화하지 않고 당사자가 신고할 때 신고된 사항만을 등록하는 제도이다.
- 적극적 지적 : 신고가 없어도 국가가 직권으로 등록사항을 조사·등록하는 방식이다.

■ 문기
조선시대 토지나 가옥의 매매계약이 성립하기 위하여 매수인, 매도인 쌍방의 합의 외에 대가의 수수목적물의 인도 시 서면으로 작성하는 계약서로, 오늘날 매매계약서와 동일한 기능을 한다.

■ 양안(量案)
- 조선시대 조세 부과를 목적으로 전지(田地)를 측량하여 만든 토지등록장부로서 오늘날의 토지대장이다.
- 토지 소재지, 기주(토지소유자), 지목, 지호(지번), 토지등급(비옥도), 사표(토지 위치), 토지결부수(면적), 전형(토지 형태), 양전 방향, 진기(경작 여부), 농가소득 정도 등을 파악할 수 있는 자료이다.
- 법제적으로 20년마다 한 번씩 전국적인 규모로 양전(量田)을 실시하고, 이를 토대로 양안을 작성하여 호조 및 해당 도(道)와 읍(邑)에 각각 1부씩을 보관하도록 하였다.

■ 토지조사사업의 목적
- 일본 자본의 토지 점유를 돕기 위해
- 식민지 통치를 위한 조세 수입 체계를 확립하기 위해
- 조선총독부가 경작지로 가능한 미개간지를 점유하기 위해
- 일본식민에 대한 제도적 지원대책을 확립하기 위해
- 미곡의 일본 수출 증가를 위한 토지이용제도 정비를 위해
- 일본의 공업화에 따른 노동력 부족을 충당하기 위해

■ 토지조사사업 당시의 조사 내용
- 토지의 소유권 조사
- 토지의 가격 조사
- 토지의 외모(지형·지모) 조사

▌ 사정(査定)
- 사정은 토지소유자 및 토지의 경계(강계)를 확정하는 행정처분으로, 원래의 토지소유권은 소멸시키고 새로운 소유권을 취득하는 것이다.
- 토지조사사업 당시 사정의 대상 : 강계, 소유자

▌ 지적의 3요소
- 토지 : 지적공부의 등록대상으로서의 토지를 말한다. 국토의 전부로 국유지와 사유지를 불문하며 인위적으로 구획한 필지를 단위로 등록한다.
- 등록 : 토지에 관한 일정한 사항을 지적공부에 기록하는 행위이다. 즉, 각 필지의 소재, 지번, 지목, 면적, 경계, 좌표 등을 기록하는 지적의 주된 행위를 의미한다.
- 지적공부 : 토지를 구획하여 일정한 사항을 기록한 장부이다. 토지대장, 임야대장, 공유지연명부, 대지권등록부, 지적도, 임야도 및 경계점좌표등록부 등이 있다.

▌ 필지
- 물권이 미치는 권리의 객체로서 지적공부에 등록하는 토지의 등록단위이다.
- 법률에 의해 정해지는 토지의 등록단위이다.
- 토지소유권의 구분에 의하여 인위적으로 구획된 것이다.
- 국가가 인위적으로 정하는 토지의 등록단위이다.
- 필지의 기능 : 토지소유권의 단위, 토지조사의 기본단위, 토지등록의 기본단위, 토지공시의 기본단위

▌ 경계 설정의 원칙
- 경계국정주의 원칙 : 지적공부에 등록하는 경계는 국가 지적측량을 통하여 결정한다.
- 경계직선주의 원칙 : 경계는 실제 모습대로 표시하지 않고 최단거리 직선으로 연결표시한다.
- 경계불가분의 원칙 : 경계는 선이므로 위치와 길이만 있을 뿐 너비는 없는 것이다.
- 축척종대의 원칙 : 동일한 경계가 축척이 다른 도면에 각각 등록되어 있을 때에는 축척이 큰 도면의 경계에 따른다는 원칙이다.
- 부동성의 원칙 : 경계는 한번 정해지면 적법절차에 의하지 않고서는 움직이지 않는다.

▌ 지상경계의 결정기준 등(영 제55조)
- 연접되는 토지 간에 높낮이 차이가 없는 경우 : 그 구조물 등의 중앙
- 연접되는 토지 간에 높낮이 차이가 있는 경우 : 그 구조물 등의 하단부
- 도로·구거 등의 토지에 절토(땅깎기)된 부분이 있는 경우 : 그 경사면의 상단부
- 토지가 해면 또는 수면에 접하는 경우 : 최대만조위 또는 최대만수위가 되는 선
- 공유수면매립지의 토지 중 제방 등을 토지에 편입하여 등록하는 경우 : 바깥쪽 어깨 부분

▌ 지번의 개념

- 필지에 부여하여 지적공부에 등록한 번호이다.
- 지번은 호적에서 사람의 이름과 같다.
- 토지의 개별성을 확보하기 위하여 붙이는 번호이다.
- 토지의 특정성을 보장하기 위한 요소이다.
- 토지의 식별에 쓰인다.
- 지번은 지적소관청이 지번부여지역별로 차례대로 부여한다.
- 토지의 지리적 위치의 고정성을 확보하기 위하여 부여한다.

▌ 지번의 부여방식

- 진행 방향에 따른 지번부여방법 : 사행식, 기우식(교호식), 단지식
- 기번 위치에 따른 지번부여방법 : 북서기번법, 북동기번법
- 설정 단위에 따른 지번부여방법 : 지역단위법, 도엽단위법, 단지단위법

▌ 지목의 설정 원칙

- 지목 법정주의 : 지목의 종류와 내용을 법에서 정하고, 법에서 정하지 않는 지목은 인정할 수 없다는 원칙이다.
- 1필 1목의 원칙 : 1필지의 토지에는 1개의 지목만을 설정해야 한다.
- 주지목 추종의 원칙 : 1필지의 사용목적 또는 용도가 2 이상의 지목에 해당되는 경우에는 주된 사용목적 또는 용도에 따라 지목을 설정한다.
- 등록 선후의 원칙 : 도로, 철도용지, 하천, 제방, 구거, 수도용지 등의 지목이 서로 중복될 때 먼저 등록된 토지의 사용목적에 따라 지목을 설정한다.
- 용도 경중의 원칙 : 도로, 철도용지, 하천, 제방, 구거, 수도용지 등의 지목이 중복되는 때에는 용도의 경중 등의 순서에 따라 지목을 설정한다.
- 사용목적 추종의 원칙 : 도시개발사업, 도시계획사업, 농지개량사업, 택지개발사업, 공업단지조성사업 등의 공사가 준공된 토지는 그 사용목적에 따라 지목을 설정한다.
- 영속성의 원칙(일시변경 불변의 원칙) : 다른 지목에 해당하는 용도로 변경시킬 목적이 아닌 임시적이고 일시적인 용도의 변경이 있더라도 지목의 변경은 하지 않는다.

▌ 면적의 단위 : m^2(제곱미터)로 한다.

▮ 면적의 결정방법(오사오입)

구분	축척 $\frac{1}{500}$, $\frac{1}{600}$ 또는 경계점좌표등록부에 등록하는 지역	축척 $\frac{1}{1000}$, $\frac{1}{1200}$, $\frac{1}{2400}$, $\frac{1}{3000}$, $\frac{1}{6000}$ 에 등록하는 지역
등록 자리수	소수 한 자리	자연수(정수)
최소면적	$0.1m^2$	$1m^2$

소수처리방법 (오사오입)	• $0.05m^2$ 미만 → 버림
	• $0.05m^2$ 초과 → 올림
	• $0.05m^2$일 때 구하려는 끝자리의 숫자가
	  - 0 또는 짝수 → 버림
	  - 홀수 → 올림
		• $0.5m^2$ 미만 → 버림
		• $0.5m^2$ 초과 → 올림
		• $0.5m^2$일 때 구하려는 끝자리의 숫자가
		  - 0 또는 짝수 → 버림
		  - 홀수 → 올림

※ 지적도의 축척이 1/600인 경우, 1필지의 면적이 $0.1m^2$ 미만일 때에는 $0.1m^2$로 한다.

▮ 축척, 거리, 면적의 관계

- $\frac{1}{m} = \frac{도상거리}{실제거리}$

- $\left(\frac{1}{m}\right)^2 = \frac{도상면적}{실제면적}$

여기서, m : 축척분모

▮ 토지등록의 원칙

- 등록의 원칙(등록주의) : 토지에 관한 모든 표시사항을 지적공부에 등록하여야 하고, 토지의 이동이 발생하면 그 변동사항을 정리·등록해야 한다는 원칙이다.
- 신청의 원칙 : 지적법상 지적정리는 신청을 원칙으로 하고, 신청이 없는 경우는 직권으로 처리한다.
- 특정화의 원칙 : 모든 토지는 특정적이면서 단순하고 명확한 방법에 의하여 인식될 수 있도록 개별화하는 것을 의미하며 지번부여, 경계표시 등에 의하여 특정화된다.
- 국정주의 및 직권주의 : 지적사무는 국가의 고유 사무로, 지적공부의 등록사항인 토지의 지번, 지목, 경계, 좌표 및 면적의 결정은 국가의 공권력에 의하여 국가만이 결정할 수 있다는 원칙이다.
- 공시의 원칙(공개주의) : 토지등록의 법적 지위에 있어서 토지이동이나 물권의 변동은 반드시 외부에 알려야 한다는 원칙이다.
- 공신의 원칙 : 선의의 거래자를 보호하여 진실로 등기 내용과 같은 권리관계가 존재한 것처럼 법률효과를 인정하려는 원칙이다.

토지등록의 편성방법
- 인적 편성주의 : 개개의 권리자를 중심으로 지적공부를 편성하는 방법이다.
- 물적 편성주의 : 개개의 토지를 중심으로 지적공부를 편성하는 방법이다. 우리나라 토지대장과 같이 지번 순서에 따라 등록되고, 분할되더라도 본번과 관련하여 편철하고 소유자의 변동을 계속 수정하여 관리한다.
- 인적·물적 편성주의 : 물적 편성주의를 기본으로 하고 인적 편성주의 요소를 가미하는 방법이다.
- 연대적 편성주의 : 등록·신청한 시간적 순서에 의하여 지적공부를 편성하는 방법이다.

토지대장의 형식 : 장부식, 편철식, 카드식

지적소관청
- 지적공부를 관리하는 특별자치시장, 시장·군수 또는 구청장을 말한다.
- 지적공부에 토지를 등록하는 경우 등록 주체 : 소관청

지적위원회(법 제28조)
- 다음의 사항을 심의·의결하기 위하여 국토교통부에 중앙지적위원회를 둔다.
    - 지적 관련 정책 개발 및 업무 개선 등에 관한 사항
    - 지적측량기술의 연구·개발 및 보급에 관한 사항
    - 지적측량 적부심사(適否審査)에 대한 재심사(再審査)
    - 측량기술자 중 지적분야 측량기술자의 양성에 관한 사항
    - 지적기술자의 업무정지 처분 및 징계요구에 관한 사항
- 지적측량에 대한 적부심사 청구사항을 심의·의결하기 위하여 특별시·광역시·특별자치시·도 또는 특별자치도에 지방지적위원회를 둔다.

중앙지적위원회의 구성 등(영 제20조)
- 중앙지적위원회는 위원장 1명과 부위원장 1명을 포함하여 5명 이상 10명 이하의 위원으로 구성한다.
- 위원장은 국토교통부의 지적업무 담당 국장이, 부위원장은 국토교통부의 지적업무 담당 과장이 된다.
- 위원은 지적에 관한 학식과 경험이 풍부한 사람 중에서 국토교통부장관이 임명하거나 위촉한다.

CHAPTER 02 지적 관련 법규

■ 공간정보관리법의 목적(법 제1조)
이 법은 측량의 기준 및 절차와 지적공부, 부동산종합공부의 작성 및 관리 등에 관한 사항을 규정함으로써 국토의 효율적 관리 및 국민의 소유권 보호에 기여함을 목적으로 한다.

■ 정의(법 제2조)
- 지적공부 : 토지대장, 임야대장, 공유지연명부, 대지권등록부, 지적도, 임야도 및 경계점좌표등록부 등 지적측량 등을 통하여 조사된 토지의 표시와 해당 토지의 소유자 등을 기록한 대장 및 도면(정보처리시스템을 통하여 기록·저장된 것을 포함한다)을 말한다.
- 필지 : 대통령령으로 정하는 바에 따라 구획되는 토지의 등록단위를 말한다.
- 지번 : 필지에 부여하여 지적공부에 등록한 번호를 말한다.
- 지번부여지역 : 지번을 부여하는 단위지역으로서 동·리 또는 이에 준하는 지역을 말한다.
- 지목 : 토지의 주된 용도에 따라 토지의 종류를 구분하여 지적공부에 등록한 것을 말한다.
- 신규등록 : 새로 조성된 토지와 지적공부에 등록되어 있지 아니한 토지를 지적공부에 등록하는 것을 말한다.
- 등록전환 : 임야대장 및 임야도에 등록된 토지를 토지대장 및 지적도에 옮겨 등록하는 것을 말한다.
- 분할 : 지적공부에 등록된 1필지를 2필지 이상으로 나누어 등록하는 것을 말한다.
- 합병 : 지적공부에 등록된 2필지 이상을 1필지로 합하여 등록하는 것을 말한다.
- 지목변경 : 지적공부에 등록된 지목을 다른 지목으로 바꾸어 등록하는 것을 말한다.

■ 지적측량을 하여야하는 경우(법 제23조, 영 제18조)
- 지적기준점을 정하는 경우
- 지적측량성과를 검사하는 경우
- 다음에 해당하는 경우로서 측량을 할 필요가 있는 경우
  - 지적공부를 복구하는 경우
  - 토지를 신규등록하는 경우
  - 토지를 등록전환하는 경우
  - 토지를 분할하는 경우
  - 바다가 된 토지의 등록을 말소하는 경우

- 축척을 변경하는 경우
- 지적공부의 등록사항을 정정하는 경우
- 도시개발사업 등의 시행지역에서 토지의 이동이 있는 경우
- 지적재조사에 관한 특별법에 따른 지적재조사사업에 따라 토지의 이동이 있는 경우
- 경계점을 지상에 복원하는 경우
- 그 밖에 대통령령으로 정하는 경우 : 지상건축물 등의 현황을 지적도 및 임야도에 등록된 경계와 대비하여 표시하는 데에 필요한 경우(지적현황측량)

토지이동과 측량대상의 비교

토지이동	신규등록, 등록전환, 지목변경, 분할, 합병, 등록말소 및 회복, 축척변경, 등록사항 정정 등 ※ 토지이동이 아닌 것 : 소유자에 관한 것, 토지등급 변동, 개별공시지가 변동 등
측량대상	신규등록, 등록전환, 분할, 축척변경, 토지 일부의 등록말소 ※ 측량대상이 아닌 것 : 지목변경, 합병, 토지 전부의 등록말소

토지의 조사·등록 등(법 제64조)

- 국토교통부장관은 모든 토지에 대하여 필지별로 소재, 지번, 지목, 면적, 경계 또는 좌표 등을 조사·측량하여 지적공부에 등록하여야 한다.
- 지적공부에 등록하는 지번, 지목, 면적, 경계 또는 좌표는 토지의 이동이 있을 때 토지소유자의 신청을 받아 지적소관청이 결정한다. 신청이 없으면 지적소관청이 직권으로 조사·측량하여 결정할 수 있다.

지번의 부여 등(법 제66조)

- 지번은 지적소관청이 지번부여지역별로 차례대로 부여한다.
- 지적소관청은 지적공부에 등록된 지번을 변경할 필요가 있다고 인정하면 시·도지사나 대도시 시장의 승인을 받아 지번부여지역의 전부 또는 일부에 대하여 지번을 새로 부여할 수 있다.

지번의 구성(영 제56조)

- 지번은 아라비아숫자로 표기하되, 임야대장 및 임야도에 등록하는 토지의 지번은 숫자 앞에 "산"자를 붙인다.
- 지번은 본번(本番)과 부번(副番)으로 구성하되, 본번과 부번 사이에 "-"표시로 연결한다. 이 경우 "-"표시는 "의"라고 읽는다.

지번의 부여방법(영 제56조)

- 지번은 북서에서 남동으로 순차적으로 부여한다.
- 신규등록 및 등록전환의 경우에는 그 지번부여지역에서 인접 토지의 본번에 부번을 붙여서 지번을 부여한다.
- 분할의 경우에는 분할 후의 필지 중 1필지의 지번은 분할 전의 지번으로 하고, 지번을 부여한 나머지 필지의 지번은 본번의 최종 부번 다음 순번으로 부번을 부여한다. 이 경우 주거, 사무실 등의 건축물이 있는 필지에 대해서는 분할 전의 지번을 우선하여 부여한다.
- 필지 합병의 경우에는 합병 대상 지번 중 선순위의 지번을 그 지번으로 하되, 본번으로 된 지번이 있을 경우 본번 중 선순위의 지번을 합병 후 지번으로 한다.

결번대장의 비치(규칙 제63조)

지적소관청은 행정구역의 변경, 도시개발사업의 시행, 지번변경, 축척변경, 지번정정 등의 사유로 지번에 결번이 생긴 때에는 지체 없이 그 사유를 결번대장에 적어 영구히 보존하여야 한다.

지목의 종류(28종)

전, 답, 과수원, 목장용지, 임야, 광천지, 염전, 대(垈), 공장용지, 학교용지, 주차장, 주유소용지, 창고용지, 도로, 철도용지, 제방(堤防), 하천, 구거(溝渠), 유지(溜池), 양어장, 수도용지, 공원, 체육용지, 유원지, 종교용지, 사적지, 묘지, 잡종지로 구분하여 정한다.

지목의 표기방법(규칙 제64조)

지목을 지적도 및 임야도(이하 지적도면이라 한다)에 등록하는 때에는 다음의 부호로 표기하여야 한다.

지목	부호	지목	부호	지목	부호	지목	부호
전	전	대	대	철도용지	철	공원	공
답	답	공장용지	장	제방	제	체육용지	체
과수원	과	학교용지	학	하천	천	유원지	원
목장용지	목	주차장	차	구거	구	종교용지	종
임야	임	주유소용지	주	유지	유	사적지	사
광천지	광	창고용지	창	양어장	양	묘지	묘
염전	염	도로	도	수도용지	수	잡종지	잡

※ 지목표기 시 두문자가 아닌 차문자로 표기하는 지목은 공장용지, 주차장, 하천, 유원지이다.

지목의 구분(영 제58조)

- 전 : 물을 상시적으로 이용하지 않고 곡물, 원예작물(과수류는 제외한다), 약초, 뽕나무, 닥나무, 묘목, 관상수 등의 식물을 주로 재배하는 토지와 식용(食用)으로 죽순을 재배하는 토지
- 답 : 물을 상시적으로 직접 이용하여 벼, 연(蓮), 미나리, 왕골 등의 식물을 주로 재배하는 토지

- 과수원 : 사과, 배, 밤, 호두, 귤나무 등 과수류를 집단적으로 재배하는 토지와 이에 접속된 저장고 등 부속시설물의 부지. 다만, 주거용 건축물의 부지는 "대"로 한다.
- 임야 : 산림 및 원야(原野)를 이루고 있는 수림지(樹林地), 죽림지, 암석지, 자갈땅, 모래땅, 습지, 황무지 등의 토지
- 광천지 : 지하에서 온수, 약수, 석유류 등이 용출되는 용출구(湧出口)와 그 유지(維持)에 사용되는 부지. 다만, 온수, 약수, 석유류 등을 일정한 장소로 운송하는 송수관, 송유관 및 저장시설의 부지는 제외한다.
- 대 : 영구적 건축물 중 주거, 사무실, 점포와 박물관, 극장, 미술관 등 문화시설과 이에 접속된 정원 및 부속시설물의 부지
- 철도용지 : 교통 운수를 위하여 일정한 궤도 등의 설비와 형태를 갖추어 이용되는 토지와 이에 접속된 역사(驛舍), 차고, 발전시설 및 공작창(工作廠) 등 부속시설물의 부지
- 유지(溜池) : 물이 고이거나 상시적으로 물을 저장하고 있는 댐, 저수지, 소류지(沼溜地), 호수, 연못 등의 토지와 연, 왕골 등이 자생하는 배수가 잘 되지 아니하는 토지
- 수도용지 : 물을 정수하여 공급하기 위한 취수, 저수, 도수(導水), 정수, 송수 및 배수 시설의 부지 및 이에 접속된 부속시설물의 부지

▌지적도면의 축척(규칙 제69조)
- 지적도(7종) : 1/500, 1/600, 1/1000, 1/1200, 1/2400, 1/3000, 1/6000
- 임야도(2종) : 1/3000, 1/6000

▌신규등록 신청(법 제77조)
- 토지소유자는 신규등록할 토지가 있는 경우, 그 사유가 발생한 날부터 최대 60일 이내에 지적소관청에 신규등록을 신청하여야 한다.
- 토지를 신규등록하는 경우 면적의 결정은 지적소관청이 한다.

▌등록전환 신청(법 제78조)
토지소유자는 등록전환할 토지가 있으면 대통령령으로 정하는 바에 따라 그 사유가 발생한 날부터 60일 이내에 지적소관청에 등록전환을 신청하여야 한다.

▌분할 신청(법 제79조)
- 토지소유자는 지적공부에 등록된 1필지의 일부가 형질변경 등으로 용도가 변경된 경우에는 대통령령으로 정하는 바에 따라 용도가 변경된 날부터 60일 이내에 지적소관청에 토지의 분할을 신청하여야 한다.
- 분할을 신청할 수 있는 경우 : 소유권이전·매매 등을 위하여 필요한 경우, 토지이용상 불합리한 지상경계를 시정하기 위한 경우

▌ 합병 신청(법 제80조)

토지소유자는 주택법에 따른 공동주택의 부지, 도로, 제방, 하천, 구거, 유지, 그 밖에 공장용지, 학교용지, 철도용지, 수도용지, 공원, 체육용지 등 다른 지목의 토지로서 합병하여야 할 토지가 있으면 그 사유가 발생한 날부터 60일 이내에 지적소관청에 합병을 신청하여야 한다.

▌ 합병 신청을 할 수 없는 경우

- 합병하려는 토지의 지번부여지역, 지목 또는 소유자가 서로 다른 경우
- 합병하려는 토지에 다음의 등기 외의 등기가 있는 경우
  - 소유권, 지상권, 전세권 또는 임차권의 등기
  - 승역지(承役地)에 대한 지역권의 등기
  - 합병하려는 토지 전부에 대한 등기원인 및 그 연월일과 접수번호가 같은 저당권의 등기
  - 합병하려는 토지 전부에 대한 부동산등기법 신탁등기의 등기사항이 동일한 신탁등기
- 그 밖에 대통령령으로 정하는 경우(영 제66조)
  - 합병하려는 토지의 지적도 및 임야도의 축척이 서로 다른 경우
  - 합병하려는 각 필지가 서로 연접하지 않은 경우
  - 합병하려는 토지가 등기된 토지와 등기되지 아니한 토지인 경우
  - 합병하려는 각 필지의 지목은 같으나 일부 토지의 용도가 다르게 되어 법에 따른 분할대상 토지인 경우. 다만, 합병 신청과 동시에 토지의 용도에 따라 분할 신청을 하는 경우는 제외한다.
  - 합병하려는 토지의 소유자별 공유지분이 다른 경우
  - 합병하려는 토지가 구획정리, 경지정리 또는 축척변경을 시행하고 있는 지역의 토지와 그 지역 밖의 토지인 경우
  - 합병하려는 토지소유자의 주소가 서로 다른 경우. 단, 토지등기사항증명서, 법인등기사항증명서(신청인이 법인인 경우), 주민등록표 초본(신청인이 개인인 경우)을 확인한 결과 토지소유자가 동일인임을 확인할 수 있는 경우는 제외한다.

▌ 지목변경 신청(법 제81조)

토지소유자는 지목변경을 할 토지가 있으면 대통령령으로 정하는 바에 따라 그 사유가 발생한 날부터 60일 이내에 지적소관청에 지목변경을 신청하여야 한다.

▌ 바다로 된 토지의 등록말소 신청(법 제82조)

지적소관청은 지적공부에 등록된 토지가 지형의 변화 등으로 바다로 된 경우로서 원상(原狀)으로 회복될 수 없거나 다른 지목의 토지로 될 가능성이 없는 경우에는 지적공부에 등록된 토지소유자에게 지적공부의 등록말소 신청을 하도록 통지하여야 한다.

■ 청산금의 산정(영 제75조)

청산을 할 때에는 축척변경위원회의 의결을 거쳐 지번별로 m^2당 금액을 정하여야 한다. 이 경우 지적소관청은 시행공고일 현재를 기준으로 그 축척변경 시행지역의 토지에 대하여 지번별 m^2당 금액을 미리 조사하여 축척변경위원회에 제출하여야 한다.

■ 축척변경위원회의 구성 등(영 제79조)
- 축척변경위원회는 5명 이상 10명 이하의 위원으로 구성하되, 위원의 1/2 이상을 토지소유자로 하여야 한다. 이 경우 그 축척변경 시행지역의 토지소유자가 5명 이하일 때에는 토지소유자 전원을 위원으로 위촉하여야 한다.
- 위원장은 위원 중에서 지적소관청이 지명한다.
- 위원은 다음의 사람 중에서 지적소관청이 위촉한다.

■ 등기촉탁(법 제89조)
- 지적소관청은 다음의 사유로 토지의 표시 변경에 관한 등기를 할 필요가 있는 경우에는 지체 없이 관할 등기관서에 그 등기를 촉탁해야 한다. 이 경우 등기촉탁은 국가가 국가를 위해 하는 등기로 본다.
- 등기촉탁의 사유
  - 지적공부에 등록하는 지번, 지목, 면적, 경계 또는 좌표는 토지의 이동이 있을 때(신규등록 제외)
  - 지적공부에 등록된 지번을 변경하는 경우
  - 바다로 된 토지의 등록말소 신청을 하는 경우
  - 축척을 변경하는 경우
  - 지적공부의 등록사항을 정정하는 경우
  - 행정구역의 개편에 따라 지번을 새로 부여하는 경우

■ 지적공부의 정리 등(영 제84조)

지적소관청은 지적공부가 다음의 어느 하나에 해당하는 경우에는 지적공부를 정리하여야 한다. 이 경우 이미 작성된 지적공부에 정리할 수 없을 때에는 새로 작성하여야 한다.
- 지번을 변경하는 경우
- 지적공부를 복구하는 경우
- 신규등록, 등록전환, 분할, 합병, 지목변경 등 토지의 이동이 있는 경우

■ 지적정리 등의 통지(영 제85조)
- 토지의 표시에 관한 변경등기가 필요한 경우 : 그 등기완료의 통지서를 접수한 날부터 15일 이내
- 토지의 표시에 관한 변경등기가 필요하지 아니한 경우 : 지적공부에 등록한 날부터 7일 이내

■ 성능검사의 대상 및 주기 등(영 제97조)
- 트랜싯(데오드라이트) : 3년
- 레벨 : 3년
- 거리측정기 : 3년
- 토털 스테이션(total station : 각도·거리 통합 측량기) : 3년
- 지엔에스에스(GNSS) 수신기 : 3년
- 금속 또는 비금속 관로 탐지기 : 3년

■ 3년 이하의 징역 또는 3,000만원 이하의 벌금(법 제107조)
측량업자로서 속임수, 위력(威力), 그 밖의 방법으로 측량업과 관련된 입찰의 공정성을 해친 자

■ 2년 이하의 징역 또는 2,000만원 이하의 벌금(법 제108조)
- 측량기준점표지를 이전 또는 파손하거나 그 효용을 해치는 행위를 한 자
- 고의로 측량성과를 사실과 다르게 한 자
- 기본 또는 공공 측량성과를 국외로 반출한 자
- 측량업의 등록을 하지 아니하거나 거짓이나 그 밖의 부정한 방법으로 측량업의 등록을 하고 측량업을 한 자
- 측량기기 성능검사를 부정하게 한 성능검사대행자
- 성능검사대행자의 등록을 하지 아니하거나 거짓이나 그 밖의 부정한 방법으로 성능검사대행자의 등록을 하고 성능검사업무를 한 자

■ 1년 이하의 징역 또는 1,000만원 이하의 벌금(법 제109조)
- 무단으로 측량성과 또는 측량기록을 복제한 자
- 심사를 받지 아니하고 지도 등을 간행하여 판매하거나 배포한 자
- 측량기술자가 아님에도 불구하고 측량을 한 자
- 업무상 알게 된 비밀을 누설한 측량기술자
- 둘 이상의 측량업자에게 소속된 측량기술자
- 다른 사람에게 측량업등록증 또는 측량업등록수첩을 빌려주거나 자기의 성명 또는 상호를 사용하여 측량업무를 하게 한 자
- 다른 사람의 측량업등록증 또는 측량업등록수첩을 빌려서 사용하거나 다른 사람의 성명 또는 상호를 사용하여 측량업무를 한 자
- 지적측량수수료 외의 대가를 받은 지적측량기술자
- 거짓으로 신규등록 신청, 분할 신청, 합병 신청, 지목변경 신청, 바다로 된 토지의 등록말소 신청, 축척변경 신청, 등록사항의 정정 신청, 도시개발사업 등 시행지역의 토지이동 신청을 한 자

- 다른 사람에게 자기의 성능검사대행자 등록증을 빌려 주거나 자기의 성명 또는 상호를 사용하여 성능검사대행업무를 수행하게 한 자
- 다른 사람의 성능검사대행자 등록증을 빌려서 사용하거나 다른 사람의 성명 또는 상호를 사용하여 성능검사대행업무를 수행한 자

▌지적삼각점측량의 관측 및 계산(지적측량 시행규칙 제9조)

- 경위의측량방법에 따른 지적삼각점의 관측과 계산 기준
  - 관측은 10초독(秒讀) 이상의 경위의를 사용할 것
  - 수평각관측은 3대회(大回, 윤곽도는 0°, 60°, 120°로 한다)의 방향관측법에 따를 것
  - 수평각의 측각공차(測角公差)는 다음 표에 따를 것

종별	1방향각	1측회의 폐색	삼각형 내각관측의 합과 180°와의 차	기지각과의 차
공차	30초 이내	±30초 이내	±30초 이내	±40초 이내

- 전파기 또는 광파기측량방법에 따른 지적삼각점의 관측과 계산 기준
  - 전파 또는 광파측거기는 표준편차가 ±(5mm + 5ppm) 이상인 정밀측거기를 사용할 것
  - 점 간 거리는 5회 측정하여 그 측정치의 최대치와 최소치의 교차가 평균치의 1/100000 이하일 때에는 그 평균치를 측정거리로 하고, 원점에 투영된 평면거리에 따라 계산할 것

▌지적삼각보조점의 관측 및 계산(지적측량 시행규칙 제11조)

- 관측은 20초독 이상의 경위의를 사용할 것
- 수평각관측은 2대회(윤곽도는 0°, 90°로 한다)의 방향관측법에 따를 것
- 수평각의 측각공차는 다음 표에 따를 것. 이 경우 삼각형 내각의 관측치를 합한 값과 180°와의 차는 내각을 전부 관측한 경우에 적용한다.

종별	1방향각	1측회의 폐색	삼각형 내각관측의 합과 180°와의 차	기지각과의 차
공차	40초 이내	±40초 이내	±50초 이내	±50초 이내

- 계산단위는 다음 표에 따를 것

종별	각	변의 길이	진수	좌표
공차	초	cm	6자리 이상	cm

- 2개의 삼각형으로부터 계산한 위치의 연결교차($\sqrt{종선교차^2 + 횡선교차^2}$ 을 말한다)가 0.30m 이하일 때에는 그 평균치를 지적삼각보조점의 위치로 할 것. 이 경우 기지점과 소구점 사이의 방위각 및 거리는 평균치에 따라 새로 계산하여 정한다.

지적도근점측량의 도선(지적측량 시행규칙 제12조)

- 1등도선은 위성기준점, 통합기준점, 삼각점, 지적삼각점 및 지적삼각보조점의 상호간을 연결하는 도선 또는 다각망도선으로 할 것
- 2등도선은 위성기준점, 통합기준점, 삼각점, 지적삼각점 및 지적삼각보조점과 지적도근점을 연결하거나 지적도근점 상호 간을 연결하는 도선으로 할 것
- 1등도선은 가·나·다 순으로 표기하고, 2등도선은 ㄱ·ㄴ·ㄷ 순으로 표기할 것

지적도근점의 관측 및 계산(지적측량 시행규칙 제13조)

- 수평각의 관측은 시가지 지역, 축척변경지역 및 경계점좌표등록부 시행 지역에 대하여는 배각법에 따르고, 그 밖의 지역에 대하여는 배각법과 방위각법을 혼용할 것
- 관측은 20초독 이상의 경위의를 사용할 것
- 관측과 계산은 다음 표에 따를 것

종별	각	측정 횟수	거리	진수	좌표
배각법	초	3회	cm	5자리 이상	cm
방위각법	분	1회	cm	5자리 이상	cm

- 점 간 거리를 측정하는 경우에는 2회 측정하여 그 측정치의 교차가 평균치의 1/3000 이하일 때에는 그 평균치를 점간거리로 할 것. 이 경우 점간거리가 경사(傾斜)거리일 때에는 수평거리로 계산하여야 한다.
- 연직각을 관측하는 경우에는 올려본 각과 내려본 각을 관측하여 그 교차가 90초 이내일 때에는 그 평균치를 연직각으로 할 것

지적도근점측량에서의 연결오차의 허용범위(지적측량 시행규칙 제15조)

- 1등도선은 해당 지역 축척분모의 $\frac{1}{100}\sqrt{n}\,[\text{cm}]$ 이하로 할 것
- 2등도선은 해당 지역 축척분모의 $\frac{1.5}{100}\sqrt{n}\,[\text{cm}]$ 이하로 할 것

여기서, n : 각 측선의 수평거리의 총합계를 100으로 나눈 수

일람도 및 지번색인표의 등재사항(지적업무처리규정 제37조)

일람도	• 지번부여지역의 경계 및 인접지역의 행정구역명칭 • 도면의 제명 및 축척 • 도곽선과 그 수치 • 도면번호 • 도로·철도·하천·구거·유지·취락 등 주요 지형·지물의 표시
지번색인표	• 제명 • 지번·도면번호 및 결번

■ 일람도의 제도(지적업무처리규정 제38조)

- 일람도의 축척은 그 도면축척의 10분의 1로 한다. 다만, 도면의 장수가 많아서 한 장에 작성할 수 없는 경우에는 축척을 줄여서 작성할 수 있으며, 도면의 장수가 4장 미만인 경우에는 일람도의 작성을 하지 아니할 수 있다.
- 일람도의 제도방법
  - 도면에 등록하는 도곽선은 0.1mm의 폭으로, 도곽선의 수치는 도곽선 왼쪽 아랫부분과 오른쪽 윗부분의 종횡선교차점 바깥쪽에 2mm 크기의 아라비아숫자로 제도한다.
  - 도면번호는 3mm의 크기로 한다.
  - 인접 동·리 명칭은 4mm, 그 밖의 행정구역 명칭은 5mm의 크기로 한다.
  - 지방도로 이상은 검은색 0.2mm 폭의 2선으로, 그 밖의 도로는 0.1mm의 폭으로 제도한다.
  - 철도용지는 붉은색 0.2mm 폭의 2선으로 제도한다.
  - 수도용지 중 선로는 남색 0.1mm 폭의 2선으로 제도한다.
  - 하천, 구거, 유지는 남색 0.1mm의 폭의 2선으로 제도하고, 그 내부를 남색으로 엷게 채색한다. 다만, 적은 양의 물이 흐르는 하천 및 구거는 0.1mm의 남색 선으로 제도한다.
  - 취락지, 건물 등은 검은색 0.1mm의 폭으로 제도하고, 그 내부를 검은색으로 엷게 채색한다.
  - 삼각점 및 지적기준점의 제도는 제43조를 준용한다.
  - 도시개발사업, 축척변경 등이 완료된 때에는 지구경계를 붉은색 0.1mm 폭의 선으로 제도한 후 지구 안을 붉은색으로 엷게 채색하고, 그 중앙에 사업명 및 사업완료연도를 기재한다.

■ 도곽선의 제도제도(지적업무처리규정 제40조)

- 도면의 위방향은 항상 북쪽이 되어야 한다.
- 지적도의 도곽 크기는 가로 40cm, 세로 30cm의 직사각형으로 한다.
- 도곽의 구획은 세계측지계 등에서 정한 좌표의 원점을 기준으로 하여 정하되, 그 도곽의 종횡선 수치는 좌표의 원점으로부터 기산하여 세계측지계 등에서 정한 종횡선 수치를 각각 가산한다.
- 이미 사용하고 있는 도면의 도곽크기는 위의 내용에도 불구하고 종전에 구획되어 있는 도곽과 그 수치로 한다.
- 도면에 등록하는 도곽선은 0.1mm의 폭으로, 도곽선의 수치는 도곽선 왼쪽 아랫부분과 오른쪽 윗부분의 종횡선 교차점 바깥쪽에 2mm 크기의 아라비아숫자로 제도한다.

■ 지번 및 지목의 제도(지적업무처리규정 제42조)

지번 및 지목을 제도할 때에는 2mm 이상 3mm 이하 크기의 명조체로 하고, 지번의 글자 간격은 글자크기의 1/4 정도, 지번과 지목의 글자 간격은 글자크기의 1/2 정도 띄어서 제도한다. 다만, 부동산종합공부시스템이나 레터링으로 작성할 경우에는 고딕체로 할 수 있다.

▌지적기준점 등의 제도(지적업무처리규정 제43조)

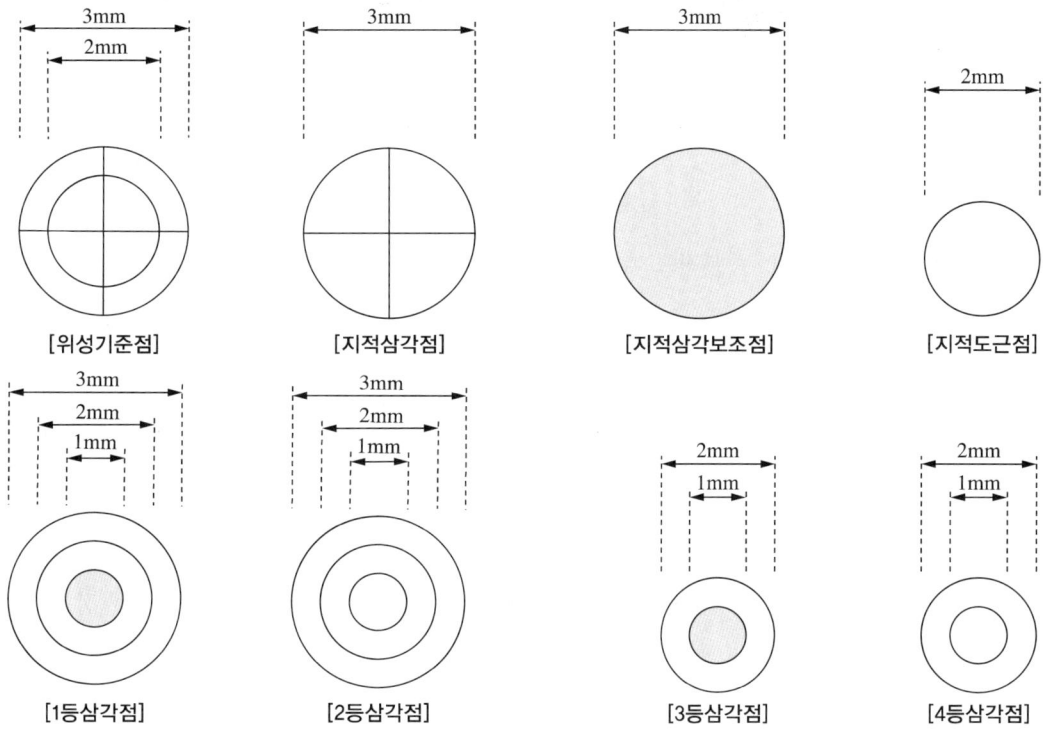

▌행정구역선의 제도(지적업무처리규정 제44조)

- 도면에 등록할 행정구역선은 0.4mm 폭으로 다음과 같이 제도한다. 다만, 동·리의 행정구역선은 0.2mm 폭으로 한다.
  - 국계는 실선 4mm와 허선 3mm로 연결하고 실선 중앙에 실선과 직각으로 교차하는 1mm의 실선을 긋고, 허선에 직경 0.3mm의 점 2개를 제도한다.
  - 시·도계는 실선 4mm와 허선 2mm로 연결하고 실선 중앙에 실선과 직각으로 교차하는 1mm의 실선을 긋고, 허선에 직경 0.3mm의 점 1개를 제도한다.
  - 시·군계는 실선과 허선을 각각 3mm로 연결하고, 허선에 0.3mm의 점 2개를 제도한다.
  - 읍·면·구계는 실선 3mm와 허선 2mm로 연결하고, 허선에 0.3mm의 점 1개를 제도한다.
  - 동·리계는 실선 3mm와 허선 1mm를 연결하여 제도한다.
  - 행정구역선이 2종 이상 겹치는 경우에는 최상급 행정구역선만 제도한다.
  - 행정구역선은 경계에서 약간 띄워서 그 외부에 제도한다.
- 행정구역의 명칭은 도면 여백의 넓이에 따라 4mm 이상 6mm 이하의 크기로 경계 및 지적기준점 등을 피하여 같은 간격으로 띄어서 제도한다.
- 도로, 철도, 하천, 유지 등의 고유명칭은 3mm 이상 4mm 이하의 크기로 같은 간격으로 띄어서 제도한다.

CHAPTER 03 지적측량 개요

■ **직각좌표계 원점** : 서부좌표계, 중부좌표계, 동부좌표계, 동해좌표계

■ **도곽선 수치**

동부원점, 중부원점, 서부원점을 기준으로 각 도곽선에 부여된 종횡선 수치를 말하는 것으로, 각 원점의 수치를 종선 500,000m(제주도 550,000m), 횡선 200,000m로 하여 도곽선의 수치가 언제나 정수가 되도록 한다.

■ **구소삼각지역의 직각좌표계 원점(11개)**

망산원점, 계양원점, 조본원점, 가리원점, 등경원점, 고초원점, 율곡원점, 현창원점, 구암원점, 금산원점, 소라원점

■ **측량기준점의 구분(영 제8조)**
- 국가기준점 : 우주측지기준점, 위성기준점, 수준점, 중력점, 통합기준점, 삼각점, 지자기점
- 공공기준점 : 공삼각점, 공공수준점
- 지적기준점 : 지적삼각점, 지적삼각보조점, 지적도근점

■ **지적기준점**
- 지적삼각점 : 지적측량 시 수평위치 측량의 기준으로 사용하기 위하여 국가기준점을 기준으로 하여 정한 기준점
- 지적삼각보조점 : 지적측량 시 수평위치 측량의 기준으로 사용하기 위하여 국가기준점과 지적삼각점을 기준으로 하여 정한 기준점
- 지적도근점 : 지적측량 시 필지에 대한 수평위치 측량 기준으로 사용하기 위하여 국가기준점, 지적삼각점, 지적삼각보조점 및 다른 지적도근점을 기초로 하여 정한 기준점

▌ 지적기준점성과의 관리 등(지적측량 시행규칙 제3조)
- 지적삼각점성과는 특별시장, 광역시장, 도지사 또는 특별자치도지사(이하 시·도지사)가 관리하고, 지적삼각보조점성과 및 지적도근점성과는 지적소관청이 관리할 것
- 지적소관청이 지적삼각점을 설치하거나 변경하였을 때에는 그 측량성과를 시·도지사에게 통보할 것
- 지적소관청은 지형지물 등의 변동으로 인하여 지적삼각점성과가 다르게 된 때에는 지체 없이 그 측량성과를 수정하고 그 내용을 시·도지사에게 통보할 것

▌ 지적기준점성과의 보관 및 열람 등(법 제27조)
- 시·도지사나 지적소관청은 지적기준점성과와 그 측량기록을 보관하고 일반인이 열람할 수 있도록 하여야 한다.
- 지적기준점성과의 등본이나 그 측량기록의 사본을 발급받으려는 자는 시·도지사나 지적소관청에 그 발급을 신청하여야 한다.

▌ 지적기준점성과의 열람 및 등본발급(규칙 제26조)
지적측량기준점성과 또는 그 측량부를 열람하거나 등본을 발급받으려는 자는 지적삼각점성과에 대해서는 시·도지사 또는 지적소관청에 신청하고, 지적삼각보조점성과 및 지적도근점성과에 대해서는 지적소관청에 신청하여야 한다.

▌ 지적측량의 구분 등(지적측량 시행규칙 제5조)
- 기초측량의 종류 : 지적삼각점측량, 지적삼각보조점측량, 지적도근점측량
- 세부측량의 종류
    - 토지의 이동이 발생하지 않는 경계복원측량, 지적현황측량, 도시계획선 명시측량
    - 토지의 이동이 발생하는 분할측량, 등록전환측량, 신규등록측량, 복구측량, 등록말소측량, 축척변경측량, 등록사항 정정측량, 지적확정측량

지적측량의 방법

종류		기초	계산	측량방법
기초측량	지적삼각점측량	• 위성기준점 • 통합기준점 • 삼각점 • 지적삼각점	• 평균계산법 • 망평균계산법	• 경위의측량방법 • 전파기 또는 광파기측량방법 • 위성측량방법 • 국토교통부장관이 승인한 측량방법
	지적삼각보조점측량	• 위성기준점 • 통합기준점 • 삼각점 • 지적삼각점 • 지적삼각보조점	• 교회법 • 다각망도선법	

	지적도근점측량	• 위성기준점
		• 통합기준점
		• 삼각점
		• 지적기준점
		  - 지적삼각점
		  - 지적삼각보조점
		  - 지적도근점
			• 도선법
			• 교회법
			• 다각망도선법	

세부측량		• 위성기준점
		• 통합기준점
		• 지적기준점
		  - 지적삼각점
		  - 지적삼각보조점
		  - 지적도근점
		• 경계점
			• 교회법
			• 도선법
			• 방사법
				• 경위의측량방법
				• 평판측량방법
				• 위성측량방법
				• 전자평판측량방법

지적기준점측량의 절차 및 순서

계획의 수립 → 준비 및 현지답사 → 선점 및 조표 → 관측 및 계산과 성과표의 작성

세부측량을 실시하는 경우(법 제23조)

- 지적측량성과를 검사하는 경우
- 지적공부를 복구하는 경우
- 토지를 신규등록, 등록전환, 분할하는 경우
- 바다가 된 토지의 등록을 말소하는 경우
- 축척을 변경하는 경우
- 지적공부의 등록사항을 정정하는 경우
- 도시개발사업 등의 시행지역에서 토지의 이동이 있는 경우
- 지적재조사사업에 따라 토지의 이동이 있는 경우
- 경계점을 지상에 복원하는 경우
- 그 밖에 대통령령으로 정하는 경우 : 지상건축물 등의 현황을 지적도 및 임야도에 등록된 경계와 대비하여 표시하는 데에 필요한 경우

CHAPTER 04 지적측량 관측 및 정리

▌측량준비 파일의 작성(지적측량 시행규칙 제17조)

평판측량방법에 따른 세부측량	• 측량대상 토지의 경계선, 지번 및 지목 • 인근 토지의 경계선, 지번 및 지목 • 임야도를 갖춰 두는 지역에서 인근 지적도의 축척으로 측량을 할 때에는 임야도에 표시된 경계점의 좌표를 구하여 지적도에 전개(展開)한 경계선. 다만, 임야도에 표시된 경계점의 좌표를 구할 수 없거나 그 좌표에 따라 확대하여 그리는 것이 부적당한 경우에는 축척비율에 따라 확대한 경계선을 말한다. • 행정구역선과 그 명칭 • 지적기준점 및 그 번호와 지적기준점 간의 거리, 지적기준점의 좌표, 그 밖에 측량의 기점이 될 수 있는 기지점 • 도곽선(圖廓線)과 그 수치 • 도곽선의 신축이 0.5mm 이상일 때에는 그 신축량 및 보정(補正) 계수
경위의측량방법에 따른 세부측량	• 측량대상 토지의 경계와 경계점의 좌표 및 부호도, 지번, 지목 • 인근 토지의 경계와 경계점의 좌표 및 부호도, 지번, 지목 • 행정구역선과 그 명칭 • 지적기준점 및 그 번호와 지적기준점 간의 방위각 및 그 거리 • 경계점 간 계산거리 • 도곽선과 그 수치

▌평판측량방법에 따른 세부측량을 교회법으로 하는 경우의 기준(지적측량 시행규칙 제18조)

- 전방교회법 또는 측방교회법에 따를 것
- 3방향 이상의 교회에 따를 것
- 방향각의 교각은 30° 이상 150° 이하로 할 것
- 방향선의 도상길이는 측판의 방위표정에 사용한 방향선의 도상길이 이하로서 10cm 이하로 할 것. 다만, 광파조준의 또는 광파측거기를 사용하는 경우에는 30cm 이하로 할 수 있다.
- 측량결과 시오삼각형이 생긴 경우 내접원의 지름이 1mm 이하일 때에는 그 중심을 점의 위치로 할 것

▌평판측량방법에 따른 세부측량을 도선법으로 하는 경우의 기준(지적측량 시행규칙 제18조)

- 위성기준점, 통합기준점, 삼각점, 지적삼각점, 지적삼각보조점 및 지적도근점, 그 밖에 명확한 기지점 사이를 서로 연결할 것
- 도선의 측선장은 도상길이 8cm 이하로 할 것. 다만, 광파조준의 또는 광파측거기를 사용할 때에는 30cm 이하로 할 수 있다.
- 도선의 변은 20개 이하로 할 것

- 도선의 폐색오차가 도상길이 $\frac{\sqrt{N}}{3}$[mm] 이하인 경우 그 오차는 다음의 계산식에 따라 이를 각 점에 배분하여 그 점의 위치로 할 것

$$M_n = \frac{e}{N} \times n$$

여기서, M_n : 각 점에 순서대로 배분할 mm 단위의 도상길이
  e : mm 단위의 오차
  N : 변의 수
  n : 변의 순서

▎ 교회법
- 전방교회법 : 기지점에서 미지점의 위치를 결정하는 방법
- 후방교회법 : 기지의 3점으로부터 미지의 점을 구하는 방법
- 측방교회법 : 전방교회법과 후방교회법을 겸한 방법으로 기지의 2점 중 한 점에 접근이 곤란한 경우 기지의 2점을 이용하여 미지의 한 점을 구하는 방법

▎ 평판측량방법으로 거리를 측정하는 경우 보정량

도곽선의 신축량이 0.5mm 이상일 때에는 다음의 계산식에 따른 보정량을 산출하여 도곽선이 늘어난 경우에는 실측거리에 보정량을 더하고, 줄어든 경우에는 실측거리에서 보정량을 뺀다.

$$보정량 = \frac{신축량(지상) \times 4}{도곽선길이 합계(지상)} \times 실측거리$$

▎ 평판측량방법에 있어서 도상에 영향을 미치지 아니하는 지상거리의 축척별 허용범위

$\frac{M}{10}$[mm] (여기서, M : 축척분모)

▎ 경위의측량방법에 따른 세부측량의 관측 및 계산 기준(지적측량 시행규칙 제18조)
- 미리 각 경계점에 표지를 설치하여야 한다. 다만 부득이한 경우에는 그러하지 아니하다.
- 도선법 또는 방사법에 따를 것
- 관측은 20초독 이상의 경위의를 사용할 것
- 수평각의 관측은 1대회의 방향관측법이나 2배각의 배각법에 따를 것. 다만 방향관측법인 경우에는 1측회의 폐색을 하지 아니할 수 있다.
- 연직각의 관측은 정반으로 1회 관측하여 그 교차가 5분 이내일 때에는 그 평균치를 연직각으로 하되, 분단위로 독정(讀定)할 것

- 수평각의 측각공차는 다음 표에 따를 것

종별	1방향각	1회 측정각과 2회 측정각의 평균값에 대한 교차
공차	60초 이내	40초 이내

- 경계점의 거리측정에 관해서는 점 간 거리를 측정하는 경우에는 2회 측정하여 그 측정치의 교차가 평균치의 1/3000 이하일 때에는 그 평균치를 점 간 거리로 한다. 이 경우 점 간 거리가 경사(傾斜)거리일 때에는 수평거리로 계산하여야 한다.
- 계산방법은 다음 표에 따를 것

종별	각	변의 길이	진수	좌표
단위	초	cm	5자리 이상	cm

▌ 평판측량방법으로 세부측량을 한 경우 측량결과도에 기재할 사항(지적측량 시행규칙 제26조)

- 측량준비 파일에 작성하여야 할 사항
  - 측량대상 토지의 경계선, 지번 및 지목
  - 인근 토지의 경계선, 지번 및 지목
  - 임야도를 갖춰 두는 지역에서 인근 지적도의 축척으로 측량을 할 때에는 임야도에 표시된 경계점의 좌표를 구하여 지적도에 전개(展開)한 경계선. 다만, 임야도에 표시된 경계점의 좌표를 구할 수 없거나 그 좌표에 따라 확대하여 그리는 것이 부적당한 경우에는 축척비율에 따라 확대한 경계선을 말한다.
  - 행정구역선과 그 명칭
  - 지적기준점 및 그 번호와 지적기준점 간의 거리, 지적기준점의 좌표, 그 밖에 측량의 기점이 될 수 있는 기지점
  - 도곽선(圖廓線)과 그 수치
  - 도곽선의 신축이 0.5mm 이상일 때에는 그 신축량 및 보정(補正) 계수
  - 그 밖에 국토교통부장관이 정하는 사항
- 측정점의 위치, 측량기하적 및 지상에서 측정한 거리
- 측량대상 토지의 토지이동 전의 지번과 지목(2개의 붉은선으로 말소한다)
- 측량결과도의 제명 및 번호(연도별로 붙인다)와 도면번호
- 신규등록 또는 등록전환하려는 경계선 및 분할경계선
- 측량대상 토지의 점유현황선
- 측량 및 검사의 연월일, 측량자 및 검사자의 성명, 소속 및 자격등급 또는 기술등급

■ 경위의측량방법으로 세부측량을 하는 경우 측량결과도에 기재할 사항(지적측량 시행규칙 제26조)
- 측량준비 파일에 작성하여야 할 사항
    - 측량대상 토지의 경계와 경계점의 좌표 및 부호도, 지번, 지목
    - 인근 토지의 경계와 경계점의 좌표 및 부호도, 지번, 지목
    - 행정구역선과 그 명칭
    - 지적기준점 및 그 번호와 지적기준점 간의 방위각 및 그 거리
    - 경계점 간 계산거리
    - 도곽선과 그 수치
    - 그 밖에 국토교통부장관이 정하는 사항
- 측정점의 위치(측량계산부의 좌표를 전개하여 적는다), 지상에서 측정한 거리 및 방위각
- 측량대상 토지의 경계점 간 실측거리
- 측량대상 토지의 토지이동 전의 지번과 지목(2개의 붉은색으로 말소한다)
- 측량결과도의 제명 및 번호(연도별로 붙인다)와 지적도의 도면번호
- 신규등록 또는 등록전환하려는 경계선 및 분할경계선
- 측량대상 토지의 점유현황선
- 측량 및 검사의 연월일, 측량자 및 검사자의 성명, 소속 및 자격등급 또는 기술등급

■ 지적측량 검사기간(규칙 제25조)
지적측량의 측량기간은 5일로 하며, 측량검사기간은 4일로 한다. 다만, 지적기준점을 설치하여 측량 또는 측량검사를 하는 경우 지적기준점이 15점 이하인 경우에는 4일을, 15점을 초과하는 경우에는 4일에 15점을 초과하는 4점마다 1일을 가산한다.

CHAPTER 05 면적측정 및 제도

■ **세부측량을 하는 경우 면적측정의 대상(지적측량 시행규칙 제19조)**
- 지적공부의 복구, 신규등록, 등록전환, 분할 및 축척변경을 하는 경우
- 면적 또는 경계를 정정하는 경우
- 도시개발사업 등으로 인한 토지의 이동에 따라 토지의 표시를 새로 결정하는 경우
- 경계복원측량 및 지적현황측량에 면적측정이 수반되는 경우

※ 면적측정 대상이 아닌 경우 : 경계점을 지상에 복원하는 경우의 경계복원측량, 지상건축물 등의 현황을 지적도 및 임야도에 등록된 경계와 대비하여 표시하는 데에 필요한 경우에 하는 지적현황측량, 토지이동 중 합병, 지번변경, 지목변경 등은 지적측량을 수반하지 않으므로 면적측정 대상이 아니다.

■ **좌표면적계산법에 따른 면적측정**
- 경위의측량방법으로 세부측량을 한 지역의 필지별 면적측정은 경계점 좌표에 따를 것
- 산출면적은 1/1000m^{2}까지 계산하여 1/10m^2 단위로 정할 것

※ 대상지역 : 경계점좌표등록부 등록지

■ **전자면적측정기에 따른 면적측정**
- 도상에서 2회 측정하여 그 교차가 다음 계산식에 따른 허용면적 이하일 때에는 그 평균치를 측정면적으로 할 것

$A = 0.023^2 M\sqrt{F}$

여기서, A : 허용면적
M : 축척분모
F : 2회 측정한 면적의 합계를 2로 나눈 수

- 측정면적은 1/1000m^{2}까지 계산하여 1/10m^2 단위로 정할 것

※ 대상지역 : 지적도등록지, 임야도 등록지

■ 도곽선의 신축량 계산

$$S = \frac{\Delta X_1 + \Delta X_2 + \Delta Y_1 + \Delta Y_2}{4}$$

여기서, S : 신축량

        ΔX_1 : 왼쪽 종선의 신축된 차

        ΔX_2 : 오른쪽 종선의 신축된 차

        ΔY_1 : 위쪽 횡선의 신축된 차

        ΔY_2 : 아래쪽 횡선의 신축된 차

이 경우 신축된 차(mm) $= \dfrac{1,000(L - L_0)}{M}$

여기서, L : 신축된 도곽선 지상길이

        L_0 : 도곽선 지상길이

        M : 축척분모

■ 도곽선의 보정계수계산

$$Z = \frac{X \cdot Y}{\Delta X \cdot \Delta Y}$$

여기서, Z : 보정계수

        X : 도곽선 종선길이

        Y : 도곽선 횡선길이

        ΔX : 신축된 도곽선 종선길이의 합/2

        ΔY : 신축된 도곽선 횡선길이의 합/2

■ 도면의 축척에 따른 도상 및 지상길이, 포용면적

구분	축척	도상길이(mm)	지상길이(m)	포용면적(m^2)
지적도	1/500	300 × 400	150 × 200	30,000
	1/1000	300 × 400	300 × 400	120,000
	1/600	333.33 × 416.67	200 × 250	50,000
	1/1200	333.33 × 416.67	400 × 500	200,000
	1/2400	333.33 × 416.67	800 × 1,000	800,000
	1/3000	400 × 500	1,200 × 1,500	1,800,000
	1/6000	400 × 500	2,400 × 3,000	7,200,000
임야도	1/3000	400 × 500	1,200 × 1,500	1,800,000
	1/6000	400 × 500	2,400 × 3,000	7,200,000

도상삼사법

- 이변법(두 변과 사이각 θ를 알 때)

  $A = \dfrac{1}{2}ab\sin\theta$

- 헤론의 공식(세 변의 길이를 알 때)

  $A = \sqrt{s(s-a)(s-b)(s-c)}$

  여기서, $s = \dfrac{a+b+c}{2}$

선의 종류

- 굵은 실선 : 단면의 윤곽 표시
- 실선 : 보이는 부분의 윤곽 표시 또는 좁거나 작은 면의 단면 부분 윤곽 표시
- 가는 실선 : 치수선, 치수보조선, 인출선, 격자선 등의 표시

  ※ 선의 굵기가 가장 굵어야 하는 것 : 외형선

- 파선 또는 점선 : 보이지 않은 부분이나 절단면보다 양면 또는 윗면에 있는 부분의 표시
- 1점쇄선 : 중심선, 절단선, 기준선, 경계선, 참고선 등의 표시
- 2점쇄선 : 상상선 또는 1점쇄선과 구별할 필요가 있을 때

선 긋기 할 때의 유의사항

- 시작부터 끝까지 일정한 힘(또는 각도)을 주어 일정한 속도를 긋는다.
- 파선의 끊어진 부분은 길이와 간격을 일정하게 한다.
- 축척과 도면의 크기에 따라서 선의 굵기를 다르게 한다.
- 한번 그은 선은 중복해서 긋지 않는다.
- 수평선은 왼쪽에서 오른쪽으로 긋는다. 수평선을 여러 개 그을 때에는 위의 선을 먼저 긋고 T자를 아래로 옮겨가면서 차례대로 아래선을 긋는다.
- 시작부터 끝까지 굵기가 일정하게 한다.
- 오른쪽 위로 경사진 빗금은 왼쪽 아래에서 오른쪽 위로 긋는다.

  ※ 오른쪽 아래로 경사진 빗금 : 삼각자의 오른쪽 날을 이용하여 왼쪽 위에서 오른쪽 아래로 빗금을 긋는다.

- 삼각자의 왼쪽 옆면을 이용하여 수직선을 그을 때는 아래에서 위로 선을 긋는다.

  ※ 여러 개의 수직선 긋기 : 왼쪽 선을 먼저 긋고 삼각자를 왼쪽에서 오른쪽으로 옮겨 가면서 차례대로 긋는다.

- 삼각자의 오른쪽 옆면을 이용할 경우에는 위에서 아래로 선을 긋는다.
- 원 및 원호는 컴퍼스의 바늘 끝을 중심에 대고 시계 방향으로 돌려서 그린다. 이때 컴퍼스의 양 다리를 될 수 있는 대로 지면에 수직으로 세우고 연필심에 일정한 힘을 주고 긋는다.

- 작은 동심원을 그릴 때에는 원의 중심의 구멍이 커져 정확한 원을 그릴 수 없으므로 미리 중심에 테이프를 붙이거나 중심기를 사용, 작은 원을 먼저 그린다.
- 원호와 직선을 이을 때는 반드시 원호를 먼저 그린 후 직선을 원호와 어긋나지 않게 잇는다.

▌ 제도기기

- 오구(먹줄펜) : 먹줄긋기용 제도용구이며 종류로 가는 선용, 중선용, 굵은 선용 등이 있다.
- 스프링 컴퍼스 : 직경 10mm 이하의 작은 원을 그리거나 원호를 등분할 때 사용한다.
- 빔 컴퍼스 : 반지름 15cm 이상의 큰 원을 그릴 때 사용한다.
- 레터링 펜 : 도형문자(한글체, 숫자체, 로마체 등)를 기계적으로 아름답고 편리하게 쓸 수 있다.
- 만능제도기 : T자, 축척자, 삼각자, 각도기 등의 기능을 모두 갖춘 제도용구이다.

▌ 지적공부를 붉은색으로 제도하는 경우

- 도곽선과 도곽선 수치
- 말소선, 수치지적도의 '측량할 수 없음' 표시 등
- 분할측량성과도의 측량대상토지의 분할선
- 2도면 이상 걸친 토지로서 그 일부가 다른 도면에 등록된 토지의 지목, 지번의 표기

CHAPTER 06 측량장비

▌ 측량장비의 종류
- 수준측량장비 : 레벨(고저차 또는 표고 관측)
- 평판측량장비 : 평판(도판), 앨리데이드(시준의), 삼각, 구심기와 추, 자침기, 측량침
- 각을 측정할 수 있는 장비 : 트랜싯, 데오드라이트(경위의), 토털 스테이션

▌ GNSS(Global Navigation Satellite System)
인공위성을 이용하여 정확한 위치를 알고 있는 위성에서 발사한 전파를 수신하여 관측점까지의 소요시간을 관측하여 관측점의 위치를 구하는 범지구적 위치결정체계이다.

※ GNSS의 구성 3요소 : 우주 부분, 제어(관제) 부분, 사용자 부분

▌ 앨리데이드(시준의)
- 평판 위에서 목표물을 시준하여 방향선을 그려서 목표물의 방향을 결정하는 기구이다.
- 앨리데이드 한 눈금은 두 시준판 간격의 1/100이다.

▌ 트랜싯
- 수평각과 연직각을 측정하는 정밀한 측량기계이다.
- 트랜싯의 3축 : 연직축(V), 수평축(H), 시준축(C)

▌ 토털 스테이션
거리와 각(수평각, 연직각)을 동시에 관측하여 현장에서 즉시 좌표를 확인함으로써 시공계획에 맞춰 신속한 측량을 할 수 있다.

▌ 레벨의 조건
- 기포관축과 연직축은 서로 직교(수직)할 것
- 시준선과 기포관축은 서로 평행할 것

평판측량 3요소
- 정준(수평 맞추기) : 평판을 수평으로 하는 것을 의미한다.
- 구심(중심 맞추기) : 평판 위에(도상) 표시된 측정점과 지상의 측정점이 같은 연직선 위에 있도록 하는 작업이다.
- 표정(방향 맞추기) : 평판을 일정한 방향으로 맞추는 것을 의미한다.

평판측량방법의 종류
- 방사법 : 측량할 구역 안에 장애물이 없고 비교적 좁은 구역에 적합하다.
- 전진법 : 측량할 지역 안에 장애물이 많아 방사법이 불가능할 때 적합하다.
- 교회법 : 전방교회법, 후방교회법, 측방교회법 세 가지로 분류된다.

교회법
- 전방교회법 : 기지점에서 미지점의 위치를 결정하는 방법이다.
- 후방교회법 : 기지의 3점으로부터 미지의 점을 구하는 방법이다.
- 측방교회법 : 전방교회법과 후방교회법을 겸한 방법이다.

오차의 종류
- 정오차 : 일정 조건에서 같은 방향과 같은 크기로 발생하는 오차이다. 오차가 누적되므로 누차, 계통적 오차라고도 한다.
- 우연오차 : 오차의 부호와 크기가 불규칙적으로 발생하는 오차이다. 관측자가 아무리 주의하여도 소거할 수 없는 오차이지만, 서로 상쇄되기도 하므로 상차 또는 부정오차라고도 한다.
- 착오 : 대부분 관측자의 부주의와 판단 부족에 의해 발생하는 오차로 과대오차라고도 한다.
- 최확값 : 어떤 관측값에서 가장 높은 확률을 가지는 값을 최확값이라 한다.

CHAPTER 07 지적공부에 관한 사항

▌ 지적공부의 종류
- 대장 : 토지대장 및 임야대장, 공유지연명부, 대지권등록부
- 도면 : 지적도 및 임야도, 경계점좌표등록부
- 지적파일(지적전산자료)

▌ 토지대장 및 임야대장
토지조사사업과 임야조사사업의 결과 토지와 임야의 소재, 지번, 지목, 면적, 소유자, 고유번호 등을 등록한 지적공부이다.

▌ 공유지연명부
1필지에 대한 토지소유자가 2인 이상인 경우에 소유자에 관한 사항을 별도로 등록하기 위한 공부이다.

▌ 경계점좌표등록부
각 필지의 단위로 경계점의 위치를 평면직각종횡선 수치로 등록·공시하는 지적공부이다.

▌ 지적전산자료의 이용 등(법 제76조)
지적전산자료를 이용하거나 활용하려는 자는 다음의 구분에 따라 국토교통부장관, 시·도지사 또는 지적소관청에 지적전산자료를 신청하여야 한다.
- 전국 단위의 지적전산자료 : 국토교통부장관, 시·도지사 또는 지적소관청
- 시·도 단위의 지적전산자료 : 시·도지사 또는 지적소관청
- 시·군·구(자치구가 아닌 구를 포함한다) 단위의 지적전산자료 : 지적소관청

▌ 토지정보시스템(LIS ; Land Information System)
토지와 토지의 관련된 자료를 수집하고 토지의 형태와 특성에 대한 기록을 지속적으로 저장·관리하여 토지에 대한 정보를 효율적으로 관리하고, 토지와 관련된 의사결정을 지원하는 정보시스템이다.

지적공부의 보존 등(법 제69조)

- 지적소관청은 해당 청사에 지적서고를 설치하고 그 곳에 지적공부(정보처리시스템을 통하여 기록·저장한 경우는 제외한다)를 영구히 보존하여야 하며, 다음의 어느 하나에 해당하는 경우 외에는 해당 청사 밖으로 지적공부를 반출할 수 없다.
  - 천재지변이나 그 밖에 이에 준하는 재난을 피하기 위하여 필요한 경우
  - 관할 시·도지사 또는 대도시 시장의 승인을 받은 경우
- 지적공부를 정보처리시스템을 통하여 기록·저장한 경우 관할 시·도지사, 시장·군수 또는 구청장은 그 지적공부를 지적정보관리체계에 영구히 보존하여야 한다.

지적서고의 관리기준(규칙 제65조)

- 지적서고는 제한구역으로 지정하고, 출입자를 지적사무담당공무원으로 한정할 것
- 지적서고에는 인화물질의 반입을 금지하며, 지적공부, 지적 관계 서류 및 지적측량장비만 보관할 것

지적소관청은 토지의 이동이 있는 경우에는 토지이동정리 결의서를 작성하여야 하고, 토지소유자의 변동 등에 따라 지적공부를 정리하려는 경우에는 소유자정리 결의서를 작성하여야 한다(영 제84조).

지적공부의 복구

- 지적소관청은 지적공부의 전부 또는 일부가 멸실되거나 훼손된 경우에는 대통령령으로 정하는 바에 따라 지체 없이 이를 복구하여야 한다(법 제74조).
- 지적소관청이 지적공부를 복구할 때에는 멸실·훼손 당시의 지적공부와 가장 부합된다고 인정되는 관계 자료에 따라 토지의 표시에 관한 사항을 복구하여야 한다. 다만, 소유자에 관한 사항은 부동산등기부나 법원의 확정판결에 따라 복구하여야 한다(영 제61조).

지적공부의 복구자료(규칙 제72조)

- 지적공부의 등본
- 측량결과도
- 토지이동정리 결의서
- 부동산등기부 등본 등 등기사실을 증명하는 서류
- 지적소관청이 작성하거나 발행한 지적공부의 등록내용을 증명하는 서류
- 지적공부의 보존 등에 따라 복제된 지적공부
- 법원의 확정판결서 정본 또는 사본

▌ 토지대장과 임야대장의 등록사항(법 제71조)

- 토지의 소재
- 지번(임야대장은 숫자 앞에 "산"을 붙임)
- 지목
- 면적
- 소유자의 성명 또는 명칭, 주소 및 주민등록번호(국가, 지방자치단체, 법인, 법인 아닌 사단이나 재단 및 외국인의 경우에는 부동산등기법에 따라 부여된 등록번호를 말한다)
- 그 밖에 국토교통부령으로 정하는 사항(규칙 제68조)
    - 토지의 고유번호(각 필지를 서로 구별하기 위하여 필지마다 붙이는 고유한 번호를 말한다)
    - 지적도 또는 임야도의 번호와 필지별 토지대장 또는 임야대장의 장번호 및 축척
    - 토지의 이동사유
    - 토지소유자가 변경된 날과 그 원인
    - 토지등급 또는 기준수확량등급과 그 설정·수정 연월일
    - 개별공시지가와 그 기준일

▌ 공유지연명부의 등록사항(법 제71조)

- 토지의 소재
- 지번
- 소유권 지분
- 소유자의 성명 또는 명칭, 주소 및 주민등록번호
- 그 밖에 국토교통부령으로 정하는 사항(규칙 제68조)
    - 토지의 고유번호
    - 필지별 공유지연명부의 장번호
    - 토지소유자가 변경된 날과 그 원인

▌ 지적도 및 임야도의 등록사항(법 제72조)

- 토지의 소재
- 지번
- 지목(두문자 도는 차문자로 기입)
- 경계
- 그 밖에 국토교통부령으로 정하는 사항(규칙 제69조)
    - 지적도면의 색인도(인접도면의 연결 순서를 표시하기 위하여 기재한 도표와 번호를 말한다)
    - 지적도면의 제명 및 축척
    - 도곽선과 그 수치

- 좌표에 의하여 계산된 경계점 간의 거리(경계점좌표등록부를 갖춰 두는 지역으로 한정한다)
- 삼각점 및 지적기준점의 위치
- 건축물 및 구조물 등의 위치

■ 토지의 이동에 따른 도면의 제도(지적업무처리규정 제46조)

- 토지의 이동으로 지번 및 지목을 제도하는 경우에는 이동 전 지번 및 지목을 말소하고, 새로 설정된 지번 및 지목을 가로쓰기로 제도한다.
- 경계를 말소할 때에는 해당 경계선을 말소한다.
- 말소된 경계를 다시 등록할 때에는 말소정리 이전의 자료로 원상회복 정리한다.
- 신규등록, 등록전환 및 등록사항 정정으로 도면에 경계, 지번 및 지목을 새로 등록할 때에는 이미 비치된 도면에 제도한다. 다만, 이미 비치된 도면에 정리할 수 없는 때에는 새로 도면을 작성한다.
- 등록전환할 때에는 임야도의 그 지번 및 지목을 말소한다.
- 필지를 분할할 경우에는 분할 전 지번 및 지목을 말소하고, 분할경계를 제도한 후 필지마다 지번 및 지목을 새로 제도한다.
- 도곽선에 걸쳐 있는 필지가 분할되어 도곽선 밖에 분할경계가 제도된 때에는 도곽선 밖에 제도된 필지의 경계를 말소하고, 그 도곽선 안에 필지의 경계, 지번 및 지목을 제도한다.
- 합병할 때에는 합병되는 필지 사이의 경계, 지번 및 지목을 말소한 후 새로 부여하는 지번과 지목을 제도한다.
- 지번 또는 지목을 변경할 때에는 지번 또는 지목만 말소하고, 새로 설정된 지번 또는 지목을 제도한다.
- 지적공부에 등록된 토지가 바다가 된 때에는 경계, 지번 및 지목을 말소한다.
- 행정구역이 변경된 때에는 변경 전 행정구역선과 그 명칭 및 지번을 말소하고, 변경 후의 행정구역선과 그 명칭 및 지번을 제도한다.

■ 경계점좌표등록부의 등록사항(법 제73조)

지적소관청은 도시개발사업 등에 따라 새로이 지적공부에 등록하는 토지에 대하여는 다음의 사항을 등록한 경계점좌표등록부를 작성하고 갖춰 두어야 한다.

- 토지의 소재
- 지번
- 좌표
- 그 밖에 국토교통부령으로 정하는 사항(규칙 제71조)
  - 토지의 고유번호
  - 지적도면의 번호
  - 필지별 경계점좌표등록부의 장번호
  - 부호 및 부호도

CHAPTER 08 토지의 이동신청 및 지적정리

■ 지적공부의 정리 등(영 제84조, 규칙 제98조)
- 지적소관청은 지적공부가 다음의 어느 하나에 해당하는 경우에는 지적공부를 정리하여야 한다. 이 경우 이미 작성된 지적공부에 정리할 수 없을 때에는 새로 작성하여야 한다.
  - 지번을 변경하는 경우
  - 지적공부를 복구하는 경우
  - 신규등록, 등록전환, 분할, 합병, 지목변경 등 토지의 이동이 있는 경우
- 지적소관청은 토지의 이동이 있는 경우에는 토지이동정리 결의서를 작성하여야 하고, 토지소유자의 변동 등에 따라 지적공부를 정리하려는 경우에는 소유자정리 결의서를 작성하여야 한다.

■ 지적공부 등의 정리(지적업무처리규정 제63조)
- 지적공부 등의 정리에 사용하는 문자·기호 및 경계는 따로 규정을 둔 사항을 제외하고 정리사항은 검은색, 도곽선과 그 수치 및 말소는 붉은색으로 한다.
- 지적확정측량, 축척변경 및 지번변경에 따른 토지이동의 경우를 제외하고는 폐쇄 또는 말소된 지번을 다시 사용할 수 없다.

■ 축척을 변경하는 경우 지정공부의 정리(영 제74조, 제78조)
- 청산금의 납부 및 지급이 완료되면 지적소관청은 지체 없이 축척변경의 확정공고를 하여야 한다.
- 확정공고를 하였을 때는 축척변경에 따라 확정된 사항을 지적공부에 등록하고, 관할 등기소에 토지표시변경등기 촉탁을 하여야 한다.
- 지적공부의 등록기준
  - 토지대장 : 확정공고된 축척변경의 지번별 조서에 따를 것
  - 지적도 : 확정측량결과도 또는 경계점좌표에 따를 것
- 축척변경시행지역의 토지는 확정공고일에 토지이동이 있는 것으로 본다.
- 지적소관청은 축척변경 시행기간 중에는 축척변경 시행지역의 지적공부정리, 경계복원측량은 축척변경 확정공고일까지 정지하여야 한다(단, 축척변경위원회의 의결이 있는 경우는 정지하지 않을 수 있다).

▌ 지목변경 경우 지적공부의 정리
- 지적측량을 필요로 하지 않으며, 토지이동조사에 의하여 토지표시사항을 결정한다.
- 토지대장과 지적도의 지목만 변경하여 등록한다.
- 지적공부 정리 후 지적소관청은 관할 등기관서에 토지의 표시변경등기를 촉탁하여야 한다.
- ※ 지목 하나만 바뀌고 바뀌는 것 없음

▌ 바다가 된 토지의 등록을 말소하는 경우 지적공부 정리
- 토지소유자의 신청에 의하거나 직권으로 말소한다.
- 토지소유자가 등록말소신청 통지를 받은 날부터 90일 이내에 등록말소신청을 하지 않는 경우에는 소관청이 직권으로 말소한다.
- 말소한 토지가 지형의 변화 등으로 다시 토지로 된 경우에는 그 지적측량성과 및 등록말소 당시의 지적공부 등 관계 자료에 의하여 회복등록한다.
- 지적공부의 등록사항을 말소 또는 회복등록한 때에는 그 정리결과를 토지소유자 및 당해 공유수면의 관리청에 통지하여야 한다.
- 1필지 중 일부가 바다가 된 경우에는 분할측량을 한 후 바다로 된 부분만을 말소하고, 1필지의 전부가 바다로 된 경우에는 측량할 필요가 없다.
- 지적공부의 등록사항을 말소하는 경우에 지적공부정리 신청수수료 및 지적측량수수료를 토지소유자에게 징수할 수 없다.

▌ 행정구역의 명칭 변경의 경우 지적공부 정리(법 제85조)
- 행정구역의 명칭이 변경되면 등록된 토지는 새로운 행정구역의 명칭으로 변경된다.
- 지번부여지역의 일부가 다른 지번부여지역에 속하게 되면 지적소관청은 새로 속하게 된 지번부여지역의 지번을 부여한다.

▌ 등기촉탁의 사유(법 제89조)
- 직권으로 토지의 이동정리(신규등록 제외)하는 경우
- 지적공부에 등록된 지번을 변경하는 경우
- 바다로 된 토지의 등록을 말소하는 경우
- 축척을 변경하는 경우
- 등록사항의 오류를 직권으로 정정하는 경우
- 행정구역의 개편에 따라 지번을 새로 부여하는 경우

▌ 지적정리 등의 통지(법 제90조)
- 토지이동이 있는 경우 직권소관청이 직권으로 조사·측량해 결정하는 경우
- 지적공부에 등록된 지번을 변경하는 경우
- 지적공부를 복구한 경우
- 바다로 된 토지의 등록말소를 직권으로 하는 경우
- 등록사항의 오류를 직권으로 정정하는 경우
- 행정구역의 개편에 따라 지번을 새로 부여하는 경우
- 도시개발사업, 농어촌정비사업 등에 따른 토지이동 신청을 사업시행자가 한 경우
- 직권소관청이 토지소유자의 신청을 대위한 경우
- 지적소관청이 토지의 표시변경에 관한 등기촉탁을 한 경우

▌ 지적소관청이 토지소유자에게 지적정리 등을 통지해야 하는 시기(영 제85조)
- 토지의 표시에 관한 변경등기가 필요한 경우 : 그 등기완료의 통지서를 접수한 날부터 15일 이내
- 토지의 표시에 관한 변경등기가 필요하지 않은 경우 : 지적공부에 등록한 날부터 7일 이내

▌ 소유권
- 소유권이란 목적물을 전면적으로 지배하는 절대적인 권리를 말한다.
- 소유권은 절대적으로 침해해서는 안 되는 것으로 소유권자가 본인의 소유물을 사용, 수익, 처분할 권리가 있다.

▌ 소유권의 법적 성질 : 관념성, 혼일성, 전면성, 탄력성, 항구성, 대물지배성

▌ 토지소유자의 정리(법 제88조)
지적공부에 등록된 토지소유자의 변경사항은 등기관서에서 등기한 것을 증명하는 등기필증, 등기완료통지서, 등기사항증명서 또는 등기관서에서 제공한 등기전산정보자료에 따라 정리한다. 다만, 신규등록하는 토지의 소유자는 지적소관청이 직접 조사해 등록한다.

▌ 대장의 소유자변동일자 정리(지적업무처리규정 제60조)
- 등기필통지서, 등기필증, 등기부 등본·초본 또는 등기관서에서 제공한 등기전산정보자료의 경우 : 등기접수일자
- 미등기토지소유자에 관한 정정신청의 경우와 지적공부에 해당 토지의 소유자가 등록되지 않은 토지를 국유재산법에 따른 총괄청이나 중앙관서의 장이 소유자등록을 신청하는 경우 : 소유자정리결의일자
- 공유수면 매립준공에 따른 신규등록의 경우 : 매립준공일자

CHAPTER 01	지적 일반	회독 CHECK 1 2 3
CHAPTER 02	지적 관련 법규	회독 CHECK 1 2 3
CHAPTER 03	지적측량 개요	회독 CHECK 1 2 3
CHAPTER 04	지적측량 관측 및 정리	회독 CHECK 1 2 3
CHAPTER 05	면적측정 및 제도	회독 CHECK 1 2 3
CHAPTER 06	측량장비	회독 CHECK 1 2 3
CHAPTER 07	지적공부에 관한 사항	회독 CHECK 1 2 3
CHAPTER 08	토지의 이동신청 및 지적정리	회독 CHECK 1 2 3

PART 01

핵심이론

#출제 포인트 분석 #자주 출제된 문제 #합격 보장 필수이론

CHAPTER 01 지적 일반

제1절 지적의 기초이론

1-1. 지적의 정의 및 이념

핵심이론 01 지적의 정의

① 국내 학자
  ㉠ 원영희(1979) : 지적이란 국토의 전반에 걸쳐 일정한 사항을 국가 또는 국가의 위임을 받은 기관이 등록하여 이를 국가 또는 국가가 지정하는 기관에 비치하는 기록으로서 토지의 위치, 형태, 용도, 면적 및 소유관계를 공시하는 제도이다.
  ㉡ 강태석(1984) : 지적이란 지표면, 공간 또는 지하를 막론하고 재정적 가치가 있는 모든 부동산에 대한 물건을 지적측량에 의하여 체계적으로 등록하고 계속 유지·관리하기 위한 국가의 토지행정이다.
  ㉢ 최용규(1990) : 자기 영토의 토지현상을 공적으로 조사하여 체계적으로 등록한 데이터로, 모든 토지활동의 계획·관리에 이용되는 토지정보원이다.
  ㉣ 유병찬(2002) : 토지에 대한 물리적 현황과 법적 권리관계, 제한사항 및 의무사항 등을 등록·공시하는 필지 중심의 토지정보시스템이다.

② 국외 학자
  ㉠ 네덜란드의 J. L. G. Henssen(1974) : 국내의 모든 부동산에 관한 데이터를 체계적으로 정리·등록하는 것이다.
  ㉡ 영국의 S. R. Simpson(1976) : 지적은 과세의 기초자료를 제공하기 위하여 한 나라의 부동산의 수량과 소유권 및 가격을 등록한 공부이다.
  ㉢ 미국의 J. G. Mc Entyre(1985) : 지적이란 토지에 대한 법률상 용어로서 세(稅)부과를 위한 부동산의 양·가치 및 소유권의 공적 등록이다.
  ㉣ 중국의 래장(來璋, 1981) : 지적이란 토지의 위치, 경계, 종류, 면적, 권리 상태 및 사용 상태 등을 기재한 도책(圖冊)이다.

※ 지적의 정의는 시대적 배경과 학자마다 조금씩 다른 견해를 보이고 있어 명확하게 표준을 정한 것은 없다.

10년간 자주 출제된 문제

다음 중 지적의 정의로 옳지 않은 것은?

① 지적이란 국토의 전반에 걸쳐 일정한 사항을 국가 또는 국가의 위임을 받은 기관이 등록하여 이를 국가 또는 국가가 지정하는 기관에 비치하는 기록이다.
② 토지에 관한 여러 가지 사항을 등록하여 놓은 기록과 이의 관리를 의미한다.
③ 토지에 대한 법률상 용어로서 세(稅)부과를 위한 부동산의 양·가치 및 소유권의 공적 등록이다.
④ 처음에는 토지에 대한 소유권의 보호 및 재산의 가치를 제고하는 데 활용하였다.

|해설|

처음에는 과세를 위한 수단으로 출발하였으나, 토지소유권과 부동산 시장을 촉진하는 법지적을 통해 가격 정보, 필지 관계 정보를 기록하고 보관·제공 및 운영을 목적으로 하는 다목적 지적으로 발전하고 있다.

정답 ④

핵심이론 02 | 지적의 기원과 발생

① 우리나라 지적의 기원
  ㉠ 지적(地籍)이란 용어를 처음 사용하기 시작한 것은 고종 32년(1895년) 3월 26일 칙령 제53호로 공포된 「내부관제」에 '판적국에서 지적사무를 본다.'라고 한 것이 시초이며, 전국의 토지를 측량하기 위하여 1898년 양지아문(量地衙門)을 설치하였다.
  ㉡ 지적이란 용어가 어디서 어떻게 유래된 것인지는 확실하게 알 수 없지만, 「삼국유사」와 「고려사절요」 등에서 삼국시대부터 백제의 도적(圖籍), 신라의 장적(帳籍), 고려의 전적(典籍) 등 오늘날의 지적과 유사한 토지에 관한 기록들이 있었다는 것을 알 수 있다.

② 국외 지적의 기원
  ㉠ 고대의 지적
    • 이집트 역사학자들의 주장에 의하면, 기원전 3400년경에 이미 토지과세를 목적으로 하는 측량이 시작되었고, 기원전 3000년경에는 대홍수로 인해 유실된 토지의 경계를 복원하기 위한 지적측량과 토지 기록이 존재하고 있다.
    • 유프라테스, 티그리스강 하류의 수메르(Sumer)지방에서 발굴된 점토판에는 토지과세 기록과 마을 지도 및 넓은 면적의 토지 도면과 같은 토지 기록들이 있다.
  ㉡ 중세의 지적
    • 영국의 윌리엄 1세가 1085~1086년 사이에 노르만 전 영토를 대상으로 작성한 토지에 관한 목록으로 둠스데이 북(Domesday book)이 있다.
    • 둠스데이 북은 토지의 면적, 소유자, 소작인 등 주요사항을 등록한 일종의 지세대장 또는 지적부라고도 하며, 최초의 국토자원에 대한 목록으로 평가된다.
  ㉢ 근대의 지적
    • 1720~1723년 동안에 있었던 이탈리아 밀라노의 축척 1/2000 지적도 제작 사업이다.
    • 프랑스의 나폴레옹 1세가 1808~1850년까지 전 국토를 대상으로 작성한 지적은 또 다른 의미에서 근대 지적의 기원으로 평가된다.

③ 지적의 발생설
  ㉠ 과세설
    • 국가가 과세를 목적으로 토지에 대한 각종 현상을 기록·관리하는 수단으로부터 출발했다고 보는 설로, 가장 지배적인 학설이다.
    • 로마시대의 영토를 정복한 지역에서 공납물을 징수하는 수단으로 사용되었다.
    • 대표적인 장부로 영국의 둠스데이 북, 신라장적 등이 있다.

ⓒ 치수설
- 국가가 토지를 농업생산 수단으로 이용하기 위해서 관개시설 등을 측량하고 기록을 유지·관리하는 데서 비롯되었다고 보는 설로, 토지측량설이라고도 한다.
- 홍수피해를 줄이는 데 목적을 둔 학설이며, 주로 4대강 유역이 치수설을 뒷받침하고 있다.

ⓒ 지배설
- 국가가 토지를 다스리기 위한 통치수단으로 토지에 대한 각종 현황을 관리하는 데서 출발한다고 보는 설이다.
- 자국 영토의 경계표시를 만들어 객관적으로 표시하고 기록하는 과정에서 지적이 발생했다고 보는 설이다.

10년간 자주 출제된 문제

2-1. 우리나라에서 지적이란 용어를 최초로 사용하기 시작한 것으로 알려진 시기로 옳은 것은?
① 1875년
② 1885년
③ 1895년
④ 1905년

2-2. 다음 중 지적의 발생설과 거리가 먼 것은?
① 과세설
② 치수설
③ 지배설
④ 권리설

2-3. 지적의 발생설 중 로마시대의 영토를 정복한 지역에서 공납물을 징수하는 수단으로 사용된 것과 관련이 있는 것은?
① 통치설
② 치수설
③ 과세설
④ 지배설

|해설|

2-1
지적(地籍)이란 용어를 처음 사용하기 시작한 것은 고종 32년(1895년) 3월 26일 칙령 제53호로 공포된 「내부관제」에 '판적국에서 지적사무를 본다.'라고 한 것이 시초이다.

2-2
지적의 발생설로는 과세설, 치수설, 지배설이 있다.

2-3
과세설은 가장 지배적인 학설로 로마시대의 영토를 정복한 지역에서 공납물을 징수하는 수단으로 사용되었다.

정답 2-1 ③ 2-2 ④ 2-3 ③

핵심이론 03 | 지적에 관한 법률의 기본 이념(원칙)

① **지적국정주의**
　㉠ 지적에 관한 사항, 즉 토지의 소재, 지번, 지목, 면적, 경계(좌표) 등은 국가만이 결정·등록할 수 있는 권한을 가진다는 이념이다.
　㉡ 이는 지적사무의 획일성과 통일성을 기하기 위하여 채택한 이념이다.

> **토지의 표시사항을 국가가 결정하는 이유**
> - 모든 토지를 실지와 일치하게 지적공부에 등록하기 위함이다.
> - 등록사항의 결정방법과 운용이 지역에 따라 차이가 없어야 하기 때문이다.
> - 기술적으로 공시의 내용이 전통성에 의하여 결정되므로 법률에 의한 통제가 필요하기 때문이다.

② **지적형식주의(지적등록주의)**
　㉠ 국가가 결정한 지적에 관한 사항은 지적공부에 등록·공시해야만 공식적인 효력이 인정된다는 이념이다.
　㉡ 국가의 통치권이 미치는 모든 영토를 필지 단위로 구획하여 지번, 지목, 경계 또는 좌표와 면적 등을 결정하여 지적공부에 등록·공시해야만 효력이 인정된다.

③ **지적공개주의**
　㉠ 지적공부에 등록된 사항은 토지소유자나 이해관계인 등 기타 일반 국민들에게 공개하여 누구나 정당하게 이용할 수 있게 해야 한다는 이념이다.
　㉡ 지적공개주의의 이념이 반영된 것으로 지적공부의 열람, 등본교부, 측량성과의 고시, 경계복원측량 등이 있다.

④ **실질적 심사주의(사실적 심사주의)**
　㉠ 지적소관청이 사실관계의 부합 여부와 절차의 적법성을 확인하고 등록해야 한다는 이념이다.
　㉡ 실질심사의 수단으로는 조사(토지이동조사)와 측량(지적측량)을 들 수 있다.

⑤ **직권등록주의(등록강제주의, 적극적 등록주의)**
　㉠ 국가의 통치권이 미치는 모든 영토를 필지 단위로 구획하여 지적소관청이 강제적으로 지적공부에 등록·공시해야 한다는 이념이다.
　㉡ 지적소관청은 기간 내 토지소유자의 신청이 없는 때에는 직권으로 조사·측량하여 등록할 수 있다.

> **공간정보의 구축 및 관리 등에 관한 법령(약칭 : 공간정보관리법)의 이념**
> - 3대 이념 : 지적국정주의, 지적형식주의, 지적공개주의
> - 5대 이념 : 지적국정주의, 지적형식주의, 지적공개주의, 실질적 심사주의, 직권등록주의

10년간 자주 출제된 문제

3-1. 우리나라 토지를 지적공부에 등록할 때 채택하고 있는 기본 원칙이 아닌 것은?

① 실질적 심사주의
② 형식적 심사주의
③ 직권등록주의
④ 지적국정주의

3-2. 다음 중 토지에 대한 표시를 지적공부에 등록·공시해야만 공식적인 효력이 인정된다는 이념은?

① 지적공개주의
② 지적형식주의
③ 지적국정주의
④ 지적심사주의

3-3. 토지의 표시사항을 국가가 결정하는 이유로 틀린 것은?

① 모든 토지를 실지와 일치하게 지적공부에 등록하기 위함이다.
② 측량기술의 발달로 인해 토지의 등록사항을 법률에 관계없이 적용하기 위함이다.
③ 등록사항의 결정방법과 운용이 지역에 따라 차이가 없어야 하기 때문이다.
④ 기술적으로 공시의 내용이 전통성에 의하여 결정되므로 법률에 의한 통제가 필요하기 때문이다.

|해설|

3-1

지적에 관한 법률의 기본 이념
지적국정주의, 지적형식주의, 지적공개주의, 실질적 심사주의, 직권등록주의

3-2

① 지적공개주의 : 지적공부에 등록된 사항은 토지소유자나 이해관계인 등 기타 일반 국민들에게 공개하여 누구나 정당하게 이용할 수 있게 해야 한다는 이념이다.
③ 지적국정주의 : 지적에 관한 사항, 즉 토지의 소재, 지번, 지목, 면적, 경계(좌표) 등은 국가만이 결정·등록할 수 있는 권한을 가진다는 이념이다.

3-3
객관적이고 효율적으로 성실하게 지적등록을 이행할 수 있는 기관은 오직 국가뿐이기에 법률 관계를 적용하기 위해 국가가 토지 표시사항을 결정한다.

정답 3-1 ② 3-2 ② 3-3 ②

1-2. 지적과 등기

핵심이론 01 | 지적의 기능과 특성

① 지적의 기능(역할)

토지등기의 기초, 토지감정평가의 기초, 토지이용계획의 기초, 토지조세의 기준, 토지거래의 기준, 주소표기의 기초, 각종 토지정보를 제공하는 기능을 한다.

② 지적의 특성

㉠ 역사성
- 국가에서 토지에 세금을 부과하기 위한 기록에서 시작되었다.
- 토지에 대한 과거로부터의 변화내용을 기록하고 관리하는 것이다.
- 기록내용을 안전하게 영구히 보관한다.

㉡ 공개성 : 지적공부의 열람, 등본 발급, 지적도에 등록되어 있는 필지의 경계를 지상에 표시하는 것 등은 지적공개주의 원칙에 의한 것이다.

㉢ 전문성 : 토지조사와 지적측량 작업은 행정적·법률적 전문 지식과 자격증, 고도의 측량 기술 등을 갖추어야만 할 수 있다.

㉣ 안전성 : 행정적·기술적 지적사무는 지적 법령의 규정에 의하여 토지를 정확하게 등록하고 공시되므로 신뢰성이 있으며, 이를 이용한 토지활동의 기초적 정보는 안전성을 가지고 있다.

㉤ 정확성 : 지적측량은 지적법에서 규정하고 있는 지적측량의 목적과 대상 및 방법, 지적측량을 할 수 있는 자격 등에 따라 이루어지는 기속측량으로서 정확성을 유지할 수 있도록 하고 있다.

※ 지적의 성격은 지적이 지니고 있는 자체의 성질을 말하는 것으로, 현대 지적의 성격을 역사성과 영구성, 반복적 민원성, 전문성과 기술성, 서비스성과 윤리성, 정보원 등으로 구분한다.

10년간 자주 출제된 문제

1-1. 지적의 기능과 가장 거리가 먼 것은?

① 토지등기의 기초
② 토지개발의 기준
③ 토지조세의 기초
④ 토지거래의 기준

1-2. 지적의 특성으로 옳지 않은 것은?

① 역사성
② 폐쇄성
③ 전문성
④ 공개성

|해설|

1-1
지적의 기능으로는 토지등기의 기초, 토지감정평가의 기초, 토지이용계획의 기초, 토지조세의 기준, 토지거래의 기준, 주소표기의 기초, 각종 토지정보의 제공 등이 있다.

1-2
지적의 특성으로는 역사성, 공개성, 전문성, 안전성 정확성 등이 있다.

정답 1-1 ② 1-2 ②

핵심이론 02 | 지적제도와 등기제도

① 지적과 등기의 주요 특징
  ㉠ 등기 대상이 동일 토지라는 점에서 밀접한 관계가 있다.
  ㉡ 등기와 등록은 그 목적물의 표시 및 소유권의 표시가 항상 부합되어야 한다.
  ㉢ 등기에 있어 토지의 표시에 관하여는 지적을 기초로 하고, 지적에 있어 소유자의 표시는 등기를 기초로 한다. 단, 미등기 토지의 소유자 표시에 관한 사항은 지적공부를 기초로 한다(등기는 형식적·심사권 지적은 실질적 심사권을 갖기 때문).
  ㉣ 지적은 토지에 대한 사실관계를, 등기는 토지에 대한 권리관계를 공시한다.
  ㉤ 지적제도는 국정주의를, 등기제도는 성립요건주의를 채택하고 있다.
  ㉥ 지적제도는 지적측량실시를, 등기제도는 기재절차에 따른 엄격한 요식행위를 요구한다.
  ㉦ 원칙적으로 지적제도는 직권등록주의를, 등기제도는 신청주의를 채택하고 있다.

② 지적제도와 등기제도의 비교

구분	지적제도	등기제도
기본이념	국정주의, 형식주의, 공개주의, 직권등록주의	형식주의, 성립요건주의, 당사자 신청주의
심사방법	실질적 심사주의	형식적 심사주의
공신력	인정(우리나라는 불인정)	불인정(추정력만 인정)
편제방법	물적 편성주의	물적 편성주의
처리방법	신고의 의무, 직권조사처리	신청주의
신청방법	단독신청주의(소유자)	공동신청주의(등기권리자)
담당부서	국토교통부 시·도 지적과, 시·군·구 지적과	법무부, 대법원, 지방법원, 지원, 등기소
공부	토지대장, 임야대장, 공유지연명부, 대지권등록부, 지적도, 임야도, 경계점등록부, 지적전산파일	토지, 건물, 입목, 상업, 선박, 법인 공장, 등기부 등
등록사항	토지소재, 지번, 지목, 경계, 면적, 소유자, 주소·성명 등	소유권, 저당권, 전세권, 지역권, 지상권, 임차권 등
기능	토지 표시사항(물리적 현황)의 공시	부동산에 대한 권리관계 공시

10년간 자주 출제된 문제

지적제도와 등기제도의 관계를 설명한 내용이 틀린 것은?

① 지적제도와 등기제도는 공신력과 확정력을 모두 인정한다.
② 등기에 있어 토지의 표시에 관하여는 지적을 기초로 하고 지적에 있어 소유자의 표시는 등기를 기초로 한다.
③ 지적제도는 국정주의를 등기제도는 성립요건주의를 채택하고 있다.
④ 원칙적으로 지적제도는 직권등록주의를 등기제도는 신청주의를 채택하고 있다.

|해설|
학설에 의하면 우리나라는 토지등록사항에 대한 실질적 심사주의를 채택하는 지적제도는 공신력이 있다고 인정하나 형식적 심사주의를 채택하고 있는 등기제도에서는 공신력을 인정하지 않는다.

정답 ①

제2절 지적사

2-1. 지적제도의 발달

> **지적제도의 분류**
> - 발전과정(설치목적)에 의한 분류 : 세지적, 법지적, 다목적 지적
> - 측량방법(경계의 표시방법)에 의한 분류 : 도해지적, 수치지적
> - 등록대상(등록사항의 차원)에 의한 분류 : 2차원 지적, 3차원 지적, 4차원 지적
> - 성질(등록의무의 강약)에 의한 분류 : 소극적 지적, 적극적 지적

핵심이론 01 | 발전과정(설치목적)에 의한 분류

① 세지적
  ㉠ 토지의 가격을 조사하여 세금을 징수하기 위한 것을 말한다.
  ㉡ 국가 재정에 필요한 세금의 징수를 주목적으로 하는 제도이며 과세지적이라고도 한다.
  ㉢ 국가 재정의 대부분을 토지에 의존하던 농경시대에 개발된 최초의 지적제도이다.
  ㉣ 필지별 세액산정을 위해 면적 본위로 운영된다.
  ㉤ 지적공부의 여러 가지 등록사항 중 면적과 토지등급을 정확하게 측정하고 조사하는 것이 중요시되는 지적제도이다.

② 법지적
  ㉠ 토지과세 및 토지거래의 안전을 도모하고, 토지소유권 보호 등을 주요 목적으로 하는 제도이며 소유지적이라고도 한다.
  ㉡ 토지에 대한 소유권이 인정되기 시작한 산업화 시대에 개발된 제도이다.
  ㉢ 1필지의 경계와 위치를 정확하게 등록하고, 등록된 경계에 의하여 경계위치를 정확하게 복원시킴으로써 소유권의 한계를 밝히는 능력을 가지고 있다.
  ㉣ 위치 본위로 운영되는 지적제도로 지적도에 등록된 경계 또는 좌표를 정확하게 등록한다.
  ㉤ 토지소유권의 한계 설정이 강조되는 지적제도이다.
  ㉥ 토지의 등록사항이 정확하지 못할 경우 발생하는 손해에 대하여 선의의 제3자를 보호하는 데 주목적이 있다.

③ 다목적 지적(정보지적)
  ㉠ 1필지 단위로 토지에 관한 정보를 신속·정확하게 제공하고 관리하는 제도이며 종합지적이라고도 한다.
  ㉡ 토지에 관한 물리적 현황은 법률적·재정적·경제적 정보를 포괄하는 제도이다.
  ㉢ 토지에 대한 평가, 과세 거래, 이용계획, 지하시설물과 공공시설물 및 토지통계 등에 관한 정보를 공동으로 활용하기 위하여 최근에 개발된 제도이다.

10년간 자주 출제된 문제

1-1. 지적제도를 세지적, 법지적, 다목적 지적으로 분류하는 기준으로 옳은 것은?
① 등록사항의 차원에 의한 분류
② 발전과정에 의한 분류
③ 등록의무의 강약에 의한 분류
④ 경계의 표시방법에 의한 분류

1-2. 국가 재정의 대부분을 토지에 의존하던 농경시대에 개발된 최초의 지적제도는?
① 법지적
② 경제지적
③ 세지적
④ 소유지적

1-3. 다음 중 법지적에 대한 설명으로 옳은 것은?
① 지적제도의 발전 단계 중 가장 오래된 것이다.
② 토지의 활용 정보를 제공하는 것이 주요 목적이다.
③ 면적 본위로 운영되는 지적제도이다.
④ 토지소유권의 한계 설정이 강조되는 지적제도이다.

|해설|

1-1
지적은 시대적 사회 여건의 변화에 따라 발전해왔으며 세지적, 법지적, 다목적 지적으로 변화되었다.

1-2
세지적: 가장 오래된 역사를 가지고 있는 최초의 지적으로, 지적공부의 여러 가지 등록사항 중 면적과 토지등급을 정확하게 측정하고 조사하는 것이 중요시되는 지적제도이다.

1-3
①・③ : 세지적에 대한 설명이다.
② : 다목적 지적에 대한 설명이다.
법지적 : 토지거래의 안전과 개인의 토지소유권을 보호하기 위해 만들어진 지적제도이다.

정답 1-1 ② 1-2 ③ 1-3 ④

| 핵심이론 02 | 측량방법에 의한 분류

① 도해지적
  ㉠ 개념
    - 토지의 경계를 도면에 표시하는 지적제도로서, 각 필지의 경계점을 일정한 축척의 도면에 폐합된 다각형의 형태로 표시하여 등록하는 제도이다.
    - 토지 경계의 효력을 도면에 등록된 경계에만 의존하는 제도로서, 경계 결정방법은 측판측량 및 항공사진측량방법에 의한다.
  ㉡ 도해지적의 장점
    - 측량결과도 및 도면의 작성이 간편하다.
    - 토지형상의 시각적 파악이 용이하다.
    - 비용이 비교적 저렴하고 시간이 적게 소요된다.
    - 고도의 기술이 요구되지 않는다.
  ㉢ 도해지적의 단점
    - 축척의 크기에 따라 허용오차가 달라 신뢰도의 문제가 발생한다.
    - 도면의 신축 방지와 보관 및 관리가 어렵다.
    - 작업과정에서 개인적·기계적·자연적 오차가 유발된다.
    - 축척 및 제도오차의 발생으로 정확도가 낮다.

② 수치지적
  ㉠ 개념
    - 수치 데이터로 작성된 것을 의미하며 국가기준계에 의하여 좌표로 표시된 것을 말한다.
    - 경계점의 위치를 평면직각좌표(X, Y)를 이용하여 등록·관리하는 지적제도로, 지상측량에 의한 수치지적측량 및 항측에 의한 해석적 측량방법에 의해 좌표를 결정한다.
    - 우리나라는 1975년부터 수치지적제도를 도입하였다.
  ㉡ 수치지적의 장점
    - 좌표를 이용한 지적도 제작이 용이하다.
    - 축척의 제한 없이 자유로이 도면 작성이 가능하다.
    - 측량이 신속하며, 컴퓨터를 이용한 작업이 간편하여 경제적이다.
    - 좌표에 의한 1 : 1의 경계 복원이 가능하여 도해지적에 비해 정밀도가 높다.
  ㉢ 수치지적의 단점
    - 열람용의 별도 도면을 작성하여 보관해야 한다.
    - 등록 당시의 측량기준점 사용 여부에 따라 정확도에 영향을 받는다.
    - 측량장비의 가격이 고가이고, 측량사의 전문지식이 요구된다.
    - 측량에 따른 경비와 인력이 비교적 많이 소요된다.

10년간 자주 출제된 문제

2-1. 경계의 표시방법별 분류에 의한 지적제도로 옳은 것은?
① 과세지적, 지배지적
② 소유지적, 치수지적
③ 도해지적, 수치지적
④ 입체지적, 다목적 지적

2-2. 수치지적에 비하여 도해지적이 갖는 단점으로 가장 거리가 먼 것은?
① 축척의 크기에 따라 허용오차가 다르다.
② 도면의 신축 방지와 보관 및 관리가 어렵다.
③ 축척 및 제도오차의 발생으로 정확도가 낮다.
④ 열람용의 별도 도면을 작성하여 보관해야 한다.

2-3. 경계를 기하학적으로 표시하여 위치나 형태를 파악하기 쉬운 지적제도는?
① 경제지적
② 유사지적
③ 도해지적
④ 3차원 지적

|해설|

2-1
경계의 표시방법별 분류에 의한 지적제도
• 도해지적 : 경계점의 위치를 도면을 기준으로 표시하는 지적제도이다.
• 수치지적 : 경계점의 위치를 평면직각종횡선좌표(X, Y)로 표시하는 지적제도이다.

2-2
④는 수치지적이 갖는 단점에 해당한다.

정답 2-1 ③ 2-2 ④ 2-3 ③

핵심이론 03 | 등록대상에 의한 분류

① 2차원 지적
   ㉠ 토지의 경계 및 지목 등을 등록하는 것으로 선과 면으로 구성된다.
   ㉡ 수평적 지적으로 대부분의 국가가 채택하고 있다.
   ㉢ 토지의 고저나 기복에 관계없이 토지의 수평면을 중심으로 등록·공시한다.

② 3차원 지적
   ㉠ 지하와 지상에 설치된 시설물까지 등록하는 것으로 입체지적이라고도 한다.
   ㉡ 지하의 각종 시설물과 지상의 고층화된 건축물을 효율적으로 관리할 수 있다.
   ㉢ 다목적 지적으로서 다양한 토지정보를 제공해 주는 역할을 한다.

③ 4차원 지적
   ㉠ 3차원 지적에 시간적인 사항을 추가하여 토지를 등록·관리하는 형태의 지적제도이다.
   ㉡ 토지의 특성과 토지와 관련된 모든 사항을 지적공부에 실시간으로 정리할 수 있다.

10년간 자주 출제된 문제

다음 중 3차원 지적에 대한 설명으로 가장 거리가 먼 것은?

① 입체지적이라고도 한다.
② 지하의 각종 시설물과 지상의 고층화된 건축물을 효율적으로 관리할 수 있다.
③ 다목적 지적으로서 다양한 토지정보를 제공해 주는 역할을 한다.
④ 경계를 표시하는 방법 및 측량방법에 따른 분류에 해당한다.

|해설|
3차원 지적은 등록대상에 의한 분류에 해당하며, 측량방법에 의한 분류에는 도해지적, 수치지적이 있다.

정답 ④

핵심이론 04 | 성질에 의한 분류

① 소극적 지적

토지를 지적공부에 등록하는 것을 의무화하지 않고 당사자가 신고할 때 신고된 사항만을 등록하는 제도이다.

② 적극적 지적

신고가 없어도 국가가 직권으로 등록사항을 조사·등록하는 방식이다.

[소극적 지적과 적극적 지적 비교]

적극적 지적	소극적 지적
• 직권등록주의	• 신청주의
• 공신력 인정	• 공신력 불인정
• 토렌스 시스템	• 리코딩 시스템
• 실질적 심사주의	• 형식적 심사주의
• 권리보험제도 불필요(우리나라 채택)	• 권리보험제도 필요

10년간 자주 출제된 문제

4-1. 지적제도의 등록 성질별 분류에서 토지를 지적공부에 등록하는 것을 의무화하지 않고 당사자가 신고할 때 신고된 사항만을 등록하는 것은?

① 적극적 지적
② 토렌스 시스템
③ 강제적 등록
④ 소극적 지적

4-2. 소극적 지적에 대한 설명으로 옳은 것은?

① 신고된 사항만을 등록하는 방식이다.
② 신고가 없어도 국가가 직권으로 등록하는 방식이다.
③ 세원을 결정하여 과세하는 지적제도이다.
④ 1필지의 면적을 측정하는 방법이다.

|해설|

4-1
소극적 지적 : 토지를 지적공부에 등록하는 것을 의무화하지 않고 당사자가 신고할 때 신고된 사항만을 등록하는 제도이다.

4-2
② : 적극적 지적에 대한 설명이다.
③ : 세지적에 대한 설명이다.
④ : 법지적에 대한 설명이다.

정답 4-1 ④ 4-2 ①

2-2. 시대별 지적제도의 발달

핵심이론 01 | 시대별 지적제도

① 고조선시대 : 정전제(井田制)
② 고구려시대 : 경묘(무)법(頃畝法)
③ 백제시대 : 두락제, 결부법
④ 신라시대 : 결부제
⑤ 통일신라시대 : 정전제(丁田制), 관료전
⑥ 고려시대 : 경묘(무)법, 결부제, 두락제, 수등이척제
⑦ 조선시대 : 경묘(무)법, 결부제, 망척제, 수등이척제

10년간 자주 출제된 문제

다음 중 시대에 따른 지적제도의 연결이 옳지 않은 것은?
① 고구려 - 경무법
② 백제 - 두락제
③ 신라 - 결부법
④ 고려 - 역분전

|해설|

역분전 : 940년(태조 23년)에 고려 왕조에서 처음 실시된 토지 분급 제도이다. 공신에게 공훈의 차등에 따라 일정한 면적의 토지를 나누어주던 토지제도이다.
※ 고려시대 지적제도 : 경묘(무)법, 결부제, 두락제, 수등이척제

정답 ④

| 핵심이론 02 | 시대별 지적공부

① 둠즈데이북(domesday book)
　㉠ 노르만의 잉글랜드 정복 이후 영국 국왕이 된 윌리엄 1세가 조세를 징수할 기반이 되는 토지 현황을 조사하여 정리한 책이다.
　㉡ 과세장부로 토지와 가축의 숫자까지 기록되어 있다.
② 나폴레옹(Napoleon) 지적
　㉠ 프랑스의 나폴레옹 1세가 1808~1859년까지 전 국토를 대상으로 작성한 지적이다.
　㉡ 토지를 비옥도에 따라 분류하고, 각 토지의 생산능력과 수입 및 소유자와 같은 내용을 체계적으로 기록하여 근대 지적의 기원으로 평가된다.
③ 신라촌락장적(新羅村落帳籍)
　㉠ 우리나라의 지적기록과 관련하여 현존하는 가장 오래된 신라시대의 문서이다.
　㉡ 통일신라시대 서원경(청주지역) 지방의 4개 촌의 토지, 재산 목록으로 3년마다 일정하게 기록하였다.
　㉢ 토지의 종목은 연수유전답(烟受有田畓)과 연수유가 아닌 전답이 서로 구별되어 있다. 연수유전답 안에는 일반 농민들의 보유지에 해당하는 연수유전답과 촌주위답(村主位畓)이라는 것이 포함되어 있고, 연수유가 아닌 전답은 관모전답(官謨田畓), 내시령답(內視令畓), 마전(麻田) 등으로 각각 구분되어 있다.
④ 지세명기장(地稅名寄帳)
　㉠ 일제시대 조세부과의 행정목적을 달성하기 위해 작성된 문서로 개인 소유의 토지와 임야에 부과된 세금 납부를 증명하는 명세서라고 할 수 있다.
　㉡ 토지세를 징수하기 위하여 이동 정리가 완료된 토지대장 중에서 민유과세지만을 뽑아 각 면마다 소유자별로 기록한 토지조사사업 당시의 장부이다.
　㉢ 납세관리인 주소와 성명, 농지의 지번·지목·지적, 임대가격, 세액, 납기, 납세의무자의 주소 및 성명이 기록되어 있다.
⑤ 문기(文記)
　㉠ 조선시대 토지나 가옥의 매매계약이 성립하기 위하여 매수인, 매도인 쌍방의 합의 외에 대가의 수수목적물의 인도 시 서면으로 작성하는 계약서이다.
　㉡ 오늘날의 매매계약서와 동일한 기능을 한 것이다.
⑥ 입안(立案)
　㉠ 토지매매에 관한 증명서이다(오늘날 등기원리증).
　㉡ 조선 건국 초부터 시행된 제도로, 토지양도에 따른 일종의 공증제도와 유사하다.

10년간 자주 출제된 문제

2-1. 토지를 비옥도에 따라 분류하고, 각 토지의 생산능력과 수입 및 소유자와 같은 내용을 체계적으로 기록하여 근대 지적의 기원으로 평가되는 지적을 작성한 자는 누구인가?

① 윌리엄(William) 1세
② 요셉(Joseph) 2세
③ 나폴레옹(Napoleon) 1세
④ 레오폴트(Leopold) 1세

2-2. 우리나라의 지적기록과 관련하여 현존하는 가장 오래된 신라시대의 문서는?

① 문기
② 공적
③ 장적
④ 기경적

2-3. 조선시대 토지나 가옥의 매매계약이 성립하기 위하여 매수인, 매도인 쌍방의 합의 외에 대가의 수수목적물의 인도 시 서면으로 작성하는 계약서로, 오늘날 매매계약서와 동일한 기능을 한 것은?

① 입안
② 양안
③ 문기
④ 지권

| 해설 |

2-1
프랑스의 나폴레옹(Napoleon) 1세가 1808~1859년까지 전 국토를 대상으로 작성한 지적은 또 다른 의미에서 근대 지적의 기원으로 평가된다.

2-3
문기 : 조선시대의 토지, 가옥, 노비와 기타 재산의 소유, 매매, 양도, 차용 등 매매계약이 성립하기 위하여 매수인, 매도인 쌍방의 합의 외에 대가의 수수목적물의 인도 시에 서면으로 작성한 계약서이다.

정답 2-1 ③ 2-2 ③ 2-3 ③

| 핵심이론 03 | 시대별 토지대장

① 양안(量案)
  ㉠ 조선시대 조세 부과를 목적으로 전지(田地)를 측량하여 만든 토지등록장부로서 오늘날의 토지대장이다.
  ㉡ 토지 소재지, 기주(토지소유자), 지목, 지호(지번), 토지등급(비옥도), 사표(토지 위치), 토지결부수(면적), 전형(토지 형태), 양전 방향, 진기(경작 여부), 농가소득 정도 등을 파악할 수 있는 자료이다.
  ㉢ 법제적으로 20년마다 한 번씩 전국적인 규모로 양전(量田)을 실시하고, 이를 토대로 양안을 작성하여 호조 및 해당 도(道)와 읍(邑)에 각각 1부씩을 보관하도록 하였다.
  ㉣ 전적(田籍), 양안증서책(量案謄書冊), 전안(田案), 전답안(田畓案) 등이라 칭했다.

② 양전(量田)
  ㉠ 조선시대부터 대한제국 말까지 시행된 과세를 위한 지적측량이다.
  ㉡ 경국대전에 의하면 모든 전지는 6등급으로 구분하고 20년마다 다시 측량하여 장부를 만들어 호조(戶曹)와 그 도·읍에 보관하였다.
  ㉢ 양전사업을 담당할 새로운 독립기구로서 양지아문(量地衙門)이 설치되었다.

③ 일자오결제도(一字五結制度)
  ㉠ 양안에 토지를 표시함에 있어서 양전 순서에 의하여 1필지마다 천자문의 번호 자번호(字番號)를 부여했는데, 자번호는 자와 번호로서 천자문의 1자는 폐경전(廢耕田), 기경전(起耕田)을 막론하고 5결이 되면 부여했다.
  ㉡ 1결의 크기는 1등전의 경우 사방 10,000척으로 정하였다.

④ 구장산술(九章算術)에 따른 전(田)의 형태
  ㉠ 삼국시대의 토지측량 방식으로 지형을 당시 측량술로 측량하기 쉬운 형태로 구별하여 측량하는 방법으로써 화사(畫師)가 회화적으로 지도나 지적도 등을 만든 것이다.
  ㉡ 전의 종류
    • 방전(方田) : 정사각형의 토지로 장(長)과 광(廣)을 측량
    • 직전(直田) : 직사각형의 토지로 장(長)과 평(平)을 측량
    • 구고전(句股田) : 직삼각형의 토지로 구(句)와 고(股)를 측량
    • 규전(圭田) : 이등변 삼각형의 토지로 장(長)과 광(廣)을 측량
    • 제전(梯田) : 사다리꼴의 토지로 장(長)과 동활(東闊), 서활(西闊)을 측량
    • 원전(圓田) : 원과 같은 모양
    • 호전(弧田) : 호, 부채꼴 모양
    • 환전(環田) : 두 동심원에 둘러싸인 모양

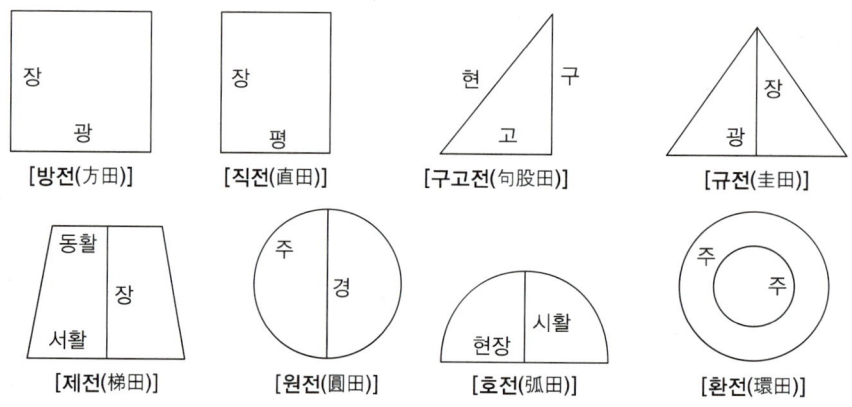

10년간 자주 출제된 문제

3-1. 오늘날의 지적과 유사한 토지의 기록에 관한 것이 아닌 것은?

① 백제의 도적(圖籍) ② 신라의 장적(帳籍)
③ 고려의 전적(田籍) ④ 조선의 이적(移籍)

3-2. 조선시대의 토지대장인 양안에 기재되지 않았던 것은?

① 토지 소재지 ② 토지등급
③ 토지면적 ④ 토지 연혁

3-3. 조선시대의 토지등록장부로 오늘날의 토지대장과 같은 양안은 몇 년마다 한 번씩 양전을 실시하여 새로운 양안을 작성하였는가?

① 5년 ② 10년
③ 20년 ④ 30년

|해설|

3-1
조선시대에는 양안(量案)을 시행하였다.

3-2
양안에는 토지 소재지, 기주(토지소유자), 지목, 지호(지번), 토지등급(비옥도), 사표(토지 위치), 토지결부수(면적), 전형(토지 형태), 양전방향, 진기(경작 여부), 농가소득 정도 등이 기재되어 있다.

3-3
「경국대전」에 의하면 법제적으로 20년에 한 번씩 양전을 실시하고, 이에 따라 새로 양안(量案)을 작성하여 호조와 해당 도·읍에 각각 보관하도록 하였다.

정답 3-1 ④ 3-2 ④ 3-3 ③

2-3. 토지조사사업

핵심이론 01 | 토지조사사업의 개요

① 토지조사사업의 목적(일본의 목적)
   ㉠ 일본 자본의 토지 점유를 돕기 위해
   ㉡ 식민지 통치를 위한 조세 수입 체계를 확립하기 위해
   ㉢ 조선총독부가 경작지로 가능한 미개간지를 점유하기 위해
   ㉣ 일본식민에 대한 제도적 지원대책을 확립하기 위해
   ㉤ 미곡의 일본 수출 증가를 위한 토지이용제도 정비를 위해
   ㉥ 일본의 공업화에 따른 노동력 부족을 충당하기 위해

② 토지조사사업의 특징
   ㉠ 도로, 하천, 구거 등은 토지조사사업에서 제외하였다.
   ㉡ 우리나라의 근대적 토지제도가 확립되었다.
   ㉢ 토지조사사업을 위해 지적의 교육에 주력하였다.
   ㉣ 연속성·통일성이 있도록 기여하였다.

③ 토지조사사업 당시의 조사 내용
   ㉠ 토지의 소유권 조사
   ㉡ 토지의 가격 조사
   ㉢ 토지의 외모(지형·지모) 조사

10년간 자주 출제된 문제

1-1. 토지조사사업의 목적과 가장 거리가 먼 것은?
① 일본 자본의 토지 점유를 돕기 위해
② 식민지 통치를 위한 조세 수입 체계를 확립하기 위해
③ 한국의 공업화에 따른 노동력 부족을 충당하기 위해
④ 조선총독부가 경작지로 가능한 미개간지를 점유하기 위해

1-2. 다음 중 전 국토를 대상으로 실시한 토지조사사업의 특징으로 보기 어려운 것은?
① 순수한 우리나라의 측량 기술에 바탕을 둔 사업이었다.
② 도로, 하천, 구거 등을 토지조사사업에서 제외하였다.
③ 우리나라의 근대적 토지제도가 확립되었다.
④ 토지조사사업을 위해 지적의 교육에 주력하였다.

1-3. 토지조사사업의 주된 조사 내용과 거리가 먼 것은?
① 토지소유권 조사
② 건축물의 권리 조사
③ 지형·지모의 조사
④ 지가의 조사

| 해설 |

1-1
토지조사사업은 일본의 공업화에 따른 노동력 부족을 우리나라 소작농으로 충당하기 위함이다.

1-2
토지조사사업은 1910년 일제의 식민지정책 사업으로 추진된 것으로 우리나라 측량 기술에 바탕을 둔 사업과는 거리가 멀다.

1-3
토지조사사업은 크게 소유권 조사, 지형·지모의 조사, 지가의 조사, 토지대장 작성 등으로 구성되었다.

정답 1-1 ③ 1-2 ① 1-3 ②

핵심이론 02 | 토지조사사업의 사정 등

① 사정(査定)
　㉠ 사정은 토지소유자 및 토지의 경계(강계)를 확정하는 행정처분으로, 원래의 토지소유권은 소멸시키고 새로운 소유권을 취득하는 것이다.
　㉡ 토지조사사업 당시 사정의 대상 : 강계, 소유자
　㉢ 사정사항은 이를 30일간 공고하고 사정에 부복이 있는 자는 공시기간 만료 후 60일 이내에 불복신청을 하여 재결을 받게 하였다.
　㉣ 토지대장등록지의 사정은 임시토지조사국장, 재결은 임야조사위원회가 각각 담당하였다.

② 강계선(疆界線)
　㉠ 토지조사사업 당시 확정된 소유자가 다른 토지 간의 사정된 경계선을 뜻한다.
　㉡ 토지조사령에 의하여 임시토지조사국장의 사정을 거친 지적도상의 경계선, 즉 사정선을 말한다.
　㉢ 토지의 강계는 지적도에 등록된 토지의 경계선인 강계선이 대상이었으며, 1필지의 강계선은 소유권의 경계와 지목을 구별한다.

③ 재결
　㉠ 재결이란 토지조사사업 당시 사정한 사항을 재심사하여 확정한 처분이다.
　㉡ 토지조사사업 당시의 재결기관 : 고등토지조사위원회

10년간 자주 출제된 문제

2-1. 1910년 토지조사사업 당시 소유자와 경계를 심사하여 확정한 처분을 무엇이라 하는가?
① 토지조사　　② 사정
③ 재결　　　　④ 부본

2-2. 토지조사사업 당시 사정의 대상은?
① 강계, 소유자　② 강계, 면적
③ 지목, 면적　　④ 지번, 소유자

2-3. 토지조사사업 당시 사정한 사항을 재심사하여 확정한 처분을 무엇이라 하는가?
① 결정　　　　② 재결
③ 재사정　　　④ 토지조사

|해설|
2-1
사정은 토지소유자 및 토지의 경계를 확정하는 행정처분으로, 사실상 토지조사사업의 최종단계였다.
2-3
재결이란 토지조사사업 당시 사정한 사항을 재심사하여 확정한 처분으로, 재결기관은 고등토지조사위원회이다.

정답 2-1 ②　2-2 ①　2-3 ②

2-4. 임야조사사업

핵심이론 01 | 임야조사사업의 개요

① 임야조사사업의 특징
  ㉠ 국유임야 소유권을 확정하는 것을 목적으로 하였다.
  ㉡ 축척이 소축척이고 토지조사사업의 기술자 채용으로 시간과 경비를 절약할 수 있었다.
  ㉢ 적은 예산으로 사업을 완료하였다.
  ㉣ 토지조사사업에 비해 적은 인원으로 업무를 수행하였다.
  ㉤ 임야는 토지에 비하여 경제적 가치가 높지 않아 분쟁이 적었다.
  ㉥ 사정기관은 도지사이고 재결기관은 임야조사위원회이다.

② 토지조사사업과 임야조사사업의 비교

구분	토지조사사업	임야조사사업
근거법령	• 토지조사법(1910.8.23. 법률 제7호) • 토지조사령(1912.8.13. 제령 제2호)	조선임야조사령 (1918.5.1. 제령 제5호)
사업기간	1910~1918년(8년 10개월)	1916~1924년(9년)
조사측량기관	임시토지조사국	부(府)와 면(面)
도면 축척	1/600, 1/1200, 1/2400	1/3000, 1/6000
사정권자	임시토지조사국장	도지사(권업과 또는 산림과)
재결기관	고등토지조사위원회	임야조사위원회

10년간 자주 출제된 문제

1-1. 임야조사사업의 특징이 아닌 것은?
① 임야는 토지와 같이 분쟁이 많았다.
② 축척이 소축척이고 토지조사사업의 기술자 채용으로 시간과 경비를 절약할 수 있었다.
③ 적은 예산으로 사업을 완료하였다.
④ 국유임야 소유권을 확정하는 것을 목적으로 하였다.

1-2. 임야조사사업 당시 사정(査定)에 대하여 불복하는 경우 재결을 신청하였던 곳은?
① 고등토지조사위원회　　② 임야조사위원회
③ 법원　　　　　　　　　④ 토지사정위원회

|해설|
1-1
임야는 토지에 비하여 경제적 가치가 높지 않아 분쟁은 적었다.
1-2
사정기관은 도지사이고 재결기관은 임야조사위원회이었다.

정답 1-1 ① 1-2 ②

핵심이론 02 | 지적 관계 법령 변천과정

대구시가토지측량규정(1907년) → 토지조사법(1910년) → 토지조사령(1912년) → 지세령(1914년), 토지대장규칙(1914년) → 조선임야조사령(1918년) → 조선지세령(1943년) → 지적법(1950년)

① 판적국(版籍局)
  ㉠ 1895년(칙령 제53호) 「내부관제」가 공포되어 양전사무를 맡았던 곳이다.
  ㉡ 판적국 외에 주현국(州縣局), 토목국, 위생국, 회계국 등 5국을 두었다.
  ㉢ 판적국에는 호적과와 지적과를 설치하여 호구(戶口), 토지, 조세, 부역, 공물 따위의 일을 관장하였다.
  ㉣ 우리나라에서 지적(地籍)이란 용어가 최초로 사용되었다.

② 토지조사사업 당시 토지조사부의 기록 순서
  ㉠ 각 동(洞)·리(理)마다 지번의 순서로 기재하였다.
  ㉡ 지번, 가지번, 지목, 지적, 신고연월일, 소유자의 주소·성명 등을 기재하였다.

③ 토지조사령
  ㉠ 토지대장과 지적도를 작성·비치하게 된 최초의 근거법령이다.
  ㉡ 1912년 토지조사령을 발표하여 토지조사사업을 본격적으로 실시하였다.

④ 간주지적도(산토지대장)
  ㉠ 토지조사령에 의한 토지조사는 우리나라 전체를 대상으로 하였지만 산림(임야)지대는 제외하였기 때문에 지적도에는 산림지대의 토지는 등록하지 않았다.
  ㉡ 토지조사지역 밖의 산림지대 토지는 임야대장 규칙에 따라 이미 비치되어 있는 임야도에 등록하고 지적도로 간주하였다.
  ㉢ 이들 과세지의 축척은 1/600, 1/1200, 1/2400로 측량하지 않고 임야도 축척인 1/3000, 1/6000로 측량하여 임야도에 존치시켰다.
  ㉣ 대장은 토지대장과는 별도로 작성하여 이를 별책토지대장(別冊土地臺帳), 을호토지대장(乙號土地臺帳), 산토지대장(山土地臺帳)이라 불렀다.

10년간 자주 출제된 문제

2-1. 지적 관계 법령의 제정순서가 옳게 나열된 것은?
① 토지조사령 → 조선지세령 → 지세령 → 조선임야조사령 → 지적법
② 토지조사령 → 지세령 → 조선임야조사령 → 조선지세령 → 지적법
③ 조선임야조사령 → 토지조사령 → 지세령 → 조선지세령 → 지적법
④ 조선임야조사령 → 지세령 → 조선지세령 → 토지조사령 → 지적법

2-2. 토지조사사업 당시 토지조사부의 기록 순서로 옳은 것은?
① 각 동(洞)·리(理)마다 지번의 순서에 따라
② 각 시(市)마다 지번의 순서에 따라
③ 각 도(道)마다 소유자의 이름 순서에 따라
④ 측량 지역별로 측량 순서에 따라

2-3. 토지대장과 지적도를 작성·비치하게 된 최초의 근거법령은?
① 토지조사령
② 지세법
③ 지적측량규정
④ 지적법

|해설|

2-1
토지조사령(1912년) → 지세령(1914년) → 조선임야조사령(1918년) → 조선지세령(1943년) → 지적법(1950년)

2-2
토지조사사업 당시 토지조사부에는 동(洞)·리(理)마다 지번순으로 지번, 가지번, 지목, 지적, 신고연월일, 소유자의 주소·성명 등을 기재하게 되어 있었다.

2-3
일제는 근대적 소유권이 인정되는 토지제도를 확립한다는 명분 아래 1910년 토지조사국을 설치한 데 이어, 1912년 토지조사령(土地調査令)을 발표하여 토지조사사업을 본격적으로 실시하였다.

정답 2-1 ② 2-2 ① 2-3 ①

제3절 지적의 요소

3-1. 지적공부와 필지

핵심이론 01 | 지적공부

① 협의적 지적의 3요소
  ㉠ 토지 : 지적공부의 등록대상으로서의 토지를 말한다. 국토의 전부로 국유지와 사유지를 불문하며 인위적으로 구획한 필지를 단위로 등록한다.
  ㉡ 등록 : 토지에 관한 일정한 사항을 지적공부에 기록하는 행위이다. 즉, 각 필지의 소재, 지번, 지목, 면적, 경계, 좌표 등을 기록하는 지적의 주된 행위를 의미한다.
  ㉢ 지적공부 : 토지를 구획하여 일정한 사항을 기록한 장부이다. 토지대장, 임야대장, 공유지연명부, 대지권등록부, 지적도, 임야도 및 경계점좌표등록부 등이 있다.
    ※ 바다는 지적공부의 등록대상이 아니다.
② 광의의 지적의 구성요소 : 소유자, 권리, 필지

10년간 자주 출제된 문제

1-1. 지적의 3요소로 가장 거리가 먼 것은?
① 지물
② 토지
③ 등록
④ 지적공부

1-2. 지적공부에 원칙적으로 등록해야 할 대상 토지가 아닌 것은?
① 방파제
② 호수
③ 바다
④ 도로

|해설|
1-1
지적의 3요소
• 협의적 구성요소 : 토지, 등록, 지적공부
• 광의적 구성요소 : 소유자, 권리, 필지

정답 1-1 ① 1-2 ③

핵심이론 02 | 1필지

① 필지의 정의
  ㉠ 물권이 미치는 권리의 객체로서 지적공부에 등록하는 토지의 등록단위이다.
  ㉡ 법률에 의해 정해지는 토지의 등록단위이다.
  ㉢ 토지소유권의 구분에 의하여 인위적으로 구획된 것이다.
  ㉣ 국가가 인위적으로 정하는 토지의 등록단위이다.

② 1필지의 기능
  토지소유권의 단위, 토지조사의 기본단위, 토지등록의 기본단위, 토지공시의 기본단위

③ 1필지로 정할 수 있는 기준(영 제5조)
  ㉠ 지번부여지역의 토지로서 소유자와 용도가 같고 지반이 연속된 토지는 1필지로 할 수 있다.
  ㉡ ㉠에도 불구하고 다음의 어느 하나에 해당하는 토지는 주된 용도의 토지에 편입하여 1필지로 할 수 있다. 다만, 종된 용도의 토지의 지목(地目)이 '대(垈)'인 경우와 종된 용도의 토지면적이 주된 용도의 토지면적의 10%를 초과하거나 330m²를 초과하는 경우에는 그러하지 아니하다.
    • 주된 용도의 토지의 편의를 위하여 설치된 도로, 구거(溝渠, 도랑) 등의 부지
    • 주된 용도의 토지에 접속되거나 주된 용도의 토지로 둘러싸인 토지로서 다른 용도로 사용되고 있는 토지

10년간 자주 출제된 문제

2-1. 다음 중 필지의 정의에 대한 설명으로 옳지 않은 것은?
① 지적공부에 등록하는 토지의 등록단위이다.
② 법률에 의해 정해지는 토지의 등록단위이다.
③ 자연현상을 기준으로 구획한 지리학적 단위이다.
④ 국가가 인위적으로 정하는 토지의 등록단위이다.

2-2. 다음 중 1필지로 정할 수 있는 기준으로 옳지 않은 것은?
① 동일한 면적
② 동일한 용도
③ 동일한 소유자
④ 연속된 지반

|해설|
2-1
지형지물에 의한 경계가 아닌 토지소유권의 구분에 의하여 인위적으로 구획된 것이다.
2-2
지번부여지역의 토지로서 소유자와 용도(지목)가 같고 지반이 연속된 토지는 1필지로 할 수 있다.

정답 2-1 ③ 2-2 ①

3-2. 토지경계

핵심이론 01 | 경계

① 경계의 특징
 ㉠ 경계란 필지별로 경계점들을 직선으로 연결하여 지적공부에 등록한 선을 말한다.
 ㉡ 소유권이 미치는 범위와 면적 등을 정하는 기준이 된다.
 ㉢ 지적도에 등록되어 있는 도면상의 구획선이다.
 ㉣ 필지 간 공통이며, 위치가 있다.
 ㉤ 경계점좌표등록부에 등록된 좌표의 연결선이다.
 ㉥ 지적도에 등록된 필지와 필지를 구획하는 선이다.
 ㉦ 토지를 분할할 때 경계는 측량하여 결정한다.

② 경계의 종류
 ㉠ 경계 특성에 따른 분류
  • 일반경계 : 자연적인 지형지물, 즉 도로, 담장, 울타리, 도랑, 하천 등으로 이루어진 경계이다.
  • 고정경계 : 특정 토지에 대한 경계점의 지상에 석주, 철주, 말뚝 등의 경계표지를 설치하거나 이를 정확하게 측량하여 지적도상에 등록 또는 관리하는 경계이다.
  • 보증경계 : 측량사에 의하여 지적측량이 행해지고 지적관리청의 사정에 의하여 확정된 토지경계를 의미한다.
 ㉡ 물리적 특성에 따른 분류 : 자연적 경계, 인공적 경계
 ㉢ 법률적 특성에 따른 분류 : 공간정보와 구축 및 관례 등에 관한 법상의 경계, 민법상 경계, 형법상 경계
 ㉣ 일반적 특성에 따른 분류 : 지상경계, 도상경계, 법정경계, 사실경계

10년간 자주 출제된 문제

1-1. 토지의 경계는 어느 것을 가리키는가?
① 현지의 말뚝 따위
② 토지대장상의 면적
③ 지번
④ 도면상의 구획선

1-2. 자연적인 지형지물, 즉 도로, 담장, 울타리, 도랑, 하천 등으로 이루어진 것을 무엇이라 하는가?
① 보증경계
② 고정경계
③ 일반경계
④ 법률적 경계

|해설|
1-1
경계 : 필지별로 경계점들을 직선으로 연결하여 지적공부에 등록한 선을 말하며, 소유권이 미치는 범위와 면적 등을 정하는 기준이 된다.

1-2
일반경계 : 자연적인 지형지물, 즉 도로, 담장, 울타리, 도랑, 하천 등으로 이루어진 경계를 의미한다.

정답 1-1 ④ 1-2 ③

핵심이론 02 | 경계 설정의 원칙 및 지상경계의 기준

① 경계 설정의 원칙
  ㉠ 경계국정주의 원칙 : 지적공부에 등록하는 경계는 국가 지적측량을 통하여 결정한다.
  ㉡ 경계직선주의 원칙 : 경계는 실제 모습대로 표시하지 않고 최단거리 직선으로 연결표시한다.
  ㉢ 경계불가분의 원칙 : 경계는 선이므로 위치와 길이만 있을 뿐 너비는 없는 것이다.
    • 경계는 유일무이한 것으로 어느 한쪽에 소속되지 않는다.
    • 필지 사이의 경계는 2개 이상 있을 수 없다.
    • 경계는 양쪽 토지에 공통이다.
    • 경계는 기하학상 선과 같다.
    • 경계는 너비가 없다.
  ㉣ 축척종대의 원칙 : 동일한 경계가 축척이 다른 도면에 각각 등록되어 있을 때에는 축척이 큰 도면의 경계에 따른다는 원칙이다.
  ㉤ 부동성의 원칙 : 경계는 한번 정해지면 적법절차에 의하지 않고서는 움직이지 않는다.

② 지상경계의 결정기준 등(영 제55조)
  ㉠ 연접되는 토지 간에 높낮이 차이가 없는 경우 : 그 구조물 등의 중앙
  ㉡ 연접되는 토지 간에 높낮이 차이가 있는 경우 : 그 구조물 등의 하단부
  ㉢ 도로・구거 등의 토지에 절토(땅깎기)된 부분이 있는 경우 : 그 경사면의 상단부
  ㉣ 토지가 해면 또는 수면에 접하는 경우 : 최대만조위 또는 최대만수위가 되는 선
  ㉤ 공유수면매립지의 토지 중 제방 등을 토지에 편입하여 등록하는 경우 : 바깥쪽 어깨 부분

  ㉠ 높낮이 차이가 없는 경우 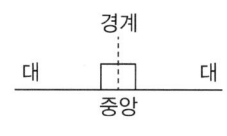 ㉡ 높낮이 차이가 있는 경우 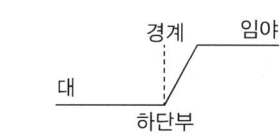 ㉢ 절토된 부분이 있는 경우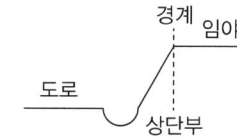

  ㉣ 해(수)면에 접한 경우  ㉤ 공유수면매립지의 경우

10년간 자주 출제된 문제

2-1. 다음 중 일반적인 경계 결정의 원칙으로 옳은 것은?
① 축척종대의 원칙
② 등록 선후의 원칙
③ 용도 경중의 원칙
④ 사용목적의 원칙

2-2. 경계불가분의 원칙에 대한 설명으로 틀린 것은?
① 경계는 유일무이한 것이다.
② 경계는 양쪽 토지에 공통이다.
③ 경계는 기하학상 선과 같다.
④ 경계는 너비가 있다.

2-3. 지상경계의 결정기준으로 옳은 것은?
① 토지가 해면에 접하는 경우 – 최대만조위선
② 구거의 토지에 절토된 부분이 있는 경우 – 지물의 중앙부
③ 공유수면매립지의 토지 중 제방을 토지에 편입하여 등록하는 경우 – 안쪽 어깨 부분
④ 도로의 토지에 절토된 부분이 있는 경우 – 경사의 하단부

|해설|

2-1
경계 결정의 원칙
- 경계국정주의 원칙
- 경계직선주의 원칙
- 경계불가분의 원칙
- 축척종대의 원칙
- 부동성의 원칙

2-2
경계는 선이므로 위치와 길이만 있을 뿐 너비가 없다.

2-3
지상경계의 결정기준
- 연접되는 토지 간에 높낮이 차이가 없는 경우 : 그 구조물 등의 중앙
- 연접되는 토지 간에 높낮이 차이가 있는 경우 : 그 구조물 등의 하단부
- 도로·구거 등의 토지에 절토(땅깎기)된 부분이 있는 경우 : 그 경사면의 상단부
- 토지가 해면 또는 수면에 접하는 경우 : 최대만조위 또는 최대만수위가 되는 선
- 공유수면매립지의 토지 중 제방 등을 토지에 편입하여 등록하는 경우 : 바깥쪽 어깨 부분

정답 2-1 ① 2-2 ④ 2-3 ①

3-3. 지번 및 지목

핵심이론 01 지번

① 지번의 개념
- ㉠ 필지에 부여하여 지적공부에 등록한 번호이다.
- ㉡ 지번은 호적에서 사람의 이름과 같다.
- ㉢ 토지의 개별성을 확보하기 위하여 붙이는 번호이다.
- ㉣ 토지의 특정성을 보장하기 위한 요소이다.
- ㉤ 토지의 식별에 쓰인다.
- ㉥ 지번은 지적소관청이 지번부여지역별로 차례대로 부여한다.
- ㉦ 토지의 지리적 위치의 고정성을 확보하기 위하여 부여한다.

② 지번의 기능
- ㉠ 토지의 개별화(개별성)
- ㉡ 특정성을 부여(토지의 특성화)
- ㉢ 토지의 위치 추측이 가능(위치의 확인)
- ㉣ 방문, 통신 전달, 주소 표기의 기능(토지의 식별)
- ㉤ 토지의 고정화
- ㉥ 부동산 활동 및 사회활동에 유익
- ㉦ 토지의 이용과 관리의 효율화를 위한 연결 매체

③ 지적과 호적의 비교

구분	지적	호적
	토지(필지)	사람(개인)
기재사항	토지소재	본관
	지번	성명
	고유번호	주민등록번호
	지목	성별
	면적	가족사항
	소유지	호주

10년간 자주 출제된 문제

1-1. 과거 호적에서 사람의 이름과 같은 것으로 토지의 식별과 위치의 추측을 쉽게 하는 것은?
① 소유자 ② 지번
③ 지목 ④ 경계

1-2. 지번에 대한 설명으로 틀린 것은?
① 토지의 특정성을 보장하기 위한 요소이다.
② 토지의 식별에 쓰인다.
③ 지번은 시·군 또는 이에 준하는 지역단위로 부여한다.
④ 토지의 지리적 위치의 고정성을 확보하기 위하여 부여한다.

1-3. 지번의 기능에 해당되지 않는 것은?
① 토지의 식별 ② 위치의 확인
③ 용도의 구분 ④ 토지의 고정화

|해설|

1-1
지번은 호적에서 사람의 이름과 같은 것으로 토지를 식별하는 데 사용된다.

1-2
지번은 지적소관청이 지번부여지역별로 차례대로 부여한다.

1-3
지번은 공간정보의 구축 및 관리 등에 관한 법률상 필지에 부여하여 지적공부에 등록한 번호로 해당 필지의 지리적 위치의 고정성과 개별성 및 특수성을 보장하며, 토지의 식별과 위치의 확인에 활용된다.

정답 1-1 ② 1-2 ③ 1-3 ③

핵심이론 02 | 지번의 부여방식

① 지번의 진행 방향에 따른 방법
- ㉠ 사행식 : 필지의 배열이 불규칙한 지역에서 진행순서에 따라 지번을 부여하는 방식으로, 진행 방향으로 지번이 순차적으로 연속되며 일반적으로 농촌지역에 적합한 지번부여방식이다.
- ㉡ 기우식(교호식) : 도로를 중심으로 한쪽은 홀수인 기수를 반대쪽은 짝수인 우수로 지번을 부여하는 방식으로, 주거지역에 적합하며 특정지번의 개략적인 위치파악이 가능하다는 장점이 있다.
- ㉢ 단지식 : 블록(단지)마다 하나의 본번을 부여하고 블록 내 필지마다 부번을 부여하는 지번 설정방법으로 블록식이라고도 하며, 토지개발사업을 실시한 지역에서 적합한 방식이다.
- ㉣ 절충식 : 하나의 지번부여지역에 사행식, 기우식, 단지식을 혼용하는 방식이다.

② 기번 위치에 따른 방법
- ㉠ 북서기번법 : 지번은 북서쪽에서 남동쪽으로 순차적으로 부여한다. 아라비아 숫자로 지번을 부여하는 지역에 적합하며, 지적법상 지번부여 설정의 기본원칙이다.
- ㉡ 북동기번법 : 지번은 북동쪽에서 남서쪽 방향으로 순차적으로 부여한다.

③ 설정 단위에 따른 방법
- ㉠ 지역단위법 : 지번부여지역 전체를 대상으로 번호를 부여하는 방식이다.
- ㉡ 도엽단위법 : 지번부여지역을 지적도 또는 임야도의 도엽별로 세분하여 도엽의 순서에 따라 순차적으로 지번을 부여하는 방법이다.
- ㉢ 단지단위법 : 지적도면의 배열에 관계없이 몇 필의 토지가 1개의 집단을 형성하고 있는 1단지마다 연속지번이 끝나면 다른 단지로 옮겨가는 방식을 말한다.

10년간 자주 출제된 문제

2-1. 다음 중 지번을 부여하는 진행 방향에 따른 분류에 해당하지 않는 것은?
① 사행식
② 기우식
③ 단지식
④ 방사식

2-2. 우리나라의 지번부여 방향 원칙은?
① 북서→남동
② 남동→북서
③ 북동→남서
④ 남서→북동

|해설|
2-1
지번의 진행 방향에 따른 지번부여방법 : 사행식, 기우식, 단지식, 절충식
2-2
지번은 북서에서 남동으로 순차적으로 부여한다.

정답 2-1 ④ 2-2 ①

핵심이론 03 | 지목

① 지목의 정의
　㉠ 지목이란 토지의 주된 용도에 따라 토지의 종류를 구분하여 지적공부에 등록한 것을 말한다.
　㉡ 지질 생성의 차이에 따라 지목을 구분하기도 한다.
　㉢ 지목을 통해 토지의 이용현황을 알 수 있다.
　※ 토지에 지목을 부여하는 주된 목적 : 토지의 이용 구분

② 토지 지목의 종류
　㉠ 용도지목 : 토지의 용도에 따라 지목을 결정한다(우리나라).
　㉡ 토성지목 : 토지의 성질인 지층이나 암석 또는 토양의 종류에 따라 지목을 결정한다.
　㉢ 지형지목 : 지표면의 형태, 토지의 고저, 수륙의 분포 상태 등 토지가 생긴 모양에 따라 지목을 결정한다.

10년간 자주 출제된 문제

3-1. 토지에 지목을 부여하는 주된 목적은?
① 토지의 이용 구분
② 토지의 특성화
③ 토지의 식별
④ 토지의 위치 추측

3-2. 지목에 대한 설명으로 틀린 것은?
① 토지의 주된 사용 목적에 따라 토지의 종류를 표시하는 명칭이다.
② 지질 생성의 차이에 따라 지목을 구분하기도 한다.
③ 지목을 통해 토지의 이용현황을 알 수 있다.
④ 지목은 지적도면에만 기재하는 사항이다.

3-3. 우리나라에서 지목을 구분하는 기준은?
① 소유의 형태
② 토지의 등급
③ 토지의 용도
④ 과세의 여부

3-4. 우리나라에서 채택하고 있는 지목 설정방식은?
① 용도지목
② 토성지목
③ 지형지목
④ 지질지목

|해설|

3-1
지목은 토지를 어떤 목적에 따라 종류별로 구분하여 지적공부에 등록하는 명칭이다.

3-2
지목은 토지대장, 임야대장, 지적도, 임야도에 기재되는 사항이다.

3-3~3-4
우리나라는 용도지목을 채택하고 있기 때문에 토지지목을 보면 용도를 알 수 있다.

정답 3-1 ① 3-2 ④ 3-3 ③ 3-4 ①

핵심이론 04 | 지목설정

① **지목설정의 특징**
   ㉠ 1필지에는 1개의 지목을 설정하는 것을 원칙으로 한다.
   ㉡ 토지조사사업 당시에는 지목을 18개로 구분하였다.
   ㉢ 현행 지적 관련 법규에서는 지목을 28개로 구분한다.
   ㉣ 시대에 따라 용도별로 세분화되는 현상이 있다.
   ㉤ 필지가 둘 이상의 용도로 활용되는 경우에는 주된 용도에 따라 지목을 설정한다.
   ㉥ 토지가 일시적 또는 임시적인 용도로 사용될 때에는 지목을 변경하지 아니한다.

② **지목의 설정 원칙**
   ㉠ 지목 법정주의 : 지목의 종류와 내용을 법에서 정하고, 법에서 정하지 않는 지목은 인정할 수 없다는 원칙이다.
   ㉡ 1필 1목의 원칙 : 1필지의 토지에는 1개의 지목만을 설정해야 한다.
   ㉢ 주지목 추종의 원칙 : 1필지의 사용목적 또는 용도가 2 이상의 지목에 해당되는 경우에는 주된 사용목적 또는 용도에 따라 지목을 설정한다.
   ㉣ 등록 선후의 원칙 : 도로, 철도용지, 하천, 제방, 구거, 수도용지 등의 지목이 서로 중복될 때 먼저 등록된 토지의 사용목적에 따라 지목을 설정한다.
   ㉤ 용도 경중의 원칙 : 도로, 철도용지, 하천, 제방, 구거, 수도용지 등의 지목이 중복되는 때에는 용도의 경중 등의 순서에 따라 지목을 설정한다.
   ㉥ 사용목적 추종의 원칙 : 도시개발사업, 도시계획사업, 농지개량사업, 택지개발사업, 공업단지조성사업 등의 공사가 준공된 토지는 그 사용목적에 따라 지목을 설정한다. 예를 들어, 택지조성을 목적으로 시행한 사업지구 내각 필지의 지목은 "대"로 설정하고, 공장부지조성을 목적으로 하는 공사가 준공된 토지는 공장용지로 한다.
   ㉦ 영속성의 원칙(일시변경 불변의 원칙) : 다른 지목에 해당하는 용도로 변경시킬 목적이 아닌 임시적이고 일시적인 용도의 변경이 있더라도 지목의 변경은 하지 않는다. 예를 들어, 전답을 일시적으로 휴경한다고 해서 지목이 변경되는 것은 아니다.

10년간 자주 출제된 문제

4-1. 다음 중 지목에 대한 설명으로 옳지 않은 것은?

① 1필지에는 1개의 지목을 설정하는 것을 원칙으로 한다.
② 토지조사사업 당시에는 지목을 18개로 구분하였다.
③ 현행 지적 관련 법규에서는 지목을 24개로 구분한다.
④ 시대에 따라 용도별로 세분화되는 현상이 있다.

4-2. 지목의 설정 원칙에 해당하지 않는 것은?

① 1필지 1지목의 원칙
② 일시변경 가능의 원칙
③ 주용도 추종의 원칙
④ 지목 법정주의

4-3. 도로, 철도용지, 하천, 제방, 구거, 수도용지 등의 지목이 서로 중복될 때 먼저 등록된 토지의 사용목적에 따라 지목을 설정하는 원칙을 무엇이라 하는가?

① 용도 경중의 원칙
② 등록 선후의 원칙
③ 주지목 추종의 원칙
④ 일시변경 불변의 원칙

|해설|

4-1
현행 지적 관련 법규에서는 지목을 28개로 구분한다.

4-2
지목의 설정 원칙
- 지목 법정주의
- 1필지 1지목의 원칙
- 영속성의 원칙(일시변경 불변의 원칙)
- 주지목 추종의 원칙
- 사용목적 추종의 원칙
- 등록 선후의 원칙
- 용도 경중의 원칙

4-3
① 용도 경중의 원칙 : 도로, 철도용지, 하천, 제방, 구거, 수도용지 등의 지목이 중복되는 때에는 용도의 경중 등의 순서에 따라 지목을 설정한다.
③ 주지목 추종의 원칙 : 1필지의 사용목적 또는 용도가 2 이상의 지목에 해당되는 경우에는 주된 사용목적 또는 용도에 따라 지목을 설정한다.
④ 영속성의 원칙(일시변경 불변의 원칙) : 다른 지목에 해당하는 용도로 변경시킬 목적이 아닌 임시적이고 일시적인 용도의 변경이 있더라도 지목의 변경은 하지 않는다. 예를 들어, 전답을 일시적으로 휴경한다고 해서 지목이 변경되는 것은 아니다.

정답 4-1 ③ 4-2 ② 4-3 ②

3-4. 면적과 토지소유권

핵심이론 01 │ 면적의 단위 및 결정

① 면적의 단위 등(법 제68조)
　㉠ 면적의 단위는 m²(제곱미터)로 한다.
　㉡ 면적의 결정방법 등에 필요한 사항은 대통령령으로 정한다.

② 면적의 결정(영 제60조)
　㉠ 토지의 면적에 1m² 미만의 끝수가 있는 경우
　　• 0.5m² 미만일 때에는 버리고 0.5m²를 초과하는 때에는 올린다.
　　• 0.5m²일 때에는 구하려는 끝자리의 숫자가 0 또는 짝수이면 버리고 홀수이면 올린다.
　　• 다만, 1필지의 면적이 1m² 미만일 때에는 1m²로 한다.
　㉡ 지적도의 축척이 1/600인 지역과 경계점좌표등록부에 등록하는 지역의 토지면적
　　• m² 이하 한 자리 단위로 한다.
　　• 0.1m² 미만의 끝수가 있는 경우 0.05m² 미만일 때에는 버리고 0.05m²를 초과할 때에는 올린다.
　　• 0.05m²일 때에는 구하려는 끝자리의 숫자가 0 또는 짝수이면 버리고 홀수이면 올린다.
　　• 다만, 1필지의 면적이 0.1m² 미만일 때에는 0.1m²로 한다.

③ 방위각의 각치(角値), 종횡선의 수치 또는 거리를 계산하는 경우
　㉠ 구하려는 끝자리의 다음 숫자가 5 미만일 때에는 버리고 5를 초과할 때에는 올린다.
　㉡ 5일 때에는 구하려는 끝자리의 숫자가 0 또는 짝수이면 버리고 홀수이면 올린다.
　㉢ 다만, 전자계산조직을 이용하여 연산할 때에는 최종수치에만 이를 적용한다.

④ 축척, 거리, 면적의 관계
　㉠ 축척과 거리의 관계

$$\frac{1}{m} = \frac{도상거리}{실제거리}$$

　㉡ 축척과 면적의 관계

$$\left(\frac{1}{m}\right)^2 = \frac{도상면적}{실제면적}$$

　　여기서, m : 축척분모

10년간 자주 출제된 문제

1-1. 다음 중 면적에 대한 설명으로 옳지 않은 것은?(단, 경계점좌표등록부에 등록하는 지역의 경우는 고려하지 않는다)

① 면적의 결정방법 등에 필요한 사항은 대통령령으로 정한다.
② 면적의 단위는 m²로 한다.
③ 지적도의 축척이 1/1200인 경우 1필지의 면적이 1m² 미만일 때에는 1m²로 한다.
④ 지적도의 축척이 1/600인 경우 1필지의 면적이 0.1m² 미만일 때에는 1m²로 한다.

1-2. 경계점좌표등록부에 등록하는 지역의 토지의 산출면적이 347.65m²일 때 결정면적은?

① 348m²
② 347.7m²
③ 347.6m²
④ 347m²

1-3. 실제거리 12m를 축척 1/1200 도면상에 표시하면 도상 몇 mm가 되는가?

① 10mm
② 12mm
③ 20mm
④ 24mm

1-4. 축척이 1/1000인 지적도상에 1변이 3cm로 등록된 정사각형 모양인 토지의 실제면적은 얼마인가?

① 570m²
② 600m²
③ 750m²
④ 900m²

|해설|

1-1
지적도의 축척이 1/600인 경우 1필지의 면적이 0.1m² 미만일 때에는 0.1m²로 한다.

1-2
결정면적을 구할 때 오사오입 원칙에 따라 구하려는 끝자리의 수가 짝수이면 버리므로 347.6m²가 된다.

1-3
$\dfrac{1}{m} = \dfrac{\text{도상거리}}{\text{실제거리}}$ (여기서, m : 축척분모)

$\dfrac{1}{1200} = \dfrac{\text{도상거리}}{12}$

∴ 도상거리 $= \dfrac{12}{1200} = 0.01\text{m} = 10\text{mm}$

1-4
$\left(\dfrac{1}{m}\right)^2 = \dfrac{\text{도상면적}}{\text{실제면적}}$ (여기서, m : 축척분모)

$\left(\dfrac{1}{1000}\right)^2 = \dfrac{\text{가로} \times \text{세로}}{\text{실제면적}} = \dfrac{0.03\text{m} \times 0.03\text{m}}{\text{실제면적}}$

∴ 실제면적 $= 1000^2 \times 0.0009\text{m}^2 = 900\text{m}^2$

정답 1-1 ④ 1-2 ③ 1-3 ① 1-4 ④

핵심이론 02 | 소유권

① 소유권의 정의
  ㉠ 소유권이란 목적물을 전면적으로 지배하는 절대적인 권리를 말한다.
  ㉡ 소유권은 절대적으로 침해해서는 안 되는 것으로 소유권자가 본인의 소유물을 사용, 수익, 처분할 권리가 있다.

② 소유권의 법적 성질
  ㉠ 관념성 : 소유권은 물건을 '지배할 수 있는' 관념적인 권리이고, 물건의 현실적인 지배가 아니다.
  ㉡ 혼일성 : 소유권은 자체적인 권능인 수익, 사용, 처분권능의 단순한 집합체가 아니라 수익, 사용, 처분권능의 원천이 되는 혼일한 지배권이다. 따라서 제한물권과 소유권이 동일인에게 속하면 제한물권은 혼동으로 소멸하게 된다.
  ㉢ 전면성 : 소유권은 물건의 교환가치와 사용가치와 교환가치를 전면적으로 지배할 수 있는 권리이다.
  ㉣ 탄력성 : 소유권이라는 것은 지상권 등의 저당권과 용익물권 등의 담보물권에 의하여 제한을 받게 되면 소유권 권능의 행사는 중지된다. 그러나 이런 소유권의 내용의 제한은 한시적인 것이므로 제한물권이 소멸하면 원래의 원만한 상태로 복귀하게 된다.
  ㉤ 항구성 : 소유권은 소멸시효의 대상이 되지 않으며 존속기한의 제한도 되지 않는다. 단, 다른 사람의 취득시효로 소유권을 가지게 되면 반사적 효과로 소유권을 잃게 된다.
  ㉥ 대물지배성 : 소유권의 객체는 채권과 같은 권리에는 소유권이 성립하지 않고 물건에 한한다.

③ 소유권의 취득
  ㉠ 민법 제245조에 따라, 20년간 평온하게 부동산을 소유 의사로 점유한 경우 등기를 통해 소유권을 취득하며, 10년간 소유 의사로 평온하게 점유한 경우 5년만 경과하면 소유권을 얻을 수 있다.
  ㉡ 부동산 소유자는 부동산에 부합하는 물건의 소유권을 취득한 것으로 간주된다.
  ㉢ 소유자는 확인서를 첨부하여 대장소관청에 소유명의인의 변경등록 또는 복구등록을 신청할 수 있다.

④ 토지소유권
  ㉠ 토지소유자는 정당한 범위에서 토지를 사용, 수익, 처분할 수 있다.
  ㉡ 소유자는 이웃 토지를 통과하지 않으면 시설물을 설치할 수 없으며, 필요시 손해보상이 가능하다.
  ㉢ 경계표, 담 등의 설치는 공동으로 비용을 부담하며 측량 비용은 토지면적에 따라 부담한다.
  ㉣ 경계 설치물은 공유로 간주되지만, 특정 상황에 따라 소유자의 독자적 비용으로 설치된 경우 해당 소유자의 소유로 간주된다.

10년간 자주 출제된 문제

2-1. 목적물을 전면적으로 지배하는 절대적인 권리로 본인의 소유물을 사용, 수익, 처분할 권리가 있는 것은?
① 소유권
② 유치권
③ 저당권
④ 점유권

2-2. 토지소유권 권리의 특성이 아닌 것은?
① 관념성
② 혼일성
③ 항구성
④ 불완전성

|해설|

2-1
소유권
- 소유권이란 목적물을 전면적으로 지배하는 절대적인 권리를 말한다.
- 소유권은 절대적으로 침해해서는 안 되는 것으로 소유권자가 본인의 소유물을 사용, 수익, 처분할 권리가 있다.

2-2
소유권의 특성에는 관념성, 혼일성, 전면성, 탄력성, 항구성, 대물지배성 등이 있다.

정답 2-1 ① 2-2 ④

제4절 토지의 등록

4-1. 토지등록제도

핵심이론 01 | 토지등록의 원칙

① 등록의 원칙(등록주의) : 토지에 관한 모든 표시사항을 지적공부에 등록하여야 하고, 토지의 이동이 발생하면 그 변동사항을 정리·등록해야 한다는 원칙이다.
② 신청의 원칙 : 지적법상 지적정리는 신청을 원칙으로 하고, 신청이 없는 경우는 직권으로 처리한다.
③ 특정화의 원칙 : 모든 토지는 특정적이면서 단순하고 명확한 방법에 의하여 인식될 수 있도록 개별화하는 것을 의미하며 지번부여, 경계표시 등에 의하여 특정화된다.
④ 국정주의 및 직권주의 : 지정사무는 국가의 고유 사무로, 지적공부의 등록사항인 토지의 지번, 지목, 경계, 좌표 및 면적의 결정은 국가의 공권력에 의하여 국가만이 결정할 수 있다는 원칙이다.
⑤ 공시의 원칙(공개주의) : 토지등록의 법적 지위에 있어서 토지이동이나 물권의 변동은 반드시 외부에 알려야 한다는 원칙이다. 지적공부에 등록된 사항은 토지소유자나 이해관계인 등 일반 국민에게 신속·정확하게 공개하여 정당하게 이용할 수 있도록 해야 한다.
⑥ 공신의 원칙 : 선의의 거래자를 보호하여 진실로 등기 내용과 같은 권리관계가 존재한 것처럼 법률효과를 인정하려는 원칙이다.

10년간 자주 출제된 문제

1-1. 우리나라에서 적용해 온 지적의 원리로서 다음 중 형식주의와 가장 관계가 깊은 것은?
① 특정화의 원칙
② 등록의 원칙
③ 신청의 원칙
④ 공시의 원칙

1-2. 토지등록의 원칙과 관계가 없는 것은?
① 공시의 원칙
② 신청의 원칙
③ 형식적 심사의 원칙
④ 특정화의 원칙

|해설|
1-1
형식주의 : 토지에 관한 모든 표시사항을 지적공부에 등록해야만 공식적인 효력이 인정되는 것과 관련한 토지등록의 원리이다.
1-2
형식적 심사주의는 부동산 등기제도에서 채택하고 있다.
토지등록의 원칙 : 등록의 원칙(등록주의), 신청의 원칙, 특정화의 원칙, 국정주의 및 직권주의, 공시의 원칙(공개주의), 공신의 원칙

정답 1-1 ② 1-2 ③

핵심이론 02 | 토지등록의 편성방법

① 인적 편성주의 : 개개의 권리자를 중심으로 지적공부를 편성하는 방법이다.
② 물적 편성주의 : 개개의 토지를 중심으로 지적공부를 편성하는 방법이다. 우리나라 토지대장과 같이 지번 순서에 따라 등록되고, 분할되더라도 본번과 관련하여 편철하고 소유자의 변동을 계속 수정하여 관리한다.
③ 인적·물적 편성주의 : 물적 편성주의를 기본으로 하고 인적 편성주의 요소를 가미하는 방법이다.
④ 연대적 편성주의 : 등록·신청한 시간적 순서에 의하여 지적공부를 편성하는 방법이다.

10년간 자주 출제된 문제

2-1. 토지등록의 편성주의가 아닌 것은?
① 물적 편성주의
② 연대적 편성주의
③ 권리적 편성주의
④ 인적 편성주의

2-2. 토지를 중심으로 대장을 편성하여 하나의 토지에 하나의 등기용지를 두는 토지등록대장의 편성방법은?
① 인적 편성주의
② 물적 편성주의
③ 인적·물적 편성주의
④ 연대적 편성주의

|해설|
2-1
토지등록의 편성주의에는 인적 편성주의, 물적 편성주의, 인적·물적 편성주의, 연대적 편성주의 등이 있다.
2-2
물적 편성주의 : 개개의 토지를 중심으로 지적공부를 편성하는 방법이다.

정답 2-1 ③ 2-2 ②

핵심이론 03 | 토지대장의 형식

① 장부식 대장
  ㉠ 필지별 등록사항을 장부식으로 편철·보관한 대장이다.
  ㉡ 토지조사, 임야조사사업 이후 토지대장, 임야대장의 카드화 작업 이전까지 사용하였다.
② 편철식 대장
  ㉠ 필요한 필지별 카드나 자료를 빼내거나 삽입하기가 쉽다.
  ㉡ 바인더의 크기에 따라 필지 수를 증감시킬 수 있다.
③ 카드식 대장
  ㉠ 필지별 등록사항을 카드화하여 보관한 대장이다.
  ㉡ 토지대장 전환 이전까지 사용하였다.

> **토렌스 시스템(Torrens system)**
> - 1858년 호주의 로버트 토렌스(R. Torrens)에 의해 창안된 시스템으로 주로 영국, 호주, 캐나다 등의 국가와 미국의 일부 중에서 행해지고 있던 등기제도이다.
> - 기본원리는 캐나다의 메이우드(Maywood)에 의하여 구체화되었으며 구체적인 내용은 다음과 같다.
>   - 거울이론 : 토지권리증서의 등록은 토지의 거래 사실을 이론의 여지없이 완벽하게 반영하는 거울과 같다는 입장이다.
>   - 커튼이론 : 토지등록업무가 커튼 위에 놓인 공정성과 신빙성에 관여해야 할 필요도 없고 관여해서도 안 된다는, 매입신청자를 위한 유일한 정보의 기초가 되어야 한다는 이론이다.
>   - 보험이론 : 토지등록이 토지의 권리를 아주 정확하게 반영하는 것이나 인간의 고의·과실로 인하여 착오가 발생하는 경우에 손해를 입은 사람은 모두가 다 피해보상에 관한 한 법률적으로 선의의 제3자와 동등한 입장에 놓여야 된다는 것이다.

10년간 자주 출제된 문제

3-1. 다음 중 토지대장의 일반적인 유형에 해당하지 않는 것은?
① 장부식 대장 ② 편철식 대장
③ 카드식 대장 ④ 공유식 대장

3-2. 토렌스 시스템(Torrens system)의 일반적 이론과 거리가 먼 것은?
① 거울이론 ② 보험이론
③ 커튼이론 ④ 점증이론

|해설|
3-1
일반적인 토지대장의 형식 : 장부식, 편철식, 카드식
3-2
토렌스 시스템의 기본원리 : 거울이론, 커튼이론, 보험이론

정답 3-1 ④ 3-2 ④

4-2. 지적 관련 조직

핵심이론 01 | 지적소관청과 지적의원회

① 지적소관청
   ㉠ 지적공부를 관리하는 특별자치시장, 시장·군수 또는 구청장을 말한다.
   ㉡ 지적공부에 토지를 등록하는 경우 등록 주체 : 소관청
   ※ 지적소관청은 대통령령으로 정하는 바에 따라 토지소유자의 토지이동신청을 결정한다.

② 지적위원회(법 제28조)
   ㉠ 다음의 사항을 심의·의결하기 위하여 국토교통부에 중앙지적위원회를 둔다.
   - 지적 관련 정책 개발 및 업무 개선 등에 관한 사항
   - 지적측량기술의 연구·개발 및 보급에 관한 사항
   - 지적측량 적부심사(適否審査)에 대한 재심사(再審査)
   - 측량기술자 중 지적분야 측량기술자(이하 지적기술자라 한다)의 양성에 관한 사항
   - 지적기술자의 업무정지 처분 및 징계요구에 관한 사항

   ㉡ 지적측량에 대한 적부심사 청구사항을 심의·의결하기 위하여 특별시·광역시·특별자치시·도 또는 특별자치도(이하 시·도라 한다)에 지방지적위원회를 둔다.
   ㉢ 중앙지적위원회와 지방지적위원회의 위원 구성 및 운영에 필요한 사항은 대통령령으로 정한다.
   ㉣ 중앙지적위원회와 지방지적위원회의 위원 중 공무원이 아닌 사람은 형법의 규정을 적용할 때에는 공무원으로 본다.

10년간 자주 출제된 문제

1-1. 다음 중 지적소관청의 정의로 옳은 것은?

① 지적공부를 관리하는 특별자치시장, 시장·군수 또는 구청장을 말한다.
② 시·도의 지역전산본부를 말한다.
③ 지번을 부여하는 단위지역으로 시·군을 말한다.
④ 지적측량을 주관하는 시행·관리 및 감독자를 말한다.

1-2. 지적공부를 관리하는 지적소관청으로 볼 수 없는 것은?

① 시장　　　　　　　　　　　② 군수
③ 구청장　　　　　　　　　　④ 읍·면장

1-3. 국토교통부장관이 지적기술자에 대한 측량업무의 수행을 정지시키고자 하는 경우, 심의·의결을 거쳐야 하는 곳은?

① 지방지적위원회　　　　　　② 중앙인사위원회
③ 중앙지적위원회　　　　　　④ 노동쟁의위원회

|해설|

1-2
지적소관청이란 지적공부를 관리하는 특별자치시장, 시장·군수 또는 구청장을 말한다.

1-3
지적위원회(법 제28조)
다음의 사항을 심의·의결하기 위하여 국토교통부에 중앙지적위원회를 둔다.
- 지적 관련 정책 개발 및 업무 개선 등에 관한 사항
- 지적측량기술의 연구·개발 및 보급에 관한 사항
- 지적측량 적부심사(適否審査)에 대한 재심사(再審査)
- 측량기술자 중 지적분야 측량기술자(이하 지적기술자라 한다)의 양성에 관한 사항
- 지적기술자의 업무정지 처분 및 징계요구에 관한 사항

정답 1-1 ①　1-2 ④　1-3 ③

| 핵심이론 02 | 중앙지적위원회의 구성 등(영 제20조)

① 중앙지적위원회는 위원장 1명과 부위원장 1명을 포함하여 5명 이상 10명 이하의 위원으로 구성한다.
② 위원장은 국토교통부의 지적업무 담당 국장이, 부위원장은 국토교통부의 지적업무 담당 과장이 된다.
③ 위원은 지적에 관한 학식과 경험이 풍부한 사람 중에서 국토교통부장관이 임명하거나 위촉한다.
④ 위원장 및 부위원장을 제외한 위원의 임기는 2년으로 한다.
⑤ 중앙지적위원회의 간사는 국토교통부의 지적업무 담당 공무원 중에서 국토교통부장관이 임명하며, 회의 준비, 회의록 작성 및 회의 결과에 따른 업무 등 중앙지적위원회의 서무를 담당한다.
⑥ 중앙지적위원회의 위원에게는 예산의 범위에서 출석수당과 여비, 그 밖의 실비를 지급할 수 있다. 다만, 공무원인 위원이 그 소관 업무와 직접적으로 관련되어 출석하는 경우에는 그러하지 아니하다.

10년간 자주 출제된 문제

2-1. 다음 중 중앙지적위원회의 구성 기준에 대한 아래 설명에서 ㉠~㉢에 들어갈 내용이 모두 옳은 것은?

중앙지적위원회는 위원장 (㉠)과 부위원장 (㉡)을 포함하여 (㉢)의 위원으로 구성한다.

① ㉠ 1명, ㉡ 1명, ㉢ 5명 이상 10명 이하
② ㉠ 1명, ㉡ 1명, ㉢ 7명 이상 11명 이하
③ ㉠ 1명, ㉡ 2명, ㉢ 7명 이상 11명 이하
④ ㉠ 1명, ㉡ 2명, ㉢ 15명 이상 20명 이하

2-2. 다음 중 중앙지적위원회의 부위원장이 되는 자는?

① 국토교통부 지적업무 담당 과장
② 국토교통부 지적업무 담당 국장
③ 국토교통부차관
④ 국토교통부장관

|해설|

2-2
중앙지적위원회 위원장은 국토교통부의 지적업무 담당 국장이, 부위원장은 국토교통부의 지적업무 담당 과장이 된다.

정답 2-1 ① 2-2 ①

| 핵심이론 03 | 지적측량의 적부심사 등(법 제29조)

① 토지소유자, 이해관계인 또는 지적측량수행자는 지적측량성과에 대하여 다툼이 있는 경우에는 대통령령으로 정하는 바에 따라 관할 시·도지사를 거쳐 지방지적위원회에 지적측량 적부심사를 청구할 수 있다.
② 지적측량 적부심사청구를 받은 시·도지사는 30일 이내에 다음의 사항을 조사하여 지방지적위원회에 회부하여야 한다.
  ㉠ 다툼이 되는 지적측량의 경위 및 그 성과
  ㉡ 해당 토지에 대한 토지이동 및 소유권 변동 연혁
  ㉢ 해당 토지 주변의 측량기준점, 경계, 주요 구조물 등 현황 실측도
③ 지적측량 적부심사청구를 회부받은 지방지적위원회는 그 심사청구를 회부받은 날부터 60일 이내에 심의·의결하여야 한다. 다만, 부득이한 경우에는 그 심의기간을 해당 지적위원회의 의결을 거쳐 30일 이내에서 한 번만 연장할 수 있다.
④ 지방지적위원회는 지적측량 적부심사를 의결하였으면 대통령령으로 정하는 바에 따라 의결서를 작성하여 시·도지사에게 송부하여야 한다.

지적측량의 적부심사 청구 등(영 제24조)
① 지적측량 적부심사를 청구하려는 자는 심사청구서에 다음의 구분에 따른 서류를 첨부하여 특별시장·광역시장·특별자치시장·도지사 또는 특별자치도지사(이하 시·도지사라 한다)를 거쳐 지방지적위원회에 제출하여야 한다.
  ㉠ 토지소유자 또는 이해관계인 : 지적측량을 의뢰하여 발급받은 지적측량성과
  ㉡ 지적측량수행자(지적측량수행자 소속 지적기술자가 청구하는 경우만 해당한다) : 직접 실시한 지적측량성과
② 시·도지사는 현황 실측도를 작성하기 위하여 필요한 경우에는 관계 공무원을 지정하여 지적측량을 하게 할 수 있으며, 필요하면 지적측량수행자에게 그 소속 지적기술자를 참여시키도록 요청할 수 있다.

10년간 자주 출제된 문제

지적측량결과의 적부심사 청구에 따른 심의·의결은 어디에서 하는가?
① 도지사
② 시장·군수·구청장
③ 지방지적위원회
④ 행정자치부장관

|해설|
지적측량 적부심사를 청구하려는 자는 심사청구서에 서류를 첨부하여 특별시장·광역시장·특별자치시장·도지사 또는 특별자치도지사(이하 시·도지사라 한다)를 거쳐 지방지적위원회에 제출하여야 한다.

정답 ③

| 핵심이론 04 | 지적정보관리체계 담당자의 등록 등(규칙 제76조) |

① 국토교통부장관, 시·도지사 및 지적소관청(이하 사용자권한 등록관리청이라 한다)은 지적공부정리 등을 지적정보관리체계로 처리하는 담당자(이하 사용자라 한다)를 사용자권한 등록파일에 등록하여 관리하여야 한다.

② 지적정보관리시스템을 설치한 기관의 장은 그 소속공무원을 사용자로 등록하려는 때에는 지적정보관리시스템 사용자권한 등록신청서를 해당 사용자권한 등록관리청에 제출하여야 한다.

③ ②에 따른 신청을 받은 사용자권한 등록관리청은 신청 내용을 심사하여 사용자권한 등록파일에 사용자의 이름 및 권한과 사용자번호 및 비밀번호를 등록하여야 한다.

④ 사용자권한 등록관리청은 사용자의 근무지 또는 직급이 변경되거나 사용자가 퇴직 등을 한 경우에는 사용자권한 등록내용을 변경하여야 한다. 이 경우 사용자권한 등록변경절차에 관하여는 ② 및 ③을 준용한다.

10년간 자주 출제된 문제

지적공부정리 등을 지적정보관리체계로 처리하는 담당자를 사용자권한 등록파일에 등록하여 관리하여야 하는 사람이 아닌 자는?

① 도지사
② 지적소관청
③ 지방지적위원회
④ 국토교통부장관

|해설|

국토교통부장관, 시·도지사 및 지적소관청은 지적공부정리 등을 지적정보관리체계로 처리하는 담당자를 사용자 권한 등록파일에 등록하여 관리하여야 한다.

정답 ③

CHAPTER 02 지적 관련 법규

제1절 공간정보구축 및 관리 등에 관한 법률(약칭 : 공간정보관리법)

1-1. 총칙

핵심이론 01 목적 및 정의

① 목적(법 제1조) : 이 법은 측량의 기준 및 절차와 지적공부, 부동산종합공부의 작성 및 관리 등에 관한 사항을 규정함으로써 국토의 효율적 관리 및 국민의 소유권 보호에 기여함을 목적으로 한다.

② 정의(법 제2조)
  ㉠ 공간정보 : 지상, 지하, 수상, 수중 등 공간상에 존재하는 자연적 또는 인공적인 객체에 대한 위치정보 및 이와 관련된 공간적 인지 및 의사결정에 필요한 정보를 말한다.
  ㉡ 지적공부 : 토지대장, 임야대장, 공유지연명부, 대지권등록부, 지적도, 임야도 및 경계점좌표등록부 등 지적측량 등을 통하여 조사된 토지의 표시와 해당 토지의 소유자 등을 기록한 대장 및 도면(정보처리시스템을 통하여 기록·저장된 것을 포함한다)을 말한다.
  ㉢ 토지의 표시 : 지적공부에 토지의 소재, 지번(地番), 지목(地目), 면적, 경계 또는 좌표를 등록한 것을 말한다.
  ㉣ 필지 : 대통령령으로 정하는 바에 따라 구획되는 토지의 등록단위를 말한다.
  ㉤ 지번 : 필지에 부여하여 지적공부에 등록한 번호를 말한다.
  ㉥ 지번부여지역 : 지번을 부여하는 단위지역으로서 동·리 또는 이에 준하는 지역을 말한다.
  ㉦ 지목 : 토지의 주된 용도에 따라 토지의 종류를 구분하여 지적공부에 등록한 것을 말한다.
  ㉧ 경계점 : 필지를 구획하는 선의 굴곡점으로서 지적도나 임야도에 도해(圖解) 형태로 등록하거나 경계점좌표등록부에 좌표 형태로 등록하는 점을 말한다.
  ㉨ 경계 : 필지별로 경계점들을 직선으로 연결하여 지적공부에 등록한 선을 말한다.
  ㉩ 면적 : 지적공부에 등록한 필지의 수평면상 넓이를 말한다.
  ㉪ 토지의 이동(異動) : 토지의 표시를 새로 정하거나 변경 또는 말소하는 것을 말한다.
  ㉫ 신규등록 : 새로 조성된 토지와 지적공부에 등록되어 있지 아니한 토지를 지적공부에 등록하는 것을 말한다.
  ㉬ 등록전환 : 임야대장 및 임야도에 등록된 토지를 토지대장 및 지적도에 옮겨 등록하는 것을 말한다.
  ㉭ 분할 : 지적공부에 등록된 1필지를 2필지 이상으로 나누어 등록하는 것을 말한다.
  ㉮ 합병 : 지적공부에 등록된 2필지 이상을 1필지로 합하여 등록하는 것을 말한다.
  ㉯ 지목변경 : 지적공부에 등록된 지목을 다른 지목으로 바꾸어 등록하는 것을 말한다.
  ㉰ 축척변경 : 지적도에 등록된 경계점의 정밀도를 높이기 위하여 작은 축척을 큰 축척으로 변경하여 등록하는 것을 말한다.

10년간 자주 출제된 문제

1-1. 다음 중 공간정보관리법의 목적으로 가장 알맞은 것은?
① 합리적인 토지이용
② 능률적인 지가관리
③ 합법적인 토지개발
④ 효율적인 토지관리

1-2. 지적 관련 법규에 따른 지적공부에 해당하지 않는 것은?
① 임야대장
② 대지권등록부
③ 지적도
④ 일람도

1-3. 지번부여지역으로 옳은 것은?
① 시·도 또는 이에 준하는 지역
② 시·군 또는 이에 준하는 지역
③ 읍·면 또는 이에 준하는 지역
④ 동·리 또는 이에 준하는 지역

1-4. 토지의 이동이라고 할 수 없는 것은?
① 토지분할
② 경계복원
③ 토지합병
④ 등록전환

|해설|

1-1
공간정보관리법은 국토의 효율적 관리 및 국민의 소유권 보호에 기여함을 목적으로 한다.

1-2
지적공부 : 토지대장, 임야대장, 공유지연명부, 대지권등록부, 지적도, 임야도 및 경계점좌표등록부 등 지적측량 등을 통하여 조사된 토지의 표시와 해당 토지의 소유자 등을 기록한 대장 및 도면(정보처리시스템을 통하여 기록·저장된 것을 포함한다)을 말한다.
※ 지형도, 수치도, 토양도, 일람도, 토지조사부, 도로대장, 하천대장, 토지대장집계부, 지번색인부 등은 지적공부가 아니다.

1-3
지번을 부여하는 단위지역으로서 동·리 또는 이에 준하는 지역을 말한다.

1-4
토지의 이동 : 신규등록, 등록전환, 지목변경, 분할, 합병, 등록말소 및 회복, 축척변경, 등록사항 정정 등

정답 1-1 ④ 1-2 ④ 1-3 ④ 1-4 ②

| 핵심이론 02 | 지적측량을 하여야 하는 경우(법 제23조, 영 제18조) |

① 지적기준점을 정하는 경우
② 지적측량성과를 검사하는 경우
③ 다음에 해당하는 경우로서 측량을 할 필요가 있는 경우
　㉠ 지적공부를 복구하는 경우
　㉡ 토지를 신규등록하는 경우
　㉢ 토지를 등록전환하는 경우
　㉣ 토지를 분할하는 경우
　㉤ 바다가 된 토지의 등록을 말소하는 경우
　㉥ 축척을 변경하는 경우
　㉦ 지적공부의 등록사항을 정정하는 경우
　㉧ 도시개발사업 등의 시행지역에서 토지의 이동이 있는 경우
　㉨ 지적재조사에 관한 특별법에 따른 지적재조사사업에 따라 토지의 이동이 있는 경우
④ 경계점을 지상에 복원하는 경우
⑤ 그 밖에 대통령령으로 정하는 경우 : 지상건축물 등의 현황을 지적도 및 임야도에 등록된 경계와 대비하여 표시하는 데에 필요한 경우(지적현황측량)

※ 토지이동과 측량대상의 비교

토지이동	신규등록, 등록전환, 지목변경, 분할, 합병, 등록말소 및 회복, 축척변경, 등록사항 정정 등 ※ 토지이동이 아닌 것 : 소유자에 관한 것, 토지등급 변동, 개별공시지가 변동 등
측량대상	신규등록, 등록전환, 분할, 축척변경, 토지 일부의 등록말소 ※ 측량대상이 아닌 것 : 지목변경, 합병, 토지 전부의 등록말소

10년간 자주 출제된 문제

2-1. 지적측량을 하여야 하는 경우가 아닌 것은?
① 신규등록
② 합병
③ 등록전환
④ 분할

2-2. 지적측량을 하여야 하는 경우가 아닌 것은?
① 지적공부를 복구하는 경우
② 지목을 변경하는 경우
③ 토지를 등록 전환하는 경우
④ 토지를 신규등록하는 경우

|해설|

2-1~2-2
합병, 지목변경, 토지 전부의 등록말소 등은 측량을 하지 않는다.

정답 2-1 ② 2-2 ②

| 핵심이론 03 | 지적측량성과의 검사(법 제25조)

① 지적측량수행자가 법에 따라 지적측량을 하였으면 시·도지사, 대도시 시장(서울특별시·광역시 및 특별자치시를 제외한 인구 50만 이상의 시의 시장) 또는 지적소관청으로부터 측량성과에 대한 검사를 받아야 한다. 다만, 지적공부를 정리하지 아니하는 측량으로서 국토교통부령으로 정하는 측량(경계복원측량 및 지적현황측량)의 경우에는 그러하지 아니하다.

② 지적측량수행자는 측량부, 측량결과도, 면적측정부, 측량성과 파일 등 측량성과에 관한 자료(전자파일 형태로 저장한 매체 또는 인터넷 등 정보통신망을 이용하여 제출하는 자료를 포함한다)를 지적소관청에 제출하여 그 성과의 정확성에 관한 검사를 받아야 한다. 다만, 지적삼각점측량성과 및 경위의측량방법으로 실시한 지적확정측량성과인 경우에는 다음의 구분에 따라 검사를 받아야 한다(지적측량 시행규칙 제28조).

　㉠ 국토교통부장관이 정하여 고시하는 면적 규모 이상의 지적확정측량성과 : 시·도지사 또는 대도시 시장(서울특별시·광역시 및 특별시를 제외한 인구 50만 이상 대도시의 시장)

　㉡ 국토교통부장관이 정하여 고시하는 면적 규모 미만의 지적확정측량성과 : 지적소관청

10년간 자주 출제된 문제

3-1. 지적측량수행자가 지적측량성과의 정확성을 검사받기 위하여 지적소관청에 제출해야 할 서류가 아닌 것은?

① 면적측정부　　　　　　　　　② 측량결과도
③ 측량의뢰서　　　　　　　　　④ 측량성과 파일

3-2. 지적측량성과에 대하여 정확성 여부를 검사하는 기관은?

① 지적위원회　　　　　　　　　② 측량실시자의 상급자
③ 측량의뢰 기관　　　　　　　　④ 지적소관청

|해설|

3-1~3-2
지적측량수행자는 측량부, 측량결과도, 면적측정부, 측량성과 파일 등 측량성과에 관한 자료를 지적소관청에 제출하여 그 성과의 정확성에 관한 검사를 받아야 한다.

정답 3-1 ③　3-2 ④

핵심이론 04 | 측량업의 등록기준(영 별표 8)

구분	기술인력	장비
일반 측량업	• 고급기술인 1명 이상 • 측량 분야의 초급기능사 1명 이상	• 트랜싯(3급 이상) 또는 데오드라이트(3급 이상) 1조 이상 또는 GNSS수신기(2급 이상) 2조 이상 • 레벨(3급 이상) 1조 이상

지적 측량업	• 특급기술인 1명 또는 고급기술인 2명 이상
	• 중급기술인 2명 이상
	• 초급기술인 1명 이상
	• 지적 분야의 초급기능사 1명 이상
		• 토털 스테이션 1대 이상
		• 출력장치 1대 이상
		  - 해상도 : 2,400DPI × 1,200DPI
		  - 출력범위 : 600mm × 1,060mm 이상

10년간 자주 출제된 문제

지적측량업의 등록 기준으로 틀린 것은?

① 토털 스테이션 1대 이상
② 지적 분야의 초급기능사 1명 이상
③ GNSS 1대 이상
④ 중급기술인 2명 이상

|해설|

구분	기술인력	장비

지적측량업	• 특급기술인 1명 또는 고급기술인 2명 이상
	• 중급기술인 2명 이상
	• 초급기술인 1명 이상
	• 지적 분야의 초급기능사 1명 이상
		• 토털 스테이션 1대 이상
		• 출력장치 1대 이상
		  - 해상도 : 2,400DPI × 1,200DPI
		  - 출력범위 : 600mm × 1,060mm 이상

정답 ③

| 핵심이론 05 | 손해배상책임의 보장(영 제41조)

① 지적측량수행자는 손해배상책임을 보장하기 위하여 다음의 구분에 따라 보증보험에 가입하거나 공간정보산업협회가 운영하는 보증 또는 공제에 가입하는 방법으로 보증설정을 하여야 한다.
 ㉠ 지적측량업자 : 보장기간 10년 이상 및 보증금액 1억원 이상
 ㉡ 한국국토정보공사 : 보증금액 20억원 이상
② 지적측량업자는 지적측량업 등록증을 발급받은 날부터 10일 이내에 ㉠의 기준에 따라 보증설정을 해야 하며, 보증설정을 했을 때에는 이를 증명하는 서류를 등록한 시·도지사 또는 대도시 시장에게 제출해야 한다.

10년간 자주 출제된 문제

지적측량업자가 손해배상책임을 보장하기 위하여 보증보험에 가입하여야 하는 금액 기준이 옳은 것은?

① 5,000만원 이상
② 1억원 이상
③ 10억원 이상
④ 20억원 이상

|해설|
지적측량업자는 보장기간 10년 이상 및 보증금액 1억원 이상의 보증보험에 가입하여야 한다.

정답 ②

1-2. 지적(地籍)

핵심이론 01 | 토지의 조사·등록 등(법 제64조)

① 국토교통부장관은 모든 토지에 대하여 필지별로 소재, 지번, 지목, 면적, 경계 또는 좌표 등을 조사·측량하여 지적공부에 등록하여야 한다.

② 지적공부에 등록하는 지번, 지목, 면적, 경계 또는 좌표는 토지의 이동이 있을 때 토지소유자의 신청을 받아 지적소관청이 결정한다. 신청이 없으면 지적소관청이 직권으로 조사·측량하여 결정할 수 있다.

③ 지적소관청은 토지의 이동현황을 직권으로 조사·측량하여 토지의 지번, 지목, 면적, 경계 또는 좌표를 결정하려는 때에는 토지이동현황 조사계획을 수립하여야 한다. 이 경우 토지이동현황 조사계획은 시·군·구별로 수립하되, 부득이한 사유가 있는 때에는 읍·면·동별로 수립할 수 있다.

10년간 자주 출제된 문제

1-1. 모든 토지에 대하여 필지별로 소재, 지번, 지목, 면적, 경계 또는 좌표 등을 조사·측량하여 지적공부에 등록하여야 하는 자는?

① 행정안전부장관
② 국토교통부장관
③ 기획재정부장관
④ 시·도지사

1-2. 다음 중 지적공부에 등록하는 지번, 지목, 면적, 경계 또는 좌표는 토지의 이동이 있을 때 토지소유자의 신청을 받아 누가 결정하는가?

① 토지소유자
② 지적소관청
③ 대한지적공사
④ 지적측량업자

|해설|

1-1
국토교통부장관은 모든 토지에 대하여 필지별로 소재, 지번, 지목, 면적, 경계 또는 좌표 등을 조사·측량하여 지적공부에 등록하여야 한다.

1-2
지적공부에 등록하는 지번, 지목, 면적, 경계 또는 좌표는 토지의 이동이 있을 때 토지소유자의 신청을 받아 지적소관청이 결정한다.

정답 1-1 ② 1-2 ②

| 핵심이론 02 | 지번의 부여 등(법 제66조)

① 지번은 지적소관청이 지번부여지역별로 차례대로 부여한다.
② 지적소관청은 지적공부에 등록된 지번을 변경할 필요가 있다고 인정하면 시·도지사나 대도시 시장의 승인을 받아 지번부여지역의 전부 또는 일부에 대하여 지번을 새로 부여할 수 있다.
③ 지번의 구성(영 제56조)
  ㉠ 지번(地番)은 아라비아숫자로 표기하되, 임야대장 및 임야도에 등록하는 토지의 지번은 숫자 앞에 "산"자를 붙인다.
  ㉡ 지번은 본번(本番)과 부번(副番)으로 구성하되, 본번과 부번 사이에 "-"표시로 연결한다. 이 경우 "-"표시는 "의"라고 읽는다.
④ 지번의 부여방법(영 제56조)
  ㉠ 지번은 북서에서 남동으로 순차적으로 부여한다.
  ㉡ 신규등록 및 등록전환의 경우에는 그 지번부여지역에서 인접 토지의 본번에 부번을 붙여서 지번을 부여한다.

  > **지번부여지역의 최종 본번의 다음 순번부터 본번으로 하여 순차적으로 지번을 부여할 수 있는 경우**
  > • 대상토지가 그 지번부여지역의 최종 지번의 토지에 인접하여 있는 경우
  > • 대상토지가 이미 등록된 토지와 멀리 떨어져 있어서 등록된 토지의 본번에 부번을 부여하는 것이 불합리한 경우
  > • 대상토지가 여러 필지로 되어 있는 경우

  ㉢ 분할의 경우에는 분할 후의 필지 중 1필지의 지번은 분할 전의 지번으로 하고, 지번을 부여한 나머지 필지의 지번은 본번의 최종 부번 다음 순번으로 부번을 부여한다. 이 경우 주거, 사무실 등의 건축물이 있는 필지에 대해서는 분할 전의 지번을 우선하여 부여한다.
  ㉣ 필지 합병의 경우에는 합병 대상 지번 중 선순위의 지번을 그 지번으로 하되, 본번으로 된 지번이 있을 경우 본번 중 선순위의 지번을 합병 후 지번으로 한다.
    예 지번 25, 30, 35-1을 합병하는 경우 25지번을 합병된 토지의 지번으로 한다.
    지번이 105-1, 111, 122, 132-3인 4필지를 합병할 경우 새로이 부여해야 할 지번은 111지번이다.
⑤ 결번대장의 비치(규칙 제63조) : 지적소관청은 행정구역의 변경, 도시개발사업의 시행, 지번변경, 축척변경, 지번정정 등의 사유로 지번에 결번이 생긴 때에는 지체 없이 그 사유를 결번대장에 적어 영구히 보존하여야 한다.

10년간 자주 출제된 문제

2-1. 지번에 대한 설명으로 틀린 것은?
① 지번은 아라비아숫자로 표기하되, 임야대장 및 임야도에 등록하는 토지의 지번에는 숫자 앞에 "산"자를 붙여야 한다.
② 지번은 본번과 부번으로 구성되어 있다.
③ "-" 표시는 "다시"라고 읽도록 규정하고 있다.
④ 지번은 본번과 부번 사이에 "-"로 표시한다.

2-2. 분할의 경우 지번을 부여하는 방법으로 틀린 것은?
① 분할 후의 필지 중 1필지의 지번은 분할 전의 지번으로 한다.
② 지번을 부여한 나머지 필지의 지번은 본번의 최종 부번 다음 순번으로 부번을 부여한다.
③ 주거, 사무실 등의 건축물이 있는 필지에 대해서는 분할 전의 지번을 우선하여 부여한다.
④ 해당 필지가 여러 필지로 분할되는 경우에는 인접 필지의 지번을 공동으로 부여한다.

2-3. 지번이 각각 5-1, 3, 3-1, 2인 필지의 합병 후 지번으로 옳은 것은?
① 3
② 2
③ 3-1
④ 5-1

|해설|

2-1
"-" 표시는 "의"라고 읽는다.

2-2
분할 후의 필지 중 1필지의 지번은 분할 전의 지번으로 하고, 나머지 필지의 지번은 본번의 최종 부번 다음 순번으로 부번을 부여한다.

2-3
지번이 각각 5-1, 3, 3-1, 2인 경우 선순위 그리고 본번으로 된 지번은 2이다.

정답 2-1 ③ 2-2 ④ 2-3 ②

| 핵심이론 03 | 지목 |

① 지목의 종류(법 제67조)
  ㉠ 현행 지적 관련 법률에서 규정하고 있는 지목의 종류 : 28종
  ㉡ 지목은 전, 답, 과수원, 목장용지, 임야, 광천지, 염전, 대(垈), 공장용지, 학교용지, 주차장, 주유소용지, 창고용지, 도로, 철도용지, 제방(堤防), 하천, 구거(溝渠), 유지(溜池), 양어장, 수도용지, 공원, 체육용지, 유원지, 종교용지, 사적지, 묘지, 잡종지로 구분하여 정한다.

② 지목의 표기방법(규칙 제64조)
  지목을 지적도 및 임야도(이하 지적도면이라 한다)에 등록하는 때에는 다음의 부호로 표기하여야 한다.

지목	부호	지목	부호
전	전	철도용지	철
답	답	제방	제
과수원	과	하천	천
목장용지	목	구거	구
임야	임	유지	유
광천지	광	양어장	양
염전	염	수도용지	수
대	대	공원	공
공장용지	장	체육용지	체
학교용지	학	유원지	원
주차장	차	종교용지	종
주유소용지	주	사적지	사
창고용지	창	묘지	묘
도로	도	잡종지	잡

※ 지목표기 시 두문자가 아닌 차문자로 표기하는 지목은 공장용지, 주차장, 하천, 유원지이다.

10년간 자주 출제된 문제

3-1. 현행 지적 관련 법규에 규정된 지목의 종류는?
① 24종
② 26종
③ 28종
④ 32종

3-2. 지목의 표기방법이 틀린 것은?
① 공장용지→장
② 수도용지→수
③ 유원지→유
④ 공원→공

|해설|
3-1
법률상 지목은 28개로 구분하여 정한다.
3-2
유원지는 차문자인 '원'으로 표기한다.

정답 3-1 ③ 3-2 ③

| 핵심이론 04 | 지목의 구분(영 제58조) (1)

① 전 : 물을 상시적으로 이용하지 않고 곡물, 원예작물(과수류는 제외한다), 약초, 뽕나무, 닥나무, 묘목, 관상수 등의 식물을 주로 재배하는 토지와 식용(食用)으로 죽순을 재배하는 토지
② 답 : 물을 상시적으로 직접 이용하여 벼, 연(蓮), 미나리, 왕골 등의 식물을 주로 재배하는 토지
③ 과수원 : 사과, 배, 밤, 호두, 귤나무 등 과수류를 집단적으로 재배하는 토지와 이에 접속된 저장고 등 부속시설물의 부지. 다만, 주거용 건축물의 부지는 "대"로 한다.
④ 목장용지 : 다음의 토지. 다만, 주거용 건축물의 부지는 "대"로 한다.
  ㉠ 축산업 및 낙농업을 하기 위하여 초지를 조성한 토지
  ㉡ 축산법에 따른 가축을 사육하는 축사 등의 부지
  ㉢ 위의 토지와 접속된 부속시설물의 부지
⑤ 임야 : 산림 및 원야(原野)를 이루고 있는 수림지(樹林地), 죽림지, 암석지, 자갈땅, 모래땅, 습지, 황무지 등의 토지
⑥ 광천지 : 지하에서 온수, 약수, 석유류 등이 용출되는 용출구(湧出口)와 그 유지(維持)에 사용되는 부지. 다만, 온수, 약수, 석유류 등을 일정한 장소로 운송하는 송수관, 송유관 및 저장시설의 부지는 제외한다.
⑦ 염전 : 바닷물을 끌어들여 소금을 채취하기 위하여 조성된 토지와 이에 접속된 제염장(製鹽場) 등 부속시설물의 부지. 다만 천일제염 방식으로 하지 아니하고 동력으로 바닷물을 끌어들여 소금을 제조하는 공장시설물의 부지는 제외한다.

10년간 자주 출제된 문제

지목의 구분에 관한 설명으로 옳지 않은 것은?
① 식용을 목적으로 죽순을 재배하는 경우는 "전"으로 한다.
② 사과, 밤, 배 등 과수류를 집단적으로 재배하는 토지에 접속된 주거용 건축물 부지는 "과수원"으로 한다.
③ 가축을 사육하는 축사 등의 부지는 "목장용지"로 한다.
④ 수림지, 죽림지, 암석지 등의 토지는 "임야"로 한다.

|해설|
사과, 배, 밤, 호두, 귤나무 등 과수류를 집단적으로 재배하는 토지와 이에 접속된 저장고 등 부속시설물의 부지를 "과수원"으로 하지만, 주거용 건축물의 부지는 "대"로 한다.

정답 ②

| 핵심이론 05 | 지목의 구분 (2)

① 대
  ㉠ 영구적 건축물 중 주거, 사무실, 점포와 박물관, 극장, 미술관 등 문화시설과 이에 접속된 정원 및 부속시설물의 부지
  ㉡ 국토의 계획 및 이용에 관한 법률 등 관계 법령에 따른 택지조성공사가 준공된 토지
② 공장용지
  ㉠ 제조업을 하고 있는 공장시설물의 부지
  ㉡ 산업집적활성화 및 공장설립에 관한 법률 등 관계 법령에 따른 공장부지 조성공사가 준공된 토지
  ㉢ 위의 토지와 같은 구역에 있는 의료시설 등 부속시설물의 부지
③ 학교용지 : 학교의 교사(校舍)와 이에 접속된 체육장 등 부속시설물의 부지
④ 주차장 : 자동차 등의 주차에 필요한 독립적인 시설을 갖춘 부지와 주차전용 건축물 및 이에 접속된 부속시설물의 부지. 다만, 다음의 어느 하나에 해당하는 시설의 부지는 제외한다.
  ㉠ 주차장법에 따른 노상주차장 및 부설주차장(주차장법 제19조 제4항에 따라 시설물의 부지 인근에 설치된 부설주차장은 제외한다)
  ㉡ 자동차 등의 판매 목적으로 설치된 물류장 및 야외전시장
⑤ 주유소용지 : 다음의 토지. 다만 자동차, 선박, 기차 등의 제작 또는 정비공장 안에 설치된 급유, 송유시설 등의 부지는 제외한다.
  ㉠ 석유, 석유제품, 액화석유가스, 전기 또는 수소 등의 판매를 위하여 일정한 설비를 갖춘 시설물의 부지
  ㉡ 저유소(貯油所) 및 원유저장소의 부지와 이에 접속된 부속시설물의 부지
⑥ 창고용지 : 물건 등을 보관하거나 저장하기 위하여 독립적으로 설치된 보관시설물의 부지와 이에 접속된 부속시설물의 부지
⑦ 도로 : 다음의 토지. 다만, 아파트, 공장 등 단일 용도의 일정한 단지 안에 설치된 통로 등은 제외한다.
  ㉠ 일반 공중의 교통 운수를 위하여 보행이나 차량운행에 필요한 일정한 설비 또는 형태를 갖추어 이용되는 토지
  ㉡ 도로법 등 관계 법령에 따라 도로로 개설된 토지
  ㉢ 고속도로의 휴게소 부지
  ㉣ 2필지 이상에 진입하는 통로로 이용되는 토지

10년간 자주 출제된 문제

다음 중 토지의 이용에 따른 지목의 구분이 옳지 않은 것은?
① 물건 등을 보관하거나 저장하기 위하여 독립적으로 설치된 보관시설물 – 창고용지
② 자동차 정비공장 안에 설치된 송유시설 부지 – 주유소용지
③ 공장시설물의 부지에 있는 의료시설 등 부속시설물의 부지 – 공장용지
④ 고속도로의 휴게소 부지 – 도로

정답 ②

핵심이론 06 | 지목의 구분 (3)

① 철도용지 : 교통 운수를 위하여 일정한 궤도 등의 설비와 형태를 갖추어 이용되는 토지와 이에 접속된 역사(驛舍), 차고, 발전시설 및 공작창(工作廠) 등 부속시설물의 부지
② 제방 : 조수, 자연유수(自然流水), 모래, 바람 등을 막기 위하여 설치된 방조제, 방수제, 방사제, 방파제 등의 부지
③ 하천 : 자연의 유수(流水)가 있거나 있을 것으로 예상되는 토지
④ 구거 : 용수(用水) 또는 배수(排水)를 위하여 일정한 형태를 갖춘 인공적인 수로, 둑 및 그 부속시설물의 부지와 자연의 유수(流水)가 있거나 있을 것으로 예상되는 소규모 수로부지
⑤ 유지(溜池) : 물이 고이거나 상시적으로 물을 저장하고 있는 댐, 저수지, 소류지(沼溜地), 호수, 연못 등의 토지와 연, 왕골 등이 자생하는 배수가 잘 되지 아니하는 토지
⑥ 양어장 : 육상에 인공으로 조성된 수산생물의 번식 또는 양식을 위한 시설을 갖춘 부지와 이에 접속된 부속시설물의 부지
⑦ 수도용지 : 물을 정수하여 공급하기 위한 취수, 저수, 도수(導水), 정수, 송수 및 배수 시설의 부지 및 이에 접속된 부속시설물의 부지

10년간 자주 출제된 문제

6-1. 지목으로서 '구거'에 대한 설명으로 옳은 것은?
① 용수 또는 배수를 위하여 일정한 형태를 갖춘 인공적인 수로의 부지
② 물이 고이는 저수지, 소류지 등의 토지
③ 물을 정수하여 공급하기 위한 취수·송수시설의 부지
④ 자연의 유수가 있거나 있을 것으로 예상되는 토지

6-2. 연, 왕골 등이 자생하는 배수가 잘 되지 아니하는 토지의 지목은 무엇으로 설정하여야 하는가?
① 전
② 답
③ 유지
④ 구거

6-3. 저수지의 지목은 다음 중 어디에 해당되는가?
① 유지
② 하천
③ 잡종지
④ 광천지

|해설|

6-1
구거 : 용수 또는 배수를 위하여 일정한 형태를 갖춘 인공적인 수로, 둑 및 그 부속시설물의 부지와 자연 유수(流水)가 있거나 있을 것으로 예상되는 소규모 수로부지

6-2~6-3
유지 : 물이 고이거나 상시적으로 물을 저장하고 있는 댐, 저수지, 소류지(沼溜地), 호수, 연못 등의 토지와 연, 왕골 등이 자생하는 배수가 잘 되지 아니하는 토지이다.

정답 6-1 ① 6-2 ③ 6-3 ①

| 핵심이론 07 | 지목의 구분 (4)

① **공원** : 일반 공중의 보건·휴양 및 정서생활에 이용하기 위한 시설을 갖춘 토지로서 국토의 계획 및 이용에 관한 법률에 따라 공원 또는 녹지로 결정·고시된 토지
② **체육용지** : 국민의 건강증진 등을 위한 체육활동에 적합한 시설과 형태를 갖춘 종합운동장, 실내체육관, 야구장, 골프장, 스키장, 승마장, 경륜장 등 체육시설의 토지와 이에 접속된 부속시설물의 부지. 다만, 체육시설로서의 영속성과 독립성이 미흡한 정구장, 골프연습장, 실내수영장 및 체육도장과 유수(流水)를 이용한 요트장 및 카누장 등의 토지는 제외한다.
③ **유원지** : 일반 공중의 위락·휴양 등에 적합한 시설물을 종합적으로 갖춘 수영장, 유선장(遊船場), 낚시터, 어린이놀이터, 동물원, 식물원, 민속촌, 경마장, 야영장 등의 토지와 이에 접속된 부속시설물의 부지. 다만, 이들 시설과의 거리 등으로 보아 독립적인 것으로 인정되는 숙식시설 및 유기장(遊技場)의 부지와 하천·구거 또는 유지[공유(公有)인 것으로 한정한다]로 분류되는 것은 제외한다.
④ **종교용지** : 일반 공중의 종교의식을 위하여 예배, 법요, 설교, 제사 등을 하기 위한 교회, 사찰, 향교 등 건축물의 부지와 이에 접속된 부속시설물의 부지
⑤ **사적지** : 국가유산으로 지정된 역사적인 유적, 고적, 기념물 등을 보존하기 위하여 구획된 토지. 다만 학교용지, 공원, 종교용지 등 다른 지목으로 된 토지에 있는 유적, 고적, 기념물 등을 보호하기 위하여 구획된 토지는 제외한다.
⑥ **묘지** : 사람의 시체나 유골이 매장된 토지, 도시공원 및 녹지 등에 관한 법률에 따른 묘지공원으로 결정·고시된 토지 및 장사 등에 관한 법률에 따른 봉안시설과 이에 접속된 부속시설물의 부지. 다만, 묘지의 관리를 위한 건축물의 부지는 "대"로 한다.
⑦ **잡종지** : 다음의 토지. 다만, 원상회복을 조건으로 돌을 캐내는 곳 또는 흙을 파내는 곳으로 허가된 토지는 제외한다.
　㉠ 갈대밭, 실외에 물건을 쌓아두는 곳, 돌을 캐내는 곳, 흙을 파내는 곳, 야외시장 및 공동우물
　㉡ 변전소, 송신소, 수신소 및 송유시설 등의 부지
　㉢ 여객자동차터미널, 자동차운전학원 및 폐차장 등 자동차와 관련된 독립적인 시설물을 갖춘 부지
　㉣ 공항시설 및 항만시설 부지
　㉤ 도축장, 쓰레기처리장 및 오물처리장 등의 부지
　㉥ 그 밖에 다른 지목에 속하지 않는 토지

10년간 자주 출제된 문제

7-1. 일반 공중의 종교의식을 위한 건축물의 부지와 이에 접속된 부속시설물 부지의 지목은?
① 사적지
② 종교용지
③ 대
④ 잡종지

7-2. 국가유산으로 지정된 역사적인 유적을 보존할 목적으로 구획된 토지의 지목은?
① 사적지
② 잡종지
③ 종교용지
④ 공원

7-3. 묘지의 관리를 위한 건축물 부지의 지목은?
① 대
② 묘지
③ 분묘지
④ 임야

|해설|

7-1
종교용지 : 일반 공중의 종교의식을 위하여 예배, 법요, 설교, 제사 등을 하기 위한 교회, 사찰, 향교 등 건축물의 부지와 이에 접속된 부속시설물의 부지

7-2
사적지 : 국가유산으로 지정된 역사적인 유적, 고적, 기념물 등을 보존하기 위하여 구획된 토지이다.

7-3
묘지의 관리를 위한 건축물의 부지는 "대"로 한다.

정답 7-1 ② 7-2 ① 7-3 ①

| 핵심이론 08 | 지목의 설정방법, 지적도면의 축척

① 지목의 설정방법(영 제59조)
  ㉠ 필지마다 하나의 지목을 설정할 것
  ㉡ 1필지가 둘 이상의 용도로 활용되는 경우에는 주된 용도에 따라 지목을 설정할 것
  ㉢ 토지가 일시적 또는 임시적인 용도로 사용될 때에는 지목을 변경하지 아니한다.

② 지적도면의 축척(규칙 제69조)
  ㉠ 지적도(7종) : 1/500, 1/600, 1/1000, 1/1200, 1/2400, 1/3000, 1/6000
  ㉡ 임야도(2종) : 1/3000, 1/6000

10년간 자주 출제된 문제

8-1. 다음 중 지적도의 축척이 아닌 것은?

① 1/500
② 1/1500
③ 1/2400
④ 1/3000

8-2. 공간정보의 구축 및 관리 등에 관한 법률의 법규상 임야도의 축척은 모두 몇 종인가?

① 2종
② 3종
③ 4종
④ 5종

|해설|

8-1
지적도의 축척(7종)
1/500, 1/600, 1/1000, 1/1200, 1/2400, 1/3000, 1/6000

8-2
임야도의 축척(2종)
1/3000, 1/6000

정답 8-1 ② 8-2 ①

| 핵심이론 09 | 지적공부의 열람 및 등본 발급

① 지적공부를 열람하거나 그 등본을 발급받으려는 자는 해당 지적소관청에 그 열람 또는 발급을 신청하여야 한다. 다만, 정보처리시스템을 통하여 기록·저장된 지적공부(지적도 및 임야도는 제외)를 열람하거나 그 등본을 발급받으려는 경우에는 특별자치시장, 시장·군수 또는 구청장이나 읍·면·동의 장에게 신청할 수 있다(법 제75조).
② 지적공부를 열람하거나 그 등본을 발급받으려는 자는 지적공부, 부동산종합공부 열람·발급 신청서(전자문서로 된 신청서를 포함)를 지적소관청 또는 읍·면·동장에게 제출하여야 한다(규칙 제74조).

10년간 자주 출제된 문제

지적공부를 열람하거나 그 등본을 발급받으려는 자는 누구에게 신청하는가?

① 해당 지적소관청
② 읍·면·동의 장
③ 국토교통부장관
④ 지적위원회

|해설|

지적공부를 열람하거나 그 등본을 발급받으려는 자는 해당 지적소관청에 그 열람 또는 발급을 신청하여야 한다.

정답 ①

| 핵심이론 10 | 신규등록과 등록전환 신청

① 신규등록 신청(법 제77조)
  ㉠ 토지소유자는 신규등록할 토지가 있는 경우, 그 사유가 발생한 날부터 최대 60일 이내에 지적소관청에 신규등록을 신청하여야 한다.
  ㉡ 토지를 신규등록하는 경우 면적의 결정은 지적소관청이 한다.
  ㉢ 지적소관청에 신규등록을 신청하고자 할 경우 구비서류(규칙 제81조)
    • 법원의 확정판결서 정본 또는 사본
    • 공유수면 관리 및 매립에 관한 법률에 따른 준공검사확인증 사본
    • 도시계획구역의 토지를 그 지방자치단체의 명의로 등록하는 때에는 기획재정부장관과 협의한 문서의 사본
    • 그 밖에 소유권을 증명할 수 있는 서류의 사본
    ※ 위의 서류를 해당 지적소관청이 관리하는 경우에는 지적소관청의 확인으로 그 서류의 제출을 갈음할 수 있다.

② 등록전환 신청(법 제78조)
  ㉠ 토지소유자는 등록전환할 토지가 있으면 대통령령으로 정하는 바에 따라 그 사유가 발생한 날부터 60일 이내에 지적소관청에 등록전환을 신청하여야 한다.
  ㉡ 등록전환을 신청할 수 있는 경우(영 제64조)
    • 산지관리법에 따른 산지전용허가·신고, 산지일시사용허가·신고, 건축법에 따른 건축허가·신고 또는 그 밖의 관계 법령에 따른 개발행위 허가 등을 받은 경우
    • 대부분의 토지가 등록전환되어 나머지 토지를 임야도에 계속 존치하는 것이 불합리한 경우
    • 임야도에 등록된 토지가 사실상 형질변경되었으나 지목변경을 할 수 없는 경우
    • 도시·군관리계획선에 따라 토지를 분할하는 경우

10년간 자주 출제된 문제

10-1. 신규등록할 토지가 있는 경우, 그 사유가 발생한 날부터 최대 며칠 이내에 지적소관청에 신규등록을 신청하여야 하는가?
① 7일
② 15일
③ 30일
④ 60일

10-2. 토지를 신규등록하는 경우 면적의 결정은 누가 하는가?
① 토지소유자
② 측량 대행사
③ 한국국토정보공사
④ 지적소관청

10-3. 지목변경 없이 등록전환을 신청할 수 있는 경우가 아닌 것은?
① 임야도에 등록된 토지가 사실상 형질변경되었으나 지목변경을 할 수 없을 경우
② 대부분의 토지가 등록전환되어 나머지 토지를 임야도에 계속 존치하는 것이 불합리한 경우
③ 도시·군관리계획선에 따라 토지를 분할하는 경우
④ 토지이용상 불합리한 지상경계를 시정하기 위한 경우

| 해설 |

10-1
토지소유자는 신규등록할 토지가 있는 경우, 그 사유가 발생한 날부터 최대 60일 이내에 지적소관청에 신규등록을 신청하여야 한다.

10-2
토지를 신규등록하는 경우 면적의 결정은 지적소관청이 한다.

10-3
④는 토지의 분할 신청을 할 수 있는 경우에 해당한다.

지목변경 없이 등록전환 신청할 수 있는 토지
- 산지관리법에 따른 산지전용허가·신고, 산지일시사용허가·신고, 건축법에 따른 건축허가·신고 또는 그 밖의 관계 법령에 따른 개발행위허가 등을 받은 경우
- 대부분의 토지가 등록전환되어 나머지 토지를 임야도에 계속 존치하는 것이 불합리한 경우
- 임야도에 등록된 토지가 사실상 형질변경되었으나 지목변경을 할 수 없는 경우
- 도시·군관리계획선에 따라 토지를 분할하는 경우

정답 10-1 ④ 10-2 ④ 10-3 ④

| 핵심이론 11 | 분할 신청 |

① 토지소유자는 지적공부에 등록된 1필지의 일부가 형질변경 등으로 용도가 변경된 경우에는 대통령령으로 정하는 바에 따라 용도가 변경된 날부터 60일 이내에 지적소관청에 토지의 분할을 신청하여야 한다(법 제79조).
② 분할을 신청할 수 있는 경우(영 제65조)
　㉠ 소유권이전, 매매 등을 위하여 필요한 경우
　㉡ 토지이용상 불합리한 지상경계를 시정하기 위한 경우
　※ 관계 법령에 따라 해당 토지에 대한 분할이 개발행위 허가 등의 대상인 경우에는 개발행위 허가 등을 받은 이후에 분할을 신청할 수 있다.
③ 분할 신청 시 제출할 서류(규칙 제83조)
　㉠ 분할 허가 대상인 토지의 경우 그 허가서 사본
　㉡ 허가서 사본을 해당 지적소관청이 관리하는 경우에는 지적소관청의 확인으로 그 서류의 제출을 갈음할 수 있다.

10년간 자주 출제된 문제

토지소유자가 토지의 분할을 신청할 수 있는 경우는?
① 도시·군관리계획선에 따라 토지를 분할하는 경우
② 소유권이전, 매매 등을 위하여 필요한 경우
③ 임야도에 등록된 토지가 사실상 형질변경되었으나 지목변경을 할 수 없는 경우
④ 공유수면매립으로 토지의 경계를 결정한 경우

|해설|

분할을 신청할 수 있는 경우(영 제65조)
• 소유권이전, 매매 등을 위하여 필요한 경우
• 토지이용상 불합리한 지상경계를 시정하기 위한 경우
• 지적공부에 등록된 1필지의 일부가 형질변경 등으로 용도가 변경된 경우
※ 관계 법령에 따라 해당 토지에 대한 분할이 개발행위 허가 등의 대상인 경우에는 개발행위 허가 등을 받은 이후에 분할을 신청할 수 있다.

정답 ②

핵심이론 12 | 합병 신청(법 제80조)

① 토지소유자는 주택법에 따른 공동주택의 부지, 도로, 제방, 하천, 구거, 유지, 그 밖에 공장용지, 학교용지, 철도용지, 수도용지, 공원, 체육용지 등 다른 지목의 토지로서 합병하여야 할 토지가 있으면 그 사유가 발생한 날부터 60일 이내에 지적소관청에 합병을 신청하여야 한다.

② 합병 신청을 할 수 없는 경우
  ㉠ 합병하려는 토지의 지번부여지역, 지목 또는 소유자가 서로 다른 경우
  ㉡ 합병하려는 토지에 다음의 등기 외의 등기가 있는 경우
    - 소유권, 지상권, 전세권 또는 임차권의 등기
    - 승역지(承役地)에 대한 지역권의 등기
    - 합병하려는 토지 전부에 대한 등기원인 및 그 연월일과 접수번호가 같은 저당권의 등기
    - 합병하려는 토지 전부에 대한 부동산등기법 신탁등기의 등기사항이 동일한 신탁등기
  ㉢ 그 밖에 대통령령으로 정하는 경우(영 제66조)
    - 합병하려는 토지의 지적도 및 임야도의 축척이 서로 다른 경우
    - 합병하려는 각 필지가 서로 연접하지 않은 경우
    - 합병하려는 토지가 등기된 토지와 등기되지 아니한 토지인 경우
    - 합병하려는 각 필지의 지목은 같으나 일부 토지의 용도가 다르게 되어 법에 따른 분할대상 토지인 경우. 다만, 합병 신청과 동시에 토지의 용도에 따라 분할 신청을 하는 경우는 제외한다.
    - 합병하려는 토지의 소유자별 공유지분이 다른 경우
    - 합병하려는 토지가 구획정리, 경지정리 또는 축척변경을 시행하고 있는 지역의 토지와 그 지역 밖의 토지인 경우
    - 합병하려는 토지소유자의 주소가 서로 다른 경우. 다만, ①에 따른 신청을 접수받은 지적소관청이 전자정부법에 따른 행정정보의 공동이용을 통하여 다음의 사항을 확인한 결과 토지소유자가 동일인임을 확인할 수 있는 경우는 제외한다.
      - 토지등기사항증명서
      - 법인등기사항증명서(신청인이 법인인 경우)
      - 주민등록표 초본(신청인이 개인인 경우)

10년간 자주 출제된 문제

12-1. 다음 중 토지합병을 신청할 수 없는 경우가 아닌 것은?
① 합병하려는 토지의 지번부여지역이 서로 다른 경우
② 합병하려는 토지에 전세권의 등기가 있는 경우
③ 합병하려는 토지의 지목이 서로 다른 경우
④ 합병하려는 토지의 지적도 및 임야도의 축척이 서로 다른 경우

12-2. 다음 중 토지의 합병을 신청할 수 없는 경우가 아닌 것은?
① 합병하려는 토지가 등기된 토지와 등기되지 아니한 토지인 경우
② 합병하려는 각 필지의 면적이 서로 다른 경우
③ 합병하려는 토지의 지적도 및 임야도의 축척이 서로 다른 경우
④ 합병하려는 각 필지의 지반이 연속되지 아니한 경우

|해설|

12-1
소유권, 지상권, 전세권 또는 임차권의 등기 외의 등기가 있는 경우 합병 신청을 할 수 없다.

12-2
합병하려는 필지의 면적이 달라도 합병을 신청할 수 있다.

정답 12-1 ② 12-2 ②

| 핵심이론 13 | 지목변경 신청

① 토지소유자는 지목변경을 할 토지가 있으면 대통령령으로 정하는 바에 따라 그 사유가 발생한 날부터 60일 이내에 지적소관청에 지목변경을 신청하여야 한다(법 제81조).
② 지목변경을 신청할 수 있는 경우(영 제67조)
 ㉠ 국토의 계획 및 이용에 관한 법률 등 관계 법령에 따른 토지의 형질변경 등의 공사가 준공된 경우
 ㉡ 토지나 건축물의 용도가 변경된 경우
 ㉢ 도시개발사업 등의 원활한 추진을 위하여 사업시행자가 공사 준공 전에 토지의 합병을 신청하는 경우
③ 토지소유자는 ①에 따라 지목변경을 신청할 때에는 지목변경 사유를 적은 신청서에 다음의 서류를 첨부하여 지적소관청에 제출하여야 한다(규칙 제84조).
 ㉠ 관계 법령에 따라 토지의 형질변경 등의 공사가 준공되었음을 증명하는 서류의 사본
 ㉡ 국유지, 공유지의 경우에는 용도폐지되었거나 사실상 공공용으로 사용되고 있지 아니함을 증명하는 서류의 사본
 ㉢ 토지 또는 건축물의 용도가 변경되었음을 증명하는 서류의 사본
④ 개발행위허가, 농지전용허가, 보전산지전용허가 등 지목변경과 관련된 규제를 받지 아니하는 토지의 지목변경이나 전, 답, 과수원 상호 간의 지목변경인 경우에는 ③에 따른 서류의 첨부를 생략할 수 있다.
⑤ ③의 어느 하나에 해당하는 서류를 해당 지적소관청이 관리하는 경우에는 지적소관청의 확인으로 그 서류의 제출을 갈음할 수 있다.

10년간 자주 출제된 문제

13-1. 토지소유자가 지목변경을 할 토지가 있으면 그 사유가 발생한 날부터 최대 얼마 이내에 지적소관청에 지목변경을 신청하여야 하는가?

① 15일 이내
② 30일 이내
③ 60일 이내
④ 90일 이내

13-2. 다음 중에서 경계나 면적을 새로 결정하지 않아도 되는 것은?

① 토지를 신규로 등록하는 때
② 등록전환을 하는 때
③ 경계를 정정하는 때
④ 지목변경을 하는 때

|해설|

13-1
토지소유자는 지목변경을 할 토지가 있으면 대통령령으로 정하는 바에 따라 그 사유가 발생한 날부터 60일 이내에 지적소관청에 지목변경을 신청하여야 한다.

13-2
지목변경을 지적공부에 등록된 지목을 다른 지목으로 바꾸어 등록하는 것으로 면적이나 경계와는 관계없다.

정답 13-1 ③ 13-2 ④

| 핵심이론 14 | 바다로 된 토지의 등록말소 신청(법 제82조)

① 지적소관청은 지적공부에 등록된 토지가 지형의 변화 등으로 바다로 된 경우로서 원상(原狀)으로 회복될 수 없거나 다른 지목의 토지로 될 가능성이 없는 경우에는 지적공부에 등록된 토지소유자에게 지적공부의 등록말소 신청을 하도록 통지하여야 한다.
② 지적소관청은 ①에 따른 토지소유자가 통지를 받은 날부터 90일 이내에 등록말소 신청을 하지 아니하면 지적소관청이 직권으로 그 지적공부의 등록사항을 말소한다.
③ 지적소관청은 ②에 따라 말소한 토지가 지형의 변화 등으로 다시 토지가 된 경우에는 대통령령으로 정하는 바(회복등록을 하려면 그 지적측량성과 및 등록말소 당시의 지적공부 등 관계 자료에 따라야 한다)에 따라 토지로 회복등록을 할 수 있다.
※ 지적공부의 등록사항을 말소하거나 회복등록하였을 때에는 그 정리 결과를 토지소유자 및 해당 공유수면의 관리청에 통지하여야 한다(영 제68조).

10년간 자주 출제된 문제

14-1. 다음 중 토지소유자가 지적소관청으로부터 통지를 받은 날부터 90일 이내에 해당 내용에 대한 신청을 하지 않는 경우, 지적소관청이 직권으로 그 지적공부의 등록사항을 말소할 수 있는 경우는?
① 토지의 용도가 대지로 변경된 경우
② 홍수에 의하여 토지의 경계를 변경하여야 하는 경우
③ 지형의 변화로 토지가 바다로 되어 원상으로 회복할 수 없는 경우
④ 화재로 인하여 건물이 소실된 경우

14-2. 바다로 된 토지의 등록사항 말소된 토지를 회복등록하는 방법으로 옳은 것은?(단, 말소한 토지가 지형의 변화 등으로 다시 토지가 된 경우)
① 지적측량성과 및 등록말소 당시의 지적공부 등 관계 자료에 따라야 한다.
② 지적소관청의 관계자가 직접 현지 출장 없이 등록한다.
③ 공유수면의 관리청으로부터 관계 증명 서류의 사본에 따라야 한다.
④ 토지소유자의 신청에 의하되 확정판결서 정본 또는 사본에 따라야 한다.

|해설|

14-1
지적소관청은 토지소유자가 통지를 받은 날부터 90일 이내에 등록말소 신청을 하지 아니하면 지적소관청이 직권으로 그 지적공부의 등록사항을 말소하여야 한다.

14-2
지적소관청은 말소한 토지를 회복등록을 하려면 그 지적측량성과 및 등록말소 당시의 지적공부 등 관계 자료에 따라야 한다.

정답 14-1 ③ 14-2 ①

핵심이론 15 | 축척변경(법 제83조)

① 축척변경에 관한 사항을 심의·의결하기 위하여 지적소관청에 축척변경위원회를 둔다.
② 지적소관청은 지적도가 다음에 해당하는 경우에는 토지소유자의 신청 또는 지적소관청의 직권으로 일정한 지역을 정하여 그 지역의 축척을 변경할 수 있다.
  ㉠ 잦은 토지의 이동으로 1필지의 규모가 작아서 소축척으로는 지적측량성과의 결정이나 토지의 이동에 따른 정리를 하기가 곤란한 경우
  ㉡ 하나의 지번부여지역에 서로 다른 축척의 지적도가 있는 경우
  ㉢ 그 밖에 지적공부를 관리하기 위하여 필요하다고 인정되는 경우

> **축척변경 신청(영 제69조)**
> 축척변경을 신청하는 토지소유자는 축척변경 사유를 적은 신청서에 국토교통부령으로 정하는 서류(토지소유자 2/3 이상의 동의서)를 첨부하여 지적소관청에 제출하여야 한다.

③ 지적소관청은 축척변경을 하려면 축척변경 시행지역의 토지소유자 2/3 이상의 동의를 받아 축척변경위원회의 의결을 거친 후 시·도지사 또는 대도시 시장의 승인을 받아야 한다. 다만, 다음의 어느 하나에 해당하는 경우에는 축척변경위원회의 의결 및 시·도지사 또는 대도시 시장의 승인 없이 축척변경을 할 수 있다.
  ㉠ 합병하려는 토지가 축척이 다른 지적도에 각각 등록되어 있어 축척변경을 하는 경우
  ㉡ 도시개발사업 등의 시행지역에 있는 토지로서 그 사업 시행에서 제외된 토지의 축척변경을 하는 경우
④ 축척변경의 절차, 축척변경으로 인한 면적 증감의 처리, 축척변경 결과에 대한 이의신청 및 축척변경위원회의 구성·운영 등에 필요한 사항은 대통령령으로 정한다.

10년간 자주 출제된 문제

15-1. 지적소관청이 축척변경을 하려면 축척변경위원회의 의결을 거치기 전 축척변경 시행지역의 토지소유자에 대해 얼마 이상의 동의를 얻어야 하는가?
① 1/2 이상
② 1/3 이상
③ 2/3 이상
④ 3/4 이상

15-2. 지적소관청이 축척변경을 하려면 축척변경위원회의 의결을 거친 후 누구의 승인을 받아야 하는가?
① 한국국토정보공사
② 중앙지적위원회
③ 행정안전부장관
④ 시·도지사

|해설|

15-1
축척변경을 신청하는 토지소유자는 축척변경 사유를 적은 신청서에 국토교통부령으로 정하는 서류(토지소유자 2/3 이상의 동의서)를 첨부하여 지적소관청에 제출하여야 한다.

15-2
지적소관청은 축척변경을 하려면 축척변경 시행지역의 토지소유자 2/3 이상의 동의를 받아 축척변경위원회의 의결을 거친 후 시·도지사 또는 대도시 시장의 승인을 받아야 한다.

정답 15-1 ③ 15-2 ④

| 핵심이론 16 | 축척변경 시행공고 등(영 제71조) |

① 지적소관청은 시·도지사 또는 대도시 시장으로부터 축척변경 승인을 받았을 때에는 지체 없이 다음의 사항을 20일 이상 공고하여야 한다.
  ㉠ 축척변경의 목적, 시행지역 및 시행기간
  ㉡ 축척변경의 시행에 관한 세부계획
  ㉢ 축척변경의 시행에 관한 청산방법
  ㉣ 축척변경의 시행에 따른 토지소유자 등의 협조에 관한 사항
② 시행공고는 시·군·구 및 축척변경 시행지역 동·리의 게시판에 주민이 볼 수 있도록 게시하여야 한다.
③ 축척변경 시행지역의 토지소유자 또는 점유자는 시행공고가 된 날부터 30일 이내에 시행공고일 현재 점유하고 있는 경계에 국토교통부령으로 정하는 경계점표지를 설치하여야 한다.

10년간 자주 출제된 문제

16-1. 지적소관청이 시·도지사로부터 축척변경 승인을 받았을 때 관련 사항을 며칠 이상 공고하여야 하는가?

① 60일 이상
② 40일 이상
③ 30일 이상
④ 20일 이상

16-2. 축척변경 시행지역의 토지소유자는 시행공고일부터 최대 며칠 이내에 시행공고일 현재 점유하고 있는 경계에 국토교통부령으로 정하는 경계점표지를 설치하여야 하는가?

① 10일 이내
② 15일 이내
③ 20일 이내
④ 30일 이내

|해설|
16-1
지적소관청은 시·도지사 또는 대도시 시장으로부터 축척변경 승인을 받았을 때에는 지체 없이 20일 이상 공고하여야 한다.
16-2
축척변경 시행지역의 토지소유자 또는 점유자는 시행공고가 된 날부터 30일 이내에 시행공고일 현재 점유하고 있는 경계에 국토교통부령으로 정하는 경계점표지를 설치하여야 한다.

정답 16-1 ④ 16-2 ④

핵심이론 17 | 청산금

① 청산금의 산정(영 제75조)
　㉠ 지적소관청은 축척변경에 관한 측량을 한 결과 측량 전에 비하여 면적의 증감이 있는 경우에는 그 증감면적에 대하여 청산을 하여야 한다. 다만, 다음의 어느 하나에 해당하는 경우에는 그러하지 아니하다.
　　• 필지별 증감면적이 다음 허용범위 이내인 경우. 다만, 축척변경위원회의 의결이 있는 경우는 제외한다.

> 토지를 분할하는 경우 면적 오차의 허용범위(영 제19조 제1항 제2호)
> $A = 0.026^2 M \sqrt{F}$
> 여기서, A : 오차 허용면적
> 　　　　M : 축척분모
> 　　　　F : 원면적(축척이 1/3000인 지역의 축척분모는 6000으로 한다)

　　• 토지소유자 전원이 청산하지 아니하기로 합의하여 서면으로 제출한 경우
　㉡ ㉠에 따라 청산을 할 때에는 축척변경위원회의 의결을 거쳐 지번별로 m²당 금액을 정하여야 한다. 이 경우 지적소관청은 시행공고일 현재를 기준으로 그 축척변경 시행지역의 토지에 대하여 지번별 m²당 금액을 미리 조사하여 축척변경위원회에 제출하여야 한다.
　㉢ 청산금은 축척변경 지번별 조서의 필지별 증감면적에 지번별 m²당 금액을 곱하여 산정한다.
　㉣ 지적소관청은 청산금을 산정하였을 때에는 청산금 조서를 작성하고, 청산금이 결정되었다는 뜻을 15일 이상 공고하여 일반인이 열람할 수 있게 하여야 한다.

② 축척변경의 확정공고(영 제78조)
　㉠ 청산금의 납부 및 지급이 완료되었을 때에는 지적소관청은 지체 없이 축척변경의 확정공고를 하여야 한다.

> 축척변경의 확정공고 시 포함되어야 할 사항(규칙 제92조)
> • 토지의 소재 및 지역명
> • 축척변경 지번별 조서
> • 청산금 조사
> • 지적도의 축척

　㉡ 지적소관청은 확정공고를 하였을 때에는 지체 없이 축척변경에 따라 확정된 사항을 지적공부에 등록하여야 한다.
　㉢ 축척변경 시행지역의 토지는 확정공고일에 토지의 이동이 있는 것으로 본다.

10년간 자주 출제된 문제

17-1. 지적소관청이 축척변경에 관한 측량을 한 결과 측량 전에 비하여 면적의 증감이 있는 경우 그 증감면적에 대한 청산금을 정하는 기준으로 옳은 것은?

① 지번별 평당 금액
② 지번별 m^2당 금액
③ 지번별 공시지가의 1.5배
④ 지번별 감정가와 공시지가의 차액

17-2. 축척변경 시행지역의 토지는 언제를 기준으로 토지의 이동이 있는 것으로 보는가?

① 축척변경 시행공고일
② 축척변경에 따른 청산금 납부통지일
③ 축척변경 확정공고일
④ 축척변경에 따른 청산금 공고일

|해설|

17-1
청산할 때는 축척변경위원회의 의결을 거쳐 지번별로 m^2당 금액을 정하여야 한다.

17-2
축척변경 시행지역의 토지는 확정공고일에 토지의 이동이 있는 것으로 본다.

정답 17-1 ② 17-2 ③

| 핵심이론 18 | 축척변경위원회

① 축척변경위원회의 구성 등(영 제79조)
  ㉠ 축척변경위원회는 5명 이상 10명 이하의 위원으로 구성하되, 위원의 1/2 이상을 토지소유자로 하여야 한다. 이 경우 그 축척변경 시행지역의 토지소유자가 5명 이하일 때에는 토지소유자 전원을 위원으로 위촉하여야 한다.
  ㉡ 위원장은 위원 중에서 지적소관청이 지명한다.
  ㉢ 위원은 다음의 사람 중에서 지적소관청이 위촉한다.
    • 해당 축척변경 시행지역의 토지소유자로서 지역 사정에 정통한 사람
    • 지적에 관하여 전문지식을 가진 사람
  ㉣ 축척변경위원회의 위원에게는 예산의 범위에서 출석수당과 여비, 그 밖의 실비를 지급할 수 있다. 다만, 공무원인 위원이 그 소관 업무와 직접적으로 관련되어 출석하는 경우에는 그러하지 아니하다.

② 축척변경위원회의 기능(영 제80조)
축척변경위원회는 지적소관청이 회부하는 다음의 사항을 심의·의결한다.
  ㉠ 축척변경 시행계획에 관한 사항
  ㉡ 지번별 m^2당 금액의 결정과 청산금의 산정에 관한 사항
  ㉢ 청산금의 이의신청에 관한 사항
  ㉣ 그 밖에 축척변경과 관련하여 지적소관청이 회의에 부치는 사항

10년간 자주 출제된 문제

18-1. 축척변경위원회의 구성에 필요한 인원수로 옳은 것은?

① 15명 이상 20명 이하
② 10명 이상 15명 이하
③ 5명 이상 10명 이하
④ 1명 이상 5명 이하

18-2. 축척변경 시행지역의 토지소유자가 5명 이하일 때에 토지소유자 중 몇 명을 축척변경위원회의 위원으로 위촉하여야 하는가?

① 토지소유자 전원을 위촉한다.
② 토지소유자의 과반수를 위촉한다.
③ 토지소유자 대표 1인을 위촉한다.
④ 토지소유자 전원을 위촉하지 않아도 된다.

18-3. 축척변경위원회의 심의·의결사항이 아닌 것은?

① 축척변경 시행계획의 관한 사항
② 청산금의 이의신청에 관한 사항
③ 지번별 m²당 금액의 결정에 의한 사항
④ 지번별 측량방법에 관한 사항

|해설|

18-1
축척변경위원회는 5명 이상 10명 이하의 위원으로 구성하되, 위원의 1/2 이상을 토지소유자로 하여야 한다.

18-2
축척변경 시행지역의 토지소유자가 5명 이하일 때에는 토지소유자 전원을 위원으로 위촉하여야 한다.

18-3
축척변경위원회의 기능(영 제80조)
- 축척변경 시행계획에 관한 사항
- 지번별 m²당 금액의 결정과 청산금의 산정에 관한 사항
- 청산금의 이의신청에 관한 사항
- 그 밖에 축척변경과 관련하여 지적소관청이 회의에 부치는 사항

정답 18-1 ③ 18-2 ① 18-3 ④

| 핵심이론 19 | 등록사항의 정정(법 제84조)

① 토지소유자는 지적공부의 등록사항에 잘못이 있음을 발견하면 지적소관청에 그 정정을 신청할 수 있다.

> **등록사항의 정정 신청(규칙 제93조)**
> 토지소유자는 지적공부의 등록사항에 대한 정정을 신청할 때에는 정정사유를 적은 신청서에 다음의 구분에 따른 서류를 첨부하여 지적소관청에 제출하여야 한다.
> - 경계 또는 면적의 변경을 가져오는 경우 : 등록사항 정정 측량성과도
> - 그 밖의 등록사항을 정정하는 경우 : 변경사항을 확인할 수 있는 서류

② 지적소관청은 지적공부의 등록사항에 잘못이 있음을 발견하면 대통령령으로 정하는 바에 따라 직권으로 조사·측량하여 정정할 수 있다.

> **등록사항의 직권정정 등(영 제82조)**
> - 토지이동정리 결의서의 내용과 다르게 정리된 경우
> - 지적도 및 임야도에 등록된 필지가 면적의 증감 없이 경계의 위치만 잘못된 경우
> - 1필지가 각각 다른 지적도나 임야도에 등록되어 있는 경우로서 지적공부에 등록된 면적과 측량한 실제면적은 일치하지만 지적도나 임야도에 등록된 경계가 서로 접합되지 않아 지적도나 임야도에 등록된 경계를 지상의 경계에 맞추어 정정하여야 하는 토지가 발견된 경우
> - 지적공부의 작성 또는 재작성 당시 잘못 정리된 경우
> - 지적측량성과와 다르게 정리된 경우
> - 지방지적위원회 또는 중앙지적위원회의 의결서 사본을 받은 지적소관청은 그 내용에 따라 지적공부의 등록사항을 정정하여야 하는 경우
> - 지적공부의 등록사항이 잘못 입력된 경우
> - 부동산등기법에 따른 통지가 있는 경우(지적소관청의 착오로 잘못 합병한 경우만 해당)
> - 면적 환산이 잘못된 경우

③ ①에 따른 정정으로 인접 토지의 경계가 변경되는 경우에는 다음의 어느 하나에 해당하는 서류를 지적소관청에 제출하여야 한다.
  ㉠ 인접 토지소유자의 승낙서
  ㉡ 인접 토지소유자가 승낙하지 아니하는 경우에는 이에 대항할 수 있는 확정판결서 정본(正本)

④ 지적소관청이 ① 또는 ②에 따라 등록사항을 정정할 때 그 정정사항이 토지소유자에 관한 사항인 경우에는 등기필증, 등기완료통지서, 등기사항증명서 또는 등기관서에서 제공한 등기전산정보자료에 따라 정정하여야 한다. 다만, ①에 따라 미등기 토지에 대하여 토지소유자의 성명 또는 명칭, 주민등록번호, 주소 등에 관한 사항의 정정을 신청한 경우로서 그 등록사항이 명백히 잘못된 경우에는 가족관계 기록사항에 관한 증명서에 따라 정정하여야 한다.

10년간 자주 출제된 문제

19-1. 토지소유자가 지적공부의 등록사항에 대한 정정을 신청할 때, 경계의 변경을 가져오는 경우 정정사유를 적은 신청서와 함께 제출하여야 하는 것은?

① 등록사항 정정 측량성과도
② 경계복원측량성과도
③ 지적도 또는 임야도 사본
④ 토지분할측량성과도

19-2. 지적소관청이 지적공부의 등록사항에 잘못이 있는지를 직권으로 조사·측량하여 정정할 수 있는 경우가 아닌 것은?

① 토지이동정리 결의서의 내용과 다르게 정리된 경우
② 경계의 위치가 잘못되어 필지의 면적이 증감된 경우
③ 지적공부의 작성 또는 재작성 당시 잘못 정리된 경우
④ 지적측량성과와 다르게 정리된 경우

19-3. 다음 중 토지소유자가 지적공부의 등록사항에 잘못이 있음을 발견하고 지적소관청에 그 정정을 신청함으로 인하여 인접 토지의 경계가 변경되는 경우 그 정정방법으로 가장 옳은 것은?

① 소관청의 직권으로 처리한다.
② 큰 면적의 토지소유자의 의견으로 처리한다.
③ 인접 토지소유자의 승낙서에 의한다.
④ 지적공부만 정정한다.

|해설|

19-1
등록사항의 정정 신청(규칙 제93조)
토지소유자는 지적공부의 등록사항에 대한 정정을 신청할 때에는 정정사유를 적은 신청서에 다음의 구분에 따른 서류를 첨부하여 지적소관청에 제출하여야 한다.
- 경계 또는 면적의 변경을 가져오는 경우 : 등록사항 정정 측량성과도
- 그 밖의 등록사항을 정정하는 경우 : 변경사항을 확인할 수 있는 서류

19-2
필지의 면적이 증감된 경우에는 지적소관청이 직권으로 정정할 수 없다.

19-3
정정으로 인접 토지의 경계가 변경되는 경우에는 인접 토지소유자의 승낙서, 인접 토지소유자가 승낙하지 아니하는 경우에는 이에 대항할 수 있는 확정판결서 정본에 의거 정정할 수 있다.

정답 19-1 ① 19-2 ② 19-3 ③

| 핵심이론 20 | 도시개발사업 등 시행지역의 토지이동 신청에 관한 특례(법 제86조)

① 도시개발법에 따른 도시개발사업, 농어촌정비법에 따른 농어촌정비사업, 그 밖에 대통령령으로 정하는 토지개발사업의 시행자는 대통령령으로 정하는 바에 따라 그 사업의 착수·변경 및 완료 사실을 지적소관청에 신고하여야 한다.

> **대통령령으로 정하는 토지개발사업(영 제83조)**
> - 주택법에 따른 주택건설사업
> - 택지개발촉진법에 따른 택지개발사업
> - 산업입지 및 개발에 관한 법률에 따른 산업단지개발사업
> - 도시 및 주거환경정비법에 따른 정비사업
> - 지역 개발 및 지원에 관한 법률에 따른 지역개발사업
> - 체육시설의 설치·이용에 관한 법률에 따른 체육시설 설치를 위한 토지개발사업
> - 관광진흥법에 따른 관광단지 개발사업
> - 공유수면 관리 및 매립에 관한 법률에 따른 매립사업
> - 항만법, 신항만건설촉진법에 따른 항만개발사업 및 항만 재개발 및 주변지역 발전에 관한 법률에 따른 항만재개발사업
> - 공공주택 특별법에 따른 공공주택지구조성사업
> - 물류시설의 개발 및 운영에 관한 법률 및 경제자유구역의 지정 및 운영에 관한 특별법에 따른 개발사업
> - 철도의 건설 및 철도시설 유지·관리에 관한 법률에 따른 고속철도, 일반철도 및 광역철도 건설사업
> - 도로법에 따른 고속국도 및 일반국도 건설사업
> - 그 밖에 위의 사업과 유사한 경우로서 국토교통부장관이 고시하는 요건에 해당하는 토지개발사업
> ※ 도시개발사업 등 시행지역의 토지이동 신청에 관한 특례에 따른 도시개발사업 등의 착수·변경 또는 완료 사실의 신고는 그 사유가 발생한 날부터 15일 이내에 하여야 한다.

② ①에 따른 사업과 관련하여 토지의 이동이 필요한 경우에는 해당 사업의 시행자가 지적소관청에 토지의 이동을 신청하여야 한다.

③ ②에 따른 토지의 이동은 토지의 형질변경 등의 공사가 준공된 때에 이루어진 것으로 본다.

④ ①에 따라 사업의 착수 또는 변경의 신고가 된 토지의 소유자가 해당 토지의 이동을 원하는 경우에는 해당 사업의 시행자에게 그 토지의 이동을 신청하도록 요청하여야 하며, 요청을 받은 시행자는 해당 사업에 지장이 없다고 판단되면 지적소관청에 그 이동을 신청하여야 한다.

10년간 자주 출제된 문제

20-1. 토지이동 신청에 관한 특례와 관련하여 사업의 착수·변경 및 완료 사실을 지적소관청에 신고하여야 하는 대통령령으로 정하는 토지개발사업이 아닌 것은?
① 주택법에 따른 주택건설사업
② 산업입지 및 개발에 관한 법률에 따른 산업단지개발사업
③ 공유수면 관리 및 매립에 관한 법률에 따른 매립사업
④ 국토의 계획 및 이용에 관한 법률에 따른 토지형질변경사업

20-2. 다음 중 도시개발사업 등의 착수·변경 또는 완료 사실의 신고는 그 사유가 발생한 날부터 최대 며칠 이내에 지적소관청에 하여야 하는가?
① 10일 이내
② 15일 이내
③ 20일 이내
④ 30일 이내

|해설|

20-1
토지형질변경사업은 토지개발사업에 해당하지 않는다.

20-2
도시개발사업 등 시행지역의 토지이동 신청에 관한 특례에 따른 도시개발사업 등의 착수·변경 또는 완료 사실의 신고는 그 사유가 발생한 날부터 15일 이내에 하여야 한다(영 제83조).

정답 20-1 ④ 20-2 ②

핵심이론 21 | 신청의 대위(법 제87조)

다음의 어느 하나에 해당하는 자는 이 법에 따라 토지소유자가 하여야 하는 신청을 대신할 수 있다. 다만, 등록사항 정정 대상토지는 제외한다.

① 공공사업 등에 따라 학교용지, 도로, 철도용지, 제방, 하천, 구거, 유지, 수도용지 등의 지목으로 되는 토지인 경우 : 해당 사업의 시행자
② 국가나 지방자치단체가 취득하는 토지인 경우 : 해당 토지를 관리하는 행정기관의 장 또는 지방자치단체의 장
③ 주택법에 따른 공동주택의 부지인 경우 : 집합건물의 소유 및 관리에 관한 법률에 따른 관리인(관리인이 없는 경우에는 공유자가 선임한 대표자) 또는 해당 사업의 시행자
④ 민법에 따른 채권자

10년간 자주 출제된 문제

토지이동이 있을 때 토지소유자가 하여야 하는 신청을 대위할 수 있는 사람이 아닌 것은?

① 구획정리 사업을 시행하는 토지의 주민
② 공공사업 등으로 인하여 하천, 구거, 제방 등의 지목으로 되는 토지의 경우 그 사업 시행자
③ 지방자치단체가 매입 등으로 취득하는 토지의 경우 지방자치단체의 장
④ 국가가 매입 등으로 취득하는 토지의 경우 국가기관의 장

|해설|
토지이동 시 토지의 주민은 이동 신청을 대위할 수 없다.

정답 ①

| **핵심이론 22** | 등기촉탁 및 지적공부의 정리, 통지 |

① 등기촉탁(법 제89조)
　㉠ 지적소관청은 다음의 사유로 토지의 표시 변경에 관한 등기를 할 필요가 있는 경우에는 지체 없이 관할 등기관서에 그 등기를 촉탁해야 한다. 이 경우 등기촉탁은 국가가 국가를 위해 하는 등기로 본다.
　㉡ 등기촉탁의 사유
　　• 지적공부에 등록하는 지번, 지목, 면적, 경계 또는 좌표는 토지의 이동이 있을 때(신규등록 제외)
　　• 지적공부에 등록된 지번을 변경하는 경우
　　• 바다로 된 토지의 등록말소 신청을 하는 경우
　　• 축척을 변경하는 경우
　　• 지적공부의 등록사항을 정정하는 경우
　　• 행정구역의 개편에 따라 지번을 새로 부여하는 경우

② 지적공부의 정리 등(영 제84조)
　㉠ 지적소관청은 지적공부가 다음의 어느 하나에 해당하는 경우에는 지적공부를 정리하여야 한다. 이 경우 이미 작성된 지적공부에 정리할 수 없을 때에는 새로 작성하여야 한다.
　　• 지번을 변경하는 경우
　　• 지적공부를 복구하는 경우
　　• 신규등록, 등록전환, 분할, 합병, 지목변경 등 토지의 이동이 있는 경우
　㉡ 지적소관청은 ㉠에 따른 토지의 이동이 있는 경우에는 토지이동정리 결의서를 작성하여야 하고, 토지소유자의 변동 등에 따라 지적공부를 정리하려는 경우에는 소유자정리 결의서를 작성하여야 한다.

③ 지적정리 등의 통지(영 제85조)
　지적소관청이 토지소유자에게 지적정리 등을 통지하여야 하는 시기는 다음의 구분을 따른다.
　㉠ 토지의 표시에 관한 변경등기가 필요한 경우 : 그 등기완료의 통지서를 접수한 날부터 15일 이내
　㉡ 토지의 표시에 관한 변경등기가 필요하지 아니한 경우 : 지적공부에 등록한 날부터 7일 이내

10년간 자주 출제된 문제

22-1. 토지 표시 변경에 대하여 등기촉탁을 하는 경우 중 옳지 않은 것은?

① 토지이동에 대하여 소관청이 직권으로 결정한 때
② 소관청이 지번을 변경한 때
③ 기초점 표석을 매설한 토지를 수용하였을 때
④ 축척 변경을 시행한 때

22-2. 신규등록에 의한 토지의 이동이 있어 지적공부를 정리하여야 하는 경우 지적소관청이 작성하여야 하는 것은?

① 토지이동정리 결의서
② 신규등록정리 결의서
③ 등기부등본정리 결의서
④ 부동산등기부 결의서

22-3. 지적소관청이 토지소유자에게 지적정리 등을 통지하여야 하는 시기는 그 등기완료의 통지서를 접수한 날부터 며칠 이내에 하여야 하는가?(단, 토지의 표시에 관한 변경등기가 필요한 경우)

① 60일
③ 15일
② 30일
④ 7일

|해설|

22-1

등기촉탁(법 제89조)

- 지적공부에 등록하는 지번, 지목, 면적, 경계 또는 좌표는 토지의 이동이 있을 때(신규등록 제외)
- 지적공부에 등록된 지번을 변경하는 경우
- 바다로 된 토지의 등록말소 신청을 하는 경우
- 축척을 변경하는 경우
- 지적공부의 등록사항을 정정하는 경우
- 행정구역의 개편에 따라 지번을 새로 부여하는 경우

22-2
지적소관청은 신규등록, 등록전환, 분할, 합병, 지목변경 등 토지의 이동이 있는 경우에는 토지이동정리 결의서를 작성하여야 한다.

22-3
지적소관청은 토지의 표시에 관한 변경등기가 필요한 경우에는 그 등기완료의 통지서를 접수한 날부터 15일 이내에 통지하여야 한다.

정답 22-1 ③ 22-2 ① 22-3 ③

1-3. 보칙 및 벌칙

핵심이론 01 | 성능검사의 대상 및 주기 등(영 제97조)

① 성능검사를 받아야 하는 측량기기와 검사주기
  ㉠ 트랜싯(데오드라이트) : 3년
  ㉡ 레벨 : 3년
  ㉢ 거리측정기 : 3년
  ㉣ 토털 스테이션(total station : 각도·거리 통합 측량기) : 3년
  ㉤ 지엔에스에스(GNSS) 수신기 : 3년
  ㉥ 금속 또는 비금속 관로 탐지기 : 3년
② 성능검사(신규 성능검사는 제외)는 ①에 따른 성능검사 유효기간 만료일 전 1개월부터 성능검사 유효기간 만료일 후 1개월까지의 기간에 받아야 한다.
③ 성능검사의 유효기간은 종전 유효기간 만료일의 다음날부터 기산한다. 다만, ②에 따른 기간 외의 기간에 성능검사를 받은 경우에는 그 검사를 받은 날의 다음날부터 기산한다.

10년간 자주 출제된 문제

성능검사를 받아야 하는 측량기기와 검사주기가 맞는 것은?

① 트랜싯(데오드라이트) : 2년
② 레벨 : 1년
③ 거리측정기 : 4년
④ 토털 스테이션 : 3년

|해설|

성능검사의 대상 및 주기(영 제97조)
- 트랜싯(데오드라이트) : 3년
- 레벨 : 3년
- 거리측정기 : 3년
- 토털 스테이션(각도·거리 통합 측량기) : 3년
- 지엔에스에스(GNSS) 수신기 : 3년
- 금속 또는 비금속 관로 탐지기 : 3년

정답 ④

핵심이론 02 | 토지 등에의 출입 등(법 제101조)

① 이 법에 따라 측량을 하거나, 측량기준점을 설치하거나, 토지의 이동을 조사하는 자는 그 측량 또는 조사 등에 필요한 경우에는 타인의 토지, 건물, 공유수면 등(이하 토지 등이라 한다)에 출입하거나 일시 사용할 수 있으며, 특히 필요한 경우에는 나무, 흙, 돌, 그 밖의 장애물을 변경하거나 제거할 수 있다.

② 타인의 토지 등에 출입하려는 자는 관할 특별자치시장, 특별자치도지사, 시장·군수 또는 구청장의 허가를 받아야 하며, 출입하려는 날의 3일 전까지 해당 토지 등의 소유자·점유자 또는 관리인에게 그 일시와 장소를 통지하여야 한다. 다만, 행정청인 자는 허가를 받지 아니하고 타인의 토지 등에 출입할 수 있다.

③ 타인의 토지 등을 일시 사용하거나 장애물을 변경 또는 제거하려는 자는 그 소유자·점유자 또는 관리인의 동의를 받아야 한다. 다만, 소유자·점유자 또는 관리인의 동의를 받을 수 없는 경우 행정청인 자는 관할 특별자치시장, 특별자치도지사, 시장·군수 또는 구청장에게 그 사실을 통지하여야 하며, 행정청이 아닌 자는 미리 관할 특별자치시장, 특별자치도지사, 시장·군수 또는 구청장의 허가를 받아야 한다.

④ 특별자치시장, 특별자치도지사, 시장·군수 또는 구청장은 ③의 단서에 따라 허가를 하려면 미리 그 소유자·점유자 또는 관리인의 의견을 들어야 한다.

⑤ ③에 따라 토지 등을 일시 사용하거나 장애물을 변경 또는 제거하려는 자는 토지 등을 사용하려는 날이나 장애물을 변경 또는 제거하려는 날의 3일 전까지 그 소유자·점유자 또는 관리인에게 통지하여야 한다. 다만, 토지 등의 소유자·점유자 또는 관리인이 현장에 없거나 주소 또는 거소가 분명하지 아니할 때에는 관할 특별자치시장, 특별자치도지사, 시장·군수 또는 구청장에게 통지하여야 한다.

⑥ 해 뜨기 전이나 해가 진 후에는 그 토지 등의 점유자의 승낙 없이 택지나 담장 또는 울타리로 둘러싸인 타인의 토지에 출입할 수 없다.

⑦ 토지 등의 점유자는 정당한 사유 없이 ①에 따른 행위를 방해하거나 거부하지 못한다.

⑧ ①에 따른 행위를 하려는 자는 그 권한을 표시하는 허가증을 지니고 관계인에게 이를 내보여야 한다.

⑨ ⑧에 따른 허가증에 관하여 필요한 사항은 국토교통부령으로 정한다.

10년간 자주 출제된 문제

지적측량을 하기 위하여 타인의 토지나 건축물에 출입할 수 있는 경우로 옳은 것은?

① 권한을 표시한 증표만 있으면 된다.
② 소유자 또는 점유자에게 그 뜻을 통지하고 출입한다.
③ 소유자의 승낙을 받아야 한다.
④ 무조건 출입하여도 무방하다.

|해설|

타인의 토지 등에 출입하려는 자는 관할 특별자치시장, 특별자치도지사, 시장·군수 또는 구청장의 허가를 받아야 하며, 출입하려는 날의 3일 전까지 해당 토지 등의 소유자·점유자 또는 관리인에게 그 일시와 장소를 통지하여야 한다.

정답 ②

| 핵심이론 03 | 수수료(규칙 제115조)

① 수수료는 수입인지, 수입증지 또는 현금으로 내야 한다. 다만, 법에 따라 등록한 성능검사대행자가 하는 성능검사 수수료와 공간정보산업협회 등에 위탁된 업무의 수수료는 현금으로 내야 한다.
② 국토교통부장관, 국토지리정보원장, 시·도지사 및 지적소관청은 ①에도 불구하고 정보통신망을 이용하여 전자화폐, 전자결제 등의 방법으로 수수료를 내게 할 수 있다.
③ 업무 종류에 따른 수수료의 금액(규칙 별표 12)
  ㉠ 지적공부의 열람 신청 및 등본 발급 신청 수수료

해당 업무	열람		열람 인터넷 수수료	발급		발급 인터넷 수수료
	방문 단위	방문 수수료		방문 단위	방문 수수료	
토지대장	1필지당	300원	무료	1필지당	500원	무료
임야대장	1필지당	300원		1필지당	500원	
지적도	1장당	400원		가로 21cm, 세로 30cm	700원	
임야도	1장당	400원		가로 21cm, 세로 30cm	700원	
경계점좌표등록부	1필지당	300원		1필지당	500원	

  ㉡ 지적전산자료의 이용 또는 활용 신청하는 경우
   • 자료를 인쇄물로 제공하는 경우 : 1필지당 30원
   • 자료를 자기디스크 등 전산매체로 제공하는 경우 : 1필지당 20원
  ㉢ 부동산종합공부의 인터넷 열람 신청 : 무료
  ㉣ 수수료를 면제할 수 있는 경우
   • 지적측량업무에 종사하는 측량기술자가 그 업무와 관련하여 지적측량기준점성과 또는 그 측량부의 열람 및 등본 발급을 신청하는 경우
   • 국가 또는 지방자치단체가 업무수행에 필요하여 지적공부의 열람 및 등본 발급을 신청하는 경우
   • 지적측량업무에 종사하는 측량기술자가 그 업무와 관련하여 지적공부를 열람(복사하기 위하여 열람하는 것을 포함)하는 경우

10년간 자주 출제된 문제

다음 중 지적공부의 열람 및 등본 발급 신청에 대한 수수료 납부방법으로 가장 거리가 먼 것은?
① 수입인지
② 수입증지
③ 대법원 우표
④ 현금

|해설|
수수료는 수입인지, 수입증지 또는 현금으로 내야 한다.

정답 ③

| 핵심이론 04 | 벌칙

① 3년 이하의 징역 또는 3,000만원 이하의 벌금(법 제107조)
   측량업자로서 속임수, 위력(威力), 그 밖의 방법으로 측량업과 관련된 입찰의 공정성을 해친 자
② 2년 이하의 징역 또는 2,000만원 이하의 벌금(법 제108조)
   ㉠ 측량기준점표지를 이전 또는 파손하거나 그 효용을 해치는 행위를 한 자
   ㉡ 고의로 측량성과를 사실과 다르게 한 자
   ㉢ 기본 또는 공공 측량성과를 국외로 반출한 자
   ㉣ 측량업의 등록을 하지 아니하거나 거짓이나 그 밖의 부정한 방법으로 측량업의 등록을 하고 측량업을 한 자
   ㉤ 측량기기 성능검사를 부정하게 한 성능검사대행자
   ㉥ 성능검사대행자의 등록을 하지 아니하거나 거짓이나 그 밖의 부정한 방법으로 성능검사대행자의 등록을 하고 성능검사업무를 한 자
③ 1년 이하의 징역 또는 1,000만원 이하의 벌금(법 제109조)
   ㉠ 무단으로 측량성과 또는 측량기록을 복제한 자
   ㉡ 심사를 받지 아니하고 지도 등을 간행하여 판매하거나 배포한 자
   ㉢ 측량기술자가 아님에도 불구하고 측량을 한 자
   ㉣ 업무상 알게 된 비밀을 누설한 측량기술자
   ㉤ 둘 이상의 측량업자에게 소속된 측량기술자
   ㉥ 다른 사람에게 측량업등록증 또는 측량업등록수첩을 빌려주거나 자기의 성명 또는 상호를 사용하여 측량업무를 하게 한 자
   ㉦ 다른 사람의 측량업등록증 또는 측량업등록수첩을 빌려서 사용하거나 다른 사람의 성명 또는 상호를 사용하여 측량업무를 한 자
   ㉧ 지적측량수수료 외의 대가를 받은 지적측량기술자
   ㉨ 거짓으로 신규등록 신청, 분할 신청, 합병 신청, 지목변경 신청, 바다로 된 토지의 등록말소 신청, 축척변경 신청, 등록사항의 정정 신청, 도시개발사업 등 시행지역의 토지이동 신청을 한 자
   ㉩ 다른 사람에게 자기의 성능검사대행자 등록증을 빌려 주거나 자기의 성명 또는 상호를 사용하여 성능검사대행업무를 수행하게 한 자
   ㉪ 다른 사람의 성능검사대행자 등록증을 빌려서 사용하거나 다른 사람의 성명 또는 상호를 사용하여 성능검사대행업무를 수행한 자
④ 양벌규정(법 제110조)
   법인의 대표자나 법인 또는 개인의 대리인, 사용인, 그 밖의 종업원이 그 법인 또는 개인의 업무에 관하여 ①~③의 어느 하나에 해당하는 위반행위를 하면 그 행위자를 벌하는 외에 그 법인 또는 개인에게도 해당 조문의 벌금형을 과(科)한다.

10년간 자주 출제된 문제

4-1. 고의로 지적측량성과를 사실과 다르게 한 지적측량수행자에 대한 벌칙 기준으로 옳은 것은?

① 300만원 이하의 과태료
② 1년 이하의 징역 또는 1,000만원 이하의 벌금
③ 2년 이하의 징역 또는 2,000만원 이하의 벌금
④ 3년 이하의 징역 또는 3,000만원 이하의 벌금

4-2. 지적측량업의 등록을 하지 아니하고 지적측량업을 한 자에 대한 벌칙 기준으로 옳은 것은?

① 300만원 이하의 과태료
② 1년 이하의 징역 또는 1,000만원 이하의 벌금
③ 2년 이하의 징역 또는 2,000만원 이하의 벌금
④ 3년 이하의 징역 또는 3,000만원 이하의 벌금

4-3. 1년 이하의 징역 또는 1,000만원 이하의 벌금에 처하는 경우에 해당하지 않는 것은?

① 측량기술자가 아님에도 불구하고 측량을 한 자
② 업무상 알게 된 비밀을 누설한 측량기술자
③ 무단으로 측량성과 또는 측량기록을 복제한 자
④ 고의로 측량성과를 사실과 다르게 한 자

|해설|

4-1~4-2

2년 이하의 징역 또는 2,000만원 이하의 벌금(법 제108조)
- 측량기준점표지를 이전 또는 파손하거나 그 효용을 해치는 행위를 한 자
- 고의로 측량성과를 사실과 다르게 한 자
- 기본 또는 공공 측량성과를 국외로 반출한 자
- 측량업의 등록을 하지 아니하거나 거짓이나 그 밖의 부정한 방법으로 측량업의 등록을 하고 측량업을 한 자
- 측량기기 성능검사를 부정하게 한 성능검사대행자
- 성능검사대행자의 등록을 하지 아니하거나 거짓이나 그 밖의 부정한 방법으로 성능검사대행자의 등록을 하고 성능검사업무를 한 자

4-3
④는 2년 이하의 징역 또는 2,000만원 이하의 벌금에 처하는 경우이다.

정답 4-1 ③ 4-2 ③ 4-3 ④

1-4. 지적측량 시행규칙

핵심이론 01 | 지적기준점성과표의 기록·관리 등(지적측량 시행규칙 제4조)

① 시·도지사가 지적삼각점성과를 관리할 때 지적삼각점성과표에 기록·관리하여야 할 사항
  ㉠ 지적삼각점의 명칭과 기준 원점명
  ㉡ 좌표 및 표고
  ㉢ 경도 및 위도(필요한 경우로 한정한다)
  ㉣ 자오선수차(子午線收差)
  ㉤ 시준점(視準點)의 명칭, 방위각 및 거리
  ㉥ 소재지와 측량연월일
  ㉦ 그 밖의 참고사항

② 지적소관청이 지적삼각보조점성과 및 지적도근점성과를 관리할 때 지적삼각보조점성과표 및 지적도근점성과표에 기록·관리하여야 할 사항
  ㉠ 번호 및 위치의 약도
  ㉡ 좌표와 직각좌표계 원점명
  ㉢ 경도와 위도(필요한 경우로 한정한다)
  ㉣ 표고(필요한 경우로 한정한다)
  ㉤ 소재지와 측량연월일
  ㉥ 도선등급 및 도선명
  ㉦ 표지의 재질
  ㉧ 도면번호
  ㉨ 설치기관
  ㉩ 조사연월일, 조사자의 직위·성명 및 조사 내용

10년간 자주 출제된 문제

다음 중 지적소관청이 지적삼각보조점성과표 및 지적도근점성과표에 기록·관리하여야 하는 사항에 해당하지 않는 것은?
① 자오선 수치
② 도선등급 및 도선명
③ 표지의 재질
④ 설치기관

|해설|
자오선 수치는 시·도지사가 지적삼각보조점성과표에 기록·관리하여야 할 사항이다.

정답 ①

| 핵심이론 02 | 지적삼각점측량의 관측 및 계산(지적측량 시행규칙 제9조) |

① 경위의측량방법에 따른 지적삼각점의 관측과 계산 기준
  ㉠ 관측은 10초독(秒讀) 이상의 경위의를 사용할 것
  ㉡ 수평각관측은 3대회(大回, 윤곽도는 0°, 60°, 120°로 한다)의 방향관측법에 따를 것
  ㉢ 수평각의 측각공차(測角公差)는 다음 표에 따를 것

종별	1방향각	1측회(側回)의 폐색(閉塞)	삼각형 내각관측의 합과 180°와의 차	기지각(旣知角)과의 차
공차	30초 이내	±30초 이내	±30초 이내	±40초 이내

② 전파기 또는 광파기측량방법에 따른 지적삼각점의 관측과 계산 기준
  ㉠ 전파 또는 광파측거기는 표준편차가 ±(5mm + 5ppm) 이상인 정밀측거기를 사용할 것
  ㉡ 점 간 거리는 5회 측정하여 그 측정치의 최대치와 최소치의 교차가 평균치의 1/100000 이하일 때에는 그 평균치를 측정거리로 하고, 원점에 투영된 평면거리에 따라 계산할 것
  ㉢ 삼각형의 내각은 세 변의 평면거리에 따라 계산하며, 기지각과의 차(差)에 관하여는 ①의 ㉢을 준용할 것

③ ①과 ②에 따라 지적삼각점을 관측하는 경우 연직각(鉛直角)의 관측 및 계산 기준
  ㉠ 각 측점에서 정반(正反)으로 각 2회 관측할 것
  ㉡ 관측치의 최대치와 최소치의 교차가 30초 이내일 때에는 그 평균치를 연직각으로 할 것
  ㉢ 2점의 기지점(旣知點)에서 소구점(所求點)의 표고를 계산한 결과 그 교차가 $0.05m + 0.05(S_1 + S_2)$m 이하일 때에는 그 평균치를 표고로 할 것. 이 경우 S_1과 S_2는 기지점에서 소구점까지의 평면거리로서 km 단위로 표시한 수를 말한다.

④ 지적삼각점의 계산은 진수(眞數)를 사용하여 각규약(角規約)과 변규약(邊規約)에 따른 평균계산법 또는 망평균계산법에 따르며, 계산단위는 다음 표에 따른다.

종별	각	변의 길이	진수	좌표 또는 표고	경위도	자오선수차
단위	초	cm	6자리 이상	cm	초 아래 3자리	초 아래 1자리

10년간 자주 출제된 문제

2-1. 전파기 또는 광파기측량법에 의한 지적 삼각점 관측 시 측거기 표준편차의 제한은?
① ±(3mm + 3ppm)
② ±(5mm + 5ppm)
③ ±(10mm + 10ppm)
④ ±(15mm + 15ppm)

2-2. 지적삼각점의 계산에서 자오선수차의 단위는?
① 초 아래 1자리
② 초 아래 2자리
③ 초 아래 3자리
④ 초 아래 4자리

|해설|
2-1
전파기 또는 광파기측량방법에 따른 지적삼각점의 관측과 계산 시 전파 또는 광파측거기는 표준편차가 ±(5mm + 5ppm) 이상인 정밀측거기를 사용한다.

정답 2-1 ② 2-2 ①

핵심이론 03 | 지적삼각점 선점의 기준과 고려사항

① 기선 위치 선정 시 고려할 사항
  ㉠ 되도록 평탄해야 한다.
  ㉡ 기선의 양 끝이 서로 잘 보이는 것은 물론이고 주변 삼각점도 시준이 용이해야 한다.
  ㉢ 부근의 삼각점 연결에 편리해야 한다.
  ㉣ 기선의 길이는 삼각망의 변장과 거의 같아야 하므로 만일 이러한 길이를 쉽게 얻을 수 없는 경우는 기선을 증대시키는 데 용이해야 한다.

② 삼각점 선정 시 고려할 사항
  ㉠ 삼각형의 내각은 60°에 가깝게 하는 것이 좋으며 불가피할 경우는 30~60° 범위로 선점되어야 한다.
  ㉡ 각 점이 서로 잘 보여야 한다.
  ㉢ 계속해서 연결되는 작업에 편리해야 한다.
  ㉣ 표지와 기계가 움직이지 않을 견고한 지점이어야 한다.
  ㉤ 사용하는 기계의 망원경으로 충분히 정확하게 시준할 수 있는 거리여야 한다.
  ㉥ 벌목을 많이 하거나 높은 시준탑을 세우지 않아도 관측할 수 있는 점이어야 한다.

10년간 자주 출제된 문제

지적삼각점 선점 시 정밀도와 정확도를 위해 고려해야 할 사항으로 옳지 않은 것은?

① 모든 삼각형의 내각은 90°에 가깝도록 한다.
② 땅이 단단한 곳에 선점한다.
③ 간편하고 완전한 망구성이 되어야 한다.
④ 시준선상에 장애물이 없도록 하여야 한다.

|해설|
삼각형의 내각은 60°에 가깝게 하는 것이 좋으며 불가피할 경우는 30~60° 범위로 선점되어야 한다.

정답 ①

핵심이론 04 | 지적삼각보조점측량(지적측량 시행규칙 제10조)

① 지적삼각보조점측량을 할 때에 필요한 경우에는 미리 지적삼각보조점표지를 설치하여야 한다.
② 지적삼각보조점은 측량지역별로 설치순서에 따라 일련번호를 부여하되, 영구표지를 설치하는 경우에는 시·군·구별로 일련번호를 부여한다. 이 경우 지적삼각보조점의 일련번호 앞에 "보"자를 붙인다.
③ 지적삼각보조점은 교회망 또는 교점다각망으로 구성하여야 한다.
④ 경위의측량방법과 전파기 또는 광파기측량방법에 따라 교회법으로 지적삼각보조점측량을 할 때의 기준
  ㉠ 3방향의 교회에 따를 것. 다만, 지형상 부득이하여 2방향의 교회에 의하여 결정하려는 경우에는 각 내각을 관측하여 각 내각의 관측치의 합계와 180°와의 차가 ±40초 이내일 때에는 이를 각 내각에 고르게 배분하여 사용할 수 있다.
  ㉡ 삼각형의 각 내각은 30° 이상 120° 이하로 할 것
⑤ 전파기 또는 광파기측량방법에 따라 다각망도선법으로 지적삼각보조점측량을 할 때의 기준
  ㉠ 3점 이상의 기지점을 포함한 결합다각방식에 따를 것
  ㉡ 1도선(기지점과 교점 간 또는 교점과 교점 간을 말한다)의 점의 수는 기지점과 교점을 포함하여 5점 이하로 할 것
  ㉢ 1도선의 거리(기지점과 교점 또는 교점과 교점 간의 점간거리의 총합계를 말한다)는 4km 이하로 할 것
⑥ 지적삼각보조점성과 결정을 위한 관측 및 계산의 과정은 지적삼각보조점측량부에 적어야 한다.

10년간 자주 출제된 문제

4-1. 지적삼각보조점의 일련번호 부여 시에 일련번호 앞에 붙이는 명칭은?
① 교점
② 보
③ 교
④ 가, 나, 다…

4-2. 다음 중 지적삼각보조점측량의 망 형태에 해당하는 것은?
① 삽입망
② 폐합망
③ 왕복망
④ 교회망

4-3. 지적삼각보조측량에서 교점다각망을 구성할 경우 교점을 포함한 1도선의 점의 수는?
① 5점 이하
② 10점 이하
③ 20점 이하
④ 40점 이하

|해설|
4-1
지적삼각보조점의 일련번호 앞에 "보"자를 붙인다.

4-2
지적삼각보조점은 교회망 또는 교점다각망으로 구성하여야 한다.

4-3
1도선(기지점과 교점 간 또는 교점과 교점 간을 말한다)의 점의 수는 기지점과 교점을 포함하여 5점 이하로 한다.

정답 4-1 ② 4-2 ④ 4-3 ①

| 핵심이론 05 | 경위의측량방법과 교회법에 따른 지적삼각보조점의 관측 및 계산(지적측량 시행규칙 제11조) |

① 관측은 20초독 이상의 경위의를 사용할 것
② 수평각관측은 2대회(윤곽도는 0°, 90°로 한다)의 방향관측법에 따를 것
③ 수평각의 측각공차는 다음 표에 따를 것. 이 경우 삼각형 내각의 관측치를 합한 값과 180°와의 차는 내각을 전부 관측한 경우에 적용한다.

종별	1방향각	1측회의 폐색	삼각형 내각관측의 합과 180°와의 차	기지각과의 차
공차	40초 이내	±40초 이내	±50초 이내	±50초 이내

④ 계산단위는 다음 표에 따를 것

종별	각	변의 길이	진수	좌표
공차	초	cm	6자리 이상	cm

⑤ 2개의 삼각형으로부터 계산한 위치의 연결교차($\sqrt{종선교차^2 + 횡선교차^2}$ 을 말한다)가 0.3m 이하일 때에는 그 평균치를 지적삼각보조점의 위치로 할 것. 이 경우 기지점과 소구점 사이의 방위각 및 거리는 평균치에 따라 새로 계산하여 정한다.

10년간 자주 출제된 문제

5-1. 교회법에 의한 지적삼각보조점의 관측과 계산에서 기지각과의 수평각 측각공차는?

① ±20초 이내
② ±30초 이내
③ ±40초 이내
④ ±50초 이내

5-2. 교회법에 따른 지적삼각보조점을 관측한 결과가 다음과 같을 때 연결교차는 얼마인가?

점명	X좌표(m)	Y좌표(m)
A	1,357.46	2,468.35
B	1,357.35	2,468.42

① 0.11m
② 0.13m
③ 0.15m
④ 0.17m

|해설|

5-1
지적삼각보조점의 계산 시 기지각과의 차이는 ±50초 이내로 한다.

5-2
연결교차 = $\sqrt{종선교차^2 + 횡선교차^2}$
= $\sqrt{(1,357.46 - 1,357.35)^2 + (2,468.35 - 2,468.42)^2}$
≒ 0.13m

정답 5-1 ④ 5-2 ②

핵심이론 06 | 지적도근점측량(지적측량 시행규칙 제12조)

① 지적도근점측량을 할 때에는 미리 지적도근점표지를 설치하여야 한다.
② 지적도근점의 번호는 영구표지를 설치하는 경우에는 시·군·구별로, 영구표지를 설치하지 아니하는 경우에는 시행지역별로 설치순서에 따라 일련번호를 부여한다. 이 경우 각 도선의 교점은 지적도근점의 번호 앞에 "교"자를 붙인다.
③ 지적도근점측량의 도선은 다음의 기준에 따라 1등도선과 2등도선으로 구분한다.
　㉠ 1등도선은 위성기준점, 통합기준점, 삼각점, 지적삼각점 및 지적삼각보조점의 상호 간을 연결하는 도선 또는 다각망도선으로 할 것
　㉡ 2등도선은 위성기준점, 통합기준점, 삼각점, 지적삼각점 및 지적삼각보조점과 지적도근점을 연결하거나 지적도근점 상호 간을 연결하는 도선으로 할 것
　㉢ 1등도선은 가, 나, 다 순으로 표기하고 2등도선은 ㄱ, ㄴ, ㄷ 순으로 표기할 것
④ 지적도근점은 결합도선, 폐합도선(廢合道線), 왕복도선 및 다각망도선으로 구성하여야 한다.
⑤ 경위의측량방법에 따라 도선법으로 지적도근점측량을 할 때의 기준
　㉠ 도선은 위성기준점, 통합기준점, 삼각점, 지적삼각점, 지적삼각보조점 및 지적도근점의 상호 간을 연결하는 결합도선에 따를 것. 다만, 지형상 부득이한 경우에는 폐합도선 또는 왕복도선에 따를 수 있다.
　㉡ 1도선의 점의 수는 40점 이하로 할 것. 다만, 지형상 부득이한 경우에는 50점까지로 할 수 있다.
⑥ 경위의측량방법이나 전파기 또는 광파기측량방법에 따라 다각망도선법으로 지적도근점측량을 할 때의 기준
　㉠ 3점 이상의 기지점을 포함한 결합다각방식에 따를 것
　㉡ 1도선의 점의 수는 20점 이하로 할 것
⑦ 지적도근점 성과결정을 위한 관측 및 계산의 과정은 그 내용을 지적도근점측량부에 적어야 한다.

10년간 자주 출제된 문제

6-1. 다음 중 지적도근점측량의 도선 구분이 가장 옳은 것은?
① ㄱ도선과 ㄴ도선
② 가도선과 나도선
③ 1등도선과 2등도선
④ A도선과 B도선

6-2. 지적도근점측량에서 1등도선의 도선명 표기방법은?
① 가, 나, 다 순
② ㄱ, ㄴ, ㄷ 순
③ 1, 2, 3 순
④ Ⅰ, Ⅱ, Ⅲ 순

6-3. 경위의측량방법에 따라 도선법으로 지적도근점측량을 시행할 경우 사용하는 기준 도선은?(단, 지형상 부득이한 경우는 고려하지 않는다)
① 결합도선
② 폐합도선
③ 왕복도선
④ 개방도선

|해설|

6-1
지적도근점측량의 도선은 1등도선과 2등도선으로 구분한다.

6-2
지적도근점의 1등도선은 가, 나, 다 순으로 표기하고 2등도선은 ㄱ, ㄴ, ㄷ 순으로 표기한다.

6-3
경위의측량방법에 따라 도선법으로 지적도근점측량을 할 때의 기준(지적측량 시행규칙 제12조)
도선은 위성기준점, 통합기준점, 삼각점, 지적삼각점, 지적삼각보조점 및 지적도근점의 상호 간을 연결하는 결합도선에 따를 것. 다만 지형상 부득이한 경우에는 폐합도선 또는 왕복도선에 따를 수 있다.

정답 6-1 ③ 6-2 ① 6-3 ①

| 핵심이론 07 | 지적도근점의 관측 및 계산(지적측량 시행규칙 제13조) |

경위의측량방법, 전파기 또는 광파기측량방법과 도선법 또는 다각망도선법에 따른 지적도근점의 관측과 계산은 다음의 기준에 따른다.

① 수평각의 관측은 시가지 지역, 축척변경지역 및 경계점좌표등록부 시행 지역에 대하여는 배각법에 따르고, 그 밖의 지역에 대하여는 배각법과 방위각법을 혼용할 것
② 관측은 20초독 이상의 경위의를 사용할 것
③ 관측과 계산은 다음 표에 따를 것

종별	각	측정 횟수	거리	진수	좌표
배각법	초	3회	cm	5자리 이상	cm
방위각법	분	1회	cm	5자리 이상	cm

④ 점 간 거리를 측정하는 경우에는 2회 측정하여 그 측정치의 교차가 평균치의 1/3000 이하일 때에는 그 평균치를 점 간 거리로 할 것. 이 경우 점 간 거리가 경사(傾斜)거리일 때에는 수평거리로 계산하여야 한다.
⑤ 연직각을 관측하는 경우에는 올려본 각과 내려본 각을 관측하여 그 교차가 90초 이내일 때에는 그 평균치를 연직각으로 할 것

10년간 자주 출제된 문제

7-1. 시가지 지역에서 지적도근측량을 시행할 때 수평각관측방법은?
① 방위각법
② 배각법
③ 편각법
④ 방향관측법

7-2. 방위각법에 의한 지적도근점측량에서 각의 관측과 계산단위 기준은 얼마인가?
① 라디안
② 초
③ 분
④ 도

7-3. 도선법 또는 다각망도선법에 의한 도근점의 계산과 관측에서 방위각법으로 시행할 때 측정 횟수는?
① 1회
② 2회
③ 3회
④ 4회

|해설|

7-1
수평각의 관측은 시가지 지역, 축척변경지역 및 경계점좌표등록부 시행 지역에 대하여는 배각법에 따른다.

7-2
방위각법에서 각관측의 계산 단위의 기준은 분이다.

7-3
방위각법에서는 1회 측정한다.

정답 7-1 ② 7-2 ③ 7-3 ①

핵심이론 08 | 지적도근점 및 지적도근점측량의 허용범위

① **지적도근점의 각도관측을 할 때의 폐색오차의 허용범위(지적측량 시행규칙 제14조)**

도선법과 다각망도선법에 따른 지적도근점의 각도관측을 할 때의 폐색오차의 허용범위는 다음의 기준에 따른다. 이 경우 n은 폐색변을 포함한 변의 수를 말한다.

  ㉠ 배각법에 따르는 경우

  1회 측정각과 3회 측정각의 평균값에 대한 교차는 30초 이내로 하고, 1도선의 기지방위각 또는 평균방위각과 관측방위각의 폐색오차는 1등도선은 $\pm 20\sqrt{n}$초 이내, 2등도선은 $\pm 30\sqrt{n}$초 이내로 할 것

  ㉡ 방위각법에 따르는 경우

  1도선의 폐색오차는 1등도선은 $\pm\sqrt{n}$분 이내, 2등도선은 $\pm 1.5\sqrt{n}$분 이내로 할 것

② **지적도근점측량에서의 연결오차의 허용범위(지적측량 시행규칙 제15조)**

지적도근점측량에서 연결오차의 허용범위는 다음의 기준에 따른다. 이 경우 n은 각 측선의 수평거리의 총합계를 100으로 나눈 수를 말한다.

  ㉠ 1등도선은 해당 지역 축척분모의 $\dfrac{1}{100}\sqrt{n}\,[\text{cm}]$ 이하로 할 것

  ㉡ 2등도선은 해당 지역 축척분모의 $\dfrac{1.5}{100}\sqrt{n}\,[\text{cm}]$ 이하로 할 것

10년간 자주 출제된 문제

8-1. 도선법과 다각망도선법에 따른 지적도근점의 각도관측을 할 때의 폐색오차의 허용범위로 옳지 않은 것은?(배각법의 경우)

① 1회 측정각과 3회 측정각의 평균값에 대한 교차는 30초 이내로 한다.
② 1도선의 기지방위각 또는 평균방위각과 관측방위각의 폐색오차는 1등도선과 2등도선은 $\pm 20\sqrt{n}$초 이내이다.
③ 1도선의 기지방위각 또는 평균방위각과 관측방위각의 폐색오차는 1등도선은 $\pm 20\sqrt{n}$초 이내이다.
④ 1도선의 기지방위각 또는 평균방위각과 관측방위각의 폐색오차는 2등도선은 $\pm 30\sqrt{n}$초 이내이다.

8-2. 도근측량에서 1등도선의 연결오차 한계는?(단, n은 각 측선 수평거리의 총합계를 100으로 나눈 수를 말한다)

① 해당 지역 축척분모의 $\dfrac{1.5}{100}\sqrt{n}\,[\text{cm}]$ 이하
② 해당 지역 축척분모의 $\dfrac{1}{100}\sqrt{n}\,[\text{cm}]$ 이하
③ 해당 지역 축척분모의 $\dfrac{5}{100}\sqrt{n}\,[\text{cm}]$ 이하
④ 해당 지역 축척분모의 $\dfrac{1}{1000}\sqrt{n}\,[\text{cm}]$ 이하

|해설|

8-1
1도선의 기지방위각 또는 평균방위각과 관측방위각의 폐색오차는 1등도선은 $\pm 20\sqrt{n}$초 이내, 2등도선은 $\pm 30\sqrt{n}$초 이내로 할 것

8-2
1등도선은 해당 지역 축척분모의 $\dfrac{1}{100}\sqrt{n}\,[\text{cm}]$ 이하로 할 것

정답 8-1 ② 8-2 ②

1-5. 지적업무처리규정

핵심이론 01 | 일람도 및 지번색인표의 등재사항(지적업무처리규정 제37조)

① 일람도
  ㉠ 지번부여지역의 경계 및 인접지역의 행정구역명칭
  ㉡ 도면의 제명 및 축척
  ㉢ 도곽선과 그 수치
  ㉣ 도면번호
  ㉤ 도로, 철도, 하천, 구거, 유지, 취락 등 주요 지형지물의 표시
② 지번색인표
  ㉠ 제명
  ㉡ 지번·도면번호 및 결번

10년간 자주 출제된 문제

1-1. 다음 중 일람도에 등재하여야 하는 사항에 해당하지 않는 것은?
① 도면의 제명 및 축척
② 지번부여지역의 경계
③ 도곽선과 그 수치
④ 지번과 결번

1-2. 지번색인표에 등재하여야 할 사항이 아닌 것은?
① 축척
② 도면번호
③ 지번
④ 결번

|해설|
1-1
지번과 결번은 지번색인표에 등재해야 한다.
1-2
축척은 일람도에 등재해야 한다.

정답 1-1 ④ 1-2 ①

핵심이론 02 | 일람도의 제도(지적업무처리규정 제38조)

① 지적도면 등의 등록사항 등에 따라 일람도를 작성할 경우 일람도의 축척은 그 도면축척의 1/10로 한다. 다만, 도면의 장수가 많아서 한 장에 작성할 수 없는 경우에는 축척을 줄여서 작성할 수 있으며, 도면의 장수가 4장 미만인 경우에는 일람도의 작성을 하지 아니할 수 있다.

② 일람도의 제도방법
  ㉠ 도면에 등록하는 도곽선은 0.1mm의 폭으로, 도곽선의 수치는 도곽선 왼쪽 아랫부분과 오른쪽 윗부분의 종횡선교차점 바깥쪽에 2mm 크기의 아라비아숫자로 제도한다.
  ㉡ 도면번호는 3mm의 크기로 한다.
  ㉢ 인접 동·리 명칭은 4mm, 그 밖의 행정구역 명칭은 5mm의 크기로 한다.
  ㉣ 지방도로 이상은 검은색 0.2mm 폭의 2선으로, 그 밖의 도로는 0.1mm의 폭으로 제도한다.
  ㉤ 철도용지는 붉은색 0.2mm 폭의 2선으로 제도한다.
  ㉥ 수도용지 중 선로는 남색 0.1mm 폭의 2선으로 제도한다.
  ㉦ 하천, 구거(溝渠), 유지(溜池)는 남색 0.1mm의 폭의 2선으로 제도하고, 그 내부를 남색으로 엷게 채색한다. 다만, 적은 양의 물이 흐르는 하천 및 구거는 0.1mm의 남색 선으로 제도한다.
  ㉧ 취락지, 건물 등은 검은색 0.1mm의 폭으로 제도하고, 그 내부를 검은색으로 엷게 채색한다.
  ㉨ 삼각점 및 지적기준점의 제도는 제43조를 준용한다.
  ㉩ 도시개발사업, 축척변경 등이 완료된 때에는 지구경계를 붉은색 0.1mm 폭의 선으로 제도한 후 지구 안을 붉은색으로 엷게 채색하고, 그 중앙에 사업명 및 사업완료연도를 기재한다.

10년간 자주 출제된 문제

2-1. 일람도를 작성할 경우 일람도의 축척은 그 도면 축척의 얼마로 하는 것을 기준으로 하는가?
① 1/5
② 1/10
③ 1/20
④ 1/40

2-2. 일람도를 제도할 때 검은색 0.2mm 폭선의 2선으로 제도하여야 하는 것은?
① 구거
② 수도선로
③ 지방도로
④ 철도용지

|해설|
2-1
일람도의 축척은 그 도면축척의 1/10로 한다.

2-2
③ 지방도로 이상은 검은색 0.2mm 폭의 2선으로, 그 밖의 도로는 0.1mm의 폭으로 제도한다.
① 구거 : 남색 0.1mm의 폭의 2선으로 제도하고, 그 내부를 남색으로 엷게 채색한다.
② 수도선로 : 남색 0.1mm 폭의 2선으로 제도한다.
④ 철도용지 : 붉은색 0.2mm 폭의 2선으로 제도한다.

정답 2-1 ② 2-2 ③

핵심이론 03 | 지번색인표와 도곽선의 제도

① 지번색인표의 제도(지적업무처리규정 제39조)
  ㉠ 제명은 지번색인표 윗부분에 9mm의 크기로 "○○시·도 ○○시·군·구 ○○읍·면 ○○동·리 지번색인표"라 제도한다.
  ㉡ 지번색인표에는 도면번호별로 그 도면에 등록된 지번을, 토지의 이동으로 결번이 생긴 때에는 결번란에 그 지번을 제도한다.

② 도곽선의 제도(지적업무처리규정 제40조)
  ㉠ 도면의 위방향은 항상 북쪽이 되어야 한다.
  ㉡ 지적도의 도곽 크기는 가로 40cm, 세로 30cm의 직사각형으로 한다.
  ㉢ 도곽의 구획은 세계측지계 등에서 정한 좌표의 원점을 기준으로 하여 정하되, 그 도곽의 종횡선 수치는 좌표의 원점으로부터 기산하여 세계측지계 등에서 정한 종횡선 수치를 각각 가산한다.
  ㉣ 이미 사용하고 있는 도면의 도곽크기는 ㉡에도 불구하고 종전에 구획되어 있는 도곽과 그 수치로 한다.
  ㉤ 도면에 등록하는 도곽선은 0.1mm의 폭으로, 도곽선의 수치는 도곽선 왼쪽 아랫부분과 오른쪽 윗부분의 종횡선교차점 바깥쪽에 2mm 크기의 아라비아숫자로 제도한다.

10년간 자주 출제된 문제

3-1. 현행 규정에 의한 지적도의 도곽 크기는?
① 가로 30cm 세로 20cm
② 가로 40cm, 세로 30cm
③ 가로 30cm, 세로 40cm
④ 가로 40cm, 세로 50cm

3-2. 도곽선 및 도곽선의 수치 기재방법으로 옳은 것은?
① 도곽선의 위방향은 항상 동북쪽이다.
② 도곽선의 굵기는 0.2mm 선으로 긋는다.
③ 도곽선은 붉은색으로 제도한다.
④ 도곽선 수치는 교차점 밖에 2mm 크기의 흑색으로 제도한다.

|해설|

3-1
지적도의 도곽 크기는 가로 40cm, 세로 30cm의 직사각형으로 한다.

3-2
③ 지적공부 등의 정리에 사용하는 문자, 기호 및 경계는 따로 규정을 둔 사항을 제외하고 정리사항은 검은색, 도곽선과 그 수치 및 말소는 붉은색으로 한다.
① 도면의 위방향은 항상 북쪽이 되어야 한다.
② 도곽선의 굵기는 0.1mm 선으로 긋는다.
④ 도곽선의 수치는 도곽선 왼쪽 아랫부분과 오른쪽 윗부분의 종횡선교차점 바깥쪽에 2mm 크기의 아라비아숫자로 제도한다.

정답 3-1 ② 3-2 ③

| 핵심이론 04 | 경계의 제도(지적업무처리규정 제41조)

① 경계는 0.1mm 폭의 선으로 제도한다.
② 1필지의 경계가 도곽선에 걸쳐 등록되어 있으면 도곽선 밖의 여백에 경계를 제도하거나, 도곽선을 기준으로 다른 도면에 나머지 경계를 제도한다. 이 경우 다른 도면에 경계를 제도할 때에는 지번 및 지목은 붉은색으로 표시한다.
③ 경계점좌표등록부 등록지역의 도면(경계점 간 거리등록을 하지 아니한 도면을 제외한다)에 등록할 경계점 간 거리는 검은색의 1.0~1.5mm 크기의 아라비아숫자로 제도한다. 다만 경계점 간 거리가 짧거나 경계가 원을 이루는 경우에는 거리를 등록하지 아니할 수 있다.
④ 지적기준점 등이 매설된 토지를 분할할 경우 그 토지가 작아서 제도하기가 곤란한 때에는 그 도면의 여백에 그 축척의 10배로 확대하여 제도할 수 있다.

10년간 자주 출제된 문제

4-1. 지적도에 등록하는 경계는 얼마의 폭을 기준으로 제도하여야 하는가?
① 0.1mm
② 0.2mm
③ 0.3mm
④ 0.4mm

4-2. 토지의 경계선을 제도할 때 바르지 못한 것은?
① 경계선의 폭은 0.1mm 실선으로 한다.
② 경계점과 경계점 사이는 직선으로 연결한다.
③ 1필지의 경계가 도곽선을 걸쳐 등록되어 있는 경우 도곽선 밖의 여백에 경계를 제도할 수 있다.
④ 지적측량기준점 등이 매설된 토지를 분할하는 경우 제도가 곤란한 때에는 당해 도면의 여백에 당해 축척의 2배로 제도할 수 있다.

|해설|

4-2
지적기준점 등이 매설된 토지를 분할할 경우 그 토지가 작아서 제도하기가 곤란한 때에는 그 도면의 여백에 그 축척의 10배로 확대하여 제도할 수 있다.

정답 4-1 ① 4-2 ④

핵심이론 05 | 지번 및 지목의 제도(지적업무처리규정 제42조)

① 지번 및 지목은 경계에 닿지 않도록 필지의 중앙에 제도한다. 다만, 1필지의 토지의 형상이 좁고 길어서 필지의 중앙에 제도하기가 곤란한 때에는 가로쓰기가 되도록 도면을 왼쪽 또는 오른쪽으로 돌려서 제도할 수 있다.
② 지번 및 지목을 제도할 때에는 지번 다음에 지목을 제도한다. 이 경우 2mm 이상 3mm 이하 크기의 명조체로 하고, 지번의 글자 간격은 글자크기의 1/4 정도, 지번과 지목의 글자 간격은 글자크기의 1/2 정도 띄어서 제도한다. 다만, 부동산종합공부시스템이나 레터링으로 작성할 경우에는 고딕체로 할 수 있다.
③ 1필지의 면적이 작아서 지번과 지목을 필지의 중앙에 제도할 수 없는 때에는 ㄱ, ㄴ, ㄷ, … ㄱ^1, ㄴ^1, ㄷ^1, … ㄱ^2, ㄴ^2, ㄷ^2, … 등으로 부호를 붙이고, 도곽선 밖에 그 부호·지번 및 지목을 제도한다. 이 경우 부호가 많아서 그 도면의 도곽선 밖에 제도할 수 없는 때에는 별도로 부호도를 작성할 수 있다.

10년간 자주 출제된 문제

지번 및 지목을 제도할 때, 지번의 글자 간격은 (㉠)과 지번과 지목의 글자 간격은 (㉡)기준이 모두 옳은 것은?

① ㉠ : 글자 크기의 1/4 정도, ㉡ : 글자 크기의 1/2 정도
② ㉠ : 글자 크기의 1/2 정도, ㉡ : 글자 크기의 1/4 정도
③ ㉠ : 글자 크기의 1/2 정도, ㉡ : 글자 크기의 1/2 정도
④ ㉠ : 글자 크기의 1/4 정도, ㉡ : 글자 크기의 1/4 정도

|해설|
지번의 글자 간격은 글자 크기의 1/4 정도, 지번과 지목의 글자 간격은 글자 크기의 1/2 정도 띄어서 제도한다.

정답 ①

| 핵심이론 06 | 지적기준점 등의 제도(지적업무처리규정 제43조)

① 삼각점 및 지적기준점(지적측량수행자가 설치한 지적기준점표지의 관리 등에 따라 지적측량수행자가 설치하고, 그 지적기준점성과를 지적소관청이 인정한 지적기준점을 포함한다)은 0.2mm 폭의 선으로 다음과 같이 제도한다.

㉠ 위성기준점은 직경 2mm 및 3mm의 2중원 안에 십자선을 표시하여 제도한다.

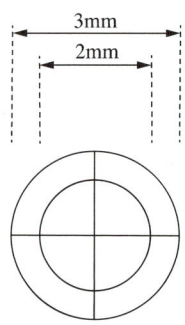

㉡ 1등 및 2등삼각점은 직경 1mm, 2mm 및 3mm의 3중원으로 제도한다. 이 경우 1등삼각점은 그 중심원 내부를 검은색으로 엷게 채색한다.

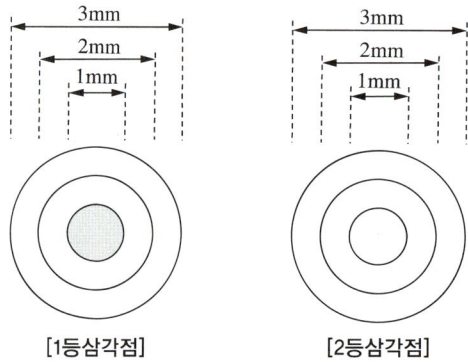

㉢ 3등 및 4등삼각점은 직경 1mm 및 2mm의 2중원으로 제도한다. 이 경우 3등삼각점은 그 중심원 내부를 검은색으로 엷게 채색한다.

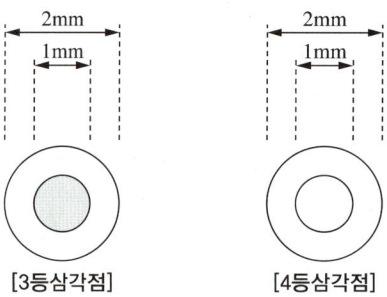

㉣ 지적삼각점 및 지적삼각보조점은 직경 3mm의 원으로 제도한다. 이 경우 지적삼각점은 원 안에 십자선을 표시하고, 지적삼각보조점은 원 안에 검은색으로 엷게 채색한다.

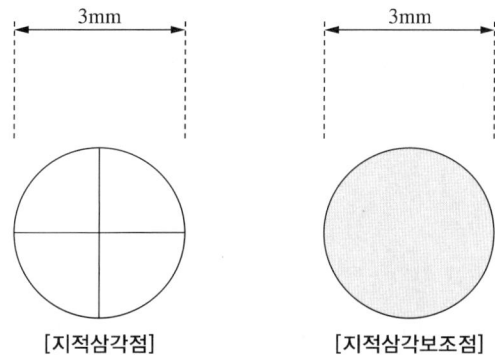

㉤ 지적도근점은 직경 2mm의 원으로 다음과 같이 제도한다.

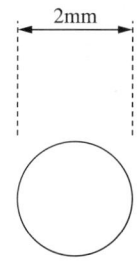

㉥ 지적기준점의 명칭과 번호는 그 지적기준점의 윗부분에 2mm 이상 3mm 이하 크기의 명조체로 제도한다. 다만, 레터링으로 작성할 경우에는 고딕체로 할 수 있으며 경계에 닿는 경우에는 다른 위치에 제도할 수 있다.
② 지적측량 시행규칙에 따라 지적기준점표지를 폐기한 때에는 도면에 등록된 그 지적기준점 표시사항을 말소한다.

10년간 자주 출제된 문제

6-1. 직경 1mm, 2mm의 2중원을 그리고 1mm원의 내부를 검게 제도한 것은?
① 1등삼각점
② 2등삼각점
③ 3등삼각점
④ 4등삼각점

6-2. 지적측량기준점의 제도에서 지적삼각점은?
① ◎
② ●
③ ○
④ ⊕

6-3. 지적삼각보조점은 직경 몇 mm의 원으로 제도하여 원 안에 검은색으로 엷게 채색하여야 하는가?
① 1mm
② 2mm
③ 3mm
④ 4mm

6-4. 도면에 등록하는 지적측량기준점의 명칭과 번호는 얼마의 크기로 제도하여야 하는가?
① 1.5mm 내지 2.0mm
② 2.0mm 내지 3.0mm
③ 2.5mm 내지 4.0mm
④ 2.5mm 내지 5.0mm

|해설|

6-1~6-3

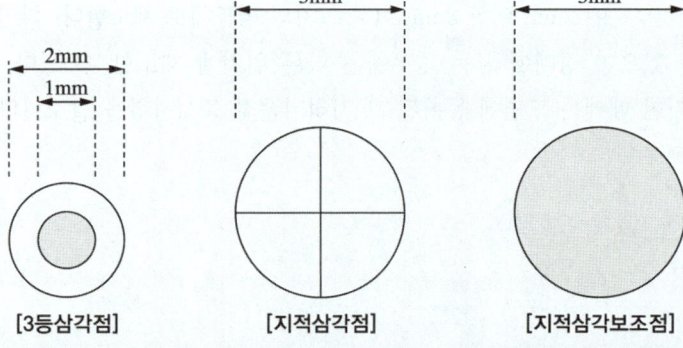

[3등삼각점]   [지적삼각점]   [지적삼각보조점]

6-4
지적기준점의 명칭과 번호는 그 지적기준점의 윗부분에 2mm 이상 3mm 이하 크기의 명조체로 제도한다.

정답 6-1 ③ 6-2 ④ 6-3 ③ 6-4 ②

핵심이론 07 | 행정구역선의 제도(지적업무처리규정 제44조)

① 도면에 등록할 행정구역선은 0.4mm 폭으로 다음과 같이 제도한다. 다만, 동·리의 행정구역선은 0.2mm 폭으로 한다.

㉠ 국계는 실선 4mm와 허선 3mm로 연결하고 실선 중앙에 실선과 직각으로 교차하는 1mm의 실선을 긋고, 허선에 직경 0.3mm의 점 2개를 제도한다.

$$\underset{0.3mm}{\overset{\overset{4mm}{\longleftrightarrow}\;\overset{3mm}{\longleftrightarrow}}{-\!\!+\!\!-\;\cdot\;\cdot\;-\!\!+\!\!-\;\cdot\;\cdot\;-\!\!+\!\!-\;\cdot\;\cdot\;{}^{\text{}}_{\updownarrow}1mm}}$$

㉡ 시·도계는 실선 4mm와 허선 2mm로 연결하고 실선 중앙에 실선과 직각으로 교차하는 1mm의 실선을 긋고, 허선에 직경 0.3mm의 점 1개를 제도한다.

$$\underset{0.3mm}{\overset{\overset{4mm}{\longleftrightarrow}\;\overset{2mm}{\longleftrightarrow}}{-\!\!+\!\!-\;\cdot\;-\!\!+\!\!-\;\cdot\;-\!\!+\!\!-\;\cdot\;{}^{\text{}}_{\updownarrow}1mm}}$$

㉢ 시·군계는 실선과 허선을 각각 3mm로 연결하고, 허선에 0.3mm의 점 2개를 제도한다.

$$\underset{0.3mm}{\overset{\overset{3mm}{\longleftrightarrow}\;\overset{3mm}{\longleftrightarrow}}{-\!\!-\!\!-\;\cdot\;\cdot\;-\!\!-\!\!-\;\cdot\;\cdot\;-\!\!-\!\!-\;\cdot\;\cdot}}$$

㉣ 읍·면·구계는 실선 3mm와 허선 2mm로 연결하고, 허선에 0.3mm의 점 1개를 제도한다.

$$\underset{0.3mm}{\overset{\overset{3mm}{\longleftrightarrow}\;\overset{2mm}{\longleftrightarrow}}{-\!\!-\!\!-\;\cdot\;-\!\!-\!\!-\;\cdot\;-\!\!-\!\!-\;\cdot}}$$

㉤ 동·리계는 실선 3mm와 허선 1mm를 연결하여 제도한다.

$$\overset{\overset{3mm}{\longleftrightarrow}\;\overset{1mm}{\longleftrightarrow}}{-\!\!-\!\!-\;\;-\!\!-\!\!-\;\;-\!\!-\!\!-\;\;-\!\!-\!\!-}$$

㉥ 행정구역선이 2종 이상 겹치는 경우에는 최상급 행정구역선만 제도한다.

㉦ 행정구역선은 경계에서 약간 띄워서 그 외부에 제도한다.

② 행정구역의 명칭은 도면 여백의 넓이에 따라 4mm 이상 6mm 이하의 크기로 경계 및 지적기준점 등을 피하여 같은 간격으로 띄어서 제도한다.

③ 도로, 철도, 하천, 유지 등의 고유명칭은 3mm 이상 4mm 이하의 크기로 같은 간격으로 띄어서 제도한다.

10년간 자주 출제된 문제

7-1. 지적도에 등록하는 행정구역선의 제도 폭은?
① 0.1mm
② 0.2mm
③ 0.3mm
④ 0.4mm

7-2. 다음 중 도면에 실선과 허선을 각각 3m로 연결하고, 허선에 0.3mm의 점 2개를 제도하는 행정구역선은?
① 시·도계
② 시·군계
③ 읍·면계
④ 동·리계

7-3. 행정구역선의 제도방법에 대한 설명으로 틀린 것은?
① 동·리계는 실선 3mm과 허선 1mm로 연결하여 제도한다.
② 행정구역선이 2종 이상 겹치는 경우 최하급 행정구역선만 제도한다.
③ 행정구역선은 경계에서 약간 띄워서 그 외부에 제도한다.
④ 시·군계는 실선과 허선을 각각 3mm로 연결하고 허선에 0.3mm의 점 2개를 제도한다.

|해설|

7-1
행정구역선은 0.4mm 폭으로 제도한다.

7-2
시·군계는 실선과 허선을 각각 3mm로 연결하고, 허선에 0.3mm의 점 2개를 제도한다.

7-3
행정구역선이 2종 이상 겹치는 경우에는 최상급 행정구역선만 제도한다.

정답 7-1 ④ 7-2 ② 7-3 ②

핵심이론 08 | 색인도 등의 제도(지적업무처리규정 제45조)

① 색인도는 도곽선의 왼쪽 윗부분 여백의 중앙에 다음과 같이 제도한다.
   ㉠ 가로 7mm, 세로 6mm 크기의 직사각형을 중앙에 두고 그의 4변에 접하여 같은 규격으로 4개의 직사각형을 제도한다.
   ㉡ 1장의 도면을 중앙으로 하여 동일 지번부여지역 안 위쪽, 아래쪽, 왼쪽 및 오른쪽의 인접 도면번호를 각각 3mm의 크기로 제도한다.
② 제명 및 축척은 도곽선 윗부분 여백의 중앙에 "○○시·군·구 ○○읍·면 ○○동·리 지적도 또는 임야도 ○○장 중 제○○호 축척 1/○○○○"이라 제도한다. 이 경우 그 제도방법은 다음과 같다.
   ㉠ 글자의 크기는 5mm로 하고, 글자 사이의 간격은 글자 크기의 1/2 정도 띄어 쓴다.
   ㉡ 축척은 제명 끝에서 10mm를 띄어 쓴다.

10년간 자주 출제된 문제

색인도 등의 제도에 대한 사항으로 옳지 않은 것은?
① 색인도는 도곽선의 오른쪽 윗부분 여백의 중앙에 제도한다.
② 글자의 크기는 5mm로 한다.
③ 글자 사이의 간격은 글자 크기의 1/2 정도 띄어 쓴다.
④ 축척은 제명 끝에서 10mm를 띄어 쓴다.

|해설|
색인도는 도곽선의 왼쪽 윗부분 여백의 중앙에 제도한다.

정답 ①

CHAPTER 03 지적측량 개요

제1절 지적측량의 기준

1-1. 지적측량의 원점

핵심이론 01 측량기준(법 제6조)

① 위치는 세계측지계에 따라 측정한 지리학적 경위도와 높이(평균해수면으로부터의 높이)로 표시한다. 다만, 지도 제작 등을 위하여 필요한 경우에는 직각좌표와 높이, 극좌표와 높이, 지구중심 직교좌표 및 그 밖의 다른 좌표로 표시할 수 있다.

② 측량의 원점은 대한민국 경위도원점(수원) 및 수준원점(인천)으로 한다. 다만, 섬 등 대통령령으로 정하는 지역에 대하여는 국토교통부장관이 따로 정하여 고시하는 원점을 사용할 수 있다.

　㉠ 대한민국 경위도원점(經緯度原點) 및 수준원점(水準原點)의 지점(영 제7조)
　　• 대한민국 경위도원점 : 경기도 수원시 영통구 월드컵로 92(국토지리정보원에 있는 대한민국 경위도원점 금속표의 십자선 교점)
　　• 대한민국 수준원점 : 인천광역시 미추홀구 인하로 100(인하공업전문대학에 있는 원점표석 수정판의 영 눈금선 중앙점)

　㉡ 섬 등 대통령령으로 정하는 지역(영 제6조)
　　• 제주도, 울릉도, 독도
　　• 그 밖에 대한민국 경위도원점 및 수준원점으로부터 원거리에 위치하여 대한민국 경위도원점 및 수준원점을 적용하여 측량하기 곤란하다고 인정되어 국토교통부장관이 고시한 지역

10년간 자주 출제된 문제

다음 중 지적측량에 이용되는 측정의 수준원점이 설치된 곳은?

① 목포　　　　　　　　　　② 인천
③ 부산　　　　　　　　　　④ 삼척

|해설|
대한민국 수준원점은 인천광역시 미추홀구 인하로 100에 위치하고 있다.

정답 ②

핵심이론 02 | 직각좌표의 기준(영 별표 2)

① 직각좌표계 원점

명칭	원점의 경위도	투영원점의 가산(加算)수치	원점 축척계수	적용 구역
서부좌표계	• 경도 : 동경 125°00′ • 위도 : 북위 38°00′	• X(N) 600,000m • Y(E) 200,000m	1.0000	동경 124~126°
중부좌표계	• 경도 : 동경 127°00′ • 위도 : 북위 38°00′	• X(N) 600,000m • Y(E) 200,000m	1.0000	동경 126~128°
동부좌표계	• 경도 : 동경 129°00′ • 위도 : 북위 38°00′	• X(N) 600,000m • Y(E) 200,000m	1.0000	동경 128~130°
동해좌표계	• 경도 : 동경 131°00′ • 위도 : 북위 38°00′	• X(N) 600,000m • Y(E) 200,000m	1.0000	동경 130~132°

※ 세계측지계에 따르지 아니하는 지적측량의 경우에는 가우스상사이중투영법으로 표시하되, 직각좌표계 투영원점의 가산(加算)수치를 각각 X(N) 500,000m(제주도지역 550,000m), Y(E) 200,000m로 하여 사용할 수 있다.

② 구소삼각지역의 직각좌표계 원점
  ㉠ 우리나라에서 토지조사사업 이전에 형편상 대삼각측량을 거치지 않고 독립적으로 일부 지역에 특별히 11개의 원점을 설정하여 측량을 실시하였는데, 이때 만들어진 원점이다.
  ㉡ 구소삼각지역의 직각좌표계 원점(11개)
   망산원점, 계양원점, 조본원점, 가리원점, 등경원점, 고초원점, 율곡원점, 현창원점, 구암원점, 금산원점, 소라원점
   • 조본원점, 고초원점, 율곡원점, 현창원점 및 소라원점의 평면직각종횡선 수치의 단위는 m로 하고, 망산원점, 계양원점, 가리원점, 등경원점, 구암원점 및 금산원점의 평면직각종횡선 수치의 단위는 간(間)으로 한다. 이 경우 각각의 원점에 대한 평면직각종횡선 수치는 0으로 한다.
   • 특별소삼각측량지역(전주, 강경, 마산, 진주, 광주, 나주, 목포, 군산, 울릉도 등)에 분포된 소삼각측량지역은 별도의 원점을 사용할 수 있다.

10년간 자주 출제된 문제

2-1. 다음 중 직각좌표계 원점에 해당하지 않는 것은?

① 중부좌표계
② 수준좌표계
③ 서부좌표계
④ 동부좌표계

2-2. 지적도의 도곽선 수치가 (-)로 표시되는 것을 막기 위한 조치방법은?

① 종선에 200,000m, 횡선에 500,000m를 더해 준다.
② 종선에 200,000m, 횡선에 200,000m를 더해 준다.
③ 종선에 500,000m, 횡선에 200,000m를 더해 준다.
④ 종선에 500,000m, 횡선에 500,000m를 더해 준다.

2-3. 다음 중 지적측량에 사용되는 구소삼각지역의 직각좌표계 원점이 아닌 것은?

① 고초원점
② 망산원점
③ 수준원점
④ 소라원점

|해설|

2-1
직각좌표계 원점으로는 서부원점, 중부원점, 동부원점, 동해원점이 있다.

2-2
도곽선 수치라 함은 동부원점, 중부원점, 서부원점을 기준으로 각 도곽선에 부여된 종횡선 수치를 말하는 것으로 각 원점의 수치를 종선 500,000m(제주도 550,000m), 횡선 200,000m로 하여 도곽선의 수치가 언제나 정수가 되도록 하였다.

2-3
구소삼각지역의 직각좌표계 원점(11개)
경인지역에 6개(망산, 계양, 조본, 가리, 등경, 고초), 대구지역에 5개(율곡, 현창, 구암, 금산, 소라) 총 11개의 원점이 있다.

정답 2-1 ② 2-2 ③ 2-3 ③

1-2. 지적측량의 기준점

핵심이론 01 | 지적기준점

① 측량기준점의 구분(영 제8조)
  ㉠ 국가기준점 : 우주측지기준점, 위성기준점, 수준점, 중력점, 통합기준점, 삼각점, 지자기점
  ㉡ 공공기준점 : 공삼각점, 공공수준점
  ㉢ 지적기준점 : 지적삼각점, 지적삼각보조점, 지적도근점

② 지적기준점
  ㉠ 지적삼각점 : 지적측량 시 수평위치 측량의 기준으로 사용하기 위하여 국가기준점을 기준으로 하여 정한 기준점
  ㉡ 지적삼각보조점 : 지적측량 시 수평위치 측량의 기준으로 사용하기 위하여 국가기준점과 지적삼각점을 기준으로 하여 정한 기준점
  ㉢ 지적도근점 : 지적측량 시 필지에 대한 수평위치 측량 기준으로 사용하기 위하여 국가기준점, 지적삼각점, 지적삼각보조점 및 다른 지적도근점을 기초로 하여 정한 기준점

③ 지적기준점표지의 설치·관리(지적측량 시행규칙 제2조)
  ㉠ 측량기준점표지의 설치 및 관리에 따른 지적기준점표지의 설치는 다음의 기준에 따른다.
    • 지적삼각점표지의 점 간 거리는 평균 2km 이상 5km 이하로 할 것
    • 지적삼각보조점표지의 점 간 거리는 평균 1km 이상 3km 이하로 할 것. 다만, 다각망도선법에 따르는 경우에는 평균 0.5km 이상 1km 이하로 한다.
    • 지적도근점표지의 점 간 거리는 평균 50m 이상 300m 이하로 할 것. 다만, 다각망도선법에 따르는 경우에는 평균 500m 이하로 한다.
  ㉡ 지적소관청은 연 1회 이상 지적기준점표지의 이상 유무를 조사하여야 한다. 이 경우 멸실되거나 훼손된 지적기준점표지를 계속 보존할 필요가 없을 때에는 폐기할 수 있다.
  ㉢ 지적소관청이 관리하는 지적기준점표지가 멸실되거나 훼손되었을 때에는 지적소관청은 다시 설치하거나 보수하여야 한다.

10년간 자주 출제된 문제

1-1. 지적기준점에 해당하는 것만을 모두 옳게 나열한 것은?

① 지적삼각점
② 지적삼각점, 지적도근점, 지적도근보조점
③ 지적삼각점, 지적삼각보조점, 지적도근점
④ 1등삼각점, 지적삼각점, 지적삼각보조점, 지적도근점

1-2. 다음 중 지적도근점을 정하기 위한 기초가 될 수 없는 것은?

① 지적삼각점
② 공공수준점
③ 지적삼각보조점
④ 국가기준점

|해설|

1-1
지적기준점으로는 지적삼각점, 지적삼각보조점, 지적도근점이 있다.

1-2
지적도근점은 지적측량 시 필지에 대한 수평위치 측량 기준으로 사용하기 위하여 국가기준점, 지적삼각점, 지적삼각보조점 및 다른 지적도근점을 기초로 하여 정한다.

정답 1-1 ③ 1-2 ②

| 핵심이론 02 | 지적기준점성과의 관리 등 |

① 지적기준점성과의 관리 등(지적측량 시행규칙 제3조)
  ㉠ 지적삼각점성과는 특별시장, 광역시장, 도지사 또는 특별자치도지사(이하 시·도지사)가 관리하고, 지적삼각보조점성과 및 지적도근점성과는 지적소관청이 관리할 것
  ㉡ 지적소관청이 지적삼각점을 설치하거나 변경하였을 때에는 그 측량성과를 시·도지사에게 통보할 것
  ㉢ 지적소관청은 지형지물 등의 변동으로 인하여 지적삼각점성과가 다르게 된 때에는 지체 없이 그 측량성과를 수정하고 그 내용을 시·도지사에게 통보할 것

② 지적기준점성과의 보관 및 열람 등(법 제27조)
  ㉠ 시·도지사나 지적소관청은 지적기준점성과와 그 측량기록을 보관하고 일반인이 열람할 수 있도록 하여야 한다.
  ㉡ 지적기준점성과의 등본이나 그 측량기록의 사본을 발급받으려는 자는 시·도지사나 지적소관청에 그 발급을 신청하여야 한다.

③ 지적기준점성과의 열람 및 등본발급(규칙 제26조)
  지적측량기준점성과 또는 그 측량부를 열람하거나 등본을 발급받으려는 자는 지적삼각점성과에 대해서는 시·도지사 또는 지적소관청에 신청하고, 지적삼각보조점성과 및 지적도근점성과에 대해서는 지적소관청에 신청하여야 한다.

10년간 자주 출제된 문제

2-1. 지적삼각점성과는 누가 관리하여야 하는가?
① 행정안전부장관
② 시·도지사
③ 시장 또는 군수
④ 읍·면장

2-2. 지적기준점성과의 등본이나 그 측량기록의 사본을 발급받으려는 자는 다음 중 누구에게 그 발급을 신청할 수 있는가?
① 측량업자
② 시·도지사
③ 행정안전부장관
④ 국토교통부장관

|해설|

2-1
지적삼각점성과는 특별시장, 광역시장, 도지사 또는 특별자치도지사(이하 시·도지사)가 관리한다.

2-2
지적기준점성과의 등본이나 그 측량기록의 사본을 발급받으려는 자는 시·도지사나 지적소관청에 그 발급을 신청하여야 한다.

정답 2-1 ② 2-2 ②

제2절 지적측량의 구분

2-1. 지적측량의 종류

핵심이론 01 | 지적측량의 구분 등(지적측량 시행규칙 제5조)

① 지적측량은 지적기준점을 정하기 위한 기초측량과, 1필지의 경계와 면적을 정하는 세부측량으로 구분한다.
  ㉠ 기초측량의 종류 : 지적삼각점측량, 지적삼각보조점측량, 지적도근점측량
  ㉡ 세부측량의 종류
    - 토지의 이동이 발생하지 않는 경계복원측량, 지적현황측량, 도시계획선 명시측량
    - 토지의 이동이 발생하는 분할측량, 등록전환측량, 신규등록측량, 복구측량, 등록말소측량, 축척변경측량, 등록사항 정정측량, 지적확정측량
② 지적측량은 평판(平板)측량, 전자평판측량, 경위의(經緯儀)측량, 전파기(電波機) 또는 광파기(光波機)측량, 사진측량 및 위성측량 등의 방법에 따른다.

10년간 자주 출제된 문제

1-1. 지적측량을 크게 2가지로 구분할 때 그 구분이 옳은 것은?
① 도근측량과 세부측량
② 삼각측량과 세부측량
③ 기초측량과 수준측량
④ 기초측량과 세부측량

1-2. 지적측량의 방법에 속하지 않는 것은?
① 위성측량
② 전파기측량
③ 사진측량
④ 천문측량

1-3. 지적기초측량의 방법이 아닌 것은?
① 평판측량방법
② 전파기측량방법
③ 경위의측량방법
④ 위성측량방법

|해설|

1-1
지적측량은 크게 기초측량과 세부측량으로 구분할 수 있다.

1-2
지적측량은 평판(平板)측량, 전자평판측량, 경위의(經緯儀)측량, 전파기(電波機) 또는 광파기(光波機)측량, 사진측량 및 위성측량 등의 방법에 따른다.

1-3
지적측량의 방법
- 기초측량 : 경위의측량방법, 전파기 또는 광파기측량방법, 위성측량방법 및 국토교통부장관이 승인한 측량방법
- 세부측량 : 경위의측량방법, 평판측량방법, 위성측량방법 및 전자평판측량방법

정답 1-1 ④ 1-2 ④ 1-3 ①

| 핵심이론 02 | 지적측량의 방법 등(지적측량 시행규칙 제7조)

① 지적측량의 방법
　㉠ 지적삼각점측량 : 위성기준점, 통합기준점, 삼각점 및 지적삼각점을 기초로 하여 경위의측량방법, 전파기 또는 광파기측량방법, 위성측량방법 및 국토교통부장관이 승인한 측량방법에 따르되, 그 계산은 평균계산법이나 망평균계산법에 따른다.
　㉡ 지적삼각보조점측량 : 위성기준점, 통합기준점, 삼각점, 지적삼각점 및 지적삼각보조점을 기초로 하여 경위의측량방법, 전파기 또는 광파기측량방법, 위성측량방법 및 국토교통부장관이 승인한 측량방법에 따르되, 그 계산은 교회법(交會法) 또는 다각망도선법에 따른다.
　㉢ 지적도근점측량 : 위성기준점, 통합기준점, 삼각점 및 지적기준점을 기초로 하여 경위의측량방법, 전파기 또는 광파기측량방법, 위성측량방법 및 국토교통부장관이 승인한 측량방법에 따르되, 그 계산은 도선법, 교회법 및 다각망도선법에 따른다.
　㉣ 세부측량 : 위성기준점, 통합기준점, 지적기준점 및 경계점을 기초로 하여 경위의측량방법, 평판측량방법, 위성측량방법 및 전자평판측량방법에 따른다.

[지적측량의 방법]

종류		기초	계산	측량방법
기초측량	지적삼각점측량	• 위성기준점 • 통합기준점 • 삼각점 • 지적삼각점	• 평균계산법 • 망평균계산법	• 경위의측량방법 • 전파기 또는 광파기측량방법 • 위성측량방법 • 국토교통부장관이 승인한 측량방법
	지적삼각보조점측량	• 위성기준점 • 통합기준점 • 삼각점 • 지적삼각점 • 지적삼각보조점	• 교회법 • 다각망도선법	
	지적도근점측량	• 위성기준점 • 통합기준점 • 삼각점 • 지적기준점 　- 지적삼각점 　- 지적삼각보조점 　- 지적도근점	• 도선법 • 교회법 • 다각망도선법	
세부측량		• 위성기준점 • 통합기준점 • 지적기준점 　- 지적삼각점 　- 지적삼각보조점 　- 지적도근점 • 경계점	• 교회법 • 도선법 • 방사법	• 경위의측량방법 • 평판측량방법 • 위성측량방법 • 전자평판측량방법

② 위성측량의 방법 및 절차 등에 관하여 필요한 사항은 국토교통부장관이 따로 정한다.

③ 지적기준점측량의 절차 및 순서
  ㉠ 계획의 수립
  ㉡ 준비 및 현지답사
  ㉢ 선점(選點) 및 조표(調標)
  ㉣ 관측 및 계산과 성과표의 작성
④ 지적측량의 계산 및 결과 작성에 사용하는 소프트웨어는 국토교통부장관이 정한다.

10년간 자주 출제된 문제

2-1. 다음 중 지적삼각점측량의 방법에 해당하지 않는 것은?
① 경위의측량방법
② 광파기측량방법
③ 전파기측량방법
④ 평판측량방법

2-2. 지적측량 중 세부측량은 위성기준점, 통합기준점, 지적기준점 및 경계점을 기초로 하여 어떤 방법에 따라야 하는가?
① 레벨측량방법
② 평판측량방법
③ 전파기측량방법
④ 사진측량방법

2-3. 지적측량의 계산 및 결과 작성에 사용하는 소프트웨어는 누가 정하는가?
① 행정안전부장관
② 국토교통부장관
③ 국토지리정보원장
④ 지식경제부장관

|해설|

2-1
지적삼각점의 측량방법 : 경위의측량방법, 전파기 또는 광파기측량방법, 위성측량방법 및 국토교통부장관이 승인한 측량방법

2-2
세부측량의 측량방법 : 경위의측량방법, 평판측량방법, 위성측량방법, 전자평판측량방법

2-3
지적측량의 계산 및 결과 작성에 사용하는 소프트웨어는 국토교통부장관이 정한다.

정답 2-1 ④ 2-2 ② 2-3 ②

2-2. 지적측량의 기준

핵심이론 01 | 지적측량의 실시기준(지적측량 시행규칙 제6조)

① 지적삼각점측량, 지적삼각보조점측량을 실시하는 경우
  ㉠ 측량지역의 지형상 지적삼각점이나 지적삼각보조점의 설치 또는 재설치가 필요한 경우
  ㉡ 지적도근점의 설치 또는 재설치를 위하여 지적삼각점이나 지적삼각보조점의 설치가 필요한 경우
  ㉢ 세부측량을 하기 위하여 지적삼각점 또는 지적삼각보조점의 설치가 필요한 경우

② 지적도근점측량을 실시하는 경우
  ㉠ 축척변경을 위한 측량을 하는 경우
  ㉡ 도시개발사업 등으로 인하여 지적확정측량을 하는 경우
  ㉢ 국토의 계획 및 이용에 관한 법률에 따라 도시지역에서 세부측량을 하는 경우
  ㉣ 측량지역의 면적이 해당 지적도 1장에 해당하는 면적 이상인 경우
  ㉤ 세부측량을 하기 위하여 특히 필요한 경우

③ 세부측량을 실시하는 경우(법 제23조)
  ㉠ 지적측량성과를 검사하는 경우
  ㉡ 지적공부를 복구하는 경우
  ㉢ 토지를 신규등록, 등록전환, 분할하는 경우
  ㉣ 바다가 된 토지의 등록을 말소하는 경우
  ㉤ 축척을 변경하는 경우
  ㉥ 지적공부의 등록사항을 정정하는 경우
  ㉦ 도시개발사업 등의 시행지역에서 토지의 이동이 있는 경우
  ㉧ 지적재조사사업에 따라 토지의 이동이 있는 경우
  ㉨ 경계점을 지상에 복원하는 경우
  ㉩ 그 밖에 대통령령으로 정하는 경우 : 지상건축물 등의 현황을 지적도 및 임야도에 등록된 경계와 대비하여 표시하는 데에 필요한 경우

10년간 자주 출제된 문제

세부측량의 실시 대상이 아닌 것은?

① 등록사항을 정정하는 경우
② 경계점을 지상에 복원하는 경우
③ 도시개발사업 등으로 인하여 지적확정측량을 하는 경우
④ 바다가 된 토지의 등록을 말소하는 경우

|해설|
③은 지적도근점측량을 실시하는 경우이다.

정답 ③

| 핵심이론 02 | 경계복원측량 기준 등(지적측량 시행규칙 제24조)

① 경계점을 지표상에 복원하기 위한 경계복원측량을 하려는 경우 경계를 지적공부에 등록할 당시 측량성과의 착오 또는 경계 오인 등의 사유로 경계가 잘못 등록되었다고 판단될 때에는 등록사항을 정정한 후 측량하여야 한다.
② 경계복원측량에 따라 지표상에 복원할 토지의 경계점에는 경계점표지를 설치하여야 한다. 다만, 건축물이 경계에 걸쳐 있거나 부득이하여 경계점표지를 설치할 수 없는 경우에는 그러하지 아니하다.
  ※ 경계복원측량은 경계점이 자연조건에 의해 멸실되거나 인위적 행위에 의해 인식이 불가능하게 된 토지 경계를 지상위치에 표시하기 위한 측량을 말한다.

10년간 자주 출제된 문제

2-1. 경계복원측량 기준으로 옳지 않은 것은?
① 지적공부에 등록할 당시 경계 오인 등의 사유로 경계가 잘못 등록되었다고 판단될 때에 한다.
② 경계점표지를 반드시 설치하여야 한다.
③ 경계등록 당시의 등록사항이 정정된 후 측량한다.
④ 지적공부에 등록할 당시 측량성과의 착오가 있을 때 실시한다.

2-2. 지적도나 임야도에 등록된 경계를 현지에 정확히 표시하여 1필지의 한계를 구분하는 것을 목적으로 하는 것은?
① 신규등록측량
② 경계복원측량
③ 등록전환측량
④ 지적확정측량

|해설|
2-1
경계점표지를 설치하여야 하지만, 건축물이 경계에 걸쳐 있거나 부득이하여 경계점표지를 설치할 수 없는 경우에는 그러하지 아니하다.
2-2
경계복원측량 : 지적공부에 등록된 경계점을 지표상에 복원하는 측량으로 건축물을 신축, 증축, 개축하거나 인접한 토지와의 경계를 확인하고자 할 때 주로 하는 측량이다.

정답 2-1 ② 2-2 ②

CHAPTER 04 지적측량 관측 및 정리

제1절 세부측량

1-1. 지적공부정리를 위한 측량

핵심이론 01 지적공부정리가 필요한 세부측량 (1)

① 등록전환측량
  ㉠ 등록전환측량은 임야대장 및 임야도에 등록된 토지를 토지대장 및 지적도에 옮겨 등록하기 위한 측량으로 임야에 건축허가, 형질변경, 개발행위허가를 받고자 할 때 주로 시행한다.
  ㉡ 1필지 일부를 등록전환하는 경우 등록전환으로 인하여 말소하여야 할 필지의 면적은 반드시 임야분할측량결과도에서 측정하여야 한다.
  ㉢ 임야도에 도곽선 또는 도곽선 수치가 없거나, 1필지 전체를 등록전환하는 경우에는 등록전환으로 인하여 말소하여야 하는 필지의 임야측량결과도를 등록전환측량결과도에 함께 작성할 수 있다.
  ㉣ 전 필지 등록전환 토지
   • 토지가 대부분이 등록전환되고 나머지 일부의 토지가 임야도에 등록된 토지
   • 임야도에 등록된 토지가 사실상 형질변경이 되었으나 지목변경이 안 된 상태의 토지
   • 도시개발사업시행지역 내에 포함된 임야로 되어 있는 토지를 지적도 및 토지대장을 등록하기 위한 토지
  ㉤ 측량대상
   • 산림형질변경, 개발행위허가, 개간준공, 보존임지, 전용 등 인·허가를 위한 등록전환
   • 임야에 건축물, 주유소, 창고, 납골묘지, 공장 설치에 따른 인·허가 준공을 위한 등록전환

② 분할측량
  ㉠ 지적공부에 등록된 1필지의 토지를 2필지 이상으로 나누어 등록하기 위한 측량이다. 토지 일부의 매매 또는 소유권이전이나 토지 일부에 건축허가를 받고자 할 때 주로 시행한다.
  ㉡ 토지분할은 측량방법에 따라 새로이 측량하여 각 필지에 대하여 경계 또는 좌표를 결정하고 지번과 면적을 새로이 정한다.
  ㉢ 토지분할은 토지이동에서 가장 많이 발생하는 이동사항으로서 1지번의 토지가 2번지 이상의 지번으로 등록된다.
  ㉣ 측량대상
   • 건축물 인·허가에 따른 분할
   • 도로 확보 및 도시계획선 분할
   • 농지전용, 산지전용, 개발행위허가에 따른 분할(허가, 신고 등)
   • 묘지 허가, 설치, 준공 등에 따른 분할

- 토지 일부의 매매, 소유권이전으로 인한 분할
- 인접 지번과 합병조건에 의한 분할
- 법원 확정판결에 의한 분할
- 공유토지 분할(공유지분 분할)
- 국유재산 분할(불하, 매입, 용도폐지 등)

③ 신규등록측량
  ㉠ 새로 조성된 토지와 지적공부에 등록되어 있지 아니한 토지를 지적공부에 등록하기 위한 측량이다.
  ㉡ 지금까지 등록되지 않는 토지가 발견된 때에는 토지의 소재, 지번, 지목, 경계 또는 좌표와 면적, 소유자 등을 조사·결정하여 지적공부에 등록하기 위해 측량하는 것을 말한다.
  ㉢ 신규등록은 토지의 경계를 설정하고 소유권을 행정처분에 따라 결정함으로써 법률적으로는 사정의 효력을 갖는다.
  ㉣ 측량대상
    - 간척사업에 의한 공유수면매립 등에 의해 새로이 생성된 토지의 신규등록
    - 외판섬으로서 등록이 되지 않은 미등록도서(未登錄島嶼)
  ※ 토지가 매립지로서 해면에 접할 때는 해수면의 최대만조수위를 측정하여 경계로 정하는 절차를 따라야 한다.

10년간 자주 출제된 문제

세부측량의 실시 대상이 아닌 것은?
① 신규등록측량　　　　　　　　　　② 등록전환측량
③ 도근측량　　　　　　　　　　　　④ 분할측량

|해설|

지적측량의 구분 등(지적측량 시행규칙 제5조)
㉠ 기초측량의 종류 : 지적삼각점측량, 지적삼각보조점측량, 지적도근점측량
㉡ 세부측량의 종류
  1. 토지의 이동이 발생하지 않는 경계복원측량, 지적현황측량, 도시계획선 명시측량
  2. 토지의 이동이 발생하는 분할측량, 등록전환측량, 신규등록측량, 복구측량, 등록말소측량, 축척변경측량, 등록사항 정정측량, 지적확정측량

정답 ③

| 핵심이론 02 | 지적공부정리가 필요한 세부측량 (2)

① 복구측량
   ㉠ 복구측량은 기존의 지적경계나 지점이 훼손되거나 사라진 경우, 지적공부의 멸실 당시의 등록된 내용을 바탕으로 지적공부를 복구하는 지적측량이다.
   ㉡ 주로 전쟁이나 자연재해, 도로 확장, 재개발 등의 이유로 토지경계가 훼손되었을 때 필요하며, 토지의 경계와 면적을 복구하는 데 사용된다.

② 지적확정측량
   ㉠ 도시개발사업, 토지개발사업, 경지정리사업, 공유수면매립에 의하여 토지의 표시를 새로 정하기 위하여 실시하는 지적측량이다.
   ㉡ 지적확정측량 시행을 통하여 확정대상 지역의 종전 지적공부를 폐쇄하고 지적확정측량성과에 따라 토지의 소재, 지번, 지목, 면적 및 좌표 등을 새로이 정하여 지적공부에 등록하는 행정행위이다.

③ 축척변경측량
   ㉠ 지적도에 등록된 경계점의 정밀도를 높이기 위하여 작은 축척을 큰 축척으로 변경하여 등록하기 위해 실시하는 지적측량이다(큰 축척을 작은 축척으로 변경·등록할 수 없다).
   ㉡ 축척변경은 지적도의 경우만 대상이 되고, 임야도는 축척변경을 하지 못한다.
   ㉢ 측량대상
      • 잦은 토지의 이동으로 1필지의 규모가 작아서 소축척으로는 지적측량성과의 결정이나 토지의 이동에 따른 정리가 곤란한 경우
      • 하나의 지번부여지역 안에 서로 다른 축척의 지적도가 있는 경우
      • 그 밖에 지적공부를 관리하는 데 필요하다고 인정되는 경우

10년간 자주 출제된 문제

지적소관청이 지적공부를 정리하여야 하는 경우가 아닌 것은?

① 지적공부를 복구하는 경우
② 토지의 이동이 있는 경우
③ 축척을 변경하는 경우
④ 토지대장의 등본을 교부하는 경우

|해설|
토지대장의 등본 교부는 소유자나 이해관계자가 현재의 지적공부에 기록된 내용을 열람하거나 복사해주는 절차일 뿐, 지적공부정리와는 무관하다.

정답 ④

1-2. 지적공부를 정리하지 않는 측량

핵심이론 01 | 지적공부정리가 필요하지 않은 세부측량

지적공부정리는 토지정보에 관한 내용에 변화가 있을 때 이를 지적공부에 반영하기 위하여 하는 작업이다. 다음의 측량은 등록할 때 하는 측량이 아니고 복원할 때 하는 측량이다. 따라서 지적공부에 등록된 토지정보(소재, 지번, 지목, 면적 경계, 좌표, 소유자)에 변화가 없기에 지적공부를 정리할 필요가 없다.

① 경계복원측량
  ㉠ 경계복원측량은 경계점이 멸실되거나 불가능하게 된 토지의 경계를 지상에 복원하기 위한 측량이다. 주로 건축 또는 담장 설치를 위한 경계 확인, 인접 토지와의 경계 확인을 위해서 시행한다.
  ㉡ 경계점을 지표상에 복원하려는 경우 경계를 지적공부에 등록할 당시 측량성과의 착오 또는 경계 오인 등의 사유로 경계가 잘못 등록되었다고 판단될 때는 등록사항을 정정한 후 측량하여야 한다.
  ㉢ 경계복원측량에 따라 지표상에 복원할 토지의 경계점에는 경계점표시를 설치하여야 한다.

② 지적현황측량
  ㉠ 지적현황측량은 토지, 지상구조물 또는 지형지물 등이 점유하는 위치 현황(점, 선, 구획)이나 면적을 지적도 및 임야도에 등록된 경계와 대비하여 도면상에 표시하기 위한 측량이다.
  ㉡ 토지의 기본인 1필지 토지경계 내에 존재하는 지상의 각종 건축물과 위치 관계 및 지상·지하에 미치는 물권의 한계를 표시하여 다목적 토지관리를 위한 토지정보체계의 기본 자료로 이용되고 있다.
  ㉢ 지적현황측량은 목적과 점유형태에 따라 점유현황측량과 시설물현황측량으로 구분할 수 있다.

10년간 자주 출제된 문제

1-1. 지적공부 정리를 목적으로 하지 않는 것은?
① 신규등록측량
② 토지분할측량
③ 경계복원측량
④ 지적확정측량

1-2. 지적공부의 정리를 수반하는 토지이동지측량에 해당하지 않은 것은?
① 분할측량
② 지적현황측량
③ 축척변경측량
④ 등록전환측량

|해설|

1-1
경계복원측량은 이미 존재하는 토지의 경계를 다시 측정하여 정확한 경계를 복원하는 작업으로 지적공부정리를 목적으로 하지 않는다.

1-2
지적현황측량은 도면상에 지형지물 등이 점유하는 위치현황이나 면적을 도면상에 표시하기 위한 측량으로 지적공부정리를 수반하지 않는다.

정답 1-1 ③ 1-2 ②

1-3. 측량방법에 따른 세부측량 및 작성

핵심이론 01 | 측량준비 파일의 작성(지적측량 시행규칙 제17조)

① 평판측량방법에 따른 세부측량
  ㉠ 측량대상 토지의 경계선, 지번 및 지목
  ㉡ 인근 토지의 경계선, 지번 및 지목
  ㉢ 임야도를 갖춰 두는 지역에서 인근 지적도의 축척으로 측량을 할 때에는 임야도에 표시된 경계점의 좌표를 구하여 지적도에 전개(展開)한 경계선. 다만, 임야도에 표시된 경계점의 좌표를 구할 수 없거나 그 좌표에 따라 확대하여 그리는 것이 부적당한 경우에는 축척비율에 따라 확대한 경계선을 말한다.
  ㉣ 행정구역선과 그 명칭
  ㉤ 지적기준점 및 그 번호와 지적기준점 간의 거리, 지적기준점의 좌표, 그 밖에 측량의 기점이 될 수 있는 기지점
  ㉥ 도곽선(圖廓線)과 그 수치
  ㉦ 도곽선의 신축이 0.5mm 이상일 때에는 그 신축량 및 보정(補正) 계수

② 경위의측량방법에 따른 세부측량
  ㉠ 측량대상 토지의 경계와 경계점의 좌표 및 부호도, 지번, 지목
  ㉡ 인근 토지의 경계와 경계점의 좌표 및 부호도, 지번, 지목
  ㉢ 행정구역선과 그 명칭
  ㉣ 지적기준점 및 그 번호와 지적기준점 간의 방위각 및 그 거리
  ㉤ 경계점 간 계산거리
  ㉥ 도곽선과 그 수치

③ 지적측량수행자는 ①~②의 측량준비 파일로 지적측량성과를 결정할 수 없는 경우에는 지적소관청에 지적측량성과의 연혁 자료를 요청할 수 있다.

10년간 자주 출제된 문제

1-1. 평판측량방법으로 세부측량을 할 때에 측량준비 파일에 작성하여야 할 사항이 아닌 것은?
① 측정점의 위치 설명도
② 도곽선과 그 수치
③ 행정구역선과 그 명칭
④ 측량대상 토지의 경계선, 지번 및 지목

1-2. 경위의측량방법으로 세부측량을 할 때에 측량준비 파일에 작성하여야 할 사항이 아닌 것은?
① 인근 토지의 경계와 경계점의 좌표 및 부호도, 지번, 지목
② 도곽선과 그 수치
③ 행정구역선과 그 명칭
④ 측량대상 토지의 경계선, 지번 및 지목

|해설|

1-1
측정점의 위치 설명도는 평판측량방법으로 세부측량할 때 준비하여야 할 사항이 아니다.

1-2
④는 평판측량방법으로 세부측량을 할 때 작성해야 할 사항이다.

경위의측량방법에 따른 세부측량
- 측량대상 토지의 경계와 경계점의 좌표 및 부호도, 지번, 지목
- 인근 토지의 경계와 경계점의 좌표 및 부호도, 지번, 지목
- 행정구역선과 그 명칭
- 지적기준점 및 그 번호와 지적기준점 간의 방위각 및 그 거리
- 경계점 간 계산거리
- 도곽선과 그 수치

정답 1-1 ① 1-2 ④

| 핵심이론 02 | 평판측량방법에 따른 세부측량의 기준 및 방법 등(지적측량 시행규칙 제18조) (1) |

① 평판측량방법에 따른 세부측량의 기준
  ㉠ 거리측정단위는 지적도를 갖춰 두는 지역에서는 5cm로 하고, 임야도를 갖춰 두는 지역에서는 50cm로 할 것
  ㉡ 측량결과도는 그 토지가 등록된 도면과 동일한 축척으로 작성할 것
  ㉢ 세부측량의 기준이 되는 위성기준점, 통합기준점, 삼각점, 지적삼각점, 지적삼각보조점, 지적도근점 및 기지점이 부족한 경우에는 측량상 필요한 위치에 보조점을 설치하여 활용할 것
  ㉣ 경계점은 기지점을 기준으로 하여 지상경계선과 도상경계선의 부합 여부를 현형법, 도상원호교회법, 지상원호교회법 또는 거리비교확인법 등으로 확인하여 정할 것
② 평판측량방법에 따른 세부측량은 교회법, 도선법 및 방사법(放射法)에 따른다.

10년간 자주 출제된 문제

2-1. 평판측량방법에 따른 세부측량에서 지적도를 갖춰두는 지역에 대한 거리의 측정단위기준은?

① 1cm
② 5cm
③ 10cm
④ 50cm

2-2. 평판측량방법에 따른 세부측량의 방법이 아닌 것은?

① 교회법
② 도선법
③ 방사법
④ 배각법

|해설|

2-1
평판측량방법에 따른 세부측량 시 거리측정단위는 지적도를 갖춰 두는 지역에서는 5cm로 한다.

2-2
세부측량
- 평판측량방법 : 교회법, 도선법, 방사법
- 경위의측량방법 : 도선법, 방사법

정답 2-1 ② 2-2 ④

핵심이론 03 | 평판측량방법에 따른 세부측량의 기준 및 방법(지적측량 시행규칙 제18조) (2)

① 세부측량을 교회법으로 하는 경우의 기준
  ㉠ 전방교회법 또는 측방교회법에 따를 것
  ㉡ 3방향 이상의 교회에 따를 것
  ㉢ 방향각의 교각은 30° 이상 150° 이하로 할 것
  ㉣ 방향선의 도상길이는 측판의 방위표정에 사용한 방향선의 도상길이 이하로서 10cm 이하로 할 것. 다만, 광파조준의 또는 광파측거기를 사용하는 경우에는 30cm 이하로 할 수 있다.
  ㉤ 측량결과 시오(示誤)삼각형이 생긴 경우 내접원의 지름이 1mm 이하일 때에는 그 중심을 점의 위치로 할 것

② 세부측량을 도선법으로 하는 경우의 기준
  ㉠ 위성기준점, 통합기준점, 삼각점, 지적삼각점, 지적삼각보조점 및 지적도근점, 그 밖에 명확한 기지점 사이를 서로 연결할 것
  ㉡ 도선의 측선장은 도상길이 8cm 이하로 할 것. 다만, 광파조준의 또는 광파측거기를 사용할 때에는 30cm 이하로 할 수 있다.
  ㉢ 도선의 변은 20개 이하로 할 것
  ㉣ 도선의 폐색오차가 도상길이 $\dfrac{\sqrt{N}}{3}$[mm] 이하인 경우 그 오차는 다음의 계산식에 따라 이를 각 점에 배분하여 그 점의 위치로 할 것

  $M_n = \dfrac{e}{N} \times n$

  여기서, M_n : 각 점에 순서대로 배분할 mm 단위의 도상길이
         e : mm 단위의 오차
         N : 변의 수
         n : 변의 순서

③ 세부측량을 방사법으로 하는 경우의 기준
  ㉠ 1방향선의 도상길이는 10cm 이하로 한다.
  ㉡ 다만, 광파조준의 또는 광파측거기를 사용할 때에는 30cm 이하로 할 수 있다.

10년간 자주 출제된 문제

3-1. 평판측량방법에 따른 세부측량을 교회법으로 하는 경우의 기준으로만 옳게 나열된 것은?

① 도선교회법, 후방교회법
② 후방교회법, 전방교회법
③ 전방교회법, 측방교회법
④ 측방교회법, 도선교회법

3-2. 평판측량을 교회법으로 실시할 때의 설명 중 타당하지 않은 것은?

① 전방 또는 측방교회법에 의한다.
② 3방향 또는 2방향의 교회에 의한다.
③ 방향선의 길이는 도상 10cm 이하로 한다.
④ 시오삼각형 내접원의 지름이 1mm 이하일 때는 그 중심점을 취한다.

3-3. 평판측량에 의한 세부측량을 도선법에 의할 때 도선의 변수에 대한 제한 기준은?

① 5개 이하
② 10개 이하
③ 20개 이하
④ 40개 이하

|해설|

3-1
평판측량방법에 따른 세부측량을 교회법으로 하는 경우 전방교회법 또는 측방교회법에 따른다.

3-2
평판측량을 교회법으로 실시할 경우 3방향 이상의 교회에 따른다.

3-3
도선법으로 하는 경우 도선의 변은 20개 이하로 한다.

정답 3-1 ③ 3-2 ② 3-3 ③

핵심이론 04 | 평판측량방법에 따른 보정량 산출(지적측량 시행규칙 제18조)

① 거리를 측정하는 경우 보정량

도곽선의 신축량이 0.5mm 이상일 때에는 다음의 계산식에 따른 보정량을 산출하여 도곽선이 늘어난 경우에는 실측거리에 보정량을 더하고, 줄어든 경우에는 실측거리에서 보정량을 뺀다.

$$보정량 = \frac{신축량(지상) \times 4}{도곽선길이 합계(지상)} \times 실측거리$$

② 경사거리를 측정하는 경우의 수평거리의 계산 기준

　㉠ 조준의[앨리데이드(alidade)]를 사용한 경우

$$D = l \frac{1}{\sqrt{1 + \left(\frac{n}{100}\right)^2}}$$

여기서, D : 수평거리
　　　　l : 경사거리
　　　　n : 경사분획

　㉡ 망원경조준의(망원경 앨리데이드)를 사용한 경우

$$D = l\cos\theta \text{ 또는 } l\sin\alpha$$

여기서, D : 수평거리
　　　　l : 경사거리
　　　　θ : 연직각
　　　　α : 천정각 또는 천저각

③ 평판측량방법에 있어서 도상에 영향을 미치지 아니하는 지상거리의 축척별 허용범위는 $\frac{M}{10}$[mm]로 한다. 이 경우 M은 축척분모를 말한다.

10년간 자주 출제된 문제

4-1. 세부측량 시 평판측량방법에 의하여 거리를 측정하는 경우 측정거리의 보정량 산출식은?

① 보정량 = $\dfrac{신축량(지상) \times 4}{도곽선길이 \ 합계(지상)} \times$ 실측거리

② 보정량 = $\dfrac{도곽선길이 \ 합계(지상)}{신축량(지상) \times 4} \times$ 실측거리

③ 보정량 = $\dfrac{신축량(도상) \times 4}{도곽선길이 \ 합계(도상)} \times$ 실측거리

④ 보정량 = $\dfrac{도곽선길이 \ 합계(도상)}{신축량(도상) \times 4} \times$ 실측거리

4-2. 지적세부측량 시 두 점 간의 경사거리가 100m이고 연직각이 20°인 경우 수평거리는 얼마인가?

① 90.12m
② 91.18m
③ 93.97m
④ 95.08m

4-3. 평판측량방법에 있어서 1/3000 지역에서 도상에 영향을 미치지 않는 지상거리의 축척별 허용범위는?

① 3cm
② 18cm
③ 30cm
④ 50cm

|해설|

4-2

$D = l \times \cos\alpha$

여기서, D : 수평거리
l : 경사거리
α : 연직각

$D = 100\text{m} \times \cos 20° ≒ 93.97\text{m}$

4-3

평판측량방법에 있어서 도상에 영향을 미치지 아니하는 지상거리의 축척별 허용범위는 $\dfrac{M}{10}$[mm]로 한다(여기서, M은 축척분모).

$\dfrac{3000}{10} = 300\text{mm} = 30\text{cm}$

정답 4-1 ① 4-2 ③ 4-3 ③

핵심이론 05 | 경위의측량방법에 따른 세부측량의 기준(지적측량 시행규칙 제18조)

① 세부측량의 기준
  ㉠ 거리측정단위는 1cm로 할 것
  ㉡ 측량결과도는 그 토지의 지적도와 동일한 축척으로 작성할 것. 다만, 도시개발사업 등 시행지역의 토지이동 신청에 관한 특례에 따른 도시개발사업 등의 시행지역(농지의 구획정리지역은 제외한다)과 축척변경 시행지역은 1/500로 하고, 농지의 구획정리 시행지역은 1/1000로 하되, 필요한 경우에는 미리 시·도지사의 승인을 받아 1/6000까지 작성할 수 있다.
  ㉢ 토지의 경계가 곡선인 경우에는 가급적 현재 상태와 다르게 되지 아니하도록 경계점을 측정하여 연결할 것. 이 경우 직선으로 연결하는 곡선의 중앙종거(中央縱距)의 길이는 5cm 이상 10cm 이하로 한다.

② 세부측량의 관측 및 계산 기준
  ㉠ 미리 각 경계점에 표지를 설치하여야 한다. 다만 부득이한 경우에는 그러하지 아니하다.
  ㉡ 도선법 또는 방사법에 따를 것
  ㉢ 관측은 20초독 이상의 경위의를 사용할 것
  ㉣ 수평각의 관측은 1대회의 방향관측법이나 2배각의 배각법에 따를 것. 다만 방향관측법인 경우에는 1측회의 폐색을 하지 아니할 수 있다.
  ㉤ 연직각의 관측은 정반으로 1회 관측하여 그 교차가 5분 이내일 때에는 그 평균치를 연직각으로 하되, 분단위로 독정(讀定)할 것
  ㉥ 수평각의 측각공차는 다음 표에 따를 것

종별	1방향각	1회 측정각과 2회 측정각의 평균값에 대한 교차
공차	60초 이내	40초 이내

  ㉦ 경계점의 거리측정에 관해서는 점 간 거리를 측정하는 경우에는 2회 측정하여 그 측정치의 교차가 평균치의 1/3000 이하일 때에는 그 평균치를 점 간 거리로 한다. 이 경우 점 간 거리가 경사(傾斜)거리일 때에는 수평거리로 계산하여야 한다.
  ㉧ 계산방법은 다음 표에 따를 것

종별	각	변의 길이	진수	좌표
단위	초	cm	5자리 이상	cm

10년간 자주 출제된 문제

5-1. 경위의측량방법에 따른 세부측량을 시행할 때 거리측정의 단위로 옳은 것은?

① 0.1cm
② 1cm
③ 5cm
④ 10cm

5-2. 경위의측량방법에 의한 세부측량 시 수평각의 측각에서 1방향각의 공차는?

① 20초 이내
② 40초 이내
③ 60초 이내
④ 80초 이내

5-3. 경위의측량법에 의한 세부측량 시 1회 측정각과 2회 측정각의 평균값에 대한 수평각 공차는?

① 20초 이내
② 30초 이내
③ 40초 이내
④ 50초 이내

|해설|

5-1
경위의측량방법에 따른 세부측량을 할 경우 거리측정단위는 1cm로 한다.

5-2~5-3
수평각의 측각공차

종별	1방향각	1회 측정각과 2회 측정각의 평균값에 대한 교차
공차	60초 이내	40초 이내

정답 5-1 ② 5-2 ③ 5-3 ③

핵심이론 06 | 세부측량성과의 작성(지적측량 시행규칙 제26조) (1)

평판측량방법으로 세부측량을 한 경우 측량결과도에 다음의 사항을 적어야 한다.
① 측량준비 파일에 작성하여야 할 사항
　㉠ 측량대상 토지의 경계선, 지번 및 지목
　㉡ 인근 토지의 경계선, 지번 및 지목
　㉢ 임야도를 갖춰 두는 지역에서 인근 지적도의 축척으로 측량을 할 때에는 임야도에 표시된 경계점의 좌표를 구하여 지적도에 전개(展開)한 경계선. 다만, 임야도에 표시된 경계점의 좌표를 구할 수 없거나 그 좌표에 따라 확대하여 그리는 것이 부적당한 경우에는 축척비율에 따라 확대한 경계선을 말한다.
　㉣ 행정구역선과 그 명칭
　㉤ 지적기준점 및 그 번호와 지적기준점 간의 거리, 지적기준점의 좌표, 그 밖에 측량의 기점이 될 수 있는 기지점
　㉥ 도곽선(圖廓線)과 그 수치
　㉦ 도곽선의 신축이 0.5mm 이상일 때에는 그 신축량 및 보정(補正) 계수
　㉧ 그 밖에 국토교통부장관이 정하는 사항
② 측정점의 위치, 측량기하적 및 지상에서 측정한 거리
③ 측량대상 토지의 토지이동 전의 지번과 지목(2개의 붉은선으로 말소한다)
④ 측량결과도의 제명 및 번호(연도별로 붙인다)와 도면번호
⑤ 신규등록 또는 등록전환하려는 경계선 및 분할경계선
⑥ 측량대상 토지의 점유현황선
⑦ 측량 및 검사의 연월일, 측량자 및 검사자의 성명, 소속 및 자격등급 또는 기술등급

10년간 자주 출제된 문제

다음 중 세부측량의 측량결과도에 기재하지 않아도 되는 것은?
① 측정점의 위치
② 측량결과도의 제명
③ 측량대상 토지의 점유현황선
④ 건물의 명칭

정답 ④

| 핵심이론 07 | 세부측량성과의 작성(지적측량 시행규칙 제26조) (2)

경위의측량방법으로 세부측량을 한 경우 측량결과도 및 측량계산부에 그 성과를 적되, 측량결과도에는 다음의 사항을 적어야 한다.

① 측량준비 파일에 작성하여야 할 사항
   ㉠ 측량대상 토지의 경계와 경계점의 좌표 및 부호도, 지번, 지목
   ㉡ 인근 토지의 경계와 경계점의 좌표 및 부호도, 지번, 지목
   ㉢ 행정구역선과 그 명칭
   ㉣ 지적기준점 및 그 번호와 지적기준점 간의 방위각 및 그 거리
   ㉤ 경계점 간 계산거리
   ㉥ 도곽선과 그 수치
   ㉦ 그 밖에 국토교통부장관이 정하는 사항
② 측정점의 위치(측량계산부의 좌표를 전개하여 적는다), 지상에서 측정한 거리 및 방위각
③ 측량대상 토지의 경계점 간 실측거리
④ 측량대상 토지의 토지이동 전의 지번과 지목(2개의 붉은 색으로 말소한다)
⑤ 측량결과도의 제명 및 번호(연도별로 붙인다)와 지적도의 도면번호
⑥ 신규등록 또는 등록전환하려는 경계선 및 분할경계선
⑦ 측량대상 토지의 점유현황선
⑧ 측량 및 검사의 연월일, 측량자 및 검사자의 성명, 소속 및 자격등급 또는 기술등급

10년간 자주 출제된 문제

경위의측량방법으로 세부측량을 하는 경우 측량결과도에 기재하여야 할 사항이 아닌 것은?
① 지상에서 측정한 거리 및 방위각
② 측량대상 토지의 경계점 간 실측거리
③ 지적도의 도면번호
④ 도곽선의 신축량 및 보정계수

정답 ④

| 핵심이론 08 | 측량기하적(지적업무처리규정 제24조)

① 평판측량방법 또는 전자평판측량방법으로 세부측량을 하는 때에는 측량준비파일에 측량한 기하적(幾何跡)을 다음과 같이 작성하여야 하며, 부득이한 경우 지적측량준비도에 연필로 표시할 수 있다.
  ㉠ 평판점, 측정점 및 방위표정에 사용한 기지점 등에는 방향선을 긋고 실측한 거리를 기재한다. 이 경우 측정점의 방향선 길이는 측정점을 중심으로 약 1cm로 표시한다. 다만, 전자측량시스템에 따라 작성할 경우 필지선이 복잡한 때는 방향선과 측정거리를 생략할 수 있다.
  ㉡ 평판점은 측량자는 직경 1.5mm 이상 3mm 이하의 검은색 원으로 표시하고, 검사자는 1변의 길이가 2mm 이상 4mm 이하의 삼각형으로 표시한다. 이 경우 평판점 옆에 평판이동순서에 따라 부$_1$, 부$_2$----으로 표시한다.
  ㉢ 평판점의 결정 및 방위표정에 사용한 기지점은 측량자는 직경 1mm와 2mm의 2중원으로 표시하고, 검사자는 1변의 길이가 2mm와 3mm의 2중 삼각형으로 표시한다.
  ㉣ 평판점과 기지점 사이의 도상거리와 실측거리를 방향선상에 다음과 같이 기재한다.
  (측량자)   (검사자)
  (도상거리)   △(도상거리)
  ─────   ──────
  실측거리   △실측거리
  ㉤ 측량대상토지에 지상구조물 등이 있는 경우와 새로이 설정하는 경계에 지상건물 등이 걸리는 경우에는 그 위치현황을 표시하여야 한다. 다만 다음의 규정에 의해 분할하는 경우에는 그러하지 아니하다.
    • 공공사업 등에 따라 학교용지, 도로, 철도용지, 제방, 하천, 구거, 유지, 수도용지 등의 지목으로 되는 토지를 분할하는 경우
    • 도시개발사업 등의 사업시행자가 사업지구의 경계를 결정하기 위하여 토지를 분할하려는 경우 또는 도시·군관리계획 결정고시와 지형도면 고시가 된 지역의 도시·군관리계획선에 따라 토지를 분할하려는 경우
② 경위의측량방법으로 세부측량을 하려면 지상건물 등의 위치현황표시는 ①의 ㉤ 내용을 준용한다.

10년간 자주 출제된 문제

세부측량 시 평판측량을 시행함에 있어 측량준비도에 표시하는 사항 중 측량기하적이 아닌 것은?
① 평판점 위치 표시
② 방향선 표시
③ 측량검사자의 성명, 소속, 자격등급 표시
④ 측정점 위치 표시

정답 ③

핵심이론 09 | 지적측량성과의 결정(지적측량 시행규칙 제27조)

① 지적측량성과와 검사 성과의 연결교차가 다음의 허용범위 이내일 때에는 그 지적측량성과에 관하여 다른 입증을 할 수 있는 경우를 제외하고는 그 측량성과로 결정하여야 한다.
  ㉠ 지적삼각점 : 0.20m
  ㉡ 지적삼각보조점 : 0.25m
  ㉢ 지적도근점
    • 경계점좌표등록부 시행지역 : 0.15m
    • 그 밖의 지역 : 0.25m
  ㉣ 경계점
    • 경계점좌표등록부 시행지역 : 0.10m
    • 그 밖의 지역 : $\frac{3M}{10}$[mm](여기서, M : 축척분모)

② 지적측량성과를 전자계산기기로 계산하였을 때에는 그 계산성과자료를 측량부 및 면적측정부로 본다.

10년간 자주 출제된 문제

지적측량성과 결정사항 중 틀린 것은?

① 지적삼각점 : 0.20m 이내
② 지적삼각보조점 : 0.25m 이내
③ 경계점좌표등록지역의 지적도근점 : 0.10m 이내
④ 경계점좌표등록지역의 경계점 : 0.10m 이내

|해설|
지적도근점은 경계점좌표등록부 시행지역에서는 0.15m 이내, 그 밖의 지역에서는 0.25m 이내로 한다.

정답 ③

핵심이론 10 | 지적측량 검사기간(규칙 제25조)

① 지적측량의 측량기간은 5일로 하며, 측량검사기간은 4일로 한다. 다만, 지적기준점을 설치하여 측량 또는 측량검사를 하는 경우 지적기준점이 15점 이하인 경우에는 4일을, 15점을 초과하는 경우에는 4일에 15점을 초과하는 4점마다 1일을 가산한다.

② ①에도 불구하고 지적측량의뢰인과 지적측량수행자가 서로 합의하여 따로 기간을 정하는 경우에는 그 기간에 따르되, 전체 기간의 3/4은 측량기간으로, 전체 기간의 1/4은 측량검사기간으로 본다.

10년간 자주 출제된 문제

10-1. 지적측량의 원칙적인 측량기간 기준으로 옳은 것은?

① 4일　　　　　　　　　② 5일
③ 6일　　　　　　　　　④ 7일

10-2. 지적측량의 측량검사기간 기준으로 옳은 것은?(단, 지적기준점을 설치하여 측량검사를 하는 경우는 고려하지 않는다)

① 4일　　　　　　　　　② 5일
③ 6일　　　　　　　　　④ 7일

|해설|

10-1
지적측량의 측량기간은 5일이다.

10-2
측량검사기간은 4일로 한다. 다만 지적기준점을 설치하여 측량 또는 측량검사를 하는 경우 지적기준점이 15점 이하인 경우에는 4일을, 15점을 초과하는 경우에는 4일에 15점을 초과하는 4점마다 1일을 가산한다.

정답 10-1 ②　10-2 ①

CHAPTER 05 면적측정 및 제도

제1절 면적측정

1-1. 면적측정방법 및 기기

핵심이론 01 면적측정의 대상(지적측량 시행규칙 제19조)

① 세부측량을 하는 경우 다음의 어느 하나에 해당하면 필지마다 면적을 측정하여야 한다.
  ㉠ 지적공부의 복구, 신규등록, 등록전환, 분할 및 축척변경을 하는 경우
  ㉡ 면적 또는 경계를 정정하는 경우
  ㉢ 도시개발사업 등으로 인한 토지의 이동에 따라 토지의 표시를 새로 결정하는 경우
  ㉣ 경계복원측량 및 지적현황측량에 면적측정이 수반되는 경우

② 면적측정 대상이 아닌 경우
  ㉠ 경계점을 지상에 복원하는 경우의 경계복원측량과, 지상건축물 등의 현황을 지적도 및 임야도에 등록된 경계와 대비하여 표시하는 데에 필요한 경우에 지적현황측량을 하는 경우에는 필지마다 면적을 측정하지 아니한다.
  ㉡ 토지이동 중 합병, 지번변경, 지목변경 등은 지적측량을 수반하지 않으므로 면적측정 대상이 아니다.

10년간 자주 출제된 문제

1-1. 세부측량 시 필지마다 면적을 측정하지 않아도 되는 경우는?
① 지적공부를 복구하는 경우 ② 축척변경을 하는 경우
③ 토지분할을 하는 경우 ④ 토지합병을 하는 경우

1-2. 이동 측량 시 면적을 측정하지 않아도 되는 것은?
① 신규등록 ② 지목변경
③ 등록전환 ④ 토지분할

|해설|
1-1~1-2
토지이동 중 합병, 지번변경, 지목변경 등은 지적측량을 수반하지 않으므로 면적측정 대상이 아니다.

정답 1-1 ④ 1-2 ②

| 핵심이론 02 | 면적측정의 방법 등(지적측량 시행규칙 제20조) (1)

① 면적의 측정방법
  ㉠ 좌표면적계산법, 도상삼사법, 전자면적측정기법, 플래니미터법 등이 있다.
  ㉡ 지적측량 시행규칙에는 좌표면적계산법, 전자면적측정기법이 사용된다.

② 좌표면적계산법에 따른 면적측정
  ㉠ 경위의측량방법으로 세부측량을 한 지역의 필지별 면적측정은 경계점 좌표에 따를 것
  ㉡ 산출면적은 1/1000m²까지 계산하여 1/10m² 단위로 정할 것
    ※ 대상지역 : 경계점좌표등록부 등록지

③ 전자면적측정기에 따른 면적측정
  ㉠ 도상에서 2회 측정하여 그 교차가 다음 계산식에 따른 허용면적 이하일 때에는 그 평균치를 측정면적으로 할 것
    $A = 0.023^2 M \sqrt{F}$
    여기서, A : 허용면적
           M : 축척분모
           F : 2회 측정한 면적의 합계를 2로 나눈 수
  ㉡ 측정면적은 1/1000m²까지 계산하여 1/10m² 단위로 정할 것
    ※ 대상지역 : 지적도 등록지, 임야도 등록지

④ 면적의 결정방법(오사오입)

구분	축척 $\frac{1}{500}$, $\frac{1}{600}$ 또는 경계점좌표등록부에 등록하는 지역	축척 $\frac{1}{1000}$, $\frac{1}{1200}$, $\frac{1}{2400}$, $\frac{1}{3000}$, $\frac{1}{6000}$에 등록하는 지역
등록자리수	소수 한 자리	자연수(정수)
최소면적	0.1m²	1m²

소수처리방법 (오사오입)	• 0.05m² 미만 → 버림
	• 0.05m² 초과 → 올림
	• 0.05m²일 때 구하려는 끝자리의 숫자가
	  – 홀수 → 올림
	  – 0 또는 짝수 → 버림
		• 0.5m² 미만 → 버림
		• 0.5m² 초과 → 올림
		• 0.5m²일 때 구하려는 끝자리의 숫자가
		  – 홀수 → 올림
		  – 0 또는 짝수 → 버림

※ 지적도의 축척이 1/600인 경우, 1필지의 면적이 0.1m² 미만일 때에는 0.1m²로 한다.

10년간 자주 출제된 문제

2-1. 경위의측량방법으로 세부측량을 한 지역의 필지별 면적측정의 방법으로 옳은 것은?
① 전자면적측정기법
② 좌표면적계산법
③ 축척자삼사법
④ 방안지조사법

2-2. 좌표면적계산법에 의한 면적측정 시 산출면적은 어디까지 계산하는가?
① $1/10\text{m}^2$까지
② $1/100\text{m}^2$까지
③ $1/500\text{m}^2$까지
④ $1/1000\text{m}^2$까지

2-3. 전자면적측정기에 따른 면적측정을 하는 경우, 교차를 구하기 위한 $A = 0.023^2 \times M\sqrt{F}$ 공식 중 M의 값으로 옳은 것은?
① 허용면적
② 축척분모
③ 산출면적
④ 보정계수

|해설|

2-1
경위의측량방법으로 세부측량을 한 지역의 필지별 면적측정은 좌표면적계산법으로 한다.

2-2
산출면적은 $1/1000\text{m}^2$까지 계산하여 $1/10\text{m}^2$ 단위로 정한다.

2-3
$A = 0.023^2 \times M\sqrt{F}$
여기서, A : 허용면적
M : 축척분모
F : 2회 측정한 면적의 합계를 2로 나눈 수

정답 2-1 ② 2-2 ④ 2-3 ②

핵심이론 03 | 면적측정의 방법 등(지적측량 시행규칙 제20조) (2)

① 면적을 측정하는 경우 도곽선의 길이에 0.5mm 이상의 신축이 있을 때에는 이를 보정하여야 한다. 이 경우 도곽선의 신축량 및 보정계수의 계산은 다음의 계산식에 따른다.

㉠ 도곽선의 신축량 계산

$$S = \frac{\Delta X_1 + \Delta X_2 + \Delta Y_1 + \Delta Y_2}{4}$$

여기서, S : 신축량
ΔX_1 : 왼쪽 종선의 신축된 차
ΔX_2 : 오른쪽 종선의 신축된 차
ΔY_1 : 위쪽 횡선의 신축된 차
ΔY_2 : 아래쪽 횡선의 신축된 차

이 경우 신축된 차(mm) $= \dfrac{1,000(L - L_0)}{M}$

여기서, L : 신축된 도곽선 지상길이
L_0 : 도곽선 지상길이
M : 축척분모

㉡ 도곽선의 보정계수 계산

$$Z = \frac{X \cdot Y}{\Delta X \cdot \Delta Y}$$

여기서, Z : 보정계수
X : 도곽선 종선길이
Y : 도곽선 횡선길이
ΔX : 신축된 도곽선 종선길이의 합/2
ΔY : 신축된 도곽선 횡선길이의 합/2

② 면적이 5,000m² 이상인 필지를 분할하는 경우 분할 후의 면적이 분할 전 면적의 80% 이상이 되는 필지의 면적을 측정할 때에는 분할 전 면적의 20% 미만이 되는 필지의 면적을 먼저 측정한 후, 분할 전 면적에서 그 측정된 면적을 빼는 방법으로 할 수 있다. 다만 동일한 측량결과도에서 측정할 수 있는 경우와 좌표면적계산법에 따라 면적을 측정하는 경우에는 그러하지 아니하다.

③ 도면의 축척에 따른 도상 및 지상길이, 포용면적
   ㉠ 지적도

축척	도상길이(mm)	지상길이(m)	포용면적(m^2)
1/500	300 × 400	150 × 200	30,000
1/1000	300 × 400	300 × 400	120,000
1/600	333.33 × 416.67	200 × 250	50,000
1/1200	333.33 × 416.67	400 × 500	200,000
1/2400	333.33 × 416.67	800 × 1,000	800,000
1/3000	400 × 500	1,200 × 1,500	1,800,000
1/6000	400 × 500	2,400 × 3,000	7,200,000

   ㉡ 임야도

축척	도상길이(mm)	지상길이(m)	포용면적(m^2)
1/3000	400 × 500	1,200 × 1,500	1,800,000
1/6000	400 × 500	2,400 × 3,000	7,200,000

10년간 자주 출제된 문제

3-1. 면적을 측정하는 경우 도곽선의 길이에 최소 얼마 이상의 신축이 있을 때에 이를 보정하여야 하는가?

① 0.3mm　　　　　　　　　　② 0.4mm
③ 0.5mm　　　　　　　　　　④ 0.6mm

3-2. 각 변의 신축된 차가 각각 +8mm, +9mm, +6mm, -3mm인 도곽선의 신축량으로 옳은 것은?

① +4mm　　　　　　　　　　② +5mm
③ +6mm　　　　　　　　　　④ +7mm

3-3. 축척이 1/1000인 지적도의 포용면적 규격은 얼마인가?

① 30,000m^2　　　　　　　　② 50,000m^2
③ 80,000m^2　　　　　　　　④ 120,000m^2

3-4. 축척 1/1000 도면에서 도곽선의 신축량이 가로, 세로 각각 +2.0mm일 때 면적보정계수는?

① 1.0117　　　　　　　　　　② 0.9884
③ 1.0035　　　　　　　　　　④ 0.9965

|해설|

3-1
면적을 측정하는 경우 도곽선의 길이에 0.5mm 이상의 신축이 있을 때에 이를 보정하여야 한다.

3-2
도곽선의 신축량 계산
$$S = \frac{\Delta X_1 + \Delta X_2 + \Delta Y_1 + \Delta Y_2}{4} = \frac{8+9+6-3}{4} = 5\text{mm}$$
여기서, S : 신축량
　　　　ΔX_1 : 왼쪽 종선의 신축된 차
　　　　ΔX_2 : 오른쪽 종선의 신축된 차
　　　　ΔY_1 : 위쪽 횡선의 신축된 차
　　　　ΔY_2 : 아래쪽 횡선의 신축된 차

3-3
축척 1/1000인 지역의 지상길이는 300m×400m 이므로 포용면적은 120,000m^{2}가 된다.

3-4
도곽선의 보정계수 계산
$$Z = \frac{X \cdot Y}{\Delta X \cdot \Delta Y} = \frac{300 \times 400}{(300+2) \times (400+2)} ≒ 0.9884$$
여기서, Z : 보정계수
　　　　X : 도곽선 종선길이
　　　　Y : 도곽선 횡선길이
　　　　ΔX : 신축된 도곽선 종선길이의 합/2
　　　　ΔY : 신축된 도곽선 횡선길이의 합/2

정답 3-1 ③　3-2 ②　3-3 ④　3-4 ②

1-2. 면적계산

핵심이론 01 | 도상삼사법

① 이변법 : 두 변과 사이각 θ를 알 때

$$A = \frac{1}{2}ab\sin\theta$$

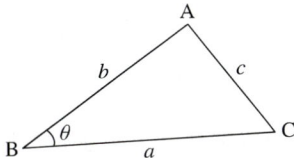

② 헤론의 공식 : 세 변의 길이를 알 때

$$A = \sqrt{s(s-a)(s-b)(s-c)}$$

여기서, $s = \dfrac{a+b+c}{2}$

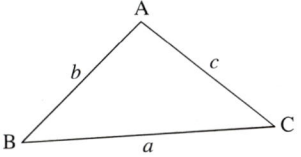

10년간 자주 출제된 문제

1-1. 1필지의 모양이 다음과 같은 경우 토지의 면적은?

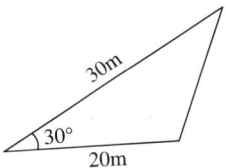

① 500m²
② 350m²
③ 200m²
④ 150m²

1-2. 삼각형의 세 변의 길이가 각각 6cm, 8cm, 10cm일 때 이 삼각형의 면적은?

① 12cm²
② 24cm²
③ 36cm²
④ 48cm²

|해설|

1-1
이변법
$$A = \frac{1}{2}ab\sin\theta$$
$$= \frac{1}{2} \times 20 \times 30 \times \sin 30° = 150\text{m}^2$$

1-2
헤론의 공식
$$A = \sqrt{s(s-a)(s-b)(s-c)}$$
여기서, $s = \frac{6+8+10}{2} = 12$
$$\therefore A = \sqrt{12(12-6)(12-8)(12-10)} = 24\text{cm}^2$$

정답 1-1 ④ 1-2 ②

제2절 제도의 기초

2-1. 제도의 기초이론과 제도기기

핵심이론 01 | 선의 종류 및 제도방법

① 선의 종류
- ㉠ 굵은 실선 : 단면의 윤곽 표시
- ㉡ 실선 : 보이는 부분의 윤곽 표시 또는 좁거나 작은 면의 단면 부분 윤곽 표시
- ㉢ 가는 실선 : 치수선, 치수보조선, 인출선, 격자선 등의 표시
  ※ 선의 굵기가 가장 굵어야 하는 것 : 외형선
- ㉣ 파선 또는 점선 : 보이지 않은 부분이나 절단면보다 앞면 또는 윗면에 있는 부분의 표시
- ㉤ 1점쇄선 : 중심선, 절단선, 기준선, 경계선, 참고선 등의 표시
- ㉥ 2점쇄선 : 상상선 또는 1점쇄선과 구별할 필요가 있을 때

② 선 긋기 할 때의 유의사항
- ㉠ 시작부터 끝까지 일정한 힘(또는 각도)을 주어 일정한 속도를 긋는다.
- ㉡ 파선의 끊어진 부분은 길이와 간격을 일정하게 한다.
- ㉢ 축척과 도면의 크기에 따라서 선의 굵기를 다르게 한다.
- ㉣ 한번 그은 선은 중복해서 긋지 않는다.
- ㉤ 수평선은 왼쪽에서 오른쪽으로 긋는다. 수평선을 여러 개 그을 때에는 위의 선을 먼저 긋고 T자를 아래로 옮겨가면서 차례대로 아래선을 긋는다.
- ㉥ 시작부터 끝까지 굵기가 일정하게 한다.
- ㉦ 오른쪽 위로 경사진 빗금은 왼쪽 아래에서 오른쪽 위로 긋는다.
  ※ 오른쪽 아래로 경사진 빗금 : 삼각자의 오른쪽 날을 이용하여 왼쪽 위에서 오른쪽 아래로 빗금을 긋는다.
- ㉧ 삼각자의 왼쪽 옆면을 이용하여 수직선을 그을 때는 아래에서 위로 선을 긋는다.
  ※ 여러 개의 수직선 긋기 : 왼쪽 선을 먼저 긋고 삼각자를 왼쪽에서 오른쪽으로 옮겨 가면서 차례대로 긋는다.
- ㉨ 삼각자의 오른쪽 옆면을 이용할 경우에는 위에서 아래로 선을 긋는다.
- ㉩ 원 및 원호는 컴퍼스의 바늘 끝을 중심에 대고 시계 방향으로 돌려서 그린다. 이때 컴퍼스의 양 다리를 될 수 있는 대로 지면에 수직으로 세우고 연필심에 일정한 힘을 주고 긋는다.
- ㉪ 작은 동심원을 그릴 때에는 원의 중심의 구멍이 커져 정확한 원을 그릴 수 없으므로 미리 중심에 테이프를 붙이거나 중심기를 사용, 작은 원을 먼저 그린다.
- ㉫ 원호와 직선을 이을 때는 반드시 원호를 먼저 그린 후 직선을 원호와 어긋나지 않게 잇는다.

10년간 자주 출제된 문제

1-1. 모양에 따른 선의 종류에 속하지 않는 것은?

① 실선
② 파선
③ 1점쇄선
④ 가는 선

1-2. 다음 중 선 긋는 방법으로 옳지 않은 것은?

① 선을 그을 때 외형선과 숨은선이 겹칠 때에는 외형을 우선으로 한다.
② 수직선은 위에서 아래로 긋는다.
③ 직선과 곡선이 만날 때 곡선부를 먼저 긋고 직선을 나중에 긋는다.
④ 1점쇄선을 그을 때에는 짧은 선에서 시작하여 긴 선에서 끝나야 한다.

1-3. 동심원을 그릴 때에 대한 설명으로 옳은 것은?

① 큰 원을 먼저 그린다.
② 작은 원을 먼저 그린다.
③ 작은 원의 크기규격을 연필로 표시하고 큰 원을 먼저 그린다.
④ 순서는 구애받지 않고 그린다.

|해설|

1-1
모양에 따른 선의 종류에는 굵은 실선, 실선, 가는 실선, 파선, 점선, 1점쇄선, 2점쇄선 등이 있다.

1-2
삼각자의 왼쪽 옆면을 이용하여 수직선을 그을 때는 아래에서 위로 선을 긋는다.

1-3
작은 동심원을 그릴 때에는 미리 중심에 테이프를 붙이거나 중심기를 사용하여 작은 원을 먼저 그린다.

정답 1-1 ④ 1-2 ② 1-3 ②

핵심이론 02 | 제도기기

① 오구(먹줄펜) : 먹줄긋기용 제도용구이며 종류로 가는 선용, 중선용, 굵은 선용 등이 있다.
② 스프링 컴퍼스 : 직경 10mm 이하의 작은 원을 그리거나 원호를 등분할 때 사용한다.
③ 빔 컴퍼스(beam compass) : 반지름 15cm 이상의 큰 원을 그릴 때 사용한다.
④ 레터링 펜
　㉠ 도형문자(한글체, 숫자체, 로마체 등)를 기계적으로 그릴 수 있다.
　㉡ 문자를 수직체, 경사체로 아름답고 편리하게 쓸 수 있다.
　㉢ 지번과 지목을 제도하기에 가장 적합하다.
⑤ 만능제도기(drafting machine)
　㉠ T자, 축척자, 삼각자, 각도기 등의 기능을 모두 갖춘 제도용구이다.
　㉡ 수평, 수직의 눈금자를 제도판의 임의 위치로 정확하게 이동할 수 있다.
　㉢ 분도판의 눈금자가 필요한 각도에 고정시킬 수 있도록 만들어져 사용하기에 편리하다.
⑥ 도로곡선자 : 클로소이드와 렘니스케이트 같은 도로 곡선을 그리는 데 적합하다.
⑦ 자유곡선자 : 여러 가지 곡선을 그릴 때에 사용하며, 납과 고무 및 플라스틱으로 만들어져 자유롭게 구부릴 수 있어 형태가 자유로운 곡선을 그릴 수 있다.
⑧ 각도기 : 각도를 재거나 그리는 데 사용된다.
⑨ T자 : 제도판 위에서 수평선을 긋거나 삼각자와 함께 수직선이나 빗금을 그을 때 사용된다.
⑩ 플로터
　㉠ 컴퓨터의 출력정보에 따라 출력펜의 위치를 X방향과 Y방향으로 각각 이동시켜 작도하는 장치이다.
　㉡ 지적 전산에서 크기가 큰 도면이나 높은 정밀도를 필요로 하는 지적도 등 제작에 이용된다.

10년간 자주 출제된 문제

2-1. 다음 중 제도기구가 아닌 것은?

① 오구
② 스프링 컴퍼스
③ 플래니미터
④ 레터링 펜

2-2. 다음 중 지번과 지목을 제도하기에 가장 적합한 제도기구는?

① 오구
② 스프링 컴퍼스
③ 만능제도기
④ 레터링 펜

2-3. 다음 제도용 컴퍼스 중 직경 10mm 이하의 소원을 제도할 때 사용되는 것은?

① 보통 컴퍼스
② 빔 컴퍼스
③ 비례 컴퍼스
④ 스프링 컴퍼스

|해설|

2-1
플래니미터는 면적 측정기구이다.

2-2
레터링 펜을 이용하여 도형문자(한글체, 숫자체, 로마체 등)를 기계적으로 그릴 수 있다.

2-3
스프링 컴퍼스는 직경 10mm 이하의 작은 원을 그리거나 원호를 등분할 때 사용한다.

정답 2-1 ③ 2-2 ④ 2-3 ④

2-2. 지적공부의 제도방법

핵심이론 01 | 도곽선

① 도곽선의 개념
  ㉠ 1필지가 2매 이상의 지적도에 등록되어 있을 경우 접합의 기준이 되는 선이다.
  ㉡ 지적도나 임야도를 작성할 경우 토지의 크기와 같게 작성할 수 없으므로 일정한 비율로 축소하여 그린다. 이때 연속된 도면으로 작성할 수 없으므로 이를 일정한 크기로 나누어 작성하게 되는데 이때 구획되는 선을 도곽선이라 한다.
  ㉢ 도곽선의 형태는 직사각형으로 붉은색으로 그린다.
    ※ 붉은색으로 제도하는 경우
      • 도곽선과 도곽선 수치
      • 말소선, 수치지적도의 측량할 수 없음 표시 등
      • 분할측량성과도의 측량대상토지의 분할선
      • 2도면 이상 걸친 토지로서 그 일부가 다른 도면에 등록된 토지의 지목, 지번의 표기

② 도곽선의 역할
  ㉠ 인접 도면과의 접합 기준선
  ㉡ 지적측량기준점 전개 시의 기준선
  ㉢ 도곽 신축량의 측정 기준
  ㉣ 측량준비도와 측량결과도에서 북방향의 기준
  ㉤ 외업 시 준비와 실지의 부합 여부 확인 기준

10년간 자주 출제된 문제

1-1. 1필지가 2매 이상의 지적도에 등록되어 있을 경우 접합의 기준이 되는 선은?
① 사정선
② 분할선
③ 도곽선
④ 경계선

1-2. 다음 중 도곽선의 역할로 보기 어려운 것은?
① 인접 도면과의 접합 기준선
② 지적측량준비도에서 북방향의 기준
③ 지적측량기준점 전개 시의 기준선
④ 경계점좌표등록부의 접합기준

|해설|
1-2
도곽선은 지적기준점의 전개, 방위, 인접 도면과의 접합, 도곽의 신축보정 등에 따른 기준선의 역할을 하기 때문에 모든 지적도와 임야도에 도곽선을 등록하여야 한다.

정답 1-1 ③ 1-2 ④

핵심이론 02 | 도곽선의 제도(지적업무처리규정 제40조)

① 도면의 위방향은 항상 북쪽이 되어야 한다.
② 지적도의 도곽 크기는 가로 40cm, 세로 30cm의 직사각형으로 한다.
③ 도곽의 구획은 직각좌표의 기준에서 정한 좌표의 원점을 기준으로 하여 정하되, 그 도곽의 종횡선 수치는 좌표의 원점으로부터 기산하여 직각좌표의 기준에서 정한 종횡선수치를 각각 가산한다.
④ 이미 사용하고 있는 도면의 도곽크기는 ②의 내용에도 불구하고 종전에 구획되어 있는 도곽과 그 수치로 한다.
⑤ 도면에 등록하는 도곽선은 0.1mm의 폭으로, 도곽선의 수치는 도곽선 왼쪽 아랫부분과 오른쪽 윗부분의 종횡선교차점 바깥쪽에 2mm 크기의 아라비아숫자로 제도한다.
  ※ 도곽선의 수치란 당해 지적도에 표시된 토지와 원점까지의 거리이다. 도곽선 수치는 원점으로부터 계산하여 종선 수치에 600,000m, 횡선 수치에 200,000m를 각각 가산하여 언제나 정수가 되도록 하여 도면별 도곽의 북동쪽과 남서쪽의 모서리에 등록한다.

10년간 자주 출제된 문제

2-1. 지적도와 임야도에 등록하는 도곽선의 폭은 얼마로 제도하여야 하는가?
① 0.1mm
② 0.2mm
③ 0.3mm
④ 0.5mm

2-2. 지적도의 도곽선 제도방법에 대한 설명으로 옳지 않은 것은?
① 도곽선 수치는 도곽 상단 및 하단 중앙에 횡서로 기록한다.
② 도곽선 수치는 각 원점을 기준하여 정한다.
③ 도곽선은 0.1mm의 붉은색으로 도곽 좌표점을 연결한다.
④ 도곽선 수치는 2mm의 크기로 아라비아 숫자로 한다.

|해설|
2-1
도면에 등록하는 도곽선은 0.1mm의 폭으로 제도한다.
2-2
도곽선 수치는 정수가 되도록 하며 도면별 도곽의 북동쪽과 남서쪽의 모서리에 등록한다.

정답 2-1 ① 2-2 ①

CHAPTER 06 측량장비

제1절 측량장비의 구성

1-1. 측량장비의 종류

핵심이론 01 | 측량장비의 종류

① 수준측량장비 : 레벨(고저차 또는 표고 관측)
② 평판측량장비 : 평판(도판), 앨리데이드(시준의), 삼각, 구심기와 추, 자침기, 측량침
③ 각을 측정할 수 있는 장비 : 트랜싯, 데오드라이트(경위의), 토털 스테이션
④ 항공사진측량 : 항공기 및 기구 등에 탑재된 측량용 사진기로 촬영된 사진을 이용하여 지형도 작성 및 판독에 주로 이용한다. 탐측기를 이용하여 대상물의 자연적·물리적 현상을 기록하여 3차원 위치를 결정한다.
⑤ GNSS(Global Navigation Satellite System)
  ㉠ 인공위성을 이용하여 정확한 위치를 알고 있는 위성에서 발사한 전파를 수신하여 관측점까지의 소요시간을 관측하여 관측점의 위치를 구하는 범지구적 위치결정체계이다.
  ㉡ GNSS의 구성 3요소
    • 우주 부분(SS ; Space Segment) : 통신위성들로 구성
    • 제어(관제) 부분(CS ; Control Segment) : 위성의 궤도추적, 제어 수행
    • 사용자 부분(US ; User Segment) : 측량자가 사용하는 수신기

10년간 자주 출제된 문제

1-1. 다음 중 각을 측정할 수 있는 장비에 해당하지 않는 것은?
① 트랜싯
② 데오드라이트
③ 앨리데이드
④ 토털 스테이션

1-2. GNSS의 구성을 3요소로 구분할 때 해당되지 않는 것은?
① 제어 부분
② 우주 부분
③ 사용자 부분
④ 측정 부분

|해설|

1-1
앨리데이드는 평판측량장비이다.

1-2
GNSS는 우주 부분, 제어 부분, 사용자 부분으로 구성된다.

정답 1-1 ③ 1-2 ④

1-2. 측량장비의 구조 및 성능

핵심이론 01 | 수준측량장비(레벨)의 구조 및 성능

① 레벨의 종류 : 자동 레벨, 레이저 레벨, 전자 레벨, 핸드 레벨, 경독식 레벨, 와이 레벨
② 레벨의 구조 : 주로 망원경, 수준기포관 및 지지부로 되어 있고 이것들이 정준장치 위에 얹혀 있어 정준나사에 의하여 기포관의 기포를 중앙에 오게 함으로써 수평시준선을 얻는다.

㉠ 망원경 : 대물 렌즈, 조준 렌즈, 십자선, 접안경
㉡ 기포관 : 기포관은 원통형으로 된 유리관 내에 알코올이나 에테르 등의 액체를 채워 약간의 기포를 남겨 두고 봉한 것으로서 보통 놋쇠관 등으로 감싸고 기포의 위치를 표시하기 위하여 유리관의 위 또는 놋쇠관 등에 눈금이 그려져 있다.

※ 기포관의 구비조건
- 유리관의 질은 오랫동안에 걸쳐 변하지 않을 것
- 액체의 점성 및 표면장력이 작을 것
- 관의 곡률이 일정하고, 곡률 반지름이 클 것
- 기포의 길이는 될 수 있는 한 길어야 할 것
- 동일한 경사 각도에 대하여 기포의 이동이 동일할 것
- 기포의 이동이 민감해야 할 것

㉢ 정준장치
- 수직축을 연직으로 세울 수 있도록 상하의 평행판 사이에 조준나사를 끼워둔 것이다.
- 조준나사의 높이를 가감함으로써 연직축의 경사를 조정할 수 있다.
- 연직축을 바르게 연직으로 세우는 것을 정준이라고 한다.
- 정준나사는 4개(구식) 또는 3개로 되어 있다.

10년간 자주 출제된 문제

레벨의 구조로 옳지 않은 것은?
① 망원경
② 앨리데이드
③ 수준기포관
④ 정준장치

|해설|
앨리데이드는 평판측량의 장비이다.

정답 ②

| 핵심이론 02 | 평판측량장비의 구조 및 성능

① 도판 : 삼각 위에 고정시켜 그 표면에 도지를 깔고 측정한 결과를 그리는 판으로 측판 또는 평판이라고도 한다.
② 삼각 : 도판이 움직이지 못하도록 고정장치이며, 평판측량의 정확도에 큰 영향을 줄 수 있다.
③ 앨리데이드(시준의)

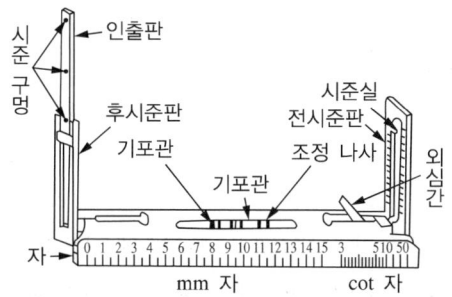

㉠ 평판 위에서 목표물을 시준하여 방향선을 그려서 목표물의 방향을 결정하는 기구이다.
㉡ 도면에 시준선을 그리거나 시준선의 경사측정 및 도판을 수평으로 하는 경우에 이용된다.
㉢ 구조에 따라 보통 앨리데이드와 망원경 앨리데이드가 있다.
 • 보통 앨리데이드 : 윗면에 기포관이, 옆면에 축척이 있는 자의 형태를 가지고 있으며, 양 끝에 접었다 폈다 할 수 있는 전시준판과 후시준판이 있다. 전시준판에서 중앙부의 비어 있는 공간에는 시준사가, 후시준판의 중앙에는 3개의 시준공이 있으며 이것을 이용하여 방향을 결정한다.
 • 망원경 앨리데이드 : 망원경을 부착함으로써 시준거리를 향상시킨 것이다. 버니어가 있는 연직분도원과 스타디아선 등이 있어 스타디아 공식에 의하여 수평거리와 연직거리를 직접 읽을 수 있다.
  ※ 앨리데이드 한 눈금은 두 시준판 간격의 1/100이다.
㉣ 구심기 : 추를 이용하여 지상의 측점과 도면 위의 측점을 같은 연직선에 위치시키는 기구이다.
㉤ 자침기 : 자침을 이용하여 평판의 방향을 정하거나 도면의 방향을 표시할 때 사용한다.
㉥ 측량침 : 도판에 붙인 도면 위의 측점에 세워서 앨리데이드의 방향을 정할 때 사용한다.

10년간 자주 출제된 문제

보통 앨리데이드의 전후 시준판의 안쪽 면에는 두 시준판이 고정된 안쪽 간격의 얼마에 해당하는 눈금이 새겨져 있는가?
① 1/100 ② 1/1
③ 1/50   ④ 1/2

|해설|
앨리데이드 한 눈금은 두 시준판 간격의 1/100이다.

정답 ①

| 핵심이론 03 | 각을 측정할 수 있는 장비의 구조 및 성능 |

① 트랜싯
  ㉠ 수평각과 연직각을 측정하는 정밀한 측량기계이다.
  ㉡ 트랜싯의 3축 : 연직축(V), 수평축(H), 시준축(C)
    ※ 트랜싯의 조정조건
      • 기포관축과 연직축은 직교해야 한다.
      • 시준선과 수평축은 직교해야 한다.
      • 수평축과 연직축은 직교해야 한다.

② 데오드라이트(경위의)
  ㉠ 천문학, 측지학, 항해 등에서 수평과 수직의 각도를 측정하는 데 사용하는 관측기기이며 지적측량에서도 쓰인다.
  ㉡ 망원경이 달린 각을 재는 기계로 경위의는 삼각대 위에 설치하여 중심을 잡는다.
  ㉢ 수평축, 연직축, 시준축 등 오차가 존재하여 기계의 구심과 수평을 잘 맞춰 설치해야 한다.
  ㉣ 데오드라이트를 이용한 측량하는 방법으로는 단측법, 배각법, 방향관측법, 각관측법 등이 있다.

③ 토털 스테이션
  ㉠ 거리와 각을 동시에 관측하여 현장에서 즉시 좌표를 확인함으로써 시공계획에 맞춰 신속한 측량을 할 수 있다.
  ㉡ 수평각, 연직각, 거리를 동시에 관측할 수 있다.
  ㉢ 단점으로는 기기의 조작이 어려워 많은 전문성이 필요하다.

10년간 자주 출제된 문제

3-1. 다음 중 거리와 각을 동시에 관측하여 현장에서 즉시 좌표를 확인함으로써 시공계획에 맞추어 신속한 측량을 할 수 있는 기기는?
① 트랜싯 ② 토털 스테이션
③ 데오드라이트 ④ 전파거리측량기

3-2. 다음 중 트랜싯의 3축에 해당하지 않는 것은?
① 시준축 ② 수평축
③ 상부축 ④ 수직축

|해설|
3-1
토털 스테이션(total station) : 거리와 각(수평각, 연직각)을 동시에 관측하여 현장에서 즉시 좌표를 확인함으로써 시공계획에 맞추어 신속한 측량을 할 수 있다.

3-2
트랜싯의 3축 : 연직축(V), 수평축(H), 시준축(C)

정답 3-1 ② 3-2 ③

| 제2절 | 측량장비의 운영 |

2-1. 측량장비의 조작

| 핵심이론 01 | 레벨의 조작(조정) |

① 레벨의 조건
  ㉠ 기포관축과 연직축은 서로 직교(수직)할 것
    • 기포를 기포관의 중앙에 오게 함으로써 연직축을 연직으로 한다.
    • 기포관축은 어느 방향에 대해서도 수평을 유지하게 된다.
  ㉡ 시준선과 기포관축은 서로 평행할 것
    • 기포를 기포관의 중앙에 오게 하면 시준선은 어느 방향에 대해서도 수평으로 된다.
    • 수준측량은 지점의 표고 혹은 표고차를 구하는 것이 가장 큰 목적이며, 레벨은 이러한 고저차를 구하는 데 이용된다.

② 레벨의 거치
  ㉠ 정준나사를 이용하여 레벨을 수평으로 유지한다.
  ㉡ 경사지에 세울 경우 경사지 위쪽에 삼각대 다리 한 개를 세우고, 아래쪽에 2개를 세운다.

③ 레벨 취급 시 주의사항
  ㉠ 레벨을 상자에서 꺼낼 때 레벨의 고정나사를 느슨하게 한 다음 꺼낸다.
  ㉡ 레벨을 삼각에 부착한 채 운반해서는 안 되며, 부득이한 경우에는 고정나사를 죄고, 양손으로 삼각을 연직상태로 하여 운반한다.
  ㉢ 레벨이 직사광선을 받을 때에는 국부적인 변화를 일으켜 뒤틀려지기에 우산 등으로 가려 직사광선을 피해야 한다.
  ㉣ 레벨을 상자에 넣을 때에는 고정나사를 반드시 죄고 주의하여 넣는다.
    ※ 직접수준측량 시 주의사항
      • 측정자는 반드시 두 눈을 뜨고 관측한다.
      • 측정할 순간에는 반드시 기포가 중앙에 있어야 한다.
      • 표척은 수직으로 세우고, 표척의 상하단을 읽지 않는다.
      • 전시와 후시의 거리를 같게 한다(기차와 구차의 오차를 소거하기 위해).
      • 기계는 연직으로 운반한다.
      • 수준측량은 왕복을 원칙으로 한다.
      • 표척수는 표척을 앞뒤 방향으로 천천히 움직여주고, 기계수는 표척의 가장 작은 눈금을 읽는다.

10년간 자주 출제된 문제

다음 중 레벨의 취급 및 조작 등의 설명으로 옳지 않은 것은?

① 기포관축과 연직축은 서로 직교(수직)해야 한다.
② 정준나사를 이용하여 레벨을 수평으로 유지한다.
③ 레벨은 삼각에 부착한 채 운반해야 한다.
④ 시준선과 기포관축은 서로 평행해야 한다.

|해설|

레벨을 삼각에 부착한 채 운반해서는 안 되며, 부득이한 경우에는 고정나사를 죄고, 양손으로 삼각을 연직 상태로 하여 운반한다.

정답 ③

| 핵심이론 02 | 평판측량장비의 조작

① 평판측량 3요소 : 정준, 구심(치심), 표정
② 평판을 세우는 방법
  ㉠ 정준(수평 맞추기)
    • 평판을 수평으로 하는 것을 의미한다.
    • 앨리데이드의 기포관을 보며 삼각대의 상부 고정나사를 풀어 평판을 지면과 수평이 되도록 한다.
  ㉡ 구심(중심 맞추기)
    • 평판 위에(도상) 표시된 측정점과 지상의 측정점이 같은 연직선 위에 있도록 하는 작업이다.
    • 구심기, 구심추를 이용하여 평판상의 점과 지상의 점을 일치시킨다.
  ㉢ 표정(방향 맞추기)
    • 평판을 일정한 방향으로 맞추는 것을 의미하며, 측량결과에 가장 큰 영향을 준다.
    • 도상의 방향선에 앨리데이드를 일치시킨 후 삼각대의 하부 고정나사를 풀고 도판을 회전시키면서 지상의 방향선과 일치시킨다.
③ 기타
  ㉠ 평판측량 도중 수평이 약간 틀렸을 때 앨리데이드의 수평을 교정하는 데 사용되는 것 : 정준간
  ㉡ 자침 표정 시 방향선 길이는 자침 길이의 반 이하로 하는 게 좋다.
  ㉢ 기지점, 도상기지점의 연직선상 불일치 오차 : 구점까지 거리에 영향을 준다.
  ㉣ 평판이 바른 방향에 표정되지 않을 때 생기는 오차 : 구점까지 방향에 영향을 준다.
  ㉤ 앨리데이드 관측선과 시준면이 평행하지 않을 때의 오차 : 도면선상에 영향을 준다.

10년간 자주 출제된 문제

2-1. 측판을 세우는 데 필요한 3가지 조건으로 옳은 것은?
① 정준, 구심, 표정
② 정위, 구심, 치심
③ 중심, 구심, 표정
④ 표정, 이심, 정준

2-2. 평판 위에(도상) 표시된 측정점과 지상의 측정점이 같은 연직선 위에 있도록 하는 작업을 무엇이라 하는가?
① 구심
② 정위
③ 표정
④ 거치

|해설|
2-1
평판측량 3요소 : 정준, 구심(치심), 표정

2-2
구심(求心, plumbing)
구심기라는 기구를 가지고 지상의 측점을 평판 도면상의 점과 일치시키는 작업으로, 평판을 표정(정준, 구심, 정위)시키는 방법의 하나이다.

정답 2-1 ① 2-2 ①

| 핵심이론 03 | 평판측량의 특징

① 평판측량방법의 종류
  ㉠ 방사법 : 측량할 구역 안에 장애물이 없고 비교적 좁은 구역에 적합하다.
  ㉡ 도선법(전진법) : 측량할 지역 안에 장애물이 많아 방사법이 불가능할 때 적합하다.
  ㉢ 교회법 : 전방교회법, 후방교회법, 측방교회법 세 가지로 분류된다.

② 교회법의 특징
  ㉠ 전방교회법
    • 기지점에서 미지점의 위치를 결정하는 방법이다.
    • 측량지역이 넓고 장애물이 있어서 목표점까지 거리를 측정하기가 곤란한 경우 사용한다.
  ㉡ 후방교회법
    • 기지의 3점으로부터 미지의 점을 구하는 방법이다.
    • 평판은 미지점에 세우고, 기지점을 시준하여 그 방향선을 교차시켜 미지점 위치를 구하려고 할 때 쓰인다.
  ㉢ 측방교회법
    • 전방교회법과 후방교회법을 겸한 방법이다.
    • 기지의 2점 중 한 점에 접근이 곤란한 경우 기지의 2점을 이용하여 미지의 한 점을 구한다.

10년간 자주 출제된 문제

미지점에 측판을 세우고 기지점을 시준한 방향선에 의해 위치를 측정하는 방법은?

① 전방교회법
② 후방교회법
③ 측방교회법
④ 원호교회법

|해설|

교회법
• 전방교회법 : 기지점에서 미지점의 위치를 결정하는 방법
• 후방교회법 : 기지의 3점으로부터 미지의 점을 구하는 방법
• 측방교회법 : 전방교회법과 후방교회법을 겸한 방법으로 기지의 2점 중 한 점에 접근이 곤란한 경우 기지의 2점을 이용하여 미지의 한 점을 구하는 방법

정답 ②

| 핵심이론 04 | 오차의 원인과 처리방법

① 오차의 정의
  ㉠ 참값과 관측값의 차이를 말한다.
  ㉡ 오차의 발생은 자연적인 현상이지만 사용하는 기계의 성능, 관측자의 숙련도 및 관측방법에 따라서 그 정도가 다르게 나타난다.

② 오차의 종류
  ㉠ 정오차 : 일정 조건에서 같은 방향과 같은 크기로 발생하는 오차이다. 오차가 누적되므로 누차, 계통적 오차라고도 한다.
   - 정오차는 자연적인 원인, 기계적 요소, 관측자의 인위적 제한성 등으로 인하여 발생한다.
   - 정오차는 시준축 오차, 수평축 오차, 수직축 오차, 눈금 오차, 시준축 편심 오차가 발생한다.
   - 주로 테이프의 길이가 표준 길이와 다를 경우 발생한다.
   - 경사지를 특정할 때는 테이프가 수평이 되지 않을 경우 발생한다.
   - 거리측정 시의 측정 장력이 표준장력과 다를 경우 발생한다.
  ㉡ 우연오차 : 오차의 부호와 크기가 불규칙적으로 발생하는 오차이다. 관측자가 아무리 주의하여도 소거할 수 없는 오차이지만, 서로 상쇄되기도 하므로 상차 또는 부정오차라고도 한다.
   - 정밀한 기계를 사용하여도 미세한 오차가 발생하며 원인이 명확하지 않다.
   - 온도나 습도가 관측 중에 수시로 변해 불규칙하게 발생하는 오차이다.
   - 최소제곱법의 원리로 배분하여 오차론에서 다루는 오차이다.
   - 우연오차는 측정횟수의 제곱근에 비례하여 증가한다.
   - 테이프의 눈금을 정확히 읽지 못할 경우 발생한다.
  ㉢ 착오 : 대부분 관측자의 부주의와 판단 부족에 의해 발생하는 오차로 과대오차라고도 한다.
   - 착오는 어떠한 부호와 크기 및 발생빈도를 예측할 수 없다.
   - 피로에 의해 관측값을 기록할 때 숫자를 잘못 기재하는 경우 발생한다.
   - 대부분 식별이 가능할 수 있을 정도로 상당히 큰 수로 나타나므로 소거가 편리하다.
  ㉣ 최확값 : 어떤 관측값에서 가장 높은 확률을 가지는 값을 최확값이라 한다.

$$L_0 = \frac{P_1 \cdot l_1 + P_2 \cdot l_2 + P_3 \cdot l_3 + \cdots + P_n \cdot l_n}{P_1 + P_2 + P_3 + \cdots + P_n} = \frac{\sum 경중률 \times 관측값}{\sum 경중률}$$

여기서, P : 경중률
       l : 관측값

◎ 기타 오차

종류	오차의 원인과 처리방법
연직축 오차	• 평반 기포관축이 연직축과 직교하지 않을 때 또는 연직축이 연직선과 일치하지 않을 경우 발생한다. • 조정이 불가능하다.
내심오차	• 수평회전축과 수평분도원의 중심이 일치하지 않을 때 발생한다. • A, B 버니어의 읽음값을 평균한다.
분도원의 눈금오차	• 분도원의 눈금이 정확하지 않을 때 발생한다. • 분도원의 위치를 바꿔가면서 관측횟수를 많게 하여 평균한다(대회법).
시준축 오차	• 시준축과 수평축이 직교하지 않을 때 발생한다. • 망원경을 정·반위로 관측하여 평균값을 취한다.
수평축 오차	• 수평이 연직축과 직교하지 않을 때 발생한다. • 망원경을 정·반위로 관측하여 평균값을 취한다.
외심오차(시준선의 편심오차)	• 망원경의 중심과 회전축이 일치하지 않을 때 발생한다. • 망원경을 정·반위로 관측하여 평균값을 취한다.

10년간 자주 출제된 문제

4-1. 오차의 종류 중 최소제곱법에 의한 확률법칙에 의해 처리가 가능한 것은?
① 누차
② 착오
③ 정오차
④ 우연오차

4-2. 다음 중 경위의 시준축과 수평축이 직교하지 않아 생기는 오차의 처리방법으로 옳은 것은?
① 망원경을 정위, 반위로 측정하여 평균값을 취한다.
② 시계 방향과 반시계 방향에서 측정하여 평균값을 취한다.
③ 두 점 사이의 높이를 같게 하여 측정한다.
④ 연직축과 수평 기포관축과의 직교를 조정한다.

|해설|

4-1
우연오차(부정오차, 상차)
• 오차의 크기와 방향(부호)이 불규칙적으로 발생하는 오차이다.
• 최소제곱법의 원리로 배분하여 오차론에서 다루는 오차이다.
• 우연오차는 측정횟수의 제곱근에 비례한다.

4-2
시준축과 수평축이 직교하지 않을 때 망원경을 정·반위로 관측하여 평균값을 취한다.

정답 4-1 ④ 4-2 ①

CHAPTER 07 지적공부에 관한 사항

제1절 지적공부의 관리

1-1. 지적공부의 종류

핵심이론 01 지적공부의 종류

① 대장
  ㉠ 토지대장 및 임야대장 : 토지조사사업과 임야조사사업의 결과 토지와 임야의 소재, 지번, 지목, 면적, 소유자, 고유번호 등을 등록한 지적공부이다.
  ㉡ 공유지연명부 : 1필지에 대한 토지소유자가 2인 이상인 경우에 소유자에 관한 사항을 별도로 등록하기 위한 공부이다.
  ㉢ 대지권등록부 : 토지대장이나 임야대장에 등록하는 토지가 부동산등기법에 따라 대지권 등기가 되어 있는 경우에는 구분 소유단위별로 소유자에 관한 등기사항을 등록한다.

② 도면
  ㉠ 지적도 및 임야도 : 토지대장에 등록된 토지는 지적도에, 임야대장에 등록된 토지는 임야도에 각 필지의 경계를 정하여 등록한다.
  ㉡ 경계점좌표등록부 : 각 필지의 단위로 경계점의 위치를 평면직각종횡 선수치로 등록·공시하는 지적공부이다.

③ 지적전산자료(지적파일)
  지적공부에 등록한 사항을 전산정보처리조직에 의하여 자기디스크, 자기테이프 그 밖의 이와 유사한 매체에 기록·저장하는 집합물이다.

10년간 자주 출제된 문제

다음 중 지적공부가 아닌 것은?
① 공유지연명부
② 경계점좌표등록부
③ 대지권등록부
④ 일람도

|해설|

지적공부(법 제2조)
토지대장, 임야대장, 공유지연명부, 대지권등록부, 지적도, 임야도 및 경계점좌표등록부 등 지적측량 등을 통하여 조사된 토지의 표시와 해당 토지의 소유자 등을 기록한 대장 및 도면(정보처리시스템을 통하여 기록·저장된 것을 포함한다)을 말한다.

정답 ④

| 핵심이론 02 | 지적전산자료의 이용 등(법 제76조)

① 지적공부에 관한 전산자료(지적전산자료)를 이용하거나 활용하려는 자는 다음의 구분에 따라 국토교통부장관, 시·도지사 또는 지적소관청에 지적전산자료를 신청하여야 한다.
　㉠ 전국 단위의 지적전산자료 : 국토교통부장관, 시·도지사 또는 지적소관청
　㉡ 시·도 단위의 지적전산자료 : 시·도지사 또는 지적소관청
　㉢ 시·군·구(자치구가 아닌 구를 포함한다) 단위의 지적전산자료 : 지적소관청
② 지적전산자료를 신청하려는 자는 대통령령으로 정하는 바에 따라 지적전산자료의 이용 또는 활용 목적 등에 관하여 미리 관계 중앙행정기관의 심사를 받아야 한다. 다만, 중앙행정기관의 장, 그 소속 기관의 장 또는 지방자치단체의 장이 신청하는 경우에는 그러하지 아니하다.
③ 관계 중앙행정기관의 심사를 받지 아니할 수 있는 경우
　㉠ 토지소유자가 자기 토지에 대한 지적전산자료를 신청하는 경우
　㉡ 토지소유자가 사망하여 그 상속인이 피상속인의 토지에 대한 지적전산자료를 신청하는 경우
　㉢ 개인정보 보호법에 따른 개인정보를 제외한 지적전산자료를 신청하는 경우
　㉣ 중앙행정기관의 장, 그 소속 기관의 장 또는 지방자치단체의 장이 신청하는 경우

10년간 자주 출제된 문제

지적전산자료의 이용 또는 활용에 대한 승인권자의 연결이 틀린 것은?

① 전국 단위의 지적전산자료 : 국토교통부장관
② 전국 단위의 지적전산자료 : 지적소관청
③ 시·도 단위의 지적전산자료 : 지적소관청
④ 시·군·구(자치구가 아닌 구를 포함한다)단위의 지적전산자료 : 시·도지사

|해설|
시·군·구 단위의 지적전산자료는 지적소관청에 신청해야 한다.

정답 ④

| 핵심이론 03 | 토지정보시스템

① 토지정보시스템(LIS ; Land Information System)
  ㉠ 토지와 토지의 관련된 자료를 수집하고 토지의 형태와 특성에 대한 기록을 지속적으로 저장·관리하여 토지에 대한 정보를 효율적으로 관리하고, 토지와 관련된 의사결정을 지원하는 정보시스템이다.
  ㉡ 토지정보시스템은 조직과 인력, 자료, 소프트웨어, 하드웨어로 구성되어 있다.
② 한국토지정보시스템(KLIS ; Korea Land Information System)
  ㉠ 토지와 관련된 각종 정보(속성자료 및 공간자료)를 전산화하여 통합적으로 관리하는 시스템으로 행정안전부의 필지중심의 토지정보시스템(PBLIS)과 국토교통부의 토지관리정보시스템(LMIS)을 통합하여 자료의 일관성 확보와 사용자의 편의성을 제고하기 위한 시스템이다.
  ㉡ 한국토지정보시스템은 시·도별로 운영되고 있으며, 시·도별 한국토지정보시스템을 통해 부동산중개업, 부동산개발업, 토지거래 및 개발부담금 등의 관련 민원을 온라인으로 신청할 수 있다.

10년간 자주 출제된 문제

다음 중 토지정보시스템의 약호로 옳은 것은?
① GIS(Geographic Information System)
② CIS(Civil Information System)
③ LIS(Land Information System)
④ MIS(Military Information System)

|해설|
① 지리정보시스템
④ 군사정보시스템

정답 ③

1-2. 지적공부의 비치, 보존

핵심이론 01 | 지적공부의 보존

① 지적공부의 보존 등(법 제69조)
   ㉠ 지적소관청은 해당 청사에 지적서고를 설치하고 그 곳에 지적공부(정보처리시스템을 통하여 기록·저장한 경우는 제외한다)를 영구히 보존하여야 하며, 다음의 어느 하나에 해당하는 경우 외에는 해당 청사 밖으로 지적공부를 반출할 수 없다.
   - 천재지변이나 그 밖에 이에 준하는 재난을 피하기 위하여 필요한 경우
   - 관할 시·도지사 또는 대도시 시장의 승인을 받은 경우
   ㉡ 지적공부를 정보처리시스템을 통하여 기록·저장한 경우 관할 시·도지사, 시장·군수 또는 구청장은 그 지적공부를 지적정보관리체계에 영구히 보존하여야 한다.
   ㉢ 국토교통부장관은 보존하여야 하는 지적공부가 멸실되거나 훼손될 경우를 대비하여 지적공부를 복제하여 관리하는 정보관리체계를 구축하여야 한다.
   ㉣ 지적서고의 설치기준, 지적공부의 보관방법 및 반출승인 절차 등에 필요한 사항은 국토교통부령으로 정한다.

② 지적공부의 보관방법 등(규칙 제66조)
   ㉠ 부책(簿冊)으로 된 토지대장, 임야대장 및 공유지연명부는 지적공부 보관상자에 넣어 보관하고, 카드로 된 토지대장, 임야대장, 공유지연명부, 대지권등록부 및 경계점좌표등록부는 100장 단위로 바인더(binder)에 넣어 보관하여야 한다.
   ㉡ 일람도, 지번색인표 및 지적도면은 지번부여지역별로 도면번호순으로 보관하되, 각 장별로 보호대에 넣어야 한다.
   ㉢ 지적공부를 정보처리시스템을 통하여 기록·보존하는 때에는 그 지적공부를 공공기관의 기록물 관리에 관한 법률에 따라 기록물 관리기관에 이관할 수 있다.

10년간 자주 출제된 문제

지적공부의 보관에 관한 내용이 틀린 것은?

① 부책(簿冊)으로 된 토지대장, 임야대장 등은 지적공부 보관상자에 넣어 보관한다.
② 카드로 된 토지대장, 임야대장 등은 100장 단위로 바인더(binder)에 보관한다.
③ 일람도, 지번색인표 및 지적도면은 지번부여지역별로 도면번호순으로 보관한다.
④ 지적공부를 정보처리시스템을 통하여 기록·보존하는 때에는 지적서고에 보관한다.

|해설|
법률에 따라 기록물 관리기관에 이관할 수 있다.

정답 ④

| 핵심이론 02 | 지적서고의 설치기준 등(규칙 제65조)

① 지적공부의 보존 등에 따른 지적서고는 지적사무를 처리하는 사무실과 연접하여 설치하여야 한다.
② **지적서고의 구조 기준**
  ㉠ 골조는 철근콘크리트 이상의 강질로 할 것
  ㉡ 지적서고의 면적은 다음의 기준면적에 따를 것

[지적서고의 기준면적(규칙 별표 7)]

지적공부 등록 필지 수	지적서고의 기준면적
10만 필지 이하	80m²
10만 필지 초과 20만 필지 이하	110m²
20만 필지 초과 30만 필지 이하	130m²
30만 필지 초과 40만 필지 이하	150m²
40만 필지 초과 50만 필지 이하	165m²
50만 필지 초과	180m²에 60만 필지를 초과하는 10만 필지마다 10m²를 가산한 면적

  ㉢ 바닥과 벽은 2중으로 하고 영구적인 방수설비를 할 것
  ㉣ 창문과 출입문은 2중으로 하되, 바깥쪽 문은 반드시 철제로 하고 안쪽 문은 곤충, 쥐 등의 침입을 막을 수 있도록 철망 등을 설치할 것
  ㉤ 온도 및 습도 자동조절장치를 설치하고, 연중 평균온도는 20±5℃를, 연중 평균습도는 65±5%를 유지할 것
  ㉥ 전기시설을 설치하는 때에는 단독퓨즈를 설치하고 소화장비를 갖춰 둘 것
  ㉦ 열과 습도의 영향을 받지 아니하도록 내부공간을 넓게 하고 천장을 높게 설치할 것
③ **지적서고의 관리기준**
  ㉠ 지적서고는 제한구역으로 지정하고, 출입자를 지적사무담당공무원으로 한정할 것
  ㉡ 지적서고에는 인화물질의 반입을 금지하며, 지적공부, 지적 관계 서류 및 지적측량장비만 보관할 것
④ 지적공부 보관상자는 벽으로부터 15cm 이상 띄워야 하며, 높이 10cm 이상의 깔판 위에 올려놓아야 한다.

10년간 자주 출제된 문제

다음 중 지적서고의 설치 및 관리기준에 대한 설명으로 옳지 않은 것은?

① 지적사무를 처리하는 사무실과 연접하여 설치한다.
② 제한구역으로 지정하고 인화물질의 반입을 금지한다.
③ 출입자는 지적소관청의 직원들로 한정한다.
④ 지적공부, 지적 관계서류 및 지적측량장비만 보관한다.

|해설|
출입자를 지적사무담당공무원으로 한정한다.

정답 ③

핵심이론 03 | 지적정보 전담 관리기구의 설치(법 제70조)

① 국토교통부장관은 지적공부의 효율적인 관리 및 활용을 위하여 지적정보 전담 관리기구를 설치·운영한다.
② 국토교통부장관은 지적공부를 과세나 부동산정책자료 등으로 활용하기 위하여 주민등록전산자료, 가족관계등록전산자료, 부동산등기전산자료 또는 공시지가전산자료 등을 관리하는 기관에 그 자료를 요청할 수 있으며 요청을 받은 관리기관의 장은 특별한 사정이 없으면 그 요청을 따라야 한다.
③ ①에 따른 지적정보 전담 관리기구의 설치·운영에 관한 세부사항은 대통령령으로 정한다.

10년간 자주 출제된 문제

지적공부의 효율적인 관리 및 활용을 위하여 지적정보 전담 관리기구를 설치·운영하는 자는?

① 행정안전부장관
② 국토교통부장관
③ 국토지리정보원장
④ 국가정보원장

|해설|
국토교통부장관은 지적공부의 효율적인 관리 및 활용을 위하여 지적정보 전담 관리기구를 설치·운영한다.

정답 ②

1-3. 지적공부의 복구

핵심이론 01 | 지적공부의 복구

① 지적소관청은 지적공부의 전부 또는 일부가 멸실되거나 훼손된 경우에는 대통령령으로 정하는 바에 따라 지체 없이 이를 복구하여야 한다(법 제74조).
② 지적소관청이 지적공부를 복구할 때에는 멸실·훼손 당시의 지적공부와 가장 부합된다고 인정되는 관계 자료에 따라 토지의 표시에 관한 사항을 복구하여야 한다. 다만, 소유자에 관한 사항은 부동산등기부나 법원의 확정판결에 따라 복구하여야 한다(영 제61조).
③ 지적공부의 복구자료(규칙 제72조)
  ㉠ 지적공부의 등본
  ㉡ 측량결과도
  ㉢ 토지이동정리 결의서
  ㉣ 부동산등기부 등본 등 등기사실을 증명하는 서류
  ㉤ 지적소관청이 작성하거나 발행한 지적공부의 등록내용을 증명하는 서류
  ㉥ 지적공부의 보존 등에 따라 복제된 지적공부
  ㉦ 법원의 확정판결서 정본 또는 사본

10년간 자주 출제된 문제

1-1. 소관청이 지적공부를 복구하는 경우에는 다음 어느 것을 기준으로 복구하는가?
① 현 상태의 토지현황
② 멸실 당시의 공부 상태
③ 작성 당시의 공부 상태
④ 토지조사 당시의 토지현황

1-2. 지적공부를 멸실하여 이를 복구하고자 하는 경우, 지적소관청은 멸실 당시의 지적공부와 가장 부합된다고 인정되는 관계 자료에 의하여 토지의 표시에 관한 사항을 복구하여야 한다. 이때의 복구자료에 해당하지 않는 것은?
① 지적공부의 등본
② 임대계약서
③ 토지이동정리 결의서
④ 측량결과도

|해설|

1-1
지적소관청이 지적공부를 복구할 때에는 멸실·훼손 당시의 지적공부와 가장 부합된다고 인정되는 관계 자료에 따라 토지의 표시에 관한 사항을 복구하여야 한다.

1-2
지적공부의 복구자료
지적공부의 등본, 측량결과도, 토지이동정리 결의서, 부동산등기부 등본 등 등기사실을 증명하는 서류, 지적소관청이 작성하거나 발행한 지적공부의 등록내용을 증명하는 서류, 지적공부의 보존 등에 따라 복제된 지적공부, 법원의 확정판결서 정본 또는 사본

정답 1-1 ② 1-2 ②

| 핵심이론 02 | 지적공부의 복구절차 등(규칙 제73조)

① 지적소관청은 지적공부를 복구하려는 경우에는 복구자료를 조사하여야 한다.
② 지적소관청은 조사된 복구자료 중 토지대장, 임야대장 및 공유지연명부의 등록 내용을 증명하는 서류 등에 따라 지적복구자료 조사서를 작성하고, 지적도면의 등록 내용을 증명하는 서류 등에 따라 복구자료도를 작성하여야 한다.
③ 지적소관청은 복구자료의 조사 또는 복구측량 등이 완료되어 지적공부를 복구하려는 경우에는 복구하려는 토지의 표시 등을 시·군·구 게시판 및 인터넷 홈페이지에 15일 이상 게시하여야 한다.
④ 복구하려는 토지의 표시 등에 이의가 있는 자는 게시기간 내에 지적소관청에 이의신청을 할 수 있다.
⑤ 지적소관청은 ③ 및 ④에 따른 절차를 이행한 때에는 지적복구자료 조사서, 복구자료도 또는 복구측량결과도 등에 따라 토지대장, 임야대장, 공유지연명부 또는 지적도면을 복구하여야 한다.
⑥ 토지대장, 임야대장 또는 공유지연명부는 복구되고 지적도면이 복구되지 아니한 토지가 축척변경 시행지역이나 도시개발사업 등의 시행지역에 편입된 때에는 지적도면을 복구하지 아니할 수 있다.

10년간 자주 출제된 문제

지적공부를 복구하려는 경우에는 복구하려는 토지의 표시 등을 시·군·게시판 및 인터넷 홈페이지에 며칠 이상 게시하여야 하는가?

① 10일
② 15일
③ 20일
④ 25일

|해설|

지적소관청은 복구자료의 조사 또는 복구측량 등이 완료되어 지적공부를 복구하려는 경우에는 복구하려는 토지의 표시 등을 시·군·구 게시판 및 인터넷 홈페이지에 15일 이상 게시하여야 한다.

정답 ②

제2절 지적공부의 등록 및 작성

2-1. 대장의 등록사항 및 제도

핵심이론 01 | 토지대장과 임야대장의 등록사항(법 제71조)

① 토지대장 및 임야대장

토지조사사업과 임야조사사업의 결과 토지와 임야의 소재, 지번, 지목, 면적, 소유자, 고유번호 등을 등록한 지적공부이다.

② 등록사항
  ㉠ 토지의 소재
  ㉡ 지번(임야대장은 숫자 앞에 "산"을 붙임)
  ㉢ 지목
  ㉣ 면적
  ㉤ 소유자의 성명 또는 명칭, 주소 및 주민등록번호(국가, 지방자치단체, 법인, 법인 아닌 사단이나 재단 및 외국인의 경우에는 부동산등기법에 따라 부여된 등록번호를 말한다)
  ㉥ 그 밖에 국토교통부령으로 정하는 사항(규칙 제68조)
  • 토지의 고유번호(각 필지를 서로 구별하기 위하여 필지마다 붙이는 고유한 번호를 말한다)
  • 지적도 또는 임야도의 번호와 필지별 토지대장 또는 임야대장의 장번호 및 축척
  • 토지의 이동사유
  • 토지소유자가 변경된 날과 그 원인
  • 토지등급 또는 기준수확량등급과 그 설정·수정 연월일
  • 개별공시지가와 그 기준일

10년간 자주 출제된 문제

1-1. 다음 중 토지대장의 등록사항이 아닌 것은?
① 지번 ② 지목
③ 경계 ④ 면적

1-2. 토지대장과 임야대장에 등록할 사항이 아닌 것은?
① 토지의 소재 ② 소유권 지분
③ 지번 ④ 면적

|해설|

1-1~1-2
등록사항에는 토지의 소재, 지번, 지목, 면적, 소유자의 성명 또는 명칭, 주소 및 주민등록번호 등이 있다.

정답 1-1 ③ 1-2 ②

핵심이론 02 | 공유지연명부의 등록사항(법 제71조)

① 공유지연명부
   1필지에 대한 토지소유자가 2인 이상인 경우에 소유자에 관한 사항을 별도로 등록하기 위한 공부이다.

② 등록사항
   ㉠ 토지의 소재
   ㉡ 지번
   ㉢ 소유권 지분
   ㉣ 소유자의 성명 또는 명칭, 주소 및 주민등록번호
   ㉤ 그 밖에 국토교통부령으로 정하는 사항(규칙 제68조)
   • 토지의 고유번호
   • 필지별 공유지연명부의 장번호
   • 토지소유자가 변경된 날과 그 원인

10년간 자주 출제된 문제

2-1. 1필지의 토지소유자가 2인 이상인 때 비치하는 장부는?
① 일람도
② 지번색인표
③ 경계점좌표등록부
④ 공유지연명부

2-2. 지적소관청은 1필지의 토지소유자가 최소 몇 인 이상일 때 공유지연명부를 비치하는가?
① 2인
② 3인
③ 4인
④ 5인

2-3. 공유지연명부의 등록사항이 아닌 것은?
① 토지의 소재
② 지목
③ 소유권 지분
④ 토지의 고유번호

|해설|

2-1~2-2
공유지연명부
1필지의 토지소유자가 2인 이상인 경우 그 지분관계를 기록한 것으로, 지적소관청에 의하여 작성되어 비치된다.

2-3
공유지연명부의 등록사항에는 토지의 소재, 지번, 소유권 지분, 소유자의 성명 또는 명칭, 주소 및 주민등록번호 등이 있다.

정답 2-1 ④ 2-2 ① 2-3 ②

| 핵심이론 03 | 대지권등록부의 등록사항(법 제71조)

① 대지권등록부
토지대장이나 임야대장에 등록하는 토지가 부동산등기법에 따라 대지권 등기가 되어 있는 경우에는 구분 소유단위별로 소유자에 관한 등기사항을 등록한다.

② 등록사항
㉠ 토지의 소재
㉡ 지번
㉢ 대지권 비율
㉣ 소유자의 성명 또는 명칭, 주소 및 주민등록번호
㉤ 그 밖에 국토교통부령으로 정하는 사항(규칙 제68조)
- 토지의 고유번호
- 전유부분(專有部分)의 건물표시
- 건물의 명칭
- 집합건물별 대지권등록부의 장번호
- 토지소유자가 변경된 날과 그 원인
- 소유권 지분

10년간 자주 출제된 문제

다음 중 지적법상 토지대장 또는 임야대장에 등록하는 토지가 부동산등기법에 의하여 대지권등기가 된 때에 대지권등록부에 등록하는 사항에 해당하지 않는 것은?

① 토지의 소재
② 대지권 비율
③ 지번
④ 지목

|해설|
대지권등록부의 등록사항에는 토지의 소재, 지번, 대지권 비율, 소유자의 성명 또는 명칭, 주소 및 주민등록번호 등이 있다.

정답 ④

2-2. 도면의 등록사항 및 제도

핵심이론 01 | 지적도 및 임야도의 등록사항(법 제72조)

① 지적도 및 임야도

토지대장에 등록된 토지는 지적도에, 임야대장에 등록된 토지는 임야도에 각 필지의 경계를 정하여 등록한다.

② 등록사항
  ㉠ 토지의 소재
  ㉡ 지번
  ㉢ 지목(두문자 도는 차문자로 기입)
  ㉣ 경계
  ㉤ 그 밖에 국토교통부령으로 정하는 사항(규칙 제69조)
   • 지적도면의 색인도(인접 도면의 연결 순서를 표시하기 위하여 기재한 도표와 번호를 말한다)
   • 지적도면의 제명 및 축척
   • 도곽선(圖廓線)과 그 수치
   • 좌표에 의하여 계산된 경계점 간의 거리(경계점좌표등록부를 갖춰 두는 지역으로 한정한다)
   • 삼각점 및 지적기준점의 위치
   • 건축물 및 구조물 등의 위치

10년간 자주 출제된 문제

1-1. 지적도와 임야도의 등록사항이 아닌 것은?
① 토지의 소재
② 소유권 지분
③ 지적도면의 색인도
④ 지적도면의 제명 및 축척

1-2. 다음 중 지적도의 등록사항이 아닌 것은?
① 지적도면의 색인도
② 지적도면의 제명
③ 도곽선과 그 수치
④ 토지소유자

|해설|

1-1~1-2
지적도와 임야도의 등록사항에는 토지의 소재, 지번, 지목, 경계 등이 있으며, 그 밖에 국토교통부령으로 정하는 사항으로 지적도면의 색인도, 지적도면의 제명 및 축척, 도곽선과 그 수치, 좌표에 의해 계산된 경계점 간 거리, 삼각점 및 지적기준점의 위치, 건축물 및 구조물 등의 위치가 있다.

정답 1-1 ② 1-2 ④

핵심이론 02 | 토지의 이동에 따른 도면의 제도(지적업무처리규정 제46조)

① 토지의 이동으로 지번 및 지목을 제도하는 경우에는 이동 전 지번 및 지목을 말소하고, 새로 설정된 지번 및 지목을 가로쓰기로 제도한다.
② 경계를 말소할 때에는 해당 경계선을 말소한다.
③ 말소된 경계를 다시 등록할 때에는 말소정리 이전의 자료로 원상회복 정리한다.
④ 신규등록, 등록전환 및 등록사항 정정으로 도면에 경계, 지번 및 지목을 새로 등록할 때에는 이미 비치된 도면에 제도한다. 다만, 이미 비치된 도면에 정리할 수 없는 때에는 새로 도면을 작성한다.
⑤ 등록전환할 때에는 임야도의 그 지번 및 지목을 말소한다.
⑥ 필지를 분할할 경우에는 분할 전 지번 및 지목을 말소하고, 분할경계를 제도한 후 필지마다 지번 및 지목을 새로 제도한다.
⑦ 도곽선에 걸쳐 있는 필지가 분할되어 도곽선 밖에 분할경계가 제도된 때에는 도곽선 밖에 제도된 필지의 경계를 말소하고, 그 도곽선 안에 필지의 경계, 지번 및 지목을 제도한다.
⑧ 합병할 때에는 합병되는 필지 사이의 경계, 지번 및 지목을 말소한 후 새로 부여하는 지번과 지목을 제도한다.
⑨ 지번 또는 지목을 변경할 때에는 지번 또는 지목만 말소하고, 새로 설정된 지번 또는 지목을 제도한다.
⑩ 지적공부에 등록된 토지가 바다가 된 때에는 경계, 지번 및 지목을 말소한다.
⑪ 행정구역이 변경된 때에는 변경 전 행정구역선과 그 명칭 및 지번을 말소하고, 변경 후의 행정구역선과 그 명칭 및 지번을 제도한다.
⑫ 도시개발사업, 축척변경 등의 시행지역으로서 시행 전과 시행 후의 도면축척이 같고 시행 전 도면에 등록된 필지의 일부가 사업지구 안에 편입된 때에는 이미 비치된 도면에 경계, 지번 및 지목을 제도하거나, 남아 있는 일부 필지를 포함하여 도면을 작성한다. 다만, 도면과 확정측량결과도의 도곽선 차이가 0.5mm 이상인 경우에는 확정측량결과도에 따라 새로이 도면을 작성한다.
⑬ 도시개발사업, 축척변경 등의 완료로 새로 도면을 작성한 지역의 종전도면의 지구 안의 지번 및 지목을 말소한다.

10년간 자주 출제된 문제

토지의 이동에 따른 도면의 제도에 대한 내용으로 옳은 것은?
① 지목을 변경하는 경우 지번 및 지목을 말소하고 그 상단에 기재한다.
② 경계를 말소하는 경우 교차선을 1cm 간격으로 제도한다.
③ 등록전환의 경우에는 임야도의 당해 지번 및 지목을 말소하고 그 내부를 청색으로 엷게 채색한다.
④ 합병의 경우 합병되는 경계, 지번 및 지목을 말소하고 새로운 지번 및 지목을 제도한다.

|해설|
① 지목을 변경하는 경우에는 지목만 말소하고 그 윗부분에 새로이 설정된 지목을 제도한다.
② 경계를 말소할 때에는 해당 경계선을 말소한다.
③ 등록전환할 때에는 임야도의 그 지번 및 지목을 말소한다.

정답 ④

2-3. 경계점좌표등록부의 등록사항 및 제도

핵심이론 01 | 경계점좌표등록부의 등록사항(법 제73조)

① 경계점좌표등록부 : 각 필지의 단위로 경계점의 위치를 평면직각종횡선 수치로 등록·공시하는 지적공부이다.
② 지적소관청은 도시개발사업 등에 따라 새로이 지적공부에 등록하는 토지에 대하여는 다음의 사항을 등록한 경계점좌표등록부를 작성하고 갖춰 두어야 한다.
  ㉠ 토지의 소재
  ㉡ 지번
  ㉢ 좌표
  ㉣ 그 밖에 국토교통부령으로 정하는 사항(규칙 제71조)
   • 토지의 고유번호
   • 지적도면의 번호
   • 필지별 경계점좌표등록부의 장번호
   • 부호 및 부호도
③ 경계점좌표등록부를 갖춰 두는 토지는 지적확정측량 또는 축척변경을 위한 측량을 실시하여 경계점을 좌표로 등록한 지역의 토지로 한다.

10년간 자주 출제된 문제

1-1. 다음 중 경계점좌표등록부의 등록사항에 해당하지 않는 것은?
① 지번
② 지목
③ 토지의 소재
④ 좌표

1-2. 경계점좌표등록부의 등록사항이 아닌 것은?
① 토지의 고유번호
② 지적도면의 번호
③ 필지별 경계점좌표등록부의 장번호
④ 삼각점 및 지적기준점의 위치

|해설|
1-1~1-2
경계점좌표등록부의 등록사항에는 토지의 소재, 지번, 좌표 등이 있으며, 그 밖에 국토교통부령으로 정하는 사항으로 토지의 고유번호, 지적도면의 번호, 필지별 경계점좌표등록부의 장번호, 부호 및 부호도 등이 있다.

정답 1-1 ② 1-2 ④

CHAPTER 08 토지의 이동신청 및 지적정리

제1절 이동지 정리

1-1. 대장정리

핵심이론 01 지적공부의 정리 등(영 제84조, 규칙 제98조)

① 지적소관청은 지적공부가 다음의 어느 하나에 해당하는 경우에는 지적공부를 정리하여야 한다. 이 경우 이미 작성된 지적공부에 정리할 수 없을 때에는 새로 작성하여야 한다.
  ㉠ 지번을 변경하는 경우
  ㉡ 지적공부를 복구하는 경우
  ㉢ 신규등록, 등록전환, 분할, 합병, 지목변경 등 토지의 이동이 있는 경우
② 지적소관청은 토지의 이동이 있는 경우에는 토지이동정리 결의서를 작성하여야 하고, 토지소유자의 변동 등에 따라 지적공부를 정리하려는 경우에는 소유자정리 결의서를 작성하여야 한다.
③ 토지이동정리 결의서의 작성은 토지대장, 임야대장, 경계점좌표등록부별로 구분하여 작성하며, 토지이동신청서 또는 도시개발사업 등의 완료신고서 등을 첨부해야 한다.
④ 소유자정리 결의서의 작성은 등기필증, 등기사항증명서 또는 그 밖에 토지소유자가 변경되었음을 증명하는 서류를 첨부하여야 한다.
⑤ 지적공부 등의 정리(지적업무처리규정 제63조)
  ㉠ 지적공부 등의 정리에 사용하는 문자·기호 및 경계는 따로 규정을 둔 사항을 제외하고 정리사항은 검은색, 도곽선과 그 수치 및 말소는 붉은색으로 한다.
  ㉡ 지적확정측량, 축척변경 및 지번변경에 따른 토지이동의 경우를 제외하고는 폐쇄 또는 말소된 지번을 다시 사용할 수 없다.
  ㉢ 토지의 이동에 따른 도면정리는 예시 2의 도면정리(지적업무처리규정 [별첨 2])에 따른다. 이 경우 정보처리시스템을 이용하여 저장된 도면을 이용하여 지적측량을 한 때에는 측량성과 파일에 따라 지적공부를 정리할 수 있다.
⑥ 지적업무정리부 등의 정리(지적업무처리규정 제64조)
  ㉠ 지적소관청은 토지의 이동 또는 소유자의 변경 등으로 지적공부를 정리하고자 하는 때에는 지적업무정리부와 소유자정리부에 그 처리내용을 기재하여야 한다.
  ㉡ 지적업무정리부는 토지의 이동 종목별로, 소유자정리부는 소유권보존·이전 및 기타로 구분하여 기재한다. 다만, 부동산종합공부시스템을 통하여 정보를 확인 및 출력할 수 있으면 지적업무정리부와 소유자정리부의 별도 기재 없이 출력물로 대체할 수 있다.

10년간 자주 출제된 문제

1-1. 다음 중 이동지 정리에 수반하여 지적도를 정리하여야 할 경우에 해당하는 것은?
① 경계의 변동이 없는 면적 오류정정을 하는 경우
② 토지분할 또는 토지합병을 할 때
③ 소유권이 변경된 경우
④ 사유지가 공공용지로 변경될 때

1-2. 지적소관청이 지적공부를 정리하여야 하는 경우가 아닌 것은?
① 지적공부를 복구하는 경우
② 토지의 이동이 있는 경우
③ 지번을 변경하는 경우
④ 토지대장의 등본을 교부하는 경우

1-3. 지적공부의 정리 시 검은색을 사용할 수 없는 사항은?
① 경계
② 행정구역선
③ 지번, 지목의 말소
④ 지번, 지목의 주기

1-4. 지적공부의 정리 시 검은색으로 하는 것은?
① 도곽선
② 도곽선 수치
③ 말소사항
④ 문자 정리사항

| 해설 |

1-1~1-2
지적공부 복구, 지번의 변경, 신규등록, 등록전환, 분할, 합병, 지목변경 등 토지의 이동이 있는 경우 지적공부를 정리해야 한다.

1-3~1-4
지적공부 등의 정리에 사용하는 문자·기호 및 경계는 따로 규정을 둔 사항을 제외하고 정리사항은 검은색, 도곽선과 그 수치 및 말소는 붉은색으로 한다.

정답 1-1 ② 1-2 ④ 1-3 ③ 1-4 ④

핵심이론 02 | 토지의 신규등록, 등록전환

① 토지를 신규등록하는 경우

　㉠ 토지의 표시
　　• 지번 : 인접 토지의 본번에 부번을 붙여 부여하는 것을 원칙으로 한다.
　　• 축척 : 신규등록 대상토지의 인접 토지와 동일한 축척으로 한다.
　　• 경계, 좌표, 면적 : 지적소관청이 측량하여 지적공부에 등록한다.
　　※ 지적측량 실시 → 좌표와 면적 결정 → 토지(임야)대장과 지적도면 작성

　㉡ 소유자
　　• 신규등록하는 토지의 소유자는 지적소관청이 직접 조사하여 등록한다.
　　• 소유권취득에 관한 증빙서류가 없는 경우에는 무주의 부동산으로 보아 소유자를 "국(國)"으로 등록한다.
　　• 아직 소유권보존등기가 이루어지지 않은 상태이므로 지적공부 정리 후 등기촉탁을 하지 않는다.

② 토지를 등록전환하는 경우

　㉠ 토지의 표시
　　• 지번 : 인접 토지의 본번에 부번을 붙여 부여하는 것을 원칙으로 한다.
　　• 축척 : 신규등록 대상토지의 인접 토지와 동일한 축척으로 한다.
　　• 경계, 좌표 : 지적소관청이 측량하여 지적공부에 등록한다.
　　• 면적 : 임야대장의 면적과 등록전환될 면적의 차이가 오차 허용범위 이내인 경우에는 등록전환될 면적을 등록전환 면적으로 결정하고, 허용범위를 초과하는 경우에는 임야대장의 면적 또는 임야도의 경계를 지적소관청이 직권으로 정정한다.
　　※ 경계와 면적은 반드시 지적측량을 실시한다.

　㉡ 소유자
　　• 소유권에 관한 사항은 임야대장에 등록된 사항을 토지대장에 옮겨 등록한다.
　　• 지적측량을 하여 등록전환을 한 후에 임야대장과 임야도의 등록을 말소한다.
　　• 등록전환이 완료되면 지적소관청은 관할 등기소에 부동산표시변경등기를 촉탁한다.

10년간 자주 출제된 문제

토지를 신규등록하는 경우 지적정리의 설명으로 옳지 않은 것은?

① 지번은 인접 토지의 본번에 부번을 붙여 부여하는 것을 원칙으로 한다.
② 축척은 신규등록 대상토지의 인접 토지와 동일한 축척으로 한다.
③ 경계, 좌표, 면적은 지적소관청이 측량하여 지적공부에 등록한다.
④ 지적공부 정리 후 등기촉탁한다.

|해설|

신규등록하는 토지는 아직 소유권보존등기가 이루어지지 않은 상태이므로 지적공부 정리 후 등기촉탁을 하지 않는다.

정답 ④

핵심이론 03 | 토지의 분할, 합병

① 토지를 분할하는 경우
  ㉠ 토지의 표시
   - 지번 : 분할의 경우에는 분할 후의 필지 중 1필지의 지번은 분할 전의 지번으로 하고, 나머지 필지의 지번은 본번의 최종 부번 다음 순번으로 부여한다.
   - 경계, 좌표 : 지적소관청이 측량하여 지적공부에 등록한다.
   - 면적 : 임야대장의 면적과 등록전환될 면적의 차이가 오차 허용범위 이내인 경우에는 등록전환될 면적을 등록전환 면적으로 결정하고, 허용범위를 초과하는 경우에는 임야대장의 면적 또는 임야도의 경계를 지적소관청이 직권으로 정정하여야 한다.
  ㉡ 소유자
   소유권의 표시사항은 분할 전의 대장에 등록된 사항을 새로이 작성하여 대장에 옮겨서 등록한다(종전 소유자 그대로).

② 토지를 합병하는 경우
  ㉠ 토지의 표시
   - 지번 : 선순위 지번을 사용한다.
   - 경계, 좌표 : 경계는 말소처리하여 삭제하고, 좌표는 합병으로 사용하지 않게 된 좌표만 말소한다.
   - 면적 : 토지를 합병하면 합병 전의 경계가 말소되고, 면적은 합병 전의 각 필지의 면적을 합산하여 합병 후 새로운 면적으로 한다.
   ※ 합병할 때에는 측량하여 면적과 경계를 결정하지 아니하고 도면 위에서 처리한다.
  ㉡ 소유자
   - 소유자가 동일한 토지만 합병이 가능하므로 합병 후의 소유자에 관한 사항은 합병 전에 대장에 등록된 그대로 등록한다.
   - 지적소관청은 지적공부를 정리한 경우 지체 없이 관할 등기관서에 그 등기를 촉탁해야 한다.

10년간 자주 출제된 문제

토지를 분할을 하였을 때 지적공부에 새로이 이동정리를 해야 할 토지 표시사항은?

① 지목, 면적, 소유자
② 지번, 면적, 경계
③ 지번, 소유자, 경계
④ 지번, 소유자, 면적

|해설|
토지를 분할하는 경우 지번, 경계, 좌표, 면적 등을 표시한다.

정답 ②

| 핵심이론 04 | 토지의 축척변경, 지목변경

① 축척을 변경하는 경우(영 제74조, 제78조)
  ㉠ 청산금의 납부 및 지급이 완료되면 지적소관청은 지체 없이 축척변경의 확정공고를 하여야 한다.
  ㉡ 확정공고를 하였을 때는 축척변경에 따라 확정된 사항을 지적공부에 등록하고, 관할 등기소에 토지표시변경 등기촉탁을 하여야 한다.
  ㉢ 지적공부의 등록기준
   • 토지대장 : 확정공고된 축척변경의 지번별 조서에 따를 것
   • 지적도 : 확정측량결과도 또는 경계점좌표에 따를 것
  ㉣ 축척변경시행지역의 토지는 확정공고일에 토지이동이 있는 것으로 본다.
  ㉤ 지적소관청은 축척변경 시행기간 중에는 축척변경 시행지역의 지적공부정리, 경계복원측량은 축척변경 확정공고일까지 정지하여야 한다(단, 축척변경위원회의 의결이 있는 경우는 정지하지 않을 수 있다).

② 지목변경
  ㉠ 지적측량을 필요로 하지 않으며, 토지이동조사에 의하여 토지표시사항을 결정한다.
  ㉡ 토지대장과 지적도의 지목만 변경하여 등록한다.
  ㉢ 지적공부 정리 후 지적소관청은 관할 등기관서에 토지의 표시변경등기를 촉탁하여야 한다.
   ※ 지목 하나만 바뀌고 바뀌는 것 없음
  ㉣ 등록전환을 하여야 할 토지 중 목장용지, 과수원 등 일단의 면적이 크거나 토지대장등록지로부터 거리가 멀어서 등록전환하는 것이 부적당하다고 인정되는 경우에는 임야대장등록지에서 지목변경을 할 수 있다(지적업무처리규정 제53조).

10년간 자주 출제된 문제

토지를 지목변경하는 경우의 정리사항으로 옳지 않은 것은?

① 지목변경을 하기 위해서는 지적측량이 필요하다.
② 지목변경에 대한 사실을 확인하기 위해 토지이동조사를 실시해야 한다.
③ 지목변경 시 지번, 면적, 경계, 소유권의 변경사항은 없다.
④ 일시적이고 임시적인 사용목적의 변경은 지목변경이 불가능하다.

|해설|
지목변경은 지적측량을 필요로 하지 않는다.

정답 ①

핵심이론 05 | 등록말소, 행정구역 명칭 변경

① 바다가 된 토지의 등록을 말소하는 경우
  ㉠ 토지소유자의 신청에 의하거나 직권으로 말소한다.
  ㉡ 토지소유자가 등록말소 신청 통지를 받은 날부터 90일 이내에 등록말소 신청을 하지 않는 경우에는 소관청이 직권으로 말소한다.
  ㉢ 말소한 토지가 지형의 변화 등으로 다시 토지로 된 경우에는 그 지적측량성과 및 등록말소 당시의 지적공부 등 관계 자료에 의하여 회복등록한다.
  ㉣ 지적공부의 등록사항을 말소 또는 회복등록한 때에는 그 정리결과를 토지소유자 및 당해 공유수면의 관리청에 통지하여야 한다.
  ㉤ 1필지 중 일부가 바다가 된 경우에는 분할측량을 한 후 바다로 된 부분만을 말소하고, 1필지의 전부가 바다로 된 경우에는 측량할 필요가 없다.
  ㉥ 지적공부의 등록사항을 말소하는 경우에 지적공부정리 신청수수료 및 지적측량수수료를 토지소유자에게 징수할 수 없다.

② 행정구역의 명칭 변경의 경우(법 제85조)
  ㉠ 행정구역의 명칭이 변경되면 등록된 토지는 새로운 행정구역의 명칭으로 변경된다.
  ㉡ 지번부여지역의 일부가 다른 지번부여지역에 속하게 되면 지적소관청은 새로 속하게 된 지번부여지역의 지번을 부여한다.

10년간 자주 출제된 문제

바다가 된 토지의 등록을 말소하는 경우의 지적공부 정리로 옳지 않은 것은?

① 토지소유자의 신청 없이 소관청이 직권으로 말소한다.
② 말소한 토지가 지형의 변화 등으로 다시 토지로 된 경우에는 그 지적측량성과 및 등록말소 당시의 지적공부 등 관계 자료에 의하여 회복등록한다.
③ 1필지 중 일부가 바다가 된 경우에는 분할측량을 한 후 바다로 된 부분만을 말소하고, 1필지의 전부가 바다로 된 경우에는 측량할 필요가 없다.
④ 지적공부의 등록사항을 말소하는 경우에 지적공부정리 신청수수료 및 지적측량수수료를 토지소유자에게 징수할 수 없다.

|해설|
토지소유자가 등록말소 신청 통지를 받은 날부터 90일 이내에 등록말소 신청을 하지 않는 경우에는 지적소관청이 직권으로 말소한다.

정답 ①

| 핵심이론 06 | 등기촉탁 및 지적정리 등의 통지

① 등기촉탁(법 제89조)
  ㉠ 지적소관청은 다음의 사유로 토지의 표시 변경에 관한 등기를 할 필요가 있는 경우에는 지체 없이 관할 등기관서에 그 등기를 촉탁해야 한다. 이 경우 등기촉탁은 국가가 국가를 위해 하는 등기로 본다.
  ㉡ 등기촉탁의 사유
    • 직권으로 토지의 이동정리(신규등록 제외)하는 경우
    • 지적공부에 등록된 지번을 변경하는 경우
    • 바다로 된 토지의 등록을 말소하는 경우
    • 축척을 변경하는 경우
    • 등록사항의 오류를 직권으로 정정하는 경우
    • 행정구역의 개편에 따라 지번을 새로 부여하는 경우

② 지적정리 등의 통지(법 제90조)
  ㉠ 지적소관청이 다음에 따라 지적공부에 등록하거나 지적공부를 복구 또는 말소하거나 등기촉탁을 하였으면 해당 토지소유자에게 통지해야 한다. 다만, 통지받을 자의 주소나 거소를 알 수 없는 경우에는 일간신문, 해당 시·군·구의 공보 또는 인터넷홈페이지에 공고해야 한다.
  ㉡ 통지 사유
    • 토지이동이 있는 경우 직권소관청이 직권으로 조사·측량해 결정하는 경우
    • 지적공부에 등록된 지번을 변경하는 경우
    • 지적공부를 복구한 경우
    • 바다로 된 토지의 등록말소를 직권으로 하는 경우
    • 등록사항의 오류를 직권으로 정정하는 경우
    • 행정구역의 개편에 따라 지번을 새로 부여하는 경우
    • 도시개발사업, 농어촌정비사업 등에 따른 토지이동 신청을 사업시행자가 한 경우
    • 직권소관청이 토지소유자의 신청을 대위한 경우
    • 지적소관청이 토지의 표시변경에 관한 등기촉탁을 한 경우
  ㉢ 지적소관청이 토지소유자에게 지적정리 등을 통지해야 하는 시기(영 제85조)
    • 토지의 표시에 관한 변경등기가 필요한 경우 : 그 등기완료의 통지서를 접수한 날부터 15일 이내
    • 토지의 표시에 관한 변경등기가 필요하지 않은 경우 : 지적공부에 등록한 날부터 7일 이내

10년간 자주 출제된 문제

6-1. 공간정보관리법상 등기촉탁의 사유에 해당하지 않는 경우는?

① 직권으로 토지의 이동정리(신규등록 제외)하는 경우
② 지적공부에 등록된 지번을 변경하는 경우
③ 바다로 된 토지의 등록을 말소하는 경우
④ 지적공부를 복구한 경우

6-2. 지적소관청이 토지 표시의 변경에 관한 등기를 관할 등기소에 촉탁할 필요가 없는 경우는?

① 지적도의 축척을 변경하였을 때
② 행정구역 개편으로 새로이 지번을 정하였을 때
③ 신청에 의한 신규등록을 하였을 때
④ 지적소관청의 직권에 의거하여 지목변경하였을 때

|해설|

6-1~6-2
등기촉탁의 사유(법 제89조)
- 직권으로 토지의 이동정리(신규등록 제외)하는 경우
- 지적공부에 등록된 지번을 변경하는 경우
- 바다로 된 토지의 등록을 말소하는 경우
- 축척을 변경하는 경우
- 등록사항의 오류를 직권으로 정정하는 경우
- 행정구역의 개편에 따라 지번을 새로 부여하는 경우

정답 6-1 ④　6-2 ③

1-2. 도면정리

핵심이론 01 | 경계점좌표등록부의 정리(지적업무처리규정 제47조)

① 부호도의 각 필지의 경계점부호는 왼쪽 위에서부터 오른쪽으로 경계를 따라 아라비아숫자로 연속하여 부여한다. 이 경우 토지의 빈번한 이동정리로 부호도가 복잡한 경우에는 아래 여백에 새로 정리할 수 있다.
② 분할된 경우의 부호도 및 부호에는 새로 결정된 경계점의 부호를 그 필지의 마지막 부호 다음 번호부터 부여하고, 다른 필지로 된 경계점의 부호도, 부호 및 좌표는 말소하여야 하며, 새로 결정된 경계점의 좌표를 다음 란에 정리한다.
③ 분할 후 필지의 부호도 및 부호의 정리는 ①의 내용을 준용한다.
④ 합병된 때에는 존치되는 필지의 경계점좌표등록부에 합병되는 필지의 좌표를 정리하고 부호도 및 부호를 새로 정리한다. 이 경우 부호는 마지막 부호 다음부호부터 부여하고, 합병으로 인하여 필요 없게 된 경계점(일직선상에 있는 경계점을 말한다)의 부호도, 부호 및 좌표를 말소한다.
⑤ 합병으로 인하여 필지가 말소된 때에는 경계점좌표등록부의 부호도, 부호 및 좌표를 말소한다. 이 경우 말소된 경계점좌표등록부도 지번순으로 함께 보관한다.
⑥ 등록사항 정정으로 경계점좌표등록부를 정리할 때에는 ①~⑤까지 규정을 준용한다.
⑦ 부동산종합공부시스템에 따라 경계점좌표등록부를 정리할 때에는 ①~⑥까지를 적용하지 아니할 수 있다.

10년간 자주 출제된 문제

1-1. 다음 중 경계점좌표등록부의 정리방법 기준에 대한 설명으로 옳은 것은?
① 부호도의 각 필지의 경계점부호는 왼쪽 위에서부터 오른쪽으로 경계를 따라 부여한다.
② 합병으로 존치되는 필지의 부호도는 그대로 유지한다.
③ 합병으로 인하여 말소된 필지의 경계점좌표등록부는 폐기한다.
④ 토지대장에 등록된 토지는 경계점좌표등록부를 작성할 수 없다.

1-2. 다음 중 경계점좌표등록부의 정리방법으로 옳지 않은 것은?
① 부호도의 각 필지의 경계점부호는 아라비아숫자로 연속하여 부여한다.
② 토지의 빈번한 이동정리로 부호도가 복잡한 경우에 각 필지의 경계점부호는 아래 여백에 새로이 정리할 수 있다.
③ 부호도의 각 필지의 경계점부호는 오른쪽 위에서부터 왼쪽으로 경계를 따라 부여한다.
④ 분할된 경우의 부호도 및 부호에는 새로이 결정된 경계점의 부호를 그 필지의 마지막 부호 다음 번호부터 부여한다.

|해설|
1-1
①·② 부호도의 각 필지의 경계점부호는 왼쪽 위에서부터 오른쪽으로 경계를 따라 아라비아숫자로 연속하여 부여한다. 이 경우 토지의 빈번한 이동정리로 부호도가 복잡한 경우에는 아래 여백에 새로 정리할 수 있다(지적업무처리규정 제47조).
③ 합병으로 인하여 필지가 말소된 때에는 경계점좌표등록부의 부호도, 부호 및 좌표를 말소한다. 이 경우 말소된 경계점좌표등록부도 지번순으로 함께 보관한다(지적업무처리규정 제47조).
④ 지적소관청은 도시개발사업 등에 따라 새로이 지적공부에 등록하는 토지에 대하여는 토지의 소재, 지번, 좌표, 그 밖에 국토교통부령으로 정하는 사항을 등록한 경계점좌표등록부를 작성하고 갖춰 두어야 한다(법 제73조).

1-2
부호도의 각 필지의 경계점부호는 왼쪽 위에서부터 오른쪽으로 경계를 따라 아라비아숫자로 연속하여 부여한다.

정답 1-1 ① 1-2 ③

핵심이론 02 | 토지이동정리 결의서 및 소유자정리 결의서 작성(지적업무처리규정 제65조)

지적소관청은 토지의 이동이 있는 경우에는 토지이동정리 결의서를 작성하여야 하고, 토지소유자의 변동 등에 따라 지적공부를 정리하려는 경우에는 소유자정리 결의서를 작성하여야 한다(영 제84조).

① 토지이동정리 결의서의 작성기준

증감란의 면적과 지번수가 늘어난 경우에는 (+)로, 줄어든 경우에는 (−)로 기재한다.

㉠ 지적공부정리종목은 토지이동종목별로 구분하여 기재한다.
㉡ 토지소재, 이동 전·이동 후 및 증감란은 읍·면·동 단위로 지목별로 작성한다.
㉢ 신규등록은 이동 후란에 지목·면적 및 지번수를, 증감란에는 면적 및 지번수를 기재한다.
㉣ 등록전환은 이동 전란에 임야대장에 등록된 지목·면적 및 지번수를, 이동 후란에 토지대장에 등록될 지목·면적 및 지번수를, 증감란에는 면적을 기재한다. 이 경우 등록전환에 따른 임야대장 및 임야도의 말소정리는 등록전환 결의서에 따른다.
㉤ 분할 및 합병은 이동 전·후란에 지목 및 지번수를, 증감란에 지번수를 기재한다.
㉥ 지목변경은 이동 전란에 변경 전의 지목·면적 및 지번수를, 이동 후란에 변경 후의 지목·면적 및 지번수를 기재한다.
㉦ 지적공부등록말소는 이동 전, 증감란에 지목·면적 및 지번수를 기재한다.
㉧ 축척변경은 이동 전란에 축척변경 시행 전 토지의 지목·면적 및 지번수를, 이동 후란에 축척이 변경된 토지의 지목·면적 및 지번수를 기재한다. 이 경우 축척변경완료에 따른 종전 지적공부의 폐쇄정리는 축척변경 결의서에 따른다.
㉨ 등록사항 정정은 이동 전란에 정정 전의 지목·면적 및 지번수를, 이동 후란에 정정 후의 지목·면적 및 지번수를, 증감란에는 면적 및 지번수를 기재한다.
㉩ 도시개발사업 등은 이동 전란에 사업 시행 전 토지의 지목·면적 및 지번수를, 이동 후란에 확정된 토지의 지목·면적 및 지번수를 기재한다. 이 경우 도시개발사업 등의 완료에 따른 종전 지적공부의 폐쇄정리는 도시개발사업 등 결의서에 따른다.

② 소유자정리 결의서의 작성기준

㉠ 토지소재, 소유권보존, 소유권이전 및 기타란은 읍·면·동별로 기재한다.
㉡ 정리일자는 소유자정리 결의일부터 정리완료일까지 기재한다.
㉢ 정리자는 업무담당자로 하고 확인자는 지적업무담당으로 한다.
㉣ 소유자정리 결과에 따라 접수, 정리, 기정리 및 불부합통지로 구분·기재한다.
  ※ 등기전산정보자료에 따라 소유자를 정리하는 경우에는 생략할 수 있다.

10년간 자주 출제된 문제

2-1. 소관청이 관련 규정에 의하여 신규등록, 등록전환, 분할 등의 토지이동이 있는 경우 작성하여야 하는 것은?
① 토지이동정리 결의서
② 공유지연명부
③ 경계점좌표등록부
④ 소유자정리 결의서

2-2. 신규등록에 따른 토지이동정리 결의서 작성의 이동 후란에 기재사항이 아닌 것은?
① 소유자
② 지목
③ 면적
④ 지번수

|해설|

2-1
지적소관청은 토지의 이동이 있는 경우에는 토지이동정리 결의서를 작성하여야 한다. 토지이동정리 결의서는 증감란의 면적과 지번수가 늘어난 경우에는 (+)로, 줄어든 경우에는 (−)로 기재한다.

2-2
신규등록은 이동 후란에 지목·면적 및 지번수를, 증감란에는 면적 및 지번수를 기재한다.

정답 2-1 ① 2-2 ①

| 핵심이론 03 | 도시개발 등의 사업신고(지적업무처리규정 제58조)

① 지적소관청은 도시개발사업 등의 착수(시행) 또는 변경신고가 있는 때에는 다음에 따라 처리한다.
  ㉠ 확인사항
   • 지번별조서와 지적공부등록사항과의 부합 여부
   • 지번별조서, 지적(임야)도와 사업계획도와의 부합 여부
   • 착수 전 각종 집계의 정확 여부
  ㉡ ㉠에 따라 서류의 확인이 완료된 때에는 지체 없이 지적공부에 그 사유를 정리하여야 한다.
② 지적소관청은 도시개발사업 등의 완료신고가 있는 때에는 다음에 따라 처리한다.
  ㉠ 확인사항
   • 확정될 토지의 지번별조서와 면적측정부 및 환지계획서의 부합 여부
   • 종전토지의 지번별조서와 지적공부등록사항 및 환지계획서의 부합 여부
   • 측량결과도 또는 경계점좌표와 새로이 작성된 지적도와의 부합 여부
   • 종전토지 소유명의인 동일 여부 및 종전토지 등기부에 소유권등기 이외의 다른 등기사항이 없는지 여부
   • 그 밖에 필요한 사항
  ㉡ ㉠에 따른 서류의 확인이 완료된 때에는 확정될 토지의 지번별조서에 따라 토지대장을, 측량성과에 따라 경계점좌표등록부 등을 작성한다. 이 경우 토지대장에 등록하는 소유자의 성명 또는 명칭과 등록번호 및 주소는 환지계획서에 따르되, 소유자의 변동일자와 변동원인은 다음에 따라 정리한다.
   • 소유자변동일자 : 환지처분 또는 사업준공 인가일자(환지처분을 아니할 경우에만 해당한다)
   • 소유자변동원인 : 환지 또는 지적확정(환지처분을 아니하는 경우에만 해당한다)
  ㉢ 지적공부의 작성이 완료된 때에는 새로 지적공부가 확정 시행됨을 7일 이상 시·군·구 게시판 또는 홈페이지 등에 게시한다.
  ㉣ 도시개발사업 등의 완료로 인하여 폐쇄되는 지적공부는 폐쇄사유를 그 지적공부에 정리하고 별도로 영구 보관한다.

10년간 자주 출제된 문제

도시개발사업 등에 의하여 지적공부의 작성이 완료된 때에는 새로 지적공부가 확정 시행됨을 며칠 이상 시·군·구 게시판 또는 홈페이지 등에 게시하여야 하는가?

① 7일
② 14일
③ 21일
④ 30일

|해설|
지적공부의 작성이 완료된 때에는 새로 지적공부가 확정 시행됨을 7일 이상 시·군·구 게시판 또는 홈페이지 등에 게시한다.

정답 ①

제2절 소유권 정리

2-1. 미등기소유권 정리

핵심이론 01 미등기토지의 소유자정정 등(지적업무처리규정 제61조)

① 적용대상 토지
　㉠ 미등기토지로서 소유자의 정정에 관한 사항과 토지조사 당시에 사정 또는 재결 등에 따라 대장에 소유자는 등록하였으나, 소유자의 주소가 등록되어 있지 아니한 토지와 종전 지적법 시행령(대통령령 제497호 1951.4.1 제정)에 따라 국유지를 매각·교환 또는 양여하여 취득한 토지(이하 국유지의 취득이라 한다)의 소유자주소가 대장에 등록되어 있지 아니한 미등기토지로 한다.
　㉡ 단, 소유권확인청구의 소에 따른 확정판결이 있었거나, 이에 관한 소송이 법원에 진행 중인 토지는 제외한다.
② 미등기토지의 소유자주소를 대장에 등록하고자 하는 때에는 사정·재결 또는 국유지의 취득 당시 최초 주소를 등록한다.
③ 지적소관청은 미등기토지의 소유자정정 등에 관한 신청이 있는 때에는 14일 이내에 다음의 사항을 확인하여 처리하여야 한다.
　㉠ 적용대상토지 여부
　㉡ 대장상 소유자와 가족관계등록부, 제적부에 등재된 자와의 동일인 여부
　㉢ 적용대상토지에 대한 확정판결이나 소송의 진행 여부
　㉣ 첨부서류의 적합 여부
　㉤ 그 밖에 지적소관청이 필요하다고 인정되는 사항
④ 지적소관청은 미등기토지의 소유자정정을 위한 조사를 할 때에는 기간을 정하여 신청인에게 필요한 자료의 제출 또는 보완을 요구할 수 있다.
⑤ 지적소관청은 대장에 소유자의 주소 등을 등록한 때에는 지체 없이 신청인에게 그 내용을 통지하여야 한다.

10년간 자주 출제된 문제

지적소관청이 미등기토지의 소유자정정 등에 관한 신청이 있는 때에 확인해야 할 사항으로 옳지 않은 것은?
① 적용대상토지 여부
② 대장상 소유자와 등기필증에 등재된 자와의 동일인 여부
③ 적용대상토지에 대한 확정판결이나 소송의 진행 여부
④ 첨부서류의 적합 여부

|해설|
대장상 소유자와 가족관계등록부, 제적부에 등재된 자와의 동일인 여부

정답 ②

2-2. 기등기소유권 정리

핵심이론 01 | 토지소유자의 정리(법 제88조)

① 지적공부에 등록된 토지소유자의 변경사항은 등기관서에서 등기한 것을 증명하는 등기필증, 등기완료통지서, 등기사항증명서 또는 등기관서에서 제공한 등기전산정보자료에 따라 정리한다. 다만, 신규등록하는 토지의 소유자는 지적소관청이 직접 조사해 등록한다.

② 국유재산법에 따른 총괄청이나 중앙관서의 장이 소유자 없는 부동산에 대한 소유자 등록을 신청하는 경우 지적소관청은 지적공부에 해당 토지의 소유자가 등록되지 아니한 경우에만 등록할 수 있다.

③ 등기부에 적혀 있는 토지의 표시가 지적공부와 일치하지 않으면 토지소유자를 정리할 수 없다. 이 경우 토지의 표시와 지적공부가 일치하지 않다는 사실을 관할 등기관서에 통지해야 한다.

④ 지적소관청은 필요하다고 인정하는 경우에는 관할 등기관서의 등기부를 열람하여 지적공부와 부동산등기부가 일치하는지 여부를 조사·확인해야 하며, 일치하지 않는 사항을 발견하면 등기사항증명서 또는 등기관서에서 제공한 등기전산정보자료에 따라 지적공부를 직권으로 정리하거나, 토지소유자나 그 밖의 이해관계인에게 그 지적공부와 부동산등기부가 일치하게 하는 데에 필요한 신청 등을 하도록 요구할 수 있다.

⑤ 지적소관청 소속 공무원이 지적공부와 부동산등기부의 부합 여부를 확인하기 위해 등기부를 열람하거나, 등기사항증명서의 발급을 신청하거나, 등기전산정보자료의 제공을 요청하는 경우 그 수수료는 무료로 한다.

10년간 자주 출제된 문제

지적소관청이 지적공부에 등록된 토지소유자의 변경사항 정리 시 등기관서에서 등기한 것을 증명하는 자료에 해당하지 않는 것은?

① 등기필증
② 등기필증사본
③ 등기완료통지서
④ 등기사항증명서

|해설|

지적공부에 등록된 토지소유자의 변경사항은 등기필증, 등기완료통지서, 등기사항증명서 또는 등기관서에서 제공한 등기전산정보자료에 따라 정리한다.

정답 ②

| 핵심이론 02 | 소유자정리(지적업무처리규정 제60조) |

① 대장의 소유자변동일자 정리
  ㉠ 등기필통지서, 등기필증, 등기부 등본·초본 또는 등기관서에서 제공한 등기전산정보자료의 경우 : 등기접수일자
  ㉡ 미등기토지소유자에 관한 정정신청의 경우와 지적공부에 해당 토지의 소유자가 등록되지 않은 토지를 국유재산법에 따른 총괄청이나 중앙관서의 장이 소유자등록을 신청하는 경우 : 소유자정리결의일자
  ㉢ 공유수면 매립준공에 따른 신규등록의 경우 : 매립준공일자
② 주소, 성명, 명칭의 변경 또는 경정 및 소유권이전 등이 같은 날짜에 등기가 된 경우의 지적공부정리는 등기접수 순서에 따라 모두 정리하여야 한다.
③ 소유자의 주소가 토지소재지와 같은 경우에도 등기부와 일치하게 정리한다. 다만, 등기관서에서 제공한 등기전산정보자료에 따라 정리하는 경우에는 등기전산정보자료에 따른다.
④ 지적소관청이 소유자에 관한 사항이 대장과 부합되지 아니하는 토지소유자를 정리할 때에는 위의 ①~③까지와 소유자정리 결의서 작성을 준용하며, 토지소유자 등 이해관계인이 등기부 등본·초본 등에 따라 소유자정정을 신청하는 경우에는 소유자정정 신청서를 제출하여야 한다.
⑤ 국토교통부장관은 등기관서로부터 법인 또는 재외국민의 부동산등기용등록번호 정정통보가 있는 때에는 정정 전 등록번호에 따라 토지소재를 조사하여 시·도지사에게 그 내용을 통지하여야 한다. 이 경우 시·도지사는 지체 없이 그 내용을 해당 지적소관청에 통지하여야 한다.
⑥ 소유자등록사항 중 토지이동과 함께 소유자가 결정되는 신규등록, 도시개발사업 등의 환지 등록 시에는 토지이동업무 처리와 동시에 소유자를 정리하여야 한다.

10년간 자주 출제된 문제

대장의 소유자정리 시 공유수면 매립준공에 의한 신규등록의 경우 소유자 변동일자는?

① 매립허가일자
② 등기접수일자
③ 매립준공일자
④ 등기교부일자

|해설|
공유수면 매립준공에 따른 신규등록의 경우에는 매립준공일자로 정리한다.

정답 ③

2013~2016년	과년도 기출문제	회독 CHECK 1 2 3
2017~2023년	과년도 기출복원문제	회독 CHECK 1 2 3
2024년	최근 기출복원문제	회독 CHECK 1 2 3

PART 02

과년도 + 최근 기출복원문제

#기출유형 확인   #상세한 해설   #최종점검 테스트

2013년 제1회 과년도 기출문제

01 평판 위에(도상) 표시된 측정점과 지상의 측정점이 같은 연직선 위에 있도록 하는 작업을 무엇이라 하는가?

① 구심 ② 정위
③ 표정 ④ 거치

해설
구심(求心, plumbing) : 구심기라는 기구를 가지고 지상의 측점을 평판 도면상의 점과 일치시키는 작업으로, 평판을 표정(정준, 구심, 정위)시키는 방법의 하나이다.

02 임야대장 및 임야도에 등록된 토지를 토지대장 및 지적도에 옮겨 등록하는 것을 무엇이라 하는가?

① 신규등록
② 등록전환
③ 지목변경
④ 과세지정

해설
① 신규등록 : 새로 조성된 토지와 지적공부에 등록되어 있지 아니한 토지를 지적공부에 등록하는 것을 말한다.
③ 지목변경 : 지적공부에 등록된 지목을 다른 지목으로 바꾸어 등록하는 것을 말한다.

03 세부측량을 하는 경우 필지마다 면적을 측정하여야 하는 대상이 아닌 것은?

① 신규등록 ② 등록전환
③ 분할 ④ 등록말소

해설
면적측정의 대상(지적측량 시행규칙 제19조)
㉠ 세부측량을 하는 경우 다음의 어느 하나에 해당하면 필지마다 면적을 측정하여야 한다.
  1. 지적공부의 복구, 신규등록, 등록전환, 분할 및 축척변경을 하는 경우
  2. 면적 또는 경계를 정정하는 경우
  3. 도시개발사업 등으로 인한 토지의 이동에 따라 토지의 표시를 새로 결정하는 경우
  4. 경계복원측량 및 지적현황측량에 면적측정이 수반되는 경우
㉡ ㉠에도 불구하고 경계복원측량과 지적현황측량을 하는 경우에는 필지마다 면적을 측정하지 아니한다.

04 지번색인표에 등재하여야 할 사항이 아닌 것은?

① 축척 ② 도면번호
③ 지번 ④ 결번

해설
지번색인표의 등재사항(지적업무처리규정 제37조)
㉠ 제명
㉡ 지번·도면번호 및 결번

정답 1 ① 2 ② 3 ④ 4 ①

05 토지에 관한 모든 표시사항을 지적공부에 등록해야만 공식적인 효력이 인정되는 것과 관련한 토지등록의 원리는?

① 국정주의
② 형식주의
③ 공개주의
④ 형식적 심사주의

해설
① 국정주의 : 지적에 관한 사항, 즉 토지의 소재, 지번, 지목, 면적, 경계(좌표) 등은 국가만이 결정·등록할 수 있는 권한을 가진다는 이념이다.
③ 공개주의 : 지적공부에 등록된 사항은 토지소유자나 이해관계인 등 기타 일반 국민들에게 공개하여 누구나 정당하게 이용할 수 있게 해야 한다는 이념이다.
④ 형식적 심사주의는 없다.

06 면적을 측정하는 경우 도곽선의 길이에 최소 얼마 이상의 신축이 있을 때 이를 보정하여야 하는가?

① 0.4mm
② 0.5mm
③ 0.6mm
④ 0.7mm

해설
면적을 측정하는 경우 도곽선의 길이에 0.5mm 이상의 신축이 있을 때에는 이를 보정하여야 한다.

07 가장 오래된 역사를 가지고 있는 최초의 지적제도로 지적공부의 여러 가지 등록사항 중 세금 결정에 직접 관련이 있는 면적과 토지 등급을 정확하게 측정하고 조사하는 것이 가장 중요시되었던 지적제도는?

① 세지적
② 법지적
③ 다목적 지적
④ 소유지적

해설
발전단계에 의한 지적제도의 분류
• 세지적 : 토지의 가격을 조사하여 세금을 징수하기 위한 것을 말한다. 가장 오래된 역사를 가지고 있는 최초의 지적으로 지적공부의 여러 가지 등록사항 중 면적과 토지등급을 정확하게 측정하고 조사하는 것이 중요시되는 지적제도이다.
• 법지적 : 토지과세 및 토지거래의 안전을 도모하고, 토지소유권 보호 등을 주요 목적으로 하며 소유지적이라고도 한다. 토지의 등록사항이 정확하지 못할 경우 발생하는 손해에 대하여 선의의 제3자를 보호하는 데 주목적이 있다.
• 다목적 지적 : 1필지를 단위로 토지 관련 기본적인 정보를 계속하여 즉시 이용이 가능하도록 종합적으로 제공하여 주는 제도이며 일명 종합지적이라고도 한다. 토지에 관한 많은 자료를 신속·정확하게 제공하고 관리하는 제도이다.

08 신규등록에 의한 토지의 이동이 있어 지적공부를 정리하여야 하는 경우 지적소관청이 작성하여야 하는 것은?

① 토지이동정리 결의서
② 신규등록정리 결의서
③ 등기부등본정리 결의서
④ 부동산등기부 결의서

해설
지적공부의 정리 등(영 제84조)
㉠ 지적소관청은 지적공부가 다음의 어느 하나에 해당하는 경우에는 지적공부를 정리하여야 한다. 이 경우 이미 작성된 지적공부에 정리할 수 없을 때에는 새로 작성하여야 한다.
 1. 지번을 변경하는 경우
 2. 지적공부를 복구하는 경우
 3. 신규등록, 등록전환, 분할, 합병, 지목변경 등 토지의 이동이 있는 경우
㉡ 지적소관청은 ㉠에 따른 토지의 이동이 있는 경우에는 토지이동정리 결의서를 작성하여야 하고, 토지소유자의 변동 등에 따라 지적공부를 정리하려는 경우에는 소유자정리 결의서를 작성하여야 한다.

09 지번에 대한 설명으로 틀린 것은?

① 토지의 특정성을 보장하기 위한 요소이다.
② 토지의 식별에 쓰인다.
③ 지번은 시·군 또는 이에 준하는 지역단위로 부여한다.
④ 토지의 지리적 위치의 고정성을 확보하기 위하여 부여한다.

> **해설**
> 지번은 지적소관청이 지번부여지역(지번을 부여하는 단위지역으로서 동·리 또는 이에 준하는 지역)별로 차례대로 부여한다(법 제66조).
> **지번의 개념**
> • 필지에 부여하여 지적공부에 등록한 번호이다.
> • 지번은 호적에서 사람의 이름과 같다.
> • 토지의 개별성을 확보하기 위하여 붙이는 번호이다.
> • 토지의 특정성을 보장하기 위한 요소이다.
> • 토지의 식별에 쓰인다.
> • 지번은 지적소관청이 지번부여지역별로 차례대로 부여한다.
> • 토지의 지리적 위치의 고정성을 확보하기 위하여 부여한다.

10 다음 중 지적소관청의 정의로 옳은 것은?

① 지적공부를 관리하는 특별자치시장, 시장·군수 또는 구청장을 말한다.
② 시·도의 지역전산본부를 말한다.
③ 지번을 부여하는 단위지역으로 시·군을 말한다.
④ 지적측량을 주관하는 시행·관리 및 감독자를 말한다.

> **해설**
> **지적소관청(법 제2조)**
> 지적공부를 관리하는 특별자치시장, 시장·군수 또는 구청장을 말한다.

11 지적공부에 등록된 사항은 토지소유자나 이해관계인 등 일반 국민에게 신속·정확하게 공개하여 정당하게 이용할 수 있도록 해야 한다는 원리는?

① 국정주의
② 형식주의
③ 공개주의
④ 실질적 심사주의

> **해설**
> **공개주의** : 토지에 관한 등록사항을 지적공부에 등록하여 이를 국가만이 사용하는 것이 아니라 일반인에게 공시하여 토지소유자는 물론 이해관계자 및 누구나 이용할 수 있도록 토지의 등록사항을 항상 공개할 수 있도록 하는 것이다.

12 도곽선 수치는 원점으로부터 얼마를 가산하는가? (단, 제주도지역을 고려하지 않는다)

① 종선 500,000m, 횡선 500,000m
② 종선 500,000m, 횡선 200,000m
③ 종선 200,000m, 횡선 500,000m
④ 종선 200,000m, 횡선 200,000m

> **해설**
> 세계측지계에 따르지 아니하는 지적측량의 경우에는 가우스상사이중투영법으로 표시하되, 직각좌표계 투영원점의 가산(加算)수치를 각각 X(N) 500,000m(제주도지역 550,000m), Y(E) 200,000m로 하여 사용할 수 있다.

정답 9 ③ 10 ① 11 ③ 12 ②

13 축척 1/500 지역의 일반원점지역에서 지적도 한 장에 포용되는 면적은 얼마인가?

① 30,000m² ② 50,000m²
③ 120,000m² ④ 300,000m²

해설

지적도의 축척에 따른 도상 및 지상길이, 포용면적

축척	도상길이(mm)	지상길이(m)	포용면적(m²)
1/500	300 × 400	150 × 200	30,000
1/1000	300 × 400	300 × 400	120,000
1/600	333.33 × 416.67	200 × 250	50,000
1/1200	333.33 × 416.67	400 × 500	200,000
1/2400	333.33 × 416.67	800 × 1,000	800,000
1/3000	400 × 500	1,200 × 1,500	1,800,000
1/6000	400 × 500	2,400 × 3,000	7,200,000

14 공유지연명부의 등록사항에 해당하지 않는 것은?

① 토지의 소재
② 토지의 고유번호
③ 소유자의 성명
④ 대지권 비율

해설

공유지연명부의 등록사항(법 제71조)
㉠ 토지의 소재
㉡ 지번
㉢ 소유권 지분
㉣ 소유자의 성명 또는 명칭, 주소 및 주민등록번호
㉤ 그 밖에 국토교통부령으로 정하는 사항(규칙 제68조)
  1. 토지의 고유번호
  2. 필지별 공유지연명부의 장번호
  3. 토지소유자가 변경된 날과 그 원인

15 지목의 설정방법 및 기준으로 틀린 것은?

① 토지가 일시적으로 사용되는 용도가 바뀐 경우 즉시 지목을 변경하여야 한다.
② 토지이용현황에 의한 지목의 유형은 28가지로 구분하여 정한다.
③ 필지마다 하나의 지목을 설정한다.
④ 필지가 둘 이상의 용도로 활용되는 경우에는 주된 용도에 따라 지목을 설정한다.

해설

토지가 일시적 또는 임시적인 용도로 사용될 때에는 지목을 변경하지 아니한다(일시변경 불변의 법칙).

16 오늘날의 토지대장과 같은 조선시대의 토지등록장부는?

① 도적 ② 장적
③ 전적 ④ 양안

해설

양안(量案) : 조선시대 조세 부과를 목적으로 전지(田地)를 측량하여 만든 토지등록장부로서 오늘날의 토지대장에 해당한다.

17 지적기준점 중 직경 3mm의 원 안에 십자선을 표시하여 제도하는 것은?

① 1등삼각점 ② 지적삼각점
③ 지적삼각보조점 ④ 지적도근점

해설

지적기준점 등의 제도(지적업무처리규정 제43조)
지적삼각점 및 지적삼각보조점은 직경 3mm의 원으로 제도한다. 이 경우 지적삼각점은 원 안에 십자선을 표시한다.

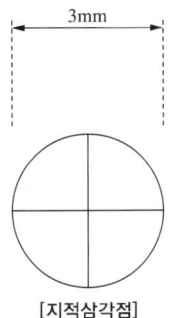

[지적삼각점]

18 지적공부의 복구자료가 아닌 것은?

① 지적공부의 등본
② 측량결과도
③ 측량준비도
④ 토지이동정리 결의서

해설

지적공부의 복구자료(규칙 제72조)
㉠ 지적공부의 등본
㉡ 측량결과도
㉢ 토지이동정리 결의서
㉣ 토지(건물)등기사항증명서 등 등기사실을 증명하는 서류
㉤ 지적소관청이 작성하거나 발행한 지적공부의 등록내용을 증명하는 서류
㉥ 지적공부의 보존 등에 따라 복제된 지적공부
㉦ 법원의 확정판결서 정본 또는 사본

19 다음 중 토지소유자가 지적소관청으로부터 통지를 받은 날부터 90일 이내에 해당 내용에 대한 신청을 하지 않는 경우, 지적소관청이 직권으로 그 지적공부의 등록사항을 말소할 수 있는 경우는?

① 토지의 용도가 대지로 변경된 경우
② 홍수에 의하여 토지의 경계를 변경하여야 하는 경우
③ 지형의 변화로 토지가 바다로 되어 원상으로 회복할 수 없는 경우
④ 화재로 인하여 건물이 소실된 경우

해설

바다로 된 토지의 등록말소 신청(법 제82조)
㉠ 지적소관청은 지적공부에 등록된 토지가 지형의 변화 등으로 바다로 된 경우로서 원상(原狀)으로 회복될 수 없거나 다른 지목의 토지로 될 가능성이 없는 경우에는 지적공부에 등록된 토지소유자에게 지적공부의 등록말소 신청을 하도록 통지하여야 한다.
㉡ 지적소관청은 ㉠에 따른 토지소유자가 통지를 받은 날부터 90일 이내에 등록말소 신청을 하지 아니하면 지적소관청이 직권으로 그 지적공부의 등록사항을 말소한다.

20 축척 1/1200 지역에서 원면적이 400m²의 토지를 분할하는 경우 분할 후의 각 필지의 면적의 합계와 분할 전 면적과의 오차의 허용범위는?

① ±32m² ② ±18m²
③ ±16m² ④ ±13m²

해설

오차 허용면적
$A = 0.026^2 M\sqrt{F}$
$= 0.026^2 \times 1200 \sqrt{400}$
$= \pm 16.224 m^2$
$\fallingdotseq \pm 16 m^2$
여기서, M : 축척분모
F : 원면적

21 다음 중 각 측정에 이용할 수 없는 것은?

① 트랜싯 ② 레벨
③ 토털 스테이션 ④ 데오돌라이트

해설

레벨은 수준측량에 사용되는 장비이다.

22 도곽선의 제도방법이 옳은 것은?

① 도면에 등록하는 도곽선은 0.3mm 폭으로 제도한다.
② 도곽 좌표를 파선으로 연결한다.
③ 도곽은 붉은색의 직선으로 제도한다.
④ 도면의 아래 방향을 북쪽으로 한다.

해설

① 도면에 등록하는 도곽선은 0.1mm 폭으로 제도한다.
② 도곽의 구획은 좌표의 원점을 기준으로 하여 정하되, 그 도곽의 종횡선 수치는 좌표의 원점으로부터 기산하여 종횡선 수치를 각각 가산한다.
④ 도면의 위방향은 항상 북쪽이 되어야 한다.

23 일반 원점지역에서 축척이 1/1200인 도곽선의 지상 규격은?[단, 종선×횡선(m)임]

① 150×200m ② 200×250m
③ 300×400m ④ 400×500m

해설
지적도의 축척에 따른 도상 및 지상길이, 포용면적

축척	도상길이(mm)	지상길이(m)	포용면적(m²)
1/500	300×400	150×200	30,000
1/1000	300×400	300×400	120,000
1/600	333.33×416.67	200×250	50,000
1/1200	333.33×416.67	400×500	200,000
1/2400	333.33×416.67	800×1,000	800,000
1/3000	400×500	1,200×1,500	1,800,000
1/6000	400×500	2,400×3,000	7,200,000

24 지적공부에 등록된 2필지 이상을 1필지로 합하여 등록하는 것을 무엇이라 하는가?

① 합병 ② 분할
③ 등록전환 ④ 지목변경

해설
② 분할 : 지적공부에 등록된 1필지를 2필지 이상으로 나누어 등록하는 것을 말한다.
③ 등록전환 : 임야대장 및 임야도에 등록된 토지를 토지대장 및 지적도에 옮겨 등록하는 것을 말한다.
④ 지목변경 : 지적공부에 등록된 지목을 다른 지목으로 바꾸어 등록하는 것을 말한다.

25 신규등록할 토지가 있는 경우, 그 사유가 발생한 날부터 최대 며칠 이내에 지적소관청에 신규등록을 신청하여야 하는가?

① 7일 ② 15일
③ 30일 ④ 60일

해설
신규등록 신청(법 제77조)
토지소유자는 신규등록할 토지가 있으면 대통령령으로 정하는 바에 따라 그 사유가 발생한 날부터 60일 이내에 지적소관청에 신규등록을 신청하여야 한다.

26 지적도와 임야도에 등록하는 도곽선의 폭은 얼마로 제도하여야 하는가?

① 0.1mm ② 0.2mm
③ 0.3mm ④ 0.5mm

해설
도면에 등록하는 도곽선은 0.1mm의 폭으로, 도곽선의 수치는 도곽선 왼쪽 아랫부분과 오른쪽 윗부분의 종횡선교차점 바깥쪽에 2mm 크기의 아라비아숫자로 제도한다(지적업무처리규정 제38조).

27 전자면적측정기에 따른 면적측정의 방법 및 기준이 틀린 것은?(단, M : 축척분모, F : 2회 측정한 면적의 합계를 2로 나눈 수)

① 측정면적은 1/1000m²까지 계산하여 1/10m² 단위로 정한다.
② 교차의 허용면적(A) 기준은 $0.023^2 \times M \times \sqrt{F}$ 이내이다.
③ 산출면적은 1/100m²까지 계산하여 1m² 단위로 정한다.
④ 도상에서 2회 측정하여 그 교차가 허용면적 이하일 때에는 그 평균치를 측정면적으로 한다.

해설
전자면적측정기에 따른 면적측정(지적측량 시행규칙 제20조)
㉠ 도상에서 2회 측정하여 그 교차가 다음 계산식에 따른 허용면적 이하일 때에는 그 평균치를 측정면적으로 할 것
$A = 0.023^2 M\sqrt{F}$
여기서, A : 허용면적
　　　　M : 축척분모
　　　　F : 2회 측정한 면적의 합계를 2로 나눈 수
㉡ 측정면적은 1/1000m²까지 계산하여 1/10m² 단위로 정할 것

정답 23 ④ 24 ① 25 ④ 26 ① 27 ③

28 지적도면에서 등록하는 지목의 부호가 틀린 것은?

① 종교용지 – 교
② 유원지 – 원
③ 과수원 – 과
④ 공장용지 – 장

해설
종교용지는 '종'으로 표기한다.
※ 지목표기 시 두문자가 아닌 차문자로 표기하는 지목은 공장용지, 주차장, 하천, 유원지이다.

29 삼각형에서 각 A, B, C의 크기와 변의 길이 a가 주어졌을 때 변의 길이 b를 구하는 식으로 옳은 것은?

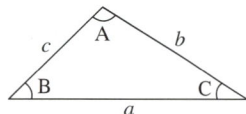

① $\dfrac{a \times \cos B}{\cos A}$
② $\dfrac{a \times \cos A}{\cos B}$
③ $\dfrac{a \times \sin B}{\sin A}$
④ $\dfrac{a \times \sin A}{\sin B}$

해설
정현비례식(sin 법칙)
$\dfrac{a}{\sin A} = \dfrac{b}{\sin B} = \dfrac{c}{\sin C}$
$b = \dfrac{a \times \sin B}{\sin A}$

30 다음 중 경계의 결정원칙에 해당하는 것은?

① 축척종대의 원칙
② 주지목 추종의 원칙
③ 평등배분의 원칙
④ 일시변경의 원칙

해설
경계 결정의 원칙
- 경계국정주의 원칙 : 지적공부에 등록하는 경계는 국가 지적측량을 통하여 결정한다.
- 경계직선주의 원칙 : 경계는 실제 모습대로 표시하지 않고 최단거리 직선으로 연결표시한다.
- 경계불가분의 원칙 : 경계는 선이므로 위치와 길이만 있을 뿐 너비는 없는 것이다.
- 축척종대의 원칙 : 동일한 경계가 축척이 다른 도면에 각각 등록되어 있을 때에는 축척이 큰 도면의 경계에 따른다는 원칙을 말한다.
- 부동성의 원칙 : 경계는 한번 정하여지면 적법절차에 의하지 않고서는 움직이지 않는다.

31 다음의 지번부여방법 중 부여 단위에 따른 분류에 해당하지 않는 것은?

① 지역단위법
② 도엽단위법
③ 단지단위법
④ 북서기번법

해설
북서기번법은 기번 위치에 따른 지번부여방법이다.
설정 단위에 따른 지번부여방법
- 지역단위법 : 지번부여지역 전체를 대상으로 번호를 부여하는 방식이다.
- 도엽단위법 : 지번부여지역을 지적도 또는 임야도의 도엽별로 세분하여 도엽의 순서에 따라 순차적으로 지번을 부여하는 방법이다.
- 단지단위법 : 지적도면의 배열에 관계없이 몇 필의 토지가 1개의 집단을 형성하고 있는 1단지마다 연속지번이 끝나면 다른 단지로 옮겨가는 방식을 말한다.

32 신라의 토지면적 측정에 관한 설명이다. ( ) 안에 들어갈 내용으로 옳은 것은?

> 신라는 결부제에 의하여 토지면적을 측정하였는데 사방 1보(步)가 되는 넓이를 1파(把), 10파를 1속(束)으로 하고, 사방 10보(步)를, 즉 10속(束)을 ( )로 하는 10진법을 사용하였다.

① 1부(負)
② 1총(總)
③ 1결(結)
④ 1평(坪)

해설
결부제 : 전지(田地)의 면적을 결부의 단위로 측량하는 것으로 1파를 최소의 면적단위로 10파를 1속, 10속을 1부, 100부를 1결로 하는 10진법의 면적계량 방식을 사용한 것이다.

33 다목적 지적에 대한 설명으로 틀린 것은?

① 1필지를 단위로 토지 관련 정보를 종합적으로 등록하는 제도이다.
② 토지에 관한 물리적 현황은 물론 법률적·재정적·경제적 정보를 포괄하는 제도이다.
③ 토지에 관한 많은 자료를 신속·정확하게 토지정보를 제공하고 관리하는 제도이다.
④ 지표면상의 물리적 현상만을 등록하는 것으로 2차원 지적이라고도 한다.

해설
다목적 지적(정보지적)
- 토지에 관한 많은 자료를 신속·정확하게 토지정보를 제공하고 관리하는 제도이다.
- 1필지를 단위로 토지 관련 정보를 종합적으로 등록하는 제도이다.
- 토지에 관한 물리적 현황은 법률적·재정적·경제적 정보를 포괄하는 제도이다.
- 토지에 대한 평가, 과세 거래, 이용계획, 지하시설물과 공공시설물 및 토지통계 등에 관한 정보를 공동으로 활용하기 위하여 최근에 개발된 제도이다.

34 지적측량의 계산 및 결과 작성에 사용하는 소프트웨어는 누가 정하는가?

① 행정안전부장관
② 국토교통부장관
③ 국토지리정보원장
④ 지식경제부장관

해설
지적측량의 계산 및 결과 작성에 사용하는 소프트웨어는 국토교통부장관이 정한다(지적측량 시행규칙 제7조).

35 지적측량 중 기초측량에 해당하지 않는 것은?

① 지적삼각점측량
② 지적도근점측량
③ 지적도근보조점측량
④ 지적삼각보조점측량

해설
기초측량 : 지적삼각점측량, 지적삼각보조점측량, 지적도근점측량

36 다음 중 지적공부에 해당하지 않는 것은?

① 토지대장
② 임야대장
③ 공유지연명부
④ 지번색인도

해설
지적공부(법 제2조)
토지대장, 임야대장, 공유지연명부, 대지권등록부, 지적도, 임야도 및 경계점좌표등록부 등 지적측량 등을 통하여 조사된 토지의 표시와 해당 토지의 소유자 등을 기록한 대장 및 도면(정보처리시스템을 통하여 기록·저장된 것을 포함한다)을 말한다.

37 축척변경 시행지역의 토지는 언제를 기준으로 토지의 이동이 있는 것으로 보는가?

① 축척변경 시행공고일
② 축척변경에 따른 청산금 납부통지일
③ 축척변경 확정공고일
④ 축척변경에 따른 청산금 공고일

해설
축척변경 시행지역의 토지는 확정공고일에 토지의 이동이 있는 것으로 본다(영 제78조).

38 평판측량방법에 따른 세부측량을 교회법으로 하는 경우의 방법 기준으로만 옳게 나열된 것은?

① 도선교회법, 후방교회법
② 후방교회법, 전방교회법
③ 전방교회법, 측방교회법
④ 측방교회법, 도선교회법

해설
평판측량방법에 따른 세부측량을 교회법으로 하는 경우의 기준(지적측량 시행규칙 제18조)
㉠ 전방교회법 또는 측방교회법에 따를 것
㉡ 3방향 이상의 교회에 따를 것
㉢ 방향각의 교각은 30° 이상 150° 이하로 할 것
㉣ 방향선의 도상길이는 측판의 방위표정에 사용한 방향선의 도상길이 이하로서 10cm 이하로 할 것. 다만, 광파조준의 또는 광파측거기를 사용하는 경우에는 30cm 이하로 할 수 있다.
㉤ 측량결과 시오(示誤)삼각형이 생긴 경우 내접원의 지름이 1mm 이하일 때에는 그 중심을 점의 위치로 할 것

39 지적도와 임야도의 등록사항이 아닌 것은?

① 토지의 소재
② 소유권 지분
③ 지적도면의 색인도
④ 지적도면의 제명 및 축척

해설
지적도 및 임야도의 등록사항(법 제72조)
㉠ 토지의 소재
㉡ 지번
㉢ 지목
㉣ 경계
㉤ 그 밖에 국토교통부령으로 정하는 사항(규칙 제69조)
 1. 지적도면의 색인도(인접 도면의 연결 순서를 표시하기 위하여 기재한 도표와 번호를 말한다)
 2. 지적도면의 제명 및 축척
 3. 도곽선(圖廓線)과 그 수치
 4. 좌표에 의하여 계산된 경계점 간의 거리(경계점좌표등록부를 갖춰 두는 지역으로 한정한다)
 5. 삼각점 및 지적기준점의 위치
 6. 건축물 및 구조물 등의 위치

40 새로 조성된 토지와 지적공부에 등록되어 있지 아니한 토지를 지적공부에 등록하는 것을 무엇이라 하는가?

① 등록전환 ② 축척변경
③ 토지의 표시 ④ 신규등록

해설
① 등록전환 : 임야대장 및 임야도에 등록된 토지를 토지대장 및 지적도에 옮겨 등록하는 것을 말한다.
② 축척변경 : 지적도에 등록된 경계점의 정밀도를 높이기 위하여 작은 축척을 큰 축척으로 변경하여 등록하는 것을 말한다.
③ 토지의 표시 : 지적공부에 토지의 소재, 지번, 지목, 면적, 경계 또는 좌표를 등록한 것을 말한다.

37 ③ 38 ③ 39 ② 40 ④

41 다음 중 현행 지적 관련 법규에 따른 임야도의 축척에 해당하는 것은?

① 1/600
② 1/1000
③ 1/2400
④ 1/3000

> **해설**
> 지적도면의 축척은 다음의 구분에 따른다(규칙 제69조).
> • 지적도 : 1/500, 1/600, 1/1000, 1/1200, 1/2400, 1/3000, 1/6000
> • 임야도 : 1/3000, 1/6000

42 다음 중 1필지로 정할 수 있는 기준이 아닌 것은?

① 종된 용도의 토지의 지목이 "대"인 경우
② 소유자가 동일한 토지인 경우
③ 용도가 동일한 토지인 경우
④ 지반이 연속된 토지인 경우

> **해설**
> **1필지로 정할 수 있는 기준(영 제5조)**
> ㉠ 지번부여지역의 토지로서 소유자와 용도가 같고 지반이 연속된 토지는 1필지로 할 수 있다.
> ㉡ ㉠에도 불구하고 다음의 어느 하나에 해당하는 토지는 주된 용도의 토지에 편입하여 1필지로 할 수 있다. 다만, 종된 용도의 토지의 지목(地目)이 '대(垈)'인 경우와 종된 용도의 토지면적이 주된 용도의 토지면적의 10%를 초과하거나 330m²를 초과하는 경우에는 그러하지 아니하다.
> 1. 주된 용도의 토지의 편의를 위하여 설치된 도로・구거(溝渠, 도랑) 등의 부지
> 2. 주된 용도의 토지에 접속되거나 주된 용도의 토지로 둘러싸인 토지로서 다른 용도로 사용되고 있는 토지

43 일람도를 제도할 때 검은색 0.2mm 폭선의 2선으로 제도하여야 하는 것은?

① 구거
② 수도선로
③ 지방도로
④ 철도용지

> **해설**
> ③ 지방도로 : 검은색 0.2mm 폭의 2선으로, 그 밖의 도로는 0.1mm의 폭으로 제도한다.
> ① 구거 : 남색 0.1mm의 폭의 2선으로 제도하고, 그 내부를 남색으로 엷게 채색한다.
> ② 수도선로 : 남색 0.1mm 폭의 2선으로 제도한다.
> ④ 철도용지 : 붉은색 0.2mm 폭의 2선으로 제도한다.

44 토지조사사업 당시의 재결기관은?

① 부와 면
② 임시토지조사국
③ 임야조사위원회
④ 고등토지조사위원회

> **해설**
> **토지조사사업**
>
> | 구분 | 토지조사사업 |
> | --- | --- |
> | 근거법령 | • 토지조사법(1910.8.23. 법률 제7호)
• 토지조사령(1912.8.13. 제령 제2호) |
> | 사업기간 | 1910~1918년(8년 10개월) |
> | 사정사항 | 소유자와 그 강계 |
> | 조사, 측량 | 임시토지조사국 |
> | 도면 축척 | 1/600, 1/1200, 1/2400 |
> | 사정권자 | 임시토지조사국장 |
> | 재결기관 | 고등토지조사위원회 |

정답 41 ④ 42 ① 43 ③ 44 ④

45 지적제도의 발전 단계별 분류에 해당하지 않는 것은?

① 세지적
② 법지적
③ 다목적 지적
④ 수치지적

> **해설**
> 지적제도의 분류
> • 발전과정(설치목적)에 의한 분류 : 세지적, 법지적, 다목적 지적
> • 측량방법(경계의 표시방법)에 의한 분류 : 도해지적, 수치지적

46 종선차(ΔX)가 -138.70m, 횡선차(ΔY)가 85.40m 일 때, 거리와 방위각의 계산이 모두 옳은 것은?

① 거리 156.56m, 방위각 31°37′17″
② 거리 159.85m, 방위각 112°32′23″
③ 거리 162.88m, 방위각 148°22′43″
④ 거리 165.68m, 방위각 211°35′57″

> **해설**
> • 거리 $= \sqrt{\Delta X^2 + \Delta Y^2}$
> $= \sqrt{(-138.70)^2 + (85.40)^2} ≒ 162.88m$
> • 방위 $= \tan^{-1} \dfrac{\Delta Y}{\Delta X}$
> $= \tan^{-1} \dfrac{85.40}{138.70} =$ S 31°37′17″ E(2상한)
> • 방위각 $= 180° - 31°37′17″$
> $= 148°22′43″$

47 다음 중 지적측량에 사용되는 구소삼각지역의 직각좌표계 원점이 아닌 것은?

① 고초원점
② 망산원점
③ 수준원점
④ 소라원점

> **해설**
> 구소삼각지역의 직각좌표계 원점(11개) : 망산원점, 계양원점, 조본원점, 가리원점, 등경원점, 고초원점, 율곡원점, 현창원점, 구암원점, 금산원점, 소라원점

48 토지조사사업의 주된 조사 내용과 거리가 먼 것은?

① 토지소유권 조사
② 건축물의 권리 조사
③ 지형·지모의 조사
④ 지가의 조사

> **해설**
> 토지조사사업 당시의 조사 내용
> • 토지의 소유권 조사
> • 토지의 가격 조사
> • 토지의 외모(지형·지모) 조사

49 필지의 배열이 불규칙한 지역에서 진행 순서에 따라 지번을 부여하는 방법으로 농촌지역의 지번설정에 적합한 방법은?

① 기우식 ② 단지식
③ 자유부번식 ④ 사행식

해설
지번의 진행 방향에 따른 지번부여방법
- 사행식 : 필지의 배열이 불규칙한 지역에서 진행순서에 따라 지번을 부여하는 방식으로, 진행 방향으로 지번이 순차적으로 연속되며 일반적으로 농촌지역에 적합한 지번부여방식이다.
- 기우식(교호식) : 도로를 중심으로 한쪽은 홀수인 기수를 반대쪽은 짝수인 우수로 지번을 부여하는 방식으로, 주거지역에 적합하며 특정지번의 개략적인 위치파악이 가능하다는 장점이 있다.
- 단지식 : 블록(단지)마다 하나의 본번을 부여하고 블록 내 필지마다 부번을 부여하는 지번 설정방법으로 블록식이라고도 하며, 토지개발사업을 실시한 지역에서 적합한 방식이다.
- 절충식 : 하나의 지번부여지역에 사행식, 기우식, 단지식을 혼용하는 방식이다.

50 지적측량업자가 손해배상책임을 보장하기 위하여 보증보험에 가입하여야 하는 금액 기준이 옳은 것은?

① 5천만원 이상 ② 1억원 이상
③ 10억원 이상 ④ 20억원 이상

해설
손해배상책임의 보장(영 제41조)
지적측량수행자는 손해배상책임을 보장하기 위하여 다음의 구분에 따라 보증보험에 가입하거나 공간정보산업협회가 운영하는 보증 또는 공제에 가입하는 방법으로 보증설정을 하여야 한다.
㉠ 지적측량업자 : 보장기간 10년 이상 및 보증금액 1억원 이상
㉡ 한국국토정보공사 : 보증금액 20억원 이상

51 수치지적에 비하여 도해지적이 갖는 단점이 아닌 것은?

① 개략적인 토지의 위치와 형태를 현장감 있게 파악하기 어렵다.
② 도면의 신축 방지와 보관 관리가 어렵다.
③ 도면작성, 면적측정 등에 오차를 내포하고 있어 고도의 정밀을 요하기가 어렵다.
④ 축척의 크기에 따라 허용오차가 달라 신뢰도의 문제가 발생한다.

해설
도해지적은 토지경계가 도상에 명백하게 표현되어 있어 시각적으로 용이하게 파악할 수 있다.
수치지적측량 : 측량성과의 정확성은 높으나 토지의 형상을 시각적으로 파악하기 힘들고, 측량에 따른 경비와 인력이 비교적 많이 소요되며 고도의 전문적인 기술을 요구한다. 별도로 도면을 작성해야 하며, 도면 제작과정이 복잡하고, 고가의 정밀장비가 필요하며 초기에 투자경비가 많이 소요된다. 지가가 높은 대도시지역과 토지구획정리사업지구 등의 지적측량방식으로 채택·운영되고 있다.

52 축척 1/600 지적도 시행지역에서 등록하는 면적의 최소 단위는?

① $0.01m^2$ ② $0.1m^2$
③ $1m^2$ ④ $10m^2$

해설
지적도의 축척이 1/600인 지역과 경계점좌표등록부에 등록하는 지역의 토지면적(영 제60조)
- m^2 이하 한 자리 단위로 한다.
- $0.1m^2$ 미만의 끝수가 있는 경우 $0.05m^2$ 미만일 때에는 버리고 $0.05m^2$를 초과할 때에는 올린다.
- $0.05m^2$일 때에는 구하려는 끝자리의 숫자가 0 또는 짝수이면 버리고 홀수이면 올린다.
- 다만, 1필지의 면적이 $0.1m^2$ 미만일 때에는 $0.1m^2$로 한다.

53 1필지의 토지소유자가 2인 이상인 경우 그 지분관계를 기록한 것으로, 지적소관청에 의하여 작성되어 비치되는 것은?

① 경계점좌표등록부
② 결번 대장
③ 공유지연명부
④ 건축물 대장

해설
공유지연명부 : 1필지의 토지에 소유자가 2인 이상인 경우에 소유자에 관한 사항을 기재한 지적공부이다.

54 다음 중 지적의 기능과 거리가 먼 것은?

① 토지등기의 기초
② 토지감정평가의 기초
③ 토지이용계획의 기초
④ 토지소유권 제한의 기초

해설
지적의 기능 : 토지등기의 기초, 토지감정평가의 기초, 토지이용계획의 기초, 토지조세의 기준, 토지거래의 기준, 주소표기의 기초, 각종 토지정보의 제공 등

55 ( ) 안에 들어갈 말로 옳은 것은?

> ( )에 따른 경계·좌표 또는 면적은 따로 지적측량을 하지 아니한다.

① 신규등록   ② 합병
③ 등록전환   ④ 분할

해설
① 신규등록 : 새로 조성된 토지와 지적공부에 등록되어 있지 아니한 토지를 지적공부에 등록하는 것을 말한다.
③ 등록전환 : 임야대장 및 임야도에 등록된 토지를 토지대장 및 지적도에 옮겨 등록하는 것을 말한다.
④ 분할 : 지적공부에 등록된 1필지를 2필지 이상으로 나누어 등록하는 것을 말한다.
토지의 이동에 따른 면적 등의 결정방법(법 제26조)
합병에 따른 경계·좌표 또는 면적은 따로 지적측량을 하지 아니한다.

56 분할의 경우 지번을 부여하는 방법으로 틀린 것은?

① 분할 후의 필지 중 1필지의 지번은 분할 전의 지번으로 한다.
② 지번을 부여한 나머지 필지의 지번은 본번의 최종 부번 다음 순번으로 부번을 부여한다.
③ 주거·사무실 등의 건축물이 있는 필지에 대해서는 분할 전의 지번을 우선하여 부여한다.
④ 해당 필지가 여러 필지로 분할되는 경우에는 인접 필지의 지번을 공동으로 부여한다.

해설
분할의 경우 지번을 부여하는 방법(영 제56조)
㉠ 분할 후의 필지 중 1필지의 지번은 분할 전의 지번으로 한다.
㉡ 지번을 부여한 나머지 필지의 지번은 본번의 최종 부번 다음 순번으로 부번을 부여한다.
㉢ 주거, 사무실 등의 건축물이 있는 필지에 대해서는 분할 전의 지번을 우선하여 부여한다.

57 삼각형의 세 변의 길이가 각각 6cm, 8cm, 10cm일 때 이 삼각형의 면적은?

① 12cm²
② 24cm²
③ 36cm²
④ 48cm²

해설
헤론의 공식
$A = \sqrt{s(s-a)(s-b)(s-c)}$
$= \sqrt{12(12-6)(12-8)(12-10)}$
$= 24\text{cm}^2$
여기서, $s = \dfrac{6+8+10}{2} = 12$

58 도로 · 구거 등의 토지에 절토된 부분이 있는 경우 지상경계를 새로 결정하는 기준은?

① 그 경사면의 상단부
② 그 경사면의 하단부
③ 그 구조물 등의 중앙
④ 그 구조물 등의 왼쪽

해설
지상경계의 결정기준 등(영 제55조)
㉠ 연접되는 토지 간에 높낮이 차이가 없는 경우 : 그 구조물 등의 중앙
㉡ 연접되는 토지 간에 높낮이 차이가 있는 경우 : 그 구조물 등의 하단부
㉢ 도로 · 구거 등의 토지에 절토(땅깎기)된 부분이 있는 경우 : 그 경사면의 상단부
㉣ 토지가 해면 또는 수면에 접하는 경우 : 최대만조위 또는 최대만수위가 되는 선
㉤ 공유수면매립지의 토지 중 제방 등을 토지에 편입하여 등록하는 경우 : 바깥쪽 어깨 부분

59 지적 관련 법규에 따라 측량(지적)기준점표지를 이전 또는 파손한 자에 대한 벌칙 기준으로 옳은 것은?

① 4년 이하의 징역 또는 3,000만원 이하의 벌금
② 3년 이하의 징역 또는 2,000만원 이하의 벌금
③ 2년 이하의 징역 또는 2,000만원 이하의 벌금
④ 1년 이하의 징역 또는 1,000만원 이하의 벌금

해설
2년 이하의 징역 또는 2,000만원 이하의 벌금(법 제108조)
㉠ 측량기준점표지를 이전 또는 파손하거나 그 효용을 해치는 행위를 한 자
㉡ 고의로 측량성과를 사실과 다르게 한 자
㉢ 기본 또는 공공 측량성과를 국외로 반출한 자
㉣ 측량업의 등록을 하지 아니하거나 거짓이나 그 밖의 부정한 방법으로 측량업의 등록을 하고 측량업을 한 자
㉤ 측량기기 성능검사를 부정하게 한 성능검사대행자
㉥ 성능검사대행자의 등록을 하지 아니하거나 거짓이나 그 밖의 부정한 방법으로 성능검사대행자의 등록을 하고 성능검사업무를 한 자

60 도곽선의 역할로 틀린 것은?

① 인접 도면과의 접합 기준
② 지적기준점 전개의 기준
③ 도곽 신축량의 측정 기준
④ 필지별 경계를 결정하는 기준

해설
도곽선의 역할
- 인접 도면과의 접합 기준선
- 지적측량기준점 전개 시의 기준선
- 도곽 신축량을 측정하는 기준
- 측량준비도와 측량결과도에서 북방향의 기준
- 외업 시 측량준비도와 실지의 부합 여부 확인 기준

정답 57 ② 58 ① 59 ③ 60 ④

2013년 제5회 과년도 기출문제

01 두 점 좌표가 다음과 같을 때, 두 점 사이의 거리는?

점 명	X좌표(m)	Y좌표(m)
A	770.50	130.60
B	950.60	320.20

① 90.60m
② 125.60m
③ 186.50m
④ 261.50m

해설

$$\overline{AB} = \sqrt{(X_B - X_A)^2 + (Y_B - Y_A)^2}$$
$$= \sqrt{(950.60 - 770.50)^2 + (320.20 - 130.60)^2}$$
$$\fallingdotseq 261.50m$$

02 지번부여방법 중 필지의 배열이 불규칙한 지역에서 진행 순서에 따라 뱀이 기어가는 형상처럼 지번을 부여하는 것은?

① 도엽단위법
② 사행식
③ 기우식
④ 단지식

해설

지번의 진행 방향에 따른 지번부여방법
- 사행식 : 필지의 배열이 불규칙한 지역에서 진행순서에 따라 지번을 부여하는 방식으로, 진행 방향으로 지번이 순차적으로 연속되며 일반적으로 농촌지역에 적합한 지번부여방식이다.
- 기우식(교호식) : 도로를 중심으로 한쪽은 홀수인 기수를 반대쪽은 짝수인 우수로 지번을 부여하는 방식으로, 주거지역에 적합하며 특정지번의 개략적인 위치파악이 가능하다는 장점이 있다.
- 단지식 : 블록(단지)마다 하나의 본번을 부여하고 블록 내 필지마다 부번을 부여하는 지번 설정방법으로 블록식이라고도 하며, 토지개발사업을 실시한 지역에서 적합한 방식이다.
- 절충식 : 하나의 지번부여지역에 사행식, 기우식, 단지식을 혼용하는 방식이다.

03 우리나라 토지대장과 같이 지번 순서에 따라 등록되고 분할되더라도 본번과 관련하여 편철하고 소유자의 변동을 계속 수정하여 관리하는 것으로, 개개의 토지를 중심으로 등록부를 편성하는 방법은?

① 인적 편성주의
② 물적 편성주의
③ 연대적 편성주의
④ 혼합적 편성주의

해설

토지등록의 편성방법
- 인적 편성주의 : 개개의 권리자를 중심으로 지적공부를 편성하는 방법이다.
- 물적 편성주의 : 개개의 토지를 중심으로 지적공부를 편성하는 방법이다. 우리나라 토지대장과 같이 지번 순서에 따라 등록되고 분할되더라도 본번과 관련하여 편철하고 소유자의 변동을 계속 수정하여 관리한다.
- 인적·물적 편성주의 : 물적 편성주의를 기본으로 하고 인적 편성주의 요소를 가미하는 방법이다.
- 연대적 편성주의 : 등록·신청한 시간적 순서에 의하여 지적공부를 편성하는 방법이다.

04 다음 중 지적측량의 구분으로 옳은 것은?

① 기준측량, 골조측량
② 기초측량, 일반측량
③ 세부측량, 확정측량
④ 기초측량, 세부측량

해설

지적측량은 지적기준점을 정하기 위한 기초측량과 1필지의 경계와 면적을 정하는 세부측량으로 구분한다(지적측량 시행규칙 제5조).

1 ④ 2 ② 3 ② 4 ④ **정답**

05 지적도근점은 직경 몇 mm의 원으로 제도하는가?

① 0.3mm ② 0.5mm
③ 1mm   ④ 2mm

해설
지적도근점은 직경 2mm의 원으로 다음과 같이 제도한다.

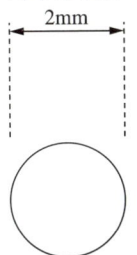

06 경계불가분의 원칙에 대한 설명으로 틀린 것은?

① 경계는 유일무이한 것이다.
② 경계는 양쪽 토지에 공통이다.
③ 경계는 기하학상 선과 같다.
④ 경계는 너비가 있다.

해설
경계불가분의 원칙
- 경계는 선이므로 위치와 길이만 있을 뿐 너비는 없는 것이다.
- 경계는 유일무이한 것으로 어느 한쪽에 소속되지 않는다.
- 필지 사이의 경계는 2개 이상 있을 수 없다.
- 경계는 양쪽 토지에 공통이다.
- 경계는 기하학상 선과 같다.
- 경계는 너비가 없다.

07 지적측량업의 등록 기준으로 틀린 것은?

① 토털 스테이션 1대 이상
② 지적 분야의 초급기능사 1명 이상
③ GNSS 1대 이상
④ 중급기능인 2명 이상

해설
지적측량업의 등록 기준(영 별표 8)

기술인력	장비

• 특급기술인 1명 또는 고급기술인 2명 이상
• 중급기술인 2명 이상
• 초급기술인 1명 이상
• 지적 분야의 초급기능사 1명 이상
	• 토털 스테이션 1대 이상
	• 출력장치 1대 이상
	  – 해상도 : 2,400DPI × 1,200DPI
	  – 출력범위 : 600mm × 1,060mm 이상

08 전자면적측정기에 따른 면적측정은 도상에서 몇 회 측정하여 결정하는가?

① 1회 ② 2회
③ 3회 ④ 4회

해설
전자면적측정기에 따른 면적측정(지적측량 시행규칙 제20조)
㉠ 도상에서 2회 측정하여 그 교차가 다음 계산식에 따른 허용면적 이하일 때에는 그 평균치를 측정면적으로 할 것
$$A = 0.023^2 M\sqrt{F}$$
여기서, A : 허용면적
        M : 축척분모
        F : 2회 측정한 면적의 합계를 2로 나눈 수
㉡ 측정면적은 1/1000m² 까지 계산하여 1/10m² 단위로 정할 것

09 지적측량에서 직각좌표계 원점을 사용하기 위하여 종선수치와 횡선수치에 각각 얼마를 가산하여 사용할 수 있는가?

① 종선수치 : 500,000m(제주도는 550,000m), 횡선수치 : 300,000m
② 종선수치 : 500,000m(제주도는 550,000m), 횡선수치 : 200,000m
③ 종선수치 : 300,000m(제주도는 550,000m), 횡선수치 : 500,000m
④ 종선수치 : 200,000m(제주도는 550,000m), 횡선수치 : 500,000m

해설
세계측지계에 따르지 아니하는 지적측량의 경우에는 가우스상사이중투영법으로 표시하되, 직각좌표계 투영원점의 가산(加算)수치를 각각 X(N) 500,000m(제주도지역 550,000m), Y(E) 200,000m로 하여 사용할 수 있다.

10 지적도의 축척이 1/600인 지역에 등록하는 면적의 최소 등록 단위는?

① 0.01m
② 0.1m^2
③ 1m^2
④ 10m^2

해설
지적도의 축척이 1/600인 지역과 경계점좌표등록부에 등록하는 지역의 토지면적(영 제60조)
- m^2 이하 한 자리 단위로 한다.
- 0.1m^2 미만의 끝수가 있는 경우 0.05m^2 미만일 때에는 버리고 0.05m^{2}를 초과할 때에는 올린다.
- 0.05m^{2}일 때에는 구하려는 끝자리의 숫자가 0 또는 짝수이면 버리고 홀수이면 올린다.
- 다만, 1필지의 면적이 0.1m^2 미만일 때에는 0.1m^{2}로 한다.

11 지번의 기능에 해당되지 않는 것은?

① 토지의 식별
② 위치의 확인
③ 용도의 구분
④ 토지의 고정화

해설
지번의 기능
- 토지의 개별화(개별성)
- 특정성을 부여(토지의 특성화)
- 토지의 위치 추측이 가능(위치의 확인)
- 방문, 통신전달, 주소 표기의 기능(토지의 식별)
- 토지의 고정화
- 부동산 활동 및 사회활동에 유익
- 토지의 이용과 관리의 효율화 위한 연결 매체

12 다음 중 지적측량을 실시하여야 할 대상이 아닌 것은?

① 지적공부를 복구하는 경우
② 토지를 신규등록하는 경우
③ 토지를 분할하는 경우
④ 토지를 합병하는 경우

해설
합병, 지목변경은 지적측량을 실시하지 않는다.
지적측량을 하여야 하는 경우(법 제23조, 영 제18조)
㉠ 지적기준점을 정하는 경우
㉡ 지적측량성과를 검사하는 경우
㉢ 다음에 해당하는 경우로서 측량을 할 필요가 있는 경우
  1. 지적공부를 복구하는 경우
  2. 토지를 신규등록하는 경우
  3. 토지를 등록전환하는 경우
  4. 토지를 분할하는 경우
  5. 바다가 된 토지의 등록을 말소하는 경우
  6. 축척을 변경하는 경우
  7. 지적공부의 등록사항을 정정하는 경우
  8. 도시개발사업 등의 시행지역에서 토지의 이동이 있는 경우
  9. 지적재조사에 관한 특별법에 따른 지적재조사사업에 따라 토지의 이동이 있는 경우
㉣ 경계점을 지상에 복원하는 경우
㉤ 그 밖에 대통령령으로 정하는 경우 : 지상건축물 등의 현황을 지적도 및 임야도에 등록된 경계와 대비하여 표시하는 데에 필요한 경우(지적현황측량)

13 토렌스 시스템(Torrens system)의 일반적 이론과 거리가 먼 것은?

① 거울이론
② 보험이론
③ 커튼이론
④ 점증이론

해설
토렌스 시스템(Torrens system)
• 거울이론 : 토지권리증서의 등록은 토지의 거래 사실을 이론의 여지없이 완벽하게 반영하는 거울과 같다는 입장이다.
• 커튼이론 : 토지등록업무가 커튼 위에 놓인 공정성과 신빙성에 관여하여야 할 필요도 없고 관여해서도 안 된다는, 매입신청자를 위한 유일한 정보의 기초가 되어야 한다는 이론이다.
• 보험이론 : 토지등록이 토지의 권리를 아주 정확하게 반영하는 것이나 인간의 고의·과실로 인하여 착오가 발생하는 경우에 손해를 입은 사람은 모두가 다 피해보상에 관한 한 법률적으로 선의의 제3자와 동등한 입장에 놓여야 된다는 것이다.

14 축척이 1/1000인 지적도에서 도면상의 길이가 10cm일 때 실제거리는 얼마인가?

① 150m
② 100m
③ 60m
④ 10m

해설
$\frac{1}{m} = \frac{도상거리}{실제거리}$
실제거리 = 도상거리 × 축척분모
= 10 × 1,000
= 10,000cm
= 100m

15 일정한 원인이 분명하게 나타나고 항상 일정한 질과 양의 오차가 생기는 것으로, 측정 횟수에 비례하여 오차가 커지는 것은?

① 정오차
② 우연오차
③ 착오
④ 허용오차

해설
정오차(누적오차, 누차)
• 일정한 크기와 일정한 방향으로 발생하는 오차이다.
• 오차의 원인이 분명하여 소거방법도 분명하다.
• 정오차는 측정 횟수에 비례한다.

16 임야조사사업 당시 사정(査定)에 대하여 불복하는 경우 재결을 신청하였던 곳은?

① 고등토지조사위원회
② 임야조사위원회
③ 법원
④ 토지사정위원회

해설
임야조사사업

구분	임야조사사업
근거법령	조선임야조사령 (1918.5.1. 제령 제5호)
사업기간	1916~1924년(9년)
사정사항	소유자와 그 경계
조사, 측량	부(府)와 면(面)
도면축척	1/3000, 1/6000
사정권자	도지사(권업과 또는 산림과)
재결기관	임야조사위원회(1919~1935년)

17 현행 지적 관련 법규에 규정된 지목의 종류는?

① 24종
② 26종
③ 28종
④ 32종

해설
현행 지적 관련 법률에서 규정하고 있는 지목의 종류는 28종이다(법 제67조).

정답 13 ④ 14 ② 15 ① 16 ② 17 ③

18 토지세를 징수하기 위하여 이동 정리가 완료된 토지대장 중에서 민유과세지만을 뽑아 각 면마다 소유자별로 기록한 토지조사사업 당시의 장부는?

① 토지등록부
② 지세명기장
③ 등기세명부
④ 입안등록부

해설

지세명기장(地稅名寄帳)
- 일제시대 조세부과의 행정목적을 달성하기 위해 작성된 문서로 개인 소유의 토지와 임야에 부과된 세금 납부를 증명하는 명세서라고 할 수 있다.
- 토지세를 징수하기 위하여 이동 정리가 완료된 토지대장 중에서 민유과세지만을 뽑아 각 면마다 소유자별로 기록한 토지조사사업 당시의 장부이다.
- 납세관리인 주소와 성명, 농지의 지번·지목·지적, 임대가격, 세액, 납기, 납세의무자의 주소 및 성명이 기록되어 있다.

19 지목을 지적도면에 표기하는 부호의 연결이 옳은 것은?

① 유원지 – 유
② 유지 – 지
③ 제방 – 방
④ 묘지 – 묘

해설

지목표기 시 두문자가 아닌 차문자로 표기하는 지목은 공장용지, 주차장, 하천, 유원지이다.

지목의 표기방법

지목	부호	지목	부호
전	전	철도용지	철
답	답	제방	제
과수원	과	하천	천
목장용지	목	구거	구
임야	임	유지	유
광천지	광	양어장	양
염전	염	수도용지	수
대	대	공원	공
공장용지	장	체육용지	체
학교용지	학	유원지	원
주차장	차	종교용지	종
주유소용지	주	사적지	사
창고용지	창	묘지	묘
도로	도	잡종지	잡

20 지목변경 없이 등록전환을 신청할 수 있는 경우가 아닌 것은?

① 임야도에 등록된 토지가 사실상 형질변경되었으나 지목변경을 할 수 없을 경우
② 대부분의 토지가 등록전환되어 나머지 토지를 임야도에 계속 존치하는 것이 불합리한 경우
③ 도시·군관리계획선에 따라 토지를 분할하는 경우
④ 토지이용상 불합리한 지상경계를 시정하기 위한 경우

해설

④는 분할 신청을 할 수 있는 경우에 해당한다.

등록전환을 신청할 수 있는 경우(영 제64조)
㉠ 산지관리법에 따른 산지전용허가·신고, 산지일시사용허가·신고, 건축법에 따른 건축허가·신고 또는 그 밖의 관계 법령에 따른 개발행위 허가 등을 받은 경우
㉡ 대부분의 토지가 등록전환되어 나머지 토지를 임야도에 계속 존치하는 것이 불합리한 경우
㉢ 임야도에 등록된 토지가 사실상 형질변경되었으나 지목변경을 할 수 없는 경우
㉣ 도시·군관리계획선에 따라 토지를 분할하는 경우

21 우리나라 토지를 지적공부에 등록할 때 채택하고 있는 기본원칙이 아닌 것은?

① 실질적 심사주의
② 형식적 심사주의
③ 직권등록주의
④ 국정주의

해설

지적에 관한 이념 : 지적국정주의, 지적형식주의(지적등록주의), 지적공개주의, 실질적 심사주의(사실적 심사주의), 직권등록주의(등록강제주의, 적극적 등록주의)

22 지적도근점측량에서 1등도선의 도선명 표기방법은?

① 가, 나, 다 순
② ㄱ, ㄴ, ㄷ 순
③ 1, 2, 3 순
④ Ⅰ, Ⅱ, Ⅲ 순

해설
1등도선은 가, 나, 다 순으로 표기하고 2등도선은 ㄱ, ㄴ, ㄷ 순으로 표기한다(지적측량 시행규칙 제12조).

23 지목의 설정 원칙으로 옳지 않은 것은?

① 1필 1목의 원칙
② 등록 선후의 원칙
③ 주지목 추종의 원칙
④ 일시적 변경의 원칙

해설
지목의 설정 원칙
- 지목 법정주의
- 1필 1목의 원칙
- 주지목 추종의 원칙
- 등록 선후의 원칙
- 용도 경중의 원칙
- 사용목적 추종의 원칙
- 영속성의 원칙(일시변경 불변의 원칙)

24 평판측량방법으로 세부측량을 할 때에 측량준비 파일에 작성하여야 할 사항이 아닌 것은?

① 측정점의 위치 설명도
② 도곽선과 그 수치
③ 행정구역선과 그 명칭
④ 측량대상 토지의 경계선, 지번 및 지목

해설
평판측량방법에 따른 세부측량(지적측량 시행규칙 제17조)
㉠ 측량대상 토지의 경계선, 지번 및 지목
㉡ 인근 토지의 경계선, 지번 및 지목
㉢ 임야도를 갖춰 두는 지역에서 인근 지적도의 축척으로 측량을 할 때에는 임야도에 표시된 경계점의 좌표를 구하여 지적도에 전개(展開)한 경계선. 다만, 임야도에 표시된 경계점의 좌표를 구할 수 없거나 그 좌표에 따라 확대하여 그리는 것이 부적당한 경우에는 축척비율에 따라 확대한 경계선을 말한다.
㉣ 행정구역선과 그 명칭
㉤ 지적기준점 및 그 번호와 지적기준점 간의 거리, 지적기준점의 좌표, 그 밖에 측량의 기점이 될 수 있는 기지점
㉥ 도곽선(圖廓線)과 그 수치
㉦ 도곽선의 신축이 0.5mm 이상일 때에는 그 신축량 및 보정(補正) 계수

25 임야조사사업의 특징이 아닌 것은?

① 임야는 토지와 같이 분쟁이 많았다.
② 축척이 소축척이고 토지조사사업의 기술자 채용으로 시간과 경비를 절약할 수 있었다.
③ 적은 예산으로 사업을 완료하였다.
④ 국유임야 소유권을 확정하는 것을 목적으로 하였다.

해설
임야는 토지에 비하여 경제적 가치가 높지 않아 분쟁은 적었다.
임야조사사업의 특징
- 국유임야 소유권을 확정하는 것을 목적으로 하였다.
- 축척이 소축척이고 토지조사사업의 기술자 채용으로 시간과 경비를 절약할 수 있었다.
- 적은 예산으로 사업을 완료하였다.
- 토지조사사업에 비해 적은 인원으로 업무를 수행하였다.
- 임야는 토지에 비하여 경제적 가치가 높지 않아 분쟁은 적었다.
- 사정기관은 도지사이고 재결기관은 임야조사위원회이다.

26 면적을 측정하는 경우 도곽선의 길이에 최소 얼마 이상의 신축이었을 때에 이를 보정하여야 하는가?

① 1.0mm ② 0.5mm
③ 0.3mm ④ 0.1mm

해설
면적을 측정하는 경우 도곽선의 길이에 0.5mm 이상의 신축이 있을 때에는 이를 보정하여야 한다(지적측량 시행규칙 제20조).

27 조선시대의 토지등록장부로 오늘날의 토지대장과 같은 양안은 몇 년마다 한 번씩 양전을 실시하여 새로운 양안을 작성하였는가?

① 10년 ② 20년
③ 30년 ④ 50년

해설
양전(量田)
- 조선시대부터 대한제국 말까지 시행된 과세를 위한 지적측량이다.
- 경국대전에 의하면 모든 전지는 6등급으로 구분하고 20년마다 다시 측량하여 장부를 만들어 호조(戶曹)와, 그 도·읍에 보관하였다.

28 지번이 105-1, 111, 122, 132-3인 4필지를 합병할 경우 새로이 부여해야 할 지번으로 옳은 것은?

① 105-1 ② 111
③ 122   ④ 132-3

해설
지번의 구성 및 부여방법 등(영 제56조 제3항)
합병의 경우에는 합병 대상 지번 중 선순위의 지번을 그 지번으로 하되, 본번으로 된 지번이 있을 때에는 본번 중 선순위의 지번을 합병 후의 지번으로 할 것. 이 경우 토지소유자가 합병 전의 필지에 주거·사무실 등의 건축물이 있어서 그 건축물이 위치한 지번을 합병 후의 지번으로 신청할 때에는 그 지번을 합병 후의 지번으로 부여하여야 한다.

29 다음 중 지적도의 축척이 아닌 것은?

① 1/500   ② 1/1500
③ 1/2400 ④ 1/3000

해설
지적도면의 축척은 다음의 구분에 따른다(규칙 제69조).
- 지적도 : 1/500, 1/600, 1/1000, 1/1200, 1/2400, 1/3000, 1/6000
- 임야도 : 1/3000, 1/6000

30 지적삼각점성과는 누가 관리하여야 하는가?

① 행정안전부장관
② 시·도지사
③ 시장 또는 군수
④ 읍·면장

해설
지적기준점성과표의 기록·관리 등(지적측량 시행규칙 제4조)
- 시·도지사 : 지적삼각점성과
- 지적소관청 : 지적삼각보조점성과 및 지적도근점성과

31 둘 이상의 기지점을 측정점으로 하여 미지점의 위치를 결정하는 방법으로, 방향선법과 원호교회법으로 대별되는 것은?

① 방사교회법
② 전방교회법
③ 측방교회법
④ 후방교회법

해설
교회법
- 전방교회법 : 기지점에서 미지점의 위치를 결정하는 방법
- 후방교회법 : 기지의 3점으로부터 미지의 점을 구하는 방법
- 측방교회법 : 전방교회법과 후방교회법을 겸한 방법으로 기지의 2점 중 한 점에 접근이 곤란한 경우 기지의 2점을 이용하여 미지의 한 점을 구하는 방법

32 각 도곽선의 신축된 차가 $\Delta X_1 = -4mm$, $\Delta X_2 = -5mm$, $\Delta Y_1 = +1mm$, $\Delta Y_2 = -4mm$일 때 신축량은?

① $-3mm$
② $-4mm$
③ $-5mm$
④ $-6mm$

해설
도곽선의 신축량 계산
$$S = \frac{\Delta X_1 + \Delta X_2 + \Delta Y_1 + \Delta Y_2}{4}$$
$$= \frac{(-4)+(-5)+(+1)+(-4)}{4}$$
$$= -3mm$$

여기서, S : 신축량
ΔX_1 : 왼쪽 종선의 신축된 차
ΔX_2 : 오른쪽 종선의 신축된 차
ΔY_1 : 위쪽 횡선의 신축된 차
ΔY_2 : 아래쪽 횡선의 신축된 차

33 지적전산자료의 이용 또는 활용에 대한 승인권자의 연결이 틀린 것은?

① 전국 단위의 지적전산자료 : 국토교통부장관
② 전국 단위의 지적전산자료 : 지적소관청
③ 시·도 단위의 지적전산자료 : 지적소관청
④ 시·군·구(자치구가 아닌 구를 포함한다) 단위의 지적전산자료 : 시·도지사

해설
지적전산자료의 이용 등(법 제76조)
지적공부에 관한 전산자료(지적전산자료)를 이용하거나 활용하려는 자는 다음의 구분에 따라 국토교통부장관, 시·도지사 또는 지적소관청에 지적전산자료를 신청하여야 한다.
㉠ 전국 단위의 지적전산자료 : 국토교통부장관, 시·도지사 또는 지적소관청
㉡ 시·도 단위의 지적전산자료 : 시·도지사 또는 지적소관청
㉢ 시·군·구(자치구가 아닌 구를 포함한다) 단위의 지적전산자료 : 지적소관청

34 다음 중 지적도 도곽선의 역할이 아닌 것은?

① 방위 표시의 기준
② 지목 설정의 기준
③ 도면 접합의 기준
④ 기준점 전개의 기준

해설
도곽선의 역할
- 인접 도면과의 접합 기준선
- 지적측량기준점 전개 시의 기준선
- 도곽 신축량을 측정하는 기준
- 측량준비도와 측량결과도에서 북방향의 기준
- 외업 시 측량준비도와 실지의 부합 여부 확인 기준

35 경계점좌표등록부에 등록하는 지역의 토지의 산출면적이 347.65m²일 때 결정면적은?

① 348m²   ② 347.7m²
③ 347.6m²   ④ 347m²

해설
경계점좌표등록부에 등록하는 지역이며, 구하려는 끝자리의 수가 짝수이면 버리므로 347.6m²가 된다.
지적도의 축척이 1/600인 지역과 경계점좌표등록부에 등록하는 지역의 토지면적(영 제60조)
- m² 이하 한 자리 단위로 한다.
- 0.1m² 미만의 끝수가 있는 경우 0.05m² 미만일 때에는 버리고 0.05m²를 초과할 때에는 올린다.
- 0.05m²일 때에는 구하려는 끝자리의 숫자가 0 또는 짝수이면 버리고 홀수이면 올린다.
- 다만, 1필지의 면적이 0.1m² 미만일 때에는 0.1m²로 한다.

36 토지조사사업 당시 토지소유자와 경계를 심사하여 확정하는 행정처분을 무엇이라 하는가?

① 토지조사   ② 사정
③ 재결   ④ 부본

해설
사정 : 토지소유자 및 토지의 경계를 확정하는 행정처분으로 토지조사사업의 사실상 최종단계이다.

37 지적공부에 등록된 1필지를 2필지로 나누어 등록하는 것을 무엇이라 하는가?

① 분할   ② 등록전환
③ 합병   ④ 축척변경

해설
② 등록전환 : 임야대장 및 임야도에 등록된 토지를 토지대장 및 지적도에 옮겨 등록하는 것을 말한다.
③ 합병 : 지적공부에 등록된 2필지 이상을 1필지로 합하여 등록하는 것을 말한다.
④ 축척변경 : 지적도에 등록된 경계점의 정밀도를 높이기 위하여 작은 축척을 큰 축척으로 변경하여 등록하는 것을 말한다.

38 지번을 순차적으로 부여하는 방향으로 옳은 것은?

① 북동에서 남서
② 북서에서 남동
③ 남동에서 북서
④ 남서에서 북동

해설
북서기번법 : 지번은 북서쪽에서 남동쪽으로 순차적으로 부여한다. 아라비아숫자로 지번을 부여하는 지역에 적합하며, 지적법상 지번부여 설정의 기본원칙이다.

39 1필지의 모양이 다음과 같은 경우 토지의 면적은?

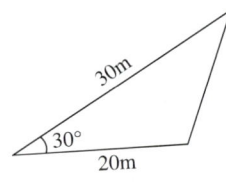

① 500m²   ② 350m²
③ 200m²   ④ 150m²

해설
이변법
$$A = \frac{1}{2}ab\sin\theta$$
$$= \frac{1}{2} \times 20 \times 30 \times \sin 30°$$
$$= 150\text{m}^2$$

40 도곽선의 수치는 무슨 색으로 제도하여야 하는가?

① 검은색
② 파란색
③ 붉은색
④ 노란색

해설
지적공부 등의 정리에 사용하는 문자, 기호 및 경계는 따로 규정을 둔 사항을 제외하고 정리사항은 검은색, 도곽선과 그 수치 및 말소는 붉은색으로 한다(지적업무처리규정 제63조).

41 지적공부의 효율적인 관리 및 활용을 위하여 지적정보 전담 관리기구를 설치 · 운영하는 자는?

① 행정안전부장관
② 국토교통부장관
③ 국토지리정보원장
④ 국가정보원장

해설
국토교통부장관은 지적공부의 효율적인 관리 및 활용을 위하여 지적정보 전담 관리기구를 설치 · 운영한다(법 제70조).

42 지적소관청이 지적공부의 등록사항에 잘못이 있는지를 직권으로 조사 · 측량하여 정정할 수 있는 경우가 아닌 것은?

① 토지이동정리 결의서의 내용과 다르게 정리된 경우
② 지적공부의 작성 당시 잘못 정리된 경우
③ 지적도에 등록된 필지의 면적과 경계의 위치가 모두 잘못된 경우
④ 지적측량성과와 다르게 정리된 경우

해설
직권으로 조사 · 측량하여 정정할 수 있는 경우(영 제82조)
㉠ 토지이동정리 결의서의 내용과 다르게 정리된 경우
㉡ 지적도 및 임야도에 등록된 필지가 면적의 증감 없이 경계의 위치만 잘못된 경우
㉢ 1필지가 각각 다른 지적도나 임야도에 등록되어 있는 경우로서 지적공부에 등록된 면적과 측량한 실제면적은 일치하지만 지적도나 임야도에 등록된 경계가 서로 접합되지 않아 지적도나 임야도에 등록된 경계를 지상의 경계에 맞추어 정정하여야 하는 토지가 발견된 경우
㉣ 지적공부의 작성 또는 재작성 당시 잘못 정리된 경우
㉤ 지적측량성과와 다르게 정리된 경우
㉥ 지방지적위원회 또는 중앙지적위원회의 의결서 사본을 받은 지적소관청은 그 내용에 따라 지적공부의 등록사항을 정정하여야 하는 경우
㉦ 지적공부의 등록사항이 잘못 입력된 경우
㉧ 부동산등기법에 따른 통지가 있는 경우(지적소관청의 착오로 잘못 합병한 경우만 해당)
㉨ 면적 환산이 잘못된 경우

43 다음 중 지적기준점에 해당하지 않는 것은?

① 지적삼각점
② 지적도근점
③ 지적필계점
④ 지적삼각보조점

해설
측량기준점의 구분(영 제8조)
- 국가기준점 : 우주측지기준점, 위성기준점, 수준점, 중력점, 통합기준점, 삼각점, 지자기점
- 공공기준점 : 공공삼각점, 공공수준점
- 지적기준점 : 지적삼각점, 지적삼각보조점, 지적도근점

44 지적 관련 법규에 따른 지적공부에 해당하지 않는 것은?

① 임야대장
② 대지권등록부
③ 지적도
④ 일람도

해설
지적공부(법 제2조)
토지대장, 임야대장, 공유지연명부, 대지권등록부, 지적도, 임야도 및 경계점좌표등록부 등 지적측량 등을 통하여 조사된 토지의 표시와 해당 토지의 소유자 등을 기록한 대장 및 도면(정보처리시스템을 통하여 기록·저장된 것을 포함한다)을 말한다.

45 다음 중 1필지로 정할 수 있는 기준이 아닌 것은?

① 동일한 면적
② 동일한 용도
③ 동일한 소유자
④ 연속된 지반

해설
1필지로 정할 수 있는 기준(영 제5조)
지번부여지역의 토지로서 소유자와 용도가 같고 지반이 연속된 토지는 1필지로 할 수 있다.

46 우리나라에서 지목을 구분하는 기준은?

① 소유의 형태
② 토지의 등급
③ 토지의 용도
④ 과세의 여부

해설
우리나라는 용도지목을 채택하고 있기 때문에 토지의 지목을 보면 용도를 알 수 있다.
※ 토지지목의 종류
 • 지형지목 : 지표면의 형태, 토지의 고저, 수륙의 분포 상태 등 토지가 생긴 모양에 따라 지목을 결정
 • 토성지목 : 토지의 성질인 지층이나 암석 또는 토양의 종류에 따라 지목을 결정
 • 용도지목 : 토지의 용도에 따라 지목을 결정

47 다음 중 지적삼각점측량의 방법에 해당하지 않는 것은?

① 경위의측량방법
② 광파기측량방법
③ 전파기측량방법
④ 평판측량방법

해설
평판측량방법은 세부측량에 해당한다.
지적삼각점측량(지적측량 시행규칙 제7조)
위성기준점, 통합기준점, 삼각점 및 지적삼각점을 기초로 하여 경위의측량방법, 전파기 또는 광파기측량방법, 위성측량방법 및 국토교통부장관이 승인한 측량방법에 따르되, 그 계산은 평균계산법이나 망평균계산법에 따른다.

48 지적의 발전단계별 분류 중 토지과세 및 토지거래의 안전을 도모하고, 토지소유권 보호 등을 주요 목적으로 하며 소유 지적이라고도 하는 것은?

① 세지적　② 종합지적
③ 법지적　④ 유사지적

해설

발전단계에 의한 지적제도의 분류
- 세지적 : 토지의 가격을 조사하여 세금을 징수하기 위한 것을 말한다. 가장 오래된 역사를 가지고 있는 최초의 지적으로 지적공부의 여러 가지 등록사항 중 면적과 토지등급을 정확하게 측정하고 조사하는 것이 중요시되는 지적제도이다.
- 법지적 : 토지과세 및 토지거래의 안전을 도모하고, 토지소유권 보호 등을 주요 목적으로 하며 소유지적이라고도 한다. 토지의 등록사항이 정확하지 못할 경우 발생하는 손해에 대하여 선의의 제3자를 보호하는 데 주목적이 있다.
- 다목적 지적 : 1필지를 단위로 토지 관련 기본적인 정보를 계속하여 즉시 이용이 가능하도록 종합적으로 제공하여 주는 제도이며 일명 종합지적이라고도 한다. 토지에 관한 많은 자료를 신속·정확하게 제공하고 관리하는 제도이다.

49 좌표면적계산법에 따른 면적측정 시 산출면적은 얼마의 단위까지 계산하는가?

① $1/10\text{m}^2$까지 계산
② $1/100\text{m}^2$까지 계산
③ $1/1000\text{m}^2$까지 계산
④ $1/100000\text{m}^2$까지 계산

해설

좌표면적계산법(지적측량 시행규칙 제20조)
㉠ 경위의측량방법으로 세부측량을 한 지역의 필지별 면적측정은 경계점 좌표에 따를 것
㉡ 산출면적은 $1/1000\text{m}^2$까지 계산하여 $1/10\text{m}^2$ 단위로 정할 것
※ 대상지역 : 경계점좌표등록부 등록지

50 토지소유자는 신규등록할 토지가 있으면 그 사유가 발생한 날부터 최대 며칠 이내에 지적소관청에 신규등록을 신청하여야 하는가?

① 10일　② 15일
③ 40일　④ 60일

해설

신규등록 신청(법 제77조)
토지소유자는 신규등록할 토지가 있으면 대통령령으로 정하는 바에 따라 그 사유가 발생한 날부터 60일 이내에 지적소관청에 신규등록을 신청하여야 한다.

51 평판측량방법에 있어서 도상에 영향을 미치지 아니하는 지상거리의 축척별 허용범위는?(단, M은 축척분모)

① $\frac{M}{10}[\text{mm}]$　② $\frac{M}{100}[\text{mm}]$
③ $\frac{M}{10}[\text{cm}]$　④ $M[\text{cm}]$

해설

평판측량방법에 있어서 도상에 영향을 미치지 아니하는 지상거리의 축척별 허용범위는 $\frac{M}{10}[\text{mm}]$로 한다(여기서, M : 축척분모).

52 임야대장 및 임야도에 등록된 토지를 토지대장 및 지적도에 옮겨 등록하는 것을 무엇이라 하는가?

① 신규등록
② 등록전환
③ 토지분할
④ 지목변경

해설
① 신규등록 : 새로 조성된 토지와 지적공부에 등록되어 있지 아니한 토지를 지적공부에 등록하는 것을 말한다.
④ 지목변경 : 지적공부에 등록된 지목을 다른 지목으로 바꾸어 등록하는 것을 말한다.

53 임야대장 및 임야도에 등록하는 토지의 지번은 숫자 앞에 어떠한 기호를 표기하는가?

① 산   ② 임
③ 토   ④ 매

해설
지번(地番)은 아라비아숫자로 표기하되, 임야대장 및 임야도에 등록하는 토지의 지번은 숫자 앞에 "산"자를 붙인다(영 제56조).

54 지적공부의 복구에 관한 관계 자료에 해당하지 않는 것은?

① 측량결과도
② 지적공부의 등본
③ 지형도
④ 토지이동정리 결의서

해설
지적공부의 복구자료(규칙 제72조)
㉠ 지적공부의 등본
㉡ 측량결과도
㉢ 토지이동정리 결의서
㉣ 토지(건물)등기사항증명서 등 등기사실을 증명하는 서류
㉤ 지적소관청이 작성하거나 발행한 지적공부의 등록내용을 증명하는 서류
㉥ 지적공부의 보존 등에 따라 복제된 지적공부
㉦ 법원의 확정판결서 정본 또는 사본

55 지적서고의 설치기준 및 관리에 관한 내용이 틀린 것은?

① 지적서고의 출입자를 지적사무담당공무원으로 한정한다.
② 바닥과 벽은 2중으로 한다.
③ 전기시설을 설치하는 때에는 단독퓨즈를 설치한다.
④ 지적서고의 연중 평균습도는 20±5%를 유지한다.

해설
온도 및 습도 자동조절장치를 설치하고, 연중 평균온도는 20±5℃를, 연중 평균습도는 65±5%를 유지한다(규칙 제65조).

56 토지대장과 임야대장에 등록하여야 할 사항이 아닌 것은?

① 토지의 소재   ② 지번
③ 지목   ④ 경계

해설
토지대장과 임야대장의 등록사항(법 제71조)
㉠ 토지의 소재
㉡ 지번(임야대장은 숫자 앞에 "산"을 붙임)
㉢ 지목
㉣ 면적
㉤ 소유자의 성명 또는 명칭, 주소 및 주민등록번호(국가, 지방자치단체, 법인, 법인 아닌 사단이나 재단 및 외국인의 경우에는 부동산등기법에 따라 부여된 등록번호를 말한다)
㉥ 그 밖에 국토교통부령으로 정하는 사항(규칙 제68조)
 1. 토지의 고유번호(각 필지를 서로 구별하기 위하여 필지마다 붙이는 고유한 번호를 말한다)
 2. 지적도 또는 임야도의 번호와 필지별 토지대장 또는 임야대장의 장번호 및 축척
 3. 토지의 이동사유
 4. 토지소유자가 변경된 날과 그 원인
 5. 토지등급 또는 기준수확량등급과 그 설정·수정 연월일
 6. 개별공시지가와 그 기준일

57 연접되는 토지 간에 높낮이 차이가 있는 경우 지상 경계를 새로이 결정하는 기준은?

① 그 구조물 등의 하단부
② 그 구조물 등의 상단부
③ 그 구조물 등의 중앙부
④ 그 구조물 등의 임의의 부분

해설
지상경계의 결정기준 등(영 제55조)
㉠ 연접되는 토지 간에 높낮이 차이가 없는 경우 : 그 구조물 등의 중앙
㉡ 연접되는 토지 간에 높낮이 차이가 있는 경우 : 그 구조물 등의 하단부
㉢ 도로・구거 등의 토지에 절토(땅깎기)된 부분이 있는 경우 : 그 경사면의 상단부
㉣ 토지가 해면 또는 수면에 접하는 경우 : 최대만조위 또는 최대만수위가 되는 선
㉤ 공유수면매립지의 토지 중 제방 등을 토지에 편입하여 등록하는 경우 : 바깥쪽 어깨 부분

58 우리나라에서 적용해 온 지적의 원리로서 다음 중 형식주의와 가장 관계가 깊은 것은?

① 특정화의 원칙
② 등록의 원칙
③ 신청의 원칙
④ 공시의 원칙

해설
형식주의 : 토지에 관한 모든 표시사항을 지적공부에 등록해야만 공식적인 효력이 인정되는 것과 관련한 토지등록의 원리이다.

59 지적측량의 측량검사기간 기준으로 옳은 것은? (단, 지적기준점을 설치하여 측량검사를 하는 경우는 고려하지 않는다)

① 4일
② 5일
③ 6일
④ 7일

해설
지적측량 검사기간(규칙 제25조)
지적측량의 측량기간은 5일로 하며, 측량검사기간은 4일로 한다. 다만, 지적기준점을 설치하여 측량 또는 측량검사를 하는 경우 지적기준점이 15점 이하인 경우에는 4일을, 15점을 초과하는 경우에는 4일에 15점을 초과하는 4점마다 1일을 가산한다.

60 방위가 S 20°20′W인 측선에 대한 방위각은?

① 110°20′
② 159°40′
③ 200°20′
④ 249°40′

해설
SW는 3상한이므로 +180°를 해준다.
180° + 20°20′ = 200°20′

2014년 제1회 과년도 기출문제

01 우리나라에서 규정한 현행 지목의 종류는?

① 28종 ② 24종
③ 21종 ④ 18종

해설
현행 지적 관련 법률에서 규정하고 있는 지목의 종류는 28종이다(법 제67조).

02 지적도 도곽선의 역할로 틀린 것은?

① 도북표시의 기준이 된다.
② 기준점 전개의 기준이 된다.
③ 인접 도면의 접합 기준이 된다.
④ 토지경계선 측정의 기준이 된다.

해설
도곽선의 역할
- 인접 도면과의 접합 기준선
- 지적측량기준점 전개 시의 기준선
- 도곽 신축량을 측정하는 기준
- 측량준비도와 측량결과도에서 북방향의 기준
- 외업 시 측량준비도와 실지의 부합 여부 확인 기준

03 오차의 종류 중 최소제곱법에 의한 확률법칙에 의해 처리가 가능한 것은?

① 누차 ② 착오
③ 정오차 ④ 우연오차

해설
우연오차(부정오차, 상차, 우차)
- 오차의 크기와 방향(부호)이 불규칙적으로 발생하고 확률론에 의해 추정할 수 있는 오차이다.
- 최소제곱법의 원리로 배분하여 오차론에서 다루는 오차
- 우연오차는 측정횟수의 제곱근에 비례한다.

04 지적측량업의 등록을 하지 아니하고 지적측량업을 한 자에 대한 벌칙 기준이 옳은 것은?

① 300만원 이하의 과태료
② 1년 이하의 징역 또는 1,000만원 이하의 벌금
③ 2년 이하의 징역 또는 2,000만원 이하의 벌금
④ 3년 이하의 징역 또는 3,000만원 이하의 벌금

해설
2년 이하의 징역 또는 2,000만원 이하의 벌금(법 제108조)
㉠ 측량기준점표지를 이전 또는 파손하거나 그 효용을 해치는 행위를 한 자
㉡ 고의로 측량성과를 사실과 다르게 한 자
㉢ 기본 또는 공공 측량성과를 국외로 반출한 자
㉣ 측량업의 등록을 하지 아니하거나 거짓이나 그 밖의 부정한 방법으로 측량업의 등록을 하고 측량업을 한 자
㉤ 측량기기 성능검사를 부정하게 한 성능검사대행자
㉥ 성능검사대행자의 등록을 하지 아니하거나 거짓이나 그 밖의 부정한 방법으로 성능검사대행자의 등록을 하고 성능검사업무를 한 자

05 일반 공중의 종교의식을 위한 건축물의 부지와 이에 접속된 부속시설물 부지의 지목은?

① 사적지 ② 종교용지
③ 대 ④ 잡종지

해설
종교용지(영 제57조) : 일반 공중의 종교의식을 위하여 예배, 법요, 설교, 제사 등을 하기 위한 교회, 사찰, 향교 등 건축물의 부지와 이에 접속된 부속시설물의 부지

정답 1 ① 2 ④ 3 ④ 4 ③ 5 ②

06 과거 호적에서 사람의 이름과 같은 것으로 토지의 식별과 위치의 추측을 쉽게 하는 것은?

① 소유자 ② 지번
③ 지목   ④ 경계

해설
지적과 호적의 비교

구분	지적	호적
	토지(필지)	사람(개인)
기재사항	토지소재	본관
	지번	성명
	고유번호	주민등록번호
	지목	성별
	면적	가족사항
	소유지	호주

07 지적측량 중 기초측량에 해당하지 않는 것은?

① 지적삼각점측량
② 지적삼각보조점측량
③ 지적확정측량
④ 지적도근점측량

해설
기초측량 : 지적삼각점측량, 지적삼각보조점측량, 지적도근점측량

08 실제거리 12m를 축척 1/1200 도면상에 표시하면 도상 몇 mm가 되는가?

① 10mm ② 12mm
③ 20mm ④ 24mm

해설
$$\frac{1}{m} = \frac{도상거리}{실제거리}$$

$$\frac{1}{1200} = \frac{도상거리}{12}$$

∴ 도상거리 = $\frac{12}{1200}$ = 0.01m = 10mm

09 지적도의 축척이 아닌 것은?

① 1/1000 ② 1/1200
③ 1/2500 ④ 1/3000

해설
지적도면의 축척은 다음의 구분에 따른다(규칙 제69조).
• 지적도 : 1/500, 1/600, 1/1000, 1/1200, 1/2400, 1/3000, 1/6000
• 임야도 : 1/3000, 1/6000

10 토지거래의 안전과 개인의 토지소유권을 보호하기 위해 만들어진 지적제도는?

① 세지적   ② 과세지적
③ 경제지적 ④ 법지적

해설
법지적
토지과세 및 토지거래의 안전을 도모하고, 토지소유권 보호 등을 주요 목적으로 하며 소유지적이라고도 한다. 토지의 등록사항이 정확하지 못할 경우 발생하는 손해에 대하여 선의의 제3자를 보호하는 데 주목적이 있다.

11 경계점좌표등록부의 등록사항이 아닌 것은?

① 지번
② 부호 및 부호도
③ 토지의 소재
④ 면적

> **해설**
> 경계점좌표등록부의 등록사항(법 제73조)
> 지적소관청은 도시개발사업 등에 따라 새로이 지적공부에 등록하는 토지에 대하여는 다음의 사항을 등록한 경계점좌표등록부를 작성하고 갖춰 두어야 한다.
> ㉠ 토지의 소재
> ㉡ 지번
> ㉢ 좌표
> ㉣ 그 밖에 국토교통부령으로 정하는 사항(규칙 제71조)
>   1. 토지의 고유번호
>   2. 지적도면의 번호
>   3. 필지별 경계점좌표등록부의 장번호
>   4. 부호 및 부호도

12 두 점 간의 거리가 D, 종선차가 ΔX일 때 두 점 간의 방위각을 공식으로 옳은 것은?

① $\theta = \sin^{-1} \dfrac{\Delta X}{D}$
② $\theta = \cos^{-1} \dfrac{\Delta X}{D}$
③ $\theta = \tan^{-1} \dfrac{\Delta X}{D}$
④ $\theta = \cot^{-1} \dfrac{\Delta X}{D}$

> **해설**
> 두 점 간의 거리가 D, 종선차가 ΔX일 때 두 점 간의 방위각을 구하는 공식
> $\theta = \cos^{-1} \dfrac{\Delta X}{D}$
> ※ 두 점 간의 거리가 D, 횡선차가 ΔY일 때 두 점 간의 방위각을 구하는 공식
> $\theta = \sin^{-1} \dfrac{\Delta Y}{D}$

13 토지소유자가 지목변경을 할 토지가 있으면 그 사유가 발생한 날부터 최대 얼마 이내에 지적소관청에 지목변경을 신청하여야 하는가?

① 15일 이내
② 30일 이내
③ 60일 이내
④ 90일 이내

> **해설**
> 지목변경 신청(법 제81조)
> 토지소유자는 지목변경을 할 토지가 있으면 대통령령으로 정하는 바에 따라 그 사유가 발생한 날부터 60일 이내에 지적소관청에 지목변경을 신청하여야 한다.

14 국토교통부장관이 지적기술자에 대한 측량업무의 수행을 정지시키고자 하는 경우, 심의·의결을 거쳐야 하는 곳은?

① 지방지적위원회
② 중앙인사위원회
③ 중앙지적위원회
④ 노동쟁의위원회

> **해설**
> 지적위원회(법 제28조)
> 다음의 사항을 심의·의결하기 위하여 국토교통부에 중앙지적위원회를 둔다.
> ㉠ 지적 관련 정책 개발 및 업무 개선 등에 관한 사항
> ㉡ 지적측량기술의 연구·개발 및 보급에 관한 사항
> ㉢ 지적측량 적부심사(適否審査)에 대한 재심사(再審査)
> ㉣ 측량기술자 중 지적분야 측량기술자(이하 지적기술자라 한다)의 양성에 관한 사항
> ㉤ 지적기술자의 업무정지 처분 및 징계요구에 관한 사항

정답 11 ④ 12 ② 13 ③ 14 ③

15 좌표면적계산법에 따른 면적측정 중 전자면적측정기에 따른 허용면적 공식으로 옳은 것은?(단, A : 허용면적, M : 축척분모, F : 2회 측정한 면적의 합계를 2로 나눈 수)

① $A = 0.023^2 M\sqrt{F}$
② $A = 0.026^2 M\sqrt{F}$
③ $A = 0.023^2 F\sqrt{M}$
④ $A = 0.026^2 F\sqrt{M}$

해설
전자면적측정기에 따른 면적측정(지적측량 시행규칙 제20조)
㉠ 도상에서 2회 측정하여 그 교차가 다음 계산식에 따른 허용면적 이하일 때에는 그 평균치를 측정면적으로 할 것
$A = 0.023^2 M\sqrt{F}$
여기서, A : 허용면적
M : 축척분모
F : 2회 측정한 면적의 합계를 2로 나눈 수
㉡ 측정면적은 1/1000m² 까지 계산하여 1/10m² 단위로 정할 것

16 세부측량에서 분할측량 시 원면적이 4,529m², 보정면적의 합계가 4,550m²일 때 하나의 필지에 대한 보정면적이 2,033m²이었다면 이 필지의 산출면적은?

① 2,010.2m²
② 2,023.6m²
③ 2,014.4m²
④ 2,043.6m²

해설
산출면적 = $\dfrac{\text{원면적}(F)}{\text{보정면적 합계}(A)}$ × 필지별 보정면적(a)
= $\dfrac{4,529}{4,550}$ × 2,033
≒ 2,023.6m²

17 지번의 구성에 대한 설명으로 옳은 것은?

① 지번은 본번으로만 구성한다.
② 지번은 부번으로만 구성한다.
③ 지번은 기호로만 구성한다.
④ 지번은 본번과 부번으로 구성한다.

해설
지번의 구성(영 제56조)
지번은 본번과 부번으로 구성하되, 본번과 부번 사이에 "-" 표시로 연결한다. 이 경우 "-" 표시는 "의"라고 읽는다.

18 3변의 길이가 각각 12m, 16m, 20m인 삼각형 모양의 토지면적은 얼마인가?

① 60m²
② 96m²
③ 120m²
④ 186m²

해설
헤론의 공식
$A = \sqrt{s(s-a)(s-b)(s-c)}$
$= \sqrt{24(24-12)(24-16)(24-20)}$
$= 96\text{m}^2$
여기서, $s = \dfrac{12+16+20}{2} = 24$

19 자오선의 북방향(북극)을 기준으로 하여 시계방향(우회)으로 측정한 각을 무엇이라 하는가?

① 도북방위각
② 자북방위각
③ 진북방위각
④ 자오선수차

해설
방위각의 종류
• 진북방위각 : 극점(북극)과 임의점의 각
• 자북방위각 : 자침 방향과 임의점의 각
• 도북방위각 : 지도의 북쪽과 임의점의 각
※ 자오선수차 : 평면직각좌표상의 도북과 지리학적 경위도좌표계의 진북의 차

정답 15 ① 16 ② 17 ④ 18 ② 19 ③

20 토지는 국가가 비치하는 지적공부에 등록하여야 공식적 효력이 발생한다는 토지등록의 원리는?

① 국정주의
② 공개주의
③ 실질적 심사주의
④ 형식주의

해설
① 국정주의 : 지적에 관한 사항, 즉 토지의 소재, 지번, 지목, 면적, 경계(좌표) 등은 국가만이 결정·등록할 수 있는 권한을 가진다는 이념이다.
② 공개주의 : 지적공부에 등록된 사항은 토지소유자나 이해관계인 등 기타 일반 국민들에게 공개하여 누구나 정당하게 이용할 수 있게 해야 한다는 이념이다.
③ 실질적 심사주의 : 지적소관청이 사실관계의 부합 여부와 절차의 적법성을 확인하고 등록해야 한다는 이념이다.

21 삼국시대부터 찾아볼 수 있는 오늘날의 지적과 유사한 토지에 관한 기록과 관계가 없는 것은?

① 도적
② 장적
③ 전적
④ 판적

해설
삼국유사와 고려사절요 등에서 삼국시대부터 백제의 도적(圖籍), 신라의 장적(帳籍), 고려의 전적(典籍) 등 오늘날의 지적과 유사한 토지에 관한 기록들이 있었다는 것을 찾아 볼 수 있다.

22 축척 1/600에 등록할 토지의 면적이 78.445m²로 산출되었을 때 지적공부에 등록하는 결정면적은?

① 78m²
② 78.5m²
③ 78.45m²
④ 78.4m²

해설
지적도의 축척이 1/600인 지역과 경계점좌표등록부에 등록하는 지역의 토지면적(영 제60조)
• m² 이하 한 자리 단위로 한다.
• 0.1m² 미만의 끝수가 있는 경우 0.05m² 미만일 때에는 버리고 0.05m²를 초과할 때에는 올린다.
• 0.05m²일 때에는 구하려는 끝자리의 숫자가 0 또는 짝수이면 버리고 홀수이면 올린다.
• 다만, 1필지의 면적이 0.1m² 미만일 때에는 0.1m²로 한다.

23 지적기초측량의 방법이 아닌 것은?

① 평판측량방법
② 전파기측량방법
③ 경위의측량방법
④ 위성측량방법

해설
지적측량의 방법
• 기초측량 : 경위의측량방법, 전파기 또는 광파기측량방법, 위성측량방법 및 국토교통부장관이 승인한 측량방법
• 세부측량 : 경위의측량방법, 평판측량방법, 위성측량방법 및 전자평판측량방법

24 소극적 지적에 대한 설명으로 옳은 것은?

① 신고된 사항만을 등록하는 방식이다.
② 신고가 없어도 국가가 직권으로 등록하는 방식이다.
③ 세원을 결정하여 과세하는 지적 제도이다.
④ 1필지의 면적을 측정하는 방법이다.

해설
① 소극적 지적은 토지를 지적공부에 등록하는 것을 의무화하지 않고 당사자가 신고할 때 신고된 사항만을 등록하는 것이다.
② 적극적 지적에 대한 설명이다.
③ 세지적에 대한 설명이다.
④ 법지적에 대한 설명이다.

정답 20 ④ 21 ④ 22 ④ 23 ① 24 ①

25 축척 1/1200 지역에서 종선의 신축오차가 −1.8mm, −0.8mm, 횡선의 신축오차가 −1.2mm, −0.6mm일 때 도곽선의 신축량은?

① −0.9mm
② −1.0mm
③ −1.1mm
④ −1.2mm

해설

$$S = \frac{\Delta X_1 + \Delta X_2 + \Delta Y_1 + \Delta Y_2}{4}$$
$$= \frac{(-1.8)+(-0.8)+(-1.2)+(-0.6)}{4}$$
$$= -1.1\text{mm}$$

26 조선시대의 토지대장인 양안에 기재되지 않았던 것은?

① 토지 소재
② 토지 등급
③ 토지 면적
④ 토지 연혁

해설

양안(量案)
- 조선시대 조세 부과를 목적으로 전지(田地)를 측량하여 만든 토지등록장부로서 오늘날의 토지대장이다.
- 토지소재지, 기주(토지소유자), 지목, 지호(지번), 토지등급(비옥도), 사표(토지 위치), 토지결부수(면적), 전형(토지 형태), 양전 방향, 진기(경작 여부), 농가소득 정도 등을 파악할 수 있는 자료이다.

27 경계의 표시방법별 분류에 의한 지적제도로 옳은 것은?

① 과세지적, 지배지적
② 소유지적, 치수지적
③ 도해지적, 수치지적
④ 입체지적, 다목적 지적

해설

측량방법(경계의 표시방법)에 의한 분류
- 도해지적 : 경계점의 위치를 도면을 기준으로 표시하는 지적제도
- 수치지적 : 경계점의 위치를 평면직각종횡선좌표(X, Y)로 표시하는 지적제도

28 축척이 1/6000인 지역에서 토지의 원면적이 1,000m²인 경우 분할 후 각 필지의 면적의 합계와 분할 전 면적과의 오차의 허용범위는?

① ±25.6m²
② ±21.4m²
③ ±128.3m²
④ ±64.1m²

해설

오차 허용면적
$$A = 0.026^2 M\sqrt{F}$$
$$= 0.026^2 \times 6000 \times \sqrt{1,000}$$
$$\fallingdotseq \pm 128.26\text{m}^2$$
$$\fallingdotseq \pm 128.3\text{m}^2$$

여기서, A : 오차 허용면적
  M : 축척분모
  F : 원면적

29 축척 1/1200 지적도상에 1변이 1.5cm인 정사각형으로 등록된 토지의 면적은 몇 m²인가?

① 180m²
② 225m²
③ 270m²
④ 324m²

해설

$$\left(\frac{1}{m}\right)^2 = \frac{\text{도상면적}}{\text{실제면적}}$$
$$\left(\frac{1}{1200}\right)^2 = \frac{0.015\text{m} \times 0.015\text{m}}{\text{실제면적}(x)}$$
$$\therefore \text{실제면적}(x) = 1200^2 \times 0.000225\text{m}^2$$
$$= 324\text{m}^2$$

정답 25 ③ 26 ④ 27 ③ 28 ③ 29 ④

30 토지조사사업 당시 토지조사부의 기록 순서로 옳은 것은?

① 각 동(洞)·리(理)마다 지번의 순서에 따라
② 각 시(市)마다 지번의 순서에 따라
③ 각 도(道)마다 소유자의 이름 순서에 따라
④ 측량 지역별로 측량 순서에 따라

해설
토지조사사업 당시 토지조사부의 기록 순서
- 각 동(洞)·리(理)마다 지번의 순서로 기재
- 지번, 가지번, 지목, 지적, 신고연월일, 소유자의 주소, 성명 등을 기재

31 우리나라의 지번부여 방향 원칙은?

① 북서→남동
② 남동→북서
③ 북동→남서
④ 남서→북동

해설
북서기번법 : 지번은 북서쪽에서 남동쪽으로 순차적으로 부여한다. 아라비아숫자로 지번을 부여하는 지역에 적합하며, 지적법상 지번부여 설정의 기본원칙이다.

32 도로, 철도용지, 하천, 제방, 구거, 수도용지 등의 지목이 서로 중복될 때 먼저 등록된 토지의 사용목적에 따라 지목을 설정하는 원칙을 무엇이라 하는가?

① 용도 경중의 원칙
② 등록 선후의 원칙
③ 주지목 추종의 원칙
④ 일시변경 불변의 원칙

해설
① 용도 경중의 원칙 : 도로, 철도용지, 하천, 제방, 구거, 수도용지 등의 지목이 중복되는 때에는 용도의 경중 등의 순서에 따라 지목을 설정한다.
③ 주지목 추종의 원칙 : 1필지의 사용목적 또는 용도가 2 이상의 지목에 해당되는 경우에는 주된 사용목적 또는 용도에 따라 지목을 설정한다.
④ 영속성의 원칙(일시변경 불변의 원칙) : 다른 지목에 해당하는 용도로 변경시킬 목적이 아닌 임시적이고 일시적인 용도의 변경이 있더라도 지목의 변경은 하지 않는다. 예를 들어, 전답을 일시적으로 휴경한다고 해서 지목이 변경되는 것은 아니다.

33 다음 중 경계점의 위치를 평면직각좌표(X, Y)를 이용하여 등록·관리하는 지적제도는?

① 도해지적   ② 3차원 지적
③ 수치지적   ④ 다목적 지적

해설
① 도해지적 : 경계점의 위치를 도면을 기준으로 표시하는 지적제도이다.
② 3차원 지적 : 지하와 지상에 설치된 시설물까지 등록하는 것으로 입체지적이라고도 한다.
④ 다목적 지적 : 1필지 단위로 토지에 관한 정보를 신속·정확하게 제공하고 관리하는 제도이며 종합지적이라고도 한다.

34 토지가 해면에 접하는 경우 경계를 결정하는 기준은?

① 평균해수위 ② 측정 당시 수위
③ 최대만조위 ④ 중등수위

해설
지상경계의 결정기준 등(영 제55조)
㉠ 연접되는 토지 간에 높낮이 차이가 없는 경우 : 그 구조물 등의 중앙
㉡ 연접되는 토지 간에 높낮이 차이가 있는 경우 : 그 구조물 등의 하단부
㉢ 도로·구거 등의 토지에 절토(땅깎기)된 부분이 있는 경우 : 그 경사면의 상단부
㉣ 토지가 해면 또는 수면에 접하는 경우 : 최대만조위 또는 최대만수위가 되는 선
㉤ 공유수면매립지의 토지 중 제방 등을 토지에 편입하여 등록하는 경우 : 바깥쪽 어깨 부분

35 토지조사사업 당시 사정의 사항은?

① 지번 ② 지목
③ 면적 ④ 소유자

해설
토지의 사정 : 토지조사부 및 지적도에 의해 토지의 소유자와 강계를 확정하는 행정처분을 말하며, 원래 소유권은 소멸시키고 새로운 소유권을 취득하는 것을 말한다.

36 지적공부의 복구에 관한 관계 자료가 아닌 것은?

① 지적공부의 등본
② 측량결과도
③ 토지이동정리 결의서
④ 복구자료 조사서

해설
지적공부의 복구자료(규칙 제72조)
㉠ 지적공부의 등본
㉡ 측량결과도
㉢ 토지이동정리 결의서
㉣ 토지(건물)등기사항증명서 등 등기사실을 증명하는 서류
㉤ 지적소관청이 작성하거나 발행한 지적공부의 등록내용을 증명하는 서류
㉥ 지적공부의 보존 등에 따라 복제된 지적공부
㉦ 법원의 확정판결서 정본 또는 사본

37 토지대장에 등록된 4필지(1-2, 12, 105, 123-1)를 합병할 경우 부여해야 할 지번은?

① 1-2 ② 12
③ 105 ④ 123-1

해설
지번의 구성 및 부여방법 등(영 제56조 제3항)
합병의 경우에는 합병 대상 지번 중 선순위의 지번을 그 지번으로 하되, 본번으로 된 지번이 있을 때에는 본번 중 선순위의 지번을 합병 후의 지번으로 할 것. 이 경우 토지소유자가 합병 전의 필지에 주거·사무실 등의 건축물이 있어서 그 건축물이 위치한 지번을 합병 후의 지번으로 신청할 때에는 그 지번을 합병 후의 지번으로 부여하여야 한다.

38 모든 토지에 대하여 필지별로 소재, 지번, 지목, 면적, 경계 또는 좌표 등을 조사·측량하여 지적공부에 등록하여야 하는 자는?

① 행정안전부장관
② 국토교통부장관
③ 기획재정부장관
④ 시·도지사

해설
토지의 조사·등록 등(법 제64조)
국토교통부장관은 모든 토지에 대하여 필지별로 소재, 지번, 지목, 면적, 경계 또는 좌표 등을 조사·측량하여 지적공부에 등록하여야 한다.

39 지적공부에 토지의 소재, 지번, 지목, 면적, 경계 또는 좌표를 등록한 것을 무엇이라 하는가?

① 토지의 이동
② 토지표제
③ 토지의 표시
④ 지적 기록

해설
토지의 표시(법 제2조)
지적공부에 토지의 소재, 지번(地番), 지목(地目), 면적, 경계 또는 좌표를 등록한 것을 말한다.

40 일자오결제의 지번제도를 시행하였던 시대는?

① 조선시대
② 신라시대
③ 백제시대
④ 고구려시대

해설
조선시대 토지대장에는 천자문의 각 글자가 필지의 면적과 위치를 나타내는 단위로 사용되었다. 즉, 연속된 개별 필지를 5결 면적 단위로 묶어서 천자문 1자씩 부여하였다. 이를 일자오결(一字五結)이라 하였으며, 부여된 천자문 글자는 자호(字號)라 불렀다.

41 공유지연명부의 등록사항이 아닌 것은?

① 토지의 소재
② 지목
③ 소유권 지분
④ 토지의 고유번호

해설
공유지연명부의 등록사항(법 제71조)
㉠ 토지의 소재
㉡ 지번
㉢ 소유권 지분
㉣ 소유자의 성명 또는 명칭, 주소 및 주민등록번호
㉤ 그 밖에 국토교통부령으로 정하는 사항(규칙 제68조)
 1. 토지의 고유번호
 2. 필지별 공유지연명부의 장번호
 3. 토지소유자가 변경된 날과 그 원인

42 지적측량을 하여야 하는 경우가 아닌 것은?

① 신규등록
② 합병
③ 등록전환
④ 분할

해설
합병, 지목변경은 지적측량을 실시하지 않는다.
지적측량을 하여야 하는 경우(법 제23조, 영 제18조)
㉠ 지적기준점을 정하는 경우
㉡ 지적측량성과를 검사하는 경우
㉢ 다음에 해당하는 경우로서 측량을 할 필요가 있는 경우
 1. 지적공부를 복구하는 경우
 2. 토지를 신규등록하는 경우
 3. 토지를 등록전환하는 경우
 4. 토지를 분할하는 경우
 5. 바다가 된 토지의 등록을 말소하는 경우
 6. 축척을 변경하는 경우
 7. 지적공부의 등록사항을 정정하는 경우
 8. 도시개발사업 등의 시행지역에서 토지의 이동이 있는 경우
 9. 지적재조사에 관한 특별법에 따른 지적재조사사업에 따라 토지의 이동이 있는 경우
㉣ 경계점을 지상에 복원하는 경우
㉤ 그 밖에 대통령령으로 정하는 경우 : 지상건축물 등의 현황을 지적도 및 임야도에 등록된 경계와 대비하여 표시하는 데에 필요한 경우(지적현황측량)

정답 39 ③ 40 ① 41 ② 42 ②

43 평판측량방법에 따른 세부측량의 방법이 아닌 것은?

① 교회법   ② 도선법
③ 방사법   ④ 배각법

해설
세부측량
- 평판측량 : 교회법, 도선법, 방사법
- 경위의측량 : 도선법, 방사법

44 제도 시 붉은색을 사용하지 않는 것은?

① 도곽선
② 도곽선 수치
③ 지방도로
④ 말소선

해설
지적공부 등의 정리에 사용하는 문자·기호 및 경계는 따로 규정을 둔 사항을 제외하고 정리사항은 검은색, 도곽선과 그 수치 및 말소는 붉은색으로 한다(지적업무처리규정 제63조).
※ 일람도상 지방도로 이상은 검은색 0.2mm 폭의 2선으로, 그 밖의 도로는 0.1mm의 폭으로 제도한다(지적업무처리규정 제38조).

45 축척 1/600 지역의 일반원점지역에서 지적도 1장에 포용되는 지상면적은?

① 30,000m²
② 50,000m²
③ 120,000m²
④ 200,000m²

해설
지적도의 축척에 따른 도상 및 지상길이, 포용면적

축척	도상길이(mm)	지상길이(m)	포용면적(m²)
1/500	300×400	150×200	30,000
1/1000	300×400	300×400	120,000
1/600	333.33×416.67	200×250	50,000
1/1200	333.33×416.67	400×500	200,000
1/2400	333.33×416.67	800×1,000	800,000
1/3000	400×500	1,200×1,500	1,800,000
1/6000	400×500	2,400×3,000	7,200,000

46 경계점좌표등록부에 등록하는 지역의 토지면적을 등록하는 최소단위 기준은?

① 100m²   ② 10m²
③ 1m²   ④ 0.1m²

해설
지적도의 축척이 1/600인 지역과 경계점좌표등록부에 등록하는 지역의 토지면적(영 제60조)
- m² 이하 한 자리 단위로 한다.
- 0.1m² 미만의 끝수가 있는 경우 0.05m² 미만일 때에는 버리고 0.05m²를 초과할 때에는 올린다.
- 0.05m²일 때에는 구하려는 끝자리의 숫자가 0 또는 짝수이면 버리고 홀수이면 올린다.
- 다만, 1필지의 면적이 0.1m² 미만일 때에는 0.1m²로 한다.

47 지목의 표기방법이 틀린 것은?

① 공장용지 → 장
② 수도용지 → 수
③ 유원지 → 유
④ 공원 → 공

해설
지목표기 시 두문자가 아닌 차문자로 표기하는 지목은 공장용지, 주차장, 하천, 유원지이다.

48 세부측량 시 필지마다 면적을 측정하지 않아도 되는 경우는?

① 토지를 분할하는 경우
② 토지를 신규등록하는 경우
③ 토지를 합병하는 경우
④ 토지의 경계를 정정하는 경우

해설
면적측정의 대상(지적측량 시행규칙 제19조)
㉠ 세부측량을 하는 경우 다음의 어느 하나에 해당하면 필지마다 면적을 측정하여야 한다.
  1. 지적공부의 복구, 신규등록, 등록전환, 분할 및 축척변경을 하는 경우
  2. 면적 또는 경계를 정정하는 경우
  3. 도시개발사업 등으로 인한 토지의 이동에 따라 토지의 표시를 새로 결정하는 경우
  4. 경계복원측량 및 지적현황측량에 면적측정이 수반되는 경우
㉡ ㉠에도 불구하고 경계복원측량과 지적현황측량을 하는 경우에는 필지마다 면적을 측정하지 아니한다.

49 진행 방향에 따른 지번부여방식이 아닌 것은?

① 회전식   ② 기우식
③ 단지식   ④ 사행식

해설
지번의 진행 방향에 따른 지번부여방법 : 사행식, 기우식, 단지식

50 도면에 등록하는 동·리의 행정구역선은 얼마의 폭으로 제도하여야 하는가?

① 0.1mm   ② 0.2mm
③ 0.3mm   ④ 0.4mm

해설
행정구역선의 제도(지적업무처리규정 제44조)
도면에 등록할 행정구역선은 0.4mm 폭으로 제도한다. 다만, 동·리의 행정구역선은 0.2mm 폭으로 한다.

51 지상건축물 등의 현황을 지적도 및 임야도에 등록된 경계와 대비하여 표시하는 데 필요한 측량을 무엇이라 하는가?

① 지상측량
② 지적현황측량
③ 경계측량
④ 지적도근측량

해설
① 지상측량 : 항공사진측량에 대하여 지상에서 실시하는 도근측량, 삼각측량, 스타디어측량, 평판측량 등의 총칭
③ 경계측량(경계복원측량) : 지적공부의 토지경계점을 지상에 복원하는 측량
④ 지적도근측량 : 지적세부측량의 기준점인 도근점을 설치하기 위하여 시행하는 측량

정답 47 ③ 48 ③ 49 ① 50 ② 51 ②

52 일반적인 토지대장의 형식에 해당하지 않는 것은?

① 장부식 대장
② 편철식 대장
③ 카드식 대장
④ 천공식 대장

해설
일반적인 토지대장의 형식 : 장부식, 편철식, 카드식

53 지적소관청이 축척변경을 하려면 축척변경위원회의 의결을 거친 후 누구의 승인을 받아야 하는가?

① 한국국토정보공사
② 중앙지적위원회
③ 행정안전부장관
④ 시·도지사

해설
축척변경(법 제83조)
지적소관청은 축척변경을 하려면 축척변경 시행지역의 토지소유자 2/3 이상의 동의를 받아 축척변경위원회의 의결을 거친 후 시·도지사 또는 대도시 시장의 승인을 받아야 한다. 다만, 다음의 어느 하나에 해당하는 경우에는 축척변경위원회의 의결 및 시·도지사 또는 대도시 시장의 승인 없이 축척변경을 할 수 있다.
㉠ 합병하려는 토지가 축척이 다른 지적도에 각각 등록되어 있어 축척변경을 하는 경우
㉡ 도시개발사업 등의 시행지역에 있는 토지로서 그 사업 시행에서 제외된 토지의 축척변경을 하는 경우

54 임야대장 및 임야도에 등록된 토지를 토지대장 및 지적도에 옮겨 등록하는 것은?

① 신규등록
② 지목변경
③ 등록전환
④ 임야변경

해설
③ 등록전환 : 임야대장 및 임야도에 등록된 토지를 토지대장 및 지적도에 옮겨 등록하는 것을 말한다.
① 신규등록 : 새로 조성된 토지와 지적공부에 등록되어 있지 아니한 토지를 지적공부에 등록하는 것을 말한다.
② 지목변경 : 지적공부에 등록된 지목을 다른 지목으로 바꾸어 등록하는 것을 말한다.

55 지적 관련 법령에 규정된 지적공부에 해당하는 것은?

① 지적도
② 지형도
③ 수치도
④ 토양도

해설
지적공부(법 제2조)
토지대장, 임야대장, 공유지연명부, 대지권등록부, 지적도, 임야도 및 경계점좌표등록부 등 지적측량 등을 통하여 조사된 토지의 표시와 해당 토지의 소유자 등을 기록한 대장 및 도면(정보처리시스템을 통하여 기록·저장된 것을 포함한다)을 말한다.

정답 52 ④ 53 ④ 54 ③ 55 ①

56 면적을 측정하는 경우 도곽선의 길이에 최소 얼마 이상의 신축이 있을 때 이를 보정하여야 하는가?

① 0.2mm ② 0.3mm
③ 0.4mm ④ 0.5mm

해설
면적을 측정하는 경우 도곽선의 길이에 0.5mm 이상의 신축이 있을 때에는 이를 보정하여야 한다(지적측량 시행규칙 제20조).

57 경계는 얼마의 폭을 기준으로 제도하는가?

① 0.1mm ② 0.2mm
③ 0.4mm ④ 0.5mm

해설
경계는 0.1mm 폭의 선으로 제도한다(지적업무처리규정 제41조).

58 지적공부를 관리하는 지적소관청으로 볼 수 없는 것은?

① 시장 ② 군수
③ 구청장 ④ 읍·면장

해설
지적소관청(법 제2조)
지적공부를 관리하는 특별자치시장, 시장·군수 또는 구청장을 말한다.

59 지적측량에서 사용하지 않는 측량장비는?

① GNSS
② 레벨
③ 평판
④ 경위의

해설
레벨은 수준측량에 사용되는 장비이다.

60 1필지의 확정 기준으로 틀린 것은?

① 동일한 지가
② 동일한 지목
③ 동일한 소유자
④ 연속된 지반

해설
1필지로 정할 수 있는 기준(영 제5조)
지번부여지역의 토지로서 소유자와 용도가 같고 지반이 연속된 토지는 1필지로 할 수 있다.

정답 56 ④ 57 ① 58 ④ 59 ② 60 ①

2014년 제5회 과년도 기출문제

01 지적측량을 하여야 하는 경우가 아닌 것은?

① 토지를 신규등록하는 경우
② 지적공부를 복구하는 경우
③ 지목을 변경하는 경우
④ 토지를 등록전환하는 경우

해설
합병, 지목변경은 지적측량을 실시하지 않는다.
지적측량을 하여야 하는 경우(법 제23조, 영 제18조)
㉠ 지적기준점을 정하는 경우
㉡ 지적측량성과를 검사하는 경우
㉢ 다음에 해당하는 경우로서 측량을 할 필요가 있는 경우
　1. 지적공부를 복구하는 경우
　2. 토지를 신규등록하는 경우
　3. 토지를 등록전환하는 경우
　4. 토지를 분할하는 경우
　5. 바다가 된 토지의 등록을 말소하는 경우
　6. 축척을 변경하는 경우
　7. 지적공부의 등록사항을 정정하는 경우
　8. 도시개발사업 등의 시행지역에서 토지의 이동이 있는 경우
　9. 지적재조사에 관한 특별법에 따른 지적재조사사업에 따라 토지의 이동이 있는 경우
㉣ 경계점을 지상에 복원하는 경우
㉤ 그 밖에 대통령령으로 정하는 경우 : 지상건축물 등의 현황을 지적도 및 임야도에 등록된 경계와 대비하여 표시하는 데에 필요한 경우(지적현황측량)

02 1필지가 2매 이상의 지적도에 등록되어 있을 경우 접합의 기준이 되는 선은?

① 사정선
② 분할선
③ 도곽선
④ 경계선

해설
도곽선 : 1필지가 2매 이상의 지적도에 등록되어 있을 경우 접합의 기준이 되는 선이다

03 지적도의 도곽수치가 (−)로 표시되는 것을 막기 위한 조치방법은?

① 종선에 200,000m, 횡선에 500,000m를 더해준다.
② 종선에 200,000m, 횡선에 200,000m를 더해준다.
③ 종선에 500,000m, 횡선에 200,000m를 더해준다.
④ 종선에 500,000m, 횡선에 500,000m를 더해준다.

해설
세계측지계에 따르지 아니하는 지적측량의 경우에는 가우스상사이중투영법으로 표시하되, 직각좌표계 투영원점의 가산(加算)수치를 각각 X(N) 500,000m(제주도지역 550,000m), Y(E) 200,000m로 하여 사용할 수 있다.

04 임야대장의 등록사항이 아닌 것은?

① 토지의 소재
② 지번
③ 좌표
④ 지목

해설
토지대장과 임야대장의 등록사항(법 제71조)
㉠ 토지의 소재
㉡ 지번(임야대장은 숫자 앞에 "산"을 붙임)
㉢ 지목
㉣ 면적
㉤ 소유자의 성명 또는 명칭, 주소 및 주민등록번호(국가, 지방자치단체, 법인, 법인 아닌 사단이나 재단 및 외국인의 경우에는 부동산등기법에 따라 부여된 등록번호를 말한다)
㉥ 그 밖에 국토교통부령으로 정하는 사항(규칙 제68조)
　1. 토지의 고유번호(각 필지를 서로 구별하기 위하여 필지마다 붙이는 고유한 번호를 말한다)
　2. 지적도 또는 임야도의 번호와 필지별 토지대장 또는 임야대장의 장번호 및 축척
　3. 토지의 이동사유
　4. 토지소유자가 변경된 날과 그 원인
　5. 토지등급 또는 기준수확량등급과 그 설정·수정 연월일
　6. 개별공시지가와 그 기준일

정답 1 ③　2 ③　3 ③　4 ③

05 축척변경위원회의 위원 중 토지소유자는 전체 위원의 얼마 이상이 되도록 구성하는가?(단, 축척변경 시행지역의 토지소유자가 5명 이하인 경우는 고려하지 않음)

① 1/2 이상
② 1/3 이상
③ 1/4 이상
④ 1/2 이상

해설
축척변경위원회의 구성 등(영 제79조)
축척변경위원회는 5명 이상 10명 이하의 위원으로 구성하되, 위원의 1/2 이상을 토지소유자로 하여야 한다. 이 경우 그 축척변경 시행지역의 토지소유자가 5명 이하일 때에는 토지소유자 전원을 위원으로 위촉하여야 한다.

06 수평각, 연직각, 거리를 동시에 관측할 수 있는 측량기계는?

① 경위의
② 광파측거기
③ 평판측량기
④ 토털 스테이션

해설
토털 스테이션(total station) : 거리와 각(수평각, 연직각)을 동시에 관측하여 현장에서 즉시 좌표를 확인함으로써 시공계획에 맞추어 신속한 측량을 할 수 있다.

07 세부측량 시 평판측량을 시행함에 있어 측량준비도에 표시하는 사항 중 측량기하적이 아닌 것은?

① 평판점 위치 표시
② 방향선 표시
③ 측량검사자의 성명, 소속, 자격등급 표시
④ 측정점 위치 표시

해설
측량기하적(지적업무처리규정 제24조 제1항)
평판점, 측정점 및 방위표정에 사용한 기지점 등에는 방향선을 긋고 실측한 거리를 기재한다. 이 경우 측정점의 방향선 길이는 측정점을 중심으로 약 1cm로 표시한다. 다만, 전자측량시스템에 따라 작성할 경우 필지선이 복잡한 때는 방향선과 측정거리를 생략할 수 있다.

08 묘지의 관리를 위한 건축물 부지의 지목은?

① 대 ② 묘지
③ 분묘지 ④ 임야

해설
묘지(영 제58조) : 사람의 시체나 유골이 매장된 토지, 도시공원 및 녹지 등에 관한 법률에 따른 묘지공원으로 결정·고시된 토지 및 장사 등에 관한 법률에 따른 봉안시설과 이에 접속된 부속시설물의 부지. 다만, 묘지의 관리를 위한 건축물의 부지는 "대"로 한다.

09 토지소유자가 바다로 된 토지의 등록말소 신청 통지를 받은 날부터 최대 며칠 이내에 등록말소 신청을 하지 아니하는 경우 지적소관청이 등록을 말소하는?

① 15일　　② 30일
③ 60일　　④ 90일

해설
바다로 된 토지의 등록말소 신청(법 제82조)
㉠ 지적소관청은 지적공부에 등록된 토지가 지형의 변화 등으로 바다로 된 경우로서 원상(原狀)으로 회복될 수 없거나 다른 지목의 토지로 될 가능성이 없는 경우에는 지적공부에 등록된 토지소유자에게 지적공부의 등록말소 신청을 하도록 통지하여야 한다.
㉡ 지적소관청은 ㉠에 따른 토지소유자가 통지를 받은 날부터 90일 이내에 등록말소 신청을 하지 아니하면 지적소관청이 직권으로 그 지적공부의 등록사항을 말소한다.

10 현행 우리나라의 지적도에 사용하지 않는 축척은?

① 1/500　　② 1/600
③ 1/800　　④ 1/2400

해설
지적도면의 축척은 다음의 구분에 따른다(규칙 제69조).
• 지적도 : 1/500, 1/600, 1/1000, 1/1200, 1/2400, 1/3000, 1/6000
• 임야도 : 1/3000, 1/6000

11 다음 중 임야도의 축척에 해당하는 것은?

① 1/1000　　② 1/1200
③ 1/2400　　④ 1/3000

해설
10번 문제 해설 참조

12 지목의 설정 원칙으로 틀린 것은?

① 1필 1목의 원칙
② 용도 경중의 원칙
③ 일시변경 수용의 원칙
④ 주지목 추종의 원칙

해설
지목의 설정 원칙
• 지목 법정주의
• 1필 1목의 원칙
• 주지목 추종의 원칙
• 등록 선후의 원칙
• 용도 경중의 원칙
• 사용목적 추종의 원칙
• 영속성의 원칙(일시변경 불변의 원칙)

13 지적도 및 임야도에 등록할 사항이 아닌 것은?

① 면적　　② 지번
③ 경계　　④ 토지의 소재

해설
지적도 및 임야도의 등록사항(법 제72조)
㉠ 토지의 소재
㉡ 지번
㉢ 지목
㉣ 경계
㉤ 그 밖에 국토교통부령으로 정하는 사항(규칙 제69조)
　1. 지적도면의 색인도(인접 도면의 연결 순서를 표시하기 위하여 기재한 도표와 번호를 말한다)
　2. 지적도면의 제명 및 축척
　3. 도곽선(圖廓線)과 그 수치
　4. 좌표에 의하여 계산된 경계점 간의 거리(경계점좌표등록부를 갖춰 두는 지역으로 한정한다)
　5. 삼각점 및 지적기준점의 위치
　6. 건축물 및 구조물 등의 위치

14 지상경계를 결정하는 기준이 틀린 것은?

① 연접되는 토지 간에 높낮이 차이가 있는 경우 : 그 구조물 등의 하단부
② 토지가 해면 또는 수면에 접하는 경우 : 최대만조위 또는 최대만수위가 되는 선
③ 도로 등의 토지에 절토된 부분이 있는 경우 : 그 경사면의 상단부
④ 공유수면매립지의 토지 중 제방을 토지에 편입하여 등록하는 경우 : 안쪽 어깨 부분

해설
지상경계의 결정기준 등(영 제55조)
㉠ 연접되는 토지 간에 높낮이 차이가 없는 경우 : 그 구조물 등의 중앙
㉡ 연접되는 토지 간에 높낮이 차이가 있는 경우 : 그 구조물 등의 하단부
㉢ 도로·구거 등의 토지에 절토(땅깎기)된 부분이 있는 경우 : 그 경사면의 상단부
㉣ 토지가 해면 또는 수면에 접하는 경우 : 최대만조위 또는 최대만수위가 되는 선
㉤ 공유수면매립지의 토지 중 제방 등을 토지에 편입하여 등록하는 경우 : 바깥쪽 어깨 부분

15 지적도나 임야도에 등록된 경계를 현지에 정확히 표시하여 1필지의 한계를 구분하는 것을 목적으로 하는 것은?

① 신규등록측량
② 경계복원측량
③ 등록전환측량
④ 지적확정측량

해설
경계복원측량 : 지적공부에 등록된 경계점을 지표상에 복원하는 측량으로 건축물을 신축, 증축, 개축하거나 인접한 토지와의 경계를 확인하고자 할 때 주로 하는 측량이다.

16 토지조사사업의 목적과 가장 거리가 먼 것은?

① 일본 자본의 토지 점유를 돕기 위해
② 식민지 통치를 위한 조세 수입 체계를 확립하기 위해
③ 한국의 공업화에 따른 노동력 부족을 충당하기 위해
④ 조선총독부가 경작지로 가능한 미개간지를 점유하기 위해

해설
토지조사사업의 목적(일본의 목적)
• 일본 자본의 토지 점유를 돕기 위해
• 식민지 통치를 위한 조세 수입 체계를 확립하기 위해
• 조선총독부가 경작지로 가능한 미개간지를 점유하기 위해
• 일본식민에 대한 제도적 지원대책을 확립하기 위해
• 미곡의 일본 수출 증가를 위한 토지이용제도 정비
• 일본의 공업화에 따른 노동력 부족을 충당하기 위해

17 1필지의 토지소유자가 2인 이상인 때 비치하는 장부는?

① 일람도
② 지번색인표
③ 경계점좌표등록부
④ 공유지연명부

해설
공유지연명부 : 1필지의 토지에 소유자가 2인 이상인 경우에 소유자에 관한 사항을 기재한 지적공부이다.

18 축척이 1/1000인 지적도상에 1변이 3cm로 등록된 정사각형 모양인 토지의 실제면적은 얼마인가?

① 570m² ② 600m²
③ 750m² ④ 900m²

해설
$\left(\dfrac{1}{m}\right)^2 = \dfrac{도상면적}{실제면적}$

$\left(\dfrac{1}{1000}\right)^2 = \dfrac{0.03 \times 0.03}{실제면적}$

∴ 실제면적 = $1000^2 \times 0.0009 = 900m^2$

19 수치지적에 비하여 도해지적이 갖는 단점으로 가장 거리가 먼 것은?

① 축척의 크기에 따라 허용오차가 다르다.
② 도면의 신축 방지와 보관 및 관리가 어렵다.
③ 축척 및 제도오차의 발생으로 정확도가 낮다.
④ 열람용의 별도 도면을 작성하여 보관해야 한다.

해설
④는 수치지적이 갖는 단점이다.

20 지목에 대한 설명으로 틀린 것은?

① 토지의 주된 사용 목적에 따라 토지의 종류를 표시하는 명칭이다.
② 지질 생성의 차이에 따라 지목을 구분하기도 한다.
③ 지목을 통해 토지의 이용현황을 알 수 있다.
④ 지목은 지적도면에만 기재하는 사항이다.

해설
지목은 토지대장, 임야대장, 지적도, 임야도에 기재되는 사항으로 대장에는 정식명칭으로 기재되고, 도면에는 두문자 또는 차문자로 기재된다.

21 공간정보의 구축 및 관리 등에 관한 법률에 따른 지번의 정의가 옳은 것은?

① 필지에 부여하여 지적공부에 등록한 번호
② 지목이 동일한 토지에 부여한 번호
③ 경계가 맞닿은 토지에 부여한 번호
④ 소유자가 동일한 토지에 부여한 번호

해설
지번(법 제2조, 법 제66조) : 필지에 부여하여 지적공부에 등록한 번호이며, 지적소관청이 지번부여지역별로 차례대로 부여한다.

22 1필지의 면적이 1m² 미만인 토지의 면적 결정방법으로 옳은 것은?(단, 지적도의 축척이 1/600인 지역과 경계점좌표등록부에 등록하는 지역의 경우는 고려하지 않음)

① 0.5m² 미만이면 등록하지 않는다.
② 0.5m² 이상이면 0.5m²로 등록한다.
③ 1m²로 등록한다.
④ 0m²로 등록한다.

해설
토지의 면적에 1m² 미만의 끝수가 있는 경우 면적의 결정(영 제60조)
• 0.5m² 미만일 때에는 버리고 0.5m²를 초과하는 때에는 올린다.
• 0.5m²일 때에는 구하려는 끝자리의 숫자가 0 또는 짝수이면 버리고 홀수이면 올린다.
• 다만, 1필지의 면적이 1m² 미만일 때에는 1m²로 한다.

23 지번 및 지목을 제도할 때, 지번의 글자 간격은 (㉠)과 지번과 지목의 글자 간격은 (㉡)기준이 모두 옳은 것은?

① ㉠ : 글자 크기의 1/4 정도, ㉡ : 글자 크기의 1/2 정도
② ㉠ : 글자 크기의 1/2 정도, ㉡ : 글자 크기의 1/4 정도
③ ㉠ : 글자 크기의 1/2 정도, ㉡ : 글자 크기의 1/2 정도
④ ㉠ : 글자 크기의 1/4 정도, ㉡ : 글자 크기의 1/4 정도

해설
지번 및 지목의 제도(지적업무처리규정 제42조 제2항)
지번 및 지목을 제도할 때에는 지번 다음에 지목을 제도한다. 이 경우 2mm 이상 3mm 이하 크기의 명조체로 하고, 지번의 글자 간격은 글자 크기의 1/4 정도, 지번과 지목의 글자 간격은 글자 크기의 1/2 정도 띄어서 제도한다. 다만, 부동산종합공부시스템이나 레터링으로 작성할 경우에는 고딕체로 할 수 있다.

24 일람도를 작성할 경우 일람도의 축척은 그 도면 축척의 얼마로 하는 것을 기준으로 하는가?

① 1/5   ② 1/10
③ 1/20   ④ 1/40

해설
일람도의 제도(지적업무처리규정 제38조)
지적도면 등의 등록사항 등에 따라 일람도를 작성할 경우 일람도의 축척은 그 도면축척의 1/10로 한다. 다만, 도면의 장수가 많아서 한 장에 작성할 수 없는 경우에는 축척을 줄여서 작성할 수 있으며, 도면의 장수가 4장 미만인 경우에는 일람도의 작성을 하지 아니할 수 있다.

25 미지점에 측판을 세우고 기지점을 시준한 방향선에 의해 위치를 측정하는 방법은?

① 전방교회법
② 후방교회법
③ 측방교회법
④ 원호교회법

해설
교회법
- 전방교회법 : 기지점에서 미지점의 위치를 결정하는 방법
- 후방교회법 : 기지의 3점으로부터 미지의 점을 구하는 방법
- 측방교회법 : 전방교회법과 후방교회법을 겸한 방법으로 기지의 2점 중 한 점에 접근이 곤란한 경우 기지의 2점을 이용하여 미지의 한 점을 구하는 방법

26 임야조사사업의 특징으로 틀린 것은?

① 축척이 대축척이었다.
② 토지조사사업의 기술자를 채용하여 시간과 경비를 절약할 수 있었다.
③ 토지조사사업에 비해 적은 인원으로 업무를 수행하였다.
④ 적은 예산으로 사업을 완성하였다.

해설
① 축척이 소축척이다.
임야조사사업의 특징
- 국유임야 소유권을 확정하는 것을 목적으로 하였다.
- 축척이 소축척이고 토지조사사업의 기술자 채용으로 시간과 경비를 절약할 수 있었다.
- 적은 예산으로 사업을 완료하였다.
- 토지조사사업에 비해 적은 인원으로 업무를 수행하였다.
- 임야는 토지에 비하여 경제적 가치가 높지 않아 분쟁은 적었다.
- 사정기관은 도지사이고 재결기관은 임야조사위원회이다.

27 공간정보의 구축 및 관리 등에 관한 법률상 분할의 정의로 옳은 것은?

① 지상에 인위적으로 구획된 토지를 2필지 이상으로 나누는 것
② 지적공부에 등록된 1필지를 2필지 이상으로 나누어 등록하는 것
③ 지적공부에 등록된 2필지 이상을 1필지로 합하여 등록하는 것
④ 지적도에 등록된 경계점의 정밀도를 높이기 위하여 축척을 변경하여 등록하는 것

해설
분할(법 제2조) : 지적공부에 등록된 1필지를 2필지 이상으로 나누어 등록하는 것

28 경계점좌표등록부의 등록사항이 아닌 것은?

① 토지의 고유번호
② 지적도면의 번호
③ 필지별 경계점좌표등록부의 장번호
④ 삼각점 및 지적기준점의 위치

해설
경계점좌표등록부의 등록사항(법 제73조)
지적소관청은 도시개발사업 등에 따라 새로이 지적공부에 등록하는 토지에 대하여는 다음의 사항을 등록한 경계점좌표등록부를 작성하고 갖춰 두어야 한다.
㉠ 토지의 소재
㉡ 지번
㉢ 좌표
㉣ 그 밖에 국토교통부령으로 정하는 사항(규칙 제71조)
　1. 토지의 고유번호
　2. 지적도면의 번호
　3. 필지별 경계점좌표등록부의 장번호
　4. 부호 및 부호도

29 토지조사사업 당시 사정의 대상은?

① 강계, 소유자
② 강계, 면적
③ 지목, 면적
④ 지번, 소유자

해설
토지조사사업의 조사 내용
조사 내용은 토지소유권, 토지가격, 토지의 지형·지모 조사 등 셋으로 구분할 수 있다. 토지소유권 조사는 임야 이외 토지의 종류·지주 등을 조사하여 지적도 및 토지조사부를 조제하고 토지의 소유권 및 그 강계(疆界)를 사정하여 토지분쟁을 해결하는 것과 함께 부동산등기제도의 소지를 마련하였다.

30 다음 그림에서 $\overline{AB}$의 거리는 얼마인가?(단, $\overline{AC}$ = 10m, $\overline{CD}$ = 5m, $\overline{DE}$ = 7m, $\overline{AB}//\overline{DE}$ 이다)

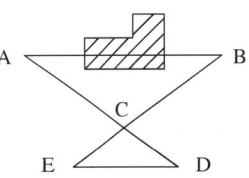

① 3.5m　② 14m
③ 21m　④ 28m

해설
AB : AC = DE : CD
∴ AB = $\dfrac{AC \times DE}{CD} = \dfrac{10 \times 7}{5} = 14m$

31 일반적인 토지대장의 유형에 해당되지 않는 것은?

① 장부식 대장
② 편철식 대장
③ 공부식 대장
④ 카드식 대장

해설
일반적인 토지대장의 형식 : 장부식, 편철식, 카드식

32 필지의 배열이 불규칙한 지역에서 진행 순서에 따라 지번을 부여하는 방법으로 가장 타당한 것은?

① 기우식
② 사행식
③ 단지식
④ 기번식

해설
지번의 진행 방향에 따른 지번부여방법
- 사행식 : 필지의 배열이 불규칙한 지역에서 진행순서에 따라 지번을 부여하는 방식으로, 진행 방향으로 지번이 순차적으로 연속되며 일반적으로 농촌지역에 적합한 지번부여방식이다.
- 기우식(교호식) : 도로를 중심으로 한쪽은 홀수인 기수를 반대쪽은 짝수인 우수로 지번을 부여하는 방식으로, 주거지역에 적합하며 특정지번의 개략적인 위치파악이 가능하다는 장점이 있다.
- 단지식 : 블록(단지)마다 하나의 본번을 부여하고 블록 내 필지마다 부번을 부여하는 지번 설정방법으로 블록식이라고도 하며, 토지개발사업을 실시한 지역에서 적합한 방식이다.
- 절충식 : 하나의 지번부여지역에 사행식, 기우식, 단지식을 혼용하는 방식이다.

33 일람도에서 인접 동 · 리의 명칭은 얼마의 크기로 제도하는가?

① 3mm
② 4mm
③ 5mm
④ 6mm

해설
일람도의 제도(지적업무처리규정 제38조)
인접 동 · 리 명칭은 4mm, 그 밖의 행정구역 명칭은 5mm의 크기로 한다.

34 공간정보의 구축 및 관리 등에 관한 법률에 따른 지목의 종류는?

① 22지목
② 24지목
③ 26지목
④ 28지목

해설
현행 지적 관련 법률에서 규정하고 있는 지목의 종류는 28종이다(법 제67조).

35 $\overline{AB}$의 길이가 25m, ∠B = 55°일 때 $\overline{AC}$의 길이는?

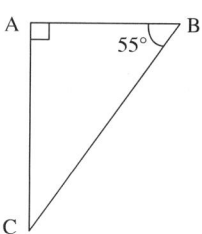

① 35.1m
② 35.7m
③ 38.3m
④ 40.5m

해설
sin 법칙(정현비례식)
$$\frac{a}{\sin A} = \frac{b}{\sin B} = \frac{c}{\sin C}$$
∠C = 180° − (90° + 55°) = 35°
$$\frac{25}{\sin 35°} = \frac{\overline{AC}}{\sin 55°}$$
∴ $\overline{AC} = \dfrac{25 \times \sin 55°}{\sin 35°} ≒ 35.7m$

36 지번부여지역으로 옳은 것은?

① 시·도 또는 이에 준하는 지역
② 시·군 또는 이에 준하는 지역
③ 읍·면 또는 이에 준하는 지역
④ 동·리 또는 이에 준하는 지역

해설
지번부여지역(법 제2조)
지번을 부여하는 단위지역으로서 동·리 또는 이에 준하는 지역을 말한다.

37 평판측량방법에 따른 세부측량에서 지적도를 갖춰 두는 지역에 대한 거리의 측정단위 기준은?

① 1cm ② 5cm
③ 10cm ④ 50cm

해설
평판측량방법에 따른 세부측량의 기준(지적측량 시행규칙 제18조)
거리측정단위는 지적도를 갖춰 두는 지역에서는 5cm로 하고, 임야도를 갖춰 두는 지역에서는 50cm로 한다.

38 자연적인 지형지물, 즉 도로, 담장, 울타리, 도랑, 하천 등으로 이루어진 것을 무엇이라 하는가?

① 보증경계 ② 고정경계
③ 일반경계 ④ 법률적 경계

해설
경계의 종류
- 경계 특성에 따른 분류
  - 일반경계 : 자연적인 지형지물, 즉 도로, 담장, 울타리, 도랑, 하천 등으로 이루어진 경계이다.
  - 고정경계 : 특정 토지에 대한 경계점의 지상에 석주, 철주, 말뚝 등의 경계표지를 설치하거나 이를 정확하게 측량하여 지적도 상에 등록 또는 관리하는 경계이다.
  - 보증경계 : 측량사에 의하여 지적측량이 행해지고 지적관리청의 사정에 의하여 확정된 토지경계를 의미한다.
- 물리적 특성에 따른 경계 : 자연적 경계, 인공적 경계
- 법률적 특성에 따른 경계 : 공간정보와 구축 및 관례 등에 관한 법상의 경계, 민법상 경계, 형법상 경계
- 일반적 특성에 따른 경계 : 지상경계, 도상경계, 법정경계, 사실경계

39 지적기준점에 해당하는 것만을 모두 옳게 나열한 것은?

① 지적삼각점
② 지적삼각점, 지적도근점, 지적도근보조점
③ 지적삼각점, 지적삼각보조점, 지적도근점
④ 1등삼각점, 지적삼각점, 지적삼각보조점, 지적도근점

해설
측량기준점의 구분(영 제8조)
- 국가기준점 : 우주측지기준점, 위성기준점, 수준점, 중력점, 통합기준점, 삼각점, 지자기점
- 공공기준점 : 공공삼각점, 공공수준점
- 지적기준점 : 지적삼각점, 지적삼각보조점, 지적도근점

40 지적측량에 사용되는 구조삼각지역의 직각좌표계 원점은 몇 개인가?

① 7개　　　② 9개
③ 11개　　④ 13개

해설
구소삼각지역의 직각좌표계 원점(11개) : 망산원점, 계양원점, 조본원점, 가리원점, 등경원점, 고초원점, 율곡원점, 현창원점, 구암원점, 금산원점, 소라원점

41 지적측량의 기초측량에 사용하는 방법이 아닌 것은?

① 경위의측량방법
② 광파기측량방법
③ 평판측량방법
④ 위성측량방법

해설
지적측량의 방법
- 기초측량 : 경위의측량방법, 전파기 또는 광파기측량방법, 위성측량방법 및 국토교통부장관이 승인한 측량방법
- 세부측량 : 경위의측량방법, 평판측량방법, 위성측량방법 및 전자평판측량방법

42 지적기준점성과의 등본이나 그 측량기록의 사본을 발급받으려는 자는 다음 중 누구에게 그 발급을 신청할 수 있는가?

① 측량업자
② 시·도지사
③ 행정안전부장관
④ 국토교통부장관

해설
지적기준점성과의 보관 및 열람 등(법 제27조)
㉠ 시·도지사나 지적소관청은 지적기준점성과와 그 측량기록을 보관하고 일반인이 열람할 수 있도록 하여야 한다.
㉡ 지적기준점성과의 등본이나 그 측량기록의 사본을 발급받으려는 자는 시·도지사나 지적소관청에 그 발급을 신청하여야 한다.

43 토지의 등록장부로서 오늘날의 토지대장과 같은 양안이 있었던 시대는?

① 고구려　　② 백제
③ 고려　　　④ 조선

해설
양안(量案) : 조선시대 조세 부과를 목적으로 전지(田地)를 측량하여 만든 토지등록장부로서 오늘날의 토지대장이다.

44 축척 1/1000 지역에서 원면적이 900m²의 토지를 분할하는 경우 분할 후의 각 필지의 면적의 합계와 분할 전 면적과의 오차의 허용범위는?

① ±20m²　　② ±18m²
③ ±24m²　　④ ±36m²

해설
오차 허용면적
$A = 0.026^2 M\sqrt{F}$
$= 0.026^2 \times 1000\sqrt{900}$
$= \pm 20.28\text{m}^2$
$\fallingdotseq \pm 20\text{m}^2$
여기서, M : 축척분모
　　　　F : 원면적

45 국가의 모든 토지를 필지 단위로 지적공부에 등록 공시하여야 법률적 효력이 발생한다는 이념은?

① 국정주의
② 형식주의
③ 공개주의
④ 신청주의

해설
① 국정주의 : 지정사무는 국가의 고유 사무로, 지적공부의 등록사항인 토지의 지번, 지목, 경계, 좌표 및 면적의 결정은 국가의 공권력에 의하여 국가만이 결정할 수 있다는 원칙이다.
③ 공개주의(공시의 원칙) : 토지등록의 법적 지위에 있어서 토지이동이나 물권의 변동은 반드시 외부에 알려야 한다는 원칙이다. 지적공부에 등록된 사항은 토지소유자나 이해관계인 등 일반 국민에게 신속·정확하게 공개하여 정당하게 이용할 수 있도록 해야 한다.
⑤ 신청주의(신청의 원칙) : 지적법상 지적정리는 신청을 원칙으로 하고, 신청이 없는 경우는 직권으로 처리한다.

46 토지소유자가 지적공부의 등록사항에 대한 정정을 신청할 때, 경계의 변경을 가져오는 경우 정정사유를 적은 신청서와 함께 지적소관청에 제출하여야 하는 것은?

① 등록사항 정정 측량성과도
② 건축물대장등본
③ 주민등록등본
④ 부동산등기부

해설
등록사항의 정정 신청(규칙 제93조)
토지소유자는 지적공부의 등록사항에 대한 정정을 신청할 때에는 정정사유를 적은 신청서에 다음의 구분에 따른 서류를 첨부하여 지적소관청에 제출하여야 한다.
• 경계 또는 면적의 변경을 가져오는 경우 : 등록사항 정정 측량성과도
• 그 밖의 등록사항을 정정하는 경우 : 변경사항을 확인할 수 있는 서류

47 토지조사사업 당시의 조사 내용에 해당하지 않는 것은?

① 토지의 소유권
② 토지의 가격
③ 토지의 외모
④ 토지의 지질

해설
토지조사사업 당시의 조사 내용
• 토지의 소유권 조사
• 토지의 가격 조사
• 토지의 외모(지형·지모) 조사

48 축척 1/500 지적도 1매가 포용하는 면적은?

① 10,000m²
② 20,000m²
③ 30,000m²
④ 40,000m²

해설
지적도의 축척에 따른 도상 및 지상길이, 포용면적

축척	도상길이(mm)	지상길이(m)	포용면적(m²)
1/500	300×400	150×200	30,000
1/1000	300×400	300×400	120,000
1/600	333.33×416.67	200×250	50,000
1/1200	333.33×416.67	400×500	200,000
1/2400	333.33×416.67	800×1,000	800,000
1/3000	400×500	1,200×1,500	1,800,000
1/6000	400×500	2,400×3,000	7,200,000

정답 45 ② 46 ① 47 ④ 48 ③

49 다음 중 지적도면으로만 나열된 것은?

① 지적도, 색인도
② 지적도, 임야도
③ 임야도, 일람도
④ 지적도, 수치지형도

해설
지적도면 : 지적도, 임야도

50 다음 그림은 어떤 사유에 따른 도면 정리인가?(단, 도면의 모든 선은 실선으로 간주한다)

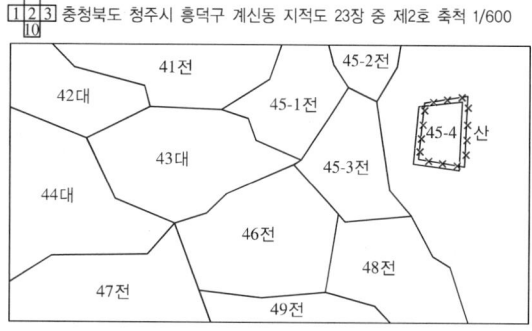

① 주소정정
② 위치정정
③ 분할
④ 합병

해설
45-4전에 대한 위치정정 도면이다.
위치정정에 따른 도면 정리 : 지적도 또는 임야도상의 위치가 변경되어 위치를 바르게 정리할 경우에는 위치정정 전의 필지경계는 붉은색의 짧은 교차선으로 말소하고, 위치정정 후의 필지경계는 새로 정리한다.

51 좌표면적계산법에 따른 면적측정 시 산출면적은 얼마의 단위까지 계산하여야 하는가?

① $1m^2$
② $1/10m^2$
③ $1/100m^2$
④ $1/1000m^2$

해설
좌표면적계산법(지적측량 시행규칙 제20조)
㉠ 경위의측량방법으로 세부측량을 한 지역의 필지별 면적측정은 경계점 좌표에 따를 것
㉡ 산출면적은 $1/1000m^2$까지 계산하여 $1/10m^2$ 단위로 정할 것
※ 대상지역 : 경계점좌표등록부 등록지

52 소극적 지적에 대한 설명으로 옳은 것은?

① 신고된 사항만을 등록하는 방식이다.
② 1필지의 면적을 측정하는 방법이다.
③ 세원을 결정하여 과세하는 지적 제도이다.
④ 신고가 없어도 국가가 직권으로 등록하는 방식이다.

해설
① 소극적 지적은 토지를 지적공부에 등록하는 것을 의무화하지 않고 당사자가 신고할 때 신고된 사항만을 등록하는 것이다.
② 적극적 지적에 대한 설명이다.
③ 세지적에 대한 설명이다.
④ 법지적에 대한 설명이다.

53 우리나라의 지번부여 방향 원칙은?

① 북서→남동 ② 남동→북서
③ 북동→남서 ④ 남서→북동

해설
북서기번법 : 지번은 북서쪽에서 남동쪽으로 순차적으로 부여한다. 아라비아숫자로 지번을 부여하는 지역에 적합하며, 지적법상 지번부여 설정의 기본원칙이다.

54 축척 1/600 지역에서 지적도 도곽의 신축량을 측정한 결과 $\Delta X_1 = -3\text{m}$, $\Delta X_2 = 2\text{m}$, $\Delta Y_1 = -7\text{m}$, $\Delta Y_2 = -4\text{m}$이었을 때, 이 도면의 도곽의 신축량은 얼마인가?(단, ΔX_1 : 왼쪽 종선의 신축된 차, ΔX_2 : 오른쪽 종선의 신축된 차, ΔY_1 : 위쪽 횡선의 신축된 차, ΔY_2 : 아래쪽 횡선의 신축된 차)

① −2mm ② −3mm
③ −4mm ④ −5mm

해설
도곽선의 신축량 계산
$$S = \frac{\Delta X_1 + \Delta X_2 + \Delta Y_1 + \Delta Y_2}{4}$$
$$= \frac{(-3)+(2)+(-7)+(-4)}{4}$$
$$= -3\text{mm}$$
여기서, S : 신축량
ΔX_1 : 왼쪽 종선의 신축된 차
ΔX_2 : 오른쪽 종선의 신축된 차
ΔY_1 : 위쪽 횡선의 신축된 차
ΔY_2 : 아래쪽 횡선의 신축된 차

55 지적삼각점 선점 시 정밀도와 정확도를 위해 고려해야 할 사항으로 옳지 않은 것은?

① 모든 삼각형의 내각은 90°에 가깝도록 한다.
② 땅이 단단한 곳에 선점한다.
③ 간편하고 완전한 망구성이 되어야 한다.
④ 시준선상에 장애물이 없도록 하여야 한다.

해설
지적삼각점 선정 시 고려할 사항
• 삼각형의 내각은 60°에 가깝게 하는 것이 좋으며 불가피할 경우는 30~60° 범위로 선점되어야 한다.
• 각 점이 서로 잘 보여야 한다.
• 계속해서 연결되는 작업에 편리해야 한다.
• 표지와 기계가 움직이지 않을 견고한 지점이어야 한다.
• 사용하는 기계의 망원경으로 충분히 정확하게 시준할 수 있는 거리여야 한다.
• 벌목을 많이 하거나 높은 시준탑을 세우지 않아도 관측할 수 있는 점이어야 한다.

56 국가 재정의 대부분을 토지에 의존하던 농경시대에 개발된 최초의 지적제도는?

① 법지적
② 경제지적
③ 세지적
④ 소유지적

해설
세지적 : 가장 오래된 역사를 가지고 있는 최초의 지적으로 지적공부의 여러 가지 등록사항 중 면적과 토지 등급을 정확하게 측정하고 조사하는 것이 중요시되는 지적제도이다.

정답 53 ① 54 ② 55 ① 56 ③

57 지적제도의 발전 단계별 분류에 해당하지 않는 것은?

① 행정지적
② 세지적
③ 다목적 지적
④ 법지적

해설
지적제도의 발전과정(설치목적)에 의한 분류 : 세지적, 법지적, 다목적 지적

58 등록전환할 토지가 있으면 그 사유가 발생한 날부터 며칠 이내에 지적소관청에 등록전환을 신청하여야 하는가?

① 14일　　② 45일
③ 60일　　④ 90일

해설
등록전환 신청(법 제78조)
토지소유자는 등록전환할 토지가 있으면 대통령령으로 정하는 바에 따라 그 사유가 발생한 날부터 60일 이내에 지적소관청에 등록전환을 신청하여야 한다.

59 지적측량의 구분으로 옳은 것은?

① 평판측량, 사진측량
② 기초측량, 세부측량
③ 일반측량, 공공측량
④ 기본측량, 세부측량

해설
지적측량은 지적기준점을 정하기 위한 기초측량과 1필지의 경계와 면적을 정하는 세부측량으로 구분한다(지적측량 시행규칙 제5조).

60 지적소관청이 축척변경을 하려면 축척변경위원회의 의결을 거치기 전 축척변경 시행지역의 토지소유자에 대해 얼마 이상의 동의를 얻어야 하는가?

① 1/2 이상
② 1/3 이상
③ 2/3 이상
④ 3/4 이상

해설
축척변경(법 제83조)
지적소관청은 축척변경을 하려면 축척변경 시행지역의 토지소유자 2/3 이상의 동의를 받아 축척변경위원회의 의결을 거친 후 시·도지사 또는 대도시 시장의 승인을 받아야 한다. 다만, 다음의 어느 하나에 해당하는 경우에는 축척변경위원회의 의결 및 시·도지사 또는 대도시 시장의 승인 없이 축척변경을 할 수 있다.
㉠ 합병하려는 토지가 축척이 다른 지적도에 각각 등록되어 있어 축척변경을 하는 경우
㉡ 도시개발사업 등의 시행지역에 있는 토지로서 그 사업 시행에서 제외된 토지의 축척변경을 하는 경우

2015년 제1회 과년도 기출문제

01 다음 중 지번색인표의 등재사항으로만 나열된 것은?

① 제명, 지번, 도면번호, 결번
② 지번, 지목, 결번, 도면번호
③ 축척, 지번, 본번, 결번
④ 지번, 경계, 결번, 제명

해설

지번색인표의 등재사항(지적업무처리규정 제37조)
㉠ 제명
㉡ 지번·도면번호 및 결번

02 토지등록의 편성주의가 아닌 것은?

① 물적 편성주의
② 연대적 편성주의
③ 권리적 편성주의
④ 인적 편성주의

해설

토지등록의 편성방법
- 인적 편성주의 : 개개의 권리자를 중심으로 지적공부를 편성하는 방법이다.
- 물적 편성주의 : 개개의 토지를 중심으로 지적공부를 편성하는 방법이다. 우리나라 토지대장과 같이 지번 순서에 따라 등록되고 분할되더라도 본번과 관련하여 편철하고 소유자의 변동을 계속 수정하여 관리한다.
- 인적·물적 편성주의 : 물적 편성주의를 기본으로 하고 인적 편성주의 요소를 가미하는 방법이다.
- 연대적 편성주의 : 등록·신청한 시간적 순서에 의하여 지적공부를 편성하는 방법이다.

03 다음 중 지목의 설정 원칙에 해당하지 않는 것은?

① 지목 불변의 원칙
② 1필 1지목의 원칙
③ 주지목 추종의 원칙
④ 등록 선후의 원칙

해설

지목의 설정 원칙
- 지목 법정주의
- 1필 1목의 원칙
- 주지목 추종의 원칙
- 등록 선후의 원칙
- 용도 경중의 원칙
- 사용목적 추종의 원칙
- 영속성의 원칙(일시변경 불변의 원칙)

04 지번설정방법 등 부여 단위에 따른 분류에 속하지 않는 것은?

① 지역단위법
② 단지단위법
③ 도엽단위법
④ 북동단위법

해설

북동단위법은 기번 위치에 따른 지번부여방법이다.
설정 단위에 따른 지번부여방법
- 지역단위법 : 지번부여지역 전체를 대상으로 번호를 부여하는 방식이다.
- 도엽단위법 : 지번부여지역을 지적도 또는 임야도의 도엽별로 세분하여 도엽의 순서에 따라 순차적으로 지번을 부여하는 방법이다.
- 단지단위법 : 지적도면의 배열에 관계없이 몇 필의 토지가 1개의 집단을 형성하고 있는 1단지마다 연속지번이 끝나면 다른 단지로 옮겨가는 방식을 말한다.

정답 1 ① 2 ③ 3 ① 4 ④

05 경계점좌표등록부의 등록사항이 아닌 것은?

① 지목
② 토지의 소재
③ 좌표
④ 지번

해설

경계점좌표등록부의 등록사항(법 제73조)
지적소관청은 도시개발사업 등에 따라 새로이 지적공부에 등록하는 토지에 대하여는 다음의 사항을 등록한 경계점좌표등록부를 작성하고 갖춰 두어야 한다.
㉠ 토지의 소재
㉡ 지번
㉢ 좌표
㉣ 그 밖에 국토교통부령으로 정하는 사항(규칙 제71조)
   1. 토지의 고유번호
   2. 지적도면의 번호
   3. 필지별 경계점좌표등록부의 장번호
   4. 부호 및 부호도

06 지적측량성과 결정사항 중 틀린 것은?

① 지적삼각점 : 0.20m 이내
② 지적삼각보조점 : 0.25m 이내
③ 경계점좌표등록지역의 지적도근점 : 0.10m 이내
④ 경계점좌표등록지역의 경계점 : 0.10m 이내

해설

지적측량성과의 결정(지적측량 시행규칙 제27조)
지적측량성과와 검사 성과의 연결교차가 다음의 허용범위 이내일 때에는 그 지적측량성과에 관하여 다른 입증을 할 수 있는 경우를 제외하고는 그 측량성과로 결정하여야 한다.
㉠ 지적삼각점 : 0.20m
㉡ 지적삼각보조점 : 0.25m
㉢ 지적도근점
   1. 경계점좌표등록부 시행지역 : 0.15m
   2. 그 밖의 지역 : 0.25m
㉣ 경계점
   1. 경계점좌표등록부 시행지역 : 0.10m
   2. 그 밖의 지역 : $\frac{3M}{10}$[mm](여기서, M : 축척분모)

07 측량·수로조사 및 지적에 관한 법률상 등록전환의 의미로 옳은 것은?

① 형질변경으로 인하여 타 지목으로 바꾸는 것
② 소축척을 지적공부에 등록하는 것
③ 미등록지를 지적공부에 등록하는 것
④ 임야대장 및 임야도에 등록된 토지를 토지대장 및 지적도에 옮겨 등록하는 것

해설

등록전환(법 제2조)
임야대장 및 임야도에 등록된 토지를 토지대장 및 지적도에 옮겨 등록하는 것을 말한다.

08 지적측량수행자가 지적측량성과의 정확성을 검사받기 위하여 지적소관청에 제출해야 할 서류가 아닌 것은?

① 면적측정부
② 측량결과도
③ 측량의뢰서
④ 측량성과 파일

해설

지적측량 자료조사(지적업무처리규정 제19조)
지적소관청은 지적측량수행자가 지적측량 자료조사를 위하여 지적공부, 지적측량성과(지적측량을 실시하여 작성한 측량부, 측량결과도, 면적측정부 및 측량성과 파일에 등재된 측량결과를 말한다) 및 관계자료 등을 항상 조사할 수 있도록 협조하여야 한다.

정답 5 ① 6 ③ 7 ④ 8 ③

09 다음 중 법정 지목의 명칭이 아닌 것은?

① 체육용지　② 공장용지
③ 차고용지　④ 철도용지

해설
지목의 표기방법(규칙 제64조)
지목은 전, 답, 과수원, 목장용지, 임야, 광천지, 염전, 대(垈), 공장용지, 학교용지, 주차장, 주유소용지, 창고용지, 도로, 철도용지, 제방(堤防), 하천, 구거(溝渠), 유지(溜池), 양어장, 수도용지, 공원, 체육용지, 유원지, 종교용지, 사적지, 묘지, 잡종지로 구분하여 정한다.

10 토지의 지목을 정리하는 부호로서 옳지 않은 것은?

① 잡종지 – 잡
② 임야 – 임
③ 수도용지 – 용
④ 유지 – 유

해설
③ 수도용지 – 수
지목표기 시 두문자가 아닌 차문자로 표기하는 지목은 공장용지, 주차장, 하천, 유원지이다.

11 신규등록의 대상 토지가 아닌 것은?

① 미등록 공공용 토지
② 미등록 도서
③ 공유수면매립 준공 토지
④ 토지분할 측량을 실시한 토지

해설
신규등록(법 제2조) : 새로 조성된 토지와 지적공부에 등록되어 있지 아니한 토지를 지적공부에 등록하는 것을 말한다.

12 지번 및 지목을 제도하는 경우 글자 크기는?

① 1mm 이상 2mm 이하
② 2mm 이상 3mm 이하
③ 3mm 이상 4mm 이하
④ 4mm 이상 5mm 이하

해설
지번 및 지목의 제도(지적업무처리규정 제42조 제2항)
지번 및 지목을 제도할 때에는 지번 다음에 지목을 제도한다. 이 경우 2mm 이상 3mm 이하 크기의 명조체로 하고, 지번의 글자 간격은 글자 크기의 1/4 정도, 지번과 지목의 글자 간격은 글자 크기의 1/2 정도 띄어서 제도한다. 다만, 부동산종합공부시스템이나 레터링으로 작성할 경우에는 고딕체로 할 수 있다.

13 두 점 간의 방위각이 V이고, 횡선 차가 Y일 때 두 점 간의 거리 D를 구하는 공식은?

① $D = \dfrac{Y}{\sin V}$

② $D = \dfrac{Y}{\cos V}$

③ $D = \dfrac{Y}{\tan V}$

④ $D = \dfrac{Y}{\cot V}$

해설
두 점 간의 방위각이 V이고, 횡선 차가 Y일 때 두 점 간의 거리 D를 구하는 공식
$$D = \frac{Y}{\sin V}$$
※ 두 점 간의 방위각이 V이고, 종선 차가 X일 때 두 점 간의 거리 D를 구하는 공식
$$D = \frac{X}{\cos V}$$

정답 9 ③　10 ③　11 ④　12 ②　13 ①

14 지적측량 중 기초측량에 해당하지 않는 것은?

① 지적삼각점측량
② 지적삼각보조점측량
③ 국가수준원점측량
④ 지적도근점측량

해설
기초측량 : 지적삼각점측량, 지적삼각보조점측량, 지적도근점측량

15 토지의 합병 신청에 관한 설명으로 틀린 것은?

① 토지를 합병하고자 한 때에는 지적소관청에 신청하여야 한다.
② 주택법에 의한 공동주택의 부지로서 합병 사유 발생 시 합병 신청을 해야 한다.
③ 토지합병 사유 발생일로부터 60일 이내 합병 신청하지 않은 경우 과태료를 부과한다.
④ 토지의 합병 신청이 있는 때에는 지적소관청이 조사하여 사실을 확인한 후에 지적공부를 정리하는 것은 실질적 심사주의이다.

해설
토지합병으로 인해 지적공부에 등록된 지번, 면적, 경계 또는 좌표 등의 이동이 있을 때 토지소유자의 신청을 받아 지적소관청이 결정하며, 신청이 없으면 지적소관청이 직권으로 조사·측량하여 결정할 수 있다(법 제64조).

16 다음 중 임야도의 축척에 해당하는 것은?

① 1/60
② 1/1200
③ 1/2400
④ 1/6000

해설
지적도면의 축척은 다음의 구분에 따른다(규칙 제69조).
• 지적도 : 1/500, 1/600, 1/1000, 1/1200, 1/2400, 1/3000, 1/6000
• 임야도 : 1/3000, 1/6000

17 다음 중 축척변경 시행지역의 토지가 이동이 있는 것으로 보는 시기는?

① 토지공사착수일
② 사업시행공고일
③ 축척변경 확정공고일
④ 청산금 결정공고일

해설
축척변경 시행지역의 토지는 확정공고일에 토지의 이동이 있는 것으로 본다(영 제78조).

18 다음 중 토지의 분할을 신청할 수 있는 경우가 아닌 것은?

① 토지이용상 불합리한 지상경계를 시정하기 위한 경우
② 소유권이전, 매매 등을 위하여 필요한 경우
③ 1필지의 일부가 형질변경 등으로 용도가 변경된 경우
④ 임야도에 등록된 토지가 사실상 형질변경되었으나 지목변경을 할 수 없는 경우

해설
④는 등록전환 신청을 할 수 있는 경우에 해당한다.
분할 신청 대상 토지(영 제65조)
㉠ 지적공부에 등록된 1필지의 일부가 형질변경 등으로 용도가 변경된 경우
㉡ 소유권이전, 매매 등을 위하여 필요한 경우
㉢ 토지이용상 불합리한 지상경계를 시정하기 위한 경우

19 토지소유자가 지적소관청에 신규등록을 신청하고자 할 경우 구비서류가 아닌 것은?

① 법원의 확정판결서 정본 또는 사본
② 소유권을 증명할 수 있는 서류의 사본
③ 공유수면 관리 및 매립에 관한 법률에 따른 준공검사확인증 사본
④ 토지의 형질변경 준공필증 사본

해설
지적소관청에 신규등록을 신청하고자 할 경우 구비서류(규칙 제81조)
㉠ 법원의 확정판결서 정본 또는 사본
㉡ 공유수면 관리 및 매립에 관한 법률에 따른 준공검사확인증 사본
㉢ 도시계획구역의 토지를 그 지방자치단체의 명의로 등록하는 때에는 기획재정부장관과 협의한 문서의 사본
㉣ 그 밖에 소유권을 증명할 수 있는 서류의 사본

20 공유수면 매립준공에 의한 신규등록의 경우 소유자 변동일자는?

① 매립허가일자
② 등기접수일자
③ 매립준공일자
④ 등기교부일자

해설
대장의 소유자변동일자 정리(지적업무처리규정 제60조)
㉠ 등기필통지서, 등기필증, 등기부 등본·초본 또는 등기관서에서 제공한 등기전산정보자료의 경우 : 등기접수일자
㉡ 미등기토지소유자에 관한 정정신청의 경우와 지적공부에 해당 토지의 소유자가 등록되지 않은 토지를 국유재산법에 따른 총괄청이나 중앙관서의 장이 소유자등록을 신청하는 경우 : 소유자정리결의일자
㉢ 공유수면 매립준공에 따른 신규등록의 경우 : 매립준공일자

21 다음 중 공유지연명부의 등록사항이 아닌 것은?

① 토지의 고유번호
② 토지의 소재
③ 소유권 지분
④ 건물명칭

해설
공유지연명부의 등록사항(법 제71조)
㉠ 토지의 소재
㉡ 지번
㉢ 소유권 지분
㉣ 소유자의 성명 또는 명칭, 주소 및 주민등록번호
㉤ 그 밖에 국토교통부령으로 정하는 사항(규칙 제68조)
   1. 토지의 고유번호
   2. 필지별 공유지연명부의 장번호
   3. 토지소유자가 변경된 날과 그 원인

22 전자면적측정기에 의한 측정면적은 도상에서 2회 측정하여 그 평균치를 사용하는 데 그 허용교차를 구하는 식은?(단, A : 허용교차면적, M : 축척분모, F : 2회 측정한 면적의 합계를 2로 나눈 수)

① $A = 0.023^2 M\sqrt{F}$
② $A = 0.026^2 M\sqrt{F}$
③ $A = 0.023^2 F\sqrt{M}$
④ $A = 0.026^2 F\sqrt{M}$

해설

전자면적측정기에 따른 면적측정(지적측량 시행규칙 제20조)
㉠ 도상에서 2회 측정하여 그 교차가 다음 계산식에 따른 허용면적 이하일 때에는 그 평균치를 측정면적으로 할 것
$A = 0.023^2 M\sqrt{F}$
여기서, A : 허용면적
M : 축척분모
F : 2회 측정한 면적의 합계를 2로 나눈 수
㉡ 측정면적은 1/1000m² 까지 계산하여 1/10m² 단위로 정할 것

23 다음 중 거리와 각을 동시에 관측하여 현장에서 즉시 좌표를 확인함으로써 시공계획에 맞추어 신속한 측량을 할 수 있는 기기는?

① 트랜싯
② 토털 스테이션
③ 데오돌라이트
④ 전파거리측량기

해설

토털 스테이션(total station) : 거리와 각(수평각, 연직각)을 동시에 관측하여 현장에서 즉시 좌표를 확인함으로써 시공계획에 맞추어 신속한 측량을 할 수 있다.

24 지상경계의 결정기준으로 옳은 것은?

① 토지가 해면에 접하는 경우 – 최대만조위선
② 구거의 토지에 절토된 부분이 있는 경우 – 지물의 중앙부
③ 공유수면매립지의 토지 중 제방을 토지에 편입하여 등록하는 경우 – 안쪽 어깨 부분
④ 도로의 토지에 절토된 부분이 있는 경우 – 경사의 하단부

해설

지상경계의 결정기준 등(영 제55조)
㉠ 연접되는 토지 간에 높낮이 차이가 없는 경우 : 그 구조물 등의 중앙
㉡ 연접되는 토지 간에 높낮이 차이가 있는 경우 : 그 구조물 등의 하단부
㉢ 도로·구거 등의 토지에 절토(땅깎기)된 부분이 있는 경우 : 그 경사면의 상단부
㉣ 토지가 해면 또는 수면에 접하는 경우 : 최대만조위 또는 최대만수위가 되는 선
㉤ 공유수면매립지의 토지 중 제방 등을 토지에 편입하여 등록하는 경우 : 바깥쪽 어깨 부분

25 세부측량의 실시 대상이 아닌 것은?

① 신규등록측량
② 경계복원측량
③ 도근측량
④ 분할측량

해설

지적측량의 구분 등(지적측량 시행규칙 제5조)
㉠ 기초측량의 종류 : 지적삼각점측량, 지적삼각보조점측량, 지적도근점측량
㉡ 세부측량의 종류
1. 토지의 이동이 발생하지 않는 경계복원측량, 지적현황측량, 도시계획선 명시측량
2. 토지의 이동이 발생하는 분할측량, 등록전환측량, 신규등록측량, 복구측량, 등록말소측량, 축척변경측량, 등록사항 정정측량, 지적확정측량

26 두 점 간의 거리가 도상에서 2mm이다. 실제 두 점 간의 거리가 50m가 되기 위한 축척은 얼마인가?

① 1/1000
② 1/2500
③ 1/25000
④ 1/50000

해설

$$\frac{1}{m} = \frac{도상거리}{실제거리} = \frac{0.002}{50} = \frac{1}{25000}$$

여기서, m : 축척분모

27 지적도의 등록사항이 아닌 것은?

① 토지의 소재
② 지번
③ 도곽선과 그 수치
④ 소유자의 주소

해설

지적도 및 임야도의 등록사항(법 제72조)
㉠ 토지의 소재
㉡ 지번
㉢ 지목
㉣ 경계
㉤ 그 밖에 국토교통부령으로 정하는 사항(규칙 제69조)
  1. 지적도면의 색인도(인접 도면의 연결 순서를 표시하기 위하여 기재한 도표와 번호를 말한다)
  2. 지적도면의 제명 및 축척
  3. 도곽선(圖廓線)과 그 수치
  4. 좌표에 의하여 계산된 경계점 간의 거리(경계점좌표등록부를 갖춰 두는 지역으로 한정한다)
  5. 삼각점 및 지적기준점의 위치
  6. 건축물 및 구조물 등의 위치

28 등록사항 정정 시 지적소관청이 직권으로 조사·측량하여 정정할 수 있는 경우가 아닌 것은?

① 토지이동정리 결의서의 내용과 다르게 정리된 경우
② 인접 토지 간 경계분쟁이 발생한 경우
③ 지적측량성과와 다르게 정리된 경우
④ 지적공부의 등록사항이 잘못 입력된 경우

해설

직권으로 조사·측량하여 정정할 수 있는 경우(영 제82조)
㉠ 토지이동정리 결의서의 내용과 다르게 정리된 경우
㉡ 지적도 및 임야도에 등록된 필지가 면적의 증감 없이 경계의 위치만 잘못된 경우
㉢ 1필지가 각각 다른 지적도나 임야도에 등록되어 있는 경우로서 지적공부에 등록된 면적과 측량한 실제면적은 일치하지만 지적도나 임야도에 등록된 경계가 서로 접합되지 않아 지적도나 임야도에 등록된 경계를 지상의 경계에 맞추어 정정하여야 하는 토지가 발견된 경우
㉣ 지적공부의 작성 또는 재작성 당시 잘못 정리된 경우
㉤ 지적측량성과와 다르게 정리된 경우
㉥ 지방지적위원회 또는 중앙지적위원회의 의결서 사본을 받은 지적소관청은 그 내용에 따라 지적공부의 등록사항을 정정하여야 하는 경우
㉦ 지적공부의 등록사항이 잘못 입력된 경우
㉧ 부동산등기법에 따른 통지가 있는 경우(지적소관청의 착오로 잘못 합병한 경우만 해당)
㉨ 면적 환산이 잘못된 경우

29 우리나라 지적제도의 발달과정으로 옳은 것은?

① 세지적 → 법지적 → 다목적 지적
② 법지적 → 세지적 → 다목적 지적
③ 다목적 지적 → 법지적 → 세지적
④ 법지적 → 다목적 지적 → 세지적

해설

우리나라 지적제도의 발달과정 : 세지적 → 법지적 → 다목적 지적

30 일람도의 제도방법을 설명한 것으로 옳은 것은?

① 철도용지는 붉은색 0.1mm 폭의 2선으로 제도한다.
② 수도용지 중 선로는 검은색 0.1mm 폭의 2선으로 제도한다.
③ 하천, 구거, 유지는 남색 0.1mm 폭의 2선으로 제도하고 그 내부를 남색으로 엷게 채색한다.
④ 취락지, 건물 등은 0.1mm 폭의 선으로 제도하고 그 내부를 붉은색으로 엷게 채색한다.

해설
① 철도용지는 붉은색 0.2mm 폭의 2선으로 제도한다.
② 수도용지 중 선로는 남색 0.1mm 폭의 2선으로 제도한다.
④ 취락지, 건물 등은 0.1mm 폭의 선으로 제도하고 그 내부를 검은색으로 엷게 채색한다.

31 한 필지의 보정면적이 608.6m², 보정면적 전체의 합계가 1,749.2m², 원면적이 1,811m²일 때 산출면적은?

① 587.2m² ② 618.6m²
③ 630.1m² ④ 657.2m²

해설
$$산출면적 = \frac{원면적(F)}{보정면적 합계(A)} \times 필지별 보정면적(a)$$
$$= \frac{1,811}{1,749.2} \times 608.6$$
$$\approx 630.1 m^2$$

32 다음 중 임야조사사업에 대한 설명으로 옳지 않은 것은?

① 임야는 토지에 비하여 경제적 가치가 높지 않아 분쟁은 적었다.
② 토지조사사업에 비해 적은 인원으로 업무를 수행하였다.
③ 역둔토를 국유화하여 공공연한 토지수탈을 감행하였다.
④ 적은 예산으로 사업을 완성하였다.

해설
임야조사사업의 특징
• 국유임야 소유권을 확정하는 것을 목적으로 하였다.
• 축척이 소축척이고 토지조사사업의 기술자 채용으로 시간과 경비를 절약할 수 있었다.
• 적은 예산으로 사업을 완료하였다.
• 토지조사사업에 비해 적은 인원으로 업무를 수행하였다.
• 임야는 토지에 비하여 경제적 가치가 높지 않아 분쟁은 적었다.
• 사정기관은 도지사이고 재결기관은 임야조사위원회이다.

33 토지조사사업의 목적에 속하지 않는 것은?

① 토지의 외모 조사
② 토지의 이름 조사
③ 토지의 가격 조사
④ 토지의 소유권 조사

해설
토지조사사업 당시의 조사 내용
• 토지의 소유권 조사
• 토지의 가격 조사
• 토지의 외모(지형·지모) 조사

34 다음 중 지적측량의 대상이 아닌 것은?

① 토지를 신규등록하는 경우
② 토지를 분할하는 경우
③ 토지를 지목변경하는 경우
④ 지적공부를 복구하는 경우

해설
합병, 지목변경은 지적측량을 실시하지 않는다.
지적측량을 하여야 하는 경우(법 제23조, 영 제18조)
㉠ 지적기준점을 정하는 경우
㉡ 지적측량성과를 검사하는 경우
㉢ 다음에 해당하는 경우로서 측량을 할 필요가 있는 경우
  1. 지적공부를 복구하는 경우
  2. 토지를 신규등록하는 경우
  3. 토지를 등록전환하는 경우
  4. 토지를 분할하는 경우
  5. 바다가 된 토지의 등록을 말소하는 경우
  6. 축척을 변경하는 경우
  7. 지적공부의 등록사항을 정정하는 경우
  8. 도시개발사업 등의 시행지역에서 토지의 이동이 있는 경우
  9. 지적재조사에 관한 특별법에 따른 지적재조사사업에 따라 토지의 이동이 있는 경우
㉣ 경계점을 지상에 복원하는 경우
㉤ 그 밖에 대통령령으로 정하는 경우 : 지상건축물 등의 현황을 지적도 및 임야도에 등록된 경계와 대비하여 표시하는 데에 필요한 경우(지적현황측량)

35 지적소관청은 시·도지사 또는 대도시 시장으로부터 축척변경 승인을 받았을 때에는 관련 사항을 최소 며칠 이상 공고하여야 하는가?

① 10일   ② 20일
③ 30일   ④ 40일

해설
축척변경 시행공고 등(영 제71조)
지적소관청은 시·도지사 또는 대도시 시장으로부터 축척변경 승인을 받았을 때에는 지체 없이 다음의 사항을 20일 이상 공고하여야 한다.
㉠ 축척변경의 목적, 시행지역 및 시행기간
㉡ 축척변경의 시행에 관한 세부계획
㉢ 축척변경의 시행에 따른 청산방법
㉣ 축척변경의 시행에 따른 토지소유자 등의 협조에 관한 사항

36 축척변경위원회의 구성에 필요한 인원수로 옳은 것은?

① 15명 이상 20명 이하
② 10명 이상 15명 이하
③ 5명 이상 10명 이하
④ 1명 이상 5명 이하

해설
축척변경위원회의 구성 등(영 제79조)
축척변경위원회는 5명 이상 10명 이하의 위원으로 구성하되, 위원의 1/2 이상을 토지소유자로 하여야 한다. 이 경우 그 축척변경 시행지역의 토지소유자가 5명 이하일 때에는 토지소유자 전원을 위원으로 위촉하여야 한다.

37 다음 중 지적공부에 해당하는 것은?

① 가목대장   ② 도로대장
③ 임야대장   ④ 하천대장

해설
지적공부(법 제2조)
토지대장, 임야대장, 공유지연명부, 대지권등록부, 지적도, 임야도 및 경계점좌표등록부 등 지적측량 등을 통하여 조사된 토지의 표시와 해당 토지의 소유자 등을 기록한 대장 및 도면(정보처리시스템을 통하여 기록·저장된 것을 포함한다)을 말한다.

38 축척변경 절차에 있어서 축척변경 시행지역의 토지소유자 또는 점유자는 시행공고가 된 날부터 며칠 이내에 시행공고일 현재 점유하고 있는 경계에 경계점표지를 설치하여야 하는가?

① 10일   ② 30일
③ 60일   ④ 90일

해설
축척변경 시행공고 등(영 제71조)
축척변경 시행지역의 토지소유자 또는 점유자는 시행공고가 된 날부터 30일 이내에 시행공고일 현재 점유하고 있는 경계에 국토교통부령으로 정하는 경계점표지를 설치하여야 한다.

39 평판측량방법에 있어서 1/3000 지역에서 도상에 영향을 미치지 않는 지상거리의 축척별 허용범위는?

① 3cm ② 18cm
③ 30cm ④ 50cm

해설
평판측량방법에 있어서 도상에 영향을 미치지 아니하는 지상거리의 축척별 허용범위는 $\frac{M}{10}$[mm]로 한다(여기서, M : 축척분모).

$\therefore \frac{3000}{10} = 300mm = 30cm$

40 다음 중 3차원 지적에 대한 설명으로 가장 거리가 먼 것은?

① 입체 지적이라고도 한다.
② 지하의 각종 시설물과 지상의 고층화된 건축물을 효율적으로 관리할 수 있다.
③ 다목적 지적으로서 다양한 토지정보를 제공해 주는 역할을 한다.
④ 경계를 표시하는 방법 및 측량방법에 따른 분류에 해당한다.

해설
2차원 지적과 3차원 지적은 등록대상에 의한 분류에 해당한다.

41 다음 중 세부측량의 측량결과도에 기재하지 않아도 되는 것은?

① 측정점의 위치
② 측량결과도의 제명
③ 측량대상 토지의 점유현황선
④ 건물의 명칭

해설
평판측량방법으로 세부측량을 한 경우 측량결과도에 기재할 사항(지적측량 시행규칙 제26조)
㉠ 측량준비 파일에 작성하여야 할 사항
  1. 측량대상 토지의 경계선, 지번 및 지목
  2. 인근 토지의 경계선, 지번 및 지목
  3. 임야도를 갖춰 두는 지역에서 인근 지적도의 축척으로 측량을 할 때에는 임야도에 표시된 경계점의 좌표를 구하여 지적도에 전개(展開)한 경계선. 다만, 임야도에 표시된 경계점의 좌표를 구할 수 없거나 그 좌표에 따라 확대하여 그리는 것이 부적당한 경우에는 축척비율에 따라 확대한 경계선을 말한다.
  4. 행정구역선과 그 명칭
  5. 지적기준점 및 그 번호와 지적기준점 간의 거리, 지적기준점의 좌표, 그 밖에 측량의 기점이 될 수 있는 기지점
  6. 도곽선(圖廓線)과 그 수치
  7. 도곽선의 신축이 0.5mm 이상일 때에는 그 신축량 및 보정(補正) 계수
  8. 그 밖에 국토교통부장관이 정하는 사항
㉡ 측정점의 위치, 측량기하적 및 지상에서 측정한 거리
㉢ 측량대상 토지의 토지이동 전의 지번과 지목(2개의 붉은 선으로 말소한다)
㉣ 측량결과도의 제명 및 번호(연도별로 붙인다)와 도면번호
㉤ 신규등록 또는 등록전환하려는 경계선 및 분할경계선
㉥ 측량대상 토지의 점유현황선
㉦ 측량 및 검사의 연월일, 측량자 및 검사자의 성명, 소속 및 자격등급 또는 기술등급

42 지적도의 축척이 1/600 지역 토지의 등록 단위는?

① 1평 ② 1홉
③ 0.1m² ④ 1m²

해설
지적도의 축척이 1/600인 지역과 경계점좌표등록부에 등록하는 지역의 토지면적(영 제60조)
- m² 이하 한 자리 단위로 한다.
- 0.1m² 미만의 끝수가 있는 경우 0.05m² 미만일 때에는 버리고 0.05m²를 초과할 때에는 올린다.
- 0.05m²일 때에는 구하려는 끝자리의 숫자가 0 또는 짝수이면 버리고 홀수이면 올린다.
- 다만, 1필지의 면적이 0.1m² 미만일 때에는 0.1m²로 한다.

43 다음 중 토지의 지번 앞에 "산"자를 붙여 표기하는 지적공부는?

① 토지대장
② 임야대장
③ 경계점좌표등록부
④ 토지대장 부본

해설
지번(地番)은 아라비아숫자로 표기하되, 임야대장 및 임야도에 등록하는 토지의 지번은 숫자 앞에 "산"자를 붙인다(영 제56조).

44 저수지의 지목은 다음 중 어디에 해당되는가?

① 유지 ② 하천
③ 잡종지 ④ 광천지

해설
유지(영 제58조) : 물이 고이거나 상시적으로 물을 저장하고 있는 댐, 저수지, 소류지(沼溜地), 호수, 연못 등의 토지와 연, 왕골 등이 자생하는 배수가 잘 되지 아니하는 토지

45 지적측량기준점의 좌표산정을 위하여 원점으로부터 종·횡선수치에 가산하는 거리는 각각 몇 m인가?(단, 제주도지역은 제외)

① 종선 : 200,000m 횡선 : 50,000m
② 종선 : 300,000m 횡선 : 100,000m
③ 종선 : 400,000m 횡선 : 150,000m
④ 종선 : 500,000m 횡선 : 200,000m

해설
세계측지계에 따르지 아니하는 지적측량의 경우에는 가우스상사이중투영법으로 표시하되, 직각좌표계 투영원점의 가산(加算)수치를 각각 X(N) 500,000m(제주도지역 550,000m), Y(E) 200,000m 로 하여 사용할 수 있다.

46 도시개발사업 등에 의하여 지적공부의 작성이 완료된 때에는 새로 지적공부가 확정·시행됨을 며칠 이상 시·군·구 게시판 또는 홈페이지 등에 게시하여야 하는가?

① 7일 ② 14일
③ 21일 ④ 30일

해설
도시개발 등의 사업신고(지적업무처리규정 제58조)
지적공부의 작성이 완료된 때에는 새로 지적공부가 확정·시행됨을 7일 이상 시·군·구 게시판 또는 홈페이지 등에 게시한다.

정답 42 ③ 43 ② 44 ① 45 ④ 46 ①

47 토지의 이동이라고 할 수 없는 것은?

① 토지분할   ② 경계복원
③ 토지합병   ④ 등록전환

해설
토지의 이동(법 제2조) : 토지의 표시를 새로 정하거나 변경 또는 말소하는 것을 말한다.

48 다음 중 지적의 발생설과 거리가 먼 것은?

① 과세설   ② 치수설
③ 지배설   ④ 권리설

해설
지적의 발생설
- 과세설 : 국가가 과세를 목적으로 토지에 대한 각종 현상을 기록·관리하는 수단으로부터 출발했다고 보는 설로, 가장 지배적인 학설이다.
- 치수설 : 국가가 토지를 농업생산 수단으로 이용하기 위해서 관개시설 등을 측량하고 기록을 유지·관리하는 데서 비롯되었다고 보는 설로, 토지측량설이라고도 한다.
- 지배설 : 국가가 토지를 다스리기 위한 통치수단으로 토지에 대한 각종 현황을 관리하는 데서 출발한다고 보는 설이다.

49 3변의 길이가 각각 20m, 30m, 20m인 삼각형의 면적은 얼마인가?

① 280.6m²   ② 250.4m²
③ 198.4m²   ④ 152.6m²

해설
헤론의 공식
$$A = \sqrt{s(s-a)(s-b)(s-c)}$$
$$= \sqrt{35(35-20)(35-30)(35-20)}$$
$$\fallingdotseq 198.4\text{m}^2$$
여기서, $s = \dfrac{20+30+20}{2} = 35$

50 국가유산으로 지정된 역사적인 유적을 보존할 목적으로 구획된 토지의 지목은?

① 사적지   ② 잡종지
③ 종교용지   ④ 공원

해설
사적지(영 제58조) : 국가유산으로 지정된 역사적인 유적, 고적, 기념물 등을 보존하기 위하여 구획된 토지. 다만, 학교용지, 공원, 종교용지 등 다른 지목으로 된 토지에 있는 유적, 고적, 기념물 등을 보호하기 위하여 구획된 토지는 제외한다.

51 다음 중 지번에 대한 설명으로 옳지 않은 것은?

① 필지에 부여하여 지적공부에 등록한 번호다.
② 지번은 호적에서 사람의 이름과 같다.
③ 토지의 종류를 구분·표시하는 명칭을 말한다.
④ 토지의 개별성을 확보하기 위하여 붙이는 번호다.

해설
지목은 토지의 주된 사용 목적에 따라 토지의 종류를 표시하는 명칭이다.

47 ② 48 ④ 49 ③ 50 ① 51 ③

52 다음 중 지번을 부여하는 진행 방향에 따른 분류에 해당하지 않는 것은?

① 사행식 ② 기우식
③ 단지식 ④ 방사식

해설
지번의 진행 방향에 따른 지번부여방법 : 사행식, 기우식, 단지식

53 두 점 A와 B의 종선차(ΔX)가 +123.12m, 횡선차(ΔY)가 −321.21m일 때 두 점 간의 거리는 얼마인가?

① 약 343.15m ② 약 343.72m
③ 약 344.00m ④ 약 344.48m

해설
$$\overline{AB} = \sqrt{\Delta X^2 + \Delta Y^2}$$
$$= \sqrt{(123.12)^2 + (-321.21)^2}$$
$$\fallingdotseq 344\text{m}$$

54 지적공부에 등록된 1필지를 2필지 이상으로 나누어 등록하는 것을 무엇이라 하는가?

① 지목 ② 경계
③ 분할 ④ 합병

해설
① 지목 : 토지의 주된 용도에 따라 토지의 종류를 구분하여 지적공부에 등록한 것을 말한다.
② 경계 : 필지별로 경계점들을 직선으로 연결하여 지적공부에 등록한 선을 말한다.
④ 합병 : 지적공부에 등록된 2필지 이상을 1필지로 합하여 등록하는 것을 말한다.

55 바다로 된 토지의 등록사항 말소된 토지를 회복 등록하는 방법으로 옳은 것은?(단, 말소한 토지가 지형의 변화 등으로 다시 토지가 된 경우)

① 지적측량성과 및 등록말소 당시의 지적공부 등 관계 자료에 따라야 한다.
② 지적소관청의 관계자가 직접 현지 출장 없이 등록한다.
③ 공유수면의 관리청으로부터 관계 증명 서류의 사본에 따라야 한다.
④ 토지소유자의 신청에 의하되 확정판결서 정본 또는 사본에 따라야 한다.

해설
바다로 된 토지의 등록말소 및 회복(영 제68조)
㉠ 토지소유자가 등록말소 신청을 하지 아니하면 지적소관청이 직권으로 그 지적공부의 등록사항을 말소하여야 한다.
㉡ 지적소관청은 회복등록을 하려면 그 지적측량성과 및 등록말소 당시의 지적공부 등 관계 자료에 따라야 한다.
㉢ ㉠ 및 ㉡에 따라 지적공부의 등록사항을 말소하거나 회복등록하였을 때에는 그 정리 결과를 토지소유자 및 해당 공유수면의 관리청에 통지하여야 한다.

56 도곽선의 보정계수 계산식으로 옳은 것은?(단, Z는 보정계수, X는 도곽선 종선길이, Y는 도곽선 횡선길이, ΔX는 신축된 도곽선 종선길이의 합/2, ΔY는 신축된 도곽선 횡선길이의 합/2)

① $Z = \dfrac{\Delta X + \Delta Y}{X + Y}$ ② $Z = \dfrac{X + Y}{\Delta X + \Delta Y}$
③ $Z = \dfrac{\Delta X \cdot \Delta Y}{X \cdot Y}$ ④ $Z = \dfrac{X \cdot Y}{\Delta X \cdot \Delta Y}$

해설
도곽선의 보정계수 계산
$$Z = \frac{X \cdot Y}{\Delta X \cdot \Delta Y}$$
여기서, Z : 보정계수
X : 도곽선 종선길이
Y : 도곽선 횡선길이
ΔX : 신축된 도곽선 종선길이의 합/2
ΔY : 신축된 도곽선 횡선길이의 합/2

정답 52 ④ 53 ③ 54 ③ 55 ① 56 ④

57 필지 합병의 경우 지번부여의 원칙은?

① 합병 대상 지번 중 선순위의 지번으로 한다.
② 합병 대상 지번 중 최종 지번으로 한다.
③ 합병 대상 선순위와 지번에 부번을 부여한다.
④ 합병 대상 최종 지번에 부번을 부여한다.

해설

지번의 구성 및 부여방법 등(영 제56조 제3항)
합병의 경우에는 합병 대상 지번 중 선순위의 지번을 그 지번으로 하되, 본번으로 된 지번이 있을 때에는 본번 중 선순위의 지번을 합병 후의 지번으로 할 것. 이 경우 토지소유자가 합병 전의 필지에 주거·사무실 등의 건축물이 있어서 그 건축물이 위치한 지번을 합병 후의 지번으로 신청할 때에는 그 지번을 합병 후의 지번으로 부여하여야 한다.

58 지적공부를 복구하려는 경우에는 복구하려는 토지의 표시 등을 시·군·게시판 및 인터넷 홈페이지에 며칠 이상 게시하여야 하는가?

① 10일 ② 15일
③ 20일 ④ 25일

해설

지적공부의 복구절차 등(시행규칙 제73조)
지적소관청은 규정에 따른 복구자료의 조사 또는 복구측량 등이 완료되어 지적공부를 복구하려는 경우에는 복구하려는 토지의 표시 등을 시·군·구 게시판 및 인터넷 홈페이지에 15일 이상 게시하여야 한다.

59 지적업무처리규정상 지적도의 도곽 크기는?

① 가로 40cm, 세로 25cm
② 가로 40cm, 세로 30cm
③ 가로 45cm, 세로 30cm
④ 가로 50cm, 세로 40cm

해설

지적도의 도곽 크기는 가로 40cm, 세로 30cm의 직사각형으로 한다(지적업무처리규정 제40조).

60 토지 등록에 대한 설명으로 옳지 않은 것은?

① 국가가 행정목적을 위해 작성한다.
② 토지에 관한 필요한 사항을 공적 장부에 기록하는 것이다.
③ 토지소유자의 희망에 의해서만 등록한다.
④ 토지의 변동사항을 지속적으로 수정하여 유지·관리하는 행위이다.

해설

토지의 조사·등록 등(법 제64조)
㉠ 국토교통부장관은 모든 토지에 대하여 필지별로 소재, 지번, 지목, 면적, 경계 또는 좌표 등을 조사·측량하여 지적공부에 등록하여야 한다.
㉡ 지적공부에 등록하는 지번, 지목, 면적, 경계 또는 좌표는 토지의 이동이 있을 때 토지소유자의 신청을 받아 지적소관청이 결정한다. 신청이 없으면 지적소관청이 직권으로 조사·측량하여 결정할 수 있다.

2015년 제5회 과년도 기출문제

01 ∠ABC = 90°, ∠CAB = 30°, AB의 거리가 100.0m 일 경우 BC의 거리는?

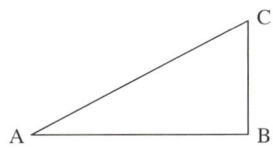

① 50.0m ② 57.7m
③ 86.6m ④ 100.0m

해설

정현비례식(sin 법칙)

$$\frac{a}{\sin A} = \frac{b}{\sin B} = \frac{c}{\sin C}$$

∠C = 180° − (90° + 30°) = 60°

$$\frac{100}{\sin 60°} = \frac{\overline{BC}}{\sin 30°}$$

$$\therefore \overline{BC} = \frac{100 \times \sin 30°}{\sin 60°} \fallingdotseq 57.7m$$

02 토지소유자가 지적공부의 등록사항에 대한 정정을 신청할 때, 경계의 변경을 가져오는 경우 정정사유를 적은 신청서와 함께 제출하여야 하는 것은?

① 등록사항 정정 측량성과도
② 경계복원측량성과도
③ 지적도 또는 임야도 사본
④ 토지분할측량성과도

해설

등록사항의 정정 신청(규칙 제93조)

토지소유자는 지적공부의 등록사항에 대한 정정을 신청할 때에는 정정사유를 적은 신청서에 다음의 구분에 따른 서류를 첨부하여 지적소관청에 제출하여야 한다.
- 경계 또는 면적의 변경을 가져오는 경우 : 등록사항 정정 측량성과도
- 그 밖의 등록사항을 정정하는 경우 : 변경사항을 확인할 수 있는 서류

03 지적측량을 크게 2가지로 구분할 때 그 구분이 옳은 것은?

① 도근측량과 세부측량
② 삼각측량과 세부측량
③ 기초측량과 수준측량
④ 기초측량과 세부측량

해설

지적측량은 지적기준점을 정하기 위한 기초측량과 1필지의 경계와 면적을 정하는 세부측량으로 구분한다(지적측량 시행규칙 제5조).

04 임야조사사업 당시의 재결기관은?

① 도지사
② 임야조사위원회
③ 고등토지조사위원회
④ 임시토지조사국

해설

임야조사사업

구분	임야조사사업
근거법령	조선임야조사령 (1918.5.1. 제령 제5호)
사업기간	1916~1924년(9년)
사정사항	소유자와 그 경계
조사, 측량	부(府)와 면(面)
도면축척	1/3000, 1/6000
사정권자	도지사(권업과 또는 산림과)
재결기관	임야조사위원회(1919~1935년)

정답 1 ② 2 ① 3 ④ 4 ②

05 토지이동 신청에 관한 특례와 관련하여 사업의 착수·변경 및 완료 사실을 지적소관청에 신고하여야 하는 대통령령으로 정하는 토지개발사업이 아닌 것은?

① 주택법에 따른 주택건설사업
② 산업입지 및 개발에 관한 법률에 따른 산업단지개발사업
③ 공유수면 관리 및 매립에 관한 법률에 따른 매립사업
④ 국토의 계획 및 이용에 관한 법률에 따른 토지형질변경사업

해설
대통령령으로 정하는 토지개발사업(영 제83조)
㉠ 주택법에 따른 주택건설사업
㉡ 택지개발촉진법에 따른 택지개발사업
㉢ 산업입지 및 개발에 관한 법률에 따른 산업단지개발사업
㉣ 도시 및 주거환경정비법에 따른 정비사업
㉤ 지역 개발 및 지원에 관한 법률에 따른 지역개발사업
㉥ 체육시설의 설치·이용에 관한 법률에 따른 체육시설 설치를 위한 토지개발사업
㉦ 관광진흥법에 따른 관광단지 개발사업
㉧ 공유수면 관리 및 매립에 관한 법률에 따른 매립사업
㉨ 항만법, 신항만건설촉진법에 따른 항만개발사업 및 항만 재개발 및 주변지역 발전에 관한 법률에 따른 항만재개발사업
㉩ 공공주택 특별법에 따른 공공주택지구조성사업
㉪ 물류시설의 개발 및 운영에 관한 법률 및 경제자유구역의 지정 및 운영에 관한 특별법에 따른 개발사업
㉫ 철도의 건설 및 철도시설 유지·관리에 관한 법률에 따른 고속철도, 일반철도 및 광역철도 건설사업
㉬ 도로법에 따른 고속국도 및 일반국도 건설사업
㉭ 그 밖에 위의 사업과 유사한 경우로서 국토교통부장관이 고시하는 요건에 해당하는 토지개발사업

06 경위의의 시준축과 수평축이 직교하지 않아 생기는 오차의 처리방법으로 옳은 것은?

① 망원경을 정위, 반위로 측정하여 평균값을 취한다.
② 시독의 위치를 변경하여 측정한 값의 평균값을 취한다.
③ 두 점 사이의 높이를 같게 하여 측정한다.
④ 연직축과 수평 기포관축과의 직교를 조정한다.

해설
수평축 오차의 원인과 처리방법
• 원인 : 수평축이 연직축과 직교하지 않을 때 발생한다.
• 처리방법 : 망원경을 정·반위로 관측하여 평균값을 취한다.

07 토지대장과 임야대장에 등록할 사항이 아닌 것은?

① 토지의 소재
② 소유권 지분
③ 지번
④ 면적

해설
토지대장과 임야대장의 등록사항(법 제71조)
㉠ 토지의 소재
㉡ 지번(임야대장은 숫자 앞에 "산"을 붙임)
㉢ 지목
㉣ 면적
㉤ 소유자의 성명 또는 명칭, 주소 및 주민등록번호(국가, 지방자치단체, 법인, 법인 아닌 사단이나 재단 및 외국인의 경우에는 부동산등기법에 따라 부여된 등록번호를 말한다)
㉥ 그 밖에 국토교통부령으로 정하는 사항(규칙 제68조)
  1. 토지의 고유번호(각 필지를 서로 구별하기 위하여 필지마다 붙이는 고유한 번호를 말한다)
  2. 지적도 또는 임야도의 번호와 필지별 토지대장 또는 임야대장의 장번호 및 축척
  3. 토지의 이동사유
  4. 토지소유자가 변경된 날과 그 원인
  5. 토지등급 또는 기준수확량등급과 그 설정·수정 연월일
  6. 개별공시지가와 그 기준일

08 토지 거래의 안전과 국민의 토지소유권을 보호하기 위해 만들어진 지적제도는?

① 세지적　　② 법지적
③ 과세지적　④ 경제지적

해설
법지적
토지과세 및 토지거래의 안전을 도모하고, 토지소유권 보호 등을 주요 목적으로 하며 소유지적이라고도 한다. 토지의 등록사항이 정확하지 못할 경우 발생하는 손해에 대하여 선의의 제3자를 보호하는 데 주목적이 있다.

09 공간정보의 구축 및 관리 등에 관한 법률상 등록전환의 정의로 옳은 것은?

① 축척을 바꾸어 등록하는 것
② 면적을 바꾸어 등록하는 것
③ 지적공부에 등록된 지목을 다른 지목으로 바꾸어 등록하는 것
④ 임야대장 및 임야도를 등록된 토지를 토지대장 및 지적도에 옮겨 등록하는 것

해설
등록전환(법 제2조)
임야대장 및 임야도에 등록된 토지를 토지대장 및 지적도에 옮겨 등록하는 것을 말한다.

10 도곽선의 역할과 거리가 먼 것은?

① 지적측량기준점 전개 시의 기준
② 측량준비도에서의 북방향 표시의 기준
③ 인접 도면과의 접합 기준
④ 행정구역 결정의 기준

해설
도곽선의 역할
- 인접 도면과의 접합 기준선
- 지적측량기준점 전개 시의 기준선
- 도곽 신축량을 측정하는 기준
- 측량준비도와 측량결과도에서 북방향의 기준
- 외업 시 측량준비도와 실지의 부합 여부 확인 기준

11 토지의 경계가 자연적인 지형지물, 즉 도로, 담장, 울타리, 도랑, 하천 등으로 이루어진 것을 무엇이라 하는가?

① 보증경계　② 고정경계
③ 일반경계　④ 확정경계

해설
경계 특성에 따른 분류
- 일반경계 : 자연적인 지형지물, 즉 도로, 담장, 울타리, 도랑, 하천 등으로 이루어진 경계이다.
- 고정경계 : 특정 토지에 대한 경계점의 지상에 석주, 철주, 말뚝 등의 경계표지를 설치하거나 이를 정확하게 측량하여 지적도상에 등록 또는 관리하는 경계이다.
- 보증경계 : 측량사에 의하여 지적측량이 행해지고 지적관리청의 사정에 의하여 확정된 토지경계를 의미한다.

정답 8 ② 9 ④ 10 ④ 11 ③

12 토지가 해면에 접하는 경우 지상경계를 결정하는 기준은?

① 평균중조위선
② 최대만조위선
③ 최저만조위선
④ 최고간조위선

> **해설**
> 지상경계의 결정기준 등(영 제55조)
> ㉠ 연접되는 토지 간에 높낮이 차이가 없는 경우 : 그 구조물 등의 중앙
> ㉡ 연접되는 토지 간에 높낮이 차이가 있는 경우 : 그 구조물 등의 하단부
> ㉢ 도로ㆍ구거 등의 토지에 절토(땅깎기)된 부분이 있는 경우 : 그 경사면의 상단부
> ㉣ 토지가 해면 또는 수면에 접하는 경우 : 최대만조위 또는 최대만수위가 되는 선
> ㉤ 공유수면매립지의 토지 중 제방 등을 토지에 편입하여 등록하는 경우 : 바깥쪽 어깨 부분

13 지적소관청이 지적공부를 정리하여야 하는 경우가 아닌 것은?

① 지적공부를 복구하는 경우
② 토지의 이동이 있는 경우
③ 지번을 변경하는 경우
④ 토지대장의 등본을 교부하는 경우

> **해설**
> 지적공부의 정리 등(영 제84조)
> ㉠ 지적소관청은 지적공부가 다음의 어느 하나에 해당하는 경우에는 지적공부를 정리하여야 한다. 이 경우 이미 작성된 지적공부에 정리할 수 없을 때에는 새로 작성하여야 한다.
>   1. 지번을 변경하는 경우
>   2. 지적공부를 복구하는 경우
>   3. 신규등록, 등록전환, 분할, 합병, 지목변경 등 토지의 이동이 있는 경우
> ㉡ 지적소관청은 ㉠에 따른 토지의 이동이 있는 경우에는 토지이동정리 결의서를 작성하여야 하고, 토지소유자의 변동 등에 따라 지적공부를 정리하려는 경우에는 소유자정리 결의서를 작성하여야 한다.

14 경위의측량방법으로 세부측량을 하는 경우 측량결과도에 기재하여야 할 사항이 아닌 것은?

① 지상에서 측정한 거리 및 방위각
② 측량대상 토지의 경계점 간 실측거리
③ 지적도의 도면번호
④ 도곽선의 신축량 및 보정계수

> **해설**
> 도곽선의 신축량 및 보정계수는 평판측량방법으로 세부측량을 한 경우 기재해야 할 사항이다.
> **경위의측량방법으로 세부측량을 한 경우 측량결과도에 기재할 사항(지적측량 시행규칙 제26조)**
> ㉠ 측량준비 파일에 작성하여야 할 사항
>   1. 측량대상 토지의 경계와 경계점의 좌표 및 부호도, 지번, 지목
>   2. 인근 토지의 경계와 경계점의 좌표 및 부호도, 지번, 지목
>   3. 행정구역선과 그 명칭
>   4. 지적기준점 및 그 번호와 지적기준점 간의 방위각 및 그 거리
>   5. 경계점 간 계산거리
>   6. 도곽선과 그 수치
>   7. 그 밖에 국토교통부장관이 정하는 사항
> ㉡ 측정점의 위치(측량계산부의 좌표를 전개하여 적는다), 지상에서 측정한 거리 및 방위각
> ㉢ 측량대상 토지의 경계점 간 실측거리
> ㉣ 측량대상 토지의 토지이동 전의 지번과 지목(2개의 붉은 색으로 말소한다)
> ㉤ 측량결과도의 제명 및 번호(연도별로 붙인다)와 지적도의 도면번호
> ㉥ 신규등록 또는 등록전환하려는 경계선 및 분할경계선
> ㉦ 측량대상 토지의 점유현황선
> ㉧ 측량 및 검사의 연월일, 측량자 및 검사자의 성명, 소속 및 자격등급 또는 기술등급

15 지적소관청이 시·도지사로부터 축척변경 승인을 받았을 때 관련 사항을 며칠 이상 공고하여야 하는가?

① 60일 이상 ② 40일 이상
③ 30일 이상 ④ 20일 이상

해설

축척변경 시행공고 등(영 제71조)
지적소관청은 시·도지사 또는 대도시 시장으로부터 축척변경 승인을 받았을 때에는 지체 없이 다음의 사항을 20일 이상 공고하여야 한다.
㉠ 축척변경의 목적, 시행지역 및 시행기간
㉡ 축척변경의 시행에 관한 세부계획
㉢ 축척변경의 시행에 따른 청산방법
㉣ 축척변경의 시행에 따른 토지소유자 등의 협조에 관한 사항

16 대장에 등록하는 면적의 단위 기준은?

① km^2 ② m^2
③ cm^2 ④ ha

해설

면적의 단위는 m^2로 한다(법 제68조).

17 행정구역선이 2종 이상 겹치는 경우의 제도방법은?

① 최상급 행정구역선만 제도한다.
② 최상급 행정구역선과 최하급 행정구역선을 경계선 양쪽에 제도한다.
③ 최하급 행정구역선만 제도한다.
④ 최상급 행정구역선과 최하급 행정구역선을 교대로 제도한다.

해설

행정구역선의 제도(지적업무처리규정 제44조)
행정구역선이 2종 이상 겹치는 경우에는 최상급 행정구역선만 제도한다.

18 3cm가 늘어난 50m 길이의 줄자로 거리를 측정한 값이 500m일 때 실제거리는 얼마인가?

① 499.3m ② 501.5m
③ 500.3m ④ 550.5m

해설

$$정확한 길이 = \frac{부정길이}{표준길이} \times 관측길이$$
$$= \frac{50.03}{50} \times 500$$
$$= 500.3m$$

19 공간정보의 구축 및 관리 등에 관한 법률의 법규상 임야도의 축척은 모두 몇 종인가?

① 2종 ② 3종
③ 4종 ④ 5종

해설

지적도면의 축척은 다음의 구분에 따른다(규칙 제69조).
• 지적도 : 1/500, 1/600, 1/1000, 1/1200, 1/2400, 1/3000, 1/6000
• 임야도 : 1/3000, 1/6000

20 국가의 통치권이 미치는 모든 영토를 필지 단위로 구획하여 지번, 지목, 경계 또는 좌표와 면적 등을 결정하여 지적공부에 등록·공시해야만 효력이 인정된다는 이념은?

① 지적국정주의
② 지적형식주의
③ 지적공개주의
④ 실질적 심사주의

해설
① 지적국정주의 : 지적공부의 등록사항인 토지의 소재, 지번, 지목, 경계 또는 좌표와 면적 등은 국가의 공권력에 의하여 국가만이 이를 결정할 수 있는 권한을 가진다는 이념이다.
③ 지적공개주의 : 지적공부에 등록된 사항은 이를 토지소유자나 이해관계인 등 일반 국민에게 신속·정확하게 공개하여 정당하게 이용할 수 있도록 해야 한다는 이념이다.
④ 실질적 심사주의(사실적 심사주의) : 지적소관청이 사실관계의 부합 여부와 절차의 적법성을 확인하고 등록해야 한다는 이념이다.

21 둘 이상의 기지점을 측정점으로 하여 미지점의 위치를 결정하는 방법은?

① 전방교회법 ② 후방교회법
③ 복전진법   ④ 단전진법

해설
교회법
• 전방교회법 : 기지점에서 미지점의 위치를 결정하는 방법
• 후방교회법 : 기지의 3점으로부터 미지의 점을 구하는 방법
• 측방교회법 : 전방교회법과 후방교회법을 겸한 방법으로 기지의 2점 중 한 점에 접근이 곤란한 경우 기지의 2점을 이용하여 미지의 한 점을 구하는 방법

22 지적도 도곽선의 신축량이 각각 ΔX_1 = +0.4mm, ΔX_2 = -0.1mm, ΔY_1 = -2.0mm, ΔY_2 = +2.1mm일 때, 이 지적도의 신축량은?(단, ΔX_1은 왼쪽 종선의 신축된 차, ΔX_2는 오른쪽 종선의 신축된 차, ΔY_1은 위쪽 횡선의 신축된 차, ΔY_2는 아래쪽 횡선의 신축된 차)

① -0.4mm   ② -0.2mm
③ +0.1mm   ④ +2.1mm

해설
도곽선의 신축량 계산

$$S = \frac{\Delta X_1 + \Delta X_2 + \Delta Y_1 + \Delta Y_2}{4}$$

$$= \frac{(0.4) + (-0.1) + (-2.0) + (2.1)}{4}$$

$$= +0.1mm$$

여기서, S : 신축량
ΔX_1 : 왼쪽 종선의 신축된 차
ΔX_2 : 오른쪽 종선의 신축된 차
ΔY_1 : 위쪽 횡선의 신축된 차
ΔY_2 : 아래쪽 횡선의 신축된 차

23 등록전환을 하는 경우 임야대장의 면적과 등록전환될 면적의 오차 허용범위를 구하는 계산식으로 옳은 것은?(단, A : 오차 허용면적, M : 임야도 축척분모, F : 등록전환될 면적)

① $A = 0.023M\sqrt{F}$ ② $A = 0.026M\sqrt{F}$
③ $A = 0.023^2M\sqrt{F}$ ④ $A = 0.026^2M\sqrt{F}$

해설
등록전환을 하는 경우 면적을 정할 때에 발생하는 오차의 허용범위 및 처리방법(영 제19조)
임야대장의 면적과 등록전환될 면적의 오차 허용범위는 다음의 계산식에 따른다. 이 경우 오차의 허용범위를 계산할 때 축척이 1/3000인 지역의 축척분모는 6000으로 한다.
$A = 0.026^2M\sqrt{F}$
여기서, A : 오차 허용면적
M : 임야 축척분모
F : 등록전환될 면적

정답 20 ② 21 ① 22 ③ 23 ④

24 지적공부의 복구자료로 활용할 수 없는 것은?

① 측량결과도
② 공시지가전산자료
③ 부동산등기부 등본
④ 토지이동정리 결의서

해설
지적공부의 복구자료(규칙 제72조)
㉠ 지적공부의 등본
㉡ 측량결과도
㉢ 토지이동정리 결의서
㉣ 토지(건물)등기사항증명서 등 등기사실을 증명하는 서류
㉤ 지적소관청이 작성하거나 발행한 지적공부의 등록내용을 증명하는 서류
㉥ 지적공부의 보존 등에 따라 복제된 지적공부
㉦ 법원의 확정판결서 정본 또는 사본

25 두 점 A(492,400m, 187,300m)와 B(492,000m, 187,000m) 사이의 거리는?

① 350m
② 400m
③ 450m
④ 500m

해설
$\overline{AB} = \sqrt{종선교차^2 + 횡선교차^2}$
$= \sqrt{(492,000-492,400)^2 + (187,000-187,300)^2}$
$= 500mm$

26 전 국토를 대상으로 실시한 토지조사사업의 특징으로 보기 어려운 것은?

① 순수한 우리나라의 측량 기술에 바탕을 둔 사업이었다.
② 도로, 하천, 구거 등을 토지조사사업에서 제외하였다.
③ 우리나라의 근대적 토지제도가 확립되었다.
④ 토지조사사업을 위해 지적의 교육에 주력하였다.

해설
토지조사사업은 1910년 일제의 식민지정책 사업으로 추진된 것으로 우리나라 측량 기술에 바탕을 둔 사업과는 거리가 멀다.

27 우리나라에서 채택하고 있는 지목설정 방식은?

① 용도 지목
② 토성 지목
③ 지형 지목
④ 지질 지목

해설
우리나라는 용도 지목을 채택하고 있기 때문에 토지 지목을 보면 용도를 알 수 있다.
토지 지목의 종류
- 지형 지목 : 지표면의 형태, 토지의 고저, 수륙의 분포상태 등 토지가 생긴 모양에 따라 지목을 결정
- 토성 지목 : 토지의 성질인 지층이나 암석 또는 토양의 종류에 따라 지목을 결정
- 용도 지목 : 토지의 용도에 따라 지목을 결정

28 지적기준점에 해당하지 않는 것은?

① 지적도근점
② 지적삼각점
③ 지적삼각보조점
④ 수준점

해설
측량기준점의 구분(영 제8조)
- 국가기준점 : 우주측지기준점, 위성기준점, 수준점, 중력점, 통합기준점, 삼각점, 지자기점
- 공공기준점 : 공공삼각점, 공공수준점
- 지적기준점 : 지적삼각점, 지적삼각보조점, 지적도근점

정답 24 ② 25 ④ 26 ① 27 ① 28 ④

29 두 점 간의 경사거리가 50m, 연직각이 30°인 경우 수평거리는 얼마인가?

① 24.20m ② 25.00m
③ 28.87m ④ 43.30m

해설
$D = l \times \cos\alpha$
여기서, D : 수평거리
  l : 경사거리
  α : 연직각
$D = 50\text{m} \times \cos 30° ≒ 43.3\text{m}$

30 다음 중 공유지연명부의 등록사항이 아닌 것은?

① 건물의 명칭
② 소유자의 주민등록번호
③ 소유권 지분
④ 소유자의 주소

해설
공유지연명부의 등록사항(법 제71조)
㉠ 토지의 소재
㉡ 지번
㉢ 소유권 지분
㉣ 소유자의 성명 또는 명칭, 주소 및 주민등록번호
㉤ 그 밖에 국토교통부령으로 정하는 사항(규칙 제68조)
  1. 토지의 고유번호
  2. 필지별 공유지연명부의 장번호
  3. 토지소유자가 변경된 날과 그 원인

31 토지조사사업 당시 조사 내용이 아닌 것은?

① 토지소유권 조사
② 토지이용권 조사
③ 지가의 조사
④ 지형·지모의 조사

해설
토지조사사업 당시의 조사 내용
• 토지의 소유권 조사
• 토지의 가격 조사
• 토지의 외모(지형·지모) 조사

32 토지소유자는 등록전환할 토지가 있으면 대통령령으로 정하는 바에 따라 그 사유가 발생한 날부터 며칠 이내에 지적소관청에 등록전환을 신청하여야 하는가?

① 15일 이내 ② 20일 이내
③ 30일 이내 ④ 60일 이내

해설
등록전환 신청(법 제78조)
토지소유자는 등록전환할 토지가 있으면 대통령령으로 정하는 바에 따라 그 사유가 발생한 날부터 60일 이내에 지적소관청에 등록전환을 신청하여야 한다.

33 제주도지역은 직각좌표계 투영원점에 종선 및 횡선을 각각 얼마씩 가산하여 정하는가?

① 종선 500,000m, 횡선 200,000m
② 종선 200,000m, 횡선 500,000m
③ 종선 550,000m, 횡선 250,000m
④ 종선 550,000m, 횡선 200,000m

해설
세계측지계에 따르지 아니하는 지적측량의 경우에는 가우스상사이중투영법으로 표시하되, 직각좌표계 투영원점의 가산(加算)수치를 각각 X(N) 500,000m(제주도지역 550,000m), Y(E) 200,000m로 하여 사용할 수 있다.

34 축척 1/500인 지적도 종선(X)의 도상 규격은?

① 400mm　　② 333.3mm
③ 300mm　　④ 250mm

해설
지적도의 축척에 따른 도상 및 지상길이, 포용면적

축척	도상길이(mm)	지상길이(m)	포용면적(m²)
1/500	300×400	150×200	30,000
1/1000	300×400	300×400	120,000
1/600	333.33×416.67	200×250	50,000
1/1200	333.33×416.67	400×500	200,000
1/2400	333.33×416.67	800×1,000	800,000
1/3000	400×500	1,200×1,500	1,800,000
1/6000	400×500	2,400×3,000	7,200,000

35 지적제도의 등록 성질별 분류에서 토지를 지적공부에 등록하는 것을 의무화하지 않고 당사자가 신고할 때 신고된 사항만을 등록하는 것은?

① 적극적 지적
② 토렌스 시스템
③ 강제적 등록
④ 소극적 지적

해설
성질(등록의무의 강약)에 의한 지적제도의 분류
• 소극적 지적 : 토지를 지적공부에 등록하는 것을 의무화하지 않고 당사자가 신고할 때 신고된 사항만을 등록하는 제도이다.
• 적극적 지적 : 신고가 없어도 국가가 직권으로 등록사항을 조사·등록하는 방식이다.

36 다음 중 각을 측정할 수 없는 장비는?

① 트랜싯
② 데오드라이트
③ 광파 앨리데이드
④ 토털 스테이션

해설
앨리데이드는 평판측량장비이다.

37 자오선의 북방향(북극)을 기준으로 하여 시계 방향(우회)으로 측정한 각은?

① 도북방위각
② 자북방위각
③ 진북방위각
④ 편방위각

해설
방위각의 종류
• 진북방위각 : 극점(북극)과 임의점의 각
• 자북방위각 : 자침 방향과 임의점의 각
• 도북방위각 : 지도의 북쪽과 임의점의 각

38 면적을 측정하는 경우 도곽선의 길이에 몇 mm 이상의 신축이 있을 때 이를 보정하여야 되는가?

① 0.1mm　　② 0.2mm
③ 0.3mm　　④ 0.5mm

해설
면적을 측정하는 경우 도곽선의 길이에 0.5mm 이상의 신축이 있을 때에는 이를 보정하여야 한다(지적측량 시행규칙 제20조).

39 조선시대 토지나 가옥의 매매계약이 성립하기 위하여 매수인, 매도인 쌍방의 합의 외에 대가의 수수 목적물의 인도 시 서면으로 작성하는 계약서로, 오늘날 매매계약서와 동일한 기능을 한 것은?

① 입안 ② 양안
③ 문기 ④ 지권

해설
① 입안 : 토지매매에 관한 증명서로 오늘날의 등기원리증이다.
② 양안 : 조선시대 조세 부과를 목적으로 전지(田地)를 측량하여 만든 토지등록장부로서 오늘날의 토지대장이다.

40 일람도의 제도방법으로 틀린 것은?

① 도면번호는 3mm의 크기로 한다.
② 인접 동·리 명칭은 4mm 크기로 한다.
③ 지방도로 이상은 검은색 0.2mm 폭의 2선으로 제도한다.
④ 철도용지는 검은색 0.3mm 폭의 선으로 제도한다.

해설
철도용지는 붉은색 0.2mm 폭의 2선으로 제도한다(지적업무처리규정 제38조).

41 고의로 지적측량성과를 사실과 다르게 한 지적측량수행자에 대한 벌칙 기준이 옳은 것은?

① 300만원 이하의 과태료
② 1년 이하의 징역 또는 1,000만원 이하의 벌금
③ 2년 이하의 징역 또는 2,000만원 이하의 벌금
④ 3년 이하의 징역 또는 3,000만원 이하의 벌금

해설
2년 이하의 징역 또는 2,000만원 이하의 벌금(법 제108조)
㉠ 측량기준점표지를 이전 또는 파손하거나 그 효용을 해치는 행위를 한 자
㉡ 고의로 측량성과를 사실과 다르게 한 자
㉢ 기본 또는 공공 측량성과를 국외로 반출한 자
㉣ 측량업의 등록을 하지 아니하거나 거짓이나 그 밖의 부정한 방법으로 측량업의 등록을 하고 측량업을 한 자
㉤ 측량기기 성능검사를 부정하게 한 성능검사대행자
㉥ 성능검사대행자의 등록을 하지 아니하거나 거짓이나 그 밖의 부정한 방법으로 성능검사대행자의 등록을 하고 성능검사업무를 한 자

42 지적공부의 정리 시 검은색을 사용할 수 없는 사항은?

① 경계
② 행정구역선
③ 지번, 지목의 말소
④ 지번, 지목의 주기

해설
지적공부 등의 정리에 사용하는 문자·기호 및 경계는 따로 규정을 둔 사항을 제외하고 정리사항은 검은색, 도곽선과 그 수치 및 말소는 붉은색으로 한다(지적업무처리규정 제63조).

43 지적측량의 원칙적인 측량기간 기준으로 옳은 것은?

① 4일 ② 5일
③ 6일 ④ 7일

해설
지적측량 검사기간(규칙 제25조)
지적측량의 측량기간은 5일로 하며, 측량검사기간은 4일로 한다. 다만, 지적기준점을 설치하여 측량 또는 측량검사를 하는 경우 지적기준점이 15점 이하인 경우에는 4일을, 15점을 초과하는 경우에는 4일에 15점을 초과하는 4점마다 1일을 가산한다.

44 토지대장과 지적도를 작성하여 비치하게 된 최초의 근거법령은?

① 토지조사령
② 지세법
③ 지적측량규정
④ 지적법

해설
일제는 근대적 소유권이 인정되는 토지제도를 확립한다는 명분 아래 1910년 토지조사국을 설치한 데 이어, 1912년 토지조사령(土地調査令)을 발표하여 토지조사사업을 본격적으로 실시하였다.

45 지목을 지적도면에 등록하는 부호가 틀린 것은?

① 목장용지 – 목
② 종교용지 – 종
③ 공장용지 – 공
④ 철도용지 – 철

해설
지목표기 시 두문자가 아닌 차문자로 표기하는 지목은 공장용지, 주차장, 하천, 유원지이다.

46 다음 중 지적도의 등록사항이 아닌 것은?

① 지적도면의 색인도
② 지적도면의 제명
③ 도곽선과 그 수치
④ 토지소유자

해설
지적도 및 임야도의 등록사항(법 제72조)
㉠ 토지의 소재
㉡ 지번
㉢ 지목
㉣ 경계
㉤ 그 밖에 국토교통부령으로 정하는 사항(규칙 제69조)
  1. 지적도면의 색인도(인접 도면의 연결 순서를 표시하기 위하여 기재한 도표와 번호를 말한다)
  2. 지적도면의 제명 및 축척
  3. 도곽선(圖廓線)과 그 수치
  4. 좌표에 의하여 계산된 경계점 간의 거리(경계점좌표등록부를 갖춰 두는 지역으로 한정한다)
  5. 삼각점 및 지적기준점의 위치
  6. 건축물 및 구조물 등의 위치

47 다음 중 지적공부가 아닌 것은?

① 공유지연명부
② 경계점좌표등록부
③ 대지권등록부
④ 일람도

해설
지적공부(법 제2조)
토지대장, 임야대장, 공유지연명부, 대지권등록부, 지적도, 임야도 및 경계점좌표등록부 등 지적측량 등을 통하여 조사된 토지의 표시와 해당 토지의 소유자 등을 기록한 대장 및 도면(정보처리시스템을 통하여 기록·저장된 것을 포함한다)을 말한다.

정답 43 ② 44 ① 45 ③ 46 ④ 47 ④

48 축척이 1/1000인 지역에서 평판측량방법에 따른 세부측량 시 도상에 영향을 미치지 않는 지상거리의 허용범위는?

① 0.01cm
② 0.1cm
③ 1cm
④ 10cm

해설
평판측량방법에 있어서 도상에 영향을 미치지 아니하는 지상거리의 축척별 허용범위는 $\frac{M}{10}$[mm]로 한다(여기서, M : 축척분모).

∴ $\frac{1000}{10} = 100mm = 10cm$

49 경계점좌표등록부 시행 지역에서 산출한 면적이 319.36m²일 때 결정면적은?

① 319m²
② 319.3m²
③ 319.4m²
④ 319.36m²

해설
지적도의 축척이 1/600인 지역과 경계점좌표등록부에 등록하는 지역의 토지면적(영 제60조)
- m² 이하 한 자리 단위로 한다.
- 0.1m² 미만의 끝수가 있는 경우 0.05m² 미만일 때에는 버리고 0.05m²를 초과할 때에는 올린다.
- 0.05m²일 때에는 구하려는 끝자리의 숫자가 0 또는 짝수이면 버리고 홀수이면 올린다.
- 다만, 1필지의 면적이 0.1m² 미만일 때에는 0.1m²로 한다.

50 어떤 도면에 1변의 길이가 2cm로 등록된 정사각형 토지의 면적이 900m²이라면 이 도면의 축척은 얼마인가?

① 1/1500
② 1/3000
③ 1/4500
④ 1/6000

해설
$\left(\frac{1}{m}\right)^2 = \frac{도상면적}{실제면적}$ (여기서, m : 축척분모)

$\left(\frac{1}{m}\right)^2 = \left(\frac{0.02}{30}\right)^2$

∴ $\frac{1}{1500}$

51 지번의 부여방법으로 옳은 것은?

① 남동에서 북서로 순차적으로 부여한다.
② 북서에서 남동으로 순차적으로 부여한다.
③ 남서에서 북동으로 순차적으로 부여한다.
④ 북동에서 남서로 순차적으로 부여한다.

해설
북서기번법 : 지번은 북서쪽에서 남동쪽으로 순차적으로 부여한다. 아라비아숫자로 지번을 부여하는 지역에 적합하며, 지적법상 지번부여 설정의 기본원칙이다.

52 지적측량을 필요로 하지 않는 경우는?

① 지적기준점을 정하는 경우
② 경계점을 지상에 복원하는 경우
③ 지적공부를 복구하는 경우
④ 토지의 지목을 변경하는 경우

해설
합병, 지목변경은 지적측량을 실시하지 않는다.
지적측량을 하여야 하는 경우(법 제23조, 영 제18조)
㉠ 지적기준점을 정하는 경우
㉡ 지적측량성과를 검사하는 경우
㉢ 다음에 해당하는 경우로서 측량을 할 필요가 있는 경우
　1. 지적공부를 복구하는 경우
　2. 토지를 신규등록하는 경우
　3. 토지를 등록전환하는 경우
　4. 토지를 분할하는 경우
　5. 바다가 된 토지의 등록을 말소하는 경우
　6. 축척을 변경하는 경우
　7. 지적공부의 등록사항을 정정하는 경우
　8. 도시개발사업 등의 시행지역에서 토지의 이동이 있는 경우
　9. 지적재조사에 관한 특별법에 따른 지적재조사사업에 따라 토지의 이동이 있는 경우
㉣ 경계점을 지상에 복원하는 경우
㉤ 그 밖에 대통령령으로 정하는 경우 : 지상건축물 등의 현황을 지적도 및 임야도에 등록된 경계와 대비하여 표시하는 데에 필요한 경우(지적현황측량)

53 토지소유자가 미등기 토지에 대하여 토지소유자의 성명 또는 명칭, 주민등록번호, 주소 등에 관한 사항의 정정을 신청한 경우로서 그 등록사항이 명백히 잘못된 경우 참고하여야 하는 자료는?

① 등기필증
② 가족관계 기록사항에 관한 증명서
③ 등기완료통지서
④ 등기기관서에서 제공한 등기전산정보자료

해설
등록사항의 정정(법 제84조 제4항)
지적소관청이 등록사항을 정정할 때 그 정정사항이 토지소유자에 관한 사항인 경우에는 등기필증, 등기완료통지서, 등기사항증명서 또는 등기관서에서 제공한 등기전산정보자료에 따라 정정하여야 한다. 다만, 미등기 토지에 대하여 토지소유자의 성명 또는 명칭, 주민등록번호, 주소 등에 관한 사항의 정정을 신청한 경우로서 그 등록사항이 명백히 잘못된 경우에는 가족관계 기록사항에 관한 증명서에 따라 정정하여야 한다.

54 1필지로 정할 수 있는 기준으로 틀린 것은?

① 토지소유자가 동일하여야 한다.
② 토지의 가격이 동일하여야 한다.
③ 지번부여지역의 토지이어야 한다.
④ 토지의 용도가 동일하여야 한다.

해설
1필지로 정할 수 있는 기준(영 제5조)
지번부여지역의 토지로서 소유자와 용도가 같고 지반이 연속된 토지는 1필지로 할 수 있다.

55 오늘날의 지적과 유사한 토지의 기록에 관한 것이 아닌 것은?

① 백제의 도적(圖籍)
② 신라의 장적(帳籍)
③ 고려의 전적(田籍)
④ 조선의 이적(移籍)

해설
④ 조선시대 – 양안(量案)
삼국유사와 고려사절요 등에서 삼국시대부터 백제의 도적(圖籍), 신라의 장적(帳籍), 고려의 전적(典籍) 등 오늘날의 지적과 유사한 토지에 관한 기록들이 있었다는 것을 찾아 볼 수 있다.

56 일람도의 축척은 그 도면축척의 얼마로 하는 것을 기준으로 하는가?

① 1/5   ② 1/10
③ 1/20 ④ 1/50

해설
일람도의 제도(지적업무처리규정 제38조)
지적도면 등의 등록사항 등에 따라 일람도를 작성할 경우 일람도의 축척은 그 도면축척의 1/10로 한다. 다만, 도면의 장수가 많아서 한 장에 작성할 수 없는 경우에는 축척을 줄여서 작성할 수 있으며, 도면의 장수가 4장 미만인 경우에는 일람도의 작성을 하지 아니할 수 있다.

57 지적제도의 발전과정에 따른 분류에 해당하지 않는 것은?

① 세지적 ② 도해지적
③ 법지적 ④ 다목적 지적

해설
지적제도의 분류
- 등록사항의 차원에 의한 분류 : 2차원 지적, 3차원 지적
- 발전과정에 의한 분류 : 세지적, 법지적, 다목적 지적
- 등록의무의 강약에 의한 분류 : 소극적 지적, 적극적 지적
- 경계의 표시방법에 의한 분류 : 도해지적, 수치지적

58 토지조사사업 당시 사정한 사항은?

① 지번 ② 지목
③ 강계 ④ 토지의 소재

해설
토지조사사업의 조사 내용
조사 내용은 토지소유권, 토지가격, 토지의 지형·지모 조사 등 셋으로 구분할 수 있다. 토지소유권 조사는 임야 이외 토지의 종류·지주 등을 조사하여 지적도 및 토지조사부를 조제하고 토지의 소유권 및 그 강계(疆界)를 사정하여 토지분쟁을 해결하는 것과 함께 부동산등기제도의 소지를 마련하였다.

59 지번에 대한 설명으로 옳은 것은?

① 필지에 부여하여 지적공부에 등록한 번호이다.
② 지번의 부여 단위는 읍·면이다.
③ 지번제도는 우리나라에서만 사용하고 있다.
④ 지번은 토지의 소유자에 따라 표시한다.

해설
지번(법 제2조) : 필지에 부여하여 지적공부에 등록한 번호를 말한다.

60 토지를 신규등록하는 경우 면적의 결정은 누가 하는가?

① 토지소유자
② 측량 대행사
③ 한국국토정보공사
④ 지적소관청

해설
토지의 조사·등록 등(법 제64조)
지적공부에 등록하는 지번, 지목, 면적, 경계 또는 좌표는 토지의 이동이 있을 때 토지소유자의 신청을 받아 지적소관청이 결정한다. 신청이 없으면 지적소관청이 직권으로 조사·측량하여 결정할 수 있다.

2016년 제1회 과년도 기출문제

01 일람도 제도에서 붉은색 0.2mm 폭의 2선으로 제도하는 것은?

① 수도용지 ② 기타 도로
③ 철도용지 ④ 하천

해설
① 수도용지 : 수도용지 중 선로는 남색 0.1mm 폭의 2선으로 제도한다.
② 기타 도로 : 0.1mm의 폭으로 제도한다.
④ 하천 : 남색 0.1mm 폭의 2선으로 제도하고, 그 내부를 남색으로 엷게 채색한다.

02 방위가 S 20°20′W인 측선에 대한 방위각은?

① 100°20′ ② 159°40′
③ 200°20′ ④ 249°40′

해설
SW는 3상한이므로 +180°를 해준다.
180° + 20°20′ = 200°20′

03 경위의측량방법으로 세부측량을 한 지역의 필지별 면적측정방법으로 옳은 것은?

① 전자면적측정기법
② 좌표면적계산법
③ 축척자삼사법
④ 방안지조사법

해설
좌표면적계산법(지적측량 시행규칙 제20조)
㉠ 경위의측량방법으로 세부측량을 한 지역의 필지별 면적측정은 경계점 좌표에 따를 것
㉡ 산출면적은 1/1000m²까지 계산하여 1/10m² 단위로 정할 것
※ 대상지역 : 경계점좌표등록부 등록지

04 목장용지의 부호 표기로 옳은 것은?

① 전 ② 장
③ 목 ④ 용

해설
① 전 – 전
② 장 – 공장용지
③ 용 – 부호 표기에 없는 항목이다.
※ 지목표기 시 두문자가 아닌 차문자로 표기하는 지목은 공장용지, 주차장, 하천, 유원지이다.

05 전자면적측정기에 따른 면적측정을 하는 경우, 교차를 구하기 위한 $A = 0.023^2 M \sqrt{F}$ 공식 중 M의 값으로 옳은 것은?

① 허용면적 ② 축척분모
③ 산출면적 ④ 보정계수

해설
전자면적측정기에 따른 면적측정(지적측량 시행규칙 제20조)
㉠ 도상에서 2회 측정하여 그 교차가 다음 계산식에 따른 허용면적 이하일 때에는 그 평균치를 측정면적으로 할 것
$A = 0.023^2 M \sqrt{F}$
여기서, A : 허용면적
M : 축척분모
F : 2회 측정한 면적의 합계를 2로 나눈 수
㉡ 측정면적은 1/1000m²까지 계산하여 1/10m² 단위로 정할 것

정답 1 ③ 2 ③ 3 ② 4 ③ 5 ②

06 경위의측량방법에 따른 세부측량을 시행할 때 거리측정의 단위로 옳은 것은?

① 0.1cm ② 1cm
③ 5cm   ④ 10cm

해설
경위의측량방법에 따른 세부측량 시 거리측정단위는 1cm로 한다(지적측량 시행규칙 제18조).

07 새로 조성·완료된 토지를 지적공부에 등록하는 경우 어떤 신청을 하는가?

① 신규등록 ② 축척변경
③ 토지분할 ④ 등록전환

해설
신규등록(법 제2조) : 새로 조성된 토지와 지적공부에 등록되어 있지 아니한 토지를 지적공부에 등록하는 것을 말한다.

08 지적공부의 열람 및 등본발급은 어떤 이념에 의한 것인가?

① 공신의 원칙
② 공시의 원칙
③ 직권등록주의
④ 사실심사주의

해설
공시의 원칙(공개주의) : 토지등록의 법적 지위에 있어서 토지이동이나 물권의 변동은 반드시 외부에 알려야 한다는 원칙이다. 지적공부에 등록된 사항은 토지소유자나 이해관계인 등 일반 국민에게 신속·정확하게 공개하여 정당하게 이용할 수 있도록 해야 한다.

09 축척 1/1200 지역에서 원면적이 400m²의 토지를 분할하는 경우 분할 후의 각 필지의 면적의 합계와 분할 전 면적과의 오차의 허용범위는?

① ±32m² ② ±18m²
③ ±16m² ④ ±13m²

해설
오차 허용면적
$A = 0.026^2 M\sqrt{F}$
$= 0.026^2 \times 1200\sqrt{400}$
$= \pm 16.224 m^2$
$\fallingdotseq \pm 16 m^2$
여기서, M : 축척분모
F : 원면적

10 지번색인표의 등재사항이 아닌 것은?

① 제명 ② 지번
③ 면적 ④ 결번

해설
지번색인표의 등재사항(지적업무처리규정 제37조)
㉠ 제명
㉡ 지번·도면번호 및 결번

11 다음 중 축척변경 시행지역의 토지는 언제를 기준으로 토지의 이동이 있는 것으로 보는가?

① 축척변경 승인신청공고일
② 축척변경 확정공고일
③ 축척변경 청산금정산일
④ 축척변경 이의신청통지일

해설
축척변경 시행지역의 토지는 확정공고일에 토지의 이동이 있는 것으로 본다(영 제78조).

12 평판측량방법에 따른 세부측량을 교회법으로 시행한 결과 시오삼각형이 생긴 경우의 처리 기준으로 옳은 것은?

① 내접원의 지름이 1mm 이하일 때에는 그 중심을 점의 위치로 한다.
② 내접원의 지름이 2mm 이하일 때에는 그 중심을 점의 위치로 한다.
③ 내접원의 지름이 3mm 이하일 때에는 그 중심을 점의 위치로 한다.
④ 내접원의 지름이 5mm 이하일 때에는 그 중심을 점의 위치로 한다.

해설
평판측량방법에 따른 세부측량을 교회법으로 하는 경우의 기준(지적측량 시행규칙 제18조)
㉠ 전방교회법 또는 측방교회법에 따를 것
㉡ 3방향 이상의 교회에 따를 것
㉢ 방향각의 교각은 30° 이상 150° 이하로 할 것
㉣ 방향선의 도상길이는 측판의 방위표정에 사용한 방향선의 도상길이 이하로서 10cm 이하로 할 것. 다만, 광파조준의 또는 광파측거기를 사용하는 경우에는 30cm 이하로 할 수 있다.
㉤ 측량결과 시오(示誤)삼각형이 생긴 경우 내접원의 지름이 1mm 이하일 때에는 그 중심을 점의 위치로 할 것

13 지적도에 등록하는 행정구역선의 제도 폭은?

① 0.1mm
② 0.2mm
③ 0.3mm
④ 0.4mm

해설
행정구역선의 제도(지적업무처리규정 제44조)
도면에 등록할 행정구역선은 0.4mm 폭으로 제도한다. 다만, 동·리의 행정구역선은 0.2mm 폭으로 한다.

14 다음 중 간주지적도에 등록된 토지의 대장을 토지대장과는 별도로 작성하여 사용하였던 것에 해당하지 않는 것은?

① 별책토지대장
② 을호토지대장
③ 산토지대장
④ 지세명기장

해설
지세명기장: 토지세를 징수하기 위하여 이동 정리가 완료된 토지대장 중에서 민유과세지만을 뽑아 각 면마다 소유자별로 기록한 토지조사사업 당시의 장부이다.

15 토지에 지목을 부여하는 주된 목적은?

① 토지의 이용 구분
② 토지의 특정화
③ 토지의 식별
④ 토지의 위치 추측

해설
지목은 토지를 어떤 목적에 따라 종류별로 구분하여 지적공부에 등록하는 것을 말하며, 이를 통해 토지의 이용현황을 알 수 있다.

16 지적삼각보조점의 제도 시 원의 크기로 맞는 것은?

① 직경 1.5mm
② 직경 2mm
③ 직경 2.5mm
④ 직경 3mm

해설
지적기준점 등의 제도(지적업무처리규정 제43조)
지적삼각점 및 지적삼각보조점은 직경 3mm의 원으로 제도한다. 이 경우 지적삼각점은 원 안에 십자선을 표시한다.

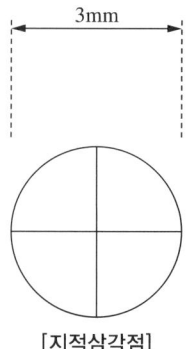
[지적삼각점]

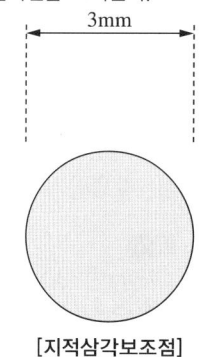
[지적삼각보조점]

17 면적을 측정하는 경우 도곽선의 길이에 최소 얼마 이상의 신축이 있을 때에 이를 보정해 주어야 하는가?

① 0.5mm   ② 0.1mm
③ 1mm   ④ 5mm

해설
면적을 측정하는 경우 도곽선의 길이에 0.5mm 이상의 신축이 있을 때에는 이를 보정하여야 한다(지적측량 시행규칙 제20조).

18 축척 1/1000 도면에서 도곽선의 신축량이 가로, 세로 각각 +2.0mm일 때 면적보정계수는?

① 1.0117   ② 0.9884
③ 1.0035   ④ 0.9965

해설
도면의 도상길이

축척	도상길이(mm)	
	세로	가로
1/1000	300	400

도곽선의 보정계수

$$Z = \frac{X \cdot Y}{\Delta X \cdot \Delta Y}$$

$$= \frac{300 \times 400}{(300+2) \times (400+2)}$$

$$≒ 0.9884$$

여기서, Z : 보정계수
X : 도곽선 종선길이
Y : 도곽선 횡선길이
ΔX : 신축된 도곽선 종선길이의 합/2
ΔY : 신축된 도곽선 횡선길이의 합/2

19 다음 중 지적기준점이 아닌 것은?

① 지적삼각점
② 공공수준점
③ 지적삼각보조점
④ 지적도근점

해설

측량기준점의 구분(영 제8조)
- 국가기준점 : 우주측지기준점, 위성기준점, 수준점, 중력점, 통합기준점, 삼각점, 지자기점
- 공공기준점 : 공공삼각점, 공공수준점
- 지적기준점 : 지적삼각점, 지적삼각보조점, 지적도근점

20 지번의 기능에 해당되지 않는 것은?

① 토지의 식별
② 위치의 확인
③ 용도의 구분
④ 토지의 고정화

해설

지번의 기능
- 토지의 개별화(개별성)
- 특정성을 부여(토지의 특성화)
- 토지의 위치 추측이 가능(위치의 확인)
- 방문, 통신전달, 주소 표기의 기능(토지의 식별)
- 토지의 고정화
- 부동산 활동 및 사회활동에 유익
- 토지의 이용과 관리의 효율화 위한 연결 매체

21 다음 중 토지합병을 신청할 수 없는 경우가 아닌 것은?

① 합병하려는 토지의 지번부여지역이 서로 다른 경우
② 합병하려는 토지에 전세권의 등기가 있는 경우
③ 합병하려는 토지의 지목이 서로 다른 경우
④ 합병하려는 토지의 지적도 및 임야도의 축척이 서로 다른 경우

해설

소유권, 지상권, 전세권 또는 임차권의 등기 외의 등기가 있는 경우 합병 신청을 할 수 없다.

합병 신청을 할 수 없는 경우(법 제80조)
㉠ 합병하려는 토지의 지번부여지역, 지목 또는 소유자가 서로 다른 경우
㉡ 합병하려는 토지에 다음의 등기 외의 등기가 있는 경우
  1. 소유권·지상권·전세권 또는 임차권의 등기
  2. 승역지(承役地)에 대한 지역권의 등기
  3. 합병하려는 토지 전부에 대한 등기원인(登記原因) 및 그 연월일과 접수번호가 같은 저당권의 등기
  4. 합병하려는 토지 전부에 대한 부동산등기법 신탁등기의 등기사항(제81조 제1항)이 동일한 신탁등기
㉢ 그 밖에 합병하려는 토지의 지적도 및 임야도의 축척이 서로 다른 경우 등 대통령령으로 정하는 경우(영 제66조)
  1. 합병하려는 토지의 지적도 및 임야도의 축척이 서로 다른 경우
  2. 합병하려는 각 필지가 서로 연접하지 않은 경우
  3. 합병하려는 토지가 등기된 토지와 등기되지 아니한 토지인 경우
  4. 합병하려는 각 필지의 지목은 같으나 일부 토지의 용도가 다르게 되어 법에 따른 분할대상 토지인 경우. 다만, 합병 신청과 동시에 토지의 용도에 따라 분할 신청을 하는 경우는 제외한다.
  5. 합병하려는 토지의 소유자별 공유지분이 다른 경우
  6. 합병하려는 토지가 구획정리, 경지정리 또는 축척변경을 시행하고 있는 지역의 토지와 그 지역 밖의 토지인 경우

22 블록(block)마다 하나의 본번을 부여하고 블록 내 필지마다 부번을 부여하는 지번 설정방법으로 블록식이라고도 하는 것은?

① 단지식　　② 사행식
③ 기우식　　④ 방사식

해설
지번의 진행 방향에 따른 지번부여방법
- 사행식 : 필지의 배열이 불규칙한 지역에서 진행순서에 따라 지번을 부여하는 방식으로, 진행 방향으로 지번이 순차적으로 연속되며 일반적으로 농촌지역에 적합한 지번부여방식이다.
- 기우식(교호식) : 도로를 중심으로 한쪽은 홀수인 기수를 반대쪽은 짝수인 우수로 지번을 부여하는 방식으로, 주거지역에 적합하며 특정지번의 개략적인 위치파악이 가능하다는 장점이 있다.
- 단지식 : 블록(단지)마다 하나의 본번을 부여하고 블록 내 필지마다 부번을 부여하는 지번 설정방법으로 블록식이라고도 하며, 토지개발사업을 실시한 지역에서 적합한 방식이다.
- 절충식 : 하나의 지번부여지역에 사행식, 기우식, 단지식을 혼용하는 방식이다.

23 지적의 3요소로 가장 거리가 먼 것은?

① 지물　　② 토지
③ 등록　　④ 지적공부

해설
지적의 3요소
- 협의의 지적 구성요소 : 토지, 등록, 공부
- 광의의 지적 구성요소 : 소유자, 권리, 필지

24 다음 중 지적도의 축척이 아닌 것은?

① 1/500　　② 1/1500
③ 1/2400　　④ 1/3000

해설
지적도면의 축척은 다음의 구분에 따른다(규칙 제69조).
- 지적도 : 1/500, 1/600, 1/1000, 1/1200, 1/2400, 1/3000, 1/6000
- 임야도 : 1/3000, 1/6000

25 토지이동이 있을 때 토지소유자가 하여야 하는 신청을 대위할 수 있는 사람이 아닌 것은?

① 구획정리 사업을 시행하는 토지의 주민
② 공공사업 등으로 인하여 하천, 구거, 제방 등의 지목으로 되는 토지의 경우 그 사업시행자
③ 지방자치단체가 매입 등으로 취득하는 토지의 경우 지방자치단체의 장
④ 국가가 매입 등으로 취득하는 토지의 경우 국가기관의 장

해설
신청의 대위(법 제87조)
다음의 어느 하나에 해당하는 자는 이 법에 따라 토지소유자가 하여야 하는 신청을 대신할 수 있다. 다만, 등록사항 정정 대상토지는 제외한다.
㉠ 공공사업 등에 따라 학교용지, 도로, 철도용지, 제방, 하천, 구거, 유지, 수도용지 등의 지목으로 되는 토지인 경우 : 해당 사업의 시행자
㉡ 국가나 지방자치단체가 취득하는 토지인 경우 : 해당 토지를 관리하는 행정기관의 장 또는 지방자치단체의 장
㉢ 주택법에 따른 공동주택의 부지인 경우 : 집합건물의 소유 및 관리에 관한 법률에 따른 관리인(관리인이 없는 경우에는 공유자가 선임한 대표자) 또는 해당 사업의 시행자
㉣ 민법에 따른 채권자

26 경계점좌표등록부의 등록사항이 아닌 것은?

① 지번
② 좌표
③ 부호 및 부호도
④ 면적

해설

경계점좌표등록부의 등록사항(법 제73조)
지적소관청은 도시개발사업 등에 따라 새로이 지적공부에 등록하는 토지에 대하여는 다음의 사항을 등록한 경계점좌표등록부를 작성하고 갖춰 두어야 한다.
㉠ 토지의 소재
㉡ 지번
㉢ 좌표
㉣ 그 밖에 국토교통부령으로 정하는 사항(규칙 제71조)
 1. 토지의 고유번호
 2. 지적도면의 번호
 3. 필지별 경계점좌표등록부의 장번호
 4. 부호 및 부호도

27 수치지적에 대한 설명이 틀린 것은?

① 수학적인 평면직각 종횡선 수치(X, Y좌표)의 형태로 표시한다.
② 도해지적보다 정밀성이 훨씬 떨어진다.
③ 열람용의 별도 도면을 작성하여 보관해야 한다.
④ 우리나라는 1975년부터 수치지적제도를 도입하였다.

해설

도해지적보다 측량성과의 정확성이 높다.

28 지적공부에 등록하는 면적이란?

① 지구 구면상의 면적
② 필지의 수평면상 넓이
③ 토지의 경사면상 넓이
④ 필지의 입체적 지표상 넓이

해설

면적(법 제2조) : 지적공부에 등록한 필지의 수평면상 넓이를 말한다.

29 축척변경위원회의 심의·의결사항이 아닌 것은?

① 축척변경 시행계획의 관한 사항
② 청산금의 이의신청에 관한 사항
③ 지번별 m^2당 금액의 결정에 의한 사항
④ 지번별 측량방법에 관한 사항

해설

축척변경위원회의 기능(영 제80조)
축척변경위원회는 지적소관청이 회부하는 다음의 사항을 심의·의결한다.
㉠ 축척변경 시행계획에 관한 사항
㉡ 지번별 m^2당 금액의 결정과 청산금의 산정에 관한 사항
㉢ 청산금의 이의신청에 관한 사항
㉣ 그 밖에 축척변경과 관련하여 지적소관청이 회의에 부치는 사항

30 지적소관청은 1필지의 토지소유자가 최소 몇 인 이상일 때 공유지연명부를 비치하는가?

① 2인   ② 3인
③ 4인   ④ 5인

해설

공유지연명부 : 1필지의 토지에 소유자가 2인 이상인 경우에 소유자에 관한 사항을 기재한 지적공부이다.

31 지적측량 중 세부측량은 위성기준점, 통합기준점, 지적기준점 및 경계점을 기초로 하여 어떤 방법에 따라야 하는가?

① 레벨측량방법
② 평판측량방법
③ 전파기측량방법
④ 사진측량방법

해설
세부측량(지적측량 시행규칙 제7조) : 위성기준점, 통합기준점, 지적기준점 및 경계점을 기초로 하여 경위의측량방법, 평판측량방법, 위성측량방법 및 전자평판측량방법에 따른다.

32 축척 1/1200 지역에서 도곽선을 측정한 바 +1.0m, +0.8m, +0.9m, +0.8m이고 도상거리가 8cm일 때 보정거리는?

① 95.00m
② 95.81m
③ 96.00m
④ 96.81m

해설
- 도면의 도상길이

축척	지상길이(m)	
	세로	가로
1/1200	400	500

- 축척과 거리

$$\frac{1}{m} = \frac{도상거리}{실제거리} \text{ (여기서, } m : 축척분모\text{)}$$

$$\frac{1}{1200} = \frac{0.08m}{실제거리}, \ 실제거리 = 96m$$

- 도곽선의 신축량

$$S = \frac{\Delta X_1 + \Delta X_2 + \Delta Y_1 + \Delta Y_2}{4} = \frac{1.0 + 0.8 + 0.8 + 0.9}{4}$$

$$= 0.875mm$$

여기서, S : 신축량
ΔX_1 : 왼쪽 종선의 신축된 차
ΔX_2 : 오른쪽 종선의 신축된 차
ΔY_1 : 위쪽 횡선의 신축된 차
ΔY_2 : 아래쪽 횡선의 신축된 차

- 보정량 = $\frac{신축량(지상) \times 4}{도곽선길이의 합계(지상)} \times 실측거리$

$= \frac{0.875 \times 4}{(400 \times 2 + 500 \times 2)} \times 96m = 0.186666$

∴ 보정거리 = 실측거리 − 보정량
= 96m − 0.1867
= 95.81m

33 지적제도를 세지적, 법지적, 다목적 지적으로 분류하는 기준으로 옳은 것은?

① 등록사항의 차원에 의한 분류
② 발전 단계에 의한 분류
③ 등록의무의 강약에 의한 분류
④ 경계의 표시방법에 의한 분류

해설
지적제도의 분류
- 등록사항의 차원에 의한 분류 : 2차원 지적, 3차원 지적
- 발전 단계에 의한 분류 : 세지적, 법지적, 다목적 지적
- 등록의무의 강약에 의한 분류 : 소극적 지적, 적극적 지적
- 경계의 표시방법에 의한 분류 : 도해지적, 수치지적

34 다음 중 지적공부가 아닌 것은?

① 토지대장
② 공유지연명부
③ 대지권등록부
④ 도로대장

해설
지적공부(법 제2조)
토지대장, 임야대장, 공유지연명부, 대지권등록부, 지적도, 임야도 및 경계점좌표등록부 등 지적측량 등을 통하여 조사된 토지의 표시와 해당 토지의 소유자 등을 기록한 대장 및 도면(정보처리시스템을 통하여 기록·저장된 것을 포함한다)을 말한다.

35 현행 지적 관련 법률에서 규정하고 있는 지목의 종류는?

① 16개
② 20개
③ 24개
④ 28개

해설
현행 지적 관련 법률에서 규정하고 있는 지목의 종류는 28종이다(법 제67조).

36 다음 중 토지대장의 등록사항이 아닌 것은?

① 지번 ② 지목
③ 경계 ④ 면적

해설
토지대장과 임야대장의 등록사항(법 제71조)
㉠ 토지의 소재
㉡ 지번(임야대장은 숫자 앞에 "산"을 붙임)
㉢ 지목
㉣ 면적
㉤ 소유자의 성명 또는 명칭, 주소 및 주민등록번호(국가, 지방자치단체, 법인, 법인 아닌 사단이나 재단 및 외국인의 경우에는 부동산등기법에 따라 부여된 등록번호를 말한다)
㉥ 그 밖에 국토교통부령으로 정하는 사항(규칙 제68조)
  1. 토지의 고유번호(각 필지를 서로 구별하기 위하여 필지마다 붙이는 고유한 번호를 말한다)
  2. 지적도 또는 임야도의 번호와 필지별 토지대장 또는 임야대장의 장번호 및 축척
  3. 토지의 이동사유
  4. 토지소유자가 변경된 날과 그 원인
  5. 토지등급 또는 기준수확량등급과 그 설정·수정 연월일
  6. 개별공시지가와 그 기준일

37 도곽선의 역할과 가장 거리가 먼 것은?

① 인접 도면과의 접합 기준
② 지적기준점 전개의 기준
③ 도곽 신축량의 측정 기준
④ 필지별 경계를 결정하는 기준

해설
도곽선의 역할
• 인접 도면과의 접합 기준선
• 지적측량기준점 전개 시의 기준선
• 도곽 신축량을 측정하는 기준
• 측량준비도와 측량결과도에서 북방향의 기준
• 외업 시 측량준비도와 실지의 부합 여부 확인 기준

38 물권이 미치는 권리의 객체로서 지적공부에 등록하는 토지의 등록단위는?

① 택지 ② 필지
③ 대지 ④ 획지

해설
필지(법 제2조) : 대통령령으로 정하는 바에 따라 구획되는 토지의 등록단위를 말한다.

39 축척이 1/1000인 지적도의 포용면적 규격은 얼마인가?

① 30,000m²
② 50,000m²
③ 80,000m²
④ 120,000m²

해설
지적도의 축척에 따른 도상 및 지상길이, 포용면적

축척	도상길이(mm)	지상길이(m)	포용면적(m²)
1/500	300×400	150×200	30,000
1/1000	300×400	300×400	120,000
1/600	333.33×416.67	200×250	50,000
1/1200	333.33×416.67	400×500	200,000
1/2400	333.33×416.67	800×1,000	800,000
1/3000	400×500	1,200×1,500	1,800,000
1/6000	400×500	2,400×3,000	7,200,000

정답 36 ③ 37 ④ 38 ② 39 ④

40 지적공부를 멸실하여 이를 복구하고자 하는 경우, 지적소관청은 멸실 당시의 지적공부와 가장 부합된다고 인정되는 관계 자료에 의하여 토지의 표시에 관한 사항을 복구하여야 한다. 이때의 복구자료에 해당하지 않는 것은?

① 지적공부의 등본
② 임대계약서
③ 토지이동정리 결의서
④ 측량결과도

해설
지적공부의 복구자료(규칙 제72조)
㉠ 지적공부의 등본
㉡ 측량결과도
㉢ 토지이동정리 결의서
㉣ 토지(건물)등기사항증명서 등 등기사실을 증명하는 서류
㉤ 지적소관청이 작성하거나 발행한 지적공부의 등록내용을 증명하는 서류
㉥ 지적공부의 보존 등에 따라 복제된 지적공부
㉦ 법원의 확정판결서 정본 또는 사본

41 다음 중 일람도에 등재하여야 하는 사항에 해당하지 않는 것은?

① 도면의 제명 및 축척
② 지번부여지역의 경계
③ 도곽선과 그 수치
④ 지번과 결번

해설
일람도의 등재사항(지적업무처리규정 제37조)
㉠ 지번부여지역의 경계 및 인접 지역의 행정구역명칭
㉡ 도면의 제명 및 축척
㉢ 도곽선과 그 수치
㉣ 도면번호
㉤ 도로, 철도, 하천, 구거, 유지, 취락 등 주요 지형지물의 표시

42 지적공부의 정리 시 검은색으로 하는 것은?

① 도곽선
② 도곽선 수치
③ 말소사항
④ 문자 정리사항

해설
지적공부 등의 정리에 사용하는 문자·기호 및 경계는 따로 규정을 둔 사항을 제외하고 정리사항은 검은색, 도곽선과 그 수치 및 말소는 붉은색으로 한다(지적업무처리규정 제63조).

43 지적소관청은 바다로 된 등록말소 토지의 대상이 있는 때에는 토지소유자에게 등록말소 신청을 하도록 통지하여야 하는데, 이때 토지소유자의 등록말소 신청기간 기준은?

① 통지받은 날부터 15일 이내
② 통지받은 날부터 30일 이내
③ 통지받은 날부터 60일 이내
④ 통지받은 날부터 90일 이내

해설
바다로 된 토지의 등록말소 신청(법 제82조)
㉠ 지적소관청은 지적공부에 등록된 토지가 지형의 변화 등으로 바다로 된 경우로서 원상(原狀)으로 회복될 수 없거나 다른 지목의 토지로 될 가능성이 없는 경우에는 지적공부에 등록된 토지소유자에게 지적공부의 등록말소 신청을 하도록 통지하여야 한다.
㉡ 지적소관청은 ㉠에 따른 토지소유자가 통지를 받은 날부터 90일 이내에 등록말소 신청을 하지 아니하면 지적소관청이 직권으로 그 지적공부의 등록사항을 말소한다.

44 지목의 설정 원칙에 해당하지 않는 것은?

① 1필지 1지목의 원칙
② 일시변경 가능의 원칙
③ 주용도 추종의 원칙
④ 지목 법정주의

해설
지목의 설정 원칙
- 지목 법정주의
- 1필 1목의 원칙
- 주지목 추종의 원칙
- 등록 선후의 원칙
- 용도 경중의 원칙
- 사용목적 추종의 원칙
- 영속성의 원칙(일시변경 불변의 원칙)

45 대한제국시대에 양전을 위해 설치된 최초의 지적행정 관청은?

① 지계아문 ② 양지아문
③ 양안   ④ 토지조사국

해설
대한제국은 1898년 양지아문을 설립하여 전국적인 토지조사에 나섰고, 이를 토대로 1901년 11월 지계아문을 세워 토지 문권인 지계를 발급하기 시작했다.

46 다음 중 경계의 결정 원칙에 해당하는 것은?

① 축척종대의 원칙
② 주지목 추종의 원칙
③ 평등배분의 원칙
④ 일시 변경의 원칙

해설
경계 설정의 원칙
- 경계국정주의 원칙 : 지적공부에 등록하는 경계는 국가 지적측량을 통하여 결정한다.
- 경계직선주의 원칙 : 경계는 실제 모습대로 표시하지 않고 최단거리 직선으로 연결표시한다.
- 경계불가분의 원칙 : 경계는 선이므로 위치와 길이만 있을 뿐 너비는 없는 것이다.
- 축척종대의 원칙 : 동일한 경계가 축척이 다른 도면에 각각 등록되어 있을 때에는 축척이 큰 도면의 경계에 따른다는 원칙을 말한다.
- 부동성의 원칙 : 경계는 한번 정하여지면 적법절차에 의하지 않고서는 움직이지 않는다.

47 토렌스 시스템(Torrens system)의 일반적 이론과 거리가 먼 것은?

① 거울이론   ② 보험이론
③ 커튼이론   ④ 점증이론

해설
토렌스 시스템(Torrens system)
- 거울이론 : 토지권리증서의 등록은 토지의 거래 사실을 이론의 여지없이 완벽하게 반영하는 거울과 같다는 입장이다.
- 커튼이론 : 토지등록업무가 커튼 위에 놓인 공정성과 신빙성에 관여하여야 할 필요도 없고 관여해서도 안 된다, 매입신청자를 위한 유일한 정보의 기초가 되어야 한다는 이론이다.
- 보험이론 : 토지등록이 토지의 권리를 아주 정확하게 반영하는 것이나 인간의 고의·과실로 인하여 착오가 발생하는 경우에 손해를 입은 사람은 모두가 다 피해보상에 관한 한 법률적으로 선의의 제3자와 동등한 입장에 놓여야 된다는 것이다.

48 다음 중 임야도의 축척 구분이 옳은 것은?

① 1/1000, 1/3000
② 1/1200, 1/3000
③ 1/1200, 1/6000
④ 1/3000, 1/6000

해설
지적도면의 축척은 다음의 구분에 따른다(규칙 제69조).
• 지적도 : 1/500, 1/600, 1/1000, 1/1200, 1/2400, 1/3000, 1/6000
• 임야도 : 1/3000, 1/6000

49 공유지연명부의 등록사항에 해당하지 않는 것은?

① 토지의 소재
② 지번
③ 소유자의 성명
④ 대지권 비율

해설
공유지연명부의 등록사항(법 제71조)
㉠ 토지의 소재
㉡ 지번
㉢ 소유권 지분
㉣ 소유자의 성명 또는 명칭, 주소 및 주민등록번호
㉤ 그 밖에 국토교통부령으로 정하는 사항(규칙 제68조)
  1. 토지의 고유번호
  2. 필지별 공유지연명부의 장번호
  3. 토지소유자가 변경된 날과 그 원인

50 경계를 기하학적으로 표시하여 위치나 형태를 파악하기 쉬운 지적제도는?

① 경제지적
② 유사지적
③ 도해지적
④ 3차원지적

해설
토지의 경계를 기하학적으로 폐합된 다각형으로 등록하는 것은 도해지적이며, 수치지적은 수학적 좌표로 등록된다.
경계의 표시방법별 분류에 의한 지적제도
• 도해지적 : 경계점의 위치를 도면을 기준으로 표시하는 지적제도
• 수치지적 : 경계점의 위치를 평면직각종횡선좌표(X, Y)로 표시하는 지적제도

51 신규등록할 토지가 있을 때는 발생한 날부터 최대 며칠 이내에 지적소관청에 신청하여야 하는가?

① 30일
② 40일
③ 50일
④ 60일

해설
신규등록 신청(법 제77조)
토지소유자는 신규등록할 토지가 있으면 대통령령으로 정하는 바에 따라 그 사유가 발생한 날부터 60일 이내에 지적소관청에 신규등록을 신청하여야 한다.

52 지적소관청이 토지소유자에게 지적정리 등을 통지하여야 하는 시기는 그 등기완료의 통지서를 접수한 날부터 며칠 이내에 하여야 하는가?(단, 토지의 표시에 관한 변경등기가 필요한 경우)

① 60일
② 30일
③ 15일
④ 7일

해설
지적정리 등의 통지(영 제85조)
㉠ 토지의 표시에 관한 변경등기가 필요한 경우 : 그 등기완료의 통지서를 접수한 날부터 15일 이내
㉡ 토지의 표시에 관한 변경등기가 필요하지 아니한 경우 : 지적공부에 등록한 날부터 7일 이내

53 다음 중 우리나라 지적측량에 사용하는 구소삼각원점이 아닌 것은?

① 망산원점 ② 현창원점
③ 고성원점 ④ 금산원점

해설
구소삼각지역의 직각좌표계 원점(11개) : 망산원점, 계양원점, 조본원점, 가리원점, 등경원점, 고초원점, 율곡원점, 현창원점, 구암원점, 금산원점, 소라원점

55 지적측량방법에 속하지 않는 것은?

① 위성측량 ② 전파기측량
③ 사진측량 ④ 천문측량

해설
지적측량은 평판측량, 전자평판측량, 경위의측량, 전파기 또는 광파기측량, 사진측량 및 위성측량 등의 방법에 따른다(지적측량 시행규칙 제5조).

54 1필지의 모양이 다음과 같은 경우 토지의 면적은?

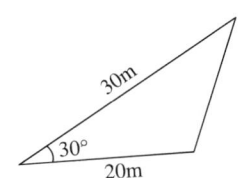

① 500m² ② 350m²
③ 200m² ④ 150m²

해설
이변법
$A = \frac{1}{2}ab\sin\theta$
$= \frac{1}{2} \times 20 \times 30 \times \sin 30°$
$= 150\text{m}^2$

56 다음 일반적인 경계의 구분 중 측량사에 의하여 측량이 행해지고 지적관리청의 사정에 의하여 확정된 토지경계는?

① 고정경계 ② 지상경계
③ 보증경계 ④ 인공경계

해설
경계 특성에 따른 분류
- 일반경계 : 자연적인 지형지물, 즉 도로, 담장, 울타리, 도랑, 하천 등으로 이루어진 경계이다.
- 고정경계 : 특정 토지에 대한 경계점의 지상에 석주, 철주, ㄴ말뚝 등의 경계표지를 설치하거나 이를 정확하게 측량하여 지적도 상에 등록 또는 관리하는 경계이다.
- 보증경계 : 측량사에 의하여 지적측량이 행해지고 지적관리청의 사정에 의하여 확정된 토지경계를 의미한다.

57 지번이 105-1, 111, 122, 132-3인 4필지를 합병할 경우 새로이 부여해야 할 지번으로 옳은 것은?

① 105-1 ② 111
③ 122   ④ 132-3

해설
지번의 구성 및 부여방법 등(영 제56조 제3항)
합병의 경우에는 합병 대상 지번 중 선순위의 지번을 그 지번으로 하되, 본번으로 된 지번이 있을 때에는 본번 중 선순위의 지번을 합병 후의 지번으로 할 것. 이 경우 토지소유자가 합병 전의 필지에 주거·사무실 등의 건축물이 있어서 그 건축물이 위치한 지번을 합병 후의 지번으로 신청할 때에는 그 지번을 합병 후의 지번으로 부여하여야 한다.

58 축척 1/1200 지적도에서 원면적이 1,500m²인 필지를 분할할 때 273번지의 면적이 850m², 273-1의 면적이 670m²이라면 273-1번지의 결정면적은?

① 661m² ② 670m²
③ 839m² ④ 850m²

해설
$$산출면적(r) = \frac{원면적(F)}{보정면적 합계(A)} \times 필지별 보정면적(a)$$
$$= \frac{1,500}{850+670} \times 670$$
$$≒ 661m^2$$

59 결번발생으로 결번대장에 등록할 사유에 해당되지 않는 것은?

① 행정구역변경
② 도시개발사업
③ 지번변경
④ 토지분할

해설
결번대장의 비치(규칙 제63조)
지적소관청은 행정구역의 변경, 도시개발사업의 시행, 지번변경, 축척변경, 지번정정 등의 사유로 지번에 결번이 생긴 때에는 지체 없이 그 사유를 결번대장에 적어 영구히 보존하여야 한다.

60 현행 지적업무처리규정에 의한 지적도의 도곽 크기는?

① 가로 30cm 세로 20cm
② 가로 40cm, 세로 30cm
③ 가로 30cm 세로 40cm
④ 가로 40cm, 세로 50cm

해설
지적도의 도곽 크기는 가로 40cm, 세로 30cm의 직사각형으로 한다(지적업무처리규정 제40조).

정답 57 ② 58 ① 59 ④ 60 ②

2016년 제5회 과년도 기출복원문제

※ 2016년 5회부터는 CBT(컴퓨터 기반 시험)로 진행되어 수험자의 기억에 의해 문제를 복원하였습니다. 실제 시행문제와 일부 상이할 수 있음을 알려드립니다.

01 지적도를 작성할 경우 행정구역의 제도에 있어서 행정구역계가 2종 이상 겹쳐 있을 때의 제도방법은?

① 국계, 시·도계가 겹칠 때는 시·도계만 그린다.
② 국계, 시·도계, 시·군계가 겹칠 때는 시·군계만 그린다.
③ 국계, 시·도계, 시·군계가 겹칠 때는 전부 그린다.
④ 시·도계, 시·군계가 겹칠 때는 시·도계만 그린다.

해설
행정구역선의 제도(지적업무처리규정 제44조)
행정구역선이 2종 이상 겹치는 경우에는 최상급 행정구역선만 제도한다.

02 동심원을 그릴 때에 대한 설명으로 옳은 것은?

① 큰 원을 먼저 그린다.
② 작은 원을 먼저 그린다.
③ 작은 원의 크기 규격을 연필로 표시하고 큰 원을 먼저 그린다.
④ 순서는 구애받지 않고 그린다.

해설
템플릿을 이용해 원을 그릴 때에는 중심선을 먼저 표시하고 템플릿을 중심에 맞추어 그리며, 동심원을 그릴 때는 작은 원부터 그린다.

03 다음 중 공간정보관리법상 분류된 지목이 아닌 것은?

① 학교용지
② 철도용지
③ 종교용지
④ 아파트용지

해설
지목의 표기방법(규칙 제64조)
지목은 전, 답, 과수원, 목장용지, 임야, 광천지, 염전, 대(垈), 공장용지, 학교용지, 주차장, 주유소용지, 창고용지, 도로, 철도용지, 제방(堤防), 하천, 구거(溝渠), 유지(溜池), 양어장, 수도용지, 공원, 체육용지, 유원지, 종교용지, 사적지, 묘지, 잡종지로 구분하여 정한다.

04 관상수를 재배하는 토지의 지목은?

① 임야   ② 잡종지
③ 전   ④ 과수원

해설
전(영 제58조) : 물을 상시적으로 이용하지 않고 곡물, 원예작물(과수류는 제외한다), 약초, 뽕나무, 닥나무, 묘목, 관상수 등의 식물을 주로 재배하는 토지와 식용(食用)으로 죽순을 재배하는 토지

정답 1 ④ 2 ② 3 ④ 4 ③

05 소관청은 축척변경이 필요하다고 인정될 때 어디의 의결을 거쳐야 하는가?

① 행정안전부 중앙지적위원회
② 지적협의회
③ 축척변경위원회
④ 대한지적공사 이사회

해설
축척변경(법 제83조)
지적소관청은 축척변경을 하려면 축척변경 시행지역의 토지소유자 2/3 이상의 동의를 받아 축척변경위원회의 의결을 거친 후 시·도지사 또는 대도시 시장의 승인을 받아야 한다. 다만, 다음의 어느 하나에 해당하는 경우에는 축척변경위원회의 의결 및 시·도지사 또는 대도시 시장의 승인 없이 축척변경을 할 수 있다.
㉠ 합병하려는 토지가 축척이 다른 지적도에 각각 등록되어 있어 축척변경을 하는 경우
㉡ 도시개발사업 등의 시행지역에 있는 토지로서 그 사업 시행에서 제외된 토지의 축척변경을 하는 경우

06 다음 중 지적측량의 방법이 아닌 것은?

① 스타디아 측량
② 평판측량
③ 광파기측량
④ 사진측량

해설
지적측량은 평판(平板)측량, 전자평판측량, 경위의(經緯儀)측량, 전파기(電波機) 또는 광파기(光波機)측량, 사진측량 및 위성측량 등의 방법에 따른다(지적측량 시행규칙 제5조).

07 지적도의 축척이 1/600인 지역과 경계점좌표등록부에 등록하는 지역의 토지의 면적 등록 최소단위는?

① $0.001m^2$
② $0.01m^2$
③ $0.1m^2$
④ $1m^2$

해설
지적도의 축척이 1/600인 지역과 경계점좌표등록부에 등록하는 지역의 토지면적(영 제60조)
- m^2 이하 한 자리 단위로 한다.
- $0.1m^2$ 미만의 끝수가 있는 경우 $0.05m^2$ 미만일 때에는 버리고 $0.05m^2$를 초과할 때에는 올린다.
- $0.05m^2$일 때에는 구하려는 끝자리의 숫자가 0 또는 짝수이면 버리고 홀수이면 올린다.
- 다만, 1필지의 면적이 $0.1m^2$ 미만일 때에는 $0.1m^2$로 한다.

08 다음 중 지적도 도곽선의 역할이 아닌 것은?

① 방위표시의 기준
② 지목설정의 기준
③ 도면 접합의 기준
④ 기초점 전개의 기준

해설
도곽선의 역할
- 인접 도면과의 접합 기준선
- 지적측량기준점 전개 시의 기준선
- 도곽 신축량을 측정하는 기준
- 측량준비도와 측량결과도에서 북방향의 기준
- 외업 시 측량준비도와 실지의 부합 여부 확인 기준

09 1필지의 모양이 다음과 같은 경우 토지의 면적은?

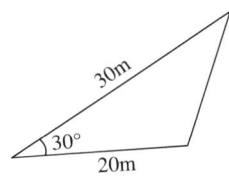

① 500m²
② 350m²
③ 200m²
④ 150m²

해설
이변법
$A = \frac{1}{2} ab \sin\theta$
$= \frac{1}{2} \times 20 \times 30 \times \sin 30°$
$= 150\text{m}^2$

10 우리나라 임야도의 축척은 모두 몇 종인가?

① 2종
② 3종
③ 4종
④ 5종

해설
임야도의 축척 : 1/3000, 1/6000

11 지적소관청이 지적공부를 정리하여야 하는 경우가 아닌 것은?

① 지적공부를 복구하는 경우
② 토지의 이동이 있는 경우
③ 지번을 변경하는 경우
④ 토지대장의 등본을 교부하는 경우

해설
지적공부의 정리 등(영 제84조)
㉠ 지적소관청은 지적공부가 다음의 어느 하나에 해당하는 경우에는 지적공부를 정리하여야 한다. 이 경우 이미 작성된 지적공부에 정리할 수 없을 때에는 새로 작성하여야 한다.
  1. 지번을 변경하는 경우
  2. 지적공부를 복구하는 경우
  3. 신규등록, 등록전환, 분할, 합병, 지목변경 등 토지의 이동이 있는 경우
㉡ 지적소관청은 ㉠에 따른 토지의 이동이 있는 경우에는 토지이동정리 결의서를 작성하여야 하고, 토지소유자의 변동 등에 따라 지적공부를 정리하려는 경우에는 소유자정리 결의서를 작성하여야 한다.

정답 9 ④ 10 ① 11 ④

12 경위의측량방법으로 세부측량을 하는 경우 측량결과도에 기재하여야 할 사항이 아닌 것은?

① 지상에서 측정한 거리 및 방위각
② 측량대상 토지의 경계점 간 실측거리
③ 지적도의 도면번호
④ 도곽선의 신축량 및 보정계수

해설
도곽선의 신축량 및 보정계수는 평판측량방법으로 세부측량을 한 경우 기재해야 할 사항이다.
경위의측량방법으로 세부측량을 한 경우 측량결과도에 기재할 사항(지적측량 시행규칙 제26조)
㉠ 측량준비 파일에 작성하여야 할 사항
   1. 측량대상 토지의 경계와 경계점의 좌표 및 부호도, 지번, 지목
   2. 인근 토지의 경계와 경계점의 좌표 및 부호도, 지번, 지목
   3. 행정구역선과 그 명칭
   4. 지적기준점 및 그 번호와 지적기준점 간의 방위각 및 그 거리
   5. 경계점 간 계산거리
   6. 도곽선과 그 수치
   7. 그 밖에 국토교통부장관이 정하는 사항
㉡ 측점의 위치(측량계산부의 좌표를 전개하여 적는다), 지상에서 측정한 거리 및 방위각
㉢ 측량대상 토지의 경계점 간 실측거리
㉣ 측량대상 토지의 토지이동 전의 지번과 지목(2개의 붉은 색으로 말소한다)
㉤ 측량결과도의 제명 및 번호(연도별로 붙인다)와 지적도의 도면번호
㉥ 신규등록 또는 등록전환하려는 경계선 및 분할경계선
㉦ 측량대상 토지의 점유현황선
㉧ 측량 및 검사의 연월일, 측량자 및 검사자의 성명, 소속 및 자격등급 또는 기술등급

13 지적측량을 크게 2가지로 구분할 때 그 구분이 옳은 것은?

① 도근측량과 세부측량
② 삼각측량과 세부측량
③ 기초측량과 수준측량
④ 기초측량과 세부측량

해설
지적측량은 지적기준점을 정하기 위한 기초측량과 1필지의 경계와 면적을 정하는 세부측량으로 구분한다(지적측량 시행규칙 제5조).

14 세부측량성과와 검사 성과와의 연결교차를 인정하는 한계를 알 수 있는 공식은?(단, M은 당해 축척분모)

① $\dfrac{3M}{10}$[mm] 이내

② $\dfrac{10M}{3}$[mm] 이내

③ $\dfrac{3}{10M}$[mm] 이내

④ $\dfrac{10}{3M}$[mm] 이내

해설
지적측량성과의 결정(지적측량 시행규칙 제27조)
지적측량성과와 검사 성과의 연결교차가 다음의 허용범위 이내일 때에는 그 지적측량성과에 관하여 다른 입증을 할 수 있는 경우를 제외하고는 그 측량성과로 결정하여야 한다.
㉠ 지적삼각점 : 0.20m
㉡ 지적삼각보조점 : 0.25m
㉢ 지적도근점
   1. 경계점좌표등록부 시행지역 : 0.15m
   2. 그 밖의 지역 : 0.25m
㉣ 경계점
   1. 경계점좌표등록부 시행지역 : 0.10m
   2. 그 밖의 지역 : $\dfrac{3M}{10}$[mm] (여기서, M : 축척분모)

15 도면에 등록하는 지번과 지목의 글자 크기로 맞는 것은?

① 1~2mm   ② 2~3mm
③ 3~4mm   ④ 4~5mm

해설
지번 및 지목의 제도(지적업무처리규정 제42조 제2항)
지번 및 지목을 제도할 때에는 지번 다음에 지목을 제도한다. 이 경우 2mm 이상 3mm 이하 크기의 명조체로 하고, 지번의 글자 간격은 글자 크기의 1/4 정도, 지번과 지목의 글자 간격은 글자 크기의 1/2 정도 띄어서 제도한다. 다만, 부동산종합공부시스템이나 레터링으로 작성할 경우에는 고딕체로 할 수 있다.

16 다음 중 지적측량에 이용되는 표고 측정기준점이 설치된 곳은?

① 목포   ② 인천
③ 부산   ④ 삼척

해설
대한민국 경위도원점 및 수준원점의 지점(영 제7조)
㉠ 대한민국 경위도원점 : 경기도 수원시 영통구 월드컵로 92(국토지리정보원에 있는 대한민국 경위도원점 금속표의 십자선 교점)
㉡ 대한민국 수준원점 : 인천광역시 미추홀구 인하로 100(인하공업전문대학에 있는 원점표석 수정판의 영 눈금선 중앙점)

17 임야조사사업의 특징으로 틀린 것은?

① 축척이 대축척이었다.
② 토지조사사업의 기술자를 채용하여 시간과 경비를 절약할 수 있었다.
③ 토지조사사업에 비해 적은 인원으로 업무를 수행하였다.
④ 적은 예산으로 사업을 완성하였다.

해설
임야조사사업의 특징
• 국유임야 소유권을 확정하는 것을 목적으로 하였다.
• 축척이 소축척이고 토지조사사업의 기술자 채용으로 시간과 경비를 절약할 수 있었다.
• 적은 예산으로 사업을 완료하였다.
• 토지조사사업에 비해 적은 인원으로 업무를 수행하였다.
• 임야는 토지에 비하여 경제적 가치가 높지 않아 분쟁은 적었다.
• 사정기관은 도지사이고 재결기관은 임야조사위원회이다.

18 교회법에 따른 지적삼각보조점의 수평각 측정은 몇 대회의 방향관측법에 의하는가?

① 1대회   ② 2대회
③ 3대회   ④ 5대회

해설
경위의측량방법과 교회법에 따른 지적삼각보조점의 관측 및 계산(지적측량 시행규칙 제11조)
㉠ 관측은 20초독 이상의 경위의를 사용할 것
㉡ 수평각관측은 2대회(윤곽도는 0°, 90°로 한다)의 방향관측법에 따를 것

19 지번부여지역에 대한 설명으로 가장 적절한 것은?

① 같은 지번을 붙이는 지역
② 행정구역으로서의 동·리
③ 지번을 설정하는 단위지역
④ 본번이 같고 부번을 연속한 일단의 지역

> [해설]
> 지번부여지역(법 제2조)
> 지번을 부여하는 단위지역으로서 동·리 또는 이에 준하는 지역을 말한다.

20 다음 중 경계점좌표등록부상의 등재사항으로 옳은 것은?

① 토지소재, 지번, 좌표
② 토지소재, 지번, 지목
③ 토지소재, 지번, 면적
④ 토지소재, 지번, 경계

> [해설]
> 경계점좌표등록부의 등록사항(법 제73조)
> 지적소관청은 도시개발사업 등에 따라 새로이 지적공부에 등록하는 토지에 대하여는 다음의 사항을 등록한 경계점좌표등록부를 작성하고 갖춰 두어야 한다.
> ㉠ 토지의 소재
> ㉡ 지번
> ㉢ 좌표
> ㉣ 그 밖에 국토교통부령으로 정하는 사항(규칙 제71조)
>   1. 토지의 고유번호
>   2. 지적도면의 번호
>   3. 필지별 경계점좌표등록부의 장번호
>   4. 부호 및 부호도

21 다음 중 토지대장의 등록사항이 아닌 것은?

① 지번   ② 지목
③ 경계   ④ 면적

> [해설]
> 토지대장과 임야대장의 등록사항(법 제71조)
> ㉠ 토지의 소재
> ㉡ 지번(임야대장은 숫자 앞에 "산"을 붙임)
> ㉢ 지목
> ㉣ 면적
> ㉤ 소유자의 성명 또는 명칭, 주소 및 주민등록번호(국가, 지방자치단체, 법인, 법인 아닌 사단이나 재단 및 외국인의 경우에는 부동산등기법에 따라 부여된 등록번호를 말한다)
> ㉥ 그 밖에 국토교통부령으로 정하는 사항(규칙 제68조)
>   1. 토지의 고유번호(각 필지를 서로 구별하기 위하여 필지마다 붙이는 고유한 번호를 말한다)
>   2. 지적도 또는 임야도의 번호와 필지별 토지대장 또는 임야대장의 장번호 및 축척
>   3. 토지의 이동사유
>   4. 토지소유자가 변경된 날과 그 원인
>   5. 토지등급 또는 기준수확량등급과 그 설정·수정 연월일
>   6. 개별공시지가와 그 기준일

22 다음 중 지적측량의 면적측정방법으로만 옳게 나열한 것은?(단, 지적측량 시행규칙에 따름)

① 삼사법, 전자면적측정기법
② 전자면적측정기법, 플래니미터법
③ 전자면적측정기법, 좌표면적계산법
④ 좌표면적계산법, 삼사법

> [해설]
> 지적측량 시행규칙에는 좌표면적계산법, 전자면적측정기법이 사용된다.

23 도근측량에서 1등도선의 연결오차 한계는?(단, n은 각 측선 수평거리의 총합계를 100으로 나눈 수)

① 해당 지역 축척분모의 $\frac{1.5}{100}\sqrt{n}$ [cm] 이하

② 해당 지역 축척분모의 $\frac{1}{100}\sqrt{n}$ [cm] 이하

③ 해당 지역 축척분모의 $\frac{5}{100}\sqrt{n}$ [cm] 이하

④ 해당 지역 축척분모의 $\frac{1}{1000}\sqrt{n}$ [cm] 이하

해설
지적도근점측량에서의 연결오차의 허용범위(지적측량 시행규칙 제15조)
지적도근점측량에서 연결오차의 허용범위는 다음의 기준에 따른다. 이 경우 n은 각 측선의 수평거리의 총합계를 100으로 나눈 수를 말한다.
㉠ 1등도선은 해당 지역 축척분모의 $\frac{1}{100}\sqrt{n}$ [cm] 이하로 할 것
㉡ 2등도선은 해당 지역 축척분모의 $\frac{1.5}{100}\sqrt{n}$ [cm] 이하로 할 것

24 다음 중 지적공부가 아닌 것은?

① 경계점좌표등록부
② 임야대장
③ 임야도
④ 지적약도

해설
지적공부(법 제2조)
토지대장, 임야대장, 공유지연명부, 대지권등록부, 지적도, 임야도 및 경계점좌표등록부 등 지적측량 등을 통하여 조사된 토지의 표시와 해당 토지의 소유자 등을 기록한 대장 및 도면(정보처리시스템을 통하여 기록·저장된 것을 포함한다)을 말한다.

25 지적도 또는 임야도에 등록할 수 없는 토지표시사항은?

① 지번
② 지목
③ 지분
④ 경계

해설
지적도 및 임야도의 등록사항(법 제72조)
㉠ 토지의 소재
㉡ 지번
㉢ 지목
㉣ 경계
㉤ 그 밖에 국토교통부령으로 정하는 사항(규칙 제69조)
 1. 지적도면의 색인도(인접 도면의 연결 순서를 표시하기 위하여 기재한 도표와 번호를 말한다)
 2. 지적도면의 제명 및 축척
 3. 도곽선(圖廓線)과 그 수치
 4. 좌표에 의하여 계산된 경계점 간의 거리(경계점좌표등록부를 갖춰 두는 지역으로 한정한다)
 5. 삼각점 및 지적기준점의 위치
 6. 건축물 및 구조물 등의 위치

26 평판측량방법에 의한 세부측량 시 경계위치는 기지점을 기준으로 하여 지상경계선과 도상경계선의 부합 여부를 확인하여 정한다. 그 확인방법으로 타당하지 않은 것은?

① 현형법
② 지상원호교회법
③ 거리비교확인법
④ 도곽 확인법

해설
세부측량의 기준 및 방법 등(지적측량 시행규칙 제18조)
㉠ 평판측량방법에 따른 세부측량의 기준
 1. 거리측정단위는 지적도를 갖춰 두는 지역에서는 5cm로 하고, 임야도를 갖춰 두는 지역에서는 50cm로 할 것
 2. 측량결과도는 그 토지가 등록된 도면과 동일한 축척으로 작성할 것
 3. 세부측량의 기준이 되는 위성기준점, 통합기준점, 삼각점, 지적삼각점, 지적삼각보조점, 지적도근점 및 기지점이 부족한 경우에는 측량상 필요한 위치에 보조점을 설치하여 활용할 것
 4. 경계점은 기지점을 기준으로 하여 지상경계선과 도상경계선의 부합 여부를 현형법, 도상원호교회법, 지상원호교회법 또는 거리비교확인법 등으로 확인하여 정할 것
㉡ 평판측량방법에 따른 세부측량은 교회법, 도선법 및 방사법(放射法)에 따른다.

27 지적도의 축척이 1/600인 지역과 경계점좌표등록부에 등록하는 지역의 토지면적의 결정방법으로 옳은 것은?

① 경계점좌표등록부시행지역 토지는 m² 이하 두 자리 단위까지 표시한다.
② 1필지의 면적이 1m² 미만인 경우에는 버린다.
③ 지적도의 축척이 1/600인 지역은 m² 이하 세 자리까지 표시한다.
④ 기본적으로 m²를 단위로 한다.

해설
지적도의 축척이 1/600인 지역과 경계점좌표등록부에 등록하는 지역의 토지면적(영 제60조)
- m² 이하 한 자리 단위로 한다.
- 0.1m² 미만의 끝수가 있는 경우 0.05m² 미만일 때에는 버리고 0.05m²를 초과할 때에는 올린다.
- 0.05m²일 때에는 구하려는 끝자리의 숫자가 0 또는 짝수이면 버리고 홀수이면 올린다.
- 다만, 1필지의 면적이 0.1m² 미만일 때에는 0.1m²로 한다.

28 유심다각망에서 기지점을 중심으로 한 중심각의 합은 얼마가 되어야 하는가?

① 90° ② 180°
③ 270° ④ 360°

해설
유심다각망의 점조건 : 한 점 주위에 있는 모든 각의 총합은 360°가 되어야 한다.

29 전자면적측정기에 따른 면적측정을 할 경우 면적산출의 회수는?

① 1회 ② 2회
③ 3회 ④ 4회

해설
전자면적측정기에 따른 면적측정(지적측량 시행규칙 제20조)
㉠ 도상에서 2회 측정하여 그 교차가 다음 계산식에 따른 허용면적 이하일 때에는 그 평균치를 측정면적으로 할 것
$A = 0.023^2 M\sqrt{F}$
여기서, A : 허용면적
M : 축척분모
F : 2회 측정한 면적의 합계를 2로 나눈 수
㉡ 측정면적은 1/1000m²까지 계산하여 1/10m² 단위로 정할 것

30 다음 중 토지를 1필지로 할 수 없는 경우는?

① 지목이 같을 때
② 소유자가 동일할 때
③ 지번설정 지역이 상이한 1구획의 토지
④ 다른 지목의 토지가 10% 미만일 때

해설
1필지로 정할 수 있는 기준(영 제5조)
㉠ 지번부여지역의 토지로서 소유자와 용도가 같고 지반이 연속된 토지는 1필지로 할 수 있다.
㉡ ㉠에도 불구하고 다음의 어느 하나에 해당하는 토지는 주된 용도의 토지에 편입하여 1필지로 할 수 있다. 다만, 종된 용도의 토지의 지목(地目)이 '대(垈)'인 경우와 종된 용도의 토지면적이 주된 용도의 토지면적의 10%를 초과하거나 330m²를 초과하는 경우에는 그러하지 아니하다.
  1. 주된 용도의 토지의 편의를 위하여 설치된 도로·구거(溝渠, 도랑) 등의 부지
  2. 주된 용도의 토지에 접속되거나 주된 용도의 토지로 둘러싸인 토지로서 다른 용도로 사용되고 있는 토지

31 경위의측량방법에 따라 다각망도선법으로 지적도근점측량을 할 때 일반적인 1도선의 점의 수는 얼마 이하로 하는가?

① 10점 이하 ② 20점 이하
③ 30점 이하 ④ 40점 이하

해설
경위의측량방법이나 전파기 또는 광파기측량방법에 따라 다각망도선법으로 지적도근점측량을 할 때의 기준(지적측량 시행규칙 제12조)
㉠ 3점 이상의 기지점을 포함한 결합다각방식에 따를 것
㉡ 1도선의 점의 수는 20점 이하로 할 것

32 다음 중 지적삼각보조점의 망 구성으로 쓰이는 것은?

① 교점다각망 ② 삼각쇄
③ 사각망   ④ 삽입망

해설
지적삼각보조점은 교회망 또는 교점다각망(交點多角網)으로 구성하여야 한다(지적측량 시행규칙 제10조).

33 다음 중 소관청에서 필요하다고 인정하는 토지에 대한 경계점좌표등록부의 등록사항이 아닌 것은?

① 지번   ② 좌표
③ 부호 및 부호도 ④ 면적

해설
경계점좌표등록부의 등록사항(법 제73조)
지적소관청은 도시개발사업 등에 따라 새로이 지적공부에 등록하는 토지에 대하여는 다음의 사항을 등록한 경계점좌표등록부를 작성하고 갖춰 두어야 한다.
㉠ 토지의 소재
㉡ 지번
㉢ 좌표
㉣ 그 밖에 국토교통부령으로 정하는 사항(규칙 제71조)
 1. 토지의 고유번호
 2. 지적도면의 번호
 3. 필지별 경계점좌표등록부의 장번호
 4. 부호 및 부호도

34 다음 중 토지소유자가 지적공부의 등록사항에 잘못이 있음을 발견하고 소관청에 그 정정을 신청함으로 인하여 인접 토지의 경계가 변경되는 경우 그 정정방법으로 가장 옳은 것은?

① 소관청의 직권으로 처리한다.
② 큰 면적의 토지소유자의 의견으로 처리한다.
③ 인접 토지소유자의 승낙서에 의한다.
④ 지적공부만 정정한다.

해설
등록사항의 정정(법 제84조)
㉠ 토지소유자는 지적공부의 등록사항에 잘못이 있음을 발견하면 지적소관청에 그 정정을 신청할 수 있다.
㉡ ㉠에 따른 정정으로 인접 토지의 경계가 변경되는 경우에는 다음의 어느 하나에 해당하는 서류를 지적소관청에 제출하여야 한다.
 1. 인접 토지소유자의 승낙서
 2. 인접 토지소유자가 승낙하지 아니하는 경우에는 이에 대항할 수 있는 확정판결서 정본(正本)

35 지적공부에 등록할 수 있는 지목의 종류는?

① 19종   ② 20종
③ 26종   ④ 28종

해설
현행 지적 관련 법률에서 규정하고 있는 지목의 종류는 28종이다(법 제67조).

36 다음 중 분할 후의 각 필지의 면적의 합계와 분할 전 면적과의 오차의 허용범위를 구하는 식으로 옳은 것은?(단, A : 오차 허용면적, M : 축척분모, F : 원면적)

① $A = 0.023^2 M \sqrt{F}$
② $A = 0.026^2 M \sqrt{F}$
③ $A = 0.23^2 M \sqrt{F}$
④ $A = 0.26^2 M \sqrt{F}$

해설
오차 허용면적
$A = 0.026^2 M \sqrt{F}$
여기서, M : 축척분모
F : 원면적

37 지적공부의 정리 시 검은색으로 하는 것은?

① 도곽선
② 도곽선 수치
③ 말소사항
④ 문자 정리사항

해설
지적공부 등의 정리에 사용하는 문자·기호 및 경계는 따로 규정을 둔 사항을 제외하고 정리사항은 검은색, 도곽선과 그 수치 및 말소는 붉은색으로 한다(지적업무처리규정 제63조).

38 분할의 경우 지번을 부여하는 방법으로 틀린 것은?

① 분할 후의 필지 중 1필지의 지번은 분할 전의 지번으로 한다.
② 지번을 부여한 나머지 필지의 지번은 본번의 최종 부번 다음 순번으로 부번을 부여한다.
③ 주거·사무실 등의 건축물이 있는 필지에 대해서는 분할 전의 지번을 우선하여 부여한다.
④ 해당 필지가 여러 필지로 분할되는 경우에는 인접 필지의 지번을 공동으로 부여한다.

해설
분할의 경우 지번을 부여하는 방법(영 제56조)
㉠ 분할 후의 필지 중 1필지의 지번은 분할 전의 지번으로 한다.
㉡ 지번을 부여한 나머지 필지의 지번은 본번의 최종 부번 다음 순번으로 부번을 부여한다.
㉢ 주거, 사무실 등의 건축물이 있는 필지에 대해서는 분할 전의 지번을 우선하여 부여한다.

39 다음 중 지적도에 등록할 사항이 아닌 것은?

① 제명 및 축척
② 도곽선 수치
③ 지번색인표
④ 지목 부호

해설
지적도 및 임야도의 등록사항(법 제72조)
㉠ 토지의 소재
㉡ 지번
㉢ 지목
㉣ 경계
㉤ 그 밖에 국토교통부령으로 정하는 사항(규칙 제69조)
 1. 지적도면의 색인도(인접 도면의 연결 순서를 표시하기 위하여 기재한 도표와 번호를 말한다)
 2. 지적도면의 제명 및 축척
 3. 도곽선(圖廓線)과 그 수치
 4. 좌표에 의하여 계산된 경계점 간의 거리(경계점좌표등록부를 갖춰 두는 지역으로 한정한다)
 5. 삼각점 및 지적기준점의 위치
 6. 건축물 및 구조물 등의 위치

40 1/600 지역에서 다음 그림과 같은 사각형 토지의 면적을 측정하기 위하여 저변과 높이를 측정한 결과 $a = 16.2m$, $b = 5.8m$, $c = 6.2m$이었다. 사각형 ABCD의 면적은?

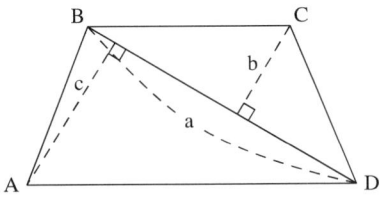

① 97.0m²
② 97.2m²
③ 98.2m²
④ 96.0m²

해설
삼각형의 넓이 = (밑변 × 높이) ÷ 2
∴ 사각형의 넓이 = (16.2 × 6.2 ÷ 2) + (16.2 × 5.8 ÷ 2)
= 97.2m²

41 지적공부를 복구하고자 할 때 소유자에 관한 등록사항을 결정할 수 있는 자료는?

① 소유자의 신청서
② 토지 및 건물등기사항전부증명서
③ 현지 측량결과도
④ 이해관계인의 협의서

해설
부동산등기부(토지 및 건물등기사항전부증명서)는 부동산의 소유주와 이전내역, 대출 및 담보 설정 등의 내용을 확인할 수 있는 문서이다.

42 경계불가분의 원칙을 옳게 설명한 것은?

① 경계는 소관청만이 분리할 수 있다.
② 경계는 양쪽 토지에 공통이다.
③ 도면상의 경계는 분리할 수 있다.
④ 경계선의 폭이 큰 경우 중앙을 분리한다.

해설
경계불가분의 원칙
• 경계는 선이므로 위치와 길이만 있을 뿐 너비는 없는 것이다.
• 경계는 유일무이한 것으로 어느 한쪽에 소속되지 않는다.
• 필지 사이의 경계는 2개 이상 있을 수 없다.
• 경계는 양쪽 토지에 공통이다.
• 경계는 기하학상 선과 같다.
• 경계는 너비가 없다.

43 평판측량방법에 의한 세부측량을 교회법으로 할 경우 방향각의 교각은?

① 30° 이상, 120° 이하
② 30° 이상, 90° 이하
③ 90° 이상, 150° 이하
④ 30° 이상, 150° 이하

해설
평판측량방법에 따른 세부측량을 교회법으로 하는 경우의 기준
(지적측량 시행규칙 제18조)
㉠ 전방교회법 또는 측방교회법에 따를 것
㉡ 3방향 이상의 교회에 따를 것
㉢ 방향각의 교각은 30° 이상 150° 이하로 할 것
㉣ 방향선의 도상길이는 측판의 방위표정에 사용한 방향선의 도상길이 이하로서 10cm 이하로 할 것. 다만, 광파조준의 또는 광파측거기를 사용하는 경우에는 30cm 이하로 할 수 있다.
㉤ 측량결과 시오(示誤)삼각형이 생긴 경우 내접원의 지름이 1mm 이하일 때에는 그 중심을 점의 위치로 할 것

44 다음 중 행정구역 경계의 동·리계에 대한 제도방법으로 옳은 것은?

① 실선 3mm와 허선 2mm로 연결하고 허선에 0.3mm의 점 1개를 그린다.
② 실선 3mm와 허선 1mm로 연결하여 그린다.
③ 실선과 허선을 각각 3mm로 연결하고 허선에 0.3mm의 점 1개를 그린다.
④ 실선 3mm와 허선 2mm로 연결하여 그린다.

해설
행정구역선의 제도(지적업무처리규정 제44조)
도면에 등록할 행정구역선은 0.4mm 폭으로 다음과 같이 제도한다. 다만, 동·리의 행정구역선은 0.2mm 폭으로 한다.
㉠ 국계는 실선 4mm와 허선 3mm로 연결하고 실선 중앙에 실선과 직각으로 교차하는 1mm의 실선을 긋고, 허선에 직경 0.3mm의 점 2개를 제도한다.
㉡ 시·도계는 실선 4mm와 허선 2mm로 연결하고 실선 중앙에 실선과 직각으로 교차하는 1mm의 실선을 긋고, 허선에 직경 0.3mm의 점 1개를 제도한다.
㉢ 시·군계는 실선과 허선을 각각 3mm로 연결하고, 허선에 0.3mm의 점 2개를 제도한다.
㉣ 읍·면·구계는 실선 3mm와 허선 2mm로 연결하고, 허선에 0.3mm의 점 1개를 제도한다.
㉤ 동·리계는 실선 3mm와 허선 1mm를 연결하여 제도한다.

45 일람도의 제도방법을 설명한 것으로 옳은 것은?

① 철도용지는 붉은색 0.1mm 폭의 2선으로 제도한다.
② 수도용지 중 선로는 검은색 0.1mm 폭의 2선으로 제도한다.
③ 하천, 구거, 유지는 남색 0.1mm 폭의 2선으로 제도하고 그 내부를 남색으로 엷게 채색한다.
④ 취락지, 건물 등은 0.1mm 폭의 선으로 제도하고 그 내부를 붉은색으로 엷게 채색한다.

해설
① 철도용지는 붉은색 0.2mm 폭의 2선으로 제도한다.
② 수도용지 중 선로는 남색 0.1mm 폭의 2선으로 제도한다.
④ 취락지, 건물 등은 검은색 0.1mm 폭의 2선으로 제도하고, 그 내부를 검은색으로 엷게 채색한다.

46 등기촉탁에 관하여 필요한 사항은 다음의 어느 령에 의해 정하는가?

① 대통령령   ② 국토교통부령
③ 국무총리령   ④ 법무부령

해설
등기촉탁에 필요한 사항은 국토교통부령으로 정한다(법 제89조).

47 지적측량을 하기 위하여 타인의 토지나 건축물에 출입할 수 있는 경우로 옳은 것은?

① 권한을 표시한 증표만 있으면 된다.
② 소유자 또는 점유자에게 그 뜻을 통지하고 출입한다.
③ 소유자의 승낙을 받아야 한다.
④ 무조건 출입하여도 무방하다.

해설
토지 등에의 출입 등 (법 제101조)
㉠ 이 법에 따라 측량을 하거나, 측량기준점을 설치하거나, 토지의 이동을 조사하는 자는 그 측량 또는 조사 등에 필요한 경우에는 타인의 토지, 건물, 공유수면 등(이하 토지 등이라 한다)에 출입하거나 일시 사용할 수 있으며, 특히 필요한 경우에는 나무, 흙, 돌, 그 밖의 장애물을 변경하거나 제거할 수 있다.
㉡ 타인의 토지 등에 출입하려는 자는 관할 특별자치시장, 특별자치도지사, 시장·군수 또는 구청장의 허가를 받아야 하며, 출입하려는 날의 3일 전까지 해당 토지 등의 소유자·점유자 또는 관리인에게 그 일시와 장소를 통지하여야 한다. 다만, 행정청인 자는 허가를 받지 아니하고 타인의 토지 등에 출입할 수 있다.

48 지목을 지적도에 등록할 때의 약부호로 올바른 것은?

① 공 - 공장용지
② 체 - 체육용지
③ 유 - 유원지
④ 원 - 공원

해설
지목표기 시 두문자가 아닌 차문자로 표기하는 지목은 공장용지, 주차장, 하천, 유원지이다.

49 일람도상에 지방도로 이상은 어떻게 제도하는가?

① 폭 0.4mm의 붉은색 단선으로 제도한다.
② 폭 0.4mm의 검은색 단선으로 제도한다.
③ 폭 0.2mm의 검은색 2선으로 제도한다.
④ 폭 0.2mm의 붉은색 2선으로 제도한다.

해설
일람도상 지방도로 이상은 검은색 0.2mm 폭의 2선으로, 그 밖의 도로는 0.1mm의 폭으로 제도한다(지적업무처리규정 제38조).

50 평판측량방법에 따른 세부측량에서 지적도를 갖춰 두는 지역에 대한 거리의 측정단위 기준은?

① 1cm
② 5cm
③ 10cm
④ 50cm

해설
평판측량방법에 따른 세부측량의 기준(지적측량 시행규칙 제18조)
거리측정단위는 지적도를 갖춰 두는 지역에서는 5cm로 하고, 임야도를 갖춰 두는 지역에서는 50cm로 한다.

51 다음 중 토지의 합병이 있는 경우는?

① 토지소유자의 신고를 원칙으로 한다.
② 토지소유자의 신고 또는 신청을 원칙으로 한다.
③ 정부가 임의 처리함을 원칙으로 한다.
④ 토지소유자의 신청을 원칙으로 한다.

해설
토지소유자는 토지를 합병하려면 대통령령으로 정하는 바에 따라 지적소관청에 합병을 신청하여야 한다.

52 다음 중 지적도근점을 정하기 위한 기초가 될 수 없는 것은?

① 지적삼각점
② 공공수준점
③ 지적삼각보조점
④ 국가기준점

해설
측량기준점 중 지적기준점의 구분(영 제8조)
- 지적삼각점 : 지적측량 시 수평위치 측량의 기준으로 사용하기 위하여 국가기준점을 기준으로 하여 정한 기준점
- 지적삼각보조점 : 지적측량 시 수평위치 측량의 기준으로 사용하기 위하여 국가기준점과 지적삼각점을 기준으로 하여 정한 기준점
- 지적도근점 : 지적측량 시 필지에 대한 수평위치 측량 기준으로 사용하기 위하여 국가기준점, 지적삼각점, 지적삼각보조점 및 다른 지적도근점을 기초로 하여 정한 기준점

53 지표상 점의 위치를 결정하는 데 필요한 요소는 다음 중 어느 것인가?

① 거리와 방향이다.
② 방향과 높이이다.
③ 거리와 높이이다.
④ 방향, 거리, 높이이다.

해설
점의 위치를 표시하는 데 필요한 3가지 요건 : 방향, 거리, 높이

54 다각망도선법에 의한 지적삼각보조점표지의 점 간 거리는?

① 0.2km 이상, 0.5km 이하
② 0.5km 이상, 1km 이하
③ 1km 이상, 2km 이하
④ 2km 이상, 4km 이하

해설
지적기준점표지의 설치 · 관리(지적측량 시행규칙 제2조)
지적삼각보조점표지의 점 간 거리는 평균 1km 이상 3km 이하로 할 것. 다만, 다각망도선법에 따르는 경우에는 평균 0.5km 이상 1km 이하로 한다.

55 한 필지의 보정면적이 608.6m², 보정면적 전체의 합계가 1,749.2m², 원면적이 1,811m²일 때 산출면적은?

① 587.2m²
② 618.6m²
③ 630.1m²
④ 657.2m²

해설
$$산출면적 = \frac{원면적(F)}{보정면적 합계(A)} \times 필지별 보정면적(a)$$
$$= \frac{1,811}{1,749.2} \times 608.6$$
$$≒ 630.1m^2$$

56 토렌스 시스템(Torrens system)의 일반적 이론과 거리가 먼 것은?

① 거울이론
② 보험이론
③ 커튼이론
④ 점증이론

해설
토렌스 시스템(Torrens system)
- 거울이론 : 토지권리증서의 등록은 토지의 거래 사실을 이론의 여지없이 완벽하게 반영하는 거울과 같다는 입장이다.
- 커튼이론 : 토지등록업무가 커튼 위에 놓인 공정성과 신빙성에 관여하여야 할 필요도 없고 관여해서도 안 된다는, 매입신청자를 위한 유일한 정보의 기초가 되어야 한다는 이론이다.
- 보험이론 : 토지등록이 토지의 권리를 아주 정확하게 반영하는 것이나 인간의 고의·과실로 인하여 착오가 발생하는 경우에 손해를 입은 사람은 모두 다 피해보상에 관한 한 법률적으로 선의의 제3자와 동등한 입장에 놓여야 된다는 것이다.

53 ④ 54 ② 55 ③ 56 ④

57 다음 중 토지의 지번 숫자 앞에 "산"자를 붙여 표기되는 지적공부는?

① 토지대장
② 경계점좌표등록부
③ 임야대장
④ 토지대장부본

해설
지번(地番)은 아라비아숫자로 표기하되, 임야대장 및 임야도에 등록하는 토지의 지번은 숫자 앞에 "산"자를 붙인다(영 제56조).

58 우리나라 토지조사사업의 실시 연대로 옳은 것은?

① 1898~1902년
② 1910~1918년
③ 1918~1924년
④ 1925~1931년

해설
토지조사사업은 1910~1918년 사이 일제의 식민지정책 사업으로 추진되었다.

59 다음 중 지적도나 임야도에 표기하는 지목의 부호가 잘못된 것은?

① 과수원 – 과
② 목장용지 – 목
③ 광천지 – 광
④ 하천 – 하

해설
하천 → 천
※ 지목표기 시 두문자가 아닌 차문자로 표기하는 지목은 공장용지, 주차장, 하천, 유원지이다.

60 수평각의 관측에서 가장 정밀한 관측법은?

① 각관측법   ② 방향법
③ 배각법   ④ 단측법

해설
① 각관측법 : 각각 관측한다. 수평각관측법 중 가장 정확한 방법으로 1, 2등 삼각측량에 주로 사용한다.
② 방향법 : 1점 주위에 있는 각을 연속해서 측정할 때 사용하는 방법으로 시간은 절약되나 정밀도가 낮다.
③ 배각법 : 1개의 각을 2회 이상 반복 관측하여 어느 각을 측정하는 방법으로 반복법이라고도 한다.
④ 단측법 : 1개의 각을 1회 측정하는 방법으로 단각법이라고도 한다.

정답 57 ③　58 ②　59 ④　60 ①

2017년 제1회 과년도 기출복원문제

01 우리나라에서 지적측량 적부심사를 담당하는 기관은?

① 한국지적학회　② 지적위원회
③ 대한지적공사　④ 행정안전부

해설
지적측량의 적부심사 등(법 제29조)
토지소유자, 이해관계인 또는 지적측량수행자는 지적측량성과에 대하여 다툼이 있는 경우에는 대통령령으로 정하는 바에 따라 관할 시·도지사를 거쳐 지방지적위원회에 지적측량 적부심사를 청구할 수 있다.

02 우리나라는 토지조사사업 당시부터 도해지적을 채택하여 계속 유지해오고 있는데 수치지적제도를 도입한 시기는 언제인가?

① 1945년　② 1963년
③ 1975년　④ 1995년

해설
우리나라는 1975년부터 수치지적제도를 도입하였다.

03 종교용지 내에 있는 사적지 부지의 지목은?

① 사적지　② 종교용지
③ 대　④ 잡종지

해설
종교용지(영 제58조) : 일반 공중의 종교의식을 위하여 예배, 법요, 설교, 제사 등을 하기 위한 교회, 사찰, 향교 등 건축물의 부지와 이에 접속된 부속시설물의 부지
※ 사적지 : 국가유산으로 지정된 역사적인 유적, 고적, 기념물 등을 보존하기 위하여 구획된 토지. 다만 학교용지, 공원, 종교용지 등 다른 지목으로 된 토지에 있는 유적, 고적, 기념물 등을 보호하기 위하여 구획된 토지는 제외한다.

04 가구마다 하나의 본번을 부여하고 가구 내 필지마다 부번을 부여하는 지번부여방식은?

① 단지식　② 사행식
③ 기우식　④ 방사식

해설
지번의 진행 방향에 따른 지번부여방법
- 사행식 : 필지의 배열이 불규칙한 지역에서 진행순서에 따라 지번을 부여하는 방식으로, 진행 방향으로 지번이 순차적으로 연속되며 일반적으로 농촌지역에 적합한 지번부여방식이다.
- 기우식(교호식) : 도로를 중심으로 한쪽은 홀수인 기수를 반대쪽은 짝수인 우수로 지번을 부여하는 방식으로, 주거지역에 적합하며 특정지번의 개략적인 위치파악이 가능하다는 장점이 있다.
- 단지식 : 블록(단지)마다 하나의 본번을 부여하고 블록 내 필지마다 부번을 부여하는 지번 설정방법으로 블록식이라고도 하며, 토지개발사업을 실시한 지역에서 적합한 방식이다.
- 절충식 : 하나의 지번부여지역에 사행식, 기우식, 단지식을 혼용하는 방식이다.

05 다음 사항 중 지번의 부여방법으로 옳은 것은?

① 가, 나, 다…
② A, B, C…
③ ㄱ, ㄴ, ㄷ…
④ 1, 2, 3…

해설
지번(地番)은 아라비아숫자로 표기하되, 임야대장 및 임야도에 등록하는 토지의 지번은 숫자 앞에 "산"자를 붙인다(영 제56조).

정답　1 ②　2 ③　3 ②　4 ①　5 ④

06 지적도의 축척이 1/600인 지역에 등록하는 면적의 최소등록 단위는?

① 0.01m^2 ② 0.1m^2
③ 1m^2 ④ 10m^2

해설
지적도의 축척이 1/600인 지역과 경계점좌표등록부에 등록하는 지역의 토지면적(영 제60조)
- m^2 이하 한 자리 단위로 한다.
- 0.1m^2 미만의 끝수가 있는 경우 0.05m^2 미만일 때에는 버리고 0.05m^{2}를 초과할 때에는 올린다.
- 0.05m^{2}일 때에는 구하려는 끝자리의 숫자가 0 또는 짝수이면 버리고 홀수이면 올린다.
- 다만, 1필지의 면적이 0.1m^2 미만일 때에는 0.1m^{2}로 한다.

07 지적공부에 등록된 경계의 인자는 다음 중 어느 것인가?

① 지번별로 획정한 선
② 경계점좌표등록부에 등록된 선
③ 필지별로 획정·등록된 선
④ 지적도의 도근점 종횡선좌표

해설
경계(법 제2조)
필지별로 경계점들을 직선으로 연결하여 지적공부에 등록한 선을 말한다.
※ 경계점 : 필지를 구획하는 선의 굴곡점으로서 지적도나 임야도에 도해(圖解) 형태로 등록하거나 경계점좌표등록부에 좌표 형태로 등록하는 점을 말한다.

08 지적소관청이 지적공부를 복구하는 경우에는 다음 중 어느 것을 기준으로 복구하는가?

① 현 상태의 토지현황
② 멸실 당시의 공부 상태
③ 작성 당시의 공부 상태
④ 토지조사 당시의 토지현황

해설
지적공부의 복구(영 제61조)
지적소관청이 지적공부를 복구할 때에는 멸실·훼손 당시의 지적공부와 가장 부합된다고 인정되는 관계 자료에 따라 토지의 표시에 관한 사항을 복구하여야 한다. 다만, 소유자에 관한 사항은 부동산등기부나 법원의 확정판결에 따라 복구하여야 한다.

09 토지대장을 보고 알 수 없는 것은?

① 토지의 형태 ② 토지의 면적
③ 토지의 위치 ④ 토지의 소유 관계

해설
토지대장과 임야대장의 등록사항(법 제71조)
㉠ 토지의 소재
㉡ 지번(임야대장은 숫자 앞에 "산"을 붙임)
㉢ 지목
㉣ 면적
㉤ 소유자의 성명 또는 명칭, 주소 및 주민등록번호(국가, 지방자치단체, 법인, 법인 아닌 사단이나 재단 및 외국인의 경우에는 부동산등기법에 따라 부여된 등록번호를 말한다)
㉥ 그 밖에 국토교통부령으로 정하는 사항(규칙 제68조)
  1. 토지의 고유번호(각 필지를 서로 구별하기 위하여 필지마다 붙이는 고유한 번호를 말한다)
  2. 지적도 또는 임야도의 번호와 필지별 토지대장 또는 임야대장의 장번호 및 축척
  3. 토지의 이동사유
  4. 토지소유자가 변경된 날과 그 원인
  5. 토지등급 또는 기준수확량등급과 그 설정·수정 연월일
  6. 개별공시지가와 그 기준일

10 토지대장과 지적도를 작성·비치하게 된 최초의 근거법령은?

① 토지조사령 ② 지세법
③ 지적측량규정 ④ 지적법

> **해설**
> 일제는 근대적 소유권이 인정되는 토지제도를 확립한다는 명분 아래 1910년 토지조사국을 설치한 데 이어, 1912년 토지조사령(土地調査令)을 발표하여 토지조사사업을 본격적으로 실시하였다.

11 도해지적측량의 결점으로 볼 수 없는 것은?

① 축척의 크기에 따라 허용오차가 다르다.
② 도면의 신축 방지와 보관·관리가 어렵다.
③ 작업상 인위적·기계적·자연적 오차가 유발되기 쉽다.
④ 위치오차를 발견하기 어렵다.

> **해설**
> **도해지적**
>
> | 장점 | • 측량결과도 및 도면의 작성이 간편하다.
• 토지형상의 시각적 파악이 용이하다.
• 비용이 비교적 저렴하고 시간이 적게 소요된다.
• 고도의 기술이 요구되지 않는다. |
> |---|---|
> | 단점 | • 축척의 크기에 따라 허용오차가 달라 신뢰도의 문제가 발생한다.
• 도면의 신축 방지와 보관 및 관리가 어렵다.
• 작업과정에서 개인적·기계적·자연적 오차가 유발된다.
• 축척 및 제도오차의 발생으로 정확도가 낮다. |

12 평판측량방법에 의한 세부측량을 방사법으로 하는 경우 1방향선의 도상길이는 몇 cm 이하로 하는가?

① 5cm ② 10cm
③ 20cm ④ 50cm

> **해설**
> 평판측량방법에 따른 세부측량을 방사법으로 하는 경우의 기준 (지적측량 시행규칙 제18조)
> ㉠ 1방향선의 도상길이는 10cm 이하로 한다.
> ㉡ 다만, 광파조준의 또는 광파측거기를 사용할 때에는 30cm 이하로 할 수 있다.

13 경위의측량방법으로 세부측량을 한 지역의 필지별 면적측정방법으로 옳은 것은?

① 전자면적측정기법
② 좌표면적계산법
③ 축척자삼사법
④ 방안지조사법

> **해설**
> 좌표면적계산법(지적측량 시행규칙 제20조)
> ㉠ 경위의측량방법으로 세부측량을 한 지역의 필지별 면적측정은 경계점 좌표에 따를 것
> ㉡ 산출면적은 $1/1000m^2$까지 계산하여 $1/10m^2$ 단위로 정할 것
> ※ 대상지역 : 경계점좌표등록부 등록지

14 오차의 종류 중 최소제곱법에 의한 확률법칙에 의해 처리가 가능한 것은?

① 누차 ② 착오
③ 정오차 ④ 우연오차

> **해설**
> 우연오차(부정오차)는 대체로 확률법칙에 의해 처리되는 데 최소제곱법이 널리 이용된다.

15 다음 중 측판의 설치에 필요한 요소가 아닌 것은?

① 정준
② 이동
③ 구심
④ 표정

해설
평판측량 3요소
- 정준(수평 맞추기) : 평판을 수평으로 하는 것을 의미한다.
- 구심(중심 맞추기) : 평판 위에(도상) 표시된 측정점과 지상의 측정점이 같은 연직선 위에 있도록 하는 작업이다.
- 표정(방향 맞추기) : 평판을 일정한 방향으로 맞추는 것을 의미한다.

16 두 점 간의 방위각이 V이고, 횡선 차가 Y일 때 두 점 간의 거리 D를 구하는 공식은?

① $D = \dfrac{Y}{\sin V}$

② $D = \dfrac{Y}{\cos V}$

③ $D = \dfrac{Y}{\tan V}$

④ $D = \dfrac{Y}{\cot V}$

해설
두 점 간의 방위각이 V이고, 횡선 차가 Y일 때 두 점 간의 거리 D를 구하는 공식
$D = \dfrac{Y}{\sin V}$

※ 두 점 간의 방위각이 V이고, 종선 차가 X일 때 두 점 간의 거리 D를 구하는 공식
$D = \dfrac{X}{\cos V}$

17 지적도근점측량에서 1등도선의 도선명 표기방법은?

① 1, 2, 3 순
② Ⅰ, Ⅱ, Ⅲ 순
③ ㄱ, ㄴ, ㄷ 순
④ 가, 나, 다 순

해설
1등도선은 가, 나, 다 순으로 표기하고 2등도선 ㄱ, ㄴ, ㄷ 순으로 표기한다(지적측량 시행규칙 제12조).

18 도근측량에서 도선을 계산한 결과 종선차 12cm, 횡선차 16cm이다. 연결교차는?

① 17cm
② 20cm
③ 25cm
④ 32cm

해설
연결교차 $= \sqrt{종선교차^2 + 횡선교차^2}$
$= \sqrt{12^2 + 16^2}$
$= 20\text{cm}$

19 경위의측량방법으로 세부측량을 할 때 측정점 간의 거리측정단위는?

① 1cm
② 5cm
③ 10cm
④ 50cm

해설
경위의측량방법에 따른 세부측량 시 거리측정단위는 1cm로 한다(지적측량 시행규칙 제18조).

20 지적측량성과 결정사항 중 틀린 것은?

① 지적삼각점 : 0.20m 이내
② 지적삼각보조점 : 0.25m 이내
③ 경계점좌표등록지역의 지적도근점 : 0.10m 이내
④ 경계점좌표등록지역의 경계점 : 0.10m 이내

해설
지적측량성과의 결정(지적측량 시행규칙 제27조)
지적측량성과와 검사 성과의 연결교차가 다음의 허용범위 이내일 때에는 그 지적측량성과에 관하여 다른 입증을 할 수 있는 경우를 제외하고는 그 측량성과로 결정하여야 한다.
㉠ 지적삼각점 : 0.20m
㉡ 지적삼각보조점 : 0.25m
㉢ 지적도근점
  1. 경계점좌표등록부 시행지역 : 0.15m
  2. 그 밖의 지역 : 0.25m
㉣ 경계점
  1. 경계점좌표등록부 시행지역 : 0.10m
  2. 그 밖의 지역 : $\frac{3M}{10}$ [mm] (여기서, M : 축척분모)

21 지적삼각점에서 좌표계산의 단위는 무엇인가?

① km   ② mm
③ cm   ④ m

해설
지적삼각점측량의 관측 및 계산(지적측량 시행규칙 제9조)
지적삼각점의 계산은 진수(眞數)를 사용하여 각규약(角規約)과 변규약(邊規約)에 따른 평균계산법 또는 망평균계산법에 따르며, 계산단위는 다음 표에 따른다.

종별	각	변의 길이	진수	좌표 또는 표고	경위도	자오선수차
단위	초	cm	6자리 이상	cm	초 아래 3자리	초 아래 1자리

22 실제 두점 간의 거리 50m를 도상 2mm로 표시하였을 때 축척은?

① $\frac{1}{1000}$ ② $\frac{1}{2500}$
③ $\frac{1}{25000}$ ④ $\frac{1}{50000}$

해설
$\frac{1}{m} = \frac{도상거리}{실제거리} = \frac{0.002m}{50m} = \frac{1}{25000}$

23 다음 중 지적측량의 방법으로 볼 수 없는 것은?

① 평판측량 및 경위의측량
② 광파기측량
③ 지형측량
④ 사진측량

해설
지적측량은 평판측량, 전자평판측량, 경위의측량, 전파기 또는 광파기측량, 사진측량 및 위성측량 등의 방법에 따른다(지적측량 시행규칙 제5조).

24 세부측량의 실시 대상이 아닌 것은?

① 신규등록측량
② 경계복원측량
③ 도근측량
④ 분할측량

해설

지적측량의 구분 등(지적측량 시행규칙 제5조)
㉠ 기초측량의 종류 : 지적삼각점측량, 지적삼각보조점측량, 지적도근점측량
㉡ 세부측량의 종류
1. 토지의 이동이 발생하지 않는 경계복원측량, 지적현황측량, 도시계획선 명시측량
2. 토지의 이동이 발생하는 분할측량, 등록전환측량, 신규등록측량, 복구측량, 등록말소측량, 축척변경측량, 등록사항 정정측량, 지적확정측량

25 다음 중 GNSS의 구성요소에 해당하지 않는 것은?

① 우주요소
② 제어요소
③ 사용자요소
④ 측정요소

해설

GNSS의 구성 3요소
- 우주 부분(SS ; Space Segment) : 통신위성들로 구성
- 제어(관제) 부분(CS ; Control Segment) : 위성의 궤도추적, 제어 수행
- 사용자 부분(US ; User Segment) : 측량자가 사용하는 수신기

26 지적측량업의 등록 기준으로 틀린 것은?

① 토털 스테이션 1대 이상
② 지적 분야의 초급기능사 1명 이상
③ GNSS 1대 이상
④ 중급기능인 2명 이상

해설

지적측량업의 등록 기준

기술인력	장비
• 특급기술인 1명 또는 고급기술인 2명 이상 • 중급기술인 2명 이상 • 초급기술인 1명 이상 • 지적 분야의 초급기능사 1명 이상	• 토털 스테이션 1대 이상 • 출력장치 1대 이상 　– 해상도 : 2,400DPI × 1,200DPI 　– 출력범위 : 600mm × 1,060mm 이상

27 다음 중 공간정보관리법의 입법 목적으로 옳은 것은?

① 토지관리, 소유권 보호
② 토지관리, 소유권 확보
③ 토지관리, 지적정리
④ 국토관리, 소유권 보호

해설

목적(법 제1조) : 공간정보관리법은 측량의 기준 및 절차와 지적공부, 부동산종합공부의 작성 및 관리 등에 관한 사항을 규정함으로써 국토의 효율적 관리 및 국민의 소유권 보호에 기여함을 목적으로 한다.

28 다음 중 토지의 이동으로 볼 수 없는 것은?

① 지적공부의 면적이 달라지는 것
② 지적공부의 좌표가 달라지는 것
③ 지적공부의 경계가 달라지는 것
④ 지적공부의 축척이 달라지는 것

해설

토지의 이동(법 제2조) : 토지의 표시를 새로 정하거나 변경 또는 말소하는 것을 말한다.

정답 24 ③ 25 ④ 26 ③ 27 ① 28 ④

29 다음 중 축척변경위원회의 의결사항이 아닌 것은?

① 확정공고
② 청산금의 산출
③ 이의신청에 대한 사항
④ 필지별 m²당 가격의 결정

해설
축척변경위원회의 기능(영 제80조)
축척변경위원회는 지적소관청이 회부하는 다음의 사항을 심의·의결한다.
㉠ 축척변경 시행계획에 관한 사항
㉡ 지번별 m²당 금액의 결정과 청산금의 산정에 관한 사항
㉢ 청산금의 이의신청에 관한 사항
㉣ 그 밖에 축척변경과 관련하여 지적소관청이 회의에 부치는 사항

30 다음 중 지적측량을 할 필요가 없는 경우는?

① 등록전환   ② 분할
③ 합병   ④ 신규등록

해설
합병, 지목변경은 지적측량을 실시하지 않는다.
지적측량을 하여야 하는 경우(법 제23조, 영 제18조)
㉠ 지적기준점을 정하는 경우
㉡ 지적측량성과를 검사하는 경우
㉢ 다음에 해당하는 경우로서 측량을 할 필요가 있는 경우
  1. 지적공부를 복구하는 경우
  2. 토지를 신규등록하는 경우
  3. 토지를 등록전환하는 경우
  4. 토지를 분할하는 경우
  5. 바다가 된 토지의 등록을 말소하는 경우
  6. 축척을 변경하는 경우
  7. 지적공부의 등록사항을 정정하는 경우
  8. 도시개발사업 등의 시행지역에서 토지의 이동이 있는 경우
  9. 지적재조사에 관한 특별법에 따른 지적재조사사업에 따라 토지의 이동이 있는 경우
㉣ 경계점을 지상에 복원하는 경우
㉤ 그 밖에 대통령령으로 정하는 경우 : 지상건축물 등의 현황을 지적도 및 임야도에 등록된 경계와 대비하여 표시하는 데에 필요한 경우(지적현황측량)

31 공간정보관리법상 등록전환의 의미로 옳은 것은?

① 형질변경으로 인하여 타 지목으로 바꾸는 것
② 소축척을 대축척으로 변경하는 것
③ 미등록지를 지적공부에 등록하는 것
④ 임야도의 토지를 지적도에 옮겨 등록하는 것

해설
등록전환(법 제2조)
임야대장 및 임야도에 등록된 토지를 토지대장 및 지적도에 옮겨 등록하는 것을 말한다.

32 신규등록할 토지가 있는 경우, 그 사유가 발생한 날부터 최대 며칠 이내에 지적소관청에 신규등록을 신청하여야 하는가?

① 7일   ② 15일
③ 30일   ④ 60일

해설
신규등록 신청(법 제77조)
토지소유자는 신규등록할 토지가 있으면 대통령령으로 정하는 바에 따라 그 사유가 발생한 날부터 60일 이내에 지적소관청에 신규등록을 신청하여야 한다.

33 토지소유자가 토지이동 신청을 하였을 경우 소관청이 토지 표시변경을 등기촉탁하지 않아도 되는 사항은?

① 신규등록 신청   ② 등록전환 신청
③ 토지분할 신청   ④ 토지합병 신청

해설
등기촉탁(법 제89조)
지적소관청은 지적공부에 등록하는 지번·지목·면적·경계 또는 좌표는 토지의 이동이 있을 때(신규등록은 제외한다), 지적공부에 등록된 지번을 변경, 바다로 된 토지의 등록말소 신청, 축척변경, 지적공부의 등록사항의 정정 또는 지번부여지역의 일부가 행정구역의 개편으로 다른 지번부여지역에 속하게 되는 사유로 토지의 표시 변경에 관한 등기를 할 필요가 있는 경우에는 지체 없이 관할 등기관서에 그 등기를 촉탁하여야 한다. 이 경우 등기촉탁은 국가가 국가를 위하여 하는 등기로 본다.

34 지번설정지역에 관한 설명으로 옳은 것은?

① 행정구역인 시·군·구와 일치한다.
② 지번을 부여하는 단위지역으로서 동·리가 대부분이다.
③ 보편적으로 읍·면이 이에 해당한다.
④ 지번설정지역을 달리 하더라도 동일지번은 없다.

해설
지번부여지역(법 제2조)
지번을 부여하는 단위지역으로서 동·리 또는 이에 준하는 지역을 말한다.

35 다음 중 지적소관청에 대한 설명으로 옳은 것은?

① 지적공부를 보관하는 지적서고를 말한다.
② 지적공부를 관리하는 시장·군수, 구청장을 말한다.
③ 지적업무를 관장한 행정기관, 읍·면, 시·군, 도 등을 말한다.
④ 어느 업무를 관장한 행정기관을 말한다.

해설
지적소관청(법 제2조)
지적공부를 관리하는 특별자치시장, 시장·군수 또는 구청장을 말한다.

36 지적공부를 복구하고자 할 때 소유자에 관한 등록사항을 결정할 수 있는 자료는 다음 중 어느 것인가?

① 소유자의 신청서
② 이해관계인의 협의서
③ 현지 측량결과도
④ 부동산등기부

해설
부동산등기부(토지 및 건물등기사항전부증명서)는 부동산의 소유주와 이전내역, 대출 및 담보 설정 등의 내용을 확인할 수 있는 문서이다.

37 다음 중 말소된 토지의 지번을 사용할 수 있는 경우는?

① 등록전환 시
② 신규등록 시
③ 지적확정측량에 따른 토지이동 시
④ 소관청이 필요로 할 때

해설
지적확정측량, 축척변경 및 지번변경에 따른 토지이동의 경우를 제외하고는 폐쇄 또는 말소된 지번을 다시 사용할 수 없다(지적업무처리규정 제63조).

38 다음 중 경계점좌표등록부의 등록사항이 아닌 것은?

① 고유번호
② 소유자의 주민등록번호
③ 도면번호
④ 필지별 경계점좌표등록부의 장번호

해설
경계점좌표등록부의 등록사항(법 제73조)
지적소관청은 도시개발사업 등에 따라 새로이 지적공부에 등록하는 토지에 대하여는 다음의 사항을 등록한 경계점좌표등록부를 작성하고 갖춰 두어야 한다.
㉠ 토지의 소재
㉡ 지번
㉢ 좌표
㉣ 그 밖에 국토교통부령으로 정하는 사항(규칙 제71조)
  1. 토지의 고유번호
  2. 지적도면의 번호
  3. 필지별 경계점좌표등록부의 장번호
  4. 부호 및 부호도

정답 34 ② 35 ② 36 ④ 37 ③ 38 ②

39 행정구역 변경으로 인한 소유자의 주소변경은 무엇에 의하여 지적공부를 정리하는가?

① 등기
② 지적도
③ 임야도
④ 경계점좌표등록부

해설
소유자정리(지적업무처리규정 제60조)
주소, 성명, 명칭의 변경 또는 경정 및 소유권이전 등이 같은 날짜에 등기가 된 경우의 지적공부정리는 등기접수 순서에 따라 모두 정리하여야 한다.

40 다음 중 지목의 표기방법으로 틀린 것은?

① 전 – 전
② 답 – 답
③ 잡종지 – 잡
④ 유원지 – 유

해설
지목표기 시 두문자가 아닌 차문자로 표기하는 지목은 공장용지, 주차장, 하천, 유원지이다.

41 다음 중 지적공부가 아닌 것은?

① 지적공부집계표
② 토지대장
③ 임야대장
④ 경계점좌표등록부

해설
지적공부(법 제2조)
토지대장, 임야대장, 공유지연명부, 대지권등록부, 지적도, 임야도 및 경계점좌표등록부 등 지적측량 등을 통하여 조사된 토지의 표시와 해당 토지의 소유자 등을 기록한 대장 및 도면(정보처리시스템을 통하여 기록·저장된 것을 포함한다)을 말한다.

42 지적공부정리를 목적으로 하지 않는 것은?

① 신규등록 측량
② 토지분할 측량
③ 경계복원 측량
④ 등록전환 측량

해설
지적공부의 정리 등(영 제84조)
㉠ 지적소관청은 지적공부가 다음의 어느 하나에 해당하는 경우에는 지적공부를 정리하여야 한다. 이 경우 이미 작성된 지적공부에 정리할 수 없을 때에는 새로 작성하여야 한다.
　1. 지번을 변경하는 경우
　2. 지적공부를 복구하는 경우
　3. 신규등록, 등록전환, 분할, 합병, 지목변경 등 토지의 이동이 있는 경우
㉡ 지적소관청은 ㉠에 따른 토지의 이동이 있는 경우에는 토지이동정리 결의서를 작성하여야 하고, 토지소유자의 변동 등에 따라 지적공부를 정리하려는 경우에는 소유자정리 결의서를 작성하여야 한다.

43 지적공부 중 경계점좌표등록부를 비치·보관하여야 할 곳은?

① 소관청 ② 시·도지사
③ 행정안전부 ④ 국가

해설
경계점좌표등록부는 1필지의 토지소유자가 2인 이상인 경우 그 지분관계를 기록한 것으로, 지적소관청에 의하여 작성되어 비치된다.

44 다음 중 지적소관청이 지적공부에 등록된 사항을 직권으로 정정할 수 있는 경우가 아닌 것은?

① 지적공부에 소유자의 이름이 틀린 경우
② 토지이동정리 결의서의 내용과 다르게 정리된 경우
③ 지적공부의 작성 또는 재작성 당시 잘못 정리된 경우
④ 지적도에 등록된 필지가 면적의 증감없이 경계의 위치만 잘못된 경우

해설
직권으로 조사·측량하여 정정할 수 있는 경우(영 제82조)
㉠ 토지이동정리 결의서의 내용과 다르게 정리된 경우
㉡ 지적도 및 임야도에 등록된 필지가 면적의 증감 없이 경계의 위치만 잘못된 경우
㉢ 1필지가 각각 다른 지적도나 임야도에 등록되어 있는 경우로서 지적공부에 등록된 면적과 측량한 실제면적은 일치하지만 지적도나 임야도에 등록된 경계가 서로 접합되지 않아 지적도나 임야도에 등록된 경계를 지상의 경계에 맞추어 정정하여야 하는 토지가 발견된 경우
㉣ 지적공부의 작성 또는 재작성 당시 잘못 정리된 경우
㉤ 지적측량성과와 다르게 정리된 경우
㉥ 지방지적위원회 또는 중앙지적위원회의 의결서 사본을 받은 지적소관청은 그 내용에 따라 지적공부의 등록사항을 정정하여야 하는 경우
㉦ 지적공부의 등록사항이 잘못 입력된 경우
㉧ 부동산등기법에 따른 통지가 있는 경우(지적소관청의 착오로 잘못 합병한 경우만 해당)
㉨ 면적 환산이 잘못된 경우

45 토지등록의 편성주의가 아닌 것은?

① 물적 편성주의 ② 연대적 편성주의
③ 권리적 편성주의 ④ 인적 편성주의

해설
토지등록의 편성방법
- 인적 편성주의 : 개개의 권리자를 중심으로 지적공부를 편성하는 방법이다.
- 물적 편성주의 : 개개의 토지를 중심으로 지적공부를 편성하는 방법이다. 우리나라 토지대장과 같이 지번 순서에 따라 등록되고 분할되더라도 본번과 관련하여 편철하고 소유자의 변동을 계속 수정하여 관리한다.
- 인적·물적 편성주의 : 물적 편성주의를 기본으로 하고 인적 편성주의 요소를 가미하는 방법이다.
- 연대적 편성주의 : 등록·신청한 시간적 순서에 의하여 지적공부를 편성하는 방법이다.

46 다음의 행정구역선 중 도계에 해당하는 것은?

① ＋ ‥ ＋ ‥ ＋ ‥ ＋
② ＋ · ＋ · ＋ · ＋
③ ─ ‥ ─ ‥ ─ ‥ ─
④ ─ · ─ · ─ · ─

해설
시·도계는 실선 4mm와 허선 2mm로 연결하고 실선 중앙에 실선과 직각으로 교차하는 1mm의 실선을 긋고, 허선에 직경 0.3mm의 점 1개를 제도한다(지적업무처리규정 제44조).

47 다음 중 토지조사사업 당시 작성된 지적도의 축척이 아닌 것은?

① 1/600 ② 1/1000
③ 1/1200 ④ 1/2400

해설
토지조사사업 도면 축척 : 1/600, 1/1200, 1/2400

정답 43 ① 44 ① 45 ③ 46 ② 47 ②

48 지적측량기준점의 제도에서 지적삼각점은?

① ◎   ② ●
③ ○   ④ ⊕

해설
지적기준점 등의 제도(지적업무처리규정 제43조)
지적삼각점 및 지적삼각보조점은 직경 3mm의 원으로 제도한다. 이 경우 지적삼각점은 원 안에 십자선을 표시한다.

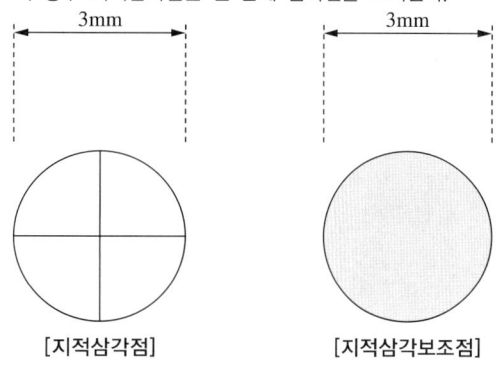

[지적삼각점]   [지적삼각보조점]

49 축척 1/600 지역에서 토지의 원면적이 100m²인 경우 신구면적교차 허용범위를 산출한 값은?

① 96~104m²
② 94~106m²
③ 93~107m²
④ 92~108m²

해설
오차 허용면적
$A = 0.026^2 M\sqrt{F}$
$= 0.026^2 \times 600\sqrt{100}$
$= 4.056\text{m}^2$
$= \pm 4\text{m}^2$
여기서, M : 축척분모
F : 원면적

50 면적을 측정할 경우 도곽선의 길이에 얼마 이상의 신축이 있을 때 이를 보정하는가?

① 0.5mm   ② 1mm
③ 2mm   ④ 4mm

해설
면적을 측정하는 경우 도곽선의 길이에 0.5mm 이상의 신축이 있을 때에는 이를 보정하여야한다(지적측량 시행규칙 제20조).

51 평판측량방법으로 세부측량을 할 때에 측량준비 파일에 작성하여야 할 사항이 아닌 것은?

① 측정점의 위치 설명도
② 도곽선과 그 수치
③ 행정구역선과 그 명칭
④ 측량대상 토지의 경계선, 지번 및 지목

해설
평판측량방법에 따른 세부측량(지적측량 시행규칙 제17조)
㉠ 측량대상 토지의 경계선, 지번 및 지목
㉡ 인근 토지의 경계선, 지번 및 지목
㉢ 임야도를 갖춰 두는 지역에서 인근 지적도의 축척으로 측량을 할 때에는 임야도에 표시된 경계점의 좌표를 구하여 지적도에 전개(展開)한 경계선. 다만, 임야도에 표시된 경계점의 좌표를 구할 수 없거나 그 좌표에 따라 확대하여 그리는 것이 부적당한 경우에는 축척비율에 따라 확대한 경계선을 말한다.
㉣ 행정구역선과 그 명칭
㉤ 지적기준점 및 그 번호와 지적기준점 간의 거리, 지적기준점의 좌표, 그 밖에 측량의 기점이 될 수 있는 기지점
㉥ 도곽선(圖廓線)과 그 수치
㉦ 도곽선의 신축이 0.5mm 이상일 때에는 그 신축량 및 보정(補正) 계수

52 일람도의 등재사항 중 제명의 글자 크기에 해당되는 것은 어느 것인가?

① 7mm   ② 8mm
③ 9mm   ④ 5mm

해설
일람도의 제도(지적업무처리규정 제38조)
글자의 크기는 9mm로 하고 글자 사이의 간격은 글자 크기의 1/2 정도 띄운다.

53 축척 1/600 지적도에 등록된 토지의 면적이 70.55m²로 산출되었다. 지적공부에 등록하는 결정면적은?

① 70m²
② 70.5m²
③ 70.6m²
④ 71m²

해설
지적도의 축척이 1/600인 지역과 경계점좌표등록부에 등록하는 지역의 토지면적(영 제60조)
- m² 이하 한 자리 단위로 한다.
- 0.1m² 미만의 끝수가 있는 경우 0.05m² 미만일 때에는 버리고 0.05m²를 초과할 때에는 올린다.
- 0.05m²일 때에는 구하려는 끝자리의 숫자가 0 또는 짝수이면 버리고 홀수이면 올린다.
- 다만, 1필지의 면적이 0.1m² 미만일 때에는 0.1m²로 한다.

54 3변의 길이가 각각 30m, 30m, 20m인 삼각형의 면적을 계산한 값은?

① 252.8m²
② 262.8m²
③ 272.8m²
④ 282.8m²

해설
헤론의 공식
$A = \sqrt{s(s-a)(s-b)(s-c)}$
$= \sqrt{40(40-30)(40-30)(40-20)}$
$\fallingdotseq 282.8m^2$
여기서, $s = \dfrac{30+30+20}{2} = 40$

55 제도용구 중에서 직경 10mm 이하의 작은 원을 그리거나 원호를 등분할 때 사용되는 제도용구는?

① 먹줄펜
② 디바이더
③ 스프링 컴퍼스
④ 자유곡선자

해설
스프링 컴퍼스는 제도용 컴퍼스 중 직경 10mm 이하의 소원을 제도할 때 사용된다.

56 좌표면적계산법에 따른 면적측정 시 산출면적의 계산단위로 옳은 것은?

① 1m²
② 1/10m²
③ 1/100m²
④ 1/1000m²

해설
좌표면적계산법(지적측량 시행규칙 제20조)
㉠ 경위의측량방법으로 세부측량을 한 지역의 필지별 면적측정은 경계점 좌표에 따를 것
㉡ 산출면적은 1/1000m²까지 계산하여 1/10m² 단위로 정할 것
※ 대상지역 : 경계점좌표등록부 등록지

57 토지대장 또는 임야대장에 등록하는 면적의 단위는?

① 평 ② 홉
③ m² ④ 보

해설
면적의 단위는 m²로 한다(법 제68조).

58 일람도 제도에서 붉은색 0.2mm의 2선으로 제도하는 것은 다음 중 어느 용지인가?

① 수도용지 ② 철도용지
③ 공원용지 ④ 도로용지

해설
일람도의 제도(지적업무처리규정 제38조)
㉠ 도면에 등록하는 도곽선은 0.1mm의 폭으로, 도곽선의 수치는 도곽선 왼쪽 아랫부분과 오른쪽 윗부분의 종횡선교차점 바깥쪽에 2mm 크기의 아라비아숫자로 제도한다.
㉡ 도면번호는 3mm의 크기로 한다.
㉢ 인접 동·리 명칭은 4mm, 그 밖의 행정구역 명칭은 5mm의 크기로 한다.
㉣ 지방도로 이상은 검은색 0.2mm 폭의 2선으로, 그 밖의 도로는 0.1mm의 폭으로 제도한다.
㉤ 철도용지는 붉은색 0.2mm 폭의 2선으로 제도한다.
㉥ 수도용지 중 선로는 남색 0.1mm 폭의 2선으로 제도한다.
㉦ 하천, 구거(溝渠), 유지(溜池)는 남색 0.1mm의 폭의 2선으로 제도하고, 그 내부를 남색으로 엷게 채색한다. 다만, 적은 양의 물이 흐르는 하천 및 구거는 0.1mm의 남색 선으로 제도한다.
㉧ 취락지, 건물 등은 검은색 0.1mm의 폭으로 제도하고, 그 내부를 검은색으로 엷게 채색한다.
㉨ 삼각점 및 지적기준점의 제도는 제43조를 준용한다.
㉩ 도시개발사업, 축척변경 등이 완료된 때에는 지구경계를 붉은색 0.1mm 폭의 선으로 제도한 후 지구 안을 붉은색으로 엷게 채색하고, 그 중앙에 사업명 및 사업완료연도를 기재한다.

59 플래니미터법에서 독수교차라 함은?

① 3회 측정치의 최대치와 중간치의 차
② 3회 측정치의 최소치와 중간치의 차
③ 3회 측정치의 최대치와 최소치의 차
④ 2회 측정치의 차

해설
독수교차라 함은 3회 측정치의 최대치와 최소치의 차를 말한다.

60 분할하는 토지의 신구면적 오차를 배분한 면적산출식은?(단, F : 원면적, A : 측정면적 합계, a : 각 필지의 측정면적)

① $\dfrac{A}{F} \times a$ ② $\dfrac{F}{a} \times A$
③ $\dfrac{F}{A} \times a$ ④ $A \times F \times a$

해설
분할에 따른 면적 오차의 허용범위 및 배분(영 제19조)
분할 전후 면적의 차이를 배분한 산출면적은 다음의 계산식에 따라 필요한 자리까지 계산하고, 결정면적은 원면적과 일치하도록 산출면적의 구하려는 끝자리의 다음 숫자가 큰 것부터 순차로 올려서 정하되, 구하려는 끝자리의 다음 숫자가 서로 같을 때에는 산출면적이 큰 것을 올려서 정한다.
$$r = \dfrac{F}{A} \times a$$
여기서, r : 각 필지의 산출면적
F : 원면적
A : 측정면적 합계 또는 보정면적 합계
a : 각 필지의 측정면적 또는 보정면적

2017년 제4회 과년도 기출복원문제

01 다음 중 지적제도의 유형에 속하지 않는 것은?

① 행정 지적 ② 세지적
③ 다목적 지적 ④ 법지적

해설
지적제도의 분류
- 등록사항의 차원에 의한 분류 : 2차원지적, 3차원 지적
- 발전 단계에 의한 분류 : 세지적, 법지적, 다목적 지적
- 등록의무의 강약에 의한 분류 : 소극적 지적, 적극적 지적
- 경계의 표시방법에 의한 분류 : 도해지적, 수치지적

02 자연적인 지형지물, 즉 도로, 담장, 울타리, 도랑, 하천 등으로 이루어진 것을 무엇이라 하는가?

① 보증경계 ② 고정경계
③ 일반경계 ④ 법률적 경계

해설
경계의 종류
- 경계 특성에 따른 분류
  - 일반경계 : 자연적인 지형지물, 즉 도로, 담장, 울타리, 도랑, 하천 등으로 이루어진 경계이다.
  - 고정경계 : 특정 토지에 대한 경계점의 지상에 석주, 철주, 말뚝 등의 경계표지를 설치하거나 이를 정확하게 측량하여 지적도 상에 등록 또는 관리하는 경계이다.
  - 보증경계 : 측량사에 의하여 지적측량이 행해지고 지적관리청의 사정에 의하여 확정된 토지경계를 의미한다.
- 물리적 특성에 따른 경계 : 자연적 경계, 인공적 경계
- 법률적 특성에 따른 경계 : 공간정보와 구축 및 관례 등에 관한 법상의 경계, 민법상 경계, 형법상 경계
- 일반적 특성에 따른 경계 : 지상경계, 도상경계, 법정경계, 사실경계

03 다음에서 설명하는 내용이 의미하는 지목은?

> 물을 직접 이용하여 벼, 연, 미나리, 왕골 등의 식물을 주로 재배하는 토지

① 전 ② 답
③ 대 ④ 유지

해설
① 전 : 물을 상시적으로 이용하지 않고 곡물, 원예작물(과수류는 제외한다), 약초, 뽕나무, 닥나무, 묘목, 관상수 등의 식물을 주로 재배하는 토지와 식용(食用)으로 죽순을 재배하는 토지
③ 대 : 영구적 건축물 중 주거, 사무실, 점포와 박물관, 극장, 미술관 등 문화시설과 이에 접속된 정원 및 부속시설물의 부지 또는 국토의 계획 및 이용에 관한 법률 등 관계 법령에 따른 택지조성공사가 준공된 토지
④ 유지 : 물이 고이거나 상시적으로 물을 저장하고 있는 댐, 저수지, 소류지(沼溜地), 호수, 연못 등의 토지와 연, 왕골 등이 자생하는 배수가 잘 되지 아니하는 토지

04 다음 중 다목적 지적의 구성요소가 아닌 것은?

① 측지기본망 ② 기본도
③ 토지성분 ④ 고유식별번호

해설
- 다목적 지적의 3대 구성요소 : 측지기본망, 기본도, 지적중첩도
- 다목적 지적의 5대 구성요소 : 측지기본망, 기본도, 지적중첩도, 필지식별번호, 토지자료파일

05 우리나라 임야도의 축척은 모두 몇 종인가?

① 2종 ② 3종
③ 4종 ④ 5종

해설
임야도의 축척(2종) : 1/3000, 1/6000

정답 1① 2③ 3② 4③ 5①

06 다음 중 지적공부에 해당하는 것은?

① 가옥대장 ② 도로대장
③ 임야대장 ④ 하천대장

해설

지적공부(법 제2조)
토지대장, 임야대장, 공유지연명부, 대지권등록부, 지적도, 임야도 및 경계점좌표등록부 등 지적측량 등을 통하여 조사된 토지의 표시와 해당 토지의 소유자 등을 기록한 대장 및 도면(정보처리시스템을 통하여 기록·저장된 것을 포함한다)을 말한다.

07 묘지를 관리하기 위한 건축물 부지의 지목은 원칙적으로 어느 것인가?

① 대 ② 묘지
③ 분묘지 ④ 임야

해설

묘지(영 제58조) : 사람의 시체나 유골이 매장된 토지, 도시공원 및 녹지 등에 관한 법률에 따른 묘지공원으로 결정·고시된 토지 및 장사 등에 관한 법률에 따른 봉안시설과 이에 접속된 부속시설물의 부지. 다만, 묘지의 관리를 위한 건축물의 부지는 "대"로 한다.

08 우리나라 토지를 지적공부에 등록하는 기본 원칙으로 볼 수 없는 것은?

① 실질적 심사주의
② 형식적 심사주의
③ 직권등록주의
④ 국정주의

해설

토지를 지적공부에 등록하는 원칙 : 직권등록주의, 국정주의, 지적형식주의, 실질적 심사주의, 지적공개주의 등

09 토지대장에 등록하는 내용으로 틀린 것은?

① 토지의 소재, 지번
② 토지의 지목
③ 지상권자의 주소, 성명
④ 토지의 면적

해설

토지대장과 임야대장의 등록사항(법 제71조)
㉠ 토지의 소재
㉡ 지번(임야대장은 숫자 앞에 "산"을 붙임)
㉢ 지목
㉣ 면적
㉤ 소유자의 성명 또는 명칭, 주소 및 주민등록번호(국가, 지방자치단체, 법인, 법인 아닌 사단이나 재단 및 외국인의 경우에는 부동산등기법에 따라 부여된 등록번호를 말한다)
㉥ 그 밖에 국토교통부령으로 정하는 사항(규칙 제68조)
  1. 토지의 고유번호(각 필지를 서로 구별하기 위하여 필지마다 붙이는 고유한 번호를 말한다)
  2. 지적도 또는 임야도의 번호와 필지별 토지대장 또는 임야대장의 장번호 및 축척
  3. 토지의 이동사유
  4. 토지소유자가 변경된 날과 그 원인
  5. 토지등급 또는 기준수확량등급과 그 설정·수정 연월일
  6. 개별공시지가와 그 기준일

10 고추를 재배하는 토지의 지목은?

① 임야 ② 잡종지
③ 채소밭 ④ 전

해설

전(영 제58조) : 물을 상시적으로 이용하지 않고 곡물, 원예작물(과수류는 제외한다), 약초, 뽕나무, 닥나무, 묘목, 관상수 등의 식물을 주로 재배하는 토지와 식용(食用)으로 죽순을 재배하는 토지

11 전파기 또는 광파기측량법에 의한 지적삼각점관측 시 측거기 표준편차의 제한은?

① ±(3mm+3ppm)
② ±(5mm+5ppm)
③ ±(10mm+10ppm)
④ ±(15mm+15ppm)

해설
전파기 또는 광파기측량방법에 따른 지적삼각점의 관측과 계산의 기준(지적측량 시행규칙 제9조)
전파 또는 광파측거기는 표준편차가 ±(5mm+5ppm) 이상인 정밀측거기를 사용할 것

12 토지가 해면에 접하는 경우 지상경계를 결정하는 기준은?

① 평균중조위선
② 최대만조위선
③ 최저만조위선
④ 최고간조위선

해설
지상경계의 결정기준 등(영 제55조)
㉠ 연접되는 토지 간에 높낮이 차이가 없는 경우 : 그 구조물 등의 중앙
㉡ 연접되는 토지 간에 높낮이 차이가 있는 경우 : 그 구조물 등의 하단부
㉢ 도로·구거 등의 토지에 절토(땅깎기)된 부분이 있는 경우 : 그 경사면의 상단부
㉣ 토지가 해면 또는 수면에 접하는 경우 : 최대만조위 또는 최대만수위가 되는 선
㉤ 공유수면매립지의 토지 중 제방 등을 토지에 편입하여 등록하는 경우 : 바깥쪽 어깨 부분

13 경위의측량방법에 의한 지적삼각점의 계산과 관측에서 틀린 것은?

① 관측은 10초독 이상의 경위의를 사용한다.
② 수평각은 2대회 배각관측법에 의한다.
③ 1방향 수평각 측각공차는 30초 이내로 한다.
④ 기지각과의 차는 ±40초 이내로 한다.

해설
경위의측량방법에 따른 지적삼각점의 관측과 계산의 기준(지적측량 시행규칙 제9조)
㉠ 관측은 10초독(秒讀) 이상의 경위의를 사용할 것
㉡ 수평각관측은 3대회(大回, 윤곽도는 0°, 60°, 120°로 한다)의 방향관측법에 따를 것
㉢ 수평각의 측각공차(測角公差)는 다음 표에 따를 것

종별	1방향각	1측회(側回)의 폐색(閉塞)	삼각형 내각관측의 합과 180°와의 차	기지각(既知角)과의 차
공차	30초 이내	±30초 이내	±30초 이내	±40초 이내

14 3대회 관측 시 초독의 위치가 아닌 것은?

① 0°
② 60°
③ 120°
④ 200°

해설
13번 해설 참조

15 경위의측량방법에 의한 지적삼각점 관측과 계산에서 수평각측정 시 1측회의 폐색공차는?

① ±10초 이내
② ±20초 이내
③ ±30초 이내
④ ±40초 이내

해설
13번 해설 참조

정답 11 ② 12 ② 13 ② 14 ④ 15 ③

16 다음 중 평판측량방법으로 세부측량을 한 경우 측량결과도에 기재하지 않아도 되는 것은?

① 측정점의 위치
② 측량결과도의 제명
③ 측량대상 토지의 점유현황선
④ 건물의 명칭

해설
평판측량방법으로 세부측량을 한 경우 측량결과도에 기재할 사항(지적측량 시행규칙 제26조)
㉠ 측량준비 파일에 작성하여야 할 사항
 1. 측량대상 토지의 경계선, 지번 및 지목
 2. 인근 토지의 경계선, 지번 및 지목
 3. 임야도를 갖춰 두는 지역에서 인근 지적도의 축척으로 측량을 할 때에는 임야도에 표시된 경계점의 좌표를 구하여 지적도에 전개(展開)한 경계선. 다만, 임야도에 표시된 경계점의 좌표를 구할 수 없거나 그 좌표에 따라 확대하여 그리는 것이 부적당한 경우에는 축척비율에 따라 확대한 경계선을 말한다.
 4. 행정구역선과 그 명칭
 5. 지적기준점 및 그 번호와 지적기준점 간의 거리, 지적기준점의 좌표, 그 밖에 측량의 기점이 될 수 있는 기지점
 6. 도곽선(圖廓線)과 그 수치
 7. 도곽선의 신축이 0.5mm 이상일 때에는 그 신축량 및 보정(補正) 계수
 8. 그 밖에 국토교통부장관이 정하는 사항
㉡ 측정점의 위치, 측량기하적 및 지상에서 측정한 거리
㉢ 측량대상 토지의 토지이동 전의 지번과 지목(2개의 붉은 선으로 말소한다)
㉣ 측량결과도의 제명 및 번호(연도별로 붙인다)와 도면번호
㉤ 신규등록 또는 등록전환하려는 경계선 및 분할경계선
㉥ 측량대상 토지의 점유현황선
㉦ 측량 및 검사의 연월일, 측량자 및 검사자의 성명, 소속 및 자격등급 또는 기술등급

17 경계를 복원하기 위하여 측량할 때 옳은 방법은?

① 삼각측량방법에 의한다.
② 도근측량방법에 의한다.
③ 경계등록 당시의 등록사항이 정정된 후 측량한다.
④ 교회법에 의한다.

해설
경계복원측량 기준 등(지적측량 시행규칙 제24조)
경계점을 지표상에 복원하기 위한 경계복원측량을 하려는 경우 경계를 지적공부에 등록할 당시 측량성과의 착오 또는 경계 오인 등의 사유로 경계가 잘못 등록되었다고 판단될 때에는 등록사항을 정정한 후 측량하여야 한다.

18 앨리데이드(조준의)의 시준판에 새겨진 1눈금과 양 시준판 간격의 관계는?

① 1/50
② 1/70
③ 1/100
④ 1/1000

해설
앨리데이드의 양 시준판의 최소 눈금은 양 시준판 간격의 1/100이다.

19 다음의 평판측량방법 중 교회법의 종류에 해당되지 않는 것은?

① 도선교회법
② 후방교회법
③ 전방교회법
④ 측방교회법

해설
교회법
• 전방교회법 : 기지점에서 미지점의 위치를 결정하는 방법
• 후방교회법 : 기지의 3점으로부터 미지의 점을 구하는 방법
• 측방교회법 : 전방교회법과 후방교회법을 겸한 방법으로 기지의 2점 중 한 점에 접근이 곤란한 경우 기지의 2점을 이용하여 미지의 한 점을 구하는 방법

20 평판측량방법에 의한 세부측량을 도선법으로 하는 경우 도선의 변수는?

① 10개 이하   ② 20개 이하
③ 30개 이하   ④ 40개 이하

해설
평판측량방법에 따른 세부측량을 도선법으로 하는 경우의 기준 (지적측량 시행규칙 제18조)
㉠ 위성기준점, 통합기준점, 삼각점, 지적삼각점, 지적삼각보조점 및 지적도근점, 그 밖에 명확한 기지점 사이를 서로 연결할 것
㉡ 도선의 측선장은 도상길이 8cm 이하로 할 것. 다만, 광파조준의 또는 광파측거기를 사용할 때에는 30cm 이하로 할 수 있다.
㉢ 도선의 변은 20개 이하로 할 것
㉣ 도선의 폐색오차가 도상길이 $\frac{\sqrt{N}}{3}$[mm] 이하인 경우 그 오차는 다음의 계산식에 따라 이를 각 점에 배분하여 그 점의 위치로 할 것

$M_n = \frac{e}{N} \times n$

여기서, M_n : 각 점에 순서대로 배분할 mm 단위의 도상길이
e : mm 단위의 오차
N : 변의 수
n : 변의 순서

21 평판측량을 교회법으로 실시할 때의 설명 중 타당하지 않은 것은?

① 전방 또는 측방교회법에 의한다.
② 3방향 또는 2방향의 교회에 의한다.
③ 방향선의 길이는 도상 10cm 이하로 한다.
④ 시오삼각형 내접원의 지름이 1mm 이하일 때는 그 중심점을 취한다.

해설
평판측량방법에 따른 세부측량을 교회법으로 하는 경우의 기준 (지적측량 시행규칙 제18조)
㉠ 전방교회법 또는 측방교회법에 따를 것
㉡ 3방향 이상의 교회에 따를 것
㉢ 방향각의 교각은 30° 이상 150° 이하로 할 것
㉣ 방향선의 도상길이는 측판의 방위표정에 사용한 방향선의 도상길이 이하로서 10cm 이하로 할 것. 다만, 광파조준의 또는 광파측거기를 사용하는 경우에는 30cm 이하로 할 수 있다.
㉤ 측량결과 시오(示誤)삼각형이 생긴 경우 내접원의 지름이 1mm 이하일 때에는 그 중심을 점의 위치로 할 것

22 삼각형의 세 변의 길이가 각각 6cm, 8cm, 10cm일 때 이 삼각형의 면적은?

① 12cm²   ② 24cm²
③ 36cm²   ④ 48cm²

해설
헤론의 공식
$A = \sqrt{s(s-a)(s-b)(s-c)}$
$= \sqrt{12(12-6)(12-8)(12-10)}$
$= 24\text{cm}^2$

여기서, $s = \frac{6+8+10}{2} = 12$

23 일반적인 평판설치의 작업 순서로 옳은 것은?

① 정준 → 구심 → 표정
② 정준 → 표정 → 구심
③ 구심 → 정준 → 표정
④ 표정 → 구심 → 정준

해설
일반적인 평판설치의 작업 순서 : 정준(수평 맞추기) → 구심(중심 맞추기) → 표정(방향 맞추기)

24 지적도근점측량에서 1등도선의 연결오차 한계는?(단, n은 각 측선 수평거리의 총합계를 100으로 나눈 수)

① 해당 지역 축척분모의 $\frac{1.5}{100}\sqrt{n}$ [cm] 이하

② 해당 지역 축척분모의 $\frac{1}{100}\sqrt{n}$ [cm] 이하

③ 해당 지역 축척분모의 $\frac{5}{100}\sqrt{n}$ [cm] 이하

④ 해당 지역 축척분모의 $\frac{1}{1000}\sqrt{n}$ [cm] 이하

해설
지적도근점측량에서의 연결오차의 허용범위(지적측량 시행규칙 제15조)
지적도근점측량에서 연결오차의 허용범위는 다음의 기준에 따른다. 이 경우 n은 각 측선의 수평거리의 총합계를 100으로 나눈 수를 말한다.
㉠ 1등도선은 해당 지역 축척분모의 $\frac{1}{100}\sqrt{n}$ [cm] 이하로 할 것
㉡ 2등도선은 해당 지역 축척분모의 $\frac{1.5}{100}\sqrt{n}$ [cm] 이하로 할 것

25 다음 중 지적측량에 해당하지 않는 것은?

① 등록된 토지의 분할측량
② 등록된 토지의 경계를 지상에 복원하는 측량
③ 등록된 토지의 합병측량
④ 대행자가 행한 측량을 검사하는 측량

해설
합병에 따른 면적은 따로 지적측량을 실시하지 않고, 합병 전 각 필지의 면적을 합산하여 결정한다.

26 지적측량방법으로 옳지 않은 것은?

① 평판측량
② 경위의측량
③ 수준측량
④ 사진측량

해설
지적측량은 평판(平板)측량, 전자평판측량, 경위의(經緯儀)측량, 전파기(電波機) 또는 광파기(光波機)측량, 사진측량 및 위성측량 등의 방법에 따른다(지적측량 시행규칙 제5조).

27 토지를 임야도에 등록할 때 지번의 표기방법으로 옳은 것은?

① 지번 앞에 "산"자를 관기한다.
② 지번 위에 "산"자를 후기한다.
③ 지번 앞에 "임"자를 관기한다.
④ 지번 뒤에 "임"자를 후기한다.

해설
지번(地番)은 아라비아숫자로 표기하되, 임야대장 및 임야도에 등록하는 토지의 지번은 숫자 앞에 "산"자를 붙인다(영 제56조).

28 지적공부의 열람 또는 등본교부의 신청을 하는 경우 수수료의 납부방법은?

① 수입인지로 소관청에 납부한다.
② 수입증지로 소관청에 납부한다.
③ 현금으로 소관청에 납부한다.
④ 수입인지, 수입증지 또는 현금으로 소관청에 납부한다.

해설
수수료(규칙 제115조)
㉠ 수수료는 수입인지, 수입증지 또는 현금으로 내야 한다. 다만, 등록한 성능검사대행자가 하는 성능검사 수수료와 공간정보산업협회 등에 위탁된 업무의 수수료는 현금으로 내야 한다.
㉡ 국토교통부장관, 국토지리정보원장, 시·도지사 및 지적소관청은 ㉠에도 불구하고 정보통신망을 이용하여 전자화폐·전자결제 등의 방법으로 수수료를 내게 할 수 있다.

정답 24 ② 25 ③ 26 ③ 27 ① 28 ④

29 공간정보의 구축 및 관리 등에 관한 법률상 분할의 정의로 옳은 것은?

① 지상에 인위적으로 구획된 토지를 2필지 이상으로 나누는 것
② 지적공부에 등록된 1필지를 2필지 이상으로 나누어 등록하는 것
③ 지적공부에 등록된 2필지 이상을 1필지로 합하여 등록하는 것
④ 지적도에 등록된 경계점의 정밀도를 높이기 위하여 축척을 변경하여 등록하는 것

해설
분할(법 제2조) : 지적공부에 등록된 1필지를 2필지 이상으로 나누어 등록하는 것을 말한다.

30 1필지의 일부가 지목이 다르게 된 때에는 다음 중 어떠한 신청을 먼저 하여야 하는가?

① 지목변경　② 축척변경
③ 토지분할　④ 등록전환

해설
분할 신청 대상 토지(영 제65조)
㉠ 지적공부에 등록된 1필지의 일부가 형질변경 등으로 용도가 변경된 경우
㉡ 소유권이전, 매매 등을 위하여 필요한 경우
㉢ 토지이용상 불합리한 지상경계를 시정하기 위한 경우

31 지번을 부여함으로써 얻는 효과 중 가장 미미한 것은?

① 토지의 특정성을 살린다.
② 토지의 지리적 위치를 고정한다.
③ 토지의 개별성을 보장한다.
④ 토지의 가치를 결정한다.

해설
지번부여의 효과(기능)
• 토지의 개별화(개별성)
• 특정성을 부여(토지의 특성화)
• 토지의 위치 추측이 가능(위치의 확인)
• 방문, 통신전달, 주소 표기의 기능(토지의 식별)
• 토지의 고정화
• 토지의 이용과 관리의 효율화를 위한 연결매체
• 부동산활동 및 사회활동에 유익

32 소관청이 토지 표시의 변경에 관한 등기를 관할 등기소에 촉탁할 필요가 없는 경우는?

① 지적도의 축척을 변경하였을 때
② 행정구역 개편으로 새로이 지번을 정하였을 때
③ 신청에 의한 신규등록을 하였을 때
④ 소관청의 직권에 의거하여 지목변경을 하였을 때

해설
등기촉탁(법 제89조)
지적소관청은 지적공부에 등록하는 지번·지목·면적·경계 또는 좌표는 토지의 이동이 있을 때(신규등록은 제외한다), 지적공부에 등록된 지번을 변경, 바다로 된 토지의 등록말소 신청, 축척변경, 지적공부의 등록사항의 정정 또는 지번부여지역의 일부가 행정구역의 개편으로 다른 지번부여지역에 속하게 되는 사유로 토지의 표시 변경에 관한 등기를 할 필요가 있는 경우에는 지체 없이 관할 등기관서에 그 등기를 촉탁하여야 한다. 이 경우 등기촉탁은 국가가 국가를 위하여 하는 등기로 본다.

33 도곽선의 수치는 무슨 색으로 제도하여야 하는가?

① 검은색   ② 파란색
③ 붉은색   ④ 노란색

해설
지적공부 등의 정리에 사용하는 문자·기호 및 경계는 따로 규정을 둔 사항을 제외하고 정리사항은 검은색, 도곽선과 그 수치 및 말소는 붉은색으로 한다(지적업무처리규정 제63조).

34 정당한 사유 없이 측량을 방해한 자에 대한 벌칙 규정으로 옳은 것은?

① 50만원 이하의 벌금
② 50만원 이하의 과태료
③ 100만원 이하의 벌금
④ 200만원 이하의 과태료

해설
200만원 이하의 과태료(법 제111조)
㉠ 정당한 사유 없이 측량을 방해한 자
㉡ 측량기기에 대한 성능검사를 받지 아니하거나 부정한 방법으로 성능검사를 받은 자
㉢ 정당한 사유 없이 보고를 하지 아니하거나 거짓으로 보고를 한 자
㉣ 정당한 사유 없이 조사를 거부·방해 또는 기피한 자
㉤ 정당한 사유 없이 토지 등에의 출입 등을 방해하거나 거부한 자

35 다음 중 축척변경 시행지역의 토지가 이동이 있는 것으로 보는 시기는?

① 토지공사착수일
② 사업시행공고일
③ 축척변경 확정공고일
④ 청산금 결정공고일

해설
축척변경 시행지역의 토지는 확정공고일에 토지의 이동이 있는 것으로 본다(영 제78조).

36 임야대장 등록지의 면적의 단위는?

① 제곱미터(m^2)   ② 정보
③ 평   ④ 단보

해설
면적의 단위는 m^2로 한다(법 제68조).

37 공유지연명부를 새로이 작성해야 할 1필지 소유자 수의 기준에 해당하는 것은?

① 1인 이상   ② 2인 이상
③ 3인 이상   ④ 4인 이상

해설
공유지연명부 : 1필지의 토지에 소유자가 2인 이상인 경우에 소유자에 관한 사항을 기재한 지적공부이다.

38 다음 중 색인도의 역할에 해당하는 것은?

① 동·리 총 도면 매수의 파악
② 인접 도면의 연결 순서
③ 임야도와 지적도의 접합
④ 인접 동·리와의 접합

해설
색인도 : 인접 도면의 연결 순서를 표시하기 위하여 기재한 도표와 번호를 말한다.

39 지적도상의 경계가 불분명할 경우 경계를 확인할 수 있는 자료는?

① 토지대장
② 면적측정부
③ 측량결과도
④ 접합도

해설
지적측량결과도는 토지분할, 등록전환 등 측량 관련 사항을 기록한 도면으로 토지소유자 간 경계분쟁이 발생할 때 옳고 그름을 판단할 수 있는 근거자료로 활용할 수 있는 중요한 지적기록물이다.

40 일람도에 등재해야 할 사항으로 옳은 것은?

① 토지의 경계, 지번, 지목
② 고유번호, 토지소재
③ 도곽선, 도곽선 수치, 색인도
④ 도곽선 및 하천, 도로 등 주요 지형지물

해설
일람도의 등재사항(지적업무처리규정 제37조)
㉠ 지번부여지역의 경계 및 인접 지역의 행정구역명칭
㉡ 도면의 제명 및 축척
㉢ 도곽선과 그 수치
㉣ 도면번호
㉤ 도로, 철도, 하천, 구거, 유지, 취락 등 주요 지형지물의 표시

41 다음 중 지적공부 도면의 축척(縮尺)이 아닌 것은?

① 1/600
② 1/1000
③ 1/2400
④ 1/3600

해설
지적도면의 축척은 다음의 구분에 따른다(규칙 제69조).
• 지적도 : 1/500, 1/600, 1/1000, 1/1200, 1/2400, 1/3000, 1/6000
• 임야도 : 1/3000, 1/6000

정답 38 ② 39 ③ 40 ④ 41 ④

42 지적공부의 정리 시 검은색으로 하는 것은?

① 도곽선
② 도곽선 수치
③ 말소사항
④ 문자 정리사항

해설
지적공부 등의 정리에 사용하는 문자·기호 및 경계는 따로 규정을 둔 사항을 제외하고 정리사항은 검은색, 도곽선과 그 수치 및 말소는 붉은색으로 한다(지적업무처리규정 제63조).

43 지적도 및 임야도상에 유원지를 등록할 때 다음 중 어느 부호로 표기해야 하는가?

① 유
② 원
③ 유원
④ 유지

해설
지목표기 시 두문자가 아닌 차문자로 표기하는 지목은 공장용지, 주차장, 하천, 유원지이다.

44 다음 중 경계점좌표등록부의 정리방법 기준에 대한 설명으로 옳은 것은?

① 부호도의 각 필지의 경계점 부호는 왼쪽 위에서부터 오른쪽으로 경계를 따라 부여한다.
② 합병으로 존치되는 필지의 부호도는 그대로 유지한다.
③ 합병으로 인하여 말소된 필지의 경계점좌표등록부는 폐기한다.
④ 토지대장에 등록된 토지는 경계점좌표등록부를 작성할 수 없다.

해설
① 부호도의 각 필지의 경계점부호는 왼쪽 위에서부터 오른쪽으로 경계를 따라 아라비아숫자로 연속하여 부여한다. 이 경우 토지의 빈번한 이동정리로 부호도가 복잡한 경우에는 아래 여백에 새로 정리할 수 있다(지적업무처리규정 제47조).
② 합병된 때에는 존치되는 필지의 경계점좌표등록부에 합병되는 필지의 좌표를 정리하고 부호도 및 부호를 새로 정리한다.
③ 합병으로 인하여 필지가 말소된 때에는 경계점좌표등록부의 부호도, 부호 및 좌표를 말소한다. 이 경우 말소된 경계점좌표등록부도 지번순으로 함께 보관한다(지적업무처리규정 제47조).
④ 지적소관청은 도시개발사업 등에 따라 새로이 지적공부에 등록하는 토지에 대하여는 토지의 소재, 지번, 좌표, 그 밖에 국토교통부령으로 정하는 사항을 등록한 경계점좌표등록부를 작성하고 갖춰 두어야 한다(법 제73조).

45 등록전환할 토지가 있는 때에 토지소유자는 대통령이 정하는 바에 의하여 며칠 이내에 소관청에 지목변경을 신청해야 하는가?

① 15일 이내
② 30일 이내
③ 45일 이내
④ 60일 이내

해설
등록전환 신청(법 제78조)
토지소유자는 등록전환할 토지가 있으면 대통령령으로 정하는 바에 따라 그 사유가 발생한 날부터 60일 이내에 지적소관청에 등록전환을 신청하여야 한다.

46 측량성과도의 작성에 대한 설명으로 옳은 것은?

① 경계점좌표등록부는 경계점 간 계산거리를 기재하지 않는다.
② 분할측량성과도 작성 시 분할선은 붉은색 실선으로 작성한다.
③ 분할측량성과도 작성 시 현황선은 흑색 실선으로 작성한다.
④ 경계복원측량성과도 작성 시 복원된 경계점과 측량대상토지의 점유현황선은 흑색으로 기재한다.

해설

측량성과도의 작성방법(지적업무처리규정 제28조)
㉠ 지적측량 시행규칙에 따른 측량성과도(측량결과도에 따라 작성한 측량성과도면을 말한다)의 문자와 숫자는 레터링 또는 전자측량시스템에 따라 작성하여야 한다.
㉡ 측량성과도의 명칭은 신규등록, 등록전환, 분할, 지적확정, 경계복원, 지적현황, 지적복구 또는 등록사항 정정측량성과도로 한다. 이 경우 경계점좌표로 등록된 지역인 경우에는 명칭 앞에 "(좌표)"라 기재한다.
㉢ 경계점좌표로 등록된 지역의 측량성과도에는 경계점 간 계산거리를 기재하여야 한다.
㉣ 분할측량성과도를 작성하는 때에는 측량대상토지의 분할선은 붉은색 실선으로, 점유현황선은 붉은색 점선으로 표시하여야 한다. 다만, 경계와 점유현황선이 같을 경우에는 그러하지 아니하다.
㉤ 분할측량성과 등을 결정하였을 때에는 "인·허가 내용을 변경하여야 지적공부정리가 가능함"이라고 붉은색으로 표시하여야 한다.
㉥ 경계복원측량성과도를 작성하는 때에는 복원된 경계점은 직경 2mm 이상 3mm 이하의 붉은색 원으로 표시하고, 측량대상토지의 점유현황선은 붉은색 점선으로 표시하여야 한다. 다만, 필지가 작아 식별하기 곤란한 경우에는 복원된 경계점을 직경 1mm 이상 1.5mm 이하의 붉은색 원으로 표시할 수 있다.
㉦ 복원된 경계점과 측량대상 토지의 점유현황선이 일치할 경우에는 제6항에 따른 점유현황선의 표시를 생략하고, 경계복원측량성과도를 현장에서 작성하여 지적측량 의뢰인에게 발급할 수 있다.
㉧ 지적현황측량성과도를 작성하는 때에는 별표 5의 도시방법에 따라 현황구조물의 위치 등을 판별할 수 있도록 표시하여야 한다.

47 면적을 측정할 경우 도곽선의 길이에 얼마 이상의 신축이 있을 때 이를 보정하는가?

① 0.5mm ② 1mm
③ 2mm   ④ 4mm

해설

면적을 측정하는 경우 도곽선의 길이에 0.5mm 이상의 신축이 있을 때에는 이를 보정하여야 한다(지적측량 시행규칙 제20조).

48 지적전산자료의 이용 또는 활용에 대한 승인권자의 연결이 틀린 것은?

① 전국 단위의 지적전산자료 : 국토교통부장관
② 전국 단위의 지적전산자료 : 지적소관청
③ 시·도 단위의 지적전산자료 : 지적소관청
④ 시·군·구(자치구가 아닌 구를 포함한다) 단위의 지적전산자료 : 시·도지사

해설

지적전산자료의 이용 등(법 제76조)
지적공부에 관한 전산자료(지적전산자료)를 이용하거나 활용하려는 자는 다음의 구분에 따라 국토교통부장관, 시·도지사 또는 지적소관청에 지적전산자료를 신청하여야 한다.
㉠ 전국 단위의 지적전산자료 : 국토교통부장관, 시·도지사 또는 지적소관청
㉡ 시·도 단위의 지적전산자료 : 시·도지사 또는 지적소관청
㉢ 시·군·구(자치구가 아닌 구를 포함한다) 단위의 지적전산자료 : 지적소관청

정답 46 ② 47 ① 48 ④

49 세부측량 시 필지마다 면적을 측정하지 않아도 되는 경우는?

① 토지를 분할하는 경우
② 토지를 신규등록하는 경우
③ 토지를 합병하는 경우
④ 토지의 경계를 정정하는 경우

해설
면적측정의 대상(지적측량 시행규칙 제19조)
㉠ 세부측량을 하는 경우 다음의 어느 하나에 해당하면 필지마다 면적을 측정하여야 한다.
  1. 지적공부의 복구, 신규등록, 등록전환, 분할 및 축척변경을 하는 경우
  2. 면적 또는 경계를 정정하는 경우
  3. 도시개발사업 등으로 인한 토지의 이동에 따라 토지의 표시를 새로 결정하는 경우
  4. 경계복원측량 및 지적현황측량에 면적측정이 수반되는 경우
㉡ ㉠에도 불구하고 경계복원측량과 지적현황측량을 하는 경우에는 필지마다 면적을 측정하지 아니한다.

50 축척이 1/500인 지적도 1매의 면적은 축척이 1/1000인 지적도 1매 면적의 얼마에 해당하는가?(단, 도곽이 가로 40cm, 세로 30cm 이내 면적임)

① $\frac{1}{2}$　　② $\frac{1}{4}$
③ $\frac{1}{8}$　　④ $\frac{1}{3}$

해설
축척이 1/500인 지적도 1매의 포용면적은 30,000m², 축척이 1/1000인 지적도 1매의 포용면적은 120,000m²에 해당한다.
∴ 30,000 ÷ 120,000 = 1/4매

51 경위의측량방법에 의한 축척변경 시행지역의 측량에 사용하는 측량결과도의 축척은?

① 1/500　　② 1/600
③ 1/1000　④ 1/1200

해설
경위의측량방법에 따른 세부측량의 기준(지적측량 시행규칙 제18조)
㉠ 거리측정단위는 1cm로 할 것
㉡ 측량결과도는 그 토지의 지적도와 동일한 축척으로 작성할 것. 다만, 도시개발사업 등 시행지역의 토지이동 신청에 관한 특례에 따른 도시개발사업 등의 시행지역(농지의 구획정리지역은 제외한다)과 축척변경 시행지역은 1/500로 하고, 농지의 구획정리 시행지역은 1/1000로 하되, 필요한 경우에는 미리 시·도지사의 승인을 받아 1/6000까지 작성할 수 있다.

52 다음 중 경계점좌표등록부상의 등재사항으로 옳은 것은?

① 토지소재, 지번, 좌표
② 토지소재, 지번, 지목
③ 토지소재, 지번, 면적
④ 토지소재, 지번, 경계

해설
경계점좌표등록부의 등록사항(법 제73조)
지적소관청은 도시개발사업 등에 따라 새로이 지적공부에 등록하는 토지에 대하여는 다음의 사항을 등록한 경계점좌표등록부를 작성하고 갖춰 두어야 한다.
㉠ 토지의 소재
㉡ 지번
㉢ 좌표
㉣ 그 밖에 국토교통부령으로 정하는 사항(규칙 제71조)
  1. 토지의 고유번호
  2. 지적도면의 번호
  3. 필지별 경계점좌표등록부의 장번호
  4. 부호 및 부호도

49 ③　50 ②　51 ①　52 ①

53
경계점좌표등록부에 등록하는 지역의 토지의 산출면적이 347.65m²일 때 결정면적은?

① 348m²
② 347.7m²
③ 347.6m²
④ 347m²

해설
경계점좌표등록부에 등록하는 지역이며, 구하려는 끝자리의 수가 짝수이면 버리므로 347.6m²가 된다.
지적도의 축척이 1/600인 지역과 경계점좌표등록부에 등록하는 지역의 토지면적(영 제60조)
- m² 이하 한 자리 단위로 한다.
- 0.1m² 미만의 끝수가 있는 경우 0.05m² 미만일 때에는 버리고 0.05m²를 초과할 때에는 올린다.
- 0.05m²일 때에는 구하려는 끝자리의 숫자가 0 또는 짝수이면 버리고 홀수이면 올린다.
- 다만, 1필지의 면적이 0.1m² 미만일 때에는 0.1m²로 한다.

54
평판측량방법으로 세부측량을 하는 경우 지적도 시행지역에서의 거리측정단위는?

① 1cm 단위로 측정한다.
② 5cm 단위로 측정한다.
③ 10cm 단위로 측정한다.
④ 50cm 단위로 측정한다.

해설
평판측량방법에 따른 세부측량의 기준(지적측량 시행규칙 제18조)
거리측정단위는 지적도를 갖춰 두는 지역에서는 5cm로 하고, 임야도를 갖춰 두는 지역에서는 50cm로 한다.

55
다음 중 도곽선의 역할로 옳지 않은 것은?

① 인접 도면의 접합 기준
② 지적측량기준점 전개 시의 기준
③ 도곽 신축량을 측정하는 기준
④ 경계를 결정하는 기준

해설
도곽선의 역할
- 인접 도면과의 접합 기준선
- 지적측량기준점 전개 시의 기준선
- 도곽 신축량을 측정하는 기준
- 측량준비도와 측량결과도에서 북방향의 기준
- 외업 시 측량준비도와 실지의 부합 여부 확인 기준

56
일람도 제도에서 붉은색 0.2mm의 2선으로 제도하는 것은 다음 중 어느 용지인가?

① 수도용지
② 철도용지
③ 공원용지
④ 도로용지

해설
① 수도용지 : 수도용지 중 선로는 남색 0.1mm 폭의 2선으로 제도한다.
④ 도로용지 : 지방도로 이상은 검은색 0.2mm 폭의 2선으로, 그 밖의 도로는 0.1mm의 폭으로 제도한다.

정답 53 ③ 54 ② 55 ④ 56 ②

57 지적측량성과 결정사항 중 틀린 것은?

① 지적삼각점 : 0.20m 이내
② 지적삼각보조점 : 0.25m 이내
③ 경계점좌표등록지역의 지적도근점 : 0.10m 이내
④ 경계점좌표등록지역의 경계점 : 0.10m 이내

해설
지적측량성과의 결정(지적측량 시행규칙 제27조)
지적측량성과와 검사 성과의 연결교차가 다음의 허용범위 이내일 때에는 그 지적측량성과에 관하여 다른 입증을 할 수 있는 경우를 제외하고는 그 측량성과로 결정하여야 한다.
㉠ 지적삼각점 : 0.20m
㉡ 지적삼각보조점 : 0.25m
㉢ 지적도근점
  1. 경계점좌표등록부 시행지역 : 0.15m
  2. 그 밖의 지역 : 0.25m
㉣ 경계점
  1. 경계점좌표등록부 시행지역 : 0.10m
  2. 그 밖의 지역 : $\frac{3M}{10}$[mm](여기서, M : 축척분모)

58 지번 및 지목을 제도할 때, 지번의 글자 간격은 (㉠)과 지번과 지목의 글자 간격은 (㉡)기준이 모두 옳은 것은?

① ㉠ : 글자 크기의 1/4 정도, ㉡ : 글자 크기의 1/2 정도
② ㉠ : 글자 크기의 1/2 정도, ㉡ : 글자 크기의 1/4 정도
③ ㉠ : 글자 크기의 1/2 정도, ㉡ : 글자 크기의 1/2 정도
④ ㉠ : 글자 크기의 1/4 정도, ㉡ : 글자 크기의 1/4 정도

해설
지번 및 지목의 제도(지적업무처리규정 제42조 제2항)
지번 및 지목을 제도할 때에는 지번 다음에 지목을 제도한다. 이 경우 2mm 이상 3mm 이하 크기의 명조체로 하고, 지번의 글자 간격은 글자 크기의 1/4 정도, 지번과 지목의 글자 간격은 글자 크기의 1/2 정도 띄어서 제도한다. 다만, 부동산종합공부시스템이나 레터링으로 작성할 경우에는 고딕체로 할 수 있다.

59 세부측량 시 평판측량을 시행함에 있어 측량준비도에 표시하는 사항 중 측량기하적이 아닌 것은?

① 평판점 위치 표시
② 방향선 표시
③ 측량검사자의 성명, 소속, 자격등급 표시
④ 측정점 위치 표시

해설
측량기하적(지적업무처리규정 제24조 제1항)
평판점, 측정점 및 방위표정에 사용한 기지점 등에는 방향선을 긋고 실측한 거리를 기재한다. 이 경우 측정점의 방향선 길이는 측정점을 중심으로 약 1cm로 표시한다. 다만, 전자측량시스템에 따라 작성할 경우 필지선이 복잡한 때는 방향선과 측정거리를 생략할 수 있다.

60 축척 1/500인 지적도 종선(X)의 도상 규격은?

① 400mm
② 333.3mm
③ 300mm
④ 250mm

해설
지적도의 축척에 따른 도상 및 지상길이, 포용면적

축척	도상길이(mm)	지상길이(m)	포용면적(m²)
1/500	300×400	150×200	30,000
1/1000	300×400	300×400	120,000
1/600	333.33×416.67	200×250	50,000
1/1200	333.33×416.67	400×500	200,000
1/2400	333.33×416.67	800×1,000	800,000
1/3000	400×500	1,200×1,500	1,800,000
1/6000	400×500	2,400×3,000	7,200,000

2018년 제1회 과년도 기출복원문제

01 다음 중 지적의 특성으로 가장 거리가 먼 것은?

① 역사성 ② 정확성
③ 안전성 ④ 가치성

해설
지적의 특성 : 역사성, 공개성, 전문성, 안전성, 정확성

02 소관청은 1필지의 소유자가 몇 인 이상일 때 공유지연명부를 비치하는가?

① 2인 ② 3인
③ 4인 ④ 5인

해설
공유지연명부 : 1필지의 토지에 소유자가 2인 이상인 경우에 소유자에 관한 사항을 기재한 지적공부이다.

03 다음 중 지적과 등기에 대한 설명으로 옳지 않은 것은?

① 지적은 토지에 대한 사실관계를 공시한다.
② 등기는 토지에 대한 권리관계를 공시한다.
③ 등기에 있어서 토지의 표시에 관하여는 지적을 기초로 한다.
④ 등기의 오류와 지적의 오류는 상관관계가 없다.

해설
등기에 있어 토지의 표시에 관하여는 지적을 기초로 하고, 지적에 있어 소유자의 표시는 등기를 기초로 하므로 등기의 오류와 지적의 오류는 상관관계가 있다.

04 토지를 신규등록하는 경우 면적의 결정은 누가 하는가?

① 토지소유자
② 대행 측량사
③ 해당 지적직 공무원
④ 지적소관청

해설
토지의 조사·등록 등(법 제64조)
지적공부에 등록하는 지번, 지목, 면적, 경계 또는 좌표는 토지의 이동이 있을 때 토지소유자의 신청을 받아 지적소관청이 결정한다. 신청이 없으면 지적소관청이 직권으로 조사·측량하여 결정할 수 있다.

05 토지대장에 등록된 4필지를 합병할 경우 부여해야 할 지번은?

① 1-2 ② 12
③ 105 ④ 123-1

해설
지번의 구성 및 부여방법 등(영 제56조 제3항)
합병의 경우에는 합병 대상 지번 중 선순위의 지번을 그 지번으로 하되, 본번으로 된 지번이 있을 때에는 본번 중 선순위의 지번을 합병 후의 지번으로 할 것. 이 경우 토지소유자가 합병 전의 필지에 주거·사무실 등의 건축물이 있어서 그 건축물이 위치한 지번을 합병 후의 지번으로 신청할 때에는 그 지번을 합병 후의 지번으로 부여하여야 한다.

정답 1 ④ 2 ① 3 ④ 4 ④ 5 ②

06 다음 중 경계점좌표등록부의 등록사항이 아닌 것은?

① 지번   ② 좌표
③ 부호도   ④ 면적

해설
경계점좌표등록부의 등록사항(법 제73조)
지적소관청은 도시개발사업 등에 따라 새로이 지적공부에 등록하는 토지에 대하여는 다음의 사항을 등록한 경계점좌표등록부를 작성하고 갖춰 두어야 한다.
㉠ 토지의 소재
㉡ 지번
㉢ 좌표
㉣ 그 밖에 국토교통부령으로 정하는 사항(규칙 제71조)
 1. 토지의 고유번호
 2. 지적도면의 번호
 3. 필지별 경계점좌표등록부의 장번호
 4. 부호 및 부호도

07 1필지의 확정 기준으로 틀린 것은?

① 동일한 소유자
② 동일한 지목
③ 동일한 지가
④ 연속된 지반

해설
1필지로 정할 수 있는 기준(영 제5조)
지번부여지역의 토지로서 소유자와 용도가 같고 지반이 연속된 토지는 1필지로 할 수 있다.

08 다음 중 등록전환의 정의로 옳은 것은?

① 축척을 바꾸어 등록하는 것
② 지적공부에 등록된 지목을 다른 지목으로 바꾸어 등록하는 것
③ 면적을 바꾸어 등록하는 것
④ 임야대장에 등록된 토지를 토지대장에 옮겨 등록하는 것

해설
등록전환(법 제2조)
임야대장 및 임야도에 등록된 토지를 토지대장 및 지적도에 옮겨 등록하는 것을 말한다.

09 진행 방향에 따른 지번부여방식이 아닌 것은?

① 회전식   ② 기우식
③ 단지식   ④ 사행식

해설
지번의 진행 방향에 따른 지번부여방법 : 사행식, 기우식, 단지식

10 자연적인 지형지물, 즉 도로, 담장, 울타리, 도랑, 하천 등으로 이루어진 것을 무엇이라 하는가?

① 보증경계   ② 고정경계
③ 일반경계   ④ 법률적 경계

해설
경계의 종류
• 경계 특성에 따른 분류
 - 일반경계 : 자연적인 지형지물, 즉 도로, 담장, 울타리, 도랑, 하천 등으로 이루어진 경계이다.
 - 고정경계 : 특정 토지에 대한 경계점의 지상에 석주, 철주, 말뚝 등의 경계표지를 설치하거나 이를 정확하게 측량하여 지적도 상에 등록 또는 관리하는 경계이다.
 - 보증경계 : 측량사에 의하여 지적측량이 행해지고 지적관리청의 사정에 의하여 확정된 토지경계를 의미한다.
• 물리적 특성에 따른 경계 : 자연적 경계, 인공적 경계
• 법률적 특성에 따른 경계 : 공간정보와 구축 및 관례 등에 관한 법상의 경계, 민법상 경계, 형법상 경계
• 일반적 특성에 따른 경계 : 지상경계, 도상경계, 법정경계, 사실경계

11 표준길이보다 5cm가 긴 50m 줄자로 거리를 측정한 결과는 500m이다. 이 거리의 정확한 값은?

① 495.0m ② 499.5m
③ 500.5m ④ 505.0m

해설

정확한 길이 = $\dfrac{\text{부정길이}}{\text{표준길이}} \times \text{관측길이}$

$= \dfrac{50.05}{50} \times 500$

$= 500.5\text{m}$

12 지적측량의 내용 중 기초측량의 종류에 해당되지 않는 것은?

① 지적삼각점측량
② 지적삼각보조점측량
③ 이동측량
④ 지적도근점측량

해설

지적측량의 구분
- 기초측량 : 지적삼각점측량, 지적삼각보조점측량, 지적도근점측량
- 세부측량 : 토지의 이동이 발생하지 않는 경계복원측량, 지적현황측량, 도시계획선명시 측량과 토지의 이동이 발생하는 분할측량, 등록전환측량, 신규등록측량, 복구측량, 등록말소측량, 축척변경측량, 등록사항 정정측량, 지적확정측량

13 토지가 해면 또는 수면에 접해 있을 때 토지경계 측정점으로 결정하는 선은?

① 최대만수위 ② 평균수위
③ 최저만수위 ④ 최저수위

해설

지상경계의 결정기준 등(영 제55조)
㉠ 연접되는 토지 간에 높낮이 차이가 없는 경우 : 그 구조물 등의 중앙
㉡ 연접되는 토지 간에 높낮이 차이가 있는 경우 : 그 구조물 등의 하단부
㉢ 도로·구거 등의 토지에 절토(땅깎기)된 부분이 있는 경우 : 그 경사면의 상단부
㉣ 토지가 해면 또는 수면에 접하는 경우 : 최대만조위 또는 최대만수위가 되는 선
㉤ 공유수면매립지의 토지 중 제방 등을 토지에 편입하여 등록하는 경우 : 바깥쪽 어깨 부분

14 다음 중 지적도근점측량에서의 계산방법이 아닌 것은?

① 도선법 ② 방향법
③ 교회법 ④ 다각망도선법

해설

지적도근점측량(지적측량 시행규칙 제7조)
위성기준점, 통합기준점, 삼각점 및 지적기준점을 기초로 하여 경위의측량방법, 전파기 또는 광파기측량방법, 위성측량방법 및 국토교통부장관이 승인한 측량방법에 따르되, 그 계산은 도선법, 교회법 및 다각망도선법에 따를 것

15 앨리데이드의 경사분획한 눈금의 크기는 양 시준판 간격의 얼마에 해당하는가?

① 1/300 ② 1/200
③ 1/100 ④ 1/50

해설

앨리데이드의 양 시준판의 최소 눈금은 양 시준판 간격의 1/100이다.

정답 11 ③ 12 ③ 13 ① 14 ② 15 ③

16 평판측량방법에 따른 세부측량을 도선법으로 실시할 때의 설명이다. 잘못된 사항은?

① 명확한 기지점 간을 상호 연결한다.
② 도선의 측선장은 도상길이 8cm 이하로 한다.
③ 도선의 변수는 20개 이하로 한다.
④ 도선의 폐색오차가 도상길이 $\sqrt{\frac{n}{5}}$ [mm] 이하일 때 배부한다.

해설
평판측량방법에 따른 세부측량을 도선법으로 하는 경우의 기준(지적측량 시행규칙 제18조)
㉠ 위성기준점, 통합기준점, 삼각점, 지적삼각점, 지적삼각보조점 및 지적도근점, 그 밖에 명확한 기지점 사이를 서로 연결할 것
㉡ 도선의 측선장은 도상길이 8cm 이하로 할 것. 다만, 광파조준의 또는 광파측거기를 사용할 때에는 30cm 이하로 할 수 있다.
㉢ 도선의 변은 20개 이하로 할 것
㉣ 도선의 폐색오차가 도상길이 $\sqrt{\frac{n}{5}}$ [mm] 이하인 경우 그 오차는 다음의 계산식에 따라 이를 각 점에 배분하여 그 점의 위치로 할 것

$M_n = \frac{e}{N} \times n$

여기서, M_n : 각 점에 순서대로 배분할 mm 단위의 도상길이
e : mm 단위의 오차
N : 변의 수
n : 변의 순서

17 축척 1/1000 지역에서 평판측량을 할 때 도상에 영향을 미치지 않는 지상거리는?

① 5cm   ② 10cm
③ 12cm   ④ 24cm

해설
평판측량방법에 있어서 도상에 영향을 미치지 아니하는 지상거리의 축척별 허용범위는 $\frac{M}{10}$ [mm]로 한다(여기서, M : 축척분모).
∴ $\frac{1000}{10}$ = 100mm = 10cm

18 미지점에 평판을 세우고 기지점을 시준한 방향선에 의하여 그 위치를 측정하는 방법은?

① 전방교회법   ② 후방교회법
③ 측방교회법   ④ 원호교회법

해설
교회법
• 전방교회법 : 기지점에서 미지점의 위치를 결정하는 방법
• 후방교회법 : 기지의 3점으로부터 미지의 점을 구하는 방법
• 측방교회법 : 전방교회법과 후방교회법을 겸한 방법으로 기지의 2점 중 한 점에 접근이 곤란한 경우 기지의 2점을 이용하여 미지의 한 점을 구하는 방법

19 도근점측량 시 2등도선의 도선명 표기방법은?

① ㉠, ㉡, ㉢…   ② ㄱ, ㄴ, ㄷ…
③ 가, 나, 다…   ④ ①, ②, ③…

해설
1등도선은 가, 나, 다 순으로 표기하고 2등도선은 ㄱ, ㄴ, ㄷ 순으로 표기한다(지적측량 시행규칙 제12조).

20 다각망도선법에 의한 지적삼각보조점의 관측과 계산에서 도선별 평균방위각과 관측방위각의 폐색오차는?(단, n은 폐색변을 포함한 변수)

① $\pm 0.5\sqrt{n}$ 초 이내
② $\pm 5\sqrt{n}$ 초 이내
③ $\pm 10\sqrt{n}$ 초 이내
④ $\pm 20\sqrt{n}$ 초 이내

해설
경위의측량방법, 전파기 또는 광파기측량방법과 다각망도선법에 따른 지적삼각보조점의 관측 및 계산(지적측량 시행규칙 제11조) 도선별 평균방위각과 관측방위각의 폐색오차(閉塞誤差)는 $\pm 10\sqrt{n}$ 초 이내로 할 것. 이 경우 n은 폐색변을 포함한 변의 수를 말한다.

21 지적도근점의 각도관측에서 배각법에 의할 때 1배각과 3배각의 평균값에 대한 교차는?

① 10초 이내
② 20초 이내
③ 30초 이내
④ 40초 이내

해설
지적도근점의 각도관측을 할 때의 폐색오차의 허용범위(지적측량 시행규칙 제14조)
배각법에 따르는 경우에는 1회 측정각과 3회 측정각의 평균값에 대한 교차는 30초 이내로 하고, 1도선의 기지방위각 또는 평균방위각과 관측방위각의 폐색오차는 1등도선은 $\pm 20\sqrt{n}$ 초 이내, 2등도선은 $\pm 30\sqrt{n}$ 초 이내로 할 것

22 교회법에 의한 지적삼각보조점의 수평각관측은?

① 2대회의 배각관측법으로 한다.
② 3대회의 배각관측법으로 한다.
③ 2대회의 방향관측법으로 한다.
④ 3대회의 방향관측법으로 한다.

해설
경위의측량방법과 교회법에 따른 지적삼각보조점의 관측 및 계산 (지적측량 시행규칙 제11조)
㉠ 관측은 20초독 이상의 경위의를 사용할 것
㉡ 수평각관측은 2대회(윤곽도는 0°, 90°로 한다)의 방향관측법에 따를 것

23 평판측량방법에 의한 세부측량을 교회법으로 할 때 방향각의 교각은?

① 30° 이상 120° 이하
② 30° 이상 90° 이하
③ 90° 이상 150° 이하
④ 30° 이상 150° 이하

해설
평판측량방법에 따른 세부측량을 교회법으로 하는 경우의 기준 (지적측량 시행규칙 제18조)
㉠ 전방교회법 또는 측방교회법에 따를 것
㉡ 3방향 이상의 교회에 따를 것
㉢ 방향각의 교각은 30° 이상 150° 이하로 할 것
㉣ 방향선의 도상길이는 측판의 방위표정에 사용한 방향선의 도상길이 이하로서 10cm 이하로 할 것. 다만, 광파조준의 또는 광파측거기를 사용하는 경우에는 30cm 이하로 할 수 있다.
㉤ 측량결과 시오(示誤)삼각형이 생긴 경우 내접원의 지름이 1mm 이하일 때에는 그 중심을 점의 위치로 할 것

24 토지조사사업 당시의 조사 내용에 해당하지 않는 것은?

① 토지의 소유권
② 토지의 가격
③ 토지의 외모
④ 토지의 지질

해설
토지조사사업 당시의 조사 내용
• 토지의 소유권 조사
• 토지의 가격 조사
• 토지의 외모(지형·지모) 조사

정답 21 ③ 22 ③ 23 ④ 24 ④

25 배각법에 의한 도근측량에서 변수가 16변인 2등도선의 허용오차는?

① ±90초 ② ±100초
③ ±110초 ④ ±120초

해설
지적도근점의 각도관측을 할 때의 폐색오차의 허용범위(지적측량 시행규칙 제14조)
배각법에 따르는 경우에는 1회 측정각과 3회 측정각의 평균값에 대한 교차는 30초 이내로 하고, 1도선의 기지방위각 또는 평균방위각과 관측방위각의 폐색오차는 1등도선은 $±20\sqrt{n}$ 초 이내, 2등도선은 $±30\sqrt{n}$ 초 이내로 할 것
∴ $±30\sqrt{16} = ±120$

26 공간정보관리법에서 지적소관청이라 함은?

① 행정안전부장관
② 면장
③ 시장·군수, 구청장
④ 도지사

해설
지적소관청(법 제2조)
지적공부를 관리하는 특별자치시장, 시장·군수 또는 구청장을 말한다.

27 1910년 토지조사사업 당시 토지소유자와 경계를 심사하여 확정한 처분을 무엇이라 하는가?

① 토지조사 ② 사정
③ 재결 ④ 부본

해설
사정 : 토지소유자 및 토지의 경계를 확정하는 행정처분으로 토지조사사업의 사실상 최종단계였다.

28 모든 토지에 대하여 필지별로 소재, 지번, 지목, 면적, 경계 또는 좌표 등을 조사·측량하여 지적공부에 등록하여야 하는 자는?

① 행정안전부장관
② 국토교통부장관
③ 기획재정부장관
④ 시·도지사

해설
토지의 조사·등록 등(법 제64조)
국토교통부장관은 모든 토지에 대하여 필지별로 소재, 지번, 지목, 면적, 경계 또는 좌표 등을 조사·측량하여 지적공부에 등록하여야 한다.

29 지적도를 2매 이상 접합해야 하는 경우 가장 우선적인 기준이 되는 것은?

① 행정구역 경계선
② 도곽선
③ 도로경계선
④ 하천경계선

해설
도곽선은 지적기준점의 전개, 방위, 인접 도면과의 접합, 도곽의 신축보정 등에 따른 기준선의 역할을 하기 때문에 모든 지적도와 임야도에 도곽선을 등록하여야 한다.

25 ④ 26 ③ 27 ② 28 ② 29 ②

30 지적도 도곽선은 원점으로부터 기산하여 종선에 500,000m를 가산하였다면 횡선에는 얼마를 가산하는가?

① 100,000m
② 200,000m
③ 300,000m
④ 500,000m

해설
직각좌표계 투영원점의 가산수치는 각각 종선수치 500,000m(제주도는 550,000m), 횡선수치 200,000m로 한다.

31 지적서고의 설치기준 및 관리에 관한 내용이 틀린 것은?

① 지적서고의 출입자를 지적사무담당공무원으로 한정한다.
② 바닥과 벽은 2중으로 한다.
③ 전기시설을 설치하는 때에는 단독퓨즈를 설치한다.
④ 지적서고의 연중 평균습도는 20±5%로 유지한다.

해설
온도 및 습도 자동조절장치를 설치하고, 연중 평균온도는 20±5℃를, 연중평균습도는 65±5%를 유지(규칙 제65조).

32 축척 1/500 지적도 1매가 포용하는 면적은?

① 10,000m²
② 20,000m²
③ 30,000m²
④ 40,000m²

해설
지적도의 축척에 따른 도상 및 지상길이, 포용면적

축척	도상길이(mm)	지상길이(m)	포용면적(m²)
1/500	300×400	150×200	30,000
1/1000	300×400	300×400	120,000
1/600	333.33×416.67	200×250	50,000
1/1200	333.33×416.67	400×500	200,000
1/2400	333.33×416.67	800×1,000	800,000
1/3000	400×500	1,200×1,500	1,800,000
1/6000	400×500	2,400×3,000	7,200,000

33 지적공부에 등록된 1필지를 2필지 이상으로 나누어 등록하는 것을 무엇이라 하는가?

① 분할
② 등록전환
③ 합병
④ 토지의 이동

해설
② 등록전환 : 임야대장 및 임야도에 등록된 토지를 토지대장 및 지적도에 옮겨 등록하는 것을 말한다.
③ 합병 : 지적공부에 등록된 2필지 이상을 1필지로 합하여 등록하는 것을 말한다.
④ 토지의 이동 : 토지의 표시를 새로 정하거나 변경 또는 말소하는 것을 말한다.

34 축척변경사업을 시행할 경우 토지소유자는 며칠 이내에 현재 점유 상태의 경계에 경계점표지를 설치해야 하는가?

① 15일 이내
② 20일 이내
③ 30일 이내
④ 40일 이내

해설
축척변경 시행공고 등(영 제71조)
축척변경 시행지역의 토지소유자 또는 점유자는 시행공고가 된 날부터 30일 이내에 시행공고일 현재 점유하고 있는 경계에 국토교통부령으로 정하는 경계점표지를 설치하여야 한다.

정답 30 ② 31 ④ 32 ③ 33 ① 34 ③

35 소유권이 미치는 범위와 면적 등을 정하는 기준이 되는 것은?

① 필지
② 토지대장
③ 경계
④ 지목

해설
경계(법 제2조)
필지별로 경계점들을 직선으로 연결하여 지적공부에 등록한 선을 말한다.

36 1필지의 소유자가 2인 이상일 때 작성하는 지적공부는?

① 공유지연명부
② 지적도
③ 토지대장
④ 지번색인표

해설
공유지연명부 : 1필지의 토지소유자가 2인 이상인 경우 그 지분관계를 기록한 것으로, 지적소관청에 의하여 작성되어 비치된다.

37 지번 25, 30, 35-1을 합병하는 경우 어느 지번을 합병된 토지의 지번으로 하는가?

① 25
② 30
③ 35-1
④ 35-2

해설
지번의 구성 및 부여방법 등(영 제56조 제3항)
합병의 경우에는 합병 대상 지번 중 선순위의 지번을 그 지번으로 하되, 본번으로 된 지번이 있을 때에는 본번 중 선순위의 지번을 합병 후의 지번으로 할 것. 이 경우 토지소유자가 합병 전의 필지에 주거·사무실 등의 건축물이 있어서 그 건축물이 위치한 지번을 합병 후의 지번으로 신청할 때에는 그 지번을 합병 후의 지번으로 부여하여야 한다.

38 다음 중 임야도의 축척에 해당하는 것은?

① 1/500
② 1/1000
③ 1/3000
④ 1/5000

해설
임야도의 축척 : 1/3000, 1/6000

39 토지의 신규등록 시 필요한 서류가 아닌 것은?

① 공유수면 관리 및 매립에 관한 법률에 따른 준공검사확인증 사본
② 법원의 확정판결서 정본 또는 사본
③ 등기부 등본
④ 소유권에 관한 서류

해설
지적소관청에 신규등록을 신청하고자 할 경우 구비서류(규칙 제81조)
㉠ 법원의 확정판결서 정본 또는 사본
㉡ 공유수면 관리 및 매립에 관한 법률에 따른 준공검사확인증 사본
㉢ 도시계획구역의 토지를 그 지방자치단체의 명의로 등록하는 때에는 기획재정부장관과 협의한 문서의 사본
㉣ 그 밖에 소유권을 증명할 수 있는 서류의 사본

40 우리나라에서 사용하고 있는 지적도 축척의 종류는 몇 가지인가?

① 4종 ② 5종
③ 6종 ④ 7종

해설
지적도면의 축척은 다음의 구분에 따른다(규칙 제69조).
- 지적도 : 1/500, 1/600, 1/1000, 1/1200, 1/2400, 1/3000, 1/6000
- 임야도 : 1/3000, 1/6000

41 다음 중 토지의 지번 숫자 앞에 "산"자를 붙여 표기되는 지적공부는?

① 토지대장 ② 공유지연명부
③ 임야대장 ④ 토지대장부본

해설
지번(地番)은 아라비아숫자로 표기하되, 임야대장 및 임야도에 등록하는 토지의 지번은 숫자 앞에 "산"자를 붙인다(영 제56조).

42 지적도에 등록하는 지목의 표기부호가 아닌 것은?

① 학 ② 체
③ 종 ④ 지

해설
지목의 표기방법(규칙 제64조)

지목	부호	지목	부호
전	전	철도용지	철
답	답	제방	제
과수원	과	하천	천
목장용지	목	구거	구
임야	임	유지	유
광천지	광	양어장	양
염전	염	수도용지	수
대	대	공원	공
공장용지	장	체육용지	체
학교용지	학	유원지	원
주차장	차	종교용지	종
주유소용지	주	사적지	사
창고용지	창	묘지	묘
도로	도	잡종지	잡

43 지적공부의 등록사항 중 경계나 면적 또는 위치 변경을 가져오는 경우 정정 신청은 누가 하는가?

① 지적소관청
② 지적공사
③ 토지소유자
④ 행정안전부

해설
토지소유자는 지적공부의 등록사항에 잘못이 있음을 발견하면 지적소관청에 그 정정을 신청할 수 있다(법 제84조).

44 다음 중 경계점좌표등록부의 등록사항이 아닌 것은?

① 토지의 소재
② 좌표
③ 지번
④ 축척

해설
경계점좌표등록부의 등록사항(법 제73조)
지적소관청은 도시개발사업 등에 따라 새로이 지적공부에 등록하는 토지에 대하여는 다음의 사항을 등록한 경계점좌표등록부를 작성하고 갖춰 두어야 한다.
㉠ 토지의 소재
㉡ 지번
㉢ 좌표
㉣ 그 밖에 국토교통부령으로 정하는 사항(규칙 제71조)
  1. 토지의 고유번호
  2. 지적도면의 번호
  3. 필지별 경계점좌표등록부의 장번호
  4. 부호 및 부호도

정답 40 ④ 41 ③ 42 ④ 43 ③ 44 ④

45 지적공부의 정리 시 검은색으로 하는 것은?

① 도곽선
② 도곽선 수치
③ 말소사항
④ 문자 정리사항

해설
지적공부 등의 정리에 사용하는 문자·기호 및 경계는 따로 규정을 둔 사항을 제외하고 정리사항은 검은색, 도곽선과 그 수치 및 말소는 붉은색으로 한다(지적업무처리규정 제63조).

46 다음 중 지적측량에 사용되는 구소삼각지역의 직각좌표계 원점이 아닌 것은?

① 고초원점
② 망산원점
③ 수준원점
④ 소라원점

해설
구소삼각지역의 직각좌표계 원점(11개) : 망산원점, 계양원점, 조본원점, 가리원점, 등경원점, 고초원점, 율곡원점, 현창원점, 구암원점, 금산원점, 소라원점

47 지번의 표기방법 중 옳은 것은?

① 아라비아숫자
② 로마자
③ 영문자
④ 한문자

해설
지번(地番)은 아라비아숫자로 표기하되, 임야대장 및 임야도에 등록하는 토지의 지번은 숫자 앞에 "산"자를 붙인다(영 제56조).

48 다음 중 행정구역 경계의 동·리계에 대한 제도방법으로 옳은 것은?

① 실선 3mm와 허선 2mm로 연결하고 허선에 0.3mm의 점 1개를 그린다.
② 실선 3mm와 허선 1mm로 연결하여 그린다.
③ 실선과 허선을 각각 3mm로 연결하고 허선에 0.3mm의 점 1개를 그린다.
④ 실선 3mm와 허선 2mm로 연결하여 그린다.

해설
행정구역선의 제도(지적업무처리규정 제44조)
도면에 등록할 행정구역선은 0.4mm 폭으로 다음과 같이 제도한다. 다만, 동·리의 행정구역선은 0.2mm 폭으로 한다.
㉠ 국계는 실선 4mm와 허선 3mm로 연결하고 실선 중앙에 실선과 직각으로 교차하는 1mm의 실선을 긋고, 허선에 직경 0.3mm의 점 2개를 제도한다.
㉡ 시·도계는 실선 4mm와 허선 2mm로 연결하고 실선 중앙에 실선과 직각으로 교차하는 1mm의 실선을 긋고, 허선에 직경 0.3mm의 점 1개를 제도한다.
㉢ 시·군계는 실선과 허선을 각각 3mm로 연결하고, 허선에 0.3mm의 점 2개를 제도한다.
㉣ 읍·면·구계는 실선 3mm와 허선 2mm로 연결하고, 허선에 0.3mm의 점 1개를 제도한다.
㉤ 동·리계는 실선 3mm와 허선 1mm로 연결하여 제도한다.

49 지적도, 임야도의 작성·정리 시 경계선의 제도상 폭은?

① 0.4mm
② 0.3mm
③ 0.2mm
④ 0.1mm

해설
경계는 0.1mm 폭의 선으로 제도한다(지적업무처리규정 제41조).

50 지적공부에 등록하는 면적이란?

① 지구 구면상의 면적
② 필지의 수평면상 넓이
③ 토지의 경사면상 넓이
④ 필지의 입체적 지표상 넓이

해설
면적(법 제2조) : 지적공부에 등록한 필지의 수평면상 넓이를 말한다.

51 지적도 도곽에서 종선의 북쪽의 기준은?

① 진북
② 자북
③ 도북
④ 극북

해설
방위각의 종류
- 진북방위각 : 극점(북극)과 임의점의 각
- 자북방위각 : 자침 방향과 임의점의 각
- 도북방위각 : 지도의 북쪽과 임의점의 각

52 축척 1/1200 지적도상에 1변이 2cm로 등록된 정사각형 토지의 실제면적은?

① 144m²
② 288m²
③ 480m²
④ 576m²

해설
$\left(\dfrac{1}{m}\right)^2 = \dfrac{도상면적}{실제면적}$ (여기서, m : 축척분모)

$\left(\dfrac{1}{1200}\right)^2 = \dfrac{가로 \times 세로}{실제면적} = \dfrac{0.02 \times 0.02}{실제면적}$

∴ 실제면적 = $1200^2 \times 0.0004 = 576\text{m}^2$

정답 49 ④ 50 ② 51 ③ 52 ④

53 일람도를 작성할 경우 일람도의 축척은 그 도면 축척의 얼마로 하는 것을 기준으로 하는가?

① 1/5
② 1/10
③ 1/20
④ 1/40

해설
일람도의 제도(지적업무처리규정 제38조)
지적도면 등의 등록사항 등에 따라 일람도를 작성할 경우 일람도의 축척은 그 도면축척의 1/10로 한다. 다만, 도면의 장수가 많아서 한 장에 작성할 수 없는 경우에는 축척을 줄여서 작성할 수 있으며, 도면의 장수가 4장 미만인 경우에는 일람도의 작성을 하지 아니할 수 있다.

54 보조삼각측량에 있어 두 개의 삼각형으로부터 산출된 좌표가 종선차 9cm, 횡선차 7cm인 경우 연결오차는?

① 11.4cm
② 16.2cm
③ 8.6cm
④ 9.0cm

해설
연결교차 $= \sqrt{종선교차^2 + 횡선교차^2}$
$= \sqrt{9^2 + 7^2}$
≒ 11.4cm

55 전자면적측정기로 면적측정 시 도상에서의 측정횟수는?

① 1회
② 2회
③ 3회
④ 5회

해설
전자면적측정기에 따른 면적측정(지적측량 시행규칙 제20조)
㉠ 도상에서 2회 측정하여 그 교차가 다음 계산식에 따른 허용면적 이하일 때에는 그 평균치를 측정면적으로 할 것
$A = 0.023^2 M\sqrt{F}$
여기서, A : 허용면적
M : 축척분모
F : 2회 측정한 면적의 합계를 2로 나눈 수
㉡ 측정면적은 1/1000m² 까지 계산하여 1/10m² 단위로 정할 것

56 전자면적측정기에 따른 면적측정을 하는 경우, 교차를 구하기 위한 $A = 0.023^2 M\sqrt{F}$ 공식 중 M의 값으로 옳은 것은?

① 허용면적
② 축척분모
③ 산출면적
④ 보정계수

해설
55번 해설 참조

57 도면을 철하지 않았을 때 A2용지의 윤곽선은 도면의 테두리에서 몇 mm 띄워야 하는가?

① 5mm ② 10mm
③ 25mm ④ 30mm

해설
A2용지를 철하지 않을 윤곽선은 용지의 가장자리로부터 최소 10mm는 떨어지게 표시해야 한다.

58 다음 중 지적측량을 필요로 하는 토지의 이동과 거리가 먼 것은?

① 등록전환
② 분할
③ 지목변경
④ 신규등록

해설
지목변경(법 제2조) : 지적공부에 등록된 지목을 다른 지목으로 바꾸어 등록하는 것을 말한다.

59 등록전환을 하는 경우 임야대장의 면적과 등록전환될 면적의 오차 허용범위를 구하는 계산식으로 옳은 것은?(단, A : 오차 허용면적, M : 임야도 축척분모, F : 등록전환될 면적)

① $A = 0.023M\sqrt{F}$
② $A = 0.026M\sqrt{F}$
③ $A = 0.023^2 M\sqrt{F}$
④ $A = 0.026^2 M\sqrt{F}$

해설
등록전환을 하는 경우 면적을 정할 때에 발생하는 오차의 허용범위 및 처리방법(영 제19조)
임야대장의 면적과 등록전환될 면적의 오차 허용범위는 다음의 계산식에 따른다. 이 경우 오차의 허용범위를 계산할 때 축척이 1/3000인 지역의 축척분모는 6000으로 한다.
$A = 0.026^2 M\sqrt{F}$
여기서, A : 오차 허용면적
M : 임야도 축척분모
F : 등록전환될 면적

60 새로 조성된 토지와 지적공부에 등록되어 있지 아니한 토지를 지적공부에 등록하는 것을 무엇이라 하는가?

① 등록전환
② 축척변경
③ 수로측량
④ 신규등록

해설
신규등록(법 제2조) : 새로 조성된 토지와 지적공부에 등록되어 있지 아니한 토지를 지적공부에 등록하는 것을 말한다.

2018년 제4회 과년도 기출복원문제

01 다음 중 지적공부에 해당하지 않는 것은?

① 지적도 ② 가옥대장
③ 임야대장 ④ 토지대장

해설
지적공부(법 제2조)
토지대장, 임야대장, 공유지연명부, 대지권등록부, 지적도, 임야도 및 경계점좌표등록부 등 지적측량 등을 통하여 조사된 토지의 표시와 해당 토지의 소유자 등을 기록한 대장 및 도면(정보처리시스템을 통하여 기록·저장된 것을 포함한다)을 말한다.

02 다음 중 전 국토를 대상으로 실시한 토지조사사업의 특징으로 보기 어려운 것은?

① 순수한 우리나라의 측량 기술에 바탕을 둔 사업이었다.
② 도로, 하천, 구거 등을 토지조사사업에서 제외하였다.
③ 우리나라의 근대적 토지제도가 확립되었다.
④ 토지조사사업을 위해 지적의 교육에 주력하였다.

해설
토지조사사업은 1910년 일제의 식민지정책 사업으로 추진된 것으로 우리나라 측량 기술에 바탕을 둔 사업과는 거리가 멀다.

03 지적공부에 등록하는 면적은?

① 구면상의 면적
② 지표면적
③ 수평면상의 면적
④ 경사면상의 면적

해설
면적(법 제2조) : 지적공부에 등록한 필지의 수평면상 넓이를 말한다.

04 다음 중 공유지연명부의 등록사항이 아닌 것은?

① 지번 ② 소유권 지분
③ 소유자 성명 ④ 토지등급

해설
공유지연명부의 등록사항(법 제71조)
㉠ 토지의 소재
㉡ 지번
㉢ 소유권 지분
㉣ 소유자의 성명 또는 명칭, 주소 및 주민등록번호
㉤ 그 밖에 국토교통부령으로 정하는 사항(규칙 제68조)
  1. 토지의 고유번호
  2. 필지별 공유지연명부의 장번호
  3. 토지소유자가 변경된 날과 그 원인

05 다음 중 지적공부의 복구자료로 활용할 수 없는 것은?

① 측량결과도
② 지적공부 사본
③ 부동산등기부 등본
④ 토지이동정리 결의서

해설
지적공부의 복구자료(규칙 제72조)
㉠ 지적공부의 등본
㉡ 측량결과도
㉢ 토지이동정리 결의서
㉣ 토지(건물)등기사항증명서 등 등기사실을 증명하는 서류
㉤ 지적소관청이 작성하거나 발행한 지적공부의 등록내용을 증명하는 서류
㉥ 지적공부의 보존 등에 따라 복제된 지적공부
㉦ 법원의 확정판결서 정본 또는 사본

정답 1② 2① 3③ 4④ 5②

06 우리나라에서 가장 많이 채택되고 있는 지번설정 방식은?

① 사행식
② 교호식
③ 기우식
④ 단지식

해설

지번의 진행 방향에 따른 지번부여방법
- 사행식 : 필지의 배열이 불규칙한 지역에서 진행순서에 따라 지번을 부여하는 방식으로, 진행 방향으로 지번이 순차적으로 연속되며 일반적으로 농촌지역에 적합한 지번부여방식이다.
- 기우식(교호식) : 도로를 중심으로 한쪽은 홀수인 기수를 반대쪽은 짝수인 우수로 지번을 부여하는 방식으로, 주거지역에 적합하며 특정지번의 개략적인 위치파악이 가능하다는 장점이 있다.
- 단지식 : 블록(단지)마다 하나의 본번을 부여하고 블록 내 필지마다 부번을 부여하는 지번 설정방법으로 블록식이라고도 하며, 토지개발사업을 실시한 지역에서 적합한 방식이다.
- 절충식 : 하나의 지번부여지역에 사행식, 기우식, 단지식을 혼용하는 방식이다.

07 다음 중 지목을 임야로 설정할 수 없는 것은?

① 황무지
② 암석지
③ 습지
④ 호두 재배지

해설

임야(영 제58조) : 산림 및 원야(原野)를 이루고 있는 수림지(樹林地), 죽림지, 암석지, 자갈땅, 모래땅, 습지, 황무지 등의 토지
※ 과수원 : 사과, 배, 밤, 호두, 귤나무 등 과수류를 집단적으로 재배하는 토지와 이에 접속된 저장고 등 부속시설물의 부지. 다만, 주거용 건축물의 부지는 "대"로 한다.

08 다음 중 지적제도를 경계의 표시방법에 따라 분류한 것은?

① 세지적
② 입체지적
③ 소극적 지적
④ 도해지적

해설

지적제도의 분류
- 등록사항의 차원에 의한 분류 : 2차원 지적, 3차원 지적
- 발전 단계에 의한 분류 : 세지적, 법지적, 다목적 지적
- 등록의무의 강약에 의한 분류 : 소극적 지적, 적극적 지적
- 경계의 표시방법에 의한 분류 : 도해지적, 수치지적

09 다음 중 토지대장을 보고 알 수 없는 것은?

① 토지의 형태
② 토지의 면적
③ 토지의 소재
④ 토지의 소유자

해설

토지대장과 임야대장의 등록사항(법 제71조)
⊙ 토지의 소재
ⓒ 지번(임야대장은 숫자 앞에 "산"을 붙임)
ⓒ 지목
ⓔ 면적
ⓜ 소유자의 성명 또는 명칭, 주소 및 주민등록번호(국가, 지방자치단체, 법인, 법인 아닌 사단이나 재단 및 외국인의 경우에는 부동산등기법에 따라 부여된 등록번호를 말한다)
ⓗ 그 밖에 국토교통부령으로 정하는 사항(규칙 제68조)
 1. 토지의 고유번호(각 필지를 서로 구별하기 위하여 필지마다 붙이는 고유한 번호를 말한다)
 2. 지적도 또는 임야도의 번호와 필지별 토지대장 또는 임야대장의 장번호 및 축척
 3. 토지의 이동사유
 4. 토지소유자가 변경된 날과 그 원인
 5. 토지등급 또는 기준수확량등급과 그 설정·수정 연월일
 6. 개별공시지가와 그 기준일

10 다음 중 현재의 지목에 해당하는 것은?

① 지소
② 수도선로
③ 철도선로
④ 사적지

해설

지목의 표기방법(규칙 제64조)
지목은 전, 답, 과수원, 목장용지, 임야, 광천지, 염전, 대(垈), 공장용지, 학교용지, 주차장, 주유소용지, 창고용지, 도로, 철도용지, 제방(堤防), 하천, 구거(溝渠), 유지(溜池), 양어장, 수도용지, 공원, 체육용지, 유원지, 종교용지, 사적지, 묘지, 잡종지로 구분하여 정한다.

정답 6 ① 7 ④ 8 ④ 9 ① 10 ④

11 다음 중 최소제곱법을 적용하여 처리되는 오차는?

① 누차　　② 잔차
③ 정오차　　④ 우연오차

해설
우연오차(부정오차, 상차, 우차) : 오차의 크기와 방향(부호)이 불규칙적으로 발생하고 확률론에 의해 추정할 수 있는 오차
- 최소제곱법의 원리로 배분하여 오차론에서 다루는 오차
- 우연오차는 측정횟수의 제곱근에 비례한다.

12 지적공부에 등록된 1필지를 2필지 이상으로 나누어 등록하는 것을 무엇이라 하는가?

① 지목　　② 분할
③ 경계　　④ 합병

해설
① 지목 : 토지의 주된 용도에 따라 토지의 종류를 구분하여 지적공부에 등록한 것을 말한다.
③ 경계 : 필지별로 경계점들을 직선으로 연결하여 지적공부에 등록한 선을 말한다.
④ 합병 : 지적공부에 등록된 2필지 이상을 1필지로 합하여 등록하는 것을 말한다.

13 도근점 간 경사거리를 측정할 때 연직각 관측은 올려다 본 각과 내려다 본 각을 관측하여 그 교차가 얼마 이내이어야 하는가?

① 50초 이내
② 70초 이내
③ 90초 이내
④ 110초 이내

해설
연직각을 관측하는 경우에는 올려본 각과 내려본 각을 관측하여 그 교차가 90초 이내일 때에는 그 평균치를 연직각으로 한다(지적측량 시행규칙 제13조).

14 다음 그림에서 $\overline{AB}$의 거리는?(단, $\overline{AC}$ = 10m, $\overline{CD}$ = 5m, $\overline{DE}$ = 7m, $\overline{AB} \times \overline{DE}$ 이다)

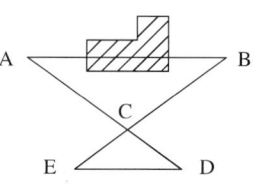

① 14m　　② 20m
③ 22m　　④ 28m

해설
AB : AC = DE : CD
∴ AB = $\dfrac{AC \times DE}{CD} = \dfrac{10 \times 7}{5} = 14m$

15 경위의측량방법에 따라 도선법으로 지적도근점측량을 시행할 경우 사용하는 기준 도선은?(단, 지형상 부득이한 경우는 고려하지 않는다)

① 결합도선
② 폐합도선
③ 왕복도선
④ 개방도선

해설
경위의측량방법에 따라 도선법으로 지적도근점측량을 할 때의 기준(지적측량 시행규칙 제12조)
㉠ 도선은 위성기준점, 통합기준점, 삼각점, 지적삼각점, 지적삼각보조점 및 지적도근점의 상호 간을 연결하는 결합도선에 따를 것. 다만, 지형상 부득이한 경우에는 폐합도선 또는 왕복도선에 따를 수 있다.
㉡ 1도선의 점의 수는 40점 이하로 할 것. 다만, 지형상 부득이한 경우에는 50점까지로 할 수 있다.

16 평판측량방법에 있어서 1/3000 지역에서 도상에 영향을 미치지 않는 지상거리의 축척별 허용범위는?

① 3cm ② 18cm
③ 30cm ④ 50cm

해설
평판측량방법에 있어서 도상에 영향을 미치지 아니하는 지상거리의 축척별 허용범위는 $\frac{M}{10}$ [mm]로 한다(여기서, M : 축척분모).

∴ $\frac{3000}{10}$ = 300mm = 30cm

17 다음 중 평판측량에 사용되는 기계 및 기구가 아닌 것은?

① 평판
② 앨리데이드
③ 구심기와 추
④ 버니어

해설
버니어는 각 측량에 사용되는 기구이다.

18 지적삼각보조측량에서 기준으로 하여 사용할 수 없는 점은?

① 삼각점
② 지적삼각점
③ 지적삼각보조점
④ 도근점

해설
지적측량의 방법

종류	기초	계산방법	측량방법
지적삼각점 측량	• 위성기준점 • 통합기준점 • 삼각점 • 지적삼각점	• 평균계산법 • 망평균계산법	• 경위의측량방법 • 전파기 또는 광파기측량방법 • 위성측량방법 • 국토교통부장관이 승인한 측량방법
지적삼각보조점 측량	• 위성기준점 • 통합기준점 • 삼각점 • 지적삼각점 • 지적삼각보조점	• 교회법 • 다각망도선법	
지적도근점 측량	• 위성기준점 • 통합기준점 • 삼각점 • 지적기준점 - 지적삼각점 - 지적삼각보조점 - 지적도근점	• 도선법 • 교회법 • 다각망도선법	

19 경위의측량방법에 의한 세부측량 시 수평각의 측각에서 1방향각의 공차는?

① 20초 이내 ② 40초 이내
③ 60초 이내 ④ 80초 이내

해설
경위의측량방법에 의한 세부측량 시 수평각의 측각공차(지적측량 시행규칙 제11조)

종별	1방향각	1회 측정각과 2회 측정각의 평균값에 대한 교차
공차	60초 이내	40초 이내

정답 16 ③ 17 ④ 18 ④ 19 ③

20 평판측량방법에 의한 세부측량을 도선법으로 하는 경우 도선의 변수는?

① 10개 이하 ② 20개 이하
③ 30개 이하 ④ 40개 이하

해설

평판측량방법에 따른 세부측량을 도선법으로 하는 경우의 기준 (지적측량 시행규칙 제18조)
㉠ 위성기준점, 통합기준점, 삼각점, 지적삼각점, 지적삼각보조점 및 지적도근점, 그 밖에 명확한 기지점 사이를 서로 연결할 것
㉡ 도선의 측선장은 도상길이 8cm 이하로 할 것. 다만, 광파조준의 또는 광파측거기를 사용할 때에는 30cm 이하로 할 수 있다.
㉢ 도선의 변은 20개 이하로 할 것
㉣ 도선의 폐색오차가 도상길이 $\frac{\sqrt{N}}{3}$[mm] 이하인 경우 그 오차는 다음의 계산식에 따라 이를 각 점에 배분하여 그 점의 위치로 할 것

$$M_n = \frac{e}{N} \times n$$

여기서, M_n : 각 점에 순서대로 배분할 mm 단위의 도상길이
e : mm 단위의 오차
N : 변의 수
n : 변의 순서

21 평판측량방법으로 세부측량을 실시할 때 사용할 수 없는 방법은?

① 도선법
② 경위의측량법
③ 방사법
④ 교회법

해설

평판측량방법에 따른 세부측량은 교회법, 도선법 및 방사법(放射法)에 따른다.

22 평판측량에서 발생하는 오차 중 결과에 가장 큰 영향을 주는 것은?

① 시준오차 ② 표정오차
③ 정준오차 ④ 제도오차

해설

평판측량에서의 오차
- 기계오차 : 앨리데이드 외심오차, 시준오차, 자침오차
- 측판설치오차 : 정준오차(위치오차), 구심오차, 표정오차(평판측량에서 가장 큰 영향을 미치는 오차)
- 측량오차 : 전진법, 교회법에 의한 오차

23 지적삼각점측량에서 경위의측량방법에 의한 수평각의 관측은 어떻게 하는가?

① 3대회의 방향관측법에 의한다.
② 3배각으로 관측한다.
③ 2대회의 방향관측법에 의한다.
④ 2배각으로 관측한다.

해설

경위의측량방법에 따른 지적삼각점의 관측과 계산의 기준(지적측량 시행규칙 제9조)
㉠ 관측은 10초독(秒讀) 이상의 경위의를 사용할 것
㉡ 수평각관측은 3대회(大回, 윤곽도는 0°, 60°, 120°로 한다)의 방향관측법에 따를 것
㉢ 수평각의 측각공차(測角公差)는 다음 표에 따를 것

종별	1방향각	1측회(側回)의 폐색(閉塞)	삼각형 내각관측의 합과 180°와의 차	기지각(旣知角)과의 차
공차	30초 이내	±30초 이내	±30초 이내	±40초 이내

24 경위의측량방법에 의한 세부측량 시 1배각과 2배각의 평균값에 대한 수평각 공차는?

① 20초 이내
② 30초 이내
③ 40초 이내
④ 50초 이내

해설
수평각의 측각공차(지적측량 시행규칙 제11조)

종별	1방향각	1회 측정각과 2회 측정각의 평균값에 대한 교차
공차	60초 이내	40초 이내

25 평판을 세우는 데 필요한 3가지 조건으로 옳은 것은?

① 정준, 구심, 표정
② 정위, 구심, 치심
③ 중심, 구심, 표정
④ 표정, 이심, 정준

해설
평판측량 3요소 : 정준, 구심, 표정

26 다음 중 지적측량을 실시해야 할 대상이 아닌 것은?

① 지적공부를 복구할 때
② 토지를 지적공부에 새로이 등록할 때
③ 토지를 분할할 때
④ 토지를 합병할 때

해설
지적측량을 요하지 않는 경우 : 합병, 지목변경

27 다음 중 공간정보관리법상 토지대장 또는 임야대장에 등록하는 토지가 부동산등기법에 의하여 대지권등기가 된 때에 대지권등록부에 등록하는 사항에 해당하지 않는 것은?

① 토지의 소재
② 대지권 비율
③ 지번
④ 지목

해설
대지권등록부의 등록사항(법 제71조)
㉠ 토지의 소재
㉡ 지번
㉢ 대지권 비율
㉣ 소유자의 성명 또는 명칭, 주소 및 주민등록번호
㉤ 그 밖에 국토교통부령으로 정하는 사항(규칙 제68조)
  • 토지의 고유번호
  • 전유부분(專有部分)의 건물표시
  • 건물의 명칭
  • 집합건물별 대지권등록부의 장번호
  • 토지소유자가 변경된 날과 그 원인
  • 소유권 지분

28 토지에 대한 지적공부의 등록을 말소시키는 경우는?

① 전쟁에 의하여 영토의 일부를 빼앗긴 때
② 홍수에 의하여 하천 구역 내로 매몰된 때
③ 토지가 바다로 되어 원상회복의 가능성이 없을 때
④ 화재로 인하여 건물이 소실된 때

해설
바다로 된 토지의 등록말소 신청(법 제82조)
㉠ 지적소관청은 지적공부에 등록된 토지가 지형의 변화 등으로 바다로 된 경우로서 원상(原狀)으로 회복될 수 없거나 다른 지목의 토지로 될 가능성이 없는 경우에는 지적공부에 등록된 토지소유자에게 지적공부의 등록말소 신청을 하도록 통지하여야 한다.
㉡ 지적소관청은 ㉠에 따른 토지소유자가 통지를 받은 날부터 90일 이내에 등록말소 신청을 하지 아니하면 지적소관청이 직권으로 그 지적공부의 등록사항을 말소한다.

정답 24 ③ 25 ① 26 ④ 27 ④ 28 ③

29 토지소유자가 지적공부의 등록사항에 대한 정정을 신청할 때, 경계의 변경을 가져오는 경우 정정사유를 적은 신청서와 함께 제출하여야 하는 것은?

① 등록사항 정정 측량성과도
② 경계복원측량성과도
③ 지적도 또는 임야도 사본
④ 토지분할측량성과도

해설
등록사항의 정정 신청(규칙 제93조)
토지소유자는 지적공부의 등록사항에 대한 정정을 신청할 때에는 정정사유를 적은 신청서에 다음의 구분에 따른 서류를 첨부하여 지적소관청에 제출하여야 한다.
• 경계 또는 면적의 변경을 가져오는 경우 : 등록사항 정정 측량성과도
• 그 밖의 등록사항을 정정하는 경우 : 변경사항을 확인할 수 있는 서류

30 신규등록에 의한 토지의 이동이 있어 지적공부를 정리하여야 하는 경우 지적소관청이 작성하여야 하는 것은?

① 토지이동정리 결의서
② 신규등록정리 결의서
③ 등기부등본정리 결의서
④ 부동산등기부 결의서

해설
지적공부의 정리 등(영 제84조)
㉠ 지적소관청은 지적공부가 다음의 어느 하나에 해당하는 경우에는 지적공부를 정리하여야 한다. 이 경우 이미 작성된 지적공부에 정리할 수 없을 때에는 새로 작성하여야 한다.
 1. 지번을 변경하는 경우
 2. 지적공부를 복구하는 경우
 3. 신규등록, 등록전환, 분할, 합병, 지목변경 등 토지의 이동이 있는 경우
㉡ 지적소관청은 ㉠에 따른 토지의 이동이 있는 경우에는 토지이동정리 결의서를 작성하여야 하고, 토지소유자의 변동 등에 따라 지적공부를 정리하려는 경우에는 소유자정리 결의서를 작성하여야 한다.

31 대장에 등록하는 면적의 단위는?

① km^2
② m^2
③ cm^2
④ ha

해설
면적의 단위는 m^2로 한다(법 제68조).

32 다음 중 지적소관청으로 볼 수 없는 자는?

① 시장
② 구청장
③ 군수
④ 읍·면장

해설
지적소관청(법 제2조)
지적공부를 관리하는 특별자치시장, 시장·군수 또는 구청장을 말한다.

33 다음 중 도해지역의 지적도 축척으로 가장 정밀한 것은?

① 1/500
② 1/1000
③ 1/1200
④ 1/2400

해설
축척에 따른 지적도상 거리와 실제거리

축척	지적도상 거리	실제거리
1/500	1cm	5m
1/600	1cm	6m
1/1000	1cm	10m
1/1200	1cm	12m
1/2400	1cm	24m

34 지적소관청은 축척변경의 시행에 관하여 시·도지사의 승인을 얻은 때에는 관계사항을 얼마동안 공고하여야 하는가?

① 5일　　② 10일
③ 15일　　④ 20일

해설
축척변경 시행공고 등(영 제71조)
지적소관청은 시·도지사 또는 대도시 시장으로부터 축척변경 승인을 받았을 때에는 지체 없이 다음의 사항을 20일 이상 공고하여야 한다.
㉠ 축척변경의 목적, 시행지역 및 시행기간
㉡ 축척변경의 시행에 관한 세부계획
㉢ 축척변경의 시행에 따른 청산방법
㉣ 축척변경의 시행에 따른 토지소유자 등의 협조에 관한 사항

35 지적측량업의 등록을 하지 아니하고 지적측량업을 한 자에 대한 벌칙 기준이 옳은 것은?

① 300만원 이하의 과태료
② 1년 이하의 징역 또는 1,000만원 이하의 벌금
③ 2년 이하의 징역 또는 2,000만원 이하의 벌금
④ 3년 이하의 징역 또는 3,000만원 이하의 벌금

해설
2년 이하의 징역 또는 2,000만원 이하의 벌금(법 제108조)
㉠ 측량기준점표지를 이전 또는 파손하거나 그 효용을 해치는 행위를 한 자
㉡ 고의로 측량성과를 사실과 다르게 한 자
㉢ 기본 또는 공공 측량성과를 국외로 반출한 자
㉣ 측량업의 등록을 하지 아니하거나 거짓이나 그 밖의 부정한 방법으로 측량업의 등록을 하고 측량업을 한 자
㉤ 측량기기 성능검사를 부정하게 한 성능검사대행자
㉥ 성능검사대행자의 등록을 하지 아니하거나 거짓이나 그 밖의 부정한 방법으로 성능검사대행자의 등록을 하고 성능검사업무를 한 자

36 토지이동이 있을 때 토지소유자가 하여야 하는 신청을 대위할 수 있는 사람이 아닌 것은?

① 구획정리 사업을 시행하는 토지의 주민
② 공공사업 등으로 인하여 하천, 구거, 제방 등의 지목으로 되는 토지의 경우 그 사업시행자
③ 지방자치단체가 매입 등으로 취득하는 토지의 경우 지방자치단체의 장
④ 국가가 매입 등으로 취득하는 토지의 경우 국가기관의 장

해설
신청의 대위(법 제87조)
다음의 어느 하나에 해당하는 자는 이 법에 따라 토지소유자가 하여야 하는 신청을 대신할 수 있다. 다만, 등록사항 정정 대상토지는 제외한다.
㉠ 공공사업 등에 따라 학교용지, 도로, 철도용지, 제방, 하천, 구거, 유지, 수도용지 등의 지목으로 되는 토지인 경우 : 해당 사업의 시행자
㉡ 국가나 지방자치단체가 취득하는 토지인 경우 : 해당 토지를 관리하는 행정기관의 장 또는 지방자치단체의 장
㉢ 주택법에 따른 공동주택의 부지인 경우 : 집합건물의 소유 및 관리에 관한 법률에 따른 관리인(관리인이 없는 경우에는 공유자가 선임한 대표자) 또는 해당 사업의 시행자
㉣ 민법에 따른 채권자

37 임야도 축척의 종류는 몇 종류인가?

① 2종류　　② 5종류
③ 6종류　　④ 8종류

해설
임야도의 축척 : 1/3000, 1/6000

정답 34 ④　35 ③　36 ①　37 ①

38 축척이 1/600인 지역의 지적공부에 등록하는 최소 면적의 단위는?

① $1m^2$
② $0.5m^2$
③ $0.05m^2$
④ $0.1m^2$

해설

지적도의 축척이 1/600인 지역과 경계점좌표등록부에 등록하는 지역의 토지면적(영 제60조)
- m^2 이하 한 자리 단위로 한다.
- $0.1m^2$ 미만의 끝수가 있는 경우 $0.05m^2$ 미만일 때에는 버리고 $0.05m^2$를 초과할 때에는 올린다.
- $0.05m^2$일 때에는 구하려는 끝자리의 숫자가 0 또는 짝수이면 버리고 홀수이면 올린다.
- 다만, 1필지의 면적이 $0.1m^2$ 미만일 때에는 $0.1m^2$로 한다.

39 다음 중 도시개발사업 등의 착수·변경 또는 완료 사실의 신고는 그 사유가 발생한 날부터 최대 며칠 이내에 지적소관청에 하여야 하는가?

① 10일 이내
② 15일 이내
③ 20일 이내
④ 30일 이내

해설

도시개발사업 등 시행지역의 토지이동 신청에 관한 특례에 따른 도시개발사업 등의 착수·변경 또는 완료 사실의 신고는 그 사유가 발생한 날부터 15일 이내에 하여야 한다(영 제83조).

40 대장정리에서 결번대장의 보존기한은?

① 영구
② 준영구
③ 10년
④ 5년

해설

결번대장의 비치(규칙 제63조)
지적소관청은 행정구역의 변경, 도시개발사업의 시행, 지번변경, 축척변경, 지번정정 등의 사유로 지번에 결번이 생긴 때에는 지체 없이 그 사유를 결번대장에 적어 영구히 보존하여야 한다.

41 등록된 토지의 일부가 행정구역의 명칭이 변경되어 다른 지번지역에 속하게 된 때에는?

① 소관청은 새로이 지번을 정하여 정리한다.
② 종전의 지번에 부호를 붙여서 정리한다.
③ 토지 소재만 변경하여 정리한다.
④ 행정안전부장관의 통첩을 받아 정리한다.

해설

행정구역의 명칭변경 등(법 제85조)
㉠ 행정구역의 명칭이 변경되면 등록된 토지는 새로운 행정구역의 명칭으로 변경된다.
㉡ 지번부여지역의 일부가 다른 지번부여지역에 속하게 되면 지적소관청은 새로 속하게 된 지번부여지역의 지번을 부여한다.

42 경계 또는 면적의 변경을 가져오는 경우 등록사항 정정 시 첨부하여야 할 서류가 아닌 것은?

① 측량성과도
② 정정사유서
③ 인접 토지소유자의 승낙서
④ 신청 당시의 부동산등기부 등본

해설

등록사항의 정정(법 제84조)
㉠ 토지소유자는 지적공부의 등록사항에 잘못이 있음을 발견하면 지적소관청에 그 정정을 신청할 수 있다.

> 토지소유자는 지적공부의 등록사항에 대한 정정을 신청할 때에는 정정사유를 적은 신청서에 다음의 구분에 따른 서류를 첨부하여 지적소관청에 제출하여야 한다(규칙 제93조).
> • 경계 또는 면적의 변경을 가져오는 경우 : 등록사항 정정 측량성과도
> • 그 밖의 등록사항을 정정하는 경우 : 변경사항을 확인할 수 있는 서류

㉡ 지적소관청은 지적공부의 등록사항에 잘못이 있음을 발견하면 대통령령으로 정하는 바에 따라 직권으로 조사·측량하여 정정할 수 있다.
㉢ ㉠에 따른 정정으로 인접 토지의 경계가 변경되는 경우에는 다음의 어느 하나에 해당하는 서류를 지적소관청에 제출하여야 한다.
 1. 인접 토지소유자의 승낙서
 2. 인접 토지소유자가 승낙하지 아니하는 경우에는 이에 대항할 수 있는 확정판결서 정본
㉣ 지적소관청이 ㉠ 또는 ㉡에 따라 등록사항을 정정할 때 그 정정사항이 토지소유자에 관한 사항인 경우에는 등기필증, 등기완료통지서, 등기사항증명서 또는 등기관서에서 제공한 등기전산정보자료에 따라 정정하여야 한다. 다만, ㉠에 따라 미등기 토지에 대하여 토지소유자의 성명 또는 명칭, 주민등록번호, 주소 등에 관한 사항의 정정을 신청한 경우로서 그 등록사항이 명백히 잘못된 경우에는 가족관계 기록사항에 관한 증명서에 따라 정정하여야 한다.

43 다음 중 토지의 지번 숫자 앞에 "산"자를 붙여 표기되는 지적공부는?

① 토지대장
② 공유지연명부
③ 임야대장
④ 토지대장부본

해설

지번(地番)은 아라비아숫자로 표기하되, 임야대장 및 임야도에 등록하는 토지의 지번은 숫자 앞에 "산"자를 붙인다(영 제56조).

44 지적공부에 신규등록하는 토지의 소유자는 어떻게 등록하는가?

① 소관청이 조사하여 등록한다.
② 무조건 국으로 등록한다.
③ 소관청 명의로 등록한다.
④ 신청자가 조사하여 등록한다.

해설

토지소유자의 정리(법 제88조)
㉠ 지적공부에 등록된 토지소유자의 변경사항은 등기관서에서 등기한 것을 증명하는 등기필증, 등기완료통지서, 등기사항증명서 또는 등기관서에서 제공한 등기전산정보자료에 따라 정리한다. 다만, 신규등록하는 토지의 소유자는 지적소관청이 직접 조사하여 등록한다.

정답 42 ② 43 ③ 44 ①

45 지적도에 제도하는 지번과 지목 간의 글자 간격으로 맞는 것은?

① 글자 크기의 1/8 정도
② 글자 크기의 1/5 정도
③ 글자 크기의 1/3 정도
④ 글자 크기의 1/2 정도

> **해설**
> **지번 및 지목의 제도(지적업무처리규정 제42조 제2항)**
> 지번 및 지목을 제도할 때에는 지번 다음에 지목을 제도한다. 이 경우 2mm 이상 3mm 이하 크기의 명조체로 하고, 지번의 글자 간격은 글자 크기의 1/4 정도, 지번과 지목의 글자 간격은 글자 크기의 1/2 정도 띄어서 제도한다. 다만, 부동산종합공부시스템이나 레터링으로 작성할 경우에는 고딕체로 할 수 있다.

46 다음 중 검은색으로 제도해야 하는 것은?

① 일람도상의 지방도로
② 일람도상의 수도용지 중 선로
③ 일람도상의 철도용지
④ 지번, 지목의 말소선

> **해설**
> ① 일람도상의 지방도로 이상은 검은색 0.2mm 폭의 2선으로, 그 밖의 도로는 0.1mm의 폭으로 제도한다.
> ② 일람도상의 수도용지 중 선로 : 남색 0.1mm 폭의 2선으로 제도한다.
> ③ 일람도상의 철도용지 : 붉은색 0.2mm 폭의 2선으로 제도한다.
> ④ 지번, 지목의 말소선 : 붉은색으로 한다.

47 일람도 제도에서 도면번호의 크기는?

① 0.1mm
② 0.2mm
③ 2mm
④ 3mm

> **해설**
> 일람도 제도 시 도면번호는 3mm의 크기로 한다(지적업무처리규정 제38조).

48 1필지로 정할 수 있는 기준으로 틀린 것은?

① 토지소유자가 동일하여야 한다.
② 토지의 가격이 동일하여야 한다.
③ 지번부여지역의 토지이어야 한다.
④ 토지의 용도가 동일하여야 한다.

> **해설**
> **1필지로 정할 수 있는 기준(영 제5조)**
> 지번부여지역의 토지로서 소유자와 용도가 같고 지반이 연속된 토지는 1필지로 할 수 있다.

49 지적삼각점 및 지적삼각보조점은 직경 몇 mm의 원으로 제도해야 하는가?

① 1mm ② 2mm
③ 3mm ④ 4mm

해설
지적기준점 등의 제도(지적업무처리규정 제43조)
지적삼각점 및 지적삼각보조점은 직경 3mm의 원으로 제도한다. 이 경우 지적삼각점은 원 안에 십자선을 표시하고, 지적삼각보조점은 원 안에 검은색으로 엷게 채색한다.

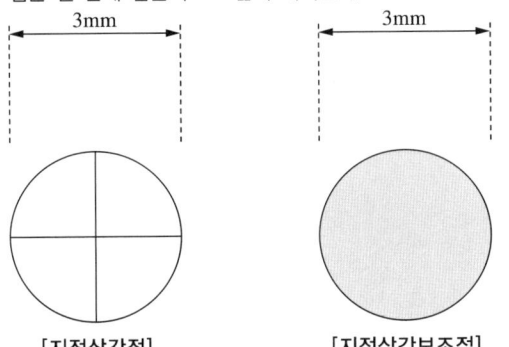

[지적삼각점]   [지적삼각보조점]

50 클로소이드와 렘니스케이트 같은 도로곡선을 그리는 데 적합한 제도용구는?

① 운형자
② 자유곡선자
③ 철도곡선자
④ 도로곡선자

해설
① 운형자 : 일반 자나 컴퍼스로는 그릴 수 없는 불규칙한 형태의 곡선을 그리기 위한 목적의 자
② 자유곡선자 : 지정된 곡선이 아닌 자유롭게 구부릴 수 있도록 만든 곡선자
③ 철도곡선자 : 철도 선로나 도로의 설계에서 반원 모양을 그리는 데 쓰는 원호(圓弧) 모양의 자

51 다음 중 면적측정이 필요하지 않는 경우는?

① 경계를 정정할 때
② 면적을 정정할 때
③ 토지를 합병할 때
④ 토지를 분할할 때

해설
면적측정 대상이 아닌 경우(지적측량 시행규칙 제19조)
㉠ 경계복원측량과 지적현황측량을 하는 경우에는 필지마다 면적을 측정하지 아니한다.
㉡ 토지이동 중 합병, 지번변경, 지목변경 등은 지적측량을 수반하지 않으므로 면적측정 대상이 아니다.

52 축척이 1/1000인 지적도상에 1변이 3cm로 등록된 정사각형 모양인 토지의 실제면적은 얼마인가?

① 570m² ② 600m²
③ 750m² ④ 900m²

해설
$\left(\dfrac{1}{m}\right)^2 = \dfrac{도상면적}{실제면적}$

$\left(\dfrac{1}{1000}\right)^2 = \dfrac{0.03 \times 0.03}{실제면적}$

∴ 실제면적 = $1,000^2 \times 0.0009$
       = 900m²

정답 49 ③ 50 ④ 51 ③ 52 ④

53 축척 1/500인 지적도의 도상 규격으로 옳은 것은?

① $X = 300mm, \ Y = 400mm$
② $X = 400mm, \ Y = 500mm$
③ $X = 500mm, \ Y = 600mm$
④ $X = 600mm, \ Y = 1,000mm$

> **해설**
> 지적도의 축척에 따른 포용면적, 도상 및 지상길이

축척	도상길이(mm)	지상길이(m)	포용면적(m²)
1/500	300 × 400	150 × 200	30,000
1/1000	300 × 400	300 × 400	120,000
1/600	333.33 × 416.67	200 × 250	50,000
1/1200	333.33 × 416.67	400 × 500	200,000
1/2400	333.33 × 416.67	800 × 1,000	800,000
1/3000	400 × 500	1,200 × 1,500	1,800,000
1/6000	400 × 500	2,400 × 3,000	7,200,000

54 축척 1/600 지적도 도곽의 위쪽 횡선에 −1.5mm, 아래쪽 횡선 −1.4mm, 오른쪽 종선 +0.2mm, 왼쪽 종선 −0.5mm의 신축이 있는 경우 이 도곽의 신축량은 얼마인가?

① −0.8mm
② −1.0mm
③ −1.6mm
④ −3.2mm

> **해설**
> 도곽선의 신축량 계산
> $$S = \frac{\Delta X_1 + \Delta X_2 + \Delta Y_1 + \Delta Y_2}{4}$$
> $$= \frac{(-0.5) + (+0.2) + (-1.5) + (-1.4)}{4}$$
> $$= -0.8mm$$
> 여기서, S : 신축량
> ΔX_1 : 왼쪽 종선의 신축된 차
> ΔX_2 : 오른쪽 종선의 신축된 차
> ΔY_1 : 위쪽 횡선의 신축된 차
> ΔY_2 : 아래쪽 횡선의 신축된 차

55 오차 중 그 원인이 불명하여 주의를 하여도 제거할 수 없는 것은?

① 정오차
② 착오
③ 누적오차
④ 우연오차

> **해설**
> 우연오차(부정오차, 상차, 우차)
> • 오차의 크기와 방향(부호)이 불규칙적으로 발생하고 확률론에 의해 추정할 수 있는 오차
> • 최소제곱법의 원리로 배분하여 오차론에서 다루는 오차

56 축척 1/1200 지역에서 원면적이 400m²의 토지를 분할하는 경우 분할 후의 각 필지의 면적의 합계와 분할 전 면적과의 오차의 허용범위는?

① ±32m²
② ±18m²
③ ±16m²
④ ±13m²

> **해설**
> 오차 허용면적
> $A = 0.026^2 M\sqrt{F}$
> $= 0.026^2 \times 1200\sqrt{400}$
> $= \pm 16.224m^2$
> $\fallingdotseq \pm 16m^2$
> 여기서, M : 축척분모
> F : 원면적

57 다음 중 지적측량의 면적측정방법으로만 옳게 나열한 것은?(단, 지적측량 시행규칙에 따름)

① 삼사법, 전자면적측정기법
② 전자면적측정기법, 플래니미터법
③ 전자면적측정기법, 좌표면적계산법
④ 좌표면적계산법, 삼사법

해설
면적측정의 방법 등(지적측량 시행규칙 제20조)
지적측량 시행규칙에는 좌표면적계산법, 전자면적측정기법이 사용된다.

58 빔 컴퍼스(beam compass)의 용도로 옳은 것은?

① 작은 원이나 작은 호를 그릴 때 사용한다.
② 각도를 측정할 때 사용한다.
③ 도상의 길이를 분할할 때 사용한다.
④ 반지름 15cm 이상의 큰 원을 그릴 때 사용한다.

해설
• 빔 컴퍼스 : 반지름 15cm 이상의 큰 원을 그릴 때 사용
• 스프링 컴퍼스 : 직경 10mm 이하의 작은 원을 그리거나 원호를 등분할 때 사용되는 제도용구

59 동·리의 행정구역선을 제도할 때 옳은 방법은?

① 실선 1mm와 허선 1mm로 연결하여 제도한다.
② 실선 2mm와 허선 1mm로 연결하여 제도한다.
③ 실선 3mm와 허선 1mm로 연결하여 제도한다.
④ 실선 4mm와 허선 2mm로 연결하여 제도한다.

해설
동·리계는 실선 3mm와 허선 1mm로 연결하여 제도한다.

60 1/1200 지역에서 1,600m²의 토지를 분할하고자 한다. 이 토지의 신구면적 허용오차는 얼마인가?

① ±25m² ② ±36m²
③ ±32m² ④ ±39m²

해설
오차 허용면적
$A = 0.026^2 M\sqrt{F}$
$= 0.026^2 \times 1200\sqrt{1600}$
$= \pm 32.448\text{m}^2$
$\fallingdotseq \pm 32\text{m}^2$
여기서, M : 축척분모
F : 원면적

2019년 제1회 과년도 기출복원문제

01 다음 중 1필지에 대한 설명으로 틀린 것은?

① 지목이 같다.
② 지반이 연속되고 하나의 지번을 설정한다.
③ 1필지는 폐다각형의 경계로 이루어진다.
④ 하나의 지번이 붙으나 토지의 등록단위는 아니다.

해설
필지(법 제2조) : 대통령령으로 정하는 바에 따라 구획되는 토지의 등록단위를 말한다.

02 조선시대에 논, 밭의 소재 및 면적을 기록했던 장부로서 현재의 토지대장에 해당하는 것은?

① 결수연명부
② 지세명기장
③ 토지조정부
④ 양안(量案)

해설
양안(量案) : 조선시대 조세 부과를 목적으로 전지(田地)를 측량하여 만든 토지등록장부로서 오늘날의 토지대장이다.

03 우리나라 지적제도의 발달과정으로 옳은 것은?

① 과세지적 → 경제지적
② 경제지적 → 법지적
③ 세지적 → 법지적
④ 법지적 → 경제지적

해설
지적제도의 역사적 변천과정 : 세지적 → 법지적 → 다목적 지적

04 토지소유자가 바다로 된 토지의 등록말소 신청 통지를 받은 날부터 최대 며칠 이내에 등록말소 신청을 하지 아니하는 경우 지적소관청이 등록을 말소하는가?

① 15일
② 30일
③ 60일
④ 90일

해설
바다로 된 토지의 등록말소 신청(법 제82조)
㉠ 지적소관청은 지적공부에 등록된 토지가 지형의 변화 등으로 바다로 된 경우로서 원상(原狀)으로 회복될 수 없거나 다른 지목의 토지로 될 가능성이 없는 경우에는 지적공부에 등록된 토지소유자에게 지적공부의 등록말소 신청을 하도록 통지하여야 한다.
㉡ 지적소관청은 ㉠에 따른 토지소유자가 통지를 받은 날부터 90일 이내에 등록말소 신청을 하지 아니하면 지적소관청이 직권으로 그 지적공부의 등록사항을 말소한다.

05 다음 중 지적공부로 볼 수 없는 것은?

① 토지대장
② 지적약도
③ 지적도
④ 임야대장

해설
지적공부(법 제2조)
토지대장, 임야대장, 공유지연명부, 대지권등록부, 지적도, 임야도 및 경계점좌표등록부 등 지적측량 등을 통하여 조사된 토지의 표시와 해당 토지의 소유자 등을 기록한 대장 및 도면(정보처리시스템을 통하여 기록·저장된 것을 포함한다)을 말한다.

정답 1 ④ 2 ④ 3 ③ 4 ④ 5 ②

06 다음 중 현재 사용하는 지목에 해당되지 않는 것은?

① 목장용지 ② 수도용지
③ 유원지 ④ 운동장

해설
지목의 표기방법(규칙 제64조)
지목은 전, 답, 과수원, 목장용지, 임야, 광천지, 염전, 대(垈), 공장용지, 학교용지, 주차장, 주유소용지, 창고용지, 도로, 철도용지, 제방(堤防), 하천, 구거(溝渠), 유지(溜池), 양어장, 수도용지, 공원, 체육용지, 유원지, 종교용지, 사적지, 묘지, 잡종지로 구분하여 정한다.

07 철도궤도의 지목은 어느 것인가?

① 철도선로 ② 철도용지
③ 철도부지 ④ 잡종지

해설
철도용지 : 교통 운수를 위하여 일정한 궤도 등의 설비와 형태를 갖추어 이용되는 토지와 이에 접속된 역사(驛舍), 차고, 발전시설 및 공작창(工作廠) 등 부속시설물의 부지

08 다음 사항 중 지번의 부여방법으로 옳은 것은?

① 가, 나, 다… ② A, B, C…
③ ㄱ, ㄴ, ㄷ… ④ 1, 2, 3…

해설
지번(地番)은 아라비아숫자로 표기하되, 임야대장 및 임야도에 등록하는 토지의 지번은 숫자 앞에 "산"자를 붙인다(영 제56조).

09 필지에 대한 설명으로 타당치 않은 것은?

① 이용단위
② 토지의 자연 상태
③ 관리단위
④ 소유단위

해설
필지
- 물권이 미치는 권리의 객체로서 지적공부에 등록하는 토지의 등록단위이다.
- 법률에 의해 정해지는 토지의 등록단위이다.
- 토지소유권의 구분에 의하여 인위적으로 구획된 것이다.
- 국가가 인위적으로 정하는 토지의 등록단위이다.

10 다음 중 지적공부에 등록하는 지번, 지목, 면적, 경계 또는 좌표는 토지의 이동이 있을 때 토지소유자의 신청을 받아 누가 결정하는가?

① 토지소유자
② 지적소관청
③ 대한지적공사
④ 지적측량업자

해설
토지의 조사·등록 등(법 제64조)
지적공부에 등록하는 지번, 지목, 면적, 경계 또는 좌표는 토지의 이동이 있을 때 토지소유자의 신청을 받아 지적소관청이 결정한다. 신청이 없으면 지적소관청이 직권으로 조사·측량하여 결정할 수 있다.

11
토지가 해면 또는 수면에 접해 있을 때 토지경계 측정점으로 결정하는 선은?

① 최대만수위 ② 평균수위
③ 최저만수위 ④ 최저수위

해설
지상경계의 결정기준 등(영 제55조)
㉠ 연접되는 토지 간에 높낮이 차이가 없는 경우 : 그 구조물 등의 중앙
㉡ 연접되는 토지 간에 높낮이 차이가 있는 경우 : 그 구조물 등의 하단부
㉢ 도로·구거 등의 토지에 절토(땅깎기)된 부분이 있는 경우 : 그 경사면의 상단부
㉣ 토지가 해면 또는 수면에 접하는 경우 : 최대만조위 또는 최대만수위가 되는 선
㉤ 공유수면매립지의 토지 중 제방 등을 토지에 편입하여 등록하는 경우 : 바깥쪽 어깨 부분

12
지적삼각보조점의 수평각 측정은 몇 대회의 방향관측법에 의하는가?

① 1대회 방향관측법
② 2대회 방향관측법
③ 3대회 방향관측법
④ 5대회 방향관측법

해설
경위의측량방법과 교회법에 따른 지적삼각보조점의 관측 및 계산(지적측량 시행규칙 제11조)
㉠ 관측은 20초독 이상의 경위의를 사용할 것
㉡ 수평각관측은 2대회(윤곽도는 0°, 90°로 한다)의 방향관측법에 따를 것

13
앨리데이드의 경사분획한 눈금의 크기는 양 시준판 사이 간격의 얼마에 해당하는가?

① 1/300 ② 1/200
③ 1/100 ④ 1/50

해설
앨리데이드의 양 시준판의 최소 눈금은 양 시준판 간격의 1/100이다.

14
다음 중 토지소유자가 2 이상인 때에 공유지연명부의 등록사항에 해당하지 않는 것은?

① 토지의 소재 ② 지번
③ 지목 ④ 소유권 지분

해설
공유지연명부의 등록사항(법 제71조)
㉠ 토지의 소재
㉡ 지번
㉢ 소유권 지분
㉣ 소유자의 성명 또는 명칭, 주소 및 주민등록번호
㉤ 그 밖에 국토교통부령으로 정하는 사항(규칙 제68조)
  1. 토지의 고유번호
  2. 필지별 공유지연명부의 장번호
  3. 토지소유자가 변경된 날과 그 원인

15
실제 2점 간 거리 50m를 도상에서 2mm 크기로 나타낼 때의 축척은?

① 1/1000 ② 1/2500
③ 1/25000 ④ 1/50000

해설
$$\frac{1}{m} = \frac{도상거리}{실제거리} = \frac{0.002m}{50m} = \frac{1}{25000}$$
여기서, m : 축척분모

16 다각망도선법에 의한 지적삼각보조측량에서 틀린 것은?

① 점 간 거리는 1km 이상 3km 이하로 한다.
② 3점 이상의 기지점을 포함한 결합다각방식에 의한다.
③ 1도선의 거리는 4km 이하로 한다.
④ 1도선의 점의 수는 기지점과 교점을 포함 5점 이하로 한다.

해설
전파기 또는 광파기측량방법에 따라 다각망도선법으로 지적삼각보조점측량을 할 때의 기준(지적측량 시행규칙 제10조)
㉠ 3점 이상의 기지점을 포함한 결합다각방식에 따를 것
㉡ 1도선(기지점과 교점 간 또는 교점과 교점 간을 말한다)의 점의 수는 기지점과 교점을 포함하여 5점 이하로 할 것
㉢ 1도선의 거리(기지점과 교점 또는 교점과 교점 간의 점 간 거리의 총합계를 말한다)는 4km 이하로 할 것

17 평면직각좌표상의 점 A(492,600m, 187,400m)와 점 B(492,200m, 187,100m) 사이의 거리는?

① 350m   ② 400m
③ 450m   ④ 500m

해설
$\overline{AB}$의 거리
$= \sqrt{(X_B - X_A)^2 + (Y_B - Y_A)^2}$
$= \sqrt{(492,200 - 492,600)^2 + (187,100 - 187,400)^2}$
$= 500\text{m}$

18 지적도근점측량의 방법에 해당하지 않는 것은?

① 경위의측량방법
② 전파기측량방법
③ 면적측량방법
④ 광파기측량방법

해설
지적도근점측량(지적측량 시행규칙 제7조)
위성기준점, 통합기준점, 삼각점 및 지적기준점을 기초로 하여 경위의측량방법, 전파기 또는 광파기측량방법, 위성측량방법 및 국토교통부장관이 승인한 측량방법에 따르되, 그 계산은 도선법, 교회법 및 다각망도선법에 따른다.

19 수평각, 연직각, 거리를 동시에 관측할 수 있는 편리한 측량기계는?

① 경위의   ② 광파기
③ 측판측량기   ④ 토털 스테이션

해설
토털 스테이션(total station) : 거리와 각(수평각, 연직각)을 동시에 관측하여 현장에서 즉시 좌표를 확인함으로써 시공계획에 맞추어 신속한 측량을 할 수 있다.

20 평판측량방법에서 기지점을 기준으로 지상경계선과 도상경계선의 부합 여부를 확인하는 방법이 아닌 것은?

① 도상원호교회법
② 지상원호교회법
③ 거리비교확인법
④ compass법

해설
경계점은 기지점을 기준으로 하여 지상경계선과 도상경계선의 부합 여부를 현형법(現形法), 도상원호(圖上圓弧)교회법, 지상원호(地上圓弧)교회법 또는 거리비교확인법 등으로 확인하여 정한다(지적측량 시행규칙 제18조).

정답 16 ① 17 ④ 18 ③ 19 ④ 20 ④

21 지적측량의 서부원점의 경위도 표시로 옳은 것은?

① 북위 38°선과 동경 125°선의 교차점
② 북위 38°선과 동경 127°선의 교차점
③ 북위 38°선과 동경 129°선의 교차점
④ 북위 37°선과 동경 127°선의 교차점

해설

직각좌표계 원점

명칭	원점의 경위도
서부좌표계	경도 : 동경 125°00′, 위도 : 북위 38°00′
중부좌표계	경도 : 동경 127°00′, 위도 : 북위 38°00′
동부좌표계	경도 : 동경 129°00′, 위도 : 북위 38°00′
동해좌표계	경도 : 동경 131°00′, 위도 : 북위 38°00′

22 경위의측량방법에 의한 세부측량 시 토지의 경계가 곡선을 이룰 때에는 가급적 현재 상태와 다르게 되지 않도록 경계점을 측정하여 연결한다. 이때 직선으로 연결하는 부분에 해당하는 곡선의 중앙종거 길이는?

① 1~2cm
② 2~3cm
③ 3~5cm
④ 5~10cm

해설

토지의 경계가 곡선인 경우에는 가급적 현재 상태와 다르게 되지 아니하도록 경계점을 측정하여 연결할 것. 이 경우 직선으로 연결하는 곡선의 중앙종거(中央縱距)의 길이는 5cm 이상 10cm 이하로 한다(지적측량 시행규칙 제18조).

23 평판측량 방법에 따른 세부측량을 교회법으로 하는 경우 시오삼각형이 생겼을 때 내접원의 중심을 점의 위치로 할 수 있는 경우는?

① 내접원의 지름이 5mm 이하인 때
② 내접원의 지름이 1mm 이하인 때
③ 내접원의 지름이 1.5mm 이하인 때
④ 내접원의 지름이 2mm 이하인 때

해설

측량결과 시오(示誤)삼각형이 생긴 경우 내접원의 지름이 1mm 이하일 때에는 그 중심을 점의 위치로 한다(지적측량 시행규칙 제18조).

24 도근 측량의 도선명 표기방법으로 1등도선에 해당하는 것은?

① 가, 나, 다…
② Ⅰ, Ⅱ, Ⅲ…
③ ㄱ, ㄴ, ㄷ…
④ A, B, C…

해설

1등도선은 가, 나, 다 순으로 표기하고 2등도선은 ㄱ, ㄴ, ㄷ 순으로 표기한다(지적측량 시행규칙 제12조).

25 평판측량방법에 의한 세부측량을 실시할 때의 방법에 해당하지 않는 것은?

① 교회법
② 도선법
③ 방사법
④ 삼사법

해설

평판측량방법에 따른 세부측량은 교회법, 도선법 및 방사법(放射法)에 따른다.

26 고의로 지적측량성과를 사실과 다르게 한 지적측량수행자에 대한 벌칙 기준이 옳은 것은?

① 300만원 이하의 과태료
② 1년 이하의 징역 또는 1,000만원 이하의 벌금
③ 2년 이하의 징역 또는 2,000만원 이하의 벌금
④ 3년 이하의 징역 또는 3,000만원 이하의 벌금

해설
2년 이하의 징역 또는 2,000만원 이하의 벌금(법 제108조)
㉠ 측량기준점표지를 이전 또는 파손하거나 그 효용을 해치는 행위를 한 자
㉡ 고의로 측량성과를 사실과 다르게 한 자
㉢ 기본 또는 공공 측량성과를 국외로 반출한 자
㉣ 측량업의 등록을 하지 아니하거나 거짓이나 그 밖의 부정한 방법으로 측량업의 등록을 하고 측량업을 한 자
㉤ 측량기기 성능검사를 부정하게 한 성능검사대행자
㉥ 성능검사대행자의 등록을 하지 아니하거나 거짓이나 그 밖의 부정한 방법으로 성능검사대행자의 등록을 하고 성능검사업무를 한 자

27 중앙지적위원회의 부위원장은?

① 국토교통부 지적업무 담당 과장
② 국토교통부 지적업무 담당 국장
③ 국토교통부차관
④ 국토교통부장관

해설
중앙지적위원회의 구성 등(영 제20조)
㉠ 중앙지적위원회는 위원장 1명과 부위원장 1명을 포함하여 5명 이상 10명 이하의 위원으로 구성한다.
㉡ 위원장은 국토교통부의 지적업무 담당 국장이, 부위원장은 국토교통부의 지적업무 담당 과장이 된다.

28 다음 중 합병 신청을 할 수 없는 경우에 해당하지 않는 것은?

① 합병하려는 토지에 임차권의 등기가 있는 경우
② 합병하려는 토지의 지번부여지역이 서로 다른 경우
③ 합병하려는 지목이 서로 다른 경우
④ 합병하려는 소유자가 서로 다른 경우

해설
소유권, 지상권, 전세권 또는 임차권의 등기 외의 등기가 있는 경우 합병 신청을 할 수 없다.
합병 신청을 할 수 없는 경우(법 제80조)
㉠ 합병하려는 토지의 지번부여지역, 지목 또는 소유자가 서로 다른 경우
㉡ 합병하려는 토지에 다음의 등기 외의 등기가 있는 경우
  1. 소유권·지상권·전세권 또는 임차권의 등기
  2. 승역지(承役地)에 대한 지역권의 등기
  3. 합병하려는 토지 전부에 대한 등기원인(登記原因) 및 그 연월일과 접수번호가 같은 저당권의 등기
  4. 합병하려는 토지 전부에 대한 부동산등기법 신탁등기의 등기사항(제81조 제1항)이 동일한 신탁등기
㉢ 그 밖에 합병하려는 토지의 지적도 및 임야도의 축척이 서로 다른 경우 등 대통령령으로 정하는 경우(영 제66조)
  1. 합병하려는 토지의 지적 및 임야도의 축척이 서로 다른 경우
  2. 합병하려는 각 필지가 서로 연접하지 않은 경우
  3. 합병하려는 토지가 등기된 토지와 등기되지 아니한 토지인 경우
  4. 합병하려는 각 필지의 지목은 같으나 일부 토지의 용도가 다르게 되어 법에 따른 분할대상 토지인 경우. 다만, 합병신청과 동시에 토지의 용도에 따라 분할 신청을 하는 경우는 제외한다.
  5. 합병하려는 토지의 소유자별 공유지분이 다른 경우
  6. 합병하려는 토지가 구획정리, 경지정리 또는 축척변경을 시행하고 있는 지역의 토지와 그 지역 밖의 토지인 경우

29 다음 중 지적서고의 설치 및 관리기준에 대한 설명으로 옳지 않은 것은?

① 지적사무를 처리하는 사무실과 연접하여 설치한다.
② 제한구역으로 지정하고 인화물질의 반입을 금지한다.
③ 출입자는 지적소관청의 직원들로 한정한다.
④ 지적공부, 지적 관계 서류 및 지적측량장비만 보관한다.

해설

지적서고의 설치기준 등(규칙 제65조)
㉠ 지적서고는 지적사무를 처리하는 사무실과 연접(連接)하여 설치하여야 한다.
㉡ 지적서고는 다음의 기준에 따라 관리하여야 한다.
1. 지적서고는 제한구역으로 지정하고, 출입자를 지적사무담당공무원으로 한정할 것
2. 지적서고에는 인화물질의 반입을 금지하며, 지적공부, 지적 관계 서류 및 지적측량장비만 보관할 것

30 우리나라에서 사용하는 지번의 설정순서로 가장 옳은 것은?

① 남에서 북으로
② 동에서 서로
③ 중앙에서 사방으로
④ 북서에서 남동으로

해설

북서기번법 : 지번은 북서쪽에서 남동쪽으로 순차적으로 부여한다. 아라비아숫자로 지번을 부여하는 지역에 적합하며, 지적법상 지번부여 설정의 기본원칙이다.

31 1/1000 지적도의 도곽 규격은?

① 세로 300mm, 가로 400mm
② 세로 400mm, 가로 500mm
③ 세로 800mm, 가로 1,000mm
④ 세로 333.33mm, 가로 416.67mm

해설

지적도의 축척에 따른 도상 및 지상길이, 포용면적

축척	도상길이(mm)	지상길이(m)	포용면적(m^2)
1/500	300×400	150×200	30,000
1/1000	300×400	300×400	120,000
1/600	333.33×416.67	200×250	50,000
1/1200	333.33×416.67	400×500	200,000
1/2400	333.33×416.67	800×1,000	800,000
1/3000	400×500	1,200×1,500	1,800,000
1/6000	400×500	2,400×3,000	7,200,000

32 지적도의 축척으로 적합하지 않은 것은?

① 1/8000
② 1/2400
③ 1/1000
④ 1/500

해설

지적도면의 축척은 다음의 구분에 따른다(규칙 제69조).
• 지적도 : 1/500, 1/600, 1/1000, 1/1200, 1/2400, 1/3000, 1/6000
• 임야도 : 1/3000, 1/6000

33 축척 1/1200 지역의 지적도 25매를 행정구역이 변경되어 1/600 지적도로 만들려고 한다. 몇 매가 되는가?

① 25매
② 50매
③ 75매
④ 100매

해설

축척 1/1200 지적도 1매의 포용면적은 1/600 지적도 4매의 포용면적에 해당된다.
∴ 25×4 = 100매

34 지적공부에 등록하는 면적은?

① 구면상의 면적
② 지표면적
③ 수평면상의 면적
④ 경사면상의 면적

해설
면적(법 제2조) : 지적공부에 등록한 필지의 수평면상 넓이를 말한다.

35 1/1200 지역의 면적을 구해서 토지대장 및 임야대장에 등록하고자 한다. 잘못된 것은?

① $0.4m^2 \rightarrow 1m^2$
② $20.4m^2 \rightarrow 20m^2$
③ $12.5m^2 \rightarrow 13m^2$
④ $27.5m^2 \rightarrow 28m^2$

해설
토지의 면적에 $1m^2$ 미만의 끝수가 있는 경우 면적의 결정(영 제60조)
- $0.5m^2$ 미만일 때에는 버리고 $0.5m^2$를 초과하는 때에는 올린다.
- $0.5m^2$일 때에는 구하려는 끝자리의 숫자가 0 또는 짝수이면 버리고 홀수이면 올린다.
- 다만, 1필지의 면적이 $1m^2$ 미만일 때에는 $1m^2$로 한다.

36 지적(임야)도에 행정구역 경계가 2종 이상 겹칠 때에는 어떻게 정리하는가?

① 2종 중 임의의 한 종류만 그리면 된다.
② 최상급 경계만 그린다.
③ 최하급 경계만 그린다.
④ 일정 간격을 두고 2종 모두 그려야 한다.

해설
행정구역선의 제도(지적업무처리규정 제44조)
행정구역선이 2종 이상 겹치는 경우에는 최상급 행정구역선만 제도한다.

37 지적공부에 "답"으로 등록되어 있는 것을 토지 이용이 다르게 되어 "대"로 등록하는 것을 무엇이라 하는가?

① 등록전환   ② 축척변경
③ 신규등록   ④ 지목변경

해설
지목변경(법 제2조) : 지적공부에 등록된 지목을 다른 지목으로 바꾸어 등록하는 것을 말한다.

38 이해관계자가 있는 토지의 등록사항을 정정할 때 반드시 필요한 것은?

① 이해관계자의 승낙서 또는 법원의 판결서
② 이해관계자의 주민등록 등본
③ 측량자의 의견서
④ 검사 공무원의 복명서

해설
등록사항의 정정(법 제84조)
㉠ 토지소유자는 지적공부의 등록사항에 잘못이 있음을 발견하면 지적소관청에 그 정정을 신청할 수 있다.
㉡ ㉠에 따른 정정으로 인접 토지의 경계가 변경되는 경우에는 다음의 어느 하나에 해당하는 서류를 지적소관청에 제출하여야 한다.
  1. 인접 토지소유자의 승낙서
  2. 인접 토지소유자가 승낙하지 아니하는 경우에는 이에 대항할 수 있는 확정판결서 정본(正本)

39 다음 중 색인도의 역할에 해당하는 것은?

① 동·리 총 도면 매수의 파악
② 인접 도면의 연결순서
③ 임야도와 지적도의 접합
④ 인접 동·리와의 접합

해설
색인도는 인접 도면의 연결 순서를 표시하기 위하여 기재한 도표와 번호를 말한다.

40 등록전환되어 말소된 임야도의 정리는 다음 중 어느 색으로 표시하는가?

① 남색
② 붉은색
③ 노란색
④ 검은색

해설
지적공부 등의 정리에 사용하는 문자·기호 및 경계는 따로 규정을 둔 사항을 제외하고 정리사항은 검은색, 도곽선과 그 수치 및 말소는 붉은색으로 한다(지적업무처리규정 제63조).

41 지적도면을 등록할 때 일람도의 작성을 생략할 수 있는 도면의 수는 몇 매 이하인가?

① 3매
② 4매
③ 5매
④ 6매

해설
일람도의 제도(지적업무처리규정 제38조)
지적도면 등의 등록사항 등에 따라 일람도를 작성할 경우 일람도의 축척은 그 도면축척의 1/10로 한다. 다만, 도면의 장수가 많아서 한 장에 작성할 수 없는 경우에는 축척을 줄여서 작성할 수 있으며, 도면의 장수가 4장 미만인 경우에는 일람도의 작성을 하지 아니할 수 있다.

42 토지대장 및 임야대장에 등록하지 않는 것은?

① 지번
② 면적
③ 소유자 성명
④ 경작자의 등록번호

해설
토지대장과 임야대장의 등록사항(법 제71조)
㉠ 토지의 소재
㉡ 지번(임야대장은 숫자 앞에 "산"을 붙임)
㉢ 지목
㉣ 면적
㉤ 소유자의 성명 또는 명칭, 주소 및 주민등록번호(국가, 지방자치단체, 법인, 법인 아닌 사단이나 재단 및 외국인의 경우에는 부동산등기법에 따라 부여된 등록번호를 말한다)
㉥ 그 밖에 국토교통부령으로 정하는 사항(규칙 제68조)
  1. 토지의 고유번호(각 필지를 서로 구별하기 위하여 필지마다 붙이는 고유한 번호를 말한다)
  2. 지적도 또는 임야도의 번호와 필지별 토지대장 또는 임야대장의 장번호 및 축척
  3. 토지의 이동사유
  4. 토지소유자가 변경된 날과 그 원인
  5. 토지등급 또는 기준수확량등급과 그 설정·수정 연월일
  6. 개별공시지가와 그 기준일

43 지적공부를 복구할 경우 토지에 대한 소유자의 결정자료에 해당하는 것은?

① 소유자의 인감증명서
② 소유자의 부동산등기부
③ 소유자의 신청서
④ 측량성과도

해설
부동산등기부(토지 및 건물등기사항전부증명서)는 부동산의 소유주와 이전내역, 대출 및 담보 설정 등의 내용을 확인할 수 있는 문서이다.

44 지적공부를 열람하거나 그 등본을 발급받으려는 자는 누구에게 신청하는가?

① 읍·면·동의 장
② 해당 지적소관청
③ 국토교통부장관
④ 지적위원회

해설
지적공부의 열람 및 등본 발급(법 제75조)
지적공부를 열람하거나 그 등본을 발급받으려는 자는 해당 지적소관청에 그 열람 또는 발급을 신청하여야 한다. 다만, 정보처리시스템을 통하여 기록·저장된 지적공부(지적도 및 임야도는 제외)를 열람하거나 그 등본을 발급받으려는 경우에는 특별자치시장, 시장·군수 또는 구청장이나 읍·면·동의 장에게 신청할 수 있다.

45 소관청이 지적공부에 신규등록, 등록전환, 분할 등의 토지의 이동이 있는 경우에 작성하여야 하는 것은?

① 토지이동정리 결의서
② 토지대장
③ 임야대장
④ 지적도

해설
지적공부의 정리 등(영 제84조)
㉠ 지적소관청은 지적공부가 다음의 어느 하나에 해당하는 경우에는 지적공부를 정리하여야 한다. 이 경우 이미 작성된 지적공부에 정리할 수 없을 때에는 새로 작성하여야 한다.
 1. 지번을 변경하는 경우
 2. 지적공부를 복구하는 경우
 3. 신규등록, 등록전환, 분할, 합병, 지목변경 등 토지의 이동이 있는 경우
㉡ 지적소관청은 ㉠에 따른 토지의 이동이 있는 경우에는 토지이동정리 결의서를 작성하여야 하고, 토지소유자의 변동 등에 따라 지적공부를 정리하려는 경우에는 소유자정리 결의서를 작성하여야 한다.

46 다음 중 선 긋는 방법으로 옳은 것은?

① 선을 그을 때 외형선과 숨은선이 겹칠 때에는 숨은선을 우선으로 한다.
② 수직선은 위에서 아래로 긋는다.
③ 직선과 곡선이 만날 때 곡선부를 먼저 긋고 직선을 나중에 긋는다.
④ 일점쇄선을 그을 때에는 긴 선에서 시작하여 짧은 선에서 끝나야 한다.

해설
① 선의 우선순위는 외형선 > 숨은선 > 절단선 > 중심선 > 치수 보조선 순이다.
② 수직선은 아래에서 위로 긋는다.
④ 일점쇄선을 그을 때에는 긴 선에서 시작하여 긴 선에서 끝나야 한다.

47 면적을 측정할 때 도곽선의 길이에 얼마 이상의 신축이 있는 경우 보정하여야 하는가?

① 0.7mm 이상
② 0.5mm 이상
③ 0.3mm 이상
④ 0.2mm 이상

해설
면적을 측정하는 경우 도곽선의 길이에 0.5mm 이상의 신축이 있을 때에는 이를 보정하여야 한다(지적측량 시행규칙 제20조).

정답 44 ② 45 ① 46 ③ 47 ②

48 다음 중 공간정보관리법상 토지소유자가 토지의 분할을 신청할 수 있는 경우가 아닌 것은?

① 지적공부에 등록된 1필지의 일부가 형질변경 등으로 용도가 다르게 된 경우
② 소유권이전, 매매 등을 위하여 필요한 경우
③ 토지이용상 불합리한 지상경계를 시정하기 위한 경우
④ 공유수면매립으로 토지의 경계를 결정한 경우

해설
분할 신청 대상 토지(영 제65조)
㉠ 지적공부에 등록된 1필지의 일부가 형질변경 등으로 용도가 변경된 경우
㉡ 소유권이전, 매매 등을 위하여 필요한 경우
㉢ 토지이용상 불합리한 지상경계를 시정하기 위한 경우

49 이동측량 시 면적을 측정하지 않아도 되는 것은?

① 신규등록
② 토지합병
③ 등록전환
④ 토지분할

해설
면적측정 대상이 아닌 경우(지적측량 시행규칙 제19조)
㉠ 경계복원측량과 지적현황측량을 하는 경우에는 필지마다 면적을 측정하지 아니한다.
㉡ 토지이동 중 합병, 지번변경, 지목변경 등은 지적측량을 수반하지 않으므로 면적측정 대상이 아니다.

50 축척 1/600 지역에서 1필지 면적을 좌표면적계산법으로 계산하여 245.450m²를 산출하였다. 이 필지의 결정면적은 얼마로 하는가?

① 245.45m²
② 245.4m²
③ 245.5m²
④ 246m²

해설
경계점좌표등록부에 등록하는 지역이며, 구하려는 끝자리의 수가 짝수이면 버리므로 245.4m²가 된다.
지적도의 축척이 1/600인 지역과 경계점좌표등록부에 등록하는 지역의 토지면적(영 제60조)
• m² 이하 한 자리 단위로 한다.
• 0.1m² 미만의 끝수가 있는 경우 0.05m² 미만일 때에는 버리고 0.05m²를 초과할 때에는 올린다.
• 0.05m²일 때에는 구하려는 끝자리의 숫자가 0 또는 짝수이면 버리고 홀수이면 올린다.
• 다만, 1필지의 면적이 0.1m² 미만일 때에는 0.1m²로 한다.

51 다음 중 면적측정부의 기재사항이 아닌 것은?

① 측정면적
② 보정면적
③ 결정면적
④ 분할면적

해설
면적측정부의 기재사항
• 동·리명
• 지번
• 측정면적
• 도곽신축보정계수
• 보정면적
• 원면적
• 산출면적
• 결정면적

정답 48 ④ 49 ② 50 ② 51 ④

52 다음 중 우리나라에서 적용해 온 지적의 원리로서 형식주의와 가장 관계가 깊은 것은?

① 특정화의 원칙
② 등록의 원칙
③ 신청의 원칙
④ 공시의 원칙

해설
지적형식주의 : 토지에 대한 표시(지번, 지목, 면적, 경계 등)를 지적공부에 등록함으로써 공시적 효력을 가진다는 이념이다.

53 도면에 등록하는 동·리의 행정구역선은 얼마의 폭을 기준으로 제도하여야 하는가?

① 0.1mm
② 0.2mm
③ 0.3mm
④ 0.4mm

해설
행정구역선의 제도(지적업무처리규정 제44조)
도면에 등록할 행정구역선은 0.4mm 폭으로 제도한다. 다만, 동·리의 행정구역선은 0.2mm 폭으로 한다.

54 수평, 수직의 눈금자를 제도판의 임의 위치로 정확하게 이동할 수 있고, 분도판의 눈금자가 필요한 각도에 고정시킬 수 있도록 만들어져 사용하기에 편리한 제도용구는?

① T자
② 각도기
③ 만능제도기
④ 플로터

해설
만능제도기 : T자, 축척자, 삼각자, 각도기 등의 기능을 모두 갖춘 제도용구이다.

55 다음 중 공간정보관리법의 목적으로 가장 알맞은 것은?

① 합리적인 토지이용
② 능률적인 지가관리
③ 합법적인 토지개발
④ 효율적인 토지관리

해설
목적(법 제1조) : 공간정보관리법은 측량의 기준 및 절차와 지적공부, 부동산종합공부의 작성 및 관리 등에 관한 사항을 규정함으로써 국토의 효율적 관리 및 국민의 소유권 보호에 기여함을 목적으로 한다.

56 축척 1/1000인 지적도에서 도면상의 길이가 15cm일 때 지상에서의 길이는?

① 66.7m
② 150m
③ 15m
④ 300m

해설
$\dfrac{1}{m} = \dfrac{도상거리}{실제거리}$ (여기서, m : 축척분모)

∴ 실제거리 = 도상거리 × 축척분모
= 15 × 1000
= 15000cm
= 150m

정답 52 ② 53 ② 54 ③ 55 ④ 56 ②

57 삼각형의 세 변의 길이가 각각 6cm, 8cm, 10cm일 때 이 삼각형의 면적은?

① $12cm^2$
② $24cm^2$
③ $36cm^2$
④ $48cm^2$

해설

헤론의 공식
$$A = \sqrt{s(s-a)(s-b)(s-c)}$$
$$= \sqrt{12(12-6)(12-8)(12-10)}$$
$$= 24cm^2$$
여기서, $s = \dfrac{6+8+10}{2} = 12$

58 도곽선의 길이에 0.5mm 이상의 신축이 있을 경우 도곽선 신축량 계산공식으로 맞는 것은?

① $S = \dfrac{\Delta X_1 + \Delta X_2 + \Delta Y_1 + \Delta Y_2}{4}$

② $S = \dfrac{\Delta X_1 + \Delta X_2 + \Delta Y_1 + \Delta Y_2}{2}$

③ $S = \dfrac{(\Delta X_1 + \Delta X_2) - (\Delta Y_1 + \Delta Y_2)}{4}$

④ $S = \dfrac{(\Delta X_1 + \Delta X_2) - (\Delta Y_1 + \Delta Y_2)}{2}$

해설

도곽선의 신축량 계산
$$S = \dfrac{\Delta X_1 + \Delta X_2 + \Delta Y_1 + \Delta Y_2}{4}$$
여기서, S : 신축량
ΔX_1 : 왼쪽 종선의 신축된 차
ΔX_2 : 오른쪽 종선의 신축된 차
ΔY_1 : 위쪽 횡선의 신축된 차
ΔY_2 : 아래쪽 횡선의 신축된 차

59 다음 중 지번과 지목을 제도하기에 가장 적합한 제도기구는?

① 오구
② 스프링 컴퍼스
③ 만능제도기
④ 레터링 펜

해설

④ 레터링 펜 : 도형문자(한글체, 숫자체, 로마체 등)를 기계적으로 그릴 수 있어 지번과 지목을 제도하기에 가장 적합하다.
① 오구(먹줄펜) : 먹줄긋기용 제도용구이며 종류로 가는 선용, 중선용, 굵은 선용 등이 있다.
② 스프링 컴퍼스 : 직경 10mm 이하의 작은 원을 그리거나 원호를 등분할 때 사용한다.
③ 만능제도기 : T자, 축척자, 삼각자, 각도기 등의 기능을 모두 갖춘 제도용구이다.

60 도해지역의 토지를 전자면적측정기로 2회 측정한 결과, 측정면적이 허용교차 이내일 경우 면적의 처리방법으로 옳은 것은?

① 작은 면적을 사용한다.
② 큰 면적을 사용한다.
③ 평균하여 사용한다.
④ 재측정해야 한다.

해설

전자면적측정기에 따른 면적측정(지적측량 시행규칙 제20조)
도상에서 2회 측정하여 그 교차가 다음 계산식에 따른 허용면적 이하일 때에는 그 평균치를 측정면적으로 할 것
$$A = 0.023^2 M\sqrt{F}$$
여기서, A : 허용면적
M : 축척분모
F : 2회 측정한 면적의 합계를 2로 나눈 수

57 ② 58 ① 59 ④ 60 ③

2019년 제4회 과년도 기출복원문제

01 다음 중 지적기준점에 해당하지 않는 것은?

① 지적삼각점
② 지적도근점
③ 지적필계점
④ 지적삼각보조점

해설
측량기준점의 구분(영 제8조)
- 국가기준점 : 우주측지기준점, 위성기준점, 수준점, 중력점, 통합기준점, 삼각점, 지자기점
- 공공기준점 : 공공삼각점, 공공수준점
- 지적기준점 : 지적삼각점, 지적삼각보조점, 지적도근점

02 필지확정 기준에 속하지 않는 것은?

① 면적의 동일
② 지목의 동일
③ 소유자의 동일
④ 지반의 연속

해설
1필지로 정할 수 있는 기준(영 제5조)
지번부여지역의 토지로서 소유자와 용도가 같고 지반이 연속된 토지는 1필지로 할 수 있다.

03 지적도의 등록사항이 아닌 것은?

① 경계
② 지목
③ 토지의 소재
④ 소유자의 주민등록번호

해설
지적도 및 임야도의 등록사항(법 제72조)
㉠ 토지의 소재
㉡ 지번
㉢ 지목
㉣ 경계
㉤ 그 밖에 국토교통부령으로 정하는 사항(규칙 제69조)
  1. 지적도면의 색인도(인접 도면의 연결 순서를 표시하기 위하여 기재한 도표와 번호를 말한다)
  2. 지적도면의 제명 및 축척
  3. 도곽선(圖廓線)과 그 수치
  4. 좌표에 의하여 계산된 경계점 간의 거리(경계점좌표등록부를 갖춰 두는 지역으로 한정한다)
  5. 삼각점 및 지적기준점의 위치
  6. 건축물 및 구조물 등의 위치

04 지적도의 축척으로 짝지어지지 않은 것은?

① 1/500, 1/1000, 1/2400
② 1/600, 1/1200, 1/3000
③ 1/1200, 1/2000, 1/3000
④ 1/1000, 1/3000, 1/6000

해설
지적도면의 축척은 다음의 구분에 따른다(규칙 제69조).
- 지적도 : 1/500, 1/600, 1/1000, 1/1200, 1/2400, 1/3000, 1/6000
- 임야도 : 1/3000, 1/6000

정답 1 ③ 2 ① 3 ④ 4 ③

05 소관청이 지적공부를 복구하는 경우에는 다음 어느 것을 기준으로 복구하는가?

① 현 상태의 토지현황
② 멸실 당시의 공부 상태
③ 작성 당시의 공부 상태
④ 토지조사 당시의 토지현황

해설

지적공부의 복구(영 제61조)
지적소관청이 지적공부를 복구할 때에는 멸실·훼손 당시의 지적공부와 가장 부합된다고 인정되는 관계 자료에 따라 토지의 표시에 관한 사항을 복구하여야 한다. 다만, 소유자에 관한 사항은 부동산등기부나 법원의 확정판결에 따라 복구하여야 한다.

06 지적측량을 수반하지 않는 토지등록 및 이동은?

① 토지분할
② 신규등록
③ 토지합병
④ 등록전환

해설

합병, 지목변경은 지적측량을 실시하지 않는다.
지적측량을 하여야 하는 경우(법 제23조, 영 제18조)
㉠ 지적기준점을 정하는 경우
㉡ 지적측량성과를 검사하는 경우
㉢ 다음에 해당하는 경우로서 측량을 할 필요가 있는 경우
  1. 지적공부를 복구하는 경우
  2. 토지를 신규등록하는 경우
  3. 토지를 등록전환하는 경우
  4. 토지를 분할하는 경우
  5. 바다가 된 토지의 등록을 말소하는 경우
  6. 축척을 변경하는 경우
  7. 지적공부의 등록사항을 정정하는 경우
  8. 도시개발사업 등의 시행지역에서 토지의 이동이 있는 경우
  9. 지적재조사에 관한 특별법에 따른 지적재조사사업에 따라 토지의 이동이 있는 경우
㉣ 경계점을 지상에 복원하는 경우
㉤ 그 밖에 대통령령으로 정하는 경우 : 지상건축물 등의 현황을 지적도 및 임야도에 등록된 경계와 대비하여 표시하는 데에 필요한 경우(지적현황측량)

07 다음 중 지번을 부여하는 진행 방향에 따른 분류에 해당하지 않는 것은?

① 사행식
② 기우식
③ 단지식
④ 방사식

해설

지번의 진행 방향에 따른 지번부여방법 : 사행식, 기우식, 단지식

08 석유류가 용출되는 토지의 지목은 어느 것인가?

① 광천지
② 잡종지
③ 대
④ 공업용지

해설

광천지(영 제58조) : 지하에서 온수, 약수, 석유류 등이 용출되는 용출구(湧出口)와 그 유지(維持)에 사용되는 부지. 다만, 온수, 약수, 석유류 등을 일정한 장소로 운송하는 송수관, 송유관 및 저장시설의 부지는 제외한다.

09 지번에 대한 해설이 틀린 것은?

① 토지의 특정성을 보장하는 수적요소이다.
② 토지의 식별에 쓰인다.
③ 지번지역은 시·군이다.
④ 토지의 명칭적 역할을 한다.

해설

지번은 지적소관청이 지번부여지역(지번을 부여하는 단위지역으로서 동·리 또는 이에 준하는 지역)별로 차례대로 부여한다(법 제66조).
지번의 개념
- 필지에 부여하여 지적공부에 등록한 번호이다.
- 지번은 호적에서 사람의 이름과 같다.
- 토지의 개별성을 확보하기 위하여 붙이는 번호이다.
- 토지의 특정성을 보장하기 위한 요소이다.
- 토지의 식별에 쓰인다.
- 지번은 지적소관청이 지번부여지역별로 차례대로 부여한다.
- 토지의 지리적 위치의 고정성을 확보하기 위하여 부여한다.

10 필지에 대한 설명으로 타당치 않은 것은?

① 이용단위
② 토지의 자연 상태
③ 관리단위
④ 소유단위

해설
필지
- 물권이 미치는 권리의 객체로서 지적공부에 등록하는 토지의 등록단위이다.
- 법률에 의해 정해지는 토지의 등록단위이다.
- 토지소유권의 구분에 의하여 인위적으로 구획된 것이다.
- 국가가 인위적으로 정하는 토지의 등록단위이다.

11 다음 중 지적측량에 사용되는 구소삼각지역의 직각좌표계 원점이 아닌 것은?

① 고초원점
② 망산원점
③ 수준원점
④ 소라원점

해설
구소삼각지역의 직각좌표계 원점(11개) : 망산원점, 계양원점, 조본원점, 가리원점, 등경원점, 고초원점, 율곡원점, 현창원점, 구암원점, 금산원점, 소라원점

12 지적삼각보조측량에서 종선교차가 0.39m, 횡선교차가 0.46m일 때 연결교차는 얼마인가?

① 0.30m
② 0.40m
③ 0.50m
④ 0.60m

해설
연결교차 = $\sqrt{종선교차^2 + 횡선교차^2}$
= $\sqrt{(0.39)^2 + (0.46)^2}$
≒ 0.60m

13 지적측량 중 기초측량에 해당하지 않는 것은?

① 지적삼각점측량
② 지적삼각보조점측량
③ 국가수준원점측량
④ 지적도근점측량

해설
지적측량의 구분
- 기초측량 : 지적삼각점측량, 지적삼각보조점측량, 지적도근점측량
- 세부측량 : 토지의 이동이 발생하지 않는 경계복원측량, 지적현황측량, 도시계획선명시 측량과 토지의 이동이 발생하는 분할측량, 등록전환측량, 신규등록측량, 복구측량, 등록말소측량, 축척변경측량, 등록사항 정정측량, 지적확정측량

14 지적도근점의 각 관측을 배각법에 의할 때 1회 측정각과 3회 측정각의 평균에 대한 교차는 얼마 이내로 하여야 하는가?

① 10초 이내
② 20초 이내
③ 30초 이내
④ 40초 이내

해설
지적도근점의 각도관측을 할 때의 폐색오차의 허용범위(지적측량 시행규칙 제14조)
배각법에 따르는 경우에는 1회 측정각과 3회 측정각의 평균값에 대한 교차는 30초 이내로 하고, 1도선의 기지방위각 또는 평균방위각과 관측방위각의 폐색오차는 1등도선은 ±20$\sqrt{n}$ 초 이내, 2등도선은 ±30$\sqrt{n}$ 초 이내로 할 것

정답 10 ② 11 ③ 12 ④ 13 ③ 14 ③

15 평판측량방법에 따른 세부측량을 교회법으로 하는 경우 시오 삼각형의 내접원의 지름이 얼마 이하일 때 중심점으로 하는가?

① 1.0mm
② 1.5mm
③ 2.0mm
④ 2.5mm

해설
평판측량방법에 따른 세부측량을 교회법으로 하는 경우의 기준(지적측량 시행규칙 제18조)
측량결과 시오(示誤)삼각형이 생긴 경우 내접원의 지름이 1mm 이하일 때에는 그 중심을 점의 위치로 한다(지적측량 시행규칙 제18조).

16 다음 중 중부원점의 위치에 해당하는 것은?

① 북위 38°선과 동경 129°선의 교차점
② 북위 38°선과 동경 128°선의 교차점
③ 북위 38°선과 동경 127°선의 교차점
④ 북위 38°선과 동경 126°선의 교차점

해설
직각좌표계 원점

명칭	원점의 경위도
서부좌표계	경도 : 동경 125°00′, 위도 : 북위 38°00′
중부좌표계	경도 : 동경 127°00′, 위도 : 북위 38°00′
동부좌표계	경도 : 동경 129°00′, 위도 : 북위 38°00′
동해좌표계	경도 : 동경 131°00′, 위도 : 북위 38°00′

17 다음 중 지적삼각보조점의 망 구성에서 많이 쓰이는 것은?

① 교점다각망
② 삼각쇄
③ 사각망
④ 삽입망

해설
지적삼각보조점은 교회망 또는 교점다각망(交點多角網)으로 구성하여야 한다(지적측량 시행규칙 제10조).

18 일람도의 축척으로 알맞은 것은?

① 당해 도면축척의 1/5
② 당해 도면축척의 1/10
③ 당해 도면축척의 1/15
④ 당해 도면축척의 1/20

해설
일람도의 제도(지적업무처리규정 제38조)
지적도면 등의 등록사항 등에 따라 일람도를 작성할 경우 일람도의 축척은 그 도면축척의 1/10로 한다. 다만, 도면의 장수가 많아서 한 장에 작성할 수 없는 경우에는 축척을 줄여서 작성할 수 있으며, 도면의 장수가 4장 미만인 경우에는 일람도의 작성을 하지 아니할 수 있다.

19 도근 측량 시 2등도선의 도선명 표기방법은?

① ㄱ, ㄴ, ㄷ…
② ㉠, ㉡, ㉢…
③ 가, 나, 다…
④ 1, 2, 3…

해설
1등도선은 가, 나, 다 순으로 표기하고 2등도선은 ㄱ, ㄴ, ㄷ 순으로 표기한다(지적측량 시행규칙 제12조).

20 축척 1/1000 도면에서 도곽선의 신축량이 가로, 세로 각각 +2.0mm일 때 면적보정계수는?

① 1.0117   ② 0.9884
③ 1.0035   ④ 0.9965

해설

도면의 도상길이

축척	도상길이(mm)	
	세로	가로
1/1000	300	400

도곽선의 보정계수

$$Z = \frac{X \cdot Y}{\Delta X \cdot \Delta Y}$$

$$= \frac{300 \times 400}{(300+2) \times (400+2)}$$

$$\fallingdotseq 0.9884$$

여기서, Z : 보정계수
X : 도곽선 종선길이
Y : 도곽선 횡선길이
ΔX : 신축된 도곽선 종선길이의 합/2
ΔY : 신축된 도곽선 횡선길이의 합/2

21 보통 앨리데이드의 전후 시준판의 안쪽 면에는 두 시준판이 고정된 안쪽 간격의 얼마에 해당하는 눈금이 새겨져 있는가?

① 1/100   ② 1/1
③ 1/50   ④ 1/2

해설

앨리데이드의 양 시준판의 최소 눈금은 양 시준판 간격의 1/100이다.

22 지적삼각점의 측량성과를 열람하거나 등본을 교부받고자 하는 자는 누구에게 신청하여야 하는가?

① 행정안전부장관
② 건설교통부장관
③ 시·도지사
④ 군·구청장

해설

지적기준점성과의 열람 및 등본발급(규칙 제26조)
지적측량기준점성과 또는 그 측량부를 열람하거나 등본을 발급받으려는 자는 지적삼각점성과에 대해서는 시·도지사 또는 지적소관청에 신청하고, 지적삼각보조점성과 및 지적도근점성과에 대해서는 지적소관청에 신청하여야 한다.

23 실제거리 12m를 축척 1/1200 도면상에 표시하면 도상 몇 mm가 되는가?

① 10mm   ② 12mm
③ 20mm   ④ 24mm

해설

$$\frac{1}{m} = \frac{도상거리}{실제거리}$$

$$\frac{1}{1200} = \frac{도상거리}{12}$$

$$\therefore 도상거리 = \frac{12}{1200} = 0.01m = 10mm$$

정답 20 ② 21 ① 22 ③ 23 ①

24 수치지적에 비하여 도해지적이 갖는 단점이 아닌 것은?

① 개략적인 토지의 위치와 형태를 현장감 있게 파악하기 어렵다.
② 도면의 신축 방지와 보관·관리가 어렵다.
③ 도면작성, 면적측정 등에 오차를 내포하고 있어 고도의 정밀을 요하기가 어렵다.
④ 축척의 크기에 따라 허용오차가 달라 신뢰도의 문제가 발생한다.

해설
도해지적은 토지경계가 도상에 명백하게 표현되어 있어 시각적으로 용이하게 파악할 수 있다.
수치지적측량
측량성과의 정확성은 높으나 토지의 형상을 시각적으로 파악하기 힘들고 측량에 따른 경비와 인력이 비교적 많이 소요되며 고도의 전문적인 기술을 요구한다. 별도로 도면을 작성해야 하며, 도면 제작과정이 복잡하고, 고가의 정밀장비가 필요하며 초기에 투자경비가 많이 소요된다. 지가가 높은 대도시지역과 토지구획정리사업지구 등의 지적측량방식으로 채택·운영되고 있다.

25 전자면적측정기에 따른 면적측정은 도상에서 몇 회 측정하여 결정하는가?

① 1회　　② 2회
③ 3회　　④ 4회

해설
전자면적측정기에 따른 면적측정(지적측량 시행규칙 제20조)
㉠ 도상에서 2회 측정하여 그 교차가 다음 계산식에 따른 허용면적 이하일 때에는 그 평균치를 측정면적으로 할 것
$A = 0.023^2 M\sqrt{F}$
여기서, A : 허용면적
　　　　M : 축척분모
　　　　F : 2회 측정한 면적의 합계를 2로 나눈 수
㉡ 측정면적은 1/1000m²까지 계산하여 1/10m² 단위로 정할 것

26 공간정보관리법에서 규정하고 있는 지번부여지역은 다음 중 어느 것인가?

① 동·리　　② 읍·면
③ 시·군·구　　④ 도

해설
지번부여지역(법 제2조)
지번을 부여하는 단위지역으로서 동·리 또는 이에 준하는 지역을 말한다.

27 지적공부에 등록된 1필지의 일부가 형질변경 등으로 용도가 다르게 된 때에 토지소유자는 며칠 이내에 분할 신청을 하여야 하는가?

① 10일 이내　　② 15일 이내
③ 30일 이내　　④ 60일 이내

해설
분할 신청(법 제79조)
토지소유자는 지적공부에 등록된 1필지의 일부가 형질변경 등으로 용도가 변경된 경우에는 대통령령으로 정하는 바에 따라 용도가 변경된 날부터 60일 이내에 지적소관청에 토지의 분할을 신청하여야 한다.

28 토지 표시변경에 대하여 등기촉탁을 하는 경우 중 옳지 않은 것은?

① 토지이동에 대하여 소관청이 직권으로 결정한 때
② 소관청이 지번을 변경한 때
③ 기초점 표석을 매설한 토지를 수용하였을 때
④ 축척 변경을 시행한 때

해설
등기를 촉탁하는 경우(법 제89조)
• 지적공부에 등록하는 지번, 지목, 면적, 경계 또는 좌표는 토지의 이동이 있을 때(신규등록은 제외한다)
• 지적공부에 등록된 지번을 변경할 경우
• 바다로 된 토지의 등록말소 신청
• 축척을 변경할 경우
• 지적공부의 등록사항을 정정하는 경우
• 소관청이 지번을 변경할 경우

29 지적도의 축척이 1/600인 지역과 경계점좌표등록부에 등록하는 지역의 토지의 면적 등록 최소단위는?

① $0.001m^2$
② $0.01m^2$
③ $0.1m^2$
④ $1m^2$

해설
지적도의 축척이 1/600인 지역과 경계점좌표등록부에 등록하는 지역의 토지면적(영 제60조)
- m^2 이하 한 자리 단위로 한다.
- $0.1m^2$ 미만의 끝수가 있는 경우 $0.05m^2$ 미만일 때에는 버리고 $0.05m^2$를 초과할 때에는 올린다.
- $0.05m^2$일 때에는 구하려는 끝자리의 숫자가 0 또는 짝수이면 버리고 홀수이면 올린다.
- 다만, 1필지의 면적이 $0.1m^2$ 미만일 때에는 $0.1m^2$로 한다.

30 합병된 토지의 지번은 어떻게 설정하는가?

① 합병 후에 합병 전의 지번을 그대로 사용한다.
② 합병 전 지번 중 선순위의 것을 지번으로 함을 원칙으로 한다.
③ 지번을 새로이 정한다.
④ 합병되는 토지 중 서쪽편에 있는 토지의 지번을 택한다.

해설
지번의 구성 및 부여방법 등(영 제56조 제3항)
합병의 경우에는 합병 대상 지번 중 선순위의 지번을 그 지번으로 하되, 본번으로 된 지번이 있을 때에는 본번 중 선순위의 지번을 합병 후의 지번으로 할 것. 이 경우 토지소유자가 합병 전의 필지에 주거·사무실 등의 건축물이 있어서 그 건축물이 위치한 지번을 합병 후의 지번으로 신청할 때에는 그 지번을 합병 후의 지번으로 부여하여야 한다.

31 토지에 대한 지적공부의 등록을 말소시키는 경우는?

① 전쟁에 의하여 영토의 일부를 빼앗긴 때
② 홍수에 의하여 하천구역 내로 매몰된 때
③ 토지가 해면이 되어 원상회복의 가능성이 없는 때
④ 화재로 인하여 건물이 소실된 때

해설
바다로 된 토지의 등록말소 신청(법 제82조)
㉠ 지적소관청은 지적공부에 등록된 토지가 지형의 변화 등으로 바다로 된 경우로서 원상(原狀)으로 회복될 수 없거나 다른 지목의 토지로 될 가능성이 없는 경우에는 지적공부에 등록된 토지소유자에게 지적공부의 등록말소 신청을 하도록 통지하여야 한다.
㉡ 지적소관청은 ㉠에 따른 토지소유자가 통지를 받은 날부터 90일 이내에 등록말소 신청을 하지 아니하면 지적소관청이 직권으로 그 지적공부의 등록사항을 말소한다.

32 토지의 이동사항이 발생되었을 때의 조사와 결정권은?

① 판사와 검사
② 도지사와 경찰서장
③ 지적소관청
④ 읍·면장

해설
토지의 조사·등록 등(법 제64조)
㉠ 국토교통부장관은 모든 토지에 대하여 필지별로 소재, 지번, 지목, 면적, 경계 또는 좌표 등을 조사·측량하여 지적공부에 등록하여야 한다.
㉡ 지적공부에 등록하는 지번, 지목, 면적, 경계 또는 좌표는 토지의 이동이 있을 때 토지소유자의 신청을 받아 지적소관청이 결정한다. 신청이 없으면 지적소관청이 직권으로 조사·측량하여 결정할 수 있다.

정답 29 ③ 30 ② 31 ③ 32 ③

33 다음 중 토지합병의 금지 사유에 해당되지 않는 것은?

① 합병되는 토지가 기등기지와 미등기지일 때
② 합병되는 각 필지의 면적이 서로 다를 때
③ 합병되는 각 필지의 지적도 또는 임야도의 축척이 서로 다를 때
④ 합병되는 각 필지의 지반이 연속되지 아니할 때

해설

합병하려는 필지의 면적이 달라도 합병을 신청할 수 있다.
합병 신청을 할 수 없는 경우(법 제80조)
㉠ 합병하려는 토지의 지번부여지역, 지목 또는 소유자가 서로 다른 경우
㉡ 합병하려는 토지에 다음의 등기 외의 등기가 있는 경우
  1. 소유권·지상권·전세권 또는 임차권의 등기
  2. 승역지(承役地)에 대한 지역권의 등기
  3. 합병하려는 토지 전부에 대한 등기원인(登記原因) 및 그 연월일과 접수번호가 같은 저당권의 등기
  4. 합병하려는 토지 전부에 대한 부동산등기법 신탁등기의 등기사항(제81조 제1항)이 동일한 신탁등기
㉢ 그 밖에 합병하려는 토지의 지적도 및 임야도의 축척이 서로 다른 경우 등 대통령령으로 정하는 경우(영 제66조)
  1. 합병하려는 토지의 지적도 및 임야도의 축척이 서로 다른 경우
  2. 합병하려는 각 필지가 서로 연접하지 않은 경우
  3. 합병하려는 토지가 등기된 토지와 등기되지 아니한 토지인 경우
  4. 합병하려는 각 필지의 지목은 같으나 일부 토지의 용도가 다르게 되어 법에 따른 분할대상 토지인 경우. 다만, 합병 신청과 동시에 토지의 용도에 따라 분할 신청을 하는 경우는 제외한다.
  5. 합병하려는 토지의 소유자별 공유지분이 다른 경우
  6. 합병하려는 토지가 구획정리, 경지정리 또는 축척변경을 시행하고 있는 지역의 토지와 그 지역 밖의 토지인 경우

34 면적측정의 대상이 아닌 것은?

① 지적공부를 복구하는 경우
② 축척변경을 하는 경우
③ 토지분할을 하는 경우
④ 토지합병을 하는 경우

해설

면적측정의 대상(지적측량 시행규칙 제19조)
㉠ 세부측량을 하는 경우 다음의 어느 하나에 해당하면 필지마다 면적을 측정하여야 한다.
  1. 지적공부의 복구, 신규등록, 등록전환, 분할 및 축척변경을 하는 경우
  2. 면적 또는 경계를 정정하는 경우
  3. 도시개발사업 등으로 인한 토지의 이동에 따라 토지의 표시를 새로 결정하는 경우
  4. 경계복원측량 및 지적현황측량에 면적측정이 수반되는 경우
㉡ ㉠에도 불구하고 경계복원측량과 지적현황측량을 하는 경우에는 필지마다 면적을 측정하지 아니한다.

35 도시개발사업 등에 의하여 지적공부의 정리가 완료된 때에는 새로이 지적공부가 확정·시행된다는 뜻을 며칠 이상 시·군의 게시판 또는 홈페이지 등에 게시하여야 하는가?

① 7일 ② 14일
③ 21일 ④ 30일

해설

도시개발 등의 사업신고(지적업무처리규정 제58조)
지적공부의 작성이 완료된 때에는 새로 지적공부가 확정·시행됨을 7일 이상 시·군·구 게시판 또는 홈페이지 등에 게시한다.

36
1필지의 소유자가 몇 명 이상일 경우 공유지연명부를 작성하는가?

① 2인　　② 3인
③ 5인　　④ 10인

해설
공유지연명부 : 1필지의 토지에 소유자가 2인 이상인 경우에 소유자에 관한 사항을 기재한 지적공부이다.

37
토지대장 또는 임야대장에 등록하는 면적의 단위는?

① 평　　② 홉
③ m²　　④ 보

해설
면적의 단위는 m²로 한다(법 제68조).

38
평판측량방법에 있어서 1/3000 지역에서 도상에 영향을 미치지 않는 지상거리의 축척별 허용범위는?

① 3cm　　② 18cm
③ 30cm　　④ 50cm

해설
평판측량방법에 있어서 도상에 영향을 미치지 아니하는 지상거리의 축척별 허용범위는 $\frac{M}{10}$[mm]로 한다(여기서, M : 축척분모).

∴ $\frac{3000}{10} = 300\text{mm} = 30\text{cm}$

39
도시개발사업 등의 착수·변경 또는 완료 사실의 신고는 그 사유가 발생한 날부터 최대 며칠 이내에 지적소관청에 하여야 하는가?

① 10일 이내　　② 15일 이내
③ 20일 이내　　④ 30일 이내

해설
도시개발사업 등 시행지역의 토지이동 신청에 관한 특례에 따른 도시개발사업 등의 착수·변경 또는 완료 사실의 신고는 그 사유가 발생한 날부터 15일 이내에 하여야 한다(영 제83조).

40
소관청이 지적공부에 신규등록, 등록전환, 분할 등의 토지의 이동이 있는 경우에 작성하여야 하는 것은?

① 토지이동정리 결의서
② 토지대장
③ 임야대장
④ 지적도

해설
지적공부의 정리 등(영 제84조)
㉠ 지적소관청은 지적공부가 다음의 어느 하나에 해당하는 경우에는 지적공부를 정리하여야 한다. 이 경우 이미 작성된 지적공부에 정리할 수 없을 때에는 새로 작성하여야 한다.
　1. 지번을 변경하는 경우
　2. 지적공부를 복구하는 경우
　3. 신규등록, 등록전환, 분할, 합병, 지목변경 등 토지의 이동이 있는 경우
㉡ 지적소관청은 ㉠에 따른 토지의 이동이 있는 경우에는 토지이동정리 결의서를 작성하여야 하고, 토지소유자의 변동 등에 따라 지적공부를 정리하려는 경우에는 소유자정리 결의서를 작성하여야 한다.

41 공유지연명부의 등록사항이 아닌 것은?

① 토지의 소재
② 지번
③ 도곽선 수치
④ 소유권 지분

해설

공유지연명부의 등록사항(법 제71조)
㉠ 토지의 소재
㉡ 지번
㉢ 소유권 지분
㉣ 소유자의 성명 또는 명칭, 주소 및 주민등록번호
㉤ 그 밖에 국토교통부령으로 정하는 사항(규칙 제68조)
　1. 토지의 고유번호
　2. 필지별 공유지연명부의 장번호
　3. 토지소유자가 변경된 날과 그 원인

42 다음 중 지목을 유원지로 할 수 없는 것은?

① 수영장
② 식물원
③ 승마장
④ 민속촌

해설

승마장의 지목은 체육용지이다.
- 체육용지(영 제58조) : 국민의 건강증진 등을 위한 체육활동에 적합한 시설과 형태를 갖춘 종합운동장, 실내체육관, 야구장, 골프장, 스키장, 승마장, 경륜장 등 체육시설의 토지와 이에 접속된 부속시설물의 부지. 다만, 체육시설로서의 영속성과 독립성이 미흡한 정구장, 골프연습장, 실내수영장 및 체육도장과 유수(流水)를 이용한 요트장 및 카누장 등의 토지는 제외한다.
- 유원지(영 제58조) : 일반 공중의 위락·휴양 등에 적합한 시설물을 종합적으로 갖춘 수영장, 유선장(遊船場), 낚시터, 어린이놀이터, 동물원, 식물원, 민속촌, 경마장, 야영장 등의 토지와 이에 접속된 부속시설물의 부지. 다만, 이들 시설과의 거리 등으로 보아 독립적인 것으로 인정되는 숙식시설 및 유기장(遊技場)의 부지와 하천·구거 또는 유지[공유(公有)인 것으로 한정한다]로 분류되는 것은 제외한다.

43 다음 중 지적소관청이 등기촉탁을 할 수 없는 것은?

① 토지의 이동정리를 한 때
② 지번변경을 한 때
③ 직권으로 지적공부의 등록사항을 정정한 때
④ 신규등록한 때

해설

등기를 촉탁하는 경우(법 제89조)
- 지적공부에 등록하는 지번, 지목, 면적, 경계 또는 좌표는 토지의 이동이 있을 때(신규등록은 제외한다)
- 지적공부에 등록된 지번을 변경할 경우
- 바다로 된 토지의 등록말소 신청
- 축척을 변경할 경우
- 지적공부의 등록사항을 정정하는 경우
- 소관청이 지번을 변경할 경우

44 지번의 부여방법으로 옳은 것은?

① 남동에서 북서로 순차적으로 부여한다.
② 남서에서 북동으로 순차적으로 부여한다.
③ 북서에서 남동으로 순차적으로 부여한다.
④ 북동에서 남서로 순차적으로 부여한다.

해설

북서기번법 : 지번은 북서쪽에서 남동쪽으로 순차적으로 부여한다. 아라비아숫자로 지번을 부여하는 지역에 적합하며, 지적법상 지번부여 설정의 기본원칙이다.

45 지목을 지적도에 등록할 때에는 부호로써 표기한다. 틀린 것은?

① 목장용지의 약부호는 (목)
② 종교용지의 약부호는 (종)
③ 공장용지의 약부호는 (공)
④ 철도용지의 약부호는 (철)

해설
지목표기 시 두문자가 아닌 차문자로 표기하는 지목은 공장용지, 주차장, 하천, 유원지이다.

46 도곽선 및 도곽선의 수치 기재방법에서 맞는 것은?

① 도곽선의 위방향은 항상 동북쪽이다.
② 도곽선의 굵기는 0.2mm 선으로 긋는다.
③ 도곽선은 붉은색으로 제도한다.
④ 도곽선 수치는 교차점 밖에 2mm 크기의 흑색으로 제도한다.

해설
① 도면의 위방향은 항상 북쪽이 되어야 한다.
② 도곽선의 굵기는 0.1mm 선으로 긋는다.
④ 도곽선의 수치는 도곽선 왼쪽 아랫부분과 오른쪽 윗부분의 종횡선 교차점 바깥쪽에 2mm 크기의 아라비아숫자로 제도한다.

47 빔 컴퍼스(beam compass)의 용도로 옳은 것은?

① 작은 원이나 작은 호를 그릴 때 사용한다.
② 각도를 측정할 때 사용한다.
③ 도상의 길이를 분할할 때 사용한다.
④ 반지름 15cm 이상의 큰 원을 그릴 때 사용한다.

해설
- 빔 컴퍼스 : 반지름 15cm 이상의 큰 원을 그릴 때 사용한다.
- 스프링 컴퍼스 : 직경 10mm 이하의 작은 원을 그리거나 원호를 등분할 때 사용한다.

48 보정면적을 옳게 표현한 것은?

① 보정면적 = 산출면적 × 면적보정계수
② 보정면적 = 산출면적 × 오차계수
③ 보정면적 = 원면적 × 면적보정계수
④ 보정면적 = 원면적 × 오차계수

해설
보정면적은 산출면적과 면적보정계수를 곱한 값으로 한다.

49 지적도의 도곽선 역할 중 틀린 것은?

① 도북표시의 기준이 된다.
② 기준점 전개의 기준이 된다.
③ 인접 도면의 접합 기준이 된다.
④ 토지경계선 측정의 기준이 된다.

해설
도곽선의 역할
- 인접 도면과의 접합 기준선
- 지적측량기준점 전개 시의 기준선
- 도곽 신축량을 측정하는 기준
- 측량준비도와 측량결과도에서 북방향의 기준
- 외업 시 측량준비도와 실지의 부합 여부 확인 기준

50 축척 1/1200 지적도 1매의 포용면적은 1/600 지적도 몇 매의 포용면적에 해당되는가?

① 2매　　② 4매
③ 1/2매　④ 1/4매

해설
축척 1/1200 지적도 1매의 포용면적은 1/600 지적도 4매의 포용면적에 해당된다.

51 축척 1/1200인 측량원도상 1필지를 전자면적측정기로 2회 측정하여 123m²과 125m²의 면적을 얻었다. 이때 산출면적의 허용 교차는 얼마인가?

① 4m²　　② 5m²
③ 6m²　　④ 7m²

해설
전자면적측정기에 따른 면적측정(지적측량 시행규칙 제20조)
㉠ 도상에서 2회 측정하여 그 교차가 다음 계산식에 따른 허용면적 이하일 때에는 그 평균치를 측정면적으로 할 것
$$A = 0.023^2 M\sqrt{F}$$
여기서, A : 허용면적
M : 축척분모
F : 2회 측정한 면적의 합계를 2로 나눈 수
㉡ 측정면적은 1/1000m²까지 계산하여 1/10m² 단위로 정할 것
$$\therefore A = 0.023^2 \times 1200 \sqrt{\frac{123+125}{2}} \fallingdotseq 7.06 \fallingdotseq 7\text{m}^2$$

52 지적공부에 등록된 2필지 이상을 1필지로 합하여 등록하는 것을 무엇이라 하는가?

① 합병　　② 분할
③ 등록전환　④ 지목변경

해설
② 분할 : 지적공부에 등록된 1필지를 2필지 이상으로 나누어 등록하는 것을 말한다.
③ 등록전환 : 임야대장 및 임야도에 등록된 토지를 토지대장 및 지적도에 옮겨 등록하는 것을 말한다.
④ 지목변경 : 지적공부에 등록된 지목을 다른 지목으로 바꾸어 등록하는 것을 말한다.

정답 49 ④　50 ②　51 ④　52 ①

53 토지의 경계선을 제도할 때 바르지 못한 것은?

① 경계선의 폭은 0.1mm 실선으로 한다.
② 경계점과 경계점 사이는 직선으로 연결한다.
③ 1필지의 경계가 도곽선을 걸쳐 등록되어 있는 경우 도곽선 밖의 여백에 경계를 제도할 수 있다.
④ 지적측량기준점 등이 매설된 토지를 분할하는 경우 제도가 곤란한 때에는 당해 도면의 여백에 당해 축척의 2배로 제도할 수 있다.

해설
지적기준점 등이 매설된 토지를 분할할 경우 그 토지가 작아서 제도하기가 곤란한 때에는 그 도면의 여백에 그 축척의 10배로 확대하여 제도할 수 있다(지적업무처리규정 제41조).

54 지상건축물 등의 현황을 지적도 및 임야도에 등록된 경계와 대비하여 표시하는 데 필요한 측량을 무엇이라 하는가?

① 지상측량　② 지적현황측량
③ 경계측량　④ 지적도근측량

해설
① 지상측량 : 항공사진측량에 대하여 지상에서 실시하는 도근측량, 삼각측량, 스타디어측량, 평판측량 등의 총칭
③ 경계측량(경계복원측량) : 지적공부의 토지경계점을 지상에 복원하는 측량
④ 지적도근측량 : 지적세부측량의 기준점인 도근점을 설치하기 위하여 시행하는 측량

55 다음 중 지상경계를 새로이 결정하려는 경우의 그 기준이 옳은 것은?

① 토지가 해면 또는 수면에 접하는 경우 : 평균 조위면
② 공유수면매립지의 토지 중 제방을 토지에 편입하여 등록하는 경우 : 바깥쪽 어깨 부분
③ 연접되는 토지 간에 높낮이 차이가 있는 경우 : 그 구조물 등의 상단부
④ 도로에 절토된 부분이 있는 경우 : 그 경사면의 하단부

해설
지상경계의 결정기준 등(영 제55조)
㉠ 연접되는 토지 간에 높낮이 차이가 없는 경우 : 그 구조물 등의 중앙
㉡ 연접되는 토지 간에 높낮이 차이가 있는 경우 : 그 구조물 등의 하단부
㉢ 도로·구거 등의 토지에 절토(땅깎기)된 부분이 있는 경우 : 그 경사면의 상단부
㉣ 토지가 해면 또는 수면에 접하는 경우 : 최대만조위 또는 최대만수위가 되는 선
㉤ 공유수면매립지의 토지 중 제방 등을 토지에 편입하여 등록하는 경우 : 바깥쪽 어깨 부분

56 다음 중 법지적에 대한 설명으로 옳은 것은?

① 지적제도의 발전 단계 중 가장 오래된 것이다.
② 토지의 활용 정보를 제공하는 것이 주요 목적이다.
③ 면적 본위로 운영되는 지적제도이다.
④ 토지소유권의 한계 설정이 강조되는 지적제도이다.

해설
①·③ 세지적에 대한 설명이다.
② 다목적 지적에 대한 설명이다.
법지적 : 지적의 발전단계별 분류 중 토지과세 및 토지거래의 안전을 도모하고 토지소유권 보호 등을 주요 목적으로 하며 소유 지적이라고도 한다.

57 도면에 등록하는 행정구역 명칭의 글자 크기는?

① 3~5mm ② 4~6mm
③ 5~7mm ④ 6~8mm

해설
행정구역의 명칭은 도면 여백의 넓이에 따라 4mm 이상 6mm 이하의 크기로 경계 및 지적기준점 등을 피하여 같은 간격으로 띄어서 제도한다.

58 지적공부의 정리 시 검은색으로 하는 것은?

① 도곽선
② 도곽선 수치
③ 말소사항
④ 문자 정리사항

해설
지적공부 등의 정리에 사용하는 문자·기호 및 경계는 따로 규정을 둔 사항을 제외하고 정리사항은 검은색, 도곽선과 그 수치 및 말소는 붉은색으로 한다(지적업무처리규정 제63조).

59 축적 1/500 도면의 작성 시 지적도 도곽의 크기로 맞는 것은?

① 세로 40cm, 가로 50cm
② 세로 30cm, 가로 40cm
③ 세로 50cm, 가로 40cm
④ 세로 40cm, 가로 30cm

해설
지적도의 축척에 따른 포용면적, 도상 및 지상길이

축척	도상길이(mm)	지상길이(m)	포용면적(m²)
1/500	300×400	150×200	30,000
1/1000	300×400	300×400	120,000
1/600	333.33×416.67	200×250	50,000
1/1200	333.33×416.67	400×500	200,000
1/2400	333.33×416.67	800×1,000	800,000
1/3000	400×500	1,200×1,500	1,800,000
1/6000	400×500	2,400×3,000	7,200,000

60 도곽선의 보정계수 계산식으로 옳은 것은?(단, Z는 보정계수, X는 도곽선 종선길이, Y는 도곽선 횡선길이, ΔX는 신축된 도곽선 종선길이의 합/2, ΔY는 신축된 도곽선 횡선길이의 합/2)

① $Z = \dfrac{\Delta X + \Delta Y}{X + Y}$

② $Z = \dfrac{X + Y}{\Delta X + \Delta Y}$

③ $Z = \dfrac{\Delta X \cdot \Delta Y}{X \cdot Y}$

④ $Z = \dfrac{X \cdot Y}{\Delta X \cdot \Delta Y}$

해설
도곽선의 보정계수 계산
$Z = \dfrac{X \cdot Y}{\Delta X \cdot \Delta Y}$

여기서, Z : 보정계수
 X : 도곽선 종선길이
 Y : 도곽선 횡선길이
 ΔX : 신축된 도곽선 종선길이의 합/2
 ΔY : 신축된 도곽선 횡선길이의 합/2

정답 57 ② 58 ④ 59 ② 60 ④

2020년 제1회 과년도 기출복원문제

01 다음에서 설명하고 있는 지적제도의 특성과 가장 관련이 깊은 것은?

- 국가에서 토지에 세금을 부과하기 위한 기록에서 시작
- 토지에 대한 과거로부터의 변화내용을 기록하고 관리
- 기록내용은 안전하게 영구히 보관

① 안전성 ② 공개성
③ 역사성 ④ 전문성

02 다음 중 지적의 3대 요소에 해당하지 않는 것은?

① 토지 ② 등록
③ 지적공부 ④ 소관청

해설
지적의 3요소
- 협의적 구성요소 : 토지, 등록, 지적공부
- 광의적 구성요소 : 소유자, 권리, 필지

03 고속도로 안의 휴게소 부지에 해당되는 지목은?

① 도로 ② 구거
③ 잡종지 ④ 유원지

해설
도로(영 제58조)
다음의 토지. 다만, 아파트, 공장 등 단일 용도의 일정한 단지 안에 설치된 통로 등은 제외한다.
㉠ 일반 공중(公衆)의 교통 운수를 위하여 보행이나 차량운행에 필요한 일정한 설비 또는 형태를 갖추어 이용되는 토지
㉡ 도로법 등 관계 법령에 따라 도로로 개설된 토지
㉢ 고속도로의 휴게소 부지
㉣ 2필지 이상에 진입하는 통로로 이용되는 토지

04 토지대장에 등록해야 할 사항이 아닌 것은?

① 토지의 고유번호
② 도면 번호 및 필지별 대장의 장번호
③ 토지등급 또는 기준수확량등급
④ 도곽선 및 도곽선 수치

해설
토지대장과 임야대장의 등록사항(법 제71조)
㉠ 토지의 소재
㉡ 지번(임야대장은 숫자 앞에 "산"을 붙임)
㉢ 지목
㉣ 면적
㉤ 소유자의 성명 또는 명칭, 주소 및 주민등록번호(국가, 지방자치단체, 법인, 법인 아닌 사단이나 재단 및 외국인의 경우에는 부동산등기법에 따라 부여된 등록번호를 말한다)
㉥ 그 밖에 국토교통부령으로 정하는 사항(규칙 제68조)
  1. 토지의 고유번호(각 필지를 서로 구별하기 위하여 필지마다 붙이는 고유한 번호를 말한다)
  2. 지적도 또는 임야도의 번호와 필지별 토지대장 또는 임야대장의 장번호 및 축척
  3. 토지의 이동사유
  4. 토지소유자가 변경된 날과 그 원인
  5. 토지등급 또는 기준수확량등급과 그 설정·수정 연월일
  6. 개별공시지가와 그 기준일

05 다음 지목 중 체육용지로 설정할 수 없는 것은?

① 실내체육관 ② 골프장
③ 정구장 ④ 경륜장

해설
체육용지(영 제58조) : 국민의 건강증진 등을 위한 체육활동에 적합한 시설과 형태를 갖춘 종합운동장, 실내체육관, 야구장, 골프장, 스키장, 승마장, 경륜장 등 체육시설의 토지와 이에 접속된 부속시설물의 부지. 다만, 체육시설로서의 영속성과 독립성이 미흡한 정구장, 골프연습장, 실내수영장 및 체육도장과 유수(流水)를 이용한 요트장 및 카누장 등의 토지는 제외한다.

정답 1 ③ 2 ④ 3 ① 4 ④ 5 ③

06 주된 토지의 면적과 종된 토지의 면적 비율에 따라 1필지로 하지 않는 경우가 있다. 어느 경우인가?

① 주된 토지의 면적에 종된 토지의 면적이 10% 미만일 때
② 주된 토지의 면적에 종된 토지의 면적이 330m² 미만일 때
③ 주된 토지의 면적에 종된 토지의 면적이 250m² 미만일 때
④ 주된 토지에 종된 토지의 지목이 "대"일 때

해설
1필지로 정할 수 있는 기준(영 제5조)
㉠ 지번부여지역의 토지로서 소유자와 용도가 같고 지반이 연속된 토지는 1필지로 할 수 있다.
㉡ ㉠에도 불구하고 다음의 어느 하나에 해당하는 토지는 주된 용도의 토지에 편입하여 1필지로 할 수 있다. 다만, 종된 용도의 토지의 지목(地目)이 '대(垈)'인 경우와 종된 용도의 토지면적이 주된 용도의 토지면적의 10%를 초과하거나 330m²를 초과하는 경우에는 그러하지 아니하다.
   1. 주된 용도의 토지의 편의를 위하여 설치된 도로, 구거(溝渠, 도랑) 등의 부지
   2. 주된 용도의 토지에 접속되거나 주된 용도의 토지로 둘러싸인 토지로서 다른 용도로 사용되고 있는 토지

07 필지의 성립요건에 대한 설명으로 타당하지 않은 것은?

① 지번부여지역 안의 토지이어야 한다.
② 소유자와는 상관없다.
③ 지반이 연속적이어야 한다.
④ 용도가 동일하여야 한다.

해설
06번 해설 참조

08 지적공부의 정리 절차가 옳게 나열된 것은?

① 현지조사→공부정리→지적공부정리 통지→지적공부정리 결의
② 현지조사→지적공부정리 결의→공부정리→지적공부정리 통지
③ 지적공부정리 결의→공부정리→지적공부정리 통지→현지조사
④ 지적공부정리 결의→현지조사→공부정리→지적공부정리 통지

09 진행 방향에 따른 지번부여방식이 아닌 것은?

① 기우식   ② 회전식
③ 단지식   ④ 사행식

해설
지번의 진행 방향에 따른 지번부여방법 : 사행식, 기우식, 단지식

10 지적공부를 비치하는 데 따른 원칙으로 가장 거리가 먼 것은?

① 소관청의 임의 반출 금지
② 멸실 시 즉시 복구
③ 토지 관련 범죄수사 시 반출 허용
④ 위난 대피 시 일시 반출 가능

해설
지적공부의 보존 등(법 제69조)
지적소관청은 해당 청사에 지적서고를 설치하고 그곳에 지적공부(정보처리시스템을 통하여 기록·저장한 경우는 제외한다)를 영구히 보존하여야 하며, 다음의 어느 하나에 해당하는 경우 외에는 해당 청사 밖으로 지적공부를 반출할 수 없다.
㉠ 천재지변이나 그 밖에 이에 준하는 재난을 피하기 위하여 필요한 경우
㉡ 관할 시·도지사 또는 대도시 시장의 승인을 받은 경우

11 우리나라의 서부원점 위치는?

① 북위 38°, 동경 125°
② 북위 38°, 동경 127°
③ 북위 38°, 동경 129°
④ 북위 38°, 동경 131°

해설
직각좌표계 원점

명칭	원점의 경위도
서부좌표계	경도 : 동경 125°00′, 위도 : 북위 38°00′
중부좌표계	경도 : 동경 127°00′, 위도 : 북위 38°00′
동부좌표계	경도 : 동경 129°00′, 위도 : 북위 38°00′
동해좌표계	경도 : 동경 131°00′, 위도 : 북위 38°00′

12 지적기준점에 해당하지 않는 것은?

① 지적도근점
② 지적삼각점
③ 지적삼각보조점
④ 수준점

해설
측량기준점의 구분(영 제8조)
- 국가기준점 : 우주측지기준점, 위성기준점, 수준점, 중력점, 통합기준점, 삼각점, 지자기점
- 공공기준점 : 공공삼각점, 공공수준점
- 지적기준점 : 지적삼각점, 지적삼각보조점, 지적도근점

13 평판을 세우는 데 필요한 3가지 조건은?

① 중심, 구심, 표정
② 정위, 표정, 치심
③ 구심, 정준, 표정
④ 표정, 이심, 정준

해설
평판측량 3요소 : 정준, 구심(치심), 표정

14 축척 1/1000 도면에서 도곽선의 신축량이 가로, 세로 +2.0mm일 때 면적보정계수는?

① 1.0117
② 0.9884
③ 1.0035
④ 0.9965

해설
도면의 도상길이

축척	도상길이(mm)	
	세로	가로
1/1000	300	400

도곽선의 보정계수

$Z = \dfrac{X \cdot Y}{\Delta X \cdot \Delta Y}$

$= \dfrac{300 \times 400}{(300+2) \times (400+2)}$

$≒ 0.9884$

여기서, Z : 보정계수
X : 도곽선 종선길이
Y : 도곽선 횡선길이
ΔX : 신축된 도곽선 종선길이의 합/2
ΔY : 신축된 도곽선 횡선길이의 합/2

15 교회법에 의한 지적삼각보조점의 관측과 계산에서 기지각과의 수평각 측각공차는?

① ±20초 이내
② ±30초 이내
③ ±40초 이내
④ ±50초 이내

해설
수평각의 측각공차(지적측량 시행규칙 제11조)

종별	1방향각	1측회의 폐색	삼각형 내각관측의 합과 180°와의 차	기지각과의 차
공차	40초 이내	±40초 이내	±50초 이내	±50초 이내

정답 11 ① 12 ④ 13 ③ 14 ② 15 ④

16 토지면적측정 시 도곽선의 길이에 얼마 이상 신축이 있을 때 면적을 보정해야 하는가?

① 0.3mm ② 0.5mm
③ 1.0mm ④ 1.5mm

> **해설**
> 면적을 측정하는 경우 도곽선의 길이에 0.5mm 이상의 신축이 있을 때에는 이를 보정하여야 한다(지적측량 시행규칙 제20조).

17 교회법에 의한 지적삼각보조점측량에서 2개의 삼각형으로부터 계산한 위치의 연결교차가 얼마 이하일 때 그 평균치를 지적삼각보조점의 위치로 하는가?

① 0.30m 이하 ② 0.40m 이하
③ 0.50m 이하 ④ 0.60m 이하

> **해설**
> 경위의측량방법과 교회법에 따른 지적삼각보조점의 관측 및 계산(지적측량 시행규칙 제11조)
> 2개의 삼각형으로부터 계산한 위치의 연결교차가 0.3m 이하일 때에는 그 평균치를 지적삼각보조점의 위치로 할 것. 이 경우 기지점과 소구점 사이의 방위각 및 거리는 평균치에 따라 새로 계산하여 정한다.

18 지적삼각점측량의 계산에서 자오선수차의 단위는?

① 초 아래 1자리 ② 초 아래 2자리
③ 초 아래 3자리 ④ 초 아래 4자리

> **해설**
> 지적삼각점측량의 관측 및 계산(지적측량 시행규칙 제9조)
> 지적삼각점의 계산은 진수(眞數)를 사용하여 각규약(角規約)과 변규약(邊規約)에 따른 평균계산법 또는 망평균계산법에 따르며, 계산단위는 다음 표에 따른다.
>
> | 종별 | 각 | 변의 길이 | 진수 | 좌표 또는 표고 | 경위도 | 자오선 수차 |
> |---|---|---|---|---|---|---|
> | 단위 | 초 | cm | 6자리 이상 | cm | 초 아래 3자리 | 초 아래 1자리 |

19 평판측량방법에 따른 세부측량을 도선법으로 할 때 도선의 변수는?

① 10개 이하로 한다.
② 15개 이하로 한다.
③ 20개 이하로 한다.
④ 25개 이하로 한다.

> **해설**
> 평판측량방법에 따른 세부측량을 도선법으로 하는 경우의 기준(지적측량 시행규칙 제18조)
> ㉠ 위성기준점, 통합기준점, 삼각점, 지적삼각점, 지적삼각보조점 및 지적도근점, 그 밖에 명확한 기지점 사이를 서로 연결할 것
> ㉡ 도선의 측선장은 도상길이 8cm 이하로 할 것. 다만, 광파조준의 또는 광파측거기를 사용할 때에는 30cm 이하로 할 수 있다.
> ㉢ 도선의 변은 20개 이하로 할 것
> ㉣ 도선의 폐색오차가 도상길이 $\frac{\sqrt{N}}{3}$[mm] 이하인 경우 그 오차는 다음의 계산식에 따라 이를 각 점에 배분하여 그 점의 위치로 할 것
>
> $$M_n = \frac{e}{N} \times n$$
>
> 여기서, M_n : 각 점에 순서대로 배분할 mm 단위의 도상길이
> e : mm 단위의 오차
> N : 변의 수
> n : 변의 순서

20 토지대장에 등록된 4필지(1-2, 12, 105, 123-1)를 합병할 경우 부여해야 할 지번은?

① 1-2 ② 12
③ 105 ④ 123-1

> **해설**
> 지번의 구성 및 부여방법 등(영 제56조 제3항)
> 합병의 경우에는 합병 대상 지번 중 선순위의 지번을 그 지번으로 하되, 본번으로 된 지번이 있을 때에는 본번 중 선순위의 지번을 합병 후의 지번으로 할 것. 이 경우 토지소유자가 합병 전의 필지에 주거·사무실 등의 건축물이 있어서 그 건축물이 위치한 지번을 합병 후의 지번으로 신청할 때에는 그 지번을 합병 후의 지번으로 부여하여야 한다.

정답 16 ② 17 ① 18 ① 19 ③ 20 ②

21 토지소유자는 신규등록할 토지가 있으면 그 사유가 발생한 날부터 최대 며칠 이내에 지적소관청에 신규등록을 신청하여야 하는가?

① 15일　　　② 20일
③ 60일　　　④ 90일

해설
신규등록 신청(법 제77조)
토지소유자는 신규등록할 토지가 있으면 대통령령으로 정하는 바에 따라 그 사유가 발생한 날부터 60일 이내에 지적소관청에 신규등록을 신청하여야 한다.

22 도근측량을 도선법으로 시행할 경우 1등도선에 해당하는 것은?

① 삼각점과 도근점 간을 연결하는 도선
② 지적삼각점과 도근점 간을 연결하는 도선
③ 지적삼각보조점과 도근점 간을 연결하는 도선
④ 삼각점과 지적삼각보조점의 상호 간을 연결하는 도선

해설
지적도근점측량의 도선 구분(지적측량 시행규칙 제12조)
㉠ 1등도선은 위성기준점, 통합기준점, 삼각점, 지적삼각점 및 지적삼각보조점의 상호 간을 연결하는 도선 또는 다각망도선으로 할 것
㉡ 2등도선은 위성기준점, 통합기준점, 삼각점, 지적삼각점 및 지적삼각보조점과 지적도근점을 연결하거나 지적도근점 상호 간을 연결하는 도선으로 할 것
㉢ 1등도선은 가, 나, 다 순으로 표기하고 2등도선은 ㄱ, ㄴ, ㄷ 순으로 표기할 것

23 삼각쇄의 조정계산에서 삼각규약은 각 삼각형 내각의 합($\alpha + \beta + \gamma$)이 얼마가 되어야 한다는 규약 조건인가?

① 0°　　　② 90°
③ 180°　　　④ 360°

해설
삼각형의 세 내각의 합은 180°이다.

24 유심다각망에서 기지점을 중심으로 한 중심각의 합은 얼마가 되어야 하는가?

① 90°　　　② 180°
③ 270°　　　④ 360°

해설
유심다각망의 점조건 : 한 점 주위에 있는 모든 각의 총합은 360°가 되어야 한다.

정답 21 ③　22 ④　23 ③　24 ④

25 다음 중 도근측량에서 2등도선에 해당하는 것은?

① 지적삼각점 간 연결
② 도선명의 표기는 가, 나, 다 순으로 표기
③ 지적삼각점과 지적삼각보조점 간 연결
④ 도선명의 표기는 ㄱ, ㄴ, ㄷ 순으로 표기

해설
1등도선은 가, 나, 다 순으로 표기하고 2등도선은 ㄱ, ㄴ, ㄷ 순으로 표기한다(지적측량 시행규칙 제12조).

27 토지이동이 있을 때 토지소유자가 하여야 하는 신청을 대위할 수 있는 사람이 아닌 것은?

① 구획정리 사업을 시행하는 토지의 주민
② 공공사업 등으로 인하여 하천, 구거, 제방 등의 지목으로 되는 토지의 경우 그 사업시행자
③ 지방자치단체가 매입 등으로 취득하는 토지의 경우 지방자치단체의 장
④ 국가가 매입 등으로 취득하는 토지의 경우 국가기관의 장

해설
신청의 대위(법 제87조)
다음의 어느 하나에 해당하는 자는 이 법에 따라 토지소유자가 하여야 하는 신청을 대신할 수 있다. 다만, 등록사항 정정 대상토지는 제외한다.
㉠ 공공사업 등에 따라 학교용지, 도로, 철도용지, 제방, 하천, 구거, 유지, 수도용지 등의 지목으로 되는 토지인 경우 : 해당 사업의 시행자
㉡ 국가나 지방자치단체가 취득하는 토지인 경우 : 해당 토지를 관리하는 행정기관의 장 또는 지방자치단체의 장
㉢ 주택법에 따른 공동주택의 부지인 경우 : 집합건물의 소유 및 관리에 관한 법률에 따른 관리인(관리인이 없는 경우에는 공유자가 선임한 대표자) 또는 해당 사업의 시행자
㉣ 민법에 따른 채권자

26 수치지적에 대한 설명이 틀린 것은?

① 수학적인 평면직각 종횡선 수치(X, Y좌표)의 형태로 표시한다.
② 도해지적보다 정밀성이 훨씬 떨어진다.
③ 열람용의 별도 도면을 작성하여 보관해야 한다.
④ 우리나라는 1975년부터 수치지적제도를 도입하였다.

해설
도해지적보다 측량성과의 정확성이 높다.

28 공유수면매립지의 토지 중 제방 등을 토지에 편입하여 등록할 때에는 어느 부분을 측정점으로 하는가?

① 최대만조수위
② 평균수위
③ 최저수위
④ 제방 등의 바깥쪽 어깨 부분

해설
공유수면매립지의 토지 중 제방 등을 토지에 편입하여 등록하는 경우에는 바깥쪽 어깨 부분을 지상경계의 결정기준으로 한다(영 제55조).

정답 25 ④ 26 ② 27 ① 28 ④

29 지적공부의 복구에 관한 자료가 아닌 것은?

① 지적공부의 등본
② 측량결과도
③ 토지이동정리 결의서
④ 복구자료 조사서

해설
지적공부의 복구자료(규칙 제72조)
㉠ 지적공부의 등본
㉡ 측량결과도
㉢ 토지이동정리 결의서
㉣ 토지(건물)등기사항증명서 등 등기사실을 증명하는 서류
㉤ 지적소관청이 작성하거나 발행한 지적공부의 등록내용을 증명하는 서류
㉥ 지적공부의 보존 등에 따라 복제된 지적공부
㉦ 법원의 확정판결서 정본 또는 사본

30 공간정보관리법상 경계점좌표등록부에 등록할 사항으로 규정된 것이 아닌 것은?

① 지번
② 토지 지목
③ 토지 소재
④ 좌표

해설
경계점좌표등록부의 등록사항(법 제73조)
지적소관청은 도시개발사업 등에 따라 새로이 지적공부에 등록하는 토지에 대하여는 다음의 사항을 등록한 경계점좌표등록부를 작성하고 갖춰 두어야 한다.
㉠ 토지의 소재
㉡ 지번
㉢ 좌표
㉣ 그 밖에 국토교통부령으로 정하는 사항(규칙 제71조)
  1. 토지의 고유번호
  2. 지적도면의 번호
  3. 필지별 경계점좌표등록부의 장번호
  4. 부호 및 부호도

31 다음 중 일람도에 등재할 사항이 아닌 것은?

① 지번설정지역의 경계 및 명칭
② 도면의 제명 및 축척
③ 도곽선 및 도곽선 치수
④ 지번 및 경계

해설
일람도의 등재사항(지적업무처리규정 제37조)
㉠ 지번부여지역의 경계 및 인접 지역의 행정구역 명칭
㉡ 도면의 제명 및 축척
㉢ 도곽선과 그 수치
㉣ 도면번호
㉤ 도로, 철도, 하천, 구거, 유지, 취락 등 주요 지형지물의 표시

32 평판측량방법으로 세부측량을 할 때에 측량준비 파일에 작성하여야 할 사항이 아닌 것은?

① 측정점의 위치 설명도
② 도곽선과 그 수치
③ 행정구역선과 그 명칭
④ 측량대상 토지의 경계선, 지번 및 지목

해설
평판측량방법에 따른 세부측량(지적측량 시행규칙 제17조)
㉠ 측량대상 토지의 경계선, 지번 및 지목
㉡ 인근 토지의 경계선, 지번 및 지목
㉢ 임야도를 갖춰 두는 지역에서 인근 지적도의 축척으로 측량을 할 때에는 임야도에 표시된 경계점의 좌표를 구하여 지적도에 전개(展開)한 경계선. 다만, 임야도에 표시된 경계점의 좌표를 구할 수 없거나 그 좌표에 따라 확대하여 그리는 것이 부적당한 경우에는 축척비율에 따라 확대한 경계선을 말한다.
㉣ 행정구역선과 그 명칭
㉤ 지적기준점 및 그 번호와 지적기준점 간의 거리, 지적기준점의 좌표, 그 밖에 측량의 기점이 될 수 있는 기지점
㉥ 도곽선(圖廓線)과 그 수치
㉦ 도곽의 신축이 0.5mm 이상일 때에는 그 신축량 및 보정(補正) 계수

33 지적정리 통지의 대상으로 볼 수 없는 것은?

① 토지의 지번이 변경된 경우
② 지적공부를 복구한 경우
③ 부동산 등기부 등본에 등록하는 경우
④ 등기촉탁을 한 경우

해설

지적정리 등의 통지(법 제90조)
㉠ 지적소관청이 다음에 따라 지적공부에 등록하거나 지적공부를 복구 또는 말소하거나 등기촉탁을 하였으면 해당 토지소유자에게 통지해야 한다. 다만, 통지받을 자의 주소나 거소를 알 수 없는 경우에는 일간신문, 해당 시·군·구의 공보 또는 인터넷홈페이지에 공고해야 한다.
㉡ 통지 사유
  • 토지이동이 있는 경우 직권소관청이 직권으로 조사·측량해 결정하는 경우
  • 지적공부에 등록된 지번을 변경하는 경우
  • 지적공부를 복구한 경우
  • 바다로 된 토지의 등록말소를 직권으로 하는 경우
  • 등록사항의 오류를 직권으로 정정하는 경우
  • 행정구역의 개편에 따라 지번을 새로 부여하는 경우
  • 도시개발사업, 농어촌정비사업 등에 따른 토지이동 신청을 사업시행자가 한 경우
  • 직권소관청이 토지소유자의 신청을 대위한 경우
  • 지적소관청이 토지의 표시변경에 관한 등기촉탁을 한 경우

35 현행 공간정보관리법에 규정된 지목의 종류는?

① 20종   ② 24종
③ 28종   ④ 32종

해설

현행 지적 관련 법률에서 규정하고 있는 지목의 종류는 28종이다(법 제67조).

34 지적측량 결과의 적부심사 청구에 따른 심의·의결은 어디에서 하는가?

① 도지사
② 시장·군수, 구청장
③ 지방지적위원회
④ 행정안전부장관

해설

지적위원회(법 제28조)
지적측량에 대한 적부심사 청구사항을 심의·의결하기 위하여 특별시·광역시·특별자치시·도 또는 특별자치도에 지방지적위원회를 둔다.

36 축척 1/600 지적도와 경계점좌표등록부에 등록하는 지역의 토지 면적등록 최소단위는?

① $0.001m^2$ ② $0.01m^2$
③ $0.1m^2$ ④ $1m^2$

해설

지적도의 축척이 1/600인 지역과 경계점좌표등록부에 등록하는 지역의 토지면적(영 제60조)
• m^2 이하 한 자리 단위로 한다.
• $0.1m^2$ 미만의 끝수가 있는 경우 $0.05m^2$ 미만일 때에는 버리고 $0.05m^2$를 초과할 때에는 올린다.
• $0.05m^2$일 때에는 구하려는 끝자리의 숫자가 0 또는 짝수이면 버리고 홀수이면 올린다.
• 다만, 1필지의 면적이 $0.1m^2$ 미만일 때에는 $0.1m^2$로 한다.

37 다음 중 토지이동정리 결의서를 작성하지 않아도 되는 것은?

① 지번을 변경
② 등록전환
③ 지목변경
④ 소유자 주소변경 통지

해설
지적공부의 정리 등(영 제84조)
㉠ 지적소관청은 지적공부가 다음의 어느 하나에 해당하는 경우에는 지적공부를 정리하여야 한다. 이 경우 이미 작성된 지적공부에 정리할 수 없을 때에는 새로 작성하여야 한다.
 1. 지번을 변경하는 경우
 2. 지적공부를 복구하는 경우
 3. 신규등록, 등록전환, 분할, 합병, 지목변경 등 토지의 이동이 있는 경우
㉡ 지적소관청은 ㉠에 따른 토지의 이동이 있는 경우에는 토지이동정리 결의서를 작성하여야 하고, 토지소유자의 변동 등에 따라 지적공부를 정리하려는 경우에는 소유자정리 결의서를 작성하여야 한다.

38 제주도의 지적도 도곽선 수치는 원점으로부터 가산하여 종선 및 횡선에 각각 얼마씩 가산하여 정하는가?

① 종선 500,000m, 횡선 200,000m
② 종선 200,000m, 횡선 500,000m
③ 종선 550,000m, 횡선 220,000m
④ 종선 550,000m, 횡선 200,000m

해설
세계측지계에 따르지 아니하는 지적측량의 경우에는 가우스상사이중투영법으로 표시하되, 직각좌표계 투영원점의 가산(加算)수치를 각각 $X(N)$ 500,000m(제주도지역 550,000m), $Y(E)$ 200,000m로 하여 사용할 수 있다.

39 토지가 해면에 접하는 경우 경계를 결정하는 기준은?

① 평균해수위
② 측정 당시 수위
③ 최대만조위
④ 중등수위

해설
지상경계의 결정기준 등(영 제55조)
㉠ 연접되는 토지 간에 높낮이 차이가 없는 경우 : 그 구조물 등의 중앙
㉡ 연접되는 토지 간에 높낮이 차이가 있는 경우 : 그 구조물 등의 하단부
㉢ 도로·구거 등의 토지에 절토(땅깎기)된 부분이 있는 경우 : 그 경사면의 상단부
㉣ 토지가 해면 또는 수면에 접하는 경우 : 최대만조위 또는 최대만수위가 되는 선
㉤ 공유수면매립지의 토지 중 제방 등을 토지에 편입하여 등록하는 경우 : 바깥쪽 어깨 부분

40 일반적으로 축척 1/600 지적도 시행지역에 대한 일람도의 축척은?

① 1/1200
② 1/3000
③ 1/6000
④ 1/12000

해설
일람도의 제도(지적업무처리규정 제38조)
지적도면 등의 등록사항 등에 따라 일람도를 작성할 경우 일람도의 축척은 그 도면축척의 1/10로 한다. 다만, 도면의 장수가 많아서 한 장에 작성할 수 없는 경우에는 축척을 줄여서 작성할 수 있으며, 도면의 장수가 4장 미만인 경우에는 일람도의 작성을 하지 아니할 수 있다.

$$\therefore \frac{1}{600} \times \frac{1}{10} = \frac{1}{6000}$$

정답 37 ④ 38 ④ 39 ③ 40 ③

41 지적공부에 해당하지 않는 것은?

① 임야대장
② 공유지연명부
③ 토지대장부본
④ 지적도

해설
지적공부(법 제2조)
토지대장, 임야대장, 공유지연명부, 대지권등록부, 지적도, 임야도 및 경계점좌표등록부 등 지적측량 등을 통하여 조사된 토지의 표시와 해당 토지의 소유자 등을 기록한 대장 및 도면(정보처리시스템을 통하여 기록·저장된 것을 포함한다)을 말한다.

42 토지의 이동이라고 할 수 없는 것은?

① 토지분할
② 경계복원
③ 토지합병
④ 등록전환

해설
토지의 이동(법 제2조) : 토지의 표시를 새로 정하거나 변경 또는 말소하는 것을 말한다.

43 지적공부를 복구한 때에는 며칠 이상 지적소관청의 게시판에 게시하는가?

① 5일
② 7일
③ 10일
④ 15일

해설
지적공부의 복구절차 등(시행규칙 제73조)
지적소관청은 규정에 따른 복구자료의 조사 또는 복구측량 등이 완료되어 지적공부를 복구하려는 경우에는 복구하려는 토지의 표시 등을 시·군·구 게시판 및 인터넷 홈페이지에 15일 이상 게시하여야 한다.

44 토지이동이 있을 경우에 지적소관청이 작성하여 지적공부정리의 근거가 되는 서류는?

① 지적측량성과
② 지적 조서
③ 토지이동정리 결의서
④ 등기필 통지서

해설
지적공부의 정리 등(영 제84조)
㉠ 지적소관청은 지적공부가 다음의 어느 하나에 해당하는 경우에는 지적공부를 정리하여야 한다. 이 경우 이미 작성된 지적공부에 정리할 수 없을 때에는 새로 작성하여야 한다.
 1. 지번을 변경하는 경우
 2. 지적공부를 복구하는 경우
 3. 신규등록, 등록전환, 분할, 합병, 지목변경 등 토지의 이동이 있는 경우
㉡ 지적소관청은 ㉠에 따른 토지의 이동이 있는 경우에는 토지이동정리 결의서를 작성하여야 하고, 토지소유자의 변동 등에 따라 지적공부를 정리하려는 경우에는 소유자정리 결의서를 작성하여야 한다.

정답 41 ③ 42 ② 43 ④ 44 ③

45 다음 중 지적도 축척이 아닌 것은?

① 1/500 ② 1/600
③ 1/1000 ④ 1/1500

해설
지적도면의 축척은 다음의 구분에 따른다(규칙 제69조).
- 지적도 : 1/500, 1/600, 1/1000, 1/1200, 1/2400, 1/3000, 1/6000
- 임야도 : 1/3000, 1/6000

46 공유지연명부의 등록사항이 아닌 것은?

① 토지의 소재
② 지목
③ 소유권 지분
④ 토지의 고유번호

해설
공유지연명부의 등록사항(법 제71조)
㉠ 토지의 소재
㉡ 지번
㉢ 소유권 지분
㉣ 소유자의 성명 또는 명칭, 주소 및 주민등록번호
㉤ 그 밖에 국토교통부령으로 정하는 사항(규칙 제68조)
  1. 토지의 고유번호
  2. 필지별 공유지연명부의 장번호
  3. 토지소유자가 변경된 날과 그 원인

47 실선 4mm와 허선 2mm로 연결하고 실선 중앙에 1mm로 교차하며 허선에 직경 0.3mm의 점 1개를 제도하는 행정구역선은?

① 시·도계 ② 시·군계
③ 국계 ④ 동·리계

해설
행정구역선의 제도(지적업무처리규정 제44조)
도면에 등록할 행정구역선은 0.4mm 폭으로 다음과 같이 제도한다. 다만, 동·리의 행정구역선은 0.2mm 폭으로 한다.
㉠ 국계는 실선 4mm와 허선 3mm로 연결하고 실선 중앙에 실선과 직각으로 교차하는 1mm의 실선을 긋고, 허선에 직경 0.3mm의 점 2개를 제도한다.
㉡ 시·도계는 실선 4mm와 허선 2mm로 연결하고 실선 중앙에 실선과 직각으로 교차하는 1mm의 실선을 긋고, 허선에 직경 0.3mm의 점 1개를 제도한다.
㉢ 시·군계는 실선과 허선을 각각 3mm로 연결하고, 허선에 0.3mm의 점 2개를 제도한다.
㉣ 읍·면·구계는 실선 3mm와 허선 2mm로 연결하고, 허선에 0.3mm의 점 1개를 제도한다.
㉤ 동·리계는 실선 3mm와 허선 1mm를 연결하여 제도한다.

48 일반적인 토지대장의 형식에 해당하지 않는 것은?

① 장부식 대장 ② 편철식 대장
③ 카드식 대장 ④ 천공식 대장

해설
일반적인 토지대장의 형식 : 장부식, 편철식, 카드식

49 경계는 얼마의 폭을 기준으로 제도하는가?

① 0.1mm ② 0.2mm
③ 0.4mm ④ 0.5mm

해설
경계는 0.1mm 폭의 선으로 제도한다(지적업무처리규정 제41조).

50 전자면적측정기에 의한 측정면적은 도상에서 2회 측정하여 그 평균치를 사용하는 데 그 허용교차를 구하는 식은?(단, A : 허용교차면적, M : 축척분모, F : 2회 측정한 면적의 합계를 2로 나눈 수)

① $A = 0.023^2 M\sqrt{F}$
② $A = 0.026^2 M\sqrt{F}$
③ $A = 0.023^2 F\sqrt{M}$
④ $A = 0.026^2 F\sqrt{M}$

해설

전자면적측정기에 따른 면적측정(지적측량 시행규칙 제20조)
㉠ 도상에서 2회 측정하여 그 교차가 다음 계산식에 따른 허용면적 이하일 때에는 그 평균치를 측정면적으로 할 것
$A = 0.023^2 M\sqrt{F}$
여기서, A : 허용면적
M : 축척분모
F : 2회 측정한 면적의 합계를 2로 나눈 수
㉡ 측정면적은 1/1000m²까지 계산하여 1/10m² 단위로 정할 것

51 다음 중 지번에 대한 설명으로 옳지 않은 것은?

① 필지에 부여하여 지적공부에 등록한 번호다.
② 지번은 호적에서 사람의 이름과 같다.
③ 토지의 종류를 구분·표시하는 명칭을 말한다.
④ 토지의 개별성을 확보하기 위하여 붙이는 번호다.

해설

지목은 토지의 주된 사용 목적에 따라 토지의 종류를 표시하는 명칭이다.

52 지적도에 신축이 있을 때 면적측정치의 결정방법으로 옳은 것은?

① 측정면적에 도곽선의 신축량 및 보정계수를 곱하여 산출된 면적에 오차를 배부하여 면적을 결정한다.
② 도곽이 늘어나면 늘어난 면적만큼 더한다.
③ 도곽이 줄어들었을 때에는 줄어든 면적만큼 뺀다.
④ 측정면적대로 결정한다.

해설

면적측정의 방법 등(지적측량 시행규칙 제20조)
면적을 측정하는 경우 도곽선의 길이에 0.5mm 이상의 신축이 있을 때에는 이를 보정하여야 한다. 이 경우 도곽선의 신축량 및 보정계수의 계산은 다음의 계산식에 따른다.
㉠ 도곽선의 신축량 계산
$$S = \frac{\Delta X_1 + \Delta X_2 + \Delta Y_1 + \Delta Y_2}{4}$$
여기서, S : 신축량
ΔX_1 : 왼쪽 종선의 신축된 차
ΔX_2 : 오른쪽 종선의 신축된 차
ΔY_1 : 위쪽 횡선의 신축된 차
ΔY_2 : 아래쪽 횡선의 신축된 차
이 경우 신축된 차(mm) = $\dfrac{1,000(L - L_o)}{M}$
여기서, L : 신축된 도곽선 지상길이
L_o : 도곽선 지상길이
M : 축척분모
㉡ 도곽선의 보정계수 계산
$$Z = \frac{X \cdot Y}{\Delta X \cdot \Delta Y}$$
여기서, Z : 보정계수
X : 도곽선 종선길이
Y : 도곽선 횡선길이
ΔX : 신축된 도곽선 종선길이의 합/2
ΔY : 신축된 도곽선 횡선길이의 합/2

53 토지대장 및 임야대장에 등록하는 토지의 1필지 면적이 0.4m²일 경우 이를 어떻게 등록하는가?

① 0.5m²

② 0.4m²

③ 1m²

④ 절사하여 필지를 없애버린다.

해설
토지의 면적에 1m² 미만의 끝수가 있는 경우 면적의 결정(영 제60조)
- 0.5m² 미만일 때에는 버리고 0.5m²를 초과하는 때에는 올린다.
- 0.5m²일 때에는 구하려는 끝자리의 숫자가 0 또는 짝수이면 버리고 홀수이면 올린다.
- 다만, 1필지의 면적이 1m² 미만일 때에는 1m²로 한다.

54 세 변의 길이가 각각 30m, 30m, 20m인 삼각형의 면적을 계산한 값은?

① 252.8m²

② 262.8m²

③ 272.8m²

④ 282.8m²

해설
헤론의 공식
$A = \sqrt{s(s-a)(s-b)(s-c)}$
$= \sqrt{40(40-30)(40-30)(40-20)}$
$≒ 282.8m^2$
여기서, $s = \dfrac{30+30+20}{2} = 40$

55 어느 지적도의 도곽선이 그림과 같이 신축되었다. 이 도면의 도곽선의 신축량은 얼마인가?

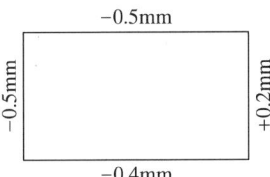

① -0.3mm   ② ±0.4mm

③ +0.6mm   ④ ±0.8mm

해설
도곽선의 신축량 계산
$S = \dfrac{\Delta X_1 + \Delta X_2 + \Delta Y_1 + \Delta Y_2}{4}$

$= \dfrac{(-0.5)+(0.2)+(-0.5)+(-0.4)}{4}$

$= -0.3mm$

여기서, S : 신축량
ΔX_1 : 왼쪽 종선의 신축된 차
ΔX_2 : 오른쪽 종선의 신축된 차
ΔY_1 : 위쪽 횡선의 신축된 차
ΔY_2 : 아래쪽 횡선의 신축된 차

56 지적삼각점과 지적삼각보조점은 직경 몇 mm의 원으로 제도하는가?

① 1mm   ② 2mm

③ 3mm   ④ 4mm

해설
지적기준점 등의 제도(지적업무처리규정 제43조)
지적삼각점 및 지적삼각보조점은 직경 3mm의 원으로 제도한다. 이 경우 지적삼각점은 원 안에 십자선을 표시하고, 지적삼각보조점은 원 안에 검은색으로 엷게 채색한다.

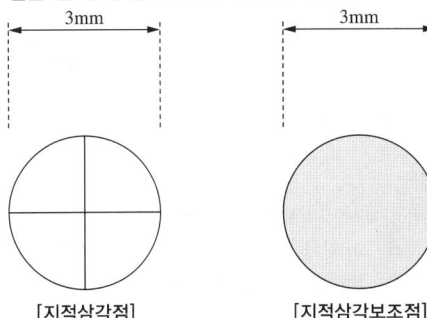

57 다음과 같은 설명에 의해 면적을 측정할 수 있는 필지의 원면적으로 알맞은 것은?

> 필지를 분할할 경우 분할 후의 면적이 분할 전 면적의 8할 이상이 되는 면적을 측정할 때, 면적이 2할 미만이 되는 필지의 면적을 먼저 측정한 후 분할 전 면적에서 그 측정된 면적을 빼는 방법에 의할 수 있다.

① 3,000m² 이상
② 5,000m² 이상
③ 10,000m² 이상
④ 20,000m² 이상

해설
면적측량의 방법 등(지적측량 시행규칙 제20조)
면적이 5,000m² 이상인 필지를 분할하는 경우 분할 후의 면적이 분할 전 면적의 80% 이상이 되는 필지의 면적을 측정할 때에는 분할 전 면적의 20% 미만이 되는 필지의 면적을 먼저 측정한 후, 분할 전 면적에서 그 측정된 면적을 빼는 방법으로 할 수 있다. 다만, 동일한 측량결과도에서 측정할 수 있는 경우와 좌표면적계산법에 따라 면적을 측정하는 경우에는 그러하지 아니하다.

58 오늘날의 지적과 유사한 토지의 기록에 관한 것이 아닌 것은?

① 백제의 도적(圖籍)
② 신라의 장적(帳籍)
③ 고려의 전적(田籍)
④ 조선의 이적(移籍)

해설
④ 조선시대 - 양안(量案)
삼국유사와 고려사절요 등에서 삼국시대부터 백제의 도적(圖籍), 신라의 장적(帳籍), 고려의 전적(典籍) 등 오늘날의 지적과 유사한 토지에 관한 기록들이 있었다는 것을 찾아 볼 수 있다.

59 토지조사사업 당시 사정한 사항은?

① 지번
② 지목
③ 강계
④ 토지의 소재

해설
토지소유권 조사는 임야 이외 토지의 종류, 지주 등을 조사하여 지적도 및 토지조사부를 조제하고 토지의 소유권 및 그 강계(疆界)를 사정하여 토지분쟁을 해결하는 것과 함께 부동산등기제도의 소지를 마련하였다.

60 지적도 작성 시 제명 및 축척의 글자 크기로 맞는 것은?

① 3mm
② 5mm
③ 7mm
④ 9mm

해설
색인도 등의 제도(지적업무처리규정 제45조)
제명 및 축척은 도곽선 윗부분 여백의 중앙에 "○○시·군·구 ○○읍·면 ○○동·리 지적도 또는 임야도 ○○장 중 제○○호 축척 1/○○○○"이라 제도한다. 이 경우 그 제도방법은 다음과 같다.
㉠ 글자의 크기는 5mm로 하고, 글자 사이의 간격은 글자 크기의 1/2 정도 띄어 쓴다.
㉡ 축척은 제명 끝에서 10mm를 띄어 쓴다.

2020년 제4회 과년도 기출복원문제

01 다음 중 지적제도의 유형에 속하지 않는 것은?

① 행정 지적   ② 세지적
③ 다목적 지적   ④ 법지적

해설
지적제도의 분류
- 등록사항의 차원에 의한 분류 : 2차원 지적, 3차원 지적
- 발전 단계에 의한 분류 : 세지적, 법지적, 다목적 지적
- 등록의무의 강약에 의한 분류 : 소극적 지적, 적극적 지적
- 경계의 표시방법에 의한 분류 : 도해지적, 수치지적

02 다음 중 지적의 요소에 들지 않는 것은?

① 토지   ② 등록
③ 1필지   ④ 지적공부

해설
지적의 3요소
- 협의적 구성요소 : 토지, 등록, 지적공부
- 광의적 구성요소 : 소유자, 권리, 필지

03 종교용지 내에 있는 사적지 부지의 지목은?

① 사적지   ② 종교용지
③ 대   ④ 잡종지

해설
종교용지(영 제58조) : 일반 공중의 종교의식을 위하여 예배, 법요, 설교, 제사 등을 하기 위한 교회, 사찰, 향교 등 건축물의 부지와 이에 접속된 부속시설물의 부지
※ 사적지(영 제58조) : 국가유산으로 지정된 역사적인 유적, 고적, 기념물 등을 보존하기 위하여 구획된 토지. 다만, 학교용지, 공원, 종교용지 등 다른 지목으로 된 토지에 있는 유적, 고적, 기념물 등을 보호하기 위하여 구획된 토지는 제외한다.

04 지적의 공부를 무제한으로 열람하여 공개하거나 등본을 교부하는 공간정보관리법의 개념은?

① 지적등록주의   ② 지적공개주의
③ 지적국정주의   ④ 지적형식주의

해설
② 지적공개주의 : 지적공부에 등록된 사항은 토지소유자나 이해관계인 등 기타 일반 국민들에게 공개하여 누구나 정당하게 이용할 수 있게 해야 한다는 이념이다.
①・④ 지적등록주의(지적형식주의) : 국가가 결정한 지적에 관한 사항은 지적공부에 등록・공시해야만 공식적인 효력이 인정된다는 이념이다.
③ 지적국정주의 : 지적에 관한 사항, 즉 토지의 소재, 지번, 지목, 면적, 경계(좌표) 등은 국가만이 결정・등록할 수 있는 권한을 가진다는 이념이다.

05 '산 23-2' 지번이 부여된 필지가 등록된 지적공부는?

① 임야대장
② 토지대장
③ 경계점좌표등록부
④ 지적도

해설
지번의 구성(영 제56조)
㉠ 지번(地番)은 아라비아숫자로 표기하되, 임야대장 및 임야도에 등록하는 토지의 지번은 숫자 앞에 "산"자를 붙인다.
㉡ 지번은 본번(本番)과 부번(副番)으로 구성하되, 본번과 부번 사이에 "-" 표시로 연결한다. 이 경우 "-" 표시는 "의"라고 읽는다.

정답 1 ① 2 ③ 3 ② 4 ② 5 ①

06 도로, 철도용지, 하천, 제방, 구거, 수도용지 등의 지목이 서로 중복될 때 먼저 등록된 토지의 사용 목적에 따라 지목을 설정하는 원칙을 무엇이라 하는가?

① 용도 경중의 원칙
② 등록 선후의 원칙
③ 주지목 추종의 원칙
④ 일시변경 불변의 원칙

해설
① 용도 경중의 원칙 : 도로, 철도용지, 하천, 제방, 구거, 수도용지 등의 지목이 중복되는 때에는 용도의 경중 등의 순서에 따라 지목을 설정한다.
③ 주지목 추종의 원칙 : 1필지의 사용목적 또는 용도가 2 이상의 지목에 해당되는 경우에는 주된 사용목적 또는 용도에 따라 지목을 설정한다.
④ 영속성의 원칙(일시변경 불변의 원칙) : 다른 지목에 해당하는 용도로 변경시킬 목적이 아닌 임시이고 일시적인 용도의 변경이 있더라도 지목의 변경은 하지 않는다. 예를 들어, 전답을 일시적으로 휴경한다고 해서 지목이 변경되는 것은 아니다.

07 지적공부의 등록사항인 지번, 지목, 경계, 좌표 및 면적은 누가 결정하는가?

① 개인   ② 소관청
③ 법인   ④ 소유자

해설
토지의 조사·등록 등(법 제64조)
지적공부에 등록하는 지번, 지목, 면적, 경계 또는 좌표는 토지의 이동이 있을 때 토지소유자의 신청을 받아 지적소관청이 결정한다. 신청이 없으면 지적소관청이 직권으로 조사·측량하여 결정할 수 있다.

08 지목을 지적도에 표시할 때 부호 표기방법이 맞는 것은?

① 유지 – 지   ② 공장용지 – 공
③ 유원지 – 유   ④ 공원 – 공

해설
지목표기 시 두문자가 아닌 차문자로 표기하는 지목은 공장용지, 주차장, 하천, 유원지이다.

09 지번에 대한 설명으로 틀린 것은?

① 토지의 특정성을 보장하는 수적 요소이다.
② 토지의 식별에 쓰인다.
③ 지번설정 단위지역은 시·군이다.
④ 토지의 명칭적 역할을 한다.

해설
지번은 지적소관청이 지번부여지역(지번을 부여하는 단위지역으로서 동·리 또는 이에 준하는 지역)별로 차례대로 부여한다(법 제66조).
지번의 개념
• 필지에 부여하여 지적공부에 등록한 번호이다.
• 지번은 호적에서 사람의 이름과 같다.
• 토지의 개별성을 확보하기 위하여 붙이는 번호이다.
• 토지의 특정성을 보장하기 위한 요소이다.
• 토지의 식별에 쓰인다.
• 지번은 지적소관청이 지번부여지역별로 차례대로 부여한다.
• 토지의 지리적 위치의 고정성을 확보하기 위하여 부여한다.

10 다음 중 우리나라의 지적에서 채택하고 있지 않는 것은?

① 법지적   ② 토렌스 시스템
③ 세지적   ④ 물적 편성주의

해설
토렌스 시스템(Torrens system)
1858년 호주의 로버트 토렌스(R. Torrens)에 의해 창안된 시스템으로 주로 영국, 호주, 캐나다 등의 국가와 미국의 일부 중에서 행하여지고 있던 등기제도이다.

11 다음 중 중부원점은 어느 것인가?

① 북위 38° 선과 동경 135° 선의 교점
② 북위 38° 선과 동경 130° 선의 교점
③ 북위 38° 선과 동경 127° 선의 교점
④ 북위 38° 선과 동경 125° 선의 교점

해설
직각좌표계 원점

명칭	원점의 경위도
서부좌표계	경도 : 동경 125°00′, 위도 : 북위 38°00′
중부좌표계	경도 : 동경 127°00′, 위도 : 북위 38°00′
동부좌표계	경도 : 동경 129°00′, 위도 : 북위 38°00′
동해좌표계	경도 : 동경 131°00′, 위도 : 북위 38°00′

12 평판측량방법으로 세부측량을 할 때에 측량준비 파일에 작성하여야 할 사항이 아닌 것은?

① 측정점의 위치 설명도
② 도곽선과 그 수치
③ 행정구역선과 그 명칭
④ 측량대상 토지의 경계선, 지번 및 지목

해설
평판측량방법에 따른 세부측량(지적측량 시행규칙 제17조)
㉠ 측량대상 토지의 경계선, 지번 및 지목
㉡ 인근 토지의 경계선, 지번 및 지목
㉢ 임야도를 갖춰 두는 지역에서 인근 지적도의 축척으로 측량을 할 때에는 임야도에 표시된 경계점의 좌표를 구하여 지적도에 전개(展開)한 경계선. 다만, 임야도에 표시된 경계점의 좌표를 구할 수 없거나 그 좌표에 따라 확대하여 그리는 것이 부적당한 경우에는 축척비율에 따라 확대한 경계선을 말한다.
㉣ 행정구역선과 그 명칭
㉤ 지적기준점 및 그 번호와 지적기준점 간의 거리, 지적기준점의 좌표, 그 밖에 측량의 기점이 될 수 있는 기지점
㉥ 도곽선(圖廓線)과 그 수치
㉦ 도곽선의 신축이 0.5mm 이상일 때에는 그 신축량 및 보정(補正) 계수

13 지적삼각보조측량에서 삼각형의 내각의 범위를 어느 정도로 하도록 되어 있는가?

① 20~140°   ② 30~120°
③ 40~100°   ④ 50~80°

해설
지적삼각보조점측량(지적측량 시행규칙 제10조)
삼각형의 각 내각은 30° 이상 120° 이하로 할 것

14 지적삼각보조측량에서 교점다각망을 구성할 경우 교점을 포함한 1도선의 점의 수는?

① 5점 이하   ② 10점 이하
③ 20점 이하   ④ 40점 이하

해설
전파기 또는 광파기측량방법에 따라 다각망도선법으로 지적삼각보조점측량을 할 때의 기준(지적측량 시행규칙 제10조)
㉠ 3점 이상의 기지점을 포함한 결합다각방식에 따를 것
㉡ 1도선(기지점과 교점 간 또는 교점과 교점 간을 말한다)의 점의 수는 기지점과 교점을 포함하여 5점 이하로 할 것
㉢ 1도선의 거리(기지점과 교점 또는 교점과 교점 간의 점간거리의 총합계를 말한다)는 4km 이하로 할 것

15 도근측량에서 도선을 계산한 결과 종선차 12cm, 횡선차 16cm이었다. 연결교차는?

① 17cm   ② 20cm
③ 25cm   ④ 32cm

해설
연결교차 = $\sqrt{종선교차^2 + 횡선교차^2}$
= $\sqrt{12^2 + 16^2}$
= 20cm

16 축척 1/1200 지역에서 원면적 1,000m²의 토지를 분할할 때 신구면적 오차의 허용범위로 맞는 것은?

① ±20m²   ② ±26m²
③ ±30m²   ④ ±36m²

해설
오차 허용면적
$A = 0.026^2 M\sqrt{F}$
$= 0.026^2 \times 1200\sqrt{1,000}$
$\fallingdotseq \pm 25.652$
$\fallingdotseq \pm 26m^2$
여기서, M : 축척분모
F : 원면적

17 임야도 시행지역의 세부측량을 평판측량으로 하는 경우 거리측정단위는 얼마까지 할 수 있는가?

① 5cm   ② 10cm
③ 25cm   ④ 50cm

해설
평판측량방법에 따른 세부측량의 기준(지적측량 시행규칙 제18조)
거리측정단위는 지적도를 갖춰 두는 지역에서는 5cm로 하고, 임야도를 갖춰 두는 지역에서는 50cm로 한다.

18 다음 중 거리를 측정할 때 측정 횟수에 비례하여 오차가 커지는 것은?

① 정오차   ② 우연오차
③ 착오   ④ 허용오차

해설
정오차는 측정횟수에 비례하고, 우연오차는 측정횟수의 제곱근에 비례한다.

19 평판측량방법에 의한 세부측량을 방사법으로 하는 경우 1방향선의 도상길이는 얼마 이하로 하는가?

① 1cm   ② 5cm
③ 10cm   ④ 20cm

해설
평판측량방법에 따른 세부측량을 방사법으로 하는 경우의 기준(지적측량 시행규칙 제18조)
㉠ 1방향선의 도상길이는 10cm 이하로 한다.
㉡ 다만, 광파조준의 또는 광파측거기를 사용할 때에는 30cm 이하로 할 수 있다.

20 방위각법에 의한 지적도근측량에서 각도의 측정단위는 어느 것인가?

① 1″   ② 10″
③ 1′   ④ 1°

해설
지적도근점의 관측 및 계산(지적측량 시행규칙 제13조)
경위의측량방법, 전파기 또는 광파기측량방법과 도선법 또는 다각망도선법에 따른 지적도근점의 관측과 계산은 다음의 표에 따른다.

종별	각	측정 횟수	거리	진수	좌표
배각법	초	3회	cm	5자리 이상	cm
방위각법	분	1~회	cm	5자리 이상	cm

정답 16 ② 17 ④ 18 ① 19 ③ 20 ③

21 다음 그림의 AP 간 거리를 측정하는 공식으로 옳은 것은?

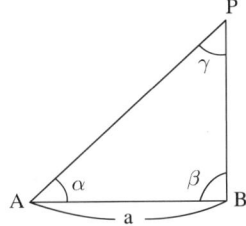

① $AP = \dfrac{a\sin\alpha}{\sin\gamma}$

② $AP = \dfrac{a\sin\beta}{\sin\gamma}$

③ $AP = \dfrac{a\sin\alpha}{\sin\beta}$

④ $AP = \dfrac{a\sin\gamma}{\sin\beta}$

22 다음 중 지적측량의 방법으로 볼 수 없는 것은?

① 평판측량 및 경위의측량
② 광파기측량
③ 지형측량
④ 사진측량

해설
지적측량은 평판(平板)측량, 전자평판측량, 경위의(經緯儀)측량, 전파기(電波機) 또는 광파기(光波機)측량, 사진측량 및 위성측량 등의 방법에 따른다(지적측량 시행규칙 제5조).

23 경위의측량방법에 따른 지적삼각점측량의 수평각 관측방법은?

① 배각법
② 방향관측법
③ 단측법
④ 편각법

해설
경위의측량방법에 따른 지적삼각점의 관측과 계산의 기준(지적측량 시행규칙 제9조)
㉠ 관측은 10초독(秒讀) 이상의 경위의를 사용할 것
㉡ 수평각관측은 3대회(大回, 윤곽도는 0°, 60°, 120°로 한다)의 방향관측법에 따를 것
㉢ 수평각의 측각공차(測角公差)는 다음 표에 따를 것

종별	1방향각	1측회(側回)의 폐색(閉塞)	삼각형 내각관측의 합과 180°와의 차	기지각(旣知角)과의 차
공차	30초 이내	±30초 이내	±30초 이내	±40초 이내

24 축척 1/1200 지역을 평판측량방법에 의해 세부측량을 할 때 도상에 영향을 미치지 않는 지상거리의 허용한계는 얼마인가?

① 6mm
② 10mm
③ 120mm
④ 240mm

해설
평판측량방법에 있어서 도상에 영향을 미치지 아니하는 지상거리의 축척별 허용범위는 $\dfrac{M}{10}$ [mm]로 한다(여기서, M : 축척분모).

∴ $\dfrac{1200}{10} = 120mm$

25 세부측량 시 평판측량방법에 의하여 거리를 측정하는 경우 측정거리의 보정량 산출식은?

① 보정량 = $\dfrac{신축량(지상) \times 4}{도곽선길이\ 합계(지상)} \times 실측거리$

② 보정량 = $\dfrac{도곽선길이\ 합계(지상)}{신축량(지상) \times 4} \times 실측거리$

③ 보정량 = $\dfrac{신축량(도상) \times 4}{도곽선길이\ 합계(도상)} \times 실측거리$

④ 보정량 = $\dfrac{도곽선길이\ 합계(도상)}{신축량(도상) \times 4} \times 실측거리$

해설
평판측량방법으로 거리를 측정하는 경우 도곽선의 신축량이 0.5mm 이상일 때에는 다음의 계산식에 따른 보정량을 산출하여 도곽선이 늘어난 경우에는 실측거리에 보정량을 더하고, 줄어든 경우에는 실측거리에서 보정량을 뺀다.

보정량 = $\dfrac{신축량(지상) \times 4}{도곽선길이\ 합계(지상)} \times 실측거리$

26 토지에 대한 모든 신청은 원칙적으로 토지소유자가 하여야 하나 토지소유자를 대신하여 사업시행자가 신청할 수 있는 토지의 지목이 아닌 것은?

① 학교용지　　② 철도용지
③ 수도용지　　④ 공장용지

해설
신청의 대위(법 제87조)
다음의 어느 하나에 해당하는 자는 이 법에 따라 토지소유자가 하여야 하는 신청을 대신할 수 있다. 다만, 등록사항 정정 대상토지는 제외한다.
㉠ 공공사업 등에 따라 학교용지, 도로, 철도용지, 제방, 하천, 구거, 유지, 수도용지 등의 지목으로 되는 토지인 경우 : 해당 사업의 시행자
㉡ 국가나 지방자치단체가 취득하는 토지인 경우 : 해당 토지를 관리하는 행정기관의 장 또는 지방자치단체의 장
㉢ 주택법에 따른 공동주택의 부지인 경우 : 집합건물의 소유 및 관리에 관한 법률에 따른 관리인(관리인이 없는 경우에는 공유자가 선임한 대표자) 또는 해당 사업의 시행자
㉣ 민법에 따른 채권자

27 토지이동 사항이 아닌 것은?

① 분할　　② 주소변경
③ 지목변경　　④ 등록전환

해설
토지의 이동(법 제2조) : 토지의 표시를 새로 정하거나 변경 또는 말소하는 것을 말한다.
※ 토지이동 : 신규등록, 등록전환, 분할, 합병, 지목변경 등

28 다음 중 공간정보관리법에서 정의된 지적공부에 해당하는 것은?

① 공유지연명부　　② 지적약도
③ 지적도부본　　④ 소유대장

해설
지적공부(법 제2조)
토지대장, 임야대장, 공유지연명부, 대지권등록부, 지적도, 임야도 및 경계점좌표등록부 등 지적측량 등을 통하여 조사된 토지의 표시와 해당 토지의 소유자 등을 기록한 대장 및 도면(정보처리시스템을 통하여 기록·저장된 것을 포함한다)을 말한다.

29 5층 건물의 한 층을 빌려서 예배를 위한 장소로 사용하고 있다면 이 건물부지의 지목은?

① 종교용지　　② 사적지
③ 대　　④ 잡종지

해설
대(영 제58조)
㉠ 영구적 건축물 중 주거, 사무실, 점포와 박물관, 극장, 미술관 등 문화시설과 이에 접속된 정원 및 부속시설물의 부지
㉡ 국토의 계획 및 이용에 관한 법률 등 관계 법령에 따른 택지조성공사가 준공된 토지

30 1910년 토지조사사업 당시 토지소유자와 경계를 심사하여 확정한 처분을 무엇이라 하는가?

① 토지조사 ② 사정
③ 재결 ④ 부본

해설
사정 : 토지소유자 및 토지의 경계를 확정하는 행정처분으로 토지조사사업의 사실상 최종단계였다.

31 공간정보관리법에 의한 신청을 거짓으로 한 자에 대한 벌칙은?

① 1년 이하의 징역 또는 500만원 이하의 벌금
② 1년 이하의 징역 또는 1,000만원 이하의 벌금
③ 2년 이하의 징역 또는 500만원 이하의 벌금
④ 2년 이하의 징역 또는 1,000만원 이하의 벌금

해설
1년 이하의 징역 또는 1,000만원 이하의 벌금(법 제109조)
㉠ 무단으로 측량성과 또는 측량기록을 복제한 자
㉡ 심사를 받지 아니하고 지도 등을 간행하여 판매하거나 배포한 자
㉢ 측량기술자가 아님에도 불구하고 측량을 한 자
㉣ 업무상 알게 된 비밀을 누설한 측량기술자
㉤ 둘 이상의 측량업자에게 소속된 측량기술자
㉥ 다른 사람에게 측량업등록증 또는 측량업등록수첩을 빌려주거나 자기의 성명 또는 상호를 사용하여 측량업무를 하게 한 자
㉦ 다른 사람의 측량업등록증 또는 측량업등록수첩을 빌려서 사용하거나 다른 사람의 성명 또는 상호를 사용하여 측량업무를 한 자
㉧ 지적측량수수료 외의 대가를 받은 지적측량기술자
㉨ 거짓으로 신규등록 신청, 등록전환 신청, 분할 신청, 합병 신청, 지목변경 신청, 바다로 된 토지의 등록말소 신청, 축척변경 신청, 등록사항의 정정 신청, 도시개발사업 등 시행지역의 토지이동 신청을 한 자
㉩ 다른 사람에게 자기의 성능검사대행자 등록증을 빌려 주거나 자기의 성명 또는 상호를 사용하여 성능검사대행업무를 수행하게 한 자
㉪ 다른 사람의 성능검사대행자 등록증을 빌려서 사용하거나 다른 사람의 성명 또는 상호를 사용하여 성능검사대행업무를 수행한 자

32 지적도의 축척표시로 적합하지 않은 것은?

① 1/2400 ② 1/500
③ 1/1500 ④ 1/1200

해설
지적도면의 축척은 다음의 구분에 따른다(규칙 제69조).
• 지적도 : 1/500, 1/600, 1/1000, 1/1200, 1/2400, 1/3000, 1/6000
• 임야도 : 1/3000, 1/6000

33 지적공부에 등록된 1필지를 2필지 이상으로 나누어 등록하는 것을 무엇이라 하는가?

① 지목 ② 경계
③ 분할 ④ 합병

해설
① 지목 : 토지의 주된 용도에 따라 토지의 종류를 구분하여 지적공부에 등록한 것을 말한다.
② 경계 : 필지별로 경계점들을 직선으로 연결하여 지적공부에 등록한 선을 말한다.
④ 합병 : 지적공부에 등록된 2필지 이상을 1필지로 합하여 등록하는 것을 말한다.

34 토지대장을 당해 시·군·구의 청사 밖으로 반출하는 절차 중 옳은 것은?

① 읍·면장의 승인을 얻는다.
② 소관청의 승인을 얻는다.
③ 시·도지사의 승인을 얻는다.
④ 행정안전부장관의 승인을 얻는다.

해설
지적공부의 반출승인 절차(규칙 제67조)
지적소관청이 법에 따라 지적공부를 그 시·군·구의 청사 밖으로 반출하려는 경우에는 시·도지사 또는 대도시 시장에게 지적공부 반출사유를 적은 승인신청서를 제출해야 한다.

35 중앙지적위원회는 어느 기관에 두는가?

① 국토교통부
② 대한지적공사
③ 국토지리정보원
④ 시·도

해설

지적위원회(법 제28조)
다음의 사항을 심의·의결하기 위하여 국토교통부에 중앙지적위원회를 둔다.
㉠ 지적 관련 정책 개발 및 업무 개선 등에 관한 사항
㉡ 지적측량기술의 연구·개발 및 보급에 관한 사항
㉢ 지적측량 적부심사(適否審査)에 대한 재심사(再審査)
㉣ 측량기술자 중 지적분야 측량기술자(이하 지적기술자라 한다)의 양성에 관한 사항
㉤ 지적기술자의 업무정지 처분 및 징계요구에 관한 사항

36 다음 중 경계선을 새로이 설정하지 않아도 되는 것은?

① 신규등록
② 토지합병
③ 등록전환
④ 토지분할

해설

합병할 때에는 합병되는 필지 사이의 경계·지번 및 지목을 말소한 후 새로 부여하는 지번과 지목을 제도한다.

37 경계점좌표등록부상의 등재사항으로 옳은 것은?

① 토지소재, 지번, 좌표
② 토지소재, 지번, 지목
③ 토지소재, 지번, 면적
④ 토지소재, 지번, 토지등급

해설

경계점좌표등록부의 등록사항(법 제73조)
지적소관청은 도시개발사업 등에 따라 새로이 지적공부에 등록하는 토지에 대하여는 다음의 사항을 등록한 경계점좌표등록부를 작성하고 갖춰 두어야 한다.
㉠ 토지의 소재
㉡ 지번
㉢ 좌표
㉣ 그 밖에 국토교통부령으로 정하는 사항(규칙 제71조)
 1. 토지의 고유번호
 2. 지적도면의 번호
 3. 필지별 경계점좌표등록부의 장번호
 4. 부호 및 부호도

38 1필지의 토지소유자가 2인 이상인 때 비치하는 장부는?

① 일람도
② 지번색인표
③ 경계점좌표등록부
④ 공유지연명부

해설

공유지연명부 : 1필지의 토지에 소유자가 2인 이상인 경우에 소유자에 관한 사항을 기재한 지적공부이다.

39 토지조사사업 당시의 재결기관은?

① 부와 면
② 임시토지조사국
③ 임야조사위원회
④ 고등토지조사위원회

해설
토지조사사업

구분	토지조사사업
근거법령	• 토지조사법(1910.8.23. 법률 제7호) • 토지조사령(1912.8.13. 제령 제2호)
사업기간	1910~1918년(8년 10개월)
사정사항	소유자와 그 강계
조사, 측량	임시토지조사국
도면축척	1/600, 1/1200, 1/2400
사정권자	임시토지조사국장
재결기관	고등토지조사위원회

40 지적공부를 복구할 때 소유권의 복구방법은?

① 법원의 확정판결서
② 인우(隣友)보증서
③ 소관청 확인서
④ 소유권 조사서

해설
지적공부의 복구(영 제61조)
지적소관청이 지적공부를 복구할 때에는 멸실·훼손 당시의 지적공부와 가장 부합된다고 인정되는 관계 자료에 따라 토지의 표시에 관한 사항을 복구하여야 한다. 다만, 소유자에 관한 사항은 부동산등기부나 법원의 확정판결에 따라 복구하여야 한다.

41 지적소관청이 지적공부를 정리하여야 하는 경우가 아닌 것은?

① 지적공부를 복구하는 경우
② 토지의 이동이 있는 경우
③ 지번을 변경하는 경우
④ 토지대장의 등본을 교부하는 경우

해설
지적공부의 정리 등(영 제84조)
㉠ 지적소관청은 지적공부가 다음의 어느 하나에 해당하는 경우에는 지적공부를 정리하여야 한다. 이 경우 이미 작성된 지적공부에 정리할 수 없을 때에는 새로 작성하여야 한다.
1. 지번을 변경하는 경우
2. 지적공부를 복구하는 경우
3. 신규등록, 등록전환, 분할, 합병, 지목변경 등 토지의 이동이 있는 경우
㉡ 지적소관청은 ㉠에 따른 토지의 이동이 있는 경우에는 토지이동정리 결의서를 작성하여야 하고, 토지소유자의 변동 등에 따라 지적공부를 정리하려는 경우에는 소유자정리 결의서를 작성하여야 한다.

42 지적도와 임야도의 도곽선 밖에 제도하여야 하는 사항이 아닌 것은?

① 색인도
② 제명
③ 도곽선 수치
④ 행정구역경계

해설
도곽선에 걸쳐 있는 필지가 분할되어 도곽선 밖에 분할경계가 제도된 때에는 도곽선 밖에 제도된 필지의 경계를 말소하고, 그 도곽선 안에 필지의 경계, 지번 및 지목을 제도한다(지적업무처리규정 제46조).

43 지적도와 임야도에 등록하는 동·리계는 어떻게 제도하여야 하는가?

① 실선 3mm와 허선 1mm로 연결하여 제도
② 실선 3mm와 허선 2mm로 연결하여 제도
③ 실선 1mm와 허선 3mm로 연결하여 제도
④ 실선 2mm와 허선 3mm로 연결하여 제도

해설
행정구역선의 제도(지적업무처리규정 제44조)
도면에 등록할 행정구역선은 0.4mm 폭으로 다음과 같이 제도한다. 다만, 동·리의 행정구역선은 0.2mm 폭으로 한다.
㉠ 국계는 실선 4mm와 허선 3mm로 연결하고 실선 중앙에 실선과 직각으로 교차하는 1mm의 실선을 긋고, 허선에 직경 0.3mm의 점 2개를 제도한다.
㉡ 시·도계는 실선 4mm와 허선 2mm로 연결하고 실선 중앙에 실선과 직각으로 교차하는 1mm의 실선을 긋고, 허선에 직경 0.3mm의 점 1개를 제도한다.
㉢ 시·군계는 실선과 허선을 각각 3mm로 연결하고, 허선에 0.3mm의 점 2개를 제도한다.
㉣ 읍·면·구계는 실선 3mm와 허선 2mm로 연결하고, 허선에 0.3mm의 점 1개를 제도한다.
㉤ 동·리계는 실선 3mm와 허선 1mm를 연결하여 제도한다.

44 지적소관청이 지번변경을 하고자 하는 경우 누구의 승인을 받아야 하는가?

① 시·도지사
② 행정안전부장관
③ 시장·군수 또는 구청장
④ 대통령

해설
축척변경 승인신청(영 제70조)
지적소관청은 법에 따라 지번을 변경하려면 지번변경 사유를 적은 승인신청서에 지번변경 대상지역의 지번, 지목 면적 소유자에 대한 상세한 내용을 기재하여 시·도지사 또는 대도시 시장에게 제출해야 한다. 이 경우 시·도지사 또는 대도시 시장은 전자정부법에 따른 행정정보의 공동이용을 통하여 지번변경 대상지역의 지적도 및 임야도를 확인해야 한다.

45 지적공부의 복구에 관한 자료에 속하지 않는 것은?

① 측량결과도
② 지적공부의 등본
③ 지형도
④ 등록내용을 증명하는 서류

해설
지적공부의 복구자료(규칙 제72조)
㉠ 지적공부의 등본
㉡ 측량결과도
㉢ 토지이동정리 결의서
㉣ 토지(건물)등기사항증명서 등 등기사실을 증명하는 서류
㉤ 지적소관청이 작성하거나 발행한 지적공부의 등록내용을 증명하는 서류
㉥ 지적공부의 보존 등에 따라 복제된 지적공부
㉦ 법원의 확정판결서 정본 또는 사본

46 축척이 1/1200인 도면에서 도곽선의 신축량이 $X_1=-0.6$mm, $X_2=-0.8$mm, $Y_1=-0.8$mm, $Y_2=-1.0$mm인 경우 도곽신축에 대한 면적보정계수는?

① 1.0083　　② 1.0043
③ 0.9947　　④ 0.9887

해설
도면의 도상길이

축척	도상길이(mm)	
	세로	가로
1/1200	333.33	416.67

도곽선의 보정계수

$$Z = \frac{X \cdot Y}{\Delta X \cdot \Delta Y}$$

$$= \frac{333.33 \times 416.67}{\frac{(333.33-0.6)+(333.33-0.8)}{2} \times \frac{(416.67-0.8)+(416.67-1.0)}{2}}$$

≒ 1.0043

여기서, Z : 보정계수
X : 도곽선 종선길이
Y : 도곽선 횡선길이
ΔX : 신축된 도곽선 종선길이의 합/2
ΔY : 신축된 도곽선 횡선길이의 합/2

정답 43 ① 44 ① 45 ③ 46 ②

47 일람도의 제도에서 일람도의 축척은 당해 도면 축척의 몇 분의 1로 하는 것을 원칙으로 하는가?

① 1/5　　② 1/10
③ 1/20　　④ 1/40

해설
일람도의 제도(지적업무처리규정 제38조)
지적도면 등의 등록사항 등에 따라 일람도를 작성할 경우 일람도의 축척은 그 도면축척의 1/10로 한다. 다만, 도면의 장수가 많아서 한 장에 작성할 수 없는 경우에는 축척을 줄여서 작성할 수 있으며, 도면의 장수가 4장 미만인 경우에는 일람도의 작성을 하지 아니할 수 있다.

48 지적기준점의 제도에서 지적삼각점은?

① 　　②
③ 　　④

해설
지적삼각점 및 지적삼각보조점은 직경 3mm의 원으로 제도한다. 이 경우 지적삼각점은 원 안에 십자선을 표시하고, 지적삼각보조점은 원 안에 검은색으로 엷게 채색한다.

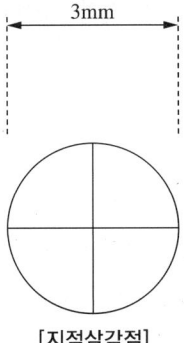
[지적삼각점]

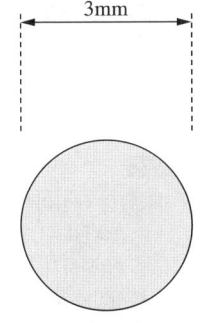
[지적삼각보조점]

49 경위의측량방법으로 세부측량을 할 경우 측량결과도에 기재할 사항으로 틀린 것은?

① 지상에서 측정한 거리 및 방위각
② 측량대상 토지의 경계점 간 실측거리
③ 지적도의 도면번호
④ 도곽선의 신축량과 보정계수

해설
도곽선의 신축량 및 보정계수는 평판측량방법으로 세부측량을 한 경우 기재해야 할 사항이다.
경위의측량방법으로 세부측량을 한 경우 측량결과도에 기재할 사항(지적측량 시행규칙 제26조)
㉠ 측량준비 파일에 작성하여야 할 사항
　1. 측량대상 토지의 경계와 경계점의 좌표 및 부호도, 지번, 지목
　2. 인근 토지의 경계와 경계점의 좌표 및 부호도, 지번, 지목
　3. 행정구역선과 그 명칭
　4. 지적기준점 및 그 번호와 지적기준점 간의 방위각 및 그 거리
　5. 경계점 간 계산거리
　6. 도곽선과 그 수치
　7. 그 밖에 국토교통부장관이 정하는 사항
㉡ 측정점의 위치(측량계산부의 좌표를 전개하여 적는다), 지상에서 측정한 거리 및 방위각
㉢ 측량대상 토지의 경계점 간 실측거리
㉣ 측량대상 토지의 토지이동 전의 지번과 지목(2개의 붉은 색으로 말소한다)
㉤ 측량결과도의 제명 및 번호(연도별로 붙인다)와 지적도의 도면번호
㉥ 신규등록 또는 등록전환하려는 경계선 및 분할경계선
㉦ 측량대상 토지의 점유현황선
㉧ 측량 및 검사의 연월일, 측량자 및 검사자의 성명, 소속 및 자격등급 또는 기술등급

50 지적제도에서 지적도, 임야도의 도면에 기재할 내용으로 옳지 못한 것은?

① 토지의 소재
② 지번
③ 지목
④ 소유자

해설

지적도 및 임야도의 등록사항(법 제72조)
㉠ 토지의 소재
㉡ 지번
㉢ 지목
㉣ 경계
㉤ 그 밖에 국토교통부령으로 정하는 사항(규칙 제69조)
  1. 지적도면의 색인도(인접 도면의 연결 순서를 표시하기 위하여 기재한 도표와 번호를 말한다)
  2. 지적도면의 제명 및 축척
  3. 도곽선(圖廓線)과 그 수치
  4. 좌표에 의하여 계산된 경계점 간의 거리(경계점좌표등록부를 갖춰 두는 지역으로 한정한다)
  5. 삼각점 및 지적기준점의 위치
  6. 건축물 및 구조물 등의 위치

51 다음 그림에서 AC의 길이를 구하라.

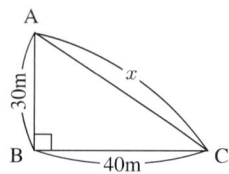

① 35m
② 45m
③ 50m
④ 60m

해설

직각삼각형에서 빗변 길이의 제곱은 다른 두 변의 길이의 제곱의 합과 같다.
$AB^2 + BC^2 = AC^2$
$30^2 + 40^2 = x^2$
∴ $x^2 = 50$

52 전자면적측정기로 면적측정 시 도상에서 몇 회 측정하여 결정하는가?

① 1회
② 2회
③ 3회
④ 4회

해설

전자면적측정기에 따른 면적측정(지적측량 시행규칙 제20조)
㉠ 도상에서 2회 측정하여 그 교차가 다음 계산식에 따른 허용면적 이하일 때에는 그 평균치를 측정면적으로 할 것
$A = 0.023^2 M\sqrt{F}$
여기서, A : 허용면적
       M : 축척분모
       F : 2회 측정한 면적의 합계를 2로 나눈 수
㉡ 측정면적은 1/1000m² 까지 계산하여 1/10m² 단위로 정할 것

53 좌표면적계산법에 의한 면적측정 시 산출면적은 어디까지 계산하는가?

① 1/10m² 까지
② 1/100m² 까지
③ 1/500m² 까지
④ 1/1000m² 까지

해설

좌표면적계산법(지적측량 시행규칙 제20조)
㉠ 경위의측량방법으로 세부측량을 한 지역의 필지별 면적측정은 경계점 좌표에 따를 것
㉡ 산출면적은 1/1000m² 까지 계산하여 1/10m² 단위로 정할 것
※ 대상지역 : 경계점좌표등록부 등록지

54 토지이동측량 시 면적을 측정하지 않아도 되는 것은?

① 신규등록
② 합병
③ 등록전환
④ 분할

해설

면적측정 대상이 아닌 경우(지적측량 시행규칙 제19조)
㉠ 경계복원측량과 지적현황측량을 하는 경우에는 필지마다 면적을 측정하지 아니한다.
㉡ 토지이동 중 합병, 지번변경, 지목변경 등은 지적측량을 수반하지 않으므로 면적측정 대상이 아니다.

55 지적측량에 사용하는 직각좌표계의 원점이 아닌 것은?

① 동부원점
② 중부원점
③ 남부원점
④ 서부원점

해설

직각좌표계 원점

명칭	원점의 경위도
서부좌표계	경도 : 동경 125°00′, 위도 : 북위 38°00′
중부좌표계	경도 : 동경 127°00′, 위도 : 북위 38°00′
동부좌표계	경도 : 동경 129°00′, 위도 : 북위 38°00′
동해좌표계	경도 : 동경 131°00′, 위도 : 북위 38°00′

56 도곽선의 길이를 측정하여 ΔX_1 = +7mm, ΔX_2 = +7mm, ΔY_1 = +6mm, ΔY_2 = -4mm의 신축된 값을 얻었다. 이 도곽선의 신축량은 어느 것인가?

① +4mm
② +5mm
③ +6mm
④ +7mm

해설

도곽선의 신축량 계산

$S = \dfrac{\Delta X_1 + \Delta X_2 + \Delta Y_1 + \Delta Y_2}{4}$

$= \dfrac{7+7+6-4}{4}$

$= +4\text{mm}$

여기서, S : 신축량
ΔX_1 : 왼쪽 종선의 신축된 차
ΔX_2 : 오른쪽 종선의 신축된 차
ΔY_1 : 위쪽 횡선의 신축된 차
ΔY_2 : 아래쪽 횡선의 신축된 차

57 토지의 이동이 발생할 경우 도면을 제도하는 방법으로 틀린 것은?

① 경계를 말소하는 경우에는 짧은 교차선을 약 3mm 간격으로 제도한다.
② 말소된 경계를 다시 등록할 때에는 말소정리 이전의 자료로 원상회복 정리한다.
③ 지목을 변경하는 경우에는 지목만 말소하고 그 윗부분에 새로이 설정된 지목을 제도한다.
④ 등록사항 정정으로 도면에 경계, 지번 및 지목을 새로이 등록하는 경우에는 이미 비치된 도면에 제도한다.

해설

경계를 말소할 때에는 해당 경계선을 말소한다(지적업무처리규정 제46조).

58 일람도의 제도방법에 대한 설명으로 틀린 것은?

① 도면번호는 3mm의 크기로 한다.
② 인접 동·리 명칭 및 기타 행정구역 명칭은 5mm의 크기로 한다.
③ 지방도로 이상은 검은색 0.2mm 폭의 2선으로, 기타 도로는 0.1mm 폭의 선으로 제도한다.
④ 철도용지는 붉은색 0.2mm 폭의 2선으로 제도한다.

해설

일람도의 제도(지적업무처리규정 제38조)
인접 동·리 명칭은 4mm, 그 밖의 행정구역 명칭은 5mm의 크기로 한다.

59 행정구역선 중 실선 3mm와 허선 2mm로 연결하고, 허선에 0.3mm의 점 1개를 제도하는 것은?

① 시·도계   ② 시·군계
③ 읍·면·구계   ④ 동·리계

해설
행정구역선의 제도(지적업무처리규정 제44조)
도면에 등록할 행정구역선은 0.4mm 폭으로 다음과 같이 제도한다. 다만, 동·리의 행정구역선은 0.2mm 폭으로 한다.
㉠ 국계는 실선 4mm와 허선 3mm로 연결하고 실선 중앙에 실선과 직각으로 교차하는 1mm의 실선을 긋고, 허선에 직경 0.3mm의 점 2개를 제도한다.
㉡ 시·도계는 실선 4mm와 허선 2mm로 연결하고 실선 중앙에 실선과 직각으로 교차하는 1mm의 실선을 긋고, 허선에 직경 0.3mm의 점 1개를 제도한다.
㉢ 시·군계는 실선과 허선을 각각 3mm로 연결하고, 허선에 0.3mm의 점 2개를 제도한다.
㉣ 읍·면·구계는 실선 3mm와 허선 2mm로 연결하고, 허선에 0.3mm의 점 1개를 제도한다.
㉤ 동·리계는 실선 3mm와 허선 1mm를 연결하여 제도한다.

60 제도 시 붉은색을 사용하지 않는 것은?

① 도곽선
② 도곽선 수치
③ 지방도로
④ 말소선

해설
지적공부 등의 정리에 사용하는 문자·기호 및 경계는 따로 규정을 둔 사항을 제외하고 정리사항은 검은색, 도곽선과 그 수치 및 말소는 붉은색으로 한다(지적업무처리규정 제63조).
※ 일람도상 지방도로 이상은 검은색 0.2mm 폭의 2선으로, 그 밖의 도로는 0.1mm의 폭으로 제도한다(지적업무처리규정 제38조).

2021년 제1회 과년도 기출복원문제

01 1910년 토지조사사업 당시의 조사 내용에 해당되지 않는 것은?

① 토지의 소유권
② 토지의 가격
③ 토지의 외모
④ 토지의 지질

해설
토지조사사업 당시의 조사 내용
- 토지의 소유권 조사
- 토지의 가격 조사
- 토지의 외모(지형·지모) 조사

02 다음 중 등록전환이라 함은 어느 것을 말하는가?

① 축척을 바꾸어 등록하는 것
② 경계를 바꾸어 등록하는 것
③ 면적을 바꾸어 등록하는 것
④ 임야대장에 등록되어 있는 토지를 토지대장에 옮겨 등록하는 것

해설
등록전환(법 제2조)
임야대장 및 임야도에 등록된 토지를 토지대장 및 지적도에 옮겨 등록하는 것을 말한다.

03 지적공부를 관리하는 소관청으로 볼 수 없는 것은?

① 시장
② 군수
③ 구청장
④ 읍·면장

해설
지적소관청(법 제2조)
지적공부를 관리하는 특별자치시장, 시장·군수 또는 구청장을 말한다.

04 다음 중 지적공부에 해당하지 않는 것은?

① 임야대장
② 공유지연명부
③ 토지대장부본
④ 지적도

해설
지적공부(법 제2조)
토지대장, 임야대장, 공유지연명부, 대지권등록부, 지적도, 임야도 및 경계점좌표등록부 등 지적측량 등을 통하여 조사된 토지의 표시와 해당 토지의 소유자 등을 기록한 대장 및 도면(정보처리시스템을 통하여 기록·저장된 것을 포함한다)을 말한다.

정답 1 ④ 2 ④ 3 ④ 4 ③

05 현행 우리나라에서 활용되는 지번의 부여방법에 대한 설명으로 알맞은 것은?

① 북동에서 시작
② 북서에서 시작
③ 남동에서 시작
④ 남서에서 시작

[해설]
북서기번법 : 지번은 북서쪽에서 남동쪽으로 순차적으로 부여한다. 아라비아숫자로 지번을 부여하는 지역에 적합하며, 지적법상 지번부여 설정의 기본원칙이다.

06 석유류가 용출되는 토지의 지목은?

① 광천지   ② 잡종지
③ 대   ④ 공업용지

[해설]
광천지(영 제58조) : 지하에서 온수, 약수, 석유류 등이 용출되는 용출구(湧出口)와 그 유지(維持)에 사용되는 부지. 다만, 온수, 약수, 석유류 등을 일정한 장소로 운송하는 송수관, 송유관 및 저장시설의 부지는 제외한다.

07 다음 중 토지의 이동으로 볼 수 없는 것은?

① 소유자의 주소변경
② 지번의 변경
③ 경계의 정정
④ 면적의 증감

[해설]
토지의 이동(법 제2조) : 토지의 표시를 새로 정하거나 변경 또는 말소하는 것을 말한다.

08 다음 지번의 설정방식 중 현재 사용하지 않는 방법은?

① 회전식   ② 기우식
③ 단지식   ④ 사행식

[해설]
지번의 진행 방향에 따른 지번부여방법 : 사행식, 기우식, 단지식

09 공간정보관리법의 3대 이념과 거리가 가장 먼 것은?

① 형식주의   ② 공개주의
③ 국정주의   ④ 비밀주의

[해설]
공간정보관리법의 3대 이념
• 공개주의 : 토지에 대한 모든 사항을 국민에게 공개한다.
• 국정주의 : 지적사무는 국가의 고유사무이다.
• 등록주의(형식주의) : 지적공부에 등록하여야만 공식적인 효력이 발생한다.

정답 5② 6① 7① 8① 9④

10 지적공부 중 토지대장의 편성방법에 해당하지 않는 것은?

① 인적 편성주의
② 물적 편성주의
③ 편철식 대장
④ 물적·인적 편성주의

해설
토지등록의 편성방법
- 인적 편성주의 : 개개의 권리자를 중심으로 지적공부를 편성하는 방법이다.
- 물적 편성주의 : 개개의 토지를 중심으로 지적공부를 편성하는 방법이다. 우리나라 토지대장과 같이 지번 순서에 따라 등록되고 분할되더라도 본번과 관련하여 편철하고 소유자의 변동을 계속 수정하여 관리한다.
- 인적·물적 편성주의 : 물적 편성주의를 기본으로 하고 인적 편성주의 요소를 가미하는 방법이다.
- 연대적 편성주의 : 등록·신청한 시간적 순서에 의하여 지적공부를 편성하는 방법이다.

11 지적측량의 원점인 북위 38°선과 동경 127°선의 교점은 다음 중 어느 것인가?

① 동부원점
② 서부원점
③ 중부원점
④ 특별소삼각원점

해설
직각좌표계 원점

명칭	원점의 경위도
서부좌표계	경도 : 동경 125°00′, 위도 : 북위 38°00′
중부좌표계	경도 : 동경 127°00′, 위도 : 북위 38°00′
동부좌표계	경도 : 동경 129°00′, 위도 : 북위 38°00′
동해좌표계	경도 : 동경 131°00′, 위도 : 북위 38°00′

12 토지가 해면에 접하는 경우 지상경계를 결정하는 기준은?

① 평균중조위선
② 최대만조위선
③ 최저만조위선
④ 최고간조위선

해설
지상경계의 결정기준 등(영 제55조)
㉠ 연접되는 토지 간에 높낮이 차이가 없는 경우 : 그 구조물 등의 중앙
㉡ 연접되는 토지 간에 높낮이 차이가 있는 경우 : 그 구조물 등의 하단부
㉢ 도로·구거 등의 토지에 절토(땅깎기)된 부분이 있는 경우 : 그 경사면의 상단부
㉣ 토지가 해면 또는 수면에 접하는 경우 : 최대만조위 또는 최대만수위가 되는 선
㉤ 공유수면매립지의 토지 중 제방 등을 토지에 편입하여 등록하는 경우 : 바깥쪽 어깨 부분

13 지적측량을 필요로 하지 않는 것은?

① 기초점 설치
② 축척의 변경
③ 지적공부의 복구
④ 토지의 지목변경

해설
합병, 지목변경은 지적측량을 실시하지 않는다.
지적측량을 하여야 하는 경우(법 제23조, 영 제18조)
㉠ 지적기준점을 정하는 경우
㉡ 지적측량성과를 검사하는 경우
㉢ 다음에 해당하는 경우로서 측량을 할 필요가 있는 경우
  1. 지적공부를 복구하는 경우
  2. 토지를 신규등록하는 경우
  3. 토지를 등록전환하는 경우
  4. 토지를 분할하는 경우
  5. 바다가 된 토지의 등록을 말소하는 경우
  6. 축척을 변경하는 경우
  7. 지적공부의 등록사항을 정정하는 경우
  8. 도시개발사업 등의 시행지역에서 토지의 이동이 있는 경우
  9. 지적재조사에 관한 특별법에 따른 지적재조사사업에 따라 토지의 이동이 있는 경우
㉣ 경계점을 지상에 복원하는 경우
㉤ 그 밖에 대통령령으로 정하는 경우 : 지상건축물 등의 현황을 지적도 및 임야도에 등록된 경계와 대비하여 표시하는 데에 필요한 경우(지적현황측량)

14 평판측량방법에 의한 세부측량을 도선법으로 시행할 경우 도선의 변수는?

① 10개 이하　　② 15개 이하
③ 20개 이하　　④ 25개 이하

해설
평판측량방법에 따른 세부측량을 도선법으로 하는 경우의 기준(지적측량 시행규칙 제18조)
㉠ 위성기준점, 통합기준점, 삼각점, 지적삼각점, 지적삼각보조점 및 지적도근점, 그 밖에 명확한 기지점 사이를 서로 연결할 것
㉡ 도선의 측선장은 도상길이 8cm 이하로 할 것. 다만, 광파조준의 또는 광파측거기를 사용할 때에는 30cm 이하로 할 수 있다.
㉢ 도선의 변은 20개 이하로 할 것
㉣ 도선의 폐색오차가 도상길이 $\frac{\sqrt{N}}{3}$[mm] 이하인 경우 그 오차는 다음의 계산식에 따라 이를 각 점에 배분하여 그 점의 위치로 할 것

$$M_n = \frac{e}{N} \times n$$

여기서, M_n : 각 점에 순서대로 배분할 mm 단위의 도상길이
　　　　e : mm 단위의 오차
　　　　N : 변의 수
　　　　n : 변의 순서

15 지적도근측량을 하는 데 기초가 될 수 없는 점은?

① 지적삼각점　　② 지적삼각보조점
③ 경계점　　　　④ 지적도근점

해설
지적측량의 방법

종류	기초	계산방법	측량방법
지적삼각점 측량	• 위성기준점 • 통합기준점 • 삼각점 • 지적삼각점	• 평균계산법 • 망평균계산법	• 경위의측량방법 • 전파기 또는 광파기측량방법 • 위성측량방법 • 국토교통부장관이 승인한 측량방법
지적삼각보조점 측량	• 위성기준점 • 통합기준점 • 삼각점 • 지적삼각점 • 지적삼각보조점	• 교회법 • 다각망도선법	
지적도근점 측량	• 위성기준점 • 통합기준점 • 삼각점 • 지적기준점 　- 지적삼각점 　- 지적삼각보조점 　- 지적도근점	• 도선법 • 교회법 • 다각망도선법	

16 세부측량에서 교회법을 적용할 때의 기준에 어긋나는 것은?

① 방향각의 교각은 50° 이상 180° 이하로 할 것
② 3방향 이상의 교회에 의할 것
③ 전방 또는 측방교회법에 의한다.
④ 방향선의 도상길이는 10cm 이하로 할 것

해설
방향각의 교각은 30° 이상 150° 이하로 해야 한다.

17 경계점좌표등록부를 비치하는 지역의 토지면적은 어떻게 표시하는가?

① m^2 단위까지 표시
② m^2 이하 한 자리 단위까지 표시
③ m^2 이하 두 자리 단위까지 표시
④ m^2 이하 세 자리 단위까지 표시

해설
지적도의 축척이 1/600인 지역과 경계점좌표등록부에 등록하는 지역의 토지면적(영 제60조)
• m^2 이하 한 자리 단위로 한다.
• $0.1m^2$ 미만의 끝수가 있는 경우 $0.05m^2$ 미만일 때에는 버리고 $0.05m^2$를 초과할 때에는 올린다.
• $0.05m^2$일 때에는 구하려는 끝자리의 숫자가 0 또는 짝수이면 버리고 홀수이면 올린다.
• 다만, 1필지의 면적이 $0.1m^2$ 미만일 때에는 $0.1m^2$로 한다.

18 지적세부측량 시 두 점 간의 경사거리가 100m이고 연직각이 20°인 경우 수평거리는 얼마인가?

① 90.12m　　② 91.18m
③ 93.97m　　④ 95.08m

해설
$D = l \times \cos\alpha$
여기서, D : 수평거리
　　　　l : 경사거리
　　　　α : 연직각
$D = 100m \times \cos 20°$
　 ≒ 93.97m

정답 14 ③　15 ③　16 ①　17 ②　18 ③

19 평판측량방법에 의한 세부측량을 교회법으로 하여 시오삼각형이 생길 때에는 내접원의 지름이 얼마 이하일 때 그 중심점을 점의 위치로 하는가?

① 1mm ② 2mm
③ 3mm ④ 5mm

해설
측량결과 시오(示誤)삼각형이 생긴 경우 내접원의 지름이 1mm 이하일 때에는 그 중심을 점의 위치로 한다(지적측량 시행규칙 제18조).

20 지적도근점의 각도 관측에서 배각법에 의할 때 1배각과 3배각의 평균값에 대한 교차는 얼마 이내이어야 하는가?

① 10초 이내 ② 20초 이내
③ 30초 이내 ④ 40초 이내

해설
지적도근점의 각도관측을 할 때의 폐색오차의 허용범위(지적측량 시행규칙 제14조)
배각법에 따르는 경우에는 1회 측정각과 3회 측정각의 평균값에 대한 교차는 30초 이내로 하고, 1도선의 기지방위각 또는 평균방위각과 관측방위각의 폐색오차는 1등도선은 $\pm 20\sqrt{n}$ 초 이내, 2등도선은 $\pm 30\sqrt{n}$ 초 이내로 할 것

21 평판측량방법으로 세부측량을 실시할 때 사용할 수 없는 방법은?

① 도선법 ② 경위의측량법
③ 방사법 ④ 교회법

해설
평판측량방법에 따른 세부측량은 교회법, 도선법 및 방사법(放射法)에 따른다.

22 경위의측량법에 의한 세부측량 시 1배각과 2배각의 평균값에 대한 수평각 공차는?

① 20초 이내 ② 30초 이내
③ 40초 이내 ④ 50초 이내

해설
수평각의 측각공차(지적측량 시행규칙 제11조)

종별	1방향각	1회 측정각과 2회 측정각의 평균값에 대한 교차
공차	60초 이내	40초 이내

23 평판측량 도중 수평이 약간 틀렸을 때 앨리데이드의 수평을 교정하는 데 사용되는 것은?

① 기포관 ② 정준간
③ 축척자 ④ 시준판

해설
평판측량 3요소
- 정준 : 평판을 수평으로 하는 것
- 치심(구심) : 평판상의 점과 지상의 점을 일치시키는 것
- 표정 : 평판을 일정한 방향으로 맞추는 것

24 다음 중 지적삼각보조점의 망 구성에서 많이 쓰이는 것은?

① 교점다각망　② 삼각쇄
③ 사각망　　　④ 삽입망

해설
지적삼각보조점은 교회망 또는 교점다각망(交點多角網)으로 구성하여야 한다(지적측량 시행규칙 제10조).

25 지적삼각측량에서 수평각관측을 할 때 3대회 관측의 윤곽도가 아닌 것은?

① 0°　　② 60°
③ 90°　　④ 120°

해설
경위의측량방법에 따른 지적삼각점의 관측과 계산의 기준(지적측량 시행규칙 제9조)
㉠ 관측은 10초독(秒讀) 이상의 경위의를 사용할 것
㉡ 수평각관측은 3대회(大回, 윤곽도는 0°, 60°, 120°로 한다)의 방향관측법에 따를 것
㉢ 수평각의 측각공차(測角公差)는 다음 표에 따를 것

종별	1방향각	1측회(側回)의 폐색(閉塞)	삼각형 내각관측의 합과 180°와의 차	기지각(旣知角)과의 차
공차	30초 이내	±30초 이내	±30초 이내	±40초 이내

26 지적에서 필지의 설명으로 맞는 것은?

① 하나의 지번이 붙는 가옥의 등록단위를 말한다.
② 도시계획지구의 단지단위를 말한다.
③ 주거단위의 1개 가옥의 등록단위를 말한다.
④ 하나의 지번이 붙는 토지의 등록단위를 말한다.

해설
필지(법 제2조) : 대통령령으로 정하는 바에 따라 구획되는 토지의 등록단위를 말한다. 지번부여지역의 토지로서 소유자와 용도가 같고 지반이 연속된 토지는 1필지로 할 수 있다.

27 축척변경위원회의 심의·의결사항이 아닌 것은?

① 축척변경 시행계획의 관한 사항
② 청산금의 이의신청에 관한 사항
③ 지번별 m²당 금액의 결정에 의한 사항
④ 지번별 측량방법에 관한 사항

해설
축척변경위원회의 기능(영 제80조)
축척변경위원회는 지적소관청이 회부하는 다음의 사항을 심의·의결한다.
㉠ 축척변경 시행계획에 관한 사항
㉡ 지번별 m²당 금액의 결정과 청산금의 산정에 관한 사항
㉢ 청산금의 이의신청에 관한 사항
㉣ 그 밖에 축척변경과 관련하여 지적소관청이 회의에 부치는 사항

28 수치지적에 대한 설명이 틀린 것은?

① 수학적인 평면직각 종횡선 수치(X, Y좌표)의 형태로 표시한다.
② 도해지적보다 정밀성이 훨씬 떨어진다.
③ 열람용의 별도 도면을 작성하여 보관해야 한다.
④ 우리나라는 1975년부터 수치지적제도를 도입하였다.

해설
도해지적보다 측량성과의 정확성이 높다.

29 도시개발사업 등의 착수, 변경 또는 완료 사실의 신고는 그 사유가 발생한 날로부터 며칠 이내에 소관청에 신고하여야 하는가?

① 15일 ② 20일
③ 30일 ④ 60일

> **해설**
> 도시개발사업 등 시행지역의 토지이동 신청에 관한 특례에 따른 도시개발사업 등의 착수·변경 또는 완료 사실의 신고는 그 사유가 발생한 날부터 15일 이내에 하여야 한다(영 제83조).

30 1/1000 지적도의 도곽 규격은?

① 세로 30cm, 가로 40cm
② 세로 40cm, 가로 50cm
③ 세로 50cm, 가로 60cm
④ 세로 33.3cm, 가로 41.27cm

> **해설**
> 도면의 축척에 따른 포용면적, 도상 및 지상길이
>
> | 축척 | 도상길이(mm) | 지상길이(m) | 포용면적(m²) |
> |---|---|---|---|
> | 1/500 | 300×400 | 150×200 | 30,000 |
> | 1/1000 | 300×400 | 300×400 | 120,000 |
> | 1/600 | 333.33×416.67 | 200×250 | 50,000 |
> | 1/1200 | 333.33×416.67 | 400×500 | 200,000 |
> | 1/2400 | 333.33×416.67 | 800×1,000 | 800,000 |
> | 1/3000 | 400×500 | 1,200×1,500 | 1,800,000 |
> | 1/6000 | 400×500 | 2,400×3,000 | 7,200,000 |

31 축척 1/1200 지역의 지적도 25매를 행정구역이 변경되어 1/600 지적도로 만들려고 한다. 몇 매가 되는가?

① 25매 ② 50매
③ 75매 ④ 100매

> **해설**
> 축척 1/1200 지적도 1매의 포용 면적은 1/600 지적도 4매의 포용 면적에 해당된다(30번 해설 참조).
> ∴ 25×4 = 100매

32 지적측량성과에 대하여 정확성 여부를 검사하는 기관은?

① 지적위원회
② 측량실시자의 상급자
③ 측량의뢰 기관
④ 지적소관청

> **해설**
> **지적측량성과 파일 검사(지적업무처리규정 제30조)**
> ㉠ 지적측량수행자가 지적측량을 완료한 때에는 지적공부를 정리하기 위한 측량성과 파일과 측량현형 파일을 작성하여 지적소관청에 제출하여야 한다.
> ㉡ 지적소관청은 지적측량성과 파일의 정확성 여부를 검사하여야 한다. 이 경우 부동산종합공부시스템에 따라 검사할 수 있다.

33 지목을 도면에 등록할 때의 부호 표기방법 중 맞지 않는 것은?

① 하천 - 천 ② 주유소용지 - 주
③ 체육용지 - 체 ④ 제방 - 방

> **해설**
> 지목표기 시 두문자가 아닌 차문자로 표기하는 지목은 공장용지, 주차장, 하천, 유원지이다.

34 다음 중 지적도의 축척이 아닌 것은?

① 1/500 ② 1/1200
③ 1/2400 ④ 1/5000

> 해설

지적도면의 축척은 다음의 구분에 따른다(규칙 제69조).
- 지적도 : 1/500, 1/600, 1/1000, 1/1200, 1/2400, 1/3000, 1/6000
- 임야도 : 1/3000, 1/6000

35 토지의 표시에 관한 변경등기가 필요한 경우 그 등기필증을 접수한 날부터 며칠 이내에 토지소유자에게 지적정리를 통지하여야 하는가?

① 7일 ② 15일
③ 21일 ④ 30일

> 해설

지적정리 등의 통지(영 제85조)
㉠ 토지의 표시에 관한 변경등기가 필요한 경우 : 그 등기완료의 통지서를 접수한 날부터 15일 이내
㉡ 토지의 표시에 관한 변경등기가 필요하지 아니한 경우 : 지적공부에 등록한 날부터 7일 이내

36 다음 중 공유지연명부의 등록사항이 아닌 것은?

① 지번 ② 소유권 지분
③ 토지의 소재 ④ 경계

> 해설

공유지연명부의 등록사항(법 제71조)
㉠ 토지의 소재
㉡ 지번
㉢ 소유권 지분
㉣ 소유자의 성명 또는 명칭, 주소 및 주민등록번호
㉤ 그 밖에 국토교통부령으로 정하는 사항(규칙 제68조)
　1. 토지의 고유번호
　2. 필지별 공유지연명부의 장번호
　3. 토지소유자가 변경된 날과 그 원인

37 도곽선의 역할과 가장 거리가 먼 것은?

① 인접 도면과의 접합 기준
② 지적기준점 전개의 기준
③ 도곽 신축량의 측정 기준
④ 필지별 경계를 결정하는 기준

> 해설

도곽선의 역할
- 인접 도면과의 접합 기준선
- 지적측량기준점 전개 시의 기준선
- 도곽 신축량을 측정하는 기준
- 측량준비도와 측량결과도에서 북방향의 기준
- 외업 시 측량준비도와 실지의 부합 여부 확인 기준

38 다음 중 분할의 정의로 가장 알맞은 것은?

① 등록된 1필지를 변경 재등록하는 것
② 미등록된 1필지를 등록하는 것
③ 등록된 1필지를 2필지 이상으로 나누어 등록하는 것
④ 2필지를 1필지로 등록하는 것

> 해설

분할(법 제2조) : 지적공부에 등록된 1필지를 2필지 이상으로 나누어 등록하는 것을 말한다.

39 신규등록할 토지가 있는 경우 그 사유가 발생한 날로부터 며칠 이내에 지적소관청에 신청해야 하는가?

① 10일 ② 20일
③ 30일 ④ 60일

해설
신규등록 신청(법 제77조)
토지소유자는 신규등록할 토지가 있으면 대통령령으로 정하는 바에 따라 그 사유가 발생한 날부터 60일 이내에 지적소관청에 신규등록을 신청하여야 한다.

40 일람도 축척의 작성기준은?

① 지적도면 축척의 1/2
② 지적도면 축척의 1/5
③ 지적도면 축척의 1/10
④ 지적도면 축척의 1/20

해설
일람도의 제도(지적업무처리규정 제38조)
지적도면 등의 등록사항 등에 따라 일람도를 작성할 경우 일람도의 축척은 그 도면축척의 1/10로 한다. 다만, 도면의 장수가 많아서 한 장에 작성할 수 없는 경우에는 축척을 줄여서 작성할 수 있으며, 도면의 장수가 4장 미만인 경우에는 일람도의 작성을 하지 아니할 수 있다.

41 소관청이 토지소유자에게 하는 지적정리의 통지에 대해 옳은 설명은?

① 변경등기가 필요 없는 경우 등록일로부터 30일 이내에 통지하여야 한다.
② 변경등기가 필요한 경우 등기필증이 접수된 날로부터 30일 이내에 통지하여야 한다.
③ 통지받는 자의 주소 또는 거소를 알 수 없을 때에는 당해 시·군·구의 공보 또는 일간신문에 게재함으로 통지된 것으로 본다.
④ 주소를 알 수 없어 통지를 받을 수 없을 때에는 가장 가까운 자에게 통지하여야 한다.

해설
지적정리 등의 통지(영 제85조)
㉠ 토지의 표시에 관한 변경등기가 필요한 경우 : 그 등기완료의 통지서를 접수한 날부터 15일 이내
㉡ 토지의 표시에 관한 변경등기가 필요하지 아니한 경우 : 지적공부에 등록한 날부터 7일 이내
지적정리 등의 통지(법 제90조)
지적소관청이 지적공부에 등록하거나 지적공부를 복구 또는 말소하거나 등기촉탁을 하였으면 해당 토지소유자에게 통지해야 한다. 다만, 통지받을 자의 주소나 거소를 알 수 없는 경우에는 일간신문, 해당 시·군·구의 공보 또는 인터넷홈페이지에 공고해야 한다.

42 다음 중 토지의 지번 숫자 앞에 "산"자를 붙여 표기되는 지적공부는?

① 토지대장   ② 공유지연명부
③ 임야대장   ④ 토지대장부본

해설
지번(地番)은 아라비아숫자로 표기하되, 임야대장 및 임야도에 등록하는 토지의 지번은 숫자 앞에 "산"자를 붙인다(영 제56조).

43 지적공부의 소유자에 관한 사항을 복구(復舊) 등록하고자 할 때 가장 적합한 증빙자료는 어느 것인가?

① 부동산등기부나 법원의 확정판결서
② 가옥대장 등본이나 과세대장 등본
③ 지적공부 멸실 당시의 지적공부와 가장 부합된다고 인정되는 지적도 등본
④ 토지소유자의 복구신청서 및 보증서

해설
지적공부의 복구(영 제61조)
지적소관청이 지적공부를 복구할 때에는 멸실·훼손 당시의 지적공부와 가장 부합된다고 인정되는 관계 자료에 따라 토지의 표시에 관한 사항을 복구하여야 한다. 다만, 소유에 관한 사항은 부동산등기부나 법원의 확정판결에 따라 복구하여야 한다.

44 대한제국시대에 양전을 위해 설치된 최초의 지적행정 관청은?

① 지계아문   ② 양지아문
③ 양안   ④ 토지조사국

해설
대한제국은 1898년 양지아문을 설립하여 전국적인 토지조사에 나섰고, 이를 토대로 1901년 11월 지계아문을 세워 토지 문권인 지계를 발급하기 시작했다.

45 지적(임야)도에 행정구역 경계가 2종 이상 겹쳐 있을 때에는 어떻게 정리하는가?

① 2종 중 한 종류만 그리면 된다.
② 최상급 경계만을 그린다.
③ 최하급 경계를 그린다.
④ 2종 모두 그려야 한다.

해설
행정구역선의 제도(지적업무처리규정 제44조)
행정구역선이 2종 이상 겹치는 경우에는 최상급 행정구역선만 제도한다.

46 지번과 지목의 제도 시 지번과 지목의 글자 간격으로 알맞은 것은?

① 글자 크기의 2/5
② 글자 크기의 1/3
③ 글자 크기의 1/2
④ 글자 크기와 같다.

해설
지번 및 지목의 제도(지적업무처리규정 제42조 제2항)
지번 및 지목을 제도할 때에는 지번 다음에 지목을 제도한다. 이 경우 2mm 이상 3mm 이하 크기의 명조체로 하고, 지번의 글자 간격은 글자 크기의 1/4 정도, 지번과 지목의 글자 간격은 글자 크기의 1/2 정도 띄어서 제도한다. 다만, 부동산종합공부시스템이나 레터링으로 작성할 경우에는 고딕체로 할 수 있다.

47 토지의 이동에 따른 도면의 제도에 대한 내용으로 옳은 것은?

① 지목을 변경하는 경우 지번 및 지목을 말소하고 그 상단에 기재한다.
② 경계를 말소하는 경우 교차선을 1cm 간격으로 제도한다.
③ 등록전환의 경우에는 임야도의 당해 지번 및 지목을 말소하고 그 내부를 청색으로 엷게 채색한다.
④ 합병의 경우 합병되는 경계, 지번 및 지목을 말소하고 새로운 지번 및 지목을 제도한다.

해설
① 지목을 변경하는 경우에는 지목만 말소하고 그 윗부분에 새로이 설정된 지목을 제도한다.
② 경계를 말소할 때에는 해당 경계선을 말소한다.
③ 등록전환할 때에는 임야도의 그 지번 및 지목을 말소한다.

48 토지의 등록장부로서 오늘날의 토지대장과 같은 양안이 있었던 시대는?

① 고구려　　② 백제
③ 고려　　　④ 조선

해설
양안(量案) : 조선시대 조세 부과를 목적으로 전지(田地)를 측량하여 만든 토지등록장부로서 오늘날의 토지대장이다.

49 지적측량에 사용되는 구소삼각지역의 직각좌표계 원점은 몇 개인가?

① 7개　　② 9개
③ 11개　　④ 13개

해설
구소삼각지역의 직각좌표계 원점(11개) : 망산원점, 계양원점, 조본원점, 가리원점, 등경원점, 고초원점, 율곡원점, 현창원점, 구암원점, 금산원점, 소라원점

50 어느 지적도의 각 변의 길이를 측정한 바 $\Delta X_1 = -2mm$, $\Delta X_2 = -3mm$, $\Delta Y_1 = +1mm$, $\Delta Y_2 = -4mm$였다. 이때의 도곽선의 신축량은?

① +2mm　　② -2mm
③ +2.5mm　　④ -2.5mm

해설
도곽선의 신축량 계산
$$S = \frac{\Delta X_1 + \Delta X_2 + \Delta Y_1 + \Delta Y_2}{4}$$
$$= \frac{(-2)+(-3)+(+1)+(-4)}{4}$$
$$= -2mm$$
여기서, S : 신축량
ΔX_1 : 왼쪽 종선의 신축된 차
ΔX_2 : 오른쪽 종선의 신축된 차
ΔY_1 : 위쪽 횡선의 신축된 차
ΔY_2 : 아래쪽 횡선의 신축된 차

51 모양에 따른 선의 종류에 속하지 않는 것은?

① 실선　　② 파선
③ 1점쇄선　　④ 가는 선

해설
선의 종류

선의 종류		사용방법(보기)
실선	———	단면의 윤곽 표시
	———	보이는 부분의 윤곽 표시 또는 좁거나 작은 단면 부분 윤곽 표시
	———	치수선, 치수 보조선, 인출선, 격자선 등의 표시
파선 또는 점선	- - - -	보이지 않는 부분이나 절단면보다 양면 또는 윗면에 있는 부분의 표시
1점쇄선	—·—·—	중심선, 절단선, 기준선, 경계선, 참고선 등의 표시
2점쇄선	—··—··—	상상선 또는 1점쇄선과 구별할 필요가 있을 때

52 두 점 간의 거리가 도상에서 2mm이다. 실제 두 점 간의 거리가 50m가 되기 위한 축척은 얼마인가?

① 1/1000　　② 1/2500
③ 1/25000　　④ 1/50000

해설
$\frac{1}{m} = \frac{도상거리}{실제거리} = \frac{0.002m}{50m} = \frac{1}{25000}$ (여기서, m : 축척분모)

정답 48 ④　49 ③　50 ②　51 ④　52 ③

53 경위의측량법으로 세부측량을 시행한 지역의 필지별 면적측정방법은?

① 전자면적측정기 ② 삼사법
③ 플래니미터법 ④ 좌표면적계산법

해설

좌표면적계산법(지적측량 시행규칙 제20조)
㉠ 경위의측량방법으로 세부측량을 한 지역의 필지별 면적측정은 경계점 좌표에 따를 것
㉡ 산출면적은 $1/1000m^2$까지 계산하여 $1/10m^2$ 단위로 정할 것
※ 대상지역 : 경계점좌표등록부 등록지

54 행정구역선 중 동·리계를 옳게 나타낸 것은?

① —··—··—··— ② — — — — — —
③ —··—··—··— ④ ──────────

해설

행정구역선의 제도(지적업무처리규정 제44조)
도면에 등록할 행정구역선은 0.4mm 폭으로 다음과 같이 제도한다. 다만, 동·리의 행정구역선은 0.2mm 폭으로 한다.
㉠ 국계는 실선 4mm와 허선 3mm로 연결하고 실선 중앙에 실선과 직각으로 교차하는 1mm의 실선을 긋고, 허선에 직경 0.3mm의 점 2개를 제도한다.

㉡ 시·도계는 실선 4mm와 허선 2mm로 연결하고 실선 중앙에 실선과 직각으로 교차하는 1mm의 실선을 긋고, 허선에 직경 0.3mm의 점 1개를 제도한다.

㉢ 시·군계는 실선과 허선을 각각 3mm로 연결하고, 허선에 0.3mm의 점 2개를 제도한다.

㉣ 읍·면·구계는 실선 3mm와 허선 2mm로 연결하고, 허선에 0.3mm의 점 1개를 제도한다.

㉤ 동·리계는 실선 3mm와 허선 1mm로 연결하여 제도한다.

55 축척 1/600 지적도 1도곽 포용면적은 축척 1/1200 지적도 1도곽 포용면적의 몇 배에 해당하는가?

① 1/2배 ② 1/4배
③ 2배   ④ 4배

해설

축척 1/600 지적도 1매의 포용면적은 $50,000m^2$, 1/1200 지적도 1매의 포용면적은 $200,000m^2$에 해당된다.
∴ 50,000 ÷ 200,000 = 1/4배

56 다음 중 면적측정의 대상에 해당되지 않는 것은?

① 지적공부의 복구
② 등록전환
③ 축척변경
④ 토지합병

해설

면적측정의 대상(지적측량 시행규칙 제19조)
㉠ 세부측량을 하는 경우 다음의 어느 하나에 해당하면 필지마다 면적을 측정하여야 한다.
 1. 지적공부의 복구, 신규등록, 등록전환, 분할 및 축척변경을 하는 경우
 2. 면적 또는 경계를 정정하는 경우
 3. 도시개발사업 등으로 인한 토지의 이동에 따라 토지의 표시를 새로 결정하는 경우
 4. 경계복원측량 및 지적현황측량에 면적측정이 수반되는 경우
㉡ ㉠에도 불구하고 경계복원측량과 지적현황측량을 하는 경우에는 필지마다 면적을 측정하지 아니한다.

57 지적도면에 지번·지목을 제도하는 방법으로 틀린 것은?

① 지번 및 지목은 경계에 닿지 않도록 필지의 중앙에 제도한다.
② 토지의 형상이 좁고 길어서 필지의 중앙에 제도하기가 곤란한 때에는 도면을 왼쪽 또는 오른쪽으로 돌려서 제도할 수 있다.
③ 지번과 지목을 제도하는 때에는 지목 다음에 지번을 제도한다.
④ 지번의 글자간격은 글자 크기의 1/4 정도 띄워서 제도한다.

해설
지번 및 지목을 제도할 때에는 지번 다음에 지목을 제도한다.

58 축척 1/1200인 지적도에서 1필지 측정면적이 123.245m²이었다면 결정면적은 얼마인가?

① 123.2m²   ② 123.3m²
③ 120m²   ④ 123m²

해설
토지의 면적에 1m² 미만의 끝수가 있는 경우 면적의 결정(영 제60조)
• 0.5m² 미만일 때에는 버리고 0.5m²를 초과하는 때에는 올린다.
• 0.5m²일 때에는 구하려는 끝자리의 숫자가 0 또는 짝수이면 버리고 홀수이면 올린다.
• 다만, 1필지의 면적이 1m² 미만일 때에는 1m²로 한다.

59 도면에 등록해야 할 도곽선 수치의 글자 크기는?

① 2mm   ② 3mm
③ 4mm   ④ 5mm

해설
도면에 등록하는 도곽선은 0.1mm의 폭으로, 도곽선의 수치는 도곽선 왼쪽 아랫부분과 오른쪽 윗부분의 종횡선교차점 바깥쪽에 2mm 크기의 아라비아숫자로 제도한다(지적업무처리규정 제38조).

60 다음 중 지상경계를 새로이 결정하려는 경우의 그 기준이 옳은 것은?

① 토지가 해면 또는 수면에 접하는 경우 : 평균조위면
② 공유수면매립지의 토지 중 제방을 토지에 편입하여 등록하는 경우 : 바깥쪽 어깨 부분
③ 연접되는 토지 간에 높낮이 차이가 있는 경우 : 그 구조물 등의 상단부
④ 도로에 절토된 부분이 있는 경우 : 그 경사면의 하단부

해설
지상경계의 결정기준 등(영 제55조)
㉠ 연접되는 토지 간에 높낮이 차이가 없는 경우 : 그 구조물 등의 중앙
㉡ 연접되는 토지 간에 높낮이 차이가 있는 경우 : 그 구조물 등의 하단부
㉢ 도로·구거 등의 토지에 절토(땅깎기)된 부분이 있는 경우 : 그 경사면의 상단부
㉣ 토지가 해면 또는 수면에 접하는 경우 : 최대만조위 또는 최대만수위가 되는 선
㉤ 공유수면매립지의 토지 중 제방 등을 토지에 편입하여 등록하는 경우 : 바깥쪽 어깨 부분

정답 57 ③ 58 ④ 59 ① 60 ②

2021년 제4회 과년도 기출복원문제

01 조선시대의 토지대장인 양안에 기재되지 않은 것은?

① 토지 지목
② 토지 등급
③ 토지 면적
④ 토지 연혁

해설
양안(量案)
- 조선시대 조세 부과를 목적으로 전지(田地)를 측량하여 만든 토지등록장부로서 오늘날의 토지대장이다.
- 토지소재지, 기주(토지소유자), 지목, 지호(지번), 토지등급(비옥도), 사표(토지 위치), 토지결부수(면적), 전형(토지 형태), 양전 방향, 진기(경작 여부), 농가소득 정도 등을 파악할 수 있는 자료이다.

02 지적공부의 열람에 관한 설명 중 옳은 것은?

① 담당자 임의로 청사 밖으로의 반출은 가능하다.
② 당해 시·군 주민만 열람할 수 있다.
③ 당해 소유자만이 열람할 수 있다.
④ 소정의 절차를 밟은 자이면 누구나 열람할 수 있다.

해설
지적공부 및 부동산종합공부의 열람·발급 등(규칙 제74조)
지적공부를 열람하거나 그 등본을 발급받으려는 자는 지적공부, 부동산종합공부 열람·발급 신청서(전자문서로 된 신청서를 포함)를 지적소관청 또는 읍·면·동장에게 제출하여야 한다.

03 공간정보관리법의 3대 이념에 해당하지 않는 것은?

① 지적사무는 국가의 고유사무이다.
② 토지에 대한 모든 사항을 국민에게 공개한다.
③ 지적공부에 등록하지 않아도 공식적 효력이 있다.
④ 지적공부에 등록하여야만 공식적인 효력이 발생한다.

해설
공간정보관리법의 3대 이념
- 공개주의 : 토지에 대한 모든 사항을 국민에게 공개한다.
- 국정주의 : 지적사무는 국가의 고유사무이다.
- 등록주의(형식주의) : 지적공부에 등록하여야만 공식적인 효력이 발생한다.

04 우리나라 임야도의 축척은 모두 몇 종인가?

① 2종
② 3종
③ 4종
④ 5종

해설
임야도의 축척 : 1/3000, 1/6000

05 지번의 설정방법으로 옳은 것은?

① 지번은 북서에서 남동으로 순차적으로 설정한다.
② 지번은 남동에서 북서로 순차적으로 설정한다.
③ 지번은 남북에서 동서로 순차적으로 설정한다.
④ 지번은 북동에서 남서로 순차적으로 설정한다.

해설
북서기번법 : 지번은 북서쪽에서 남동쪽으로 순차적으로 부여한다. 아라비아숫자로 지번을 부여하는 지역에 적합하며, 지적법상 지번부여 설정의 기본원칙이다.

정답 1 ④ 2 ④ 3 ③ 4 ① 5 ①

06 우리나라 토지를 지적공부에 등록하는 기본 원칙으로 볼 수 없는 것은?

① 실질적 심사주의
② 형식적 심사주의
③ 직권등록주의
④ 국정주의

해설
지적에 관한 이념 : 지적국정주의, 지적형식주의, 지적공개주의, 실질적 심사주의, 직권등록주의

07 도라지를 재배하는 토지의 지목은?

① 임야 ② 전
③ 대   ④ 잡종지

해설
전(영 제58조) : 물을 상시적으로 이용하지 않고 곡물, 원예작물(과수류는 제외한다), 약초, 뽕나무, 닥나무, 묘목, 관상수 등의 식물을 주로 재배하는 토지와 식용(食用)으로 죽순을 재배하는 토지

08 황무지(荒無地)의 지목은?

① 임야   ② 잡종지
③ 하천   ④ 유지

해설
임야(영 제58조) : 산림 및 원야(原野)를 이루고 있는 수림지(樹林地), 죽림지, 암석지, 자갈땅, 모래땅, 습지, 황무지 등의 토지

09 축척변경 시행지역 내의 토지이동이 있는 것으로 볼 수 있는 시기는?

① 축척변경 시행공고일
② 축척변경 인가공고일
③ 축척변경 확정공고일
④ 축척변경 완료공고일

해설
축척변경 시행지역의 토지는 확정공고일에 토지의 이동이 있는 것으로 본다(영 제78조).

10 토지대장에 등록하는 내용으로 틀린 것은?

① 토지의 소재
② 토지의 지목
③ 소유권 지분
④ 토지의 면적

해설
토지대장과 임야대장의 등록사항(법 제71조)
㉠ 토지의 소재
㉡ 지번(임야대장은 숫자 앞에 "산"을 붙임)
㉢ 지목
㉣ 면적
㉤ 소유자의 성명 또는 명칭, 주소 및 주민등록번호(국가, 지방자치단체, 법인, 법인 아닌 사단이나 재단 및 외국인의 경우에는 부동산등기법에 따라 부여된 등록번호를 말한다)
㉥ 그 밖에 국토교통부령으로 정하는 사항(규칙 제68조)
  1. 토지의 고유번호(각 필지를 서로 구별하기 위하여 필지마다 붙이는 고유한 번호를 말한다)
  2. 지적도 또는 임야도의 번호와 필지별 토지대장 또는 임야대장의 장번호 및 축척
  3. 토지의 이동사유
  4. 토지소유자가 변경된 날과 그 원인
  5. 토지등급 또는 기준수확량등급과 그 설정·수정 연월일
  6. 개별공시지가와 그 기준일

정답 6 ② 7 ② 8 ① 9 ③ 10 ③

11 토지가 해면 또는 수면에 접해 있을 때 지상경계 측정점으로 결정하는 선은?

① 최대만수위
② 평균수위
③ 최저만수위
④ 최저수위

해설
지상경계의 결정기준 등(영 제55조)
㉠ 연접되는 토지 간에 높낮이 차이가 없는 경우 : 그 구조물 등의 중앙
㉡ 연접되는 토지 간에 높낮이 차이가 있는 경우 : 그 구조물 등의 하단부
㉢ 도로·구거 등의 토지에 절토(땅깎기)된 부분이 있는 경우 : 그 경사면의 상단부
㉣ 토지가 해면 또는 수면에 접하는 경우 : 최대만조위 또는 최대만수위가 되는 선
㉤ 공유수면매립지의 토지 중 제방 등을 토지에 편입하여 등록하는 경우 : 바깥쪽 어깨 부분

12 지적측량의 기초측량에 해당되지 않는 것은?

① 지적삼각점측량
② 지적삼각보조점측량
③ 세부측량
④ 지적도근점측량

해설
지적측량의 구분
- 기초측량 : 지적삼각점측량, 지적삼각보조점측량, 지적도근점측량
- 세부측량 : 토지의 이동이 발생하지 않는 경계복원측량, 지적현황측량, 도시계획선명시 측량과 토지의 이동이 발생하는 분할측량, 등록전환측량, 신규등록측량, 복구측량, 등록말소측량, 축척변경측량, 등록사항 정정측량, 지적확정측량

13 평판측량방법에 의한 세부측량을 방사법으로 하는 경우 1방향선의 도상길이는 몇 cm 이하로 하는가?

① 5cm
② 10cm
③ 20cm
④ 50cm

해설
평판측량방법에 따른 세부측량을 방사법으로 하는 경우의 기준(지적측량 시행규칙 제18조)
㉠ 1방향선의 도상길이는 10cm 이하로 한다.
㉡ 다만, 광파조준의 또는 광파측거기를 사용할 때에는 30cm 이하로 할 수 있다.

14 평판측량방법에 의한 세부측량의 방법이 아닌 것은?

① 교회법
② 도선법
③ 비례법
④ 방사법

해설
평판측량방법에 따른 세부측량은 교회법, 도선법 및 방사법(放射法)에 따른다.

15 교회법에 의한 지적삼각보조점의 계산단위 중 잘못된 것은?

① 각 : 초 단위
② 변장 : cm 단위
③ 진수 : 7자리 이상
④ 좌표 : cm 단위

해설
경위의측량방법과 교회법에 따른 지적삼각보조점의 계산단위(지적측량 시행규칙 제11조)

종별	각	변의 길이	진수	좌표
공차	초	cm	6자리 이상	cm

16 지적도근측량의 방법에 해당하지 않는 것은?

① 경위의측량방법
② 전파기측량방법
③ 평판측량방법
④ 광파기측량방법

해설
지적도근점측량
위성기준점, 통합기준점, 삼각점 및 지적기준점을 기초로 하여 경위의측량방법, 전파기 또는 광파기측량방법, 위성측량방법 및 국토교통부장관이 승인한 측량방법에 따르되, 그 계산은 도선법, 교회법 및 다각망도선법에 따를 것

17 축척 1/1000 지역에서 평판측량을 할 때 도상에 영향을 미치지 않는 지상거리는?

① 5cm
② 10cm
③ 12cm
④ 24cm

해설
평판측량방법에 있어서 도상에 영향을 미치지 아니하는 지상거리의 축척별 허용범위는 $\frac{M}{10}$[mm]로 한다(여기서, M: 축척분모).

∴ $\frac{1000}{10} = 100\text{mm} = 10\text{cm}$

18 두 점의 관계 위치를 구하기 위하여 지적측량에서 사용하는 좌표는?

① 입체좌표
② 평면직각좌표
③ 구면좌표
④ 극좌표

해설
평면직각좌표
지구의 표면을 평면으로 간주하고 지상 위에 있는 임의의 점의 위치를 남북을 잇는 선을 종축선(X)으로, 적도에 평행한 선을 횡축(Y)으로 잡아 좌표의 값으로 나타낸 것이다.

19 경위의측량방법에 따른 지적삼각점측량에 있어 수평각관측은 몇 대회의 방향관측법에 의하는가?

① 1대회
② 2대회
③ 3대회
④ 5대회

해설
경위의측량방법에 따른 지적삼각점의 관측과 계산의 기준(지적측량 시행규칙 제9조)
㉠ 관측은 10초독(秒讀) 이상의 경위의를 사용할 것
㉡ 수평각관측은 3대회(大回, 윤곽도는 0°, 60°, 120°로 한다)의 방향관측법에 따를 것

20 세부측량을 실시할 때 거리측정단위로 옳은 것은?

① 지적도 시행지역 : 5cm, 임야도 시행지역 50cm
② 지적도 시행지역 : 10cm, 임야도 시행지역 150cm
③ 지적도 시행지역 : 15cm, 임야도 시행지역 200cm
④ 지적도 시행지역 : 20cm, 임야도 시행지역 250cm

해설
평판측량방법에 따른 세부측량의 기준(지적측량 시행규칙 제18조)
거리측정단위는 지적도를 갖춰 두는 지역에서는 5cm로 하고, 임야도를 갖춰 두는 지역에서는 50cm로 한다.

정답 16 ③ 17 ② 18 ② 19 ③ 20 ①

21 다음 중 지적측량의 대상이 아닌 것은?

① 등록된 토지의 분할측량
② 등록된 토지의 경계를 지상에 복원하는 측량
③ 등록된 토지의 합병측량
④ 지적측량수행자가 행한 측량을 검사하는 측량

해설
지적측량을 요하지 않는 경우 : 합병, 지목변경

22 시가지 지역에서 지적도근점측량을 시행할 때 수평각관측방법은?

① 방위각법
② 배각법
③ 편각법
④ 방향관측법

해설
지적삼각점측량의 관측 및 계산(지적측량 시행규칙 제9조)
수평각의 관측은 시가지 지역, 축척변경지역 및 경계점좌표등록부 시행 지역에 대하여는 배각법에 따르고, 그 밖의 지역에 대하여는 배각법과 방위각법을 혼용할 것

23 지적삼각보조측량에서 교회법에 의해 측량하고자 할 때 삼각형 내각의 범위는?

① 10~20°
② 20~40°
③ 30~120°
④ 90~180°

해설
삼각형의 각 내각은 30° 이상 120° 이하로 할 것(지적측량 시행규칙 제10조)

24 지적측량에 사용하는 좌표의 원점 중 동부원점은?

① 북위 38°선과 동경 125°선의 교차점
② 북위 38°선과 동경 129°선의 교차점
③ 북위 38°선과 동경 127°선의 교차점
④ 북위 125°선과 동경 38°선의 교차점

해설
직각좌표계 원점

명칭	원점의 경위도
서부좌표계	경도 : 동경 125°00′, 위도 : 북위 38°00′
중부좌표계	경도 : 동경 127°00′, 위도 : 북위 38°00′
동부좌표계	경도 : 동경 129°00′, 위도 : 북위 38°00′
동해좌표계	경도 : 동경 131°00′, 위도 : 북위 38°00′

25 지적도근측량의 도선에서 2등도선에 대한 설명으로 알맞은 것은?

① 지적삼각점 간 연결
② 도선명의 표기는 가, 나, 다 순으로 표기
③ 지적삼각점과 지적삼각보조점 간 연결
④ 도선명의 표기는 ㄱ, ㄴ, ㄷ 순으로 표기

해설
1등도선은 가, 나, 다 순으로 표기하고 2등도선은 ㄱ, ㄴ, ㄷ 순으로 표기한다(지적측량 시행규칙 제12조).

26 지적도의 등록사항이 아닌 것은?

① 지번　　　② 면적
③ 지목　　　④ 경계

해설
지적도 및 임야도의 등록사항(법 제72조)
㉠ 토지의 소재
㉡ 지번
㉢ 지목
㉣ 경계
㉤ 그 밖에 국토교통부령으로 정하는 사항(규칙 제69조)
　1. 지적도면의 색인도(인접 도면의 연결 순서를 표시하기 위하여 기재한 도표와 번호를 말한다)
　2. 지적도면의 제명 및 축척
　3. 도곽선(圖廓線)과 그 수치
　4. 좌표에 의하여 계산된 경계점 간의 거리(경계점좌표등록부를 갖춰 두는 지역으로 한정한다)
　5. 삼각점 및 지적기준점의 위치
　6. 건축물 및 구조물 등의 위치

27 두 점 A(492,400m, 187,300m)와 B(492,000m, 187,000m) 사이의 거리는?

① 350m　　　② 400m
③ 450m　　　④ 500m

해설
$\overline{AB} = \sqrt{종선교차^2 + 횡선교차^2}$
$= \sqrt{(492,000-492,400)^2 + (187,000-187,300)^2}$
$= 500m$

28 공간정보관리법의 총칙에 규정된 사항으로 볼 수 없는 것은?

① 목적　　　② 정의
③ 다른 법률과의 관계　④ 법의 체계

해설
총칙에는 제1조 목적, 제2조 정의, 제3조 다른 법률과의 관계, 제4조 적용 범위를 규정하고 있다.

29 지적공부에 등록된 1필지를 2필지 이상으로 나누어 등록하는 것을 무엇이라 하는가?

① 지목　　　② 경계
③ 분할　　　④ 합병

해설
① 지목 : 토지의 주된 용도에 따라 토지의 종류를 구분하여 지적공부에 등록한 것을 말한다.
② 경계 : 필지별로 경계점들을 직선으로 연결하여 지적공부에 등록한 선을 말한다.
④ 합병 : 지적공부에 등록된 2필지 이상을 1필지로 합하여 등록하는 것을 말한다.

30 면적측정의 대상으로 볼 수 없는 것은?

① 지적공부를 복구하는 경우
② 토지를 신규등록하는 경우
③ 등록전환하는 경우
④ 지번을 변경하는 경우

해설
면적측정의 대상(지적측량 시행규칙 제19조)
㉠ 세부측량을 하는 경우 다음의 어느 하나에 해당하면 필지마다 면적을 측정하여야 한다.
　1. 지적공부의 복구, 신규등록, 등록전환, 분할 및 축척변경을 하는 경우
　2. 면적 또는 경계를 정정하는 경우
　3. 도시개발사업 등으로 인한 토지의 이동에 따라 토지의 표시를 새로 결정하는 경우
　4. 경계복원측량 및 지적현황측량에 면적측정이 수반되는 경우
㉡ ㉠에도 불구하고 경계복원측량과 지적현황측량을 하는 경우에는 필지마다 면적을 측정하지 아니한다.

31 다음 중 현행 우리나라에서 사용되고 있지 않는 지적도의 축척은?

① 1/500　　② 1/600
③ 1/800　　④ 1/2400

해설
지적도면의 축척은 다음의 구분에 따른다(규칙 제69조).
- 지적도 : 1/500, 1/600, 1/1000, 1/1200, 1/2400, 1/3000, 1/6000
- 임야도 : 1/3000, 1/6000

32 토지합병 신청을 할 수 없는 경우는?

① 지목이 같고 지반이 연속된 경우
② 소유자가 같은 경우
③ 각 필지의 면적이 서로 다른 경우
④ 같은 지번설정지역인 경우

해설
각 필지의 면적이 달라도 합병을 신청할 수 있다.
합병 신청을 할 수 없는 경우(법 제80조)
㉠ 합병하려는 토지의 지번부여지역, 지목 또는 소유자가 서로 다른 경우
㉡ 합병하려는 토지에 다음의 등기 외의 등기가 있는 경우
  1. 소유권·지상권·전세권 또는 임차권의 등기
  2. 승역지(承役地)에 대한 지역권의 등기
  3. 합병하려는 토지 전부에 대한 등기원인(登記原因) 및 그 연월일과 접수번호가 같은 저당권의 등기
  4. 합병하려는 토지 전부에 대한 부동산등기법 신탁등기의 등기사항(제81조 제1항)이 동일한 신탁등기
㉢ 그 밖에 합병하려는 토지의 지적도 및 임야도의 축척이 서로 다른 경우 등 대통령령으로 정하는 경우(영 제66조)
  1. 합병하려는 토지의 지적도 및 임야도의 축척이 서로 다른 경우
  2. 합병하려는 각 필지가 서로 연접하지 않은 경우
  3. 합병하려는 토지가 등기된 토지와 등기되지 아니한 토지인 경우
  4. 합병하려는 각 필지의 지목은 같으나 일부 토지의 용도가 다르게 되어 법에 따른 분할대상 토지인 경우. 다만, 합병 신청과 동시에 토지의 용도에 따라 분할 신청을 하는 경우는 제외한다.
  5. 합병하려는 토지의 소유자별 공유지분이 다른 경우
  6. 합병하려는 토지가 구획정리, 경지정리 또는 축척변경을 시행하고 있는 지역의 토지와 그 지역 밖의 토지인 경우

33 다음 중 공간정보관리법의 목적으로 가장 알맞는 것은?

① 합리적인 토지이용
② 능률적인 지가관리
③ 합목적인 토지개발
④ 효율적인 토지관리

해설
목적(법 제1조) : 공간정보관리법은 측량의 기준 및 절차와 지적공부, 부동산종합공부의 작성 및 관리 등에 관한 사항을 규정함으로써 국토의 효율적 관리 및 국민의 소유권 보호에 기여함을 목적으로 한다.

34 지적기술자의 징계를 위해서 의결을 거쳐야 하는 곳은?

① 행정안전부장관회의
② 지방지적위원회
③ 중앙지적위원회
④ 시·도지사 심의회의

해설
지적위원회(법 제28조)
다음의 사항을 심의·의결하기 위하여 국토교통부에 중앙지적위원회를 둔다.
㉠ 지적 관련 정책 개발 및 업무 개선 등에 관한 사항
㉡ 지적측량기술의 연구·개발 및 보급에 관한 사항
㉢ 지적측량 적부심사(適否審査)에 대한 재심사(再審査)
㉣ 측량기술자 중 지적분야 측량기술자(이하 지적기술자라 한다)의 양성에 관한 사항
㉤ 지적기술자의 업무정지 처분 및 징계요구에 관한 사항

35 토지의 소재, 지번, 지목, 경계 등은 국가만이 이를 결정할 수 있는 권한을 가진다는 공간정보관리법의 기본 이념은?

① 국정주의   ② 공개주의
③ 등록강제주의   ④ 실질적 심사주의

해설
공간정보관리법의 기본 이념
② 지적공개주의 : 지적공부에 등록된 사항은 토지소유자나 이해관계인 등 기타 일반 국민들에게 공개하여 누구나 정당하게 이용할 수 있게 해야 한다는 이념이다.
③ 등록강제주의(직권등록주의, 적극적 등록주의) : 국가의 통치권이 미치는 모든 영토를 지적소관청이 강제적으로 지적공부에 등록·공시하여야 한다는 이념이다.
④ 실질적 심사주의(사실적 심사주의) : 지적소관청이 사실관계의 부합 여부와 절차의 적법성을 확인하고 등록해야 한다는 이념이다.

36 다음 중 경계로 볼 수 없는 것은?

① 경계점좌표등록부에 등록된 좌표의 연결선
② 1필지를 결정하는 선
③ 지적도에 등록된 필지와 필지를 구획하는 선
④ 현황측량에 의한 위치 표시선

해설
현황측량 : 토지, 지상 구조물 또는 지형지물 등이 점유하는 위치현황(점, 선, 구획)이나 면적을 지적도 및 임야도에 등록된 경계와 대비하여 도면상에 표시하기 위한 측량이다.

37 공유지연명부의 등록사항이 아닌 것은?

① 지번   ② 토지의 소재
③ 소유권 지분   ④ 본적지

해설
공유지연명부의 등록사항(법 제71조)
㉠ 토지의 소재
㉡ 지번
㉢ 소유권 지분
㉣ 소유자의 성명 또는 명칭, 주소 및 주민등록번호
㉤ 그 밖에 국토교통부령으로 정하는 사항(규칙 제68조)
  1. 토지의 고유번호
  2. 필지별 공유지연명부의 장번호
  3. 토지소유자가 변경된 날과 그 원인

38 등록된 토지의 일부가 행정구역의 명칭이 변경되어 다른 지번지역에 속하게 된 때에 알맞은 사항은?

① 소관청은 새로이 지번을 정하여 정리한다.
② 종전의 지번에 부호를 붙여서 정리한다.
③ 토지 소재만 변경하여 정리한다.
④ 행정안전부장관의 통첩을 받아 정리한다.

해설
행정구역의 명칭변경 등(법 제85조)
㉠ 행정구역의 명칭이 변경되면 등록된 토지는 새로운 행정구역의 명칭으로 변경된다.
㉡ 지번부여지역의 일부가 다른 지번부여지역에 속하게 되면 지적소관청은 새로 속하게 된 지번부여지역의 지번을 부여한다.

39 경계점좌표등록부의 등록사항이 아닌 것은?

① 토지의 소유자   ② 토지의 소재
③ 지번   ④ 좌표

해설
경계점좌표등록부의 등록사항(법 제73조)
지적소관청은 도시개발사업 등에 따라 새로이 지적공부에 등록하는 토지에 대하여는 다음의 사항을 등록한 경계점좌표등록부를 작성하고 갖춰 두어야 한다.
㉠ 토지의 소재
㉡ 지번
㉢ 좌표
㉣ 그 밖에 국토교통부령으로 정하는 사항(규칙 제71조)
  1. 토지의 고유번호
  2. 지적도면의 번호
  3. 필지별 경계점좌표등록부의 장번호
  4. 부호 및 부호도

정답 35 ① 36 ④ 37 ④ 38 ① 39 ①

40 지목을 지적도에 등록할 때에는 부호로써 표시한다. 지목과 부호의 연결이 틀린 것은?

① 잡종지 – 잡
② 학교용지 – 학
③ 유지 – 유
④ 공장용지 – 공

해설
지목표기 시 두문자가 아닌 차문자로 표기하는 지목은 공장용지, 주차장, 하천, 유원지이다.

41 소관청이 지적공부에 신규등록, 등록전환, 분할 등의 토지이동이 있는 경우에 작성하여야 하는 것은?

① 토지이동정리 결의서
② 토지대장
③ 임야대장
④ 소유자정리 결의서

해설
지적공부의 정리 등(영 제84조)
지적소관청은 토지의 이동이 있는 경우에는 토지이동정리 결의서를 작성하여야 하고, 토지소유자의 변동 등에 따라 지적공부를 정리하려는 경우에는 소유자정리 결의서를 작성하여야 한다.

42 도곽선 및 도곽선의 수치 기재방법으로 옳은 것은?

① 도곽선의 위방향은 항상 동북쪽이다.
② 도곽선의 굵기는 0.2mm 선으로 긋는다.
③ 도곽선은 붉은색으로 제도한다.
④ 도곽선 수치는 교차점 밖에 2mm 크기의 로마자로 제도한다.

해설
① 도면의 위방향은 항상 북쪽이 되어야 한다.
② 도곽선의 굵기는 0.1mm 선으로 긋는다.
④ 도곽선의 수치는 도곽선 왼쪽 아랫부분과 오른쪽 윗부분의 종횡선 교차점 바깥쪽에 2mm 크기의 아라비아숫자로 제도한다.

43 지적측량기준점의 좌표산정을 위하여 원점으로부터 종·횡선수치에 가산하는 거리는 각각 몇 m인가?(단, 제주도지역은 고려하지 않는다)

① 종선 : 200,000, 횡선 : 50,000
② 종선 : 300,000, 횡선 : 100,000
③ 종선 : 400,000, 횡선 : 150,000
④ 종선 : 500,000, 횡선 : 200,000

해설
세계측지계에 따르지 아니하는 지적측량의 경우에는 가우스상사이중투영법으로 표시하되, 직각좌표계 투영원점의 가산(加算)수치를 각각 $X(N)$ 500,000m(제주도지역 550,000m), $Y(E)$ 200,000m로 하여 사용할 수 있다.

44 좌표면적계산법에 따른 면적측정 시 산출면적은 얼마의 단위까지 계산하는가?

① $1/10m^2$까지 계산
② $1/100m^2$까지 계산
③ $1/1000m^2$까지 계산
④ $1/100000m^2$까지 계산

해설
좌표면적계산법(지적측량 시행규칙 제20조)
㉠ 경위의측량방법으로 세부측량을 한 지역의 필지별 면적측정은 경계점 좌표에 따를 것
㉡ 산출면적은 $1/1000m^2$까지 계산하여 $1/10m^2$ 단위로 정할 것
※ 대상지역 : 경계점좌표등록부 등록지

40 ④   41 ①   42 ③   43 ④   44 ③

45 현행 규정에 의한 지적도의 도곽 크기는?

① 가로 30cm, 세로 20cm
② 가로 40cm, 세로 30cm
③ 가로 30cm, 세로 40cm
④ 가로 40cm, 세로 50cm

해설
지적도의 도곽 크기는 가로 40cm, 세로 30cm의 직사각형으로 한다(지적업무처리규정 제40조).

46 토지 등록에 대한 설명으로 옳지 않은 것은?

① 국가가 행정 목적을 위해 작성한다.
② 토지에 관한 필요한 사항을 공적 장부에 기록하는 것이다.
③ 토지소유자의 희망에 의해서만 등록한다.
④ 토지의 변동사항을 지속적으로 수정하여 유지·관리하는 행위이다.

해설
토지의 조사·등록 등(법 제64조)
㉠ 국토교통부장관은 모든 토지에 대하여 필지별로 소재, 지번, 지목, 면적, 경계 또는 좌표 등을 조사·측량하여 지적공부에 등록하여야 한다.
㉡ 지적공부에 등록하는 지번, 지목, 면적, 경계 또는 좌표는 토지의 이동이 있을 때 토지소유자의 신청을 받아 지적소관청이 결정한다. 신청이 없으면 지적소관청이 직권으로 조사·측량하여 결정할 수 있다.

47 일람도에 제도할 때 폭 0.2mm의 검은색으로 제도해야 할 것은?

① 구거
② 수도선로
③ 지방도로
④ 철도용지

해설
③ 지방도로 이상은 검은색 0.2mm 폭의 2선으로, 그 밖의 도로는 0.1mm의 폭으로 제도한다.
① 구거 : 남색 0.1mm의 폭의 2선으로 제도하고, 그 내부를 남색으로 엷게 채색한다.
② 수도선로 : 남색 0.1mm 폭의 2선으로 제도한다.
④ 철도용지 : 붉은색 0.2mm 폭의 2선으로 제도한다.

48 다음 중 직경 3mm의 크기의 원으로 제도해야 하는 것은?

① 3등삼각점
② 4등삼각점
③ 지적도근점
④ 지적삼각보조점

해설
①·② 3등 및 4등삼각점 : 직경 1mm 및 2mm의 2중원으로 제도한다.
③ 지적도근점 : 직경 2mm의 원으로 제도한다.
지적기준점 등의 제도(지적업무처리규정 제43조)
지적삼각점 및 지적삼각보조점은 직경 3mm의 원으로 제도한다. 이 경우 지적삼각점은 원 안에 십자선을 표시하고, 지적삼각보조점은 원 안에 검은색으로 엷게 채색한다.

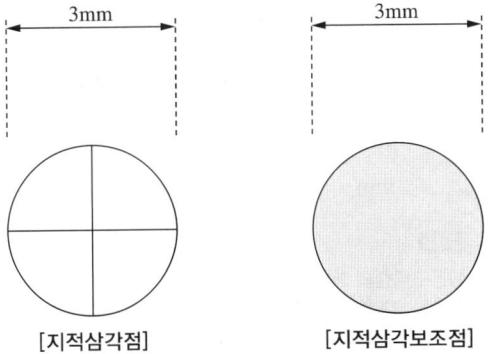

[지적삼각점]　　　[지적삼각보조점]

49 색인도의 제명을 제도할 때 글자 크기는?

① 3mm ② 4mm
③ 5mm ④ 7mm

해설
색인도 등의 제도(지적업무처리규정 제45조)
제명 및 축척은 도곽선 윗부분 여백의 중앙에 "○○시·군·구 ○○읍·면 ○○동·리 지적도 또는 임야도 ○○장 중 제○○호 축척 1/○○○○"이라 제도한다. 이 경우 그 제도방법은 다음과 같다.
㉠ 글자의 크기는 5mm로 하고, 글자 사이의 간격은 글자 크기의 1/2 정도 띄어 쓴다.
㉡ 축척은 제명 끝에서 10mm를 띄어 쓴다.

50 도면 작성 시 동·리계의 행정구역선 폭은?

① 0.1mm ② 0.2mm
③ 0.3mm ④ 0.4mm

해설
행정구역선의 제도(지적업무처리규정 제44조)
도면에 등록할 행정구역선은 0.4mm 폭으로 제도한다. 다만, 동·리의 행정구역선은 0.2mm 폭으로 한다.

51 청산금의 납부고지를 받은 자는 그 고지를 받은 날부터 몇 개월 이내에 납부하여야 하는가?

① 1개월 ② 2개월
③ 3개월 ④ 6개월

해설
청산금의 납부고지 등(제76조)
㉠ 지적소관청에 따라 청산금의 결정을 공고한 날부터 20일 이내에 토지소유자에게 청산금의 납부고지 또는 수령통지를 하여야 한다.
㉡ 납부고지를 받은 자는 그 고지를 받은 날부터 6개월 이내에 청산금을 지적소관청에 내야 한다.

52 축척이 1/1000인 지역에서 평판측량방법에 따른 세부측량 시 도상에 영향을 미치지 않는 지상거리의 허용범위는?

① 0.01cm ② 0.1cm
③ 1cm ④ 10cm

해설
평판측량방법에 있어서 도상에 영향을 미치지 아니하는 지상거리의 축척별 허용범위는 $\frac{M}{10}$[mm]로 한다(여기서, M: 축척분모).

∴ $\frac{1000}{10}$ = 100mm = 10cm

53 분할하는 토지의 신구면적 오차의 허용범위를 계산함에 있어 축척 1/3000 지역의 축척분모는?

① 3000으로 한다.
② 6000으로 한다.
③ 12000으로 한다.
④ 24000으로 한다.

해설
토지를 분할하는 경우 면적을 정할 때에 발생하는 오차의 허용범위 및 처리방법(영 제19조)
임야대장의 면적과 등록전환될 면적의 오차 허용범위는 다음의 계산식에 따른다. 이 경우 오차의 허용범위를 계산할 때 축척이 1/3000인 지역의 축척분모는 6,000으로 한다.
$A = 0.026^2 M\sqrt{F}$
여기서, A : 오차 허용면적
M : 축척분모
F : 원면적

54 분할하는 토지의 신구면적 오차를 배분한 면적산출식은?(단, F는 원면적, A는 측정면적 합계, a는 각 필지의 측정면적)

① $\frac{A}{F} \times a$
② $\frac{F}{a} \times A$
③ $\frac{F}{A} \times a$
④ $A \times F \times a$

해설
등록전환이나 분할에 따른 면적 오차의 허용범위 및 배분 등(영 제19조)
분할 전후 면적의 차이를 배분한 산출면적은 다음의 계산식에 따라 필요한 자리까지 계산하고, 결정면적은 원면적과 일치하도록 산출면적의 구하려는 끝자리의 다음 숫자가 큰 것부터 순차로 올려서 정하되, 구하려는 끝자리의 다음 숫자가 서로 같을 때에는 산출면적이 큰 것을 올려서 정한다.
$r = \frac{F}{A} \times a$
여기서, r : 각 필지의 산출면적
F : 원면적
A : 측정면적 합계 또는 보정면적 합계
a : 각 필지의 측정면적 또는 보정면적

55 다음 중 지적측량 시행규칙에 따라 현재 필지별 면적측정의 방법으로 사용할 수 있는 것은?

① 삼사법
② 자동복사계산법
③ 플래니미터법
④ 좌표면적계산법

해설
지적측량 시행규칙에는 좌표면적계산법, 전자면적측정기법이 사용된다(지적측량 시행규칙 제20조).

56 일반적으로 도곽선의 길이에 얼마 이상의 신축이 있을 때 보정하도록 규정하고 있는가?

① 0.2mm 이상
② 0.3mm 이상
③ 0.5mm 이상
④ 0.7mm 이상

해설
면적을 측정하는 경우 도곽선의 길이에 0.5mm 이상의 신축이 있을 때에는 이를 보정하여야 한다(지적측량 시행규칙 제20조).

정답 53 ② 54 ③ 55 ④ 56 ③

57 도해지역의 토지를 전자면적측정기로 2회 측정한 결과, 측정면적이 허용오차 이내일 경우 면적의 처리방법으로 옳은 것은?

① 작은 면적을 사용한다.
② 큰 면적을 사용한다.
③ 평균하여 사용한다.
④ 재측정해야 한다.

해설
전자면적측정기에 따른 면적측정(지적측량 시행규칙 제20조)
도상에서 2회 측정하여 그 교차가 허용면적 이하일 때에는 그 평균치를 측정면적으로 한다.

58 실선과 허선을 각각 3mm로 연결하고, 허선에 0.3mm의 점 두 개를 제도하는 행정구역선은?

① 시 · 도계
② 시 · 군계
③ 읍 · 면계
④ 동 · 리계

해설
① 시 · 도계 : 실선 4mm와 허선 2mm로 연결하고 실선 중앙에 실선과 직각으로 교차하는 1mm의 실선을 긋고, 허선에 직경 0.3mm의 점 1개를 제도한다.
③ 읍 · 면 · 구계 : 실선 3mm와 허선 2mm로 연결하고, 허선에 0.3mm의 점 1개를 제도한다.
④ 동 · 리계 : 실선 3mm와 허선 1mm로 연결하여 제도한다.

59 다음 중 지적공부가 아닌 것은?

① 공유지연명부
② 경계점좌표등록부
③ 대지권등록부
④ 일람도

해설
지적공부(법 제2조)
토지대장, 임야대장, 공유지연명부, 대지권등록부, 지적도, 임야도 및 경계점좌표등록부 등 지적측량 등을 통하여 조사된 토지의 표시와 해당 토지의 소유자 등을 기록한 대장 및 도면(정보처리시스템을 통하여 기록 · 저장된 것을 포함한다)을 말한다.

60 원점을 지적측량에 사용하기 위하여 횡선수치에 가산하는 값은?

① 100,000m
② 200,000m
③ 300,000m
④ 500,000m

해설
직각좌표계 투영원점의 가산(加算)수치를 각각 X(N, 종선) 500,000m(제주도지역 550,000m), Y(E, 횡선) 200,000m로 하여 사용할 수 있다.

2022년 제1회 과년도 기출복원문제

01 지적에서 하나의 지번을 부여하는 토지의 등록단위를 무엇이라고 하는가?

① 필지　　② 대지
③ 구획　　④ 택지

해설
필지(법 제2조) : 대통령령으로 정하는 바에 따라 구획되는 토지의 등록단위를 말한다. 지번부여지역의 토지로서 소유자와 용도가 같고 지반이 연속된 토지는 1필지로 할 수 있다.

02 지적측량의 기준점으로 볼 수 없는 것은?

① 지적삼각점　　② 수준원점
③ 지적삼각보조점　　④ 지적도근점

해설
지적측량의 방법

종류	기초	계산방법	측량방법
지적삼각점 측량	• 위성기준점 • 통합기준점 • 삼각점 • 지적삼각점	• 평균계산법 • 망평균계산법	• 경위의측량방법
지적삼각보조점 측량	• 위성기준점 • 통합기준점 • 삼각점 • 지적삼각점 • 지적삼각보조점	• 교회법 • 다각망도선법	• 경위의측량방법 • 전파기 또는 광파기측량방법 • 위성측량방법 • 국토교통부장관이 승인한 측량방법
지적도근점 측량	• 위성기준점 • 통합기준점 • 삼각점 • 지적기준점 　- 지적삼각점 　- 지적삼각보조점 　- 지적도근점	• 도선법 • 교회법 • 다각망도선법	

03 공간정보관리법의 3대 이념이 아닌 것은?

① 지적공개주의　　② 지적국정주의
③ 지적국유주의　　④ 지적등록주의

해설
공간정보관리법의 3대 이념
• 지적국정주의 : 지적에 관한 사항, 즉 토지의 소재, 지번, 지목, 면적, 경계(좌표) 등은 국가만이 결정·등록할 수 있는 권한을 가진다는 이념이다.
• 지적형식주의(지적등록주의) : 국가가 결정한 지적에 관한 사항은 지적공부에 등록·공시해야만 공식적인 효력이 인정된다는 이념이다.
• 지적공개주의 : 지적공부에 등록된 사항은 토지소유자나 이해관계인 등 기타 일반 국민들에게 공개하여 누구나 정당하게 이용할 수 있게 해야 한다는 이념이다.

04 우리나라에서 지적측량 적부심사를 담당하는 기관은?

① 한국지적학회　　② 지방지적위원회
③ 대한지적공사　　④ 행정안전부

해설
지적위원회(법 제28조)
지적측량에 대한 적부심사 청구사항을 심의·의결하기 위하여 특별시·광역시·특별자치시·도 또는 특별자치도에 지방지적위원회를 둔다.

05 다음 중 지적공부의 보존기한은?

① 10년　　② 30년
③ 50년　　④ 영구

해설
지적공부의 보존 등(법 제69조)
지적공부를 정보처리시스템을 통하여 기록·저장한 경우 관할 시·도지사, 시장·군수 또는 구청장은 그 지적공부를 지적정보관리체계에 영구히 보존하여야 한다.

정답 1 ① 2 ② 3 ③ 4 ② 5 ④

06 임야대장에 등록된 임야를 개간하여 토지대장에 "전"으로 등록하는 행위는 다음 중 어디에 해당 되는가?

① 신규등록 ② 등록전환
③ 지목변경 ④ 과세지정

해설
② 등록전환 : 임야대장 및 임야도에 등록된 토지를 토지대장 및 지적도에 옮겨 등록하는 것을 말한다.
① 신규등록 : 새로 조성된 토지와 지적공부에 등록되어 있지 아니한 토지를 지적공부에 등록하는 것을 말한다.
③ 지목변경 : 지적공부에 등록된 지목을 다른 지목으로 바꾸어 등록하는 것을 말한다.

07 '3-2, 6, 7, 7-1, 7-2' 다섯 필지를 합병하여 지번을 부여할 경우 합병 후의 지번으로 옳은 것은?(단, 토지소유자가 합병하기 전의 지번 중 특정 지번을 지정하지 않았다)

① 7 ② 3-2
③ 6 ④ 7-3

해설
지번의 구성 및 부여방법 등(영 제56조 제3항)
합병의 경우에는 합병 대상 지번 중 선순위의 지번을 그 지번으로 하되, 본번으로 된 지번이 있을 때에는 본번 중 선순위의 지번을 합병 후의 지번으로 할 것. 이 경우 토지소유자가 합병 전의 필지에 주거·사무실 등의 건축물이 있어서 그 건축물이 위치한 지번을 합병 후의 지번으로 신청할 때에는 그 지번을 합병 후의 지번으로 부여하여야 한다.

08 지적공부 중 토지대장의 편성방법에 해당하지 않는 것은?

① 가치적 편성주의
② 연대적 편성주의
③ 인적 편성주위
④ 물적 편성주의

해설
토지등록의 편성방법
- 인적 편성주의 : 개개의 권리자를 중심으로 지적공부를 편성하는 방법이다.
- 물적 편성주의 : 개개의 토지를 중심으로 지적공부를 편성하는 방법이다. 우리나라 토지대장과 같이 지번 순서에 따라 등록되고 분할되더라도 본번과 관련하여 편철하고 소유자의 변동을 계속 수정하여 관리한다.
- 인적·물적 편성주의 : 물적 편성주의를 기본으로 하고 인적 편성주의 요소를 가미하는 방법이다.
- 연대적 편성주의 : 등록·신청한 시간적 순서에 의하여 지적공부를 편성하는 방법이다.

09 낚시터에 감시소, 좌대, 휴양용 정자 등 휴양 시설물이 종합적으로 갖추어진 경우에 알맞은 지목은?

① 유지 ② 공원
③ 유원지 ④ 구거

해설
유원지(영 제58조) : 일반 공중의 위락·휴양 등에 적합한 시설물을 종합적으로 갖춘 수영장, 유선장(遊船場), 낚시터, 어린이놀이터, 동물원, 식물원, 민속촌, 경마장, 야영장 등의 토지와 이에 접속된 부속시설물의 부지. 다만, 이들 시설과의 거리 등으로 보아 독립적인 것으로 인정되는 숙식시설 및 유기장(遊技場)의 부지와 하천·구거 또는 유지[공유(公有)인 것으로 한정한다]로 분류되는 것은 제외한다.

10 다음 중 기우식 지번부여방법이 가장 적합한 지역은?

① 시가지 도로변
② 지형이 불규칙한 농경지
③ 토지 구획정리 시행지구
④ 경사가 심한 산간지

해설
기우식(교호식) 지번부여방법
도로를 중심으로 한쪽은 홀수인 기수를 반대쪽은 짝수인 우수로 지번을 부여하는 방식으로, 주거지역에 적합하며 특정지번의 개략적인 위치파악이 가능하다는 장점이 있다.

11 기지점에 평판을 세우고 다른 지점을 시준한 방향선에 의하여 구점의 위치를 결정하는 것은?

① 전방교회법   ② 후방교회법
③ 측방교회법   ④ 도선교회법

해설
교회법
- 전방교회법 : 기지점에서 미지점의 위치를 결정하는 방법
- 후방교회법 : 기지의 3점으로부터 미지의 점을 구하는 방법
- 측방교회법 : 전방교회법과 후방교회법을 겸한 방법으로 기지의 2점 중 한 점에 접근이 곤란한 경우 기지의 2점을 이용하여 미지의 한 점을 구하는 방법

12 종선차가 24m이고, 횡선차가 36m일 때의 두 점 간의 거리는?

① 36.2m   ② 40.3m
③ 43.3m   ④ 46.2m

해설
연결교차 $= \sqrt{종선교차^2 + 횡선교차^2}$
$= \sqrt{24^2 + 36^2}$
$≒ 43.266m ≒ 43.3m$

13 지적삼각보조점을 교회법으로 관측하는 경우에 수평각의 관측방법은?

① 2회 반복관측법
② 2대회 방향관측법
③ 3회 반복관측법
④ 3대회 방향관측법

해설
경위의측량방법과 교회법에 따른 지적삼각보조점의 관측 및 계산 (지적측량 시행규칙 제11조)
㉠ 관측은 20초독 이상의 경위의를 사용할 것
㉡ 수평각관측은 2대회(윤곽도는 0°, 90°로 한다)의 방향관측법에 따를 것

14 일반적인 토지대장의 유형에 해당되지 않는 것은?

① 장부식 대장
② 편철식 대장
③ 공부식 대장
④ 카드식 대장

해설
일반적인 토지대장의 형식 : 장부식, 편철식, 카드식

정답 10 ① 11 ① 12 ③ 13 ② 14 ③

15 다음 중 지적도근점을 구성할 수 없는 것은?

① 결합도선 ② 폐합도선
③ 왕복도선 ④ 개방도선

해설
지적도근점은 결합도선, 폐합도선(廢合道線), 왕복도선 및 다각망도선으로 구성하여야 한다(지적측량 시행규칙 제12조).

16 평판측량방법에 의한 세부측량을 시행하는 경우 사용하지 않는 방법은?

① 교회법 ② 도선법
③ 시거법 ④ 방사법

해설
평판측량방법에 따른 세부측량은 교회법, 도선법 및 방사법(放射法)에 따른다.

17 평판측량방법에 의한 세부측량을 교회법에 의할 경우 방향선의 도상길이는 얼마로 하는가?

① 2cm 이하
② 8cm 이하
③ 10cm 이하
④ 15cm 이하

해설
평판측량방법에 따른 세부측량을 교회법으로 하는 경우의 기준(지적측량 시행규칙 제18조)
방향선의 도상길이는 측판의 방위표정에 사용한 방향선의 도상길이 이하로서 10cm 이하로 할 것. 다만, 광파조준의 또는 광파측거기를 사용하는 경우에는 30cm 이하로 할 수 있다.

18 평판측량방법에 있어서 도상에 영향을 미치지 아니하는 지상거리의 축척별 허용범위는?(단, M은 축척의 분모)

① $\frac{M}{10}$[mm] ② $\frac{M}{100}$[mm]
③ $\frac{M}{10}$[m] ④ $\frac{M}{100}$[m]

해설
평판측량방법에 있어서 도상에 영향을 미치지 아니하는 지상거리의 축척별 허용범위는 $\frac{M}{10}$[mm]로 한다(여기서, M : 축척분모).

19 실제 두 점 간의 거리 50m를 도상 2mm로 표시하였을 때 축척은 얼마인가?

① $\frac{1}{1000}$ ② $\frac{1}{2500}$
③ $\frac{1}{25000}$ ④ $\frac{1}{50000}$

해설
$\frac{1}{m} = \frac{도상거리}{실제거리} = \frac{0.002}{50} = \frac{1}{25000}$
여기서, m : 축척분모

20 교회법에 의한 지적삼각보조점측량에서 2개의 삼각형으로부터 계산한 위치의 연결교차가 얼마 이하인 때 그 평균치를 지적삼각보조점의 위치로 하는가?

① 0.20m ② 0.30m
③ 0.50m ④ 0.80m

해설
경위의측량방법과 교회법에 따른 지적삼각보조점의 관측 및 계산 (지적측량 시행규칙 제11조)
2개의 삼각형으로부터 계산한 위치의 연결교차가 0.3m 이하일 때에는 그 평균치를 지적삼각보조점의 위치로 할 것. 이 경우 기지점과 소구점 사이의 방위각 및 거리는 평균치에 따라 새로 계산하여 정한다.

21 다음 중 지적삼각보조점측량과 관계가 없는 것은?

① 경위의측량방법
② 방사법
③ 전파기 또는 광파기측량방법
④ 위성측량방법

해설
지적삼각보조점측량(지적측량 시행규칙 제7조)
위성기준점, 통합기준점, 삼각점, 지적삼각점 및 지적삼각보조점을 기초로 하여 경위의측량방법, 전파기 또는 광파기측량방법, 위성측량방법 및 국토교통부장관이 승인한 측량방법에 따르되, 그 계산은 교회법(交會法) 또는 다각망도선법에 따른다.

22 축척 1/1200인 지적도 도곽선의 왼쪽 종선의 신축된 차 $\Delta X_1 = -5mm$, 오른쪽 종선의 신축된 차 $\Delta X_2 = -5mm$, 위쪽 횡선의 신축된 차 $\Delta Y_1 = -3mm$, 아래쪽 횡선의 신축된 차, $\Delta Y_2 = -3mm$일 때 도곽선의 신축량은?

① -2mm ② -3mm
③ -4mm ④ -5mm

해설
도곽선의 신축량 계산
$$S = \frac{\Delta X_1 + \Delta X_2 + \Delta Y_1 + \Delta Y_2}{4}$$
$$= \frac{(-5) + (-5) + (-3) + (-3)}{4}$$
$$= -4mm$$
여기서, S : 신축량
ΔX_1 : 왼쪽 종선의 신축된 차
ΔX_2 : 오른쪽 종선의 신축된 차
ΔY_1 : 위쪽 횡선의 신축된 차
ΔY_2 : 아래쪽 횡선의 신축된 차

23 평판을 측정점에 설치할 때에 충족시켜야 할 조건이 아닌 것은?

① 정준 ② 구심
③ 표정 ④ 높이

해설
평판측량 3요소
• 정준 : 평판을 수평으로 하는 것
• 치심(구심) : 평판상의 점과 지상의 점을 일치시키는 것
• 표정 : 평판을 일정한 방향으로 맞추는 것

24 다음 중 지적삼각보조점의 망 구성에서 많이 쓰이는 것은?

① 교점다각망 ② 삼각쇄
③ 사각망 ④ 삽입망

해설
지적삼각보조점은 교회망 또는 교점다각망(交點多角網)으로 구성하여야 한다(지적측량 시행규칙 제10조).

25 GNSS(Global Navigation Satellite System) 측량이란 무엇을 이용한 위치결정 체계인가?

① 토털 스테이션(total station)
② 인공위성
③ 항공사진
④ 세오돌라이트(theodolite)

해설
GNSS는 인공위성 기반의 글로벌 위치 확인 기술이다. 이 기술은 GPS 수신기를 통해 위치 정보를 수집하고 이 정보를 이용하여 위치를 추적하는 데 사용된다.

26 다음 그림에서 $\overline{AB}$의 거리는 얼마인가?(단, $\overline{AC}$ = 10m, $\overline{CD}$ = 5m, $\overline{DE}$ = 7m, $\overline{AB}//\overline{DE}$이다)

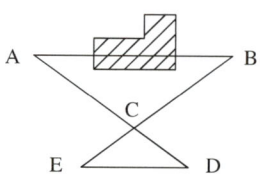

① 3.5m ② 14m
③ 21m ④ 28m

해설
AB : AC = DE : CD
∴ AB = $\frac{AC \times DE}{CD}$ = $\frac{10 \times 7}{5}$ = 14m

27 다음 중 토지의 지번 숫자 앞에 "산"자를 붙여 표기되는 지적공부는?

① 토지대장 ② 공유지연명부
③ 임야대장 ④ 토지대장부본

해설
지번(地番)은 아라비아숫자로 표기하되, 임야대장 및 임야도에 등록하는 토지의 지번은 숫자 앞에 "산"자를 붙인다(영 제56조).

28 지적도에 지번을 표기하는 방법으로 옳은 것은? (단, 본번이 25이고 부번이 7일 경우)

① 25의 7 ② 25번지의 7
③ 25의 7번지 ④ 25-7

해설
지번은 본번(本番)과 부번(副番)으로 구성하되, 본번과 부번 사이에 "-" 표시로 연결한다. 이 경우 "-" 표시는 "의"라고 읽는다(영 제56조).

29 다음 중 지적도의 축척에 해당되지 않는 것은?

① 1/1000 ② 1/2400
③ 1/5000 ④ 1/600

해설

지적도면의 축척은 다음의 구분에 따른다(규칙 제69조).
- 지적도 : 1/500, 1/600, 1/1000, 1/1200, 1/2400, 1/3000, 1/6000
- 임야도 : 1/3000, 1/6000

30 축척변경의 시행공고는 관련 사항을 며칠 이상 공고하여야 하는가?

① 10일 ② 15일
③ 20일 ④ 30일

해설

축척변경 시행공고 등(영 제71조)

지적소관청은 시·도지사 또는 대도시 시장으로부터 축척변경 승인을 받았을 때에는 지체 없이 다음의 사항을 20일 이상 공고하여야 한다.
㉠ 축척변경의 목적, 시행지역 및 시행기간
㉡ 축척변경의 시행에 관한 세부계획
㉢ 축척변경의 시행에 따른 청산방법
㉣ 축척변경의 시행에 따른 토지소유자 등의 협조에 관한 사항

31 도시개발사업 등의 완료사실은 그 사유가 발생한 날로부터 며칠 이내에 신고하여야 하는가?

① 10일 이내 ② 15일 이내
③ 20일 이내 ④ 30일 이내

해설

도시개발사업 등 시행지역의 토지이동 신청에 관한 특례에 따른 도시개발사업 등의 착수·변경 또는 완료 사실의 신고는 그 사유가 발생한 날부터 15일 이내에 하여야 한다(영 제83조).

32 지적소관청이 직권으로 지적공부에 등록된 사항을 정정할 수 있는 경우가 아닌 것은?

① 토지이동정리 결의서의 내용과 다르게 정리된 경우
② 경계의 위치가 잘못되어 필지의 면적이 증감한 경우
③ 지적공부의 작성 또는 재작성 당시 잘못 정리된 경우
④ 지적측량성과와 다르게 정리된 경우

해설

직권으로 조사·측량하여 정정할 수 있는 경우(영 제82조)
㉠ 토지이동정리 결의서의 내용과 다르게 정리된 경우
㉡ 지적도 및 임야도에 등록된 필지가 면적의 증감 없이 경계의 위치만 잘못된 경우
㉢ 1필지가 각각 다른 지적도나 임야도에 등록되어 있는 경우로서 지적공부에 등록된 면적과 측량한 실제면적은 일치하지만 지적도나 임야도에 등록된 경계가 서로 접합되지 않아 지적도나 임야도에 등록된 경계를 지상의 경계에 맞추어 정정하여야 하는 토지가 발견된 경우
㉣ 지적공부의 작성 또는 재작성 당시 잘못 정리된 경우
㉤ 지적측량성과와 다르게 정리된 경우
㉥ 지방지적위원회 또는 중앙지적위원회의 의결서 사본을 받은 지적소관청은 그 내용에 따라 지적공부의 등록사항을 정정하여야 하는 경우
㉦ 지적공부의 등록사항이 잘못 입력된 경우
㉧ 부동산등기법에 따른 통지가 있는 경우(지적소관청의 착오로 잘못 합병한 경우만 해당)
㉨ 면적 환산이 잘못된 경우

33 토지 합병의 요건에 대한 설명으로 옳은 것은?

① 합병하고자 하는 토지의 소유자가 다를 것
② 합병하고자 하는 토지의 지목이 다를 것
③ 합병하고자 하는 각 필지의 지반이 연속되어 있을 것
④ 합병하고자 하는 각 필지의 도면 축척이 다를 것

해설
합병 신청을 할 수 없는 경우(법 제80조)
㉠ 합병하려는 토지의 지번부여지역, 지목 또는 소유자가 서로 다른 경우
㉡ 합병하려는 토지에 다음의 등기 외의 등기가 있는 경우
  1. 소유권·지상권·전세권 또는 임차권의 등기
  2. 승역지(承役地)에 대한 지역권의 등기
  3. 합병하려는 토지 전부에 대한 등기원인(登記原因) 및 그 연월일과 접수번호가 같은 저당권의 등기
  4. 합병하려는 토지 전부에 대한 부동산등기법 신탁등기의 등기사항(제81조 제1항)이 동일한 신탁등기
㉢ 그 밖에 합병하려는 토지의 지적도 및 임야도의 축척이 서로 다른 경우 등 대통령령으로 정하는 경우(영 제66조)
  1. 합병하려는 토지의 지적도 및 임야도의 축척이 서로 다른 경우
  2. 합병하려는 각 필지가 서로 연접하지 않은 경우
  3. 합병하려는 토지가 등기된 토지와 등기되지 아니한 토지인 경우
  4. 합병하려는 각 필지의 지목은 같으나 일부 토지의 용도가 다르게 되어 법에 따른 분할대상 토지인 경우. 다만, 합병신청과 동시에 토지의 용도에 따라 분할 신청을 하는 경우는 제외한다.
  5. 합병하려는 토지의 소유자별 공유지분이 다른 경우
  6. 합병하려는 토지가 구획정리, 경지정리 또는 축척변경을 시행하고 있는 지역의 토지와 그 지역 밖의 토지인 경우

34 신규등록할 토지가 있을 때는 사유가 발생한 날부터 며칠 이내에 지적소관청에 신청하여야 하는가?

① 30일   ② 40일
③ 50일   ④ 60일

해설
신규등록 신청(법 제77조)
토지소유자는 신규등록할 토지가 있으면 대통령령으로 정하는 바에 따라 그 사유가 발생한 날부터 60일 이내에 지적소관청에 신규등록을 신청하여야 한다.

35 세부측량을 하는 경우 필지마다 면적을 측정하여야 하는 경우가 아닌 것은?

① 지적공부를 복구하는 경우
② 축척변경을 하는 경우
③ 토지분할을 하는 경우
④ 토지합병을 하는 경우

해설
면적측정의 대상(지적측량 시행규칙 제19조)
㉠ 세부측량을 하는 경우 다음의 어느 하나에 해당하면 필지마다 면적을 측정하여야 한다.
  1. 지적공부의 복구, 신규등록, 등록전환, 분할 및 축척변경을 하는 경우
  2. 면적 또는 경계를 정정하는 경우
  3. 도시개발사업 등으로 인한 토지의 이동에 따라 토지의 표시를 새로 결정하는 경우
  4. 경계복원측량 및 지적현황측량에 면적측정이 수반되는 경우
㉡ ㉠에도 불구하고 경계복원측량과 지적현황측량을 하는 경우에는 필지마다 면적을 측정하지 아니한다.

36 1필지의 소유자가 2인 이상일 때 작성하는 지적공부는?

① 공유지연명부   ② 지적도
③ 토지대장   ④ 지번색인표

해설
공유지연명부 : 1필지의 토지에 소유자가 2인 이상인 경우에 소유자에 관한 사항을 기재한 지적공부이다.

37 다음 중 이동지 정리에 수반하여 지적도를 정리하여야 할 경우에 해당하는 것은?

① 경계의 변동이 없는 면적 오류정정을 하는 경우
② 토지분할 또는 토지합병을 할 때
③ 소유권이 변경된 경우
④ 사유지가 공공용지로 변경될 때

해설
지적공부의 정리 등(영 제84조)
㉠ 지적소관청은 지적공부가 다음의 어느 하나에 해당하는 경우에는 지적공부를 정리하여야 한다. 이 경우 이미 작성된 지적공부에 정리할 수 없을 때에는 새로 작성하여야 한다.
 1. 지번을 변경하는 경우
 2. 지적공부를 복구하는 경우
 3. 신규등록, 등록전환, 분할, 합병, 지목변경 등 토지의 이동이 있는 경우
㉡ 지적소관청은 ㉠에 따른 토지의 이동이 있는 경우에는 토지이동정리 결의서를 작성하여야 하고, 토지소유자의 변동 등에 따라 지적공부를 정리하려는 경우에는 소유자정리 결의서를 작성하여야 한다.

38 토지대장 및 임야대장에 등록하지 않는 것은?

① 지번   ② 면적
③ 소유자 성명   ④ 경작자의 등록번호

해설
토지대장과 임야대장의 등록사항(법 제71조)
㉠ 토지의 소재
㉡ 지번(임야대장은 숫자 앞에 "산"을 붙임)
㉢ 지목
㉣ 면적
㉤ 소유자의 성명 또는 명칭, 주소 및 주민등록번호(국가, 지방자치단체, 법인, 법인 아닌 사단이나 재단 및 외국인의 경우에는 부동산등기법에 따라 부여된 등록번호를 말한다)
㉥ 그 밖에 국토교통부령으로 정하는 사항(규칙 제68조)
 1. 토지의 고유번호(각 필지를 서로 구별하기 위하여 필지마다 붙이는 고유한 번호를 말한다)
 2. 지적도 또는 임야도의 번호와 필지별 토지대장 또는 임야대장의 장번호 및 축척
 3. 토지의 이동사유
 4. 토지소유자가 변경된 날과 그 원인
 5. 토지등급 또는 기준수확량등급과 그 설정·수정 연월일
 6. 개별공시지가와 그 기준일

39 지적도면에서 행정구역선이 2종 이상 겹치는 경우의 처리방법으로 알맞은 것은?

① 최하급 행정구역계만 그린다.
② 최상급 행정구역계만 그린다.
③ 약간 띄워서 모두 그린다.
④ 중간 행정구역계만 그린다.

해설
행정구역선의 제도(지적업무처리규정 제44조)
행정구역선이 2종 이상 겹치는 경우에는 최상급 행정구역선만 제도한다.

40 지적공부에 토지의 표시를 새로이 정하거나 변경 또는 말소하는 것을 말하는 것은?

① 등록전환   ② 토지의 이동
③ 지목변경   ④ 축척변경

해설
① 등록전환 : 임야대장 및 임야도에 등록된 토지를 토지대장 및 지적도에 옮겨 등록하는 것을 말한다.
③ 지목변경 : 지적공부에 등록된 지목을 다른 지목으로 바꾸어 등록하는 것을 말한다.
④ 축척변경 : 지적도에 등록된 경계점의 정밀도를 높이기 위하여 작은 축척을 큰 축척으로 변경하여 등록하는 것을 말한다.

41 세부측량을 실시할 때 거리측정단위로 옳은 것은?

① 지적도 시행지역 : 5cm, 임야도 시행지역 50cm
② 지적도 시행지역 : 10cm, 임야도 시행지역 150cm
③ 지적도 시행지역 : 15cm, 임야도 시행지역 200cm
④ 지적도 시행지역 : 20cm, 임야도 시행지역 250cm

해설
평판측량방법에 따른 세부측량의 기준(지적측량 시행규칙 제18조)
거리측정단위는 지적도를 갖춰 두는 지역에서는 5cm로 하고, 임야도를 갖춰 두는 지역에서는 50cm로 한다.

42 유원지의 지목을 지적도에 등록정리 할 때에는 어떻게 표기하는가?

① 유
② 원
③ 지
④ 유원

해설
지목표기 시 두문자가 아닌 차문자로 표기하는 지목은 공장용지, 주차장, 하천, 유원지이다.

43 다음 중 등록전환에 따른 도면의 제도방법으로 옳지 않은 것은?

① 등록전환하는 경우 임야도의 그 지번 및 지목을 말소한다.
② 등록전환으로 도면에 경계, 지번 및 지목을 새로이 등록하는 경우에는 이미 비치된 도면에 제도하는 것을 원칙으로 한다.
③ 이미 비치된 도면에 정리할 수 없는 경우에는 새로이 도면을 작성하여야 한다.
④ 등록전환하는 경우 임야도의 당해 필지의 내부를 검은색으로 엷게 채색한다.

해설
임야도의 필지 내부를 검은색으로 채색하지 않는다.
토지의 이동에 따른 도면의 제도(지적업무처리규정 제46조)
신규등록, 등록전환 및 등록사항 정정으로 도면에 경계, 지번 및 지목을 새로 등록할 때에는 이미 비치된 도면에 제도한다. 다만, 이미 비치된 도면에 정리할 수 없는 때에는 새로 도면을 작성한다.

44 지적공부에 정리하는 수치 및 경계에 관한 사항 중 틀린 것은?

① 도곽선의 수치는 붉은색으로 한다.
② 도곽선의 주기는 붉은색으로 한다.
③ 지번의 주기는 검은색으로 한다.
④ 새로이 설정된 지번의 주기는 붉은색으로 한다.

해설
지적공부 등의 정리에 사용하는 문자 · 기호 및 경계는 따로 규정을 둔 사항을 제외하고 정리사항은 검은색, 도곽선과 그 수치 및 말소는 붉은색으로 한다(지적업무처리규정 제63조).

45 일람도에 등재하여야 할 사항이 아닌 것은?

① 지번
② 지번설정지역의 경계 및 명칭
③ 도면의 제명 및 축척
④ 주요 지형지물의 표시

해설
일람도의 등재사항(지적업무처리규정 제37조)
㉠ 지번부여지역의 경계 및 인접 지역의 행정구역 명칭
㉡ 도면의 제명 및 축척
㉢ 도곽선과 그 수치
㉣ 도면번호
㉤ 도로, 철도, 하천, 구거, 유지, 취락 등 주요 지형지물의 표시

46 지적도에서 삼각점 및 지적기준점을 제도하는 선의 굵기는?

① 0.1mm
② 0.2mm
③ 0.3mm
④ 0.4mm

해설
지적기준점 등의 제도(지적업무처리규정 제43조)
삼각점 및 지적기준점은 0.2mm 폭의 선으로 제도한다.

47 직경 1mm, 2mm의 2중원을 그리고 1mm원의 내부를 검게 제도한 것은?

① 1등삼각점
② 2등삼각점
③ 3등삼각점
④ 4등삼각점

해설
삼각점 및 지적기준점의 제도(지적업무처리규정 제43조)
- 위성기준점은 직경 2mm 및 3mm의 2중원 안에 십자선을 표시하여 제도한다.
- 1등 및 2등삼각점은 직경 1mm, 2mm 및 3mm의 3중원으로 제도한다. 이 경우 1등삼각점은 그 중심원 내부를 검은색으로 엷게 채색한다.
- 3등 및 4등삼각점은 직경 1mm 및 2mm의 2중원으로 제도한다. 이 경우 3등삼각점은 그 중심원 내부를 검은색으로 엷게 채색한다.

48 다음 중 지적도 도곽선 구획의 기산점이 될 수 없는 직각좌표계의 원점은?

① 중부원점
② 서부원점
③ 수준원점
④ 동부원점

해설
직각좌표계 원점 : 서부원점, 중부원점, 동부원점, 동해원점

49 일람도의 축척으로 옳은 것은?

① 당해 지적도 축척의 1/5
② 당해 지적도 축척의 1/10
③ 당해 지적도 축척의 1/50
④ 당해 지적도 축척의 1/100

해설
일람도의 제도(지적업무처리규정 제38조)
지적도면 등의 등록사항 등에 따라 일람도를 작성할 경우 일람도의 축척은 그 도면축척의 1/10로 한다. 다만, 도면의 장수가 많아서 한 장에 작성할 수 없는 경우에는 축척을 줄여서 작성할 수 있으며, 도면의 장수가 4장 미만인 경우에는 일람도의 작성을 하지 아니할 수 있다.

50 경계점좌표등록부의 등록사항으로 옳은 것은?

① 토지소재, 지번, 좌표
② 토지소재, 지번, 지목
③ 토지소재, 지번, 면적
④ 토지소재, 지번, 경계

해설
경계점좌표등록부의 등록사항(법 제73조)
지적소관청은 도시개발사업 등에 따라 새로이 지적공부에 등록하는 토지에 대하여는 다음의 사항을 등록한 경계점좌표등록부를 작성하고 갖춰 두어야 한다.
㉠ 토지의 소재
㉡ 지번
㉢ 좌표
㉣ 그 밖에 국토교통부령으로 정하는 사항(규칙 제71조)
1. 토지의 고유번호
2. 지적도면의 번호
3. 필지별 경계점좌표등록부의 장번호
4. 부호 및 부호도

51 축척 1/600 지역에서 원면적이 100m²인 토지를 분할하는 경우 토지의 신구면적의 오차허용범위는?

① 96~104m²
② 94~106m²
③ 93~107m²
④ 92~108m²

해설
오차 허용면적
$A = 0.026^2 M\sqrt{F}$
$= 0.026^2 \times 600\sqrt{100}$
$= \pm 4.056$
$\fallingdotseq \pm 4m^2$
여기서, M : 축척분모
F : 원면적
∴ 신구면적의 오차허용범위는 96~104m²이다.

정답 47 ③ 48 ③ 49 ② 50 ① 51 ①

52 면적을 측정할 경우 도곽선의 길이에 얼마 이상의 신축이 있을 때 이를 보정하는가?

① 0.5mm
② 1mm
③ 2mm
④ 4mm

> **해설**
> 면적을 측정하는 경우 도곽선의 길이에 0.5mm 이상의 신축이 있을 때에는 이를 보정하여야 한다(지적측량 시행규칙 제20조).

53 전자면적측정기에 의한 면적측정방법에 대한 설명으로 틀린 것은?(단, A : 허용면적, M : 축척분모, F : 측정면적의 평균)

① 경위의측량방법으로 시행한 지역에서 사용한다.
② 교차의 허용면적 산식은 $A = 0.023^2 M\sqrt{F}$ 이다.
③ 측정면적은 $1/1000m^2$까지 계산하여 $1/10m^2$ 단위로 정한다.
④ 도상에서 2회 측정하여 교차가 허용면적 이하인 때에는 그 평균치를 측정면적으로 한다.

> **해설**
> ①은 좌표면적계산법에 대한 설명이다.

54 축척 1/600 지역에서 1필지 면적을 좌표면적계산법으로 계산하여 245.450m²를 산출하였다. 이 필지의 결정면적은 얼마인가?

① 245.45m²
② 245.4m²
③ 245.5m²
④ 246m²

> **해설**
> 지적도의 축척이 1/600인 지역과 경계점좌표등록부에 등록하는 지역의 토지면적(영 제60조)
> • m² 이하 한 자리 단위로 한다.
> • 0.1m² 미만의 끝수가 있는 경우 0.05m² 미만일 때에는 버리고 0.05m²를 초과할 때에는 올린다.
> • 0.05m²일 때에는 구하려는 끝자리의 숫자가 0 또는 짝수이면 버리고 홀수이면 올린다.
> • 다만, 1필지의 면적이 0.1m² 미만일 때에는 0.1m²로 한다.

55 축척 1/1000인 지적도 1도곽의 실제 포용면적은?

① 30,000m²
② 60,000m²
③ 90,000m²
④ 120,000m²

> **해설**
> 지적도의 축척에 따른 포용면적
>
> | 축척 | 포용면적(m²) |
> | --- | --- |
> | 1/500 | 30,000 |
> | 1/1000 | 120,000 |
> | 1/600 | 50,000 |
> | 1/1200 | 200,000 |
> | 1/2400 | 800,000 |
> | 1/3000 | 1,800,000 |
> | 1/6000 | 7,200,000 |

56 도곽선의 수치는 도곽선의 왼쪽 아랫부분과 오른쪽 윗부분 바깥쪽에 몇 mm 크기의 아라비아숫자로 제도하는가?

① 0.1mm
② 0.5mm
③ 1.0mm
④ 2.0mm

> **해설**
> 도면에 등록하는 도곽선은 0.1mm의 폭으로, 도곽선의 수치는 도곽선 왼쪽 아랫부분과 오른쪽 윗부분의 종횡선교차점 바깥쪽에 2mm 크기의 아라비아숫자로 제도한다(지적업무처리규정 제38조).

57 일람도 제도에서 검은색 0.2mm 폭의 2선으로 제도하는 것은?

① 수도용지 ② 지방도로
③ 공원용지 ④ 하천

해설
② 지방도로 이상은 검은색 0.2mm 폭의 2선으로, 그 밖의 도로는 0.1mm의 폭으로 제도한다.
① 수도용지 중 선로는 남색 0.1mm 폭의 2선으로 제도한다.
④ 하천, 구거(溝渠), 유지(溜池)는 남색 0.1mm 폭의 2선으로 제도하고, 그 내부를 남색으로 엷게 채색한다. 다만, 적은 양의 물이 흐르는 하천 및 구거는 0.1mm의 남색 선으로 제도한다.

58 다음 중 지적측량을 하여야 하는 경우가 아닌 것은?

① 지적공부를 복구하는 경우
② 경계점을 지상에 복원하는 경우
③ 지적측량성과를 검사하는 경우
④ 토지대장의 지목을 변경하는 경우

해설
합병, 지목변경은 지적측량을 실시하지 않는다.
지적측량을 하여야 하는 경우(법 제23조, 영 제18조)
㉠ 지적기준점을 정하는 경우
㉡ 지적측량성과를 검사하는 경우
㉢ 다음에 해당하는 경우로서 측량을 할 필요가 있는 경우
  1. 지적공부를 복구하는 경우
  2. 토지를 신규등록하는 경우
  3. 토지를 등록전환하는 경우
  4. 토지를 분할하는 경우
  5. 바다가 된 토지의 등록을 말소하는 경우
  6. 축척을 변경하는 경우
  7. 지적공부의 등록사항을 정정하는 경우
  8. 도시개발사업 등의 시행지역에서 토지의 이동이 있는 경우
  9. 지적재조사에 관한 특별법에 따른 지적재조사사업에 따라 토지의 이동이 있는 경우
㉣ 경계점을 지상에 복원하는 경우
㉤ 그 밖에 대통령령으로 정하는 경우 : 지상건축물 등의 현황을 지적도 및 임야도에 등록된 경계와 대비하여 표시하는 데에 필요한 경우(지적현황측량)

59 지번색인표의 등재사항이 아닌 것은?

① 제명 ② 지번
③ 종번 ④ 결번

해설
지번색인표의 등재사항(지적업무처리규정 제37조)
㉠ 제명
㉡ 지번·도면번호 및 결번

60 축척 1/1200 지역에서 면적 결정의 최소단위는?

① $0.1m^2$ ② $1m^2$
③ $5m^2$ ④ $10m^2$

해설
지적도의 축척이 1/1200인 경우 1필지의 면적이 $1m^2$ 미만일 때에는 $1m^2$로 한다(영 제60조).

2022년 제4회 과년도 기출복원문제

01 지적공부 등록사항의 사실 여부를 심사하는 협의의 행정 행위인 지적조사의 구성 요소가 아닌 것은?

① 지가조사
② 지번조사
③ 지목조사
④ 소유자 조사

해설
지가조사는 해당 부동산의 가치를 평가하는 과정을 말한다.

02 토지등록의 원리로 우리나라에서 적용해 온 지적의 원리로 적합하지 않은 것은?

① 자유주의
② 형식주의
③ 공개주의
④ 국정주의

해설
토지등록의 원리로 적용해 온 지적의 원리는 공공의 이익을 위해 개인의 재산권을 제한하는 것이며, 자유주의는 개인의 자유와 권리를 최우선으로 보호하고, 국가의 개입을 최소화하는 이념이다.
※ 공간정보관리법의 3대 이념 : 지적국정주의, 지적형식주의, 지적공개주의

03 서로 연접되는 토지 사이에 고저차가 있을 경우 그 지물 또는 구조물의 어느 부분을 지상경계로 결정하는가?

① 오른쪽
② 왼쪽
③ 상단부
④ 하단부

해설
지상경계의 결정기준 등(영 제55조)
㉠ 연접되는 토지 간에 높낮이 차이가 없는 경우 : 그 구조물 등의 중앙
㉡ 연접되는 토지 간에 높낮이 차이가 있는 경우 : 그 구조물 등의 하단부
㉢ 도로·구거 등의 토지에 절토(땅깎기)된 부분이 있는 경우 : 그 경사면의 상단부
㉣ 토지가 해면 또는 수면에 접하는 경우 : 최대만조위 또는 최대만수위가 되는 선
㉤ 공유수면매립지의 토지 중 제방 등을 토지에 편입하여 등록하는 경우 : 바깥쪽 어깨 부분

04 지목변경을 설명하고 있는 것은?

① 임야대장 및 임야도에 등록된 토지를 토지대장 및 지적도에 옮겨 등록하는 것
② 지적공부에 등록된 1필지를 2필지 이상으로 나누어 등록하는 것
③ 지적공부에 등록된 2필지 이상을 1필지로 합하여 등록하는 것
④ 지적공부에 등록된 지목을 다른 지목으로 바꾸어 등록하는 것

해설
① 등록전환에 대한 설명이다.
② 분할에 대한 설명이다.
③ 합병에 대한 설명이다.

05 지적공부의 비치를 통해 등록사항을 언제나 외부에서 인식하고 활용할 수 있도록 하고 있는 이론적 근거는?

① 공신의 원칙
② 공시의 원칙
③ 직권등록주의
④ 전필등록주의

해설
공시의 원칙(공개주의) : 토지등록의 법적 지위에 있어서 토지이동이나 물권의 변동은 반드시 외부에 알려야 한다는 원칙이다. 지적공부에 등록된 사항은 토지소유자나 이해관계인 등 일반 국민에게 신속·정확하게 공개하여 정당하게 이용할 수 있도록 해야 한다.

06 임야도에서는 지번 앞에 무엇을 표기하여 지적도와 구분하는가?

① 산
② 임
③ 토
④ 매

해설
지번(地番)은 아라비아숫자로 표기하되, 임야대장 및 임야도에 등록하는 토지의 지번은 숫자 앞에 "산"자를 붙인다(영 제56조).

07 필지의 배열이 불규칙한 지역에서 진행 순서에 따라 지번을 부여하는 방법으로 가장 타당한 것은?

① 기우식
② 사행식
③ 단지식
④ 기번식

해설
지번의 진행 방향에 따른 지번부여방법
• 사행식 : 필지의 배열이 불규칙한 지역에서 진행순서에 따라 지번을 부여하는 방식으로, 진행 방향으로 지번이 순차적으로 연속되며 일반적으로 농촌지역에 적합한 지번부여방식이다.
• 기우식(교호식) : 도로를 중심으로 한쪽은 홀수인 기수를 반대쪽은 짝수인 우수로 지번을 부여하는 방식으로, 주거지역에 적합하며 특정지번의 개략적인 위치파악이 가능하다는 장점이 있다.
• 단지식 : 블록(단지)마다 하나의 본번을 부여하고 블록 내 필지마다 부번을 부여하는 지번 설정방법으로 블록식이라고도 하며, 토지개발사업을 실시한 지역에서 적합한 방식이다.
• 절충식 : 하나의 지번부여지역에 사행식, 기우식, 단지식을 혼용하는 방식이다.

08 지적의 3요소에 해당되지 아니하는 것은?

① 토지
② 건물
③ 등록
④ 지적공부

해설
지적의 3요소 : 토지, 등록, 지적공부

09 지적도에 관한 설명으로서 잘못된 것은?

① 지적공부에 해당한다.
② 토지대장에 등록된 토지만을 등록한다.
③ 토지위치 표시의 중요한 역할을 한다.
④ 우리나라 지적도의 축척은 모두 4종이다.

해설
지적도(7종) : 1/500, 1/600, 1/1000, 1/1200, 1/2400, 1/3000, 1/6000

정답 5 ② 6 ① 7 ② 8 ② 9 ④

10 지적의 기능으로 타당하지 않은 것은?

① 토지의 효율적인 관리를 위한 자료
② 토지이용계획의 기초자료
③ 토지에 대한 과세의 기준
④ 토지의 증대에 대한 기능

해설
지적은 토지의 경계와 위치를 파악하고, 토지의 효율적인 관리를 위한 자료를 제공하며, 토지이용계획의 기초자료로 활용되며, 토지에 대한 과세의 기준으로 사용될 수 있다.

11 지적도근점측량의 계산방법에 해당되지 않는 것은?

① 도선법
② 다각망도선법
③ 교회법
④ 망평균계산법

해설
지적측량의 방법

종류	기초	계산방법	측량방법
지적삼각점측량	• 위성기준점 • 통합기준점 • 삼각점 • 지적삼각점	• 평균계산법 • 망평균계산법	• 경위의측량방법 • 전파기 또는 광파기측량방법 • 위성측량방법 • 국토교통부장관이 승인한 측량방법
지적삼각보조점측량	• 위성기준점 • 통합기준점 • 삼각점 • 지적삼각점 • 지적삼각보조점	• 교회법 • 다각망도선법	
지적도근점측량	• 위성기준점 • 통합기준점 • 삼각점 • 지적기준점 - 지적삼각점 - 지적삼각보조점 - 지적도근점	• 도선법 • 교회법 • 다각망도선법	

12 도곽선 수치는 원점으로부터 얼마를 가산하는가? (단, 제주도지역을 고려하지 않는다)

① 종선 500,000m, 횡선 500,000m
② 종선 500,000m, 횡선 200,000m
③ 종선 200,000m, 횡선 500,000m
④ 종선 200,000m, 횡선 200,000m

해설
세계측지계에 따르지 아니하는 지적측량의 경우에는 가우스상사이중투영법으로 표시하되, 직각좌표계 투영원점의 가산(加算)수치를 각각 X(N) 500,000m(제주도지역 550,000m), Y(E) 200,000m로 하여 사용할 수 있다.

13 축척 1/2400인 지역에서 도상거리 1.2mm는 실제거리로 얼마인가?

① 1.22m
② 2.44m
③ 2.88m
④ 3.66m

해설
$\dfrac{1}{m} = \dfrac{도상거리}{실제거리}$ (m : 축척분모)

실제거리 = 도상거리 × 축척분모
= 0.0012 × 2400
= 2.88m

14 세부측량에서 도곽선의 신축량 계산방법으로 맞는 것은?(단, S는 신축량, ΔX_1는 왼쪽 종선의 신축된 차, ΔX_2는 오른쪽 종선의 신축된 차, ΔY_1는 위쪽 횡선의 신축된 차, ΔY_2는 아래쪽 횡선의 신축된 차)

① $S = \dfrac{\Delta X_1 + \Delta X_2 - \Delta Y_1 + \Delta Y_2}{4}$

② $S = \dfrac{\Delta X_1 - \Delta X_2 + \Delta Y_1 - \Delta Y_2}{4}$

③ $S = \dfrac{\Delta X_1 + \Delta X_2 + \Delta Y_1 + \Delta Y_2}{4}$

④ $S = \dfrac{\Delta X_1 - \Delta X_2 - \Delta Y_1 - \Delta Y_2}{4}$

해설

도곽선의 신축량 계산
$S = \dfrac{\Delta X_1 + \Delta X_2 + \Delta Y_1 + \Delta Y_2}{4}$

여기서, S : 신축량
ΔX_1 : 왼쪽 종선의 신축된 차
ΔX_2 : 오른쪽 종선의 신축된 차
ΔY_1 : 위쪽 횡선의 신축된 차
ΔY_2 : 아래쪽 횡선의 신축된 차

15 지적삼각보조점의 일련번호 부여 시에 일련번호 앞에 붙이는 명칭은?

① 교점
② 보
③ 교
④ 가, 나, 다…

해설

지적삼각보조점은 측량지역별로 설치순서에 따라 일련번호를 부여하되, 영구표지를 설치하는 경우에는 시·군·구별로 일련번호를 부여한다. 이 경우 지적삼각보조점의 일련번호 앞에 "보"자를 붙인다.

16 지적삼각점측량에서 좌표계산의 단위는 무엇인가?

① km
② mm
③ cm
④ m

해설

지적삼각점측량의 관측 및 계산(지적측량 시행규칙 제9조)
지적삼각점의 계산은 진수(眞數)를 사용하여 각규약(角規約)과 변규약(邊規約)에 따른 평균계산법 또는 망평균계산법에 따르며, 계산단위는 다음 표에 따른다.

종별	각	변의 길이	진수	좌표 또는 표고	경위도	자오선수차
단위	초	cm	6자리 이상	cm	초 아래 3자리	초 아래 1자리

17 평판측량을 교회법으로 행할 때의 설명으로 옳지 않은 것은?

① 전방 또는 측방교회법에 의한다.
② 3방향 이상의 교회에 의한다.
③ 방향각의 교각은 60° 이상 120° 이하로 한다.
④ 방향선의 도상길이는 10cm 이하로 하여야 한다.

해설

평판측량방법에 따른 세부측량을 교회법으로 하는 경우의 기준(지적측량 시행규칙 제18조)
㉠ 전방교회법 또는 측방교회법에 따를 것
㉡ 3방향 이상의 교회에 따를 것
㉢ 방향각의 교각은 30° 이상 150° 이하로 할 것
㉣ 방향선의 도상길이는 측판의 방위표정에 사용한 방향선의 도상길이 이하로서 10cm 이하로 할 것. 다만, 광파조준의 또는 광파측거기를 사용하는 경우에는 30cm 이하로 할 수 있다.
㉤ 측량결과 시오(示誤)삼각형이 생긴 경우 내접원의 지름이 1mm 이하일 때에는 그 중심을 점의 위치로 할 것

18 다음 축척 중 가장 대축척인 것은?

① 1/500
② 1/1000
③ 1/3000
④ 1/6000

해설
대축척은 축척은 크고, 축소율이 작다.

19 지적측량의 대상이 되는 것은?

① 수준측량
② 하천측량
③ 신규등록측량
④ 터널공사측량

해설
지적측량을 하여야 하는 경우(법 제23조, 영 제18조)
㉠ 지적기준점을 정하는 경우
㉡ 지적측량성과를 검사하는 경우
㉢ 다음에 해당하는 경우로서 측량을 할 필요가 있는 경우
  1. 지적공부를 복구하는 경우
  2. 토지를 신규등록하는 경우
  3. 토지를 등록전환하는 경우
  4. 토지를 분할하는 경우
  5. 바다가 된 토지의 등록을 말소하는 경우
  6. 축척을 변경하는 경우
  7. 지적공부의 등록사항을 정정하는 경우
  8. 도시개발사업 등의 시행지역에서 토지의 이동이 있는 경우
  9. 지적재조사에 관한 특별법에 따른 지적재조사사업에 따라 토지의 이동이 있는 경우
㉣ 경계점을 지상에 복원하는 경우
㉤ 그 밖에 대통령령으로 정하는 경우 : 지상건축물 등의 현황을 지적도 및 임야도에 등록된 경계와 대비하여 표시하는 데에 필요한 경우(지적현황측량)

20 지적도근점측량에서 1등도선의 연결오차 한계는?(단, n은 각 측선 수평거리의 총합계를 100으로 나눈 수)

① 해당 지역 축척분모의 $\frac{1.5}{100}\sqrt{n}$ [cm] 이하
② 해당 지역 축척분모의 $\frac{1}{100}\sqrt{n}$ [cm] 이하
③ 해당 지역 축척분모의 $\frac{5}{100}\sqrt{n}$ [cm] 이하
④ 해당 지역 축척분모의 $\frac{1}{1,000}\sqrt{n}$ [cm] 이하

해설
지적도근점측량에서의 연결오차의 허용범위(지적측량 시행규칙 제15조)
지적도근점측량에서 연결오차의 허용범위는 다음의 기준에 따른다. 이 경우 n은 각 측선의 수평거리의 총합계를 100으로 나눈 수를 말한다.
㉠ 1등도선은 해당 지역 축척분모의 $\frac{1}{100}\sqrt{n}$[cm] 이하로 할 것
㉡ 2등도선은 해당 지역 축척분모의 $\frac{1.5}{100}\sqrt{n}$[cm] 이하로 할 것

21 GNSS의 구성을 3요소로 구분할 때 해당되지 않는 것은?

① 지상 제어 부분
② 우주 공간 부분
③ 사용자 부분
④ 측정 부분

해설
GNSS의 구성 3요소
• 우주 부분(SS ; Space Segment) : 통신위성들로 구성
• 제어(관제) 부분(CS ; Control Segment) : 위성의 궤도추적, 제어 수행
• 사용자 부분(US ; User Segment) : 측량자가 사용하는 수신기

22 지적측량의 내용 중 기초측량의 종류에 해당되지 않는 것은?

① 지적삼각점측량
② 지적삼각보조점측량
③ 세부측량
④ 지적도근점측량

해설
기초측량 : 지적삼각점측량, 지적삼각보조점측량, 지적도근점측량

23 경위의측량방법에 따라 도선법으로 지적도근점측량을 시행할 경우 사용하는 기준 도선은?(단, 지형상 부득이한 경우는 고려하지 않는다)

① 결합도선
② 왕복도선
③ 폐합도선
④ 개방도선

해설
경위의측량방법에 따라 도선법으로 지적도근점측량을 할 때의 기준(지적측량 시행규칙 제12조)
㉠ 도선은 위성기준점, 통합기준점, 삼각점, 지적삼각점, 지적삼각보조점 및 지적도근점의 상호 간을 연결하는 결합도선에 따를 것. 다만, 지형상 부득이한 경우에는 폐합도선 또는 왕복도선에 따를 수 있다.
㉡ 1도선의 점의 수는 40점 이하로 할 것. 다만, 지형상 부득이한 경우에는 50점까지로 할 수 있다.

24 평판측량방법에 의한 세부측량을 도선법으로 할 경우 도선의 변수에 대한 제한 기준은?

① 5개 이하
② 10개 이하
③ 20개 이하
④ 40개 이하

해설
평판측량방법에 따른 세부측량을 도선법으로 하는 경우의 기준 (지적측량 시행규칙 제18조)
㉠ 위성기준점, 통합기준점, 삼각점, 지적삼각점, 지적삼각보조점 및 지적도근점, 그 밖에 명확한 기지점 사이를 서로 연결할 것
㉡ 도선의 측선장은 도상길이 8cm 이하로 할 것. 다만, 광파조준의 또는 광파측거기를 사용할 때에는 30cm 이하로 할 수 있다.
㉢ 도선의 변은 20개 이하로 할 것
㉣ 도선의 폐색오차가 도상길이 $\frac{\sqrt{N}}{3}$ [mm] 이하인 경우 그 오차는 다음의 계산식에 따라 이를 각 점에 배분하여 그 점의 위치로 할 것

$$M_n = \frac{e}{N} \times n$$

여기서, M_n : 각 점에 순서대로 배분할 mm 단위의 도상길이
e : mm 단위의 오차
N : 변의 수
n : 변의 순서

25 임야도를 비치하는 지역의 평판측량방법에서 거리 측정단위는?

① 5cm
② 10cm
③ 30cm
④ 50cm

해설
평판측량방법에 따른 세부측량의 기준(지적측량 시행규칙 제18조)
거리측정단위는 지적도를 갖춰 두는 지역에서는 5cm로 하고, 임야도를 갖춰 두는 지역에서는 50cm로 한다.

26 다음 중 현행 공간정보관리법상 분류된 지목은?

① 아파트용지   ② 운동장
③ 종교용지   ④ 유치원용지

해설
지목의 표기방법(규칙 제64조)
지목은 전, 답, 과수원, 목장용지, 임야, 광천지, 염전, 대(垈), 공장용지, 학교용지, 주차장, 주유소용지, 창고용지, 도로, 철도용지, 제방(堤防), 하천, 구거(溝渠), 유지(溜池), 양어장, 수도용지, 공원, 체육용지, 유원지, 종교용지, 사적지, 묘지, 잡종지로 구분하여 정한다.

27 임야대장 및 임야도에 등록된 토지를 토지대장 및 지적도에 옮겨 등록하는 것을 무엇이라 하는가?

① 신규등록   ② 등록전환
③ 토지분할   ④ 지목변경

해설
① 신규등록 : 새로 조성된 토지와 지적공부에 등록되어 있지 아니한 토지를 지적공부에 등록하는 것을 말한다.
④ 지목변경 : 지적공부에 등록된 지목을 다른 지목으로 바꾸어 등록하는 것을 말한다.

28 다음 중 공간정보관리법의 목적으로 가장 알맞은 것은?

① 합리적인 토지이용
② 능률적인 지가관리
③ 합목적인 토지개발
④ 효율적인 토지관리

해설
목적(법 제1조) : 공간정보관리법은 측량의 기준 및 절차와 지적공부, 부동산종합공부의 작성 및 관리 등에 관한 사항을 규정함으로써 국토의 효율적 관리 및 국민의 소유권 보호에 기여함을 목적으로 한다.

29 토지의 이동사항이 발생되었을 때의 조사와 결정권은 누구에게 있는가?

① 판사와 검사
② 도지사와 경찰서장
③ 지적소관청
④ 읍·면장

해설
토지의 조사·등록 등(법 제64조)
㉠ 국토교통부장관은 모든 토지에 대하여 필지별로 소재, 지번, 지목, 면적, 경계 또는 좌표 등을 조사·측량하여 지적공부에 등록하여야 한다.
㉡ 지적공부에 등록하는 지번, 지목, 면적, 경계 또는 좌표는 토지의 이동이 있을 때 토지소유자의 신청을 받아 지적소관청이 결정한다. 신청이 없으면 지적소관청이 직권으로 조사·측량하여 결정할 수 있다.

30 축척변경으로 감소된 면적에 대한 청산금은 누가 부담하는가?

① 국가
② 지방자치단체
③ 대한지적공사
④ 중앙지적위원회

해설
청산금의 산정(제75조)
청산금을 산정한 결과 증가된 면적에 대한 청산금의 합계와 감소된 면적에 대한 청산금의 합계에 차액이 생긴 경우 초과액은 그 지방자치단체의 수입으로 하고, 부족액은 그 지방자치단체가 부담한다.

31 신규등록할 토지가 생긴 때에 토지소유자는 며칠 이내에 지적소관청에 신규등록을 신청해야 하는가?

① 10일
② 15일
③ 40일
④ 60일

해설
신규등록 신청(법 제77조)
토지소유자는 신규등록할 토지가 있으면 대통령령으로 정하는 바에 따라 그 사유가 발생한 날부터 60일 이내에 지적소관청에 신규등록을 신청하여야 한다.

32 지적소관청이 직권으로 지적공부에 등록된 사항을 정정할 수 있는 경우가 아닌 것은?

① 토지이동정리 결의서의 내용과 다르게 정리된 경우
② 경계의 위치가 잘못되어 필지의 면적이 증감한 경우
③ 지적공부의 작성 또는 재작성 당시 잘못 정리된 경우
④ 지적측량성과와 다르게 정리된 경우

해설
직권으로 조사·측량하여 정정할 수 있는 경우(영 제82조)
㉠ 토지이동정리 결의서의 내용과 다르게 정리된 경우
㉡ 지적도 및 임야도에 등록된 필지가 면적의 증감 없이 경계의 위치만 잘못된 경우
㉢ 1필지가 각각 다른 지적도나 임야도에 등록되어 있는 경우로서 지적공부에 등록된 면적과 측량한 실제면적은 일치하지만 지적도나 임야도에 등록된 경계가 서로 접합되지 않아 지적도나 임야도에 등록된 경계를 지상의 경계에 맞추어 정정하여야 하는 토지가 발견된 경우
㉣ 지적공부의 작성 또는 재작성 당시 잘못 정리된 경우
㉤ 지적측량성과와 다르게 정리된 경우
㉥ 지방지적위원회 또는 중앙지적위원회의 의결서 사본을 받은 지적소관청은 그 내용에 따라 지적공부의 등록사항을 정정하여야 하는 경우
㉦ 지적공부의 등록사항이 잘못 입력된 경우
㉧ 부동산등기법에 따른 통지가 있는 경우(지적소관청의 착오로 잘못 합병한 경우만 해당)
㉨ 면적 환산이 잘못된 경우

33 경계점좌표등록부의 등록사항으로 맞는 것은?

① 지목
② 좌표
③ 면적
④ 소유자

해설
경계점좌표등록부의 등록사항(법 제73조)
지적소관청은 도시개발사업 등에 따라 새로이 지적공부에 등록하는 토지에 대하여는 다음의 사항을 등록한 경계점좌표등록부를 작성하고 갖춰 두어야 한다.
㉠ 토지의 소재
㉡ 지번
㉢ 좌표
㉣ 그 밖에 국토교통부령으로 정하는 사항(규칙 제71조)
 1. 토지의 고유번호
 2. 지적도면의 번호
 3. 필지별 경계점좌표등록부의 장번호
 4. 부호 및 부호도

34 전자면적측정기에 따른 면적의 측정은 도상에서 몇 회 측정하여 그 교차가 허용면적 이하일 때 평균 몇 회를 측정면적으로 하는가?

① 2회
② 3회
③ 4회
④ 5회

해설
전자면적측정기에 따른 면적측정(지적측량 시행규칙 제20조)
㉠ 도상에서 2회 측정하여 그 교차가 다음 계산식에 따른 허용면적 이하일 때에는 그 평균치를 측정면적으로 할 것
$A = 0.023^2 M\sqrt{F}$
여기서, A : 허용면적
 M : 축척분모
 F : 2회 측정한 면적의 합계를 2로 나눈 수
㉡ 측정면적은 1/1000m² 까지 계산하여 1/10m² 단위로 정할 것

35 지번부여지역의 정의로 가장 알맞은 것은?

① 지적공부에 등록한 번호를 말한다.
② 동·리 또는 이에 준하는 지역을 말한다.
③ 토지의 주된 용도가 유사한 지역을 말한다.
④ 산, 하천 등의 자연지형으로 구분되는 지역을 말한다.

해설
지번부여지역(법 제2조)
지번을 부여하는 단위지역으로서 동·리 또는 이에 준하는 지역을 말한다.

36 일람도의 등재 사항이 아닌 것은?

① 도면의 제명 및 축척
② 지번부여지역의 경계
③ 주요 지형지물의 표시
④ 제도 연월일

해설
일람도의 등재사항(지적업무처리규정 제37조)
㉠ 지번부여지역의 경계 및 인접 지역의 행정구역명칭
㉡ 도면의 제명 및 축척
㉢ 도곽선과 그 수치
㉣ 도면번호
㉤ 도로, 철도, 하천, 구거, 유지, 취락 등 주요 지형지물의 표시

37 다음 중 지적도의 축척으로 맞지 않는 것은?

① 1/500   ② 1/1000
③ 1/2000   ④ 1/3000

해설
지적도면의 축척은 다음의 구분에 따른다(규칙 제69조).
• 지적도 : 1/500, 1/600, 1/1000, 1/1200, 1/2400, 1/3000, 1/6000
• 임야도 : 1/3000, 1/6000

38 1필지의 토지에 소유자가 2인 이상인 경우에 소유자에 관한 사항을 기재한 지적공부는?

① 토지대장   ② 결번 대장
③ 공유지연명부 ④ 건축물 대장

해설
공유지연명부 : 1필지의 토지에 소유자가 2인 이상인 경우에 소유자에 관한 사항을 기재한 지적공부이다.

39 지목의 구분에 관한 설명으로 옳지 않은 것은?

① 식용을 목적으로 죽순을 재배하는 경우는 "전"으로 한다.
② 사과, 밤, 배 등 과수류를 집단적으로 재배하는 토지에 접속된 주거용 건축물 부지는 "과수원"으로 한다.
③ 고속도로 안의 휴게소 부지는 "도로"로 한다.
④ 수림지, 죽림지, 암석지 등의 토지는 "임야"로 한다.

해설
과수원(영 제58조) : 사과, 배, 밤, 호두, 귤나무 등 과수류를 집단적으로 재배하는 토지와 이에 접속된 저장고 등 부속시설물의 부지. 다만, 주거용 건축물의 부지는 "대"로 한다.

정답 35 ② 36 ④ 37 ③ 38 ③ 39 ②

40 지적도에 표기하는 지목의 표기방법으로 옳은 것은?

① 종교용지 – 교
② 유원지 – 원
③ 유지 – 지
④ 공원 – 원

> **해설**
> ① 종교용지 – 종
> ③ 유지 – 유
> ④ 공원 – 공
> ※ 지목표기 시 두문자가 아닌 차문자로 표기하는 지목은 공장용지, 주차장, 하천, 유원지이다.

41 지적공부에 "답"으로 등록된 것을 토지 이용이 다르게 되어 "대"로 바꾸어 등록하는 토지이동정리는?

① 등록전환
② 등록사항 정정
③ 신규등록
④ 지목변경

> **해설**
> 지목변경(법 제2조) : 지적공부에 등록된 지목을 다른 지목으로 바꾸어 등록하는 것을 말한다.

42 신규등록에 따른 토지이동정리 결의서 작성의 이동 후란에 기재사항이 아닌 것은?

① 소유자   ② 지목
③ 면적   ④ 지번수

> **해설**
> 토지이동정리 결의서의 작성기준(지적업무처리규정 제65조)
> 신규등록은 이동 후란에 지목·면적 및 지번수를, 증감란에는 면적 및 지번수를 기재한다.

43 1필지의 모양이 다음과 같은 경우 토지의 면적은?

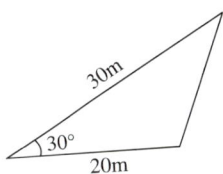

① 500m²   ② 350m²
③ 200m²   ④ 150m²

> **해설**
> **이변법**
> $A = \frac{1}{2}ab\sin\theta$
> $= \frac{1}{2} \times 20 \times 30 \times \sin 30°$
> $= 150\text{m}^2$

44 지적도 및 임야도의 등록사항이 아닌 것은?

① 소유권 지분   ② 지번
③ 지목   ④ 경계

> **해설**
> **지적도 및 임야도의 등록사항(법 제72조)**
> ㉠ 토지의 소재
> ㉡ 지번
> ㉢ 지목
> ㉣ 경계
> ㉤ 그 밖에 국토교통부령으로 정하는 사항(규칙 제69조)
>   1. 지적도면의 색인도(인접 도면의 연결 순서를 표시하기 위하여 기재한 도표와 번호를 말한다)
>   2. 지적도면의 제명 및 축척
>   3. 도곽선(圖廓線)과 그 수치
>   4. 좌표에 의하여 계산된 경계점 간의 거리(경계점좌표등록부를 갖춰 두는 지역으로 한정한다)
>   5. 삼각점 및 지적기준점의 위치
>   6. 건축물 및 구조물 등의 위치

정답 40 ② 41 ④ 42 ① 43 ④ 44 ①

45 지적공부 중 토지대장의 편성방법에 해당하지 않는 것은?

① 인적 편성주의
② 물적 편성주의
③ 편철식 대장
④ 물적·인적 편성주의

해설
편철식 대장은 일반적인 토지대장의 형식에 해당한다.
토지등록의 편성방법
- 인적 편성주의 : 개개의 권리자를 중심으로 지적공부를 편성하는 방법이다.
- 물적 편성주의 : 개개의 토지를 중심으로 지적공부를 편성하는 방법이다. 우리나라 토지대장과 같이 지번 순서에 따라 등록되고 분할되더라도 본번과 관련하여 편철하고 소유자의 변동을 계속 수정하여 관리한다.
- 인적·물적 편성주의 : 물적 편성주의를 기본으로 하고 인적 편성주의 요소를 가미하는 방법이다.
- 연대적 편성주의 : 등록·신청한 시간적 순서에 의하여 지적공부를 편성하는 방법이다.

46 지번과 지목의 제도 시 지번과 지목의 글자 간격으로 알맞은 것은?

① 글자 크기의 2/5
② 글자 크기의 1/3
③ 글자 크기의 1/2
④ 글자 크기와 같다.

해설
지번 및 지목의 제도(지적업무처리규정 제42조 제2항)
지번 및 지목을 제도할 때에는 지번 다음에 지목을 제도한다. 이 경우 2mm 이상 3mm 이하 크기의 명조체로 하고, 지번의 글자 간격은 글자 크기의 1/4 정도, 지번과 지목의 글자 간격은 글자 크기의 1/2 정도 띄어서 제도한다. 다만, 부동산종합공부시스템이나 레터링으로 작성할 경우에는 고딕체로 할 수 있다.

47 지번의 표기방법 중 옳은 것은?

① 아라비아숫자
② 로마숫자
③ 한문자
④ 한글

해설
지번(地番)은 아라비아숫자로 표기하되, 임야대장 및 임야도에 등록하는 토지의 지번은 숫자 앞에 "산"자를 붙인다(영 제56조).

48 다음 중 지적삼각점의 표시는?

①   ②
③   ④

해설
지적기준점 등의 제도(지적업무처리규정 제43조)
지적삼각점 및 지적삼각보조점은 직경 3mm의 원으로 제도한다. 이 경우 지적삼각점은 원 안에 십자선을 표시한다.

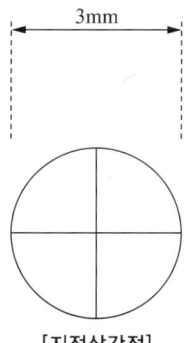
[지적삼각점]

49 축척 1/1200 지역에서 원면적이 878m²인 토지의 신구면적 허용오차는?

① ±20m² ② ±22m²
③ ±24m² ④ ±26m²

해설
오차 허용면적
$A = 0.026^2 M\sqrt{F}$
$= 0.026^2 \times 1200\sqrt{878}$
$≒ \pm 24.036 m^2$
$≒ \pm 24 m^2$
여기서, M : 축척분모
       F : 원면적

50 축척 1/600 지역에서 1필지 면적을 좌표면적계산법으로 계산하여 245.450m²를 산출하였다. 이 필지의 결정면적은?

① 245.45m²
② 245.4m²
③ 245.5m²
④ 246m²

해설
지적도의 축척이 1/600인 지역과 경계점좌표등록부에 등록하는 지역의 토지면적(영 제60조)
• m² 이하 한 자리 단위로 한다.
• 0.1m² 미만의 끝수가 있는 경우 0.05m² 미만일 때에는 버리고 0.05m²를 초과할 때에는 올린다.
• 0.05m²일 때에는 구하려는 끝자리의 숫자가 0 또는 짝수이면 버리고 홀수이면 올린다.
• 다만, 1필지의 면적이 0.1m² 미만일 때에는 0.1m²로 한다.

51 지적도의 작성에서 행정구역을 제도하는 경우 행정구역계가 2종 이상 겹쳐 있을 때의 제도방법으로 옳은 것은?

① 국계, 시·도계가 겹칠 때는 시·도계만 그린다.
② 국계, 시·도계, 시·군계가 겹칠 때는 시·군계만 그린다.
③ 국계, 시·도계, 시·군계가 겹칠 때는 전부 그린다.
④ 시·도계, 시·군계가 겹칠 때는 시·도계만 그린다.

해설
행정구역선의 제도(지적업무처리규정 제44조)
행정구역선이 2종 이상 겹치는 경우에는 최상급 행정구역선만 제도한다.

52 빔 컴퍼스(beam compass)의 용도로 옳은 것은?

① 작은 원이나 작은 호를 그릴 때 사용한다.
② 각도를 측정할 때 사용한다.
③ 도상의 길이를 분할할 때 사용한다.
④ 반지름 15cm 이상의 큰 원을 그릴 때 사용한다.

해설
• 빔 컴퍼스 : 반지름 15cm 이상의 큰 원을 그릴 때 사용한다.
• 스프링 컴퍼스 : 직경 10mm 이하의 작은 원을 그리거나 원호를 등분할 때 사용한다.

정답 49 ③ 50 ② 51 ④ 52 ④

53 지적도 및 임야도의 경계를 제도할 때 그 폭은?

① 0.1mm
② 0.2mm
③ 0.3mm
④ 0.4mm

해설
경계는 0.1mm 폭의 선으로 제도한다(지적업무처리규정 제41조).

54 다음 중 면적측정을 하여야 할 대상이 아닌 것은?

① 토지합병
② 등록전환
③ 토지분할
④ 축척변경

해설
면적측정 대상이 아닌 경우(지적측량 시행규칙 제19조)
㉠ 경계복원측량과 지적현황측량을 하는 경우에는 필지마다 면적을 측정하지 아니한다.
㉡ 토지이동 중 합병, 지번변경, 지목변경 등은 지적측량을 수반하지 않으므로 면적측정 대상이 아니다.

55 축척 1/1200 지적도상에 1변이 1.5인 정사각형으로 등록된 토지의 면적은 몇 m²인가?

① 180m²
② 225m²
③ 270m²
④ 324m²

해설
$$\left(\frac{1}{m}\right)^2 = \frac{도상면적}{실제면적}$$
$$\left(\frac{1}{1200}\right)^2 = \frac{0.015\text{m} \times 0.015\text{m}}{실제면적(x)}$$
∴ 실제면적$(x) = 1,200^2 \times 0.000225\text{cm}^2$
$= 324\text{m}^2$

56 전자면적측정기로 면적을 측정하는 경우 측정회수는?

① 2회
② 3회
③ 4회
④ 5회

해설
전자면적측정기에 따른 면적측정(지적측량 시행규칙 제20조)
㉠ 도상에서 2회 측정하여 그 교차가 다음 계산식에 따른 허용면적 이하일 때에는 그 평균치를 측정면적으로 할 것
$A = 0.023^2 M\sqrt{F}$
여기서, A : 허용면적
M : 축척분모
F : 2회 측정한 면적의 합계를 2로 나눈 수
㉡ 측정면적은 1/1000m²까지 계산하여 1/10m² 단위로 정할 것

57 지적도의 도곽 크기는 얼마인가?

① 가로 20cm, 세로 30cm
② 가로 30cm, 세로 40cm
③ 가로 40cm, 세로 30cm
④ 가로 50cm, 세로 40cm

해설
지적도의 도곽 크기는 가로 40cm, 세로 30cm의 직사각형으로 한다(지적업무처리규정 제40조).

58 도면의 제도 시 글자의 크기로 맞는 것은?

① 지적도의 제명 : 9mm
② 일람도의 제명 : 7mm
③ 지번색인표의 제명 : 5mm
④ 색인도의 도면번호 : 3mm

해설
① 지적도의 제명 : 5mm
② 일람도의 제명 : 9mm
③ 지번색인표의 제명 : 9mm

59 지적도의 도면에 등록하는 도곽선의 폭은?

① 0.1mm   ② 0.2mm
③ 0.3mm   ④ 0.4mm

해설
도면에 등록하는 도곽선은 0.1mm의 폭으로, 도곽선의 수치는 도곽선 왼쪽 아랫부분과 오른쪽 윗부분의 종횡선교차점 바깥쪽에 2mm 크기의 아라비아숫자로 제도한다(지적업무처리규정 제38조).

60 토지소유자가 지적공부의 등록사항에 대한 정정을 신청할 때, 경계의 변경을 가져오는 경우 정정사유를 적은 신청서와 함께 제출하여야 하는 것은?

① 등록사항 정정 측량성과도
② 경계복원측량성과도
③ 지적도 또는 임야도 사본
④ 토지분할측량성과도

해설
등록사항의 정정 신청(규칙 제93조)
토지소유자는 지적공부의 등록사항에 대한 정정을 신청할 때에는 정정사유를 적은 신청서에 다음의 구분에 따른 서류를 첨부하여 지적소관청에 제출하여야 한다.
- 경계 또는 면적의 변경을 가져오는 경우 : 등록사항 정정 측량성과도
- 그 밖의 등록사항을 정정하는 경우 : 변경사항을 확인할 수 있는 서류

정답 57 ③ 58 ④ 59 ① 60 ①

2023년 제1회 과년도 기출복원문제

01 토지의 경계는 어느 것을 가리키는가?

① 현지의 말뚝 따위
② 토지대장상의 면적
③ 지번
④ 도면상의 구획선

해설
경계(법 제2조)
필지별로 경계점들을 직선으로 연결하여 지적공부에 등록한 선을 말한다.

02 조선시대에 논, 밭의 소재 및 면적을 기록했던 장부로서 현재의 토지대장에 해당하는 것은?

① 결수연명부
② 지세명기장
③ 토지조정부
④ 양안(量案)

해설
양안(量案) : 조선시대 조세 부과를 목적으로 전지(田地)를 측량하여 만든 토지등록장부로서 오늘날의 토지대장이다.

03 소극적 지적에 대한 설명으로 옳은 것은?

① 신고된 사항만을 등록하는 방식이다.
② 1필지의 면적을 측정하는 방법이다.
③ 세원을 결정하여 과세하는 지적 제도이다.
④ 신고가 없어도 국가가 직권등록하는 방식이다.

해설
① 소극적 지적은 토지를 지적공부에 등록하는 것을 의무화하지 않고 당사자가 신고할 때 신고된 사항만을 등록하는 것이다.
② 적극적 지적에 대한 설명이다.
③ 세지적에 대한 설명이다.
④ 법지적에 대한 설명이다.

04 1필지로 토지대장에 등록할 수 있는 토지의 조건이 아닌 것은?

① 면적이 $300m^2$ 이상인 토지
② 소유자가 동일한 토지
③ 용도가 동일한 토지
④ 지반이 연속된 토지

해설
1필지로 정할 수 있는 기준(영 제5조)
㉠ 지번부여지역의 토지로서 소유자와 용도가 같고 지반이 연속된 토지는 1필지로 할 수 있다.
㉡ ㉠에도 불구하고 다음의 어느 하나에 해당하는 토지는 주된 용도의 토지에 편입하여 1필지로 할 수 있다. 다만, 종된 용도의 토지의 지목(地目)이 '대(垈)'인 경우와 종된 용도의 토지면적이 주된 용도의 토지면적의 10%를 초과하거나 $330m^2$를 초과하는 경우에는 그러하지 아니하다.
 1. 주된 용도의 토지의 편의를 위하여 설치된 도로·구거(溝渠, 도랑) 등의 부지
 2. 주된 용도의 토지에 접속되거나 주된 용도의 토지로 둘러싸인 토지로서 다른 용도로 사용되고 있는 토지

정답 1 ④ 2 ④ 3 ① 4 ①

05 우리나라 지번부여방법이 아닌 것은?

① 사행식
② 기우식
③ 방사식
④ 단지식

해설
지번의 진행 방향에 따른 지번부여방법 : 사행식, 기우식, 단지식

06 지적의 공부를 무제한으로 열람하여 공개하거나 등본을 교부하는 공간정보관리법의 이념은?

① 지적등록주의
② 지적공개주의
③ 지적국정주의
④ 지적형식주의

해설
공간정보관리법의 이념
- 지적국정주의 : 지적에 관한 사항, 즉 토지의 소재, 지번, 지목, 면적, 경계(좌표) 등은 국가만이 결정·등록할 수 있는 권한을 가진다는 이념이다.
- 지적형식주의(지적등록주의) : 국가가 결정한 지적에 관한 사항은 지적공부에 등록·공시해야만 공식적인 효력이 인정된다는 이념이다.
- 지적공개주의 : 지적공부에 등록된 사항은 토지소유자나 이해관계인 등 기타 일반 국민들에게 공개하여 누구나 정당하게 이용할 수 있게 해야 한다는 이념이다.

07 '산 23-2' 지번이 부여된 필지가 등록된 지적공부는?

① 임야대장
② 토지대장
③ 경계점좌표등록부
④ 지적도

해설
지번(地番)은 아라비아숫자로 표기하되, 임야대장 및 임야도에 등록하는 토지의 지번은 숫자 앞에 "산"자를 붙인다(영 제56조).

08 지적국정주의에 해당되지 않는 것은?

① 지적의 3대 기본이념이라 할 수 있다.
② 국가만이 지적공부 등록사항을 결정할 수 있다.
③ 토지소유권은 소관청에서 결정한다는 원칙이다.
④ 미등기된 토지의 소유권은 지적소관청이 확인할 수 있다.

해설
6번 해설 참조

09 지목을 지적도에 표시할 때 부호 표기방법이 맞는 것은?

① 유지 – 지
② 공장용지 – 공
③ 유원지 – 유
④ 공원 – 공

해설
① 유지 – 유
② 공장용지 – 장
③ 유원지 – 원
※ 지목표기 시 두문자가 아닌 차문자로 표기하는 지목은 공장용지, 주차장, 하천, 유원지이다.

10 토렌스 시스템의 일반적 이론에 대한 기본원리와 거리가 먼 것은?

① 거울이론
② 보험이론
③ 커튼이론
④ 점증이론

해설
토렌스 시스템(Torrens system)
- 거울이론 : 토지권리증서의 등록은 토지의 거래 사실을 이론의 여지없이 완벽하게 반영하는 거울과 같다는 입장이다.
- 커튼이론 : 토지등록업무가 커튼 위에 놓인 공정성과 신빙성에 관여하여야 할 필요도 없고 관여해서도 안 된다는, 매입신청자를 위한 유일한 정보의 기초가 되어야 한다는 이론이다.
- 보험이론 : 토지등록이 토지의 권리를 아주 정확하게 반영하는 것이나 인간의 고의·과실로 인하여 착오가 발생하는 경우에 손해를 입은 사람은 모두가 다 피해보상에 관한 한 법률적으로 선의의 제3자와 동등한 입장에 놓여야 된다는 것이다.

11 지적측량을 크게 2가지로 구분할 때 그 구분으로 가장 옳은 것은?

① 도근측량과 세부측량
② 삼각측량과 세부측량
③ 기초측량과 수준측량
④ 기초측량과 세부측량

해설
지적측량은 지적기준점을 정하기 위한 기초측량과 1필지의 경계와 면적을 정하는 세부측량으로 구분한다(지적측량 시행규칙 제5조).

12 평판측량법으로 세부측량을 시행할 경우 도상에 영향을 주지 않는 지상거리의 한계는?(단, M은 축척분모)

① $M[\text{mm}]$
② $\dfrac{M}{10}[\text{mm}]$
③ $\dfrac{M}{50}[\text{mm}]$
④ $\dfrac{M}{100}[\text{mm}]$

해설
평판측량방법에 있어서 도상에 영향을 미치지 아니하는 지상거리의 축척별 허용범위는 $\dfrac{M}{10}[\text{mm}]$로 한다(여기서, M : 축척분모).

13 평판측량의 장점으로 볼 수 없는 것은?

① 측량 도중에 잘못된 곳을 쉽게 찾을 수 있다.
② 현장에서 직접 작도할 수 있다.
③ 내업량이 적다.
④ 고저측량이 용이하다.

해설
평판측량은 복잡한 지형이나 시가지, 농경지 등의 세부측량에 적합하며, 고저측량이 용이한 것은 수준측량에 해당한다.
수준측량 : 수준기를 사용하여 지구표면의 두 점 간이나 여러 점의 높이와 고저차를 측량하는 것으로 고저측량 또는 레벨측량이라고도 한다.

14 경위의측량방법에 의한 지적삼각점 관측과 계산에서 수평각 측정 시 1측회의 폐색공차는?

① ±10초 이내
② ±20초 이내
③ ±30초 이내
④ ±40초 이내

해설
경위의측량방법에 따른 지적삼각점의 관측과 계산의 기준(지적측량 시행규칙 제9조)
㉠ 관측은 10초독(秒讀) 이상의 경위의를 사용할 것
㉡ 수평각관측은 3대회(大回, 윤곽도는 0°, 60°, 120°로 한다)의 방향관측법에 따를 것
㉢ 수평각의 측각공차(測角公差)는 다음 표에 따를 것

종별	1방향각	1측회(側回)의 폐색(閉塞)	삼각형 내각관측의 합과 180°와의 차	기지각(旣知角)과의 차
공차	30초 이내	±30초 이내	±30초 이내	±40초 이내

15 평판측량방법에 의한 세부측량을 시행하는 경우 사용하지 않는 방법은?

① 교회법
② 도선법
③ 시거법
④ 방사법

해설
평판측량방법에 따른 세부측량은 교회법, 도선법 및 방사법(放射法)에 따른다.

16 방위각법에 의한 지적도근측량에서 변수가 9변인 2등도선의 허용 폐색오차는?

① ±2분
② ±2.5분
③ ±4분
④ ±4.5분

해설
지적도근점의 각도관측을 할 때의 폐색오차의 허용범위(지적측량 시행규칙 제14조)
방위각법에 따르는 경우에는 1도선의 폐색오차는 1등도선은 $\pm\sqrt{n}$ 분 이내, 2등도선은 $\pm 1.5\sqrt{n}$ 분 이내로 할 것
∴ 2등도선 $=\pm 1.5\sqrt{n}=\pm 1.5\sqrt{9}=\pm 4.5$분

17 평판측량방법에 따른 세부측량을 교회법에 의할 경우 기준으로 틀린 것은?

① 전방교회법 또는 측방교회법에 의한다.
② 3방향 이상의 교회에 의한다.
③ 방향각의 교각의 범위는 30° 이하로 한다.
④ 시오삼각형이 생겼을 때 내접원의 지름이 1mm 이하일 때 그 중심점을 취한다.

해설
방향각의 교각은 30° 이상 150° 이하로 할 것(지적측량 시행규칙 제18조)

18 GNSS(Global Navigation Satellite System)측량이란 무엇을 이용한 위치결정 체계인가?

① 토털 스테이션(total station)
② 인공위성
③ 항공사진
④ 세오돌라이트(theodolite)

해설
GNSS는 인공위성 기반의 글로벌 위치 확인 기술이다. 이 기술은 GPS 수신기를 통해 위치 정보를 수집하고 이 정보를 이용하여 위치를 추적하는 데 사용된다.

19 지적삼각측량의 기준이 되는 점은?

① 삼각점과 지적삼각점
② 지적삼각점과 지적도근점
③ 지적도근점과 지적삼각보조점
④ 지적삼각보조점과 지적삼각점

해설
지적삼각점측량(지적측량 시행규칙 제7조)
위성기준점, 통합기준점, 삼각점 및 지적삼각점을 기초로 하여 경위의측량방법, 전파기 또는 광파기측량방법, 위성측량방법 및 국토교통부장관이 승인한 측량방법에 따르되, 그 계산은 평균계산법이나 망평균계산법에 따른다.

20 지적세부측량 시 두 점 간의 경사거리가 100m이고 연직각이 20°인 경우 수평거리는 얼마인가?

① 90.12m ② 91.18m
③ 93.97m ④ 95.08m

해설
$D = l \times \cos\alpha$
여기서, D : 수평거리
 l : 경사거리
 α : 연직각
$D = 100m \times \cos 20°$
 ≒ 93.97m

21 평판측량방법에 의한 세부측량을 시행할 경우 지적도 시행지역에서의 거리측정단위는?

① 5cm 단위 ② 10cm 단위
③ 50cm 단위 ④ 1m 단위

해설
평판측량방법에 따른 세부측량의 기준(지적측량 시행규칙 제18조)
거리측정단위는 지적도를 갖춰 두는 지역에서는 5cm로 하고, 임야도를 갖춰 두는 지역에서는 50cm로 한다.

22 정확하게 측량을 하여도 제거할 수 없는 오차는?

① 누적오차 ② 잔차
③ 착오 ④ 우연오차

해설
우연오차(부정오차, 상차, 우차)
• 오차의 크기와 방향(부호)이 불규칙적으로 발생하고 확률론에 의해 추정할 수 있는 오차이다.
• 최소제곱법의 원리로 배분하여 오차론에서 다루는 오차이다.
• 우연오차는 측정횟수의 제곱근에 비례한다.

23 유심다각망에서 기지점을 중심으로 한 중심각의 합은 얼마가 되어야 하는가?

① 90° ② 180°
③ 270° ④ 360°

해설
유심다각망의 점조건 : 한 점 주위에 있는 모든 각의 총합은 360°가 되어야 한다.

24 다음 중 각 측정에 이용될 수 없는 측량기계는?

① 트랜싯
② 레벨
③ 토털 스테이션
④ 데오돌라이트

해설
레벨은 수준측량에 사용되는 장비이다.

25 표준길이보다 5cm가 긴 50m 줄자로 거리를 측정한 결과 500m였다. 이 거리의 정확한 값은?

① 495.0m
② 499.5m
③ 500.5m
④ 505.0m

해설

정확한 길이 = $\dfrac{부정길이}{표준길이} \times 관측길이$

$= \dfrac{50.05}{50} \times 500$

$= 500.5m$

26 지적공부를 복구하고자 하는 때에는 복구하고자 하는 토지의 표시 등을 시·군·구의 게시판에 며칠 이상 게시하여야 하는가?

① 10일 이상
② 15일 이상
③ 20일 이상
④ 30일 이상

해설
지적공부의 복구절차 등(시행규칙 제73조)
지적소관청은 규정에 따른 복구자료의 조사 또는 복구측량 등이 완료되어 지적공부를 복구하려는 경우에는 복구하려는 토지의 표시 등을 시·군·구 게시판 및 인터넷 홈페이지에 15일 이상 게시하여야 한다.

27 경계점좌표등록부의 등록사항이 아닌 것은?

① 지번
② 좌표
③ 부호 및 부호도
④ 면적

해설
경계점좌표등록부의 등록사항(법 제73조)
지적소관청은 도시개발사업 등에 따라 새로이 지적공부에 등록하는 토지에 대하여는 다음의 사항을 등록한 경계점좌표등록부를 작성하고 갖춰 두어야 한다.
㉠ 토지의 소재
㉡ 지번
㉢ 좌표
㉣ 그 밖에 국토교통부령으로 정하는 사항(규칙 제71조)
 1. 토지의 고유번호
 2. 지적도면의 번호
 3. 필지별 경계점좌표등록부의 장번호
 4. 부호 및 부호도

28 중앙지적위원회 위원장이 위원회의 회의를 소집할 때 회의일시, 장소 및 심의안건을 회의 며칠 전까지 각 위원에게 서면으로 통지해야 하는가?

① 5일
② 10일
③ 15일
④ 20일

해설
축척변경위원회의 회의(제81조)
위원장이 중앙지적위원회의 회의를 소집할 때에는 회의일시, 장소 및 심의안건을 회의 5일 전까지 각 위원에게 서면으로 통지하여야 한다.

29 공유지연명부의 등록사항으로 틀린 것은?

① 토지의 소재 ② 소유권 지분
③ 지목 ④ 지번

해설
공유지연명부의 등록사항(법 제71조)
㉠ 토지의 소재
㉡ 지번
㉢ 소유권 지분
㉣ 소유자의 성명 또는 명칭, 주소 및 주민등록번호
㉤ 그 밖에 국토교통부령으로 정하는 사항(규칙 제68조)
   1. 토지의 고유번호
   2. 필지별 공유지연명부의 장번호
   3. 토지소유자가 변경된 날과 그 원인

30 현행 공간정보관리법에 규정된 지번설정의 원칙적인 방법은?

① 북동→남서 ② 북서→남동
③ 남동→북서 ④ 남서→북동

해설
북서기번법 : 지번은 북서쪽에서 남동쪽으로 순차적으로 부여한다. 아라비아숫자로 지번을 부여하는 지역에 적합하며, 지적법상 지번부여 설정의 기본원칙이다.

31 지적공부를 비치하는 데 따른 원칙으로 가장 거리가 먼 것은?

① 지적소관청의 임의 반출 금지
② 멸실 시 즉시 복구
③ 토지 관련 범죄수사 시 반출 허용
④ 위난 대피 시 일시 반출 가능

해설
지적공부의 보존 등(법 제69조)
지적소관청은 해당 청사에 지적서고를 설치하고 그곳에 지적공부(정보처리시스템을 통하여 기록·저장한 경우는 제외한다)를 영구히 보존하여야 하며, 다음의 어느 하나에 해당하는 경우 외에는 해당 청사 밖으로 지적공부를 반출할 수 없다.
㉠ 천재지변이나 그 밖에 이에 준하는 재난을 피하기 위하여 필요한 경우
㉡ 관할 시·도지사 또는 대도시 시장의 승인을 받은 경우

32 공간정보관리법에 의한 신청을 거짓으로 한 자에 대한 벌칙은?

① 1년 이하의 징역 또는 500만원 이하의 벌금
② 1년 이하의 징역 또는 1,000만원 이하의 벌금
③ 2년 이하의 징역 또는 500만원 이하의 벌금
④ 2년 이하의 징역 또는 1,000만원 이하의 벌금

해설
1년 이하의 징역 또는 1,000만원 이하의 벌금(법 제109조)
㉠ 무단으로 측량성과 또는 측량기록을 복제한 자
㉡ 심사를 받지 아니하고 지도 등을 간행하여 판매하거나 배포한 자
㉢ 측량기술자가 아님에도 불구하고 측량을 한 자
㉣ 업무상 알게 된 비밀을 누설한 측량기술자
㉤ 둘 이상의 측량업자에게 소속된 측량기술자
㉥ 다른 사람에게 측량업등록증 또는 측량업등록수첩을 빌려주거나 자기의 성명 또는 상호를 사용하여 측량업무를 하게 한 자
㉦ 다른 사람의 측량업등록증 또는 측량업등록수첩을 빌려서 사용하거나 다른 사람의 성명 또는 상호를 사용하여 측량업무를 한 자
㉧ 지적측량수수료 외의 대가를 받은 지적측량기술자
㉨ 거짓으로 신규등록 신청, 등록전환 신청, 분할 신청, 합병 신청, 지목변경 신청, 바다로 된 토지의 등록말소 신청, 축척변경 신청, 등록사항의 정정 신청, 도시개발사업 등 시행지역의 토지이동 신청을 한 자
㉩ 다른 사람에게 자기의 성능검사대행자 등록증을 빌려 주거나 자기의 성명 또는 상호를 사용하여 성능검사대행업무를 수행하게 한 자
㉪ 다른 사람의 성능검사대행자 등록증을 빌려서 사용하거나 다른 사람의 성명 또는 상호를 사용하여 성능검사대행업무를 수행한 자

33 공간정보관리법에서 규정하고 있는 경계의 정의로 옳은 것은?

① 지적공부에 등록한 경계
② 토지소유자가 표시한 경계
③ 지상에 세워진 자연적 경계
④ 지상에 세워진 인위적인 경계

해설
경계(법 제2조)
필지별로 경계점들을 직선으로 연결하여 지적공부에 등록한 선을 말한다.

34 고시된 측량성과에 어긋나는 측량성과를 사용한 자에게 부과하는 벌칙은?

① 과태료
② 징역
③ 벌금
④ 자격정지

해설
고시된 측량성과에 어긋나는 측량성과를 사용한 자에게는 300만 원 이하의 과태료를 부과한다(법 제111조).

35 등록전환할 토지가 있을 때 토지소유자는 며칠 이내에 소관청에 신청하여야 하는가?

① 15일 이내
② 20일 이내
③ 30일 이내
④ 60일 이내

해설
등록전환 신청(법 제78조)
토지소유자는 등록전환할 토지가 있으면 대통령령으로 정하는 바에 따라 그 사유가 발생한 날부터 60일 이내에 지적소관청에 등록전환을 신청하여야 한다.

36 지번을 사람에게 비유하면 다음 어느 것에 해당하는가?

① 성명
② 주민등록번호
③ 본관
④ 호주

해설
지적과 호적의 비교

구분	지적	호적
	토지(필지)	사람(개인)
기재사항	토지소재	본관
	지번	성명
	고유번호	주민등록번호
	지목	성별
	면적	가족사항
	소유지	호주

37 다음 중에서 공유지연명부, 대지권등록부 등에 공통으로 등록하는 사항으로 옳은 것은?

① 소유권 지분
② 면적과 좌표
③ 토지의 소재와 지번
④ 대지권 비율

해설
등록사항

공유지연명부	• 토지의 소재 • 지번 • 소유권 지분 • 소유자의 성명 또는 명칭, 주소 및 주민등록번호 • 그 밖에 국토교통부령으로 정하는 사항 　– 토지의 고유번호 　– 필지별 공유지연명부의 장번호 　– 토지소유자가 변경된 날과 그 원인
대지권등록부	• 토지의 소재 • 지번 • 대지권 비율 • 소유자의 성명 또는 명칭, 주소 및 주민등록번호 • 그 밖에 국토교통부령으로 정하는 사항 　– 토지의 고유번호 　– 전유부분(專有部分)의 건물표시 　– 건물의 명칭 　– 집합건물별 대지권등록부의 장번호 　– 토지소유자가 변경된 날과 그 원인 　– 소유권 지분

정답 34 ① 35 ④ 36 ① 37 ③

38 지적측량 시 경계의 측정기준으로 맞는 것은?

① 토지가 해면 또는 수면에 접하는 때에는 중등조위면을 측정점으로 한다.
② 제방을 등록할 때에는 제방 바깥쪽 어깨부분을 측정점으로 한다.
③ 고저가 있는 대지를 분할할 때에는 토지의 상단부를 측정점으로 한다.
④ 도로에 절토된 부분이 있는 경우에는 그 경사면의 하단부를 측정점으로 한다.

해설

지상경계의 결정기준 등(영 제55조)
㉠ 연접되는 토지 간에 높낮이 차이가 없는 경우 : 그 구조물 등의 중앙
㉡ 연접되는 토지 간에 높낮이 차이가 있는 경우 : 그 구조물 등의 하단부
㉢ 도로·구거 등의 토지에 절토(땅깎기)된 부분이 있는 경우 : 그 경사면의 상단부
㉣ 토지가 해면 또는 수면에 접하는 경우 : 최대만조위 또는 최대만수위가 되는 선
㉤ 공유수면매립지의 토지 중 제방 등을 토지에 편입하여 등록하는 경우 : 바깥쪽 어깨 부분

39 임야대장에 등록할 사항으로 틀린 것은?

① 토지의 소재
② 지번
③ 면적
④ 경계

해설

토지대장과 임야대장의 등록사항(법 제71조)
㉠ 토지의 소재
㉡ 지번(임야대장은 숫자 앞에 "산"을 붙임)
㉢ 지목
㉣ 면적
㉤ 소유자의 성명 또는 명칭, 주소 및 주민등록번호(국가, 지방자치단체, 법인, 법인 아닌 사단이나 재단 및 외국인의 경우에는 부동산등기법에 따라 부여된 등록번호를 말한다)
㉥ 그 밖에 국토교통부령으로 정하는 사항(규칙 제68조)
  1. 토지의 고유번호(각 필지를 서로 구별하기 위하여 필지마다 붙이는 고유한 번호를 말한다)
  2. 지적도 또는 임야도의 번호와 필지별 토지대장 또는 임야대장의 장번호 및 축척
  3. 토지의 이동사유
  4. 토지소유자가 변경된 날과 그 원인
  5. 토지등급 또는 기준수확량등급과 그 설정·수정 연월일
  6. 개별공시지가와 그 기준일

40 다음 중 지적공부의 소유자에 관한 사항을 복구(復舊) 등록하고자 할 때 가장 적합한 증빙자료는?

① 부동산등기부나 법원의 확정판결서
② 가옥대장 등본이나 과세대장 등본
③ 관련자의 증언
④ 토지소유자의 복구신청서 및 보증서

해설

지적공부의 복구(영 제61조)
지적소관청이 지적공부를 복구할 때에는 멸실·훼손 당시의 지적공부와 가장 부합된다고 인정되는 관계 자료에 따라 토지의 표시에 관한 사항을 복구하여야 한다. 다만, 소유자에 관한 사항은 부동산등기부나 법원의 확정판결에 따라 복구하여야 한다.

41 다음 중 토지의 이동이 아닌 것은?

① 지목변경   ② 등록전환
③ 토지의 분할   ④ 등기이전

해설
토지의 이동(법 제2조) : 토지의 표시를 새로 정하거나 변경 또는 말소하는 것을 말한다.

42 토지의 지목을 정리하는 부호로서 옳지 않은 것은?

① 잡종지 – 잡   ② 임야 – 임
③ 수도용지 – 용   ④ 유지 – 유

해설
수도용지는 "수"로 표기한다.
※ 지목표기 시 두문자가 아닌 차문자로 표기하는 지목은 공장용지, 주차장, 하천, 유원지이다.

43 지적삼각점 및 지적삼각보조점은 몇 mm의 원으로 제도하는가?

① 1mm   ② 2mm
③ 3mm   ④ 4mm

해설
지적기준점 등의 제도(지적업무처리규정 제43조)
지적삼각점 및 지적삼각보조점은 직경 3mm의 원으로 제도한다. 이 경우 지적삼각점은 원 안에 십자선을 표시하고, 지적삼각보조점은 원 안에 검은색으로 엷게 채색한다.

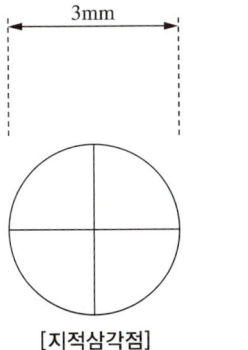
[지적삼각점]

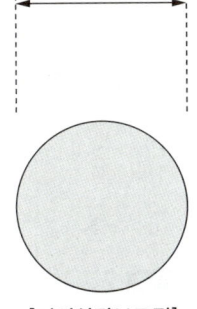
[지적삼각보조점]

44 지적공부의 복구에 관한 관계 자료에 해당하지 않는 것은?

① 측량결과도
② 지적공부의 등본
③ 토지이동정리 결의서
④ 지형도

해설
지적공부의 복구자료(규칙 제72조)
㉠ 지적공부의 등본
㉡ 측량결과도
㉢ 토지이동정리 결의서
㉣ 토지(건물)등기사항증명서 등 등기사실을 증명하는 서류
㉤ 지적소관청이 작성하거나 발행한 지적공부의 등록내용을 증명하는 서류
㉥ 지적공부의 보존 등에 따라 복제된 지적공부
㉦ 법원의 확정판결서 정본 또는 사본

45 다음 중 경계의 결정 원칙에 해당하는 것은?

① 축척종대의 원칙
② 주지목추종의 원칙
③ 용도 경중의 원칙
④ 일시 변경의 원칙

해설
②・③・④는 지목 설정 원칙에 해당한다.
경계 설정의 원칙
• 경계국정주의 원칙 : 지적공부에 등록하는 경계는 국가 지적측량을 통하여 결정한다.
• 경계직선주의 원칙 : 경계는 실제 모습대로 표시하지 않고 최단거리 직선으로 연결표시한다.
• 경계불가분의 원칙 : 경계는 선이므로 위치와 길이만 있을 뿐 너비는 없는 것이다.
• 축척종대의 원칙 : 동일한 경계가 축척이 다른 도면에 각각 등록되어 있을 때에는 축척이 큰 도면의 경계에 따른다는 원칙을 말한다.
• 부동성의 원칙 : 경계는 한번 정하여지면 적법절차에 의하지 않고서는 움직이지 않는다.

정답 41 ④ 42 ③ 43 ③ 44 ④ 45 ①

46 색인도의 제도방법으로 옳지 못한 것은?

① 색인도는 도곽선의 왼쪽 윗부분의 여백의 중앙에 제도한다.
② 가로 7mm, 세로 6mm 크기의 직사각형을 중앙에 두고 그의 4변에 접하여 같은 규격으로 4개의 직사각형을 제도한다.
③ 1장의 도면을 중앙으로 하여 동일 지번부여지역 안 위쪽, 아래쪽, 왼쪽 및 오른쪽의 인접 도면번호를 각각 제도한다.
④ 도면번호는 5mm 크기로 제도한다.

해설
색인도 등의 제도(지적업무처리규정 제45조)
㉠ 색인도는 도곽선의 왼쪽 윗부분 여백의 중앙에 다음과 같이 제도한다.
  1. 가로 7mm, 세로 6mm 크기의 직사각형을 중앙에 두고 그의 4변에 접하여 같은 규격으로 4개의 직사각형을 제도한다.
  2. 1장의 도면을 중앙으로 하여 동일 지번부여지역 안 위쪽, 아래쪽, 왼쪽 및 오른쪽의 인접 도면번호를 각각 3mm의 크기로 제도한다.
㉡ 제명 및 축척은 도곽선 윗부분 여백의 중앙에 "○○시·군·구 ○○읍·면 ○○동·리 지적도 또는 임야도 ○○장 중 제○○호 축척 1/○○○○"이라 제도한다. 이 경우 그 제도방법은 다음과 같다.
  1. 글자의 크기는 5mm로 하고, 글자 사이의 간격은 글자 크기의 1/2 정도 띄어 쓴다.
  2. 축척은 제명 끝에서 10mm를 띄어 쓴다.

47 동·리계의 행정구역선을 제도할 때 옳은 방법은?

① 실선 1mm와 허선 1mm로 연결하여 제도한다.
② 실선 2mm와 허선 1mm로 연결하여 제도한다.
③ 실선 3mm와 허선 1mm로 연결하여 제도한다.
④ 실선 4mm와 허선 2mm로 연결하여 제도한다.

해설
행정구역선의 제도(지적업무처리규정 제44조)
도면에 등록할 행정구역선은 0.4mm 폭으로 다음과 같이 제도한다. 다만, 동·리의 행정구역선은 0.2mm 폭으로 한다.
㉠ 국계는 실선 4mm와 허선 3mm로 연결하고 실선 중앙에 실선과 직각으로 교차하는 1mm의 실선을 긋고, 허선에 직경 0.3mm의 점 2개를 제도한다.
㉡ 시·도계는 실선 4mm와 허선 2mm로 연결하고 실선 중앙에 실선과 직각으로 교차하는 1mm의 실선을 긋고, 허선에 직경 0.3mm의 점 1개를 제도한다.
㉢ 시·군계는 실선과 허선을 각각 3mm로 연결하고, 허선에 0.3mm의 점 2개를 제도한다.
㉣ 읍·면·구계는 실선 3mm와 허선 2mm로 연결하고, 허선에 0.3mm의 점 1개를 제도한다.
㉤ 동·리계는 실선 3mm와 허선 1mm를 연결하여 제도한다.

48 도곽선의 제도 시 도면의 위방향은 어디를 의미하는가?

① 남쪽 ② 서쪽
③ 북쪽 ④ 동쪽

해설
도면의 위방향은 항상 북쪽이 되어야 한다.

49 축척 1/1000인 지적도 1도곽의 실제 포용면적은?

① 30,000m² ② 60,000m²
③ 90,000m² ④ 120,000m²

해설
지적도의 축척에 따른 도상 및 지상길이, 포용면적

축척	도상길이(mm)	지상길이(m)	포용면적(m²)
1/500	300×400	150×200	30,000
1/1000	300×400	300×400	120,000
1/600	333.33×416.67	200×250	50,000
1/1200	333.33×416.67	400×500	200,000
1/2400	333.33×416.67	800×1,000	800,000
1/3000	400×500	1,200×1,500	1,800,000
1/6000	400×500	2,400×3,000	7,200,000

50 일람도의 제도방법에 대한 설명으로 옳은 것은?

① 수도용지 중 선로는 남색 0.1mm 2선으로 제도한다.
② 하천, 구거, 유지는 붉은색 0.1mm로 제도한다.
③ 도면번호는 5mm의 크기로 제도한다.
④ 지방도로 이상은 붉은색 0.3mm로 제도한다.

해설
② 하천, 구거, 유지는 남색 0.1mm의 폭의 2선으로 제도하고, 그 내부를 남색으로 엷게 채색한다. 다만, 적은 양의 물이 흐르는 하천 및 구거는 0.1mm의 남색 선으로 제도한다.
③ 도면번호는 3mm의 크기로 제도한다.
④ 지방도로 이상은 검은색 0.2mm 폭의 2선으로, 그 밖의 도로는 0.1mm의 폭으로 제도한다.

51 도곽선의 신축량(S)의 계산식으로 맞는 것은?(단, ΔX_1은 왼쪽 종선의 신축된 차, ΔX_2는 오른쪽 종선의 신축된 차, ΔY_1은 위쪽 횡선의 신축된 차, ΔY_2는 아래쪽 횡선의 신축된 차)

① $S = \dfrac{\Delta X_1 + \Delta X_2 - \Delta Y_1 + \Delta Y_2}{4}$

② $S = \dfrac{\Delta X_1 - \Delta X_2 + \Delta Y_1 - \Delta Y_2}{4}$

③ $S = \dfrac{\Delta X_1 + \Delta X_2 + \Delta Y_1 + \Delta Y_2}{4}$

④ $S = \dfrac{\Delta X_1 - \Delta X_2 - \Delta Y_1 - \Delta Y_2}{4}$

해설
도곽선의 신축량 계산
$$S = \dfrac{\Delta X_1 + \Delta X_2 + \Delta Y_1 + \Delta Y_2}{4}$$
여기서, S : 신축량
ΔX_1 : 왼쪽 종선의 신축된 차
ΔX_2 : 오른쪽 종선의 신축된 차
ΔY_1 : 위쪽 횡선의 신축된 차
ΔY_2 : 아래쪽 횡선의 신축된 차

52 토지의 이동이 발생할 경우 도면을 제도하는 방법으로 틀린 것은?

① 경계를 말소하는 경우에는 짧은 교차선을 약 3mm 간격으로 제도한다.
② 말소된 경계를 다시 등록할 때에는 말소정리 이전의 자료로 원상회복 정리한다.
③ 지목을 변경하는 경우에는 지목만 말소하고 그 윗부분에 새로이 설정된 지목을 제도한다.
④ 등록사항 정정으로 도면에 경계, 지번 및 지목을 새로이 등록하는 경우에는 이미 비치된 도면에 제도한다.

해설
경계를 말소할 때에는 해당 경계선을 말소한다(지적업무처리규정 제46조).

53 지적도의 등록사항에 해당되지 않는 것은?

① 도면의 크기　② 도면의 색인도
③ 도곽선 수치　④ 도면의 제명

> **해설**
> 지적도 및 임야도의 등록사항(법 제72조)
> ㉠ 토지의 소재
> ㉡ 지번
> ㉢ 지목
> ㉣ 경계
> ㉤ 그 밖에 국토교통부령으로 정하는 사항(규칙 제69조)
>   1. 지적도면의 색인도(인접 도면의 연결 순서를 표시하기 위하여 기재한 도표와 번호를 말한다)
>   2. 지적도면의 제명 및 축척
>   3. 도곽선(圖廓線)과 그 수치
>   4. 좌표에 의하여 계산된 경계점 간의 거리(경계점좌표등록부를 갖춰 두는 지역으로 한정한다)
>   5. 삼각점 및 지적기준점의 위치
>   6. 건축물 및 구조물 등의 위치
>   7. 그 밖에 국토교통부장관이 정하는 사항

54 지번과 지목의 제도 시 글자 간격으로 옳은 것은?

① 지번의 글자 간격은 글자 크기의 1/2, 지번과 지목의 글자 간격은 글자 크기의 1/2 정도
② 지번의 글자 간격은 글자 크기의 1/2, 지번과 지목의 글자 간격은 글자 크기의 1/4 정도
③ 지번의 글자 간격은 글자 크기의 1/4, 지번과 지목의 글자 간격은 글자 크기의 1/2 정도
④ 지번의 글자 간격은 글자 크기의 1/4, 지번과 지목의 글자 간격은 글자 크기의 1/4 정도

> **해설**
> 지번 및 지목의 제도(지적업무처리규정 제42조 제2항)
> 지번 및 지목을 제도할 때에는 지번 다음에 지목을 제도한다. 이 경우 2mm 이상 3mm 이하 크기의 명조체로 하고, 지번의 글자 간격은 글자 크기의 1/4 정도, 지번과 지목의 글자 간격은 글자 크기의 1/2 정도 띄어서 제도한다. 다만, 부동산종합공부시스템이나 레터링으로 작성할 경우에는 고딕체로 할 수 있다.

55 축척 1/600에 등록할 토지의 면적이 78.445m²로 산출되었을 때 지적공부에 등록하는 면적은?

① 78m²　② 78.5m²
③ 78.45m²　④ 78.4m²

> **해설**
> 지적도의 축척이 1/600인 지역과 경계점좌표등록부에 등록하는 지역의 토지면적(영 제60조)
> • m² 이하 한 자리 단위로 한다.
> • 0.1m² 미만의 끝수가 있는 경우 0.05m² 미만일 때에는 버리고 0.05m²를 초과할 때에는 올린다.
> • 0.05m²일 때에는 구하려는 끝자리의 숫자가 0 또는 짝수이면 버리고 홀수이면 올린다.
> • 다만, 1필지의 면적이 0.1m² 미만일 때에는 0.1m²로 한다.

56 좌표면적계산법에 의한 면적측정 시 산출면적의 계산단위로 옳은 것은?

① $\frac{1}{10}m^2$　② $\frac{1}{100}m^2$
③ $\frac{1}{1000}m^2$　④ $\frac{1}{10000}m^2$

> **해설**
> 좌표면적계산법(지적측량 시행규칙 제20조)
> ㉠ 경위의측량방법으로 세부측량을 한 지역의 필지별 면적측정은 경계점 좌표에 따를 것
> ㉡ 산출면적은 1/1000m²까지 계산하여 1/10m² 단위로 정할 것
> ※ 대상지역 : 경계점좌표등록부 등록지

57 현행 규정에 의한 지적도의 도곽 크기는?

① 가로 30cm 세로 20cm
② 가로 40cm, 세로 30cm
③ 가로 30cm, 세로 40cm
④ 가로 40cm, 세로 50cm

해설
지적도의 도곽 크기는 가로 40cm, 세로 30cm의 직사각형으로 한다(지적업무처리규정 제40조).

58 지적공부의 등록사항 중 붉은색으로 정리해야 할 대상은?

① 소유자 성명
② 지번 및 지목
③ 도곽선 수치
④ 토지의 경계선

해설
지적공부 등의 정리에 사용하는 문자·기호 및 경계는 따로 규정을 둔 사항을 제외하고 정리사항은 검은색, 도곽선과 그 수치 및 말소는 붉은색으로 한다(지적업무처리규정 제63조).

59 지적측량의 면적측정방법으로 옳게 짝지어진 것은?(단, 지적측량 시행규칙에 따름)

① 삼사법, 전자면적측정기
② 전자면적측정기법, 플래니미터법
③ 전자면적측정기법, 좌표면적계산법
④ 좌표면적계산법, 삼사법

해설
지적측량 시행규칙에는 좌표면적계산법, 전자면적측정기법이 사용된다.

60 면적을 측정할 때 도곽선의 길이에 얼마 이상의 신축이 있는 경우 보정하여야 하는가?

① 0.7mm 이상
② 0.5mm 이상
③ 0.3mm 이상
④ 0.2mm 이상

해설
면적을 측정하는 경우 도곽선의 길이에 0.5mm 이상의 신축이 있을 때에는 이를 보정하여야 한다(지적측량 시행규칙 제20조).

정답 57 ② 58 ③ 59 ③ 60 ②

2023년 제4회 과년도 기출복원문제

01 우리나라 지적의 3대 이념(원칙)이 아닌 것은?

① 지적공개주의 ② 지적형식주의
③ 지적국정주의 ④ 지적경계주의

해설
우리나라 지적의 3대 이념(원칙) : 지적공개주의, 지적형식주의(지적등록주의), 지적국정주의

02 지적공부정리 등을 전산정보처리조직에 의하여 처리하는 지적전산정보처리 담당자를 등록하여 관리하는 것은?

① 전산관리부 ② 사용자권한 등록파일
③ 정보처리관리부 ④ 승인등록파일

해설
지적정보관리체계 담당자의 등록 등(규칙 제76조)
국토교통부장관, 시·도지사 및 지적소관청은 지적공부정리 등을 지적정보관리체계로 처리하는 담당자를 사용자권한 등록파일에 등록하여 관리하여야 한다.

03 소관청이 축척변경에 관한 측량을 한 결과 측량 전에 비하여 면적의 증감이 있는 경우에는 그 증감면적에 대하여 청산을 하여야 한다. 이때 청산금을 정하는 기준은?

① 지번별 평당 금액
② 지번별 m^2당 금액
③ 지번별 공시지가의 1.5배
④ 지번별 감정가와 공시지가의 차액

해설
청산금은 작성된 축척변경 지번별 조서의 필지별 증감면적에 따라 결정된 지번별 m^2당 금액을 곱하여 산정한다.

04 경계점좌표등록부의 등록사항이 아닌 것은?

① 토지의 소재 ② 지번
③ 면적 ④ 좌표

해설
경계점좌표등록부의 등록사항(법 제73조)
지적소관청은 도시개발사업 등에 따라 새로이 지적공부에 등록하는 토지에 대하여는 다음의 사항을 등록한 경계점좌표등록부를 작성하고 갖춰 두어야 한다.
㉠ 토지의 소재
㉡ 지번
㉢ 좌표
㉣ 그 밖에 국토교통부령으로 정하는 사항(규칙 제71조)
  1. 토지의 고유번호
  2. 지적도면의 번호
  3. 필지별 경계점좌표등록부의 장번호
  4. 부호 및 부호도

05 면적을 측정하는 경우 도곽선의 길이에 최소 얼마 이상의 신축이 있을 때 이를 보정하여야 하는가?

① 0.4mm ② 0.5mm
③ 0.6mm ④ 0.7mm

해설
면적을 측정하는 경우 도곽선의 길이에 0.5mm 이상의 신축이 있을 때에는 이를 보정하여야 한다(지적측량 시행규칙 제20조).

정답 1 ④ 2 ② 3 ② 4 ④ 5 ②

06 지적공부에 등록된 1필지를 2필지 이상으로 나누어 등록하는 것을 무엇이라 하는가?

① 분할 ② 등록전환
③ 합병 ④ 신규등록

해설
② 등록전환 : 임야대장 및 임야도에 등록된 토지를 토지대장 및 지적도에 옮겨 등록하는 것을 말한다.
③ 합병 : 지적공부에 등록된 2필지 이상을 1필지로 합하여 등록하는 것을 말한다.
④ 신규등록 : 새로 조성된 토지와 지적공부에 등록되어 있지 아니한 토지를 지적공부에 등록하는 것을 말한다.

07 다음 중 토지대장 및 임야대장에 등록해야 할 사항이 아닌 것은?

① 토지의 소재 ② 지번
③ 경계 ④ 지목

해설
토지대장과 임야대장의 등록사항(법 제71조)
㉠ 토지의 소재
㉡ 지번(임야대장은 숫자 앞에 "산"을 붙임)
㉢ 지목
㉣ 면적
㉤ 소유자의 성명 또는 명칭, 주소 및 주민등록번호(국가, 지방자치단체, 법인, 법인 아닌 사단이나 재단 및 외국인의 경우에는 부동산등기법에 따라 부여된 등록번호를 말한다)
㉥ 그 밖에 국토교통부령으로 정하는 사항(규칙 제68조)
  1. 토지의 고유번호(각 필지를 서로 구별하기 위하여 필지마다 붙이는 고유한 번호를 말한다)
  2. 지적도 또는 임야도의 번호와 필지별 토지대장 또는 임야대장의 장번호 및 축척
  3. 토지의 이동사유
  4. 토지소유자가 변경된 날과 그 원인
  5. 토지등급 또는 기준수확량등급과 그 설정·수정 연월일
  6. 개별공시지가와 그 기준일

08 경계의 종류 중 측량사에 의하여 측량이 행해지고 지적관리청의 사정에 의하여 확정된 토지경계를 무엇이라 하는가?

① 도상경계 ② 법률적 경계
③ 보증경계 ④ 인공적 경계

해설
경계의 종류
• 경계 특성에 따른 분류
  - 일반경계 : 자연적인 지형지물, 즉 도로, 담장, 울타리, 도랑, 하천 등으로 이루어진 경계이다.
  - 고정경계 : 특정 토지에 대한 경계점의 지상에 석주, 철주, 말뚝 등의 경계표지를 설치하거나 이를 정확하게 측량하여 지적도 상에 등록 또는 관리하는 경계이다.
  - 보증경계 : 측량사에 의하여 지적측량이 행해지고 지적관리청의 사정에 의하여 확정된 토지경계를 의미한다.
• 물리적 특성에 따른 경계 : 자연적 경계, 인공적 경계
• 법률적 특성에 따른 경계 : 공간정보와 구축 및 관례 등에 관한 법상의 경계, 민법상 경계, 형법상 경계
• 일반적 특성에 따른 경계 : 지상경계, 도상경계, 법정경계, 사실경계

09 다음 중 도면에 표시하는 지목표기의 부호로 옳은 것은?

① 목장용지 – 장 ② 양어장 – 양
③ 주차장 – 주 ④ 체육용지 – 육

해설
지목의 표기방법

지목	부호	지목	부호
전	전	철도용지	철
답	답	제방	제
과수원	과	하천	천
목장용지	목	구거	구
임야	임	유지	유
광천지	광	양어장	양
염전	염	수도용지	수
대	대	공원	공
공장용지	장	체육용지	체
학교용지	학	유원지	원
주차장	차	종교용지	종
주유소용지	주	사적지	사
창고용지	창	묘지	묘
도로	도	잡종지	잡

정답 6 ① 7 ③ 8 ③ 9 ②

10 1필지의 소유자가 몇 명 이상일 경우 공유지연명부를 작성하는가?

① 2인　　② 3인
③ 5인　　④ 10인

해설
공유지연명부 : 1필지의 토지에 소유자가 2인 이상인 경우에 소유자에 관한 사항을 기재한 지적공부이다.

11 합병된 토지의 지번 설정방법으로 가장 올바른 것은?

① 임의대로 지번설정을 한다.
② 합병된 관계로 지번을 새로이 정하여 사용한다.
③ 합병 전의 지번 중 선순위의 것을 그 지번으로 사용한다.
④ 합병하여도 그 지번 2개를 이어서 사용한다.

해설
지번의 구성 및 부여방법 등(영 제56조 제3항)
합병의 경우에는 합병 대상 지번 중 선순위의 지번을 그 지번으로 하되, 본번으로 된 지번이 있을 때에는 본번 중 선순위의 지번을 합병 후의 지번으로 할 것. 이 경우 토지소유자가 합병 전의 필지에 주거·사무실 등의 건축물이 있어서 그 건축물이 위치한 지번을 합병 후의 지번으로 신청할 때에는 그 지번을 합병 후의 지번으로 부여하여야 한다.

12 지적삼각점의 측량성과를 열람하거나 등본을 교부받고자 하는 자는 누구에게 신청하여야 하는가?

① 행정안전부장관　　② 건설교통부장관
③ 시·도지사　　④ 군·구청장

해설
지적기준점성과의 열람 및 등본발급(규칙 제26조)
지적측량기준점성과 또는 그 측량부를 열람하거나 등본을 발급받으려는 자는 지적삼각점성과에 대해서는 시·도지사 또는 지적소관청에 신청하고, 지적삼각보조점성과 및 지적도근점성과에 대해서는 지적소관청에 신청하여야 한다.

13 다음 중 지적측량을 하여야 하는 경우가 아닌 것은?

① 지적측량기준점 표지를 설치하는 때
② 토지를 합병하고자 하는 때
③ 지적측량성과를 검사하는 때
④ 경계점을 지상에 복원함에 있어 측량을 필요로 하는 때

해설
합병, 지목변경은 지적측량을 실시하지 않는다.
지적측량을 하여야 하는 경우(법 제23조, 영 제18조)
㉠ 지적기준점을 정하는 경우
㉡ 지적측량성과를 검사하는 경우
㉢ 다음에 해당하는 경우로서 측량을 할 필요가 있는 경우
　1. 지적공부를 복구하는 경우
　2. 토지를 신규등록하는 경우
　3. 토지를 등록전환하는 경우
　4. 토지를 분할하는 경우
　5. 바다가 된 토지의 등록을 말소하는 경우
　6. 축척을 변경하는 경우
　7. 지적공부의 등록사항을 정정하는 경우
　8. 도시개발사업 등의 시행지역에서 토지의 이동이 있는 경우
　9. 지적재조사에 관한 특별법에 따른 지적재조사사업에 따라 토지의 이동이 있는 경우
㉣ 경계점을 지상에 복원하는 경우
㉤ 그 밖에 대통령령으로 정하는 경우 : 지상건축물 등의 현황을 지적도 및 임야도에 등록된 경계와 대비하여 표시하는 데에 필요한 경우(지적현황측량)

14 경위의측량방법에 따른 세부측량의 방법으로 옳은 것은?

① 도선법 또는 방사법
② 도선법 또는 교회법
③ 교회법 또는 지거법
④ 방사법 또는 지거법

해설
세부측량
• 평판측량 : 교회법, 도선법, 방사법
• 경위의측량 : 도선법, 방사법

15 일반적으로 축척 1/600 지적도 시행지역에 대한 일람도의 축척은?

① 1/1200
② 1/3000
③ 1/6000
④ 1/1200

해설
일람도의 제도(지적업무처리규정 제38조)
지적도면 등의 등록사항 등에 따라 일람도를 작성할 경우 일람도의 축척은 그 도면축척의 1/10로 한다. 다만, 도면의 장수가 많아서 한 장에 작성할 수 없는 경우에는 축척을 줄여서 작성할 수 있으며, 도면의 장수가 4장 미만인 경우에는 일람도의 작성을 하지 아니할 수 있다.

$$\therefore \frac{1}{600} \times \frac{1}{10} = \frac{1}{6000}$$

16 1필지의 면적이 1m² 미만인 농촌산간지역의 토지를 토지대장 또는 임야대장에 등록하는 방법으로 옳은 것은?

① 0.5m² 미만이면 등록하지 않는다.
② 0.5m² 이상이면 0.5m²로 등록한다.
③ 1m²로 등록한다.
④ 0m²로 등록한다.

해설
토지의 면적에 1m² 미만의 끝수가 있는 경우(영 제60조)
• 0.5m² 미만일 때에는 버리고 0.5m²를 초과하는 때에는 올린다.
• 0.5m²일 때에는 구하려는 끝자리의 숫자가 0 또는 짝수이면 버리고 홀수이면 올린다.
• 다만, 1필지의 면적이 1m² 미만일 때에는 1m²로 한다.

17 일람도에 등재하여야 할 사항이 아닌 것은?

① 지번
② 지번설정지역의 경계 및 명칭
③ 도면의 제명 및 축척
④ 주요 지형지물의 표시

해설
일람도의 등재사항(지적업무처리규정 제37조)
㉠ 지번부여지역의 경계 및 인접 지역의 행정구역 명칭
㉡ 도면의 제명 및 축척
㉢ 도곽선과 그 수치
㉣ 도면번호
㉤ 도로, 철도, 하천, 구거, 유지, 취락 등 주요 지형지물의 표시

18 조선시대의 양안(量案)의 의미는 다음 중 어느 것과 가장 관계가 있는가?

① 토지대장
② 매매증서
③ 건축물 등록증
④ 개인 신상 확인

해설
양안(量案) : 조선시대 조세 부과를 목적으로 전지(田地)를 측량하여 만든 토지등록장부로서 오늘날의 토지대장이다.

19 다음 중 도곽선의 역할로 보기 어려운 것은?

① 인접 도면과의 접합 기준선
② 지적측량준비도에서 북방향의 기준
③ 지적측량기준점 전개 시의 기준선
④ 경계점좌표등록부의 접합 기준

해설
도곽선의 역할
• 인접 도면과의 접합 기준선
• 지적측량기준점 전개 시의 기준선
• 도곽 신축량을 측정하는 기준
• 측량준비도와 측량결과도에서 북방향의 기준
• 외업 시 측량준비도와 실지의 부합 여부 확인 기준

20 지적공부에 등록하는 면적은?

① 지구 구면상의 면적
② 입체적 지표상의 넓이
③ 수평면상의 넓이
④ 경사면상의 넓이

해설
면적(법 제2조) : 지적공부에 등록한 필지의 수평면상 넓이를 말한다.

21 지적소관청은 축척변경의 시행에 관하여 시·도지사의 승인을 얻은 때에는 며칠 이상 공고하여야 하는가?

① 10일 이상
② 20일 이상
③ 30일 이상
④ 40일 이상

해설
축척변경 시행공고 등(영 제71조)
지적소관청은 시·도지사 또는 대도시 시장으로부터 축척변경 승인을 받았을 때에는 지체 없이 다음의 사항을 20일 이상 공고하여야 한다.
㉠ 축척변경의 목적, 시행지역 및 시행기간
㉡ 축척변경의 시행에 관한 세부계획
㉢ 축척변경의 시행에 따른 청산방법
㉣ 축척변경의 시행에 따른 토지소유자 등의 협조에 관한 사항

22 토지대장의 일반적인 형식에 해당하지 않는 것은?

① 장부식 대장
② 편철식 대장
③ 카드식 대장
④ 기고식 대장

해설
일반적인 토지대장의 형식 : 장부식, 편철식, 카드식

23 하나의 지번에 붙는 토지의 등록단위를 무엇이라 하는가?

① 번지
② 필지
③ 단지
④ 대지

해설
필지(법 제2조) : 대통령령으로 정하는 바에 따라 구획되는 토지의 등록단위를 말한다.

24 토지 또는 건축물의 용도가 변경된 경우 토지이동 정리는?

① 합병
② 분할
③ 지목변경
④ 등록전환

해설
지목변경(법 제2조) : 지적공부에 등록된 지목을 다른 지목으로 바꾸어 등록하는 것을 말한다.

정답 20 ③ 21 ② 22 ④ 23 ② 24 ③

25 과수원을 매수하여 소유권이전 등기를 완료하였으나 토지대장에는 이전 정리되어 있지 않다. 다음 서류 중 토지대장상 소유권이전 권리의 근거가 될 수 있는 것은?

① 매매 계약서
② 환지 등기촉탁서
③ 소유권에 관한 소관청 조사서
④ 등기필증

해설
토지소유자의 정리(법 제88조)
지적공부에 등록된 토지소유자의 변경사항은 등기관서에서 등기한 것을 증명하는 등기필증, 등기완료통지서, 등기사항증명서 또는 등기관서에서 제공한 등기전산정보자료에 따라 정리한다. 다만, 신규등록하는 토지의 소유자는 지적소관청이 직접 조사하여 등록한다.

26 신규등록할 토지가 있는 경우 그날로부터 며칠 이내에 지적소관청에 신청해야 하는가?

① 10일 ② 20일
③ 30일 ④ 60일

해설
신규등록 신청(법 제77조)
토지소유자는 신규등록할 토지가 있으면 대통령령으로 정하는 바에 따라 그 사유가 발생한 날부터 60일 이내에 지적소관청에 신규등록을 신청하여야 한다.

27 지번의 설정방법으로 옳은 것은?

① 지번은 북서에서 남동으로 순차적으로 설정한다.
② 지번은 남동에서 북서로 순차적으로 설정한다.
③ 지번은 남북에서 동서로 순차적으로 설정한다.
④ 지번은 북동에서 남서로 순차적으로 설정한다.

해설
북서기번법 : 지번은 북서쪽에서 남동쪽으로 순차적으로 부여한다. 아라비아숫자로 지번을 부여하는 지역에 적합하며, 지적법상 지번부여 설정의 기본원칙이다.

28 지적공부의 보존 연한은?

① 100년 보존 ② 10년 보존
③ 50년 보존 ④ 영구 보존

해설
지적공부의 보존 등(법 제69조)
지적공부를 정보처리시스템을 통하여 기록·저장한 경우 관할 시·도지사, 시장·군수 또는 구청장은 그 지적공부를 지적정보관리체계에 영구히 보존하여야 한다.

29 현행 공간정보관리법상 무자격자의 지적측량 행위에 대한 벌칙 규정은?

① 1년 이하의 징역 또는 500만원 이하의 벌금
② 1년 이하의 징역 또는 1,000만원 이하의 벌금
③ 2년 이하의 징역 또는 500만원 이하의 벌금
④ 2년 이하의 징역 또는 1,000만원 이하의 벌금

해설
1년 이하의 징역 또는 1,000만원 이하의 벌금(법 제109조)
㉠ 무단으로 측량성과 또는 측량기록을 복제한 자
㉡ 심사를 받지 아니하고 지도 등을 간행하여 판매하거나 배포한 자
㉢ 측량기술자가 아님에도 불구하고 측량을 한 자
㉣ 업무상 알게 된 비밀을 누설한 측량기술자
㉤ 둘 이상의 측량업자에게 소속된 측량기술자
㉥ 다른 사람에게 측량업등록증 또는 측량업등록수첩을 빌려주거나 자기의 성명 또는 상호를 사용하여 측량업무를 하게 한 자
㉦ 다른 사람의 측량업등록증 또는 측량업등록수첩을 빌려서 사용하거나 다른 사람의 성명 또는 상호를 사용하여 측량업무를 한 자
㉧ 지적측량수수료 외의 대가를 받은 지적측량기술자
㉨ 거짓으로 신규등록 신청, 등록전환 신청, 분할 신청, 합병 신청, 지목변경 신청, 바다로 된 토지의 등록말소 신청, 축척변경 신청, 등록사항의 정정 신청, 도시개발사업 등 시행지역의 토지 이동 신청을 한 자
㉩ 다른 사람에게 자기의 성능검사대행자 등록증을 빌려 주거나 자기의 성명 또는 상호를 사용하여 성능검사대행업무를 수행하게 한 자
㉪ 다른 사람의 성능검사대행자 등록증을 빌려서 사용하거나 다른 사람의 성명 또는 상호를 사용하여 성능검사대행업무를 수행한 자

정답 25 ④ 26 ④ 27 ① 28 ④ 29 ②

30 지적공부에 토지를 등록하는 경우 등록 주체는?

① 토지소유자 ② 지적소관청
③ 행정안전부장관 ④ 읍·면장

해설
토지의 조사·등록 등(법 제64조)
㉠ 국토교통부장관은 모든 토지에 대하여 필지별로 소재, 지번, 지목, 면적, 경계 또는 좌표 등을 조사·측량하여 지적공부에 등록하여야 한다.
㉡ 지적공부에 등록하는 지번, 지목, 면적, 경계 또는 좌표는 토지의 이동이 있을 때 토지소유자의 신청을 받아 지적소관청이 결정한다. 신청이 없으면 지적소관청이 직권으로 조사·측량하여 결정할 수 있다.

31 지적공부의 정리 시 검은색으로 하는 것은?

① 도곽선 ② 도곽선 수치
③ 말소사항 ④ 문자 정리사항

해설
지적공부 등의 정리에 사용하는 문자·기호 및 경계는 따로 규정을 둔 사항을 제외하고 정리사항은 검은색, 도곽선과 그 수치 및 말소는 붉은색으로 한다(지적업무처리규정 제63조).

32 소관청이 관련 규정에 의하여 신규등록, 등록전환, 분할 등의 토지이동이 있는 경우 작성하여야 하는 것은?

① 토지이동정리 결의서
② 공유지연명부
③ 경계점좌표등록부
④ 소유자정리 결의서

해설
지적공부의 정리 등(영 제84조)
㉠ 지적소관청은 지적공부가 다음의 어느 하나에 해당하는 경우에는 지적공부를 정리하여야 한다. 이 경우 이미 작성된 지적공부에 정리할 수 없을 때에는 새로 작성하여야 한다.
 1. 지번을 변경하는 경우
 2. 지적공부를 복구하는 경우
 3. 신규등록, 등록전환, 분할, 합병, 지목변경 등 토지의 이동이 있는 경우
㉡ 지적소관청은 ㉠에 따른 토지의 이동이 있는 경우에는 토지이동정리 결의서를 작성하여야 하고, 토지소유자의 변동 등에 따라 지적공부를 정리하려는 경우에는 소유자정리 결의서를 작성하여야 한다.

33 토지소유자가 지적소관청에 신규등록을 신청하고자 할 경우 구비서류가 아닌 것은?

① 법원의 확정판결서 정본 또는 사본
② 소유권을 증명할 수 있는 서류의 사본
③ 공유수면 관리 및 매립에 관한 법률에 따른 준공검사 확인증 사본
④ 토지의 형질변경 준공필증 사본

해설
지적소관청에 신규등록을 신청하고자 할 경우 구비서류(규칙 제81조)
㉠ 법원의 확정판결서 정본 또는 사본
㉡ 공유수면 관리 및 매립에 관한 법률에 따른 준공검사확인증 사본
㉢ 도시계획구역의 토지를 그 지방자치단체의 명의로 등록하는 때에는 기획재정부장관과 협의한 문서의 사본
㉣ 그 밖에 소유권을 증명할 수 있는 서류의 사본

34 지적의 발생설과 거리가 먼 것은?

① 과세설 ② 치수설
③ 지배설 ④ 권리설

해설
지적의 발생설
- 과세설 : 국가가 과세를 목적으로 토지에 대한 각종 현상을 기록·관리하는 수단으로부터 출발했다고 보는 설로, 가장 지배적인 학설이다.
- 치수설 : 국가가 토지를 농업생산 수단으로 이용하기 위해서 관개시설 등을 측량하고 기록을 유지·관리하는 데서 비롯되었다고 보는 설로, 토지측량설이라고도 한다.
- 지배설 : 국가가 토지를 다스리기 위한 통치수단으로 토지에 대한 각종 현황을 관리하는 데서 출발한다고 보는 설이다.

35 지적측량의 기초측량에 사용되는 방법이 아닌 것은?

① 경위의측량방법
② 광파기측량방법
③ 평판측량방법
④ 위성측량방법

해설

지적측량의 방법
- 기초측량: 경위의측량방법, 전파기 또는 광파기측량방법, 위성측량방법 및 국토교통부장관이 승인한 측량방법
- 세부측량: 경위의측량방법, 평판측량방법, 위성측량방법 및 전자평판측량방법

36 축척 1/1000 도면에서 도곽선의 신축량이 가로, 세로 각각 +2.0mm일 때 면적보정계수는?

① 1.0117
② 0.9884
③ 1.1035
④ 0.9965

해설

도면의 도상길이

축척	도상길이(mm)	
	세로	가로
1/1000	300	400

도곽선의 보정계수

$$Z = \frac{X \cdot Y}{\Delta X \cdot \Delta Y}$$

$$= \frac{300 \times 400}{(300+2) \times (400+2)}$$

$$≒ 0.9884$$

여기서, Z: 보정계수
X: 도곽선 종선길이
Y: 도곽선 횡선길이
ΔX: 신축된 도곽선 종선길이의 합/2
ΔY: 신축된 도곽선 횡선길이의 합/2

37 축척이 1/1000인 지적도상에 1변이 3cm로 등록된 정사각형 모양인 토지의 실제면적은 얼마인가?

① 570m²
② 600m²
③ 750m²
④ 900m²

해설

$$\left(\frac{1}{m}\right)^2 = \frac{도상면적}{실제면적}$$

$$\left(\frac{1}{1000}\right)^2 = \frac{0.03 \times 0.03}{실제면적}$$

∴ 실제면적 = $1000^2 \times 0.0009 = 900m^2$

38 행정구역선 중 동·리계에 대한 제도방법으로 옳은 것은?

① 실선 3mm와 허선 2mm로 연결하고 허선에 0.3mm의 점 1개를 그린다.
② 실선 3mm와 허선 1mm로 연결하여 그린다.
③ 실선과 허선을 각각 3mm로 연결하고 허선에 0.3mm의 점 1개를 그린다.
④ 실선 3mm와 허선 2mm로 연결하여 그린다.

해설

행정구역선의 제도(지적업무처리규정 제44조)
도면에 등록할 행정구역선은 0.4mm 폭으로 다음과 같이 제도한다. 다만, 동·리의 행정구역선은 0.2mm 폭으로 한다.
㉠ 국계는 실선 4mm와 허선 3mm로 연결하고 실선 중앙에 실선과 직각으로 교차하는 1mm의 실선을 긋고, 허선에 직경 0.3mm의 점 2개를 제도한다.
㉡ 시·도계는 실선 4mm와 허선 2mm로 연결하고 실선 중앙에 실선과 직각으로 교차하는 1mm의 실선을 긋고, 허선에 직경 0.3mm의 점 1개를 제도한다.
㉢ 시·군계는 실선과 허선을 각각 3mm로 연결하고, 허선에 0.3mm의 점 2개를 제도한다.
㉣ 읍·면·구계는 실선 3mm와 허선 2mm로 연결하고, 허선에 0.3mm의 점 1개를 제도한다.
㉤ 동·리계는 실선 3mm와 허선 1mm를 연결하여 제도한다.

정답 35 ③ 36 ② 37 ④ 38 ②

39 삼각망 중에서 정밀도가 가장 높은 것은?

① 단 삼각망
② 유심 삼각망
③ 단열 삼각망
④ 사변형 삼각망

해설
사변형 삼각망은 삼각망의 종류에서 조건식의 수는 많으나 가장 높은 정확도로 측량할 수 있는 방법이다.

40 지적삼각측량은 측량법에 의해 설치한 삼각점과 무엇을 기초로 하여 시행하는가?

① 도근점
② 지적삼각보조점
③ 수준점
④ 지적삼각점

해설
지적삼각점측량(지적측량 시행규칙 제7조)
위성기준점, 통합기준점, 삼각점 및 지적삼각점을 기초로 하여 경위의측량방법, 전파기 또는 광파기측량방법, 위성측량방법 및 국토교통부장관이 승인한 측량방법에 따르되, 그 계산은 평균계산법이나 망평균계산법에 따른다.

41 다음 중 공간정보관리법상 지적공부에 해당하지 않는 것은?

① 임야대장
② 공유지연명부
③ 토지대장부본
④ 지적도

해설
지적공부(법 제2조)
토지대장, 임야대장, 공유지연명부, 대지권등록부, 지적도, 임야도 및 경계점좌표등록부 등 지적측량 등을 통하여 조사된 토지의 표시와 해당 토지의 소유자 등을 기록한 대장 및 도면(정보처리시스템을 통하여 기록·저장된 것을 포함한다)을 말한다.

42 토지소유자가 토지이동 신청을 하였을 경우 소관청이 토지 표시변경을 등기촉탁하지 않아도 되는 사항은?

① 신규등록 신청
② 등록전환 신청
③ 토지분할 신청
④ 토지합병 신청

해설
등기촉탁(법 제89조)
지적소관청은 지적공부에 등록하는 지번·지목·면적·경계 또는 좌표는 토지의 이동이 있을 때(신규등록은 제외한다), 지적공부에 등록된 지번을 변경, 바다로 된 토지의 등록말소 신청, 축척변경, 지적공부의 등록사항의 정정 또는 지번부여지역의 일부가 행정구역의 개편으로 다른 지번부여지역에 속하게 되는 사유로 토지의 표시 변경에 관한 등기를 할 필요가 있는 경우에는 지체 없이 관할 등기관서에 그 등기를 촉탁하여야 한다. 이 경우 등기촉탁은 국가가 국가를 위하여 하는 등기로 본다.

43 평판측량방법에 의한 세부측량 시 경계위치는 기지점을 기준으로 하여 지상경계선과 도상경계선의 부합 여부를 확인하여 정한다. 그 확인방법으로 타당하지 않은 것은?

① 현형법
② 지상원호교회법
③ 거리비교확인법
④ 도곽 확인법

해설
세부측량의 기준 및 방법 등(지적측량 시행규칙 제18조)
㉠ 평판측량방법에 따른 세부측량의 기준
  1. 거리측정단위는 지적도를 갖춰 두는 지역에서는 5cm로 하고, 임야도를 갖춰 두는 지역에서는 50cm로 할 것
  2. 측량결과도는 그 토지가 등록된 도면과 동일한 축척으로 작성할 것
  3. 세부측량의 기준이 되는 위성기준점, 통합기준점, 삼각점, 지적삼각점, 지적삼각보조점, 지적도근점 및 기지점이 부족한 경우에는 측량상 필요한 위치에 보조점을 설치하여 활용할 것
  4. 경계점은 기지점을 기준으로 하여 지상경계선과 도상경계선의 부합 여부를 현형법, 도상원호교회법, 지상원호교회법 또는 거리비교확인법 등으로 확인하여 정할 것
㉡ 평판측량방법에 따른 세부측량은 교회법, 도선법 및 방사법(放射法)에 따른다.

44 축척 1/1000인 지적도 1도곽의 실제 포용면적은?

① 30,000m²
② 60,000m²
③ 90,000m²
④ 120,000m²

해설
지적도의 축척에 따른 포용면적, 도상 및 지상길이

축척	도상길이(mm)	지상길이(m)	포용면적(m²)
1/500	300 × 400	150 × 200	30,000
1/1000	300 × 400	300 × 400	120,000
1/600	333.33 × 416.67	200 × 250	50,000
1/1200	333.33 × 416.67	400 × 500	200,000
1/2400	333.33 × 416.67	800 × 1,000	800,000
1/3000	400 × 500	1,200 × 1,500	1,800,000
1/6000	400 × 500	2,400 × 3,000	7,200,000

45 경위의측량방법으로 세부측량을 할 때 측량준비파일에 기재하여야 할 사항이 아닌 것은?

① 경계점 간 계산거리
② 도곽선과 도곽선 수치
③ 행정구역선과 명칭
④ 신축량 및 보정계수

해설
경위의측량방법에 따른 세부측량(지적측량 시행규칙 제17조)
㉠ 측량대상 토지의 경계와 경계점의 좌표 및 부호도, 지번, 지목
㉡ 인근 토지의 경계와 경계점의 좌표 및 부호도, 지번, 지목
㉢ 행정구역선과 그 명칭
㉣ 지적기준점 및 그 번호와 지적기준점 간의 방위각 및 그 거리
㉤ 경계점 간 계산거리
㉥ 도곽선과 그 수치

46 지적(임야)도에 행정구역 경계가 2종 이상 겹칠 때에는 어떻게 정리하는가?

① 2종 중 임의의 한 종류만 그리면 된다.
② 최상급 경계만 그린다.
③ 최하급 경계만 그린다.
④ 일정 간격을 두고 2종 모두 그려야 한다.

해설
행정구역선의 제도(지적업무처리규정 제44조)
행정구역선이 2종 이상 겹치는 경우에는 최상급 행정구역선만 제도한다.

47 지적도근측량에서 점 간 거리의 측정은 몇 회 측정을 원칙으로 하는가?

① 2회 측정한다.
② 3회 측정한다.
③ 4회 측정한다.
④ 5회 측정한다.

해설
지적도근점의 관측 및 계산(지적측량 시행규칙 제13조)
점 간 거리를 측정하는 경우에는 2회 측정하여 그 측정치의 교차가 평균치의 1/3000 이하일 때에는 그 평균치를 점 간 거리로 할 것. 이 경우 점 간 거리가 경사(傾斜)거리일 때에는 수평거리로 계산하여야 한다.

정답 44 ④ 45 ④ 46 ② 47 ①

48 지적삼각점측량에서 방향관측법에 의한 수평각관측 시 윤곽도로 적합한 것은?

① 0°, 30°, 60°
② 0°, 60°, 90°
③ 0°, 45°, 90°
④ 0°, 60°, 120°

> **해설**
> 경위의측량방법에 따른 지적삼각점의 관측과 계산의 기준(지적측량 시행규칙 제9조)
> ㉠ 관측은 10초독(秒讀) 이상의 경위의를 사용할 것
> ㉡ 수평각관측은 3대회(大回, 윤곽도는 0°, 60°, 120°로 한다)의 방향관측법에 따를 것
> ㉢ 수평각의 측각공차(測角公差)는 다음 표에 따를 것
>
> | 종별 | 1방향각 | 1측회(側回)의 폐색(閉塞) | 삼각형 내각관측의 합과 180°와의 차 | 기지각(旣知角)과의 차 |
> |---|---|---|---|---|
> | 공차 | 30초 이내 | ±30초 이내 | ±30초 이내 | ±40초 이내 |

49 수평, 수직의 눈금자를 제도판의 임의 위치로 정확하게 이동할 수 있고, 분도판의 눈금자가 필요한 각도에 고정시킬 수 있도록 만들어져 사용하기에 편리한 제도용구는?

① T자
② 각도기
③ 만능제도기
④ 플로터

> **해설**
> 만능제도기는 제도대, T자, 삼각자, 스케일(scale), 각도기 등의 기능을 함께 갖춘 제도용구이다.

50 경위의측량방법에 따라 도선법으로 지적도근점측량을 시행할 경우 사용하는 기준 도선은?(단, 지형상 부득이한 경우는 고려하지 않는다)

① 결합도선
② 폐합도선
③ 왕복도선
④ 개방도선

> **해설**
> 경위의측량방법에 따라 도선법으로 지적도근점측량을 할 때의 기준(지적측량 시행규칙 제12조)
> ㉠ 도선은 위성기준점, 통합기준점, 삼각점, 지적삼각점, 지적삼각보조점 및 지적도근점의 상호 간을 연결하는 결합도선에 따를 것. 다만, 지형상 부득이한 경우에는 폐합도선 또는 왕복도선에 따를 수 있다.
> ㉡ 1도선의 점의 수는 40점 이하로 할 것. 다만, 지형상 부득이한 경우에는 50점까지로 할 수 있다.

51 경위의측량방법에 의한 축척변경 시행지역의 측량에 사용하는 측량결과도의 축척은?

① 1/500
② 1/600
③ 1/1000
④ 1/1200

> **해설**
> 경위의측량방법에 따른 세부측량의 기준(지적측량 시행규칙 제18조)
> ㉠ 거리측정단위는 1cm로 할 것
> ㉡ 측량결과도는 그 토지의 지적도와 동일한 축척으로 작성할 것. 다만, 도시개발사업 등 시행지역의 토지이동 신청에 관한 특례에 따른 도시개발사업 등의 시행지역(농지의 구획정리지역은 제외한다)과 축척변경 시행지역은 1/500로 하고, 농지의 구획정리 시행지역은 1/1000로 하되, 필요한 경우에는 미리 시·도지사의 승인을 받아 1/6000까지 작성할 수 있다.

52 다음 중 경계선을 새로이 설정하지 않아도 되는 것은?

① 신규등록　　② 토지합병
③ 등록전환　　④ 토지분할

해설
토지합병은 이미 등록된 두 개 이상의 토지를 합쳐 하나의 토지로 만드는 과정이므로 경계선을 새로이 설정할 필요가 없다.

53 축척 1/1200 지적도 1필지를 분할할 경우 원면적 3,000m²에 대한 신구면적 오차의 허용범위는?

① ±30m²　　② ±38m²
③ ±44m²　　④ ±54m²

해설
오차 허용면적
$A = 0.026^2 M\sqrt{F}$
$\quad = 0.026^2 \times 1200\sqrt{3000}$
$\quad ≒ ±44.4m^2$
$\quad ≒ ±44m^2$
여기서, M : 축척분모
$\qquad F$: 원면적

54 지적측량기준점으로 볼 수 없는 것은?

① 수준원점　　② 지적삼각점
③ 지적삼각보조점　　④ 지적도근점

해설
지적측량의 방법

종류	기초	계산방법	측량방법
지적 삼각점 측량	• 위성기준점 • 통합기준점 • 삼각점 • 지적삼각점	• 평균계산법 • 망평균계산법	• 경위의측량 　방법 • 전파기 또는 　광파기측량 　방법 • 위성측량 　방법 • 국토교통부 　장관이 　승인한 　측량방법
지적 삼각 보조점 측량	• 위성기준점 • 통합기준점 • 삼각점 • 지적삼각점 • 지적삼각보조점	• 교회법 • 다각망도선법	
지적 도근점 측량	• 위성기준점 • 통합기준점 • 삼각점 • 지적기준점 　- 지적삼각점 　- 지적삼각보조점 　- 지적도근점	• 도선법 • 교회법 • 다각망도선법	

55 지적제도에서 경계를 그릴 때 사용하는 선의 폭은?

① 0.1mm　　② 0.2mm
③ 0.4mm　　④ 0.5mm

해설
경계는 0.1mm 폭의 선으로 제도한다(지적업무처리규정 제41조).

56 다음 중 각 측정에 이용될 수 없는 측정기계는?

① 트랜싯　　② 레벨
③ 토털 스테이션　　④ 데오돌라이트

해설
레벨은 수준측량에 사용되는 장비이다.

57 다음 중 직각좌표계 원점에 해당하지 않는 것은?

① 동부원점　② 중부원점
③ 서부원점　④ 남부원점

해설
직교좌표계에서의 좌표원점은 서부원점, 중부원점, 동부원점, 동해원점이 있다.

58 전자면적측정기로 면적을 측정할 때 몇 회 측정을 기준으로 하는가?

① 1회　② 2회
③ 3회　④ 4회

해설
전자면적측정기에 따른 면적측정(지적측량 시행규칙 제20조)
㉠ 도상에서 2회 측정하여 그 교차가 다음 계산식에 따른 허용면적 이하일 때에는 그 평균치를 측정면적으로 할 것
$A = 0.023^2 M\sqrt{F}$
여기서, A : 허용면적
　　　　M : 축척분모
　　　　F : 2회 측정한 면적의 합계를 2로 나눈 수
㉡ 측정면적은 1/1000m² 까지 계산하여 1/10m² 단위로 정할 것

59 임야도 축척의 종류는 몇 종류인가?

① 1종류　② 2종류
③ 3종류　④ 4종류

해설
임야도의 축척 : 1/3000, 1/6000

60 다음 중 공간정보관리법상 토지대장 또는 임야대장에 등록하는 토지가 부동산등기법에 의하여 대지권등기가 된 때에 대지권등록부에 등록하는 사항에 해당하지 않는 것은?

① 토지의 소재　② 대지권 비율
③ 지번　　　　④ 지목

해설
대지권등록부의 등록사항(법 제71조)
㉠ 토지의 소재
㉡ 지번
㉢ 대지권 비율
㉣ 소유자의 성명 또는 명칭, 주소 및 주민등록번호
㉤ 그 밖에 국토교통부령으로 정하는 사항(규칙 제68조)
  • 토지의 고유번호
  • 전유부분(專有部分)의 건물표시
  • 건물의 명칭
  • 집합건물별 대지권등록부의 장번호
  • 토지소유자가 변경된 날과 그 원인
  • 소유권 지분

2024년 제1회 최근 기출복원문제

01 일람도 제도에서 붉은색 0.2mm 폭의 2선으로 제도하는 것은?

① 수도용지　② 기타 도로
③ 철도용지　④ 하천

해설
철도용지(지적업무처리규정 제38조) : 붉은색 0.2mm 폭의 2선으로 제도한다.

02 방위가 S 20°20′W인 측선에 대한 방위각은?

① 100°20′　② 159°40′
③ 200°20′　④ 249°40′

해설
SW는 3상한이므로 +180°를 해준다.
180° + 20°20′ = 200°20′

03 축척 1/1200 지역에서 원면적이 400m²의 토지를 분할하는 경우 분할 후의 각 필지의 면적의 합계와 분할 전 면적과의 오차의 허용범위는?

① ±13m²　② ±16m²
③ ±18m²　④ ±32m²

해설
$A = 0.023^2 M\sqrt{F}$
$= 0.026^2 \times 1200 \times \sqrt{400}$
$= \pm 16.224\text{m}^2$
$\fallingdotseq \pm 16\text{m}^2$

04 블록(block)마다 하나의 본번을 부여하고 블록 내 필지마다 부번을 부여하는 지번 설정방법으로 블록식이라고도 하는 것은?

① 단지식　② 사행식
③ 기우식　④ 방사식

해설
지번의 진행 방향에 따른 지번부여방법
- 사행식 : 필지의 배열이 불규칙한 지역에서 진행순서에 따라 지번을 부여하는 방식으로, 진행 방향으로 지번이 순차적으로 연속되며 일반적으로 농촌지역에 적합한 지번부여방식이다.
- 기우식(교호식) : 도로를 중심으로 한쪽은 홀수인 기수를 반대쪽은 짝수인 우수로 지번을 부여하는 방식으로, 주거지역에 적합하며 특정지번의 개략적인 위치파악이 가능하다는 장점이 있다.
- 단지식 : 블록(단지)마다 하나의 본번을 부여하고 블록 내 필지마다 부번을 부여하는 지번 설정방법으로 블록식이라고도 하며, 토지개발사업을 실시한 지역에서 적합한 방식이다.
- 절충식 : 하나의 지번부여지역에 사행식, 기우식, 단지식을 혼용하는 방식이다.

05 다음 중 지적도의 축척이 아닌 것은?

① 1/500　② 1/1500
③ 1/2400　④ 1/3000

해설
지적도면의 축척은 다음의 구분에 따른다(규칙 제69조).
- 지적도 : 1/500, 1/600, 1/1000, 1/1200, 1/2400, 1/3000, 1/6000
- 임야도 : 1/3000, 1/6000

정답 1 ③　2 ③　3 ②　4 ①　5 ②

06 현행 지적 관련 법률에서 규정하고 있는 지목의 종류는?

① 16개 ② 20개
③ 24개 ④ 28개

해설
현행 지적 관련 법률에서 규정하고 있는 지목의 종류는 28종이다 (법 제67조).

07 지적공부를 멸실하여 이를 복구하고자 하는 경우, 지적소관청은 멸실 당시의 지적공부와 가장 부합된다고 인정되는 관계 자료에 의하여 토지의 표시에 관한 사항을 복구하여야 한다. 이때 복구자료에 해당하지 않는 것은?

① 지적공부의 등본
② 임대계약서
③ 토지이동정리 결의서
④ 측량결과도

해설
임대계약서는 토지의 표시에 관한 사항을 나타내는 것이 아니기에 지적공부의 복구자료로 사용될 수 없다.
지적공부의 복구자료(규칙 제72조)
㉠ 지적공부의 등본
㉡ 측량결과도
㉢ 토지이동정리 결의서
㉣ 토지(건물)등기사항증명서 등 등기사실을 증명하는 서류
㉤ 지적소관청이 작성하거나 발행한 지적공부의 등록내용을 증명하는 서류
㉥ 지적공부의 보존 등에 따라 복제된 지적공부
㉦ 법원의 확정판결서 정본 또는 사본

08 지적소관청은 바다로 된 등록말소 토지의 대상이 있는 때에는 토지소유자에게 등록말소 신청을 하도록 통지하여야 하는 데 이때 토지소유자의 등록말소 신청기간 기준은?

① 통지받은 날부터 15일 이내
② 통지받은 날부터 30일 이내
③ 통지받은 날부터 60일 이내
④ 통지받은 날부터 90일 이내

해설
바다로 된 토지의 등록말소 신청(법 제82조)
지적소관청이 등록말소 토지의 대상이 있는 경우, 토지소유자는 통지를 받은 날부터 90일 이내에 등록말소 신청을 해야 한다.

09 다음 중 임야도의 축척 구분으로 옳은 것은?

① 1/1000, 1/1500
② 1/1200, 1/2400
③ 1/1200, 1/3000
④ 1/3000, 1/6000

해설
지적도면의 축척은 다음의 구분에 따른다(규칙 제69조).
• 지적도 : 1/500, 1/600, 1/1000, 1/1200, 1/2400, 1/3000, 1/6000
• 임야도 : 1/3000, 1/6000

10 1필지의 모양이 다음과 같은 경우 토지의 면적은?

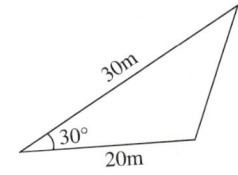

① 500m²　　② 350m²
③ 200m²　　④ 150m²

해설
이변법
$A = \dfrac{1}{2}ab\sin\theta$
$= \dfrac{1}{2} \times 20 \times 30 \times \sin 30°$
$= 150\text{m}^2$

11 지번이 105-1, 111, 122, 132-3인 4필지를 합병할 경우 새로이 부여해야 할 지번으로 옳은 것은?

① 105-1　　② 111
③ 122　　　④ 132-3

해설
필지를 합병할 경우 대상 지번 중 선순위 지번으로 부여한다. 새로이 부여해야 할 지번은 부번이 없는 지번 중 번호가 가장 낮은 것으로 한다.

12 석유류가 용출되는 토지의 지목은 어느 것인가?

① 대　　　　② 잡종지
③ 광천지　　④ 공업용지

해설
광천지(영 제58조) : 지하에서 온수, 약수, 석유류 등이 용출되는 용출구(湧出口)와 그 유지(維持)에 사용되는 부지. 다만, 온수, 약수, 석유류 등을 일정한 장소로 운송하는 송수관, 송유관 및 저장시설의 부지는 제외한다.

13 다음 중 평판측량방법에 따른 세부측량의 방법에 해당하지 않는 것은?

① 교회법　　② 도선법
③ 방사법　　④ 지거법

해설
평판(측판)측량의 방법으로는 교회법, 도선법, 방사법이 있다.

14 토지가 해면 또는 수면에 접해 있을 때 토지경계 측정점으로 결정하는 선은?

① 최저수위　　② 평균수위
③ 최대만수위　④ 최저만수위

해설
지상경계의 결정기준 등(영 제55조)
㉠ 연접되는 토지 간에 높낮이 차이가 없는 경우 : 그 구조물 등의 중앙
㉡ 연접되는 토지 간에 높낮이 차이가 있는 경우 : 그 구조물 등의 하단부
㉢ 도로·구거 등의 토지에 절토(땅깎기)된 부분이 있는 경우 : 그 경사면의 상단부
㉣ 토지가 해면 또는 수면에 접하는 경우 : 최대만조위 또는 최대만수위가 되는 선
㉤ 공유수면매립지의 토지 중 제방 등을 토지에 편입하여 등록하는 경우 : 바깥쪽 어깨 부분

15 평판(도상) 위에 표시된 측정점과 지상의 측정점이 같은 연직선 위에 있도록 하는 작업을 무엇이라 하는가?

① 구심 ② 동일
③ 정준 ④ 표정

해설
① 구심(중심 맞추기) : 평판 위의 측점과 지상의 측점이 동일 연직선상에서 일치되도록 하는 작업이다.
③ 정준(수평 맞추기) : 평판을 수평으로 하는 것을 의미한다.
④ 표정(방향 맞추기) : 평판을 일정한 방향으로 맞추는 것을 의미한다.

16 지적기준점 중 직경 3mm의 원 안에 십자선을 표시하여 제도하는 것은?

① 2등삼각점
② 지적도근점
③ 지적삼각점
④ 지적삼각보조점

해설
지적기준점 등의 제도(지적업무처리규정 제43조)
지적삼각점 및 지적삼각보조점은 직경 3mm의 원으로 제도한다. 이 경우 지적삼각점은 원 안에 십자선을 표시한다.

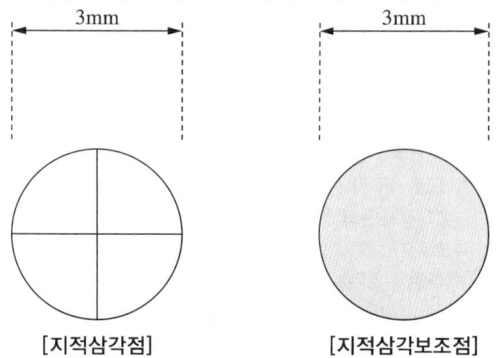

[지적삼각점]   [지적삼각보조점]

17 우리나라 지적 관련 법령의 변천과정을 순서대로 바르게 나열한 것은?

㉠ 토지조사법
㉡ 토지조사령
㉢ 조선지세령
㉣ 조선임야조사령
㉤ 지적법

① ㉠→㉡→㉢→㉣→㉤
② ㉠→㉡→㉣→㉢→㉤
③ ㉡→㉣→㉤→㉠→㉢
④ ㉢→㉤→㉠→㉡→㉣

해설
토지조사법(1910) → 토지조사령(1912) → 조선임야조사령(1918) → 조선지세령(1943) → 지적법(1950)

18 지적 관련 법규에 따라 측량기준점표지를 이전 또는 파손한 자에 대한 벌칙 기준으로 옳은 것은?

① 1년 이하의 징역 또는 1,000만원 이하의 벌금
② 2년 이하의 징역 또는 1,000만원 이하의 벌금
③ 2년 이하의 징역 또는 2,000만원 이하의 벌금
④ 3년 이하의 징역 또는 2,000만원 이하의 벌금

해설
2년 이하의 징역 또는 2,000만원 이하의 벌금(법 제108조)
㉠ 측량기준점표지를 이전 또는 파손하거나 그 효용을 해치는 행위를 한 자
㉡ 고의로 측량성과를 사실과 다르게 한 자
㉢ 기본 또는 공공 측량성과를 국외로 반출한 자
㉣ 측량업의 등록을 하지 아니하거나 거짓이나 그 밖의 부정한 방법으로 측량업의 등록을 하고 측량업을 한 자
㉤ 측량기기 성능검사를 부정하게 한 성능검사대행자
㉥ 성능검사대행자의 등록을 하지 아니하거나 거짓이나 그 밖의 부정한 방법으로 성능검사대행자의 등록을 하고 성능검사업무를 한 자

15 ① 16 ③ 17 ② 18 ③

19 두 점의 좌표가 다음과 같을 때 두 점 사이의 거리는?

구분	X좌표(m)	Y좌표(m)
A	770.50	130.60
B	950.60	320.20

① 90.20m
② 135.60m
③ 184.30m
④ 261.50m

해설

$$\overline{AB} = \sqrt{(X_B - X_A)^2 + (Y_B - Y_A)^2}$$
$$= \sqrt{(950.60 - 770.50)^2 + (320.20 - 130.60)^2}$$
$$\fallingdotseq 261.50\text{m}$$

20 세부측량의 실시 대상이 아닌 것은?

① 분할측량
② 지적도근점측량
③ 경계복원측량
④ 신규등록측량

해설

지적측량의 구분 등(지적측량 시행규칙 제5조)
㉠ 기초측량의 종류 : 지적삼각점측량, 지적삼각보조점측량, 지적도근점측량
㉡ 세부측량의 종류
 1. 토지의 이동이 발생하지 않는 경계복원측량, 지적현황측량, 도시계획선 명시측량
 2. 토지의 이동이 발생하는 분할측량, 등록전환측량, 신규등록측량, 복구측량, 등록말소측량, 축척변경측량, 등록사항 정정측량, 지적확정측량

21 지적공부를 관리하는 지적소관청으로 볼 수 없는 것은?

① 군수
② 시장
③ 구청장
④ 읍·면장

해설

지적소관청(법 제2조)
지적공부를 관리하는 특별자치시장, 시장·군수 또는 구청장을 말한다.

22 다음 중 지번을 부여하는 진행 방향에 따른 분류에 해당하지 않는 것은?

① 사행식
② 기우식
③ 단지식
④ 방사식

해설

지번설정 시 진행 방향에 따라 사행식, 기우식, 단지식으로 분류한다.

23 축척이 1/1000인 지적도의 포용면적 규격은 얼마인가?

① 45,000m²
② 50,000m²
③ 120,000m²
④ 200,000m²

해설

1/1000의 지상길이는 300×400이므로 포용면적은 120,000m²이다.

정답 19 ④ 20 ② 21 ④ 22 ④ 23 ③

24 토지소유자는 신규등록할 토지가 있으면 그 사유가 발생한 날부터 최대 며칠 이내에 지적소관청에 신규등록을 신청하여야 하는가?

① 15일　　② 20일
③ 40일　　④ 60일

해설
신규등록 신청(법 제77조)
토지소유자는 신규등록할 토지가 있으면 대통령령으로 정하는 바에 따라 그 사유가 발생한 날부터 60일 이내에 지적소관청에 신규등록을 신청하여야 한다.

25 지적측량의 측량검사기간 기준으로 옳은 것은? (단, 지적기준점을 설치하여 측량검사를 하는 경우는 고려하지 않는다)

① 4일　　② 5일
③ 6일　　④ 7일

해설
지적측량 검사기간(규칙 제25조)
지적측량의 측량기간은 5일로 하며, 측량검사기간은 4일로 한다. 다만, 지적기준점을 설치하여 측량 또는 측량검사를 하는 경우 지적기준점이 15점 이하인 경우에는 4일을, 15점을 초과하는 경우에는 4일에 15점을 초과하는 4점마다 1일을 가산한다.

26 다음 중 일람도에 등재하여야 하는 사항에 해당하지 않는 것은?

① 도면의 제명 및 축척
② 지번부여지역의 경계
③ 도곽선과 그 수치
④ 지번과 결번

해설
일람도의 등재사항(지적업무처리규정 제37조)
㉠ 지번부여지역의 경계 및 인접 지역의 행정구역명칭
㉡ 도면의 제명 및 축척
㉢ 도곽선과 그 수치
㉣ 도면번호
㉤ 도로, 철도, 하천, 구거, 유지, 취락 등 주요 지형·지물의 표시

27 다음 중 지적도면에 지목의 부호를 "광"으로 표기하여야 하는 필지의 지목은?

① 광야　　② 광장
③ 관광지　　④ 광천지

해설
광천지는 "광"으로 표기한다.
지목의 표기방법

지목	부호	지목	부호
전	전	철도용지	철
답	답	제방	제
과수원	과	하천	천
목장용지	목	구거	구
임야	임	유지	유
광천지	광	양어장	양
염전	염	수도용지	수
대	대	공원	공
공장용지	장	체육용지	체
학교용지	학	유원지	원
주차장	차	종교용지	종
주유소용지	주	사적지	사
창고용지	창	묘지	묘
도로	도	잡종지	잡

정답　24 ④　25 ①　26 ④　27 ④

28 토지의 표시사항인 토지의 소재, 지번, 지목, 경계 등을 국가만이 결정할 수 있는 권한을 가진다는 지적의 기본 이념은?

① 지적국정주의   ② 지적공개주의
③ 지적형식주의   ④ 실질적 심사주의

해설
② 지적공개주의 : 지적공부에 등록된 사항은 토지소유자나 이해관계인 등 기타 일반 국민들에게 공개하여 누구나 정당하게 이용할 수 있게 해야 한다는 이념이다.
③ 지적형식주의(지적등록주의) : 국가가 결정한 지적에 관한 사항은 지적공부에 등록·공시해야만 공식적인 효력이 인정된다는 이념이다.
④ 실질적 심사주의 : 지적소관청이 사실관계의 부합 여부와 절차의 적법성을 확인하고 등록해야 한다는 이념이다.

29 지적제도의 발전 단계별 분류에서 토지에 대한 개인의 권리를 인정하면서 토지, 세금뿐만 아니라 토지 거래의 안전과 국민의 토지소유권을 보유하기 위해 만들어진 지적제도는?

① 세지적제도   ② 좌표지적제도
③ 법지적제도   ④ 다목적 지적제도

해설
법지적 : 토지과세 및 토지거래의 안전을 도모하고, 토지소유권 보호 등을 주요 목적으로 하는 제도이며 소유지적이라고도 한다. 토지의 등록사항이 정확하지 못할 경우 발생하는 손해에 대하여 선의의 제3자를 보호하는 데 주목적이 있다.

30 토지조사사업 당시 토지소유자와 경계를 심사하여 확정하는 행정처분을 무엇이라 하는가?

① 부본   ② 사정
③ 재결   ④ 토지조사

해설
사정 : 토지의 소유자와 경계를 확정하는 행정처분으로 토지조사사업의 사실상 최종단계였다.

31 다음 중 3차원 지적에 대한 설명으로 가장 거리가 먼 것은?

① 입체지적이라고도 한다.
② 지하의 각종 시설물과 지상의 고층화된 건축물을 효율적으로 관리할 수 있다.
③ 다목적 지적으로서 다양한 토지정보를 제공해 주는 역할을 한다.
④ 경계를 표시하는 방법 및 측량방법에 따른 분류에 해당한다.

해설
2차원 지적과 3차원 지적은 등록대상에 의한 분류에 해당한다.
3차원 지적(입체지적)
• 토지 이용도가 다양한 현대에 필요한 제도로서 입체지적이라고 한다.
• 토지의 지표, 지하, 공중에 형성되는 선, 면, 높이로 구성한다.
• 지상의 건축물과 지하의 상수도, 하수도, 전기, 전화선 등 공공시설물을 효율적으로 등록·관리할 수 있다.

32 면적을 측정할 때 도곽선의 길이에 얼마 이상의 신축이 있는 경우 보정하여야 하는가?

① 0.7mm 이상   ② 0.5mm 이상
③ 0.3mm 이상   ④ 0.2mm 이상

해설
면적을 측정하는 경우 도곽선의 길이에 0.5mm 이상의 신축이 있을 때에는 이를 보정하여야 한다(지적측량 시행규칙 제20조).

정답 28 ① 29 ③ 30 ② 31 ④ 32 ②

33 다음 중 지적 관련 법률에 따른 경계의 의미로 옳은 것은?

① 담장, 둑·철조망 등 인위적으로 설치한 경계
② 계곡, 능선 등 자연적으로 형성된 경계
③ 눈으로 식별할 수 있는 형태를 갖는 선
④ 지적공부에 등록한 선

해설
경계 : 토지의 경계는 필지별로 경계점 간을 직선으로 연결하여 지적공부에 등록한 선을 말하며, 한 지역과 다른 지역을 구분하는 외적 표시이고 토지의 소유권 등 사법상의 권리의 범위를 표시하는 구획선이다.

34 다음 일반적인 경계의 구분 중 측량사에 의하여 측량이 행해지고 지적관리청의 사정에 의하여 확정된 토지경계는?

① 고정경계
② 지상경계
③ 보증경계
④ 인공경계

해설
경계 특성에 따른 분류
- 일반경계 : 자연적인 지형지물, 즉 도로, 담장, 울타리, 도랑, 하천 등으로 이루어진 경계이다.
- 고정경계 : 특정 토지에 대한 경계점의 지상에 석주, 철주, 말뚝 등의 경계표지를 설치하거나 이를 정확하게 측량하여 지적도상에 등록 또는 관리하는 경계이다.
- 보증경계 : 측량사에 의하여 지적측량이 행해지고 지적관리청의 사정에 의하여 확정된 토지경계를 의미한다.

35 지목의 설정 원칙으로 틀린 것은?

① 1필 1목의 원칙
② 용도 경중의 원칙
③ 주지목 추종의 원칙
④ 일시변경 수용의 원칙

해설
지목의 설정 원칙
- 지목 법정주의
- 1필 1목의 원칙
- 주지목 추종의 원칙
- 등록 선후의 원칙
- 용도 경중의 원칙
- 사용목적 추종의 원칙
- 영속성의 원칙(일시변경 불변의 원칙)

36 축척이 1/1000인 지적도에서 도면상의 길이가 10cm일 때 실제거리는 얼마인가?

① 10m   ② 60m
③ 100m   ④ 150m

해설
$\dfrac{1}{m} = \dfrac{도상거리}{실제거리}$ (여기서, m : 축척분모)

실제거리 = 도상거리 × 축척분모
= 10 × 1000
= 10000cm
= 100m

37 토렌스 시스템(Torrens system)의 일반적 이론과 거리가 먼 것은?

① 거울이론
② 보험이론
③ 커튼이론
④ 점증이론

해설
토렌스 시스템(Torrens system)
- 거울이론 : 토지권리증서의 등록은 토지의 거래 사실을 이론의 여지없이 완벽하게 반영하는 거울과 같다는 입장이다.
- 커튼이론 : 토지등록업무가 커튼 위에 놓인 공정성과 신빙성에 관여하여야 할 필요도 없고 관여해서도 안 된다는, 매입신청자를 위한 유일한 정보의 기초가 되어야 한다는 이론이다.
- 보험이론 : 토지등록이 토지의 권리를 아주 정확하게 반영하는 것이나 인간의 고의·과실로 인하여 착오가 발생하는 경우에 손해를 입은 사람은 모두가 다 피해보상에 관한 한 법률적으로 선의의 제3자와 동등한 입장에 놓여야 된다는 것이다.

38 다음 중 지번에 대한 설명으로 옳지 않은 것은?

① 토지의 식별에 쓰인다.
② 토지의 특정성으로 보장하기 위한 요소이다.
③ 지번부여지역이란 시·군 또는 이에 준하는 지역이다.
④ 토지의 지리적 위치의 고정성을 확보하기 위하여 부여한다.

해설
지번부여지역(법 제2조)
지번을 부여하는 단위지역으로서 동·리 또는 이에 준하는 지역을 말한다.

39 지적공부에 "답"으로 등록되어 있는 것을 토지 이용이 다르게 되어 "대"로 바꾸어 등록하는 것을 무엇이라 하는가?

① 등록전환
② 축척변경
③ 신규등록
④ 지목변경

해설
지목변경(법 제2조) : 지적공부에 등록된 지목을 다른 지목으로 바꾸어 등록하는 것을 말한다.

40 지적소관청이 지적공부의 등록사항에 잘못이 있는지를 직권으로 조사·측량하여 정정할 수 있는 경우가 아닌 것은?

① 토지이동정리 결의서의 내용과 다르게 정리된 경우
② 경계의 위치가 잘못되어 필지의 면적이 증감된 경우
③ 지적공부의 작성 또는 재작성 당시 잘못 정리된 경우
④ 지적측량성과와 다르게 정리된 경우

해설
직권으로 조사·측량하여 정정할 수 있는 경우(영 제82조)
㉠ 토지이동정리 결의서의 내용과 다르게 정리된 경우
㉡ 지적도 및 임야도에 등록된 필지가 면적의 증감 없이 경계의 위치만 잘못된 경우
㉢ 1필지가 각각 다른 지적도나 임야도에 등록되어 있는 경우로서 지적공부에 등록된 면적과 측량한 실제면적은 일치하지만 지적도나 임야도에 등록된 경계가 서로 접합되지 않아 지적도나 임야도에 등록된 경계를 지상의 경계에 맞추어 정정하여야 하는 토지가 발견된 경우
㉣ 지적공부의 작성 또는 재작성 당시 잘못 정리된 경우
㉤ 지적측량성과와 다르게 정리된 경우
㉥ 지방지적위원회 또는 중앙지적위원회의 의결서 사본을 받은 지적소관청은 그 내용에 따라 지적공부의 등록사항을 정정하여야 하는 경우
㉦ 지적공부의 등록사항이 잘못 입력된 경우
㉧ 부동산등기법에 따른 통지가 있는 경우(지적소관청의 착오로 잘못 합병한 경우만 해당)
㉨ 면적 환산이 잘못된 경우

41 조선시대에 논, 밭의 소재 및 면적을 기록했던 장부로서 현재의 토지대장에 해당하는 것은?

① 문기
② 양안
③ 지세명기장
④ 신라촌락장적

해설
양안(量案) : 조선시대 조세 부과를 목적으로 전지(田地)를 측량하여 만든 토지등록장부로서 오늘날의 토지대장이다.

정답 37 ④ 38 ③ 39 ④ 40 ② 41 ②

42 지적제도의 발전 단계별 분류에 해당하지 않는 것은?

① 법지적 ② 세지적
③ 행정지적 ④ 다목적 지적

해설
지적제도의 발전과정(설치목적)에 의한 분류 : 세지적, 법지적, 다목적 지적

43 다음 중 도면에 등록하는 동·리의 행정구역선은 얼마의 폭으로 제도하여야 하는가?

① 0.1mm ② 0.2mm
③ 0.3mm ④ 0.4mm

해설
행정구역선의 제도(지적업무처리규정 제44조)
도면에 등록할 행정구역선은 0.4mm 폭으로 제도한다. 다만, 동·리의 행정구역선은 0.2mm 폭으로 한다.

44 도곽선 수치는 원점으로부터 얼마를 가산하는가? (단, 제주도를 포함하지 않는다)

① 종선 100,000m, 횡선 200,000m
② 종선 500,000m, 횡선 200,000m
③ 종선 200,000m, 횡선 500,000m
④ 종선 400,000m, 횡선 800,000m

해설
직각좌표계 투영원점의 가산(加算)수치를 각각 X(N) 500,000m (제주도 550,000m), Y(E) 200,000m로 하여 사용할 수 있다.

45 다음 중 지적도근점을 정하기 위한 기초가 될 수 없는 것은?

① 지적삼각점 ② 공공수준점
③ 지적삼각보조점 ④ 국가기준점

해설
지적도근점(영 제8조) : 지적측량 시 필지에 대한 수평위치 측량 기준으로 사용하기 위하여 국가기준점, 지적삼각점, 지적삼각보조점 및 다른 지적도근점을 기초로 하여 정한 기준점이다.

46 경위의측량방법으로 세부측량을 하는 경우 측량결과도에 기재하여야 할 사항이 아닌 것은?

① 지상에서 측정한 거리 및 방위각
② 측량대상 토지의 경계점 간 실측거리
③ 지적도의 도면번호
④ 도곽선의 신축량과 보정계수

해설
도곽선의 신축량 및 보정계수는 평판측량방법으로 세부측량을 한 경우 기재해야 할 사항이다.
경위의측량방법으로 세부측량을 한 경우 측량결과도에 기재할 사항(지적측량 시행규칙 제26조)
㉠ 측량준비 파일에 작성하여야 할 사항
  1. 측량대상 토지의 경계와 경계점의 좌표 및 부호도, 지번, 지목
  2. 인근 토지의 경계와 경계점의 좌표 및 부호도, 지번, 지목
  3. 행정구역선과 그 명칭
  4. 지적기준점 및 그 번호와 지적기준점 간의 방위각 및 그 거리
  5. 경계점 간 계산거리
  6. 도곽선과 그 수치
  7. 그 밖에 국토교통부장관이 정하는 사항
㉡ 측정점의 위치(측량계산부의 좌표를 전개하여 적는다), 지상에서 측정한 거리 및 방위각
㉢ 측량대상 토지의 경계점 간 실측거리
㉣ 측량대상 토지의 토지이동 전의 지번과 지목(2개의 붉은 색으로 말소한다)
㉤ 측량결과도의 제명 및 번호(연도별로 붙인다)와 지적도의 도면번호
㉥ 신규등록 또는 등록전환하려는 경계선 및 분할경계선
㉦ 측량대상 토지의 점유현황선
㉧ 측량 및 검사의 연월일, 측량자 및 검사자의 성명, 소속 및 자격등급 또는 기술등급

47 둘 이상의 기지점을 측량점으로 하여 미지점의 위치를 결정하는 방법으로, 방향선법과 원호교회법으로 대별되는 것은?

① 방사교회법　　② 전방교회법
③ 측방교회법　　④ 후방교회법

해설
② 전방교회법 : 기지점에서 미지점의 위치를 결정하는 방법이다.
③ 측방교회법 : 전방교회법과 후방교회법을 겸한 것으로, 기지의 2점 중 한 점에 접근이 곤란한 경우 기지의 2점을 이용하여 미지의 한 점을 구하는 방법이다.
④ 후방교회법 : 기지의 3점으로부터 미지의 점을 구하는 방법이다.

48 3cm가 늘어난 50m 길이의 줄자로 거리를 측정한 값이 500m일 때 실제거리는 얼마인가?

① 499.3m　　② 501.5m
③ 500.3m　　④ 550.5m

해설
정확한 길이 = $\dfrac{부정길이}{표준길이} \times 관측길이$

$= \dfrac{50.03}{50} \times 500$

$= 500.3\text{m}$

49 다음 중 각을 측정할 수 있는 장비에 해당하지 않는 것은?

① 트랜싯
② 앨리데이드
③ 데오드라이트
④ 토털 스테이션

해설
엘리데이드 : 평판측량에서 측정점의 방향을 시준하고 결정하는 평판측량장비로, 시준선을 긋는 데 이용된다.

50 다음 중 지적측량의 면적측정방법으로만 옳게 나열한 것은?(단, 지적측량 시행규칙에 따름)

① 삼사법, 전자면적측정기법
② 전자면적측정기법, 플래니미터법
③ 전자면적측정기법, 좌표면적계산법
④ 좌표면적계산법, 삼사법

해설
면적의 측정방법(지적측량 시행규칙 제20조)
㉠ 좌표면적계산법, 도상삼사법, 전자면적측정기법, 플래니미터법 등이 있다.
㉡ 지적측량 시행규칙에는 좌표면적계산법, 전자면적측정기법이 사용된다.

51 다음 중 경계점좌표등록부에 등록하는 지역의 토지의 산출면적이 123.55m²일 때 결정면적은 얼마인가?

① 123.55m²　　② 123.5m²
③ 123.6m²　　④ 124m²

해설
경계점좌표등록부에 등록하는 지역이며, 구하려는 끝자리의 수가 홀수이면 올리므로 123.6m²가 된다.
지적도의 축척이 1/600인 지역과 경계점좌표등록부에 등록하는 지역의 토지면적(영 제60조)
• m² 이하 한 자리 단위로 한다.
• 0.1m² 미만의 끝수가 있는 경우 0.05m² 미만일 때에는 버리고 0.05m²를 초과할 때에는 올린다.
• 0.05m²일 때에는 구하려는 끝자리의 숫자가 0 또는 짝수이면 버리고 홀수이면 올린다.
• 다만, 1필지의 면적이 0.1m² 미만일 때에는 0.1m²로 한다.

정답 47 ②　48 ③　49 ②　50 ③　51 ③

52 지적도의 도곽선의 역할 중 틀린 것은?

① 도북표시의 기준이 된다.
② 기준점 전개의 기준이 된다.
③ 인접 도면의 접합 기준이 된다.
④ 토지경계선 측정의 기준이 된다.

해설
도곽선의 역할
• 인접 도면과의 접합 기준선
• 지적측량기준점 전개 시의 기준선
• 도곽 신축량을 측정하는 기준
• 측량준비도와 측량결과도에서 북방향의 기준
• 외업 시 측량준비도와 실지의 부합 여부 확인 기준

53 1필지의 토지소유자가 2인 이상인 경우 그 지분관계를 기록한 것으로, 지적소관청에 의하여 작성되어 비치되는 것은?

① 결번 대장
② 건축물 대장
③ 공유지연명부
④ 경계점좌표등록부

해설
공유지연명부 : 1필지의 토지에 소유자가 2인 이상인 경우에 소유자에 관한 사항을 기재한 지적공부이다.

54 공유지연명부의 등록사항이 아닌 것은?

① 소유권 지분   ② 지목
③ 토지의 소재   ④ 토지의 고유번호

해설
공유지연명부의 등록사항(법 제71조)
㉠ 토지의 소재
㉡ 지번
㉢ 소유권 지분
㉣ 소유자의 성명 또는 명칭, 주소 및 주민등록번호
㉤ 그 밖에 국토교통부령으로 정하는 사항(규칙 제68조)
  • 토지의 고유번호
  • 필지별 공유지연명부의 장번호
  • 토지소유자가 변경된 날과 그 원인

55 다음 중 자오선의 북방향(북극)을 기준으로 하여 시계방향(우회)으로 측정한 각을 무엇이라 하는가?

① 도북방위각   ② 자북방위각
③ 진북방위각   ④ 자오선수차

해설
③ 진북방위각 : 극점(북극)과 임의점의 각
① 도북방위각 : 지도의 북쪽과 임의점의 각
② 자북방위각 : 자침 방향과 임의점의 각
④ 자오선수차 : 평면직각좌표상의 도북과 지리학적 경위도 좌표계의 진북의 차

56 다음 중 국가유산으로 지정된 역사적인 유적, 고적, 기념물 등을 보존하기 위하여 구획된 토지의 지목은?

① 묘지   ② 잡종지
③ 유원지   ④ 사적지

해설
사적지(영 제58조) : 국가유산으로 지정된 역사적인 유적, 고적, 기념물 등을 보존하기 위하여 구획된 토지. 다만, 학교용지, 공원, 종교용지 등 다른 지목으로 된 토지에 있는 유적, 고적, 기념물 등을 보호하기 위하여 구획된 토지는 제외한다.

57 다음 중 임야조사사업의 특징으로 옳지 않은 것은?

① 축척이 대축척이었다.
② 적은 예산으로 사업을 완성하였다.
③ 토지조사사업에 비해 적은 인원으로 업무를 수행하였다.
④ 토지조사사업의 기술자를 채용하여 시간과 경비를 절약할 수 있었다.

해설
축척은 소축척으로 하였다.
임야조사사업의 특징
- 국유임야 소유권을 확정하는 것을 목적으로 하였다.
- 축척이 소축척이고 토지조사사업의 기술자 채용으로 시간과 경비를 절약할 수 있었다.
- 적은 예산으로 사업을 완료하였다.
- 토지조사사업에 비해 적은 인원으로 업무를 수행하였다.
- 임야는 토지에 비하여 경제적 가치가 높지 않아 분쟁은 적었다.
- 사정기관은 도지사이고 재결기관은 임야조사위원회이다.

58 행정구역선이 2종 이상 겹치는 경우의 제도방법은?

① 최상급 행정구역선만 제도한다.
② 최상급 행정구역선과 최하급 행정구역선을 경계선 양쪽에 제도한다.
③ 최하급 행정구역선만 제도한다.
④ 최상급 행정구역선과 최하급 행정구역선을 교대로 제도한다.

해설
행정구역선의 제도(지적업무처리규정 제44조)
행정구역선이 2종 이상 겹치는 경우에는 최상급 행정구역선만 제도한다.

59 지적도근점은 직경 몇 mm의 원으로 제도하는가?

① 0.3mm ② 0.5mm
③ 1mm   ④ 2mm

해설
지적도근점은 직경 2mm의 원으로 다음과 같이 제도한다.

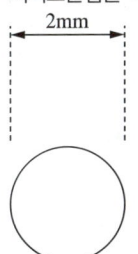

60 지목의 표기방법이 틀린 것은?

① 공장용지 → 장
② 수도용지 → 수
③ 유원지 → 유
④ 공원 → 공

해설
유원지는 "원"으로 표기한다.
※ 지목표기 시 두문자가 아닌 차문자로 표기하는 지목은 공장용지, 주차장, 하천, 유원지이다.

정답 57 ① 58 ① 59 ④ 60 ③

CHAPTER 01	실기 중점사항	회독 CHECK 1 2 3
CHAPTER 02	실기 이론	회독 CHECK 1 2 3
CHAPTER 03	기출복원문제	회독 CHECK 1 2 3

[연도별 출제문제 경향]

출제년도	축척	필지 분할	플롯의 축척
2020년 1회	600분의 1	필지 3분할	1 : 0.9
2020년 4회	500분의 1	필지 3분할	1 : 0.75
2021년 1회	1000분의 1	필지 3분할	1 : 1.5
2021년 4회	500분의 1	필지 2분할	1 : 0.75
2022년 1회	1000분의 1	필지 2분할	1 : 1.5
2022년 4회	600분의 1	필지 3분할	1 : 0.9
2023년 1회	500분의 1	필지 3분할	1 : 0.75
2023년 2회	600분의 1	필지 3분할	1 : 0.9
2023년 4회	1200분의 1	필지 2분할	1 : 1.8
2024년 1회	600분의 1	필지 2분할	1 : 0.9
2024년 2회	1000분의 1	필지 2분할	1 : 1.5

PART

03

실기
(작업형)

CHAPTER 01 실기 중점사항

1 원(지름)과 글자의 크기

모든 사항은 축척 1/1000 기준입니다. 만약, 1/500이면 곱하기 0.5를 하고, 1/1200이면 곱하기 1.2를 합니다.

- 2mm : 아래 명시 외 대부분
- 3mm : 지적기준점의 명칭(예 4118 / 색인표 안의 숫자)
- 5mm : 제목 작성

  예 전주시 완산구 중동 분할측량결과도 (지적도 제10호)∨∨∨∨축척 500분의 1

  ※ 축척 앞에 10mm를 띄어야 하므로 띄어쓰기(∨)를 4번 한다.
- 6mm : 색인표 상자의 세로 크기
- 7mm : 색인표 상자의 가로 크기

2 도면 작도

- 빨간색 : 도곽선, 도곽선 좌표, 분할선, 방위각과 표정거리, 경계점 표지, 최종분할점(원 + 글씨), 말소 표시, 원면적, 도곽신축 보정계수, 신축량 등
- 관측점 표식은 파일 좌측에 주어진 것을 copy한다.
- 지적기준점 사이 방위각과 표정거리는 상단에 각도, 하단에 거리를 입력한다.
- 원래 필지의 지번과 지목은 필지 정중앙에 입력 후 말소 표시[=(직선 두 줄)]를 작도한다.
- 좌표들은 지점 우측에 입력하며 필지 안으로 글씨가 들어가도 된다(단, 겹치지는 않게 한다).
- 축척 1/500일 때는 지적기준점으로부터 최종분할점까지의 표정거리와 방위각을 구하고, 검은색 히든선, 검은색 글씨로 표기한다.

3 면적측정부 작성

- 면적측정부 작성 시 단축키 MT로(중간 중심) 정가운데에 입력한다.
- 기준점 번호는 기준점 순서대로 적는다(1, 2, 3, 4 순으로).

  ※ 상위 기준점부터 작성할 것
- 방위각은 ° ′ ″가 아닌, '00-00-00'으로 표기한다.
- 동·리명은 칸을 TR하여 정중앙에 쓸 수 있도록 한다.
- 지번은 순서대로 입력하고, 원지번과 원면적은 제일 아래에 빨간색으로 작성한다.
- 측정방법에는 '전산'이라고 표시한다.
- 측정면적과 보정면적은 동일하여 소수점 셋째 자리까지 구하여 작성한다.
- 산출면적은 시험문제 축척(오사오입)에 따라 소수점 첫째 or 둘째 자리까지 입력한다.

- 신구면적 허용오차의 자릿수는 시험문제에 나와 있으니 반드시 확인하고, m^2 표시는 파일에 있는 것을 'Ctrl+C → Ctrl+V'한다.
- 오차는 '측정면적 합계 - 원면적'으로 구한다(자릿수는 문제에서 주어진다).
- 면적측정부 칸이 남을 경우 '아래 빈칸'이라고 작성한다.

[기입 완료 예시]

동리명	지번	측정방법	회수 또는 산출수			측정면적 (m^2)	도곽신축 보정계수	보정면적 (m^2)	원면적 (m^2)	산출면적 (m^2)	결정면적 (m^2)	비 고
			제1회	제2회	제3회							
중동	1164	전산	4650.949	4650.949		4650.949	1.0000	4650.949		4642.9	4643	
	1164-4	전산	4398.714	4398.714		4398.714		4398.714		4391.1	4391	
	1164					9049.663		9049.663	9034	9034.0	9034	공차=±77.1m^2 오차=15.7m^2
							아래빈칸					

4 최종지적측량결과도의 출력방법

- 프린터 선택 : 각 시험장에 맞는 프린터를 선택한다.
- 용지 크기 : A3로 한다.
- 플롯 영역 : 윈도우 선택 → 출력 범위 클릭 → 플롯의 중심을 클릭한다.
- 플롯 축척 : 문제에 나온 축척을 입력한다.
- 컬러 출력 : 플롯 스타일 테이블에서 acad.ctb를 선택한다.
- 플롯 옵션 : 객체의 선가중치 플롯, 플롯 스타일로 플롯으로 체크되어 있는지 확인한다.
- 도면 방향 : 가로를 선택한다.
- 미리보기에서 컬러로 나오는지, 도면에 이상 없는지 확인한다.
- 출력을 완료한다.

CHAPTER 02 실기 이론

제1절 지적제도 CAD 시작하기

1 좌표 이해하기

① 절대 좌표(입력방식 : X, Y)

절대 좌표는 항상 도면의 원점(0, 0, 0)을 기준으로 거리값을 측정한다. 2차원인 경우는 X, Y로 나타내고, 3차원인 경우 X, Y, Z값의 좌표를 입력한다.

② 상대 좌표(입력방식 : @X, Y)

상대 좌표는 가장 최근에 입력한 점을 기준으로 하여 좌표가 시작된다. 임의점으로부터 도면을 그리기 시작하는 경우 유용하며, 절대 좌표와 구분하기 위하여 '@' 기호를 맨 앞에 붙여서 사용한다.

③ 상대 극좌표(입력방식 : @거리<각도)

상대 극좌표도 가장 최근에 입력한 점을 기준으로 하여 좌표가 시작된다. CAD에서는 반시계 방향을 원칙으로 각도를 표시하기에 +값을 입력하면 반시계 방향으로, -값을 입력하면 시계 방향으로 도면이 작성된다.

2 CAD의 화면 이해하기

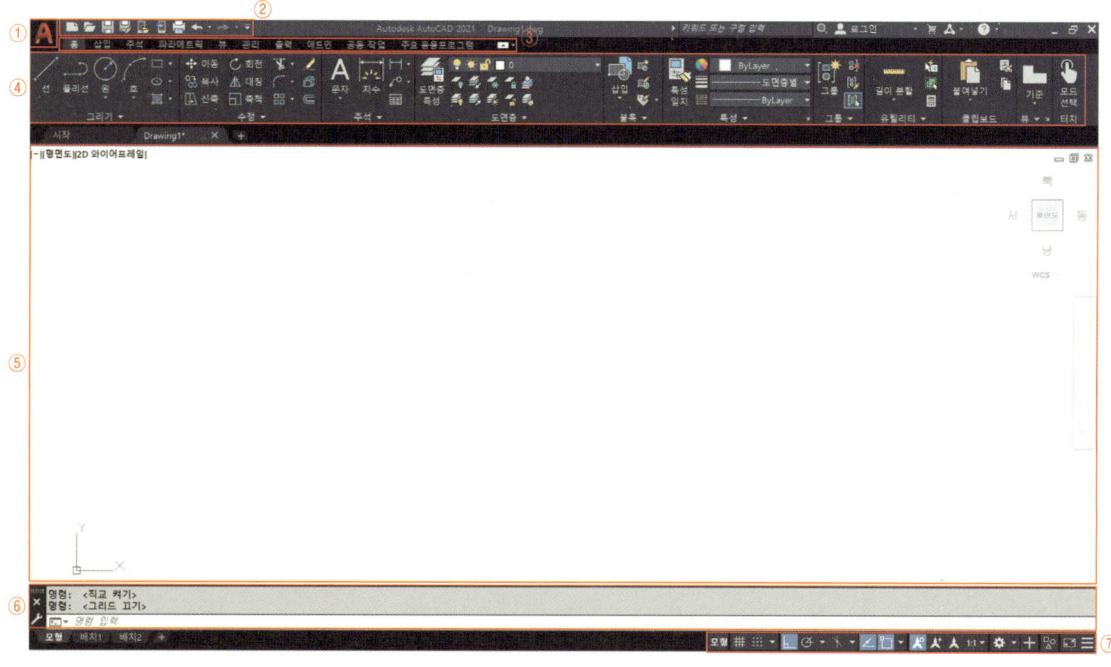

① 응용 프로그램 아이콘

응용 프로그램 메뉴는 새로 만들기, 열기, 저장, 인쇄 및 최근에 열었던 도면 파일을 확인하거나 불러올 수 있다.

② 신속 접근 도구 막대

자주 사용하는 기능을 빠르게 사용할 수 있도록 모아 놓은 도구 막대이다. 자주 사용하는 명령 아이콘을 추가하거나 사용하지 않는 도구를 제거할 수 있다.

③ 메뉴 막대

AutoCAD의 모든 명령을 선택할 수 있게 구성되어 있다. 단추(▼)를 클릭하여 '메뉴 막대 표시'를 선택하면 메뉴 막대를 표시하거나 숨길 수 있다.

④ 리본 메뉴

도면작업을 할 때 필요한 명령 아이콘과 도구로 구성된 패널이다. 사용할 아이콘에 마우스 포인터를 위치시키면 해당 기능에 대한 설명과 간단한 사용방법이 표시되고, 클릭하면 명령을 실행할 수 있다.

⑤ 도면 윈도우

도면 객체를 작성하고 수정하는 도면영역이다. 실제 도면을 제도하는 공간으로 도면용지와 같은 역할을 한다.

⑥ 명령창

작업자가 명령어를 입력하는 곳으로 명령 실행과정이나 시스템 변수, 옵션, 메시지 등이 표시된다.

⑦ 상태 막대

현재 마우스 포인터의 좌표, 모눈, 직교, 극좌표, 객체 스냅 등의 작업 상태를 표시한다.

3 AutoCAD의 기능키와 단축키

기능키	단축키
• F1 : 도움말 열기 • F2 : 문자창 열기 • F3 : 객체 스냅 켜기/끄기 • F4 : 3차원 오스냅 켜기/끄기 • F5 : 등각평면 맨위/오른쪽/왼쪽 • F6 : 동적 UCS 켜기/끄기 • F7 : 그리드(모눈) 켜기/끄기 • F8 : 직교 켜기/끄기 • F9 : 스냅 켜기/끄기 • F10 : 극좌표 켜기/끄기 • F11 : 객체 스냅 추적하기 켜기/끄기 • F12 : 동적입력 켜기/끄기	• Ctrl + C : 객체 복사하기 • Ctrl + V : 객체 붙여넣기 • Ctrl + S : 도면 저장하기 • Ctrl + Shift + S : 다른 이름으로 저장하기 • Ctrl + O : 도면 불러오기 • Ctrl + N : 새 도면 열기 • Ctrl + Q : 도면 닫기 • Ctrl + P : 도면 출력하기 • Ctrl + Z : 명령 취소하기 • Ctrl + Y : 명령 복구하기

4 사용자 화면 설정하기

(1) 사용자 맞춤 작업 설정하기

① 명령어 OP(Option) 입력(Enter)

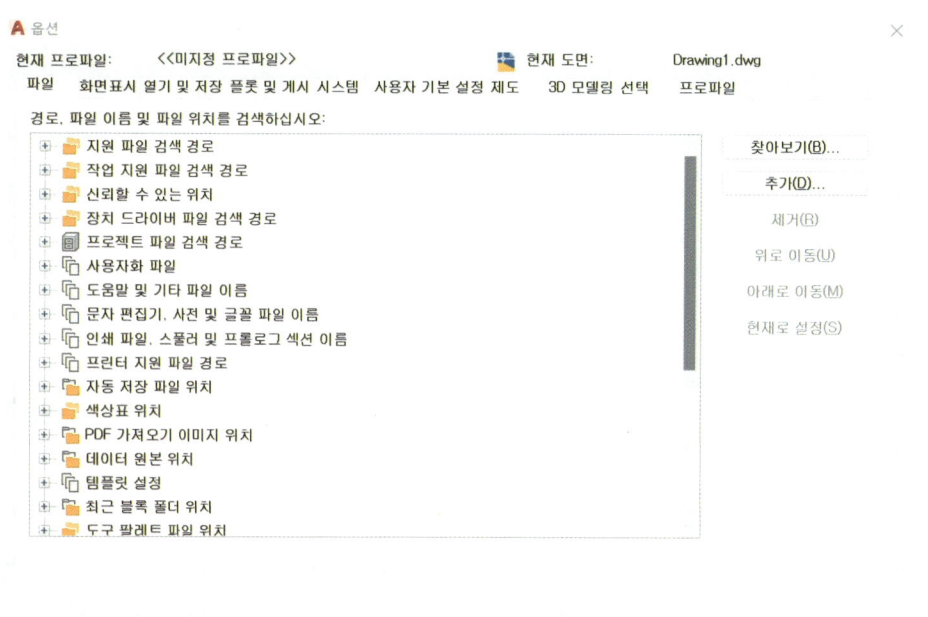

② 화면표시
- 색상(C) : 도면영역의 색상을 설정할 수 있다.
- 표시 해상도(호 및 원 부드럽게) : 값이 클수록 호 및 원을 부드럽게 제도할 수 있다.
- 십자선 크기(Z) : 십자선의 크기를 조절할 수 있다.

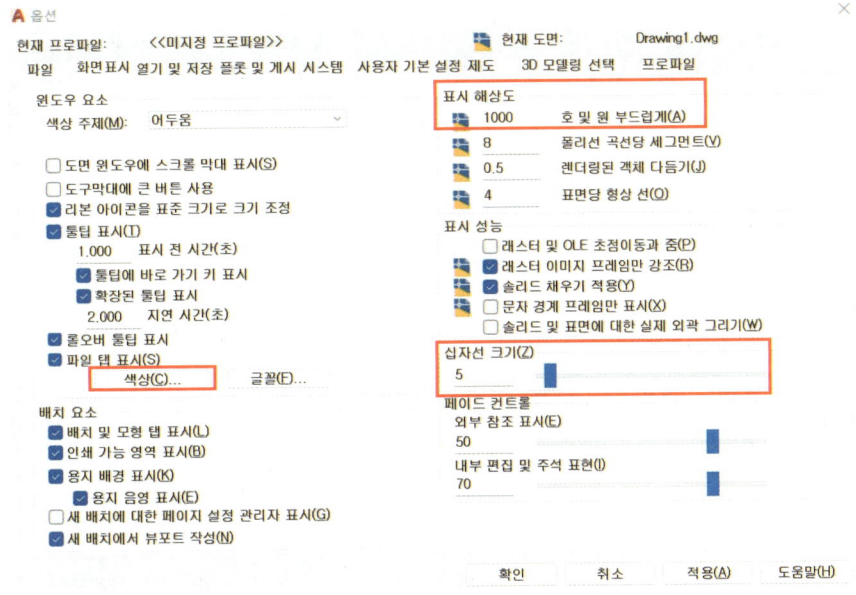

③ 제도
- 색상(C) : AutoSnap 표식기의 색상을 선택할 수 있다.
- AutoSnap 표식기 크기(S) : AutoSnap 표식기의 크기를 조절할 수 있다.
- 조준창 크기(Z) : 조준창의 크기를 조절할 수 있다.

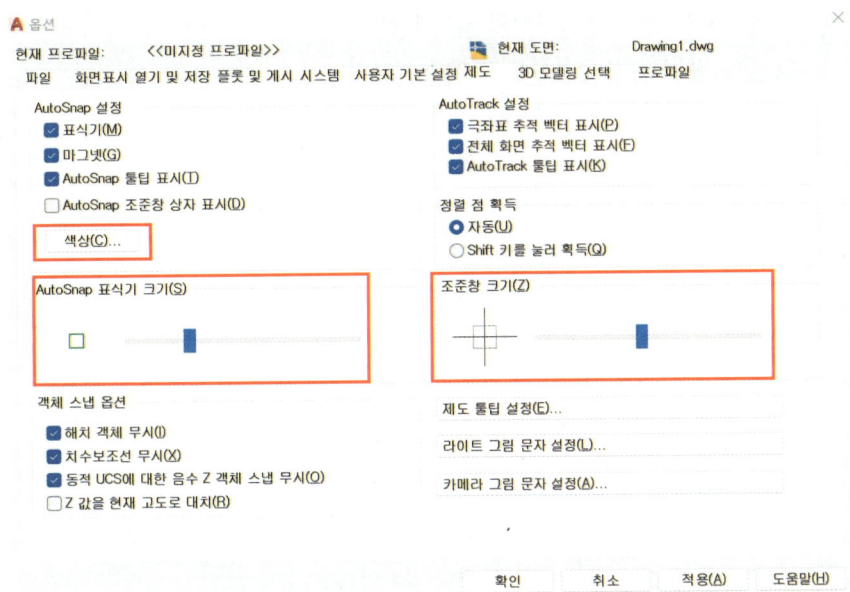

④ 선택

- 확인란 크기(P) : 확인란 크기를 조절할 수 있다.
- 그립 크기(Z) : 그립 크기를 조절할 수 있다.

※ 너무 크면 다른 객체 선택에 어려움이 있으므로 크게 조절하지 않도록 유의한다.

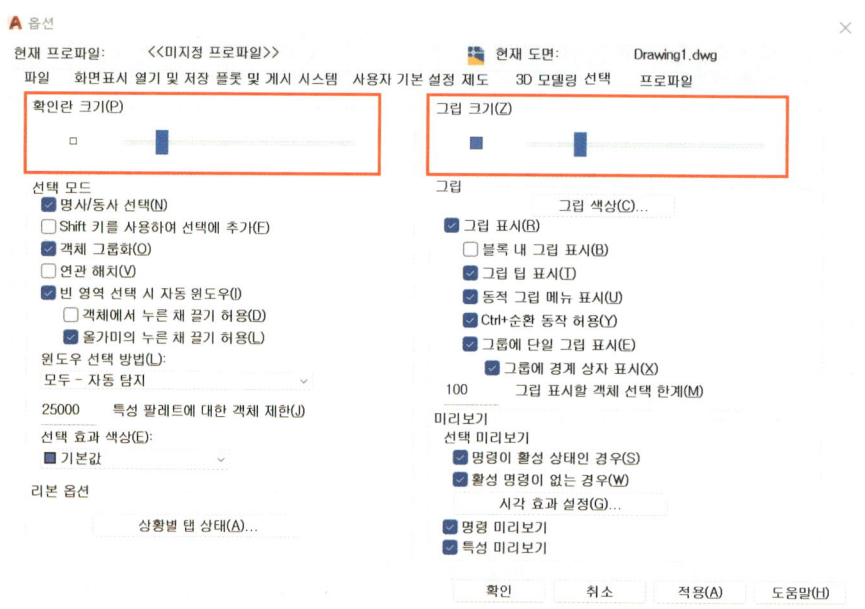

(2) OSNP(객체 스냅) 설정하기

① 명령어 OS(Osnap) 입력(Enter)

- 끝점(E) : 선, 호 등의 양 끝점을 선택할 수 있다.
- 중간점(M) : 선, 호의 중간점을 선택할 수 있다.
- 중심(C) : 원, 호, 타원형의 중심점을 선택할 수 있다.
- 기하학적 중심(G) : 닫혀진 객체의 중심점을 선택할 수 있다.
- 노드(D) : 점 객체, 만들어진 점을 선택할 수 있다.
- 사분점(Q) : 원, 호의 극점을 선택할 수 있다.
- 교차점(I) : 두 객체가 겹치는 점을 선택할 수 있다.
- 연장선(X) : 선, 호의 가상 연장선으로 선택할 수 있다.
- 삽입점(S) : 블록, 문자 등의 삽입점을 선택할 수 있다.
- 직교(P) : 선이 어느 객체에 수직으로 만나는 점을 선택할 수 있다.
- 접점(N) : 두 객체가 접하는 점을 선택할 수 있다.
- 근처점(R) : 모든 도형의 가장 가까운 점을 선택할 수 있다.
- 가상 교차점(A) : 두 도형요소 연장선상에 있는 가상으로 교차하는 점을 선택할 수 있다.
- 평행(L) : 지정된 직선에 평행하도록 선택할 수 있다.

※ 객체 스냅은 도형의 끝점, 중간점, 원의 중심 등 특정 부위의 선택을 도와주는 기능을 한다. 객체 스냅 모드가 켜져 있는 경우 포인터가 자동 설정되어 정확한 설계를 할 수 있다.

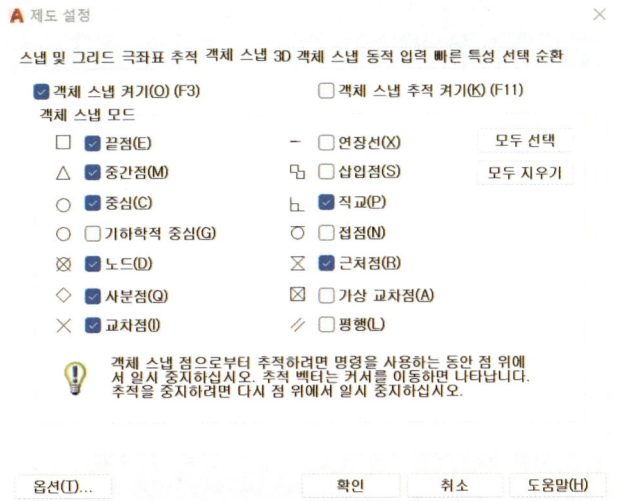

5 문자 스타일 설정하기

① 명령어 D(Dimstyle)를 입력(Enter)한다.

② 치수 스타일 관리자에서 새로 만들기(N)를 선택한다.

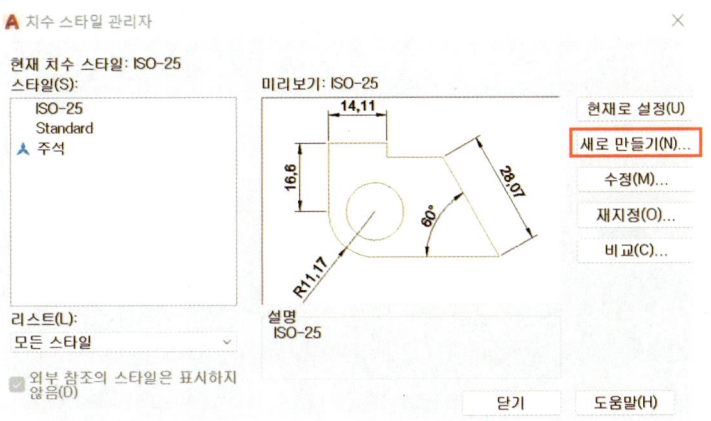

③ 새 스타일 이름을 작성한다.

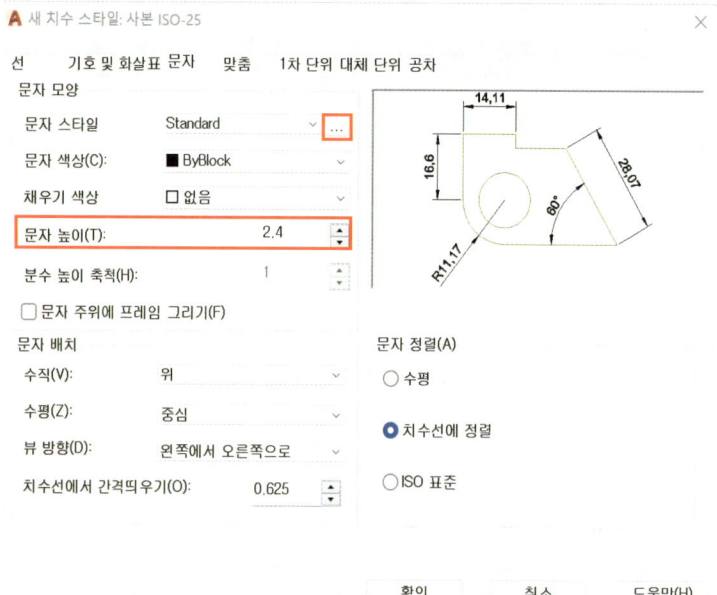

④ 문자 높이(T)를 설정하고 문자 스타일에서 ... 아이콘을 선택한다.

⑤ 문자 스타일에서 새로 만들기(N)를 선택한다.

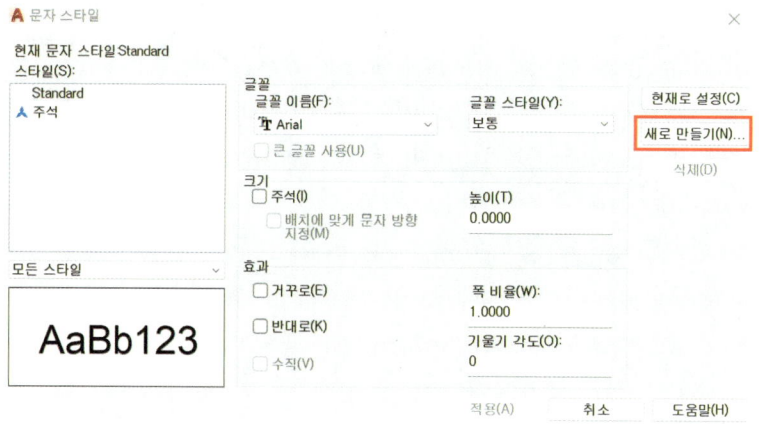

⑥ 스타일 이름을 설정한 뒤 원하는 글꼴을 선택한다.

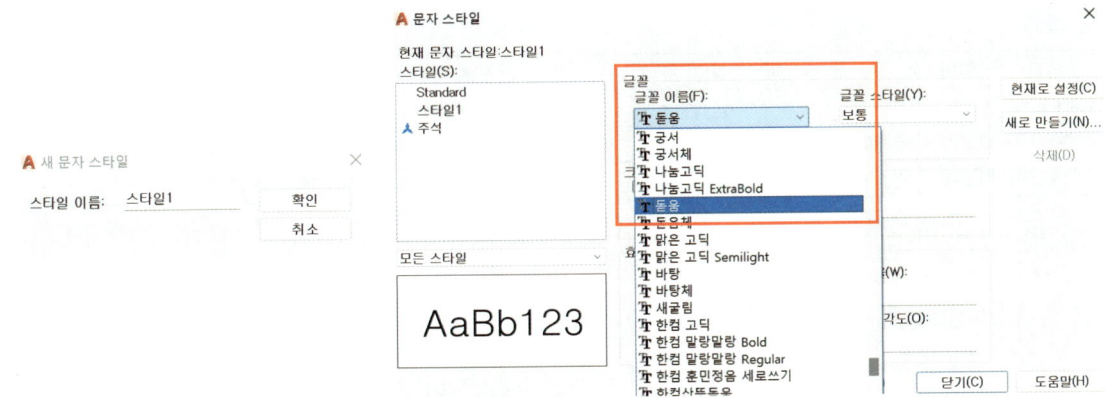

⑦ 적용 후 문자 스타일을 새로 만든 스타일로 변경한다.

　※ 미리 문자 스타일을 설정하면 도면에서 문자 작성을 원하는 대로 편하게 할 수 있다.

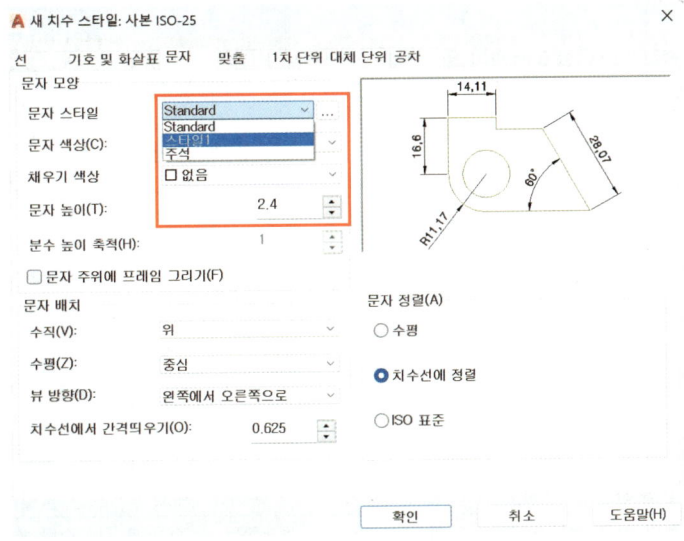

6 AutoCAD의 명령어

① 명령어

단축키	명령어	설명	단축키	명령어	설명
L	LINE	선긋기	MI	MIRROR	대칭
XL	XLINE	무한대 선긋기	O	OFFSET	간격 띄우기
PL	PLINE	연결된 선	SC	SCALE	축척 조정
C	CIRCLE	원 그리기 • 3P : 3점이 연결된 원 만들기 (3점을 클릭) • 2P : 2점이 연결된 원 만들기 (2점을 클릭) • TTR : 두 접점 사이에 원 만들기 (2개의 접점 클릭 → 반지름 지정)	RO	ROTATE	회전 객체선택 → 기준점(돌아갈 방향) → 참조(R) → 첫 점 지정(회전시킬 객체의 기준점(돌아갈 방향) → 두 번째 점 지정(회전시킬 각도, 방향)
H	HATCH	해치(지정된 패턴 & 사용자 패턴 넣기)	TR	TRIM	자르기
CO	COPY	객체 복사	EX	EXTEND	연장하기
A	ARC	호 만들기 단축키 A → 중심 C → 호의 중심선 클릭 → 시작점 클릭(반시계방향으로 그려짐) → 끝점 클릭	F	FILLET	모깎기(연결 안 된 모서리를 둥글게 만들며, 반지름이 0이면 직각이 된다) 연결 F → 반지름(R) 입력 시 설정한 반지름으로 둥글게 연결됨
LE	QLEADER	지시선 그리기	CHA	CHAMFER	모따기(지정한 거리와 각도 값으로 객체의 모서리를 비스듬히 깎음)
REC	RECTANG	사각형 만들기	DO	DONUT	도넛모양 원 그리기(내부 지름과 외부 지름 설정)
E	ERASER	지우기(= DELETE)	M	MOVE	객체 이동하기
AR	ARRAY	배열하기	LI	LIMITS	용지 사이즈 설정하기(용지 제한)
DI	DIST	길이 측정하기(두 점 간의 거리)	X	EXPLODE	객체 분해(결합되어 있는 객체 분해)
OP	OPTIONS	환경 설정하기	Z	ZOOM	확대 또는 축소하기
DT	DTEXT	단일행 문자 입력하기	MT	MTEXT	다중행 문자 입력하기
OS	OSNAP	객체 스냅 설정하기	LA	LAYER	도면층 설정하기
U	UNDO	되돌리기	D	DIMSTYLE	치수 설정(치수 스타일 관리자)
AA	AREA	면적 구하기	P	PLOT	도면 출력하기
ID	ID	지점의 좌표값을 표시	LTS	LTSCALE	선 종류 축척

② 치수 기입 단축키

단축키	명령어	설명
DLI	DIMLIEAR	선형 치수 기입하기
DCO	DIMCONTINUE	연속 치수 기입하기
DAR	DIMARC	호 길이 치수 기입하기
DDI	DIMDIAMETER	지름 치수 기입하기
QDIM	–	신속치수 기입하기
DAL	DIMALIGNED	정렬(대각선) 치수 기입하기
DAN	DIMANGULAR	각도 기입하기
DRA	DIMRADIUS	반지름 치수 기입하기

제2절 지적 실기 핵심이론

1 지번부여방법

① 지번은 본번과 부번으로 구성하고, 본번과 부번 사이에 "-" 표시로 연결한다. 이 경우 "-"는 "의"라고 읽는다.
② 지번은 북서에서 남동으로 순차적으로 부여한다.

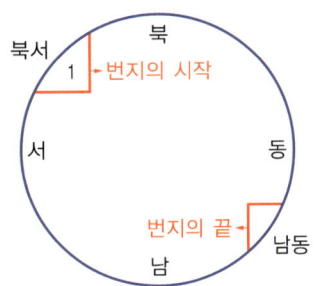

③ 분할의 경우 분할 후의 필지 중 1필지의 지번은 분할 전의 지번으로 하고, 나머지 필지의 지번은 본번의 최종부번 다음 순번으로 부번을 부여한다.

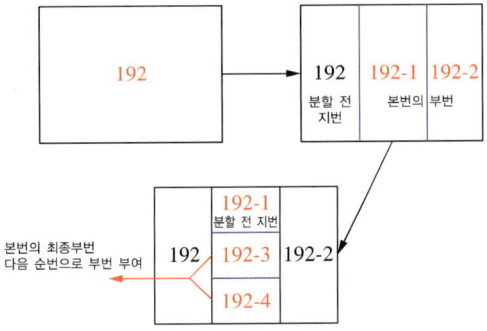

2 축척별 도곽선 크기

종류	축척 구분	지상거리(m)	도상거리(mm)
지적도	1/500	150×200	300×400
	1/1000	300×400	300×400
	1/600	200×250	333.33×416.67
	1/1200	400×500	333.33×416.67
	1/2400	800×1,000	333.33×416.67
임야도	1/3000	1,200×1,500	400×500
	1/6000	2,400×3,000	400×500

3 면적측정부에 사용되는 계산

기준점 번호	거리 (m)	방위각	좌표		둘레명	지번	측정방법	회수 또는 산출수			측정면적 (m^2)	도곽신축 보정계수	보정면적 (m^2)	평균치 (m^2)	산출면적 (m^2)	결정면적 (m^2)	비 고
			X (m)	Y (m)				제1회	제2회	제3회							
																	공차=
																	오차=

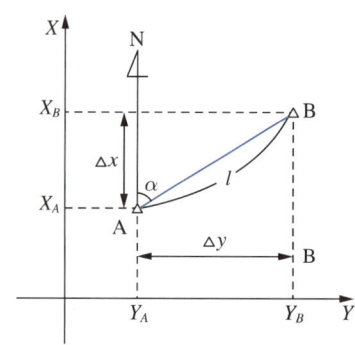

① 거리

$$\overline{AB} = \sqrt{(X_B - X_A) + (Y_B - Y_A)}$$
$$= \sqrt{\Delta x^2 + \Delta y^2}$$

※ CAD에서 Dist 명령어를 이용하여 측정한다.

② 방위각

$$\alpha = \tan^{-1}\left(\frac{Y_B - Y_A}{X_B - X_A}\right)$$

※ CAD에서 Dimangular 명령어를 이용하여 방위각을 계산한다.

③ 도곽신축 보정계수

$$Z = \frac{X \cdot Y}{\Delta X \cdot \Delta Y}$$

여기서, Z : 보정계수
  X : 도곽선 종선길이
  Y : 도곽선 횡선길이
  ΔX : 신축된 도곽선 종선길이의 합/2
  ΔY : 신축된 도곽선 횡선길이의 합/2

※ 보정계수는 소수점 넷째 자리까지 구하며(문제에서 주어질 경우 그대로 사용), 빨간색으로 작성한다.

④ 보정면적

보정면적 = 도곽신축 보정계수 × 측정면적

※ 도곽신축 보정계수가 1.0000일 때는 측정면적(소수점 셋째 자리)과 동일하게 적는다.

⑤ 산출면적

$$산출면적 = \frac{원면적}{\sum 보정면적} \times 해당\ 필지의\ 보정면적$$

※ 계산 후 오사오입법에 따라 자릿수를 결정한다(결정 면적보다 자릿수가 한 자리 큼).

[결정면적의 자릿수를 결정하는 오사오입법]

구분	축척 $\frac{1}{500}$, $\frac{1}{600}$ 또는 경계점좌표등록부에 등록하는 지역	축척 $\frac{1}{1000}$, $\frac{1}{1200}$, $\frac{1}{2400}$, $\frac{1}{3000}$, $\frac{1}{6000}$ 에 등록하는 지역
등록자리수	소수 한 자리	자연수(정수)
최소면적	$0.1m^2$	$1m^2$

소수 처리방법 (오사오입)	• $0.05m^2$ 미만 → 버림
	• $0.05m^2$ 초과 → 올림
	• $0.05m^2$일 때 구하려는 끝자리의 숫자가
	  - 홀수 → 올림
	  - 0 또는 짝수 → 버림
		• $0.5m^2$ 미만 → 버림
		• $0.5m^2$ 초과 → 올림
		• $0.5m^2$일 때 구하려는 끝자리의 숫자가
		  - 홀수 → 올림
		  - 0 또는 짝수 → 버림

※ 지적도의 축척이 1/600인 경우, 1필지의 면적이 $0.1m^2$ 미만일 때에는 $0.1m^2$로 한다.

⑥ 신구면적허용오차(공차)

$$공차 = \pm 0.026^2 \times M \times \sqrt{F}$$

여기서, M : 축척분모

F : 원면적

※ 자릿수는 문제에 주어지는 대로 작성한다.

⑦ 오차

$$오차 = \sum 측정면적 - 원면적$$

※ 자릿수는 문제에 주어지는 대로 작성한다.

4 측량파일 코드 일람표

■ 지적업무처리규정 [별표 제3호]

측량파일 코드 일람표

코드	내 용	규 격	도식	제도형태
1	지적경계선	기본값	────	검은색
10	지번, 지목	2mm	1591-10 대	검은색
71	도근점	2mm	○	검은색 원
211	현황선		─ ─ ─ ─	붉은색 점선
217	경계점표지	2mm	○	붉은색 원
281	방위표정 방향선		→	파란색 실선 화살표
282	분할선	기본값	────	붉은색 실선
291	측정점		+	붉은색 십자선
292	측정점 방향선		／	붉은색 실선
294	평판점	1.5~3.0mm (규격 변동가능)	○	검은색 원 옆에 파란색 不₁ , 不₂ 등 으로 표시
297	이동 도근점	2mm	○	붉은색 원
298	방위각 표정거리	2mm	000-00-00 000.000	붉은색

※ 기존 측량파일 코드의 내용·규격·도식은 "파란색"으로 표시한다.

■ 지적업무처리규정 [별표 제5호]

지적현황측량성과도의 도시방법

기호			
⊕	위성기준점	🏁	철도
⊙	1등 삼각점	♀	버스정류장
◎	2등 삼각점	♀	택시정류장
•	3등 삼각점	Y	휴지통
○	4등 삼각점	ㅂ―ㅂ	철책
⊕	지적삼각점	→↔→	철조망
●	지적삼각보조점	⊓⊔	성벽
○	지적도근점	⊏⊐	계단
BM ⊠	수준점	▷◁	출입문
—+—+—	시·도 계	—·—·—	석축
—·—·—	시·군 계	⊞⊞⊞	블록옹벽
—··—··—	읍·면 계	⨯⨯⨯	콘크리트옹벽
-------	리·동 계	⋀⋀⋀	암반노출
―――――	지적선	⊤⊤⊤	경사
―――――	현황선(붉은선)	⋈⋈⋈	보도블록
⫶⫶⫶	고가부	⊞⊞⊞	지하철공기통
―――――	도로	◉	지름
≡≡≡	가로수도로	⇀	유수방향
-----	지하부	우	소화전
⊐⊏	교차부	✹	급수탑
⫴⫴⫴	지하도입구	⊓	철탑
⟩⟨	교량	♀	활엽수
⊐⊏	터널	♠	침엽수
⊏⊐	육교	♀♠	독립수
ⓟ	주차장	∪∪	녹지
⌂	기념비	⊞	우물
⌓	분수대	―――	담장
⌒	묘지	―ㅠ―	가드 레일
⊥	논	⊘	지하철역

ⅠⅠⅠ	밭	(동상 기호)	동상
○	과수원	맨 홀	
⌒	지호	Ⓦ | W |	상수도
⊟	벤치	Ⓢ | S |	하수도
(우체통 기호)	우체통	Ⓔ | E |	전기
(가스수치기 기호)	가스수치기	Ⓣ | T |	전화
⋈	밸브	Ⓖ | G |	가스
| R |	분전함	Ⓐ | A |	공동구
■	제어기	Ⓘ | I |	공업용수
| TB |	공중전화	▱	빗물받이
⊡	신호등	건 물	
-○-	전주	⌐B	블록건물
-◇-	가로등	| C |	철근콘크리트
-⊖-	전신주	⌐W	목조건물
□-	차단기	⌐B	벽돌건물
⋇	경보기	⸬	무벽사
도로표식		노선경과	
⊤	안내	⊂—	기점
ⓟ	규제	⇨	종점
ⓠ	지시	→	통과
△	주의	노 면	
○	반사거울	—C—	콘크리트
ⓟ	광고판	—A—	아스팔트
⋈	사적지	—B—	블록
| WC |	공중화장실	—C—	사다리

제3절 실기시험 공개문제

수험자 유의사항

※ 다음의 유의사항을 고려하여 요구사항에 답하시오.

1. 수험자 인적사항 및 답안 작성은 반드시 검은색 필기구(연필류, 유색 제외)만 사용하여야 하며 그 외 다른 필기구를 사용한 답안은 채점하지 않으며 0점 처리됩니다.
2. 답안 정정 시 정정하고자 하는 단어에 두 줄(=)을 긋고 다시 작성하거나 수정테이프(수정액 제외)를 사용하여 정정합니다.
3. 명시되지 않은 조건은 지적 관련 법규 및 규정에 따릅니다.
4. 정전 및 기계고장 등에 의한 자료손실을 방지하기 위하여 수시로 저장합니다.
5. 시험 시작 전 바탕화면에 본인 수험번호로 폴더를 생성하고, 폴더 안에 작업내용을 저장합니다.
6. 작업이 끝나면 감독위원의 확인을 받은 후 파일과 문제지 및 답안지를 제출하고, 본부요원 입회하에 본인이 직접 최종지적측량결과도를 출력합니다. 이때 출력한 최종지적측량결과도는 수험자 본인이 직접 확인한 후 최종 제출합니다.
7. 최종지적측량결과도는 다음에 유의하여 출력합니다.
   - 용지 크기는 A3 크기로 하시오.
   - 플롯 영역의 대상은 '윈도우'로 하여 시험문제의 출력영역을 선택하시오.
   - 플롯의 간격은 '플롯의 중심'으로 하시오.
   - 플롯의 축척은 '사용자', '1 : 0.9'(예 1 : 0.75, 1 : 1.0 등)로 하고 단위는 mm로 하시오.
   - 플롯 옵션에서 다음 항목을 체크하시오.
     - 객체의 선가중치 플롯
     - 플롯 스타일로 플롯
   - 도면 방향을 '가로'로 하시오.
   - 반드시 컬러(color)를 적용하여 출력하시오.
   - 최종지적결과도의 출력은 2회에 한하여 출력하시오(출력 후에는 작업내용을 수정할 수 없습니다).
8. 지급된 저장매체(USB 등) 및 출력물은 반드시 제출합니다.
9. 시험 종료 후 PC에 저장된 시험과 관련된 모든 자료는 감독위원의 지시에 따라 삭제하고 퇴실합니다.
10. 다음 사항에 대해서는 채점 대상에서 제외하니 특히 유의하시기 바랍니다.
    - 기권
      - 수험자 본인이 수험 도중 시험에 대한 포기 의사를 표현하는 경우
    - 실격
      - 감독위원의 지시에 따르지 않는 경우
      - 출력작업을 시작한 후 다시 작업 내용을 수정하는 경우
      - 수험자의 잘못으로 최종지적측량결과도가 출력이 아니 되는 경우
      - 출력시간 10분을 초과한 경우(단, 출력시간은 시험시간에서 제외됩니다)
      - 장비조작 미숙으로 파손 및 고장을 일으킬 것으로 감독위원 합의하여 판단되는 경우
    - 미완성
      - 시험시간 내에 요구사항을 완성하지 못하여 작품을 제출하지 못한 경우
      - 시험시간 내에 제출하였으나 누락된 부분이 많아 작품의 완성도가 현저히 떨어져 시험위원이 미완성으로 합의한 경우

국가기술자격 실기시험문제

자격종목	지적기능사	과제명	지적제도 및 면적측정

※ 시험시간 : 2시간 30분

1 요구사항

※ 지급된 재료(CAD파일)를 보고 CAD프로그램을 이용하여 아래 요구사항에 맞게 답안지를 작성하고 최종지적측량결과도를 완성하여 파일을 저장한 후 감독위원의 지시에 따라 지급된 용지에 본인이 직접 출력하시오.

(1) 주어진 지적기준점을 입력하고 지적기준점 4118을 이용하여 도곽선 좌표를 계산하여 이를 포용하는 축척 1/1200 도곽을 구획하시오(단, 원점의 가산수치는 X = 500000m, Y = 200000m이다).

지적기준점	좌표		비고
	X[m]	Y[m]	
4118	453478.70	193664.65	
4119	453405.55	193726.90	
4120	453355.05	193603.80	

(2) 주어진 관측점의 방위각과 거리를 이용하여 경계점을 계산하고, 관측점 순서대로 필지를 완성하시오(단, 좌표결정은 m 단위로 소수점 둘째 자리까지 구하시오).

측점	관측점	방위각	거리	비고
4119	1	88°47′13.26″	119.99	
	2	94°37′37.18″	202.31	
	3	120°44′37.00″	185.90	
	4	151°23′34.09″	78.70	

(3) 주어진 관측점 분1과 분2의 방위각과 거리를 이용하여 분할점을 계산하고, '요구사항 (2)'에서 계산된 필지와 교차되는 지점의 최종분할좌표를 결정하시오(단, 분할점 및 최종분할좌표 결정은 m 단위로 소수점 둘째 자리까지 구하시오).

측점	관측점	방위각	거리	비고
4119	분1	80°57′10.5″	169.23	
	분2	138°47′39.7″	147.67	

(4) 완성된 필지를 대상으로 원면적이 9034m²인 전주시 완산구 중동 1164(지목 : 대)를 계산된 분할선을 이용하여 2필지로 분할하고, 지적 관련 법규 및 규정 등에 맞게 면적측정부를 작성하시오(단, 분할필지의 좌측을 원지번으로 부여하고, 당해 지번의 최종 종번은 "1164의 3"이다. 도곽신축보정계수는 1.0000, 신축량은 0.0mm이다. 공차, 산출면적 및 결정면적을 계산하며, 공차는 소수점 첫째 자리까지 구하시오).

(5) 주어진 서식파일을 이용하여 지적측량시행규칙을 준용하여 색인도, 제명 및 축척과 주어진 지번, 지목, 도곽선 수치 등을 문자로 입력하고, 지적 관련 법규 및 규정 등의 서식에 따라 최종지적측량결과도를 작성하시오(단, 당해 지적도는 16호이고 용도지역은 주거지역이며, 도곽선, 필지경계선, 분할선, 지적기준점의 선가중치는 무시하시오).

※ 답안은 반드시 흑색 또는 청색 필기구(연필류 제외) 중 동일한 색의 필기구만을 계속 사용하여야 하며, 기타의 필기구를 사용한 답항은 0점 처리됩니다.

문제번호	답안	채점란
(1)	○ 계산과정 ① 종선 상부좌표 : ② 종선 하부좌표 : ③ 횡선 좌측좌표 : ④ 횡선 우측좌표 : ○ 답 ① 종선 상부좌표 :　　　　　m ② 종선 하부좌표 :　　　　　m ③ 횡선 좌측좌표 :　　　　　m ④ 횡선 우측좌표 :　　　　　m	득점
(2)	○ 계산과정 ① 1번 X좌표 = 　1번 Y좌표 = ② 2번 X좌표 = 　2번 Y좌표 = ③ 3번 X좌표 = 　3번 Y좌표 = ④ 4번 X좌표 = 　4번 Y좌표 = ⑤ 5번 X좌표 = 　5번 Y좌표 = ○ 답 ① X좌표 =　　　　m, Y좌표 =　　　　m ② X좌표 =　　　　m, Y좌표 =　　　　m ③ X좌표 =　　　　m, Y좌표 =　　　　m ④ X좌표 =　　　　m, Y좌표 =　　　　m ⑤ X좌표 =　　　　m, Y좌표 =　　　　m	득점

문제번호	답안	채점란
(3)	○ 계산과정 ① 관측점 분1 X좌표 = 　관측점 분1 Y좌표 = ② 관측점 분2 X좌표 = 　관측점 분2 Y좌표 = ○ 답 | 관측점 번호	X좌표[m]	Y좌표[m] | |---|---|---| | 분1 | | | | 분2 | | | ※ 최종분할점은 교차지점의 좌표를 독취하여 작성 | 최종분할점 번호	X좌표[m]	Y좌표[m] | |---|---|---| | 분1 | | | | 분2 | | |	득점
(4)	○ 계산과정 ① 신구면적 허용오차 계산 　• 계산과정 : ② 산출면적 계산 　• 계산과정 : 　• 계산과정 : ○ 답 ① 공차 = ± ② 산출면적 및 결정면적 　㉠ 산출면적 　　• 　　• 　㉡ 결정면적 　　• 　　•	득점

2 문제해설

(1) 지적기준점을 이용한 도곽 구획
※ 1/1200의 지상길이는 400×500이다.
※ 지적기준점 4118의 좌표는 X = 453478.70m, Y = 193664.65m이다.

1) 종선좌표 산출
① 453478.70 − 500000 = −46521.3
② −46521.3 ÷ 400 = −116.30 ·················· 소수점을 절삭한다.
③ −116 × 400 = −46400
④ −46400 + 500000 = 453600m → 종선 상부좌표
⑤ 453600 − 400 = 453200m → 종선 하부좌표

2) 횡선좌표 산출
① 193664.65 − 200000 = −6335.35
② −6335.35 ÷ 500 = −12.67 ·················· 소수점을 절삭한다.
③ −12 × 500 = −6000
④ −6000 + 200000 = 194000m → 우측 횡선좌표
⑤ 194000 − 500 = 193500m → 좌측 횡선좌표

(2) 지적기준점의 방위각과 거리를 이용하여 경계점 좌표 산출
※ 지적기준점 4119의 좌표는 X = 453405.55m, Y = 193726.90m이다.

1) 1번 경계점
① X = 453405.55 + 119.99 × cos(88°47′13.26″) = 453408.09m
② Y = 193726.90 + 119.99 × sin(88°47′13.26″) = 193846.86m

2) 2번 경계점
① X = 453405.55 + 202.31 × cos(94°37′37.18″) = 453389.23m
② Y = 193726.90 + 202.31 × sin(94°37′37.18″) = 193928.55m

3) 3번 경계점
① X = 453405.55 + 185.90 × cos(120°44′37.91″) = 453310.52m
② Y = 193726.90 + 185.90 × sin(120°44′37.91″) = 193886.67m

4) 4번 경계점

① $X = 453405.55 + 78.70 \times \cos(151°23'34.90'') = 453336.46\text{m}$

② $Y = 193726.90 + 78.70 \times \sin(151°23'34.90'') = 193764.58\text{m}$

(3) 지적기준점의 방위각과 거리를 이용하여 분할점 좌표 산출

※ 지적기준점 4119의 좌표는 $X = 453405.55\text{m}$, $Y = 193726.90\text{m}$이다.

1) 분1 경계점

① $X = 453405.55 + 169.23 \times \cos(80°57'10.5'') = 453432.16\text{m}$

② $Y = 193726.90 + 169.23 \times \sin(80°57'10.5'') = 193894.02\text{m}$

2) 분2 경계점

① $X = 453405.55 + 147.67 \times \cos(138°47'39.71'') = 453294.45\text{m}$

② $Y = 193726.90 + 147.67 \times \sin(138°47'39.71'') = 193824.18\text{m}$

(4) 신구면적 허용오차, 산출면적, 결정면적 계산

1) 신구면적 허용오차 계산

$A = 0.026^2 \times M \times \sqrt{F}$

$\quad = 0.026^2 \times 1200 \times \sqrt{9034}$

$\quad = \pm 77.1\text{m}^2$ (자릿수는 문제에서 확인)

여기서, M : 축척분모

F : 원면적

2) 측정면적 계산

CAD도면상에서 AA(Area) 명령어를 이용하여 측정한다.

① 1164 대 측정면적 = 4650.949m²

② 1164-4 대 측정면적 = 4398.714m²

※ 지번부여는 최종부번(1164-3) 다음 번호(1164-4)로 부여한다.

3) 산출면적 계산

$$r = \frac{F}{A} \times a$$

여기서, r : 각 필지의 산출면적
$\quad\quad\quad F$: 원면적
$\quad\quad\quad A$: 보정면적 합계
$\quad\quad\quad a$: 해당 필지의 보정면적

① 1164 대 $= \dfrac{9034}{4650.9 + 4398.7} \times 4650.9 = 4642.9\,\text{m}^2$

② 1164-4 대 $= \dfrac{9034}{4650.9 + 4698.7} \times 4398.7 = 4391.1\,\text{m}^2$

4) 결정면적 계산

축척 1/1000~1/6000에서 결정면적은 자연수로 표기한다. 축척 1/1200이므로 결정면적은 다음과 같다.

① 1164 대 = 4643m^2

② 1164-4 대 = 4391m^2

3 CAD도면 제도

CAD작업을 시작하기 전에 사용자에 맞게 OPTIONS과 OSNAP을 설정한 후에 제도한다.

(1) 레이어 설정

제도할 도곽선의 선가중치 및 색상을 설정한다.

※ 채점 대상은 아니므로 '결과도'와 '도곽선' 2가지 레이어로 작업한다.

[레이어 작성 규정]

레이어 코드	내용	색상	비고
1	지적경계선	검은색	실선
10	지번, 지목	검은색	
30	색인도, 제명, 각종 문자	검은색	
60	도곽선	빨간색	실선
71	도근점	검은색	원
211	현황선	빨간색	점선(선종류 HIDDEN2)
217	경계점표지	빨간색	원
282	분할선	빨간색	실선
291	측정점	빨간색	십자선
298	방위각 표정거리	빨간색	

① 명령어 LA(Layer)를 입력한다.

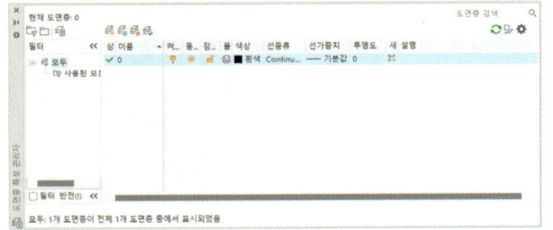

②  아이콘을 클릭하여 새로운 도면층을 생성한다.

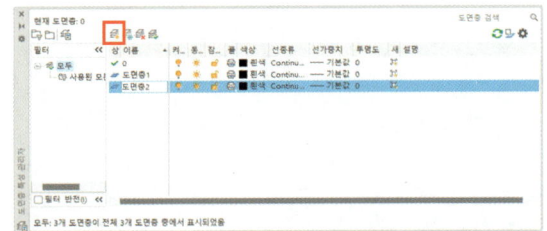

③ 도면층 이름을 2번 클릭하여 '결과도', '도곽선'으로 변경한다.

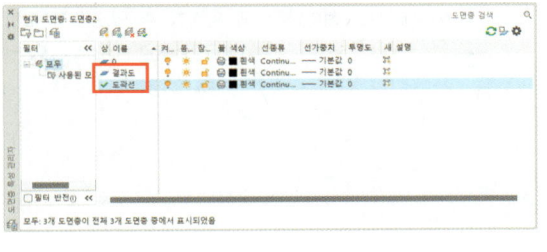

④ 색상을 선택하여 '도곽선'의 색상을 빨간색으로 변경한다.

| ⑤ 선가중치를 설정한다.
요구사항에서 '선가중치를 무시하시오.'로 되어 있으므로 선가중치를 0.00mm로 설정한다.
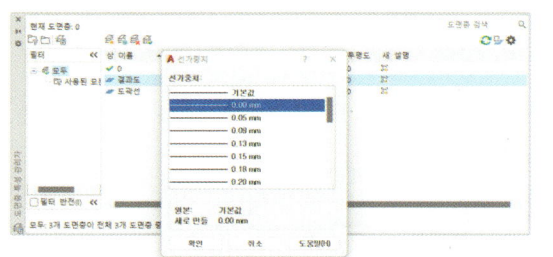 | ⑥ 레이어 설정을 확인한다.
 |

(2) 도곽선 제도

계산한 도근점 좌표값을 가지고 도곽선을 제도한다.

※ CAD와 지적의 X축, Y축이 반대이므로 좌표를 입력할 때 횡선좌표를 X값, 종선좌표를 Y값으로 입력해야 한다.

① 명령어 REC(Rectang)를 입력한다. ▭ ▼ RECTANG 첫 번째 구석점 지정 또는 [모따기(C) 고도(E) 모깎기(F) 두께(T) 폭(W)]:	② 종선 하부좌표값과 횡선 좌측좌표값을 입력한다(좌하단 좌표 입력). • 193500,453200 Enter
③ 상대좌표값으로 도곽선을 제도한다(1/1200 도곽 크기는 400×500). • @500,400 Enter RECTANG 첫 번째 구석점 지정 또는 [모따기(C)/고도(E)/모깎기(F)/두께(T)/폭(W)]: 193500,453200 다른 구석점 지정 또는 [영역(A)/치수(D)/회전(R)]: @500,400	④ 도곽선을 클릭 후 Layer를 변경한다. 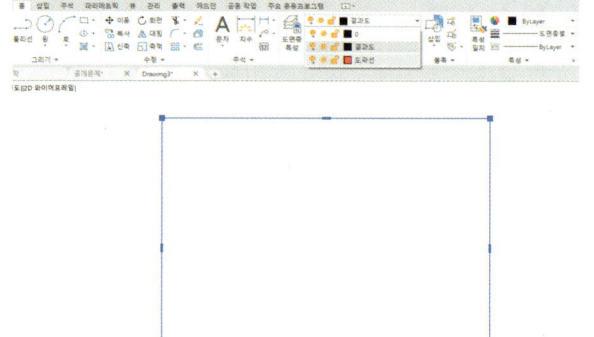
⑤ 지적기능사 제공파일 가져오기 • 도곽선을 작도한 곳으로 면적측정부 형식을 가져온다. • 명령어 M(Move)을 입력하고, 객체(면적측정부)를 선택한다. 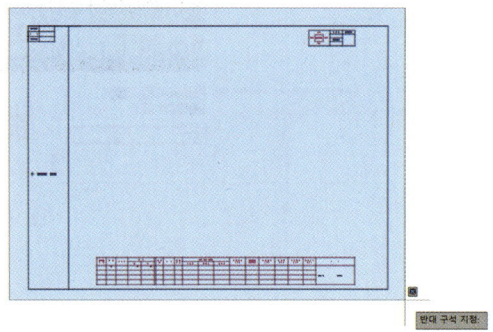	⑥ 형식 안으로 도곽선이 중심에 위치할 수 있도록 적절히 옮긴다. 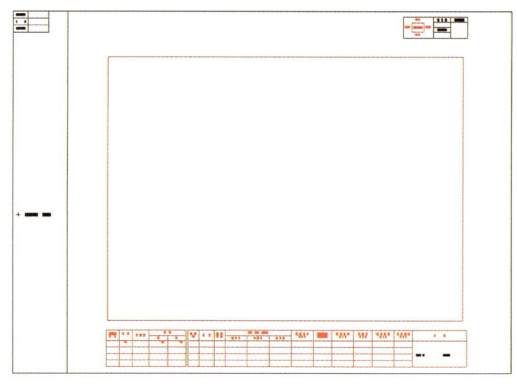

(3) 지적도근점 제도 및 방위각 거리 기입

- 문제에 주어진 도근점들의 좌표값을 가지고 도근점을 제도한다.
  ※ CAD와 지적의 X축, Y축이 반대이므로 좌표를 입력할 때 횡선좌표를 X값, 종선좌표를 Y값으로 입력해야 한다.
- 도근점은 해당 좌표에 직경 2mm 크기의 원으로 제도해야 한다. 축척이 1/1200이므로 지적도근점의 직경은 2×1.2 = 2.4mm가 되어 반지름 1.2mm로 제도한다.

① 명령어 C(Circle)를 입력한다. CIRCLE 원에 대한 중심점 지정 또는 [3점(3P) 2점(2P) Ttr - 접선 접선 반지름(T)]:	② 도근점 4118 좌표값을 입력한다. • 193664.65,453478.70 [Enter]
③ 원의 반지름값을 입력한다. • 1.2 [Enter] 원에 대한 중심점 지정 또는 [3점(3P)/2점(2P)/Ttr - 접선 접선 반지름(T)]: 193664.65,453478.70 CIRCLE 원의 반지름 지정 또는 [지름(D)] <100.7368>: 1.2	④ 같은 방법으로 나머지 지적도근점도 제도한다. • 4119 : 193726.90,453405.55 [Enter] • 4120 : 193603.80,453355.05 [Enter]

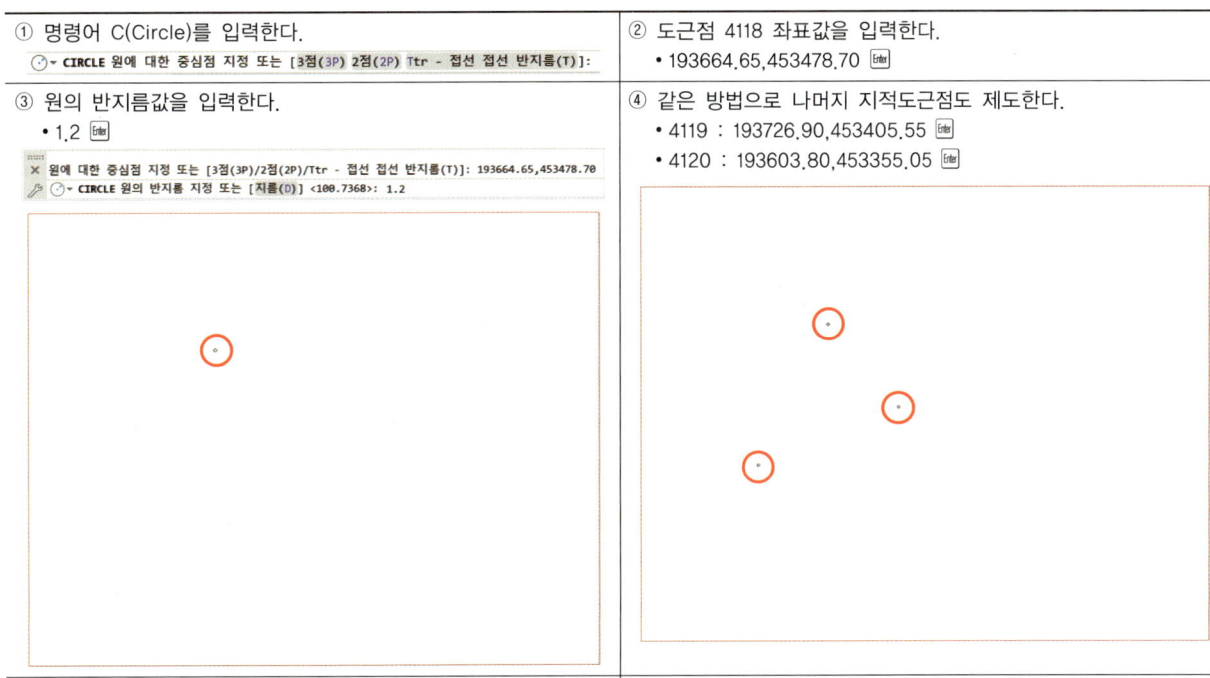

⑤ 명령어 PL(Pline)을 입력하고, 도근점 중심을 클릭하여 연결선을 제도한다.	⑥ 명령어 DI(Dist)를 입력하여 방위각과 거리를 구한다. • 명령어 DI(Dist)를 입력 → '4119', '4118' 도근점의 중심을 클릭 → 거리값 96.05 확인(소수점 둘째 자리) • 명령어 DI(Dist)를 입력 → '4119', '4120' 도근점의 중심을 클릭 → 거리값 133.06 확인(소수점 둘째 자리)

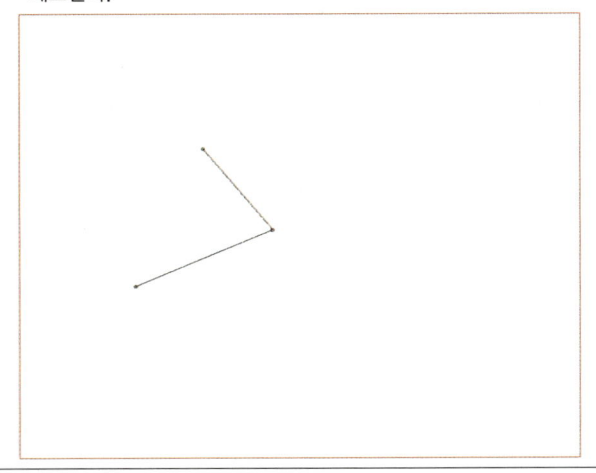

```
명령: DI
DIST
첫 번째 점 지정:
두 번째 점 또는 [다중 점(M)] 지정:
거리 = 96.0520,   XY 평면에서의 각도 = 310,   XY 평면으로부터의 각도 = 0
X증분 = 62.2500,  Y증분 = -73.1500,   Z증분 = 0.0000
명령:
DIST
첫 번째 점 지정:
두 번째 점 또는 [다중 점(M)] 지정:
거리 = 133.0559,  XY 평면에서의 각도 = 22,   XY 평면으로부터의 각도 = 0
X증분 = 123.1000, Y증분 = 50.5000,    Z증분 = 0.0000
```

⑦ 명령어 L(Line)을 입력하고, 기준 도근점에 남북 방향의 직선을 제도하여 방위각을 구한다.

⑧ 명령어 DIMANG(Dimangular)을 입력하고, 직선과 도근점 연결선을 클릭하여 두 선이 이루는 각도를 확인한다(계산 완료 후 직선과 각도는 전부 삭제한다).
- '4119', '4118' 방위각
  → 360° − 40°23′51″ = 319°36′09″
- '4119', '4120' 방위각
  → 180° + 67°41′41″ = 247°41′41″

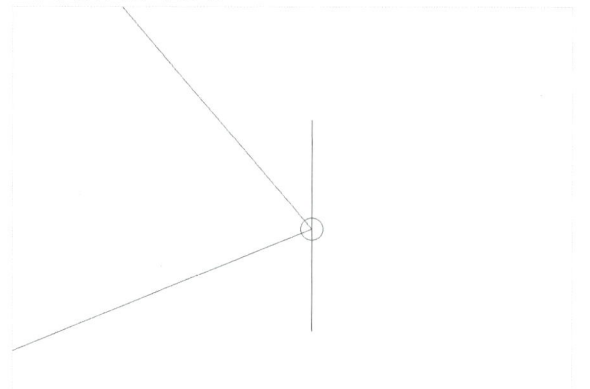

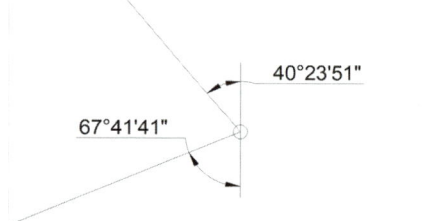

⑨ 연결선을 클릭 후 레이어를 변경하여 빨간색으로 바꿔준다.

⑩ 명령어 LT(Linetype)를 입력하고, 로드(L)를 클릭한 후에 HIDDEN2를 로드하여 연결선을 점선(HIDDEN2)으로 변경한다.
※ 혹시 점선의 폭이 너무 넓으면 명령어 LTS(Ltscale) 선축척을 이용하여 변경한다.

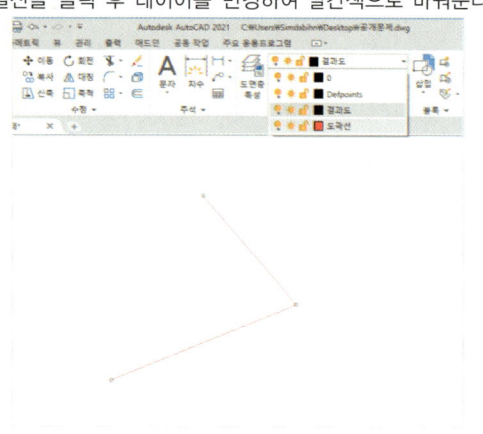

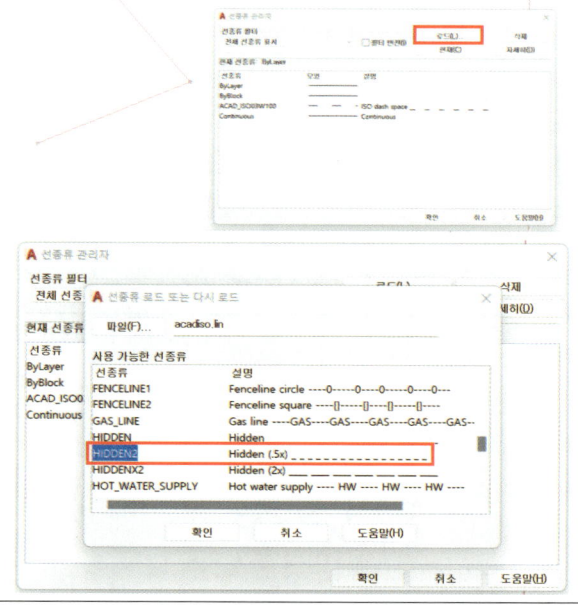

⑪ 명령어 DT(Dtext)를 입력하고, 임의의 점을 클릭한 뒤 높이와 각도를 입력한다.
- 높이 지정 : 2.4(2mm × 축척 1.2) Enter
- 문자의 회전 각도 지정 : 0 Enter

⑫ 전에 계산한 방위각과 거리를 입력하고, 글자색을 빨간색으로 변경한다.
- 319−36−09 Enter
- 96.05 Enter
- 247−41−41 Enter
- 133.06 Enter

⑬ 적절한 위치에 배치한다.
- 명령어 RO(Rotate)를 입력한다.
- 객체(회전하고자 하는 글자)를 선택한다.
- 기준점을 지정한다(연결선 클릭).
- 명령어 M(Move)을 이용하여 선의 중심 부근으로 이동한다.

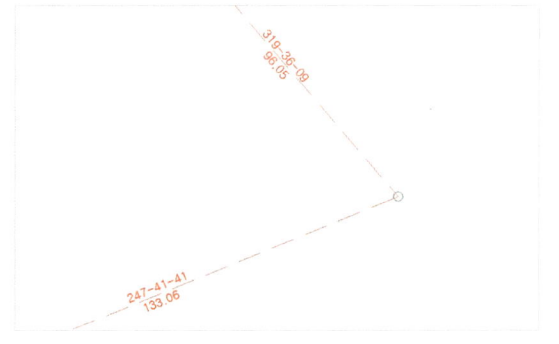

(4) 필지경계 및 분할선 제도

필지경계점 좌표를 경계점 1번부터 순서대로 입력한다.

※ CAD와 지적의 X축, Y축이 반대이므로 좌표를 입력할 때 횡선좌표를 X값, 종선좌표를 Y값으로 입력해야 한다.

① 명령어 PL(Pline)를 입력한다.	② 시작점을 지정한다(1번 좌표값부터 순서대로 입력).
명령: PL PLINE 시작점 지정: 193846.86,453408.09 현재의 선 폭은 0.0000임 다음 점 지정 또는 [호(A)/반폭(H)/길이(L)/명령 취소(U)/폭(W)]: 193928.55,453389.23 다음 점 지정 또는 [호(A)/닫기(C)/반폭(H)/길이(L)/명령 취소(U)/폭(W)]: 193886.67,453310.52 다음 점 지정 또는 [호(A)/닫기(C)/반폭(H)/길이(L)/명령 취소(U)/폭(W)]: 193764.58,453336.46 다음 점 지정 또는 [호(A)/닫기(C)/반폭(H)/길이(L)/명령 취소(U)/폭(W)]: c	• 193846.86,453408.09 [Enter] • 193928.55,453389.23 [Enter] • 193886.67,453310.52 [Enter] • 193764.58,453336.46 [Enter] • C [Enter] ※ 마지막 좌표는 '닫기'를 사용하거나 '좌표값(193846.86,453408.09)'을 입력한다.
③ 필지 제도를 확인한다.	④ 명령어 PL(Pline)을 입력하여 분할선을 제도한다.
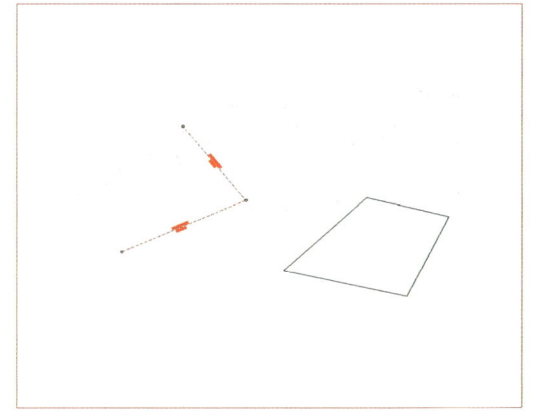	PLINE 시작점 지정: 193894.02,453432.16 현재의 선 폭은 0.0000임 다음 점 지정 또는 [호(A)/반폭(H)/길이(L)/명령 취소(U)/폭(W)]: 193824.18,453294.45

⑤ 시작점을 지정한다(분1 좌표값부터 순서대로 입력).
- 193894.02,453432.16 [Enter]
- 193824.18,453294.45 [Enter]

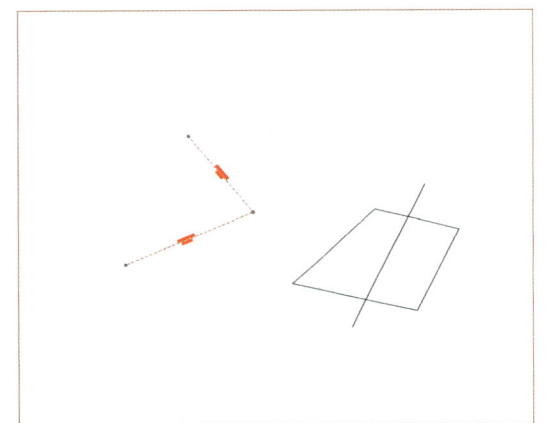

⑥ 분할선을 클릭하여 레이어를 빨간색으로 변경한다.

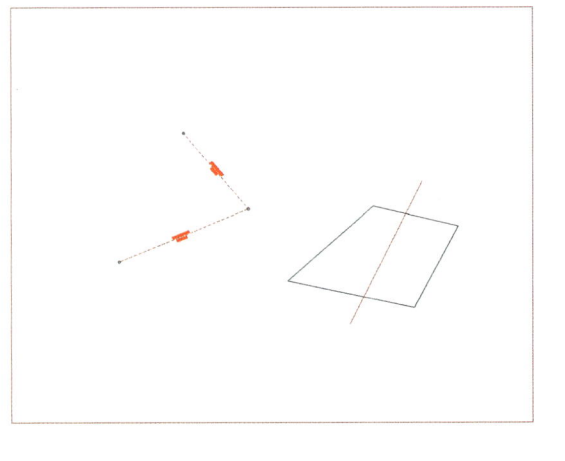

(5) 분할필지 면적 구하기

① 명령어 AA(Area)를 입력하고, 해당 필지점들을 순서대로 클릭한다.
※ 시작점과 끝점을 동일하게 클릭한다.

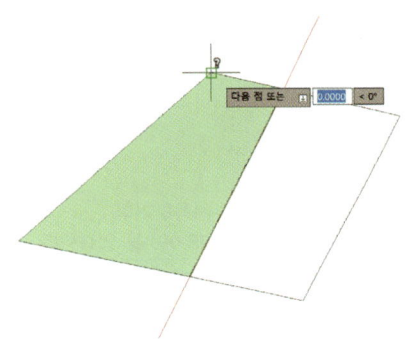

② 동일한 방법으로 두 번째 필지 면적(소수점 셋째 자리까지)을 구한다.
- 좌측 필지 면적 : 4650.949m^2
- 우측 필지 면적 : 4398.714m^2

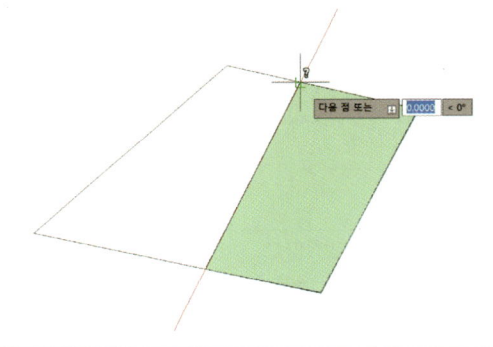

(6) 최종분할점 제도 및 관측점 표시

① 명령어 C(Circle)를 입력하고 최종분할점인 교차점을 클릭한다. 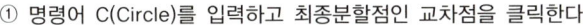	② 결정된 최종분할점 위치에 2mm 크기의 빨간색 원을 제도한다. • 원의 반지름 1.2 입력(축척이 1/1200이므로 2×1.2 = 2.4mm가 되어 반지름 1.2mm로 제도한다) • 최종분할점이 2개이므로 2개의 원을 제도한다.
③ 최종분할점은 빨간색이므로 레이어 색상을 변경한다. 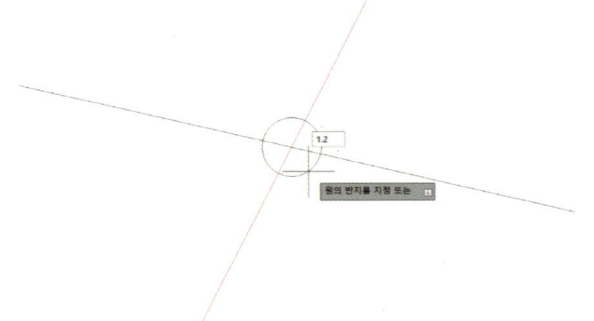	④ 최종분할점 좌표값을 확인한다. • 명령어 ID를 입력하고, 최종분할점을 클릭한다. • 답안지에 최종분할점의 X좌표값, Y좌표값(소수점 둘째 자리까지)을 작성한다. 명령: 명령: ID 점 지정: X = 193878.1492 Y = 453400.8662 Z = 0.0000 명령: ID 점 지정: X = 193837.6157 Y = 453320.9424 Z = 0.0000
⑤ 관측점을 표시한다. • 주어진 관측점 표식 +(십자선)을 복사한다. • 명령어 CO(Copy) 입력 → 객체 선택 ⏎ • 중심점을 클릭해서 기본점을 지정한다. 	⑥ 관측한 곳에 복사한 십자선을 입력한다. 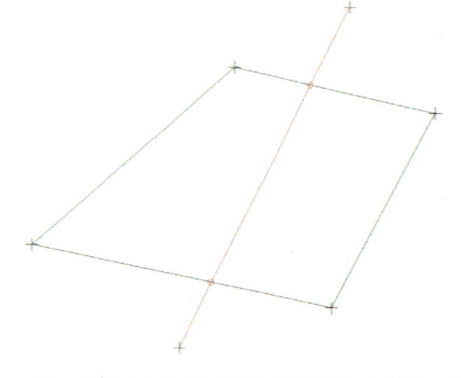

⑦ 명령어 TR(Trim)을 이용하여 분할선을 정리한다.
※ TR [Enter] – 자를 객체 선택

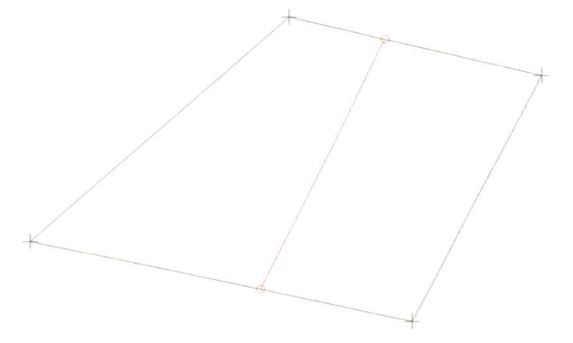

(7) 글자 제도

① DT(Dtext)를 입력하고, 임의의 점을 클릭한 뒤 거리와 각도를 입력한다.
- 문자 높이 : 2.4(2mm × 축척 1.2) [Enter]
- 회전각도 : 0 [Enter]

② 들어갈 글자를 한 번에 입력한다(도근점 번호, 도곽좌표, 필지좌표, 분할점 좌표, 최종분할점 좌표).
- 4118 [Enter]
- 4119 [Enter]
- 4120 [Enter]

- 453600 [Enter]
- 453200 [Enter]
- 194000 [Enter]
- 193500 [Enter]
※ 도곽좌표는 빨간색으로 변경

- 1 (453408.09, 193846.86) [Enter]
- 2 (453389.23, 193928.55) [Enter]
- 3 (453310.52, 193886.67) [Enter]
- 4 (453336.46, 193764.58) [Enter]

- 분1 (453432.16, 193894.02) [Enter]
- 분2 (453294.45, 193824.18) [Enter]

- 분1 (453400.87, 193878.15) [Enter]
- 분2 (453320.94, 193837.62) [Enter]
※ 최종분할점은 빨간색으로 변경

③ 객체를 선택한 뒤 마우스 우클릭하여 빠른 특성을 선택하여 도근점 글자크기를 조정한다.

④ 높이를 3.6으로 변경한다.

※ 도근점 글자크기는 3mm, 축척이 1/1200이므로 3 × 1.2 = 3.6mm로 제도한다.

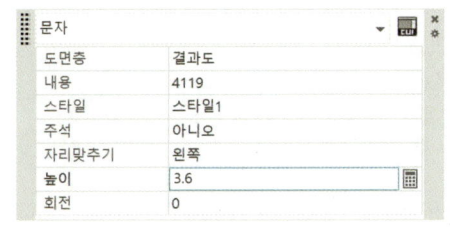

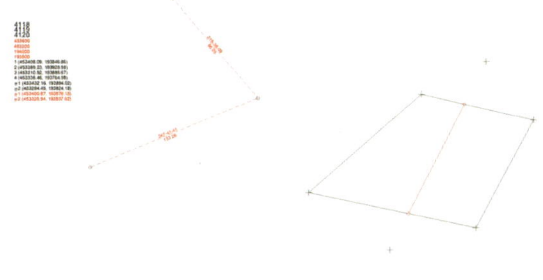

⑤ 도곽선의 상하부 좌표값은 해당 위치로 이동시키고, 좌우측 좌표값은 RO(Rotate) 명령어를 이용하여 다음 그림과 같이 배치한다.

⑥ 나머지 글자들을 해당 위치 근처로 이동시켜 적당하게 배치한다.

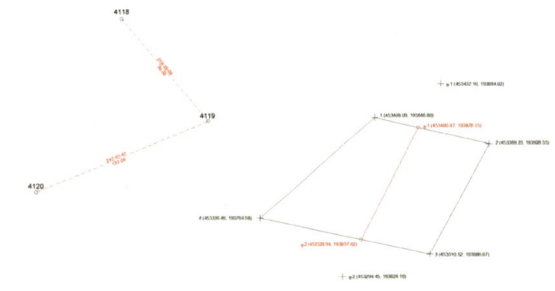

⑦ 명령어 DT(Dtext)를 입력하여 지번과 지목을 제도한다.
- 시작점 : 임의점 클릭
- 높이 지정 : 2.4(2mm × 축척 1.2) Enter
- 문자의 회전 각도 지정 : 0 Enter

⑧ 원지번과 최종부번 다음 지번을 확인하여 작성한다(지목도는 문제에서 주어짐).
- 1164 대 Enter
- 1164-4 대 Enter

⑨ 작성한 지번과 지목을 필지 중앙으로 이동한다.

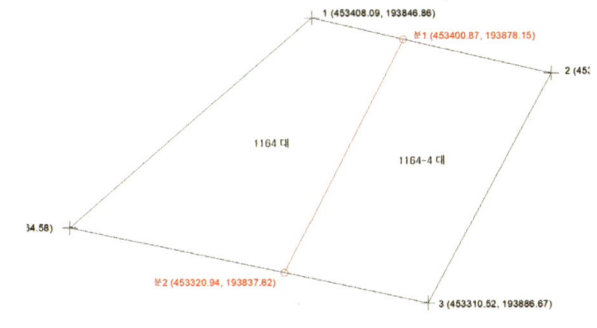

⑩ 원지번 바로 위에 숫자를 하나 더 기입한다.

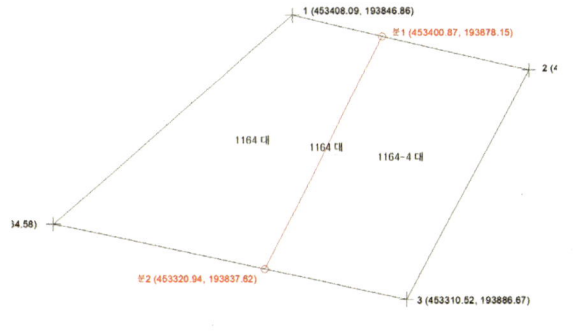

⑪ 빨간색 직선을 L(Line)과 O(Offset) 명령어를 이용하여 두 줄로 말소된 지번을 표시한다.

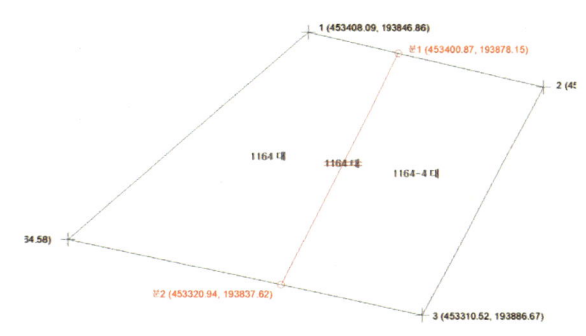

(8) 색인도 및 제명 제도

색인도는 가로 7mm, 세로 6mm 크기의 직사각형을 제도한다.

※ 축척이 1/1200이므로 가로는 7×1.2 = 8.4mm, 세로는 6×1.2 = 7.2mm로 제도한다.

① 명령어 REC(Rectang)를 입력한다.
 • 시작점 : 임의점 클릭
 • @8.4,7.2 [Enter]

② 제도한 사각형을 CO(Copy) 명령어를 이용하여 색인도를 제도한다.

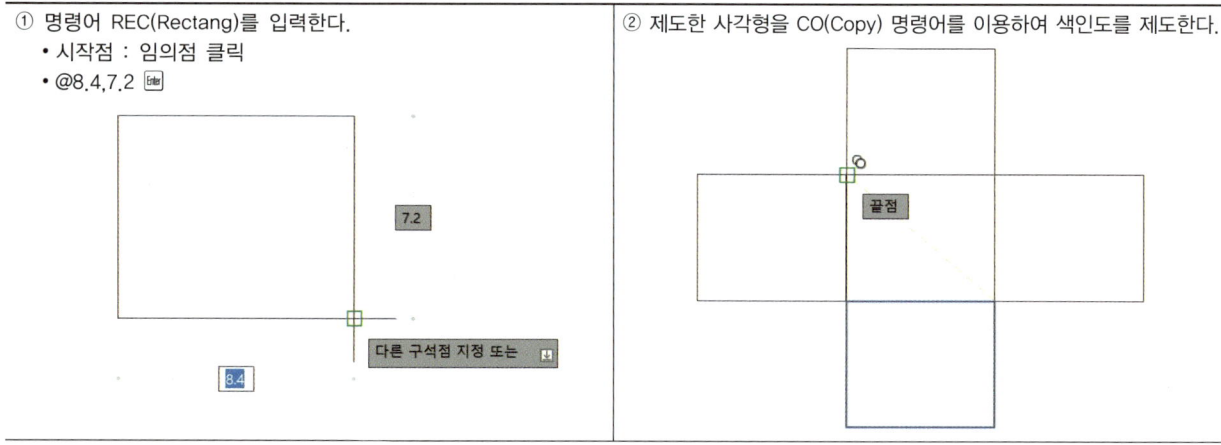

③ 색인도 안에 해치를 넣는다.
- 명령어 H(Hatch)를 입력한 뒤, 패턴 중 LINE을 찾아 클릭한다.

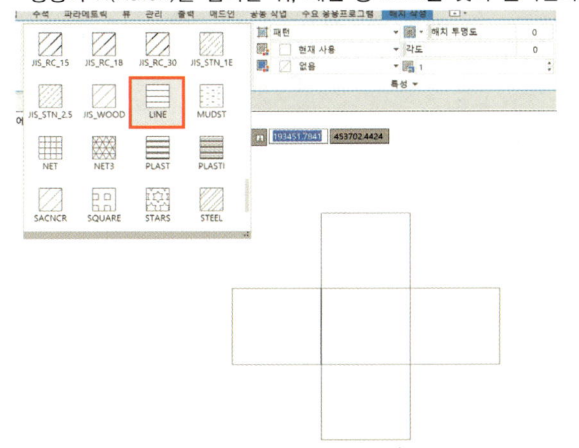

④ 각도는 45°, 축척은 0.5로 입력하고 색인도 정중앙에 사각형을 클릭한다.

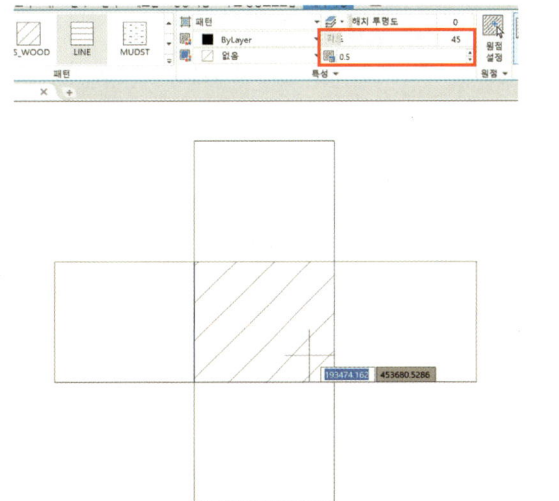

⑤ 명령어 MT(Mtext)를 입력하고, 정중앙 사각형 끝점을 클릭한 뒤 지적도 번호를 기입한다.

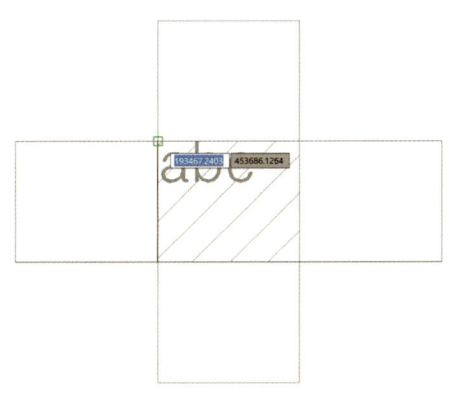

⑥ 자리맞추기에서 '중간 중심 MC'를 클릭한다.

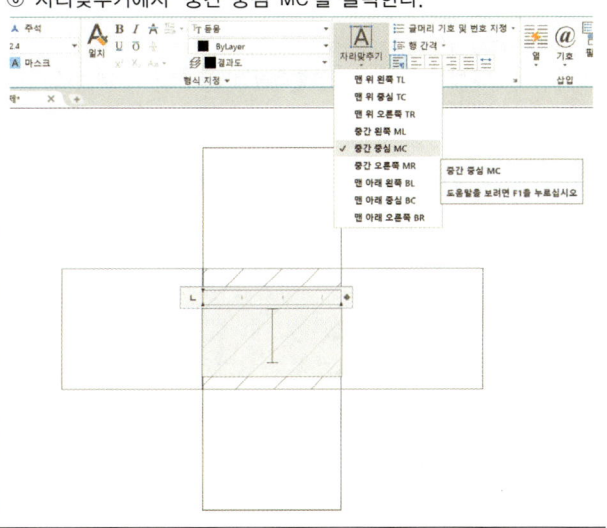

⑦ 지적도 번호 입력 후 문서편집기 닫기를 클릭한다.

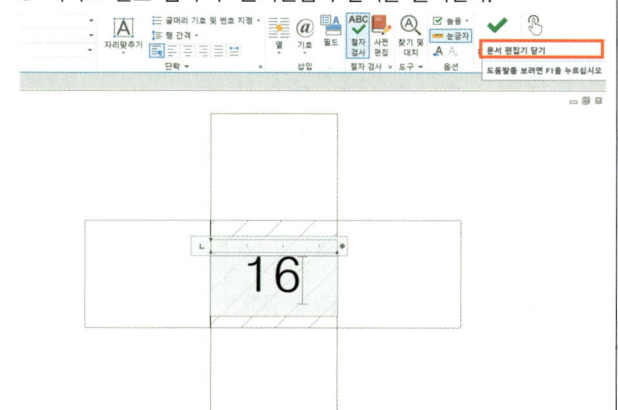

⑧ 빠른 특성을 선택하여 문자 높이를 3.6으로 변경한다.
  ※ 색인도 안의 숫자크기는 3mm, 축척이 1/1200이므로 3×1.2 = 3.6mm로 제도한다.

⑨ 문제에 주어진 도시와 번호를 확인 후 제명을 제도한다. 제명은 5mm, 축척이 1/1200이므로 5×1.2 = 6mm로 제도한다.
- 명령어 DT(Dtext)를 입력한다.
- 시작점 : 색인도 우측 부분을 클릭한다.
- 높이 지정 : 6 Enter
- 문자의 회전 각도 지정 : 0 Enter
- 전주시 완산구 중동 분할측량결과도 (지적도 제 16호)∨∨∨∨축척 1200분의 1 Enter
  ※ 축척 앞에 10mm를 띄어야 하므로 띄어쓰기를(∨) 4번 한다.

⑩ 명령어 M(Move)을 이용하여 제명을 도곽선과 앞머리를 맞춰 비슷한 위치로 이동한다.

(9) 신축량, 보정계수, 용도지역란 작성

① 명령어 MT(Mtext)를 입력하고, 신축량 사각형 끝점을 클릭한다. 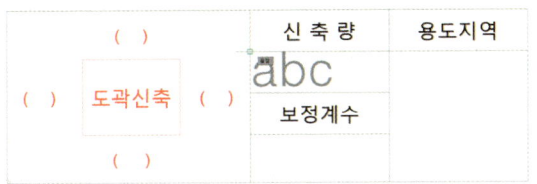	② 자리맞추기 중간 중심 MC를 클릭하고, 신축량 0.0을 기입한다. • 문자 높이 : 2×1.2 = 2.4mm 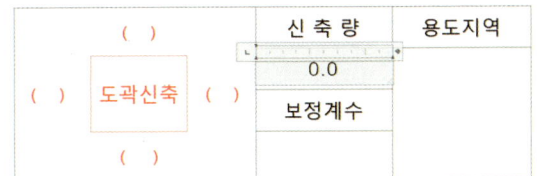
③ 명령어 MT(Mtext)를 입력하고, 보정계수 사각형 끝점을 클릭한다. 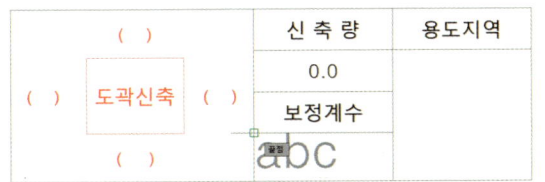	④ 자리맞추기 중간 중심 MC를 클릭하고, 보정계수 1.0000을 기입한다. • 문자 높이 : 2×1.2 = 2.4mm 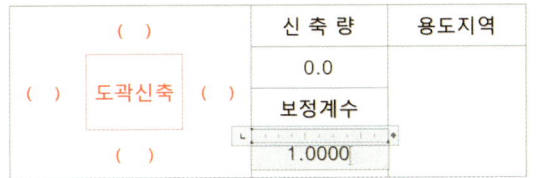
⑤ 명령어 MT(Mtext)를 입력하고, 용도지역 사각형 끝점을 클릭한다. 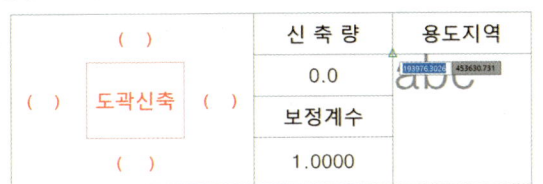	⑥ 자리맞추기 중간 중심 MC를 클릭하고, 주거지역을 기입한다. • 문자 높이 2×1.2 = 2.4mm 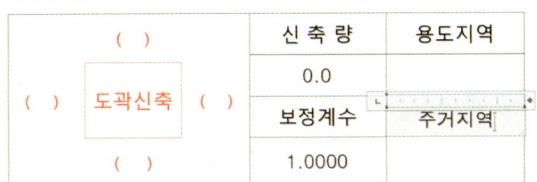
⑦ 신축량, 보정계수 레이어 둘 다 빨간색으로 변경한다. 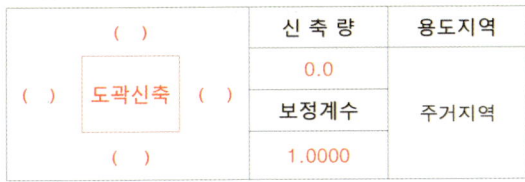	⑧ 명령어 DT(Dtext)를 입력하고, 도곽신축 괄호를 채운다. • 시작점 : 괄호의 중앙부분 클릭 • 높이 지정 : 2.4 Enter • 문자의 회전 각도 지정 : 0 Enter • 0.0 Enter → 빨간색으로 변경 → 복사해서 나머지 괄호도 채우기 | (0) | 신 축 량 | 용도지역 | | (0) 도곽신축 (0) | 0.0 | 주거지역 | | | 보정계수 | | | (0) | 1.0000 | |

(10) 면적측정부 작성

※ 주어진 CAD파일 하단의 면적측정부(CHAPTER 01의 **3** 면적측정부 작성 참조)를 작성한다.

① 기준점 번호를 기입한다.
- 명령어 MT(Mtext)를 입력 → 사각형 끝점 클릭 → 자리맞추기 중간 중심 MC 클릭
- 거리와 방위각은 도근점 4119를 기준으로 기입한다.

기준점 번호	거 리	방위각	좌 표	
			X	Y
4119	m		m	m

② 나머지도 같은 방법으로 기입한다.
- 앞에서 계산했던 거리와 방위각을 입력한다.

[기입 완료한 모습]

기준점 번호	거 리	방위각	좌 표	
			X	Y
4119	m		453405.55	193726.90
4118	96.05	319-36-09	453478.70	193664.65
4120	133.06	247-41-41	453355.05	193603.80

(11) 출력하기

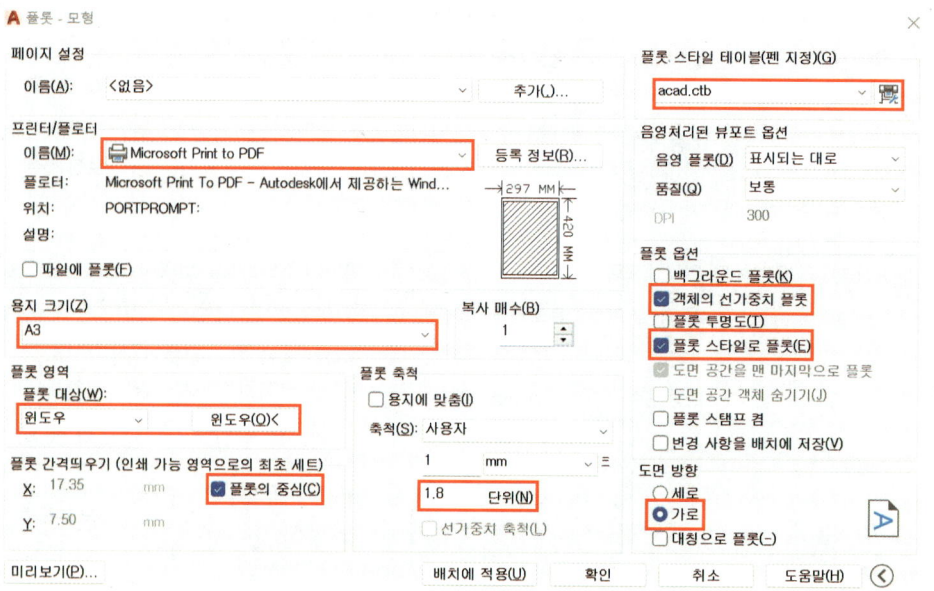

① 출력 설정을 한다(명령어 PLOT 입력 or Ctrl + P or 🖨 클릭).
- 프린트/플로터 : 프린터 기종을 선택하고, 용지 크기는 A3로 한다.
- 플롯 영역 : 플롯 대상을 윈도우로 선택 후 출력 영역을 선택한다(좌측 상단과 우측 하단).

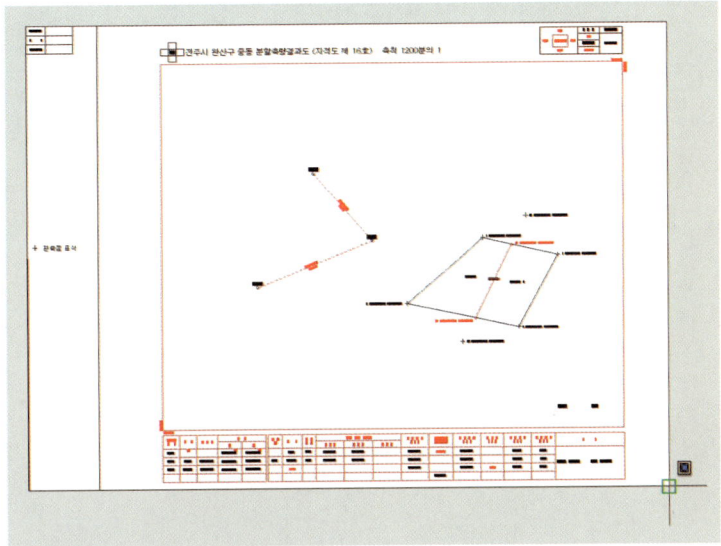

- 플롯 간격띄우기 : 플롯의 중심을 선택한다.
- 플롯 축척은 1 : 1.8을 입력(용지에 맞춤을 해제하고 문제에서 주어진 축척을 입력)한다.
- 플롯 스타일 테이블 : acad.ctb를 선택한다(컬러 출력).
- 플롯 옵션 : '객체의 선가중치 플롯', '플롯 스타일로 플롯'을 설정한다.
- 도면 방향 : '가로'를 선택한다.

② 완료되면 미리보기를 눌러 확인하고, 창이 뜨면 '계속' 버튼을 클릭한다.

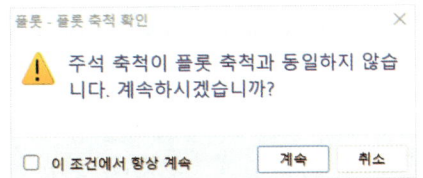

③ 확인 후 문제가 없으면 출력한 뒤 출력물을 시험감독관에게 제출한다(출력 기회는 2번).

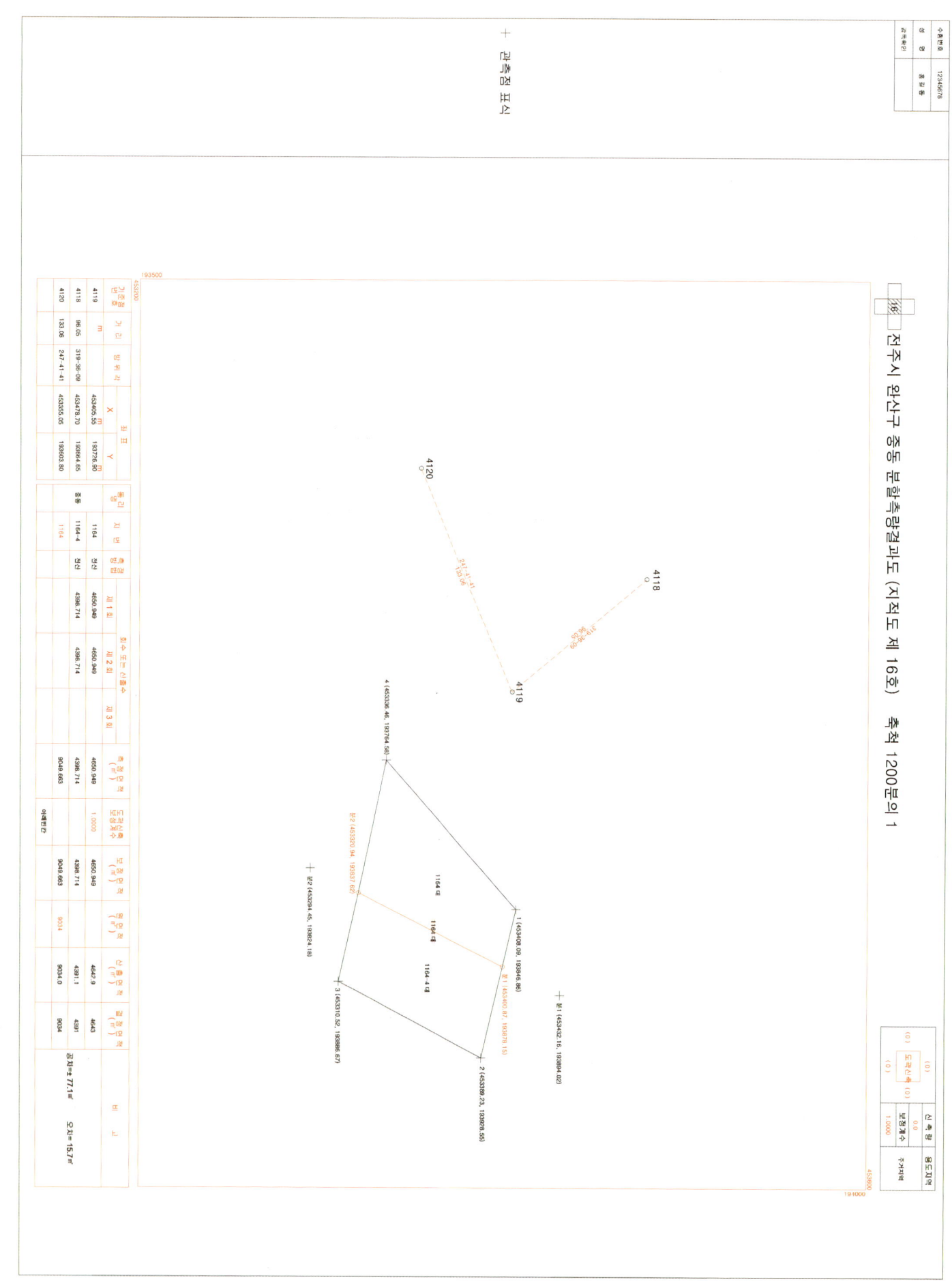

CHAPTER 03 기출복원문제

2021년 기출복원문제

자격종목	지적기능사	과제명	지적제도 및 면적측정

※ 시험시간 : 2시간 30분

1 요구사항

※ 지급된 재료(CAD파일)를 보고 CAD프로그램을 이용하여 아래 요구사항에 맞게 답안지를 작성하고 최종지적측량결과도를 완성하여 파일을 저장한 후 감독위원의 지시에 따라 지급된 용지에 본인이 직접 출력하시오(단, 시험 시작 전 바탕화면에 본인 수험번호로 폴더를 생성하고, 폴더 안에 작업내용을 저장하시오).

(1) 지적기준점 "3228"을 이용하여 도곽선 좌표를 계산하고, 주어진 파일에 도곽을 구획하여 지적기준점을 규정에 맞게 제도하시오(단, 축척은 1/500이고, 원점의 가산수치는 $X = 600000$m, $Y = 200000$m이다).

지적기준점	좌표		비고
	X[m]	Y[m]	
3228	453428.60	203664.65	
3229	453405.55	203716.80	
3230	453355.05	203620.90	

(2) 지적기준점에서 관측된 경계점의 좌표를 계산하고, 주어진 파일에 경계점을 순서대로 제도(결선)하여 필지(전주시 완산구 중동 162)를 완성하시오(단, 좌표결정은 m 단위로 소수점 둘째 자리까지 구하시오).

측점	관측점	방위각	거리	비고
3229	1	32°13′06.55″	34.82	
	2	60°04′45.94″	79.05	
	3	79°34′36.14″	79.84	
	4	131°06′03.97″	31.25	
	5	123°00′03.12″	10.18	

(3) 주어진 방위각과 거리를 이용하여 관측점의 좌표를 계산하고, 주어진 파일에 '요구사항 (2)'에서 작성된 필지와 교차되는 지점을 최종분할좌점으로 결정하여 분할필지를 완성하시오(단, 관측점과 최종분할점은 m 단위로 소수점 둘째 자리까지 구하고, 관측점은 주어진 서식의 '+' 표식을 활용하여 표시하시오).

측점	관측점	방위각	거리	비고
3229	분1	32°56′32.03″	40.02	결선
	분2	102°35′44.41″	58.34	

(4) 완성된 필지를 대상으로 원면적이 2275.1m²인 전주시 완산구 중동 162(지목 : 대)를 계산된 분할선을 이용하여 2필지로 분할하고, 지적 관련 법규 및 규정 등에 맞게 면적측정부를 작성하시오(단, 분할필지의 좌측을 원지번으로 부여하고, 당해 지번의 최종 종번은 "162의 4이다. 도곽신축보정계수는 1.0000, 신축량은 0.0mm이다. 분할필지의 측정면적은 CAD 기능을 이용한다. 답안지에 공차, 산출면적 및 결정면적을 계산하고, 공차는 소수점 첫째 자리까지 구하시오).

(5) 지적 관련 법규 및 규정 등에 따라 최종지적측량결과도(지번, 지목, 도곽선, 도곽선 수치, 필지경계선, 색인표, 제명, 축척, 기준점, 기준점 명칭 등)를 작성하여 주어진 서식을 이동시켜 선 안쪽에 최종지적측량결과도를 넣고 계산된 경계점 및 관측점, 최종분할점의 좌표는 각 점 옆에 기재하시오(단, 당해 지적도는 15호이고 용도지역은 주거지역이며, 도곽선, 필지경계선, 분할선, 지적기준점의 선가중치는 무시하시오).

※ 답안은 반드시 흑색 또는 청색 필기구(연필류 제외) 중 동일한 색의 필기구만을 계속 사용하여야 하며, 기타의 필기구를 사용한 답항은 0점 처리됩니다.

문제번호	답안	채점란
(1)	○ 계산과정 　① 종선 상부좌표 : 　② 종선 하부좌표 : 　③ 횡선 좌측좌표 : 　④ 횡선 우측좌표 : ○ 답 　① 종선 상부좌표 :　　　　m 　② 종선 하부좌표 :　　　　m 　③ 횡선 좌측좌표 :　　　　m 　④ 횡선 우측좌표 :　　　　m	득점
(2)	○ 계산과정 　① 1번 X좌표 = 　　 1번 Y좌표 = 　② 2번 X좌표 = 　　 2번 Y좌표 = 　③ 3번 X좌표 = 　　 3번 Y좌표 = 　④ 4번 X좌표 = 　　 4번 Y좌표 = 　⑤ 5번 X좌표 = 　　 5번 Y좌표 = ○ 답 　① X좌표 =　　　　m, Y좌표 =　　　　m 　② X좌표 =　　　　m, Y좌표 =　　　　m 　③ X좌표 =　　　　m, Y좌표 =　　　　m 　④ X좌표 =　　　　m, Y좌표 =　　　　m 　⑤ X좌표 =　　　　m, Y좌표 =　　　　m	득점

문제번호	답안	채점란
(3)	○ 계산과정 ① 관측점 분1 X좌표 = 　관측점 분1 Y좌표 = ② 관측점 분2 X좌표 = 　관측점 분2 Y좌표 = ○ 답 	관측점 번호	X좌표[m]	Y좌표[m]
분1		
분2		| ※ 최종분할점은 교차지점의 좌표를 독취하여 작성 | 최종분할점 번호	X좌표[m]	Y좌표[m]
분1		
분2				득점
(4)	○ 계산과정 ① 신구면적 허용오차 계산 　• 계산과정 : ② 산출면적 계산 　• 계산과정 : 　• 계산과정 : ○ 답 ① 공차 = ± ② 산출면적 및 결정면적 　㉠ 산출면적 　　• 　　• 　㉡ 결정면적 　　• 　　•	득점

2 문제해설

(1) 지적기준점을 이용한 도곽 구획

※ 1/500의 지상길이는 150×200이다.

※ 지적기준점 3228의 좌표는 X = 453428.60m, Y = 203664.65m이다.

1) 종선좌표 산출

① 453428.60 − 600000 = −146571.4

② −146571.4 ÷ 150 = −977.14 ·················· 소수점을 절삭한다.

③ −977 × 150 = −146550

④ −146550 + 600000 = 453450m → 종선 상부좌표

⑤ 453450 − 150 = 453300m → 종선 하부좌표

2) 횡선좌표 산출

① 203664.65 − 200000 = 3364.65

② 3364.65 ÷ 200 = 18.32 ·················· 소수점을 절삭한다.

③ 18 × 200 = 3600

④ 3600 + 200000 = 203600m → 좌측 횡선좌표

⑤ 203600 + 200 = 203800m → 우측 횡선좌표

(2) 지적기준점의 방위각과 거리를 이용하여 경계점 좌표 산출

※ 지적기준점 3229의 좌표는 X = 453405.55m, Y = 203716.80m이다.

1) 1번 경계점

① X = 453405.55 + 34.82 × cos(32°13′06.55″) = 453435.01m

② Y = 203716.80 + 34.82 × sin(32°13′06.55″) = 203735.36m

2) 2번 경계점

① X = 453405.55 + 79.05 × cos(60°04′45.94″) = 453444.98m

② Y = 203716.80 + 79.05 × sin(60°04′45.94″) = 203785.31m

3) 3번 경계점

① X = 453405.55 + 79.84 × cos(79°34′36.14″) = 453419.99m

② Y = 203716.80 + 79.84 × sin(79°34′36.14″) = 203795.32m

4) 4번 경계점

① $X = 453405.55 + 31.25 \times \cos(131°06'03.97'') = 453385.01\text{m}$

② $Y = 203716.80 + 31.25 \times \sin(131°06'03.97'') = 203740.35\text{m}$

5) 5번 경계점

① $X = 453405.55 + 10.18 \times \cos(123°00'03.12'') = 453400.01\text{m}$

② $Y = 203716.80 + 10.18 \times \sin(123°00'03.12'') = 203725.34\text{m}$

(3) 지적기준점의 방위각과 거리를 이용하여 분할점 좌표 산출

※ 지적기준점 3229의 좌표는 $X = 453405.55\text{m}$, $Y = 203716.80\text{m}$이다.

1) 분1 경계점

① $X = 453405.55 + 40.02 \times \cos(32°56'32.03'') = 453439.14\text{m}$

② $Y = 203716.80 + 40.02 \times \sin(32°56'32.03'') = 203738.56\text{m}$

2) 분2 경계점

① $X = 453405.55 + 58.34 \times \cos(102°35'44.41'') = 453392.83\text{m}$

② $Y = 203716.80 + 58.34 \times \sin(102°35'44.41'') = 203773.74\text{m}$

(4) 신구면적 허용오차, 산출면적, 결정면적 계산

1) 신구면적 허용오차 계산

$$A = 0.026^2 \times M \times \sqrt{F}$$
$$= 0.026^2 \times 500 \times \sqrt{2275.1}$$
$$= \pm 16.1\text{m}^2 (\text{소수점 첫째 자리})$$

여기서, M : 축척분모
  F : 원면적

2) 측정면적 계산

CAD도면상에서 AA(Area) 명령어를 이용하여 측정한다.

① 162 대 측정면적 = 1154.293m^2

② 162-5 대 측정면적 = 1116.312m^2

※ 지번부여는 최종부번 다음 번호로 부여한다.

3) 산출면적 계산

$$r = \frac{F}{A} \times a$$

여기서, r : 각 필지의 산출면적
        F : 원면적
        A : 보정면적 합계
        a : 해당 필지의 보정면적

① 162 대 $= \dfrac{2275.1}{1154.29 + 1110.31} \times 1154.29 = 1156.58\,\text{m}^2$

② 162-5 대 $= \dfrac{2275.1}{1154.29 + 1116.31} \times 1116.31 = 1118.52\,\text{m}^2$

4) 결정면적 계산

축척 1/500~1/600에서 결정면적은 소수점 첫째 자리까지 표기한다. 축척 1/500이므로 결정면적은 다음과 같다.

① 162 대 $= 1156.6\,\text{m}^2$

② 162-5 대 $= 1118.5\,\text{m}^2$

3 CAD도면 제도

CAD작업을 시작하기 전에 사용자에 맞게 OPTIONS과 OSNAP을 설정한 후에 제도한다.

(1) 레이어 설정

제도할 도곽선의 선가중치 및 색상을 설정한다.

※ 채점 대상은 아니므로 '결과도'와 '도곽선' 2가지 레이어로 작업한다.

[레이어 작성 규정]

레이어 코드	내용	색상	비고
1	지적경계선	검은색	실선
10	지번, 지목	검은색	
30	색인도, 제명, 각종 문자	검은색	
60	도곽선	빨간색	실선
71	도근점	검은색	원
211	현황선	빨간색	점선(선종류 HIDDEN2)
217	경계점표지	빨간색	원
282	분할선	빨간색	실선
291	측정점	빨간색	십자선
298	방위각 표정거리	빨간색	

① 명령어 LA(Layer)를 입력한다.

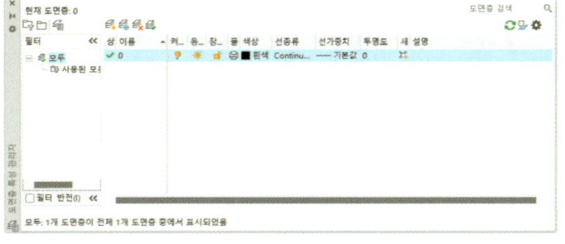

②  아이콘을 클릭하여 새로운 도면층을 생성한다.

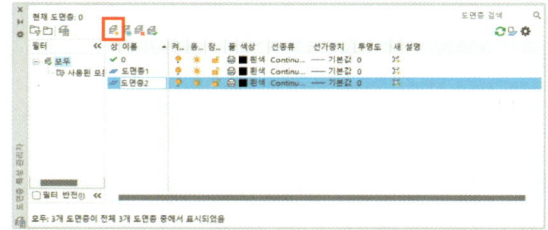

③ 도면층 이름을 2번 클릭하여 '결과도', '도곽선'으로 변경한다.

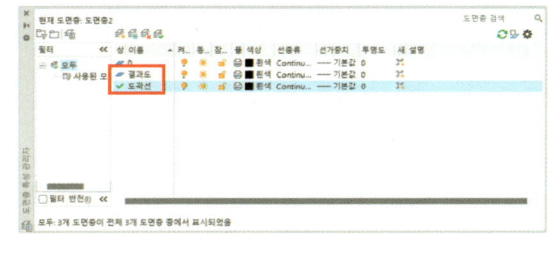

④ 색상을 선택하여 '도곽선'의 색상을 빨간색으로 변경한다.

⑤ 선가중치를 설정한다.
요구사항에서 '선가중치를 무시하시오.'로 되어 있으므로 선가중치를 0.00mm로 설정한다.

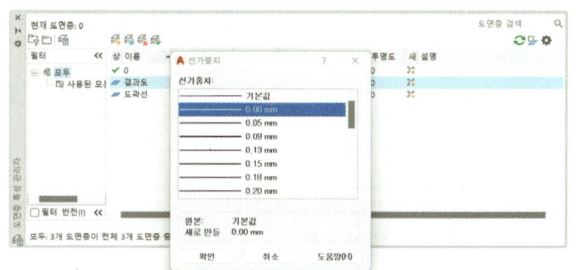

⑥ 레이어 설정을 확인한다.

(2) 도곽선 제도

계산한 도근점 좌표값을 가지고 도곽선을 제도한다.

※ CAD와 지적의 X축, Y축이 반대이므로 좌표를 입력할 때 횡선좌표를 X값, 종선좌표를 Y값으로 입력해야 한다.

① 명령어 REC(Rectang)를 입력한다.	② 종선 하부좌표값과 횡선 좌측좌표값을 입력한다(좌하단 좌표 입력).
	• 203600,453300 Enter
③ 상대좌표값으로 도곽선을 제도한다(1/500 도곽 크기는 150 × 200).	④ 도곽선을 클릭 후 Layer를 변경한다.
• @200,150 Enter	
명령: REC RECTANG 첫 번째 구석점 지정 또는 [모따기(C)/고도(E)/모깎기(F)/두께(T)/폭(W)]: 203600,453300 다른 구석점 지정 또는 [영역(A)/치수(D)/회전(R)]: @200,150	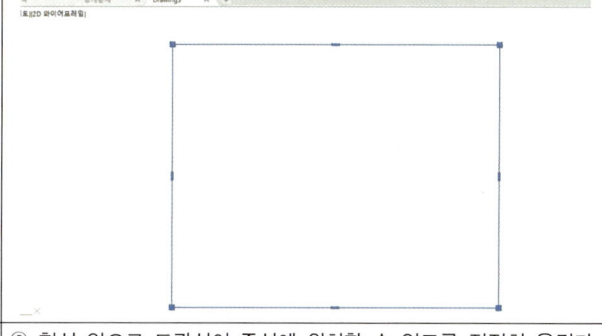
⑤ 지적기능사 제공파일 가져오기 • 도곽선을 작도한 곳으로 면적측정부 형식을 가져온다. • 명령어 M(Move)을 입력하고, 객체(면적측정부)를 선택한다. 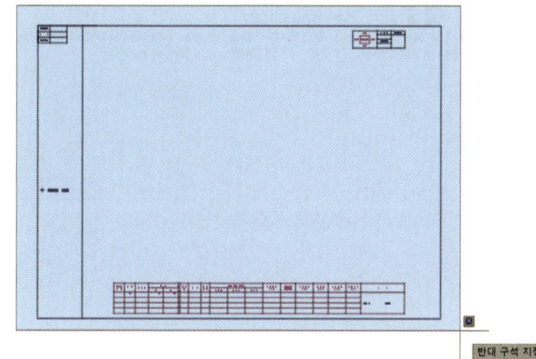	⑥ 형식 안으로 도곽선이 중심에 위치할 수 있도록 적절히 옮긴다. 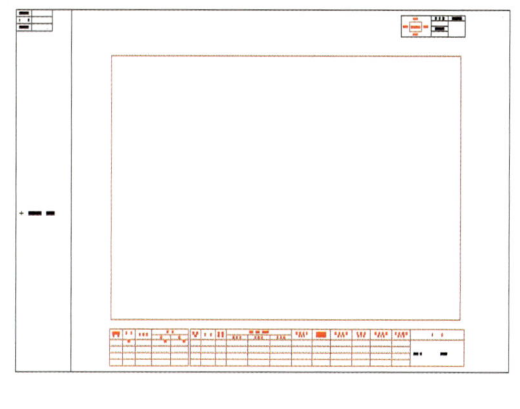

(3) 지적도근점 제도 및 방위각 거리 기입

- 문제에 주어진 도근점들의 좌표값을 가지고 도근점을 제도한다.

  ※ CAD와 지적의 X축, Y축이 반대이므로 좌표를 입력할 때 횡선좌표를 X값, 종선좌표를 Y값으로 입력해야 한다.

- 도근점은 해당 좌표에 직경 2mm 크기의 원으로 제도해야 한다. 축척이 1/500이므로 지적도근점의 직경은 $2 \times 0.5 = 1.0$mm가 되어 반지름 0.5mm로 제도한다.

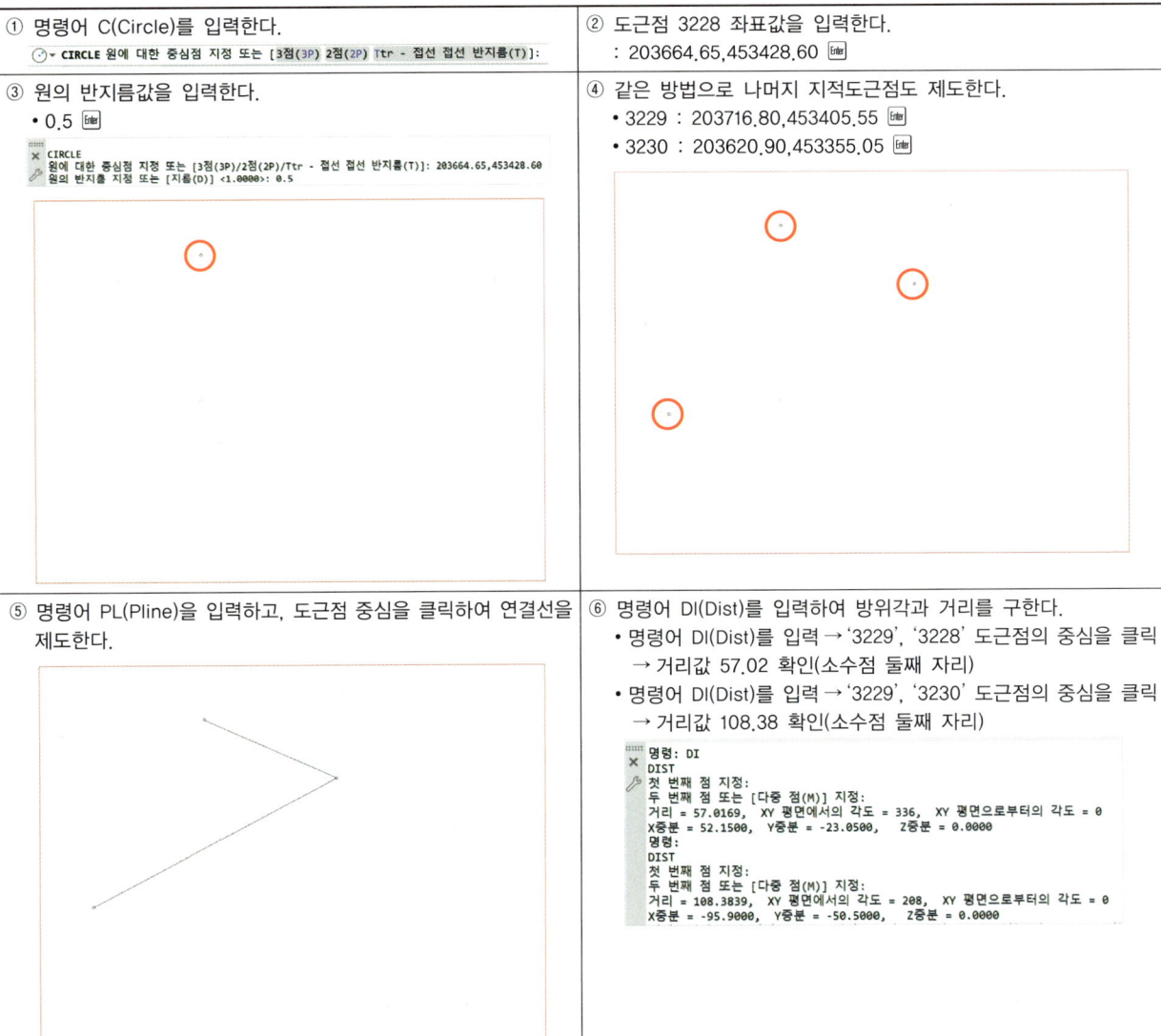

① 명령어 C(Circle)를 입력한다.	② 도근점 3228 좌표값을 입력한다. : 203664.65,453428.60 [Enter]
③ 원의 반지름값을 입력한다. • 0.5 [Enter]	④ 같은 방법으로 나머지 지적도근점도 제도한다. • 3229 : 203716.80,453405.55 [Enter] • 3230 : 203620.90,453355.05 [Enter]
⑤ 명령어 PL(Pline)을 입력하고, 도근점 중심을 클릭하여 연결선을 제도한다.	⑥ 명령어 DI(Dist)를 입력하여 방위각과 거리를 구한다. • 명령어 DI(Dist)를 입력 → '3229', '3228' 도근점의 중심을 클릭 → 거리값 57.02 확인(소수점 둘째 자리) • 명령어 DI(Dist)를 입력 → '3229', '3230' 도근점의 중심을 클릭 → 거리값 108.38 확인(소수점 둘째 자리)

⑦ 명령어 L(line)을 입력하고, 기준 도근점에 남북 방향의 직선을 제도하여 방위각을 구한다.

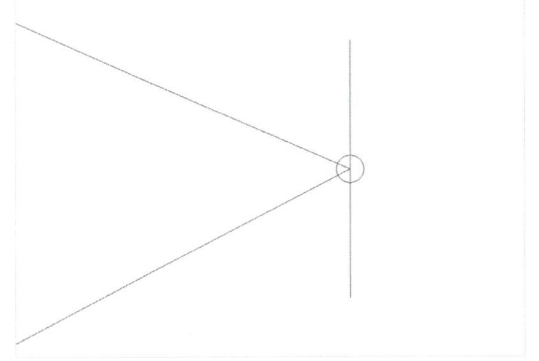

⑧ 명령어 DIMANG(Dimangular)을 입력하고, 직선과 도근점 연결선을 클릭하여 두 선이 이루는 각도를 확인한다(계산 완료 후 직선과 각도는 전부 삭제한다).
- '3229', '3228' 방위각
  → 360° − 66°09′17″ = 293°50′43″
- '3229', '3230' 방위각
  → 180° + 62°13′45″ = 242°13′45″

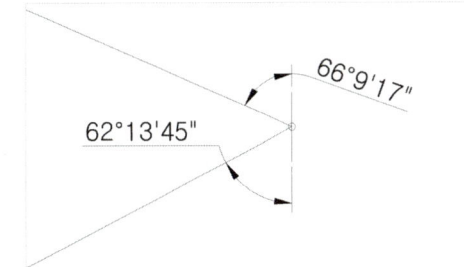

⑨ 연결선을 클릭 후 레이어를 변경하여 빨간색으로 바꿔준다.

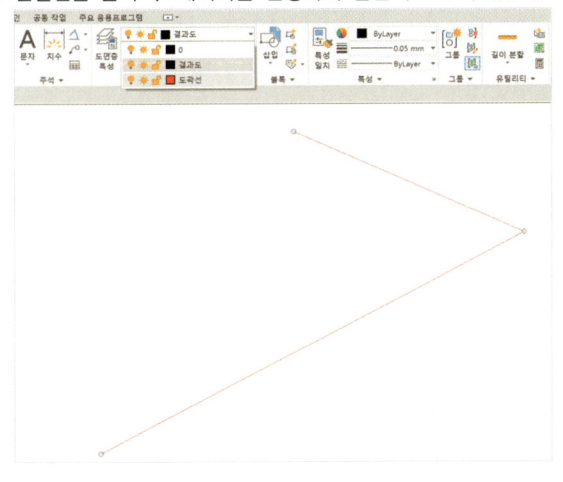

⑩ 명령어 LT(Linetype)를 입력하고, 로드(L)를 클릭한 후에 HIDDEN2를 로드하여 연결선을 점선(HIDDEN2)으로 변환한다.
※ 혹시 점선이 폭이 너무 넓으면 명령어 LTS(LTScale) 선축척을 이용하여 변경한다.

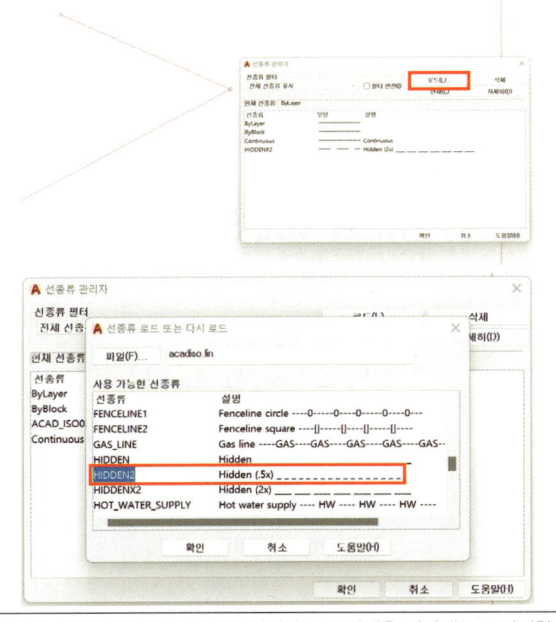

⑪ 명령어 DT(Dtext)를 입력하고, 임의의 점을 클릭한 뒤 높이와 각도를 입력한다.
- 높이 지정 : 1.0(2mm × 축척 0.5) [Enter]
- 문자의 회전 각도 지정 : 0 [Enter]

```
TEXT
현재 문자 스타일: "Standard" 문자 높이: 2.5000 주석: 아니오 자리맞추기: 왼쪽
문자의 시작점 지정 또는 [자리맞추기(J)/스타일(S)]:
높이 지정 <2.5000>: 1
문자의 회전 각도 지정 <0>: 0
```

⑫ 전에 계산한 방위각과 거리를 입력하고, 글자색을 빨간색으로 변경한다.
- 293-50-43 [Enter]
- 57.02 [Enter]
- 242-13-45 [Enter]
- 108.38 [Enter]

⑬ 적절한 위치에 배치한다.
- 명령어 RO(Rotate)를 입력한다.
- 객체(회전하고자 하는 글자)를 선택한다.
- 기준점을 지정한다(연결선 클릭).
- 명령어 M(Move)을 이용하여 선의 중심 부근으로 이동한다.

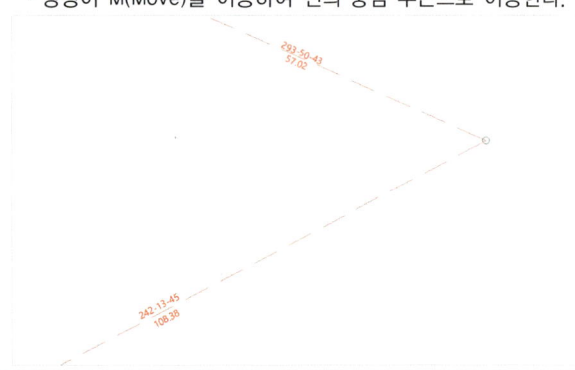

(4) 필지경계 및 분할선 제도

필지경계점 좌표를 경계점 1번부터 순서대로 입력한다.

※ CAD와 지적의 X축, Y축이 반대이므로 좌표를 입력할 때 횡선좌표를 X값, 종선좌표를 Y값으로 입력해야 한다.

① 명령어 PL(Pline)을 입력한다.	② 시작점을 지정한다(1번 좌표값부터 순서대로 입력).
PLINE 시작점 지정: 203735.36,453435.01 현재의 선 폭은 0.0000임 다음 점 지정 또는 [호(A)/반폭(H)/길이(L)/명령 취소(U)/폭(W)]: 203758.31,453444.98 다음 점 지정 또는 [호(A)/닫기(C)/반폭(H)/길이(L)/명령 취소(U)/폭(W)]: 203795.32,453419.99 다음 점 지정 또는 [호(A)/닫기(C)/반폭(H)/길이(L)/명령 취소(U)/폭(W)]: 203740.35,453385.01 다음 점 지정 또는 [호(A)/닫기(C)/반폭(H)/길이(L)/명령 취소(U)/폭(W)]: 203725.34,453400.01 다음 점 지정 또는 [호(A)/닫기(C)/반폭(H)/길이(L)/명령 취소(U)/폭(W)]: c	• 203735.36,453435.01 Enter • 203758.31,453444.98 Enter • 203795.32,453419.99 Enter • 203740.35,453385.01 Enter • 203725.34,453400.01 Enter • C Enter ※ 마지막 좌표는 '닫기'를 사용하거나 '첫 번째 좌표값(203735.36,453435.01)'을 입력한다.
③ 필지 제도를 확인한다.	④ 명령어 PL(Pline)을 입력하여 분할선을 제도한다.
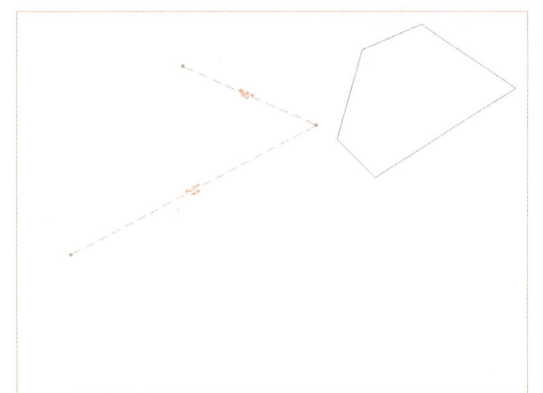	PLINE 시작점 지정: 203738.56,453439.14 현재의 선 폭은 0.0000임 다음 점 지정 또는 [호(A)/반폭(H)/길이(L)/명령 취소(U)/폭(W)]: 203773.74,453392.83

⑤ 시작점을 지정한다(분1 좌표값부터 순서대로 입력).
- 203738.56,453439.14 [Enter]
- 203773.74,453392.83 [Enter]

⑥ 분할선을 클릭하여 레이어를 빨간색으로 변경한다.

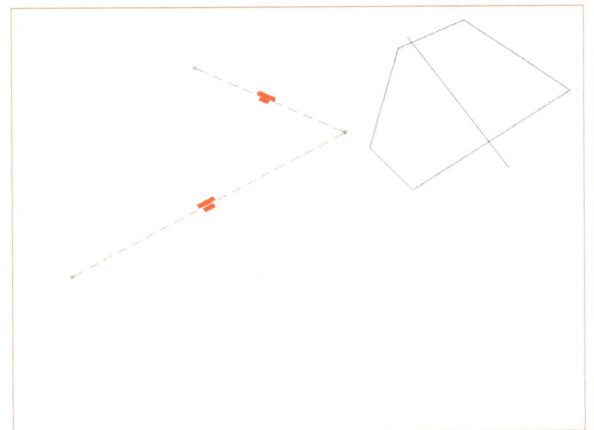
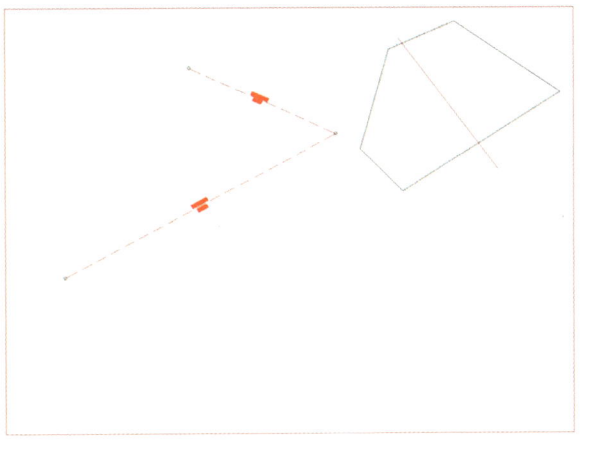

(5) 분할필지 면적 구하기

① 명령어 AA(Area)를 입력하고, 해당 필지점들을 순서대로 클릭한다.
※ 시작점과 끝점을 동일하게 클릭한다.

② 동일한 방법으로 두 번째 필지 면적(소수점 셋째 자리까지)을 구한다.
- 좌측 필지 면적 : 1154.293m^2
- 우측 필지 면적 : 1116.312m^2

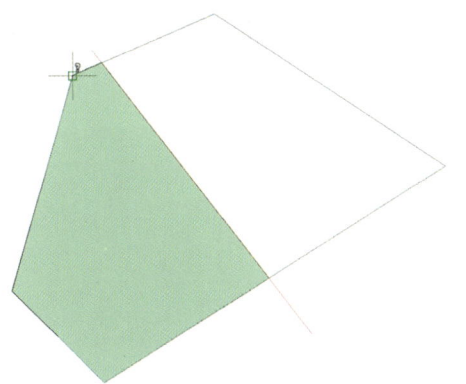
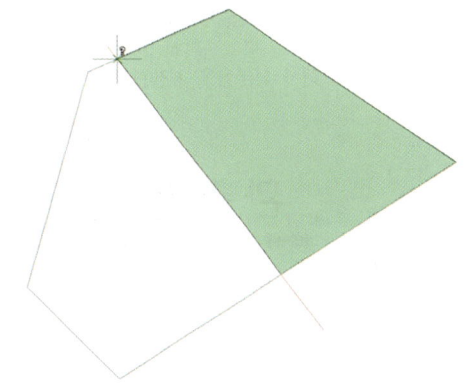

(6) 최종분할점 제도 및 관측점 표시

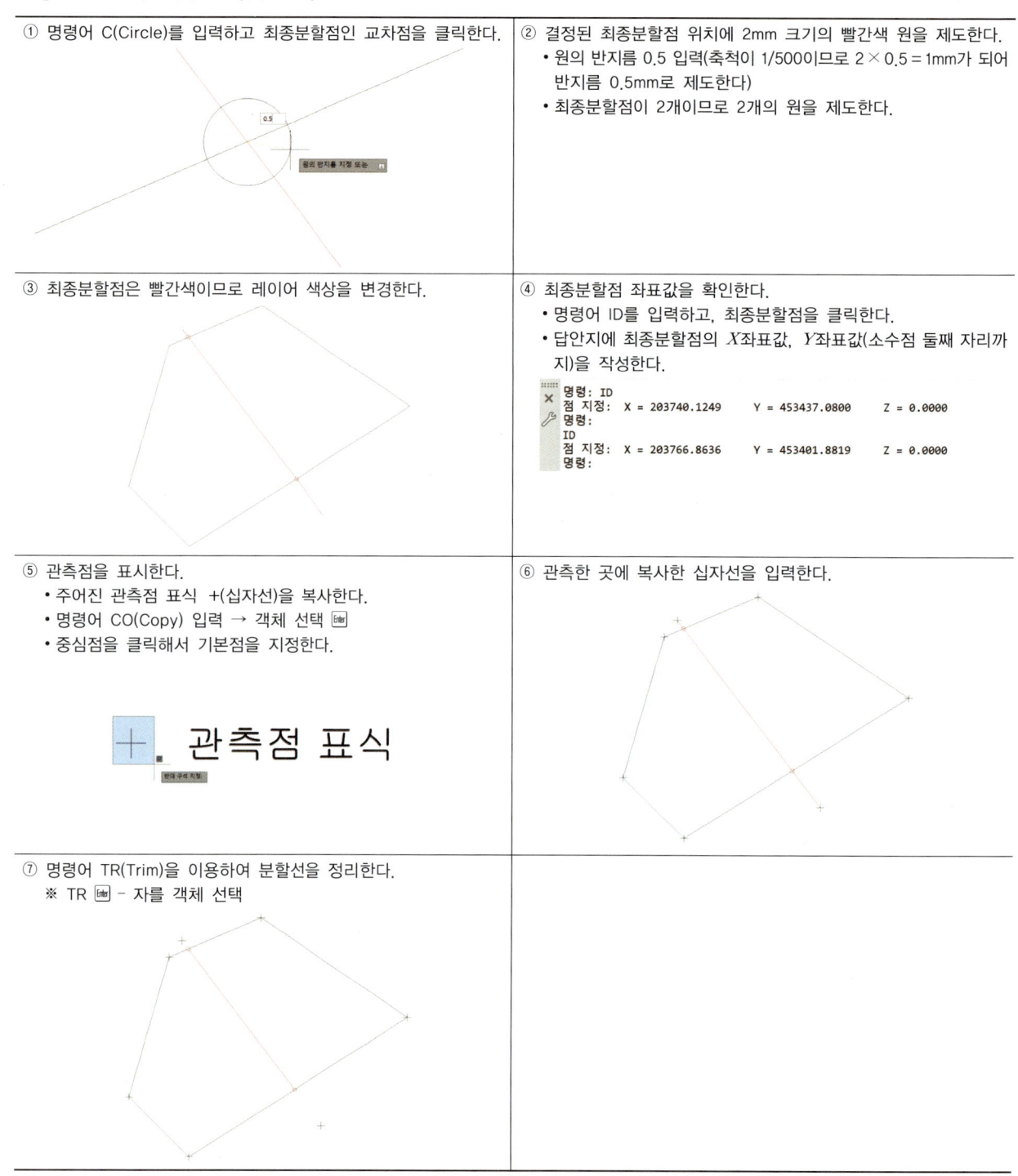

① 명령어 C(Circle)를 입력하고 최종분할점인 교차점을 클릭한다.

② 결정된 최종분할점 위치에 2mm 크기의 빨간색 원을 제도한다.
- 원의 반지름 0.5 입력(축척이 1/500이므로 2 × 0.5 = 1mm가 되어 반지름 0.5mm로 제도한다)
- 최종분할점이 2개이므로 2개의 원을 제도한다.

③ 최종분할점은 빨간색이므로 레이어 색상을 변경한다.

④ 최종분할점 좌표값을 확인한다.
- 명령어 ID를 입력하고, 최종분할점을 클릭한다.
- 답안지에 최종분할점의 X좌표값, Y좌표값(소수점 둘째 자리까지)을 작성한다.

```
명령: ID
점 지정: X = 203740.1249    Y = 453437.0800    Z = 0.0000
명령:
ID
점 지정: X = 203766.8636    Y = 453401.8819    Z = 0.0000
명령:
```

⑤ 관측점을 표시한다.
- 주어진 관측점 표식 +(십자선)을 복사한다.
- 명령어 CO(Copy) 입력 → 객체 선택 Enter
- 중심점을 클릭해서 기본점을 지정한다.

⑥ 관측한 곳에 복사한 십자선을 입력한다.

⑦ 명령어 TR(Trim)을 이용하여 분할선을 정리한다.
※ TR Enter - 자를 객체 선택

(7) 글자 제도

① 명령어 DT(Dtext)를 입력한다.
- 시작점 : 임의점 클릭
- 높이 지정 : 1.0(2mm × 축척 0.5) [Enter]
- 문자의 회전 각도 지정 : 0 [Enter]

② 들어갈 글자를 한 번에 입력한다(도근점 번호, 도곽좌표, 필지좌표, 분할점 좌표, 최종분할점 좌표).
- 3228 [Enter]
- 3229 [Enter]
- 3230 [Enter]

- 453450 [Enter]
- 453300 [Enter]
- 203600 [Enter]
- 203800 [Enter]

※ 도곽좌표는 빨간색으로 변경

- 1 (453435.01, 203735.36) [Enter]
- 2 (453444.98, 203758.31) [Enter]
- 3 (453419.99, 203795.32) [Enter]
- 4 (453385.01, 203740.35) [Enter]
- 5 (453400.01, 203725.34) [Enter]

- 분1 (453439.14, 203738.56) [Enter]
- 분2 (453392.83, 203773.74) [Enter]

- 분1 (453437.08, 203740.12) [Enter]
- 분2 (453401.88, 203766.86) [Enter]

※ 최종분할점은 빨간색으로 변경

③ 객체를 선택한 뒤 마우스 우클릭하여 빠른 특성을 선택하여 도근점 글자크기를 조정한다.

④ 높이를 1.5로 변경한다.

※ 도근점 글자크기는 3mm, 축척이 1/5000이므로 3 × 0.5 = 1.5mm 로 제도한다.

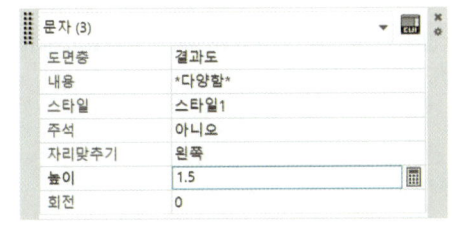

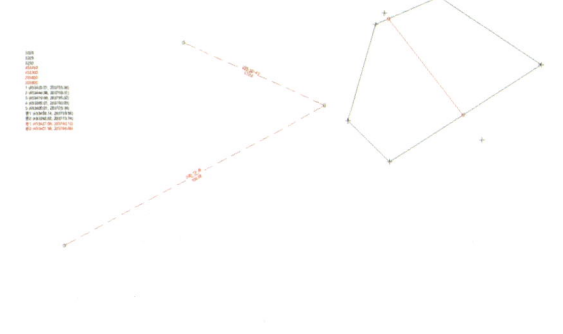

⑤ 도곽선의 상하부 좌표값은 해당 위치로 이동시키고, 좌우측 좌표값은 RO(Rotate) 명령어를 이용하여 다음과 같이 배치한다.

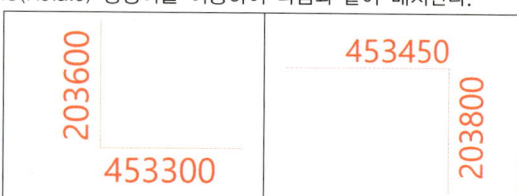

⑥ 나머지 글자들을 해당 위치 근처로 이동시켜 적당하게 배치한다.

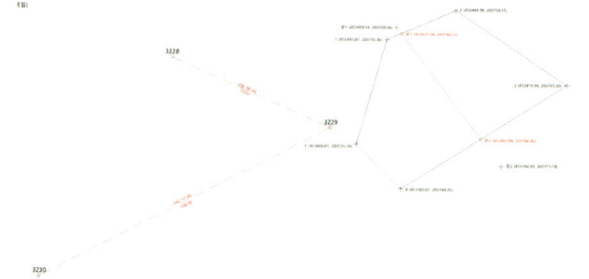

⑦ 명령어 DT(Dtext)를 입력하여 지번과 지목을 제도한다.
- 시작점 : 임의점 클릭
- 높이 지정 : 1.0(2mm × 축척 0.5) Enter
- 문자의 회전 각도 지정 : 0 Enter

⑧ 원지번과 최종부번 다음 지번을 확인하여 작성한다(지목도는 문제에서 주어짐).
- 162 대 Enter
- 162-5 대 Enter

⑨ 작성한 지번과 지목을 필지 중앙으로 이동한다.

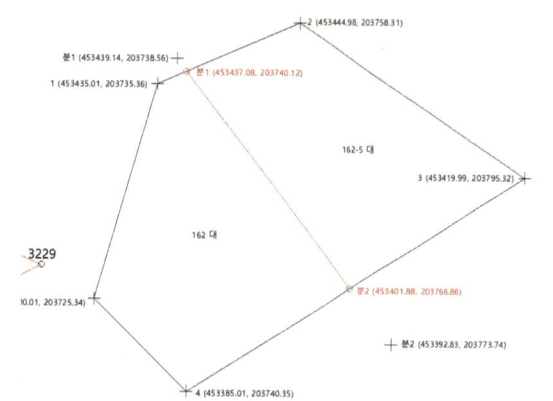

⑩ 원지번 바로 위에 숫자를 하나 더 기입한다.

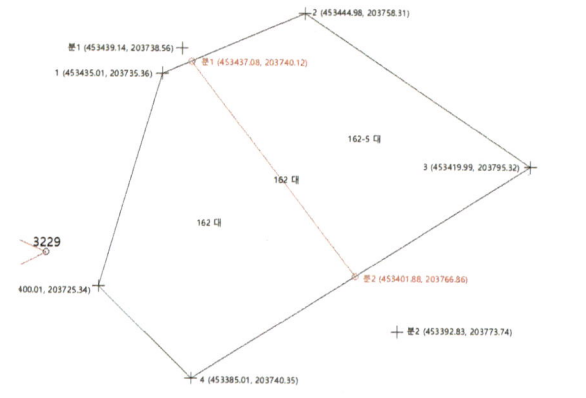

⑪ 빨간색 직선을 L(Line)과 O(Offset) 명령어를 이용하여 두 줄로 말소된 지번을 표시한다.

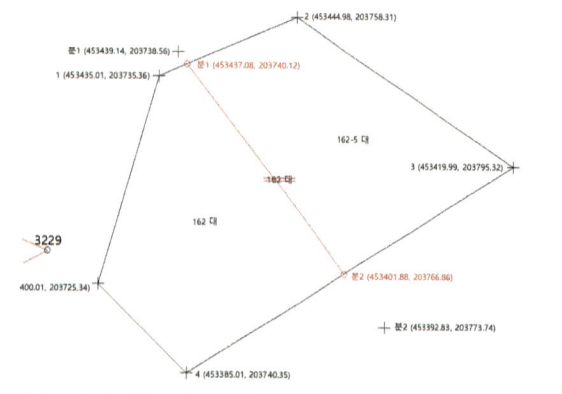

(8) 표정결선 제도

축척 1/500일 경우 표정결선을 제도하고, 지적기준점에서 최종분할점 방향으로 방위각과 거리를 구하여 기입한다.

① 명령어 L(Line)을 입력하고 표정결선을 제도한다. • 지적기준점 원의 중심 클릭 • 최종분할점 원의 중심 클릭	② 해당 선을 클릭한 뒤, 특성에서 HIDDEN2로 변경하여 연결선 점선으로 변경한다.
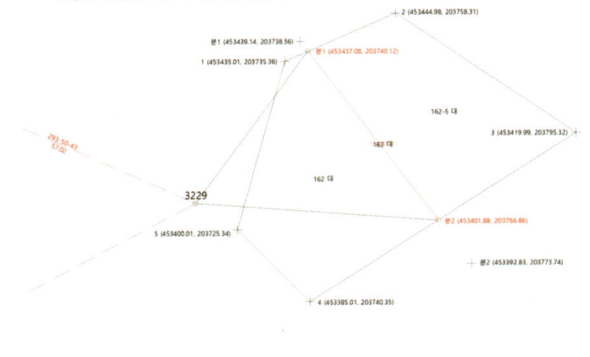	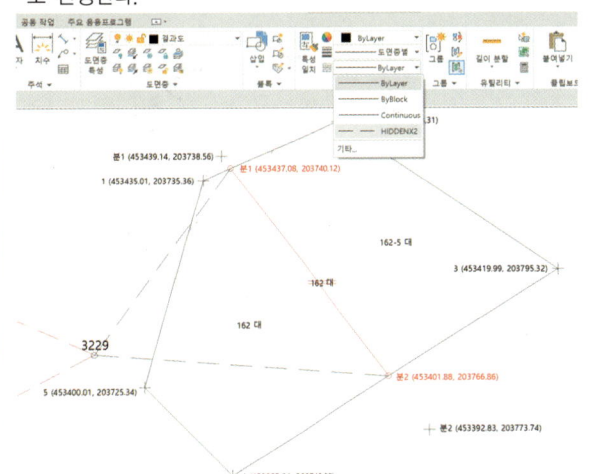
③ 거리를 구한다. • 명령어 DI(Dist) 입력 → '3229', '최종분할점1' 원의 중심 클릭 → 거리값 39.22 확인(소수점 둘째 자리) • 명령어 DI(Dist) 입력 → '3229', '최종분할점2' 원의 중심 클릭 → 거리값 50.20 확인(소수점 둘째 자리)	④ 명령어 L(line)을 입력하고, 기준 도근점에 남북 방향의 직선을 제도하여 방위각을 구한다.
| ```
DIST
첫 번째 점 지정:
두 번째 점 또는 [다중 점(M)] 지정:
거리 = 39.2198, XY 평면에서의 각도 = 54, XY 평면으로부터의 각도 = 0
X증분 = 23.3249, Y증분 = 31.5300, Z증분 = 0.0000
명령:
DIST
첫 번째 점 지정:
두 번째 점 또는 [다중 점(M)] 지정:
거리 = 50.1978, XY 평면에서의 각도 = 356, XY 평면으로부터의 각도 = 0
X증분 = 50.0636, Y증분 = -3.6681, Z증분 = 0.0000
``` | 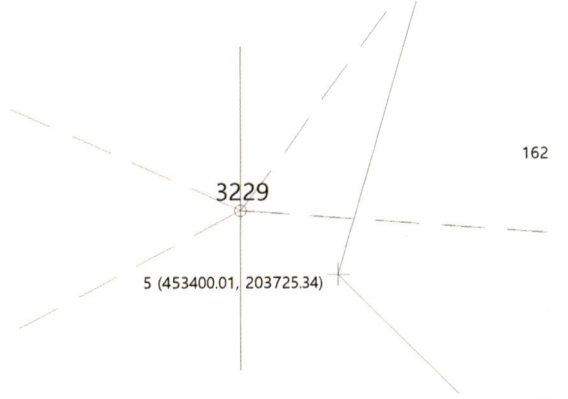 |
```

⑤ 명령어 DIMANG(Dimangular)을 입력하고, 직선과 도근점 연결선을 클릭하여 두 선이 이루는 각도를 확인한다(계산 완료 후 직선과 각도는 전부 삭제한다).
- '3229', '최종분할점1' 방위각 → 36°29′34″
- '3229', '최종분할점2' 방위각 → 94°11′26″

⑥ 명령어 DT(Dtext)를 입력하고 임의의 점을 클릭하여 거리와 각도를 입력한다.
- 높이 지정 : 1.0(2mm × 축척 0.5) Enter
- 문자의 회전 각도 지정 : 0 Enter

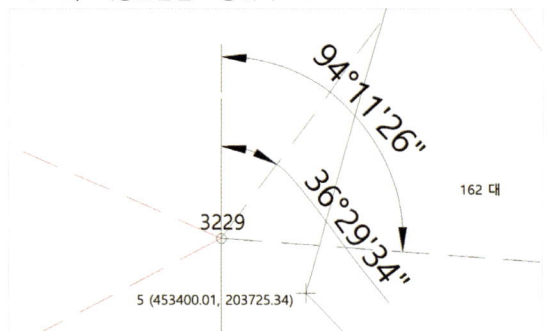

⑦ 전에 계산한 방위각과 거리를 입력하고 글자를 빨간색으로 변경한다.
- 36-29-34 Enter
- 39.22 Enter
- 94-11-26 Enter
- 50.20 Enter

⑧ 적절한 위치에 배치한다.
- 명령어 RO(Rotate)를 입력한다.
- 객체(회전하고자 하는 글자)를 선택한다.
- 기준점을 지정한다(연결선 클릭).
- 명령어 M(Move)을 이용하여 선의 중심 부근으로 이동한다.

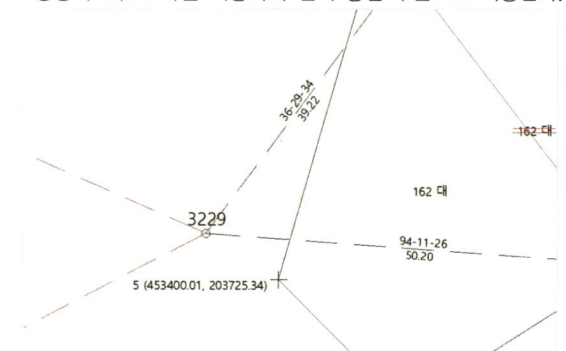

(9) 색인도 및 제명 제도

색인도는 가로 7mm, 세로 6mm 크기의 직사각형을 제도한다.

※ 축척이 1/500이므로 가로는 $7 \times 0.5 = 3.5mm$, 세로는 $6 \times 0.5 = 3mm$로 제도한다.

① 명령어 REC(Rectang)를 입력한다. • 시작점 : 임의점 클릭 • @3.5,3,0 [Enter] 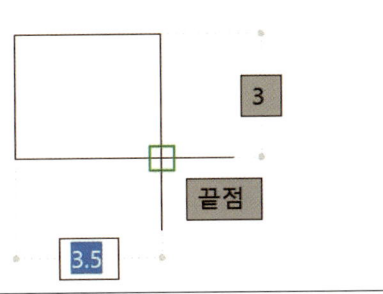	② 제도한 사각형을 CO(Copy) 명령어를 이용하여 색인도를 제도한다. 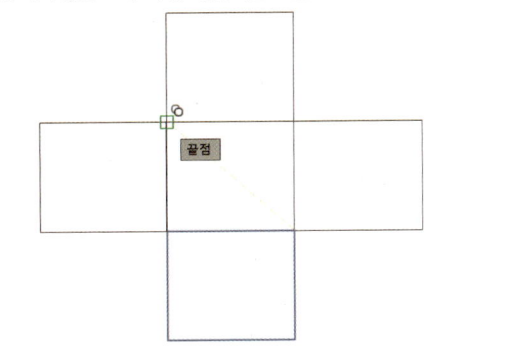
③ 색인도 안에 해치를 넣는다. • 명령어 H(Hatch)를 입력한 뒤, 패턴 중 LINE을 찾아 클릭한다. 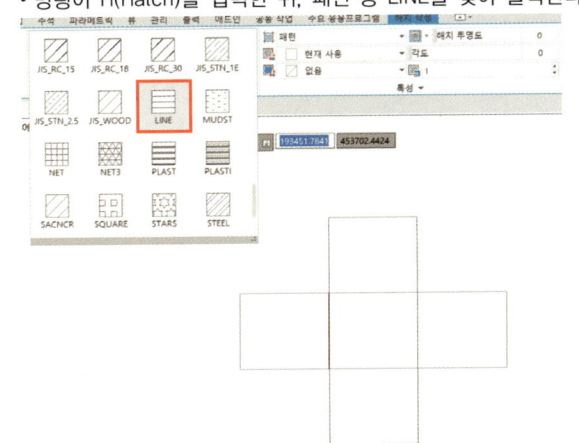	④ 각도는 45°, 축척은 0.2로 입력하고, 색인도 정중앙에 사각형을 클릭한다. 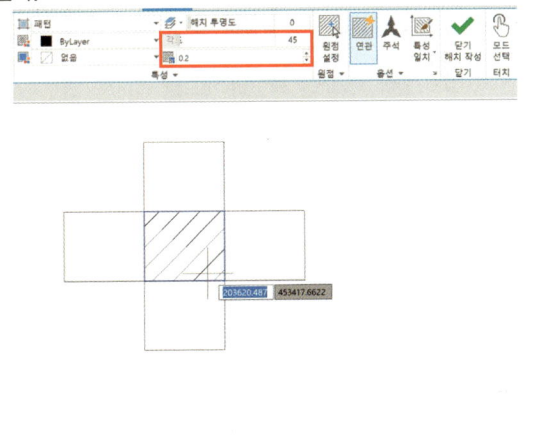
⑤ 명령어 MT(Mtext)를 입력하고, 정중앙 사각형 끝점을 클릭한 뒤 지적도 번호를 기입한다. 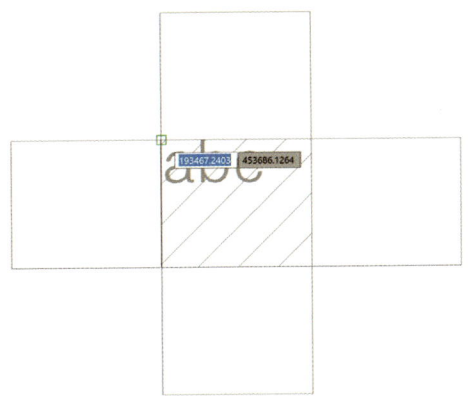	⑥ 자리맞추기에서 '중간 중심 MC'를 클릭한다. 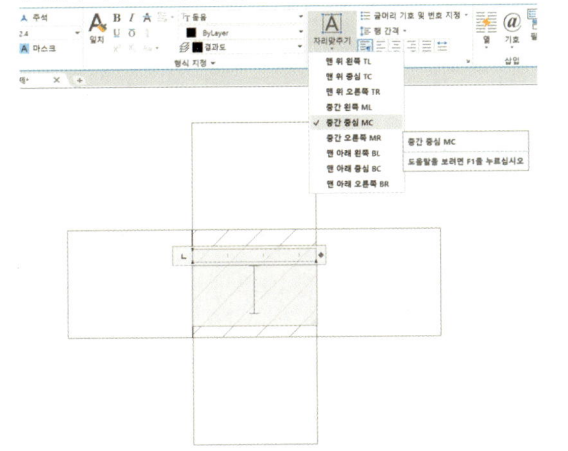

⑦ 지적도 번호 입력 후 문서편집기 닫기를 클릭한다.

⑧ 빠른 특성을 선택하여 높이를 1.5으로 변경한다.

　※ 색인도 안의 숫자크기는 3mm, 축척이 1/500이므로 3 × 0.5 = 1.5mm로 제도한다.

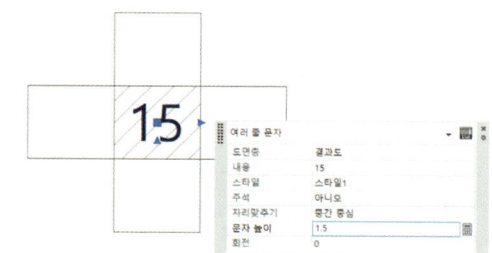

⑨ 문제에 주어진 도시와 번호를 확인 후 제명을 제도한다.

　※ 제명은 5mm, 축척이 1/500이므로 5 × 0.5 = 2.5mm로 제도한다.
- 명령어 DT(Dtext)를 입력한다.
- 시작점 : 색인도 우측 부분을 클릭한다.
- 높이 지정 : 2.5(5mm × 축척 0.5) Enter
- 문자의 회전 각도 지정 : 0 Enter
- 전주시 완산구 중동 분할측량결과도 (지적도 제 15호)∨∨∨∨축척 500분의 1 Enter

　※ 축척 앞에 10mm를 띄어야 하므로 띄어쓰기를(∨) 4번 한다.

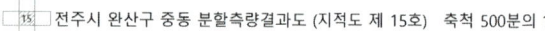

⑩ 명령어 M(Move)을 이용하여 제명을 도곽선과 앞머리를 맞춰 비슷한 위치로 이동한다.

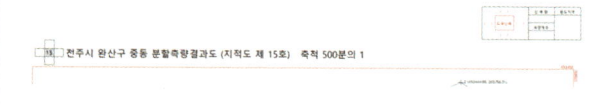

(10) 신축량, 보정계수, 용도지역란 작성

① 명령어 MT(Mtext)를 입력하고, 신축량 사각형 끝점을 클릭한다.

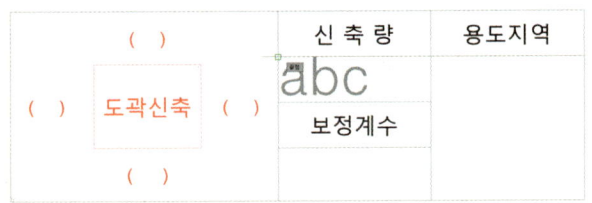

② 자리맞추기 중간 중심 MC를 클릭하고, 신축량 0.0을 기입한다.
- 문자 높이 : 2×0.5 = 1mm

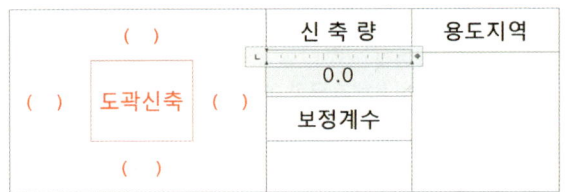

③ 명령어 MT(Mtext)를 입력하고, 보정계수 사각형 끝점을 클릭한다.

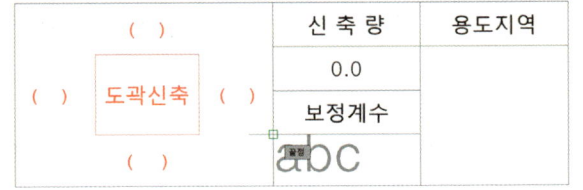

④ 자리맞추기 중간 중심 MC를 클릭하고, 보정계수 1.0000을 기입한다.
- 문자 높이 : 2×0.5 = 1mm

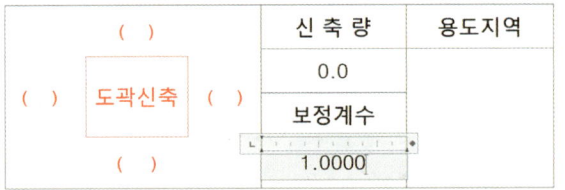

⑤ 명령어 MT(Mtext)를 입력하고, 용도지역 사각형 끝점을 클릭한다.

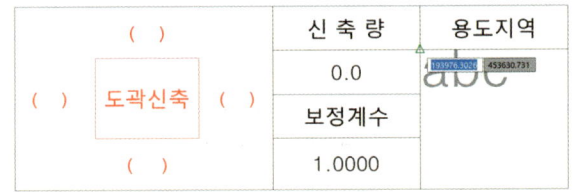

⑥ 자리맞추기 중간 중심 MC를 클릭하고, 주거지역을 기입한다.
- 문자 높이 : 2×0.5 = 1mm

⑦ 신축량, 보정계수 레이어 둘 다 빨간색으로 변경한다.

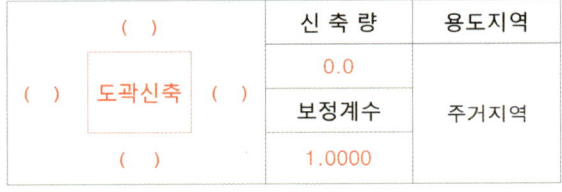

⑧ 명령어 DT(Dtext)를 입력하고, 도곽신축 괄호를 채운다.
- 시작점 : 괄호의 중앙부분 클릭
- 높이 지정 : 1.0(2mm × 축척 0.5) Enter
- 문자의 회전 각도 지정 : 0 Enter
- 0.0 Enter → 빨간색으로 변경 → 복사해서 나머지 괄호도 채우기

(0.0)			신 축 량	용도지역
			0.0	
(0.0)	도곽신축	(0.0)	보정계수	주거지역
(0.0)			1.0000	

(11) 면적측정부 작성

※ 주어진 CAD파일 하단의 면적측정부(CHAPTER 01의 **3** 면적측정부 작성 참조)를 작성한다.

① 기준점 번호를 기입한다.
- 명령어 MT(Mtext)를 입력 → 사각형 끝점 클릭 → 자리맞추기 중간 중심 MC 클릭
- 거리와 방위각은 도근점 3229를 기준으로 기입한다.

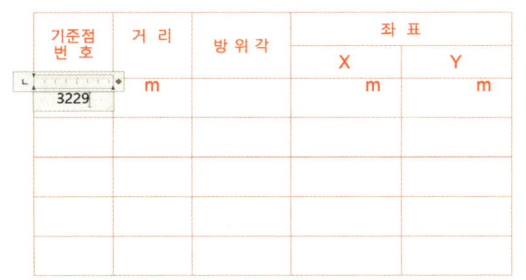

② 나머지도 같은 방법으로 기입한다.
- 앞에서 계산했던 거리와 방위각을 입력한다.

[기입 완료한 모습]

기준점 번호	거 리	방 위 각	좌 표	
			X	Y
3229	m		453405.55 m	203716.80 m
3228	57.02	293-50-43	453428.60	203664.65
3230	108.38	242-13-45	453355.05	203620.90

(12) 출력하기

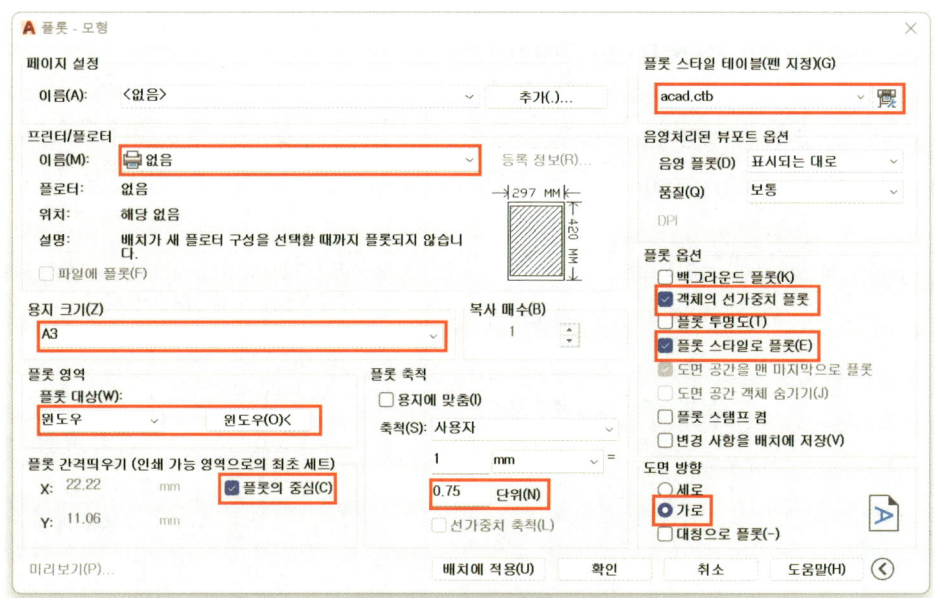

① 출력 설정을 한다(명령어 PLOT 입력 or Ctrl + P or 🖶 클릭).
- 프린트/플로터 : 프린터 기종을 선택하고, 용지 크기는 A3로 한다.
- 플롯 영역 : 플롯 대상을 윈도우로 선택 후 출력 영역을 선택한다(좌측 상단과 우측 하단).

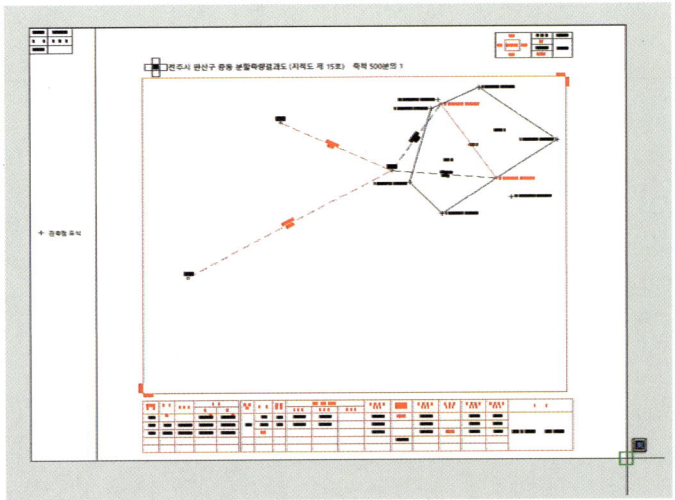

- 플롯 간격띄우기 : 플롯의 중심을 선택한다.
- 플롯 축척은 1 : 0.75를 입력(용지에 맞춤을 해제하고 문제에서 주어진 축척을 입력)한다.
- 플롯 스타일 테이블 : acad.ctb를 선택한다(컬러 출력).
- 플롯 옵션 : '객체의 선가중치 플롯', '플롯 스타일로 플롯'을 설정한다.
- 도면 방향 : '가로'를 선택한다.

② 완료되면 미리보기를 눌러 확인하고, 창이 뜨면 '계속' 버튼을 클릭한다.

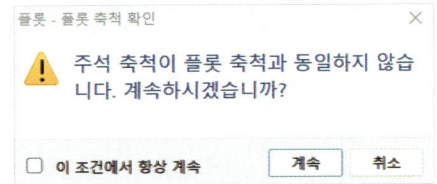

③ 확인 후 문제가 없으면 출력한 뒤 출력물을 시험감독관에게 제출한다(출력 기회는 2번).

전주시 완산구 중동 분할측량결과도 (지적도 제 15호) 축척 500분의 1

기준점		거리	방위각	좌표		동리	지번	지목	측정면적(m^2)	원수토지산출수			보정면적(m^2)	결정면적(m^2)	산출면적(m^2)	비고
점번호		m		X	Y					제1호	제2호	제3호				
3229				453405.55	203716.80		162		1154.293	1154.293	1116.312		1154.293	1156.6	1156.58	
3228		57.02	293-50-43	453428.60	203664.65	중동	162-5	전산	1116.312		1116.312	2270.605	1116.312	1118.5	1118.52	
3230		108.38	242-13-45	453355.05	203620.90					1.0000			2270.605	2275.1	2275.10	아래빈칸
														공차 = ±16.1 m^2	오차 = -5.5 m^2	

2022년 기출복원문제

자격종목	지적기능사	과제명	지적제도 및 면적측정

※ 시험시간 : 2시간 30분

1 요구사항

※ 지급된 재료(CAD파일)를 보고 CAD프로그램을 이용하여 아래 요구사항에 맞게 답안지를 작성하고 최종지적측량결과도를 완성하여 파일을 저장한 후 감독위원의 지시에 따라 지급된 용지에 본인이 직접 출력하시오(단, 시험 시작 전 바탕화면에 본인 수험번호로 폴더를 생성하고, 폴더 안에 작업내용을 저장하시오).

(1) 지적기준점 "4923"을 이용하여 도곽선 좌표를 계산하고, 주어진 파일에 도곽을 구획하여 지적기준점을 규정에 맞게 제도하시오(단, 축척은 1/600이고, 원점의 가산수치는 $X = 600000$m, $Y = 200000$m이다).

지적기준점	좌표		비고
	X[m]	Y[m]	
4923	474927.27	192644.76	
4924	474855.70	192632.24	
4925	474850.23	192738.57	

(2) 지적기준점에서 관측된 경계점의 좌표를 계산하고, 주어진 파일에 경계점을 순서대로 제도(결선)하여 필지(서울특별시 마포구 중동 1375-3번지)를 완성하시오(단, 좌표결정은 m 단위로 소수점 둘째 자리까지 구하시오).

측점	관측점	방위각	거리	비고
4923	1	126°39′25.06″	23.698	
	2	64°58′58.09″	46.003	
	3	75°44′34.09″	88.516	
4925	4	355°25′51.05″	33.932	
	5	278°53′26.02″	59.087	

(3) 주어진 방위각과 거리를 이용하여 관측점의 좌표를 계산하고, 주어진 파일에 '요구사항 (2)'에서 작성된 필지와 교차되는 지점을 최종분할점으로 결정하여 분할필지를 완성하시오(단, 관측점과 최종분할점은 m 단위로 소수점 둘째 자리까지 구하고, 관측점은 주어진 서식의 '+'표식을 활용하여 표시하시오).

측점	관측점	방위각	거리	비고
4923	분1	20°49′01.45″	13.025	결선
	분2	103°10′10.02″	52.352	
4925	분3	305°52′22.01″	64.346	
	분4	293°29′24.06″	35.708	
4923	분5	63°26′20.13″	70.909	결선
	분6	106°17′48.07″	66.080	
4925	분7	309°45′13.04″	22.504	

(4) 완성된 필지를 대상으로 원면적이 $4659.2m^2$인 서울특별시 마포구 중동 1375-3번지(지목 : 대)를 계산된 분할선을 이용하여 3필지로 분할하고, 지적 관련 법규 및 규정 등에 맞게 면적측정부를 작성하시오(단, 지번부여 원칙에 따라 지번을 부여하고, 당해 지번의 최종부번은 "1375-12"이다. 도곽신축보정계수는 1.0000, 신축량은 0.0mm이다. 분할필지의 측정면적은 CAD 기능을 이용한다. 답안지에 공차, 산출면적 및 결정면적을 계산하고, 공차는 소수점 첫째 자리까지 구하시오).

(5) 지적 관련 법규 및 규정 등에 따라 최종지적측량결과도(지번, 지목, 도곽선, 도곽선 수치, 필지경계선, 색인표, 제명, 축척, 기준점, 기준점 명칭 등)를 작성하여 주어진 서식을 이동시켜 선 안쪽에 최종지적측량결과도를 넣고 계산된 경계점 및 관측점, 최종분할점의 좌표는 각 점 옆에 기재하시오(단, 당해 지적도는 제23호이고 용도지역은 주거지역이며, 도곽선, 필지경계선, 분할선, 지적기준점의 선가중치는 무시하시오).

※ 답안은 반드시 흑색 또는 청색 필기구(연필류 제외) 중 동일한 색의 필기구만을 계속 사용하여야 하며, 기타의 필기구를 사용한 답항은 0점 처리됩니다.

문제번호	답안	채점란
(1)	○ 계산과정 ① 종선 상부좌표 : ② 종선 하부좌표 : ③ 횡선 우측좌표 : ④ 횡선 좌측좌표 : ○ 답 ① 종선 상부좌표 :　　　　m ② 종선 하부좌표 :　　　　m ③ 횡선 우측좌표 :　　　　m ④ 횡선 좌측좌표 :　　　　m	득점
(2)	○ 계산과정 ① 1번 X좌표 = 　　1번 Y좌표 = ② 2번 X좌표 = 　　2번 Y좌표 = ③ 3번 X좌표 = 　　3번 Y좌표 = ④ 4번 X좌표 = 　　4번 Y좌표 = ⑤ 5번 X좌표 = 　　5번 Y좌표 = ○ 답 ① X좌표 =　　　m, Y좌표 =　　　m ② X좌표 =　　　m, Y좌표 =　　　m ③ X좌표 =　　　m, Y좌표 =　　　m ④ X좌표 =　　　m, Y좌표 =　　　m ⑤ X좌표 =　　　m, Y좌표 =　　　m	득점

문제번호	답안	채점란

(3)	○ 계산과정
	① 관측점 분1 X좌표 =
	
	  관측점 분1 Y좌표 =
	
	② 관측점 분2 X좌표 =
	
	  관측점 분2 Y좌표 =
	
	③ 관측점 분3 X좌표 =
	
	  관측점 분3 Y좌표 =
	
	④ 관측점 분4 X좌표 =
	
	  관측점 분4 Y좌표 =
	
	⑤ 관측점 분5 X좌표 =
	
	  관측점 분5 Y좌표 =
	
	⑥ 관측점 분6 X좌표 =
	
	  관측점 분6 Y좌표 =
	
	⑦ 관측점 분7 X좌표 =
	
	  관측점 분7 Y좌표 =
	
	○ 답
		득점

관측점 번호	X좌표[m]	Y좌표[m]
분1		
분2		
분3		
분4		
분5		
분6		
분7		

※ 최종분할점은 교차지점의 좌표를 독취하여 작성

최종분할점 번호	X좌표[m]	Y좌표[m]
분1		
분2		
분3		
분4		
분5		
분6		
분7		

문제번호	답안	채점란

(4)	○ 계산과정
	① 신구면적 허용오차 계산
	 • 계산과정 :
	
	② 산출면적 계산
	 • 계산과정 :
	
	 • 계산과정 :
	
	○ 답
	① 공차 = ±
	
	② 산출면적 및 결정면적
	 ㉠ 산출면적
	  •
	  •
	  •
	 ㉡ 결정면적
	  •
	  •
	  •
		득점

2 문제해설

(1) 지적기준점을 이용한 도곽 구획

※ 1/600의 지상길이는 200 × 250이다.

※ 지적기준점 4923의 좌표는 X = 474927.27m, Y = 192644.76m이다.

1) 종선좌표 산출

① 474927.27 − 600000 = −125072.73

② −125072.73 ÷ 200 = −625.36 ·························· 소수점을 절삭한다.

③ −625 × 200 = −125000

④ −125000 + 600000 = 475000m → 종선 상부좌표

⑤ 475000 − 200 = 474800m → 종선 하부좌표

2) 횡선좌표 산출

① 192644.76 − 200000 = −7355.24

② −7355.24 ÷ 250 = −29.42 ···························· 소수점을 절삭한다.

③ −29 × 250 = 7250

④ −7250 + 200000 = 192750m → 우측 횡선좌표

⑤ 192750 − 250 = 192500m → 좌측 횡선좌표

(2) 지적기준점의 방위각과 거리를 이용하여 경계점 좌표 산출

※ 지적기준점 4923의 좌표는 X = 474927.27m, Y = 192644.76m이다.

※ 지적기준점 4925의 좌표는 X = 474850.23m, Y = 192738.57m이다.

1) 1번 경계점

① X = 474927.27 + 23.698 × cos(126°39′25.06″) = 474913.12m

② Y = 192644.76 + 23.698 × sin(126°39′25.06″) = 192663.77m

2) 2번 경계점

① X = 474927.27 + 46.003 × cos(64°58′58.09″) = 474946.72m

② Y = 192644.76 + 46.003 × sin(64°58′58.09″) = 192686.45m

3) 3번 경계점

① X = 474927.27 + 88.516 × cos(75°44′34.09″) = 474949.07m

② Y = 192644.76 + 88.516 × sin(75°44′34.09″) = 192730.55m

4) 4번 경계점

① $X = 474850.23 + 33.932 \times \cos(355°25'51.05'') = 474884.05\text{m}$

② $Y = 192738.57 + 33.932 \times \sin(355°25'51.05'') = 192735.87\text{m}$

5) 5번 경계점

① $X = 474850.23 + 59.087 \times \cos(278°53'26.02'') = 474859.36\text{m}$

② $Y = 192738.57 + 59.087 \times \sin(278°53'26.02'') = 192680.19\text{m}$

(3) 지적기준점의 방위각과 거리를 이용하여 분할점 좌표 산출

1) 분1 경계점

① $X = 474927.27 + 13.025 \times \cos(20°49'01.45'') = 474939.44\text{m}$

② $Y = 192644.76 + 13.025 \times \sin(20°49'01.45'') = 192649.39\text{m}$

2) 분2 경계점

① $X = 474927.27 + 52.352 \times \cos(103°10'10.02'') = 474915.34\text{m}$

② $Y = 192644.76 + 52.352 \times \sin(103°10'10.02'') = 192695.73\text{m}$

3) 분3 경계점

① $X = 474850.23 + 64.346 \times \cos(305°52'22.01'') = 474887.94\text{m}$

② $Y = 192738.57 + 64.346 \times \sin(305°52'22.01'') = 192686.43\text{m}$

4) 분4 경계점

① $X = 474850.23 + 35.708 \times \cos(293°29'24.06'') = 474864.46\text{m}$

② $Y = 192738.57 + 35.708 \times \sin(293°29'24.06'') = 192705.82\text{m}$

5) 분5 경계점

① $X = 474927.27 + 70.909 \times \cos(63°26'20.13'') = 474958.98\text{m}$

② $Y = 192644.76 + 70.909 \times \sin(63°26'20.13'') = 192708.19\text{m}$

6) 분6 경계점

① $X = 474927.27 + 66.080 \times \cos(106°17'48.07'') = 474908.73\text{m}$

② $Y = 192644.76 + 66.080 \times \sin(106°17'48.07'') = 192708.18\text{m}$

7) 분7 경계점

① $X = 474850.23 + 22.504 \times \cos(309°45'13.04'') = 474864.62\text{m}$

② $Y = 192738.57 + 22.504 \times \sin(309°45'13.04'') = 192721.27\text{m}$

(4) 신구면적 허용오차, 산출면적, 결정면적 계산

1) 신구면적 허용오차 계산

$A = 0.026^2 \times M \times \sqrt{F}$
$ = 0.026^2 \times 600 \times \sqrt{4659.2}$
$ = \pm 27.7\text{m}^2 (\text{소수점 첫째 자리})$

여기서, M : 축척분모
F: 원면적

2) 측정면적 계산

CAD도면상에서 AA(Area) 명령어를 이용하여 측정한다.

① 1375-3 대 측정면적 = 1324.224m^2

② 1375-13 대 측정면적 = 1751.181m^2

③ 1375-14 대 측정면적 = 1604.854m^2

※ 지번부여는 최종부번 다음 번호로 부여한다.

3) 산출면적 계산

$r = \dfrac{F}{A} \times a$

여기서, r : 각 필지의 산출면적
F: 원면적
A: 보정면적 합계
a: 해당 필지의 보정면적

① 1375-3 대 측정면적 = $\dfrac{4659.2}{1324.22 + 1751.18 + 1604.85} \times 1324.22 = 1318.27\text{m}^2$

② 1375-13 대 측정면적 = $\dfrac{4659.2}{1324.22 + 1751.18 + 1604.85} \times 1751.18 = 1743.30\text{m}^2$

③ 1375-14 대 측정면적 = $\dfrac{4659.2}{1324.22 + 1751.18 + 1604.85} \times 1604.85 = 1597.63\text{m}^2$

4) 결정면적 계산

결정면적은 축척 1/500~1/600에서 소수점 첫째 자리까지 표기한다. 축척 1/600이므로 결정면적은 다음과 같다.

① 1375-3 대 측정면적 = 1318.3m^2

② 1375-13 대 측정면적 = 1743.3m^2

③ 1375-14 대 측정면적 = 1597.6m^2

3 CAD도면 제도

CAD작업을 시작하기 전에 사용자에 맞게 OPTIONS과 OSNAP을 설정한 후에 제도한다.

(1) 레이어 설정

제도할 도곽선의 선가중치 및 색상을 설정한다.

※ 채점 대상은 아니므로 '결과도'와 '도곽선' 2가지 레이어로 작업한다.

[레이어 작성 규정]

레이어 코드	내용	색상	비고
1	지적경계선	검은색	실선
10	지번, 지목	검은색	
30	색인도, 제명, 각종 문자	검은색	
60	도곽선	빨간색	실선
71	도근점	검은색	원
211	현황선	빨간색	점선(선종류 HIDDEN2)
217	경계점표지	빨간색	원
282	분할선	빨간색	실선
291	측정점	빨간색	십자선
298	방위각 표정거리	빨간색	

① 명령어 LA(Layer)를 입력한다.

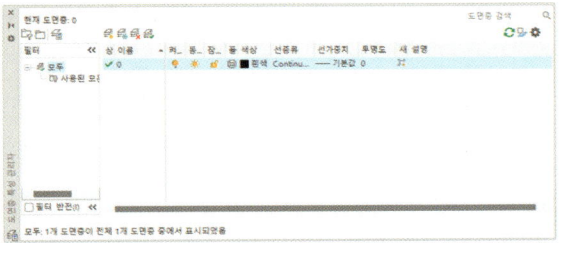

② 아이콘을 클릭하여 새로운 도면층을 생성한다.

③ 도면층 이름을 2번 클릭하여 '결과도', '도곽선'으로 변경한다.

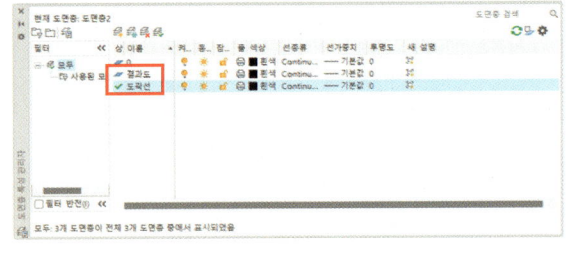

④ 색상을 선택하여 '도곽선'의 색상을 빨간색으로 변경한다.

⑤ 선가중치를 설정한다.

요구사항에서 '선가중치를 무시하시오.'로 되어 있으므로 선가중치를 0.00mm로 설정한다.

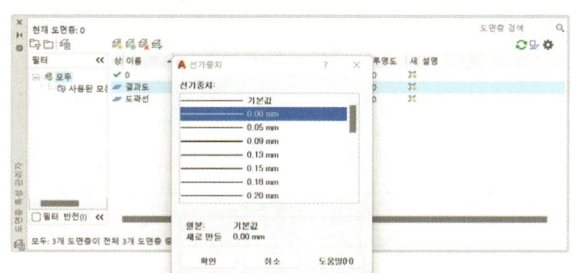

⑥ 레이어 설정을 확인한다.

(2) 도곽선 제도

계산한 도근점 좌표값을 가지고 도곽선을 제도한다.

※ CAD와 지적의 X축, Y축이 반대이므로 좌표를 입력할 때 횡선좌표를 X값, 종선좌표를 Y값으로 입력해야 한다.

① 명령어 REC(Rectang)를 입력한다.	② 종선 하부좌표값과 횡선 좌측좌표값을 입력한다(좌하단 좌표 입력). • 192500,474800 [Enter]
③ 상대좌표값으로 도곽선을 제도한다(1/600 도곽 크기는 200×250). • @250,200 [Enter] 명령: REC RECTANG 첫 번째 구석점 지정 또는 [모따기(C)/고도(E)/모깎기(F)/두께(T)/폭(W)]: 192500,474800 다른 구석점 지정 또는 [영역(A)/치수(D)/회전(R)]: >>ORTHOMODE에 대한 새 값 입력 <0>: RECTANG 명령 재개 중. 다른 구석점 지정 또는 [영역(A)/치수(D)/회전(R)]: @250,200	④ 도곽선을 클릭 후 Layer를 변경한다.
⑤ 지적기능사 제공파일 가져오기 • 도곽선을 작도한 곳으로 면적측정부 형식을 가져온다. • 명령어 M(Move)을 입력하고, 객체(면적측정부)를 선택한다. 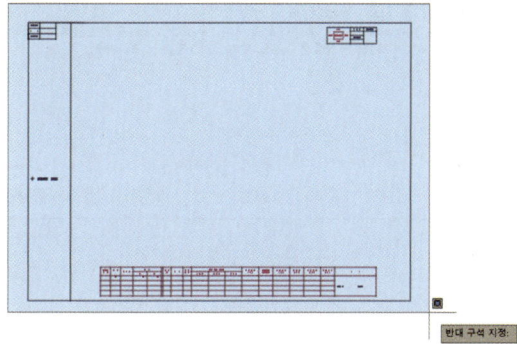	⑥ 형식 안으로 도곽선이 중심에 위치할 수 있도록 적절히 옮긴다. 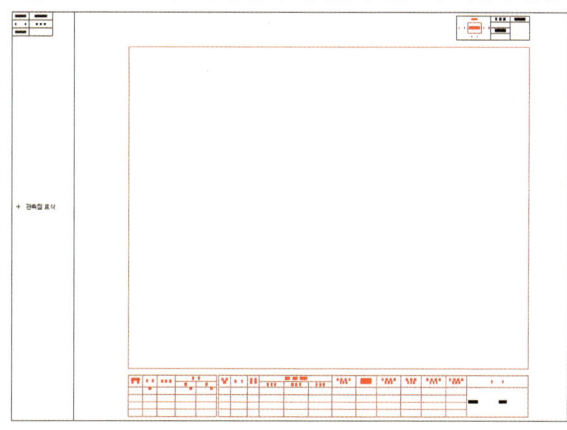

(3) 지적도근점 제도 및 방위각 거리 기입

- 문제에 주어진 도근점들의 좌표값을 가지고 도근점을 제도한다.
  ※ CAD와 지적의 X축, Y축이 반대이므로 좌표를 입력할 때 횡선좌표를 X값, 종선좌표를 Y값으로 입력해야 한다.
- 도근점은 해당 좌표에 직경 2mm 크기의 원으로 제도해야 한다. 축척이 1/600이므로 지적도근점의 직경은 $2 \times 0.6 = 1.2mm$가 되어 반지름 0.6mm로 제도한다.

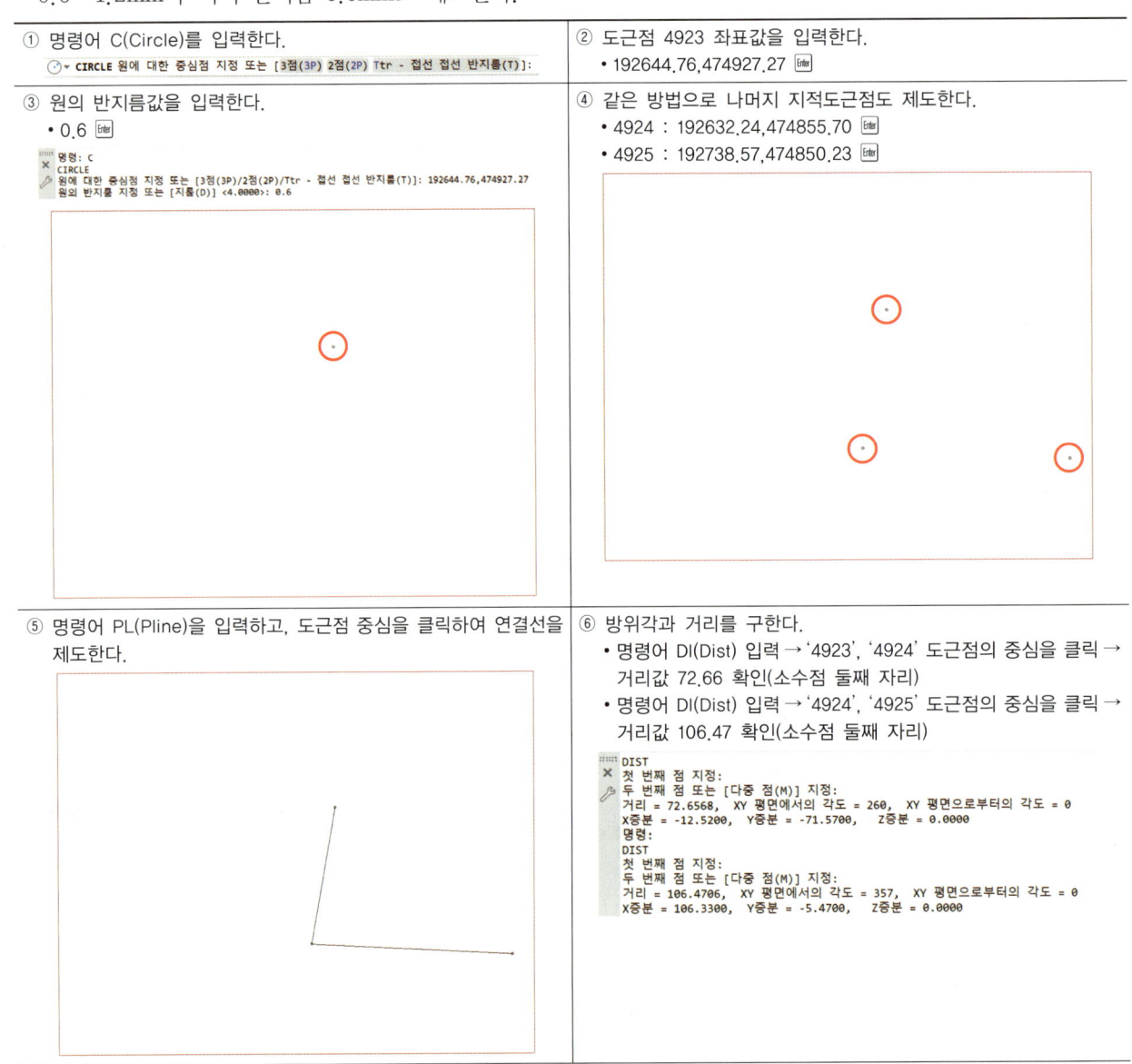

⑦ 명령어 L(Line)을 입력하고, 기준 도근점에 남북 방향의 직선을 제도하여 방위각을 구한다.

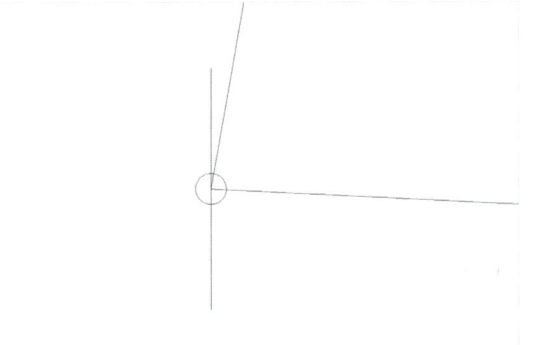

⑧ 명령어 DIMANG(Dimangular)을 입력하고, 직선과 도근점 연결선을 클릭하여 두 선이 이루는 각도를 확인한다(계산 완료 후 직선과 각도는 전부 삭제한다).
- '4923', '4924' 방위각 → 9°55′21″
- '4924', '4925' 방위각 → 92°56′42″

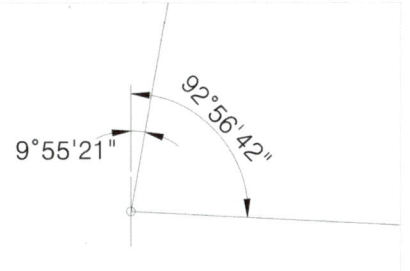

⑨ 연결선을 클릭 후 레이어를 변경하여 빨간색으로 바꿔준다.

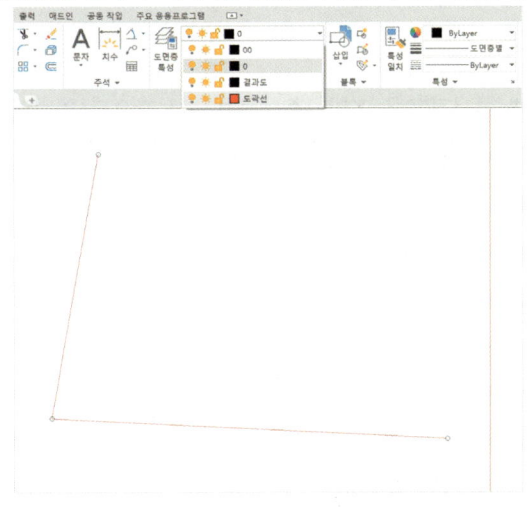

⑩ 명령어 LT(Linetype)를 입력하고, 로드(L)를 클릭한 후에 HIDDEN2를 로드하여 연결선을 점선(HIDDEN2)으로 변경한다.
※ 혹시 점선의 폭이 너무 넓으면 명령어 LTS(LTScale) 선축척을 이용하여 변경한다.

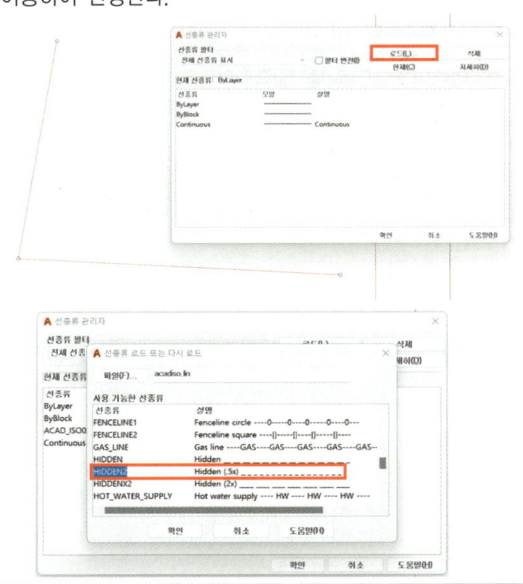

⑪ 명령어 DT(Dtext)를 입력하고, 임의의 점을 클릭한 뒤 거리와 각도를 입력한다.
- 높이 지정 : 1.2(2mm × 축척 0.6) [Enter]
- 문자의 회전 각도 지정 : 0 [Enter]

```
명령: TEXT
현재 문자 스타일: "스타일1"  문자 높이: 2.4000  주석: 아니오  자리맞추기: 왼쪽
문자의 시작점 지정 또는 [자리맞추기(J)/스타일(S)]:
높이 지정 <2.4000>: 1.2
문자의 회전 각도 지정 <0>:
```

⑫ 전에 계산한 방위각과 거리를 입력하고, 글자색을 빨간색으로 변경한다.
- 9-55-21 [Enter]
- 72.66 [Enter]
- 92-56-42 [Enter]
- 106.47 [Enter]

⑬ 적절한 위치에 배치한다.
- 명령어 RO(Rotate)를 입력한다.
- 객체(회전하고자 하는 글자)를 선택한다.
- 기준점을 지정한다(연결선 클릭).
- 명령어 M(Move)을 이용하여 선의 중심 부근으로 이동한다.

(4) 필지경계 및 분할선 제도

필지경계점 좌표를 경계점 1번부터 순서대로 입력한다.

※ CAD와 지적의 X축, Y축이 반대이므로 좌표를 입력할 때 횡선좌표를 X값, 종선좌표를 Y값으로 입력해야 한다.

① 명령어 PL(Pline)을 입력한다.	② 시작점을 지정한다(1번 좌표값부터 순서대로 입력).
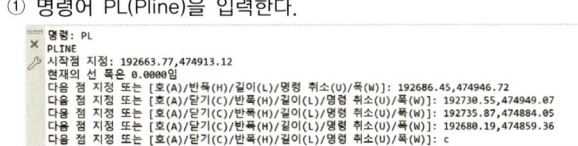	• 192663.77,474913.12 Enter • 192686.45,474946.72 Enter • 192730.55,474949.07 Enter • 192735.87,474884.05 Enter • 192680.19,474859.36 Enter • C Enter ※ 마지막 좌표는 '닫기'를 사용하거나 '첫 번째 좌표값(192663.77,474913.12)'을 입력한다.
③ 필지 제도를 확인한다. 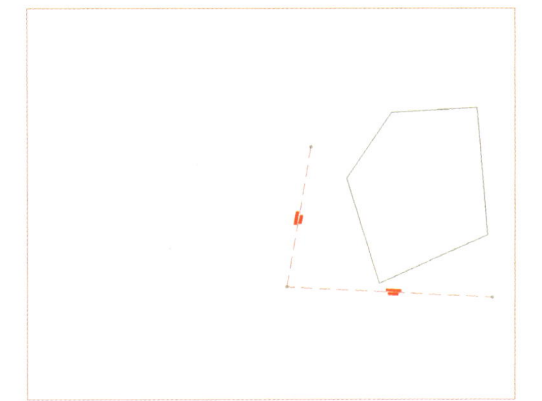	④ 명령어 PL(Pline)을 입력하여 분할선을 제도한다. PLINE 시작점 지정: 203738.56,453439.14 현재의 선 폭은 0.0000임 다음 점 지정 또는 [호(A)/반폭(H)/길이(L)/명령 취소(U)/폭(W)]: 203773.74,453392.83

⑤ 시작점을 지정한다(분1 좌표값부터 순서대로 입력).
- 192649.39,474939.44 [Enter]
- 192695.73,474915.34 [Enter]
- 192686.43,474887.94 [Enter]
- 192705.82,474864.46 [Enter]

⑥ 시작점을 지정한다(분5 좌표값부터 순서대로 입력).
- 192708.19,474958.98 [Enter]
- 192708.18,474908.73 [Enter]
- 192721.27,474864.62 [Enter]

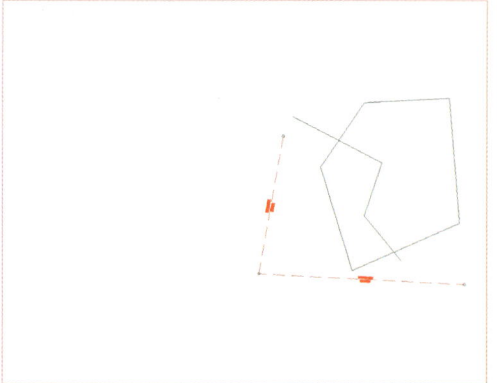

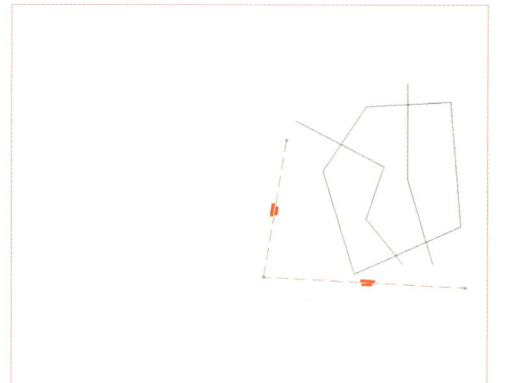

⑦ 분할선을 클릭하여 레이어를 빨간색으로 변경한다.

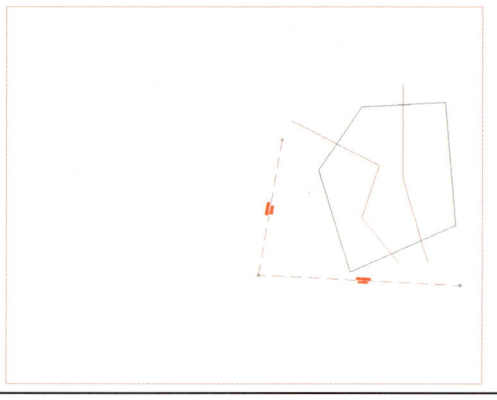

(5) 분할필지 면적 구하기

① 명령어 AA(Area)를 입력하고, 해당 필지점들을 순서대로 클릭한다.
※ 시작점과 끝점을 동일하게 클릭한다.

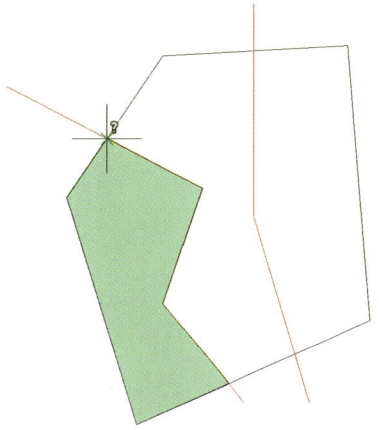

② 동일한 방법으로 두 번째 필지 면적(소수점 셋째 자리까지)을 구한다.

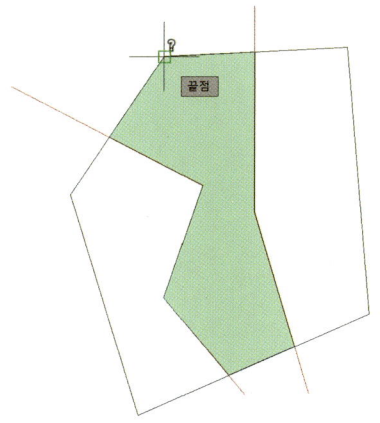

③ 동일한 방법으로 세 번째 필지 면적(소수점 셋째 자리까지)을 구한다.

- 좌측 필지 면적 : 1324.224m²
- 중앙 필지 면적 : 1751.181m²
- 우측 필지 면적 : 1604.854m²

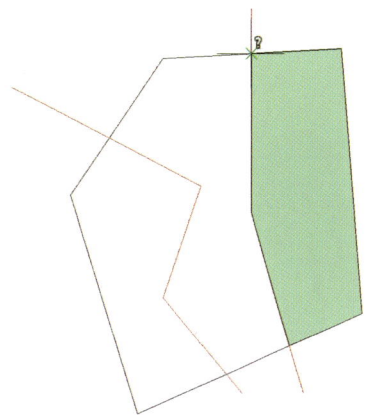

(6) 최종분할점 제도 및 관측점 표시

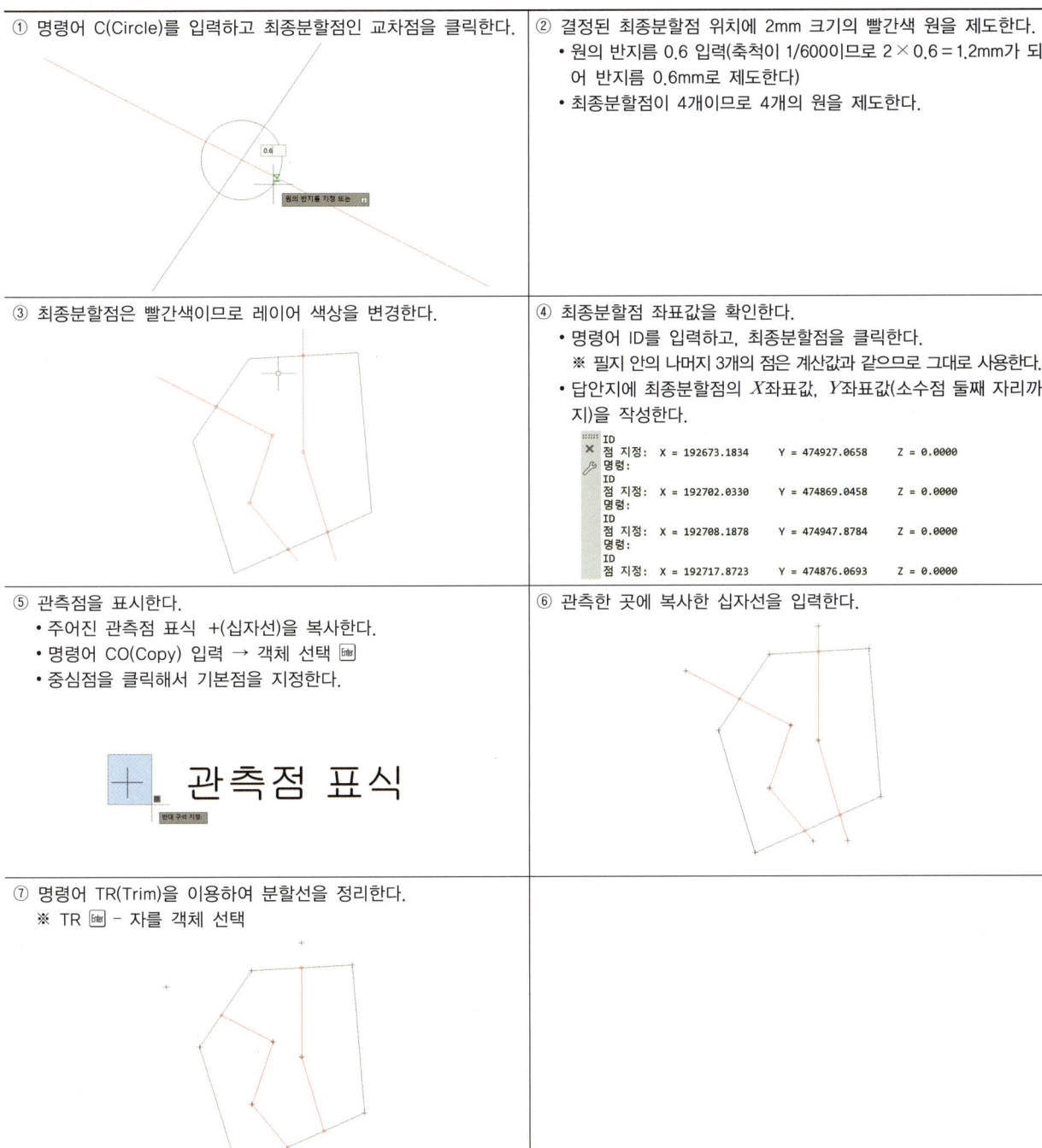

① 명령어 C(Circle)를 입력하고 최종분할점인 교차점을 클릭한다.

② 결정된 최종분할점 위치에 2mm 크기의 빨간색 원을 제도한다.
- 원의 반지름 0.6 입력(축척이 1/600이므로 2×0.6=1.2mm가 되어 반지름 0.6mm로 제도한다)
- 최종분할점이 4개이므로 4개의 원을 제도한다.

③ 최종분할점은 빨간색이므로 레이어 색상을 변경한다.

④ 최종분할점 좌표값을 확인한다.
- 명령어 ID를 입력하고, 최종분할점을 클릭한다.
  ※ 필지 안의 나머지 3개의 점은 계산값과 같으므로 그대로 사용한다.
- 답안지에 최종분할점의 X좌표값, Y좌표값(소수점 둘째 자리까지)을 작성한다.

```
ID
점 지정:  X = 192673.1834    Y = 474927.0658    Z = 0.0000
명령:
ID
점 지정:  X = 192702.0330    Y = 474869.0458    Z = 0.0000
명령:
ID
점 지정:  X = 192708.1878    Y = 474947.8784    Z = 0.0000
명령:
ID
점 지정:  X = 192717.8723    Y = 474876.0693    Z = 0.0000
```

⑤ 관측점을 표시한다.
- 주어진 관측점 표식 +(십자선)을 복사한다.
- 명령어 CO(Copy) 입력 → 객체 선택 Enter
- 중심점을 클릭해서 기본점을 지정한다.

⑥ 관측한 곳에 복사한 십자선을 입력한다.

⑦ 명령어 TR(Trim)을 이용하여 분할선을 정리한다.
  ※ TR Enter - 자를 객체 선택

(7) 글자 제도

① 명령어 DT(Dtext)를 입력한다.
- 시작점 : 임의점 클릭
- 높이 지정 : 1.2(2mm × 축척 0.6) [Enter]
- 문자의 회전 각도 지정 : 0 [Enter]

② 들어갈 글자를 한 번에 입력한다(도근점 번호, 도곽좌표, 필지좌표, 분할점 좌표, 최종분할점 좌표).
- 4923 [Enter]
- 4924 [Enter]
- 4925 [Enter]

- 475000 [Enter]
- 474800 [Enter]
- 192750 [Enter]
- 192500 [Enter]
※ 도곽좌표는 빨간색으로 변경

- 1 (474913.12, 192663.77) [Enter]
- 2 (474946.72, 192686.45) [Enter]
- 3 (474949.07, 192730.55) [Enter]
- 4 (474884.05, 192735.87) [Enter]
- 5 (474859.36, 192680.19) [Enter]

- 분1 (474939.44, 192649.39) [Enter]
- 분2 (474915.34, 192695.73) [Enter]
- 분3 (474887.94, 192686.43) [Enter]
- 분4 (474864.46, 192705.82) [Enter]
- 분5 (474958.98, 192708.19) [Enter]
- 분6 (474908.73, 192708.18) [Enter]
- 분7 (474864.62, 192721.27) [Enter]

- 분1 (474927.07, 192673.18) [Enter]
- 분2 (474915.34, 192695.73) [Enter]
- 분3 (474887.94, 192686.43) [Enter]
- 분4 (474869.05, 192702.03) [Enter]
- 분5 (474947.88, 192708.19) [Enter]
- 분6 (474908.73, 192708.18) [Enter]
- 분7 (474876.07, 192717.87) [Enter]
※ 최종분할점은 빨간색으로 변경

③ 객체를 선택한 뒤 마우스 우클릭하여 빠른 특성을 선택하여 도근점 글자크기를 조정한다.

④ 높이를 1.8로 변경한다.

※ 도근점 글자크기는 3mm, 축척이 1/600이므로 3 × 0.6 = 1.8mm 로 제도한다.

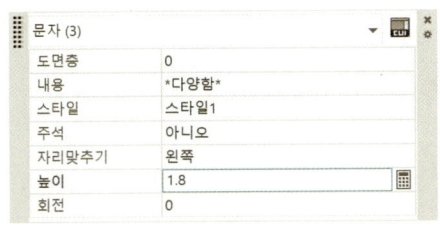

⑤ 도곽선의 상하부 좌표값은 해당 위치로 이동시키고, 좌우측 좌표값은 RO(Rotate) 명령어를 이용하여 다음과 같이 배치한다.

⑥ 나머지 글자들을 해당 위치 근처로 이동시켜 적당하게 배치한다.

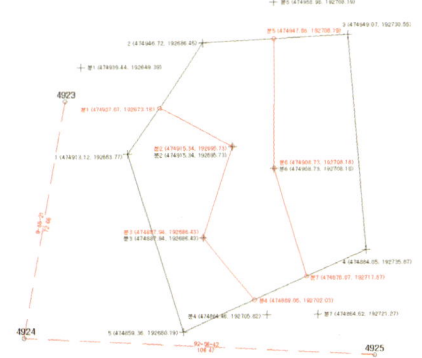

⑦ 명령어 DT(Dtext)를 입력하여 지번과 지목을 제도한다.
- 시작점 : 임의점 클릭
- 높이 지정 : 1.2(2mm × 축척 0.6) Enter
- 문자의 회전 각도 지정 : 0 Enter

⑧ 원지번과 최종부번 다음 지번을 확인하여 작성한다(지목도는 문제에서 주어짐).
- 1375-3 대 Enter
- 1375-13 대 Enter
- 1375-14 대 Enter

⑨ 작성한 지번과 지목을 필지 중앙으로 이동한다.

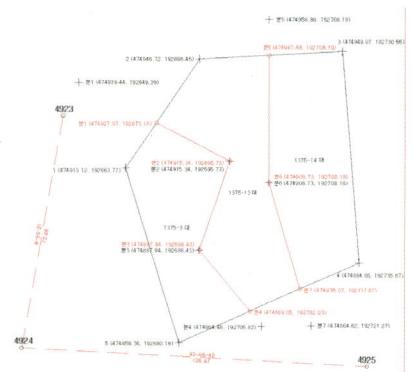

⑩ 원지번 바로 위에 숫자를 하나 더 기입한다.

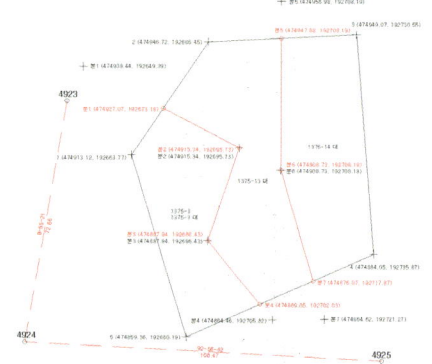

⑪ 빨간색 직선을 L(Line)과 O(Offset) 명령어를 이용하여 두 줄로 말소된 지번을 표시한다.

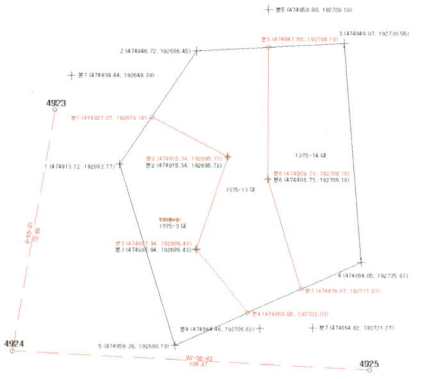

(8) 색인도 및 제명 제도

색인도는 가로 7mm, 세로 6mm 크기의 직사각형을 제도한다.

※ 축척이 1/600이므로 가로는 7×0.6 = 4.2mm, 세로는 6×0.6 = 3.6mm로 제도한다.

① 명령어 REC(Rectang)를 입력한다.
  • 시작점 : 임의점 클릭
  • @4.2,3.6 [Enter]

② 제도한 사각형을 CO(Copy) 명령어를 이용하여 색인도를 제도한다.

③ 색인도 안에 해치를 넣는다.
  • 명령어 H(Hatch)를 입력한 뒤, 패턴 중 LINE을 찾아 클릭한다.

④ 각도는 45°, 축척은 0.2로 입력하고, 색인도 정중앙에 사각형을 클릭한다.

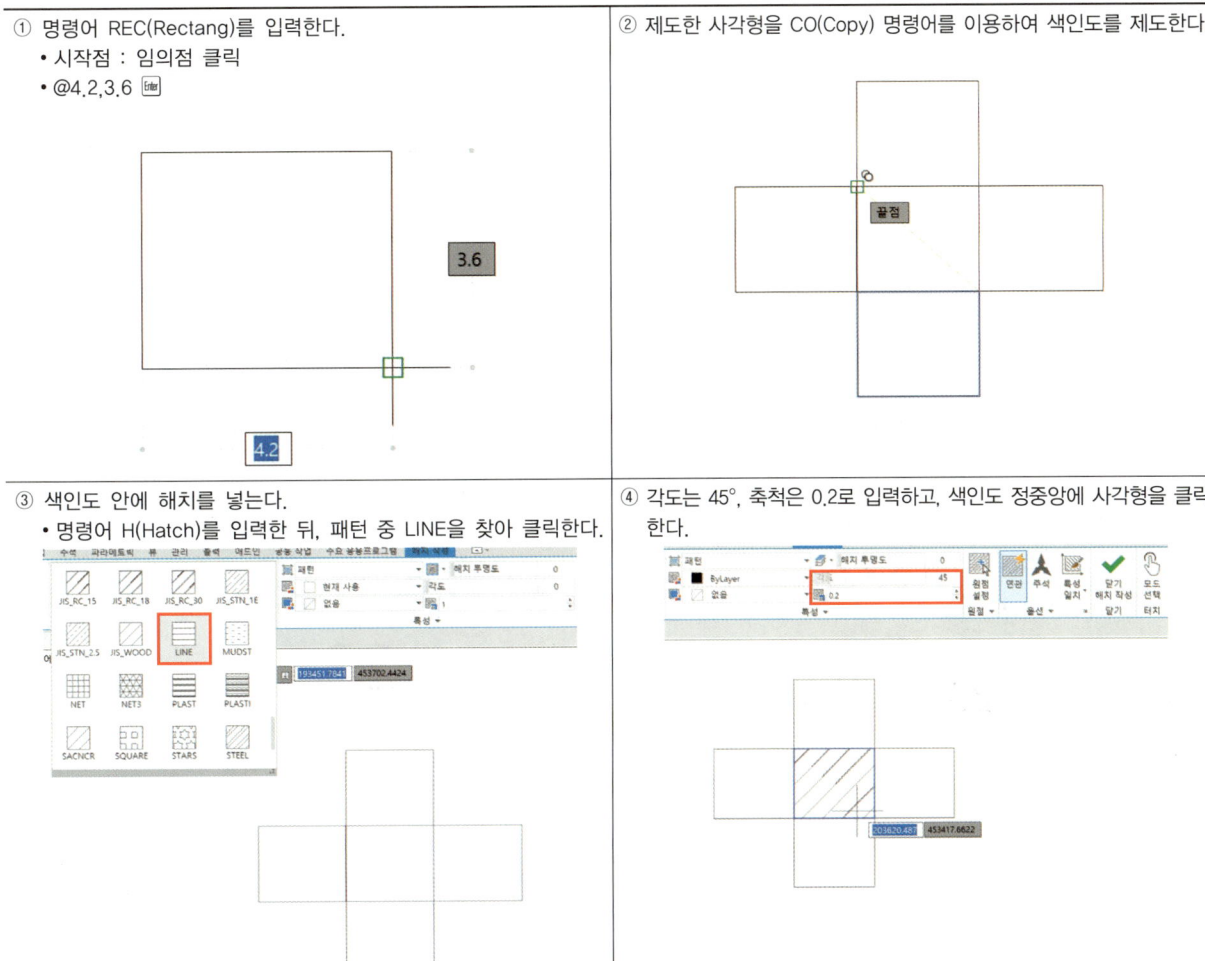

⑤ 명령어 MT(Mtext)를 입력하고, 정중앙 사각형 끝점을 클릭한 뒤 지적도 번호를 기입한다.

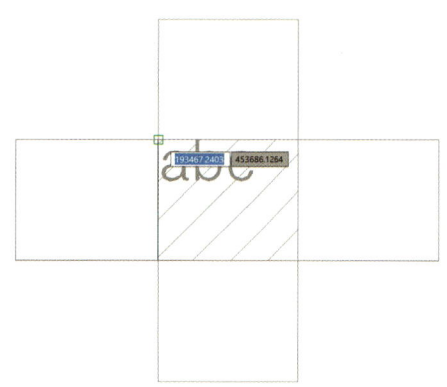

⑥ 자리맞추기에서 '중간 중심 MC'를 클릭한다.

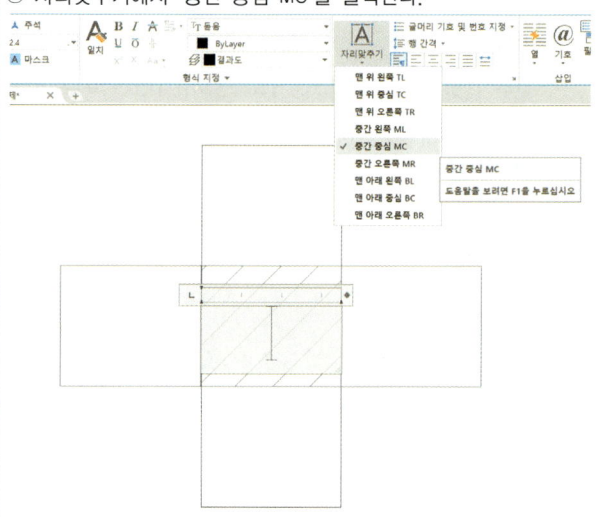

⑦ 지적도 번호 입력 후 문서편집기 닫기를 클릭한다.

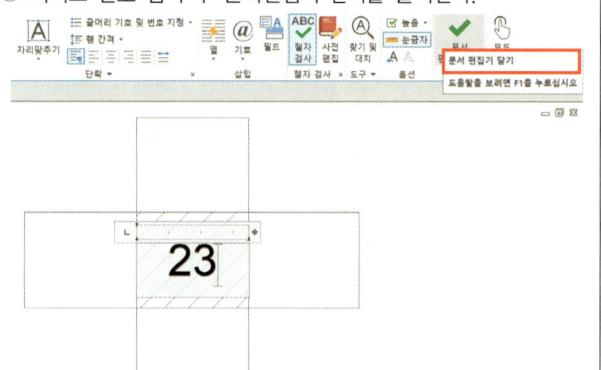

⑧ 빠른 특성을 선택하여 높이를 1.8로 변경한다.
  ※ 색인도 안의 숫자크기는 3mm, 축척이 1/600이므로 3 × 0.6 = 1.8mm로 제도한다.

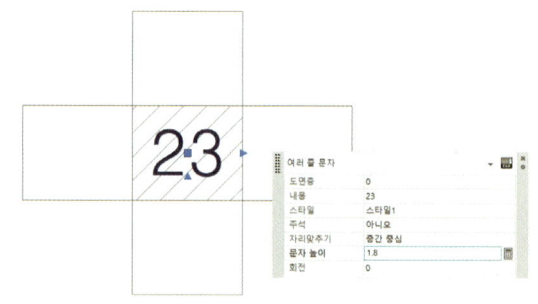

⑨ 문제에 주어진 도시와 번호를 확인 후 제명을 제도한다.
  ※ 제명은 5mm, 축척이 1/600이므로 5 × 0.6 = 3mm로 제도한다.
  • 명령어 DT(Dtext)를 입력한다.
  • 시작점 : 색인도 우측 부분을 클릭한다.
  • 높이 지정 : 3(5mm × 축척 0.6) [Enter]
  • 문자의 회전 각도 지정 : 0 [Enter]
  • 서울특별시 마포구 중동 분할측량결과도 (지적도 제 23호)∨∨∨∨축척 600분의 1 [Enter]
  ※ 축척 앞에 10mm를 띄어야 하므로 띄어쓰기를(∨) 4번 한다.

  23 서울특별시 마포구 중동 분할측량결과도 (지적도 제 23호)   축척 600분의 1

⑩ 명령어 M(Move)을 이용하여 제명을 도곽선과 앞머리를 맞춰 비슷한 위치로 이동한다.

(9) 신축량, 보정계수, 용도지역란 작성

① 명령어 MT(Mtext)를 입력하고, 신축량 사각형 끝점을 클릭한다.

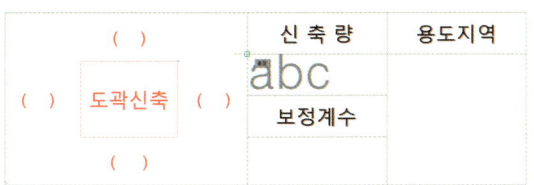

② 자리맞추기 중간 중심 MC를 클릭하고, 신축량 0.0을 기입한다.
- 문자 높이 : 2 × 0.6 = 1.2mm

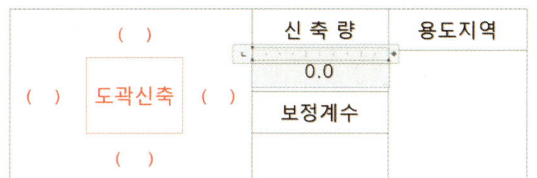

③ 명령어 MT(Mtext)를 입력하고, 보정계수 사각형 끝점을 클릭한다.

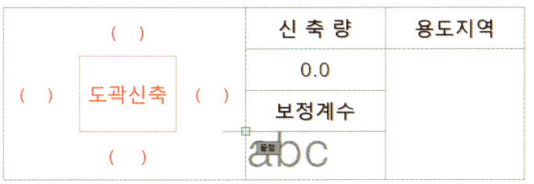

④ 자리맞추기 중간 중심 MC 클릭를 클릭하고 보정계수 1.0000을 기입한다.
- 문자 높이 : 2 × 0.6 = 1.2mm

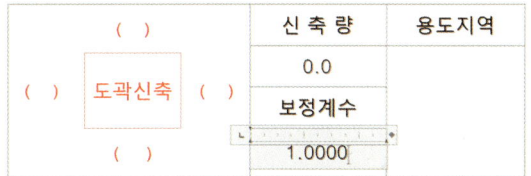

⑤ 명령어 MT(Mtext)를 입력하고, 용도지역 사각형 끝점을 클릭한다.

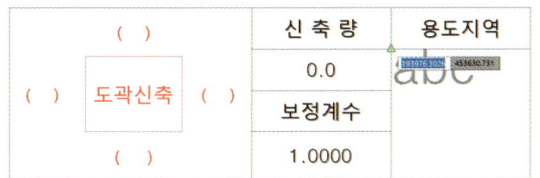

⑥ 자리맞추기 중간 중심 MC를 클릭하고, 주거지역을 기입한다.
- 문자 높이 : 2 × 0.6 = 1.2mm

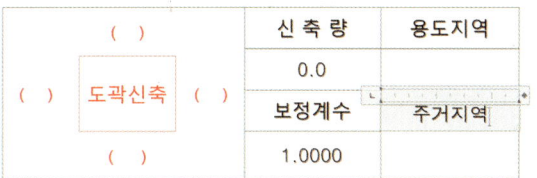

⑦ 신축량, 보정계수 레이어 둘 다 빨간색으로 변경한다.

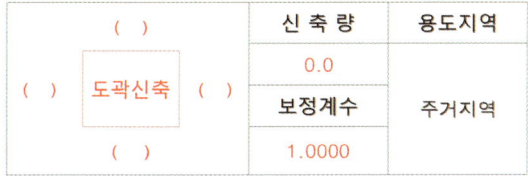

⑧ 명령어 DT(Dtext)를 입력하고, 도곽신축 괄호를 채운다.
- 시작점 : 괄호의 중앙부분 클릭
- 높이 지정 : 1.2(2mm × 축척 0.6) [Enter]
- 문자의 회전 각도 지정 : 0 [Enter]
- 0.0 [Enter] → 빨간색으로 변경 → 복사해서 나머지 괄호도 채우기

(0.0)			신 축 량	용도지역
(0.0)	도곽신축	(0.0)	0.0	주거지역
			보정계수	
(0.0)			1.0000	

(10) 면적측정부 작성

※ 주어진 CAD파일 하단의 면적측정부(CHAPTER 01의 **3** 면적측정부 작성 참조)를 작성한다.

① 기준점 번호를 기입한다.
- 명령어 MT(Mtext)를 입력 → 사각형 끝점 클릭 → 자리맞추기 중간 중심 MC 클릭
- 거리와 방위각은 지적기준점 4924를 기준으로 기입한다.

기준점 번호	거 리	방위각	좌 표	
			X	Y
4924	m		m	m

② 나머지도 같은 방법으로 기입한다.
- 앞에서 계산했던 거리와 방위각을 입력한다.

[기입 완료한 모습]

기준점 번호	거 리	방위각	좌 표	
			X	Y
4924	m		m 474855.70	m 192632.24
4923	72.66	9-55-21	474927.27	192644.76
4925	106.47	92-56-42	474850.23	192738.57

(11) 출력하기

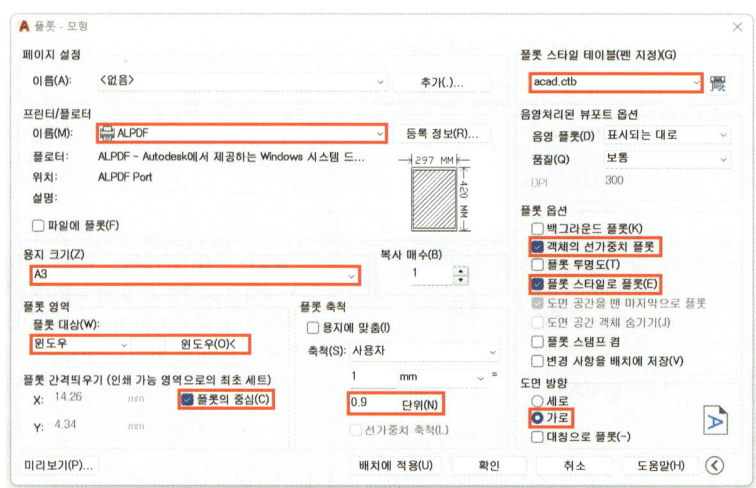

① 출력 설정을 한다(명령어 PLOT 입력 or Ctrl + P or 🖨 클릭).
- 프린트/플로터 : 프린터 기종을 선택하고, 용지 크기는 A3로 한다.
- 플롯 영역 : 플롯 대상을 윈도우로 선택 후 출력 영역을 선택한다(좌측 상단과 우측 하단).

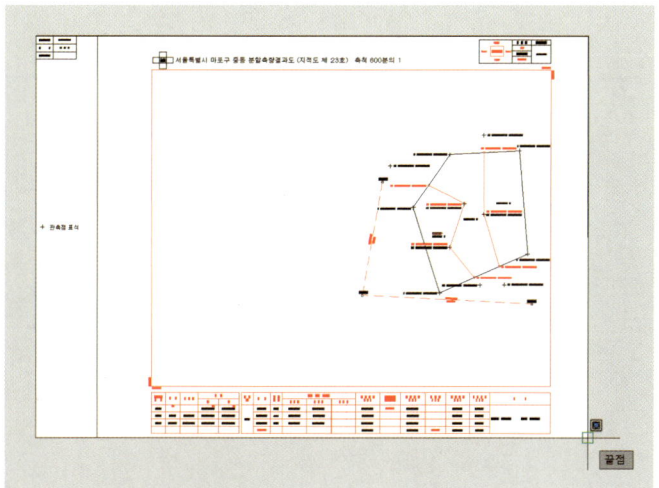

- 플롯 간격띄우기 : 플롯의 중심을 선택한다.
- 플롯 축척은 1 : 0.9를 입력(용지에 맞춤을 해제하고 문제에서 주어진 축척을 입력)한다.
- 플롯 스타일 테이블 : acad.ctb를 선택한다(컬러 출력).
- 플롯 옵션 : '객체의 선가중치 플롯', '플롯 스타일로 플롯'을 설정한다.
- 도면 방향 : '가로'를 선택한다.

② 완료되면 미리보기를 눌러 확인하고, 창이 뜨면 '계속' 버튼을 클릭한다.

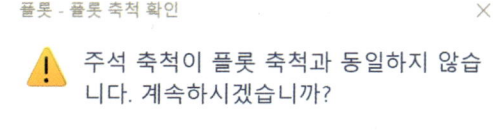

③ 확인 후 문제가 없으면 출력한 뒤 출력물을 시험감독관에게 제출한다(출력 기회는 2번).

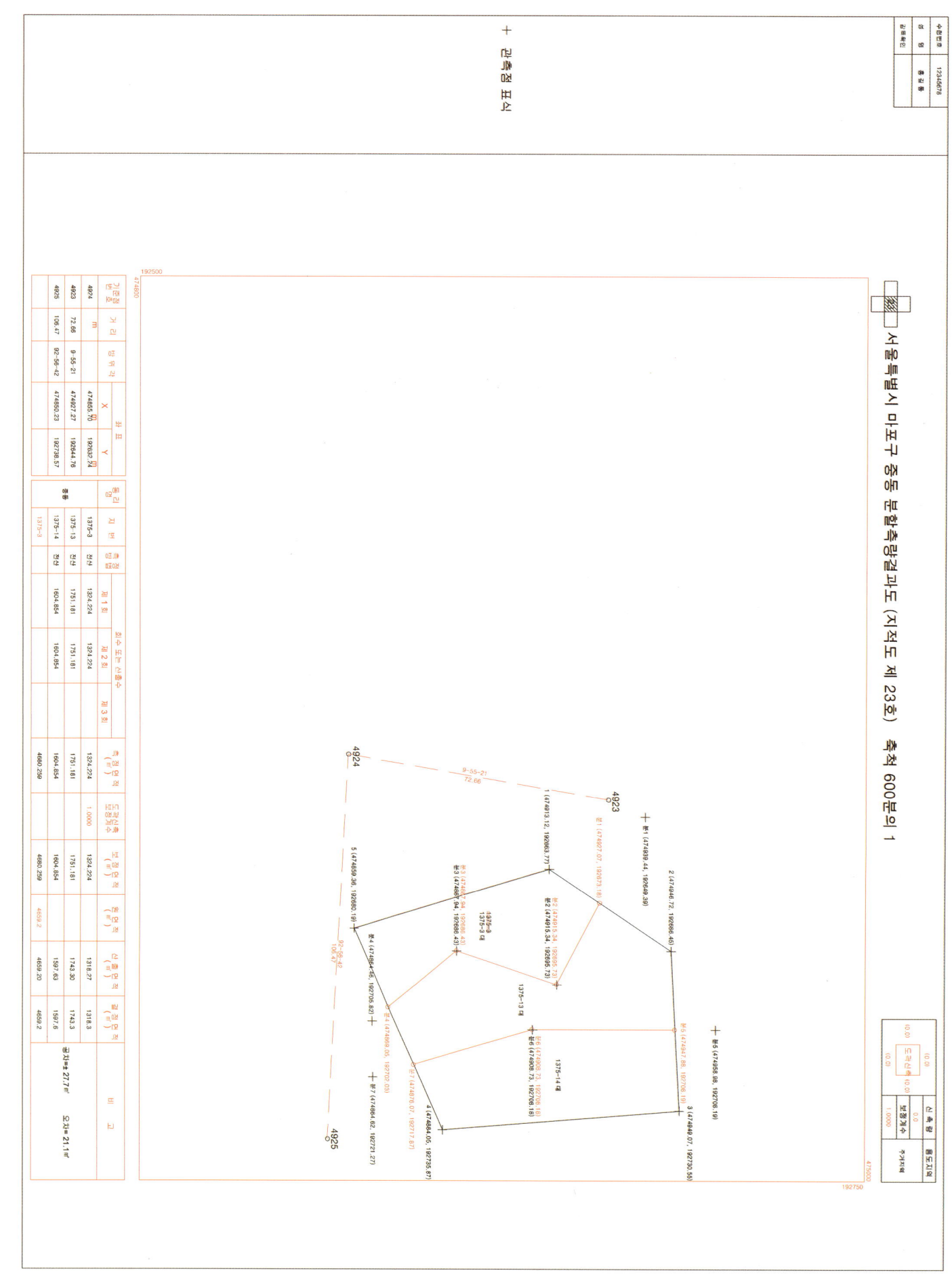

2023년 기출복원문제

자격종목	지적기능사	과제명	지적제도 및 면적측정

※ 시험시간 : 2시간 30분

1 요구사항

※ 지급된 재료(CAD파일)를 보고 CAD프로그램을 이용하여 아래 요구사항에 맞게 답안지를 작성하고 최종지적측량결과도를 완성하여 파일을 저장한 후 감독위원의 지시에 따라 지급된 용지에 본인이 직접 출력하시오(단, 시험 시작 전 바탕화면에 본인 수험번호로 폴더를 생성하고, 폴더 안에 작업내용을 저장하시오).

(1) 지적기준점 "보24"를 이용하여 도곽선 좌표를 계산하고, 주어진 파일에 도곽을 구획하여 지적기준점을 규정에 맞게 제도하시오(단, 축척은 1/1000이고, 원점의 가산수치는 $X = 600000$m, $Y = 200000$m이다).

지적기준점	좌표		비고
	X[m]	Y[m]	
보24	440233.29	144263.44	
보25	440104.95	144150.92	
1012	440132.76	144192.48	

(2) 지적기준점에서 관측된 경계점의 좌표를 계산하고, 주어진 파일에 경계점을 순서대로 제도(결선)하여 필지(서울특별시 서초구 양재동 35-2번지)를 완성하시오(단, 좌표결정은 m 단위로 소수점 둘째 자리까지 구하시오. 경계점은 주어진 서식의 '+'표식을 활용하여 표시하시오).

측점	관측점	방위각	거리	비고
1012	1	298°40′50.35″	127.61	
	2	347°12′59.10″	80.65	
	3	355°18′33.62″	21.13	
	4	279°53′24.08″	143.42	

(3) 주어진 방위각과 거리를 이용하여 관측점의 좌표를 계산하고, 주어진 파일에 '요구사항 (2)'에서 작성된 필지와 교차되는 지점을 최종분할점으로 결정하여 분할필지를 완성하시오(단, 관측점과 최종분할점은 m 단위로 소수점 둘째 자리까지 구하고, 관측점은 주어진 서식의 '+'표식을 활용하여 표시하시오).

측점	관측점	방위각	거리	비고
1012	분1	319°43′28.70″	110.74	결선
	분2	277°26′09.58″	88.26	
	분3	333°13′53.45″	101.13	결선
	분4	357°11′14.12″	35.32	

(4) 완성된 필지를 대상으로 원면적이 5450.3m²인 서울특별시 서초구 양재동 35-2번지(지목 : 잡)를 계산된 분할선을 이용하여 3필지로 분할하고, 지적 관련 법규 및 규정 등에 맞게 면적측정부를 작성하시오(단, 지번부여 원칙에 따라 지번을 부여하고, 당해 지번의 최종부번은 "35-5"이다. 도곽신축보정계수는 1.0000, 신축량은 0.0mm이다. 분할필지의 측정면적은 CAD 기능을 이용한다. 답안지에 공차, 산출면적 및 결정면적을 계산하고, 공차는 소수점 첫째 자리까지 구하시오).

(5) 지적 관련 법규 및 규정 등에 따라 최종지적측량결과도(지번, 지목, 도곽선, 도곽선수치, 필지경계선, 색인표, 제명, 축척, 기준점, 기준점 명칭 등)를 작성하여 주어진 서식을 이동시켜 선 안쪽에 최종지적측량결과도를 넣고 계산된 경계점 및 관측점, 최종분할점의 좌표는 각 점 옆에 기재하시오(단, 당해 지적도는 제41호이고 용도지역은 공업지역이며, 도곽선, 필지경계선, 분할선, 지적기준점의 선가중치는 무시하시오).

※ 답안은 반드시 흑색 또는 청색 필기구(연필류 제외) 중 동일한 색의 필기구만을 계속 사용하여야 하며, 기타의 필기구를 사용한 답항은 0점 처리됩니다.

문제번호	답안	채점란
(1)	○ 계산과정 ① 종선 상부좌표 : ② 종선 하부좌표 : ③ 횡선 우측좌표 : ④ 횡선 좌측좌표 : ○ 답 ① 종선 상부좌표 : m ② 종선 하부좌표 : m ③ 횡선 좌측좌표 : m ④ 횡선 우측좌표 : m	득점
(2)	○ 계산과정 ① 1번 X좌표 = 1번 Y좌표 = ② 2번 X좌표 = 2번 Y좌표 = ③ 3번 X좌표 = 3번 Y좌표 = ④ 4번 X좌표 = 4번 Y좌표 = ○ 답 ① X좌표 = m, Y좌표 = m ② X좌표 = m, Y좌표 = m ③ X좌표 = m, Y좌표 = m ④ X좌표 = m, Y좌표 = m	득점

문제번호	답안	채점란

(3)	○ 계산과정
	
	① 관측점 분1 X좌표 = ② 관측점 분2 X좌표 =
	
	    관측점 분1 Y좌표 = 관측점 분2 Y좌표 =
	
	③ 관측점 분3 X좌표 = ④ 관측점 분4 X좌표 =
	
	    관측점 분3 Y좌표 = 관측점 분4 Y좌표 =
	
	○ 답
	
		관측점 번호	X좌표[m]	Y좌표[m]

분1		
분2		
분3		
분4		| ※ 최종분할점은 교차지점의 좌표를 독취하여 작성 | 최종분할점 번호	X좌표[m]	Y좌표[m]
분1		
분2		
분3		
분4				득점

(4)	○ 계산과정
	① 신구면적 허용오차 계산
	   • 계산과정 :
	
	② 산출면적 계산
	   • 계산과정 :
	
	   • 계산과정 :
	
	○ 답
	① 공차 = ±
	
	② 산출면적 및 결정면적
	    ㉠ 산출면적
	      •
	      •
	    ㉡ 결정면적
	      •
	      •
		득점

2 문제해설

(1) 지적기준점을 이용한 도곽 구획

※ 1/1000의 지상길이는 300×400이다.

※ 지적기준점 보24의 좌표는 $X = 440233.29$m, $Y = 144263.44$m이다.

1) 종선좌표 산출

① $440233.29 - 600000 = -159766.71$

② $-159766.71 \div 300 = -532.56$ ·················· 소수점을 절삭한다.

③ $-532 \times 300 = -159600$

④ $-159600 + 600000 = 440400$m → 종선 상부좌표

⑤ $440400 - 300 = 440100$m → 종선 하부좌표

2) 횡선좌표 산출

① $144263.44 - 200000 = -55736.56$

② $-55736.56 \div 400 = -139.34$ ·················· 소수점을 절삭한다.

③ $-139 \times 400 = -55600$

④ $-55600 + 200000 = 144400$m → 우측 횡선좌표

⑤ $144400 - 400 = 144000$m → 좌측 횡선좌표

(2) 지적기준점의 방위각과 거리를 이용하여 경계점 좌표 산출

※ 지적기준점 1012의 좌표는 $X = 440132.76$m, $Y = 144192.48$m이다.

1) 1번 경계점

① $X = 440132.76 + 127.61 \times \cos(298°40'50.35'') = 440194.00$m

② $Y = 144192.48 + 127.61 \times \sin(298°40'50.35'') = 144080.53$m

2) 2번 경계점

① $X = 440132.76 + 80.65 \times \cos(347°12'59.10'') = 440211.41$m

② $Y = 144192.48 + 80.65 \times \sin(347°12'59.10'') = 144174.63$m

3) 3번 경계점

① $X = 440132.76 + 21.13 \times \cos(355°18'33.62'') = 440153.82$m

② $Y = 144192.48 + 21.13 \times \sin(355°18'33.62'') = 144190.75$m

4) 4번 경계점

① $X = 440132.76 + 143.42 \times \cos(279°53'24.08'') = 440157.39\text{m}$

② $Y = 144192.48 + 143.42 \times \sin(279°53'24.08'') = 144051.19\text{m}$

(3) 지적기준점의 방위각과 거리를 이용하여 분할점 좌표 산출

※ 지적기준점 1012의 좌표는 $X = 440132.76\text{m}$, $Y = 144192.48\text{m}$이다.

1) 분1 경계점

① $X = 440132.76 + 110.74 \times \cos(319°43'28.70'') = 440217.25\text{m}$

② $Y = 144192.48 + 110.74 \times \sin(319°43'28.70'') = 144120.89\text{m}$

2) 분2 경계점

① $X = 440132.76 + 86.26 \times \cos(277°26'53.45'') = 440143.94\text{m}$

② $Y = 144192.48 + 86.26 \times \sin(277°26'53.45'') = 144106.95\text{m}$

3) 분3 경계점

① $X = 440132.76 + 101.13 \times \cos(333°13'53.45'') = 440223.05\text{m}$

② $Y = 144192.48 + 101.13 \times \sin(333°13'53.45'') = 144146.93\text{m}$

4) 분4 경계점

① $X = 440132.76 + 35.32 \times \cos(357°11'14.12'') = 440168.04\text{m}$

② $Y = 144192.48 + 35.32 \times \sin(357°11'14.12'') = 144190.75\text{m}$

(4) 신구면적 허용오차, 산출면적, 결정면적 계산

1) 신구면적 허용오차 계산

$$A = 0.026^2 \times M \times \sqrt{F}$$
$$= 0.026^2 \times 1000 \times \sqrt{5450.3}$$
$$= \pm 49.9\text{m}^2 (\text{소수점 첫째 자리})$$

여기서, M : 축척분모

F : 원면적

2) 측정면적 계산

CAD도면상에서 AA(Area) 명령어를 이용하여 측정한다.

① 35-2 잡 측정면적 = 1892.495m²

② 35-6 잡 측정면적 = 3263.211m²

③ 35-7 잡 측정면적 = 301.246m²

※ 지번부여는 최종부번 다음 번호로 부여한다.

3) 산출면적 계산

$r = \dfrac{F}{A} \times a$

여기서, r : 각 필지의 산출면적

F : 원면적

A : 보정면적 합계

a : 해당 필지의 보정면적

① 35-2 잡 $= \dfrac{5450.3}{1892.50 + 3263.21 + 301.25} \times 1892.50 = 1890.2\,\text{m}^2$

② 35-6 잡 $= \dfrac{5450.3}{1892.50 + 3263.21 + 301.25} \times 3263.21 = 3259.2\,\text{m}^2$

③ 35-7 잡 $= \dfrac{5450.3}{1892.50 + 3263.21 + 301.25} \times 301.25 = 300.9\,\text{m}^2$

4) 결정면적 계산

결정면적은 축척 1/1000~1/6000은 자연수로 표기한다. 축척 1/1000이므로 결정면적은 다음과 같다.

① 35-2 잡 = 1890m²

② 35-6 잡 = 3259m²

③ 35-7 잡 = 301m²

3 CAD도면 제도

CAD작업을 시작하기 전에 사용자에 맞게 OPTIONS과 OSNAP을 설정한 후에 제도한다.

(1) 레이어 설정

제도할 도곽선의 선가중치 및 색상을 설정한다.

※ 채점 대상은 아니므로 '결과도'와 '도곽선' 2가지 레이어로 작업한다.

[레이어 작성 규정]

레이어 코드	내용	색상	비고
1	지적경계선	검은색	실선
10	지번, 지목	검은색	
30	색인도, 제명, 각종 문자	검은색	
60	도곽선	빨간색	실선
71	도근점	검은색	원
211	현황선	빨간색	점선(선종류 HIDDEN2)
217	경계점표지	빨간색	원
282	분할선	빨간색	실선
291	측정점	빨간색	십자선
298	방위각 표정거리	빨간색	

① 명령어 LA(Layer)를 입력한다.

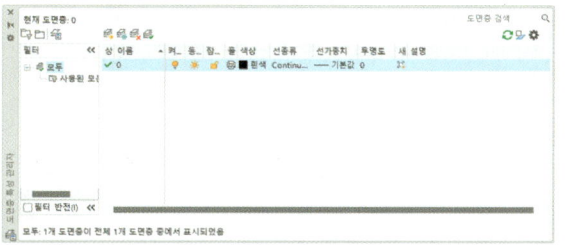

② 아이콘을 클릭하여 새로운 도면층을 생성한다.

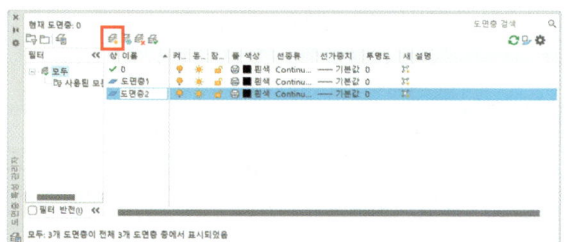

③ 도면층 이름을 2번 클릭하여 '결과도', '도곽선'으로 변경한다.

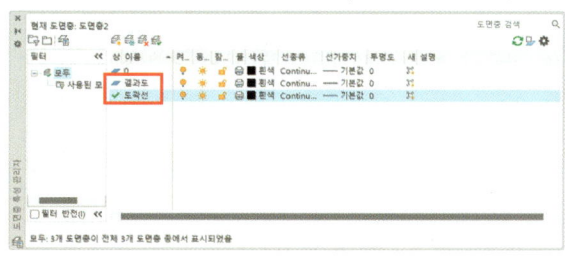

④ 색상을 선택하여 '도곽선'의 색상을 빨간색으로 변경한다.

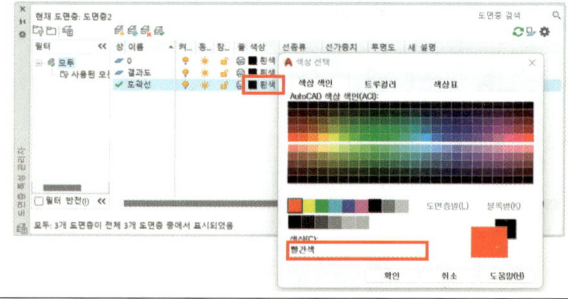

⑤ 선가중치를 설정한다.

요구사항에서 '선가중치를 무시하시오.'로 되어 있으므로 선가중치를 0.00mm로 설정한다.

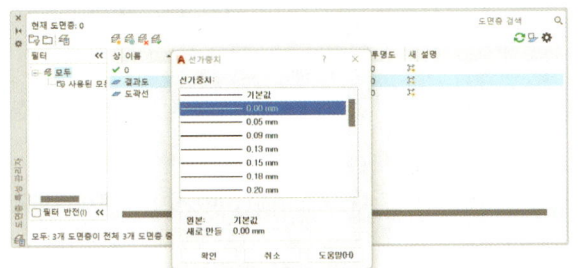

⑥ 레이어 설정을 확인한다.

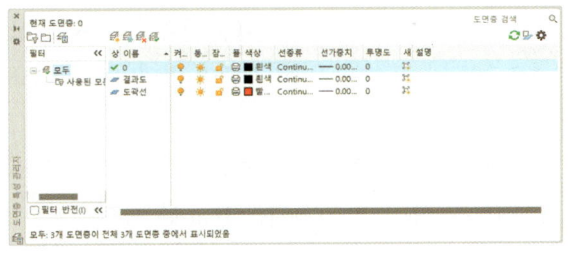

(2) 도곽선 제도

계산한 도근점 좌표값을 가지고 도곽선을 제도한다.

※ CAD와 지적의 X축, Y축이 반대이므로 좌표를 입력할 때 횡선좌표를 X값, 종선좌표를 Y값으로 입력해야 한다.

① 명령어 REC(Rectang)를 입력한다.	② 종선 하부좌표값과 횡선 좌측좌표값을 입력한다(좌하단 좌표 입력).
	• 144000,440100 Enter
③ 상대좌표값으로 도곽선을 제도한다(1/1000 도곽 크기는 300×400).	④ 도곽선을 클릭 후 Layer를 변경한다.
• @400,300 Enter	
⑤ 지적기능사 제공파일 가져오기	⑥ 형식 안으로 도곽선이 중심에 위치할 수 있도록 적절히 옮긴다.
• 도곽선을 작도한 곳으로 면적측정부 형식을 가져온다.	
• 명령어 M(Move)을 입력하고, 객체(면적측정부)를 선택한다.	
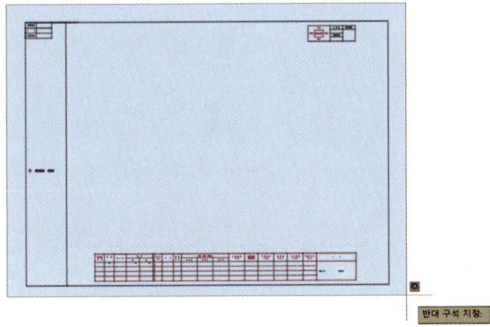	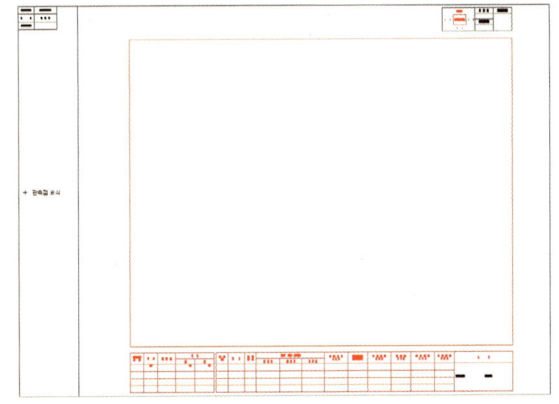

(3) 지적도근점 제도 및 방위각 거리 기입

- 문제에 주어진 도근점들의 좌표값을 가지고 도근점을 제도한다.

  ※ CAD와 지적의 X축, Y축이 반대이므로 좌표를 입력할 때 횡선좌표를 X값, 종선좌표를 Y값으로 입력해야 한다.

- 도근점은 해당 좌표에 직경 2mm 크기의 원으로 제도해야 한다. 축척이 1/1000이므로 지적도근점의 직경은 2×1.0 = 2mm가 되어 반지름 1mm로 제도한다.

- 지적삼각보조점은 해당 좌표에 직경 3mm 크기의 원으로 제도해야 한다. 축척이 1/1000이므로 지적도근점의 직경은 3×1.0 = 3mm가 되어 반지름 1.5mm로 제도한다.

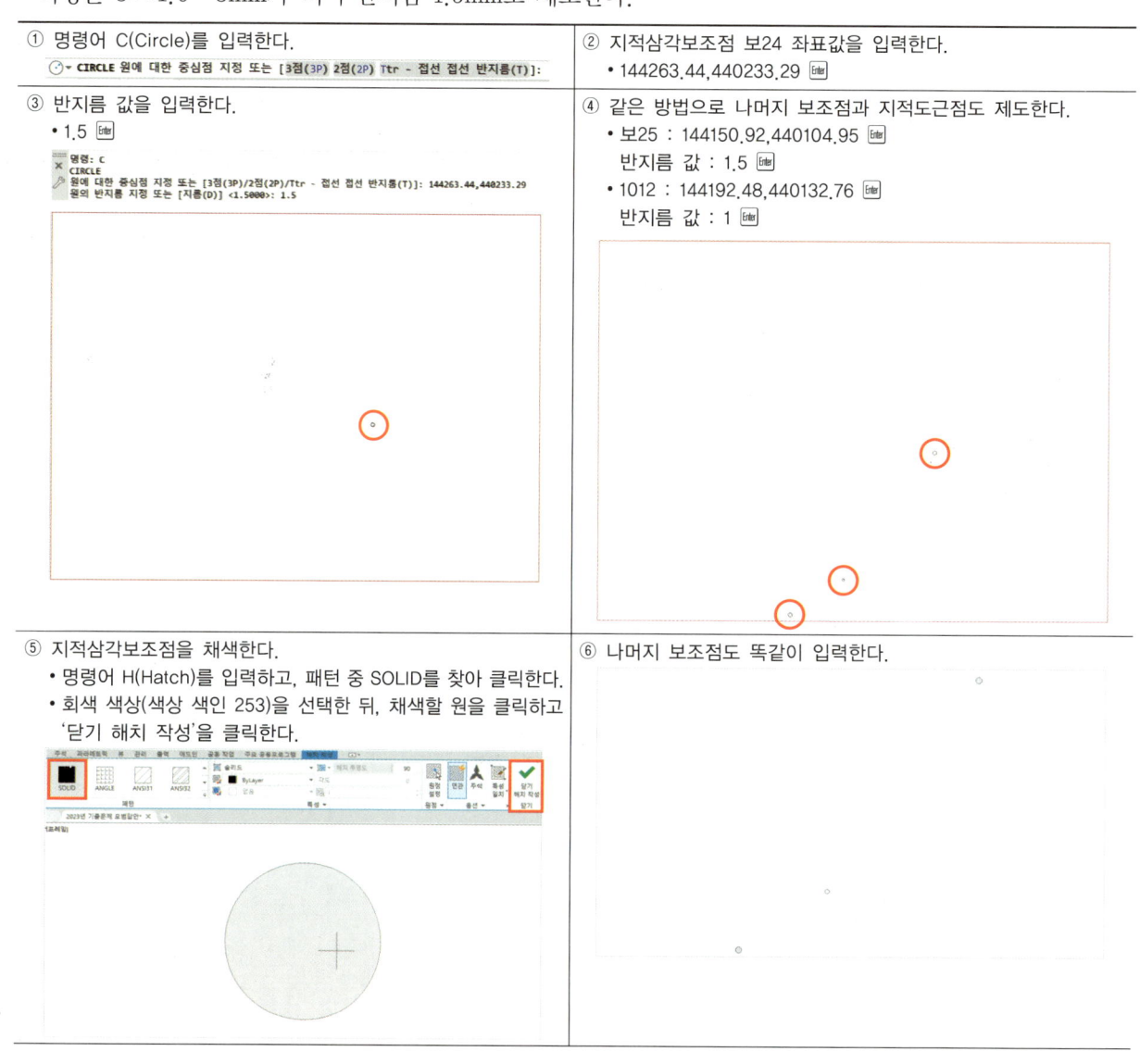

⑦ 명령어 PL(Pline)을 입력하고, 지적기준점 중심을 클릭하여 연결선을 제도한다.

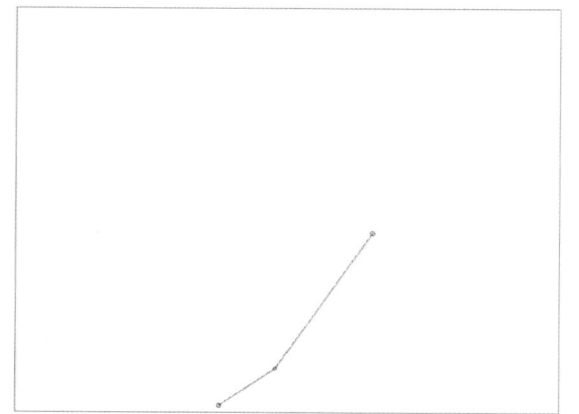

⑧ 명령어 DI(Dist)를 입력하여 방위각과 거리를 구한다.
- 명령어 DI(Dist) 입력 → '보24', '1012' 지적기준점의 중심을 클릭
  → 거리값 123.05 확인(소수점 둘째 자리)
- 명령어 DI(Dist) 입력 → '1012', '보25' 지적기준점의 중심을 클릭
  → 거리값 50.01 확인(소수점 둘째 자리)

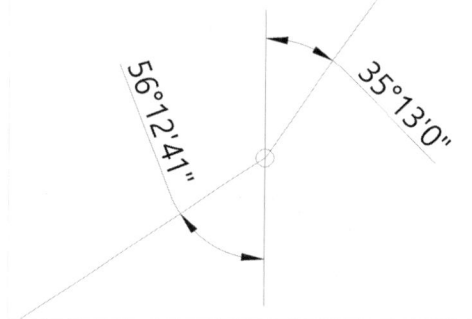

⑨ 명령어 L(line)을 입력하고, 기준 도근점에 남북 방향의 직선을 제도하여 방위각을 구한다.

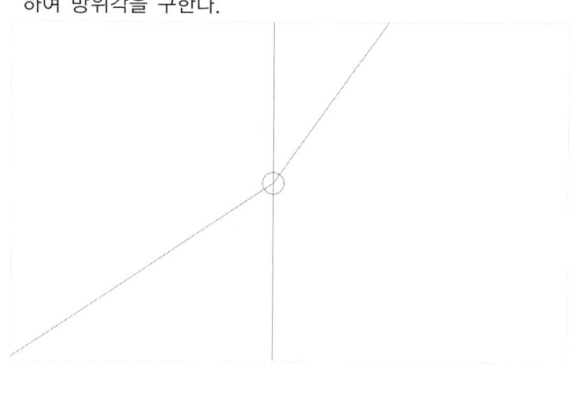

⑩ 명령어 DIMANG(Dimangular)을 입력하고, 직선과 도근점 연결선을 클릭하여 두 선이 이루는 각도를 확인한다(계산 완료 후 직선과 각도는 전부 삭제한다).
- '1012', '보24' 방위각
  → 35°13′00″
- '1012', '보25' 방위각
  → 180° + 56°12′41″ = 236°12′41″

⑪ 연결선을 클릭 후 레이어를 변경하여 빨간색으로 바꿔준다.

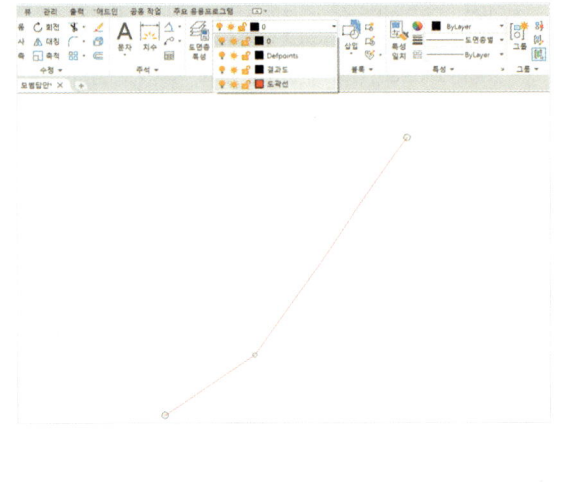

⑫ 명령어 LT(Linetype)를 입력하고, 로드(L)를 클릭한 후에 HIDDEN2를 로드하여 연결선을 점선(HIDDEN2)으로 변경한다.

※ 혹시 점선의 폭이 너무 넓으면 명령어 LTS(LTScale) 선축척을 이용하여 변경한다.

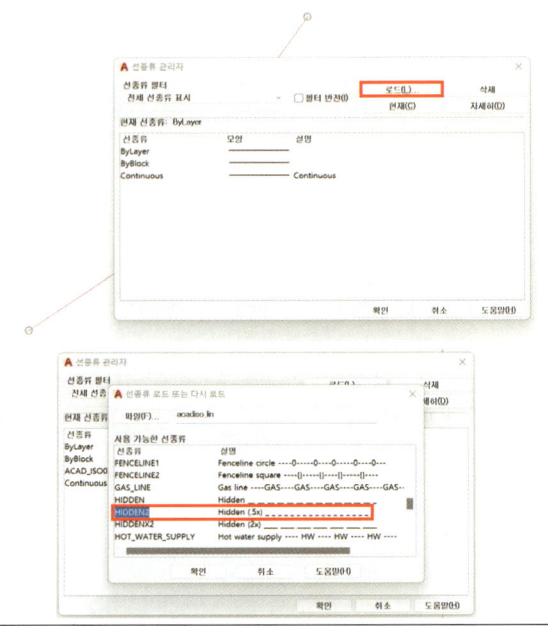

⑬ 명령어 DT(Dtext)를 입력하고, 임의의 점을 클릭한 뒤 거리와 각도를 입력한다.

- 높이 지정 : 2(2mm × 축척 1.0) [Enter]
- 문자의 회전 각도 지정 : 0 [Enter]

```
명령: TEXT
현재 문자 스타일: "스타일1" 문자 높이: 2.4000  주석: 아니오  자리맞추기: 왼쪽
문자의 시작점 지정 또는 [자리맞추기(J)/스타일(S)]:
높이 지정 <2.4000>: 2
문자의 회전 각도 지정 <0>: 0
```

⑭ 전에 계산한 방위각과 거리를 입력하고, 글자색을 빨간색으로 변경한다.

- 35-13-00 [Enter]
- 123.05 [Enter]
- 236-12-41 [Enter]
- 50.01 [Enter]

⑮ 적절한 위치에 배치한다.
- 명령어 RO(Rotate)를 입력한다.
- 객체(회전하고자 하는 글자)를 선택한다.
- 기준점을 지정한다(연결선 클릭).
- 명령어 M(Move)을 이용하여 선의 중심 부근으로 이동한다.

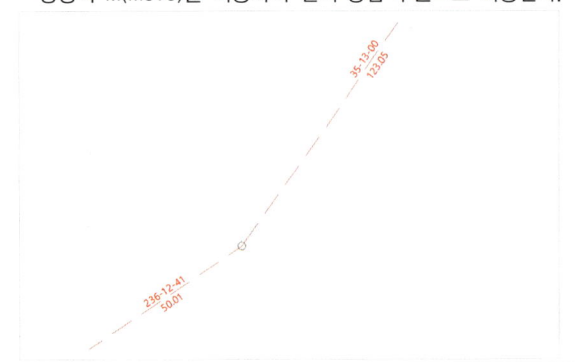

(4) 필지경계 및 분할선 제도

필지경계점 좌표를 경계점 1번부터 순서대로 입력한다.

※ CAD와 지적의 X축, Y축이 반대이므로 좌표를 입력할 때 횡선좌표를 X값, 종선좌표를 Y값으로 입력해야 한다.

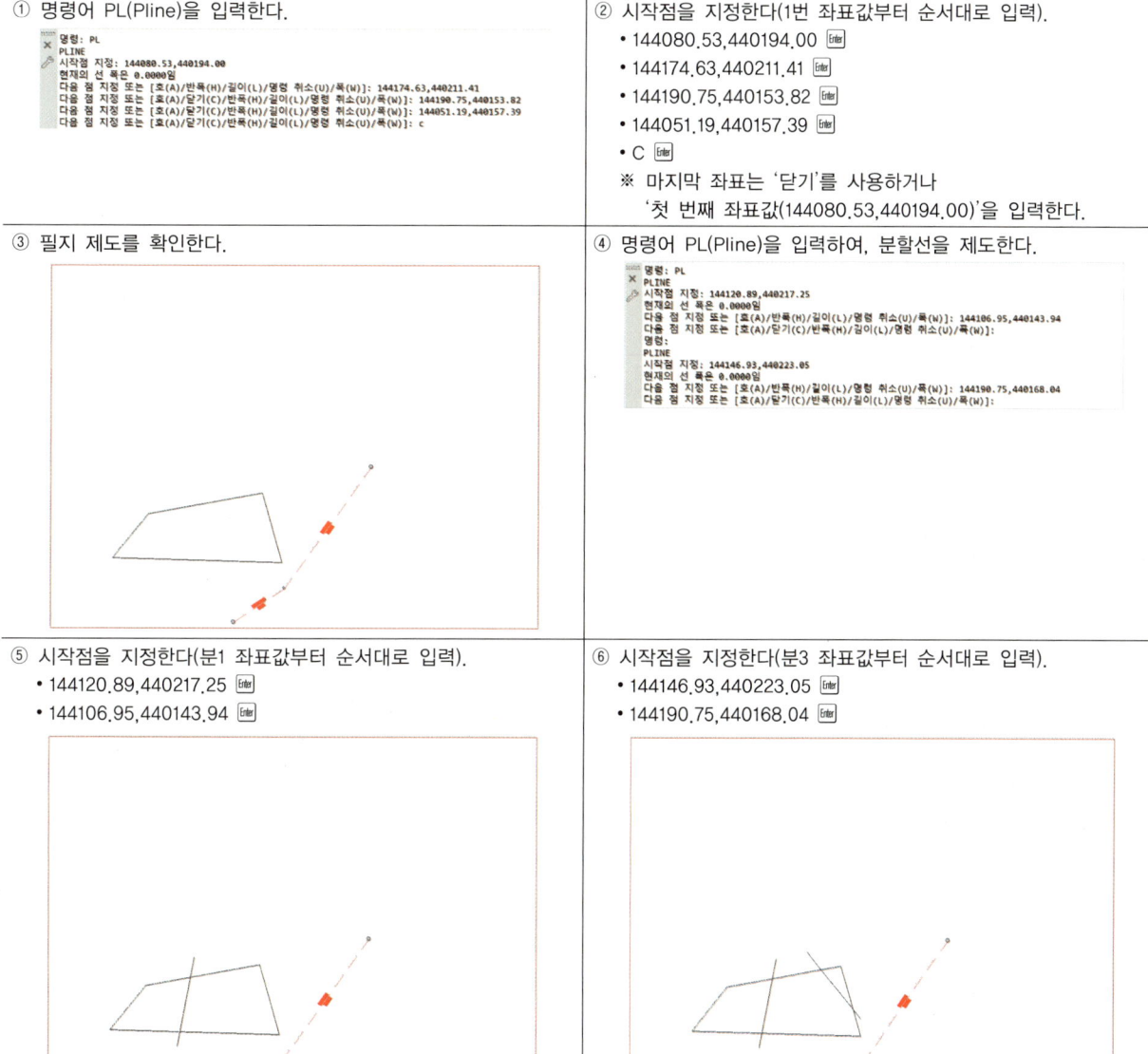

① 명령어 PL(Pline)을 입력한다.

② 시작점을 지정한다(1번 좌표값부터 순서대로 입력).
- 144080.53,440194.00 Enter
- 144174.63,440211.41 Enter
- 144190.75,440153.82 Enter
- 144051.19,440157.39 Enter
- C Enter

※ 마지막 좌표는 '닫기'를 사용하거나
'첫 번째 좌표값(144080.53,440194.00)'을 입력한다.

③ 필지 제도를 확인한다.

④ 명령어 PL(Pline)을 입력하여, 분할선을 제도한다.

⑤ 시작점을 지정한다(분1 좌표값부터 순서대로 입력).
- 144120.89,440217.25 Enter
- 144106.95,440143.94 Enter

⑥ 시작점을 지정한다(분3 좌표값부터 순서대로 입력).
- 144146.93,440223.05 Enter
- 144190.75,440168.04 Enter

⑦ 분할선을 클릭하여 레이어를 빨간색으로 변경한다.

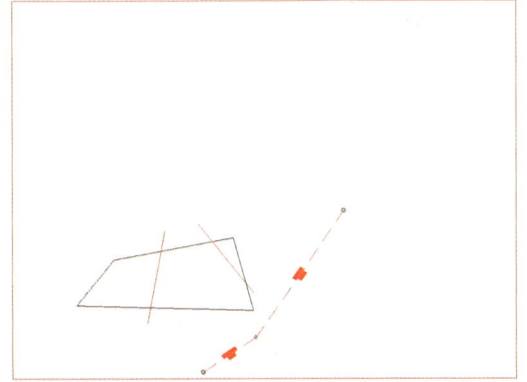

(5) 분할필지 면적 구하기

① 명령어 AA(Area)를 입력하고, 해당 필지점들을 순서대로 클릭한다.
※ 시작점과 끝점를 동일하게 클릭한다.

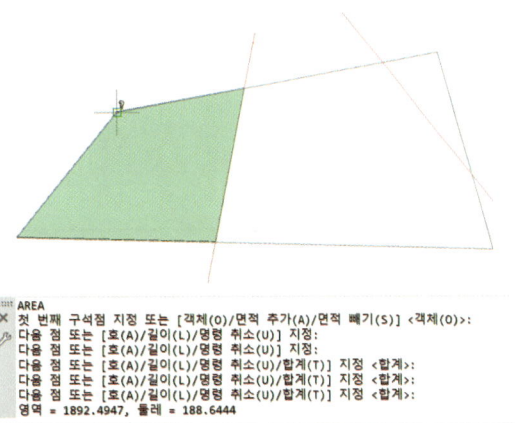

② 동일한 방법으로 두 번째 필지 면적(소수점 셋째 자리까지)을 구한다.

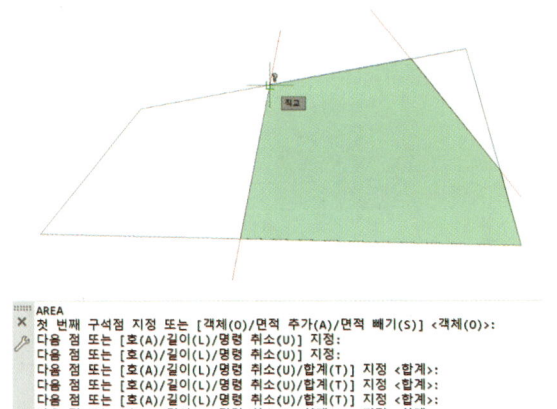

③ 동일한 방법으로 세 번째 필지 면적(소수점 셋째 자리까지)을 구한다.
- 좌측 필지 면적 : 1892.495m²
- 중앙 필지 면적 : 3263.211m²
- 우측 필지 면적 : 301.246m²

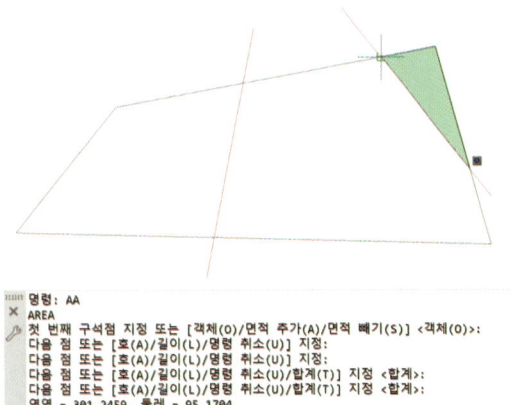

(6) 최종분할점 제도 및 관측점 표시

① 명령어 C(Circle)를 입력하고 최종분할점인 교차점을 클릭한다.

② 결정된 최종분할점 위치에 2mm 크기의 빨간색 원을 제도한다.
- 원의 반지름 1 입력(축척이 1/1000이므로 2×1.0 = 2mm가 되어 반지름 1mm로 제도한다)
- 최종분할점이 4개이므로 4개의 원을 제도한다.

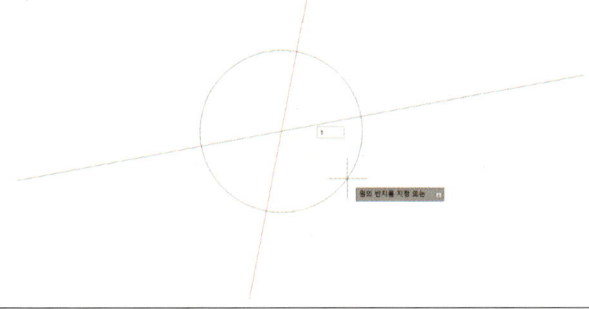

③ 최종분할점은 빨간색이므로 레이어 색상을 변경한다.

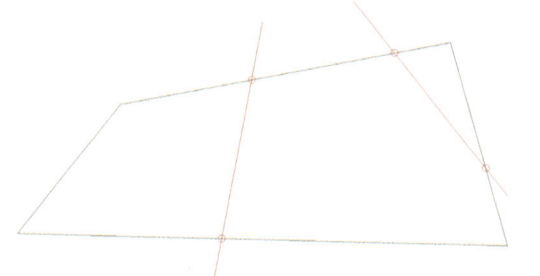

④ 최종분할점 좌표값을 확인한다.
- 명령어 ID를 입력하고, 최종분할점을 클릭한다.
- 답안지에 최종분할점의 X좌표값, Y좌표값(소수점 둘째 자리까지)을 작성한다.

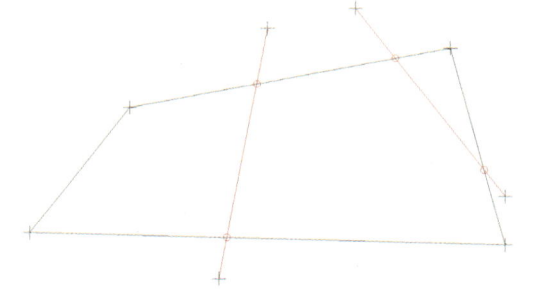

⑤ 관측점을 표시한다.
- 주어진 관측점 표식 +(십자선)을 복사한다.
- 명령어 CO(Copy) 입력 → 객체 선택 [Enter]
- 중심점을 클릭해서 기본점을 지정한다.

⑥ 관측한 곳에 복사한 십자선을 입력한다.

⑦ 명령어 TR(Trim)을 이용하여 분할선을 정리한다.
※ TR [Enter] - 자를 객체 선택

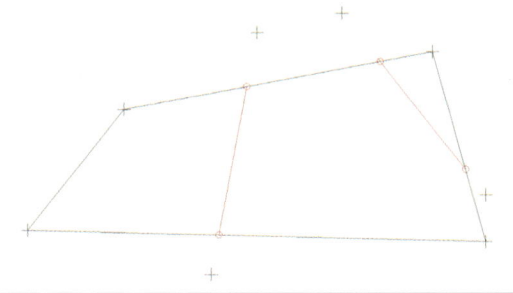

(7) 글자 제도

① 명령어 DT(Dtext)를 입력한다. • 시작점 : 임의점 클릭 • 높이 지정 : 2(2mm × 축척 1.0) Enter • 문자의 회전 각도 지정 : 0 Enter	② 들어갈 글자를 한 번에 입력한다(지적기준점 번호, 도곽좌표, 필지좌표, 분할점 좌표, 최종분할점 좌표). • 보24 Enter • 보25 Enter • 1012 Enter • 440400 Enter • 440100 Enter • 144400 Enter • 144000 Enter ※ 도곽좌표는 빨간색으로 변경 • 1 (440194.00, 144080.53) Enter • 2 (440211.41, 144174.63) Enter • 3 (440153.82, 144190.75) Enter • 4 (440157.39, 144051.19) Enter • 분1 (440217.25, 144120.89) Enter • 분2 (440143.94, 144106.95) Enter • 분3 (440223.05, 144146.93) Enter • 분4 (440168.04, 144190.75) Enter • 분1 (440200.89, 144117.78) Enter • 분2 (440155.91, 144109.23) Enter • 분3 (440208.44, 144158.57) Enter • 분4 (440175.74, 144184.61) Enter ※ 최종분할점은 빨간색으로 변경
③ 객체를 선택한 뒤 마우스 우클릭하여 빠른 특성을 선택하여 도근점 글자크기를 조정한다. 	④ 높이를 3으로 변경한다. ※ 도근점 글자크기는 3mm, 축척이 1/1000이므로 3 × 1.0 = 3mm로 제도한다. 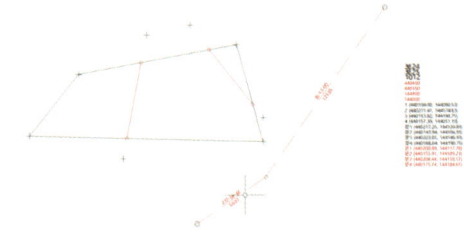

⑤ 도곽선의 상하부 좌표값은 해당 위치로 이동시키고, 좌우측 좌표값은 RO(Rotate) 명령어를 이용하여 다음과 같이 배치한다.

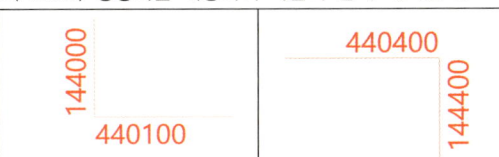

⑥ 나머지 글자들을 해당 위치 근처로 이동시켜 적당하게 배치한다.

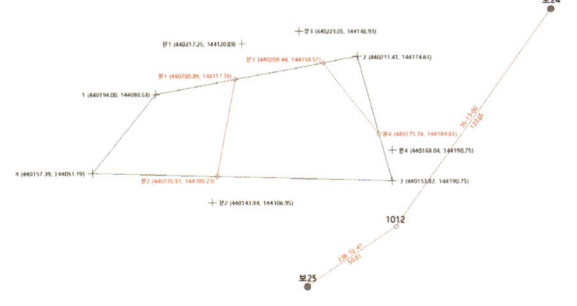

⑦ 명령어 DT(Dtext)를 입력하여 지번과 지목을 제도한다.
- 시작점 : 임의점 클릭
- 높이 지정 : 2(2mm × 축척 1.0) Enter
- 문자의 회전 각도 지정 : 0 Enter

⑧ 원지번과 최종부번 다음 지번을 확인하여 작성한다(지목도는 문제에서 주어짐).
- 35-2 잡 Enter
- 35-6 잡 Enter
- 35-7 잡 Enter

⑨ 작성한 지번과 지목을 필지 중앙으로 이동한다.

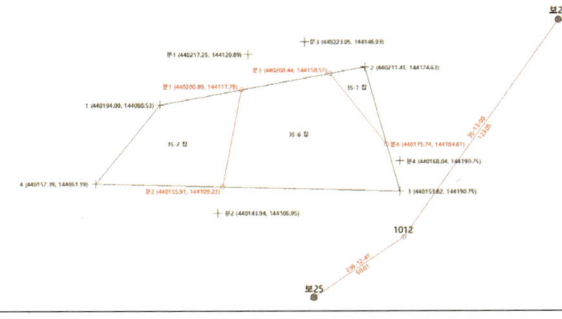

⑩ 원지번 바로 위에 숫자를 하나 더 기입한다.

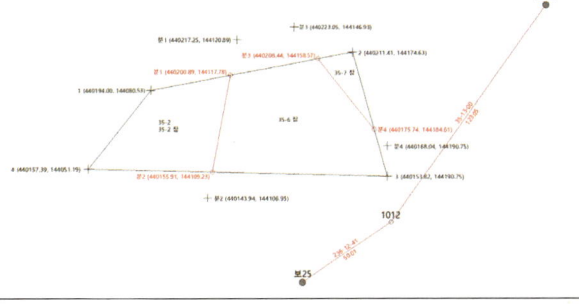

⑪ 빨간색 직선을 L(Line)과 O(Offset) 명령어를 이용하여 두 줄로 말소된 지번을 표시한다.

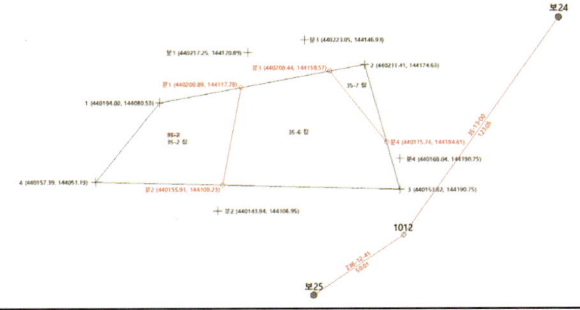

(8) 색인도 및 제명 제도

색인도는 가로 7mm, 세로 6mm 크기의 직사각형을 제도한다.

※ 축척이 1/1000이므로 가로는 7×1.0 = 7mm, 세로는 6×1.0 = 6mm로 제도한다.

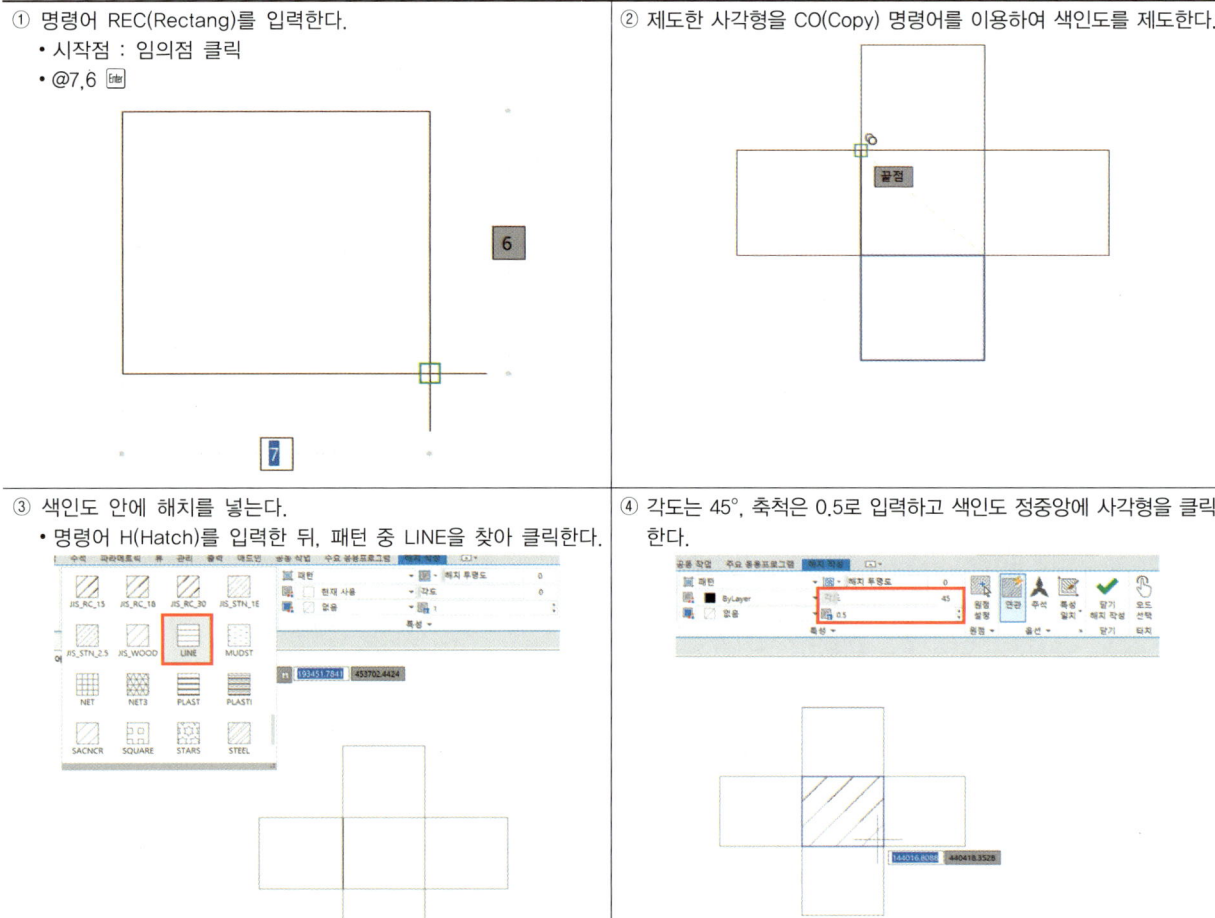

⑤ 명령어 MT(Mtext)를 입력하고, 정중앙 사각형 끝점을 클릭한 뒤 지적도 번호를 기입한다.

⑥ 자리맞추기에서 '중간 중심 MC'를 클릭한다.

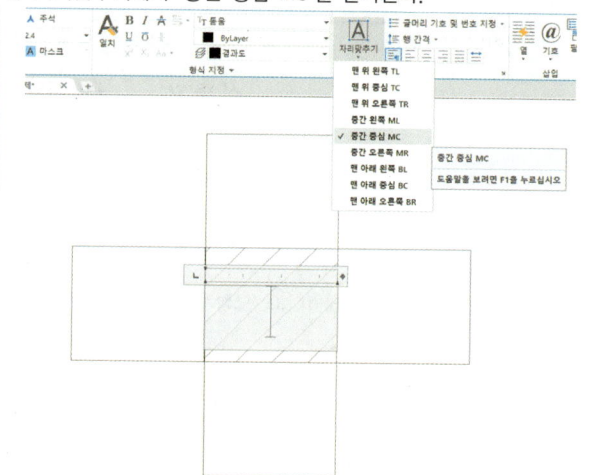

⑦ 지적도 번호 입력 후 문서편집기 닫기를 클릭한다.

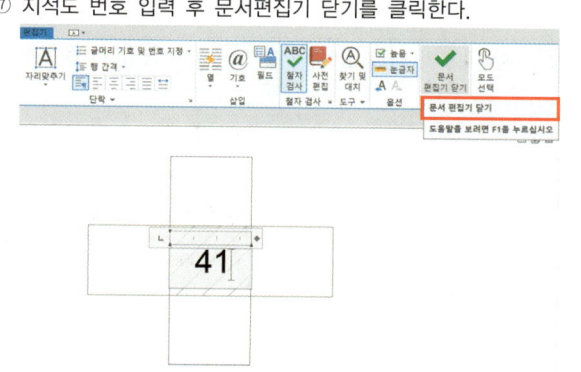

⑧ 빠른 특성을 선택하여 높이를 3.6으로 변경한다.
  ※ 색인도 안의 숫자크기는 3mm, 축척이 1/1200이므로 3 × 1.2 = 3.6mm로 제도한다.

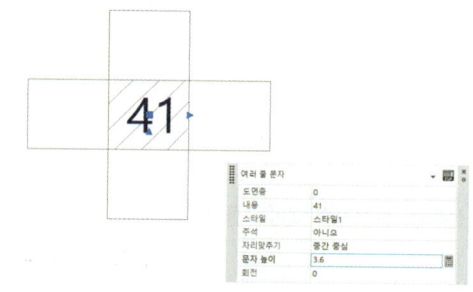

⑨ 문제에 주어진 도시와 번호를 확인 후 제명을 제도한다.
  ※ 제명은 5mm, 축척이 1/1000이므로 5 × 1.0 = 5mm로 제도한다.
  • 명령어 DT(Dtext)를 입력한다.
  • 시작점 : 색인도 우측 부분을 클릭한다.
  • 높이 지정 : 5(5mm × 축척 1.0) [Enter]
  • 문자의 회전 각도 지정 : 0 [Enter]
  • 서울특별시 서초구 양재동 분할측량결과도 (지적도 제 41호) ∨∨∨∨축척 1000분의 1 [Enter]
  ※ 축척 앞에 10mm를 띄어야 하므로 띄어쓰기를(∨) 4번 한다.

⑩ 명령어 M(Move)을 이용하여 제명을 도곽선과 앞머리를 맞춰 비슷한 위치로 이동한다.

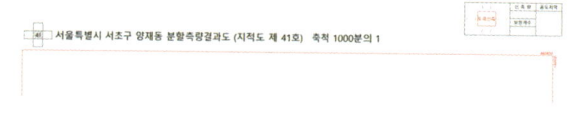

(9) 신축량, 보정계수, 용도지역란 작성

① 명령어 MT(Mtext)를 입력하고, 신축량 사각형 끝점을 클릭한다.

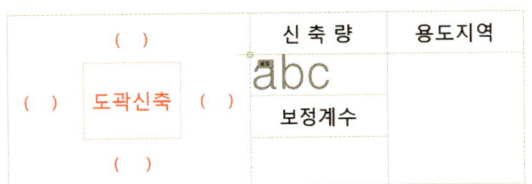

② 자리맞추기 중간 중심 MC를 클릭하고, 신축량 0.0을 기입한다.
- 문자 높이 : 2 × 1.0 = 2mm

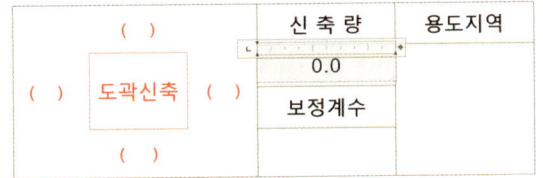

③ 명령어 MT(Mtext)를 입력하고, 보정계수 사각형 끝점을 클릭한다.

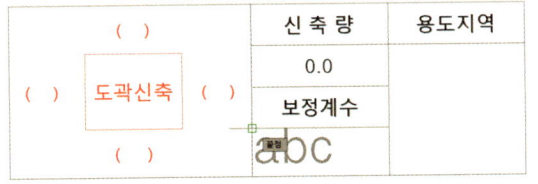

④ 자리맞추기 중간 중심 MC를 클릭하고, 보정계수 1.0000을 기입한다.
- 문자 높이 : 2 × 1.0 = 2mm

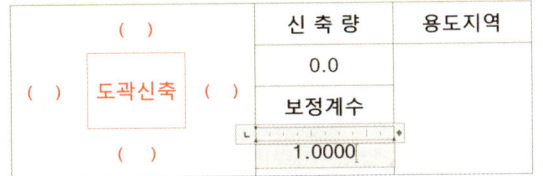

⑤ 명령어 MT(Mtext)를 입력하고, 용도지역 사각형 끝점을 클릭한다.

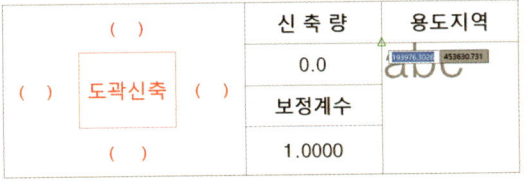

⑥ 자리맞추기 중간 중심 MC를 클릭하고, 공업지역을 기입한다.
- 문자 높이 : 2 × 1.0 = 2mm

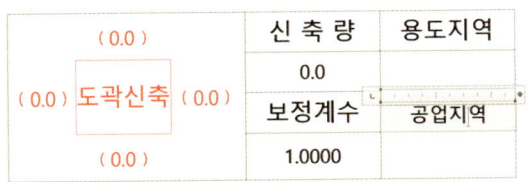

⑦ 신축량, 보정계수 레이어 둘 다 빨간색으로 변경한다.

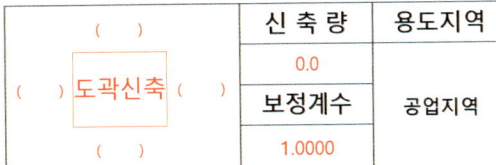

⑧ 명령어 DT(Dtext)를 입력하고, 도곽신축 괄호를 채운다.
- 시작점 : 괄호의 중앙부분 클릭
- 높이 지정 : 2(2mm × 축척 1.0) [Enter]
- 문자의 회전 각도 지정 : 0 [Enter]
- 0.0 [Enter] → 빨간색으로 변경 → 복사해서 나머지 괄호도 채우기

	(0.0)	신 축 량	용도지역
(0.0)	도곽신축 (0.0)	0.0	공업지역
		보정계수	
	(0.0)	1.0000	

(10) 면적측정부 작성

※ 주어진 CAD파일 하단의 면적측정부(CHAPTER 01의 3 면적측정부 작성 참조)를 작성한다.

① 기준점 번호를 기입한다.
- 명령어 MT(Mtext)를 입력 → 사각형 끝점 클릭 → 자리맞추기 중간 중심 MC 클릭
- 거리와 방위각은 도근점 1012를 기준으로 기입한다.

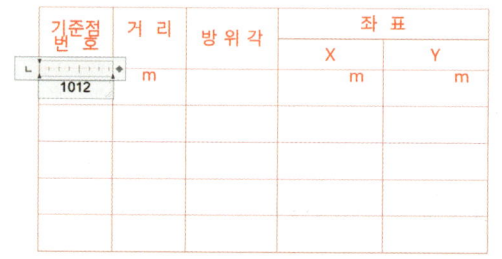

② 나머지도 같은 방법으로 기입한다.
- 앞에서 계산했던 거리와 방위각을 입력한다.

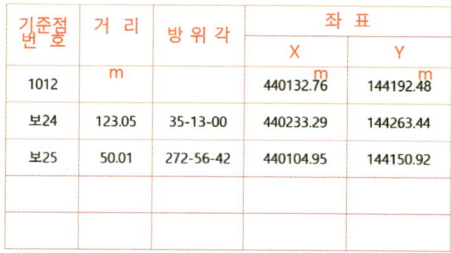

기준점 번호	거리	방위각	좌표 X	좌표 Y
1012	m		440132.76 m	144192.48 m
보24	123.05	35-13-00	440233.29	144263.44
보25	50.01	272-56-42	440104.95	144150.92

[기입 완료한 모습]

(11) 출력하기

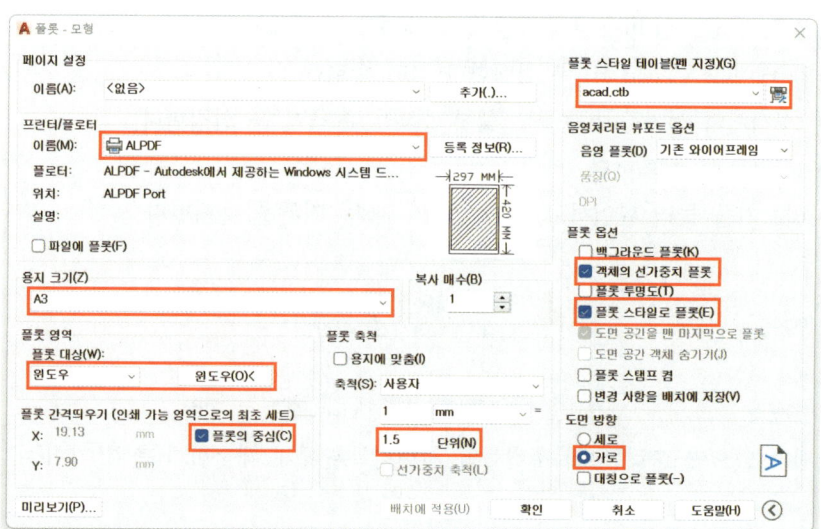

① 출력 설정을 한다(명령어 PLOT 입력 or Ctrl + P or 🖨 클릭).

- 프린트/플로터 : 프린터 기종을 선택하고, 용지 크기는 A3로 한다.
- 플롯 영역 : 플롯 대상을 윈도우로 선택 후 출력 영역을 선택한다(좌측 상단과 우측 하단).

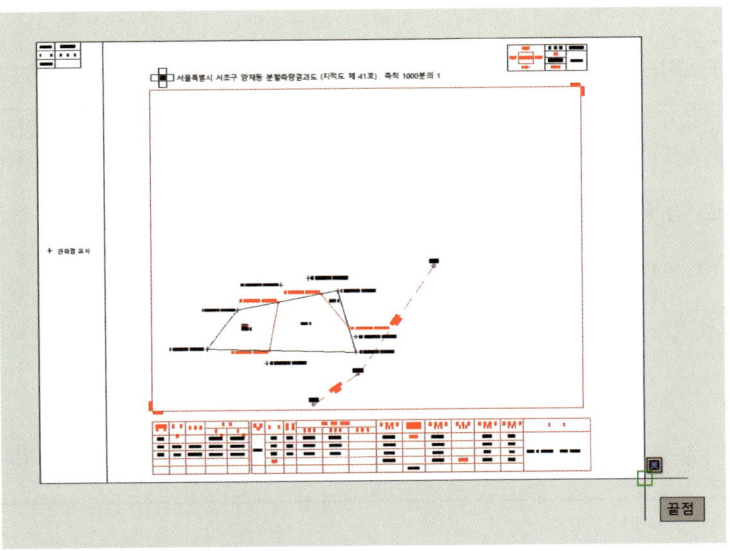

- 플롯 간격띄우기 : 플롯의 중심을 선택한다.
- 플롯 축척은 1:1.5를 입력(용지에 맞춤을 해제하고 문제에서 주어진 축척을 입력)한다.
- 플롯 스타일 테이블 : acad.ctb를 선택한다(컬러 출력).
- 플롯 옵션 : '객체의 선가중치 플롯', '플롯 스타일로 플롯'을 설정한다.
- 도면 방향 : '가로'를 선택한다.

② 완료되면 미리보기를 눌러 확인하고, 창이 뜨면 '계속' 버튼을 클릭한다.

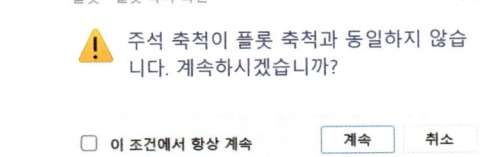

③ 확인 후 문제가 없으면 출력한 뒤 출력물을 시험감독관에게 제출한다(출력 기회는 2번).

서울특별시 서초구 양재동 분할측량결과도 (지적도 제41호) 축척 1000분의 1

관측점 표시

기호점	거 리	방 위 각	좌 표	
	m		X(m)	Y(m)
1012	123.05	35-13-00	440132.76	144192.48
보24	50.01	236-12-41	440233.29	144263.44
보25			440104.95	144150.92

동리	지 번	지 목	축정면적(㎡)			도곽신축보정계수	보정면적(㎡)			산출면적(㎡)			결정면적(㎡)			비 고
			제1호	제2호	제3호											
양재동	35-2	전산	1892.495	1892.495		1.0000	1892.495			1890.2			1890			
	35-6	전산	3263.211	3263.211			3263.211			3259.2			3259			
	35-7	전산	301.246	301.246			301.246			300.9			301			
	35-2				5456.952			5456.952	5450.3		5450.3		5450			공차=±49.9㎡ 오차=6.7㎡

2024년 기출복원문제

자격종목	지적기능사	과제명	지적제도 및 면적측정

※ 시험시간 : 2시간 30분

1 요구사항

※ 지급된 재료(CAD파일)를 보고 CAD프로그램을 이용하여 아래 요구사항에 맞게 답안지를 작성하고 최종지적측량결과도를 완성하여 파일을 저장한 후 감독위원의 지시에 따라 지급된 용지에 본인이 직접 출력하시오(단, 시험 시작 전 바탕화면에 본인 수험번호로 폴더를 생성하고, 폴더 안에 작업내용을 저장하시오).

(1) 지적기준점 "서울285"를 이용하여 도곽선 좌표를 계산하고, 주어진 파일에 도곽을 구획하여 지적기준점을 규정에 맞게 제도하시오(단, 축척은 1/1200이고, 원점의 가산수치는 $X = 600000$m, $Y = 200000$m이다).

지적기준점	좌표		비고
	X[m]	Y[m]	
서울285	190787.07	194732.62	
2152	190742.85	194840.33	
2153	190705.40	194933.01	

(2) 지적기준점에서 관측된 경계점의 좌표를 계산하고, 주어진 파일에 경계점을 순서대로 제도(결선)하여 필지(서울시 은평구 응암동 29-564번지)를 완성하시오(단, 좌표결정은 m 단위로 소수점 둘째 자리까지 구하시오. 경계점은 주어진 서식의 '+' 표식을 활용하여 표시하시오).

측점	경계점	방위각	거리	비고
2152	1	219°18′48″	176.10	
	2	213°48′06″	173.58	
	3	212°30′03″	225.26	
	4	216°46′42″	227.24	

(3) 주어진 방위각과 거리를 이용하여 관측점의 좌표를 계산하고, 주어진 파일에 '요구사항 (2)'에서 작성된 필지와 교차되는 지점을 최종분할점으로 결정하여 분할필지를 완성하시오(단, 관측점과 최종분할점은 m 단위로 소수점 둘째 자리까지 구하고, 관측점은 주어진 서식의 '+' 표식을 활용하여 표시하시오).

측점	시준점	관측점	방위각	거리	비고
2152	2153	분1	221°13′50″	215.13	순서대로 결선
		분2	214°54′44″	197.34	
		분3	211°24′52″	216.65	

(4) 완성된 필지를 대상으로 원면적이 882m²인 서울시 은평구 응암동 29-564번지(지목 : 대)를 계산된 분할선을 이용하여 2필지로 분할하고, 지적 관련 법규 및 규정 등에 맞게 면적측정부를 작성하시오(단, 지번부여 원칙에 따라 지번을 부여하고, 당해 지번의 최종부번은 "29-740"이다. 도곽신축보정계수는 1.0000, 신축량은 0.0mm 이다. 분할필지의 측정면적은 CAD 기능을 이용한다. 답안지에 공차, 산출면적 및 결정면적을 계산하고, 공차는 소수점 둘째 자리까지 구하시오).

(5) 지적 관련 법규 및 규정 등에 따라 최종지적측량결과도(지번, 지목, 도곽선, 도곽선 수치, 필지경계선, 색인표, 제명, 축척, 기준점, 기준점 명칭 등)를 작성하여 주어진 서식을 이동시켜 선 안쪽에 최종지적측량결과도를 넣고 계산된 경계점 및 관측점, 최종분할점의 좌표는 각 점 옆에 기재하시오(단, 당해 지적도는 제10호이고 용도지역은 주거지역이며, 도곽선, 필지경계선, 분할선, 지적기준점의 선가중치는 무시하시오).

※ 답안은 반드시 흑색 또는 청색 필기구(연필류 제외) 중 동일한 색의 필기구만을 계속 사용하여야 하며, 기타의 필기구를 사용한 답항은 0점 처리됩니다.

문제번호	답안	채점란
(1)	○ 계산과정 ① 종선 상부좌표 : ② 종선 하부좌표 : ③ 횡선 우측좌표 : ④ 횡선 좌측좌표 : ○ 답 ① 종선 상부좌표 : m ② 종선 하부좌표 : m ③ 횡선 좌측좌표 : m ④ 횡선 우측좌표 : m	득점
(2)	○ 계산과정 ① 1번 X좌표 = 　 1번 Y좌표 = ② 2번 X좌표 = 　 2번 Y좌표 = ③ 3번 X좌표 = 　 3번 Y좌표 = ④ 4번 X좌표 = 　 4번 Y좌표 = ○ 답 ① X좌표 = m, Y좌표 = m ② X좌표 = m, Y좌표 = m ③ X좌표 = m, Y좌표 = m ④ X좌표 = m, Y좌표 = m	득점

문제번호	답안	채점란
(3)	○ 계산과정 ① 관측점 분1 X좌표 =　　　　② 관측점 분2 X좌표 = 　관측점 분1 Y좌표 =　　　　　관측점 분2 Y좌표 = ③ 관측점 분3 X좌표 = 　관측점 분3 Y좌표 = ○ 답 	관측점 번호	X좌표[m]	Y좌표[m]
분1		
분2		
분3		| ※ 최종분할점은 교차지점의 좌표를 독취하여 작성 | 최종분할점 번호	X좌표[m]	Y좌표[m]
분1		
분2		
분3				득점
(4)	○ 계산과정 ① 신구면적 허용오차 계산 　• 계산과정 : ② 산출면적 계산 　• 계산과정 : 　• 계산과정 : ○ 답 ① 공차 = ± ② 산출면적 및 결정면적 　㉠ 산출면적 　　• 　　• 　㉡ 결정면적 　　• 　　•	득점

2 문제해설

(1) 지적기준점을 이용한 도곽 구획

※ 1/1200의 지상길이는 400×500이다.

※ 지적기준점 서울285의 좌표는 X = 190787.07m, Y = 194732.62m이다.

1) 종선좌표 산출

① 190787.07 − 600000 = −409212.93

② −409212.93 ÷ 400 = −1023.03 ·············· 소수점을 절삭한다.

③ −1023 × 400 = −409200

④ −409200 + 600000 = 190800m → 종선 상부좌표

⑤ 190800 − 400 = 190400m → 종선 하부좌표

2) 횡선좌표 산출

① 194732.62 − 200000 = −5267.38

② −5267.38 ÷ 500 = −10.53 ·············· 소수점을 절삭한다.

③ −10 × 500 = −5000

④ −5000 + 200000 = 195000m → 우측 횡선좌표

⑤ 195000 − 500 = 194500m → 좌측 횡선좌표

(2) 지적기준점의 방위각과 거리를 이용하여 경계점 좌표 산출

※ 지적기준점 2152의 좌표는 X = 190742.85m, Y = 194840.33m이다.

1) 1번 경계점

① X = 190742.85 + 176.10 × cos(219°18′48″) = 190606.60m

② Y = 194840.33 + 176.10 × sin(219°18′48″) = 194728.76m

2) 2번 경계점

① X = 190742.85 + 173.58 × cos(213°48′06″) = 190598.61m

② Y = 194840.33 + 173.58 × sin(213°48′06″) = 194743.76m

3) 3번 경계점

① X = 190742.85 + 225.26 × cos(212°30′03″) = 190552.87m

② Y = 194840.33 + 225.26 × sin(212°30′03″) = 194719.30m

4) 4번 경계점

① $X = 190742.85 + 227.24 \times \cos(216°46'42'') = 190560.84\text{m}$

② $Y = 194840.33 + 227.24 \times \sin(216°46'42'') = 194704.28\text{m}$

(3) 지적기준점의 방위각과 거리를 이용하여 분할점 좌표 산출

※ 지적기준점 2152의 좌표는 $X = 190742.85\text{m}$, $Y = 194840.33\text{m}$이다.

1) 분1 경계점

① $X = 190742.85 + 215.13 \times \cos(221°13'50'') = 190581.06\text{m}$

② $Y = 194840.33 + 215.13 \times \sin(221°13'50'') = 194698.54\text{m}$

2) 분2 경계점

① $X = 190742.85 + 197.34 \times \cos(214°54'44'') = 190581.03\text{m}$

② $Y = 194840.33 + 197.34 \times \sin(214°54'44'') = 194727.39\text{m}$

3) 분3 경계점

① $X = 190742.85 + 216.65 \times \cos(211°24'52'') = 190557.96\text{m}$

② $Y = 194840.33 + 216.65 \times \sin(211°24'52'') = 194727.41\text{m}$

(4) 신구면적 허용오차, 산출면적, 결정면적 계산

1) 신구면적 허용오차 계산

$$A = 0.026^2 \times M \times \sqrt{F}$$
$$= 0.026^2 \times 1200 \times \sqrt{882}$$
$$= \pm 24.09\text{m}^2 (\text{소수점 둘째 자리})$$

여기서, M : 축척분모

F : 원면적

2) 측정면적 계산

① CAD도면상에서 AA(Area) 명령어를 이용하여 측정한다.

② 29-564 대 측정면적 = 461.132m²

29-741 대 측정면적 = 420.846m²

※ 지번부여는 최종부번 다음 번호로 부여한다.

3) 산출면적 계산

$$r = \frac{F}{A} \times a$$

여기서, r : 각 필지의 산출면적
  F : 원면적
  A : 보정면적 합계
  a : 해당 필지의 보정면적

① 29-564 대 $= \dfrac{882}{461.1 + 420.8} \times 461.1 = 461.2\,\text{m}^2$

② 29-741 대 $= \dfrac{882}{461.1 + 420.8} \times 420.8 = 420.8\,\text{m}^2$

4) 결정면적 계산

결정면적은 축척 1/1000~1/6000은 자연수로 표기한다. 축척 1/1200이므로 결정면적은 다음과 같다.

① 29-564 대 = 461m^2

② 29-741 대 = 421m^2

3 CAD도면 제도

CAD작업을 시작하기 전에 사용자에 맞게 OPTIONS과 OSNAP을 설정한 후에 제도한다.

(1) 레이어 설정

제도할 도곽선의 선가중치 및 색상을 설정한다.

※ 채점 대상은 아니므로 '결과도'와 '도곽선' 2가지 레이어로 작업한다.

[레이어 작성 규정]

레이어 코드	내용	색상	비고
1	지적경계선	검은색	실선
10	지번, 지목	검은색	
30	색인도, 제명, 각종 문자	검은색	
60	도곽선	빨간색	실선
71	도근점	검은색	원
211	현황선	빨간색	점선 (선종류 HIDDEN2)
217	경계점표지	빨간색	원
282	분할선	빨간색	실선
291	측정점	빨간색	십자선
298	방위각 표정거리	빨간색	

① 명령어 LA(Layer) 입력한다.

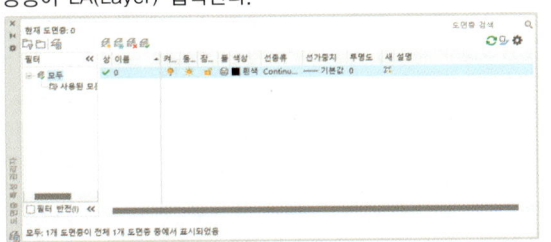

②  아이콘을 클릭하여 새로운 도면층을 생성한다.

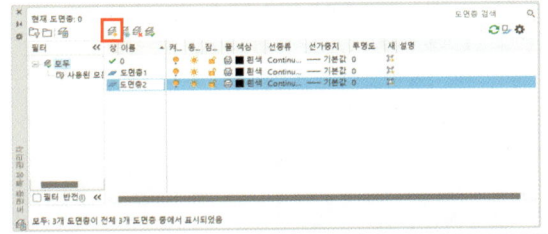

③ 도면층 이름을 2번 클릭하여 '결과도', '도곽선'으로 변경한다.

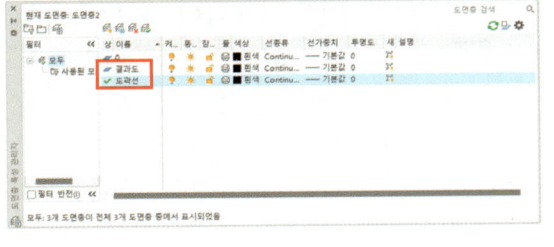

④ 색상을 선택하여 '도곽선'의 색상을 빨간색으로 변경한다.

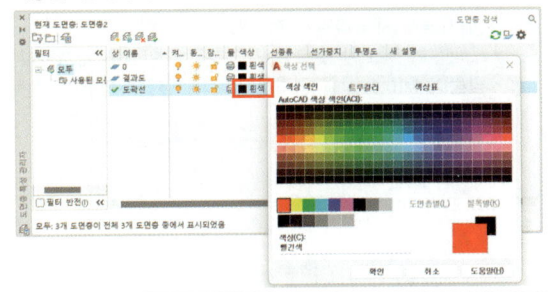

⑤ 선가중치를 설정한다.

요구사항에서 '선가중치를 무시하시오.'로 되어 있으므로 선가중치를 0.00mm로 설정한다.

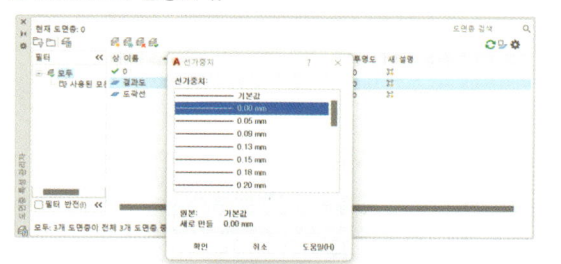

⑥ 레이어 설정을 확인한다.

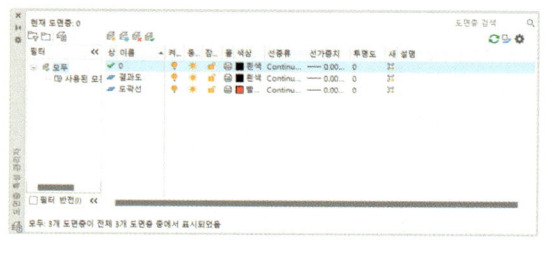

(2) 도곽선 제도

계산한 도근점 좌표값을 가지고 도곽선을 제도한다.

※ CAD와 지적의 X축, Y축이 반대이므로 좌표를 입력할 때 횡선좌표를 X값, 종선좌표를 Y값으로 입력해야 한다.

① 명령어 REC(Rectang)를 입력한다.	② 종선 하부좌표값과 횡선 좌측좌표값을 입력한다(좌하단 좌표 입력). • 194500,190400 Enter
③ 상대좌값으로 도곽선을 제도한다(1/1200, 도곽크기는 400×500). • @500,400 Enter	④ 도곽선을 클릭 후 Layer를 변경한다.

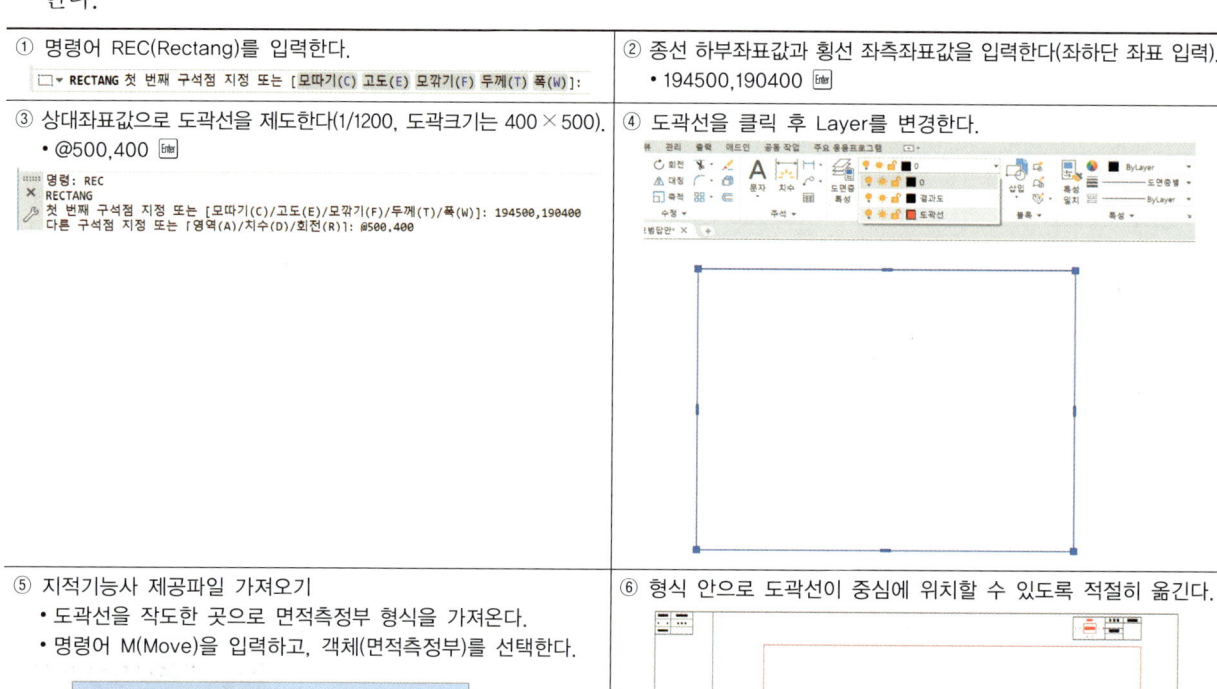

⑤ 지적기능사 제공파일 가져오기 • 도곽선을 작도한 곳으로 면적측정부 형식을 가져온다. • 명령어 M(Move)을 입력하고, 객체(면적측정부)를 선택한다.	⑥ 형식 안으로 도곽선이 중심에 위치할 수 있도록 적절히 옮긴다.

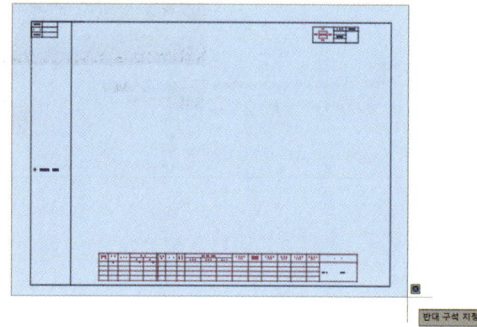 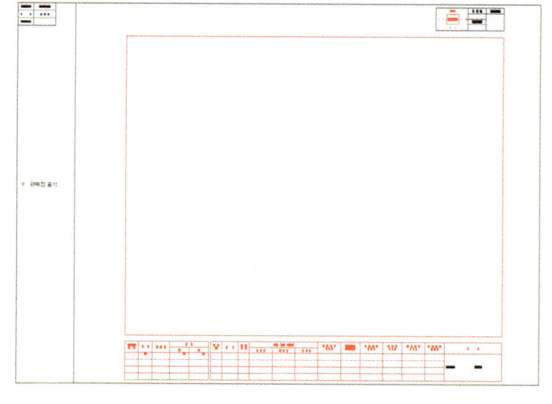

(3) 지적도근점 제도 및 방위각 거리 기입

- 문제에 주어진 도근점들의 좌표값을 가지고 도근점을 제도한다.
  ※ CAD와 지적의 X축, Y축이 반대이므로 좌표를 입력할 때 횡선좌표를 X값, 종선좌표를 Y값으로 입력해야 한다.
- 도근점은 해당 좌표에 직경 2mm 크기의 원으로 제도해야 한다. 축척이 1/1200이므로 지적도근점의 직경은 $2 \times 1.2 = 2.4$mm가 되어 반지름 1.2mm로 제도한다.
- 지적삼각점은 해당 좌표에 직경 3mm 크기의 원으로 제도해야 한다. 축척이 1/1200이므로 지적삼각점의 직경은 $3 \times 1.2 = 3.6$mm가 되어 반지름 1.8mm로 제도한다.

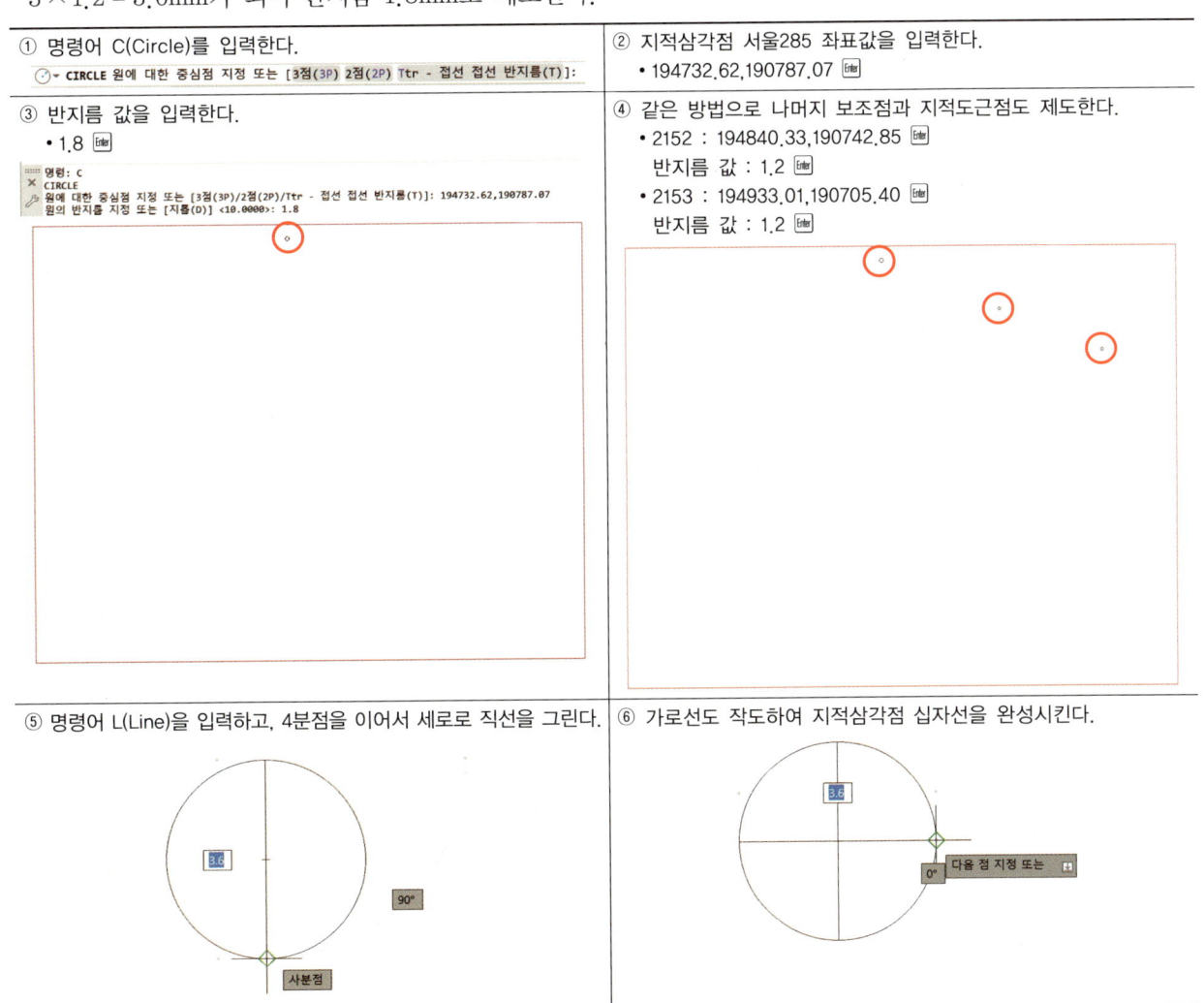

⑦ 명령어 PL(Pline)을 입력하고, 지적기준점 중심을 클릭하여 연결선을 제도한다. 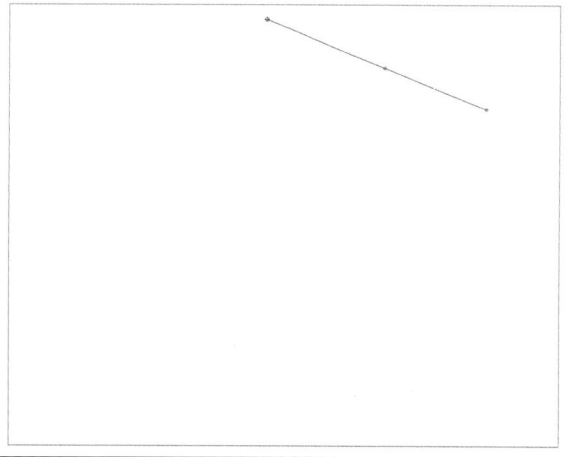	⑧ 명령어 DI(Dist)를 입력하여 방위각과 거리를 구한다. • 명령어 DI(Dist) 입력 → '서울285', '2152' 지적기준점의 중심을 클릭 → 거리값 116.43 확인(소수점 둘째 자리) • 명령어 DI(Dist) 입력 → '2152', '2153' 지적기준점의 중심을 클릭 → 거리값 99.96 확인(소수점 둘째 자리) 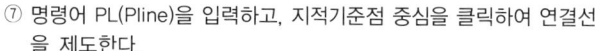

⑨ 명령어 L(line)을 입력하고, 기준도근점에 남북 방향의 직선을 제도하여 방위각을 구한다.
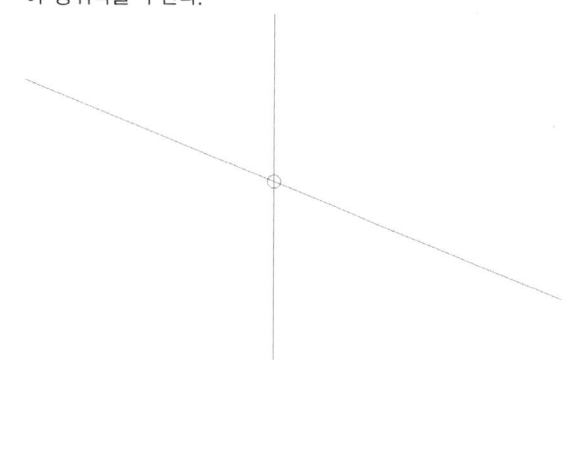
	⑩ 명령어 DIMANG(Dimangular)를 입력하고, 직선과 도근점 연결선을 클릭하여 두 선이 이루는 각도를 확인한다(계산 완료 후 직선과 각도는 전부 삭제한다).
	• '서울285', '2152' 방위각
	  → 112°00′90″
	• '2152', '2153' 방위각
	  → 180° + 112°19′14″ = 292°19′14″
	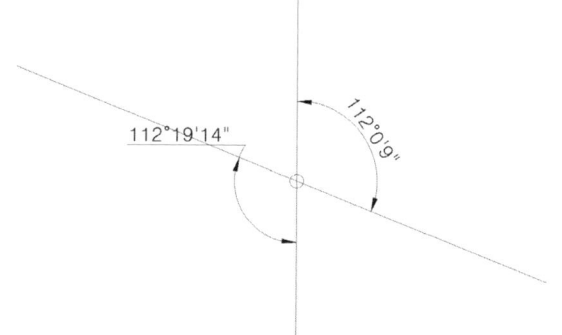

⑪ 연결선을 클릭 후 레이어를 변경하여 빨간색으로 바꿔준다.

⑫ 명령어 LT(Linetype)를 입력하고, 로드(L)를 클릭한 후에 HIDDEN2를 로드하여 연결선을 점선(HIDDEN2)으로 변경한다.
※ 혹시 점선의 폭이 너무 넓으면 명령어 LTS(LTScale) 선축척을 이용하여 변경한다.

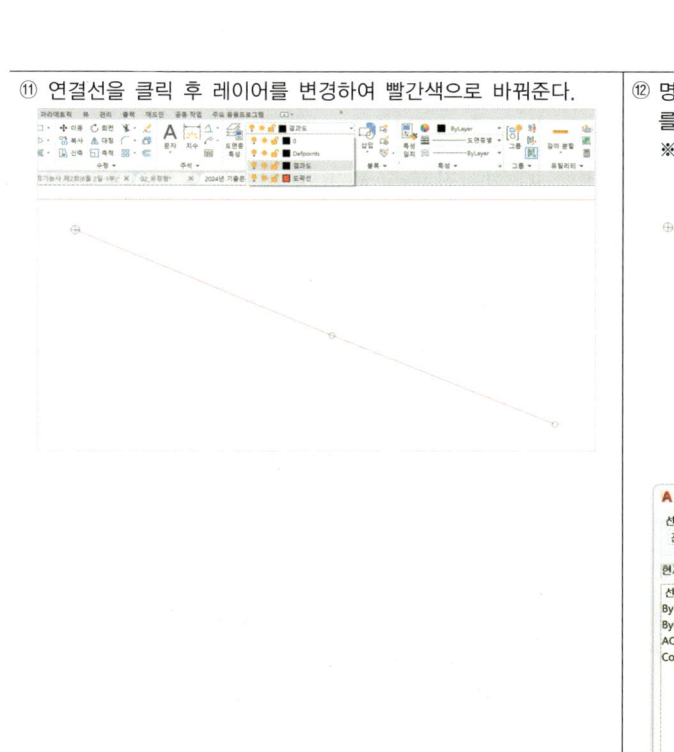

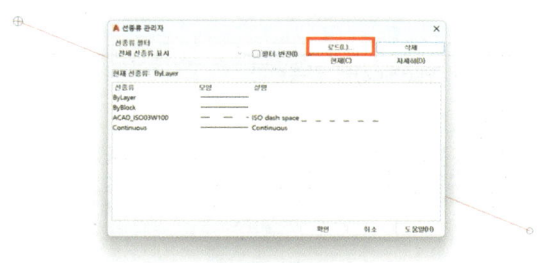

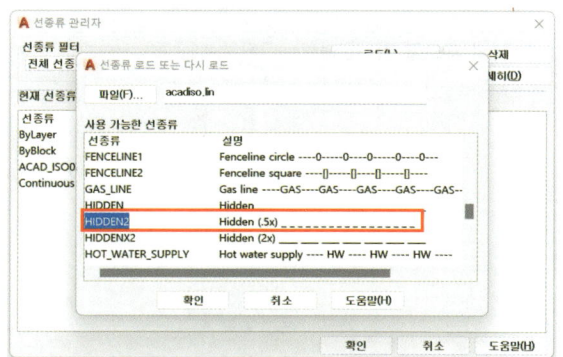

⑬ 명령어 DT(Dtext)를 입력하고, 임의의 점을 클릭한 뒤 거리와 각도를 입력한다.
높이 지정 : 2.4(2mm × 축척 1.2) Enter
문자의 회전 각도 지정 : 0 Enter

```
명령: DT
TEXT
현재 문자 스타일: "스타일1"  문자 높이: 2.4000  주석: 아니오  자리맞추기: 왼쪽
문자의 시작점 지정 또는 [자리맞추기(J)/스타일(S)]:
높이 지정 <2.4000>: 2.4
문자의 회전 각도 지정 <0>:
```

⑭ 전에 계산한 방위각과 거리를 입력하고, 글자색을 빨간색으로 변경한다.
- 112-00-90 Enter
- 99.96 Enter
- 292-19-14 Enter
- 116.43 Enter

⑮ 적절한 위치에 배치한다.
- 명령어 RO(Rotate)를 입력한다.
- 객체(회전하고자 하는 글자)를 선택한다.
- 기준점을 지정한다(연결선 클릭).
- 명령어 M(Move)을 이용하여 선의 중심 부근으로 이동한다.

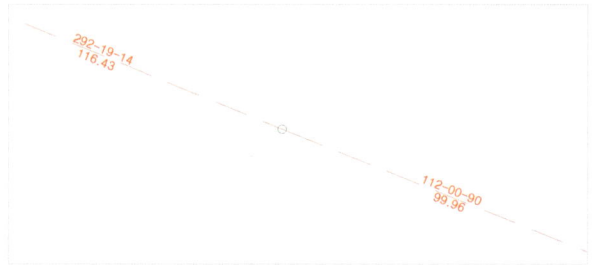

(4) 필지경계 및 분할선 제도

필지경계점 좌표를 경계점 1번부터 순서대로 입력한다.

※ CAD와 지적의 X축, Y축이 반대이므로 좌표를 입력할 때 횡선좌표를 X값, 종선좌표를 Y값으로 입력해야 한다.

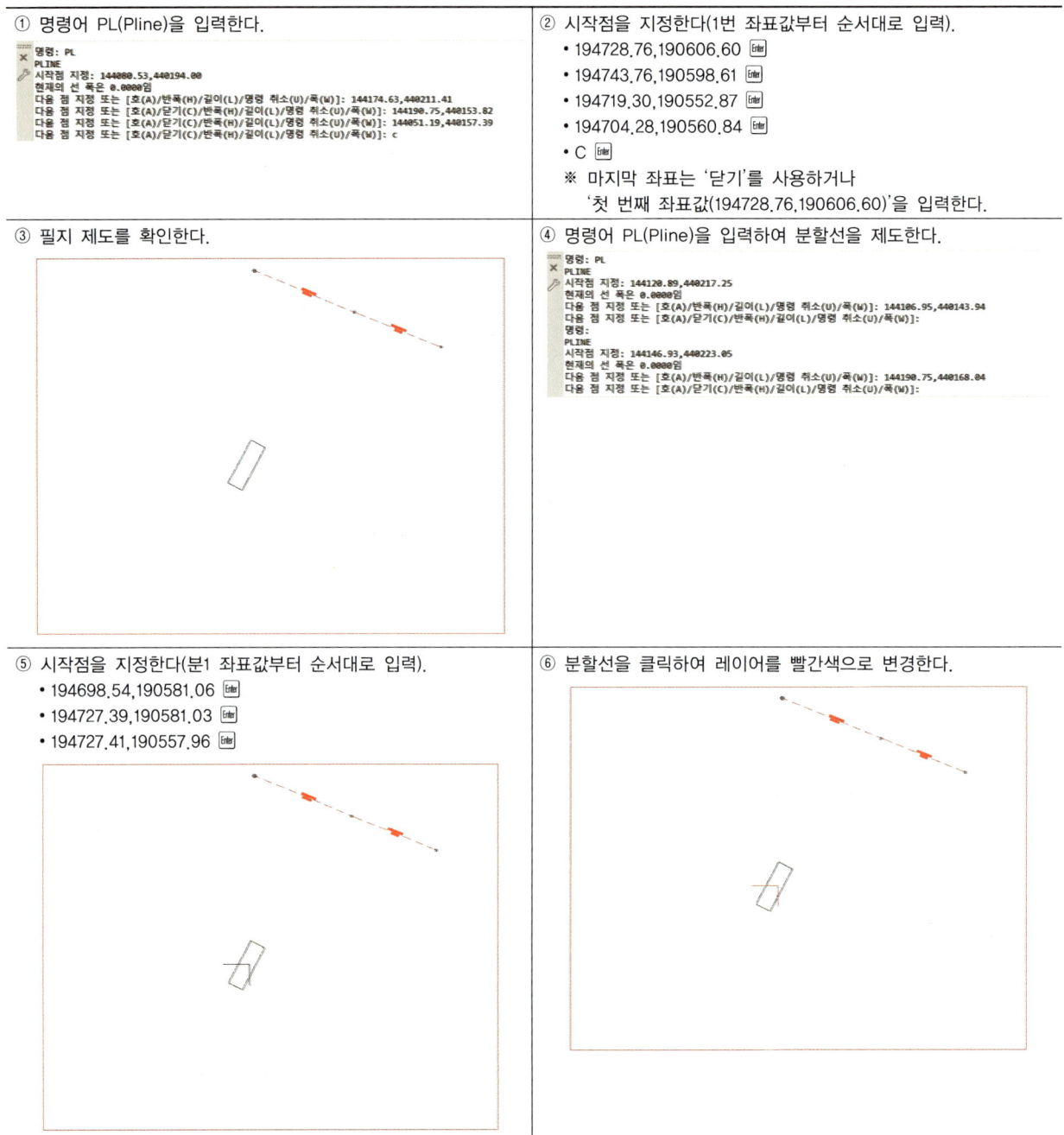

(5) 분할필지 면적 구하기

① 명령어 AA(Area)를 입력하고, 해당 필지점들을 순서대로 클릭한다.
※ 시작점과 끝점을 동일하게 클릭한다.

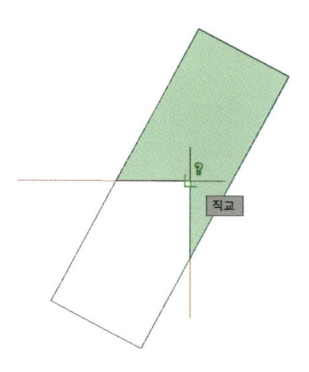

```
명령: AA
AREA
첫 번째 구석점 지정 또는 [객체(O)/면적 추가(A)/면적 빼기(S)] <객체(O)>:
다음 점 또는 [호(A)/길이(L)/명령 취소(U)] 지정:
다음 점 또는 [호(A)/길이(L)/명령 취소(U)] 지정:
다음 점 또는 [호(A)/길이(L)/명령 취소(U)/합계(T)] 지정 <합계>:
다음 점 또는 [호(A)/길이(L)/명령 취소(U)/합계(T)] 지정 <합계>:
다음 점 또는 [호(A)/길이(L)/명령 취소(U)/합계(T)] 지정 <합계>:
영역 = 461.1322, 둘레 = 105.9827
```

② 동일한 방법으로 두 번째 필지 면적(소수점 셋째 자리까지)을 구한다.
- 상부 필지 면적 : 461.132m²
- 하부 필지 면적 : 420.846m²

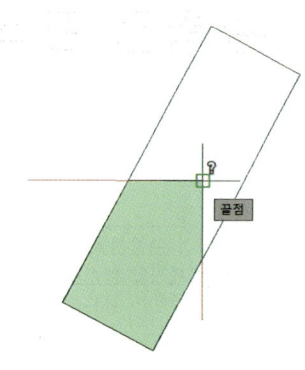

```
명령: AA
AREA
첫 번째 구석점 지정 또는 [객체(O)/면적 추가(A)/면적 빼기(S)] <객체(O)>:
다음 점 또는 [호(A)/길이(L)/명령 취소(U)] 지정:
다음 점 또는 [호(A)/길이(L)/명령 취소(U)] 지정:
다음 점 또는 [호(A)/길이(L)/명령 취소(U)/합계(T)] 지정 <합계>:
다음 점 또는 [호(A)/길이(L)/명령 취소(U)/합계(T)] 지정 <합계>:
다음 점 또는 [호(A)/길이(L)/명령 취소(U)/합계(T)] 지정 <합계>:
영역 = 420.8459, 둘레 = 82.4079
```

(6) 최종분할점 제도 및 관측점 표시

① 명령어 C(Circle)를 입력하고 최종분할점인 교차점을 클릭한다.

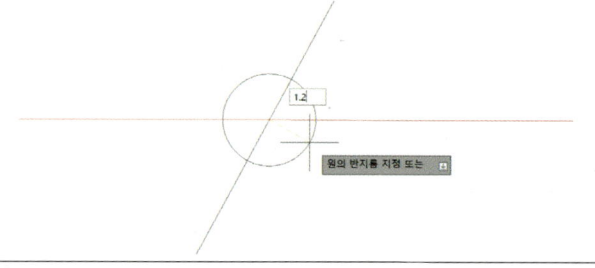

② 결정된 최종분할점 위치에 2mm 크기의 빨간색 원을 제도한다.
- 원의 반지름 1.2 입력(축척이 1/1200이므로 2 × 1.2 = 2.4mm가 되어 반지름 1.2mm로 제도한다)
- 최종분할점이 2개이므로 2개의 원을 제도한다.

③ 최종분할점은 빨간색이므로 레이어 색상을 변경한다.

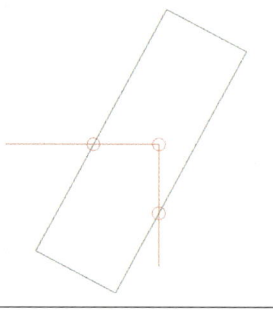

④ 최종분할점 좌표값을 확인한다.
- 명령어 ID를 입력하고, 최종분할점을 클릭한다.
- 답안지에 최종분할점의 X좌표값, Y좌표값(소수점 둘째 자리)을 작성한다.

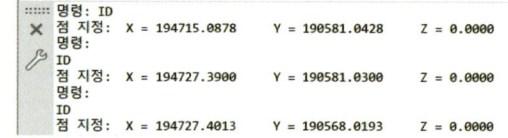

```
명령: ID
점 지정: X = 194715.0878    Y = 190581.0428    Z = 0.0000
명령:
ID
점 지정: X = 194727.3900    Y = 190581.0300    Z = 0.0000
명령:
ID
점 지정: X = 194727.4013    Y = 190568.0193    Z = 0.0000
```

⑤ 관측점을 표시한다.
- 주어진 관측점 표식 +(십자선)을 복사한다.
- 명령어 CO(Copy) 입력 → 객체 선택 [Enter]
- 중심점을 클릭해서 기본점을 지정한다.

 관측점 표식

⑥ 관측한 곳에 복사한 십자선을 입력한다.

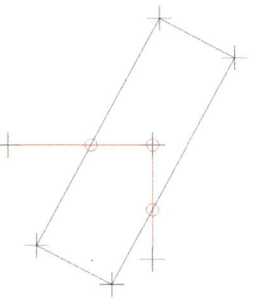

⑦ 명령어 TR(Trim)을 이용하여 분할선을 정리한다.
※ TR [Enter] - 자를 객체 선택(제거할 빨간선)

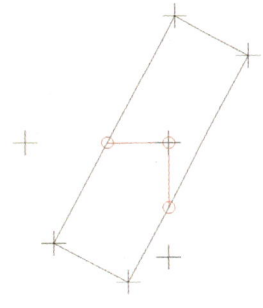

(7) 글자 제도

① 명령어 DT(Dtext)를 입력한다. • 시작점 : 임의점 클릭 • 높이 지정 : 2.4(2mm × 축척 1.2) [Enter] • 문자의 회전 각도 지정 : 0 [Enter]	② 들어갈 글자를 한 번에 입력한다(지적기준점 번호, 도곽좌표, 필지좌표, 분할점 좌표, 최종분할점 좌표). • 서울285 [Enter] • 2152 [Enter] • 2153 [Enter] • 195000 [Enter] • 194500 [Enter] • 190800 [Enter] • 190400 [Enter] ※ 도곽좌표는 빨간색으로 변경 • 1 (190606.60, 194728.76) [Enter] • 2 (190598.61, 194743.76) [Enter] • 3 (190552.87, 194719.30) [Enter] • 4 (190560.84, 194704.28) [Enter] • 분1 (190581.06, 194698.54) [Enter] • 분2 (190581.03, 194727.39) [Enter] • 분3 (190557.96, 194727.41) [Enter] • 분1 (190581.04, 194715.09) [Enter] • 분2 (190581.03, 194727.39) [Enter] • 분3 (190568.02, 194727.40) [Enter] ※ 최종분할점은 빨간색으로 변경
③ 객체를 선택한 뒤 마우스 우클릭하여 빠른 특성을 선택하여 도근점 글자크기를 조정한다. 	④ 높이를 3.6으로 변경한다. ※ 도근점 글자크기는 3mm, 축척이 1/12000이므로 3 × 1.2 = 3.6mm로 제도한다. 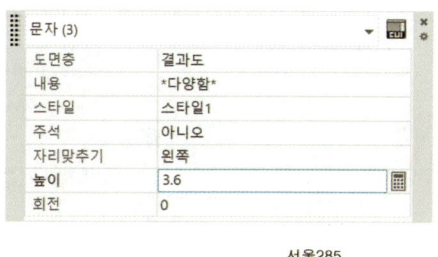 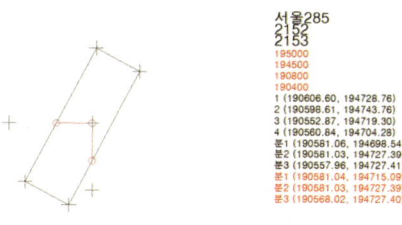

⑤ 도곽선의 상하부 좌표값은 해당 위치로 이동시키고, 좌우측 좌표값은 RO(Rotate) 명령어를 이용하여 다음과 같이 배치한다. 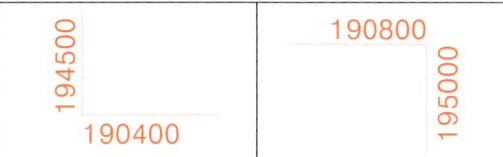	⑥ 나머지 글자들을 해당 위치 근처로 이동시켜 적당하게 배치한다. 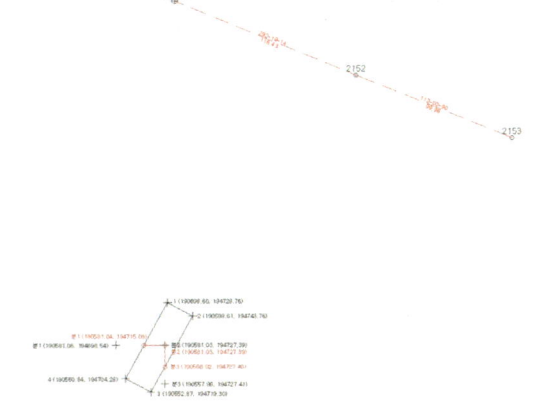
⑦ 명령어 DT(Dtext)를 입력하여 지번과 지목을 제도한다. • 시작점 : 임의점 클릭 • 높이 지정 : 2.4(2mm × 축척 1.2) Enter • 문자의 회전 각도 지정 : 0 Enter	⑧ 원지번과 최종부번 다음 지번을 확인하여 작성한다(지목도 문제에서 주어짐). • 29-564 대 Enter • 29-741 대 Enter
⑨ 작성한 지번과 지목을 필지 중앙으로 이동한다. 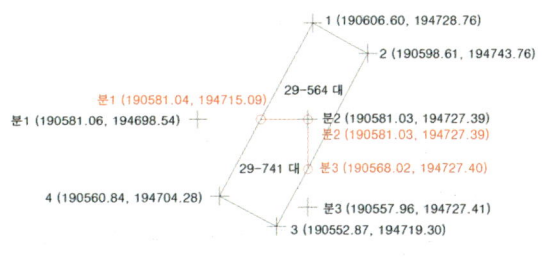	⑩ 원지번 바로 위에 숫자를 하나 더 기입한다. 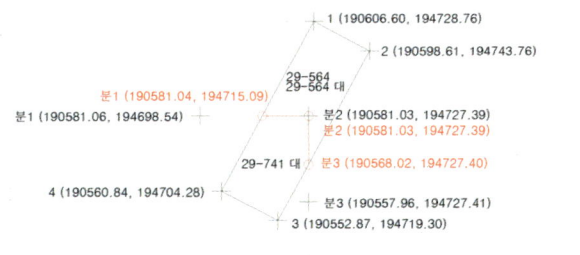
⑪ 빨간색 직선을 L(Line)과 O(Offset) 명령어를 이용하여 두 줄로 말소된 지번을 표시한다. 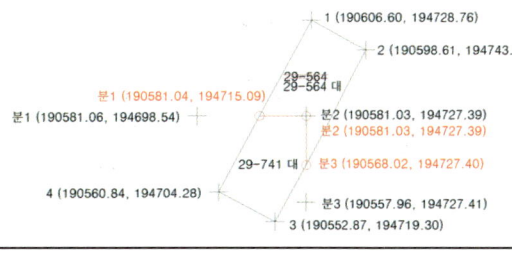	

(8) 색인도 및 제명 제도

색인도는 가로 7mm, 세로 6mm 크기의 직사각형을 제도한다.

※ 축척이 1/1200이므로 가로는 7×1.2 = 8.4mm, 세로는 6×1.2 = 7.2mm로 제도한다.

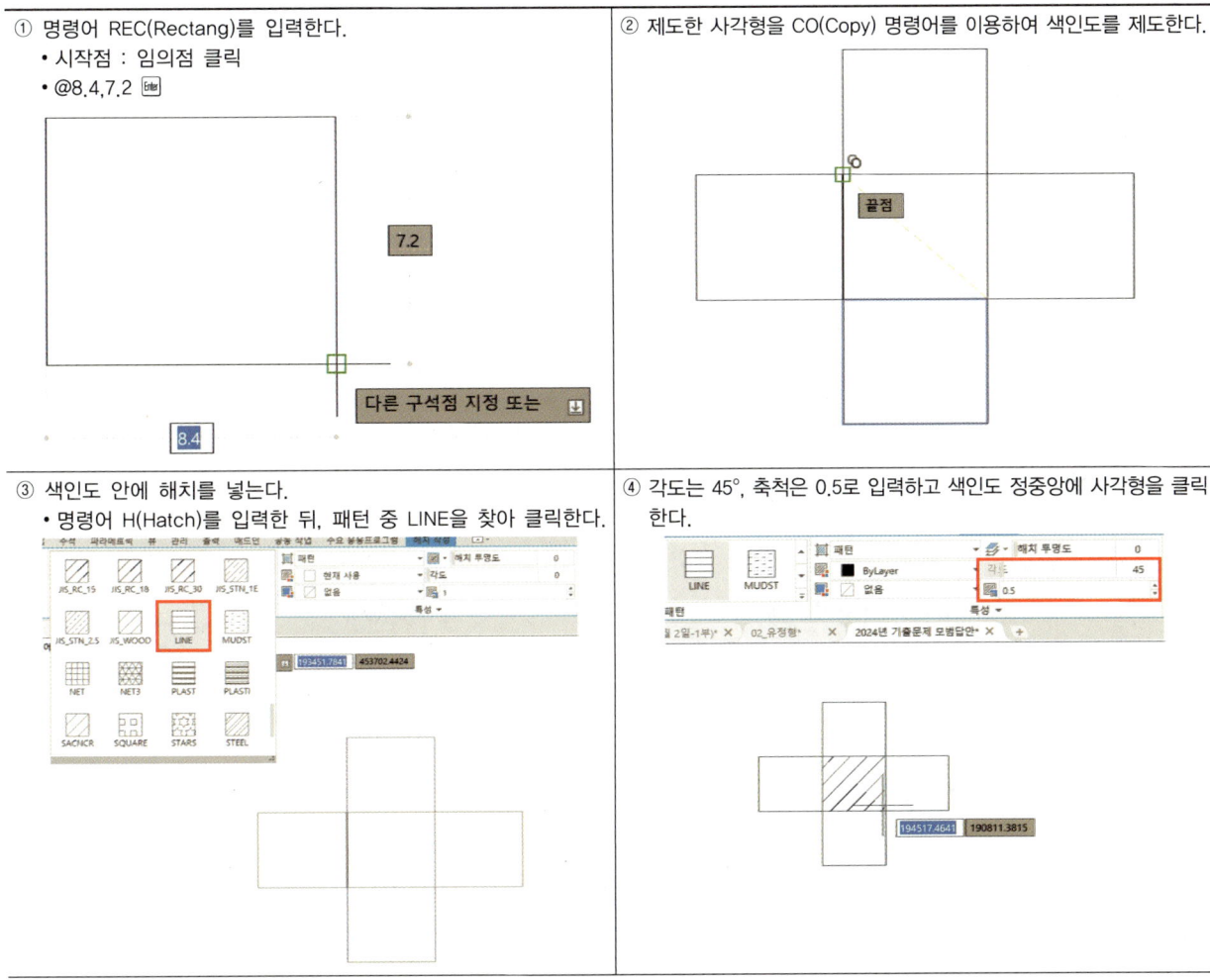

⑤ 명령어 MT(Mtext)를 입력하고, 정중앙 사각형 끝점을 클릭한 뒤 지적도 번호를 기입한다.

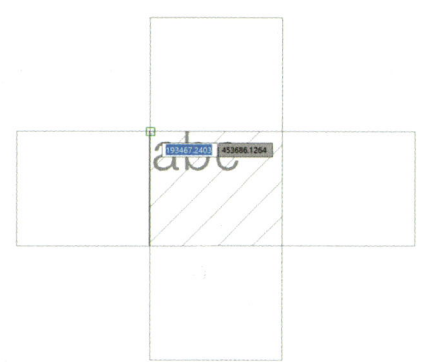

⑥ 자리맞추기에서 '중간 중심 MC'를 클릭한다.

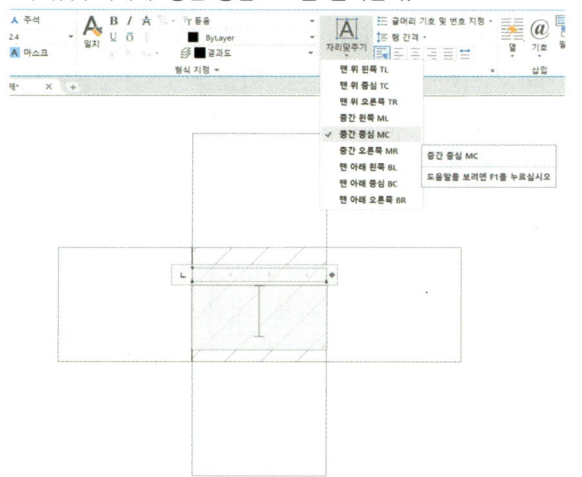

⑦ 지적도 번호 입력 후 문서편집기 닫기를 클릭한다.

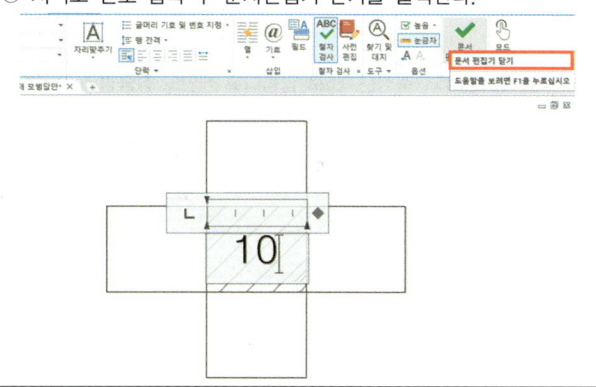

⑧ 빠른 특성을 선택하여 높이를 3.6으로 변경한다.
  ※ 색인도 안의 숫자크기는 3mm, 축척이 1/1200이므로
     3 × 1.2 = 3.6mm로 제도한다.

⑨ 문제에 주어진 도시와 번호를 확인 후 제명을 기입한다.
  ※ 제명은 5mm, 축척이 1/1200이므로 5 × 1.2 = 6mm로 제도한다.
  • 명령어 DT(Dtext)를 입력한다.
  • 시작점 : 색인도 우측 부분을 클릭한다.
  • 높이 지정 : 6(5mm × 축척 1.2) Enter
  • 문자의 회전 각도 지정 : 0 Enter
  • 서울시 은평구 응암동 분할측량결과도 (지적도 제 10호)∨∨∨∨축척 1200분의 1 Enter
  ※ 축척 앞에 10mm를 띄어야 하므로 띄어쓰기(∨)를 4번 한다.

⑩ 명령어 M(Move)을 이용하여 제명을 도곽선과 앞머리를 맞춰 비슷한 위치로 이동한다.

(9) 신축량, 보정계수, 용도지역란 작성

① 명령어 MT(Mtext)를 입력하고, 신축량 사각형 끝점을 클릭한다.

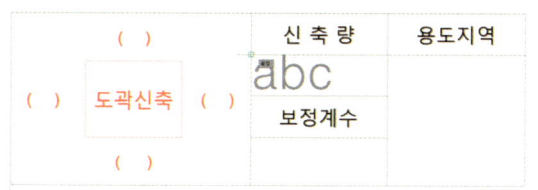

② 자리맞추기 중간 중심 MC를 클릭하고, 신축량 0.0을 기입한다.
- 문자 높이 2 × 1.2 = 2.4mm

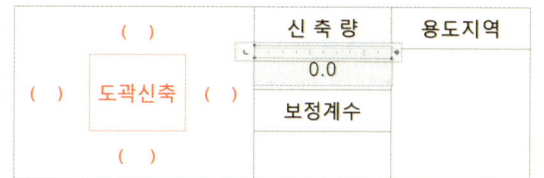

③ 명령어 MT(Mtext)를 입력하고, 보정계수 사각형 끝점을 클릭한다.

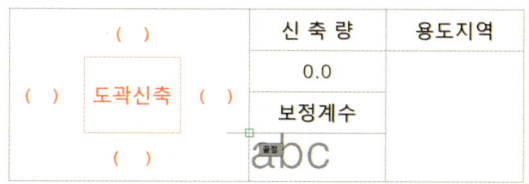

④ 자리맞추기 중간 중심 MC를 클릭하고, 보정계수 1.0000을 기입한다.
- 문자 높이 2 × 1.2 = 2.4mm

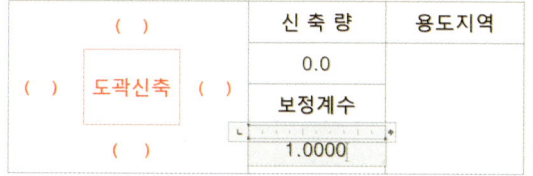

⑤ 명령어 MT(Mtext)를 입력하고, 용도지역 사각형 끝점을 클릭한다.

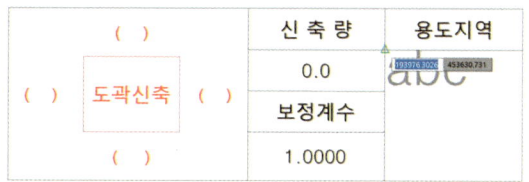

⑥ 자리맞추기 중간 중심 MC를 클릭하고, 주거지역을 기입한다.
- 문자 높이 2 × 1.2 = 2.4mm

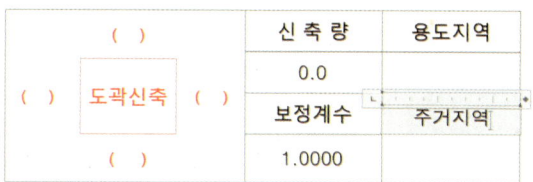

⑦ 신축량, 보정계수 레이어 둘 다 빨간색으로 변경한다.

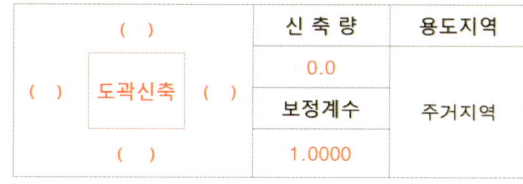

⑧ 명령어 DT(Dtext)를 입력하고, 도곽신축 괄호를 채운다.
- 시작점 : 괄호의 중앙부분 클릭
- 높이 지정 : 2.4(2mm × 축척 1.2) Enter
- 문자의 회전 각도 지정 : 0 Enter
- 0.0 Enter → 빨간색으로 변경 → 복사해서 나머지 괄호도 채우기

	(0.0)		신 축 량	용도지역
			0.0	
(0.0)	도곽신축	(0.0)	보정계수	주거지역
			1.0000	
	(0.0)			

(10) 면적측정부 작성

※ 주어진 CAD파일 하단의 면적측정부(CHAPTER 01의 3 면적측정부 작성 참조)를 작성한다.

① 기준점 번호를 기입한다.	② 나머지도 같은 방법으로 기입한다.
• 명령어 MT(Mtext) 입력 → 사각형 끝점 클릭 → 자리맞추기 중간 중심 MC 클릭 • 거리와 방위각은 지적기준점 2152를 기준으로 기입한다.	• 앞에서 계산했던 거리와 방위각을 입력한다.

기준점 번호	거 리	방 위 각	좌 표	
			X	Y
2152	m		m 190742.85	m 194840.33
서울285	116.43	292-19-14	190787.07	194732.62
2153	99.96	112-00-90	190705.40	194933.01

[기입 완료한 모습]

(11) 출력하기

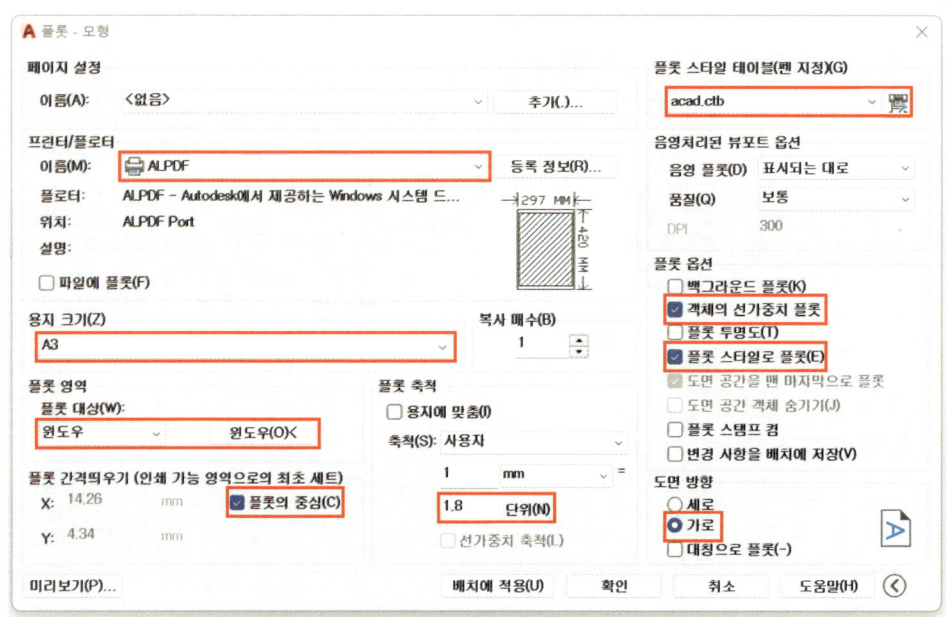

① 출력을 설정한다(명령어 PLOT 입력 or Ctrl + P or 🖨 클릭).
- 프린트/플로터 : 프린터 기종을 선택하고, 용지 크기는 A3로 한다.
- 플롯 영역 : 플롯 대상을 윈도우로 선택 후 출력 영역을 선택한다(좌측 상단과 우측 하단).

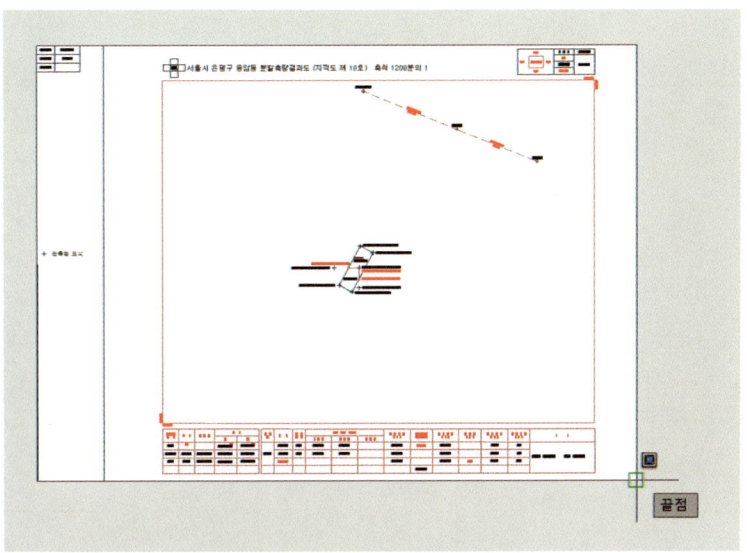

- 플롯 간격띄우기 : 플롯의 중심을 선택한다.
- 플롯 축척은 1 : 1.8을 입력(용지에 맞춤을 해제하고 문제에서 주어진 축척을 입력)한다.
- 플롯 스타일 테이블 : acad.ctb를 선택한다(컬러 출력).
- 플롯 옵션 : '객체의 선가중치 플롯', '플롯 스타일로 플롯'을 설정한다.
- 도면 방향 : '가로'를 선택한다.

② 완료되면 미리보기를 눌러 확인하고, 창이 뜨면 '계속' 버튼을 클릭한다.

③ 확인 후 문제가 없으면 출력한 뒤 출력물을 시험감독관에게 제출한다(출력 기회는 2번).

서울시 은평구 응암동 분할측량결과도 (지적도 제10호) 축척 1200분의 1

관측점 표시

기준점
기준점명	거리	방위각	좌표 X	좌표 Y
2152	116.43	292-19-14	190742.85	194840.33
서울285			190787.07	194732.62
2153	99.96	112-00-90	190705.40	194833.01

필지
필지	지번	지목	제1회	제2회	평균
종전	29-564	대	461.132	461.132	
	29-741	전답	420.846	420.846	
종후	29-741	대			881.978
	29-564				

면적
도곽신축 보정계수	보정면적(㎡)	원면적(㎡)	산출면적(㎡)	결정면적(㎡)	비고
1.0000	461.132	461.132	461.1	461	
	420.846	420.846	420.8	421	
	881.978	881.978	881.9	882	공차=±24.09㎡ 오차=-0.02㎡

본1 (190581.04, 194715.09)
본2 (190581.03, 194727.39)
본3 (190588.02, 194727.40)
1 (190606.60, 194728.76)
2 (190598.61, 194743.76)
3 (190552.87, 194719.30)
4 (190560.84, 194704.26)

29-741 대
29-741 대
29-564 대

서울285
2152
2153

교육은 우리 자신의 무지를 점차 발견해 가는 과정이다.

– 윌 듀란트 –

참 / 고 / 사 / 이 / 트

- 국가법령정보센터(http://www.law.go.kr)

Win-Q 지적기능사 필기+실기

초 판 발 행	2025년 01월 10일 (인쇄 2024년 11월 06일)
발 행 인	박영일
책 임 편 집	이해욱
편 저	심다빈
편 집 진 행	윤진영 · 김달해
표지디자인	권은경 · 길전홍선
편집디자인	정경일
발 행 처	(주)시대고시기획
출 판 등 록	제10-1521호
주 소	서울시 마포구 큰우물로 75 [도화동 538 성지 B/D] 9F
전 화	1600-3600
팩 스	02-701-8823
홈 페 이 지	www.sdedu.co.kr
I S B N	979-11-383-7843-7(13530)
정 가	28,000원

※ 저자와의 협의에 의해 인지를 생략합니다.
※ 이 책은 저작권법에 의해 보호를 받는 저작물이므로 동영상 제작 및 무단전재와 복제를 금합니다.
※ 잘못된 책은 구입하신 서점에서 바꾸어 드립니다.

시대에듀가 만든
기술직 공무원 합격 대비서

테크 바이블 시리즈!
TECH BIBLE SERIES

기술직 공무원 기계일반
별판 | 24,000원

기술직 공무원 기계설계
별판 | 24,000원

기술직 공무원 물리
별판 | 23,000원

기술직 공무원 화학
별판 | 21,000원

기술직 공무원 재배학개론+식용작물
별판 | 35,000원

기술직 공무원 환경공학개론
별판 | 21,000원

www.sdedu.co.kr

한눈에 이해할 수 있도록 체계적으로 정리한 **핵심이론**

철저한 시험유형 파악으로 만든 **필수확인문제**

국가직·지방직 등 **최신 기출문제와 상세 해설**

기술직 공무원 건축계획
별판 | 30,000원

기술직 공무원 전기이론
별판 | 23,000원

기술직 공무원 전기기기
별판 | 23,000원

기술직 공무원 생물
별판 | 20,000원

기술직 공무원 임업경영
별판 | 20,000원

기술직 공무원 조림
별판 | 20,000원

※도서의 이미지와 가격은 변경될 수 있습니다.

시대에듀

전기 분야의 필수 자격!

전기(산업)기사
필기/실기

전기전문가의 확실한 합격 가이드

전기기사·산업기사 필기
[전기자기학]
4×6 | 348p | 18,000원

전기기사·산업기사 필기
[전력공학]
4×6 | 316p | 18,000원

전기기사·산업기사 필기
[전기기기]
4×6 | 364p | 18,000원

전기기사·산업기사 필기
[회로이론 및 제어공학]
4×6 | 412p | 18,000원

전기기사·산업기사 필기
[전기설비기술기준]
4×6 | 392p | 18,000원

전기기사·산업기사 필기
[기출문제집]
4×6 | 1,516p | 40,000원

전기기사·산업기사 실기
[한권으로 끝내기]
4×6 | 1,180p | 40,000원

전기기사·산업기사 필기
[기본서 세트 5과목]
4×6 | 총 5권 | 49,000원

※ 도서의 이미지와 가격은 변경될 수 있습니다.

▶ **시대에듀 동영상 강의와 함께하세요!**　　　www.sdedu.co.kr

 최신으로 보는
저자 직강

 최신 기출 및 기초 특강
무료 제공

 1:1 맞춤학습
서비스